《泰州水利志》编纂委员会 编

泰州水利志

上册

黄河水利出版社

·郑 州·

内 容 提 要

本书反映了泰州从远古至2015年水利事业的发展,按照略古详今的原则,浓墨重彩地记叙了中华人民共和国成立后特别是地级泰州市组建以来,泰州治水的实践和重点,并反映了泰州水利人为水利事业奋斗不息的精神面貌。

本书可供水利业界、史学界和关心泰州水利发展的各界人士阅读参考。

图书在版编目(CIP)数据

泰州水利志 /《泰州水利志》编纂委员会编 . — 郑
州:黄河水利出版社,2023.12
ISBN 978-7-5509-3533-4

Ⅰ.①泰…　Ⅱ.①泰…　Ⅲ.①水利史-泰州　Ⅳ.
①TV-092

中国国家版本馆CIP数据核字(2023)第241422号

组稿编辑　王路平　电话:0371-66022212　E-mail:hhslwlp@126.com

责任编辑　景泽龙　　　　　责任校对　韩莹莹
出版发行　黄河水利出版社
　　　　　地址:河南省郑州市金水区顺河路49号　邮政编码:450003
　　　　　网址:www.yrcp.com　E-mail:hhslcbs@126.com
　　　　　发行部电话:0371-66020550、66028024
承印单位　江苏苏中印刷有限公司
开　　本　890 mm×1 240 mm　1/16
印　　张　75
字　　数　1 800 千字
版次印次　2023年12月第1版　2023年12月第1次印刷

定　　价　750.00元(上、下册)

《泰州水利志》编纂委员会

主　任：胡正平

副主任：唐荣桂　钱福军　张加雪　肖俊东　钱卫清
　　　　蔡　浩　高　晔　高　宏　祁海松　张　荣
　　　　龚荣山　田　波　朱晓春　周国翠　陆铁宏
　　　　刘金发　丁煜珹　徐　丹

编　委：羊文华　褚新华　李　华　许　健　陈宝进
　　　　张　剑　洪　涛　包振琪　陈永吉　胡万源
　　　　朱建民　陈建勋　印华健　吴　刚　顾　群
　　　　姜春宝　陈敢峰　储有明　周其林　钱苏平
　　　　高　鹏　潘秀华　周　华　徐元忠　储　飞
　　　　张　敏　朱翃宇　王玉忠　刘　剑　居　敏
　　　　姚　剑　菊　也

顾　问：董文虎　唐勇兵　许书平　储新泉　宦胜华

《泰州水利志》编纂办公室

编纂办公室主任：蔡　浩

编纂办公室副主任：朱翃宇

编纂办公室成员：董文虎　周光明　徐　剑　张琪梅　周慧霞

《泰州水利志》编写人员

主　编：胡正平

副主编：蔡　浩

执　笔：周光明　朱翊宇

封面、插图、合成设计：董文虎

资料提供人员：

董文虎	周国翠	朱晓春	陈建勋	印华健	张　剑
吴　刚	顾　群	姜春宝	陈敢峰	储有明	周其林
钱苏平	高　鹏	洪　涛	潘秀华	周　华	徐元忠
储　飞	张　敏	朱翊宇	傅国圣	王玉忠	刘　剑
居　敏	姚　剑	周元平	顾书顶	刘　燕	林　燕
钱骏峰	马　莉	生春新	郯　森	江　虹	蔡　晨
张素雄	韩建华	陶拥政	孟令鹏	张艺铭	周慧霞
张洁明	罗　嘉	戚根华	管小祥	季爱民	吴维升
张永升	曹　静	沈秋琴	李建国	黄　慧	李　想
张琪梅	盛永忠	杨　菁	崔冬梅	唐桂荣	

资料录入：徐　剑

泰州市区地图

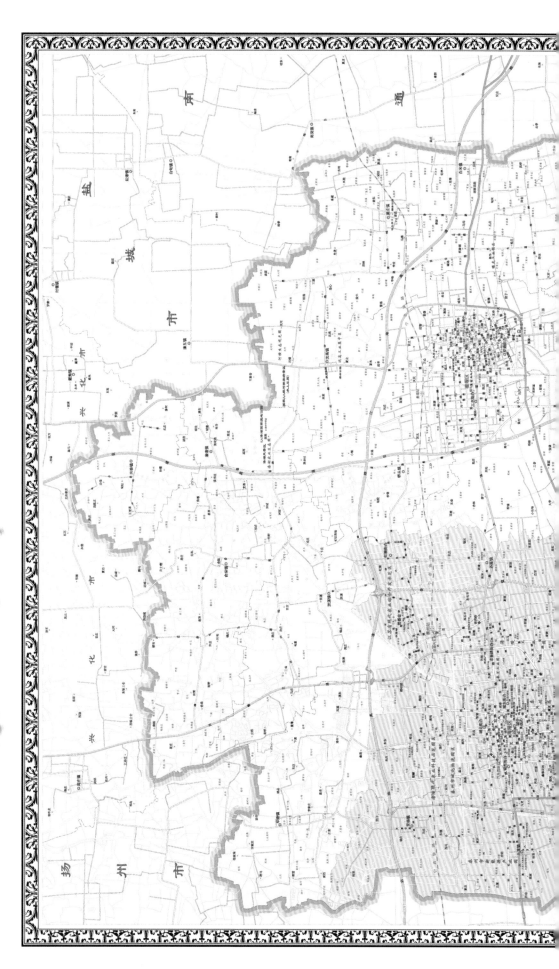

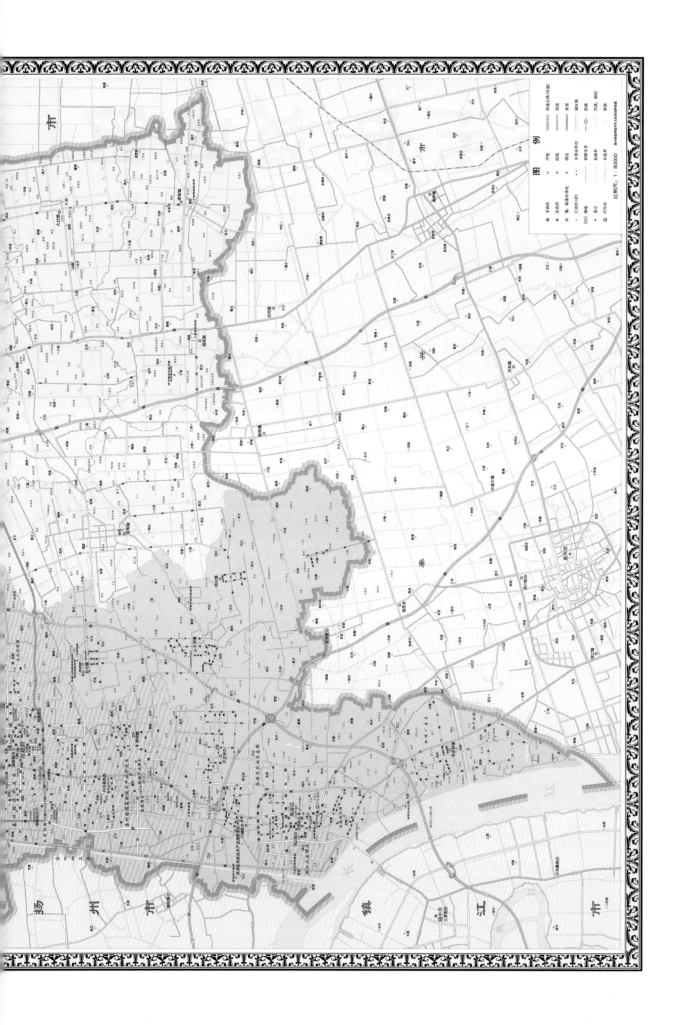

泰州市骨干水系图

泰州全市现有各类河道24 168条。
其中：
列入省骨干河道名录的65条；
列入省规划湖泊的23个。

长江

长江

| 图例 | —— 河流 | ▨ 湖荡 |
| 制图 | 董文虎 | 日期 | 2020年7月 |

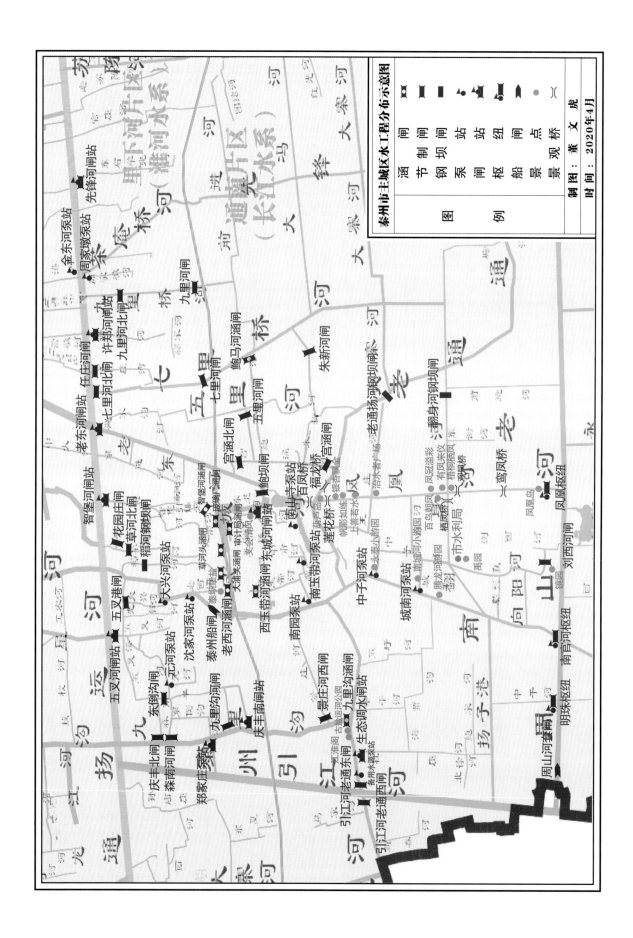

泰州市主城区水工程分布示意图

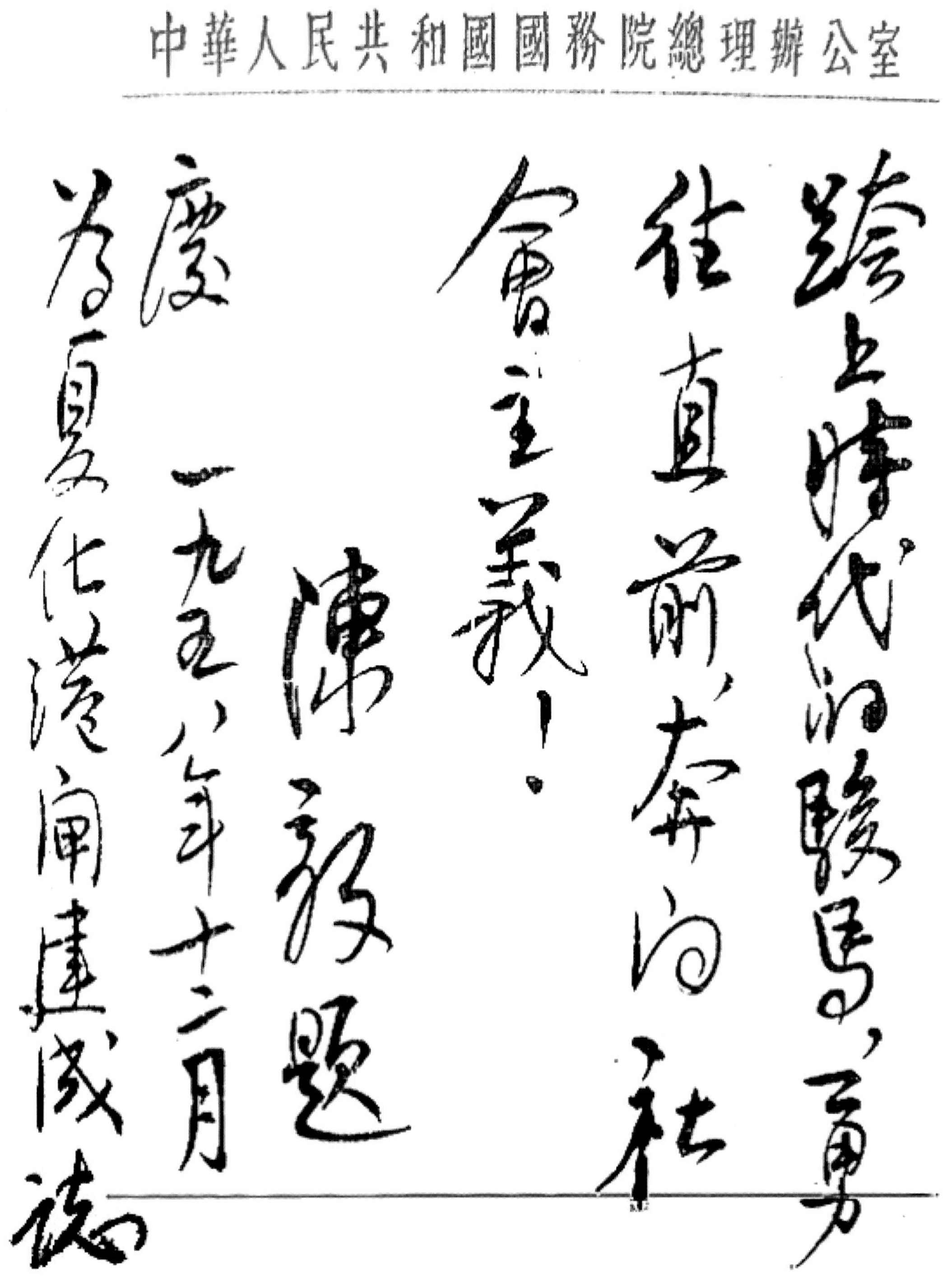

跨上時代的駿馬，勇往直前，奔向社會主義！

陈毅题

一九五八年十二月

為夏仕港閘建成而作

陈毅为夏仕港闸建成题词

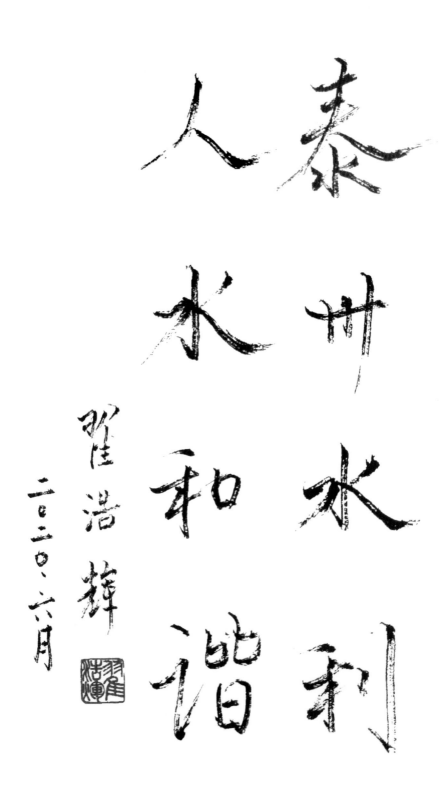

泰州水利

人水和谐

瞿浩辉

二〇三〇·六月

瞿浩辉题词

序

　　盛世修志是中华民族的优良传统。目前,我国正处于一个盛况空前的伟大时代,记录下这个时代各行各业的发展历程是时代赋予当代人的责任!泰州市水利局以高度的文化自觉,编纂了地级泰州市第一部水利志。喜闻《泰州水利志》行将问世,作为地级泰州市首任市委书记的我,应邀为首部《泰州水利志》写序,很是高兴!

　　泰州,位于长江、淮河两大流域下游交汇处,境内河湖纵横,历史上也曾依江临海。唐代伟大的诗人、画家王维眼中的泰州是:"浮于淮泗,浩然天波。海潮喷于乾坤,江城入于泱漭"。他的诗描绘出泰州横空出世,与水浑然一体的万千气象。可以说,泰州自古以来因水而生,依水而兴,以水为美!后虽因大陆板块东延,历史行政区划调整,泰州远离了大海,但今天的泰州仍然拥有著名的大江大河!江河之水浇灌、滋润了泰州这块美丽的大地,也滋润了泰州人民!泰州人民在此安居乐业,使泰州成为全国有名的粮食生产大市、长三角地区重要的制造业大市,又是中国医药、康养名城!是水滋润了泰州农业、助力了制造业、改善了康养环境。水,是泰州的生命之源、文明之源,更是泰州的发展之本、兴盛之道。

　　2100多年前,西汉司马迁就已指出水存在两面性。他在《史记·河渠书》中叹道:"甚哉,水之为利害也!"从《泰州水利志》中可以看到,历史上,泰州水旱灾害频发。即便是水利条件相对较好的海陵、姜堰两区也深受其害,水灾:明代约3年发生1次,清代平均2年多就发生1次。每逢发生洪涝灾害,里下河一片汪洋,田地房屋被淹,人畜死伤无数,惨不忍睹。大的旱灾,平均约10年1次,严重的可使城壕、古盐运河干涸,造成赤地千里,农作物干枯,斗粟可易男女。至于泰州其他地区,如一直处于里下河最低洼处的兴化,曾经处于江尾海头、现在仍然濒江的高港、泰兴、靖江,与之相比,灾害发生尤过之而无不及。即使水之危害如此之频、如此之烈,泰州还是赢得了"文昌水秀,祥泰之州"的美誉,这是泰州一代又一代人努力治水、理水,与水旱灾害作斗争的结果。经年累月,泰州人民通过垒土成垛、围洲造田、开河筑堤、建闸设涵等治水活动,创造了"水秀",也建造了良田,后才逐渐蕴育出"纪纲重地""文献名邦"的"文昌",泰州才获有令人钦佩而羡慕的"祥泰之州"美称!

中华人民共和国成立后,境内各级党委和政府深谙为政之要其枢在水,十分重视水利工作,注重治水理水,造福泰州人民!地级泰州市成立以来,泰州水利事业有了更快更新的发展,特别是在治水理念上产生了创造性的升华,水利理论的研究在全国已占有一席之地。一批研究成果如"水的两权论""水资源资产论""水价形成机制说""河流功能双重论""利水水利说""水系综合整治说""文化—水利风景区灵魂说""水工程文化学"等在全国先行提出并正式发表、出版。在治水的行动上亦迈出了更大步伐,一大批有关泰州长治久安、持续发展的重点水利工程如泰州引江河工程、江堤达标工程、里下河圩堤达标工程、卤汀河拓浚工程、泰东河整治工程等相继实施;泰州凤凰河、泰州引江河、泰州城河、姜堰溱湖、兴化千岛菜花等国家水利风景区相继建成;"全国节水型社会建设示范区""全国水生态文明建设试点城市"的桂冠相继获得!泰州水利已从农田水利迈向了农村水利、城市水利,从工程水利迈向了资源水利、生态水利,从仅仅利人的水利迈向了利水水利、文化水利!可以说,泰州已经从传统水利踏进现代水利的大门。泰州水利谱写的治水、理水、兴水的页页华章,为泰州经济社会持续健康的发展做出了重要贡献!

《泰州水利志》如实记载了泰州这数千年的兴水和治水,且立足当代、统合古今、分门别类、自成体系,我高兴地看到,《泰州水利志》编写组既科学地利用文献,又注重调查采访,还注意收集口碑资料,较为科学、系统、真实地反映了泰州的治水历程,记录了泰州水利事业的发展,记录了泰州人民和水利工程技术人员治水的汗水和心血,内容丰富,资料翔实!

　　《泰州水利志》遵循编志原则,做到了略古详今,章节篇目安排得当,体例规范,语言流畅,图文并茂,既有继承,又有创新!当是泰州市专业志中的佳作。

　　泰州市水利局搭建专门班子,主要领导亲自过问,外聘泰州退休党史专家,内靠本局老年技术干部以及在职的领导和各科室相关人员,花费了6年多的工夫,精心编撰而成的《泰州水利志》,呈现了泰州治水的艰辛,展示了泰州理水的智慧,彰显了泰州利水的亮点,为泰州做了一件非常有意义的事!更为泰州的文化建设增添了一块新砖!

　　《泰州水利志》不仅为泰州市水利事业的发展提供了借鉴,同时也是一部存史、资政、教化的好教材!我希望泰州的相关领导和同志们认真研读这部佳作,学习先人、前人锲而不舍、勇于担当的治水精神,"干平凡工作,创一流业绩",不忘初心、牢记使命,奋力谱写泰州发展更华美的新篇章!

江苏省人民政协原副主席　陈宝田

2023年4月

凡 例

一、本志以马克思列宁主义、毛泽东思想、邓小平理论、"三个代表"重要思想、科学发展观、习近平新时代中国特色社会主义思想为指导,坚持实事求是的原则。

二、本志记事断限:上限尽量追溯到水利的起源,下限至2015年,个别地方略有突破。

三、本志记述范围:主要以1996年组建的地级泰州市的所辖地域为准,个别地方略有突破。

四、本志采用公元纪年,涉及历史纪年的均括注相应的公元纪年;农历日月以汉字书写。

五、本志以概述为卷首,以附录殿尾。主体部分设20章、102节,节下设目、子目。

六、行政区划、地名、机构、货币及职务等一般依当时名称(必要处加注)记述。第一次出现时用全称,其后均用简称。其中,中华人民共和国简称新中国。中国共产党简称党,中共江苏省委简称省委,中共泰州(地)市委简称(地)市委,人民政府简称政府。1996年8月12日前文中"泰州"指县级泰州市。

七、各种数字以国家技术监督局1995年12月13日批准、1996年6月1日起实施的《出版物上数字用法的规定》为准。计量单位一律使用法定计量单位。农田面积仍用亩。

八、本志资料主要来源于省市有关档案、志书、报刊、专著,市委和市政府文件及有关市(区)水利志资料,入志前均作考证,不再注明出处。

九、本志统计数据以统计部门、市水利局及相关部门数据为准。

十、表彰及出版物的入录范围。表彰:市(厅)级及其以上相关部门表彰的先进单位、先进个人,水文化研究成果、水利科技研究成果等。出版物:境内水利部门、水利工作者在正规出版社出版的有关水利的书刊。

《泰州水利志》编纂办公室

2023年10月

目　录

概　述

　　泰州地处江苏中部,位于北纬32°01′57″~33°10′59″,东经119°38′21″~120°32′20″。南部濒临长江,北与盐城毗邻,东临南通,西接扬州,是江苏入江达海5条航道的交汇处,是沿海与长江"T"字形产业带的结合部,是上海都市圈的中心城市之一,是中国历史文化名城!

　　泰州古称海阳、海陵,有2100多年的建制史,素有"汉唐古郡、淮海名区"之称。公元937年,海陵县设州,取"通泰"之意,命名为泰州,辖海陵县、兴化县和盐城县,曾与金陵南京、广陵扬州、兰陵常州齐名华夏。民国元年(1912),南京临时政府裁府废州,泰州改称泰县,面积约2264平方公里,辖今海陵区、姜堰区、扬州江都区一部分和南通海安市的大部分地区,人口过百万,城区为现今的海陵老城。1949年春,泰州全境解放。5月,原苏皖边区(华中)第一行政区改称苏北泰州行政区,辖泰州市及泰兴、靖江、泰县、海安、如皋、东台(旧称东泰)、台北(今盐城大丰)7县。1950年1月,泰州、扬州行政区合并为苏北泰州行政区,专员公署驻泰州,下辖泰州、扬州2市,靖江、泰兴、泰县、兴化、江都、高邮、宝应、六合、仪征9县。原泰州专署所辖如皋、海安2县划属南通行政区,东台、台北两县划属盐城行政区。1953年1月,中共泰州地委改称扬州地委,泰州专署改称扬州专署,地委、专署机关迁驻扬州。1996年7月19日,国务院批准江苏省调整扬州市行政区划:县级泰州市及靖江、泰兴、泰县和兴化从扬州市划出,组建地级泰州市。8月12日,地级泰州市正式挂牌成立。2015年,泰州市下辖海陵区、高港区、姜堰区、医药高新区、兴化市、靖江市、泰兴市,全市总面积5787.36平方公里,其中里下河地区面积3076.50平方公里,通南地区面积2710.86平方公里。陆地面积占总面积的77.85%,水域面积占总面积的22.15%。2015年,全市实现地区生产总值3687.90亿元,按常住人口计算,全年人均地区生产总值79479元。粮食总产量329.35万吨。

　　泰州以冲积平原为主,南部属长江三角洲,北部属里下河冲积平原,分属长江、淮河两大流域。

　　人们习惯上把属于长江水系的古盐运河(老通扬运河,下同)和与之相连接的河称为"上河",把属于淮河水系的新通扬运河和与之相连接的河流称为"下河"。古泰州濒江临海,因水而生,傍水而建,境内河湖塘渠星罗棋布,历史上开发较早,农耕经济较为发达;泰州因水而兴,汉初置县,东晋设郡,南唐建州。泰州历代清官良吏、志士仁人带领民众兴修水利,留下了许多著名的水利工程,建造了鱼米之乡泰州。这些水利工程,对挡水泄洪、便利运输、造就良田、发展农业生产都起到了一定的作用。但由于泰州地处江淮下游,常受洪涝之灾,因当时的历史环境和客观条件的限制,这些水工程大多难治根本。

　　从20世纪50年代开始,泰州境内各级党委、政府都始终坚持把水利建设放在重要位置,带领全市人民自力更生，艰苦奋斗，兴修水利，防治水患，谱写了亲水、利水、用水的新华章，创造了滨江之城泰州的新辉煌！

———

　　泰州历史悠久，水利的起源可以追溯到5500～6300多年前。那时，泰州先民就开始在潟湖中捞浅垒高，垒出了泰州最古老的农田水利工程——垛田。

垛田

　　汉高祖十二年至景帝三年(前179—前141)，泰州先人跟着吴王刘濞挖建了盐运河。这条河西自扬州茱萸湾(今湾头)，东至南通，从泰州境内横穿而过。此河乃今泰州境内仍保留着的、历史上最早的人工运河。这条河，不仅自湾头引入长江水，促进了泰州地区农业的发展，而且使泰州成为江海交汇点和盐业的集散地。唐大历元年至十四年间(766—779)，淮南道黜陟使李承奉旨在海陵至盐城一线筑成苏北地区最早的抵御海潮入侵、规模宏大的海陵堰(又称常丰堰、捍海堰)。堰建成后，成功阻止海潮侵袭，境内里下河东部地区渐成农田。南唐昇元元年(937)，泰州刺史褚仁规主持开筑泰州子城、开挖城濠。子城高约6.9米，城濠周长4余里、深3米以上、宽9米以上。

　　唐代中晚期泰州开中市河。这条河从南水门入，北水门出，由南往北纵贯全城，并将城里平分为东西两部。

　　北宋真宗咸平三年至徽宗宣和二年(1000—1120)，姜堰乡贤聚资筑堰于天目山前，取名姜堰；嘉祐二年(1057)，泰州州守王纯臣移岸近南宋庄侧；宣和二年(1120)发大水，此堰移于姜堰罗塘港、近运河口。

　　北宋天圣二年(1024)，宋仁宗调升泰州西溪盐官范仲淹任兴化县令，并委派其主持修捍海堰。同年，范仲淹组织民工4万余人筑捍海堰，历经艰辛而堰未成。天圣四年(1026)，离任回籍守母丧的范仲淹又至书江淮制置发运副使张纶，再陈筑堤之利。天圣五年(1027)，张纶再呈朝廷，获准续修此堰并兼泰州知府，与淮南转运使胡令仪共同督率兵夫继续筑堤。天圣六年(1028)堰终成。这条长约143里、宽约10米、高约5米、顶宽约3.3米的大堤，挡住了海水的侵袭，使堤西圩卤之地成为良田。从此，堤外煮盐，堤内兴农，百姓得以安居。人们为缅怀范仲淹等人的历史功绩，称该堤为"范公堤"。

　　南宋高宗建炎元年至绍兴十年(1127—1140)，兴化知县黄万顷主持兴筑南北塘。南塘通高邮，北塘通盐城,史称"绍兴堰"。堰长52.5公里,设闸2座,堤护良田,闸备旱涝。

南宋绍熙五年(1194),黄河于河南原武县决口夺淮,从此淮水全流南泄,境内多地受其害。淮东提举陈损之在柴墟(今高港区)筑堤堰,建斗门,泄西北之来(淮)水,保良田数百万顷。

元代末,开济川河(今南官河)。元至正二十五年(1365)冬,朱元璋部大将徐达等主持从江口向北开河15里,使济川河通江,并沟通长江至泰州南门湾水道。此后,境内几多良吏主持开河筑坝,兴修水利,农业经济渐兴。

南宋绍兴十年(1140),泰州知州王唤主持开挖城内东、西市河,建藕花洲、嘉定桥。

明洪武二十五年(1392),主城区北门外筑东、西两坝,始有上、下河之分,上河通江,下河接淮,并建渔行、溱潼、西溪3闸遏制南来江潮。明永乐二年(1404),靖江开阜民河,次年,建寒山、东山、平山3闸。明崇祯十一年(1638),先人又开挖了一条从主城区北赵公桥至东台的运盐河(今泰东河),使淮南和滨海盐场之盐直达泰州,转运全国。明代,泰兴修筑挡洪堤,增筑江堤,开挖护城河、北新河(今两泰官河),建北水关、天井河之闸、北滚水坝;疏浚数条旧河;那时兴化已有干河数条,以承西来之水。

清代,境内各地开河浚河,以利种植。靖江与泰兴、如皋统筹开挖蔡家港、庙树港、石碇港、柏家港、夏仕港等"五大港"。泰兴重修北关滚水坝,疏浚县治内城河,开挖磨垛河、段港、王家港,重开李秀河,修筑46.62余公里江堤,抵御江水。里下河东部地区开始筑圩挡水,以卫田庐。

泰州地处江淮下游,是一个洪涝旱渍灾害发生概率较高的地区,北宋初至黄河夺淮之前,洪、涝、旱灾平均5年多发生一次;黄河夺淮之后,水、旱灾害日趋严重,据不完全统计,从清道光二十九年(1849)到1949年的100年中,境内平均2年就有一次水灾或旱灾、卤灾,其中以水灾最多,占灾害的3/5以上。民国期间,政治腐败,外患重重,财政拮据,水利设施年久失修,一些水利设施毁于战火。境内里下河圩区无圩挡水,通南地区"十日无雨遍地烟",水旱灾害大增,农业生产日趋萎缩,百姓食不果腹,流离失所,苦不堪言。1931年,境内发生大水灾。8月,里运河堤决,兴化水位最高时达4.6米,全城淹没,百姓死亡无数。泰县淹没农田150万亩以上,毁坏房屋10万余间,灾民40万人,死亡300余人,下河地区淹死2500余人。泰兴沿江圩区一片汪洋,腹部低洼地区陆地行舟,受灾农田达1/4。靖江死50人,淹没农田26.35万亩,灾民达9万人。灾后,境内满目疮痍。

———

1949年春,泰州全境建立人民政府。是年,6、7月间,洪水、暴雨、台风夹击,江淮并涨,海潮顶托,境内普发严重水灾。各级党委和人民政府领导人民迅速投入到抗洪抢险、救灾救民的斗争中。当年秋,毛泽东主席和周恩来总理电告中共苏北区党委和苏北行政公署,指出:我们党"对在革命战争中做出重大贡献的苏北人民所遭受的水灾苦难,负有拯救的严重责任",要求"全力组织人民生产自救,以工代赈,兴修水利,以消除历史上遗留的祸患"。在党中央和苏北区党委的关心、关怀下,境内万众一心,终战胜水患,恢复发展生产。中华人民共和国成立后,在中国共产党的领导下,泰州人民依照"防洪、除涝、抗旱、治渍"的治水方针,开展大规模水利建设,形成4次治水高潮。

第一次治水高潮在20世纪50年代。

1951年5月,毛泽东主席发出"一定要把淮河修好"的伟大号召;10月,中央人民政府发布《关于治理淮河的决定》,确定"蓄泄兼施,以达根治之目的"的治淮方针。11月20日,中共苏北区党委和苏北行署发布了《苏北治淮总动员令》,泰州地区各县(市)、乡全面动员,全民动手,掀起了泰州历史上第一次治水高潮。当时没有多少机械设备,百姓温饱问题尚未解决,广大农民群众勒紧腰带,胸怀全局,凭着一副肩膀一双手,一把大锹一副担,积极投入治淮引江归海工程,出征泰州境外支持省属大型闸、坝、河、堤、站建设。20世纪五六十年代,境内计有102.252万人参加了整治淮河入江水道、改造淮河入海水道、苏北灌溉总渠、里运河大堤和洪泽湖大堤、京杭大运河、淮沭新河、马叉河分洪道、三阳河(共四期)、邵北船闸、邵北二线船闸、江都抽水站等境外重要水利工程建设,为全省的水利建设做出了很大的贡献!

同时,在境内大搞农田水利基本建设。按照"小型为主、以蓄为主、社办为主"的"三主"方针,里下河地区实施联圩并圩,整治老河网,圩内开沟排水;通南平原地区按照通南地区水利规划,并港建闸,建设新河网。

20世纪50年代中后期,随着农业增产要求的提高,在继续治洪的同时,境内逐步强化除涝防旱。1954年,江淮再次并涨,全境暴发大洪大涝。在中共江苏省委、省政府"滴水不入里下河"的决策之下,境内里下河地区军民死保运河堤防,取得了抗洪斗争的胜利;沿江地区全面修复江、港、洲堤防,提高御洪能力。在各地党委和政府的关心与重视下,各地坚持不懈治水,抗御灾害特别是重大灾害的能力不断增强。此后至1995年,又持续战胜了1962年大洪涝、1975年沿江大涝和1991年特大洪水灾难;战胜了1978年的特大旱灾等。

1958年起,按照江苏通南地区断淮引江的总体规划,浚拓境内骨干河道,建立内河水网,南引江水北泄归海。南部"旱改水",北部"沤改旱",发展排灌动力,增加受益面积。沿江地区水利工程设施动手较早,新中国成立后就着手水利建设的步伐较快,排灌体系较为健全,由引江潮自流灌溉发展到内燃机灌溉再到电力灌溉,农业生产也因此一直走在全地区的前列。通南高沙土地区农业合作化前,田间普遍无沟墒排水,20世纪50年代末60年代初,挖河修渠建电灌站,田间始有灌溉渠道,改变了"三天无雨小旱,五天无雨大旱"和"刮风黄沙飞满天,下雨沙土淌下河"的旧面貌,实现了大面积的旱改水,使低产田得到了逐步改造,农业生产得到了较快发展。里下河地区着力建设农业圩,修筑圩堤,兴建圩口闸、排涝站,基本上达到了"挡得住、排得出、降得下"的要求。20世纪60年代初,在国家经济困难的情况下,兴化仓南乡克服重重困难,大胆实践,率先实施沤改旱,开创了"一熟改两熟,粮棉双高产"的范例,被省委、省政府誉为里下河地区的一面红旗。泰县河横乡依靠一双双铁手、一把把大锹,改造旧河网,建设新水系的事迹,《新华日报》和《人民日报》先后作了报道,在全省产生了巨大影响。实施沤改旱,大大改善了农业生产条件,泰州里下河地区逐步发展成为全省乃至全国的重要商品粮生产基地。

第二次治水高潮在1970年国务院召开的北方农业会议后。

此间,境内各地积极贯彻会议精神,以涝渍为主攻方向,进行了大规模的水利基础设施建设。各地推广泰县夹河、泰兴大元治水经验,针对各自的特点,进行"山水田林路"全面规划、综合治理。沿江地区采用块石平抛、护坡、丁坝、护坎加固等工程措施对江岸进行加固。通南高沙土地区及里下河地区开挖、拓浚骨干河道,普遍开挖农田一套沟,平田整地,提高建桥、涵、闸站标准,排除地表水,控制地下水和土壤含水量,境内农村出现了田成方、渠成网,沟、渠、田、林、路、桥、涵、闸、站,并初步配套的新景象,推动了农业以及整个国民经济在20世纪七八十年代上了两个大台阶。其中,兴化先后动员60万人次,整治雌港、雄港、渭水河、西塘港、李中河、车路河、鲤鱼河、盐靖河等。兴化钓鱼圩高标准的圩区治理还向全省、全国示范推广。

进入20世纪80年代,国家实行经济调整方针,压缩基建规模,境内水利系统以加强管理、挖潜配套、综合经营、水土保持为主线,巩固农田基本建设成果。在农田水利建设上,以义务工和劳动积累工为主体,逐步增加投入。1982年至1984年春,境内处在长江最前沿的靖江组织民工近16万人次,实施了有史以来最高标准、最大规模的江堤修复工程。共加固培修江港堤111.9公里,完成土方549万立方米、石方3.91万立方米,耗资1061万元,做到堤成、路成、绿化成、鱼池成,防洪标准为百年一遇。通南高沙土地区大搞中低产田改造,各地因地制宜,从实际出发平田整地:宜沟则沟,宜塘则塘,高田高平,低田低平。在平田整地的基础上,首先对突出的低产田进行综合改造。探索田、沟、路、渠、涵、桥、站、林治理格局,做到能灌能排,旱涝保收。在布局上做到连片种植,水旱轮作,培肥地力,提高产量。北部里下河圩区实施圩内河网和田间沟渠配套,实行沟、渠、田、林、路统一安排,洪、涝、旱、渍、碱综合治理,努力建设高产稳产田、双纲田、吨粮田;同时,加修培高圩堤,在加固险段、联圩并圩的基础上,提高圩堤标准,抗灾能力进一步增强。

1982—1983年靖江全面培修江堤

第三次治水高潮在20世纪90年代。

1991年,泰州地区遭受百年未遇的特大洪涝灾害,里下河地区灾情尤为严重。兴化最高水位达3.34米,里下河地区一片汪洋,成千上万间房屋浸泡在水中,几十万群众弃家登堤,弃屋登船,造成直接经济损失高达25.2亿元。党中央、国务院、省委、省政府非常关心灾区群众的安危和抢险救灾工作,李鹏总理代表党中央、国务院至兴化慰问灾民,给了灾区人民莫大的安慰和重建家园的信心。灾后,泰州地区各级党委和政府积极贯彻国务院《关于进一步治理淮河太湖的决定》和省委、省政府提出的工作要求,在全市范围内迅速掀起以兴建防洪骨干工程和水源工程为重点的第三次水利建设高潮。

沿江地区兴建了一批挡排涵闸,里下河地区提出统一圩堤标准,通南高沙土地区改造了一大批中低产田,发展了一批现代化农业的水利样板方、示范片,基本形成洪能挡、涝能排、旱能灌、渍能降的具有一定标准的新型水系,泰州地区水利建设出现了新的局面。整个"八五"期间,水利建设高潮迭起,成果显著。

沿江圩区地势低平,既是长江上游洪水的"走廊",也是苏北腹地涝水入江的"过道",农业生产和城市发展依赖于江港堤防的坚固和通江涵闸的稳固。经过多年努力,沿江圩区的江港堤防和一批通江涵闸得到了不同程度的加固或改建,使御洪能力大为增强。但由于资金等原因,对照《长江流域防洪规划》的要求,达标江堤所占比例不到10%。1991年大灾后,开始进行江堤培厚加高,提高标准,并港建闸,并针对长江岸线河床变化,先后对泰兴永安洲、靖江章春港等坍段进行抛石节点整治,退建江堤3处,修建通江过船港套闸等涵闸268座,完成147公里的江港堤防公路铺设。

通南高沙土地区地势北高南低,排灌水系与长江、黄海相连。经多年浚拓整治,形成了南官河、古马干河、如泰运河、老通扬运河等骨干河道。在此基础上,"八五"期间又先后完成了新曲河、增产港南段、周山河、中干河、新生产河东段、老生产河、葛港河、西姜黄河北段等10多条骨干河道的整治,使通南高沙土地区引排水条件有所改善。与此同时,疏浚乡镇级河道(中沟)456条、950公里,完成土方2040万平方米,改造中低产田50.29万亩。由于该地区为长江冲积平原,土沙地薄,水渗漏严重,土渠灌溉利用系数低,严重影响农作物的生长和农业经济的发展,且灌溉时需水量大,增加了农业的成本,客观上也造成了水资源的浪费。为改变这一状况,该地区在20世纪80年代整修灌渠的基础上,90年代初期,又在主要渠段安装了预制混凝土块,成为节水灌溉的开路先锋。

里下河圩堤从打坝、拆坝到建圩口闸

里下河地区经过多年建设,圩堤标准接近或达到"四三"(顶高4米、顶宽3米)标准,但是由于圩堤战线较长,交圈和敞口还存在一定问题,圩内排涝动力也不平衡,机电设备老化,遇暴雨时积水外排不畅。1991年大灾后,该地区广大干部群众认真反思,大干实干,联圩并圩,加高培厚圩堤,修建闸站。

"八五"期间,共完成圩堤土方4542万立方米,修建圩口闸884座,其中兴化499座,姜堰306座,海陵区79座,从而使里下河地区的御涝能力有了很大提高。同时,按"四分开两控制"(灌排分开、内外分开、高低分开、水旱分开,控制内河水位、控制地下水位)的要求,加大田间工程建设的力度。由于水利条件的改善,全面推广"沤改旱",实现了耕作制度的改革。

二

　　1995年5月12日,省政府正式颁发《关于进一步加强水利工作的决定》(苏政发〔1995〕60号),指出:水利不仅是农业的命脉,也是国民经济和社会发展的基础设施与基础产业,是全社会的命脉。1995年,党的十四届五中全会通过的《中共中央关于制定国民经济和社会发展"九五"规划和2010年远景目标的建议》强调指出,要加强水利、能源、交通、通信等基础设施和基础产业建设,使之与国民经济发展相适应,第一次把水利放到了基础设施和基础产业之首。这年,也是地级泰州市成立之年。随着这两股东风,泰州水利事业出现了新局面,迎来了第四次治水高潮。1996年8月,地级泰州市政府在组建的第六天,就下发了《关于切实加强水利工作的决定》,提出了水利工作在新形势下的新要求,倡导积极推进水利法治建设,为建市之初的水利工作指明了方向。9月,泰州市水利局正式成立,首任局长董文虎。此后,市政府陆续出台了一大批规范性文件,对全市水利工作产生了极大的推动作用。从此,泰州大地掀起了新一轮的治水热潮。全市上下以积极推进水利现代化建设为总目标,统筹城乡水利协调发展,大力推进安全水利、资源水利、环境水利、民生水利建设,水利的防洪保安能力、水资源保障能力、水生态保护能力和服务民生能力得到了有力提升,为经济社会可持续发展提供强有力的水利支撑。

　　1995—1998年,泰州高标准完成省重点工程——泰州引江河一期工程。泰州引江河南起长江,北接新通扬运河,为三级航道,旱能补水、涝能排洪,是集引、排、航于一体的大型水利工程。一期工程为平地开河,总投资12亿元,1995年11月25日动工,1999年9月28日建成并投入运行。二期工程是在一期工程基础上的浚深,同时兴建高港枢纽二线船闸,2012年12月18日开工,2015年竣工,投资6.96亿元。

泰州引江河

　　泰州引江河工程是国内一流、国际先进的现代化水利工程。泰州人民为泰州引江河的建设做出了极大贡献:为挖建泰州引江河,仅一期工程泰州就拆迁民房8947余间,白果树近2万棵(其中搬移胸径10厘米以上的达1708棵),被征用土地(含水面)1.24万亩。一期主体工程共完成土方3213万立方米;浇筑混凝土20.6万立方米,砌石27.89万立方米,建设跨河桥梁10座,绿化面积500万平方米,种植树木花卉100万株。泰州引江河的开挖把长江向泰州拉近了25公里,或者说是把泰州向长江推进了25公里。引江河不仅是泰州及里下河地区的一条水上交通的"动脉",更是泰州经济发展的一条"龙脉"。

1997年,泰州市水利局提出的"南建江堤,北修圩堤"的建议得到市委、市政府的高度重视。是年,长江大水,夏仕港水位创历史新高,境内长江堤防涵闸水毁严重,江岸坍塌时有发生,形势严峻。

南堤北圩

1997年大水后,根据江苏省委、省政府的要求和省水利厅关于长江堤防加固建设的工作部署,泰州境内沿江市(区)实施江堤达标建设工程。2003年工程基本完成。累计完成江港堤护砌170公里,挡浪墙112.6公里;改建加固通江涵闸洞247座,完成长江节点治理12.22公里,填塘固基141.71公里、土方576.52万立方米,堤防灌浆164.134公里,所修江堤均已达到或超过《长江流域防洪规划》(简称"长流规",下同)50年一遇加抗御10级台风的建设标准。泰州的百里江堤被誉为防洪保安的阵地、多种经营的基地、旅游观光的胜地、开发开放的热地。在1998年长江特大洪灾中,境内江港堤防无一决口、无一破圩,相关工程无一失事,也无房屋倒塌,无一人畜伤亡事故。时任江苏省副省长的姜永荣赞誉泰州江堤的硬件质量和管理"全省第一",并亲自撰写泰兴江堤管理调查报告。1999年11月,江苏省委书记陈焕友、省长季允石曾在相关报告上批示:"泰州市(江堤管理)及其他地区的经验很好,要认真总结推广。"

兴化无坝市工程纪念碑

1999年,里下河地区顺利完成建设无坝市的任务。按"四五四式"标准共加修圩堤4377公里,完成土方3622万立方米;新(修)建圩口闸1910座,新(修)建排涝站766座,新增动力2.4万千瓦,封堵活口门1000多个,为挡御堤外高3.5米的洪水打下了坚实的基础。

"九五"期间,全市农村水利长足发展。1998—2000年,在通南地区实施了百万亩节水工程。这是节约用水的一次深刻的革命,这项工作泰州一直处在全省领先地位。在此期间,通南地区累计新建硬质化渠道5000多公里,增加农业节水灌溉面积117万亩,每年可以为通南高沙土地区的农民节省水电费支出2400万元以上。此间,全市共整治县、乡以上河道583条,总长度1166公里,完成土方2308万立方米,全市农村的引排能力得到增强。全市改造中低产田近20万亩,建设高标准农田水利示范工程14万亩,极大地改善了农业生产条件。此间,防汛防旱工作取得很大成绩,先后战胜了1997年夏季的严重干旱和11号强台风等自然灾害,夺得了1998年长江抗洪斗争以及1999年里下河防洪排涝工作的全面胜利。

"九五"期间,实现了"城市水利城市管"的初步目标。促成市领导理顺城区的水利管理体制,将地下水资源管理机构成建制地划归水利部门。市水利部门在城市正式履行了行业管理职能。水利投资机制的改革使水利工作更上一层楼。全市水利部门连续不断地在多元化、多渠道、多层次的水利投资上下功夫,在全省第一个出台了农民以资代劳兴建无坝市的政策。工程管理体制、产权制度的双重改革取得显著成效,省内外许多市、县来泰州参观学习。

"九五"期间,市水利局还完成了《泰州引江河工程(初设)项目修改建议》《泰州市重点水利工程"四三"计划》等计划和规划,水利管理迈出新步伐。市水利局坚持建管并重,边建边管,未建先管,向管理要效益。在重点工程中,全面推进项目法人制、招标投标制和监理制,招

节水灌渠

标投标率达100%。在建工程全部受监,并严格实行合同管理。财务管理上,严格按基本建设会计制度要求单独建账核算,对国债资金单独开户并按基本建设程序拨付资金,保证专款专用。在预算外资金管理上,坚持凡属预算外资金的必须全额解缴市财政专户,严格收支两条线。

泰州市在全省率先出台了水资源管理暂行办法,率先在全省实施凿井队伍资质管理。完成《泰州市地下水资源评估》工作,建立了地下水监测网络,规范地下水动态监测的旬报工作,强化地下水水质管理。全面完成淮河流域入河排污口的监测,清理整顿全市河道堤防占用问题,水资源管理日趋完善。坚持"以水为本",立足行业优势,强化规费征收力度,适度发展综合经营,全市水利经济呈现出稳步发展的良好势头。

至"九五"末期,全市水利系统累计拥有经营性资产119112万元,其中固定资产70694万元,从事水利经济的企业208个(乡镇企业155个,市(区)水利直属企业51个,出口年汇企业2个),从业人员6010人,经营范围有7大类近百个品种。至"九五"期末,全市年征收水利工程水费1600万元,水资源费150万元,过闸费1400万元。全市水利综合经营总收入达72000万元,其中养殖业200万元,渔业2500万元,工业32000万元,建筑业30000万元,第三产业7300万元,创利税6000万元。

时任泰州市水利局局长董文虎深入研究水利改革理论,在全国第一个提出设立农民投劳折资资本金、设立水利资源性资产理论和实施对水利资源性资产监管的观点,第一个推出设立按完整成本进

行水工程运行成本核算的观点。这些观点均被国家财政、水利两部门制订相关制度时所采纳。董文虎还较早地提出水利经济公有制实现形式应向多样化发展、水利工程设施公益性耗费补偿问题需要深化研究的观点,这些观点对水利工程走向良性循环和实现资源水利理论产生长期的、深远的影响。

"十五"(2001—2005年)计划期间,全市水利工程总投入177240万元,其中国家和省投资40186万元,占22.7%;市财政投入36560万元,占20.6%;各县(市、区)财政投入30727万元,占17.3%;群众以资代劳和投劳折资29663万元(2001年、2002年),占16.7%;群众"一事一议"投资40104万元,占22.6%。

2001年8月1日大暴雨,泰州主城区多处受淹。为根治水患、造福人民,泰州市委、市政府做出了水利进城和加快推进城市水利,实施城市防洪工程的重大决策。是年,全市各地均实现水利进城。主城区启动城市防洪工程,2002年全面铺开。到"十五"期末,主要完成了主城区里下河西北片、中北片封闭工程,启动了东北片封闭工程,完成了城南河、中子河、宫涵河、稻河、东玉带河、南玉带等骨干河道整治工程,完成了328国道线城区内5座涵闸的重建,累计投资50000万元;各市(区)城区水利投资计12000万元,局部低洼地的防洪排涝条件得到较大改善,基本能抵挡20～30年一遇的洪水,排涝方式也实现了从自排向局部抽排的转变。此间,在主城区新开了凤凰河,同时,实施了翻身河、姜堰区东姜黄河、新生河、西干河、泰兴市羌溪河北段、新曲河北段、宣堡港东段、焦土港东段、靖江市横港中段等河道的整治,还实施了靖江套闸等除险加固工程。这些工程的实施,为提高区域的引排标准,进一步完善区域防洪除涝体系、恢复和保持河道引排效益起到了十分重要的作用。同时,完成泰东河工程的新通扬运河段6.376公里和海陵段3.56公里河道拓浚、改建迎江桥、新建沈马大桥以及部分影响工程,使用资金21304.72万元。完成了里下河湖荡滞涝圩进退水、328国道病险涵闸除险加固、里下河腹部骨干河道穿堤病险涵闸除险加固和车路河兴化城区束窄段整治等4项灾后重建工程;完成了洗马汪闸、姜堰东闸、玻璃厂涵闸、界沟闸、老西河涵闸、大浦头涵闸、草河头涵闸、智堡河涵闸和黄村闸等9座建筑物的重建及加固;拆除重建圩口闸23座,新建沧浪河东闸站,累计投资3354万元。通过以上治理,里下河地区圩口抵御区域性洪水的能力有所增强,改善了上抽配套河道的排水能力,规范了第一批滞涝圩的建设、管理和调度运行,提高了江淮流域分界线的防洪能力。全市通南地区沿江主要引水口门共引江水57.09亿立方米,里下河地区通过高港枢纽、江都枢纽共引水138.99亿立方米。全市各地不断加强水利基础设施建设,基本建成了防洪、挡潮、排涝、灌溉、降渍、调水、改善水环境等较为完善的水利工程体系,累计形成水利固定资产103亿元。

贯彻落实《江苏省地表水(环境)功能区划》和《泰州市水(环境)功能区划》,在全市骨干河道上布设39个水质水量监测断面,定期监测,及时掌握境内地表水资源的质量;在全市范围内调整布设、跟踪观测37眼地下水监测井(另增设15眼监测深井),为科学、合理地开发利用和保护全市水资源提供了依据。地表水、地下水资源管理跨上新台阶。至2004年6月底,全市共安装智能水表38台。全市浅层地下水年开采量基本控制在4500万立方米左右,2004年全市开采量为4363万立方米,总开采量小于允许开采量,泰州成为全省唯一无超采区的市。

农村累计完成各类水利土方1500万立方米,配套各类小沟以上建筑物10369座(其中乡镇以上建筑物2385座),改造中低产田43万亩,建设高标准农田14万亩;疏浚县、乡河道698条,完成土方4052

万立方米;加固里下河圩堤1533公里,完成土方1111万立方米;新建圩口闸215座,改造圩口闸273座;新建排涝站211座,新增动力10136千瓦;新建防渗渠道1545公里,增加节水灌溉面积22.3万亩;治理水土流失12.8平方公里。乡镇水利服务体系得到进一步完善,能力得到提高。全市103个水利站都拥有一定的施工设备和测量仪器,共拥有59959平方米的办公生活用房、143072平方米的预制场地。

入河排污口巡查

多渠道、多方位增加科技投入,水利科研取得丰硕成果。重点水利工程及农村水利的科研经费、科技推广经费达400万元,共取得水利优秀科技成果11项,其中"江堤达标技术研究与应用""城市防洪技术集成研究与应用"等成果达到国内领先水平。科技创新和新技术推广应用为水利现代化建设提供了强有力的技术支持。积极推进科技体制改革,优化科技资源配置,培养造就了一批老、中、青相结合的科技人才队伍。水利法治建设取得了新的进展,共建立了20个水政监察队伍,其中支队1个、大队9个、中队10个;共聘任专职水政监察员85名、兼职水政监察员187名。

水利经济进一步发展。在加强水利基础设施建设的同时,充分挖掘行业潜力,坚持走水路、靠水富,按照工程水利向资源水利转变的要求,集中优势发展第三产业,深度开发第一产业,调整提高第二产业;同时,加强管理,转变经济增长方式,使水利经济总量由扩张转向质的提高。切实提高了职工收入,稳定了水利队伍,壮大了水利产业。全市共实现水利综合经营产值(总收入)380139万元,创利税12834万元;计收各类水利规费21874万元,其中水利工程水费10303万元、水资源费2891万元、闸费收入6406万元。全市水利系统现有水利经营管理单位156个,其中工程管理单位64个、乡镇水利(水务)站70个、水利水电施工单位6个、勘测设计单位2个、供水单位3个、各级水行政主管部门直属单位11个,从事水利经营管理及收费工作人员5159人,拥有水利经营资产313100万元,其中固定资产净值183447万元。初步构建了市水利信息化建设的基础平台,建成了泰州市水利系统广域网和局域网,实现了境内异地多点实时视频会议和动态图像传输。

"十一五"(2006—2010年)期间,全市水利总投资是"十五"期间的2倍。此间,全市大力推进"安全水利、民生水利、生态水利、资源水利"建设,累计投资达35.2亿元,初步建成了"挡、排、灌、降、控"功能完备的水利工程体系。

此间,长江防洪标准进一步巩固。重建、维修加固通江涵闸55座,其中节制闸11座,通江涵洞44座;维修、加固堤顶公路32公里;综合治理长江农场、丹华港、过船港、杨湾港等易坍段,《长江流域防洪规划》的标准得到进一步巩固。

区域治理建设取得明显成效。整治了周山河、靖泰界河、溱湖水系、下六圩港和两泰官河沿线洼地,实施了兴化市城区洼地排挡、盐靖河南段下六圩港整治、溱湖水系整治、靖泰界河西段整治等区域治理、洼地治理项目,启动实施夏仕港、白涂河等中小河流治理,有力地提高了里下河及通南区域的防洪排涝能力。

此间,城市防洪能力进一步提高。基本建成主城区东北片防洪主体工程,里下河的防洪排涝体系,基本完成了城区主要河道的整治、驳岸、绿化及活水工程,实施了以改善城区水质、水环境为目标的城市水生态环境建设工程,兴建生态调水泵站,累计投资7.2亿元。所辖各市(区)也大力推进以城市防洪为主的城市水利工程,累计投资5.5亿元,初步建成了城市防洪排涝体系。

农村水利建设成效显著,村河整治走在全省前列。市里先后出台了《泰州市农村河道疏浚整治工程建设管理办法》《关于加强全市农村河道长效管理的意见》,明确各级农村河道建设和管理的责任主体、管理范围及权属,落实了管护经费。此间,境内各地还全面疏浚整治县、乡、村三级河道。其中,县级河道81条,总计长732公里,完成土方2624.3万立方米;乡级河道1334条,总计长4002公里,完成土方6257.5万立方米;村庄河(塘)18740条,完成土方9416.7万立方米。村庄河(塘)全部通过省水利厅的达标验收,走在全省前列。各地继续加大圩区综合治理力度。累计完成871.3公里圩堤的加修土方1415万立方米,新建圩口闸617座,大修改造圩口闸161座,新建排涝站452座,改建排涝站344座,新增排涝动力52438千瓦。新增排涝流量1215米³/秒,稳步推进了灌区建设。其中,实施了城黄灌区、沿运灌区等3个节水灌溉项目。此间,全市共新建灌溉站540座,改建灌溉站669座,增加灌溉动力25865千瓦。新建村河以上配套建筑物9352座、防渗渠941.5公里。实施小型农田水利重点县建设,全面提高农田灌溉能力,加快实施农村饮水安全工程,解决了农村106万人饮水不安全问题。

此间,还初步完成节水型工业、节水型农业、节水型社区、节水型城市四大载体建设,全市共创建节水型企业25家,建成节水技改示范项目32家,节水增效示范区21个,其中农村17个,社区1个,高校3个。

配套建成国家防汛决策支持系统和水雨情自动化测报系统,完善信息平台,初步实现省、市、县防指视频会商。积极储备防汛物资,加强了防汛队伍专业化建设,防汛抗旱能力、综合指挥和应急指挥水平明显提高,成功抵御了2006年、2007年里下河地区的洪水,2007年通南地区严重的干旱和2010年新中国成立以来泰州第三大强降雨,减轻了水旱灾害对经济社会以及生态环境造成的损失和影响。

水利管理、水利改革和其他各项水利事业也都得到了长足的发展,行政许可、管理制度不断规范,执法力度进一步加大。其间,派出执法巡查人员近2.16万人次,查处长江非法采砂等各类水事违法行为530起,其中立案查处231件;出动防汛清障执法人员1.28万人次,拆除违章建筑7569平方米、违章圈圩50多处,水事秩序明显好转。全市水管体制改革任务全面完成,水管单位精简至16个,其中纯公益性事业单位9个,准公益性事业单位7个。全市水利工程管理水平明显提高,工程管理达标考核稳步推进,已有省级以上达标单位3个。通过改革,进一步理顺了管理体制,建立了水利工程管理的良性运行机制,激发了水管单位内部活力,管养分离工作初见成效。积极推行项目规划许可制度,实行基建项目竞争立项制度,严格项目法人制、招标投标制、建设监理制、合同管理制、质量与安全监督制、竣工验收制,制定了招标投标管理办法、质量监督分级管理、施工图审查办法等,进一步规范水利建设招标投标市场秩序,水利工程质量与安全监督体系开始起步,泰兴已建成县级水利质量安全监督站。水利的科技水平和人才队伍素质也逐步提高,"十一五"期间共新增各类职称技术人员151人,人才队伍结构不断优化。到2009年底,全市水利职工共有2301人,其中高级职称21人,占1%;中级职称240人,占10%;初级职称403人,占18%。

此间,全市基本建成具有防洪、除涝、供水、灌溉、降渍等综合功能的水利工程体系,除害兴利能力明显提高。长江沿线的堤防和小型通江建筑物基本达到50年一遇的防洪标准,中型建筑物达到百年一遇的防洪标准;里下河地区圩堤基本达到"四五四"标准(堤顶高4.5米、宽4米,下同),中心城市防洪基本达到百年一遇的防洪标准和20年一遇的排涝标准;通南排涝能力基本达10年一遇,里下河区域排涝能力基本达5年一遇。水资源供给水平灌溉用水保证率在75%左右,2009年水功能区水质达标率达42.1%,地下水超采率为0。水利为解除一般洪水威胁,减轻洪涝灾害,保证工农业生产和居民生活水源,改善生产生活生态条件,促进经济社会持续发展,提供了有力支撑和保障。

2011年1月29日,中共中央、国务院下发了《关于加快水利改革发展的决定》(中发〔2011〕1号)。文件提出,水是生命之源、生产之要、生态之基。不仅关系到防洪安全、供水安全、粮食安全,而且关系到经济安全、生态安全、国家安全。1号文件要求,不断深化水利改革,加快建设节水型社会,促进水利可持续发展,努力走出一条中国特色水利现代化道路。泰州市委、市政府亦出台了相应的《关于加快水利改革发展的实施细则》(泰发〔2011〕5号),提出了"通过5～10年的努力初步建成现代化的水利综合保障体系"。市水利局副局长胡正平牵头组成的"加快水利改革发展推进泰州水利现代化研究"课题组,在分析泰州水利现状、存在问题的基础上,提出"八大努力方向、六大支撑体系、综合评价指标"的泰州水利现代化模式和具体对策建议。市委书记张雷认为:"此文很好,请发改委、水利局等认真研究,充实'十二五'规划的现代化指标体系。"副市长丁士宏认为:"课题组主动认真研究泰州水利现代化问题,很好。"要求市水利局:"要立足长远研究规划,更要把规划与中央和省里的政策导向结合研究,……要抓住当前有利时机,……以利更好地推进水利现代化建设。"由于两个文件的推动,在"十二五"(2011—2015年)期间,全市水利工作围绕"推进富民强市、建设美好泰州"的总目标,积极践行新时期治水思路,不断创新水利发展,节水型社会和水生态文明建设等各项工作取得显著成效,为全市经济又好又快地发展和民生的改善提供了重要的基础保障。此间,全市水利总投资99.97亿元,是"十一五"期间的2.8倍。

此间,相继完成了卤汀河、泰东河工程,引江河二期河道及船闸工程;兴化川东港工程、泰兴马甸水利枢纽工程相继开工建设;列入国家专项规划的中小河流治理工程累计整治河道232.54公里;夏仕港套闸、十圩套闸等大中型病险水闸加固全面完成。全市防洪减灾体系建设稳步推进。长江沿线堤防和小型通江建筑物基本达50年一遇的防洪标准,中型建筑物达百年一遇的防洪标准。里下河地区圩堤基本达"四五四"标准。城市水利建设速度加快,主城区调度控制系统建成,各市(区)中心城区的防洪体系也基本形成。主城区整治了周山河、老通扬运河等30多条城区骨干河道,改造整治主城区89处暴雨易积水地段,基本达抗百年一遇的防洪标准和抗20年一遇的排涝标准。通南地区排涝能力达抗10年一遇,沿江圩区排涝能力达抗5年一遇,里下河区域排涝能力基本达5年一遇。全市防汛防旱预警能力进一步增强,防汛防旱指挥系统实现省、市、县三级防指视频会商,基本建成全市水旱灾害应急反应系统,成功抗御了2011年"梅花"、2012年"达维""苏拉"等5次台风袭击。"十二五"期间防汛抗旱减灾效益超过10亿元。

此间,基本建成河湖管理与保护体系。基本建立"河长制"管理组织体系,全市65条省骨干河道全面落实"河长"、管护单位和人员;里下河湖泊湖荡管理机构基本落实。开展河湖与水利工程管理保护范围确权划界工作,加强河湖巡查与侵占行为查处,出动执法巡查人员7.64万人次,查处各类水事违法行为974起;出动防汛清障执法人员1.34万人次,拆除违章建筑6696平方米、违章圈圩22处。利用高港枢纽的供水改善了通南地区水环境,结合区域引排、河道整治、城市黑臭河道治理、农村河道疏浚等工程,改善城乡水环境。兴化市大纵湖、得胜湖、平旺湖退圩还湖工作全面启动。

河长制主题长廊

此间,大力推进水生态文明建设。全面推进节水型社会建设,创成国家级节水型社会示范市;全市用水总量稳定在33亿立方米左右,农业供水保证率87%,工业供水保证率95%,生活供水保证率97%。实现节水载体建设全覆盖,累计创建节水型企业43个,建成节水型单位12家、节水型学校62家、节水型社区71家。2015年,全市万元GDP用水量、万元工业增加值用水量分别下降到75.69立方米(不含火电)、10.22立方米,农田灌溉水利用系数提高到0.59。77个水功能区水质监测实现全覆盖,水功能区水质达标率提高到75.3%,全市集中式饮用水水源地水质达标率达100%,各市(区)均建成第二水源、应急水源或互为备用。启动国家级水生态文明城市建设试点,累计创建国家级水利风景区3家、省级水利风景区4家,宣堡镇、曲霞镇等7个乡镇成功入选全省"水美乡村"。综合防治水土流失面积100平方公里。

水利民生工作取得实效。围绕提高农业综合生产能力、改善农村生产条件和农民生活条件,大幅增加农村水利投入,大力实施农村饮水安全、高标准农田建设、灌区节水改造、农村河道疏浚等,总投入达30亿元。大力推进高标准农田水利建设,6个市(区)被列为中央财政小型农田水利重点县,实施1

靖江御水湾小区雨水收集用于景观绿化

个大型灌区、2个中型灌区续建配套与节水改造。加强农村河道综合整治,疏浚县乡级河道552条1632公里、村庄河塘6324条,完成土方6665万立方米;4个县15个项目列入国家中小河流重点县试点项目并实施。截至2015年底,全市农田有效灌溉面积达410万亩,占耕地面积的93%,旱涝保收农田达364万亩,占耕地面积的83%,节水灌溉工程控制面积达200万亩,占有效灌溉面积的49%,保障和促进了全市粮食生产连续增长。实施农村饮水安全与提质增效工程,解决了153.75万农村人饮水不安全问题。

水利改革不断深化。制定了《泰州市水利局关于深化水利改革的实施方案》《泰州市深化小型水利工程管理体制改革实施方案》等,推进水利重要领域和关键环节的改革攻坚,全市水管体制改革任务全面完成。水管单位精简至16个,达省三级以上标准的水管单位已有12个,其中省一级单位1个、省二级单位8个、省三级单位3个。制定了《关于全面推进法治水利建设的实施意见》《泰州市水利工程管理办法》《卤汀河泰东河管理办法》及《泰州市农村河道长效管理工作考核办法》等规范性文件,水法规体系进一步健全。扎实推进依法行政,制定行政权力清单与责任清单,行政审批事项由25项精简到9项。健全水资源管理体制,建立考核评估体系,水资源"三条红线"管理体系初步形成。全面落实建设管理5项制度,实行区域集中监理制,进一步完善电子招标投标,建立健全安全生产组织机构,基本形成水利工程建设质量和安全监督体系。建立省、市、县三级水利现代化规划体系,编制实施《泰州市城市水系规划》《泰州市区水利现代化规划》《泰州市通南地区水利规划》,实施水工程规划同意书制度。水利公共财政投入持续增长,初步形成水利投入稳定增长机制。

四

水无处不在,文化也无处不在。在人与文化、人与水相互作用中产生了灿烂的水文化。泰州的水文化研究走在全国前列。

从20世纪80年代开始,特别是地级泰州市组建以后,以泰州市水利局原局长董文虎为代表的泰州水利工作者开始用文化的视角研究水,研究河流,研究城市和农村水利,将文化作为水利发展的战略元素,努力将水文化融入泰州社会经济发展、城市发展之中。在水与文化结合的精神水文化研究上、在建设国家相关水利法规等制度的水文化研究上、在构建文化水工程的物质水文化建设上都进行了深入的思考和研究,并把水文化融进工作中,为水利建设提供思想和实践指导,取得了丰硕的、令全国水利界瞩目的成就。获省(部)级优秀成果奖4项,获市(厅)级优秀成果奖28项,正式出版水利研究性著作13部,水利书画、诗文集4部。参与水利部有关制度水文化类研究的项目9项;完成课题17个,撰写市内外调研报告20份,应邀授课、开讲座86场,参加学术交流、专题座谈会80多个。水文化来自水利,亦为水利的发展提供了支撑和服务,截至2015年,泰州建成了有丰富文化内涵的国家水利风景区3个、省水利风景区4个。

凤凰河国家水利风景区

　　泰州,因水而生,因水而兴,因水而名,因水而美! 水是泰州的灵魂,是泰州最宝贵的财富。几千年来,泰州人民克服困难、锲而不舍、百折不挠治理水患的历史可歌可泣、可圈可点! 特别是1949—2015年的66年间,在各级党委和政府的领导下,泰州水利人牢记使命,白手起家、自力更生、奋发图强、呕心沥血,带领人民群众治水、利水所取得的辉煌成就更是惊天地、泣鬼神! 但是,治水是人类和自然界作斗争的长期而艰巨的过程,展望未来,泰州水利建设仍然任重而道远! 泰州水利人必定会发扬大禹治水的精神,进一步解放思想,抓住机遇,敬业奉献,治水不止,努力走出一条具有泰州特色的水利现代化之路,为建设经济强、百姓富、环境美、社会文明程度高的新泰州发挥水利的支撑保障作用! 泰州水利人也必定会准确把握水利工作面临的新形势,立足泰州水利实际,补短板、开展水利薄弱环节建设;强监管,把治水的工作重心转向更加突出水环境治理和河湖管理能力的提升;推动全市水利工作高质量发展,着力建设人水和谐的美好家园,奋力谱写泰州治水兴水新篇章! 搞好水利建设,功在当代,利在千秋,泰州水利人一定会继续发扬“干平凡工作,创一流业绩”的泰州水利精神,团结拼搏,开拓进取,努力创造泰州水利建设的新辉煌!

第一章　自然概况

第一章　自然概况

　　泰州市位于长江、淮河下游,江苏省中部;北纬32°01′57″~33°10′59″,东经119°38′21″~120°32′20″;是长江、淮河两大水系的冲积平原,地势中间高、南北低;总面积5787.26平方公里,其中陆地占77.85%,水域占22.15%。江河湖荡面积1190.4平方公里,其中长江水域面积171.5平方公里。境内以老通扬运河和328国道沿线控制建筑物为界,以南属长江流域的通南地区,面积2507平方公里;以北属淮河流域的里下河地区,面积3111.5平方公里。南部沿江地区地面高程一般为2~5米,中部高沙土地区地面高程一般为5~7米,北部里下河地区地面高程一般为1.5~5米。

　　泰州地处北亚热带季风气候的温润气候区,四季分明,雨量充沛,光照充足,无霜期长,适宜各种作物生长。但是,降水时空分布不匀,过境水丰歉差异较大;春季冷空气活动频繁,连阴天气较多;夏秋季经常出现旱涝风潮。加之地处江淮下游,常受江淮并涨的洪水威胁。

第一节　地质地貌

　　泰州地质上属构造沉降区。境内有三大地貌单元:里下河平原区、长江三角洲平原区、孤山丘岗区。以新通扬运河为界,北部为里下河平原,包括兴化全境、姜堰区及海陵区的北部地区等;南部为长江三角洲平原,包括海陵区和姜堰区的南部地区、高港区、泰兴市、靖江市。

一、地质

　　由于新构造运动,境内属长江三角洲持续沉降区。自上古生代至下中生代的地质时期中,经受地质史上各期地壳运动的强烈影响,导致本地的强烈褶皱并隆起,至喜山运动的强烈断裂影响,形成现代的穹断褶束构造的最终形态特征。第四纪以来,发育了巨厚的疏松沉积层,沉积物呈垂向分布,具有明显的二元结构,河岸土质表层为河漫滩相的亚黏土,中层主要由灰色、青灰色的粉砂、极细砂组成。第三纪以来的新构造运动,以持续缓慢沉降为主。

　　资料显示:境内南部沿江地区土质松软不均匀,易产生不均匀沉降,有不能满足建筑物工程天然地基要求的地质段。

　　沿江地区地势平坦,地面高程2.5~3.5米(废黄河基面,下同),处于长江高、低潮之间。江堤高出地面4米左右,江堤迎水坡均已采用现浇混凝土或灌砌石护坡,并加接挡浪墙达到《长江流域防洪规划》标准,堤顶修有宽5.5~6.5米的防汛公路,江堤背水坡采用植物护坡。堤内河道沟渠纵横,河道通过涵闸与长江连通,堤外滩地宽窄不等,一般在数米至200米间,也有不少堤段,长江深泓紧临堤脚。长江泰州河段两岸河床边界结构对水流的抗冲能力相差悬殊,南岸江阴大都为黏土,土质坚硬,东段土质略差,但有群山为倚,抗冲能力强,因此江阴岸线长期以来较为稳定;北岸为在三角洲发育过程中,河床摆动沙洲并岸而成。河床边界为长江冲积形成的岸滩,由于沉积年代新、含水量高、黏聚力低、结构松散、河床抗冲性差,江岸稳定性较差。

境内北部里下河地区为苏北-南黄海盆地的陆上部分,是在印支-燕山期褶皱基础上发展起来的中新生代陆相沉积盆地,其基底是以碳酸盐为主的古生代地层。在地质构造上,处于自建湖隆起以南的东台坳陷带内,自北向南,跨越小柘垛低凸起、高邮—白驹凹陷、吴堡—博镇低凸起和溱潼凹陷,为两隆两凹格局。该地区均为第四系全新统湖积层和河流泛滥物质所覆盖。据石油普查勘探,除绝大部分钻井揭示了新生代地层外,在低凸起上还揭示了中生代和部分古生代地层。

二、地貌

全市除靖江有一独立山丘外,其余均为江淮两大水系冲积平原,地势呈中间高、两头低走向。南部沿江地区真高一般在2～5米,中部高沙土地区真高一般在5～7米,北部里下河地区真高1.5～5米。

(一)里下河平原区

里下河平原区古地貌为大型湖盆洼地,由古潟湖淤积成陆。大致分布于通扬运河以北。区内水系发育,湖沼密布,有"四分地,一分水"之说,是名副其实的水乡。在距今5600年以前,当时的海岸线大致位于洪泽—六合一线以西,里下河地区处于海湾之中。在距今2000～3000年以前,由于受西侧低山丘陵缓慢隆升的影响和长江北岸沙嘴、淮河南北岸沙嘴不断向海延伸,受海流搬运形成岸外浅滩。后海岸线东移至阜宁—盐城—东台—如东拼茶一线,其时里下河地区陆续露出水面。以西以北地势低洼,由海湾变为潟湖。为了阻止海水西侵,唐代在境东修筑了常丰堰,宋代修筑了捍海堰(范公堤)。为挡西水,修筑了高邮至兴化的南塘(堤)和兴化至盐城的北塘(堤),使兴化得以开发。在南宋建炎二年(1128)以后的600多年间,由于黄河夺淮改道南下,大量泥沙堆积在原来的海积、湖积层之上,填高地面,使原来低洼水面被分割成大大小小的湖泊沼泽,造成淤软土层埋深浅而厚度大,其压缩性较大,境内承载能力较低,工程地质条件不良。里下河地区地势低洼平坦,起伏小,为周围高、中间低的碟形洼地。兴化和溱潼是里下河腹部地区三大洼地中最低洼的地方,俗称"锅底洼"。地面高程在海拔1.4～3.2米。地形总趋势是东南高、西北低,唐港河以东和蚌蜒河以南地势较高,它们分别是1000～2000年前出露的沙嘴和沙坝。唐港河以西、蚌蜒河以北地势较低。西北部湖荡星罗棋布,是当初潟湖沉积的残存湖泊。在20世纪,洼地经由江、河、海合力堆积,经历了海湾—潟湖—水网平原的演化过程,形成湖荡、沼泽地貌特征。

(二)长江三角洲平原区

长江三角洲平原区也称通南高沙土平原区,划分为高沙平原(老岸)、沿靖平原、孤北洼地、沿江平原(圩田)、江边滩地和江心滩。地貌上属于长江漫滩平原,地势宽广而平坦,微向下游倾斜。6000年前,为三角洲式海湾,海湾外是浅海,后被长江挟带泥沙冲填成陆,形成东西向长条状河口坝,使江水分汊;又经不断淤填,各河口坝逐渐连接,500年前成陆,演变为高沙土平原区("老岸"地区形成于2000多年前的西汉时期);明嘉靖四十三年(1564),靖江境内长江段有10个沙滩出现,后几经坍没复涨,形成如今的江心滩地,盛产芦苇,生态环境良好。境内成陆次序为主城区、高港区、泰兴市、靖江市。

(三)山丘区

孤山丘岗区是境内唯一的山体,曾称元山,坐落于靖江市中部孤山镇境内,距靖江市区6公里,海拔55.6米,周长1500米,占地面积5万平方米,是天目山向东北延伸的余脉之一。随着地壳升降,新生代第三纪后隆起为海上孤岛;在新三角洲发育过程中,经江水挟带泥沙淤积,于明弘治元年(1488)与陆地相连并突兀成平原上的孤丘。岩性为紫红色石英砂岩、长石石英砂岩,中间夹有紫红色薄层黏土页岩。孤山形成之初,东北陡峭,后东北角于明弘治十四年(1501)、嘉靖三十九年(1560)、万历四十一年(1613)3次崩塌,南部延缓,形如坐狮。

第二节　气候气象

一、气候

泰州市属于亚热带湿润气候区,季风显著,四季分明,雨量充沛。全市年平均气温15℃,历史最低气温-19.2℃、最高气温39℃,1月最冷,7月最热。年平均降水量1089.9毫米,年最大降水量1794毫米,年最小降水量仅421毫米。受东亚季风影响,降雨季节分配不均匀,一般"梅雨季节"雨水明显增多,占全年雨量的40%左右;6—9月降雨量占年降雨量的60%以上。年平均风速为3.5米/秒,最大风速25米/秒,每年有台风1~2个。年平均蒸发量900~1000毫米,日照2125小时,无霜期220天,利于农作物的生长。境内各市(区)进入各季节的时间大多数相当,略有先后。

泰州市属于亚热带湿润气候区,季风显著,四季分明。一般在3月底、4月初进入春季,6月上、中旬进入夏季,9月中旬开始进入秋季,11月中旬转入冬季。春、秋季各有2个多月,夏季有3个多月,冬季有4个多月。

春季,气温逐步回升,多行东南风,常出现连阴雨天气,降水量比冬季明显增多;因冷暖气团互相争雄,旋进旋退,有时亦出现倒春寒、连阴雨及霜冻、冰雹等灾害性天气。终霜平均在3月29日前后,最迟为4月28日前后(1954年)。4月平均气温仅为13.7℃。春季降水比冬季明显增多,季平均雨日31天左右,降水量220毫米左右,约占全年降水量的20%,年际间较差100~300毫米,干旱概率较小。

夏季,受太平洋副热带高压控制,多行东南风,多雨,梅雨和伏旱相继出现。一般在6月中旬至7月上旬,太平洋高压北进,与来自北方的冷空气交绥于江淮之间,地面上形成静止锋,从此进入梅雨期;梅雨期内阴雨连绵,并常伴有雷暴、暴雨或冰雹等灾害性天气;梅雨结束后,转受太平洋副热带高压控制,降水量明显减少,天气晴朗,日照增多,气温急剧上升,进入炎热的盛夏季节。7月、8月气温为全年最高,平均在27℃以上,最高气温达35℃以上,极端最高气温达39.4℃(1966年8月7日)。夏末秋初为热带风暴和台风的活跃期,平均每年有1～2次影响市境;其时常出现狂风暴雨天气,极易造成风、涝等灾害。夏季降水日数年平均36天左右,降水量500毫米左右,约占全年的一半。

秋季天高气爽,多晴朗天气,雨日雨量减少,降水量约占全年20%左右。初秋,白天有炎夏余威,但入夜转为凉爽;"白露"后气温缓慢下降,天气渐凉,有"白露不露身"之谚;但如暖气团势力较强,气温居高不下,即形成"秋老虎"。秋季多雾,盛行东北风。10月下旬,冷暖空气交汇于江淮之间,有些年份出现持续秋雨,造成土壤水分过多,影响秋收秋种。初霜期平均在11月9日前后,最早出现时间为10月22日(1979年)。

冬季由于冷空气频繁南下,气温急剧下降,时有霜冻出现。全年以1月最冷,平均气温1.5℃左右。一年中低于-5℃的低温日平均8～9天。本季多干燥晴冷天气,盛行北到西北风。平均雨日22天左右,雨雪量100毫米左右,仅占全年降水量的10%左右。一般每年降雪1～2次,个别年份多达10次以上。

二、气象

(一)气温和地温

全市年平均气温14.8～17.6℃。一年中,1—2月为最冷月,平均气温3.2℃,气温≤0℃的天数平均每年61天,≤-10℃的天数平均每年0.6天(最多的1955年有7天)。1955年1月6日出现极端最低气温为-19.2℃;7—8月为最热,其中7月历年平均气温27.8℃,最高32℃。1966年8月7日,泰州主城区极端最高气温达39.4℃;另据民国年间泰县测候所观测,民国23年(1934)7月12日,泰县气温高达41.5℃(《泰县雨量月报表》)。≥35℃的高温日一般出现在7月中旬至8月上旬,平均每年8～9天,最多的1953年有35天。靖江1987年5月下旬即出现≥35℃的高温日;有些年份夏季未出现≥35℃的高温日,如1965年、1968年、1981年、1982年等年份。

地温与气温的变化具有同步性,也是夏季高、冬季低。全市平均地温17.4～17.8℃,其中泰州主城区17.3℃;地面以下5～20厘米地温平均16.5～16.7℃。极端最高地温:主城区68.0℃(1976年7月10日)、兴化69.7℃(1976年7月10日)、姜堰70.6℃(1976年7月21日)、泰兴70.2℃(1967年8月6日),极端最低地温:市区-20.9℃(1977年1月31日)、泰兴-17.9℃(1977年1月31日)、兴化-20.9℃(1969年2月6日)、姜堰-18.8℃(1984年1月23日)。

(二)降水和湿度

泰州地区年平均降水量1037.3毫米,年平均雨日113天。1997—2015年全市年平均降水量为1060.4毫米。其中,主城区平均降水量为1044.9毫米。姜堰区平均降水量为1038.8毫米,泰兴平均降水量为1032.1毫米,靖江平均降水量为1136.2毫米,兴化平均降水量为1049.9毫米。市区年平均雨日116.3个,其中≥10毫米(中雨以上)的雨日30天,≥25毫米(大雨以上)的雨日11天,≥50毫米(暴雨以上)的雨日3.4天,≥100毫米(大暴雨)的雨日0.4天;降水日最多的7月平均14天,最少的12月仅6天。降水量年际间变幅较大。20世纪50年代以来,境内全年降水量最多的是1991年,平均为1796.0毫米,其中兴化为2080.8毫米;全年降水量最少的是1978年,只有395.6毫米,两者相差3.54倍。

降水季节分配很不均匀,全年约60%的降水集中在汛期6—9月;其中尤以7月最多,达210毫米以上(兴化达240毫米),占季降水量(6—8月)的42.5%~46%。降水量最少的12月、1月、2月3个月,雨量不足100毫米,仅占全年降水量的不足10%。

每年初夏进入梅雨期。入梅和出梅时间的迟早、持续时间的长短和梅雨量的多少,历年差别很大。入梅时间一般在6月18日,出梅时间一般在7月10日。入梅最早的是1991年,该年5月21日入梅,全市比正常年份提前1个月进入梅雨季节;最迟在7月9日(1982年)。出梅最早在6月17日(1961年),最迟在7月29日(1954年)。梅雨期历年平均21~22天,最长的梅雨期是1991年,该年梅雨日长达56天,梅雨日是常年的2倍多。梅雨量平均247毫米左右,最多的1991年达1310.8毫米,为常年的5.31倍,为大水年份1954年的2.1倍;最少的是1978年,该年梅雨期几乎无降水。其余的空梅年份有1955年、1961年、1978年、1992年等年份。

全年平均相对湿度77.1%~78.8%,主城区为78.8%;月平均相对湿度以7月、8月最大,为84.6%;12月初、1月平均相对湿度最小,为75.5%。小于20%的相对湿度多出现在冬季,最小相对湿度为11%,出现在2004年2月14日。

表1-1 泰州降水量强度分级表

雨强	12小时降雨总量(毫米)	24小时降雨总量(毫米)
小雨	0~5.0	0~10.0
中雨	5.1~15.0	10.1~25.0
大雨	15.1~30.0	25.1~50.0
暴雨	30.1~70.0	50.1~100.0
大暴雨	70.1~140.0	100.1~200.0
特大暴雨	>140.0	>200.0

表1-2 泰州代表站逐年梅雨期降水特征值表

年份	梅雨期		梅雨历时(天)	梅雨量(毫米)			
	起	讫		泰州	黄桥	夏仕	兴化
	(月-日)	(月-日)					
1951	07-06	07-16	11	112.4	211.2	144.2	165.3
1952	07-02	07-15	14	38.4	56.0	79.6	59.3
1953	06-19	06-28	10	197.6	185.5	235.2	157.0
1954	06-12	07-30	49	758.5	557.0	425.2	571.1
1955	06-13	07-08	26	137.2	191.8	257.3	77.8
1956	06-03	07-14	42	429.7	366.6	490.1	412.8
1957	06-20	07-09	20	247.5	218.9	254.5	113.1
1958	06-26	06-29	4	117.6			203.5

续表1-2

年份	梅雨期		梅雨历时(天)	梅雨量(毫米)			
	起	讫		泰州	黄桥	夏仕	兴化
	(月-日)	(月-日)					
1959	06-27	07-05	9	96.5	145.8	139.7	45.7
1960	06-07	06-29	23	222.7	310.0	274.4	91.4
1961	06-06	06-15	10	55.4	121.9		11.2
1962	07-01	07-08	8	117.8	142.5		143.3
1963	06-21	07-12	22	345.0	328.9		405.7
1964	06-23	06-29	7	77.0	82.1		7.7
1965	06-30	08-04	36	384.9	301.0		862.1
1966	06-24	07-13	20	63.0	110.2	90.2	54.0
1967	06-24	07-05	12	134.8	186.4	253.6	100.1
1968	06-24	07-20	27	321.0	108.5	232.0	350.6
1969	07-03	07-18	16	433.8	480.0	286.8	494.7
1970	06-17	07-20	34	322.9	325.6	401.6	172.5
1971	06-09	06-26	18	153.8	90.4	54.0	192.6
1972	06-19	07-05	17	543.7	507.4	278.8	261.3
1973	06-16	06-29	14	83.7	107.8	89.7	46.0
1974	06-09	06-20	20	395.6	279.3	226.5	344.0
	07-08	07-15					
1975	06-16	07-15	30	450.7	569.7	439.3	186.1
1976	06-16	07-15	30	123.5	134.3	222.8	139.9
1977	06-28	07-11	14	160.1	72.7	58.4	207.6
1978			空梅				
1979	06-19	07-21	33	372.6	428.9	273.7	408.0
1980	06-09	07-22	44	568.2	580.8	497.9	534.7
1981	06-23	07-03	11	87.4	152.1	215.9	260.8
1982	07-09	07-25	17	239.2	336.2	331.4	243.5
1983	06-19	07-18	30	264.5	261.3	282.9	231.1
1984	06-06	07-07	32	142.1	261.9	183.2	138.5
1985	06-21	07-07	17	102.3	157.6	256.4	113.0
1986	06-19	07-08	34	140.7	335.1	290.2	259.5
	07-12	07-25					
1987	06-19	07-27	39	329.7	212.8	250.5	414.9
1988	06-15	07-03	19	76.7	107.0	70.2	176.7

续表1-2

年份	梅雨期		梅雨历时(天)	梅雨量(毫米)			
	起	讫		泰州	黄桥	夏仕	兴化
	(月-日)	(月-日)					
1989	06-06	07-14	39	186.6	203.7	141.2	220.5
1990	06-14	07-04	21	172.9	140.1	273.4	141.4
1991	05-21	07-16	57	785.2	728.7	786.1	1296.6
1992			空梅				
1993	06-28	07-10	13	81.1	45.3	140.0	107.7
1994	06-21	06-29	9	14.6	44.8	35.2	104.8
1995	06-20	07-09	20	94.6	186.8	204.1	72.9
1996	06-02	07-21	50	431.7	421.6	454.2	522.8
1997	06-29	07-19	21	147.0	108.0	69.4	198.1
1998	06-24	07-06	13	225.6	177.6	180.0	204.8
1999	06-06	07-20	45	225.8	396.8	420.5	288.5
2000	06-20	07-04	15	187.9	233.9	244.4	121.1
2001	06-17	06-30	14	38.5	53.8	89.4	175.2
2002	06-19	07-08	20	54.9	91.0	127.7	39.2
2003	06-21	07-22	32	476.0	509.0	482.6	657.1
2004	06-14	07-16	33	252.0	332.4	251.4	181.8
2005	06-26	06-29	4	82.6	56.1	29.6	10.9
2006	06-21	07-11	21	230.6	150.8	113.5	331.8
2007	06-20	07-25	37	363.6	405.1	351.7	526.0
2008	06-14	07-04	21	146.9	158.7	84.3	180.5
2009	06-27	07-15	19	95.7	153.7	204.1	101.9
2010	06-17	07-18	32	288.4	263.7	182.1	86.4
2011	06-15	07-21	37	374.7	424.0	579.6	487.8
2012	06-16	07-18	33	286.0	211.5	203.9	377.9
2013	06-23	07-08	16	67.0	115.2	114.0	165.0
2014	06-25	07-18	24	161.0	254.6	265.0	135.0
2015	06-24	07-13	20	202.0	308.0	273.5	257.5
2016	06-19	07-02	32	501.0	587.6	576.0	530.0
多年(1951—2016年)平均			23	227.6	242.9	241.1	245.2

表1-3　主要站点短历时暴雨特征值表　　　　　　　　　单位:毫米

站名	特征值	0.5小时雨量	开始日期（月-日）	1小时雨量	开始日期（月-日）	6小时雨量	开始日期（月-日）	12小时雨量	开始日期（月-日）	24小时雨量	开始日期（月-日）	72小时雨量	开始日期（月-日）
兴化	平均值	40.2		45.2		84.6		95.6		110.0		157.8	
	最大值	52.6		87.9		184.8		200.5		233.0		285.8	
	年份	1966	07-21	1991	06-29	1991	06-29	2015	08-01	2015	08-01	1991	07-06
泰州	平均值	32.9		41.1		69.6		84.9		101.8		120.1	
	最大值	54.0		69.0		119.1		189.8		228.4		258.4	
	年份	1981	07-27	1981	07-27	1991	06-29	1975	06-02	1975	06-02	1975	06-22
黄桥	平均值	32.9		42.6		75.4		93.0		106.0		126.6	
	最大值	58.9		83.2		215.6		294.1		355.0		379.1	
	年份	2004	07-03	1992	06-14	1975	06-23	1975	06-23	1975	06-23	1975	06-22
夏仕	平均值	23.1		31.7		58.4		71.4		83.3		132.5	
	最大值	54.2		86.3		179.4		216.2		221.5		298.5	
	年份	1992	08-27	1976	06-21	2011	07-13	2011	07-13	2011	07-13	2011	07-11

表1-4　泰州主城区降雨情况一览表（1955—2015年）

年份	汛期累计（毫米）	全年（毫米）	梅雨量（毫米）	梅雨期（天）
1955	368.2	700.6	137.2	26
1956	1170.8	1690.8	429.7	42
1957	658.3	1091.2	247.5	20
1958	631.5	1128.9	117.6	4
1959	496.9	994.2	96.5	9
1960	627.6	1027.7	222.7	23
1961	572.9	933.0	55.4	10
1962	1077.4	1370.7	117.8	8
1963	514.6	973.0	345.0	22
1964	549.6	1174.6	77.0	7
1965	699.3	1138.6	384.9	36
1966	431.6	835.5	63.0	20
1967	245.7	703.4	134.8	12
1968	561.1	895.9	321.0	27
1969	730.5	1064.3	433.8	16
1970	941.7	1360.9	322.9	34
1971	530.2	844.6	153.8	18
1972	963.6	1493.0	543.7	17
1973	395.1	750.8	83.7	14
1974	598.2	1129.0	395.6	20
1975	706.2	1245.5	450.7	30
1976	309.8	713.9	123.5	30

续表1-4

年份	汛期累计（毫米）	全年（毫米）	梅雨量（毫米）	梅雨期（天）
1977	799.0	1301.3	160.1	14
1978	146.9	392.1	0	空梅
1979	559.7	894.1	372.6	33
1980	801.3	1093.4	568.2	44
1981	428.0	959.6	87.4	11
1982	602.8	1040.9	239.2	17
1983	575.1	1003.9	264.5	30
1984	736.3	1118.0	142.1	32
1985	413.9	989.0	102.3	17
1986	486.8	724.3	140.7	34
1987	677.2	1241.0	329.7	39
1988	530.1	862.9	76.7	19
1989	622.1	1116.6	186.6	39
1990	572.8	1117.4	172.9	21
1991	1215.3	1796.0	785.2	57
1992	500.8	934.9	0	空梅
1993	455.4	1169.3	81.1	13
1994	225.4	651.8	14.6	9
1995	439.5	673.7	94.6	20
1996	543.5	1009.0	431.7	50
1997	491.2	960.3	147.0	21
1998	603.7	1281.0	225.6	13
1999	591.2	988.7	225.8	45
2000	646.7	1088.7	187.9	15
2001	523.0	886.2	38.5	14
2002	385.4	970.4	54.9	20
2003	846.5	1371.1	476.0	32
2004	383.7	787.3	252.0	33
2005	628.4	949.1	82.6	4
2006	483.5	970.3	230.6	21
2007	675.7	1024.3	363.6	37
2008	574.2	939.1	146.9	21
2009	734.1	1224.8	95.7	19
2010	611.6	1144.9	288.4	32
2011	948.4	1200.1	374.7	37
2012	574.1	979.4	286.0	33
2013	537.1	884.8	67.0	16
2014	610.9	991.9	161.0	24
2015	673.5	1211.1	202.0	20

表1-5　泰州市通南地区雨量站年降水量特征值统计表

站名	县级	年平均降水量 （毫米）	年最大降水量 （毫米）	年份	年最小降水量 （毫米）	年份
泰州（通）	海陵区	1023.6	1635.0	1991	411.8	1978
姜堰（通）	姜堰区	976.4	1634.3	1956	504.9	1994
马甸港闸	泰兴市	1073.0	1741.8	1991	484.8	1978
黄桥	泰兴市	1026.3	1557.5	1991	514.5	1978
夏仕港闸	靖江市	984.5	1635.0	1991	608.0	1971

表1-6　泰州市里下河地区雨量站年降水量特征值统计表

站名	县级	年平均降水量 （毫米）	年最大降水量 （毫米）	年份	年最小降水量 （毫米）	年份
溱潼	姜堰区	1010.9	1832.3	1991	446.4	1978
沈沦	兴化市	1028.5	2130.4	1991	348.6	1978
兴化	兴化市	1041.5	2075.5	1991	403.2	1978
沙沟	兴化市	956.9	1650.4	1991	547.4	1995
安丰	兴化市	1046.7	1820.	1991	328.8	1978

表1-7　1956—2015年泰州市通南地区雨量站多年月平均降水量统计表　单位：毫米

站名	1月	2月	3月	4月	5月	6月	7月	8月	9月	10月	11月	12月
泰州站	34.1	48.9	67.7	76.5	80.8	152.0	187.3	150.4	102.1	52.1	51.3	28.7
黄桥站	37.2	47.2	67.9	76.85	87.9	165.7	186.3	142.0	91.5	49.2	51.3	29.7
夏仕站	38.8	46.6	68.0	74.1	84.8	164.9	169.3	133.1	91.8	51.2	49.1	29.2

表1-8　1956—2015年泰州市里下河地区雨量站多年月平均降水量统计表　单位：毫米

站名	1月	2月	3月	4月	5月	6月	7月	8月	9月	10月	11月	12月
兴化站	30.6	40.5	61.3	72.4	80.3	153.1	235.2	157.1	93.5	50.6	47.6	24.9
溱潼站	30.6	37.8	60.8	69.2	80.0	149.7	213.5	162.4	96.5	50.8	47.5	26.6

（三）风霜雪

泰州境内，一年四季各种风向均有出现，以东南风为多，其中市区东南风频率平均26%；其次为东北风，市区东北风频率平均22%。以时序论，11月起以偏北风为主，3月转东北风，4—8月以东南风为主，9月转为东北风。历年平均风速3.3～3.6米/秒（2～3级）；市区平均风速3.4米/秒，3月平均风速最大，为4.0米/秒，10月平均风速最小，为3.0米/秒。风速20.3米/秒（8级）以上大风多伴随寒潮和台风出现，年平均10天左右，少的年份仅出现2次（1973年），多的年份达30次左右（如1969年）。每年6—10月为台风多发季节，尤以8月、9月为盛。除在福建沿海登陆继续西行进入江西境内的台风外，一般在福建北部、浙江沿海和长江口登陆的台风对泰州市都有较大影响，每年影响泰州市的台风有1～2个。1990年15号台风、1997年11号台风均是从浙江温岭登陆后北上，正面袭击泰州，入境后仍有25米/秒的10级大风，给工农业生产和人民生活带来重大损失。1997年11号台风登陆后正好碰上农历七月半大潮汛，形成罕见的风暴潮，对泰州市沿江地区造成严重影响。近几年，泰州仍多次遭受台风外围影响，例如：2001年8号台风"桃芝"，2005年9号台风"麦莎"、15号台风"卡努"，2006年4号强热带风暴"碧利斯"。

泰州主城区年平均无霜期224.3天，最长261天（2003年），最短194天（1966年），平均初霜日期为11月29日前后，最早出现在10月22日（1979年），平均终霜日期在4月1日前后。泰州各市（区）历年平均无霜期：兴化最长227天，姜堰最短215天；最早出现初霜的为泰兴1979年1月2日，各地最迟出现初霜的均为1965年11月26日；终霜期最早的为3月2日（姜堰），最迟的为5月2日（姜堰）。

泰州市区历年平均初雪日期为12月24日，最早为11月17日（1976年）；平均终雪日期为3月9日，最迟为4月19日（1955年）。市区历年平均降雪天数8～9天，其他各县（市）历年平均降雪天数7～8天。以1月、2月降雪日最多，各有3～4天；降雪日最多的为1954—1955年，共22个降雪日。积雪是雪后常见的现象，出现在每年12月至翌年3月，历年平均积雪6～7天，积雪天数最多的1976—1977年度有19天；积雪厚度一般在10厘米以下，1984年泰州积雪30厘米，其他各县（市）积雪25～27厘米。

表1-9 1996—2015年泰州部分年份灾害性热带风暴、台风一览表

年份	台风编号、名称	过境时间	过程雨量（毫米）	代表性灾害
1997	9711	8月18—20日	96.0	暴雨
1999	9914	10月9—10日	41.2	影响不大
2000	0003鸿雁	7月2—3日	51.3	暴雨
	0004启德	10月7日	33.8	影响不大
	0008杰拉华	8月15—16日	2.9	影响不大
	0010碧利斯	8月24—25日	56.4	暴雨
	0012派比安	8月20—31日	5.0	影响不大

续表1-9

年份	台风编号、名称	过境时间	过程雨量（毫米）	代表性灾害
2001	0108桃芝	7月30日至8月2日	211.1	暴雨
2005	0509麦莎	8月5—7日	108.4	暴雨、大风
2005	0515卡努	9月11—13日	73.0	暴雨、大风
2007	0713韦帕	9月18—20日	134.3	暴雨、大风
2008	0807海鸥	7月19—20日	113.9	暴雨
	0808凤凰	7月29—31日	54.2	暴雨、大风
	0813森拉克	9月14日	0.0	影响不大
	0815蔷薇	9日28—30日	无	影响不大
2009	0908莫拉克	8月9—11日	126.2	暴雨、大风
2012	1211海葵	8月8—9日	90.5	暴雨、大风
2014	1410麦德姆	7月24—25日	14.4	大风
2015	1509灿鸿	7月11—12日	27.4	大风
	1513苏迪罗	8月9—11日	114.7	暴雨、大风
	1515天鹅			影响不大

（四）日照和蒸发

泰州境内光能资源比较丰富。1996—2015年，全市平均日照时数为1985.8小时。年日照率为45%，最多的2004年2345.5小时，最少的2009年1720.2小时，年际和季节差异明显。一年四季中，夏季日照时数最多，为566.9小时，占全年的28%，日照百分率41%。

1996—2015年，年平均蒸发量为1351.2毫米。最多的2004年1525毫米，最少的2006年1091毫米。7月和8月蒸发量最大，平均分别为175毫米和178毫米；1月蒸发量最小，为46毫米。除7月外，其他月份蒸发量均大于降水量，平均差值35.4毫米，5月差值最大，为74.4毫米，9月差值最小，为3.6毫米。

表1-10　兴化、黄桥站各月蒸发量统计表

单位：毫米

站名	项目	1月	2月	3月	4月	5月	6月	7月	8月	9月	10月	11月	12月	全年	多年统计			
															最大	日期(月-日)	最小	日期(月-日)
兴化	平均	26.23	34.64	61.85	84.81	112.3	115.5	121.3	125.9	95.98	77.99	49.18	32.35	938.04				
	最大	42.6	59.8	94	124.6	155.4	174.3	187	193.7	122.2	115.6	76.2	51.2	1163.3	14.5			
	年份	1971	1962	1962	1978	1978	1968	1994	1959	1967	1979	1979	1980	1978	60.0	07-17		
	最小	13.8	12.3	33.1	59.4	69.1	68.5	73.7	72.6	67.4	51.8	28.1	13.2	767.3			0	
	年份	1953	1952	1952	1951	2002	2008	1987	2011	1953	1964	1952	1952	1952			53.1	02-21
黄桥	平均	26.61	33.17	56.81	75.82	99.88	98.55	111.1	113.5	83.67	69.8	46.66	33.89	843.4				
	最大	55.2	72	103.1	112.5	189.1	184.3	231.8	180	125	111.8	72	65.2	1263	12.9			
	年份	1983	1981	1984	1978	1964	1964	1964	1978	1966	1972	1988	1971	1964	81.0	07-15		
	最小	14	15.9	23.1	44.2	59.9	59	61.4	60.3	56.9	41	25.5	20.4	624			0	
	年份	1992	1990	1992	1989	1989	1991	1987	1980	2007	1999	1993	1991	1991			65.0	06-26

第三节 水域水系

一、水域

泰州濒江临海,境内湖泊河渠星罗棋布,苇滩湿地面积很大。20世纪80年代,各县(市)水域面积分别为:泰州(县级,下同)2795.93公顷、泰县25097.94公顷、泰兴28004.52公顷、靖江21358.78公顷、兴化8816.53公顷,此后,水域面积略有增减。1996年,靖江市水域面积21358.8公顷,占该市总面积的32.1%,其中河流17971.91公顷、坑塘439.01公顷、苇地947.6公顷、沟渠1490.21公顷、水工建筑物510.05公顷;泰兴市水域面积28004.51公顷,占该市总面积的19.58%,其中河流12117.72公顷、沟渠15411.83公顷、鱼池234.51公顷、水工建筑物240.45公顷;兴化市水域面积78911.08公顷,占该市总面积的32.95%,其中河流湖泊50246.51公顷、鱼池坑塘3411.5公顷、苇地草滩12370.84公顷、沟渠6464.36公顷、水工建筑物6417.87公顷;海陵区水域面积2517.7公顷,占该区总面积的21.46%,其中河流1690.17公顷、坑塘265.46公顷、苇地12.33公顷、沟渠301.15公顷、水工建筑物248.59公顷;姜堰区水域面积25605.23公顷,占该区总面积的21.74%,其中河流湖泊17637.08公顷、鱼池坑塘1959.57公顷、苇地143.07公顷、沟渠4647.05公顷、水工建筑物1175.78公顷、其他42.68公顷。

地级泰州市成立后的1997年,全市水域面积合计152354.91公顷,占总面积的26.27%,其中河流94332.94公顷、湖泊4083.5公顷、坑塘14991.02公顷、苇地7183.59公顷、滩涂6491.24公顷、沟渠17815.03公顷、水工建筑物7457.59公顷。此后,由于部分村镇填河造屋、填河建路和兴建水利设施,水域面积有所减少;同时,里下河地区部分低洼地退田还湖,开挖农田进行水产养殖,使水域面积略有增加。

二、水系

全市共有24168条河道,分属淮河、长江两大水系。以老通扬运河和328国道沿线控制建筑物为界,以南属长江流域的通南地区,面积2507平方公里,其中江平路以东、靖泰界河以北为通南高沙土平原区,面积1727平方公里,地面高程真高4~6米;江平路以西、靖泰界河以南为通南沿江圩区,面积780平方公里,地面高程真高2.2~4米;长江水域面积171.5平方公里。以北属淮河流域的里下河地区,面积3108.5平方公里,地面高程真高1.5~4米。

(一)长江水系

长江干流进入泰州地段以后,从杨湾进入境内,经扬中河段、澄通河段西段,东注大海。扬中河段,自杨湾至江阴鹅鼻嘴(靖江十圩港对岸),长68.4公里,其中,嘶马弯道下的杨湾至高港永安北沙近20公里为易坍地段;泰兴江岸较顺直,过界河口,江面逐渐狭窄,最狭处仅1.3公里,水深流急。澄通河段两段,从鹅鼻嘴至四号港,长27.9公里,长江主流由福礁沙(又称铁板沙)汊道左汊直至张黄港,左岸比较顺直。长江水系主要河道构成了通南地区"四横七纵"水网布局。其中,通南地区地势较平坦,沿江圩区地势较低洼。主要骨干河道有南官河、凤凰河、宣堡港、古马干河、如泰运河、天星港、焦土港、靖泰界河、靖盐河(夏仕港—季黄河—西姜黄河—中干河)、南干河、周山河、新老生产河、老通扬运河、西干河、东姜黄河、增产港、新曲河、两泰官河、运粮河、蔡港等27条,水流一般由南向北、由西向东。

（二）淮河水系

328国道以北里下河地区为江淮湖洼平原,属淮河水系。地面高程1.8～3米。集水面积3021平方公里。历史上,里下河地区水源主要来自淮河。除自然降水外,南有泰东河、卤汀河承接西、南方向来水,由泰州分别流经东台、兴化境入串场河;北部兴化自西南方江都孔家涵受京杭大运河来水,东北流经斜丰港注入海陵溪;西自高邮南北各闸洞和归海诸坝来水,经南、北澄子河汇入海陵溪;另有邮北支渠穿越海陵溪东注之水,经陵亭(今老阁)入兴化南官河。泄水大势由西南而趋东北,通过各经河、纬河注入串场河,北流注入兴盐界河,分别泄经归海诸坝入海;但是河道窄、浅、弯曲,障碍重重,排水不畅。20世纪50年代末至90年代,不断改建老河网,建立"深、网、平"的新水系,把排水方向由单纯入海改为向北、向东自排入海,向南抽排入江,灌溉水源扎根长江,形成纵横结合的河网新布局。淮河水系里下河地区主要河道有泰州引江河、新通扬运河、泰东河、卤汀河、唐港河、盐靖河、雌港、雄港、通榆河、蚌蜒河、梓辛河、车路河、白涂河、冈沟河、海沟河、兴盐界河、北澄子河、茅山河、姜溱河等38条,水流一般由南向北、由西向东。

（三）主城区水系

主城区海陵区水系发展比较早。早在公元前179—前157年间,吴王刘濞为便利运盐开挖的吴王沟,就从扬州的茱萸湾,经海陵仓(今海陵区)至如皋蟠溪(原称盐运河和老通扬运河)。在唐代中晚期,为满足城内水运和排水的需求,除环城河外,在城内又开挖了中市河。中市河位于城市南北轴线海陵路西侧,河道笔直,它从南门引水,北门出水,并将城市平分为东、西两部;两岸居民傍水而居,前门开设店铺,屋后下临河道,日夜舟船往来频繁,突显水乡城市特有的风光。

与中市河呈十字交叉、横贯全城的玉带河,开挖于唐末宋初,位于州治与察院以南,似玉带围在州衙腰间。其水由位于今泰山公园西大门以南的西水门进,向东经小西湖、伏龙桥至八字桥,再向东经董家小桥,达州(周)桥向东流,最后经东水门流出进入城河。玉带河将主城区齐腰分成南、北两块,足见当时设计者独具匠心。

宋代中后期,宋金战争爆发,为了巩固和发展泰州的城防体系,泰州官吏先后组织民众加宽城壕,加固城墙;到南宋宝庆三年(1227),官府再行疏浚城壕,形成环城河,进一步完善了城防系统。到南宋绍兴年间,泰州知州王唤为了完善城内水系,组织民众开挖了东市河与西市河。这两条河从南水关北侧折向东西分流,东至海陵区图书馆(税东街北侧、人民东路西侧)东的东水门,西至光孝寺前。南宋宝庆二年(1226),泰州州守陈垓组织浚泰山下市河(小西湖);南宋嘉定十三年(1220),泰州知州李骏从光孝寺向东、向北又开新河,经洧水桥至北水门出城,使西市河围西半城。明万历年间,从东水门也开挖一河,向北、向西亦至北水门,使东市河围东半城,东、西市河连接起来,沿城墙内绕城一周,将城内的东、西两条市河与城外绕一周的护城河连在一起,形成了双水绕城的格局;东、西市河与十字相交的中市河及玉带河组合在一起,酷似一个"田"字。双水绕城的格局及呈"田"字形纵横交错的市河,构成泰州水乡城市特有的风貌。

元至正二十五年(1365),朱元璋部将徐达为攻打泰州张士诚部,从长江口向北开济川河(南官河)15里抵泰州南门。

明太祖洪武元年(1368),疏浚济川河,由口岸抵泰州南门,与城河、下官河相接,直达下河,水运通道进一步畅通;洪武二十五年(1392),在州城北门下官、运盐两河入口处筑东、西两坝,拦江水于上河,以消弭水患。正统年间,御史蒋诚开跃嶙河;宪宗成化年间(1465—1487)浚东市河。万历二十五年(1597),巡盐御史康丕扬,挑浚老通扬运河,建青龙闸。万历二十七年(1599),巡抚李三才疏浚中、东、西市河,泰州城内水系已臻完善。

在明清五六百年间,泰州战乱甚少,社会相对安定,兴修的草河与稻河深入市区,使里下河地区的稻、麦经过稻河、草河直接进入泰州销往苏南及外省,苏南外省的绸布、南北货、茶叶又经泰州转销周围城乡。泰州主城区成为里下河地区通往长江的门户,成为苏中南北向的交通要冲。

20世纪50年代后,在城西卤汀河与南官河(西城河)间挖河修桥、新建船闸,取消了在稻河、草河、老西河的过坝作业,卤汀河、南官河成为南北水上交通要道。老通扬运河、新通扬运河和周山河成为泰州东至南通、盐城,西至扬州的水上主要航运通道。

1999年竣工的泰州引江河,将长江水引入苏北里下河地区,通过河网和抽水站将江水分别输送到沿海地区,既可解决苏东沿海水资源不足问题,又能迅速将里下河地区涝水引排入江,降低了洪涝灾害对泰州主城区的影响。同时,引江河又是泰州市南北向主要航道,是国家南水北调东线工程之一,对改善泰州地区水环境质量、促进泰州经济的发展起着重要的作用。

第四节 水文水资源

一、水文

民国时期,泰州地区曾设水文测站和测验项目。但是观测时断时续,精度不高,未加整编。20世纪50年代后,有关部门在接管原有观测站点的同时,根据国家制定的"探索水情变化规律,为水利建设创造必要的条件"建站方针,有计划、有系统地建设站网,及时观测,逐年整编,为防汛抗旱,科学开发利用水资源和监护水质提供了可靠依据。

近代泰州地区水文站网最早可以追溯到1925年设立的兴化站、1933年设立的老阁(北)站,然而民国时期,因战乱等原因,资料收集不连续、保存不完善,且测站变动频繁,测验方法落后,成果精度很低,且未加整编,资料价值不大。20世纪50年代后,随着水利建设的需要,水文事业有了很大发展。

20世纪50年代以后,泰州境内水文观测站进行了多次调整,逐步得到了优化和充实。现在,全市已基本形成了由地表水、浅层地下水、水质等基本站网和城市水文、深层地下水、水功能区、水源地等专项监测站组成的水文站网体系。截至2015年底,全市基本水文站按观测项目分,共有流量站4处、水位站16处、雨量站18处、浅层地下水位站14处、泥沙站1处、蒸发站2处、水质监测断面站11处,并在新通扬运河沿线设巡测线1条。

2010年,在卤汀河老阁至兴化段拓浚工程被列为国家南水北调东线里下河水源调整项目实施后,兴化水文站作为拆赔工程实施了重建,其位置仍在卤汀河边。

马甸港闸水文站:该站设于1958年,为工程水文站。设站时,观测项目有流量、降水、水位、泥沙。1974年,新建马甸抽水站,由于马甸港泥沙淤积严重,抽水站运行几年时间便失去功能,马甸港闸水文站随之撤销了泥沙测验项目,该站的功能部分丧失。

夏仕港闸水文站:1960年6月设立,1962年1月停测,1967年5月恢复,是夏仕港入江控制站。该站为省级报汛站,设站的目的是为区域防污防旱、水资源开发利用及工程运行服务。测验项目有闸上游水位、闸下游潮、流量(引排水量)、降水量、地下水位等。

表1-11　泰州国家基本水文站网一览表(2015年)

序号	流域	水系	河流	站名	站别	地理坐标		地址	观测项目				
						东经	北纬		水(潮)位	流量	泥沙	降水	蒸发
1	长江	苏北沿江	泰州引江河	高港	水文	119°50′40.3″	32°19′26.5″	江苏省泰州引江河	√	√	√	√	
2	长江	苏北沿江	马甸港	马甸	水文	119°57′18.7″	32°14′10.0″	泰兴市滨江镇马甸	√	√		√	
3	长江	苏北沿江	过船港	过船	水文	119°56′04.9″	32°09′11.9″	泰兴市滨江镇过船	√	√		√	
4	长江	苏北沿江	夏仕港	夏仕	水文	120°24′21.4″	32°03′34.4″	靖江市斜桥镇夏仕	√	√		√	
5	长江	苏北沿江	周山河	泰州	水位	119°53′47.1″	32°26′06.3″	泰州市医药高新区明珠街道	√			√	√
6	长江	苏北沿江	南官河	口岸闸	水文	119°52′29″	32°17′39″	泰州市高港区口岸闸管理所	√	√		√	
7	淮河	里下河	南官河	兴化	水位	119°49′40.9″	32°55′39.9″	兴化市昭阳镇张阳村	√			√	√
8	淮河	里下河	南官河	老阁	水位	119°49′40.0″	32°48′25.6″	兴化市临城镇老阁村	√			√	
9	淮河	里下河	车路河	唐子	水位	120°04′37.8″	32°56′21.9″	兴化市昌荣镇镇兴路	√			√	
10	淮河	里下河	海沟河	安丰	水位	120°05′45.3″	33°05′03.8″	兴化市安丰镇振安路	√			√	
11	淮河	里下河	蜈蚣湖	中堡	水位	119°50′08.0″	33°05′09.2″	兴化市中堡镇南湖路	√			√	
12	淮河	里下河	沙沟湖	沙沟	水位	119°43′58.9″	33°08′59.7″	兴化市沙沟镇南大街	√			√	
13	淮河	里下河	蚌蜒河	沈垛	水位	119°57′53.6″	32°47′18.7″	兴化市沈垛镇溱潼路	√			√	

续表1-11

序号	流域	水系	河流	站名	站别	地理坐标		地址	观测项目				
						东经	北纬		水(潮)位	流量	泥沙	降水	蒸发
14	淮河	通扬运河	通扬运河	泰州	水位	119°54′55.8″	32°28′35.5″	泰州市海陵区城南街道美好上郡	√			√	
15	淮河	里下河	泰东河	泰州	水位	119°54′51.9″	32°31′01.8″	泰州市城北街道引江花园	√			√	
16	淮河	通扬运河	通扬运河	姜埝	水位	120°07′38.0″	32°29′16.3″	泰州市姜堰区二水厂	√			√	
17	淮河	里下河	运盐河	溱潼	水位	120°05′12.6″	32°39′17.6″	泰州市姜堰区溱潼镇湖滨村	√			√	
18	淮河	里下河	卤汀河	港口	水位	119°54′38.9″	32°34′44.1″	泰州市姜堰区华港镇港口村	√				
19	长江	苏北沿江	老龙河	黄桥	水位	120°13′27.9″	32°15′20.7″	泰兴市黄桥镇致富北路	√			√	√
20	长江	苏北沿江	南官河	泰州（许）	水位	119°51′47″	32°20′19″	泰州市高港区刁铺街道环溪社区6组	√			√	
21	长江	苏北沿江	横港	靖江	水位	120°15′20″	33°00′40″	靖江市靖城镇八圩港泵站	√			√	
22	长江	苏北沿江	两泰官河	泰兴	水位	120°01′50″	32°10′39″	泰兴市泰兴镇莲花家园	√			√	
23	淮河	里下河	姜溱河	姜堰（姜）	水位	120°08′14″	32°32′24″	泰州市姜堰区沈高镇万众村	√			√	
24	长江	苏北沿江	两泰官河	宣堡	水位	119°57′50″	32°17′39″	泰兴市宣堡镇联新村	√			√	
25	长江	苏北沿江	季黄河	季市	水位	120°17′53″	32°07′38″	靖江市季市镇季西村季市套闸北侧	√			√	
26	长江	通扬运河	老通扬运河	蔡官	水位	120°01′10″	32°27′42″	泰州市海陵区苏陈镇双虹村	√			√	
27	淮河	里下河	茅山河	俞垛	水位	119°59′07″	32°39′06″	泰州市姜堰区俞垛镇春草村	√			√	
28	长江	苏北沿江	生产河	张甸	水位	120°02′42″	32°24′25″	泰州市姜堰区张甸镇张甸大桥南	√			√	
29	淮河	里下河	白涂河	林湖	水位	120°00′47″	32°58′47″	兴化市林湖乡铁陆村	√			√	
30	长江	苏北沿江	西姜黄河	顾高	水位	120°09′29″	32°21′50″	泰州市姜堰区顾高镇申家村	√			√	
31	淮河	里下河	幸福河	陶庄	水位	120°08′55″	32°52′00″	兴化市陶庄镇水务站预制场	√			√	
32	长江	苏北沿江	宣堡港	倪浒庄	降水	120°06′44.7″	32°20′17.2″	泰兴市新街镇蒋利村				√	

续表1-11

序号	流域	水系	河流	站名	站别	地理坐标		地址	观测项目				
						东经	北纬		水(潮)位	流量	泥沙	降水	蒸发
33	长江	苏北沿江	夹港	新丰	降水	120°07′53.1″	32°03′13.2″	靖江市生祠镇新丰村				√	
34	淮河	里下河	卤汀河	周庄	降水	119°54′19″	32°41′37″	兴化市周庄镇周庄水厂				√	
35	淮河	里下河	车路河	戴窑	降水	120°11′05″	32°55′58″	兴化市戴窑镇水务站				√	
36	长江	苏北沿江	南干河	蒋垛	降水	120°14′51″	32°22′51″	泰州市姜堰区蒋垛镇水利站				√	

二、水文地质特征

【里下河地区松散岩类孔隙水文地质特征】

因特有的气象水文、地质地貌条件,该地区极有利于孔隙地下水的形成,在江苏省域范围内属地下水资源丰富地区,具有层次多、水质复杂等特点。根据地下水含水层时代成因、埋藏条件、水力性质及化学特征,里下河地区孔隙地下水分为潜水、Ⅰ承压水、Ⅱ承压水、Ⅲ承压水及Ⅳ承压水5个含水层。

表1-12 里下河地区松散岩类孔隙水文地质特征

含水层	地层	岩性	顶板埋深(米)	厚度(米)	水位埋深(米)	单井漏水量(米³/天)
潜水	全新统(Q₄)	亚黏土、亚砂土		10~30	0.3~3.5	<100
Ⅰ承压水	上更新统(Q₃)	粉砂	30~50	10~20	1~2	30~200
Ⅱ承压水	中更新统(Q₂)	粉细砂为主,局部含砾中砂	90~130	6~37	1~7	100~1000
Ⅲ承压水	下更新统(Q₁)	细砂,中粗砂	150~175	10~45	4~6	1000~2000
Ⅳ承压水	上新统(N₂)	粗砂,含砾中粗砂	217~300	20~30	1~2	约2300

该地区地下水的补给表现在两个方面:一是大气降水入渗补给,二是来自上游地区的侧向径流性补给。大气降水入渗补给主要发生在浅层地下水系统中,对潜水和Ⅰ承压水影响较大,随着含水层埋藏深度加大,其间黏性土隔水层的增厚,入渗补给在深度上明显趋向减弱。侧向径流补给主要表现在深层地下水系统中,补给方向主要是西部和南部含水层埋藏较浅、砂层厚度较大地区,凭借有利的径流条件,在一定的水力坡度作用和开采条件水头差驱使下,向东部海域方向流动补给。在一般情况下,浅层水以蒸发或就近排入地表水体为主要排泄途径,主要表现在垂向上,具有补给区与排泄区分布同地的基本规律,深层水。

【沿江地区】

该地区属长江古河床沉积,其沉积物颗粒粗,以中砂、含砾粗砂为主。该地区在实施引长江水达标工程后,生活用深井全部停用,地下水开采量因此大幅减少。截至2015年,该区地下深水井开采量5万米³/年,以开采Ⅱ承压地下水为主。从江苏三泰啤酒有限公司地下井监测数据看,多年静水位为3~5米,该区规划开采量为现状开采量的6倍,无超采区,Ⅰ、Ⅱ、Ⅲ承压地下水均可增加开采量。尤其鼓励大量开采Ⅰ承压地下水,这一地区不但含水层厚度大,补给条件好,资源丰富,多为淡水,而且大量开采后,可以增加大气降水的入渗与长江水的侧向补给量,有利于水质进一步淡化及铁、锰离子含量的降低。

【通南地区】

因特有的气象水文、地质地貌条件,该地区极有利于孔隙地下水的形成,在江苏省域范围内属地下水资源丰富地区,具有层次多、水质复杂等特点。

根据地下水在含水介质中的赋存条件、形成时代、水力特征,将区内松散岩类孔隙水分为5个层组的地下水,即潜水和Ⅰ、Ⅱ、Ⅲ、Ⅳ承压水。该地区第四系松散沉积物,有一个由单层结构变为多层结构的过渡地带,沉积物以砂性土为主,并无稳定的隔水层,有的Ⅰ、Ⅱ层连通,有的Ⅱ、Ⅲ层连通,有的潜水和Ⅰ、Ⅱ层均为同一层水。为统一,第四系仍划分为Ⅰ、Ⅱ、Ⅲ承压水。

该地区Ⅰ、Ⅱ、Ⅲ承压水单层含水层厚度大多大于45米,单井最大涌水量多大于3000米³/天,地下水资源较为丰富。仅靖江市东南及沿江一带,受孤山及江南山体影响,Ⅱ、Ⅲ承压水含水层单层厚度多为20~50米,局部缺失,单井最大涌水量多为1000~3000米³/天。由于受晚更新世海侵的影响,再加各承压水之间无好的隔水层相隔,因此在泰兴市大部分地区及靖江市北部Ⅰ、Ⅱ、Ⅲ承压水均为微咸水和咸水。

表1-13 通南地区松散岩类孔隙水文地质特征表

含水层	地层	岩性	顶板埋深（米）	水位埋深（米）
潜水	全新统(Q₄)	粉砂、粉细砂、亚砂土		1~2
Ⅰ承压水	上更新统(Q₃)	含砾粗砂、中砂、细砂、粉细砂	30~50	2~4
Ⅱ承压水	中更新统(Q₂)	含砾粗砂、细中砂、粉细砂	90~140	约5
Ⅲ承压水	下更新统(Q₁)	含砾中粗砂、细砂、粉砂	150~200	约5
Ⅳ承压水	上第三系(N)	含砾中砂、含泥质细砂、粉砂	260~350	4~10

由于埋藏条件不同,孔隙潜水与承压水具有完全不同的补、径、排条件。

大气降水和农田灌溉水入渗是孔隙潜水的主要补给途径。此外,该地区内河网密布,天然条件下,地表水与地下水相互补给、排泄,即丰水期地表水补给潜水、枯水期潜水补给地表水。潜水接受补给后一般由高处往低处缓慢径流,径流强度微弱。潜水的排泄方式主要为蒸发、枯水期泄入地表水体、越流补给承压水及民井开采,其中蒸发是最重要的排泄方式。

深层承压水埋藏深,除局部地段(泰兴口岸—黄桥一带),无连续稳定的隔水层,与浅层水有直接水力联系;其他地区由于上部有数层稳定的黏性土相隔,因而受降水影响较小,表现出水位动态平稳,水位变化较小。深层承压水的运动方向,可分为水平运动与垂直运动,在自然条件下水平运动的方向是由西到东,由补给区向排泄区运动。在开采条件下,人工开采成为地下水排泄的主要途径。

三、内河水位

表1-14 泰州里下河地区水位情况表

废黄河 高程水系	河湖名	站名	观测年限	多年平均水位(米)	水位(米)			
					最高	发生日期 (年-月-日)	最低	发生日期 (年-月-日)
新通扬运河	新通扬运河	泰州(泰)	1951—2015	2.22	4.91	1954-07-06	1.19	1988-12-05
里下河	运盐河	溱潼	1953—2015	1.30	3.40	1991-07-11	0.47	1953-06-19
里下河	蚌蜒河	沈沦	1954—2015	1.26	3.40	1991-07-14	0.66	1979-03-27
里下河	南官河	兴化	1925—2015	1.28	3.35	1991-07-15	0.3	1953-06-19
里下河	车路河	唐子镇	1963—2015	1.20	3.40	1991-07-13	0.51	1978-05-06
里下河	沙沟湖	沙沟	1951—2015	1.18	3.3	1991-07-15	0.27	1953-06-02
里下河	海沟河	安丰	1962—2015	1.11	3.29	1991-07-11	0.37	1997-06-24
里下河	蜈蚣河	中堡	1979—2015	1.09	3.34	1991-07-11	0.4	1997-06-24

表1-15 泰州通南地区水位情况表

站名	平均水位(米)	最高水位(米)	发生日期(年-月-日)	最低水位(米)	发生日期(年-月-日)
泰州(通)站	2.20	4.91	1954-07-06	1.19	1988-12-05
姜堰(通)站	2.10	4.96	1954-07-06	0.98	1968-06-24
黄桥站	2.06	4.46	1975-06-24	1.18	1959-01-18
马甸港站(闸上)	2.22	4.31	1991-07-11	0.12	1978-01-06
过船港站(闸上)	2.19	4.23	1975-06-25	0.10	1981-01-12
夏仕港站(闸上)	2.04	3.83	1992-07-31	0.13	1993-02-07

表1-16　境内通南地区沿江内河水位特征值（废黄河高程）

水系	河湖名	站名	观测年限	多年平均水位（米）	水位（米）			
					最高	发生日期（年-月-日）	最低	发生日期（年-月-日）
通扬运河	通扬运河	泰州（通）	1962—2015	1.31	3.29	1991-07-11	0.57	1978-04-05
通扬运河	通扬运河	姜堰（通）	1954—2015	2.13	3.80	2015-06-28	0.47	1953-06-19
苏北沿江	季黄河	黄桥	1956—2015	2.06	5.55	2015-06-28	1.18	1970-02-18
苏北沿江	马甸港	马甸港闸（上）	1975—2015	1.28	3.88	2015-06-28	0.30	1953-06-19
苏北沿江	过船港	过船港闸（上）	1986—2015	2.20	3.90	2015-06-28	0.10	1981-01-12
苏北沿江	夏仕港	夏仕港闸（上）	1986—2015	2.05	3.83	1992-07-31	0.13	1993-02-07

区域内现有实测资料系列较长的水位站有泰州（通）、姜堰（通）、黄桥等站。

兴化水位站是里下河地区的水位代表站。民国14年（1925年）后，江北运河工程局在兴化设水位站，境内始有水位记录。民国14—38年（1925—1949年）间，里下河地区最低水位为民国18年（1929年）5月的-0.10米，当时兴化北澄子河、车路河、得胜湖干涸见底，行人往来无阻。最高水位为民国20年（1931年）8月的4.60米，当时兴化多数村舍被水淹没，县城水深处达3米左右。从1951年至2015年中，境内里下河地区最低水位出现在1953年6月19日，为0.27米；最高水位出现在1991年7月15日，为3.35米，据遥感卫星观测，该年兴化85%农田被淹，城区大部分进水，可撑船入市。1999—2015年间，出现3.0米以上高水位3次，分别是2003年、2006年、2007年，其中2003年7月11日水位最高达3.27米，为新中国成立后第二个高水位年份。最低水位出现在1999年5月10日，为0.65米。

表1-17　1951—2015年兴化站水位记录表

年份	平均水位（米）	最高水位（米）	发生日期（月-日）	最低水位（米）	发生日期（月-日）
1951	1.54	2.05	09-06	0.79	06-22
1952	1.93	2.63	09-25	1.49	07-05
1953	1.46	2.16	09-08	0.27	06-19
1954	1.85	3.06	07-27	1.19	05-09
1955	1.29	1.78	08-25	0.85	06-24
1956	1.70	2.58	07-01	1.08	03-16
1957	1.49	2.54	08-02	1.08	04-11
1958	1.48	2.57	09-15	0.83	06-26
1959	1.46	2.24	07-18	1.10	06-27
1960	1.61	2.46	08-08	1.18	03-05
1961	1.37	2.18	10-08	0.92	05-03

续表1-17

年份	平均水位 （米）	最高水位 （米）	发生日期 （月-日）	最低水位 （米）	发生日期 （月-日）
1962	1.59	2.94	09-19	0.77	06-01
1963	1.35	2.21	08-28	1.07	12-29
1964	1.32	2.09	08-20	1.06	01-12
1965	1.50	2.91	08-25	0.92	03-23
1966	1.15	1.58	09-11	0.88	08-10
1967	1.18	1.56	07-07	0.94	03-11
1968	1.17	2.03	07-20	0.72	06-27
1969	1.31	2.82	07-21	1.05	03-26
1970	1.29	2.24	09-10	0.93	02-17
1971	1.14	1.93	06-14	0.87	04-30
1972	1.35	2.40	07-05	1.02	04-16
1973	1.17	1.53	09-03	0.97	04-04
1974	1.21	2.53	07-31	0.89	04-04
1975	1.21	1.73	06-27	0.89	04-13
1976	1.13	1.62	07-02	0.93	12-21
1977	1.09	1.74	09-16	0.74	03-08
1978	0.96	1.31	07-13	0.64	04-06
1979	1.03	1.83	07-25	0.63	03-26
1980	0.99	7.98	07-21	0.68	02-29
1981	1.02	1.73	07-02	0.74	02-08
1982	1.04	1.78	07-24	0.80	01-21
1983	1.13	2.14	07-25	0.87	03-14
1984	1.1	2.39	09-11	0.80	03-11
1985	1.08	1.65	09-21	0.74	01-13
1986	1.14	2.16	07-24	0.75	01-07
1987	1.2	2.12	08-30	0.80	02-10
1988	1.16	1.86	06-30	0.83	02-21
1989	1.21	2.10	09-19	0.89	02-04
1990	1.19	2.24	09-09	0.85	01-23
1991	1.31	3.35	07-15	0.81	01-17

续表1-17

年份	平均水位 （米）	最高水位 （米）	发生日期 （月-日）	最低水位 （米）	发生日期 （月-日）
1992	1.10	1.81	09-02	0.77	02-23
1993	1.21	1.85	07-18	0.85	01-05
1994	1.12	1.68	09-08	0.82	01-30
1995	1.17	1.74	08-28	0.82	04-12
1996	1.25	2.35	07-06	0.77	03-13
1997	1.16	1.71	08-20	0.84	06-21
1998	1.26	2.24	07-04	0.86	12-20
1999	1.16	2.10	08-26	0.65	05-10
2000	1.23	1.75	06-04	0.72	04-12
2001	1.26	1.89	08-02	1.00	03-22
2002	1.19	1.90	08-17	0.90	02-13
2003	1.33	3.27	07-11	1.02	02-05
2004	1.11	1.49	06-20	0.85	03-05
2005	1.30	2.37	08-08	0.91	01-23
2006	1.27	3.04	07-05	1.04	03-18
2007	1.26	3.16	07-10	0.93	04-23
2008	1.24	2.13	08-02	0.95	03-25
2009	1.29	2.26	08-12	0.98	01-29
2010	1.30	1.96	07-15	1.05	01-28
2011	1.27	2.64	07-14	0.88	05-20
2012	1.29	2.35	07-15	1.08	06-25
2013	1.25	1.81	07-09	1.02	03-09
2014	1.33	2.41	08-15	0.99	04-10
2015	1.39	2.84	08-13	1.07	02-21

表1-18 兴化站年最高(低)水位统计排名

	年最高水位			年最低水位	
排名	水位（米）	发生日期（年-月-日）	排名	水位（米）	发生日期（年-月-日）
1	3.35	1991-07-15	1	0.27	1953-06-19
2	3.27	2003-07-11	2	0.57	1979-03-26
3	3.16	2007-07-10	3	0.58	1978-04-06
4	3.06	1954-07-27	4	0.62	1980-02-29
5	3.04	2006-07-05	5	0.65	1999-05-10
6	2.94	1962-09-19	6	0.68	1968-06-27
7	2.91	1965-08-25	7	0.68	1977-03-08
8	2.84	2015-08-13	8	0.68	1981-02-08
9	2.82	1969-07-21	9	0.68	1985-01-13
10	2.64	1952-09-25	10	0.69	2000-04-12

表1-19 1995—2015年姜堰站水位记录表　　　　单位:米

	姜堰(通)水位				溱潼水位			
年份	年最高	发生日期（月-日）	年最低	发生日期（月-日）	年份	年最高	发生日期（月-日）	年最低	发生日期（月-日）
1995	3.35	09-09	1.58	12-18	1995	1.92	08-11	0.82	04-14
1996	3.68	07-19	1.29	02-03	1996	2.27	07-06	0.77	03-14
1997	3.28	08-21	1.48	06-17	1997	1.72	08-02	0.83	06-02
1998	3.61	07-01	1.59	12-31	1998	2.09	07-04	0.88	12-28
1999	3.29	07-08	1.18	02-08	1999	2.22	09-06	0.66	04-03
2000	3.01	06-29	1.59	06-14	2000	1.80	07-15	0.80	04-12
2001	2.71	07-14	1.47	06-17	2001	1.80	08-03	1.02	03-25
2002	3.08	09-16	1.60	02-26	2002	2.00	08-17	0.88	02-14
2003	4.01	07-06	1.79	06-26	2003	3.12	07-11	0.99	02-07
2004	3.23	06-25	1.56	03-06	2004	1.68	06-25	0.85	03-03
2005	3.12	09-13	1.71	12-29	2005	2.08	08-09	0.90	01-23
2006	2.87	07-27	1.82	03-26	2006	2.80	07-05	1.05	03-27
2007	3.98	07-09	1.68	06-12	2007	3.07	07-01	0.89	02-07
2008	3.02	08-02	1.77	04-05	2008	1.86	08-02	0.93	03-17
2009	3.69	08-11	1.77	06-21	2009	2.24	08-11	0.94	01-28

续表1-19

年份	姜堰(通)水位				年份	溱潼水位			
	年最高	发生日期 (月-日)	年最低	发生日期 (月-日)		年最高	发生日期 (月-日)	年最低	发生日期 (月-日)
2010	3.98	07-13	1.79	01-25	2010	2.33	07-13	1.04	01-28
2011	3.74	07-14	1.61	04-30	2011	2.66	07-17	0.85	05-10
2012	3.35	07-14	1.81	01-20	2012	2.40	07-15	1.07	06-15
2013	3.06	06-26	1.86	09-01	2013	1.79	06-26	1.01	12-15
2014	3.08	08-09	1.84	01-21	2014	2.23	08-15	0.98	02-02
2015	3.80	06-28	1.46	05-14	2015	2.64	08-13	1.03	02-11

注:1988年,姜堰设有两座水文观测站,一座在老通扬运河城区段,用于观测长江水系水位;一座在泰东河溱潼镇区段,用于观测淮河水系水位,均为地级市代办站。每天上午8时和下午4时人工测报水位。2005年,这两座水文观测站由扬泰水文站管理,实行自动测报。

表1-20　1967—2015年靖江夏仕港闸水位一览表　　　　　　　　单位:米

年份	上游水位				
	年平均	年最高	发生日期(月-日)	年最低	发生日期(月-日)
1967	—	3.41	09-06	0.57	12-12
1968	2.02	3.38	08-24	0.31	03-06
1969	2.12	3.48	07-17	1.11	11-02
1970	2.10	3.45	05-24	1.15	02-18
1971	1.04	3.54	09-07	1.18	12-13
1972	2.08	3.53	07-29	0.88	03-20
1973	2.09	3.58	07-21	0.84	03-11
1974	1.98	3.27	09-17	1.14	01-04
1975	2.14	3.82	06-25	0.56	01-04
1976	1.94	3.45	09-11	1.08	04-29
1977	1.91	3.37	06-20	1.12	05-07
1978	1.88	3.48	08-20	1.21	12-12
1979	1.91	3.54	08-09	1.04	01-23
1980	1.92	3.55	07-10	1.10	02-13
1981	1.94	3.24	06-04	0.79	05-04

续表1-20

年份	上游水位				
	年平均	年最高	发生日期(月-日)	年最低	发生日期(月-日)
1982	1.95	3.26	07-07	1.29	01-22
1983	2.00	3.00	07-02	1.00	04-28
1984	1.90	3.01	07-11	0.87	05-06
1985	1.93	3.24	07-19	0.85	04-11
1986	1.83	3.29	09-06	1.15	10-29
1987	1.91	3.35	09-13	0.50	12-07
1988	1.91	3.47	08-28	1.22	06-30
1989	2.00	3.50	10-16	0.90	02-20
1990	2.01	3.57	07-26	0.37	01-26
1991	2.05	3.69	07-12	0.68	03-01
1992	2.02	3.83	07-31	0.71	02-12
1993	2.08	3.42	09-17	0.13	02-07
1994	2.11	3.73	08-11	0.63	12-19
1995	2.09	3.49	05-17	0.29	04-13
1996	2.09	3.56	08-29	0.40	04-04
1997	2.09	3.52	09-17	0.38	04-05
1998	2.20	3.70	08-11	0.39	02-10
1999	2.11	3.64	09-29	1.21	06-16
2000	2.19	3.44	10-16	0.95	03-13
2001	2.21	3.50	07-23	1.05	08-11
2002	2.23	3.39	09-06	1.16	05-16
2003	2.27	3.81	07-06	1.64	09-03
2004	2.16	3.41	09-01	1.26	07-03
2005	2.27	3.77	08-21	1.41	07-13
2006	2.25	3.43	08-10	1.39	01-21
2007	2.23	3.75	07-31	1.51	07-15
2008	2.30	3.55	08-02	1.50	08-04
2009	2.26	3.77	08-21	1.26	07-24
2010	2.41	3.93	09-09	1.46	07-10

续表1-20

年份	上游水位				
	年平均	年最高	发生日期(月-日)	年最低	发生日期(月-日)
2011	2.14	3.59	09-30	1.09	08-16
2012	2.31	3.79	10-17	1.36	07-08
2013	2.35	3.83	08-23	1.01	04-08
2014	2.24	3.24	06-13	0.85	11-11
2015	2.35	3.64	06-28	1.11	08-11

表1-21 1959—2015年黄桥站各月特征水位统计表 　　　　单位:米

项目	月份	平均水位	最高水位	发生年份	最低水位	发生年份
多年月平均水位	1	1.73	2.27	1998	1.31	1959
	2	1.75	2.23	2013	1.37	1963
	3	1.82	2.25	2010	1.42	1977
	4	1.91	2.40	2010	1.57	1974
	5	2.09	2.41	2014	1.82	1986
	6	2.25	2.72	2015	1.95	1987
	7	2.48	3.00	1956	2.18	1989
	8	2.43	2.88	1957	2.07	1978
	9	2.42	3.05	1956	2.10	1978
	10	2.28	2.58	1975	1.94	1978
	11	2.04	2.44	2015	1.68	1978
	12	1.84	2.41	2015	1.45	1971
年平均		2.09	4.45		1.17	

黄桥水位站设立于1956年6月,是通南及沿江地区的水位代表站,中央报汛站。该站位于通南地区腹地,如泰运河、西姜黄河、东姜黄河、季黄河4条河流交汇于此。

表1-22 黄桥站年最高(低)水位统计排名

年最高水位			年最低水位		
排名	水位(米)	发生日期 (年-月-日)	排名	水位(米)	发生日期 (年-月-日)
1	4.46	1975-06-24	1	1.18	1959-01-18
2	4.28	1972-07-03	2	1.18	1970-02-18
3	4.22	1956-09-25	3	1.20	1979-01-17
4	4.20	1962-09-06	4	1.22	1968-03-07
5	4.04	1991-07-12	5	1.22	1963-01-23
6	3.92	2003-07-06	6	1.22	1981-01-04
7	3.78	2015-06-28	7	1.24	1971-12-14
8	3.76	1969-07-17	8	1.24	1977-03-02
9	3.64	2010-07-13	9	1.24	1980-02-13
10	3.61	2007-07-09	10	1.26	1974-01-03

表1-23 1954—2015年黄桥站多年平均各月水面蒸发量特征值表　　单位:毫米

月份	多年平均	占全年(%)	日平均
1	26.7	32	0.86
2	33.1	25.5	1.17
3	56.8	15	1.83
4	75.9	11	2.53
5	100.9	8	3.25
6	99.1	8.5	3.30
7	111.4	7.6	3.59
8	113.4	7.4	3.65
9	83.7	10	2.79
10	70.2	12	2.26
11	46.8	18	1.56
12	33.9	25	1.09
年总量		43013.3	

表1-24　1951—2015年兴化站多年平均各月水面蒸发量特征值表　　　单位:毫米

月份	多年平均	占全年(%)	日平均
1	26.2	35.6	0.85
2	34.6	27.0	1.23
3	61.9	15.0	2.00
4	84.8	11.0	2.82
5	112.3	8.3	2.62
6	115.3	8.1	3.84
7	121.3	7.7	3.91
8	125.3	7.4	4.04
9	96.0	9.7	3.20
10	78.0	12.0	2.52
11	49.2	19.0	1.64
12	32.3	28.9	1.04
年总量		56854.1	

表1-25　1996—2015年过船闸各月上游水位特征值表　　　单位:米

项目	月份	平均水位	最高水位	年份	最低水位	年份
多年月平均水位	1	1.94	2.25	1998	1.63	1999
	2	1.97	2.25	2013	1.56	1999
	3	2.04	2.27	2010	1.65	1996
	4	2.11	2.40	2010	1.83	2011
	5	2.31	2.51	2014	1.93	2011
	6	2.51	2.83	2015	2.26	2011
	7	2.60	3.02	2003	2.38	2011
	8	2.59	2.84	1996	2.39	2012
	9	2.56	2.86	1996	2.34	2011
	10	2.44	2.58	2005	2.25	2009
	11	2.26	2.45	2015	2.11	1997
	12	2.10	2.42	2015	1.85	1998
年平均		2.29	2.41		2.10	

表 1-26　1996—2015 年高港闸各月上游水位特征值表　　　　　单位：米

项目	月份	平均水位	最高水位	年份	最低水位	年份
多年月平均水位	1	1.19	1.25	2013	1.13	2015
	2	1.14	1.18	2013	1.09	2015
	3	1.27	1.28	2013	1.26	2015
	4	1.44	1.46	2015	1.42	2015
	5	1.52	1.52	2013	1.51	2015
	6	1.60	1.62	2013	1.57	2015
	7	1.44	1.45	2013	1.42	2015
	8	1.51	1.53	2015	1.49	2013
	9	1.47	1.50	2013	1.44	2015
	10	1.42	1.43	2013	1.40	2015
	11	1.30	1.40	2015	1.20	2013
	12	1.23	1.38	2015	1.12	2013
年平均		1.38	1.39		1.37	

表 1-27　1996—2015 年夏仕港闸各月上游水位特征值表　　　　　单位：米

项目	月份	平均水位	最高水位	年份	最低水位	年份
多年月平均水位	1	1.99	2.26	2013	1.72	1999
	2	1.99	2.29	2013	1.66	1999
	3	2.05	2.33	2010	1.66	1999
	4	2.09	2.47	2010	1.87	2011
	5	2.24	2.49	2010	1.97	2011
	6	2.32	2.57	2010	2.11	2007
	7	2.38	2.54	2013	2.23	2014
	8	2.42	2.66	2010	2.17	2014
	9	2.46	2.72	2010	2.20	1997
	10	2.40	2.56	2010	2.22	1997
	11	2.25	2.50	2015	1.92	1995
	12	2.13	2.47	2015	1.80	1995
年平均		2.23	2.41		2.09	

表1-28　黄桥站时段水位特征值表　　　　　　　　　　　　　　　　单位：米

项目	全年		10月至翌年2月		3—5月		汛期（6—9月）	
	最高	最低	平均	最低	平均	最低	平均	最低
平均	3.15	1.47	1.92	1.53	1.94	1.6	2.39	2.08
最高	4.45	1.86	2.21	1.84	2.35	1.82	2.62	2.18
年份	1975	2013	2013	1978	2010	1984	1960	1989
最低	2.58	1.17	1.62	1.31	1.67	1.42	2.15	1.95
年份	2001	1959	1979	1959	1974	1977	1978	1982

表1-29　姜堰（通）站时段水位特征值表　　　　　　　　　　　　　　单位：米

项目	全年		10月至翌年2月		3—5月		汛期（6—9月）	
	最高	最低	平均	最低	平均	最低	平均	最低
平均	3.41	1.51	2.00	1.56	1.96	1.58	2.43	1.90
最高	4.72	1.87	2.39	1.90	2.47	1.73	3.17	2.15
年份	1956	2013	1964	1997	1964	1956	1956	1988
最低	2.37	0.98	1.57	1.36	1.66	1.44	2.06	1.56
年份	1978	1968	1979	1979	1978	1977	1978	1968

表1-30　兴化站时段水位特征值表　　　　　　　　　　　　　　　　单位：米

项目	全年		10月至翌年2月		3—5月		汛期（6—9月）	
	最高	最低	平均	最低	平均	最低	平均	最低
平均	2.17	0.86	1.22	0.87	1.10	0.71	1.49	1.00
最高	3.35	1.66	2.07	1.04	1.82	0.76	2.45	1.13
年份	1991	1950	1953	1986	1952	1978	1954	1994
最低	1.28	0.27	1.22	0.71	0.75	0.68	1.08	0.71
年份	1978	1953	1980	1980	1978	1978	1978	1953

表1-31　泰州(通)站时段水位特征值表　　　　　　　　　　单位:米

项目	全年		10月至翌年2月		3—5月		汛期(6—9月)	
	最高	最低	平均	最低	平均	最低	平均	最低
平均	3.34	1.55	2.05	1.36	2.01	1.16	2.51	1.63
最高	4.91	2.18	2.90	1.44	2.78	1.35	3.80	1.89
年份	1954	2013	1932	1979	1963	1925	1954	1932
最低	2.14	0.91	1.47	1.30	1.22	1.03	1.66	1.27
年份	1939	1929	1929	1936	1929	1929	1928	1929

表1-32　高港闸站时段水位特征值表　　　　　　　　　　单位:米

项目	全年		10月至翌年2月		3—5月		汛期(6—9月)	
	最高	最低	平均	最低	平均	最低	平均	最低
平均	2.16	0.92	1.26	1.11	1.41	1.27	1.50	1.44
最高	2.32	0.93	1.62	1.12	1.41	1.28	1.52	1.45
年份	2015	2015	2015	2013	2013	2013	2013	2013
最低	1.99	0.91	1.94	1.09	1.41	1.26	1.49	1.42
年份	2013	2.13	2013	2015	2013	2015	2015	2015

表1-33　夏仕港闸站时段水位特征值表　　　　　　　　　　单位:米

项目	全年		10月至翌年2月		3—5月		汛期(6—9月)	
	最高	最低	平均	最低	平均	最低	平均	最低
平均	3.52	0.96	1.96	1.56	1.97	1.63	2.33	2.06
最高	4.07	1.64	2.36	1.83	2.43	1.84	2.61	2.12
年份	2016	2003	2013	1986	2010	1984	2010	1985
最低	3.00	0.13	1.62	1.37	1.70	1.45	1.11	1.90
年份	1983	1993	1979	1979	1974	1977	1987	1987

表1-34　1984年黄桥站时段水位特征值表　　　　　　　　　单位:米

项目	全年		10月至翌年2月		3—5月		汛期(6—9月)	
	最高	最低	平均	最低	平均	最低	平均	最低
平均	3.17	1.35	1.85	1.39	1.86	1.48	2.40	3.12
最高	4.46	1.60	2.03	1.67	2.13	1.81	2.63	4.46
年份	1975	1961	1962	1961	1964	1964	1960	1975
最低	2.62	1.18	1.59	1.18	1.68	1.22	2.16	2.62
年份	1978	1959	1979	1959	1974	1968	1978	1978

【长江潮汐水位】

境内长江河段潮型属非正规半日潮混合型,潮位每日两涨两落,有日潮不等现象,次日高低潮出现的时间约比前一日滞后45分钟。但遇风向、风力、上游来水量变化时,来潮时间有提前也有滞后。涨潮历时3小时,落潮历时9小时。潮波受径流及河床断面阻力影响,能量逐渐消耗,越往上游潮汐影响越小。农历初五至十一日、二十至二十五日为小潮汛。十一、二十五日为换潮日,这一天比往常日少一个高潮或一个低潮,潮水位在全月也最小,故有"十一、廿三,潮不上滩"之说。初二、初三和十七、十八日,潮水位全月最高,称为月头潮和月半潮。

最高潮位都发生在汛期6—9月,最低潮位一般发生在枯水期12月至翌年2月。高潮时,纵向流速最小,涨潮流速一般在0.5米/秒,落潮流速则较大,大、中水期分别在1.5～1.0米/秒,枯水期落潮流速一般在0.5～0.6米/秒。河床土质起动流速一般为0.5～0.6米/秒,落潮流是塑造境内长江河床形态的主要动力。根据过船站1949—2002年实测资料统计分析,实测最高潮位5.93米(1996年8月1日),最低潮位为-0.51米(1979年1月31日),多年平均高、低潮位为2.66米、1.13米。过船港站内河最高水位4.23米(1975年6月25日),最低水位1.18米(1981年1月12日)。

潮汐在丰水期呈单向流,枯水期呈双向流。水面比降受潮汐影响,呈周期性变化,出现两次最大值和最小值,涨潮时小,落潮时大,汛期比降大于枯水期。

表1-35　泰州沿江水文站流量特征值统计表

水系	河湖名	站名	流量(米³/秒)			
			排水	发生日期(年-月-日)	引水	发生日期(年-月-日)
沿江	高港	高港闸	492	2003-07-07	-475	2004-03-24
沿江	马甸港	马甸港闸	423	1975-06-24	-446	1979-07-12
沿江	过船港	过船港闸	238	1990-09-04	-337	1995-06-17
沿江	夏仕港	夏仕港闸	585	1975-06-24	-611	1967-09-05

表 1-36　泰州境内沿江潮水位特征值统计表(废黄河高程)

水系	河名	站名	观测年限	潮水位(米)			
				最高	发生日期 (年-月-日)	最低	发生日期 (年-月-日)
沿江	过船港	过船港闸(下)	1960—2015	5.93	1996-08-01	-0.53	1979-01-30
沿江	夏仕港	夏仕港闸(下)	1960—2015	5.66	1997-08-19	-0.97	1979-01-30
沿江	高港	高港闸(下)	2002—2015	5.38	2005-08-07	-0.53	1979-01-30

【长江流量】

长江过境水量很大,多年平均径流总量9052亿立方米,径流年内分配不均,洪季5—10月占全年的70.6%,枯季11月至翌年4月占全年的29.4%。月平均径流中,以7月最大,占全年的14.8%;1月最小,占全年的3.2%。

江苏省境内长江段无固定径流测站,泰州境内长江河段来水特性一般参用大通水文站资料。

表 1-37　大通站多年逐月平均流量统计表(1950—2015 年)

月份	1	2	3	4	5	6	7	8	9	10	11	12
多年月平均流量 (米³/秒)	11140	12460	161200	24000	32600	40700	48500	40800	40100	31900	23000	14200
多年月平均径流量 (亿立方米)	293.3	311.1	426.7	622.2	871.1	1049	1298	1147	1049	853.3	595.6	373.3
占全年总量百分数(%)	3.3	3.7	4.8	7.1	9.7	12.1	14.4	12.7	11.9	9.4	6.8	4.2

表 1-38　大通站水量及年径流特征值统计表(1950—2015 年)

单位:流量,米³/秒;水量,亿立方米

站名	项目	1月水量	7月水量	5—10月水量	11月至 翌年4月水量	全年水量	1月平均流量	7月平均水量
大通	平均	293.3	1298	6267	2622	8889	11100	48500
	最大	661.6	2014	10273	3854	13190	24700	75200
	最小	193.4	878.5	4597	1422	6317	7220	32730

表 1-39　大通站年最大(小)流量统计排名

年最大流量			年最小流量		
排名	流量(米³/秒)	发生日期 (年-月)	排名	流量(米³/秒)	发生日期 (年-月)
1	92600	1954-07	1	4620	1979-01
2	84500	1999-07	2	5900	1987-02
3	81700	1998-08	3	6210	1963-02
4	76200	1983-07	4	6240	1957-01

表1-40　大通站各种保证率年径流量表　　　　　　　　单位:亿立方米

系列年限	保证率(%)			
	50	75	90	99
1950—2015	8740	7960	7410	6730

表1-41　1988—2015年口岸闸水文资料　　　　　　　　单位:米

年份	水位						平均最高水位	平均最低水位	水位差
	最高	公历		最低	公历				
		月	日		月	日			
1988	4.87	9	27	−0.15	1	18	3.36	0.91	5.02
1989	5.25	7	22	−0.01	1	13	3.69	1.27	5.26
1990	4.90	6	24	0.30	1	8	3.71	1.28	4.60
1991	5.55	7	14	−0.21	12	29	3.81	1.35	5.76
1992	4.70	7	4	−0.29	12	23	3.51	0.96	4.99
1993	5.18	8	19	−0.06	1	17	3.60	1.20	5.24
1994	4.68	6	25	0.02	1	25	3.50	1.03	4.66
1995	5.17	7	12	0.06	12	26	3.45	1.15	5.11
1996	6.17	7	31	−0.12	3	13	3.62	1.05	6.29
1997	5.83	8	19	−0.10	1	7	3.45	0.93	5.93
1998	5.51	7	26	0.73	2	21	4.19	1.63	4.78
1999	5.39	7	15	−0.24	1	15	3.62	1.20	5.63
2000	5.12	8	30	0.04	2	1	3.60	1.13	5.08
2001	4.25	9	19	0.18	12	15	3.46	0.99	4.07
2002	5.48	9	8	−0.02	1	24	3.78	1.24	5.50
2003	5.23	7	16	0.01	12	19	3.05	1.66	5.22
2004	4.61	7	5	−0.02	2	23	2.71	1.27	4.63
2005	5.33	8	7	−0.07	12	24	2.86	1.55	5.40
2006	4.83	7	15	−0.13	2	10	2.61	1.15	4.96
2007	4.68	8	14	−0.16	1	8	2.74	1.27	4.84
2008	4.58	8	30	−0.04	1	3	2.79	1.37	4.62
2009	4.48	8	9	−0.02	1	25	3.19	0.97	4.50

续表1-41

年份	水位						平均最高水位	平均最低水位	水位差
	最高	公历		最低	公历				
		月	日		月	日			
2010	5.18	7	14	0.02	1	25	3.73	1.27	5.16
2011	4.20	7	18	0	1	18	3.18	0.62	4.20
2012	5.00	8	4	0.06	1	7	3.55	1.17	4.94
2013	4.43	6	26	−0.10	12	21	3.43	0.84	4.53
2014	4.65	7	14	−0.02	2	12	3.54	1.09	4.67
2015	4.87	7	4	−0.04	1	20	2.98	1.43	4.91

过船港闸水文站：该站为工程水文站，又是通南地区水位、流量的主要控制站，过船港上游如泰运河一线无其他水文站。过船港闸具有引排水双向功能，通南地区干旱时由其自流引江，洪涝时则排水入江，该水文站可以完全控制过船港闸的进出水量。从行政区划上看，泰兴市共有2个水文站，过船港闸水文站是其中之一，它承担着防汛防旱、工程管理、规划设计、水文预报、水资源评价、水环境调水等测报任务，是通南地区和泰兴市重要的代表站。

高港闸水文站设立于2002年6月，是国家重要水文站，中央报汛站，国家南水北调、江苏省江水东引北送源头之一——泰州引江河通江控制站。测验项目：水位（潮位）、降水量、流量、泥沙、地下水位（水温等）。

表1-42　夏仕港闸站年最高(低)潮水位统计排名

年最高潮水位			年最低潮水位		
排名	潮水位（米）	发生日期（年-月-日）	排名	潮水位（米）	发生日期（年-月-日）
1	5.66	1997-08-19	1	−0.97	1979-01-30
2	5.40	1996-08-01	2	−0.88	1996-03-09
3	5.13	2002-05-13	3	−0.81	1991-12-28
4	5.03	1974-08-20	4	−0.80	1968-01-15
5	4.97	2005-08-07	5	−0.77	1999-02-20
6	4.94	2000-08-31	6	−0.76	1973-12-25
7	4.87	1992-08-31	7	−0.76	1980-02-01

表1-43　1960—1987年过船港长江潮位表

测站基面高程-0.019米（废黄河口基面）　　　　　　　　　　　　　　单位：米

年份	水位									平均最高水位	平均最低水位	水位较差
	最高	公历		农历		最低	公历		农历			
		月	日	月	日		月	日	月	日			
1960	4.55	8	9	6	17	0.02	12	31	11	14	—	—	—
1961	4.23	8	28	7	18	-0.17	1	31	12	15	2.69	1.13	4.40
1962	4.64	9	16	8	18	-0.08	3	3	1	27	2.69	1.20	4.72
1963	4.35	9	16	7	19	-0.32	1	30	1	6	2.46	0.98	4.67
1964	4.53	8	9	7	2	0.02	1	18	12	4	2.78	1.41	4.51
1965	4.70	7	30	7	3	-0.27	2	2	1	1	2.57	1.14	4.97
1966	4.07	7	20	6	3	-0.20	12	27	11	16	2.51	0.93	4.27
1967	4.32	7	10	6	3	-0.39	1	16	12	6	2.62	—	4.71
1968	4.56	7	27	7	3	-0.32	2	26	1	28	—	—	4.88
1969	5.00	7	29	6	16	-0.10	4	6	2	20	—	1.16	5.10
1970	4.71	7	21	6	19	-0.34	1	17	12	10	2.77	1.31	5.05
1971	4.30	6	25	5	3	-0.23	12	16	10	29	2.48	0.92	4.53
1972	4.25	7	14	6	4	-0.40	1	27	12	12	2.49	0.92	4.65
1973	4.86	7	2	6	3	-0.42	12	23	11	29	2.88	1.40	5.28
1974	5.43	8	20	7	3	-0.30	1	21	12	29	2.61	1.07	5.73
1975	4.47	7	11	6	3	-0.01	2	22	1	12	2.91	1.45	4.48
1976	4.51	7	29	7	3	-0.20	12	28	11	8	2.65	1.12	4.71
1977	4.88	7	3	5	17	-0.23	3	6	1	17	2.74	1.21	5.11
1978	3.87	6	24	5	19	-0.19	2	19	1	13	2.37	0.78	4.06
1979	4.26	8	24	7	2	-0.51	1	30	1	3	2.49	0.87	4.77
1980	5.19	8	29	7	19	-0.45	2	1	12	15	2.86	1.33	5.64
1981	5.10	9	1	8	4	-0.20	1	3	11	28	2.76	1.19	5.30
1982	4.62	6	24	5	4	-0.28	1	18	12	24	2.88	1.35	4.90
1983	5.38	7	13	6	4	0.01	1	9	11	26	3.08	1.56	5.37
1984	4.83	7	31	7	4	-0.09	2	1	1	1	2.83	1.20	4.92
1985	4.61	8	1	6	15	-0.16	2	1	12	12	2.75	1.15	4.77
1986	4.61	7	24	6	18	-0.31	1	6	11	26	2.54	0.94	4.92
1987	4.77	7	14	6	19	-0.32	3	1	2	2	2.78	1.20	5.09

表1-44 1967—2015年靖江夏仕港闸水位一览表 单位：米

年份	下游水位					
	年平均		年最高	发生日期（月-日）	年最低	发生日期（月-日）
	高潮	低潮				
1967	—	—	3.88	07-11	−0.50	12-29
1968	2.45	0.42	4.13	07-28	−0.80	01-15
1969	2.48	0.41	4.43	07-30	−0.54	04-06
1970	2.54	0.49	4.28	07-21	−0.73	01-06
1971	2.32	0.25	3.80	06-25	−0.57	12-16
1972	2.34	0.27	3.99	07-28	−0.61	01-27
1973	2.61	0.64	4.34	07-02	−0.76	12-25
1974	2.46	0.41	5.03	08-20	−0.59	01-21
1975	2.65	0.67	4.15	08-10	−0.33	02-09
1976	2.46	0.43	4.01	07-29	−0.60	12-28
1977	2.51	0.51	4.38	07-03	−0.57	03-06
1978	2.28	0.20	3.92	07-23	−0.56	03-12
1979	2.37	0.24	4.05	08-10	−0.97	01-30
1980	2.59	0.53	4.71	08-29	−0.76	02-01
1981	2.53	0.45	4.80	09-01	−0.56	12-19
1982	2.59	0.57	4.21	06-23	−0.64	01-18
1983	2.74	0.71	4.76	07-13	−0.41	12-31
1984	2.58	0.46	4.42	07-31	−0.47	01-03
1985	2.51	0.41	4.21	08-01	−0.50	02-09
1986	2.36	0.27	4.09	07-24	−0.67	01-06
1987	2.53	0.42	4.33	07-15	−0.73	02-28
1988	2.44	0.38	4.26	09-28	−0.59	01-18
1989	2.65	0.59	4.62	08-04	−0.51	01-12
1990	2.62	0.51	4.46	06-24	−0.54	12-28
1991	2.68	0.60	4.71	07-14	−0.81	12-28
1992	2.54	0.36	4.87	08-31	−0.61	12-24

续表1-44

年份	下游水位					
	年平均		年最高	发生日期（月-日）	年最低	发生日期（月-日）
	高潮	低潮				
1993	2.60	0.48	4.52	08-20	−0.64	02-21
1994	2.52	0.35	4.33	08-22	−0.50	02-09
1995	2.55	0.40	4.33	07-14	−0.65	12-26
1996	2.56	0.36	5.40	08-01	−0.88	03-09
1997	2.53	0.27	5.66	08-19	−0.74	01-07
1998	2.87	0.74	4.66	07-26	−0.51	12-07
1999	2.67	0.46	4.67	07-15	−0.77	02-20
2000	2.59	0.45	4.94	08-31	−0.48	01-26
2001	2.53	0.39	4.21	08-21	−0.42	12-14
2002	2.69	0.50	5.13	09-08	−0.52	01-09
2003	2.68	0.55	4.49	07-16	−0.49	12-21
2004	2.51	0.38	4.31	07-05	−0.64	12-31
2005	2.57	0.53	4.97	08-07	−0.52	12-23
2006	2.45	0.31	4.51	07-15	−0.44	01-06
2007	2.51	0.36	4.23	07-15	−0.67	01-08
2008	2.53	0.41	4.12	09-02	−0.47	01-25
2009	2.50	0.37	4.06	08-22	−0.61	01-25
2010	2.72	0.60	4.60	08-11	−0.54	12-08
2011	2.43	0.18	4.09	08-31	−0.53	12-01
2012	2.73	0.55	4.61	08-04	−0.40	02-08
2013	2.56	0.28	4.25	10-08	−0.73	11-29
2014	2.69	0.45	4.17	07-14	−0.53	01-20
2015	2.70	0.50	4.27	07-04	−0.49	01-19

表1-45　沿江主要控制站逐月潮水位特征值表

站名	特征值	1月高潮	1月低潮	2月高潮	2月低潮	3月高潮	3月低潮	4月高潮	4月低潮	5月高潮	5月低潮	6月高潮	6月低潮	7月高潮	7月低潮	8月高潮	8月低潮	9月高潮	9月低潮	10月高潮	10月低潮	11月高潮	11月低潮	12月高潮	12月低潮	年统计高潮	年统计高潮日期(月-日)	年统计低潮	年统计低潮日期(月-日)
高港闸（下）	最大	2.97	1.10	3.11	1.75	3.33	1.66	3.92	2.33	4.47	2.78	4.79	3.22	5.67	3.78	5.38	3.56	5.50	3.49	4.32	2.49	3.99	2.20	3.40	1.61	5.63	07-06		
高港闸（下）	年份	2013	2003	2005	2009	2009	2012	2016	2010	2016	2003	2015	2010	2016	2004	2005	2002	2002	2002	2014	2010	2008	2008	2015	2008	2016			
高港闸（下）	最小	1.27	-0.09	1.19	-0.05	1.10	0.09	1.54	0.32	1.70	0.43	2.36	0.68	2.59	1.87	1.99	1.12	1.54	0.97	1.11	0.54	1.07	-0.11	1.15	-0.10			-0.11	11-29
高港闸（下）	年份	2008	2009	2011	2004	2008	2004	2011	2011	2011	2011	2011	2011	2013	2011	2013	2006	2001	2006	2009	2009	2006	2013	2003	2010			2013	
口岸闸（下）	最大	2.79	0.40	3.23	0.57	3.45	0.99	4.03	1.64	4.46	2.00	4.90	2.37	6.17	2.95	6.02	2.86	5.10	2.59	4.45	2.30	4.07	1.34	3.24	0.97	6.17	07-31		
口岸闸（下）	年份	1983	1995	1990	1994	1991	1988	1992	1992	1975	1973	1990	1975	1996	1983	1996	1993	1981	1993	1983	1964	1983	1975	1982	1987	1996			
口岸闸（下）	最小	2.03	-0.42	1.94	-0.46	2.28	-0.23	2.50	-0.11	3.08	0.57	3.17	0.94	3.69	0.96	3.46	1.13	3.21	0.78	2.97	0.15	2.49	-0.07	1.95	-0.29			-0.46	02-19
口岸闸（下）	年份	1965	1979	1968	1979	1996	1979	1978	1968	1996	1979	1966	2007	1978	1979	1978	1971	1978	1978	1978	1978	1992	1979	1966	1992			1979	
过船港闸（下）	最大	2.84	0.66	3.22	0.75	3.46	1.39	4.03	1.97	4.31	2.34	4.88	2.69	5.51	3.12	5.93	3.06	5.08	2.62	4.38	2.10	4.20	1.85	3.40	1.33	5.93	08-01		
过船港闸（下）	年份	2016	2012	1990	2010	1991	2012	1992	2010	1975	2010	1990	2010	1996	2010	1996	2012	1981	2008	1983	2010	1989	2008	1982	2008	1996			
过船港闸（下）	最小	1.19	-0.53	1.19	-0.47	1.12	-0.34	1.57	-0.13	1.7	0.27	2.3	0.54	2.22	1.07	1.9	0.86	1.47	0.74	1.1	0.14	1.11	-0.24	1.22	-0.42			-0.53	01-30
过船港闸（下）	年份	2012	1979	2011	1980	2008	1987	2011	1963	2011	2011	2011	2011	2011	1963	2013	1963	2011	1978	2009	1978	2013	2008	2010	2008			1979	
夏仕港闸（下）	最大	3.30	0.22	3.19	0.45	3.43	0.67	3.58	0.97	4.11	1.34	4.46	1.42	4.89	1.87	5.66	1.91	4.80	1.52	4.25	1.22	4.04	0.89	3.26	0.53	5.66	08-19		
夏仕港闸（下）	年份	1983	2012	1991	2013	2016	2012	1992	2010	2016	2012	1990	2010	1996	2010	1997	2012	1981	2008	1989	2010	1989	2008	1975	2008	1997			
夏仕港闸（下）	最小	1.16	-0.97	1.13	-0.76	0.97	-0.73	1.41	-0.54	1.67	-0.25	1.70	-0.24	1.53	0.30	1.43	0.16	1.40	0	1.28	-0.32	1.24	-0.73	1.14	-0.81			-0.97	01-30
夏仕港闸（下）	年份	2008	1979	2011	1980	2008	1987	2011	1969	2011	1996	2011	1960	2011	1960	2013	1971	2009	1997	2009	1978	2013	2008	2010	1991			1979	

四、水资源

泰州市水资源主要依靠地表径流、地下水和过境水。全市地处北亚热带季风气候区,季风气候明显,雨量夏丰冬少,多年平均降水量1023毫米,降水总量59.4亿立方米,地表径流深为261.4毫米,地表水资源量为15.1亿立方米,全市多年平均水资源总量17.39亿立方米。全市多年平均水资源可利用总量为9.64亿立方米,可利用率为46.7%。其中地表水资源可利用量为4.05亿立方米,可利用率为26.7%;地下水资源可利用量为5.59亿立方米,可利用率为65.0%。全市的年入境水量为45.1亿立方米,年出境水量约为68.9亿立方米,年净出水量约为23.8亿立方米。

(一)地表水

泰州多年平均降水量1023毫米,最大年降水量2075毫米(1991年兴化站),最小年降水量328毫米(1978年兴化市安丰站);年内降水约66.7%集中在汛期(5—9月),汛期多年平均降水量684毫米,其中汛期7月、8月、9月几个月雨量400~500毫米,占全年的一半左右。

表1-46 1956—2015年泰州不同保证率降雨量及降水总量

分片	面积 (平方公里)	多年平均		不同保证率降雨量(毫米)		
		年降雨量(毫米)	年降水总量(亿立方米)	50%	75%	90%
里下河	3076.1	1022	30.8	1025.9	865.0	645.6
通南沿江	2711.2	1026.4	27.8	1036	872.1	759.3
合计	5787.3	1024.2	59.3	1020.6	911.3	731.5

表1-47 泰州市行政分区地表水资源量统计表

行政分区	计算面积(平方公里)	多年平均径流量	
		亿立方米	毫米(径流深)
海陵	927.5	1.05	310.7
姜堰	337.9	2.29	246.9
高港	201.7	0.93	308.1
泰兴	1169.6	2.94	251.4
靖江	655.6	1.65	251.7
兴化	2395.0	6.27	261.8
全市	5787.3	15.13	261.4

【里下河地区】

主要包括自然降水、江都和高港水利枢纽补给的长江水及沿运河自灌区的少量回归水。地表水资源的决定因素是降水产生的地表径流,年际变化较大。年内的6—9月是降水集中时段,地表水资源量较为充沛,往往因集中降水或降水强度较大而形成洪涝灾害。由于不具备拦蓄条件,又不受地面高程的制约,当河网水位达到1.80米警戒水位时,多余的水量即向下游入海港口排泄。同时,为减轻洪涝危害,启动江都或高港水利枢纽抽排入江,2012年里下河地区入江涝水2.55亿立方米,以致对自然降水的利用水平较低。在每年的6月上、中旬,由于降水较少,加之农时季节上适逢水稻播种和栽插用水集中期,是年内对农业生产造成一定影响的枯水季节。此时,就需要江都或高港水利枢纽翻引长江水以补充。2012年,高港枢纽跨流域调水进入淮河流域24.09亿立方米。

【通南地区】

主要包括自然降水、通南沿江涵闸(站)补给的长江水及高港枢纽送水闸抽引的长江水,水量较丰富,水源交换能力力强。通南地区水资源主要由通江水利工程调配,丰水期沿江涵闸(站)自流引江水量较多,平水期及枯水期调度运行较少。地表水资源量同时受降水产生的地表径流的影响,降水量年内年际变化较大,年内的5—9月是降水集中时段,地表水资源量较为充沛。2015年,通南地区自引江水12.81亿立方米,高港枢纽向通南地区送水0.55亿立方米。

(二)地下水资源

第四纪经历了3次大的海侵海退的旋回,形成一套海陆交替的砂-黏土沉积韵律层,发育有5个含水层(组),自上而下依次为潜水含水层、第Ⅰ承压含水层、第Ⅱ承压含水组、第Ⅲ承压含水组和第Ⅳ承压含水组。Ⅰ、Ⅱ、Ⅲ承压含水层(组)之间几乎无隔水层相隔,含水砂层最厚可达147米,渗透性好,补给充沛,富水性强,单井涌水量大于3000米^3/天。

境内各层均以淡水为主,矿化度大多为0.4~0.6克/升,水化学类型以HCO$_3$-Ca·Na与HCO$_3$-Na·Ca型为主,局部为HCO$_3$·Cl-Na与Cl·HCO$_3$-Na型。

Ⅳ承压水在全区均有分布,含水砂层厚度一般由西南向东北至高港区属长江古河床沉积,其沉积物颗粒粗,以中砂、含砾粗砂为主。

境内地下水划分为松散岩类孔隙水和碳酸盐岩岩溶裂隙水两大类型。其中松散岩类孔隙水分布广泛、水量丰富,是各市(区)主要开采地下水类型,岩溶水仅在靖江局部有分布,目前基本没有开采。

松散岩类孔隙水根据含水砂层的时代、沉积环境、埋藏分布、水力特征等,可进一步划分为孔隙潜水含水层组和第Ⅰ、第Ⅱ、第Ⅲ、第Ⅳ承压含水层(组),地层时代分别相当于全新世、晚更新世、中更新世、早更新世、上新世。

境内开采深层地下水始于20世纪60年代,主要在主城区内零星开采。20世纪80年代后,随着国民经济的发展,对地下水的需求量不断增加,地下水开采井数和开采总量逐年上升(相对集中分布在各市城区),以工业用水为主。1996年,农村实施改水工程以后,地下水的开采从城市向乡村发展。在农村,地下水被广泛作为生活用水,形成了区域性开发利用的格局。

境内地下水开采历史

【起始阶段 20世纪80年代以前】

20世纪70年代以前,泰州市深层地下水处于零星开采状态,最大水位埋深一般不超过3.5米。20

世纪70年代后,随着国民经济的发展,一些纺织、印染、化工等用水量较大的企业(主要位于泰州主城区),开始开采深层地下水,开采井及开采量逐渐增加。据统计,20世纪70年代末,主城区共有开采井17眼,开采层均为水质较好的第Ⅱ承压水,日开采量增至2万立方米左右。由于这一时期的地下水开采处于自发状态,缺乏水行政主管部门的指导和管理,主城区初步呈现出"三集中"开采格局,即开采井、开采层位、开采时间相对比较集中的局面,其主采层最大水位埋深达20余米。

【发展阶段 20世纪80年代至90年代中后期】

20世纪80年代后,伴随着城镇工业的发展、环境污染的加剧,需水量迅速增大,而城市供水事业发展速度缓慢,难以满足社会需求。为解决供水问题,许多企事业单位纷纷开挖深井,各市(区)地下水开采开始形成规模,开采井数和开采量大幅上升(姜堰市大规模开采地下水相对较晚,始于20世纪80年代后期)。20世纪80年代末,泰州市区共新凿深井50余眼,90年代又新凿深井约29眼。20世纪80年代中后期为境内地下水开采的高峰期,年开采量多在1000万立方米以上,其中1986年地下水开采量最大,达1500万立方米左右。以后,境内地下水开采量有所回落,至20世纪90年代中期降至1000万米^3/年以下。主城区"三集中"开采问题比较突出,与此相应,城区第Ⅱ承压水水位也逐年下降,并已形成了一定规模的水位降落漏斗,漏斗中心位于原纺织厂一带。1997年最大水位埋深达26.0米左右。

除主城区外,其他各市(区)地下水开采井数及开采量也出现不同程度的增长,至20世纪90年代中期,泰兴、靖江、姜堰、兴化地下水年开采量分别达404万立方米、430万立方米、1290万立方米、370万立方米。

【控制开采阶段 20世纪90年代中后期至今】

20世纪90年代中后期后,泰州市水利局加大了地下水开采管理的力度。"三集中"开采问题比较突出的主城区,开始宏观调控地下水的开采,与开采高峰期相比,年地下水开采量削减一半以上。其他各市城区开采量亦稳中有降(姜堰略有上升),广大农村实施改水工程后,地下水开采量虽有所增长,但总量均控制在《泰州市地下水资源调查及综合利用研究报告》中评价的地下水可采资源量的范围之内,地下水的开采进入有效控制状态。

1997年,泰州市水利局在全市范围内展开地下水资源开发利用现状调查工作,通过对市域内各深井进行逐一调查,获取了全市地下水开采量、水位、水质等资料,客观真实地反映了当时泰州市的地下水开采状况。据统计,1997年,泰州市境内共有地下水开采井330眼,年开采孔隙承压水3392万立方米,全市平均开采模数约0.60万米^3/(年·公里^2)(由于各市经济发展程度不同,其地下水开采强度也存在较大差异)。地下水资源调查评价工作结束后,市水利局进一步加大了地下水开采管理的力度,建立了地下水开采井动态监测网,对全市地下水开采量、水位等进行长期监测,从而获取了泰州市历年地下水开采量系列资料。

1997年,主城区地下水开采井密度已达2.5眼/公里^2,年地下水开采量为721万立方米(其中第Ⅱ承压水为690万立方米),开采模数达25万米^3/(年·公里^2)以上,居泰州市之首。由于开采区域、开采层次的集中,主城区第Ⅱ承压水水位埋深多在15余米,漏斗中心达26.0米,为泰州市最大水位埋深。

为防止主城区主采层水位的进一步下降,泰州市水利局开始宏观调控地下水的开采行为,1998年,主城区地下水开采量骤减至317万立方米,此后开采量虽有所回升,但多控制在230万~470万米³/年。

主城区第Ⅰ、第Ⅲ承压水水位埋深多年来基本稳定,个别井点(裕泰纺织有限公司)在2001年后出现水位上升趋势,主要是该公司大量压缩地下水开采量所致(2001年前该公司年开采量多在50万立方米以上,2001年后年开采量多小于15万立方米)。

高港区由于地处沿江,地下水开采强度较小,1997年以来年开采量基本稳定在70万立方米左右。由于开采量小,再加上含水层厚度大,补给条件好,区内水位埋深多稳定在5.0米以浅。

1997年,姜堰共有125眼地下水开采井,全年开采量为1290万立方米(其中41%的开采量集中在城区),平均开采模数达1.2万米³/(年·公里²)(为靖江开采强度的1.5倍,泰兴开采强度的4倍),主采层次为第Ⅱ、第Ⅲ承压含水层;从水文地质条件而言,姜堰南部和泰兴、靖江同属长江三角洲沉积区,含水层厚度大、颗粒粗,水文地质条件好,而北部地处里下河平原沉积区,水文地质条件明显次于前者。

靖江毗邻长江,地表水资源极为丰富,地下水主要在靖江城区及八圩等地有开采,总体开发利用程度较低。1997年,靖江共有孔隙承压地下水开采井44眼,年开采量为430万立方米,全市平均开采模数约0.8万米³/(年·公里²)。其中靖江城区地下水开采井相对较密集,1997年开采井数达30眼(占靖江总井数的68%),全年开采量为277万立方米(主采第Ⅰ承压水);八圩次之,该镇有7眼开采井,1997年开采量为100万立方米(主采第Ⅱ、第Ⅲ承压水),其余广大农村地区仅有7眼开采井,全年开采地下水53万立方米,开发利用程度远低于城区。由于靖江市地处长江古河道,含水层厚度大、补给充沛,开采强度相对较大的靖江城区及八圩主采层水位埋深也仅在5.0~7.0米,广大农村地区各承压水水位埋深多不足5.0米。1997年后,靖江市逐步调整地下水开发利用格局,大力压缩城区地下水开采、扩大广大农村地区开采量。

泰兴在实施农村改水工程以前,地下水仅在城区、开发区、黄桥、七圩等地的厂矿企业有开采。1997年,泰兴市仅有21眼地下水开采井,全年开采量为404万立方米(其中近一半开采量集中在城区),平均开采模数仅0.3万米³/(年·公里²),地下水开发利用程度极低。再加上泰兴市地处古长江中心地带,含水层颗粒粗、厚度大、补给充沛,地下水埋深多在2.0~4.0米。此后随着农村改水工程的逐步实施,广大农村地区地下水开采量逐年递增,至2004年开采量增至637万立方米,城区开采量则基本稳定在160万米³/年。多年来,泰兴市第Ⅰ、第Ⅱ、第Ⅲ承压水水位埋深多在5.0米以浅,第Ⅳ承压水水位埋深多4.0~6.0米。

兴化地下水开采利用程度历来低于泰州其他县(市)。1997年,累计地下水开采井数为69眼,全年开采总量为370万立方米(近一半地下水开采量集中在市区),平均开采模数仅0.15万米³/(年·公里²)。主采层次为第Ⅲ承压含水层,第Ⅲ承压水开采量占总量的76.1%、第Ⅱ承压水开采量仅占22.6%。针对兴化城区水位不断下降的状况,1997年后,兴化市水利局加大了城区地下水开采管理力度,封停了10余眼开采井,1998—2002年间,城区地下水开采量降至75万米³/年以下,2002年后逐渐回升到120万米³/年左右。1997年后,兴化市地下水年开采量经历了先降后升的变化,1997—2001年间,该市地下水开采量由370万米³/年降至270万米³/年(城区地下水开采量大量压缩所致),2002年后开采量明显上升(主要是广大农村地区扩大地下水开采规模),至2004年地下水开采井增至110眼,年开采量增至704.73万立方米,接近上次核定的可开采量,其中广大农村地区累计开采量已超过上次核定的可开采量。

至2004年,泰州市共有地下水开采井452眼,年开采量为4653.12万立方米,日均开采地下水12.75万立方米。全市开采井主要集中在各市城区,其开采井密度达0.4眼/公里²,开采模数高达5.5万米³/公里²(全市平均开采井密度不足0.1眼/公里²,开采模数仅为0.80万米³/公里²)。由于水文地质条件、地表水资源丰富程度及社会经济发展状况等因素不同,各市(区)地下水开发利用现状存在较大差异。

表1-48　泰州地下水监测站基本情况考证成果一览表

序号	监测站		位置		监测井类型	地下水类型	监测项目		
	名称	类别	乡(镇)村(街道)				水位		水温
							自动监测	逐日	
1	五叉河闸(Ⅱ)	国家级	海陵区城西街道五叉河闸管理所院内		专用井	第Ⅱ含水岩组承压水孔隙水	√	√	√
2	泰州(潜)	国家级	泰州市海陵区水文分局院内		专用井	潜水孔隙水	√	√	√
3	泰州(Ⅰ)	省级	江苏省泰州市海陵区寺巷街道世贸河滨花园小区		专用井	第Ⅰ含水岩组承压水孔隙水	√	√	√
4	溱潼(潜)	国家级	泰州市姜堰区溱潼镇水位站雨量观测场内		专用井	潜水孔隙水	√	√	√
5	港口(潜)	国家级	姜堰区华港镇政府院内		专用井	潜水孔隙水	√	√	√
6	桥头(Ⅰ)	国家级	姜堰区桥头镇桥头水利站院内		专用井	第Ⅰ含水岩组承压水孔隙水	√	√	√
7	桥头(Ⅲ)	国家级	姜堰区桥头镇桥头水利站院内		专用井	第Ⅲ含水岩组承压水孔隙水	√	√	√
8	沈高(潜)	国家级	姜堰区沈高镇供水站院内		专用井	潜水孔隙水	√	√	√
9	姜堰(潜)	国家级	姜堰区罗塘街道二水厂院内		专用井	潜水孔隙水	√	√	√
10	梁徐(潜)	国家级	姜堰区梁徐镇梁徐水利站院内		专用井	潜水孔隙水	√	√	√
11	梁徐(Ⅱ)	国家级	姜堰区梁徐镇梁徐水利站院内		专用井	第Ⅱ含水岩组承压水孔隙水	√	√	√
12	周庄(潜)	国家级	兴化市周庄镇周庄水厂院内		专用井	潜水孔隙水	√	√	√

续表1-48

序号	监测站 名称	类别	位置 乡(镇)村(街道)	监测井类型	地下水类型	监测项目 水位 自动监测	逐日	水温
13	中堡(潜)	国家级	兴化市中堡镇镇政府院内	专用井	潜水 孔隙水	√	√	√
14	兴化(潜)	国家级	兴化市兴化水位站院内	专用井	潜水 孔隙水	√	√	√
15	沈坨(潜)	国家级	兴化市沈坨镇沈坨水务站门前绿化带内	专用井	潜水 孔隙水	√	√	√
16	缸顾(潜)	国家级	兴化市罐子顾乡缸顾水厂院内	专用井	潜水 孔隙水	√	√	√
17	缸顾(Ⅰ)	国家级	兴化市罐子顾乡缸顾水厂院内	专用井	潜水 孔隙水	√	√	
18	垛田(Ⅱ)	国家级	兴化市垛田镇城南污水处理厂院内	专用井	第Ⅱ含水岩组承压水 孔隙水	√	√	
19	垛田(Ⅲ)	国家级	兴化市垛田镇城南污水处理厂院内	专用井	第Ⅲ含水岩组承压水 孔隙水	√	√	
20	唐子镇(潜)	国家级	兴化市昌荣镇唐子水务站院内	专用井	潜水 孔隙水	√	√	
21	张郭(Ⅲ)	国家级	泰兴兴化市张郭镇张郭水务站院内	专用井	第Ⅲ含水岩组承压水 孔隙水	√	√	
22	安丰(潜)	国家级	兴化市安丰镇镇政府院内	专用井	潜水 孔隙水	√	√	
23	新丰(潜)	国家级	靖江市生祠镇新丰村雨量观测场内	专用井	潜水 孔隙水	√	√	
24	夏仕港闸(潜)	国家级	靖江市夏仕港船闸管理所内	专用井	潜水 孔隙水	√	√	
25	高港闸(Ⅰ)	国家级	泰州市医药高新区沿江街道高港闸水文站雨量观测场内	专用井	第Ⅰ含水岩组承压水 孔隙水	√	√	
26	倪浒庄(潜)	国家级	泰州市泰兴市新街镇倪浒庄雨量站观测场内	专用井	潜水 孔隙水	√	√	
27	黄桥(潜)	国家级	泰兴市黄桥镇黄桥水位站雨量观测场内	专用井	潜水 孔隙水	√	√	
28	过船港闸(潜)	国家级	泰兴市滨江镇过船港闸水文站院内	专用井	潜水 孔隙水	√	√	√

(三)过境水

泰州市过境水主要指长江水。淮河来水量年际变幅很大,除泄洪外,对境内基本无水供给。泰州地处长江北岸,过境水量十分丰富。全市13座重点闸站可控制90%以上引排水量。高港枢纽是主要的跨流域调水途径(长江流域进入淮河流域)。

表1-49 2014年泰州市流域引排江水量　　　　　　　单位:亿立方米

流域分区名称		引江水量	入江水量
I	II		
淮河流域	里下河区	29.37	1.019
长江流域	通南沿江区	17.21	16.44
合计		46.58	17.459

(四)用水量

用水户的取水量,包括从公共供水工程取水(含再生水、海水淡化水)、自取地表水(含雨水集蓄利用)和地下水、市场购得的水产品等,不包括重复利用水量。农业用水包含斗口(或井口)以下输水损失。工业用水量指与工业生产有直接关系的主要生产用水、辅助生产用水(包括辅助生产设施和生活办公用水、食堂用水等)以及附属生产用水(包括基本建设和技改、科研用水等)等水量,不包括供给外部的水量。取自供水工程的工业和生活用水不包括供水工程的输水损失。

表1-50 2001—2015年泰州市总供水量统计表　　　　单位:万立方米

年份	地表水	地下水	总供水量
2001年	313116	2206	315322
2002年	292090	4201	296291
2003年	262995	2791	265786
2004年	279438	4647	284085
2005年	276885	4820	281705
2006年	274492	4038	278530
2007年	293667	3979	297646
2008年	281820	3980	285800
2009年	283526	3774	287300
2010年	277188	3712	280900
2011年	298681	2937	301618
2012年	271341	2786	274127

续表1-50

年份	地表水	地下水	总供水量
2013年	271194	2356	273550
2014年	265270	1530	266800
2015年	261387	1016	262403

2014年全市农业用水量为220512万立方米,其中主要为农田灌溉用水量,占全市总用水量的82.6%;一般工业用水量为20124万立方米,占全市总用水量的7.5%;生活用水量为23666万立方米,占全市总用水量的8.9%,其中居民生活用水量20087万立方米;生态环境用水量为2498万立方米,占全市用水量的0.9%。

2014年全市总用水量(不含火电)为266800万立方米。

表1-51 2014年泰州市行政分区分项用水量统计表 单位:万立方米

行政分区	农业			一般工业		生活					生态环境	总用水量	
	农田灌溉	林牧渔畜	小计	用水量	其中地下水	城镇居民	农村居民	城镇公共	小计	其中地下水		用水量	其中地下水
兴化	77781	18928	96709	6305	293.7	3048	1549	383	4980	0	231	108225	293.7
姜堰	34043	3514	37557	2392	435	2056	1020	669	3745	301	288	43982	736
海陵	5492	1470	6962	2361	52.3	2924	143	1400	4467	180	650	14440	232.3
高港	8250	820	9070	1820	9.0	811	259	350	1420	0	200	12510	9.0
高新区	1600	46	1646	800	6.5	650	57	200	907	0	200	3553	6.5
泰兴	46000	1400	47400	4000	175.0	3100	1250	140	4490	0	600	56490	175.0
靖江	18863	2305	21168	2446	76.0	2385	835	437	3657	1	329	27600	77.0

第五节 土壤植被

以新通扬运河为界,全市土壤划分为三个类型地区,即里下河农区、通南高沙土农区和沿江农区。由于不同地区成土母质不同,土壤质地有明显差异。里下河地区为湖相沉积母质上发育的土壤,以重壤至轻黏为主;通南高沙土区为长江老冲积物发育的土壤,以沙壤至轻壤为主;沿江地区是长江新冲积母质上发育的土壤,以中壤至重壤为主。

一、土壤

经过20世纪50年代和80年代两次土地普查,按照全国和江苏省的土壤分类规程,境内的土壤大致分为3个大类、6个亚类、33个土属、123个土种。

里下河地区成土母质以沉积相为主,土壤颗粒较细,物理性黏粒含量在40%~60%,土壤质地以轻黏为主,通透性较差,保肥保水性强,土壤增温慢,有利于有机质的积累。在土壤的发育过程中,经历了漫长的沼泽化过程,在嫌气条件下,水生生物群落给土壤遗留大量的生物残体,逐步形成厚度在50~70厘米的黑色腐泥层。后因江淮冲积物的不断补充沉积,以及人类的垦殖利用,黑色腐泥层被覆盖,形成埋藏的黑土层。该土层虽然有机质含量较高,但质地黏重,结构紧密,通透性差,是作物生长的障碍层次。人类的垦殖,最初从局部高地开始,逐步向比较低洼的地带扩展,宋代以后,圩田垦殖普遍兴起,垦殖初期,地下水与地表水相接,一年种植一熟水稻,常年灌水保沤,发育成潜育型水稻土。垦殖后每年以泥渣为主要肥源,日积月累,使地面不断增高,土壤不断熟化,故定名为勤泥土,又根据黑土层埋藏的深度,分为肩黑、腰黑、底黑等勤泥土种。圩田的边匡田,泥渣用量较多,首先种植稻麦两熟,地面增高较快,1958年的"沤改旱",改变了常年沤水的环境,使土壤中的铁锰化合物淀积,形成锈斑和铁锰结核,犁底层以下出现有亚铁反应的脱潜层,发育成脱潜型水稻土。地面高程在2米以下的少数田块,历史上是草滩,新中国成立后开垦,地下水位在30~40厘米,犁底层以下没有锈斑,土体青灰色,仍为潜育型水稻土。

新通扬运河两侧,是里下河的边缘,成土母质冲积与沉积相互交替,地势高爽,质地中壤,地下水位较低,开垦也早,犁底层以下出现具有较多的锈斑、铁锰结核和胶膜不明显的初渗层,发育成渗育型水稻土。少数种植稻麦两熟较早的高头田,在渗育层以下,土壤呈柱状结构,具有铁锰淀积明显的淀积层,发育成肥力较高的潴育型水稻土。漕汀河两边的低洼地区,受江淮洪水的直接冲击,筑圩围垦比较困难,在垦殖过程中,采用挖低填高,并大量使用泥浆肥田,使地面不断提高,形成独特的四面环水的岛形田块,称"垛田"。长期实行旱作,发育成灰潮土,定名为"垛田土"。20世纪70年代平垛并垛,平高填低,打乱了原有土层,称扰动垛田土。紧靠城市的高爽田,长期种植蔬菜,肥力水平较高,发育成黏质菜园土。

高沙土地区土壤有强烈的淋溶作用,使土壤中的钙质下移,土壤的石灰反应和pH值自上而下呈上升趋势。下移的石灰质,又受地下水的顶托,在土层集结,形成大小不等、数量多寡的石灰结核(砂礓),少数地块形成砂礓层。随水下移的铁锰化合物的氧化淀积,使土层中都有散生的铁锰结核。雨季还造成水分的地面径流和垂直运动,产生土壤黏粒的再分配,使土壤黏粒随地面高程的下降而增多,地面高程在5米以上的发育成高砂土,质地沙壤,地势较低的土壤发育成夹沙土,质地中壤。

姜堰土壤分布由南往北从潮土类向水稻土类过渡,土质也由沙土逐渐过渡到黏土。通南地区,潮土类占耕地面积的92.5%,高沙土土属又占潮土类的87.99%。里下河地区,水稻土类占耕地面积的98.82%,主要土种为勤泥土。里下河地区的垛田,土壤属潮土类的垛田土,中部新、老通扬运河之间,多水稻土,其中小粉浆土、勤泥土分布较广,潮土中多高沙土。

沿江地区成土母质单一,全部属长江冲积平原,质地以中壤为主。直径小于0.001毫米的黏粒,平均含量在5.6%~15.5%,极值为2%~20.9%;直径小于0.01毫米的物理性黏粒,平均含量在34%~51.1%,极值为20.5%~61.8%;直径大于0.05毫米的沙粒,平均含量在6.67%~27.93%,极值为0.9%~

44.8%。域内土壤主要类型为水稻土类,土种主要有淤泥土、油沙土等。

3个大类是水稻土、潮土、沼泽土。

（一）水稻土

全市有水稻土22.93万公顷。

水稻土在各种成土母质上均有分布,因长期种植水稻,经水旱交替耕作熟化而成。水稻土土类分为渗育型、潴育型、脱潜型、潜育型4个亚类,面积分别为62580公顷、47187公顷、100027公顷和19526公顷,分别占水稻土类的27.29%、20.58%、43.62%和8.51%。

1.渗育型水稻土

渗育型水稻土主要分布于沿江地区,一般质地较轻,地下水位较低,水分以垂直下渗为主;剖面发育层为耕作层、犁底层、渗育层或初渗层,多数土壤环境条件较好,可划分为淤泥土、小粉土、缠夹沙土、沙缠夹土、垛田红沙土、乌杂土6个土属。

淤泥土属面积30367公顷,占水稻土面积的13.24%,占渗育型水稻土面积的48.53%,分布于沿江地区的靖江。

小粉土面积17167公顷,占水稻土面积的7.49%,占渗育型水稻土面积的27.43%,主要分布于泰兴的高沙土改制地区及沿靖地区,姜堰的新老通扬运河之间也有少量分布。

缠夹沙土面积4367公顷,占水稻土面积的1.9%,占渗育型水稻土面积的6.98%,主要分布于姜堰的新老通扬运河之间、泰兴的沿靖圩田地区。质地中壤,分缠夹沙土和沙心缠夹沙土两个土种。

沙缠夹土面积1960公顷,占水稻土面积的0.85%,占渗育型水稻土面积的3.13%,主要分布于海陵区的南部及姜堰的张沐、白米、大冯等乡镇的老河道两岸。质地轻壤至中壤,分沙夹缠、腰黑沙夹缠、缠浆土、黏心沙夹缠4个土种。

垛田红沙土面积693公顷,占渗育型水稻土面积的1.1%,分布于兴化部分乡镇。

乌杂土面积513公顷,占渗育型水稻土面积的0.8%,分布于兴化部分乡镇。

2.潴育型水稻土

潴育型水稻土主要分布于里下河区标高2.5米以上地区,多为灌排条件较好的老稻麦田,地下水位1米上下,受灌溉水的间歇淋溶和地下水交替活动的影响,土体层次发育较好,肥力较高,属高产土壤类型。按面积大小和成土母质分为小粉浆土、淤泥土、红沙土3个主要土属,另有勤沙土、红黏土（220公顷）、砂礓土（93公顷）、塘盐土（473公顷）、乌土（44公顷）。

小粉浆土面积24778公顷,占水稻土面积的10.8%,占潴育型水稻土面积的52.51%,分布于兴化的圩里地区、姜堰的里下河地区及中部沿运区。轻壤至中壤,物理性砂粒含量65%左右。易淀浆,土色浅,渗育层有垂直节理发育,结构面较平光。耕层有机质含量大于1.4%,心土有机质含量0.9克/千克,易发苗。有小粉浆土、浅层小粉浆土、黑心小粉浆土、腰黑小粉浆土、底黑小粉浆土、夜潮小粉浆土、浅位砂礓小粉浆土、深位砂礓小粉浆土8个土种。

淤泥土面积10414公顷,占水稻土面积的4.54%,占潴育型水稻土面积的22.07%,主要分布于泰兴沿江老水田地区。经多年种植水稻而形成,土层深厚,一般大于90厘米;耕层多为块状结构,质地多为重壤,部分轻黏;犁底层发育明显,呈片状结构,保肥性能较好;犁底层下为渗育层,呈棱柱状结构,结构间有灰色胶膜;渗育层下为淀积层,可见石灰结核、铁锰结核,再向下为一层沙一层黏的原始冲积层。通体保水保肥性能较好,养分释放慢,后劲大,单产较高;淤泥土耕作层有机质含量1.82%,全氮0.120%,全磷0.160%,速效磷4.8克/千克,速效钾82克/千克。有淤泥土、薄层淤泥土、沙心淤泥土3个土种。

红沙土面积10020公顷,占水稻土面积的2.37%,占潴育型水稻土面积的11.52%,主要分布于兴化的圩南和圩外部分地区,面积7233公顷。另外,姜堰北部里下河地区、海陵区东郊、泰东、九龙等乡(镇)也有分布。地面标高2.2米以上,以湖相沉积母质为主,局部受长江冲积物的影响;土壤耕层结构较好,养分含量较高,呈灰棕色,混杂有机质——铁质混合物鳝血斑纹,故称红沙土。主要有红沙土、中位砂礓红沙土和下位砂礓红沙土3个土种,有机质含量在1.88%左右。

勤沙土面积5620公顷,占水稻土面积的2.45%,占潴育型水稻土面积的11.91%。分布于兴化圩南地区。

3.脱潜型水稻土

脱潜型水稻土是水稻土中面积最大的一个亚类,主要分布里下河地区,有机质含量较高,有勤泥土、灰黏土、勤沙土、缠脚土、灰杂土5个土属。

勤泥土面积48947公顷,占水稻土面积的21.34%,占脱潜型水稻土面积的48.9%,主要分布于里下河区中部的圩外(兴化26680公顷,姜堰22267公顷),发育于典型的湖相沉积母质。通体质地均一,质地中壤至轻黏,有机质含量2.32%,全磷含量0.110%左右,速效磷6~9克/千克,速效钾多数在140~150克/千克。按质地和黑土附加层,划分为勤泥土、小粉勤泥土、黑心小粉勤泥土、黑心勤泥土、肩黑勤泥土、腰黑勤泥土、底黑勤泥土7个土种。

灰黏土面积22667公顷,占水稻土面积的9.88%,占脱潜型水稻土面积的22.66%,分布于兴化市境内。

勤沙土面积11607公顷,占水稻土面积的5.06%,占脱潜型水稻土面积的11.6%,分布于兴化市境内。

缠脚土面积10067公顷,占水稻土面积的4.39%,占脱潜型水稻土面积的10.1%,分布于兴化的圩里地区,地面标高2.5~3米,湖海相沉积母质。中壤土,有机质含量1.42%,全磷0.114%,速效磷5.9毫克/千克,速效钾160毫克/千克。根据埋藏黑土层的有无,分缠脚土和腰黑缠脚土两个土种,分别占88.2%和11.8%。

灰杂土面积1133公顷。

4.潜育型水稻土

潜育型水稻土主要分布于里下河洼地的湖荡边缘,地势低,常年地下水位高,剖面发生层为耕作层—犁底层—潜育层,土体结构比较单一,有机质含量较高;分为草渣土、烘渣土、黑烘土、黑黏土、鸭屎土及河淤土6个土属,面积分别为9406公顷、5740公顷、2640公顷、927公顷、693公顷、120公顷。

（二）潮土

全市有潮土8.86万公顷,占土壤总面积的27.62%。

潮土因成土母质不同分为灰潮土和盐化潮土两个亚类,其中灰潮土88306公顷,占潮土土类的99.64%;盐化潮土只有321公顷,主要分布在高沙土地区的顾高、白米的低洼地。潮土土类是在河流冲积物上,经过长期旱耕熟化发育而成的土壤,由于地下水的季节性升降,底层干湿交替,影响土壤物质的淋溶和淀积,在剖面中形成锈、锈纹或铁锰结核、石灰结核;在沉积过程中因江河流速缓急的不同,以及主流与支流、汛期与枯水期之差异,不仅在平面上沉积物有粗有细,而且在垂直剖面上也有粗细不同的层次排列,从而构成潮土质地的复杂性以及剖面质地层次的多样性。

高沙土地区旱作土壤、里下河地区的垛田以及城镇郊区的菜园土均属灰潮土亚类;大多实行水旱轮作,但尚不具备水稻土特征,成土母质主要为长江冲积物,部分为湖相沉积物。按母质和利用方式的不同,灰潮土划分为高沙土、垛田土、夹沙土、沙码土、黏土、菜园土、飞沙土7个土属。

高沙土属面积75093公顷,占灰潮土面积的85.04%,为高沙土地区的主要土属。质地轻松,沙壤至轻壤,物理性黏粒24.5%,黏粒1.32%。土壤中常量元素和微量元素含量比较低,有机质含量0.97%,全磷0.156%,速效磷4~5克/千克,速效钾50~60克/千克。按土体厚薄和附加的黑土层、沙玛层,分为高沙土、薄层沙土、腰黑沙土、底黑沙土、中位沙玛土和下位沙玛土6个土种,其面积分别为45740公顷、30043公顷、13113公顷、3128公顷、2050公顷和3059公顷。其中,腰黑沙土和底黑沙土略具防漏保肥作用,是高沙土地区较好的两个土种;沙玛土因土体中含有砂礓,对农作物生长有一定影响。

垛田土属面积5420公顷,集中分布在姜堰市港口、海陵区朱庄以及兴化市垛田等乡(镇),其中兴化面积占59%,成土母质为湖相沉积物。垛田比一般农田高1.5米以上,稳产保收。因质地不同分为壤质垛田土与黏质垛田土,以及因平整土地而打乱土层的搅动垛田土3个土种,面积分别为1683公顷、2277公顷和1460公顷。土壤有机质含量在1.67%~1.87%,全磷0.010%~0.137%,速效磷多在10克/千克上下,速效钾140~200克/千克。

夹沙土属面积3207公顷,分布在高沙土地区的边缘,以泰兴市面积较大,海陵区和靖江市亦有零星分布。大部分为旱改水田,无障碍层次,物理性能略优于高沙土,质地中壤,有机质含量1.24%左右。

沙码土属面积1740公顷,分布在姜堰市中部和南部,土体的不同部位有沙码层。

黏土属面积340公顷,分布在泰兴市沿江地势较高的地方。一般高出水田1米上下,与淤泥土插花分布,仍然种植旱谷,质地轻黏,有机质含量1.83%,全磷含量0.146%,但速效磷、速效钾含量均不高。

菜园土属面积1973公顷,主要分布于海陵郊区、泰兴区和姜堰区,为常年菜地,母土为高沙土和夹沙土。分为沙质菜园土与壤质菜园土两个土种,其面积分别为912公顷和1061公顷。沙质菜园土为轻壤土,有机质含量1.66%,全磷0.321%,速效磷34克/千克,速效钾47克/千克;壤质菜园土为中壤土,其养分含量与前者相近,唯速效磷较低,而速效钾则较高。

飞沙土属面积533公顷,零星分布于高沙土地区,多在新开河道两岸,属紧沙土,物理性黏粒不足

10%,保水保肥性能很低,有机质含量小于0.60%,磷、钾含量亦低。

(三)沼泽土

全市有沼泽土1.15万公顷,占土壤总面积的3.58%,分布在兴化市和姜堰区,至今未开发利用。

二、农田植被

泰州境内地势低平,江河密布,湖泊众多,滩涂、湿地及生物资源丰富,其中:湿地植物区系植物有芦苇、喜旱莲子草、狗牙根、浮萍、槐叶萍、莲、香蒲、千金子、野苋菜、葎草、马唐、鳢肠、水蓼、鬼针草、枸杞、钻形紫菀等160余种,隶属55科,其中蕨类植物4种、裸子植物4种、被子植物160种;国家重点保护野生湿地植物有13种,Ⅰ级4种、Ⅱ级9种,其中有6种为中国特有种。境内常见的野生植物品种如下。

(一)孢子植物

泰州境内孢子植物主要有衣藻、团藻、丝藻、水绵、新月藻、鼓藻、栅列藻、颤藻、毛霉、黑根霉、木耳、珊瑚菌、构菌、蛇苔、地钱、葫芦藓、尖叶提灯藓、问荆、节节草、狗脊、井口边草(凤尾阙)、苹、满江红。

(二)裸子植物

境内裸子植物主要有银杏、桧。

(三)被子植物

1.双子叶植物

离瓣花类主要有三白草、杨树(旱柳)、垂柳、杞柳、枫杨、白榆(榆)、榔榆、桑、榖树(构、楮)、努努藤(葎草)、金不换(酸模)、酸模叶蓼、水红花(水蓼)、女儿红(虎杖)、铁扫帚(萹蓄)、何首乌、灰灰条(藜)、扫帚草(地肤)、土鸡冠(青葙)、土牛膝、水花生(空心莲子草)、马齿苋、半枝莲、牛繁缕、鹅不食草、鸡头(芡)、金鱼藻、毛茛、荠菜、播娘蒿、薅菜、瓦松、虎耳草、野蔷薇、蛇郎果(蛇莓)、合欢、含羞草、决明、槐、黄花草(南苜蓿)、鸡血藤、刺槐、田菁、红花草(紫云英)、野豌豆、酢浆草、枳、臭椿(樗)、椿树(香椿)、楝树、泽漆、水苋菜、千屈菜。

合瓣花类主要有油搭儿(苦菜)、马鞭草、藿草、夏枯草、益母草、薄荷、紫苏、枸杞、灯笼草(酸浆)、龙葵、风茄儿(曼陀罗)、紫花泡桐、金鱼草(龙头花)、婆婆纳、官司草(车前)、猪殃殃、白马骨、白花蛇舌草(二叶葎草)、金银花(忍冬)、接骨木(扦扦活)、败酱、栝楼、半边莲、佩兰、马兰头(马兰)、旋覆花、野茄儿(苍耳)、飞廉、一年蓬、牛蒡、茵陈蒿、豨莶、鳢肠、鬼针草、野菊、石胡荽、艾、黄花蒿、青蒿、大蓟、刺儿菜(小蓟)、果果丁(蒲公英)、奶浆草(苦荬菜)。

2.单子叶植物

单子叶植物主要有黑三棱、眼子菜、芦苇、芦竹、淡竹叶、蟋蟀草(牛筋草)、狗牙根、看麦娘、稗、狗尾草、蟋蟀草(马唐)、鹅观草、三棱草、白茅、莎草(香附子)、菖蒲、水浮莲(大藻)、半夏、浮萍、紫萍、谷精草、鸭跖草、竹节草、水葫芦(凤眼莲)、雨久花、灯花草。

第二章　水利规划

第二章 水利规划

几千年来,泰州历朝历代都十分重视水利建设,泰州城市的形成和发展,与城区水系的建立、整治息息相关;泰州周围城镇、农庄形成和建设都与水利建设相辅相成。其间,虽有不少仁人志士提出一些治水方略,但是没有形成全面的规划和整体的建设。20世纪50年代,境内开始有水利计划。1949年春泰州全境解放后,各级党委和政府对水利建设都十分重视。同年7月下旬泰州遭遇特大洪涝的侵袭,损失十分严重,明显暴露出泰州地区抗御洪涝灾害能力的薄弱。随后泰州地委和专署就制订水利计划,确定以"复堤防洪、引水保灌、疏导排水"为建设方针,以恢复堤防、疏浚河道、发展灌溉为中心,开展全面的水利修复工程,目标是修复战争和洪灾破坏的水利工程。这一时期尚未考虑全面的水利发展规划。

1996年,地级泰州市成立后,一直把水利规划摆在重要的位置,制定了一系列的综合规划、专项规划和区域规划。各类水利规划对水利事业的发展和全市的水利建设起到了重要的指导作用。

第一节 综合规划

一、泰州市水利发展"十五"计划及2010年基本实现水利现代化规划

2000年11月,泰州市水利局编制完成《泰州市水利发展"十五"计划及2010年基本实现水利现代化规划》。

(一)指导思想

围绕全市经济和社会发展的总目标,基本实现水利现代化。具体为:继续加强水利基础设施建设,适度提高抗御洪涝灾害的标准,着力强化水资源和水利工程管理,建立起以"八化"(水利工程先进化、水利资源资产化、水情调度自控化、防汛抗旱机动化、水利行政法治化、水利经济集约化、水利施工机械化、人才结构合理化)为主要工作内容的适应我国社会主义市场经济体制的水利新体系,为全市国民经济和社会发展提供防洪排涝安全保障、水资源有效供给以及良好的水环境。

(二)主要目标

1.重点工程技术标准

(1)长江。长江堤防达到能抗御百年一遇的潮位加10级风浪标准。

(2)里下河。防洪:圩堤要达到能抵御100年一遇的洪水标准;排涝:圩内排涝模数要达到

10米³/(秒·万亩),区域外排的排涝模数争取达到0.3米³/(秒·公里²)的标准;降渍:控制地下水位在地面以下1.0米以下。

(3)通南地区。排涝:田间工程要达到日雨200毫米雨后一日排出,区域达到0.69米³/(秒·公里²)的标准。降渍:地下水位沙土地区控制在田面1.0米以下,沿江圩区控制在田面0.8~1.0米以下。

(4)城市。城市防洪达到能防御100年一遇的洪水标准,重点地区排涝达到20年一遇的标准,一般地区排涝达到10年一遇的标准。

(5)水资源供需有余。中等干旱年景$P=75\%$确保供需有余,特殊干旱年景$P=95\%$时保证基本水源供应。

(6)确保水源水质满足生活和工农业生产要求。全市水体水质达到Ⅲ类水的标准。

(7)水土保持。全市河道内坡水土保持工程措施和生物植被覆盖率达80%以上,其中通南达到100%,水利工程管理单位范围内、河道岸线占用单位地表无土化率达100%,县级以上城市市区空地无土化率达95%。

2.重点工程

从2000年到2010年水利工程建设的重点为"四四"工程,具体为:

(1)长江防洪工程。病险涵闸除险加固、改造达标工程,江港堤防护坡及植被工程,坍江治理、节点巩固工程,沿江水系调整及排涝站更新改造工程。

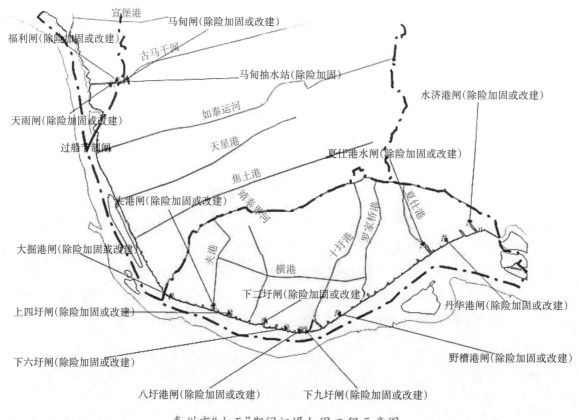

泰州市"十五"期间江堤加固工程示意图

（2）通南水源调度控制工程。河道拓浚、整治和坡面保护工程,渠系、泵站调整和老化更新改造工程,水源调度、分级控制建筑物的完善、调整及改造工程,水土保持工程。

（3）里下河治涝工程。骨干排涝河道提高标准和通联工程,圩内堤排、堤灌达标工程,圩口闸机电启闭及更新改造工程,滞涝区开发利用工程。

（4）城市防洪、供水工程。防洪及水源调度建筑物新建、改建工程,防洪堤路结合工程,城区河道综合利用整治工程,防汛防旱指挥系统工程。

3.水利现代化构想框架

规划提出,水利现代化主要为实现水利"八化",具体为:水利工程先进化、水利资源资产化、水情调度自控化、防汛防旱机动化、水利行政法治化、水利经济集约化、水利施工机械化、人才结构合理化。

（1）泰州市水利现代化建设框图。

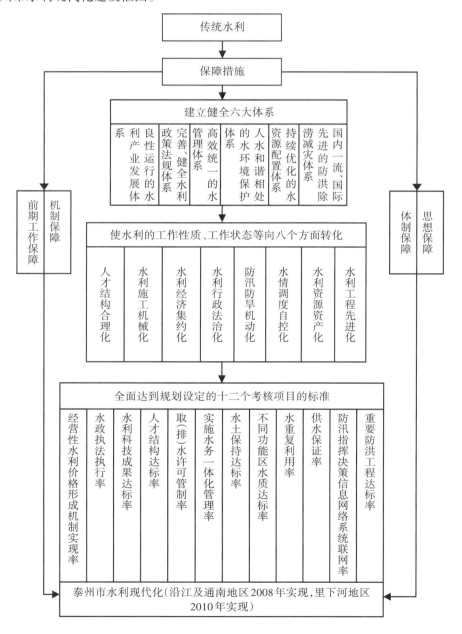

（2）泰州市水利现代化"八化"（见表2-1）。

表2-1　泰州市水利现代化"八化"

序号	"八化"名称	要求	具体表现形式或形象、管理方法或手段
1	水利工程先进化		
		工程要有精品形象	水利工程要准确全面发挥设计功能，有时代特征，能与大自然协调和谐
		工程要达到规定的质量等级	对不同的工程提出不同等级（国家或世界标准）的要求
		工程设备要配套齐全	工程的配套设施（含管理设施）装备要齐全，品级要符合规定
		工程管理要科学	要设定科学的管理模式、运行规则及操作规范
		工程效益要量化	要有具体的公益型工程指标、经营型工程指标、混合型工程指标
2	水利资源资产化		
		水利资源边界明确	水利资源的类别及其边界的划分测定
		水利资源时段数量要清晰	能科学地量化本地域本时段水利资源，并能使本地域水利资源纳入财务监管范畴（具体办法见《水利国有资产监督管理暂行办法》）
		水利资源要能进行监测管理	有动态跟踪监测的手段、方法和信息
3	水情调度自控化		
		水文、气象、水质资料采集精确	a.信息拥有面全；b.信息采集密度达到先进水平；c.信息采集处理手段先进；d.信息分析方法科学；e.预测、预报及时准确
		要有智能和敏感的水情调度手段	a.有科学的调度运用程序；b.有高效的应变调整手段；c.达到能对市、县二级骨干工程自控调度的水平；d.水位、水质同步调度；e.指令传递数据化、传递方式网络化
4	防汛抗旱机动化		
		要有专门的防汛抗旱程序	有设定的防汛抗旱起讫标准及工作模式（含防洪、排涝、抗旱、防风、止坍等）
		要有机动的防汛抗旱储备手段	a.要有具体的人力、装备、物资、财力等储备的条件和方式；b.储备应变能满足每年上级水行政主管部门设定的防御标准实际发生时的需要
		抗灾减灾效率及效益要达到国内先进水平	要有分年对下一级水行政主管部门抗灾机动能力设定、效率评价和减灾效益计算程序
5	水利行政法治化		
		法律文件要规范配套	要有各级配套的水行政法律、法规和政策文件，做到有法必依
		执法行为必须正规、严格	要达到执法队伍精良、执法装备先进、执法行为规范，做到执法必严

续表2-1

序号	"八化"名称	要求	具体表现形式或形象、管理方法或手段
		行业管理制度健全完整	a.要有规范的行政管理和专业技术管理的制度;b.管理人员要具备二大管理的素质水平;c.要拥有二大管理的技术装备手段
6	水利经济集约化		
		有正常的水利公益行为耗费补偿渠道	a.有明确的补偿渠道;b.有科学的测算指标(成本范围、效益边际、阶段指标);c.补偿率达到国家规定的水平
		水利经营性行为基本进入市场	a.要达到水利投入资本化;b.产品销售商业化;c.产品成本价格化;d.行业管理企业化;e.投资收益达到社会平均水平
7	水利施工机械化		
		水利工程机械施工要达到一定程度	a.建筑工程(浇筑、物料的装、卸、运等)机械化作业率达85%以上;b.土方工程机械化作业率达75%以上;c.农田水利建筑物装配化率达80%以上
		水利施工队伍要有先进的机械化装备	各水利施工队伍机械化装备要完全或超过资质等级规定的要求
8	人才结构合理化		
		人才配备要合理	各级各单位的人才组合有阶段发展比例
		要有一定比例的智能复合人才	综合性人才及一专多能人才要占一定比例
		经常开展职工培训教育	有科学的教育层次和教育频率,教育面普及率要达到80%以上
		要有一定水平的科研成果	a.要有一定比例的从事科研工作的人才;b.要有抓科技成果的专门部门;c.要有务实的科研规划;d.要有明显增长的技术进步指标;e.要有一定数量的科研成果

表2-2　泰州市水利现代化考核项目表

序号	评价项目	指标性质	标准或要求	权重
一	**防洪除涝减灾体系**			30
1	重要防洪工程达标率	强制	(1)重要工程指:a.长江堤防及建筑物工程;b.里下河堤防、圩口闸及圩内排涝工程;c.城市防洪除涝工程。具体指标见《泰州市水利现代化指标评价系统》(以下简称《系统》)。(2)有专业防汛队伍、配备机动力量、有防汛预案、有防汛物资和资金储备、里下河滞涝区建立有滞涝保险制度。	20

续表2-2

序号	评价项目	指标性质	标准或要求	权重
2	防汛指挥决策信息网络系统联网率	一般	(1)建成县一级防汛指挥决策信息网络系统。 (2)建成县级骨干工程自动化控制系统及水文气象信息采集系统。 (3)和省、市联网	10
二	水资源配置体系			20
3	供水保证率	一般	(1)农村农田灌溉保证率95%,渠系利用系数0.7。 (2)自来水供水县级城市泰州市区100%,各集镇90%,农村80%	15
4	水重复利用率	一般	工业水重复利用率50%,废污水处理回收率30%	5
三	水环境保护体系			15
5	不同功能区水质达标率	一般	各功能区均应达到规划水质标准	9
6	水土保持达标率	一般	包括:(1)河道绿化及工程措施达标。 (2)堤防绿化措施达标。 (3)城市河道绿化及空地绿化覆盖率达标(具体指标见《系统》)	6
四	水管理体系			15
7	实施水务一体化管理率	一般	按省定水务一体化管理项目实施一体化管理的程度	5
8	取(排)水许可管制率	强制	100%	2
9	人才结构达标率	一般	(1)中等以上学历达80%,大专以上占40%,本科以上占30%。 (2)中高级人才占30%	3
10	水利科技成果达标率	一般	(1)有自然学科的科技成果。 (2)科技成果推广达标(具体见《系统》)。 (3)软科学成果达标	5
五	水利政策法规体系			10
11	水政执法执行率	强制	对违反水法规案件的及时查处率为80%,立案、结案、反馈率为90%	10
六	水利产业发展体系			10
12	经营性水利价格形成机制实现率	一般	(1)农灌水价形成机制。 (2)城市(自来水)水价形成机制。 (3)其他经营性水利价格形成机制(包括排水水价、冲污水价、过闸费价格等)	10

二、泰州市主城区水系综合整治规划

为指导泰州市综合治理主城区水系,统筹安排区内的水系保护和建设,依据《中华人民共和国城市规划法》和《中华人民共和国防洪法》的规定,2002年,泰州市水利局开始编制《泰州市主城区水系综合整治规划》,2004年编制完成,是年8月2日,泰州市政府发文(泰政发〔2004〕42号)批准实施。

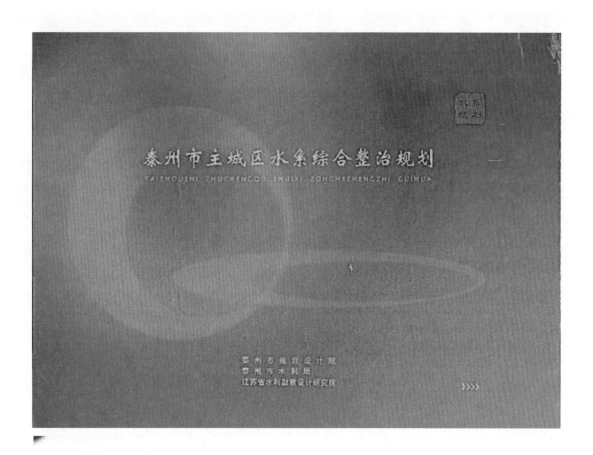

泰州市人民政府

泰政复〔2004〕42号

关于同意实施泰州市主城区水系
综合整治规划的批复

泰州市水利局：

你局"关于报请批准《泰州市主城区水系综合整治规划》的
请示"（泰政水〔2004〕83号），经市政府第19次常务会议研究，
现批复如下：

一、同意你局所报《泰州市主城区水系综合整治规划》（以
下简称《规划》）中关于水系布局、空间概念、功能定位和防洪
除涝等方面的规划内容，并由你局具体负责《规划》的实施工作。

二、泰州市主城区规划范围内今后所有防洪除涝设施的建
设、更新、维修、管护均应严格按照《规划》所设定的标准和要
求实施。

三、你局要会同规划、国土、建设、交通等有关部门尽快划
定《规划》所需的规划保留区，并做好与其它规划的衔接、调整
工作。

四、《规划》是融防洪、旅游、文化等为一体的水系综合规
划。在实施时，既要服从统一规划，又要体现有所侧重、有所结
合的原则。在实施主体上，水利部门主要负责城市防洪、河道整
治及改善水质、营造水环境等方面的工作，涉及到其它文化旅游
资源开发、景观建设等由相关部门各负其责。

五、你局须将《规划》印发相关部门单位，并要会同有关单
位抓紧编制年度实施计划，积极推进水系综合整治工程建设。

此复

主题词：水利 水系 规划 批复
抄送：市规划局、国土局、建设局、交通局、旅游局、文化局。
共印10份

（一）指导思想

在认真研究泰州城市自然条件、历史人文的基础上，运用水资源可持续利用的治水基本理论和以人为本的生态景观理论，遵循城市理水新概念，以解决城市防洪、排涝为前提，充分挖掘泰州历史文化，把握泰州城市水环境特色，突出水城风光，创造良好的城市水生态和水文化环境，带动泰州旅游业及其他相关产业的发展，促进泰州经济的腾飞。

（二）主要目标

通过综合整治，实现泰州主城区的水清、水近、水活、水美的治水目标，使泰州主城区水陆比达到16%，城市水系的防洪、排涝能力达到国家规定的设防标准，水环境质量及沿河环境景观等方面有根本改善和重大提高，形成城在水中、水在绿中、绿在城中的绿依水、水绕城，城因水而富有生气，绿因水而富有灵气，水因城而富有神气的独特的泰州水环境；建成碧水蓝天、空气清新、环境优美的园林式城市。

（三）期限和范围

期限：近期2010年，远期2020年，远景2050年。

范围：东起先锋河，西至引江河，北起新通扬运河，南至周山河，规划总面积115.02平方公里。

（四）概念设计

1.水系特色

综合泰州城市水系特色，规划对泰州市主城区水系概念设计为"一横、二纵、三环碧水绕凤城"。

（1）"一横"。

老通扬运河及其延伸段（大寨河）。

（2）"二纵"。

南官河、西城河、卤汀河为一纵，凤凰河、东城河、老东河为二纵。

（3）"三环碧水绕凤城"。

内环水：以东城河（含北城河东段、南城河东段）、西城河（南官河城河段、北城河西段）、老通扬运河城河段、凤凰河局部，组合形成环绕泰州市老城区的内环水系。外环水：以引江河、新通扬运河、周山河和规划拓浚并南延北伸的先锋河为骨架，形成环绕泰州城区的外环水系。中环水：翻身河向西延伸，过南官河接扬子港，与龙靳（中干）河相交。向东与九里河相交，为中环水的南线；在城市西北侧的九龙河，向南疏浚、整治至老通扬运河，与城市西南侧疏浚、开挖的龙靳（中干）河相接形成中环水的西线；在城市北侧，规划运河路北侧的森南河向东延伸，穿卤汀河接花园（新村）河，过老东河、七里河至九里河，初定为城市中环水的北线；在城市东侧，拓浚、整理九里河，南延过鲍家河、朱新河、大寨河，至翻身河，形成城市中环水的东线。

2.河道功能的划分

规划根据河道在城市中所处的位置及其本身的特性，将河道分为引排性河道、生活性河道、交通性河道和防护性河道。

以引水、排水功能为主的河道，遍布城区、郊外，是防洪、排涝、抗旱的主要载体，是城市排水系统的重要组成部分。以绿化景观功能为主，为居民提供良好的游憩环境，是人能见水、亲水、近水的河道,主要布置于商业区、居住区和科教文化区,是城市绿地系统的构成要素。以运输功能为主的河道,主要布置于城市的外围,是城市通过水体对外联系的交通纽带。以防护功能为主的河道,结合河道两侧防护林带,减少污染物向城市的渗透,降低台风等灾害性气候对农业生产的影响,是城市环境保护系统的组成部分,主要布置于城市工业区和郊区。

(五)主要内容

1.河道拓浚与开挖规划

(1)规划将先锋河(新通扬运河—周山河),按6级航道标准建设;周山河从南官河起向东至先锋河一段按6级航道标准整治;引江河现为3级航道;新通扬运河城区段(引江河至泰东河)按3级航道标准整治,其余部分按5级航道标准整治。在城市外围形成环形航道网络。

(2)老通扬运河原为横贯泰州城市的东西向航道,南官河、卤汀河原为纵贯泰州市城市南北向的航道,为了减少其对城市内河水质和城市环境质量的影响,城区部分的航道作为生活性河道来处理。其余的按6级航道标准整治,其航运线路城区段老通扬运河改由周山河过境,南官河、卤汀河改由引江河或经周山河及先锋河过境。

(3)根据《泰州市城市总体规划》和本次规划对水上对外交通体系规划的调整,城区内河航道的交通功能将逐步降低,为确保主城区内部环境清净、整洁,内河航道的货运码头随之外调,规划在城区外围设置四处货运码头,分别是:引江河东侧、泰州大桥南侧的引江河货运码头;新通扬运河北侧、庆丰河对岸的新通扬运河货运码头;先锋河西侧、328国道南侧的先锋河货运码头;周山河北侧、泰高路西侧的周山河货运码头。

(4)北城河月城广场段应打通,东西贯通处水面宽度不宜小于40米,能宽则宽,在城东东城河梅园附近南北连接处,拆除全部坝体建迎春桥,使东城河南北相通;对凤凰河整治,北伸凤凰河至城河,使城河和老通扬运河沟通,南与周山河相接,在城河打渔湾段,适当扩大城河面积,使城河和老通扬运河相通;在城市西南部,将邻近的原有城河与现南官河(西城河)连通,并适当扩大水面面积。通过以上对城河的整治,恢复完整的古城河原貌,使城河水系更为完整统一,形成环状全线贯通的活水体。

(5)恢复玉带河中段,从周桥河沿八字桥东街和八字桥西街南侧向西延伸,与西市河及泰山公园水体相通,继续向西,在泰山公园动物园处和西城河相连。

(6)中市河、西市河、东市河由南城河引水,纵贯城区,其中西市河、东市河在城区北部与北城河连通,中市河向北延至迎春路处,再通过涵洞与玉带河相连。

(7)凤凰河原始于老通扬运河,止于翻身河。规划将其北伸、南延,北穿老通扬运河与南城河沟通,南过翻身河与周山河相连,使之成为新区东部南北向的一条引、排水的主要河道及市民游憩的滨水景区和水上游览的主线路。

(8)翻身河位于新区南部,规划将其西过南官河与扬子港相接,使之成为新区南部东西向引、排水的主要通道。

(9)稻河、草河、老西河、智堡河位于老城区北部,规划以涵闸与城河沟通,利用上下河水位差,使之成为活水,同时进行疏浚、清淤和整治,成为城区北部的引、排水河道。

(10)汤家河、龙靳(中干)河位于泰州经济开发区西部,疏浚、整治汤家河、龙靳(中干)河现有河道,开挖部分新河道,使龙靳(中干)河南接扬子港,北连老通扬运河,汤家河西与杜庄河沟通,东与南官河相接。

(11)莲花河贯穿莲花四号小区、莲花二号小区和莲花三号小区,规划向北与老通扬运河相通,向南途经王庄河、永济(中子)河、玉莲(城南)河与翻身河相连,使其成为莲花二、三、四号小区的排水主干河道。

(12)规划要求尽可能地保留现有小河、沟、塘、池,并对其清淤、整理护岸,做到与主干河道相沟通,如实在不能明渠相连或相通的,可采取涵管从地下沟通。规划在主城区内结合水系整治开挖,恢复或扩大5~6个小湖或池塘,以补充城市水面面积。具体为:凤凰河南端的凤凰湖,水面面积为2.28公顷;大寨河中部的东龙潭,水面面积为1.56公顷;玉莲河中的玉莲池,水面面积为0.75公顷;东进(小区外)河与五里湖交汇处的东进湖,水面面积为2.86公顷;西汪河北端的西龙汪,水面面积为0.89公顷,以及稻河、草河北端的天滋泊,水面面积为1.35公顷。

2.防洪及水调节功能规划

(1)城市涝水出路。

封闭城区,充分利用地理优势,实施高低分开,高水高排、低水低排。泰州主城区涝水出路采取低水自排或抽排入新通扬运河;高水一是通过南官河自排入江,二是自流排入泰州引江河,通过高港站抽排入江。

(2)工程措施。

为保证城区的水活,除高水位区形成闭合回路,保证水活外,采取高低水系分界处均设闸控制,定时定量徐徐放水,以保证没有形成回路的低水区河道适时换水,这样可以使下河水系的水同样活起来。为减少没有必要的投资和确保城区环境更自然、风景更优美,整个城区水系采取大分割、大包围的设计方案,排水分为两个区,以中环北线为高低水的分界线,以北是下河水系,以南为通南水系,高低水系以闸、涵或地龙连接和分开进行控制运行。沿新通扬运河一线的城市河道一律设闸控制,防止引江河向里下河补水高水位时倒灌。为解决城区北部低洼区涝水外排,在适当的河道口门处设泵站,可在新通扬运河水位高于本地水位或根据预报提前预降城区内河水位,抽排洼地涝水。整个城区内部水系同周边河道均设置建筑物予以封闭,一是用以保证城区百年一遇洪水可以及时排除,降低城市的防洪风险,减少洪水带来的损失;二是确保非风期时内河水位,以充分发挥内河水系正常功能;三是确保雨涝时城市涝水通过管网可以自流排进河道。

主城区森南河以北地面高程只有3米左右,局部地区只有2.5米,最高水位应控制在2.5米以下,为使地面涝水经过管网自流入行洪河道,用足装机容量,在运行时可采取预降水位,规划采用装机容量为50米³/秒,在1.8米起排,按设计断面计算其设计水位为2.28米;通南片地面高程多在5米以上,局部地区只有4.5米,不致影响城市景观。通过调整设计断面,规划设计水位控制在4米左右,按设计水位加80厘米的超高,设计堤防堤顶高程,这样可使堤顶一般不超过地面高程。

主城区的装机容量规划安排 50 米³/秒,这样,通南片原设计水位 5 米可降低到现在的 4 米左右,里下河可确保最低的地方遇百年一遇暴雨不至于受淹。城市分区由原 7 个区的小分割变为只分里下河和通南两个大区的格局,大大优化了城市的水环境,节省运行费用,为改善城市环境和实现水利现代化提供了技术平台。

(3)建筑物工程。

周山河和南官河交界处,在周山河以南建一枢纽,汛期控制南官河非城区的涝水不进入城区和确保非汛期向城区提调补水。在周山河与先锋河交界处,先锋河东侧建一套闸,控制非城区涝水在防洪期间不进入或有节制地进入周山河段,并同时满足相关航道的通航要求。在新通扬运河与先锋河交界处茶庵桥河出口的南侧、老通扬运河与引江河交接处各建一套闸,控制水位,功能相当于现在的泰州船闸并兼有一定排水功能。

根据地面高程,考虑高水高排、低水低排的原则,在高水区的局部地区,为避免建抽水站,在原排水河道与现规划的二环北线河道交叉处建过水地龙,使局部地面低洼处能自由产生汇流,向北排入新通扬运河。具体位置为庆丰河、五叉河以及智堡河与二环北线河道的交叉处等。

为使城区居民亲水、近水,本次规划在满足防洪的最低要求下尽可能地使更多的地段纳入高水区,在九龙河和沈家河交界处以北设高低水控制闸,南通路沿线设三处高低水控制闸,分别在南通路和七里河、薛许河、周家墩河交汇处以北。南通路及其以南均保持高水位。中环北线河道以北均为低水位。城区的里下河水系与新通扬运河交汇处均设闸控制,同时在沿线设计 50 米³/秒的泵站,确保地面高程 2.4 米左右的低洼地区涝水外排。

本规划新建、改建防洪闸 57 座(闸、站合建 14 座,防洪闸 10 座,涵闸 29 座,套闸 3 座,枢纽 1 座)。

(4)引水措施。

枯水季节用高港枢纽向城区送水。1979 年长江潮位是近年来比较低的,长江枯水季节必须通过抽引向市区供水。通过计算 1979 年长江枯水季节,长江水位较低,封闭南官河两岸口门,高港枢纽通过送水河 100 米³/秒 25 小时 542 万立方米的补充,并经南官河周山河枢纽送入市区,泰州市区可以从预设的 1.8 米水位抬高到 2.7 米的预定的常水位。

在口岸闸设 20 米³/秒的泵站,封闭南官河两岸口门从 1.8 米抽水补充,经过 75 小时连续提引 542 万立方米水,可以将水位抬高到 2.7 米,或在老通扬运河东闸处设置 20 米³/秒泵站提引江河水,对市区补水也可起到同样作用。

泰州市城区里下河片可以在城区通南片补水的同时,通过节制闸适当放水,对里下河片进行换水或抬高水位。

在一年中其他月份,长江高潮位均高于 2.7 米。通过计算,枯水年 1966 年 6 月需水季节的情况,封闭南官河两岸口门,通过南官河自引,可以引到 2.7 米预想常水位,如在自引水位达不到 2.7 米的情况下,可用设在口岸闸处或老通扬运河东闸处的小泵站适当补水。

3.雨水排水规划

(1)雨水排水原则。

泰州市城区地势平坦,大部分地区地面标高一般在5.0米以上,河网密集,雨水排水路线不长,适宜采用分散、就近的方式排入附近河流。

(2)雨水排水管网及出水口。

根据总体规划并结合防洪专项规划,泰州市建成区以扬州路、庆丰河、海阳路、五里河和南通路为界,将以南河流定为通南水系,北边河流定为里下河水系,河流在交界处均需设置节制闸以控制两大水系的水位。鉴于此,将建成区的雨水管网系统亦分为南北两大区,南区面积约46.8平方公里,地面标高一般为5.0米以上。出水口管底标高控制在1.0~1.6米。总雨水量约153米³/秒。接纳雨水的主要河流有城河、南官河、老通扬运河、五里桥河、九龙河、翻身河、凤凰河、龙靼(中干)河等,雨水管道出水口也相应布置在这些河流上。

北片区面积约16.3平方公里,地面标高一般在3~3.5米,管底高程控制在0.8~1.3米。总雨水量约80米³/秒,接纳雨水的主要河流有新通扬运河、卤汀河、九龙河、稻河、草河、老东河、七里河等,由于北区地面标高较低,雨水管道出水口常处于水面线以下,在出水口处宜设防潮门,防止河水倒灌。

建成区以外因道路路网尚未形成规划,本规划暂未考虑。

4.防洪措施

从城市防洪的角度讲,泰州引江河二期工程没有实施前,针对城区里下河片地面高程在3.0~2.5米的情况,规划泰州市区里下河片通过疏浚河道,建挡水闸和设50米³/秒左右的排涝泵站,可以达到百年一遇暴雨,将河道水位降到2.28米左右;针对市区通南片地面高程在5.0~4.5米的情况,规划市区通南片实施城区封闭,市区水位在里下河现状允许通过老通扬运河、周山河排涝,遇百年一遇暴雨,以控制水位在4.2米以下,当里下河腹部近期工程实施后,百年一遇暴雨情况下水位可以控制在3.8米以下。

从保持城市常水位看,长江枯水季节通过高港站100米³/秒的泵站,经送水河、南官河(封闭南官河两岸口门通过南官河、周山河枢纽),可以在很短时间内将城市常水位抬高到预定的2.7米。丰水季节可以从南官河直接自引到2.7米。如果在口岸闸处或老通扬运河东闸处设泵站,规模上可以考虑设小一点,可控制在20米³/秒以内,同高港枢纽相比,更便于运行和管理。

5.水景观规划

(1)"水城一体"的古城水系格局。

充分利用历史留给我们的宝贵水系格局遗产,采取措施完善恢复外城河体系,拓浚疏通整理城外的稻河、草河、老西河,挖掘、疏通城内的市河、玉带河,保留和恢复城外水绕城,城内水穿城,水城融为一体的独特的古城水系格局。

(2)"三环碧水绕凤城"的空间概念形态。

规划疏通、整理、拓浚、开挖、完善以城河、新老通扬运河、南官河相连相通的环绕泰州古城的内环水系;疏通、拓浚周山河,拓浚并南延北伸城市东部的先锋河,使其分别与周山河、新通扬运河相通,与位于城区北部的新通扬运河、城区西部的引江河构成环绕整个泰州城市的外环水系;拓浚、贯通市南的翻身河,市西的九龙河、龙靼(中干)河和市北的沈家河、海阳河,市东的五里河,构成环绕泰州市主城区腹部的中环水系,形成"三环碧水绕凤城"的泰州城市水系的空间概念形态。

(3)"水绿两层圈交融"立体滨水景观。

市无水不存,水无绿不养,为给现代化城市注入勃勃生机和防止水土流失,在城市水系两侧造就一定宽度的绿带,形成水圈、绿圈相互依存、相互掩映,让自然风景来烘托新生泰州的时代气息,形成三环水、六环林、环环相拥,绿映水、水依城、景色宜人、绿荫护水、水汽蒸腾、生机勃勃的水景观。

6.滨水文化环境规划

根据泰州市城市的文化特色,结合城市水系建设和绿化工程建设,城市滨水文化环境规划主要为戏曲文化欣赏区、泰州名人文化区、盐税文化景区、革命传统教育区、稻河和草河两岸古民居保护区、渔行水村等及若干糅合现代文化精髓的景区景点等,形成既有历史内涵,又有时代气息的滨水文化环境。

城市水环境景观总体布局为"三区、三圈、五带"。

(1)三区。

以古城河为主体——环城河风景名胜区;

以渔行水村为基础——北郊风景区;

以凤凰湖及周边生态林带为组合——凤凰湖生态保护区。

(2)三圈。

以城市内环水为骨架——环绕泰州古城的内环绿化圈;

以城市中环水为骨架——贯穿城市腹部的中环绿化圈;

以城市外环水为框架——环绕泰州城市的外环绿化圈。

(3)五带。

主要指城市滨河风光带和近郊城市滨河防护林带,分别为:

南官河、卤汀河滨河风光带;

老东河、凤凰河滨河风光带;

稻河滨河风光带;

草河滨河风光带;

老通扬运河滨河风光带。

(4)环城河风景名胜区。

规划环城河风景名胜区面积3.47平方公里,其中包括稻河、草河两岸古民居保护景点,月城广场景点,光孝寺儒释道宗教文化景点,戏曲文化旅游景点,南山寺景点,迎春植物园景点,宝带桥自然生态园景点,西山寺革命传统教育景区等八大景点及部分滨河绿地。

(5)北郊风景区。

北郊风景区位于新通扬运河和盐河之间,规划以渔行水村和中华凤凰园为基础,形成渔行水村游览、水上活动和休闲度假区。

7.绿化

(1)城市内环绿化圈。

城市内环绿化圈,是以环城河风景区为依托的绿色项链,是城区绿化的精华。

(2)城市中环绿化圈。

城市中环绿化圈,由构成城市中环水景观的四条河流的滨河绿带构成,是城市腹部的绿色经脉,对改善城市环境起着重要的作用。

翻身河扬子港滨河绿化带:位于新区凤凰路南侧,西接扬子港,横穿人民广场至凤凰河,向东和九里河相通,泰高路至东风路绿化带长度7298米,两侧绿地宽度各为20～30米,占地面积32.84公顷,结合新区建设,河口宽度控制在34米左右,河道断面形式除了人民广场段,其余部分均采用复式驳岸,沿河适当布置亲水平台和码头,两侧设置步行道路,种植桃树、柳树及四季常青、季季有花的绿化品种,营造出亲切宜人的绿色氛围。

扬子港滨河绿化带位于经济开发区,东接南官河,西连九龙河,全长2668米。西侧以居住用地为主,规划两侧绿地宽度为20～30米,占地面积12.01公顷,河口宽度控制在34米左右,驳岸形式以复式驳岸为主。

龙靳(中干)河、九龙河滨河绿化带:龙靳(中干)河滨河绿化带位于城市西南部,绿带长度为2763米,两侧绿带控制宽度各为25～30米,占地面积为14.51公顷。九龙河滨河绿化带,南连老通扬运河,北接森南河,全长3782米,两侧绿带控制宽度各为25～30米,占地面积为19.86公顷,绿化带内主要种植以乡土树种和抗性强并能吸收有害气体的树种,沿河道两侧适当布置休息凳、椅和亲水平台,为西部工业区和经济开发区及西部居住区的居民提供良好的生态林和游憩地。

内环北线滨河绿化带:位于中环水北侧,规划河北岸控制30米左右的绿化带,河南岸控制8～10米,绿带总宽不少于40米,总长度8852米的绿化带,占地总面积35.41公顷。规划河北岸为层叠式绿化形式,绿化品种以能净化环境的植物为主,河南岸主要以绿化建筑小品点缀其中,并注意与运河路道路景观的衔接,河南岸绿化种植形式以模纹种植为主,北岸以乔木、亚乔木丛植为主。

九里河滨河绿化带:位于城市东部,两侧以工业小区、居住小区为主。全长6388米,规划河道两侧各预留20～25米的绿化带,占地面积28.75公顷,绿化带内种植以观赏型为主的植物品种,应以能形成一树一景、造型别致的树木和芳香鲜艳的花草为宜,并在沿河两侧适当布置休息亭、廊和亲水设施,为附近居民提供晨练的好去处。

(3)城市外环绿化圈。

城市外环绿化圈,由城市外环水的滨河自然风光带构成,是城市外围的绿色屏障,对改善城市小气候、降低自然灾害的影响起着非常重要的作用。

引江河滨河风光带:引江河南起长江,北接新通扬运河,全长24公里,主城区段(周山河至新通扬运河)长8.94公里,已按三级航道标准建成,是重要的南水北调工程和水上南北交通主干线,已形成东侧160米、西侧100米的绿化防护林带,占地面积321.84公顷。

泰州大桥景区位于引江河东侧泰州大桥两侧,占地面积18.9公顷,是一个以泰州大桥为主景,集休闲娱乐为一体的富有时代气息的风景游览区。

原野游憩区位于引江河东侧,周山河至老通扬运河之间,占地84公顷,内有野营中心、果园、水上活动中心、乡村俱乐部等,其中乡村俱乐部由会馆、风味场、游艺厅等组成。在原野游憩区内,能感受到水秀草绿、绿树成荫、清新和谐的大自然气息。

周山河滨河自然风光带:位于引江河与先锋河之间,全长12911米,规划在周山河两侧控制50米的绿化林带,局部地区扩大为100米宽的块状绿地,面积共206.6公顷,种植以水杉、意扬为主的丛林状植物,形成生态群落,是城市的空气清洗器,在块状绿地内适当布置些休息亭台,为城市居民提供一个感受大自然的场所。

先锋河滨河风光带:位于周山河和新通扬运河之间,全长9761米,规划在先锋河两侧各控制50~100米,占地面积175.7公顷的绿化带,绿化带以纯林带的形式出现,主要树种为水杉和银杏,是城市东部的绿色生态屏障。

新通扬运河滨河防护林带:在拓浚的新通扬运河南岸控制100米的绿化防护林带,北岸控制50米的绿化防护林带,占地面积287.9公顷,以速生、抗性强的乡土树种为主,绿化种植方式以纯林种植为主。

(4)滨河绿化带。

环城河内老城区水系滨河绿化带:环城河内老城区水系滨河绿化带主要由玉带河、市河绿化带构成,其水系与城河连通,是城河风景区的组成部分,城区的许多风景名胜和文物古迹都分布于它们的两侧,是城市园林绿地的精华所在。规划利用旧城区的整治,在两侧设置8~10米、占地面积6.5公顷的绿化带,局部地区可结合文物古迹保护扩大为块状绿地,玉带河、市河绿化带的形成,对净化城市内河水质、美化市容、改善老城区环境起着重要作用。

中环与内环之间水系滨河绿化带:中环与内环之间水系滨河绿化带两侧分别控制在15~30米,主要有智堡河、老东河、五里河、农科河、鲍马河、莲花河、玉莲(城南)河、永济(中子)河、王庄河、扬子港、景庄河、头营河、老西河、朱新河、宫涵河等滨河绿化带。

8.滨河风光带

(1)稻河滨河风光带。

稻河滨河风光带,北起新通扬运河,南至东进西路,位于海陵北路和稻河路之间,全长1900米,占地面积5.7公顷。稻河滨河风光带东侧宽度10~20米,西侧宽度10~15米。河道断面采用复式驳岸断面形式,间隔布置游览码头、园林建筑小品和一些小型服务设施,是一条极具地方特色的园林风景带。

(2)草河滨河风光带。

草河滨河风光带,南到东进东路,北至新通扬运河,全长2100米,结合旧城改造,部分河段两侧各布置宽10~20米的绿化带,面积4.6公顷,河道断面以直立式驳岸为主,沿河适当布置一些近水码头,并充分利用新通扬运河交界处的泰州林场的瓜果园。

(3)凤凰河、老东河滨河风光带。

凤凰河滨河风光带位于市区东南部,南连翻身河,北接老通扬运河,并穿老通扬运河与环城河风景区相连。南过翻身河和周山河相通,全长5340米,两岸绿地面积63.3公顷。规划布局形态根据现有地形地貌,充分挖掘城市历史文化沿线设置景点,河道线形有弯有直、有开有合,空间有收有放。在护坡的处理上,分段采用不同的质地、材料,各景点的建筑小品形式上,现代与古典相协调,合理运用亭、台、楼、阁等园林构成要素,形成景色丰富,又相得益彰的滨河绿地景观。

老东河滨河风光带位于城区东部,南起城河风景区梅园处的鲍坝闸,北接新通扬运河,全长3674米。两侧各控制10~25米宽的绿化带,规划面积14.7公顷,沿线适当布置具有地方特色的民居,沿河间隔布置一些亲水平台和码头,局部地区适当布置休息亭、廊、椅,形成起伏变化的滨河景观。

(4)南官河、卤汀河滨河风光带。

南官河滨河风光带位于新区济川路和凤凰路之间,全长3623米。规划在南官河两侧各留30米的绿化带,并在局部地区扩大为块状绿地,面积21.74公顷,河道护坡形式以自然护坡为主。

卤汀河滨河风光带位于新通扬运河和东进西路之间,全长2950米。规划在卤汀河两侧各留30~35米的绿化带,并在局部地区扩大为块状绿地,使之与附近工人新村等居住小区的绿地相互渗透,规划面积9.54公顷,河道护坡以直立式护坡形式为主。

(5)老通扬运河滨河风光带。

老通扬滨河风光带横贯城市中部,西到引江河,东至九里河,全长15487米。规划在其两侧各控制15~35米的绿化带,并在局部扩大为块状绿地,并建汉阙书"汉古运盐河",以充分体现汉代所挖运河的风貌。规划面积69.7公顷,河道护坡形式以双层直立式为主,局部地区根据景点建设需要采用自然护坡结合驳岸的护坡形式。

9.水上游览线路

(1)水乡渔村游览线。

城河(天滋烟雨)—草河(滨河风光带)—通扬运河、盐河(北郊风景区)—泰东河(万亩渔场)。

(2)海陵风情游览线。

城河风景区游览线:城河(月城广场景区)—东城河(梅园、迎春植物园、东河公园)—南城河(桃园、柳园、南山寺景区、省园艺博览园、泰州名人园)—老通扬运河(宝带桥自然生态园区)—西城河(革命传统教区、西仓公园)—北城河(月城广场景区)。

(3)江风光游览线

城河(城河风景区)—凤凰河(滨河风光带)—周山河(自然风光带)—引江河(引江河滨河风光带)—引江河枢纽景区—长江(长江风光)—滨江风景区。

10.污水排水规划

(1)城市污水处理采用集中处理方式,规划建两个污水处理厂,即城南污水处理厂和城北污水处理厂。

(2)建立完善的污水收集系统,包括污水管道和污水提升泵站。

(3)市区大型企业工业废水量大的原则上自行处理,达标后直接排放水体,含重金属离子,难以生物降解的生产污水须由工厂自行处理。中、小企业的可生物降解的生产污水经预处理后,可接入城市污水系统。

11.水环境保护规划

（1）清淤、疏浚、整治城市内河河道，增强河道自净能力。

（2）加强生态防护工程建设，在河道两侧留有足够的绿化防护用地和水土保持用地。

（3）在郊区，大力提倡节约用水，严禁大量用水串灌、漫灌。注重农作物及瓜果蔬菜优良品种的培育，尤其是抗病虫害品种的培育，减少农药的施用量。加强生态农业的建设，建设农田网络化防护工程。组织清除河道中"三水一藻"，引导农民充分利用作物秸秆和饲养牲畜的粪便作有机肥料，施入大田，尽量减少粪便直接入河。

（4）深入开展环境保护宣传教育，提高全市人民的环保意识。

（5）加强对船民的教育，改善船只装备，减少船只机械性油类的泄漏，查处船只污染河道的恶性事故。

（6）规范自来水企业及污水处理企业的沉淀物外运及尾水排放行为，严禁二次污染河道。

（7）对突发性污染事故建立事故预警和防治系统，强化工程封堵管理的运用，尽量降低污染程度，追究事故责任人的责任。

三、泰州市水利发展"十一五"专项规划

2007年，泰州市水利局编制完成《泰州市水利发展"十一五"专项规划》。是年6月25日，泰州市政府发文（泰政发〔2007〕143号）批准实施。

（一）指导思想

以邓小平理论和"三个代表"重要思想为指导，坚持以人为本，树立全面、协调、可持续的发展观，紧紧围绕实现"两个率先"和泰州市"翻番、小康"的目标，以确保防洪除涝安全、生活与生产供水安全、水环境和水生态安全为主要任务，将"五个统筹"的发展要求与泰州水利实际相结合，依靠改革创新和科技进步，全面规划、统筹兼顾、标本兼治、综合治理，探索洪水风险管理、水资源的优化配置、水环境的有效保护以及水利管理服务体制的创新，促进工程水利向资源水利的转变、传统水利向现代水利和可持续发展水利的转变，提升水利服务于经济社会发展的综合能力，保障全市经济社会可持续发展，基本实现适应全面建成小康社会的水利现代化。

（二）主要目标

长江堤防：2010年，长江堤防重点地段防洪标准达到100年一遇洪（潮）水位加10级风浪。城市防洪：到2010年，泰州市建成区达100年一遇，县级市（区）建成区防洪标准达到50年一遇，发展较快或规模较大的乡（镇）所在地达到20～50年一遇。里下河地区防洪：到2010年，328国道控制线防洪达100年一遇，圩堤按"四五四"式标准建设。里下河地区区域排涝：2010年，达到江苏省确定的里下河排涝规划标准。里下河地区圩内排涝：2010年，达10年一遇。通南地区区域排涝：2010年，在10年一遇的基础上适当提高。水资源优化配置：2010年，工业用水重复利用率达到70%，农业灌溉渠系利用系数提高到0.6，用水保证率达95%。水环境：到2010年，水功能区水质达标率达85%。

（三）规划布局

建设适应泰州市社会经济发展的防洪除涝减灾体系，建设水资源有效供给和合理配置体系，建设人水和谐相处的水生态环境保护体系，建设适应全面小康社会的城乡水利体系，建设与市场经济和公共财政体制相适应的水利管理服务体系。

（四）重点工程

1.泰州主城区

继续实施防洪排涝控制性工程，形成外围防洪包围圈，以328国道沿线控制性建筑物作为高低水的分界线，高低水系之间以涵闸连接，继续实施"一横、两纵、三环"等骨干河道的水系综合整治工程。

2.长江堤防重点地段（主要为高港区）

按100年一遇标准加高堤防。实施南官河和夏仕港两条长江支流治理、主要通江口治理，实施节点整治稳定长江岸线。

3.里下河地区

对通扬线31座涵闸站中年久失修、达不到标准的12座，按100年一遇防洪标准进行除险加固维修，拓浚泰东河、卤汀河，全面疏浚圩外引水河及圩内中心河、生产河，实施里下河洼地工程，消灭不达标圩堤和活口门。

4.通南地区

重点整治靖盐河南段、天星港、周山河等骨干河道，提高工程引排标准，疏浚整治淤浅的县（市、区）级干河以及乡级中沟等河道，全面拓浚沿江闸外口门，在沿江圩区进行排涝站建设，完成孤北洼地、蒋东荡、梅花网圩区治理。

（五）工程投资

"十一五"期间，全市水利基本建设投资约57.1亿元，其中防洪除涝占67.04%，水资源配供及水生态环境保护占6.78%，农田水利占23.7%，水利管理服务体系建设占2.48%。

表2-3　泰州市"十一五"水利发展规划评价指标体系

序号	评价体系与指标名称			评价目标	指标权重	指标评价标准
1	防洪除涝减灾体系	流域防洪除涝能力	长江干流防洪标准达标程度	长江堤防防洪标准达重点地段100年一遇	4	根据评价当时的江堤达标长度状况，评估其达标程度
2			里下河地区防洪标准达标程度	328国道控制线防洪标准达100年一遇	3	根据评价当时的达标建筑物数量状况，评估其达标程度
3			通南地区排涝标准达标程度	达到20年一遇	3	根据评价当时的骨干河网、外排出路状况，评估其达标程度
4			里下河地区外排标准达标程度	达到10年一遇	2	根据评价当时的骨干河网、外排出路状况，评估其达标程度
5		区域防洪除涝能力	沿江圩区防洪标准达标程度	达到防通南地区100年一遇水位（5.0米）	2	根据评价当时的圩区圩堤达标长度状况，评估其达标程度
6			里下河圩口防洪标准达标程度	达到防里下河地区3.57米圩外水位	2	根据评价当时的圩区圩堤达标长度状况，评估其达标程度

续表2-3

序号	评价体系与指标名称		评价目标	指标权重	指标评价标准
7		沿江圩区排涝标准达标程度	达到20年一遇	2	根据评价当时的排涝模数状况,评估其达标程度
8		里下河圩口排涝标准达标程度	达到10年一遇	2	根据评价当时的排涝模数状况,评估其达标程度
9	中心城区防洪除涝能力	城市防洪标准达标程度	泰州市主城区达100年一遇,靖江、泰兴、姜堰和兴化城区达50年一遇	3	根据评价当时的城市防洪包围圈长度状况,评估其达标程度
10		城市除涝标准达标程度	重要地区达到20年一遇,一般地区10年一遇	3	根据评价当时的城市河道、管网排涝状况,评估其达标程度
11	小城镇防洪除涝能力	小城镇防洪标准达标程度	发展较快或规模较大的小城镇达到20年一遇	2	根据评价当时的防洪包围圈长度状况,评估其达标程度
12		小城镇除涝标准达标程度	达到5年一遇,有条件的地区达10年一遇	2	根据评价当时的河道、管网排涝状况,评估其达标程度
13	水资源配置体系 供水保障程度	生活供水保证率	达98%	3	根据评价当时的保证率,对比目标评估其达标程度
14		农村自来水普及率	达80%	2	根据评价当时的保证率,对比目标评估其达标程度
15		工业供水保证率	达95%	3	根据评价当时的保证率,对比目标评估其达标程度
16		农业用水保证率	达75%	2	根据评价当时的保证率,对比目标评估其达标程度
17		有效灌溉面积率	达75%	2	根据评价当时的保证率,对比目标评估其达标程度
18		最小生态用水保障程度	达98%	2	根据评价当时的保障程度,对比目标评估其达标程度
19	水资源利用率	万元GDP用水量	小于或等于250立方米	3	根据评价当时的值,对比目标评估其达标程度
20		工业用水重复利用率	达80%	2	根据评价当时的利用率,对比目标评估其达标程度
21		渠系水利用系数	达0.65	2	根据评价当时的系数,对比目标评估其达标程度
22	水环境保护体系 水环境质量	水功能区水质达标率	主要水体基本消灭Ⅴ类及劣Ⅴ类水,水质基本达到Ⅳ类水以上至Ⅲ类水标准	3	根据评价当时的达标率,对比目标评估其达标程度
23		集中式饮用水水源地水质达标率	达100%	3	根据评价当时的达标率,对比目标评估其达标程度
24		工业企业污染源排放达标率	达95%	2	根据评价当时的达标率,对比目标评估其达标程度

续表2-3

序号	评价体系与指标名称		评价目标	指标权重	指标评价标准
25		农村饮水安全人数比率	达100%	2	根据评价当时的比率,对比目标评估其达标程度
26	其他水环境保护水平	地下水超采面积比例	小于或等于5%	2	根据评价当时的比例,对比目标评估其达标程度
27		城市常水位水域面积率	不低于2005年水平	3	根据评价当时的值,对比目标评估其达标程度
28		开发建设项目水土保持达标率	达90%	2	根据评价当时的达标率,对比目标评估其达标程度
29	水利发展管理服务体系 工程管理水平	水利工程设施完好率	达90%	2	根据评价当时的完好率,对比目标评估其达标程度
30		水利工程良性运行率	达90%	3	根据评价当时的值,对比目标评估其达标程度
31		工程管理单位达标管理程度	达100%	2	根据评价当时的比例,对比目标评估其达标程度
32	水利社会管理水平	重点水管事项有效实施率	达90%	3	根据评价当时的实施情况,对比目标评估其达标程度
33		水事违法案件发案率	等于或低于1件/万人	2	根据评价当时的案发情况,对比目标评估其达标程度
34	水利投入水平	政府公共财政水利投入程度	达到可用财力的4%	3	根据评价当时的投入情况,对比目标评估其达标程度
35	机构能力保障水平	水利信息化程度	达到80%	3	根据评价当时的建设运行情况,对比目标评估其达标程度
36		水利科技进步贡献率	达到60%	3	根据评价当时的贡献率,对比目标评估其达标程度
37		人才结构达标率	达到80%	3	根据评价当时的比例,对比目标评估其达标程度
38	水利产业发展水平	经营性水利工程投资利润率	达到8%	3	根据评价当时的利润率,对比目标评估其达标程度
39		长江沿线水利资源开发利用程度	达到75%	3	根据评价当时的岸线等资源的利用程度,对比目标评估其达标程度
40		其他水利资源开发利用程度	达到10%	2	根据评价当时的里下河、通南地区涉水资源利用程度,对比目标评估其达标程度

四、泰州市水利建设"十二五"专项规划

2011年,泰州市水利局编制完成《泰州市水利建设"十二五"专项规划》。2011年12月19日,泰州市政府发文(泰政发〔2011〕251号)批准实施。

(一)指导思想

以科学发展观为指导,紧紧围绕"推进富民强市、建设美好泰州"的总体要求,把水利作为全市基

础设施建设的优先领域,把农田水利作为农村基础设施建设的重点任务,把严格水资源管理作为加快转变经济发展方式的战略举措,统筹水安全、水资源和水环境综合治理,进一步提升防洪减灾、民生保障能力,为夯实农村基础设施、改善城乡生态环境、提高人民生活质量、促进经济社会可持续发展提供强有力的水利支撑。

(二)主要目标

规划提出"十二五"时期,围绕"安全水利、资源水利、环境水利、民生水利"四大任务,进一步加强水利"六大体系"建设,统筹流域治理与区域治理,统筹城乡水利协调发展,统筹工程措施与非工程措施,坚持建设与管理有机结合,强化水资源、水环境、水工程管理,开源节流并重,加强灌区节水改造和工业、生活节水引导,推进节水型社会建设。

1.防洪保安目标

长江堤防重点地段防洪标准达到100年一遇洪(潮)水位加10级风浪,一般地段继续巩固50年一遇洪(潮)水位加10级风浪防洪标准,长江堤防管理实现2级堤防达标管理。城市防洪泰州主城区达100年一遇标准,县级市(区)建成区防洪标准达到50年一遇标准,发展较快或规模较大的乡镇所在地达到20~50年一遇标准。里下河地区328国道控制线防洪达100年一遇标准,圩堤按"四五四"式标准建设。里下河地区区域排涝基本达到10年一遇标准,圩内排涝达到10年一遇标准。通南区域排涝标准达到10~20年一遇。

2.农村水利发展目标

农田有效灌溉面积率达到90%以上,旱涝保收面积占耕地面积比例达到75%以上,中沟以上灌排工程配套率和完好率达到100%,田间工程配套率及完好率达90%,灌溉水利用系数达0.6以上,灌溉设施保证率达90%以上,节水灌溉工程面积率达到40%以上,水土流失治理率达90%以上。解决全部农村饮水不安全人口。

3.城市河湖生态工程建设目标

为完善城市河湖生态工程体系,建设更加美好的城市水利,规划提出积极采取"引、建、调、疏、泄、控"等措施,加强运行调度,疏通内部河道,形成与城市规模、功能相适应的水生态环境工程体系。

恢复城区内河景观功能和生态功能,整治骨干河道、兴建调水泵站、设置保水控制工程。城市地表水水体水质力争消灭劣V类水,丰水期水质保持Ⅳ类水。

4.水资源配置与节约用水目标

为完善水生态环境保护和建设体系,保障河湖生态健康,规划提出:落实最严格的水资源管理制度,严格水功能区和排污口管理,从市域总体布局及功能区划、面上水环境的保护、重要水源地保护、截污治污、人工调水换水、水工程调度、河道长效管理等综合措施来保护和改善水生态环境;开展清水通道建设,继续推进城乡河道清淤,积极做好工程建设和运行调度,充分利用长江形成"大引、大排、大调度、水体循环和水体交换"格局,进一步接通搞活水系,增加水体自净能力,改善水生态环境。全市需水总量年均增长率控制在1%左右,生活供水保证率达98%,大部分地区农业用水保证率达到75%以上;全市万元地区生产总值用水量不超过120吨,万元工业增加值用水量下降率达30%左右,工业(不含火电)用水重复利用率达65%;城镇供水安全得到保障,生态用水基本保障。全面推进节水型社会建设,完成全国节水型社会示范市创建。

5.水生态环境保护目标

全市集中式饮用水水源地水质达标率达100%,重点水功能区水质达标率达到70%,城市生活污水集中处理率达到70%以上。消除河道黑臭现象,全市水面率不低于现状水平。

6.水利社会管理和改革目标

水行政管理、水资源管理、水利工程管理、水利工程建设管理进一步规范。水事违法案件查结率达到95%以上。

(三)重点工程

1.防洪减灾工程

长江防洪除涝:按照长江堤防重点地段100年一遇标准,对局部不达标的堤防进行达标建设,维护加固防汛道路,继续对长江农场、过船、扬湾等节点整治,稳定长江岸线,加强堤防白蚁防治,科学调整沿江水系,疏浚长江口门,维修加固沿江口门建筑物,新建夹港、上六圩港、新小桥港、安宁港引排泵站,维修加固沿江排涝站,提高沿江圩区排涝能力。加强对长江堤防的管理维护和长江近岸水下地形监测。长江、淮河流域控制线328国道沿线按100年一遇的防洪标准,加固维修上下河水系控制线的闸站,实施姜堰套闸维修加固,改建白米套闸,拆除许陆坝、建闸控制,拆除大冯套闸,兴建苏陈闸、引江河西侧大寨河等控制建筑物。

骨干排涝河道、区域治理:按《全国重点地区中小河流近期治理建设规划》加强中小河流治理,恢复和巩固区域性河道的引排功能,提高排涝抗旱标准。组织实施卤汀河拓浚、泰东河整治、泰州引江河二期等骨干河道;启动实施车路河东段拓宽整治工程,实施沿海水利黄沙港下官河拓浚工程。完成夏仕港、横港等12条河道近期治理任务;争取实施季黄河、西姜黄河等9条第二批治理项目。

里下河地区防洪排涝:全面加固里下河地区圩堤,全部达到"四五四"式标准,新建改造圩口闸695座。加大重点圩区综合治理力度,有集镇的圩区排涝站动力按日雨250毫米雨后一天排出、农田排涝达到日雨200毫米雨后一天排出的标准设置,计划新建改造排涝站350座。加快推进《泰州市城市水系规划》防洪工程步伐,完成泰州主城区东北片防洪工程,城区里下河片建成百年一遇的防洪保护圈,统筹高新区及高港区城市防洪工程建设,县级城区按各自城市防洪规划实施。

2.农田水利工程

持续疏浚农村河道,整治农村水环境。完成疏浚县乡河道870条,总计2762公里,土方5556万立方米;实施778个村庄的河塘疏浚整治,完成土方5129万立方米。继续实施饮水安全工程建设,加大饮用水水源地保护力度,完成56.84万人的农村安全饮水和15.8万人的学校安全饮水任务。提高供水保证率和水质合格率,到户普及率达到100%。加强农田基础设施建设,加强灌区配套与节水改造力度。计划配套小型建筑物5992座,新建改造灌溉站3280座,兴建衬砌渠道2407公里,喷滴灌面积7万亩。着力推进水土保持工程,基本遏制人为造成水土流失。治理水土流失面积40平方公里,植树500万株。建立农村水利工程管理的长效机制。积极推行河道、村庄、道路、绿化"四位一体"的长效管护体制。

3.城市水利工程

加强城区水生态环境建设工程。实施南官河、老通扬运河、凤凰河、翻身河、刘西河、中干河等封闭控制工程。开挖高新区药城新湖、高港区凤栖湖,并实施封闭保水,启动实施高港区新区片封闭调水保水工程。县级城区按各自的城区需要,有序组织水生态环境工程建设。推进城区河道综合整治工程。推进老通扬运河、周山河、生产河的整治,着力打造南官河城区段,组织实施两泰官河、南官河南段,计划整治河道90公里。县级城区按各自的城区需要,新开新小桥港、阜公河、公兴河、迎龙河,实施河道综合整治。

4.水资源配置工程

通过实施引江河二期、泰东河拓浚、卤汀河拓浚等骨干工程以及中小河流治理项目,健全区域内部输水网络。加强通江河道整治,对束窄段进行拓浚,进一步完善口门建筑物科学调度运用和优化控制,提高沿江河道引水能力。实施用水总量控制和定额管理,合理配置水资源。严格取水许可等各项管理制度,促进水资源节约利用。积极推进节水型社会建设,实现60%的大型企业建成节水型企业,100%以上的高校建成节水型高校,火电、化工、纺织等八大行业用水定额达到国内同行业先进水平,大型灌区全部建成节水型灌区。

(四)工程安排及投资

"十二五"时期,全市水利规划投资规模为96.71亿元,其中防洪除涝骨干工程投资53.32亿元,城市水利工程投资17.87亿元,农村水利工程投资24.74亿元,信息化系统建设和水土保持等其他工程投资0.78亿元。

五、泰州市区水利现代化规划

为贯彻落实江苏省、泰州市关于加快水利改革、推进水利现代化建设的意见,2011年9月,泰州市水利局与河海大学组成了编制工作组,开始编制《泰州市区水利现代化规划》,2011年10月通过江苏省水利厅审查,会后进行修改,完善后定稿。2012年12月15日,泰州市政府发文(〔2012〕225号)批准实施。《泰州市区水利现代化规划》在系统分析泰州市区水利发展现状与存在问题的基础上,提出了包括防洪减灾、水资源保障、水生态保护、农村水利、水工程管理服务、水利发展支撑等水利现代化"六大体系"的建设目标、主要任务、重点工程及相关保障措施,为提升泰州市区水利现代化水平提供坚实保障。

(一)指导思想

将水利作为泰州基础设施建设的优先领域,把严格水资源管理作为加快转变经济发展方式的战略举措,统筹水安全、水资源和水环境综合治理,进一步提升防洪减灾、民生保障能力。

(二)规划目标

确定6大类、22项指标作为泰州市区水利现代化指标体系,并对水利现代化的建设程度进行评判:综合得分达到90分以上,单项指标实现程度达到80%以上(其中关键性指标达到90%以上),人民

泰州水利志

群众对水利现代化建设成果的满意率达到70%以上时,判定为"基本实现水利现代化"。

表2-4 泰州市区水利现代化指标体系

序号	指标		权重(%)	目标值
一	防洪减灾工程能力		20	
1		流域防洪达标率*	8	100%
2		区域防洪除涝达标率	6	100%
3		城市防洪除涝达标率	6	100%
二	水资源供给与效率水平		16	
4		供水保证率	7	农业90%,重点工业95%,生活97%
5		万元GDP用水量*	6	70立方米
6		万元工业增加值用水量	3	17立方米
三	河湖水质与水生态状况		17	
7		水功能区水质达标率	7	85%
8		集中式饮用水水源地水质达标率*	4	100%
9		水域面积率	4	13%
10		水土流失治理率	2	85%
四	农田水利保障能力		12	
11		旱涝保收田面积率*	5	85%
12		灌溉水利用系数	3	0.65
13		农村河道有效治理率	4	95%
五	水管理能力		20	
14		水资源管理达标率	3	100%
15		骨干河湖管理达标率	3	100%
16		水利工程设施完好率*	6	骨干工程95%,农水工程80%
17		防汛防旱管理与应急能力	6	100%
18		基层水利管理服务水平	2	90%
六	发展保障能力		15	
19		重要水管理事项有效实施率	3	100%
20		水利投入政策到位率*	6	100%
21		人才结构达标率	3	90%
22		水利科技信息化水平	3	90%
	人民群众对水利基本现代化建设成果满意率			70%

注:*为关键性指标。

（三）总体布局

构建"三区五湖、四纵八横"的水利现代化建设空间布局："三区"指以老328国道控制线、312省道控制线为界,将泰州市区由北至南分为里下河圩区、通南高沙土地区和沿江圩区;"五湖"指规划的翔凤湖、天德湖、药城新湖、凤栖湖、龙窝湖;"四纵"指泰州引江河、卤汀河—南官河一线、泰东河—凤凰河—团结中沟一线、两泰官河—南干河—西干河—红旗河—苏陈河一线;"八横"指新通扬运河、老通扬运河、周山河、鸭子河、乐园河、许庄河、宣堡港、古马干河。水平年:2011—2020年。

（四）主要任务

（1）建设防洪减灾工程。

附图3 规划区防洪除涝治理格局

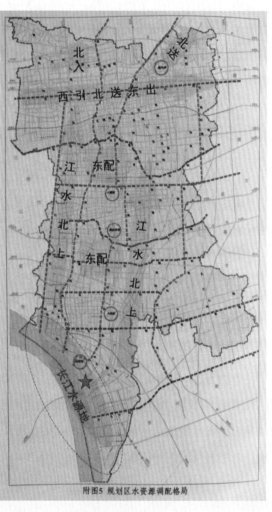

附图5 规划区水资源调配格局

流域性防洪工程:加固主江堤12.45公里、港堤3.7公里,建挡浪墙及堤顶公路27.3公里;实施高港区同兴段、高新区扬湾段等河段的抛石护岸工程;全面改扩建沿江建筑物。区域性防洪排涝工程:沿江圩区全面加固南官河、送水河、北箍江、宣堡港等堤段及312省道一线,整治内部河道;通南高沙土地区全面疏浚整治河道;里下河地区加固拆建病险圩口闸,全面疏浚整治河道。城市防洪除涝:实施城区东北片防洪工程、主城区防洪完善工程、凤凰河南延工程等。

（2）建设水资源保障体系。

实施用水总量控制,推进节水型社会建设,实施供水保障能力建设。

（3）建设水生态保护体系。

加强水面保护与补偿:市区适宜水域面积率定为13%,包含长江水域则为16%。建立水面占用补偿机制:填埋河道水面按1:1.5补偿,填埋坑塘、沟渠按1:1.3补偿。实施生态用水保障措施:利用新建的中干河水利枢纽和引江河城区生态调水泵站向主城区补水,利用泰州引江河高港枢纽,通过送水河向南官河补水,开辟凤凰河长江引水通道。

（4）农村水利体系建设。

实施农村河网水系工程:农村村庄河道5～8年轮浚一次,县乡河道8～10年轮浚一次。实施高标准农田水利建设:新建或改造灌溉泵站807座、装机16981千瓦;衬砌渠道1380公里,配套建筑物3978座;整治排水沟1045公里,配套建筑物2062座;排涝站86座、装机12143千瓦。实施高效节水灌溉工程:推广喷灌和滴灌工程总面积21000亩。实施农村饮水安全工程:主要涉及饮水不安全人口7.43万人,规划新建供水管道49.6公里,管网改造122.55公里。

（5）水工程管理服务体系建设。

（6）水利发展支撑体系建设。

（五）规划投资

总投资约39亿元,其中防洪减灾工程体系占39.1%,水生态保护体系占26.2%,农村水利体系占16.5%,水工程管理服务体系占7.5%,水资源保障占5.6%,水利发展支撑体系占5.1%。

第二节　区域规划

泰州市通南地区水利规划

长期以来,泰州通南高沙土地区一直沿用1991年编制的《扬州市通扬运河以南高沙土地区水利(修订)规划》,因时间久远,工情、水情都发生了很大变化,已不能满足地区经济社会发展的需要。2012年12月,泰州市水利局与南京市水利规划设计院有限责任公司组成了编制组,开始进行《泰州市通南地区水利规划》的编制工作。2014年3月18日,江苏省水利工程规划办公室组织召开了规划报告专家咨询会,肯定了规划报告的主要成果并提出了修改意见。会后,工作组对规划进行了修改完善并定稿,2014年11月18日,市政府发文(〔2014〕135号)批准实施。规划在系统分析泰州市通南地区水利发展现状与存在问题的基础上,提出了解决问题的对策措施,形成总体布局和安排。明确了包括防洪排涝、水生态控制、水工程调度、河道生态治理等适合通南地区实际的建设目标、主要任务、重点工程及相关保障措施,规划的实施能更好地对通南地区的水资源开发利用进行布局,进一步优化泰州通南骨干水系框架,推进区域防洪除涝供水骨干工程建设,增强水安全保障能力,改善水生态、水环境。

泰州市通南地区水利规划报告

（2013~2030）

南京市水利规划设计院有限责任公司

Nanjing Water Planning and Designing Institute Co., Ltd

咨询证书编号：工咨甲11120070001

二〇一五年三月

泰州水利志

（一）指导思想

贯彻党的十八大关于加强生态文明建设和2011年中央一号文件关于加强科学治水的要求,针对泰州通南地区社会经济发展较快、城镇化程度较高、对水的需求日益提高的现状,以建成现代化的水利综合保障体系为总目标,科学规划河湖水系,合理构建引排兼顾的重点工程框架,注重修复城乡水生态环境,设计适应社会经济发展需求的水资源配置和管理制度,为2020年基本实现水利现代化、2030年全面实现水利现代化提供规划支撑。

（二）规划目标

总体目标:围绕沿江发展战略及2013年全省苏中发展工作会议关于苏中沿江地区发展进程,按照全省水利现代化建设要求,提升区域防洪除涝、水资源保障、水生态保护等能力,实现区域"防洪除涝供水能力达标、水系引排通畅、河道生态健康、水事行为规范"的总体目标,提高区域工程布局的合理性和工程治理的系统性、协调性。

近期目标:恢复巩固并逐步提高流域防洪标准及区域防洪除涝标准,加强泰州市水利重点薄弱环节建设,水利建设短板得到明显改善,基本建成现代防洪调度系统,初步建立规范化的防洪管理体系和制度化的防洪保障体系;形成与经济社会现代化进程相适应高效利用的水资源体系的基本框架;初步建成保障经济社会可持续发展的水环境保护与河湖健康保障体系;逐步建立健全保障水利良性发展的长效机制,构建法治完备、体制健全、机制合理的水管理体系。防洪标准:长江干堤规划达到100年一遇;江平公路—界河南堤控制线及通江河道圩区段堤防达50年一遇;泰州市区为100年一遇,各县城为50年一遇,镇区、沿江开发区为20年一遇。城区、中小城镇及开发园区,近期完善排水体系,提高城镇内部河道的排水功能,排涝标准达10～20年一遇。农业区达10年一遇排涝标准。生活供水保证率达到97%以上,重要工业供水保证率达到95%,农业灌溉供水保证率达到90%以上。城镇生活饮用水水源水质达标率98%,水功能区水质达标率80%。

表2-5 泰州市通南地区骨干河道主要节点设计水位　　　　单位:米

序号	河道名称	洪潮组合(50%潮型)			
		1%降雨	2%降雨	5%降雨	10%降雨
1	泰州(通)	4.80	4.58	4.29	3.95
2	姜堰(通)	4.68	4.49	4.20	3.90
3	黄桥	4.44	4.24	3.98	3.74
4	宣堡港(南官河)	4.67	4.48	4.22	3.93
5	两泰官河(马甸)	4.54	4.34	4.10	3.85
6	如泰运河(泰兴)	4.46	4.25	3.94	3.73
7	曲霞镇	4.57	4.35	3.94	3.70

远期目标:消除通南地区重点薄弱环节,建设完成较完善的防洪除涝减灾、供水安全和水生态安全保障体系,水利基础性支撑与保障能力适应区域经济社会发展要求。巩固完善长江堤防,江堤防洪

标准全面达到100年一遇;高沙土与圩区江平公路、界河南堤控制线及通江河道圩区段堤防防洪标准达50年一遇,泰州市区达100年一遇,县城达50年一遇,镇区及沿江开发区达20年一遇。城区及中小城镇、开发区排涝标准达20年一遇,沿江圩区农业区抽排标准达10年一遇,高沙土区农业区排涝标准达20年一遇。生活供水保证率达到97%以上,重要工业供水保证率达95%,农业灌溉供水保证率达到95%以上。城镇生活饮用水水质达标率100%,水功能区水质达标率85%。

(三)规划范围和水平年

规划范围:泰州市通南地区,西与扬州江都区接壤,东至南通市际交界,南临长江,北至老328国道,面积2678.5平方公里。其中三泰片2023.3平方公里(高沙土区1672.5平方公里、沿江圩区350.8平方公里),靖江片655.2平方公里。现状基准年:2012年;规划水平年:近期2020年,远期2030年。

(四)重点工程

1.防洪工程重点项目

流域防洪:巩固完善江堤达标工程,加固主江堤96.2公里,加固港堤72.8公里,挡浪墙60.6公里,穿江堤、港堤涵闸33座。区域防洪:靖泰界河南堤加固20.6公里,拆建、加固五圩闸等涵闸9座;加固沿江圩区段通江河道堤防137.0公里。

2.除涝工程重点项目

骨干河道整治工程:区域骨干河道重点治理增产港拓浚工程,百花港—安宁港拓浚工程,两泰官河拓浚工程,天星港拓浚工程,焦土港拓浚工程,靖泰界河拓浚工程,新曲河拓浚工程,上六圩港拓浚工程。建筑物工程:排涝建筑物重点建设安宁港口门建筑物工程。

3.调配水工程重点项目

泵站工程:兴建马甸站,扩建龙窝泵站、新小桥港站、夹港站、下六圩港站。水源控制工程:在泰州东部新建调度控制建筑物,市区兴建控制工程宣堡港闸、三合水闸,控制水流调度。

4.河道生态治理重点项目

河道生态治理重点工程为重点城市、开发区有景观要求的河段及现状生态环境恶劣河段,主要有南官河(泰州城区段)、老通扬运河(泰州城区段、姜堰城区段)、如泰运河(泰兴城区段)、横港(靖江城区段)、十圩港(靖江城区段)。

(五)规划投资

工程总投资186.6亿元,其中防洪工程31亿元,排涝工程102.8亿元,调配水工程3.9亿元,重点河道生态治理48.9万元。

第三节　专项规划

一、泰州市城市防洪规划

1998年6月,泰州市水利局委托江苏省城乡规划设计研究院编制《泰州市城市防洪规划》。1999

年7月16日该规划通过专家论证,2000年3月31日泰州市政府以泰政复〔2000〕24号文件批复同意实施。该规划以国家、省城市防洪规划编制大纲,长江、淮河综合治理规划和有关文件以及《泰州市城市总体规划》为依据,按照可持续发展战略,贯彻经济建设、城市建设、环境建设同步规划、同步实施、同步发展的方针,运用定量和定性相结合的方法,通过对现状分析,确定泰州市防洪排涝的治理方向、规划原则、整治标准、工程布局和运行管理措施,努力处理外洪与内涝、排涝与排污的关系,指导城市防洪排涝工程。

(一)指导思想

固堤防、止江坍,浚河道、置闸站;严控竖向标高,着力洼地改造;合理布设管网,实施雨污分流。

(二)规划范围和标准

防洪规划保护面积101.4平方公里,分主城区和高港区两部分。主城区北至新通扬运河,南至周山河,西至泰州引江河,东至兴泰公路,高港区由口岸、刁铺两镇组成。

近期防洪标准100年一遇,河道排涝标准重要地区20年一遇、一般地区10年一遇。

经对典型洪涝年分析,梅雨是造成通南、里下河地区洪涝灾害,引起市区洪涝的主要因素。经设计暴雨和洪水分析,海陵区里下河片100年一遇设计洪水位3.57米,长江高港段100年一遇设计洪水位6.54米。

(三)防洪排涝工程布局

1.主城区

规划主城区属通南水系的南官河、老通扬运河按堤顶高程6.00米设防;属里下河水系的新通扬运河、卤汀河按堤顶高程4.50米设防;高港区南官河属通南水系,按堤顶高程6.00米设防;长江江堤、港堤按100年一遇标准设防,堤顶(或挡浪墙)标高8.54米,港堤标高8.04米。规划主城区从西向东,老通扬运河接西城河、东城河,以老通扬运河为界分为通南和里下河南北两个排水区,排水面积63.1平方公里,总排水流量223米³/秒,装机78.5米³/秒。通南排水区分为3个片:①旧城区排涝泵站能力5.5米³/秒;②北至老通扬运河、东至南官河、南至扬子港、西至引江河所包围区域,涝水主要排入老通扬运河、南官河;③北至老通扬运河、东至兴泰公路、南至扬子路、西至南官河所包围区域,排涝泵站能力24米³/秒,涝水主要排入南官河。里下河排水区分为5个片:①北至扬州路、东至西城河、南至老通扬运河、西至引江河所包围区域,排涝泵站能力28米³/秒,涝水主要排入九里沟,部分排入老通扬运河、西城河;②北至南通路、东至兴泰公路、南至老通扬运河、西至东城河所包围区域,涝水主要经老东河排入新通扬运河;③北至新通扬运河、东至卤汀河、南至扬州路、西至引江河所包围区域,排涝泵站能力20米³/秒,涝水主要排入新通扬运河、九里沟;④北至新通扬运河、东至老东河、南至南通路、西至卤汀河所包围区域,排涝泵站能力20米³/秒,涝水主要排入新通扬运河、卤汀河;⑤北至新通扬运河、东至兴泰高公路、南至南通路、西至老东河所包围区域,排涝泵站能力9米³/秒,涝水主要排入新通扬运河、老东河。

2.高港区

规划高港区分为通南排水区和沿江圩区,排水面积38.3平方公里,排涝流量95米³/秒,装机23.5

米³/秒。通南排水区分为两片:①北至宁通公路、西至南官河,涝水主要排入南官河;②南官河东部、江平路北部地区,北至新长铁路支线、东至兴泰公路、南至江平路、西至南官河,排涝装机 5.5 米³/秒,涝水主要排入南官河、宜堡港。沿江圩区分为两片:①南官河西部,北至新长铁路、东至南官河、南至长江北江堤、西至引河,涝水主要排入长江、南官河;②南官河东部、江平路南部地区,北至江平路、东至兴泰公路、南至长江北江堤、西至南官河,排涝装机 7 米³/秒,涝水主要排入长江、南官河。

(四)重点工程

1.防洪工程

实施长江高港段防洪工程:引江河至永安洲段主江堤,填塘固基 6.2 公里,堤防灌浆 15.0 公里;新建挡浪墙 15.0 公里;加高加固长江现有挡浪墙 27.0 公里;口岸扬湾段新建抛石护岸 1.5 公里;永安洲西江段新建抛石护岸 6.0 公里。实施土岸建直立护坡墙工程:建直立护坡墙一次达到设防标准的土岸 76.9 公里。实施老驳岸改建加固工程:改建加固老驳岸河道 6 公里。实施新建改建防洪闸工程:保留现状防洪闸 11 座,新建改建防洪闸 43 座。

2.排涝工程

保留现状排涝泵站 4 座,新建改建排涝泵站 19 座;逐年疏通城市排水河道,共疏浚河道 60 条,长154.2 公里,打通月城广场,沟通东、西城河,老西河向南打通至西城河,建闸控制。

(五)规划投资

长江高港段防洪工程、引江河及其配套工程等流域防洪排涝工程不计入,城市排水管网新建和改造工程不计入,城市防洪排涝项目总投资约 35140 万元。

二、泰州市地下水资源开发利用规划

为使泰州地下水资源得到更加合理的开发利用,有效保护和综合治理,并为城市规划、建设提供可靠的地质依据,促进和保障泰州经济建设与地质环境协调发展,以地下水资源的可持续利用支持经济社会的可持续发展,2004 年 9 月,泰州市水利局和江苏省地质调查研究所共同编制《泰州市地下水资源开发利用规划》,2006 年完成。是年 11 月,此规划通过江苏省水利厅组织的审查。

(一)需水预测

根据《泰州市国民经济和社会发展第十个五年计划纲要》及相关规划中提出的指标,到 2005 年,全市人口总数达 510 万人,其中城市人口 240 万人,农村人口 270 万人;到 2010 年,全市人口总数达 518万人,其中城市人口 280 万人,农村人口 238 万人。若农业人口和非农业人口用水标准分别以 50 升/天和 120 升/天计,则 2005 年全市居民年生活用水总量约为 1.54 亿立方米,其中农村生活用水 0.49 亿立方米,城市生活用水 1.05 亿立方米;到 2010 年全市居民年生活用水总量约为 1.66 亿立方米,其中农村生活用水 0.43 亿立方米,城市生活用水 1.23 亿立方米;预计到 2005 年全市工业总产值将达 1200 亿元,2005—2010 年,工业产值增长率在 9% 左右,到 2010 年,全市工业总产值将达 1850 亿元。

表2-6　2005年和2010年全市用水量（工业用水中不含电厂等行业冷却水）

单位：亿立方米

项目	2005年			2010年		
生活	1.54			1.66		
工业	3.23			4.50		
生态环境	1.00			1.00		
农业	$P=50\%$	$P=75\%$	$P=95\%$	$P=50\%$	$P=75\%$	$P=95\%$
	20.50	25.50	36.08	20.72	26.52	38.24
合计	26.27	31.27	41.85	27.88	33.68	45.4

而泰州市地下水年可供水量为1.59亿立方米，对泰州市工农业、生活、生态环境等总需水量而言，可谓杯水车薪。故有限的、优质的地下水资源仅作为辅助、储备供水水源，用于居民生活、特殊行业（饮料、食品加工、医药等）供水水源，一般工业、农业及生态环境用水以地表水为主。

由于泰州主城区生活饮用水均以地下水作为取水水源，采用集中式供水方式，故地下水主要用于广大农村居民生活饮用。据前述需水及供水预测结果，2005年、2010年泰州市地下水均可满足全市农村居民生活用水的需求。2010年后，随着城市化进程的加快，非农业人口将逐年降低，农村生活用水量必将随之减小，因此至2030年泰州市地下水资源也可保证农村生活用水。

（二）规划分区

地下水资源规划分区主要依据此次核定的地下水可开采量与现状开采量（2004年度）对比求得开采潜力指数 P（$P=Q_{规}/Q_{开}$），同时结合各乡（镇）可开采量与现状开采量的差值（$\Delta Q=Q_{规划}-Q_{现状}$）来确定。

$$
\left.
\begin{array}{l}
P \geq 1.2\ 且\Delta Q > 5 \\
P \geq 1.2\ 且\Delta Q \leq 5 \\
0.8 \leq P < 1.2 \\
P < 0.8\ 且\Delta Q \geq -5 \\
P < 0.8\ 且\Delta Q < -5
\end{array}
\right\}
\begin{array}{l}
扩大开采区 \\
\\
均为控制开采区 \\
\\
压缩开采区
\end{array}
$$

1.扩大开采区

根据上述分区标准，全市一半以上地区为扩大开采区，其中第Ⅰ承压水扩大开采区分布面积为3084.05平方公里，约占全市总面积的55%。

2.控制开采区

第Ⅰ、Ⅱ、Ⅲ承压水的控制开采区均主要分布于里下河沉积区，其次为过渡沉积区。其中，第Ⅱ承压水控制开采区分布范围最广，面积为1793.03平方公里（约占全市总面积的1/3）；第Ⅰ承压水控制开采区分布范围相对较小，累计面积约886.27平方公里，约占全市总面积的16%。

3.压缩开采区

压缩开采区主要分布于过渡沉积区及里下河沉积区。

第Ⅰ承压水压缩开采区仅分布于姜堰沈高，面积为56平方公里；第Ⅱ承压水压缩开采区面积为

764.93平方公里(约占全市总面积的14%);第Ⅲ承压水压缩开采区分布面积为590.64平方公里(约占全市总面积的11%)。

(三)各市区地下水可开采量

1.靖江

该市地下水规划以扩大开采为主。其中,第Ⅰ、Ⅱ承压水可开采总量分别为2422万米³/年、659万米³/年(孤山、季市、斜桥等镇因其矿化度大于3克/升,不对其进行规划开采),沿江一带乡(镇)第Ⅰ承压水可开采量多大于330万米³/年,第Ⅱ承压水可开采量多在100万米³/年以上,其余乡(镇)第Ⅰ承压水可开采量多小于220万米³/年,第Ⅱ承压水可开采量多小于60万米³/年。

表2-7 靖江市地下水资源开发利用规划一览表

规划层次	规划分区	面积(平方公里)	分布	现状开采量(米³/年)	可开采量(米³/年)	开采潜力指数 P	增量(万米³/年)
Ⅰ	扩大开采区	426.02	东兴镇		131.39		131.39
			省工业园区	110.00	420.38	3.82	310.38
			红光镇	25.00	147.93	5.92	122.93
			靖城镇	91.50	341.26	3.73	249.76
			西来镇		94.53		94.53
			新港工业园	5.00	559.27	111.85	554.27
			新桥镇		337.97		337.97
			生祠		109.41		109.41
			马桥		279.43		279.43
Ⅱ	扩大开采区	426.02	东兴镇		37.00		37.00
			省工业园区	62.00	128.91	2.08	66.91
			红光镇		51.61		51.61
			靖城镇	11.00	96.55	8.78	85.55
			西来镇		38.15		38.15
			新港工业园		174.44		174.44
			新桥镇	10.00	100.18	10.02	90.18
			生祠		32.18		32.18
			马桥				
Ⅲ	扩大开采区	496.60	东兴镇		33.50		33.50
			省工业园区		86.03		86.03
			红光镇		51.57		51.57
			季市镇		51.98		51.98

续表2-7

规划层次	规划分区	面积（平方公里）	分布	现状开采量（米³/年）	可开采量（米³/年）	开采潜力指数 P	增量（万米³/年）
Ⅲ	扩大开采区	496.60	靖城镇		60.27		60.27
			西来镇		23.86		23.86
			新港工业园	4.00	80.61	20.15	76.61
			新桥镇		86.17		96.17
			生祠		34.05		34.05
			马桥		68.29		68.29
			孤山		29.58		29.58

2.泰兴

该市均为扩大开采区。第Ⅰ承压水可开采量高达6387万米³/年，各乡（镇）可开采量多在100万～400万米³/年，泰兴达905万米³/年，开采潜力极大；第Ⅱ、Ⅲ承压水目前尚无开采，除广陵、南沙、珊瑚等镇第Ⅱ承压水因矿化度大于3克/升，不对其进行规划开采外，其余乡（镇）第Ⅱ、Ⅲ承压水均为扩大开采区，一般各乡（镇）第Ⅱ承压水可开采量在70万～105万米³/年，全市合计为320万米³/年，第Ⅲ承压水可开采量在20万～55万米³/年，全市合计为272万米³/年。

表2-8 泰兴市地下水资源开发利用规划一览表

规划层次	规划分区	面积（平方公里）	分布	现状开采量（米³/年）	可开采量（米³/年）	开采潜力指数 P	增量（万米³/年）
Ⅰ	扩大开采区	1246.57	大生	0.60	453.75	756.26	453.15
			分界	17.00	318.48	18.73	301.48
			根思		276.65		276.65
			古溪		135.70		135.70
			广陵	16.00	81.94	5.12	65.94
			过船		271.26		271.26
			河失		302.95		302.95
			横垛	10.00	199.71	19.97	189.71
			胡庄		158.55		158.55
			黄桥	18.50	288.08	15.57	269.58
			蒋华		362.76		362.76
			刘陈		192.23		192.23
			马甸	10.00	136.37	13.64	126.37

规划层次	规划分区	面积（平方公里）	分布	现状开采量（米³/年）	可开采量（米³/年）	开采潜力指数P	增量（万米³/年）
Ⅰ	扩大开采区	1246.57	南沙		90.59		90.59
			七圩	36.50	249.19	6.83	212.69
			曲霞		163.06		163.06
			珊瑚		99.90		99.90
			泰兴	163.00	905.27	5.55	742.27
			溪桥		145.16		145.16
			新街		337.11		337.11
			宣堡		146.69		146.69
			姚王		272.08		272.08
			元竹	32.00	223.48	6.98	191.48
			张桥		282.94		282.94
			开发区	243.20	293.56	1.21	50.36
Ⅱ	扩大开采区	1105.53	胡庄		75.41		75.41
			蒋华		103.52		103.52
			七圩		71.12		71.12
			宣堡		69.77		69.77
Ⅲ	扩大开采区	1246.57	古溪		22.74		22.74
			广陵		39.47		39.47
			胡庄		35.67		35.67
			蒋华		54.95		54.95
			南沙		22.40		22.40
			七圩		31.16		31.16
			珊瑚		33.39		33.39
			宣堡		31.74		31.74

3.兴化

兴化市第Ⅰ、Ⅱ、Ⅲ承压水可采资源总量为645.4万米³/年,其中第Ⅰ承压水可开采量为65.7万米³/年;第Ⅱ承压水可开采量为197万米³/年,各乡镇可开采量多在3万~7万米³/年,全市第Ⅱ承压水以控制开采区为主;第Ⅲ承压水可开采量为328.7万米³/年,各乡镇可开采量多在3万~15万米³/年。

表2-9　兴化市地下水资源开发利用规划一览表

规划层次	规划分区	面积（平方公里）	分布	现状开采量（米³/年）	可开采量（米³/年）	开采潜力指数 P	增减量（万米³/年）
I	扩大开采区	200.02	李中		7.30		7.30
			西郊		7.30		7.30
			邵阳		10.95		10.95
	控制开采区	677.16	陈堡		3.65		3.65
			城东		3.65		3.65
			垛田		3.65		3.65
			缸顾		3.65		3.65
			开发区		3.65		3.65
			临城		3.65		3.65
			沙沟		3.65		3.65
			西鲍		3.65		3.65
			中堡		3.65		3.65
			周奋		3.65		3.65
			周庄		3.65		3.65
II	扩大开采区	414.54	大垛		6.06		6.06
			荻垛		5.74		5.74
			林湖		6.30		6.30
			沙沟		5.58		5.58
			陶庄		7.18		7.18
			永丰		5.69		5.69
	控制开采区	1503.07	昌荣		5.44		5.44
			安丰	7.90	7.17	0.91	-0.73
			陈堡	3.70	6.05	1.64	2.35

续表2-9

规划层次	规划分区	面积（平方公里）	分布	现状开采量（米³/年）	可开采量（米³/年）	开采潜力指数P	增减量（万米³/年）
Ⅱ	控制开采区	1503.07	大营		3.41		3.41
			大邹		3.55		3.55
			戴窑	5.20	9.47	1.82	4.27
			钓鱼		4.75		4.75
			垛田	7.40	5.95	0.80	−1.45
			缸顾		2.60		2.60
			海南		4.75		4.75
			合陈	5.20	9.79	1.88	4.59
			开发区	1.80	2.43	1.35	0.63
			老圩	1.80	5.40	3.00	3.60
			李中		5.09		5.09
			临城	2.40	6.00	2.50	3.60
			茅山		3.60		3.60
			西鲍		3.68		3.68
			西郊	8.70	4.45	0.51	−4.25
			下圩	5.20	3.15	0.61	−2.05
			新垛		4.77		4.77
			邵阳	15.90	11.07	0.70	−4.83
			中堡		4.78		4.78
			周奋		3.91		3.91
			竹泓	10.40	5.74	0.55	−4.66
	压缩开采区	378.42	城东	22.70	5.34	0.24	−17.36
			戴窑	67.70	9.22	0.14	−58.48
			沈伦	10.40	4.05	0.39	−6.35
			张郭	36.40	8.73	0.24	−27.67
			周庄	16.80	6.11	0.36	−10.69

续表2-9

规划层次	规划分区	面积（平方公里）	分布	现状开采量（米³/年）	可开采量（米³/年）	开采潜力指数 P	增减量（万米³/年）
Ⅲ	扩大开采区	1223.56	大垛		9.49		9.49
			大营		7.86		7.86
			戴南		12.90		12.90
			戴窑	1.10	14.81	13.46	13.71
			荻垛		7.72		7.72
			钓鱼		11.88		11.88
			海南	5.20	11.50	2.21	6.30
			合陈	5.20	15.31	2.94	10.11
			开发区		5.92		5.92
			老圩		8.16		8.16
			林湖		9.86		9.86
			临城		9.00		9.00
			陶庄		7.42		7.42
			西鲍		7.87		7.87
			下圩		9.28		9.28
			新垛		7.46		7.46
			永丰		12.16		12.16
			竹泓		8.27		8.27
	控制开采区	720.18	安丰	19.60	15.94	0.81	-3.66
			昌荣	8.70	9.35	1.07	0.65
			陈堡	11.70	7.76	0.66	-3.94
			大邹	4.00	3.77	0.94	-0.23
			缸顾	5.20	3.34	0.64	-1.86
			李中	5.20	9.42	1.81	4.22

续表2-9

规划层次	规划分区	面积（平方公里）	分布	现状开采量（米³/年）	可开采量（米³/年）	开采潜力指数 P	增减量（万米³/年）
Ⅲ	控制开采区	720.18	茅山	1.40	4.12	2.94	2.72
			沈伦		4.48		4.48
			西郊	5.40	10.83	2.01	5.43
			中堡	5.20	8.79	1.69	3.59
			周庄	9.30	10.45	1.12	1.15
	压缩开采区	352.28	邵阳	107.63	75.15	0.70	−32.48
			城东	15.60	8.35	0.54	−7.25
			垛田	149.60	7.25	0.05	−142.35
			沙沟	39.00	7.20	0.18	−31.80
			张郭	47.00	8.16	0.17	−38.84
			周奋	20.80	11.48	0.55	−9.32

4.海陵

建议大量开采浅部第Ⅰ承压水（淡水主要用于居民生活、食品、饮料、医药、精细化工、酿酒等特殊行业用水以及符合我国节能、环保等产业政策的高附加值产品的生产用水，微咸水用于印染、制碱、橡胶及海产品加工等行业的生产用水），以增大大气降水的入渗补给量及长江水的侧向补给量，从而降低铁锰离子含量，改善水质。

海陵区可开采量为902万米³/年，其中第Ⅰ承压水可开采量为177万米³/年，第Ⅱ承压水为海陵区主要开采层，应压缩海陵区、九龙、西郊等镇开采量（压缩量分别为92.78万米³/年、57.46万米³/年、6.94万米³/年）。泰东现状开采量远大于可开采量，开采潜力指数 P 仅有0.43，应大力压缩开采。

表2-10　泰州市区地下水资源开发利用规划一览表

规划层次	规划分区	面积（平方公里）	分布	现状开采量（米³/年）	可开采量（米³/年）	开采潜力指数 P	增减量（万米³/年）
Ⅰ	扩大开采区	409.94	九龙		14.10		14.10
			塘湾		27.38		27.38
			东郊		14.60		14.60
			西郊		12.75		12.75

续表2-10

规划层次	规划分区	面积（平方公里）	分布	现状开采量（米³/年）	可开采量（米³/年）	开采潜力指数 P	增减量（万米³/年）
Ⅰ	扩大开采区	409.94	寺巷	4.00	54.60	13.65	50.60
			口岸	22.00	420.93	19.13	398.93
			刁铺	32.07	298.45	9.31	266.38
			白马	21.70	105.16	4.85	83.99
			永安洲		298.99		198.99
			野徐		86.47		86.47
			泰东		12.96		12.96
	控制开采区	24.06	海陵城区	49.80	40.61	0.85	−9.19
Ⅱ	扩大开采区	333.08	寺巷		76.19		76.19
			泰东	12.50	27.63	2.21	15.13
			塘湾	22.00	49.05	2.23	27.05
	控制开采区	25.41	东郊	35.00	28.00	0.80	−7.00
	压缩开采区	75.51	九龙	91.50	34.04	0.37	−57.46
			海陵城区	198.82	106.04	0.53	−92.78
			西郊	31.00	24.06	0.78	−6.94
Ⅲ	扩大开采区	382.08	东郊		30.64		30.64
			西郊	6.00	24.78	4.13	18.78
			寺巷		105.22		105.22
			九龙	10.00	22.46	2.25	12.46
			塘湾	17.00	76.02	4.47	59.02
	控制开采区	24.06	海陵城区	70.40	66.55	0.95	−3.85
	压缩开采区	27.86	泰东	126.00	54.34	0.43	−71.66

5.姜堰

第Ⅰ、Ⅱ、Ⅲ承压水可开采量分别为765万米³/年、583万米³/年、1139万米³/年（顾高、蒋垛因Ⅰ、Ⅱ、Ⅲ含水层连通，其第Ⅱ、Ⅲ承压水可开采量一并计入第Ⅰ承压水）。其中张甸—大伦以南地下水资源丰富,各乡(镇)第Ⅰ、Ⅱ、Ⅲ承压水合计可开采量在90万～250万米³/年,与现状开采量相比,增采量多在90万立方米以上,尚有较大的增采潜力;张甸—大纶以北:各乡(镇)第Ⅰ承压水可开采量多在10万～20万米³/年,由于目前大部分乡(镇)未开采第Ⅰ承压水,故尚有一定的开采潜力,而姜堰、娄庄、溱潼等现状开采已具有一定规模的乡(镇)则需适当地控制开采,甚至压缩开采(沈高镇);第Ⅱ承压水可开采量多在10万～30万米³/年,苏陈、罡杨、华港、沈高、淤溪等镇现状开采量已达30万～121万立方米,应不同程度地压缩开采,娄庄、桥头、俞垛、姜堰等镇现状开采量接近可开采量,需适当控制开采,尤其是开采集中的姜堰镇,应密切关注其水位变化,严格控制开采,第Ⅲ承压水可开采量多在20万～85万米³/年,除淤溪、罡杨等乡(镇)尚可扩大开采、白米、溱潼、兴泰、俞垛等镇现状开采量已不同程度地超过可开采量,需适度压缩开采外,姜堰、华港、桥头、沈高等镇现状开采量和可开采量不相上下,需控制开采,尤其是开采量较大的姜堰镇。

表2-11　姜堰市地下水资源开发利用规划一览表

规划层次	规划分区	面积（平方公里）	分布	现状开采量（米³/年）	可开采量（米³/年）	开采潜力指数 P	增减量（万米³/年）
Ⅰ	扩大开采区	801.5	大纶		51.33		51.33
			大泗	4.00	27.50	6.87	23.50
			顾高		106.18		106.18
			蒋垛	3.00	195.82	65.27	192.82
			张甸		74.90		74.90
			白米		21.04		21.04
			梁徐		42.41		42.41
			苏陈		17.24		17.24
			罡杨		12.47		12.47
			华港		19.59		19.59
			桥头		9.14		9.14
			兴泰		6.78		6.78
			淤溪		18.65		19.65
			俞垛		15.13		15.16
	控制开采区	185.05	姜堰	90.00	85.00	0.94	-5.00
			娄庄	22.00	25.55	1.16	3.55
			农业开发区		4.24		4.24
			溱潼	10.00	13.22	1.32	3.22
	压缩开采区	56	沈高	25.00	18.77	0.75	-6.23

续表2-11

规划层次	规划分区	面积（平方公里）	分布	现状开采量（米³/年）	可开采量（米³/年）	开采潜力指数 P	增减量（万米³/年）
Ⅱ	扩大开采区	467	大圩	3.00	26.96	8.99	23.96
			大泗		21.07		21.07
			张甸	24.00	51.41	2.14	27.41
			白米	11.00	17.17	1.56	6.17
			梁徐	10.00	26.35	2.64	16.35
			溱潼		11.61		11.61
			兴泰		8.56		8.56
			顾高				
			蒋垛				
	控制开采区	264.55	姜堰	295.00	240.00	0.81	−55.00
			娄庄	24.00	22.09	0.92	−1.91
			桥头	10.00	10.37	1.04	0.37
			农业开发区		4.67		4.67
			俞垛	20.00	19.15	0.96	−0.85
	压缩开采区	311	苏陈	112.00	32.05	0.29	−79.95
			罡杨	92.00	17.30	0.19	−74.70
			华港	58.00	129.30	0.51	−28.70
			沈高	32.00	17.87	0.56	−14.13
			淤溪	121.00	27.04	0.22	−93.96
Ⅲ	扩大开采区	602.95	大圩	26.00	71.84	2.76	45.84
			大泗		41.98		41.98
			张甸	45.00	116.95	2.60	71.95
			梁徐	4.00	76.59	19.15	72.59
			苏陈	25.00	85.04	3.40	60.04
			罡杨		12.89		12.89
			娄庄	36.00	55.65	1.55	19.65
			农业开发区		10.20		10.20
			淤溪		52.21		52.21
			顾高				
			蒋垛				

续表2-11

规划层次	规划分区	面积（平方公里）	分布	现状开采量（米³/年）	可开采量（米³/年）	开采潜力指数 P	增减量（万米³/年）
Ⅲ	控制开采区	229.1	沈高	46.00	51.19	1.11	5.19
			姜堰	304.00	330.00	1.09	26.00
			华港	36.00	35.69	0.99	−0.31
			桥头	47.00	44.14	0.94	−2.86
	压缩开采区	210.5	白米	119.00	65.13	0.55	−53.57
			溱潼	70.00	26.22	0.37	−43.78
			兴泰	108.00	19.73	0.18	−88.27
			俞垛	64.00	43.72	0.68	−20.28

三、泰州市主城区外围骨干河道开发利用控制规划

2006年9月，泰州市水利局委托泰州市规划设计院编制《泰州市主城区外围骨干河道开发利用控制规划》。

（一）指导思想

围绕把泰州建设得更加美好的总体要求，将主城区4条外围河道的开发利用控制与城市经济发展和城市建设相协调，为加快新型工业化、城市化、城乡区域发展提供防洪减灾、引水、水运、环境等保障，提高规划和运行管理水平，形成防洪排涝效益高、饮水可靠、适应区域水运发展和环境优美的河道开发利用控制新模式。

（二）规划目标

通过对主城区外围骨干河道的综合整治，使河道开发规范化、合理化，防洪排涝设施与水运码头设施先进、管理规范，使主城区外围骨干河道运输能力和沿江港口的运输需求相匹配，建立合理的铁路、公路和水路联运的体系。

（三）规划期限和范围

期限：近期2010年，远期2020年。

范围：主城区外围骨干河道有东侧先锋河、西侧引江河、北侧新通扬运河、南侧周山河，规划范围为河道两侧绿线控制范围内，总面积12.2平方公里。

（四）主要内容

1."水运规划"

"水运规划"对泰州水运特色、形势和存在问题做了分析，认为泰州江淮交汇，有丰富的长江岸线

资源和巨大的港口开发潜力,有纵横交错的水系网络,为发展水运提供了便利条件。但部分河道淤积严重,码头布置不合理,不少码头靠近居民居住区,又多为露天堆放,不仅影响城市景观、污染环境,而且影响市民生活。

"水运规划"区域内干支线航道如表2-12所示。

表2-12 区域内河航道规划一览表

类别	名称	起点	终点	建设标准	河口宽度控制(米)	说明
干线航道	泰东线	新通扬运河	连申线	三级	160	整治航道
	引江河	长江	新通扬运河	三级	160	
	新通扬运河	引江河	泰东河	三级	160	整治航道
	新通扬运河	泰东河	南通	五级	80	整治航道
支线航道	南官河	长江	周山河	五级	70	周山河以南段
	老通扬运河	扬州	海安	六级	60	非城区段
	先锋河	市区内		六级	60	开挖航道
	周山河	市区外(先锋河以东)		六级	80	整治航道

主城区内河航道规划如表2-13所示。

表2-13 主城区内河航道规划一览表

序号	名称	起点	终点	建设标准	河口宽度控制(米)	说明
1	引江河	周山河	新通扬运河	三级	160	整治航道
2	新通扬运河	引江河	泰东河	三级	160	整治航道
		泰东河	先锋河	五级	80	整治航道
3	先锋河	新通扬运河	周山河	六级	60	开挖航道

注:周山河(城区段)近期仍要考虑通航要求,远期随着先锋河、西干河航道的开通,改造成城市生活性河道。

"水运规划"明确,沿主城区外围骨干河道设立6处码头区(见表2-14)。

表2-14 内河码头规划一览表

名称	位置	岸线长度(米)	用地控制(公顷)	主要货种
新通扬运河江州路码头区	新通扬线北岸铁路货站南侧	1200	32.1	油品、集装箱
新通扬运河兴泰路码头区	新通扬线北岸兴泰公路西侧	1200	31.2	集装箱、件杂货
引江河码头区	引江河东岸济川路和通扬路之间	1200	26.4	集装箱、件杂货
先锋河328国道码头区	先锋河西岸328国道南侧	700	11.2	件杂货、散货
先锋河济川路码头区	先锋河西岸济川路北侧	500	8	件杂货、散货
先锋河永定路码头区	先锋河西岸永定路南侧	500	8	件杂货、散货

"水运规划"还编制了内河码头结构形式、集散规划。

2.河道两侧用地控制利用规划

这一规划中编制了河道两侧用地控制利用原则及4条骨干河道用地的控制利用具体规划,绘制了河道岸线控制规划图。

此规划又将与《泰州市主城区防洪及河道综合整治规划》相吻合的有关这几条通航河道的防洪排涝规划、域内给排水规划编入其中,并将涉及这几条通航河道的主要跨河桥梁和跨河管道编列如表2-15、表2-16所示。

表2-15　主要跨河桥梁一览表

河流名称	桥梁名称	桥梁位置	桥梁宽度(米)
新通扬运河	江洲北路大桥	江洲北路	60
	海陵北路大桥	海陵北路	35
	东风北路大桥	东风北路	60
	兴泰公路大桥	兴泰公路	60
	京泰北路大桥	京泰北路	60
周山河	引江河路大桥	引江河路	50
	环城西路大桥	环城西路	60
	吴陵南路大桥	吴陵南路	45
	京高路大桥	京高路	60
	海陵南路大桥	海陵南路	35
	鼓楼南路大桥	鼓楼南路	45
	东风南路大桥	东风南路	60
	春兰南路大桥	春兰南路	60
先锋河	328国道桥	328国道	60
	迎春东路大桥	迎春东路	45
	济川东路大桥	济川东路	45
	凤凰东路大桥	凤凰东路	60
	永定东路大桥	永定东路	60

注:梁底高程在实施时综合考虑各种相关因素设计确定。

表2-16　主要跨河管道一览表

河流名称	管道名称	管道位置	管径(毫米)
新通扬运河	给水管	江洲北路	DN500
	给水管	海陵北路	DN300

续表2-16

河流名称	管道名称	管道位置	管径（毫米）
新通扬运河	给水管	东风北路	DN600
	给水管	京泰北路	DN300
	污水管	京泰北路	DN600
	燃气管	江洲北路	De200
	燃气管	海陵北路	De200
	燃气管	东风北路	De200
	燃气管	兴泰公路	De200
	燃气管	京泰北路	De200
周山河	给水管	引江河路	DN300
	给水管	吴陵南路	DN800
	给水管	泰高路	DN1500
	给水管	海陵南路	DN500
	给水管	鼓楼南路	DN600
	给水管	东风南路	DN500
	燃气管	环西南路	De200
	燃气管	吴陵南路	De200
	燃气管	泰高路	DN300
	燃气管	海陵南路	De200
	燃气管	东风南路	DN300
	燃气管	春兰南路	De160
先锋河	给水管	328国道	DN1000
	燃气管	328国道	DN300

3.外围骨干河道建设管理、工程管理规划

这一规划中强调了"确立经市政府批准的规划具有法规性效率"，规划由水行政主管部门具体负责实施管理。对各职能部门的工作职能做了划分，对建设资金筹集渠道及比例也做了规划。对相关工程的管理体制及运行机制也做了设计。

规划在投资估算编列中不仅安排了航运码头建设、外围骨干河道建筑物工程建设、绿化建设，还规划了新开先锋河建设。

四、泰州市节水型社会建设规划（2009—2020年）

水利部积极贯彻国务院《关于做好建设节约型社会近期重点工作的通知》精神，组织开展了全国节水型社会建设试点工作。为提高资源利用效率，以尽可能少的资源消耗创造尽可能大的经济社会效益和生态环境效益；为协调经济社会发展与人口、资源、环境的关系，转变经济增长方式，提高泰州市水资源和水环境的承载能力；为泰州今后的发展尤其是高用水行业的发展预留空间，增强泰州的发展后劲，泰州市积极申报全国节水型社会建设试点。2008年12月，水利部确定泰州为第三批全国节水型社会建设试点地区之一。

按照《关于确定江苏省泰州市等为全国节水型社会建设试点地区（市）的通知》（水利部水资源〔2008〕615号）的要求，泰州市政府组织开展了《泰州市节水型社会建设规划》编制工作。依据《中华人民共和国水法》《中华人民共和国水污染防治法》《江苏省水资源管理条例》等法律法规，结合《泰州市国民经济和社会发展第十一个五年规划纲要》《泰州市城市总体规划》《泰州生态市建设规划》等规划安排，根据水利部《节水型社会建设规划编制导则》（水利部办公厅办资源函〔2008〕142号）的要求，在分析了泰州市水资源现状、形势和问题的基础上，提出了泰州市开展节水型社会建设的指导思想和基本原则，明确了节水型社会建设的主要目标、任务和工作重点，制定了节水型社会制度建设的保障措施，初步拟订了示范项目和工作计划，为泰州市开展节水型社会建设健全制度体系、完善节水防污机制、理顺管理体制、加强监督考核等方面提供主要依据。

（一）指导思想

以邓小平理论和"三个代表"重要思想为指导，深入贯彻落实科学发展观，积极践行可持续发展治水思路，围绕全面建成小康社会的总目标，坚持环保优先、节约优先的方针，以增强水资源承载力为战略支撑，树立以节水促减污、保发展的理念，实现又好又快的发展主题，以水资源配置、节约和保护为重点，以总量控制与定额管理、水功能区管理等制度建设为平台，以统筹协调生活、生产、生态用水需求为出发点，以提高水的利用效率和效益为核心，以建立健全节水型社会管理制度并形成节水减排机制为根本，以制度建设和机制创新为动力，以能力建设为保障，实行最严格的水资源管理制度，突出试点建设内容的典型性和示范性，全面部署节水型社会建设的主要工作，以水资源的可持续利用支撑泰州市经济社会的可持续发展。

（二）规划范围和水平年

规划范围：泰州市所辖行政区域，包括海陵区、高港区，靖江、泰兴、姜堰和兴化4个县级市。

规划水平年：现状年为2007年，近期规划水平年为2015年，远期规划水平年为2020年。

（三）建设目标

1.总体目标

为了"把泰州建设得更加美好"，围绕将泰州总体上全面建成小康社会的发展目标，按照水利部节水型社会建设要做到"制度完备、设施完善、用水高效、生态良好、发展科学"的基本要求，在节水型社会建设国家级试点实践的基础上，探索丰水地区节水防污型社会建设的有效模式。至规划期结束，建立健全水资源安全供给保障体系，在保障经济社会发展对水资源合理需求的同时，围绕泰州水资源的配置、节约和保护，明确泰州市水资源开发利用红线，严格实行用水总量控制；推动水资源粗放利用方式的切实转变，提高水资源的利用效率和效益，明确用水效率控制红线，坚决遏制用水浪费；推进水资源循环利用体系建设，推行清洁生产，减少污染物排放，明确水功能区限制纳污红线，严格控制入河污染物总量，显著改善全市水生态环境；建立起适应泰州市经济社会发展要求的节水防污型社会的水资源管理政策体系、管理体制和运行机制。

2.近期目标（2015年）

单位GDP用水量控制在160立方米以下，比2007年大幅降低，用水总量控制在27.1亿立方米以内（未计入国电泰州电厂机组直流冷却水）；明显改善全市水生态环境质量，河道水质优于现状水质，重点水功能区达标率提升到75%，比2007年提高17.8个百分点，基本消除重要饮用水水源区水质不稳定达标的问题；完成一批节水型灌区、节水型企业和节水型社区等重点示范性载体工程建设，社会各界和民众节水防污意识有较大提高，使泰州市节水防污型社会建设迈出实质性的步伐并取得明显成效。

3.远期目标（2020年）

单位GDP用水量控制在100立方米以下（未计入国电泰州电厂机组直流冷却水），与2015年相比持续降低；全市水生态环境质量持续提高，河道水质改善明显，重点水功能区达标率提升到95%以上，重要饮用水水源区水质稳定达标；社会各界和民众节水防污意识显著增强，基本建成泰州市节水防污型社会。

（四）主要任务

表2-17　近年泰州市河道水质类别比例一览表

年份	类别占比（%）				
	Ⅰ类和Ⅱ类	Ⅲ类	Ⅳ类	Ⅴ类和劣Ⅴ类	Ⅰ～Ⅲ类小计
2002	39.3	23.3	22.5	15.0	62.6
2003	18.6	38.7	22.1	20.8	57.3
2004	28.7	36.8	17.4	17.1	65.5
2005	39.5	31.4	21.2	12.4	70.9
2006	31.4	30.5	15.8	22.3	61.9
2007	32.4	28.7	20.3	18.6	61.1

表2-18 泰州市2007年主要用水指标比较表

区域	人均用水量（米³/人）	单位GDP用水量（米³/万元）	农田实灌亩均用水量(米³/亩)	城镇居民人均生活用水量[升/(人·天)]	农村居民人均生活用水量[升/(人·天)]	万元工业增加值用水量(米³/万元)
全国	442	229	434	211	71	131
江苏	715	212	464	226/142	87	173/46
泰州	632	241	513	169/138	89	54/38

注:1.全国数据来源于《2007年中国水资源公报》,江苏省数据和泰州市用水量数据来源于《2007年江苏省水资源公报》《泰州市水资源公报》,泰州市人口和经济数据来源于《2008泰州统计年鉴》,人口采用常住人口口径。

2.城镇居民人均生活用水量"/"前为综合用水,"/"后为家庭生活用水。万元工业增加值用水量"/"前为包括火(核)电数据,"/"后为不包括火(核)电数据。

推进节水防污型社会制度与管理体系的建立健全,构建与水资源承载能力相协调的经济结构体系,完善水资源高效利用的工程技术体系,建设水环境良好的节水防污型社会体系,开展自觉节水防污的社会行为规范体系建设。

(五)重点领域

1.农业节水防污和农村建设

优化农业种植结构,加快发展节水灌溉工程,大力发展田间节水和节水农艺,积极推行村镇集中供水和农村生活节水,全面实施面源污染防治策略。

2.工业节水减排

合理调整产业结构;提高产业集中度和企业集聚度;发展循环经济,实行清洁生产;抓好用水管理,实现用水、排水计量;推广先进节水减排技术和工艺,树立标杆。

3.城镇节水治污

大力降低供水管网漏损,不断加强供水和公共用水管理,全面推广节水器具,积极鼓励非传统水源利用,抓紧完善城市生活污水收集和处理系统,持续开展节水型社会载体建设。

4.水资源保护和生态建设

加强水功能区管理;加强入河排污口监督管理;强化饮用水水源地保护;加大污水处理和再生利用力度;水利工程和生态工程并举,保障生态环境用水;控制及削减水污染物的排放总量。

(六)区域重点

1.市区建设重点

强化水源保护,融合和谐理念打造现代水城;大力发展循环经济,优化工业区域布局;推进城郊型特色农业建设,改善农村生态环境;建成国家级节水型城市。

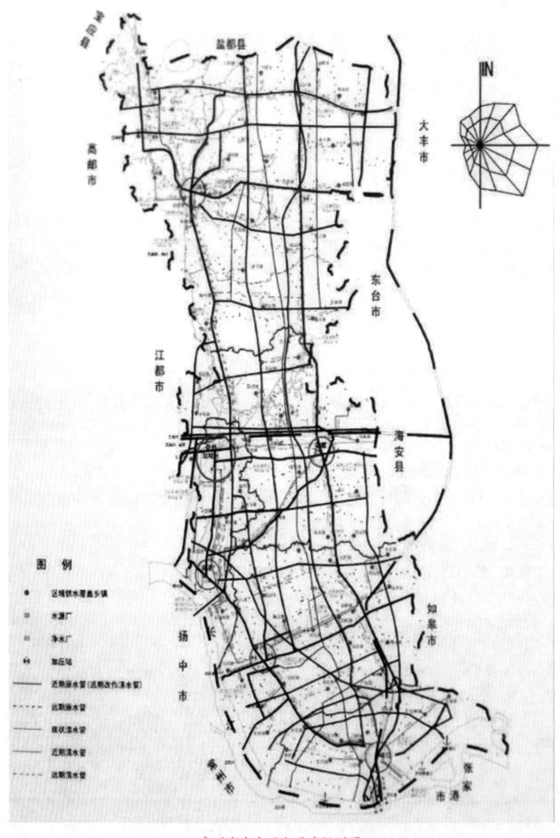

泰州市城市用水区域规划图

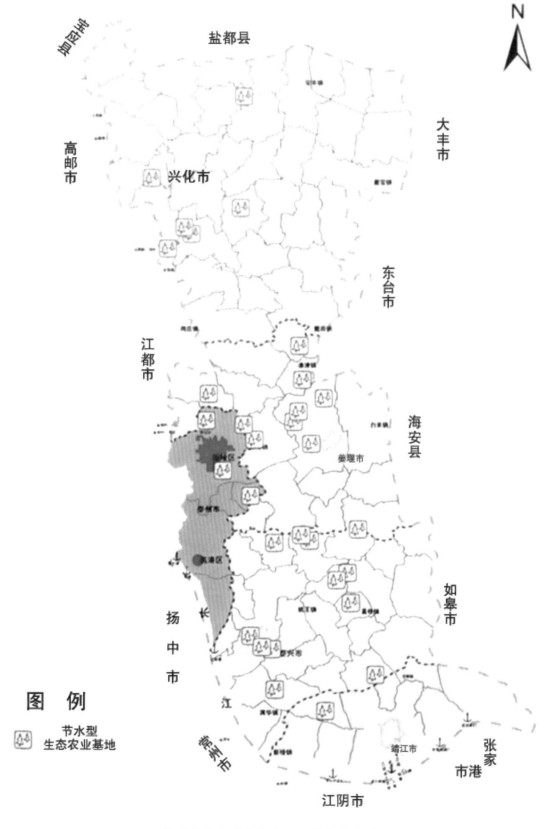

泰州市节水型生态农业示范点分布图

2.姜堰建设重点

率先探索节水型社会建设的经验;完善基础设施,提高城乡饮水安全保障水平;因地制宜发展节水灌溉工程,大力推行节水农艺技术;控制工业用水增长,加强地下水资源保护;加快推进生态农业建设,保护溱湖湿地。

3.靖江建设重点

持续推进水利现代化建设,引领发展;大力开展生态建设,努力实现人水和谐;加快建立先进制造业体系,积极实现清洁生产;促进现代农业发展,优化布局和结构;促进城乡一体化,同步推进节水管理。

4.泰兴建设重点

发展循环经济,大力削减入河污染物排放;优化水资源配置,提高引排效率;发展节水灌溉,基本实现渠道硬质化;重视水土保持,开展河道疏浚;加强农业综合开发,促进新农村建设。

5.兴化建设重点

实施区域供水,基本解决农村居民饮用水安全问题;发展节水灌溉,削减农业用水;保护水环境,提高资源环境的支撑能力;统筹园区布局,加快新型工业化进程;加强城乡规划建设与管理,完善基础设施;建设现代示范区和种植养殖基地,控制围网养殖。

(七)体制制度建设

1.体制建设

构建统一、协调、高效的水资源管理体制,制定相关规章与规划。

2.机制建设

建立联动工作机制,建立节水减排激励和补偿机制,建立节水减排长效管理机制。

3.制度建设

完善用水总量控制和定额管理相结合的制度,严格实施取水许可制度,落实水资源有偿使用制度,建立健全水功能区管理体系,推行节水产品市场准入制度,完善用水计量与统计制度,建立节水减排绩效考核制度,完善公众参与机制。

(八)重点和示范工程

(1)制度及管理基础能力建设重点项目:水资源实时监控与管理系统,节水防污宣传教育,规章、规划和基础研究。

(2)农业节水示范工程和农村饮用水安全工程:稻麦地区集中灌溉工程,节水增效示范区工程,城黄灌区续建配套与节水改造工程,生态农业、设施农业示范基地建设。

(3)工业节水减排示范工程。

(4)城镇生活节水示范工程:城镇供水管网建设及改造工程,节水器具普及,节水型单位创建,节水型社区创建。

(5)水环境保护与生态建设示范工程:城镇污水集中处理再生利用示范工程,封停部分地下水深井,县乡河道疏浚和村庄河塘整治工程。

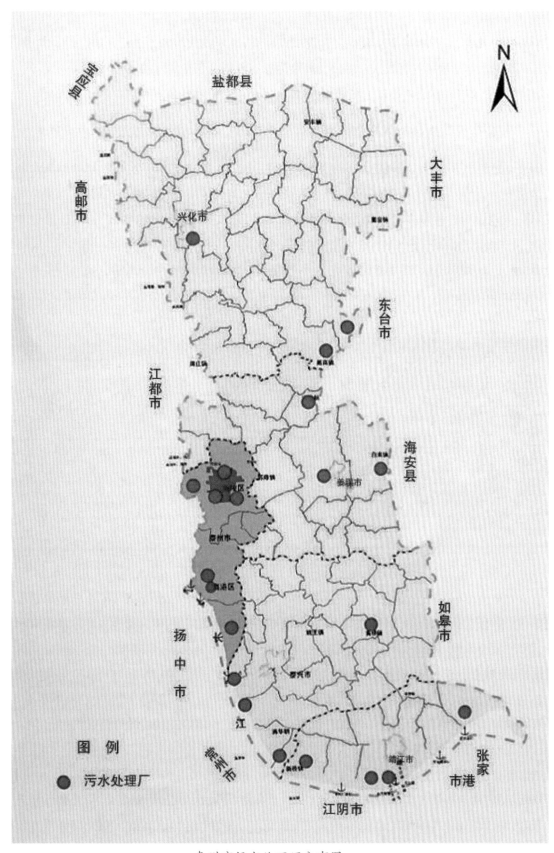

泰州市污水处理厂分布图

（九）试点期投资总额

2009—2011年，泰州市在节水型社会建设试点期间，计划投入约27.5亿元开展建设。其中，首次列入正式规划文本的项目约将投入6.1亿元，其余为原有规划及正在实施的项目。

2009年5月27日，本规划通过了水利部、江苏省水利厅组织的联合审查。

五、泰州市城市水系规划

泰州地处江淮下游，面临长江，是苏中重要的中心城市，为适应经济社会发展，加快城市水利基础设施建设步伐，泰州市水利局于2009年3月委托扬州市勘测设计研究院有限公司编制《泰州市城市水系规划》，规划编制过程中多次向有关部门征求意见，经修改完善，于2010年10月16日通过专家论证，并经再次修改后定稿，于2011年1月12日经泰州市政府以泰政复〔2011〕9号文件批复。规划共11章61条，确定了"四纵八横"骨干水网水系布局，提出了防洪排涝、河湖生态水量、水质改善、水景观水文化、河道蓝线管理等方面的规划方案和措施，为城市规划区范围内今后涉水项目的建设、管理提供了标准。

泰州市城市水系规划

（一）指导思想

在认真研究泰州城市自然条件、历史人文的基础上，以人水和谐、水资源可持续利用的治水理论为指导，遵循"以水为脉、以绿为体、以文为魂"的城市治水新理念，以构建具有地方特色的城市水系为宗旨，围绕"安全水利、资源水利、环境水利、民生水利"，科学规划水系，合理布局工程，充分发挥水系的防洪排涝、城市引排、生态调节、景观美化及航运旅游等功能，促进城市水系与滨水空间环境资源的保护和利用，挖掘泰州市水历史与水文化资源，倾力赋予水系及水利工程以丰富的文化内涵，重现"江城""水国"特色，建设魅力泰州，进一步提升城市综合竞争力，保障经济社会的可持续发展。

（二）规划范围和水平年

基准年：2008年；近期水平年：2015年；中期水平年：2020年；远期水平年：2030年。

规划范围：西与扬州江都市接壤，南临长江，东至高港、海陵区与泰兴、姜堰交界，北到江海高速公路一线，为泰州市区及其行政代管范围，面积约633平方公里，包括海陵、高港、开发区444平方公里及2008年9月划入的189平方公里区域。

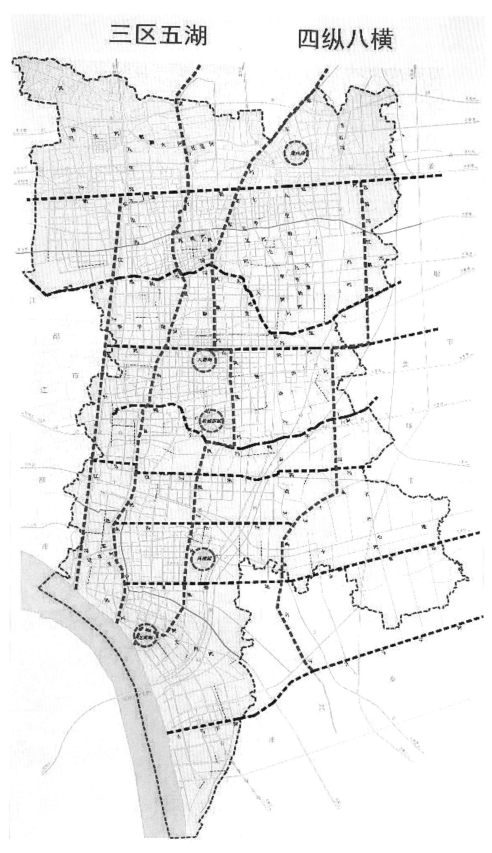

城市水系形态布局图

（三）规划布局

以老328国道和312省道为北、南两条控制线，将城市水系分成里下河圩区、通南高沙土区、沿江圩区三个不同水位的区块，形成"三区五湖、四纵八横"的骨干水系框架。

（四）规划标准

规划防洪标准：泰州市为Ⅱ级重要城市，防洪标准为百年一遇。规划区以新通扬运河为界，新通扬运河以南为泰州中心城区及新区所在地，防洪标准为百年一遇；新通扬运河以北地区按里下河圩区防洪设计水位设防；老328国道控制线、312省道控制线设防标准、长江堤防防洪标准均为百年一遇。治涝标准：河道涵闸按20年一遇标准，泵站抽排圩区近期为10年一遇，远期为20年一遇；中心城区近期按20年一遇标准。

（五）重点工程

1."三区五湖，四纵八横"工程

五湖：结合水景观打造，通过增加水面、洼地坑塘改造，形成翔凤湖、天德湖、药城新湖、凤栖湖、龙窝湖，为泰州市水系添加绿水碧湖。四纵：泰州引江河，全长23.86公里；卤汀河—南官河一线，规划范

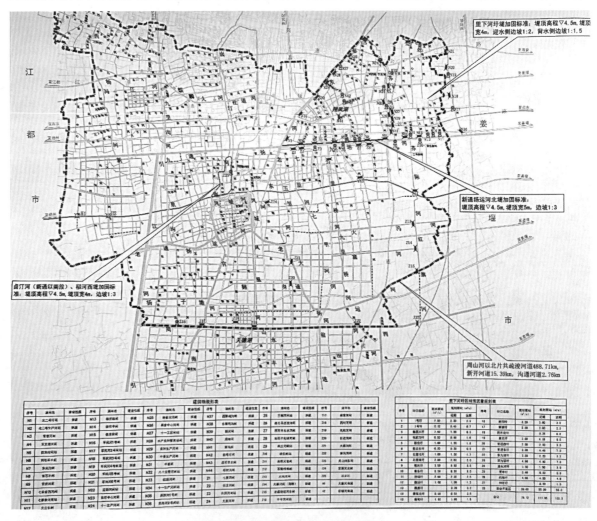

城市北片水系工程布局图

围长35.86公里；泰东河—凤凰河—团结中沟一线，规划范围长40.24公里；两泰官河—南干河—西干河—红旗河—苏陈河一线，规划范围全长27.35公里。八横：新通扬运河，规划范围长21.7公里；老通扬运河，规划范围长24.2公里；周山河，规划范围长15.38公里；鸭子河，规划范围长12.35公里；乐园河，规划范围长17.14公里；许庄河，规划范围长6.3公里；宣堡港，规划范围长18.9公里；古马干河，规划范围长4.5公里。

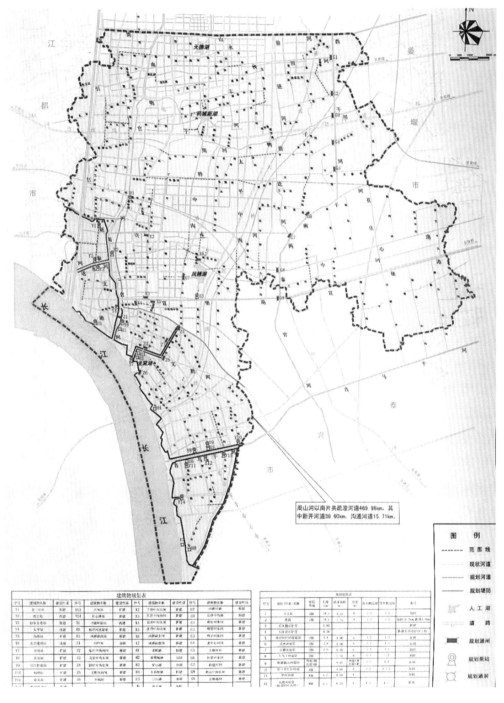

城市南片水系工程布局图

2.防洪工程

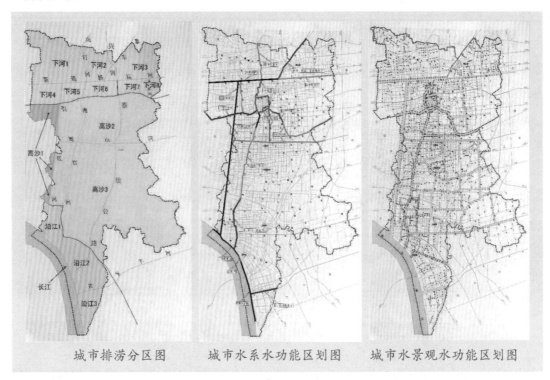

城市排涝分区图　　　城市水系水功能区划图　　　城市水景观水功能区划图

实施长江防洪工程：加固泰州市区长江主江堤，并加固、拆建江港穿堤小型建筑物计11座。对开发区的扬湾段3.07公里、永安洲节点北沙段坍塌江岸2.76公里进行平顺抛石护岸，新建块石护坡380

米。实施沿江圩区防洪工程：按挡御5.0米水位要求加固圩区段堤防，其中南官河堤防5.4公里、送水河堤防3.8公里、北箍江堤防2.5公里。实施里下河地区防洪工程：加固拆建里下河圩区病险圩口闸。实施老328国道控制线工程：控制建筑物按百年一遇标准达标建设。

3.里下河地区排涝工程

全面疏浚整治河道，对未达标圩口新增泵站。实施沿江圩区排涝工程：全面疏浚整治河道，拓浚、整治内部河道。实施通南高沙土地区排涝工程：该区排涝以自排入江为主，相机排入引江河为辅；全面疏浚整治河道，整治后四级河道长度计565.53公里，有效提高河网引、排、调、蓄能力。

（六）规划投资

总投资95.65亿元，其中河湖水系整治工程投资76.55亿元，适宜水面调整工程投资9.4亿元，河湖水质控制工程投资8.6亿元，水景观水文化工程投资0.32亿元，水系监测与预警建设工程投资0.76亿元。

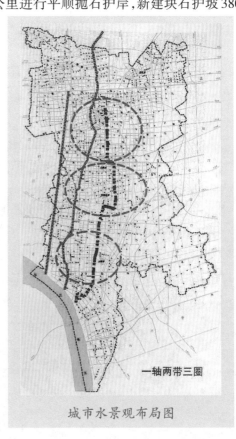

城市水景观布局图

六、泰州市水资源保护规划

泰州境内降雨丰沛,过境水量丰富,但随着经济社会的迅速发展,水污染严重、水生态退化等问题日益突出,水质型缺水已成为泰州经济社会可持续发展的重要制约因素。为有利于水生态环境的修复,有利于水资源保护和河湖健康体系的构建,有利于全市水资源的可持续利用,根据水利部《关于开展全国水资源保护规划编制工作的通知》(水规计〔2012〕195号)精神及江苏省水利厅《关于开展全省水资源保护规划编制工作的通知》(苏水资〔2012〕46号)的工作部署,2012年,泰州市水利局委托江苏省水文水资源勘测局泰州分局(以下简称泰州水文分局)编制《泰州市水资源保护规划》。

《泰州市水资源保护规划》积极践行习近平总书记"节水优先、空间均衡、系统治理、两手发力"的治水思路,以实现水资源可持续利用与水生态系统良性循环为目标,统筹协调相关规划,坚持水量、水质、水生态的统一规划。其中水量保障明确了生态需水量保障目标,提出河道内生态基流、敏感生态需水、湖泊湿地适宜生态水位要求;水质保护确定了水功能区水质达标率目标、污染物入河控制量,提出入河排污口布局与整治措施、内源治理与面源控制要求、饮用水水源地保护措施;水生态系统保护与修复明确了生态需水保障方案,制定重要生境保护与修复措施。此规划为促进泰州水生态文明建设、水资源的持续利用与经济发展方式转变,实现经济社会发展与水资源、水环境承载能力相协调提供水资源支撑保障,是泰州市今后一段时期水资源保护工作的顶层设计。

(一)现状调查与评价

1.水资源保护管理现状

(1)水资源保护管理机构不断完善。

(2)水资源保护管理制度逐步建立。

(3)水资源保护管理能力稳步提高。

(4)节水型社会建设成效显著。

(5)开展水生态文明城市创建。

2.主要问题分析

(1)污水集中收集率低、面源污染凸显,河湖污染严重。

(2)饮用水水源地存在安全隐患,应急保障能力不足。

(3)湖泊水域开发利用过度,水生态系统破坏严重。

(4)水资源保护监测能力不足,有待进一步提高。

(5)水资源保护管理体系有待进一步完善。

(二)规划目标与总体布局

1.规划指导思想与原则

指导思想:以邓小平理论和"三个代表"重要思想为指导,深入贯彻落实科学发展观,按照2011年中央1号文件《中共中央　国务院关于加快水利改革发展的决定》、《国务院关于实行最严格水资源管理制度的意见》(国发〔2012〕3号)以及中央水利工作会议的精神,落实国务院批复的《全国水资源综合规划(2010—2030年)》总体要求,依据《中华人民共和国水法》,结合变化环境下经济社会发展战略布局对水资源保障的需求,构建水资源保护与河湖健康保障体系,加强水资源保护工作的顶层设计,保护水资源和水生态,以支撑经济社会的可持续发展,促进水资源与经济社会和生态环境协调发展,坚持水量、水质和水生态统一规划,以水资源的可持续利用保障经济社会的可持续发展。

规划原则:坚持以人为本的原则;坚持人水和谐的原则;坚持与经济社会协调发展的原则;坚持全面规划、统筹兼顾的原则;坚持改革创新、完善体制机制的原则。

2.规划水平年与范围

规划水平年:规划基准年为2014年,遇到当年无资料时,采用近两年资料或者补测资料。规划近期水平年为2020年,远期水平年为2030年,其重点为2020年。

规划范围:泰州市域范围。

3.规划目标与控制指标

规划目标:本次规划以实现水资源可持续利用与水生态系统良性循环为目标,以已有相关规划为基础,坚持水量、水质和水生态统一规划,统筹考虑地表与地下、保护与修复、点源与非点源等方面的关系,科学制订水资源保护规划方案,率先走出一条具有泰州特色的水资源保护与水生态修复的道路,促进区域水生态文明建设、水资源可持续利用与经济发展方式转变,实现经济社会发展与水资源、水环境承载能力相协调,为泰州市又好又快地实现"两个率先"提供水资源支撑保障。

表2-19　泰州市水资源保护规划主要目标

指标	2020年	2030年	指标性质
水功能区水质达标率(%)	>85	>98	约束
地表水水源地水质达标率(%)	接近100	接近100	约束
地下水	储备能力显著提高	地下水超采全面遏制	预期
河湖生态水量	基本保证	全面保证	预期
江河湖库水生态系统	基本保护	全面保护	预期
重要生态保护区、水源涵养区湿地水生态系统	有效保护	全面保护	预期
受损的重要地表水和地下水生态系统	初步修复	基本修复	预期
水资源保护和河湖健康保障体系	基本建成	完善建立	预期

规划控制指标:从水资源可持续利用与水生态系统良性循环的角度出发,初步提出控制断面水质目标、生态基流、敏感生态需水、纵向连通性、重要饮用水水源地安全状况指数、地下水开采率、地下水功能区水质达标率等水资源保护规划控制指标,并在规划期内进行达标考核。

表2-20　泰州市水资源保护规划主要控制指标及评价标准

规划类型	控制指标		评价标准				
			优	良	中	差	劣
地表水	水量保障	生态基流与敏感生态需水满足程度(%)	100	80～100	60～80	50～60	<50
	水质保护	控制断面水质目标(%)	≥90	70～90	60～70	40～60	<40
		水功能区水质达标率(%)	≥90	70～90	60～70	40～60	<40
	水生态保护与修复	纵向连通性	<0.3	0.3～0.5	0.5～0.8	0.8～1.2	>1.2
饮用水水源地	水源地安全状况指数		1	2	3	4	5
地下水	地下水开采率(%)		<80	≤90	≤100	≤130	>130
	地下水功能区水质达标率(%)		90	70～90	60～70	40～60	<40

4.规划思路及总体布局

本次水资源保护规划在识别现状问题的基础上,提出相应的工程措施及非工程措施,做到"点面源、内外源、上下游"同治。重点强化源头治理,注重上下游的协调与联动;突出污染源综合整治,注重截污、污水处理;开展河道治理,注重水生态系统的修复。

规划以江水东引北送输水廊道建设为轴线,以区域骨干供水、输配水河道的水资源保护和河网水系的综合整治为依托,以里下河腹部地区湖泊湖荡综合治理、长江干流沿线湿地保护为重点,形成"一脉、两区、七片、多点"的点、线、面结合的水资源保护和综合治理的空间布局。

(三)水资源保护综合管理

(1)法规和制度建设。

(2)监督管理体制与机制建设。

(3)监控和应急能力建设。

(4)科学研究与技术推广研究。

(5)综合管理能力建设。

(四)投资估算

按照泰州市水资源保护的目标和任务,结合已经完成的市、区级相关规划、重点工程,确定本规划工程措施。本规划工程措施项目119个,总投资1542690.36万元,其中近期投资为1292152.59万元,已列入其他各项规划的投资为485046.86万元。

表 2-21 泰州市水资源保护规划投资汇总表

序号	工程类别	投资(万元)	所占总投资比重(%)
1	饮用水水源地保护工程	123134.2	7.98
2	水生态系统保护与修复工程	655939	42.52
3	内源治理与面源控制工程	317380	20.57
4	地下水资源保护工程	833.07	0.05
5	水资源监测工程	5100	0.33
6	入河排污口整治工程	440304.09	28.54
	合计	1542690.36	100.00

(五)近期规划实施意见

1.近期实施的重点工程

(1)里下河地区退圩还湖工程。

(2)兴化市徐马荒湿地水生态修复工程。

(3)兴化市饮用水水源地保护工程。

(4)通榆河清水保障工程。

(5)泰兴市饮用水安全工程。

(6)骨干河道整治工程。

2.保障措施

(1)加强领导,建立协作机制。

(2)加大投入,拓宽融资渠道。

(3)完善监控,强化监督考核。

(4)鼓励创新,提升技术保障。

(5)公众参与,强化社会监督。

第三章 长江泰州段

第三章 长江泰州段

　　泰州市地处长江下游扬中河段和澄通河段左岸，最早地段成陆于三国吴赤乌元年(238)以前。今长江泰州段西北起于沿江街道办事处老杨湾口与江都县嘶马镇交界处，东至与南通交界处；流经高新区、高港区、泰兴市、靖江市4个市(区)的10个乡镇(街道、园区)，全长97.78公里，江面宽4～5公里，水深8～14米，具有天然良港条件。自1997年汛后，根据江苏省委、省政府有关江堤达标建设的总体部署，泰州市开展了江堤达标建设，境内江堤基本达到《长江流域防洪规划》标准(抵御50年一遇洪水)加抵御10级台风标准，促进了沿江开发利用和社会经济发展，保障了全市人民生活安定。

第一节 江岸变迁

　　泰州境内沿江一线随着长江的涨坍、变迁逐渐成陆、变迁。成陆初期，先民们划框筑堰种谷，后逐步定居。元末明初，为抵御洪潮危害，开始筑堤围圩，后经历代围垦修筑，不断形成诸多小圩子。古代沿江圩堤防均为土圩，多为个体自发行为，矮小分散，抗灾能力极差，也形不成整体的堤防岸线。民国时期至今，在不断的江潮冲刷和筑堤围垦中，江岸线有进有退。

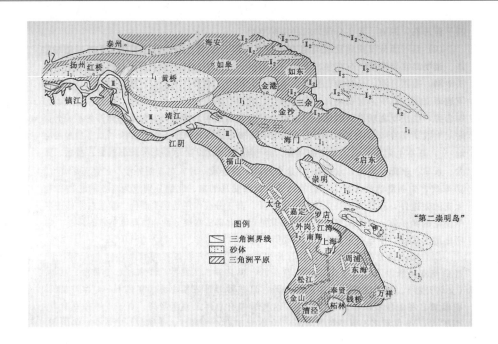

一、成陆

（一）靖江段

靖江的成陆过程有其阶段性。从西汉至今2200余年间，历经无数次沙涨，才形成今天靖江的陆地。其中较大的沙涨有6次。

据《广陵志》记载，今季市镇一带于西汉时期（前206—25）成陆。当时，长江靖江段孤山以北水面暗沙突起，沙团出水后逐年扩大，面积约20平方公里，是靖江成陆最早的地域。此系长江靖江段江面首次大涨沙。

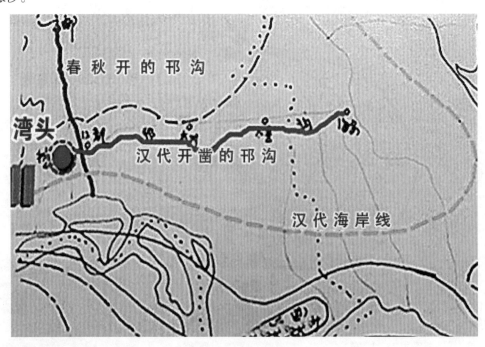

三国吴赤乌元年(238)前,由于海潮逆江,泥沙沿孤山之麓积聚,长江靖江段同时涨出两个沙洲,此为长江靖江段第二次大涨沙,也是靖江成陆史上最大的一次沧海变桑田。因沙洲土地肥沃,水草丰茂,时为吴主孙权属下的天然牧场,故两沙有牧马小沙、牧马大沙(后称为马驮沙)之名。这是以后靖江地域形成的主体。两沙的出现,使江流受阻,上游带来的泥沙沿着沙洲不断堆积,从而奠定了靖江本土逐年扩大、延伸的基础。

　　靖江第三次大涨沙在明弘治元年(1488),相距前次沙涨约1250年。此次沙涨规模大、面积广,靖江北部的老岸地区向北拓境约4公里,原处于大江中的孤山南向登陆。西北方向,沙涨向外延伸达10余公里,使靖江西北部的隐山团(今新桥镇、生祠镇)、太平团(今生祠镇)、丁墅团(今生祠镇、马桥镇)及中部的元山团等面积扩大1/3。在孤山以东,也延涨10余公里,使元山团和永庆团(今季市镇、西来镇、孤山镇)连成一片。至此,靖江本土面积比原来增加1倍之多。

　　靖江第四次大涨沙是在明嘉靖二十八年(1549),与前次沙涨相隔61年。此次南江涨沙,将原来牧马小沙与牧马大沙之间的夹江涨塞,并在两沙外涨有10个沙滩。由于东部临近海口,泥沙易于沉积,涨滩快于西部,全县逐渐形成了东宽西狭的梯形地貌。

　　明天启年间(1621—1627),长江主航道加快了南移速度,孤山之北沙洲延涨,北大江自西向东渐渐淤塞,涨连泰兴;至明崇祯十二年(1639),北大江继续东涨直接如皋,因地脉由西而来,故新成陆之地取名西来。这次沙涨使原来的北江水域变成今天的孤北洼地,全县新增土地25.12万亩。此为靖江第五次大涨沙。至此,靖江三大陆地基本形成,即老岸、沙上、孤北洼地。

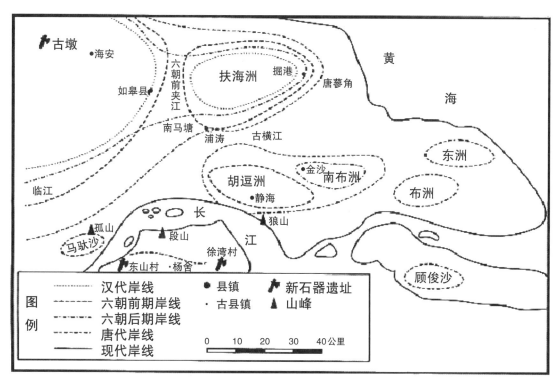

唐以前马驮沙及其附近地区江海岸变迁示意图

　　清代,长江靖江段沙洲涨坍大起大落。乾隆四十六年(1781),靖江东部坍地纵深5公里左右,新港以南江面的原永乐、崇明两镇全部坍没,斜桥的龙潭港街道也大部坍没,原两沙间相连部分亦有部分坍入江中。域内陆地由梯形地貌变成两头小、中间大的鲇鱼状地形。嘉庆四年(1799),靖江西部刘闻段有沙突起江心,形似磨盘,其由若干沙墩逐步扩大而成,现今新桥镇盘头街的一墩子、孝化村的二墩子、文东村的三墩子、太东村的四墩子、红光村的五墩子等,皆是当时涨沙留下的印记。此次涨滩,拓地2400亩。但相隔14年,即嘉庆十八年(1813),靖江大面积坍江,重点是中部地区,原牧马小沙及夹江成陆的旧址全部坍入江中,江岸坍卸距城墙根仅43丈。这是靖江成陆史上最大的一次桑田变沧海。幸朝廷派员勘查和地方人士筹集巨款,沿江筑石堤731丈,县城才得以保全。道光十四年(1834),靖江西部刘闻沙(磨盘沙)再次陡涨,数月之中,从西部泰兴县蜘蛛港陆续涨过县城连老岸而东,直涨至如皋南江口。沙上地区猛增滩涂25万余亩。这是靖江第六次也是最后一次大规模涨沙,其特点是来势猛、涨速快,所涨速度超过历史上任何一次。至此,靖江地域基本定形。

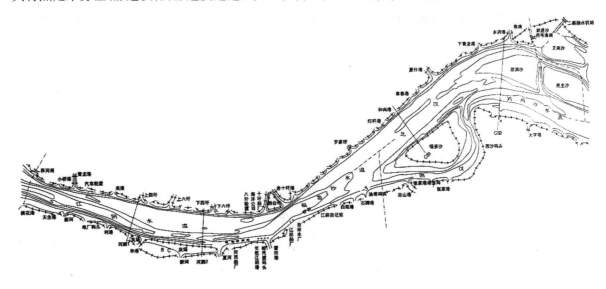

长江靖江河段河势图

(二)高新区—泰兴段

这一段包括今泰兴市和泰州医药高新技术产业园(简称高新区)、高港区。1997年8月20日,国务院批准成立泰州市高港区,将原属泰兴市的5个乡(镇)以及姜堰的2个乡(镇)划归高港区。2005年4月,市内区划调整,高港区长江南官河以西段(永长圩至五圩上角)划归泰州经济开发区。2007年,经江苏省人民政府批准,泰州经济开发区更名为泰州医药高新技术产业园,简称高新区(2009年3月,经国务院批准,泰州医药高新技术产业园升格为国家级泰州医药高新技术产业开发区)。

此段沿江圩区,自937年(南唐昇元元年)至960年,随长江涨滩变迁成陆。据史载,清中叶,此段长江沿线有36个沙洲(包括划分给扬中市的8个洲)、543个圩子。其中,口岸庙港(今南官河)西部有13个洲98个圩子;永安有12个洲168圩子;马甸、过船有2个洲42个圩子(其中:马甸1个圩子);老天星港以西有5个圩子;蒋华、七圩芦漕港以西有1个大洲180个圩子(其中:七圩125个圩子)。

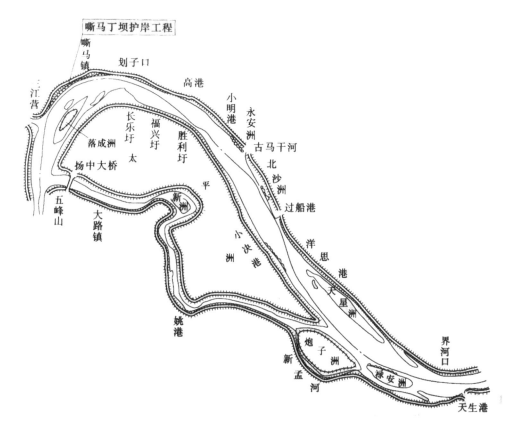

长江扬中段河势情况及沿江江堤布置示意图

二、河势演变的特点及影响

根据长江河道平面形态及长江河段分类,境内以鹅鼻嘴—炮台圩节点为界,其上属长江扬中河段,其下属长江澄通河段福姜沙水道。

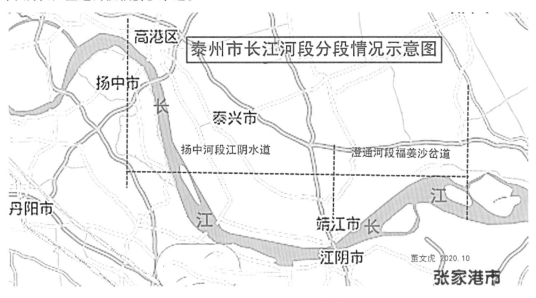

长江泰州市全河段示意图(展开)

(一)扬中河段

扬中河段在发展成长江下游段以来,主要的演变特征是洲滩合并,多分汊向双分汊转化,河宽束窄,水深增大,水流制约作用增强。洲滩合并后太平洲形态变成上半部涨宽,下半部伸长且较顺直。太平洲右汊弯曲,100多年来一直较狭窄,变化不大,唯有弯顶处岸线冲刷,弯顶缓慢下移,但河势基本稳定。

扬中河段江阴水道(靖泰界河口到炮台圩)为顺直微弯单一段,在历史上是由河口的分汊型渐变而来。约在唐宋时期,本河段逐渐由海湾演变为河流,但江面仍很宽,江中有马驮沙。以后马驮沙不断淤涨扩大,北河槽逐渐淤塞,约在明天启年间(1621—1627)马驮沙并入北岸,与泰兴、如皋连成一片。自此,江阴水道遂由分汊河道演变为单一河道,河宽由20余公里缩窄为3~4公里,河道平面形态与近代河道基本一致。

(二)澄通河段福姜沙汊道

长江过江阴水道后,从鹅鼻嘴开始,江面逐渐扩大,水流偏向南岸扩散,巫山下游南岸岸线不断遭受水流侵蚀,岸线南移,在岸线南移过程中江中沙洲逐渐淤涨扩大,几个小沙洲上移合并成福姜沙(又名双山沙),以后逐渐移到目前位置,面积由14平方公里增至18平方公里,1960年以来福姜沙左汊外形顺直为主汊,右汊弯曲为支汊。

【太平洲分汊前干流段】

太平洲分汊前干流段自镇扬河段的和畅洲尾至太平洲头,亦称大港水道,全长约9.5公里。河道形态呈微弯状,南岸为凹岸。南岸山丘、基岩出露,或由黏土组成,抗冲性强。河道断面形态呈偏V形。自1959年以来,大港水道河床冲淤交替,以微冲为主,0米岸线滩槽稳定少变,深泓偏右,河势稳定,反为太平洲汊道提供了稳定的入流条件,所以多年来太平洲左右汊分流、分沙比基本稳定在9:1,而且至今尚未发现引起大港水道剧烈变化的因素,太平洲分流段河势将继续保持相对稳定,扬中河段也将长期具备一个相对稳定的进口边界条件。

【太平洲左汊】

太平洲左汊是主汊,由微弯和弯道组成,平均河宽2.034公里,平均水深15.46米。太平洲头—三江营段,是嘶马弯道的入流段,也是太平洲汊道分流区的深泓过渡段,同时又是落成洲汊道的分流区,水流运动较为复杂,河床冲淤变化也相对较大。此间大港水道主泓沿右岸山矶逐渐向左岸过渡,进入太平洲左汊,紧贴左岸下行,进入嘶马弯道。自1959年以来,随着弯道的向下发展,过渡段深泓线右摆,顶冲点下移,浅滩冲刷,上、下深槽分别向两岸逼近,1998年后冲淤交替,变幅较小。

【落成洲汊道】

落成洲是紧靠太平洲左缘的一个小洲,在20世纪80年代前由于嘶马弯道入流段深泓线右摆及嘶马弯道的发展,洲头右摆、崩退下移,洲尾展宽、下延,右汊深槽冲刷,断面平均过水面积增加,分流比也不断增加。落成洲右汊出流的增加,直接增强了嘶马弯道左岸的冲刷强度。

【嘶马弯道】

长江主流经五峰山微弯出口挑流后,顺势导入太平洲左汊,由太平洲头逐渐过渡至左汊北岸嘶马一带,贴左岸东下至高港灯标凸嘴,长江主流的顶冲导致太平洲左汊的弯曲形上段嘶马弯道的形成和发育。嘶马弯道的三江营至高港灯标凸嘴(约15公里)为嘶马弯道凹岸顶冲段。水流贴岸而下,在高港扬湾港附近开始向右岸过渡,至太平洲的二墩港—花鱼套靠拢右岸,大江水流在嘶马弯道段转了一个150°的大弯,弯曲半径为3~4公里。在弯道环流的强烈淘刷下,深泓逼岸,江岸崩坍严重,使嘶马弯道成为长江下游崩岸最严重的弯道河段之一。嘶马弯道段河床演变在时间跨度上以20世纪60—70年代自然河道状态下最为剧烈,以后实施了部分护岸工程,抗冲能力大大加强,虽然仍以冲刷为主,但强度已明显减弱;在空间跨度上,左岸崩退,右岸淤积,顶冲点、崩强中心缓慢下移,1970年顶冲点在嘶马河口西七号坝附近,1984年移至嘶马河口东2号坝附近,14年下移了4公里多,平均每年下移300米左右,1995年已下移至老扬湾港口附近,导致1995年、1996年高港区口岸镇永长圩连续崩岸。顶冲点下移的同时,深泓线左摆,20世纪80年代后弯道出口段摆幅最大,但由于高港灯标附近有一块抗冲力较强的水下礁板沙平台,对深泓线的内移和岸坡的冲刷起到了较好的保护屏障作用,而且对扬湾港区的建设和安全运行起到重要作用,加上1998—2000年扬湾实施了848米护岸工程,1998—2001年深泓线没有明显内移。

【高港灯凸嘴—小明港】

此段是主流过渡区,全长约6.8公里,深泓在高港灯凸嘴附近逐渐过渡到右岸,小明沟附近开始分流,进入出口段心滩的左右槽,高港灯凸嘴以下左岸依附-10米边滩尾及倒套(上边滩),左岸的扬高深槽实际上为过渡段的上深槽,而高港港区实为过渡段的下边滩,右岸二灯港以下的深槽为过渡段的下深槽,因此过渡段主流的摆动及滩槽演变直接影响到太平洲左汊下段河势的稳定。而高港凸嘴稳定性及上游来水来沙条件又直接影响到过渡段主流的稳定。从河势的角度看,由于下边滩和下深槽同处在嘶马大弯道的凹凸岸,其滩槽变化的幅度较小(深泓线总的摆动幅度为340米,1991年与1998年深泓线分别为左、右外包线),这就是高港港区自建港后到目前为止仍能继续维持运转的特定河势条件。需说明的是,经2002年实测资料比较,高港灯标凸嘴附近深泓线比2001年左摆50米,达到历年变幅的左边缘,可能与高港灯标凸嘴整形有关,但对过渡段深泓总的变化影响不大,仍较稳定。

【小明港—太平洲尾】

此段河道顺直,平均河宽2公里,呈上窄下宽状,展宽率为0.2左右。该段洲滩滋长,变化频繁,自上而下左岸有小明港心滩,右岸有小决港心滩,太平洲右汊出口段对岸有天星洲。深泓线走向自高港灯凸嘴过渡到右岸凸嘴附近,然后经心滩分成左、右两支。汇合于深泓线顶冲右岸小决港附近,靠右岸进入太平洲汇流段。近期演变过程中的主要变化是:心滩以上分流点的上提,而左、右两支深泓线摆幅较大。40多年来分流点上提500米,随着分流点的上提,左支深泓线的顶冲点1959—1991年下移了4公里,即到小明港。与此同时,小明港以下深泓线同步左摆约170米,因而导致小明港以下至北沙洲尾江岸的全线崩退。平均崩退268米,年均崩退6.9米,其中北沙段崩岸较强烈,最大崩退达554米。1993—1998年,在同心港及上游实施5期节点应急工程,抛石护岸约2公里,所以1998以后0米岸线基本稳定,但抛护范围及标准需扩大和提高。北沙洲尾至过船港深泓线左摆,导致1998年8月过船港口下游连续,两次崩岸,经过治理现基本稳定。过船港以下到天星洲支汊口门0米岸线,1959—1969年为小幅度冲刷,先后抛石护岸约2公里,1969—1985年略有淤展,其变幅范围达150米,1985年后基本稳定。天星洲支汊口门至出口端左岸0米岸线,多年来基本稳定。

【扬中水道汇流段】

从太平洲尾至界河口,长14.3公里,即扬中大江与夹江两汊汇流段。该段河道平面形态宽窄相间,由上而下展宽,后又逐渐缩窄,小决港一带最窄处仅2.1公里,至太平洲尾展宽至3.7公里,展宽率为18%,小决港至禄安洲为一展宽段,于是在左侧形成天星洲(又称五圩洲)。目前,汇流段主流、河床平面形态与上下游衔接平顺微弯,主流贴南岸下泄,属于基本稳定的河型。如果上游河势及沿程设施不发生大的变化,则此河段仍将继续维持现有格局,为下游河势的稳定创造了有利条件。

(三)江阴水道

江阴水道始于靖江西界河口至炮台圩附近,长约24.4公里,为上下缩窄的单一微弯型河道。上游天生港处,江面宽约1.8公里,下游鹅鼻嘴处仅为1.4公里,中间宽4.4公里。南岸为弯道凹岸,申港至夏仕港间有长约9公里、宽为1~1.5公里、高程在2.0米以上的大片高滩。北岸为凸岸,较顺直,次深泓贴岸。根据弯道的演变规律,长江水流对南岸有较大的侵蚀力,但由于南岸土质坚实,水流难以冲蚀,近百年来江阴水道河床平面变化不大。20世纪80年代以来,此河段河床边界比较稳定,左、右岸历年等高线基本重叠在一起,充分说明此间江阴水道河床平面变化很小。南半江为主深泓区,历年冲、淤变化幅度较小,一般为4~5米,北半江为次深泓区,近年来有所发展,历年垂向冲淤幅度一般为4~5米,尾部六圩港至八圩港间冲淤幅度为10米左右,其冲淤性质是往复性的,而不是累积性的,与其他河段相比,江阴水道的垂向变形较小,横断面形态30年来几无变化。此河段夹港以上为单一河槽,夹港至八圩段为复式状W形河槽,水下潜洲将主流分成南、北两股,主深泓在南岸一侧,次深泓在北岸一侧。南岸主深槽–25米等高线原为上下贯通,1958年以后分成上、下两个深槽,上深槽长约9公里,位于利港上游,下深槽长约12公里,自新沟向下游,一直越过鹅鼻嘴。自20世纪60年代中期至今,其演变除深槽头部略有上伸外,深槽宽度、外形和走向变化甚微,其原因除上游进流条件稳定少变外,更主要的是南岸边界土质坚硬、耐冲,抗冲性极强,抑制了水流对南岸的侵蚀作用。北岸次深槽–15米深槽不断上伸、扩大、左靠,1966年该深槽槽头位于二圩港下游250米处,槽尾位于七圩港下游500米处,深槽长约5公里;1980年该深槽一分为二,分别位于二圩港上游1公里—六圩港下游500米处和五圩港上游600米—七圩港下游200米处,深槽长分别为5.5公里和0.8公里;1985年该深槽位于二圩港上游1.2公里—十圩港前沿,深槽长13.7公里左右;1991年以后–15米等高线在三圩港前沿与上游南半江贯通,下游已越过炮台圩。

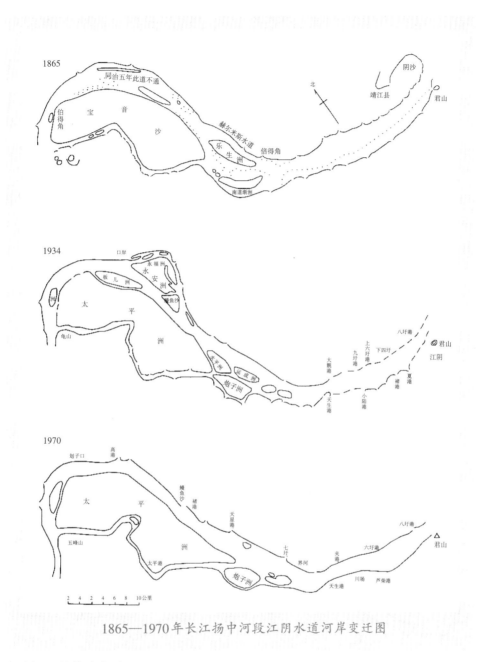

1865—1970年长江扬中河段江阴水道河岸变迁图

(四)澄通河段福姜沙水道

福姜沙水道上承江阴水道,下接如皋沙群水道,南北两岸分别为江阴、张家港和靖江,其中福姜沙将水道分为南北两汊,北汊为主汊,河道顺直,属宽浅型河道;南汊为支汊,属长江下游典型的鹅头形汊道。

福姜沙水道进口段水流受鹅鼻嘴—炮台圩节点及南岸一系列山丘岸壁的控导,使处于弯道凹岸的南岸不能向南崩退,有效抑制河床横向摆动;受上游江阴水道次深槽下移的影响,进口段北岸略现淤积;其中−10米线变化较大。本段沿程断面特征值、深泓线走向、南北汊分流点及分流角均基本稳定,为下游南北汊分流奠定了一个稳定的进流条件。

福姜沙南汊为支汊,由于南岸土质抗冲性差,自20世纪初形成以来,在弯道环流顶冲下,江岸向南崩退。弯道中、下段6公里长岸线自20世纪50年代初至70年代末共崩退1公里。20世纪70年代起在严重崩坍段实施了护岸工程,基本制止了南岸岸线的崩退和汊道的进一步坐弯。自20世纪80年代初以来,岸线稳定少变,曲折率基本保持在1.44。近年来,该汊道进出口段缩窄,呈微淤状态。福姜沙北汊一直为主汊,由于河道顺直、宽浅,演变的特点表现为主流摇摆不定,深槽、沙埂活动频繁。北汊中最深的-15米深槽,20世纪50年代偏南岸中下段,70年代居中,80年代中后期至90年代后期移至北岸,致使北岸靖江市灯杆港至夏仕港段江岸局部崩坍。福姜沙洲体变化表现为洲头上伸、洲尾下延、洲体扩大。近30年来,由于福姜沙头部受鹅鼻嘴、肖山矶的挑流保护作用,以及人工整治工程的实施,南汊未进一步坐弯,两汊分流比基本稳定在1:4左右。由于北汊顺直、南汊弯曲,而水流具有"大水取直、小水坐弯"的特性,因此南北两汊分流比各自的变化规律是:南汊枯期大、洪期小,北汊则枯期小、洪期大。

三、涨坍

(一)靖江段

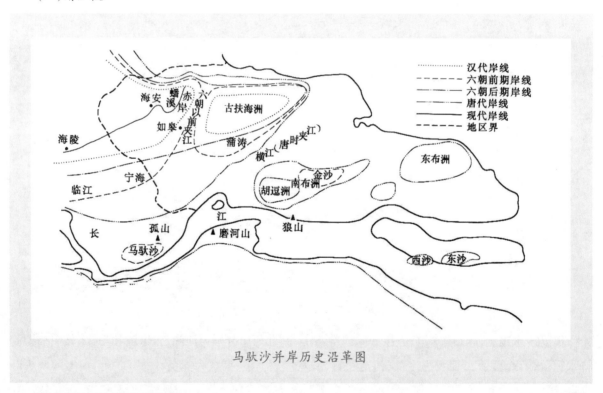

马驮沙并岸历史沿革图

【永乐、崇明两镇坍没】

靖江江岸自马驮沙并陆后,江阴附近江面骤然缩窄,南岸有山矶,遂形成一个弧形弯曲,主流折向东北,引起马驮沙南缘的坍塌。明代,新港的永乐、崇明两镇全部坍没。斜桥的龙潭街道大部坍入江中。清咸丰《靖江县志》载,乾隆四十六年(1781),靖江东部地区江岸坍塌严重,纵深十余里。嘉庆十八年(1813)"坍势加剧,又坍进三里许"。西部坍至海坝(今东兴镇海镇村),东部坍至今斜桥镇丰三村,中部一直坍至靖江城南天妃宫。光绪《靖江县志》载:"近因江面之东南虾蟆山及长山一带涨有阴沙,挺入江心,逼溜北趋。且该处系江海交汇之处,江流自西而东,海潮则由东南向西北斜驰,两相冲击,其溜直抵县城东南之苏家港,以致县城南门处岸崖逐渐坍卸,业将附近之天妃宫、武宫、文峰等地基冲损,距南城墙脚仅43丈。"今靖江横港以南的土地几乎全部坍失。

【北岸重新回淤】

清嘉庆年间,靖江实施止坍工程,逼中泓南移。靠近江南的阴沙逐渐萎缩,泥沙不断向江北翻滚涌积。面对坍江的严峻形势,地方士绅集合民力,采取打排桩和以竹笼储石沉江等措施护岸止坍,但因秋汛潮大和物力、财力不支,未能遏制坍势。为保全县城,陕西巡抚朱勋(靖江人)致函两江总督百龄,由他上奏朝廷并提出治理措施。嘉庆皇帝御批从苏州藩库借与靖江白银3.59万两,靖江百姓和淮商募捐5万两,在西自澜江、东至苏家港(今八圩港之东、十圩港之西迎春桥一带)的沿江一线,兴筑石堤计731丈。嘉庆二十五年(1820)后,北岸又重新回淤,至民国38年(1949)淤涨达9公里多,且渐趋稳定的沿江圩区。南岸江阴西申港至夏港有一边滩,宽1.0～1.5公里,也较稳定。

【局部坍势】

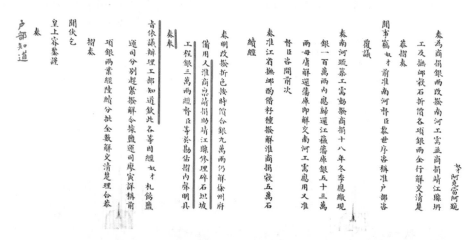

盐臣阿克富阿奏称淮商捐助靖江冶江银3万两办理到位札

1950年,靖江县普查结果表明:自掘港至小桥港之间总长15.6公里处坍势较重。其中,上头圩港至八圩港长13.2公里、掘港上下游近600米、上天生港至小桥港长1.77公里。

1973年,靖江县水利局实测江岸线与1952年资料相比,下青龙港以下4.5公里比较稳定,其他江岸坍失宽度一般在80米左右,比较严重的有4段:上头圩港至上四圩港、上六圩港至下三圩港、天生港至王小港、小桥港至芦家港,4段总长8.3公里,堤外滩地全部坍失。下三圩至八圩港为严重岸段,坍失宽度100～180米。1949—1973年坍失土地2150亩。1990年以后,长江农场四号港上口1公里的堤外滩地逐年坍失,至1999年坍失宽度200余米,累计坍失土地2450亩。长江堤防达标工程竣工后,至2015年,江港堤防坍塌情况再未发生。

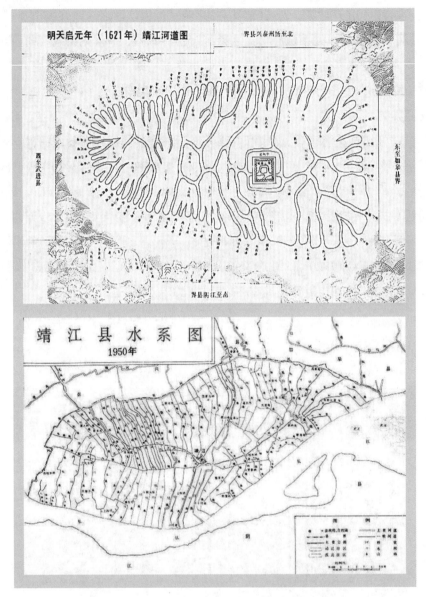

表3-1　1949—1999年靖江坍岸情况一览表

坍段	长度（公里）	年坍进（米）	坍情	坍岸原因	坍失土地（亩）
合计	19	—	—	—	2650
新港—十圩港	7.8	10～30	洗坍	深泓逼岸	1000
十圩—下三圩	7.6	10～30	洗坍、崩坍	深泓逼岸	1000
西界河口	1.0	30	洗坍	深泓逼岸	150
四号港上口	2.6	30～50	崩坍	深泓逼岸	500

1974年前,国家累计投资85万元,实施护岸止坍,止坍工程共筑丁坝15道,坝长30～70米,共抛

石7.1万立方米,但效果不佳。原因是丁坝上游壅水,下游水流扩散冲刷。1975年7月,靖江县长江护岸工程处成立,专司护岸止坍工程。是年起,靖江护岸止坍工程全部采用"平抛护岸法"施工,效果较好。20世纪80年代起,随着长江水情、工情的变化,引发长江河势演变,加之人为因素影响,加剧河床坍势,靖江护岸止坍工程主要集中在西界河、炮台圩、灯杆港及长江农场等坍情危重地段。

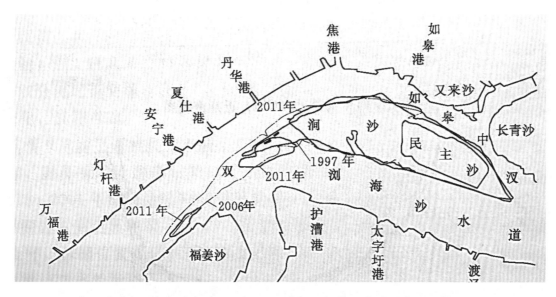

靖江骥沙(又称马洲岛、双涧沙、民主沙)-5米等深线近几年变化图

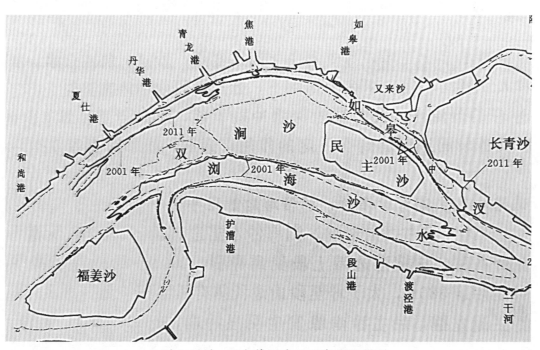

靖江骥沙-15米等深线近几年变化图

（二）高新区—泰兴段

自清顺治二年（1645）至光绪三十三年（1907），从江都界至龙窝口坍势严重，而龙窝口向东南至天星港则呈涨势。这期间，泰兴先后报坍17次，坍去面积15.68万亩；报涨8次，增加面积13.6万亩。顺治二年（1645）至民国15年（1926），口岸镇东南沙洲发生较大坍塌16次，坍失土地8710公顷；龙稍港至段港涨滩133.4公里。1909—1987年，共计坍没面积15205亩，涨41236亩。

表3-2　1909年前泰兴段江岸涨坍情况表

历年朝代	公元	涨坍情况		实有面积（亩）	资料来源
		涨增面积（亩）	坍没面积（亩）		
清顺治二年前	1644			1259762.923	顺治十四年统计
顺治二年	1645		4691.183	1255071.74	顺治十四年统计
顺治十六年至康熙三年	1664		12349.60	1242722.14	康熙三年统计
康熙四十八年	1709	1728.72		1244450.86	乾隆三年统计
乾隆五年	1740	1359.15		1245810.01	
乾隆六年	1741		45620.850	1200189.16	
乾隆十二年	1747	3422.23		1203611.39	
乾隆十四年	1749	2101.21		1205713.60	
乾隆十九年	1954		10527.19	1195186.41	
乾隆三十年	1965		6845.64	1188340.77	乾隆四十年统计
嘉庆十四年	1809		6212.98	1182127.79	嘉庆十四年统计
道光元年	1821		8055.022	1174072.768	道光九年统计
道光十四年	1834		6579.50	1167493.268	
道光二十七年	1847		7543.11	1159950.158	
道光三十年	1850		8022.628	1151927.53	
咸丰五年	1855		7966.3	1143961.23	
同治五年	1866		3703.77	1140257.46	
光绪二年	1876		2490.65	1137766.81	光绪十一年统计
光绪四年	1878	376.470		1138143.28	
光绪十年	1884		2687.545	1135455.735	
光绪十二年	1886		5190.296	1130265.439	
光绪二十八年	1902		12560.038	1117705.401	
光绪三十年	1904		5720.136	1111985.265	
光绪三十三年	1907	4613.001		1116598.266	宣统元年统计
宣统元年	1909	113933.168		1230531.434	宣统元年统计

1.1926年前—1996年

【杨湾至龙窝口段】

该段长6.0公里,连岸的洲有原额洲、大定洲、万寿洲、盈字号、月字号、故土上、故土下、伏生洲、连万洲、泰界洲、泰和洲、宝宁洲、伏原洲等13个洲。1902年始,从与江都县接壤的五圩上角至老高港东长5000米,受长江上游嘶马坍江段的影响,深泓逼近,坐弯顶溜,曾发生多次碎崩洗坍。

1926—1952年,杨湾至新高港段,坍江逐渐扩展,为保汛期安全,曾退建江堤。历时未久,旧堤崩坍于江。六圩西部亦退建江堤,旧堤亦坍没于江。九圩、十三圩、永康圩,以及永长圩西北部均发生不同程度的碎崩现象。据统计,此期间坍江总长3000米,宽度在100~200米,年均坍速5.7米,坍没耕地3675亩。1952年,杨湾坍段崩坍严重,退建江堤1020米;九圩坍段崩坍严重,退建1920米;共做土方共8.55万立方米。未久,老堤坍没于江。新高港至龙窝口段,因长江经嘶马弯道顶冲后,主流转而偏南,该段逐渐涨滩,部分地区涨滩植芦。

1953—1961年,嘶马弯道向下游发展,五圩至高港坍势加剧,并不断发展,尤其是1954年大水后,五圩上角塌坍更猛,九圩以下老高港西部岸坡陡立,水下等深线密集,深潭深达-46米,距江岸150~200米处成片崩坍,至1958年坍长1900米,宽80~150米,平均年坍速度19.1米。1955年新高港码头建成后,向南至龙窝口段一直呈涨的趋势,龙窝外口涨滩逐渐扩大并成芦柴滩。

1962—1965年,五圩西北角、六圩和九圩西部坍没长度692米、宽度110米,平均年坍没速度15.7米,坍没耕地120亩,并退堤挖地30亩,搬迁3个生产队34户161人。

1966—1972年,五圩、十三圩、十九圩、三圩全部放荒,滩面宽由1956年的600米坍剩210米;通江涵南六圩、九圩、十一圩一线,坍势仍在发展,坍没长度700米、宽度60米,平均年坍没速度10米左右,坍没耕地50多亩,迁居162户733人。该段每人平均只有耕地0.5亩。

1973—1979年,西部从五圩上角至六圩下角,杨湾闸两侧,坍势较重;九圩和十一圩坍没长度850米、宽度40~100米,年均坍速10米左右,共坍没耕地40余亩。十一圩向东至南官河口西岸,局部地段因无防浪树草,易受江浪威胁。老高港西有266米段洗坍严重。1974年,杨湾外围双太大队崩坍严重,退建790米,完成土方2.6万立方米。老高港因建港务局造船厂进建800米,完成土方5.52万立方米。

1980—1991年,从五圩上角至老高港段中的五圩、十三圩、十九圩、二十三圩、六圩、二十圩、十一圩、里兴圩、二十八圩一线洗坍或碎崩,坍宽10~15米,累计坍没芦滩、耕地590亩,拆迁民房456间,移民196户894人。1984年,杨湾立新涵闸北港堤段退建江堤,退建1150米,完成土方10.15万立方米。1988年8月17日,口岸镇杨湾村、引江河入口处发生坍江,塌处距外围江堤15米。1991年7月,口岸镇杨湾村退建800米,顶高5.5米,顶宽3米,完成土方2.1万立方米。

1995年7月11日,口岸镇高港村永长圩坍江,坍长150米,坍宽70~75米,坍至堤脚,坍深-12~-15米,距江堤仅2米。泰兴市委、市政府、市防汛指挥部负责人连夜组织田河乡、刁铺镇、口岸镇等乡(镇)1.5万人抢筑退建堤,突击4天,完成长650米、土方5万余立方米的二道堤,顶高6.5米,顶宽2米,底宽22米,坡比1:2至1:3。同日19时45分,口岸杨湾二十四圩坍江长70米、宽40米,距主江堤约60米。同年9月14日,口岸镇高港村12组段发生坍江,坍长200米、宽160米,弧长380米,坍深高程-5米等深线坍进124米,坍没滩地40亩。从苏南镇江丹徒等地调运块石2.5万吨,抛入塌江地段控制住坍势。1996年9月1日15时40分至24时,口岸镇永长圩北段发生坍江,坍长124米、宽200米,采用抛石压脚措施止住坍势。

1952—1996年,杨湾至高港段共坍没面积4652亩。其间退建江堤9处,总长6130米,完成土方30.99万立方米;进建2处,总长1580米,完成土方11.75万立方米。

【龙窝口至老过船港段】

该段为整个东夹江地段,南北蜿蜒长达18公里。1926年前,东夹江口宽水深,终年通航,起长江分洪作用。由于上游河势的变化,在清光绪中叶后龙窝以下渐成涨滩,至1920年,滩长1080米、宽140米,约227亩;大凌家港同样涨起一个沙洲,由高程-1.00米逐步涨至1.80米,并形成芦柴滩。沿线除龙梢港至蔡港的西兴洲、南西兴洲等地基本稳定外,涨滩总长7400米,平均宽250米,面积达2770亩。

1926—1952年,该段因受上下游涨沙梗阻,流水不畅,普遍涨滩。其中,龙窝口至大凌家港,涨滩长6000米、宽400~600米,平均年涨宽19.2米,年淀高0.2米,大凌家港至马甸港涨滩长1600米、宽700米,平均年涨宽26.9米,年淀高0.2米;马甸港至蔡港,上涨速度不太明显,但出现高达0米左右的暗沙一处,长2300米、宽250米,滩面863亩;蔡港至老过船港,涨滩长4900米、宽250~450米,平均年涨宽13.4米,年淀高0.15米。

1953—1958年,龙窝下口泡泡滩涨成。该滩长1667米、宽200米,滩面500亩,高程近3.5米,穿心港、凌家港西部平均每年淀高0.3米左右。龙梢港至老过船港基本稳定。

1959—1965年,龙窝口至龙梢港淤积更快,底高程一般在-0.7~2.0米,致使马甸闸引排直接受到影响,东夹江西岸担负灌排4800亩的18座木涵,小潮时引不进水,大雨时排不出水,东岸16900亩农田的灌排也受到很大影响。

1966年后,龙窝口下角至马甸港口愈淀愈高,东夹江北段已成废河,两侧7000亩农田无法灌排。1967年,经江苏省、扬州地区批准泰兴围垦东夹江,解决全县450户2400余名渔民陆上定居和杨湾坍江灾民的住处,并在泡泡滩北端和马甸公社西筑两条拦江坝,南坝长360米,北坝长761米,从此永安洲与内陆直接相连。此间,龙梢港至老过船港继续呈上涨趋势,滩面栽满芦柴。

1970年,春风圩进建950米,完成土方3.95万立方米。1974年春,在蔡港涵北侧筑拦江坝,坝长330米,围垦面积1785亩。其中有600亩分属永安、马甸两个公社,其余划给泰县马甸养殖场,为发展水产养殖扩大了范围。是年,口岸化工厂段进建350米,口岸食品船坞至二闸大队改线,进建800米,春风圩龙窝大队段改建800米,防修闸东侧双新大队段进建1000米。1974—1975年,口岸养殖场进建500米,完成土方3.81万立方米;口岸围垦东江滩177亩(今泰州口岸船舶有限公司及三福船厂所在地),春风圩围垦85亩。1975年12月,建江苏省木库中转站,于北沙蟹钳套筑拦江坝,坝长210米,将北沙与永安连在一起。从此东夹江南段淤淀速度加快,老过船港外口涨滩面积达1560亩,高程一般在1.5~2.0米。低潮距江堤300~500米全部现水,芦柴旺盛。1955年,泰兴县物资部门在蒋港所建设的煤炭中转场场外滩面淤淀高程1.5~3.7米,迫使炭场于1975年冬搬迁至过船港营业。

1984年冬,为解决泰兴城镇吃鱼困难和永安洲、过船两乡6个村引排水出路,经江苏省和扬州市批准,在过船乡姚家圩至北沙南端筑拦江坝,建东夹江节制闸和木库坝方涵,开东、西引河两条,垦地3400亩,开挖鱼池40个,进一步扩大了县马甸养殖场的范围。至此,永安洲全部封坝连陆,缩短堤防11公里。

1952—1996年间,高港至龙窝口段共进建2950公里,围垦江滩262亩。

1997年后,该段未做新的江堤退进建。

【永安洲段】

历史上永安洲由万福洲、万原洲、宝宁洲、永昌洲、临镇洲、天雨洲、文明洲、同兴洲、永福洲、平安洲、广安洲、鳗鱼沙(北沙)等12个洲组成。西江段长11公里。1902—1904年开始发生坍江,数次坍去江滩耕地568.17亩。1907年始,诸洲一直处于大涨,1909年经制赋课大丈量中,丈增永安洲田埂、滩地面积计25045.75亩,丈增西兴田埂、滩地面积计2547.28亩。此后的10多年,除个别地段受风浪侵袭发生洗坍外,其余基本稳定。

1926—1952年,从永正新兴圩上角至同心母子圩下角,发生零星洗坍、碎崩现象,坍长6000米、宽100米,平均年坍3.9米,计坍去7个圩,破5个圩,坍没耕地1000多亩;北沙西部坍长2500米、宽200米,平均年坍7.7米,坍去五圩、六圩、新六圩、新五圩、小五圩、老圩、和尚圩、四百五十亩、六十三圩、西大兴圩等10个圩,计坍没农田、滩地800多亩;北沙北部坍长1400米、宽200米,平均年坍7.7米,坍去三角圩、小桃子圩和上洲滩嘴全部,计坍没耕地260亩、滩地200亩;东、南部属夹江地带,风浪威胁小,江流缓慢,逐年繁积成滩,长1400米、宽300米,年涨11.5米,垦地3个圩计280亩。

1953—1965年,该一线坍速加快,坍面加大。至1958年,从新一圩至母子圩下角坍长6800米、宽200~400米,平均年坍50米,计坍5个圩,破3个圩,坍没耕地960亩;北沙西部坍长3200米、宽200~400米,平均年坍50米,计坍去3个圩,破2个圩,坍没耕地540亩。1959年始,坍势有所缓和,除新二圩、五百亩、三十一圩受风浪威胁发生洗坍现象外,其余基本稳定,老窑墩东北部还一直呈涨的趋势。

1966—1972年,北起老窑墩,南至北沙,连续发生洗坍碎崩现象。窑墩段滩面狭窄,无防浪柴草,易受风浪威胁,洗坍长度1000米、平均宽度4米左右,坍去滩地近6亩;新一圩至母子圩坍长3600米、平均宽度30米,坍去耕地50亩、滩地160亩;北沙西江段坍长3000米、宽30米,年坍5米,坍没耕地180亩;只有母子圩至北沙段洗坍渐趋缓和,1954年坍去的耕地已经回涨恢复播种。

1973—1980年,从泡泡滩大坝至大明沟,长3550米,除老窑墩附近有些洗坍外,余均稳定;大明沟至张家圩,长2600米,呈现不同程度的洗坍、碎崩,坍宽50米,平均年坍8米多,坍去芦滩195亩;母子圩至严家码头,长650米,洗坍宽70多米;北沙西部从聚宝圩至新五圩,全部受深泓逼近影响,坍长2800米,平均坍宽100米,坍没耕地420亩。从泡泡滩大坝界至老窑墩,长800米,淤淀速度很快,滩面高程达3.0~3.7米,老窑墩至小明沟南口,长4480米,除个别地段受风浪威胁遭洗坍外,其余基本稳定;小明沟至省木库,长4100米,洗坍碎崩严重,其中,1980年古马干河口南、块石直立墙及护坡碎崩掉涡子,坍长120米、宽70米、深达-10.0米,坍没面积12.6亩。

1980—1997年间,永安盘头、北沙、同兴等处相继发生江堤崩坍。1980年8月29日,永安盘头(今属新街村)、北沙大队(今属福沙村)发生坍江,坍长120米、宽20米。1982年,永安新桥外靴子圩碎崩严重,退建450米,完成土方3.96万立方米;三十圩、三十一圩干堤外圩切角,进建0.76公里。1983年,古马干河河口侧新桥老江堤碎崩掉涡子,坍长150米、宽60米,深-11.0米,坍去芦滩15.8亩;古马干河河口北侧坍长120米、宽100米,坍没滩地9亩。是年,永安洲同兴圩切角,退建370米,完成土方3.26万立方米。1984—1985年,西兴圩下角外滩碎崩掉涡子,坍长150米、宽70米,深-11.0米,坍去芦滩15.8亩;古马干河河口北侧坍长120米、宽100米,面积18亩的废土堆全部坍没于江,坍深-10.5米,使古马干河河口淤塞长300多米。

1986年,北沙退建2.3公里,完成土方28.3万立方米,花费50余万元,其中国家补助38.42万元。1987年,永安洲北沙段崩坍严重,退建2300米,完成土方28.25万立方米。1988年9月22日,永安洲乡盘头段发生严重坍塌,坍没江滩长125米,南北宽分别为83米和62米,坍深达10米以上,外江堤坍去2/5,危及堤内农田、村庄和工厂。11月8—9日,永安洲乡盘头村段江岸再次发生强崩,坍口南北长160米、东西宽130米,江堤外坡坍去3/5,江岸6米高防洪墙倒坍20米长。1989年3月,盘头退堤2.3公里,投劳力81.3万工日,完成土方30余万立方米,堤顶高7.6米,投资55万元。7月5日,永安洲北沙西南角沙滩发生大面积坍江,坍塌约60余亩(40万平方米),坍深-24米,距主江堤400米。

1991年7月,盘头、同兴退堤0.453公里,顶高5.5米(废黄河高程),顶宽3米,完成土方1.62万立方米。8月13日,永安洲乡盘头段发生坍江。永安洲乡组织劳力抢筑同兴段和北沙段,退建江堤计2.86公里,完成土方2.26万立方米。1993年8月,北沙新西涵下游300米处江岸发生坍塌,坍长110米,坍进40米,坍点最近处离主江堤脚仅20米。1996年7月15日,永安洲镇北沙西兴圩涵南侧60米处发生坍江,坍长80米、宽8米。1997年7月,北沙西新涵下游发生坍塌,塌陷长度约100米,滩面坍落20米,-10米等深线坍进30米,外护堤下盘角堤坡坍落。

1952—1997年间,因坍江变化,永安洲段先后坍去耕地5885亩、滩地567亩,拆迁房屋341间(115户,近500人);共退建6.88公里,进建2.35公里,其中块石护坡长1.1公里;增加耕地955亩、养殖水面66亩(不包括马甸至龙窝垦地在内)。永福、北沙两大队东岸和龙稍港上下游两侧的夹江淤积速度加快,部分地段已植芦柴,部分地段已围垦成田,部分在1974年已做江堤进建。

【老过船港至天星港段】

该段长10.9公里,其中,老过船港至老段港长6.4公里,清道光年间坍塌严重,至1885年开始转坍为涨,淤淀成拦门沙、小鳗鱼沙、蔡家滩、朱家滩、高家滩、陆家滩、大黑沙、小黑沙、卵子沙(实名儒子沙)等9个沙滩;老段港至天星港长4.5公里,1926年前曾发生洗坍现象。1926—1952年,老段港到头桥港洗坍崩坍加剧,先后坍长5800米、宽100~150米,平均年坍4.8米,坍去五圩、四圩、三圩,破一个圩,坍没耕地500亩,因坍江迁居60多户。1945年2月7日,在天星港口外江面上,"万吉"号轮船触及鱼雷炸沉,致使江流受阻,逐年淤淀,形成江心涨沙。

1953—1958年,北段老过船港至如泰运河基本稳定;中段老段港至洋思港、芦坝港之间,江心凸涨两个沙滩,冬季现滩,不到一年外沙消失,内沙逐渐扩大,以后向长江下游延伸至芦坝港南,计长2800米,年涨30米,增加滩地630亩,当时可栽芦柴滩面达5000亩;南段十八圩至头桥洗坍,长900米、宽

30～50米,平均年坍6.6米,坍去面积54亩。

1959—1965年,老过船港至如泰运河,除中兴圩西部因受风浪威胁零星洗坍外,其余较稳定;如泰运河至老段港南,上涨速度较快,特别是段港一带涨滩比较大,长1800米、宽45米至100多米,平均年涨10米左右,滩面近2000亩;芦坝港北岸有洗坍现象,以南外滩继续上涨扩大,且速度较快,已延伸至包家港,长1500米、宽150米,年涨25米,增加滩地338亩,滩面高程一般在1.7～2.5米。1961年,该段江心涨沙呈带状,长2500米、宽150米,隐现在潮汐之中,涨沙面积500亩左右。1963年,沙嘴向南伸延至十八圩,低潮期已露出水面,涨沙高程一般在1.0～1.5米,长达3700米,宽250米,年涨50米,涨沙面积1380亩。此时江心涨沙与陆地形成一条内夹江,北端沙嘴开始缩头,在冬季至翌年3月明显看到江心沙矗立在江中。至1965年,江心涨沙高程已达1.5～2.0米,最高2.5米,长4500米、宽350米,年涨近50米,涨滩面积2362亩。

1966—1972年,从老过船港至老段港闸南比较稳定,外滩栽满芦柴,涨沙南端继续上涨延伸,北端沙嘴继续坍塌,年坍速度达100～150米。1973—1984年,因北沙嘴坍势加剧,涨滩两侧刷成陡壁,年坍达300～500米,沙头缩至包家港北边,这时长江主流分泓开始夺夹江南流。自1984年东夹江南大坝筑成后,从北沙尾端向下至如泰运河淤淀速度更快,夹江出口由-2.1米淀高到1.0米,大片涨滩向外江伸展100～200米,如泰运河以南段,江滩涨扩20～50米,并趋于稳定状态。

【天星港至焦土港】

该段历史上叫连成洲,长6.1公里。1926年前开始坍江,1926—1952年坍势加剧,先后坍长近6000米、宽100～150米,平均年坍3.9米。共计坍去小兴圩、五十一圩和毛儿圩,坍没耕地1500亩,迁居70多户。

1953—1958年,全线基本稳定,只有十八圩至头桥段,长900米有洗坍现象,坍宽30～50米,平均年坍6.6米,坍去54亩。头桥至二桥、三桥至焦土港段开始有上涨现象。1959—1965年,堤外一片涨滩,江心滩高程一般在1.0～1.5米,1965年,天星公社开始在江心滩栽芦柴。1966—1972年,江心滩仍然上涨,可植芦柴的面积增加到4500多亩。1973—1979年,王家圩至三圩下角,长1150米,仍呈涨势,上母子圩至前大圩因江心滩突涨,滩面愈积愈高,已形成一条内夹江,由于内夹江水流缓慢,堤外滩面淤积加快,从1974年始,部分地段江堤先后做了进建工程。

1980—1987年,天星港至头桥夹江段宽470～700米,由于形成"外沙里泓",此间江心滩北沙头坍势剧烈,已缩至包家港南300米外,并因长江分流速度快,东侧滩边刷成壁陡。1982年7月28日,新星村十八圩发生坍江,崩坍长450米、宽110米,潭底高程由1981年的-6米坍深至-19米,距江堤脚29米,危及堤身安全。是年9月23日,在该潭上游90米处又发生崩坍,沿深潭东侧向下游至头桥港南边冲刷成一条深槽,夹江中心偏东坍成两个深潭,经1982—1984年连续采取抛石护底措施,才避免继续发生崩坍,至1987年春,包家港段缩头已经回涨复原,此段沙滩面积达到890多亩。

【焦土港至七圩港段】

该段历史上叫复成洲,长7.68公里。1926年前,坍江比较严重,成片圩口坍没江中,且坍江快,老百姓来不及搬家。

1926—1952年,受长江对面学益洲江心涨沙的影响,长江主流深泓逼进东岸,造成坍江,坍长4200米、宽200～250米,平均年坍10.6米,共计坍去三圩、四圩、十五圩、二十四圩、张家小圩等10多个圩口,坍没耕地770亩。因坍江迁居400多户。

表3-3 泰兴易坍段历年护岸抛石统计表

地点	时间(年)	工长(米)	抛石量(立方米)	投资(万元)
靖泰界河	2006	170	2550	30
	2007		1000	12
新星	2008	250	30000	40
	2010	280	8840	114
	2012	1180	7065	132
	2013	350	5950	120
	2014	300	4955	100
过船	1999	900	57000	
	2000	900	71040	
	2004	122	4880	40

1953—1979年,坍势渐缓,仅有三圩、四圩、五圩上角、六圩港上口和老七圩港两侧呈零星洗坍,坍长800米、宽30米,平均年坍5米,坍没面积360亩。局部地区并有上涨趋势。1966—1972年,外滩基本稳定,变化不大。1973年始,江堤外滩呈涨的趋势,新七圩港南北江中涨了一个暗沙,沙嘴逐步延伸到八圩港以下,致使高港开往上海的客轮无法靠岸而停泊江中,接送客的渡船绕道由八圩港行驶。

1980—1987年,江堤外滩继续上涨,五圩港向东与七圩港外江的暗沙经几年涨扩连成带状;江心滩上涨,延伸速度加快,沙嘴已扩涨至东二圩,涨滩面积达3300多亩,并栽满芦柴。六圩港口以下形成一条内夹江,两个沙滩间的距离仅有500米左右。

【七圩港至靖泰界河段】

该段长4.3公里,1926年前,开始大坍。1926—1952年,坍势更加厉害,先后坍去四十四圩、十六圩、八十七圩、九十三圩、百零七圩、百零八圩、百二十六圩、百二十圩、九十八圩、新一圩、新二圩和新三圩,共计坍没面积1300多亩,迁居500多户。

1953—1958年,由于七圩对面江学益洲开始由涨变坍,深泓主流起变化,坍势渐趋缓和,从八圩港南至界河口由块崩变为碎崩,坍江长2700米、宽120米,平均年坍20米,其中1954年坍去面积485亩。

1959—1965年,七圩港至八圩港基本稳定;八圩港至九圩港堤脚外滩面,高程只有0.7～2.0米;九圩港至界河外江滩狭窄,碎崩严重,滩脚壁陡,深达-6～-11米。1966—1972年,九圩港北至界河继续坍塌,长400米、宽10米左右,平均年坍1.7米,坍去滩地40多亩。

1973—1979年,因对面江学益洲全部坍没,除九圩港北口、界河北口受风浪威胁洗坍外,其余基本稳定。靖江县在界河南口拐角处筑丁坝,发挥挑溜作用。1980年后,上游涨沙越扩越大,沙嘴逐渐延伸至九圩港北100米左右,滩面宽150米左右,滩面高程一般在2.0～2.5米。同时,因对面江学益洲回涨,长江主流又发生变化,界河口听到反常的江水响声,江堤外滩开始发生洗坍。

【东夹江段】

民国15年(1926)前,此段口阔水深,终年能通行大小帆船和内河开镇江客轮,能对长江起分洪作用。由于龙窝泡泡滩的形成和龙窝口大量木材停靠,江流缓行,淤淀严重。原宽1100多米的水面逐年缩小,原宽250多米的滩面逐年扩大。龙窝上口和凌家港下游各涨出一沙洲。此后,龙窝上口至凌家港段每年淀高0.2米,至1952年,涨滩长达6000米、宽400~600米,平均年涨19.2米。在此期间,东广安洲、西新四圩、曹家大圩、德兴圩和农场共垦地3400亩。凌家港至马甸港涨滩长1600米、宽700米,平均年涨速度26.9米,每年淀高0.2米,垦地1030亩(其中东平安洲470亩,西新二圩和东新圩共560亩)。马甸港以下涨速不很显著,但出现高达零点左右的暗沙一处,长2300米、宽250米,滩面积863亩。之前东夹江常年通航轮船,至1952年时,仅在汛期季节性通航,枯水期20吨木帆船航行困难。

1953—1958年间,自平安洲成圩后,下游凌家港西部水流速度减慢,急流变缓流。加之潮水由东南、西北两头进出,二水汇合在中部张家庄,使动流变成静水,加快淤淀速度,年均淀高0.3米左右。

1959—1965年间,淤积更加严重。每年11月至翌年3月,涸竭见底,人车通行。夏汛期间,低潮时人可涉水而过。最深的河槽底宽仅20~40米,底高一般在0.7~2.0米(马甸港口淤积慢些),不仅水运断流,同时夹江东南岸农田16900亩排涝也产生困难。夹江西北岸原有灌排水涵18座,担负灌排面积4800亩,因受淤积影响,小潮引不进,大雨排不出。1960年栽秧期缺水泡田,1500亩水稻推迟插秧。1962年积涝难排,近2000亩作物受灾。

1966—1972年间,从龙窝口至西马甸港口愈淤愈快。1967年,东夹江北段围垦,位于马甸西夹江筑坝处进建360米,土方11万立方米。1968年,东夹江已成废河。两侧农田近7000亩失去灌排。经因地制宜调整水系,在夹江东部开挖一条河道引排,在龙窝口和西马甸两端堵坝建闸。其间垦地3150亩(其中:口岸400亩,永安400亩,田河150亩,马甸100亩,渔业社2100亩);辟养殖水面350亩(其中:口岸150亩,永安、马甸各50亩,渔业社100亩);设果园900亩,安排450户2400名渔民定居。此举同时解决了夹江两岸灌排问题,缩短了防汛战线,为汛期安全创造了有利条件。

1973—1984年间,马甸港引河以南因夹江水系变化,淤积逐年增高,一般淤高1~2米。1979年,经批准,在蔡家港方石函北口新建一条夹江大坝,围垦耕地600亩、养殖水面66亩。大坝以下至龙稍港口夹江历史上水面宽500~700米,水深-3~-5米,后淤高至零点左右,枯水季节,涸竭见底,水断流,船断航,成为废河。1984年,东夹江南段(靠永安北沙)围垦,退建590米,土方29.4万立方米。此后,该段未做新的江堤退进建。

2.1996—2015年

1996年以来,泰兴沿江易坍段有3处,分别为靖泰界河易坍段、过船港易坍段、新星易坍段。

【靖泰界河易坍段】

该易坍段长1公里,位于靖泰界河上游,此处位于长江迎风顶浪地段,受风浪冲刷,洗坍比较严重,经历年抛石护岸,坍势得到有效控制。经2001年水下地形测量,该段0米、-5米等深线均向岸边逼近4米左右,-10米等深线向近岸逼近40米左右,华东船厂前沿的0米等深线至-15米等深线坡比为

1:2.5,长度230米左右。经历年抛石护岸工程实施后,2015年水下地形测量结果显示,该段−15米等深线距滩边55米,坍势得到有效控制。

【过船易坍段】

2001年水下地形测量显示,该段−35米等深线向岸边逼近,近岸水下坡度陡。经抛石护岸后,2015年水下地形测量时将该段自团结闸向下游依次切剖面10个,剖面间距在400米左右。从剖面比较分析情况看,团结闸至如泰运河口门上游150米处,长约1公里,0米等深线至−20米等深线坡比在1:3~1:5.5,水下地形变化不大。如泰运河门口下游至开发区电厂码头,该段多次实施抛石节点工程,河势相对稳定。开发区电厂码头前沿,−5~−10米等深线坡比较缓。电厂码头下游至洋思港段坡度较缓,水下河势变化不大。目前,心滩正逐步向右岸(扬中)靠拢,左槽扩大,宽度大于右槽,两槽深泓一般为顶高−20米,而左槽最深为顶高−35米,左槽成为主槽,长江主流目前自小明沟向下开始贴岸而下,导致小明沟向下的永安洲、过船岸线经常崩岸。受其坍势的影响,过船港口已成为主流的顶冲点。

【新星易坍段】

该易坍段位于天星港上、下游,历史上发生过几次崩塌,后来经历年抛石护岸及天星湖洲整治工程,坍势得到有效控制。据1998年水下地形测量结果显示,天星港上下游水下坡度向下游推移,−6米等深线在港口上下游各300米段向岸边推进,该段岸坡陡立,有继续坍塌趋势。经多年抛石护岸,2015年该段水下地形测量结果显示天星港口上游有0~−5米等深线坡比,与往年相比变化不大。天星港口下游至新星段,新星涵上游−10米深塘面积变化不大。0~−10米等深线变化也不大,坡比1:1.5~1:3.0,长度约709米,距堤脚80米。新星涵下游380米处的−15米深塘,面积变化不大,0~−5米等深线坡比变化不大,长度110米,坡比1:2~1:3.2。

表3-4 高新区—泰兴段涨坍一览表(1953—2015)

时间	地点	涨坍	涨、坍长度(米)	涨、坍宽度(米)	涨坍情况
1953—1965年	五圩上角、九圩以下和老高港西北部	坍	2592	80~150	坍没耕地240亩
1966—1972年	西北角与江都接界的六圩、九圩、十一圩和十三圩等地段	坍	700	60	坍没耕地50余亩
1973—1979年	九圩和十一圩	坍	850	40~100	坍没耕地40余亩
1980—1991年	五圩上角至老高港段中的五圩、十三圩、十九圩、二十三圩、六圩、二十圩、十一圩、里兴圩、二十八圩一线	坍		10~15	坍没芦滩、耕地590亩
1995年7月11日	口岸镇高港村永长圩	坍	150	70~75	
1995年7月11日	口岸杨湾二十四圩	坍	70	40	
1995年9月14日	口岸镇高港村12组	坍	200	160	坍没滩地40亩
1996年9月1日	口岸镇永长圩北段	坍	124	200	
1926—1996年	高港至龙窝口段	涨	2950		进建江堤2950米,围垦江滩262亩

续表3-4

时间	地点	涨坍	涨、坍长度（米）	涨、坍宽度（米）	涨坍情况
1926—1952年	东夹江段	涨	6000	400~600	共垦地3400亩
1926—1952年	永安洲西段新兴圩以下直至母子圩	坍	6000	100	坍去7个圩，破5个圩，共坍没耕地1000多亩
1926—1952年	北沙西部、北部	坍	2500	200	坍去五圩、六圩和新六圩耕地近800亩
1926—1952年	北部	坍	1400	200	坍去三角圩、珠宝圩北部和上游滩咀的全部，共坍去耕地620亩左右
1926—1952年	东部、南部	涨			涨5573亩，坍2260亩
1953—1958年	新一圩到母子圩	坍	6800	200~400	坍圩5个，破圩3个，失耕地960亩
1953—1958年	北沙西部	坍	3200	200~400	共坍圩3个，破圩2个，失耕地540亩
1959—1965年	窑墩东北部新二圩、五百亩圩的全部、三十一圩西部	坍			坍没面积18亩
1966—1972年	窑墩段	坍	1000	4	坍去滩地6亩多
1966—1972年	新一圩至母子圩	坍	3600	30	坍去耕地50亩、滩地160亩
1966—1972年	北沙西岸	坍	3000	30	坍没耕地180亩
1973—1979年	大明沟至张家圩	坍	2600	50	坍去滩面195亩
1977年	母子圩至严家码头	坍	650	70	坍去面积68亩
1973—1979年	北沙西部从聚宝圩至新五圩	坍	2800	100	坍去滩地和耕地420亩
1980年8月29日	永安盘头（今属新街村）、北沙大队（今属福沙村）	坍	120	20	
1989年7月	北沙（今属福沙村）	坍			坍塌60余亩，距主江堤400米
1988年9月22日	永安洲乡盘头村段	坍	125	南83、北62	坍深达10米以上，外江堤坍去2/5，危及堤内农田、村庄和工厂
1988年11月8日	永安洲乡盘头村段江岸	坍	160	130	江堤外坡坍去3/5，江岸6米高防洪墙倒坍20米长
1989年7月5日	永安洲北沙西南角	坍			坍塌约60余亩，距主江堤400米
1993年8月	北沙新西涵下游	坍	110		坍进40米，坍点最近处离主江堤脚仅20米
1996年7月15日	永安洲镇北沙西兴圩涵南侧	坍	80	8	
1997年7月	北沙西新涵下游	坍	100		滩面坍落20米，-10米等深线坍进30米，外护堤下盘角堤坡坍落

第二节 江港堤防

　　泰州境内长江堤岸始建于明清时代。长期以来,百里江岸既给泰州经济和社会事业的发展带来了许多机遇,但长江天险也一直是影响泰州人民生命财产安全的心腹大患。新中国成立后,境内沿江各级地方党委、政府为确保人民生命财产安全,都把江港堤建设放到水利建设的首要位置,并在实践中不断总结和提高筑堤技术。在1950—1996年间,境内江港堤防经若干次加固培建,防御江汛、潮汐能力有所提高,但防大洪、抗大洪能力仍然不足。1995年和1996年,长江连续两年发生大洪水,境内沿江各地虽经全力抢险加固,但毁坏的江港堤防还是给这一地区带来了重大损失。为了从根本上遏制长江洪水灾害的严重破坏,更好地发挥"黄金水道"对泰州经济社会发展的巨大促进作用,1997年,泰州在全省率先启动有史以来全境最大规模的长江堤防达标建设工程。这一工程给泰州江堤带来了翻天覆地的变化,也带来了泰州治水的历史新跨越,为泰州经济社会的稳定发展提供了有力保障。

表3-5　泰州市长江堤防基本情况表

市(区)	起讫桩号		长度(公里)	标注(米)		已做护坡长度(公里)			挡浪墙长度(公里)	挡浪墙高程(米)
	起	讫		顶高	顶宽	总长	现浇混凝土	灌砌石		
高新区	196+000	200+445	4.445	7.2	5.0~12.0	1.5	0	1.5	1.5	8.2~8.5
高港区	200+445	215+760	26.6	7.2~7.9	6.5	20.6	9.6	11	20.6	8.2~8.5
泰兴市	215+760	240+155	37.74	7.4~7.5	6.0~9.0	34.39	17.29	17.10	35.857	8.0~8.1
靖江市	240+155	292+049	88.247	5.5~7.5	5.0~7.5	85.287	46.77	38.515	48.874	7.5~7.8
合计			157.032			141.77	73.66	68.115	106.831	

一、靖江段

（一）江堤

清光绪初年,靖江开始全面修筑江堤。但是,堤高只有1丈,底宽3丈,顶宽5尺。因标准低,防洪能力不强,光绪九年(1883)靖江溃决80余里,淹没田禾30余图(图,相当于现代乡一级的行政建制)。民国时,国民党县政府虽然组织人力修筑堤防,终因堤身矮小单薄,难以御洪,每遇洪灾,百姓家破人亡、流离失所、苦不堪言。

1.4次全线培修加固

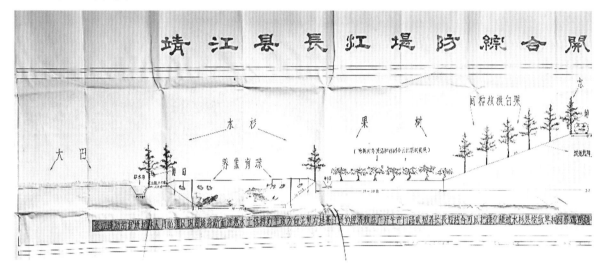

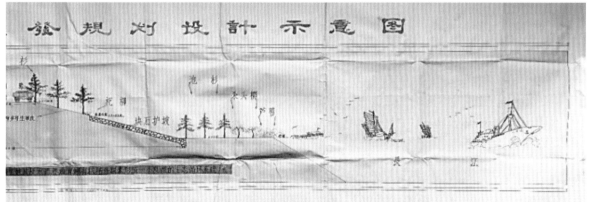

靖江县长江堤防综合开发规划设计示意图

长江堤防的护堤护林人员必须以巩固堤身断面、注意水土保持为主攻方向,并努力提高江堤的经济效益。广开生产门路,以短养长,长短结合,可以把绿化植被、水杉、果树、牧草和饲养鸡、鸭、鹅、牛蛙,以及水产养鱼、育蚌有机结合起来,形成一个良性的生态循环系统。

规划设计单位:靖江县水利局 设计:翟浩辉 绘图:董文虎

绘制时间:1981年10月 尺寸:300厘米×50厘米

1954年冬，靖江组织民工6.1万人，对江港堤防进行首次全面培修，次年春结束。培修标准：江堤顶高6米、宽3米，内外坡比1:2～1:2.5；港堤顶高5.6米、宽1～2米，内外坡比1:1.5～1:2。完成土方近40万立方米，国家补助40万元。1967年冬，第二次进行江堤全面培修，完成土方152.29万立方米。1974年汛期，长江出现异型天文大潮，八圩港口长江水位达4.99米，靖江堤防决口11处，受涝面积1万余亩。是年冬，靖江组织民工第三次进行江堤全面加固，次年春结束。此次，加固江堤91.8公里，共完成土方257万立方米。培修标准：堤顶高6.5米、宽3米，内外坡比1:2。国家补助经费42万元。此后，靖江仍旧年年岁修江堤，但由于标准不高，绿化植被不到位，致使水土流失严重。至1982年，靖江118.2公里江港堤防，顶高不足6米的17公里，顶高6～6.5米的88.76公里，达到6.5米的只有12.04公里；顶宽5米的19.7公里，顶宽2.5～4米的78.5公里，顶宽2.5米以下的20公里，远不能适应防洪需要。

1982年冬，靖江组织民工近16万人，第四次进行江堤全线修复加固，这也是靖江有史以来标准最高、规模最大的复堤工程，1984年春竣工。工程总长96.86公里，总投资1061万元，共完成土方549万立方米。挖压废土地4200亩，拆迁房屋2400间。堤顶高程按1974年长江最高洪水位推算，炮台圩以东高7.0米、以西高7.5米，顶宽6.5米，结合修滨江公路。坡比1:2.5～1:3，内坡改为缓坡，结合栽桑；坡脚留青坎宽10米，植树绿化；10米以

1982年靖江人民复堤场景

外取土筑堤，结合挖鱼池养鱼，开展综合经营。堤防滨江公路全线土路通车，堤坡、青坎植树29.4万株，全面绿化。复堤取土挖成鱼池771个，水面面积2444.52亩。做到堤成、路成、绿化成、鱼池成。

2. 抢险与岁修

除4次全线培修加固外，靖江还认真做好及时抢险和岁修。1949年10—12月，水利部责成长江下游工程局、苏北修防处对靖江江堤进行全线勘测规划，设计培修方案。1950年3月7日，靖江县政府成立长江复堤总队部，组织民工1.27万人，实施西界河至张黄港56.4公里的江堤子堰工程，以工代赈，完成土方40余万立方米，培修主江堤26.9公里。对江岸坍塌严重，危及堤身安全的太和乡二圩港至三圩港、东兴上六圩港至下头圩港、八圩下四圩港至下五圩港段退建二道堤，堤长3.96公里。1952年12月28日，上四圩港至上六圩港、下三圩港至下四圩港及下六圩港至七圩港退建工程竣工，完成土方15.8万立方米。1953年4月28日，沿江各乡组织民工8000余人，加高培厚堤防，完成土方12.74万立方米。1954年1月3日，江堤险段修复工程开工，组织民工近5000人，完成土方约12万立方米。1955年8月2日，抢修因遭强台风袭击决口堤防73处，至21日，完成土方近6万立方米；是年11月18日，组织民工2.5万余人，全面加高培厚西界河至张黄港56.4公里的主江堤，实做土方116.68万立方米。1956年4月30日，沿江各乡组织民工近8000人突击抢修沿江低矮港岸，完成土方32.75万立方米；是年8月5日，组织民工2.63万人，抢修因台风袭击毁坏的两处外护堤及数十处港堤和水洞倒坍险段，共完成土

方14.1万立方米。1957年4月,春修江堤险段,完成土方10.6万立方米、石方1596立方米。1962年3月28日,沿江10个公社动员民工6418人,培修江堤,历时1个月,完成土方30余万立方米。1965年4月,沿江10个公社动员民工1.36万人,突击修补江堤浪坎浪洞893处,完成土方4.5万立方米。

1971年4月30日,新桥、太和、惠丰、越江、斜桥、敦义6个公社组织7000余民工培修江堤,完成土方35万立方米。1973年6月30日,靖江县革委会组织沿江社队突击修复长江大堤特险地段11.4公里,完成土方26.9万立方米。1974年2月15日,新桥、太和、东兴、惠丰、八圩等公社组织民工8700人,培修闸外港堤(干支衔接堤段)22.25公里,完成土方83.14万立方米。1977年3月23日,新桥公社组织民工1500余人,突击抢筑西界河至小掘港的二道退堤720米,标准:顶宽3米,堤顶高7.0米,内外坡1:2.5,完成土方近6万立方米。1980年春,八圩公社组织民工1000余人,修筑下四圩港至下五圩港西二道退堤550米,标准:堤顶宽5米,顶高7米,内外坡1:3,完成土方近5万立方米。是年12月30日,靖江县政府组织斜桥、季市、柏木等3个公社民工2500人,培修灯杆港至章春港退建堤3.25公里,完成土方29.7万立方米。

1990年3月30日,靖江长江农场发生岸线崩坍60米,宽20余米,坍口距头道堤脚仅40米。是年7月3日,农场职工100余人,苦干22天,抢筑加高二道退堤170米,完成土方近1万立方米。1991年7月14—18日,因连续暴雨,靖江沿江闸外港堤坍方39处,长约5000米。沿江乡(镇)共组织民工计7万余人次,完成抢险土方7万余立方米,使用各种泥袋35.35万只、木桩4300根、竹帘6580张、块石6000吨、铅丝4.96吨。1995年11月16日,斜桥镇组织民工近4000人,修筑灯杆港至章春港二道退建堤500米,标准:堤顶高7米,顶宽6.5米,坡比1:2.5,完成土方5.5万立方米。1995年7月3日,靖江长江农场头道堤溃决失守,二道退堤防线仅有100多米。是年12月,靖江采用水力冲填筑堤,历时两个月,筑成三道堤700米,完成土方7.5万立方米。

1996年靖江组织沿江11.36万人,抢险修复水毁地段

1996年8月2日,由于农历六月半天文大潮和8号台风的共同作用,夏仕港长江高潮位达5.4米,超过警戒水位1.36米。受其影响,新桥、东兴、越江、斜桥、敦义等地段13.5公里长江堤防水毁严重。是年8月5日,靖江组织沿江10个乡(镇)11.36万民工,抢修水毁地段,共完成土方14.33万立方米。是

年11月下旬,西来镇组织民工4000余人,培修加固焦港两岸港堤3.75公里,标准:顶宽6.5米,顶高7米,12月底竣工,完成土方10余万立方米,江苏省财政补贴110万元。1996年12月至1997年5月,靖江实施长江堤防达标建设试验段工程,在新桥、越江、东兴、敦义等乡(镇)堤防施行现浇混凝土、砌石、预制水泥楼板等3种结构形式的江堤护坡工程7.4公里。由于受超强台风和异型天文大潮影响,1997年汛期水毁损坏预制水泥楼板护坡长1.42公里,其余砌石、混凝土结构安然无恙,为1997年江堤达标护坡设计提供借鉴。

1997年8月19日,由于受11号超强台风和农历七月半大潮叠加影响,靖江长江堤损毁严重。靖江市政府组织全市23个乡(镇)民工约5万人次,突击抢险修复长江大堤水毁工程(详见本书第十一章第四节)。

1998年11月至1999年1月,靖江新桥、太和、惠丰、城南、斜桥等乡镇在头道堤(外护堤)进行江堤达标护坡9.67公里。按堤顶真高7~7.5米、顶宽6.5米、坡比1:2.5的标准加固加宽头道堤,采用挖掘机作业,完成土方38.5万立方米。

2005—2006年,随着沿江开发和跨江联动向纵深发展,六助港、下六圩港、新和尚港、罗家桥港结合内港池建设,闸站北移300~500米重建,新筑两岸港堤。安宁港、下青龙港、新小桥港利用老闸外引河拓宽建设内河港池码头,新筑两岸港堤。

2007年,扬子江粮食物流中心拓宽开挖安宁港内河港池,口宽158米,新筑西港堤长623米,东港堤长673米,堤顶真高6.5米,混凝土挡墙高7米,堤顶宽6.5米。

2009年,新港园区开挖六助港内河港池,口宽270米,新建六助港闸,新筑西港堤长870米,东港堤长850米,堤顶真高6米,混凝土挡墙真高7米,顶宽6.5米,完成土方16.5万立方米。

2010年,新港园区拓宽开挖下青龙港内河港池,口宽210米,新筑西港堤长880米,东港堤长1020米,堤顶宽6.5米,真高6.5米,挡墙真高7米,完成土方16.2万立方米。

2012年,江阴—靖江园区结合下六圩港闸站枢纽工程建设,开挖下六圩港内港池,口宽250米,新筑西港堤长750米,东港堤长820米,堤顶真高6.8米,顶宽6.5米,完成土方14.5万立方米。

2014年,新港园区开挖新和尚港池,口宽170米,新筑西港堤长500米,东港堤长550米,堤顶真高6.5米,顶宽6.5米,外设挡墙真高7.05米,完成土方9.5万立方米。由于部分堤防外无防浪屏障,经不住风暴潮的冲刷,加之船行波影响,堤外滩地洗刷殆尽,致使部分堤防护坡面及底坎水毁侵蚀损坏较为严重。2003—2015年间,靖江累计投入资金1430.24万元,完成抛护、修复13.54公里,护岸抛石3.88万立方米,整修干、灌砌石方2.42万立方米。

(二)港堤

民国时期,靖江港堤矮小单薄,难以御洪。1949年汛期,港堤溃决156处,长1714米,淹田15.43万亩。1950年以后,陆续培修、加固闸外港堤,并港建闸,至1987年,靖江港堤总长52公里,51条港口均建闸控制。其中,较大的港口7条,建有夏仕港闸、安宁港闸、十圩港闸、上六圩闸、夹港闸、下六圩闸及罗家桥港闸,闸外港堤长13公里,堤顶高程6.64~7.49米,除夏仕港西堤顶宽11米外,其余6条港堤顶宽均为5.0~7.0米。一般闸下港堤西高东低,靖泰界河东堤顶高程7.2米,顶宽7.0米;如靖界河西堤顶高程6.0米,顶宽3~4米。从1953年到1987年,靖江闸外港堤建设共抛护440米,干砌块石护坡1399米,建挡土墙376米,合计2215米。港堤上共建涵洞194座,绿化总长42.42公里,占全长的81.57%。

靖江138公里的港堤中,堤顶高程超历史最高水位2米以上的有48.93公里,占全长的36%;2.0~1.5米的有48.55公里,占全长的35%;1.5~1.0米的有27.89公里,占全长的20%;1米以下的尚有12.63公里,占全长的9%。险工险段砌有块石护坡10.19公里。

靖江万人挑江堤和闸外港堤场面

二、高新区—泰兴段

(一)明、清、民国时代

泰兴江堤始建于明代。《明太宗实录》记述了明永乐二年(1404)泰兴所进行的较大规模的江堤修筑。

清代较大规模的修筑有:道光三十年(1850)知县张行澍、光绪九年(1883)泰兴知县陈谟等组织的5次修筑;咸丰元年(1851)至光绪二十八年(1902)间的10次修筑。这些修筑,对发展沿江圩田农业生产和保障人民生活起了一定作用。但是,由于当时的技术、材料和财力所限,堤身普遍低矮,防洪能力不强,遇台风暴雨、高潮则溃决成灾,百姓生活无着,被迫四处逃荒,苦不堪言。

(二)20世纪50年代初期的培修

旧时,该线江堤低矮单薄,漏洞隐患多,靠木涵排灌,十有九漏。直接通往长江的28条河道无闸控制,江潮直入,大起大落,蓄不住,排不出。1949年春,泰兴全境解放。同年6月,泰兴县人民政府成立备荒修堤委员会,社会部部长王震兼任主任。各区、乡分别成立修堤大队和中队。6月17日至7月15日,泰兴动员4.3万多人,培修江堤。标准按1931年最高水位普遍加高0.33米,堤顶高程5.6米,顶宽2.5~3.0米,底宽11.0~13.3米。7月16日至8月25日,重点培修险工险段。完成土方26万立方米,抢做江堤7.72公里,抢做险工险段17处,长3.87公里。填塘补平360多处,长2.37公里。翻修漏洞240个,修补决口60处。9月,长江下游局修防处第一次到泰兴测量江堤,从杨湾至靖泰界河,除马甸港至小凌家港7.84公里的高地未测外,实测48.82公里,其中退建江堤6处长3.03公里。

(三)6次全线培修

1950年到1984年,泰兴6次组织全线培修江堤。

1950年3月,泰兴成立长江复堤总队部,同月,组织民工第一次全线修筑江堤,1953年冬结束。3年共动用民工5万余人,培修江堤63.09公里,完成土方53万立方米。培修标准:堤高5.66米(按1949

年最高洪水5.16米加高0.5米),顶宽3米,外坡1:3,堤身高程3.5米以上的内坡1:1.5,3.5米以下的内坡1:2,并在堤顶外肩加筑高0.5米、内外坡1:1的防浪子堰。1954年特大洪涝期间,泰兴组织4.2万人,抢修江堤33.95公里,其中重点抢修险工险段5.5公里,堵塞港口91处,抢堵江堤决口2处,翻修漏洞13个,共完成土方47.91万立方米。

1955年春,泰兴动员61917人,第二次全线修筑江堤。2月4日全面施工,3月底竣工;培修江堤53.7公里,完成土方86.51万立方米。培修标准:堤高6.37米(按照1954年最高洪水位5.37米加高1.0米),顶宽3.0米,外坡1:3,内坡1:2。共投资49万元,其中国家投资39万元。这次培修基本解决了历史上经常漏水的隐患,彻底翻修漏洞113处,拆迁房屋50间。

1971年11月,泰兴组织民工1.45万人,第三次全线培修江堤,1974年春竣工。共完成土方152.36万立方米,拆迁房屋30间,补助粮食175万斤。培修标准:堤高6.37米,顶宽3.0米,内坡1:2,外坡1:3;北沙洲堤加高1.0米,顶宽3.0米。通过这次修复,闸外江堤缩短成55.1公里。

1974年冬,组织3万民工,第四次全线培修江堤(含港、洲堤),1977年春竣工。共计培修江堤84.53公里,其中进建的有过船、天星、蒋华等公社部分江堤17.27公里,退建的有永安等处江堤长1.6公里。共完成土方432.51万立方米,接长通江涵洞74座,加固维修小型节制闸22座,拆迁房屋298间,投资89.53万元。培修标准:堤高6.93米(按历史最高洪水位5.43米超高1.5米),顶宽3米,内坡1:2,外坡1:3(少数工段未按此执行)。

1980年12月中旬,组织1.2万多民工,投资45.3万元,第五次全线培修江堤,1982年春竣工。共培修江堤81.33公里,完成土方157.61万立方米,拆迁房屋798间,挖废土地310亩。培修标准:7.37米(按1954年最高洪水位5.37米加高2.0米),顶宽4.5米,内坡1:2,外坡1:3。

1983年冬,组织4.72万人,第六次全线培修江堤,1984年春竣工。在原有的闸外江、港堤上加高2~2.25米,顶宽6.5米(内外弯道处宽10米),内外坡各1:2。工长18.31公里,完成土方28.64万立方米。

(四)抢险与岁修

1956年,泰兴结合防汛抢险培修江堤,完成土方30.33万立方米,投资4.4万元。1957—1964年,结合防汛加固堤防、险段等4.96公里,完成土方49.77万立方米,投资17.65万元。1965年春,泰兴县成立总队部,从南官河工地调城西区民工7200人,在老段港外滩筑堤,3月12日开工,8月5日竣工。工程长1949.5米,完成土方25.48万立方米。筑堤标准:按1954年最高洪水位5.37米加高1米,顶宽3米。国家投资16.00万元。1966年,结合防汛岁修、块石护坡及建筑物修建等完成土方2.54万立方米。1967年冬,在西马甸筑大坝长362米,泡泡滩北首筑大坝长761米,动员永安公社和口岸区共计3500人施工,完成土方42.02万立方米。从此,永安洲开始与陆地相连。1969年,结合防汛加固江堤险工、险段,完成土方2.5万立方米。1970年冬,在陈家圩外滩筑堤,由过船公社组织民工2700人,于12月开工,工程长2600米,完成土方15.2万立方米。筑堤标准:按1954年最高洪水位5.37米,加高1.0米,顶宽3.0米,国家投资6.8万元。

1984年冬,泰兴在东夹江南段于姚家圩至北沙南端筑拦江坝1条,由过船乡和永安洲乡动员3000多人施工,完成土方29.4万立方米,列支土方经费21.95万元。1985年冬,从江都县界起,至口岸镇杨湾村立新涌加高培厚内港堤,与江都退堤相连,长1.15公里,按堤顶高程6.5米、顶宽3米、内坡1:2、外坡1:3的标准进行加高培厚。由口岸镇动员1500人,经过一冬春的努力,完成土方10.5万立方米,修建涵洞2座。拆迁房屋95间,挖废土地130亩。投资9.08万元,其中:国家补助7.5万元,县财政拨款1.58万元。1986年冬,永安洲乡北沙两江坍势加剧,筑堤退建长2.3公里,为节省劳力,将任务交给该乡建筑公司采用泥浆泵施工,因吹填土难以沉淀,故从高程5.0米向上,改用人力挑抬完成,于1987年冬动员2500人,经过一冬春的艰苦努力,累计完成土方28.25万立方米,拆迁房屋292间,挖压废土地302亩,建涵6座。共投资39.9万元。

在培修江堤时,因资金问题,对坍岸危段及长江主干堤未能采取抛石防护等措施,故适当向后退建新江堤,让地于江。对涨滩较多的江滩进建新江堤,围垦江滩。从1952年至1987年,共进建33处,计长47.87公里,完成土方361.09万立方米;退建24处,长16.02公里,完成土方104.61万立方米。进建江堤均按当时修筑江堤的标准兴筑。

表3-6　泰兴段江堤进建退建统计表(1952—1987年)

年份	乡(镇)	工程地点	进建			退建			说明
			处	工长(公里)	土方(万立方米)	处	工长(公里)	土方(万立方米)	
1952	口岸	杨湾坍段				1	1.02	2.97	崩坍严重
1952	口岸	九圩				1	1.90	5.58	崩坍严重
1953	七圩	念五圩				1	0.41	1.85	碎崩严重
1953	七圩	五圩				1	0.66	2.95	碎崩严重
1954	永安	盘头坍段				1	0.70	2.21	崩坍严重
1955	口岸	高港码头	1	0.74					新建码头
1955	永安	新二圩				1	0.45	1.44	碎崩严重
1955	永安	五百亩				1	0.30	0.93	碎崩严重
1955	七圩	九圩				1	0.18	1.01	碎崩严重
1957	口岸	复元				1	0.20	0.58	碎崩严重
1957	永安	福利农药厂	1	1.25	4.75				
1957	七圩	于湾				1	0.45	5.90	崩坍严重
1963	口岸	十一圩				1	0.34	1.09	崩坍严重
1965	永安	齐心圩	1	2.00	8.00				
1965	过船	儒子沙	1	1.95	25.48				建麻风医院
1967	永安	新二圩				1	0.53	2.76	碎崩严重
1967	永安	马甸西夹江筑坝	1	0.6	11.00				东夹江北段围垦
1967	口岸	泡泡滩筑坝	1	0.76	24.00				东夹江北段围垦

续表3-6

年份	乡(镇)	工程地点	进建			退建			说明
			处	工长(公里)	土方(万立方米)	处	工长(公里)	土方(万立方米)	
1969	永安	九大圩	1	1.60	6.40				
1969	口岸	二十四圩				1	0.18	0.57	碎崩严重
1970	口岸	春风圩	1	0.95	3.95				
1970	永安	北沙养殖场	1	1.42	5.68				
1970	永安	公益洲下角	1	1.65	6.60				
1970	永安	同兴蟹钳套	1	2.93	11.72				
1970	过船	陈家圩	1	2.60	15.20				
1971	永安	胜利副业组	1	1.20	4.80				
1972	永安	六百零八亩	1	1.30	7.00				
1972	永安	四百五十亩	1	1.16	6.00				
1972	过船	中兴圩拦沙	1	1.95	12.52				
1972	过船	过船港至蒋港	1	2.60	14.82				
1974	口岸	杨湾双太				1	0.79	2.6	崩坍严重
1974	口岸	化工厂	1	0.35	2.41				
1974	口岸	食品船坞	1	0.80	5.52				
1974	口岸	港务局造船厂	1	0.80	6.10				
1974	永安	同兴闸北				1	0.79	5.53	碎崩严重
1974	永安	同兴闸南				1	0.35	2.45	碎崩严重
1974	过船	蒋港至蔡家港	1	4.10	24.80				
1974	蒋华	头桥港至二桥港	1	0.87	7.40				
1974	蒋华	二桥港至三桥港	1	0.83	7.06				
1974	天星	洋思段南北蒋港堤	1	1.74	14.79				
1974	天星	芦坝港段江港堤	1	2.03	17.27				
1975	永安	五百亩				1	0.45	3.15	碎崩严重
1975	永安	西兴涵北江堤				1	0.78	5.46	崩坍严重
1975	永安	六百零八亩				1	0.38	2.59	碎崩严重
1975	口岸	养殖场	1	0.50	3.81				
1975	蒋华	三桥港至潘桥港	1	1.06	9.01				

续表3-6

年份	乡（镇）	工程地点	进建			退建			说明
			处	工长（公里）	土方（万立方米）	处	工长（公里）	土方（万立方米）	
1976	永安	西兴涵南江堤				1	1.00	7.00	碎崩严重
1975	天星	十二圩至头桥港	1	3.20	27.20				
1976	天星	天星港北江港堤	1	0.87	6.63				
1976	天星	芦坝港南江港堤	1	2.07	17.60				
1976	七圩	焦土港南江堤	1	0.88	7.48				
1978	永安	九、三十、三十一圩江堤	1	0.76	6.69				
1982	永安	新桥外靴子圩				1	0.45	3.96	碎崩严重
1983	永安	车有圩				1	0.37	3.26	碎崩严重
1984	永安	北沙退建	1	0.59	29.40				东夹江南段围垦
1984	口岸	立新涵北港堤				1	1.15	10.50	接江都退建江堤
1987	永安	北沙退建				1	2.30	28.25	碎崩崩坍严重
	合计		33	47.87	361.09	24	16.02	104.61	
其中	口岸		7	4.90	45.79	7	5.48	23.89	
	永安		12	16.22	108.04	13	8.84	68.99	
	过船		5	13.20	92.82				
	天星		5	9.91	83.49				
	蒋华		3	2.76	23.47				
	七圩		1	0.88	7.48	4	1.70	11.73	

经过6次全线培修、33处进建和24处退建，以及历年的岁修、防汛工程，至1987年止，该段江堤和闸外港堤总长84.53公里，达到20年一遇标准。

1989年3月，永安洲乡盘坍江段退堤工程动工，堤长2.3公里，顶高7.6米，投劳81.3万工日，挖土30余万立方米，投资55万元。1991年7月，永安洲乡12个村3000人突击完成同兴村6队退建江堤453米，动土1.62万方，堤顶高程6.5米，顶宽3米，坡比1:2~1:3。

1995年永长圩坍江，泰兴组织力量抢筑退堤，抢抛块石止坍

【护坡】

从1972年至1987年，以国补民办的方式，泰兴在江堤迎水坡修筑块石护坡总长16821米，除坍入江中的630米外，尚存16191米，其中口岸镇3541米，永安洲乡770米，过船乡4835米，天星乡3314米，蒋华镇1487米，七圩乡1911米。全线闸外港堤与江堤交接弯头护坡总长963米。

第三节 江堤达标建设

泰州市处于长江下游感潮河段，上承上游洪水，下受海潮顶托，易受台风、过境洪峰、天文大潮、暴风雨袭击。这些往往形成高潮位。通江的中型节制闸，均建于20世纪五六十年代，设计标准低，渗径长度不足，混凝土标号低，加之运行40多年未修固，病险严重。

1997年11号超强台风后的靖江江堤状况(局部)

20世纪90年代中期，泰州境内长江河段连年发大水，堤防水毁严重。1996年，夏仕港水位5.4米，超过1974年5.03米水位0.37米；过船港最高潮位达5.93米，是20世纪50年代以来最高潮位；永安洲发生坍江，天星港-6米的深塘扩大，向岸边逼近。1997年8月中旬，受11号超强台风和天文大潮影响，沿江地区普降大雨，夏仕港水位高达5.66米，创历史最高水位；过船港最高潮位达5.84米，超过警戒水

位0.81米;靖江长江大堤浪坎浪洞长达24.4公里,严重处堤身被冲坍2/3;泰兴也有2.7公里江堤受损。

1996年、1997年长江大水灾情发生后,江苏省委、省政府就加强防汛、改善水利环境专门召开省委常委会和省长办公会。江苏省政府印发《关于加强江海堤防达标建设工程的通知》,决定加大对水利的投资力度,改善水利环境,并将此作为江苏经济可持续发展的重大战略来实施。1997年12月,靖江率先在全省实施江堤达标建设工程。

江堤达标工程是一项战略性的防洪保安工程、一项重大的基础设施工程。1997年,泰州开始进行江堤达标建设工程,2003年基本竣工。泰州江堤达标工程共完成江港堤护砌170公里;加固、改建中型节制闸9座(改建5座,加固4座),水闸(闸站)63座,通江涵洞127座,排涝站48座;加固抽水站1座;节点整治12.22公里,抛石74.1896万立方米;完成江堤灌浆104.134公里;填塘固基141.71公里,土方578.52万立方米;堤身加高培厚87.434公里,土方73.89万立方米。

为了确保长江大堤达标,实现长江防洪长治久安,为国民经济持续发展提供优良的水环境。泰州市水利局根据《长江流域防洪规划》长江中下游防洪规划的总体部署和江苏省长江防洪建设的统一要求,1999年3月编制了《江苏省泰州市长江堤防加固工程可行性研究报告》。是年11月,该报告通过水利部水利水电规划设计总院初步审查。泰州市水利局根据水利部水利水电规划设计总院的审查意见,对长江堤防和涵闸做了进一步勘测、检测和复核,对中型通江建筑物编制单项初步设计。堤防加固断面及工程量进一步细化和复核,对2000年以后出现险情的通江建筑物且未列入总体可研的工程全面进行检测、复核,并组织专家进行了安全鉴定。在此基础上,形成了《江苏省泰州市长江堤防加固工程总体初步设计》。此初步设计按百年一遇洪水位设计、200~300年一遇洪水位校核的标准进行加固改建。此后,泰州的江堤达标工程均执行此标准。

一、"六个一点"的筹资办法

1997年8月中旬,境内沿江地区遭11号强台风袭击后江堤毁坏严重。泰州市水利局提出建设高标准江堤,并倡导筹集长江堤防修复建设专项资金可"向上争一点、财政拿一点、农民以资代劳出一点、受益企事业单位筹一点、号召社会百姓捐一点、向银行贷一点"的"六个一点"办法,得到泰州市委、市政府和靖江市委、市政府的高度重视与支持。9月4日,靖江在全省率先出台《关于长江堤防修复建设专项资金筹集、使用和管理办法》。该办法指出,资金筹集的对象包括该市所有党政机关和事业单位的工作人员,所有企业干部职工(包括合资企业中的中方人员)、个体工商户、农村务农劳动力等,每人筹资60~100元不等(烈军属、五保户、特困下岗职工以及农村特困户等,经批准可减缴或免缴;特困企业报市政府批准予以减免),筹集期从1997年起至1999年共3年时间。所筹资金由该市财政部门负责管理,专项用于江堤达标工程建设。此外,该市市级财政和防洪保安资金每年也预算400多万元用于江堤建设,基本保证了江堤达标工程建设的资金需求。此后,有关市、区也出台了与靖江市基本相同的资金筹措政策,多渠道筹资,保证了江堤达标工程建设的投入。

靖江《关于长江堤防修复建设专项资金筹集、使用和管理办法》解决了修筑高标准江堤的资金问题，引起江苏省水利厅和省政府的高度重视。9月20日，省委、省政府在靖江召开全省江海堤防达标建设工程现场会。会上，对江堤达标建设的组织领导、工程质量、时间和资金等都提出了具体要求。

泰州市政府转发靖江文件

1997年10月6日和11月26日，泰州市水利局两次邀请省水利系统专家和技术人员，在靖江召开长江堤防达标建设技术研讨会。10月20日，江苏省水利厅下发《江苏省江海堤防达标建设修订设计标准》，12月11日，省政府下发《关于加强江海堤防达标建设工程的通知》。12月19日，泰州市政府办公室向各市（区）和市各有关部门转发靖江市政府的《关于长江堤防修复建设专项资金筹集、使用和管理办法》，要求各地结合自身实际，认真学习借鉴靖江经验。是月，靖江率先在全省实施江堤达标建设工程。

二、组织领导

1997年10月，泰州市委、市政府根据江苏省委、省政府关于3年实现长江堤防建设全面达标的总体部署，组织市水利局等部门对全市江堤达标建设进行了全面规划，并制订了建设方案，为全市江堤达标工程提供了科学依据。

为了切实组织好这一重大工程建设，市政府成立了以分管市长为指挥，市财政、计划、水利、金融、交通等部门负责人为成员的长江堤防达标建设指挥部，沿江两市一区也相应成立了长江堤防达标建设指挥部。市政府还与沿江各市（区）政府签订了江堤达标工程建设责任状，对江堤达标工程建设实行分级负责和目标管理。市各相关部门也都从修筑江堤、防洪保安这个大局出发，为江堤达标建设大开"绿灯"。各级财政部门为江堤建设积极筹措资金，监察部门对工程建设进行重点效能监察，金融部门为江堤建设积极提供信贷服务，宣传部门十分重视对江堤建设的宣传工作等，从而为江堤达标建设提供了十分有利的条件。

在江堤达标工程建设中，全面实行工程招标投标制、工程建设监理制和工程项目法人责任制，严格把好设计、施工资质、监理、督查关。抽调技术骨干进驻工地，督查施工质量，督查材料质量，督查监理跟班作业情况。同时，市指挥部定期组织对各市（区）工段进行巡查，检查工程质量和进度，对施工中的质量和进度问题及时提出限期整改要求；对监理工作力度不够的单位，督促其增加监理力量，并及时协调建设单位与监理单位加强配合，共同抓好施工质量和进度。靖江、泰兴两市政府还规定，每一项工程竣工后，必须经过汛期考验才算合格，施工单位5%的缺陷责任期保证金必须在所建工程安全运行一年后方予结算。

三、堤身加固

（一）护坡工程

泰州市水利局结合泰州江堤现状，针对1997年11号强台风水毁情况，组织技术力量精心勘测，优化设计，决定根据不同堤段的不同堤基土质条件，采用不同的护砌形式，做到既坚持标准，又节省造价。各市（区）根据江堤的基础，分别采用硬质化护砌、护坡挡浪墙等形式，分3~4期实施，全市累计完成江（港）堤防护砌169.502公里。

靖江分3期完成江（港）堤护坡工程。一期工程完成52.44公里，其中江堤49.24公里，港堤3.2公里。工程分两批进行。第一批1997年12月27日开工，翌年5月30日完工；第二批1998年2月11日开工，是年6月20日完工。累计完成土方108.23万立方米、砌石9.16万立方米，浇筑混凝土3.08万立方米。二期工程包括夏仕港和十圩港套闸下游各504米的灌注桩、挡板结构加混凝土护坡，其余各段均为现浇混凝土护坡。二期工程也分两批进行。第一批1998年11月16日开工，翌年5月20日完工。实际完成长度18.97公里，完成土方74.76万立方米、石方6.6万立方米，浇筑混凝土1.89万立方米。三期工程亦分两批进行。第一批1999年12月15日开工,翌年5月15日完工;第二批2000年3月13日开工,是年7月15日完工。两批长度共计31.82公里,完成土方21.31万立方米,砌石3.18万立方米,浇筑混凝土2.92万立方米。

施工中的靖江江堤浆砌块石护坡工程

浇筑江堤挡浪墙

泰兴分4期完成护坡挡浪墙。一期完成主堤护坡挡浪墙10公里,其中浆灌砌石护坡6公里,浇筑混凝土护坡4公里,护坡顶高程7.3~7.5米(废黄河基面),护坡底坎高程3.0米,浆灌砌石护坡厚度0.3

米,0.1米碎石垫层,挡浪墙采用浆砌石重力式结构,埋入深度0.5米。二期工程总长14.2公里,1998年11月8日开工,1999年5月全部竣工。完成砌石30148立方米,浇筑混凝土15737立方米,土方开挖回填81966立方米,工程决算总价1664万元。三期工程长度1.98公里,建成挡浪墙1.02公里,1998年4月25日开工,1999年7月全部竣工。共完成砌石12181立方米,浇筑混凝土795立方米,土方回填31008立方米,工程总决算275万元。四期工程总长2.66公里,2000年1月开工,2000年7月30日全部竣工,砌石12280立方米,浇筑混凝土312立方米,土方回填16817立方米,工程总决算328万元。

高港分二期完成护坡和挡浪墙各24公里。

(二)堤身灌浆

境内原江港堤防均为人工挑抬加高加固而成,受施工条件限制,缺少机械碾压夯实,堤身内部存在孔隙,再加上白蚁危害,堤身隐患较多。当长江高潮位时,背水坡多处出现窨潮渗漏且少数堤段有冒浑水流砂现象,危及堤防安全。

靖江灌浆堤防总长51.52公里,总进尺12.55万米。工程由扬州市勘测设计研究院设计,于2001年2月开工,是年10月竣工。堤身灌浆工程累计投资622.52万元。2015—2016年,靖江堤管所组织对上五圩—上六圩港、双龙港—联兴港等2处堤防窨潮渗漏、白蚁危害地段结合带药灌浆,长4.95公里。泰兴灌浆工程位于界河闸至洋思港段,2001年2月3日开工,同年8月竣工,累计完成长度11公里,造孔2907个,灌浆12875.05立方米。其中A型灌浆长8080米,造孔1616个,灌浆量8539.3立方米;B型灌浆长270米,造孔234个,灌浆量924.5立方米;C型灌浆长2642.5米,造孔1057个,灌浆量2411.25立方米。单孔进尺长度7米。工程总决算82万元。

靖江江堤背水坡水土保持、坡道及巡堤小道

(三)填塘固基

江港堤防为历年多次加高加固而成,堤身修复加固土方大部分在堤内农田取用,结果留下较深较多的河塘,一旦长江高潮位,容易发生管涌、滑坡等问题,影响堤身抗滑稳定,危及堤身安全。

靖江填塘固基工程由泰州市水利勘测设计事务所设计,靖江长江堤防达标建设指挥部项目监理负责监督。由于填塘固基工程战线长、任务重,既有劳力负担和筹资方面的问题,又涉及面广量大的农田挖废、鱼塘补偿和水系调整方面的问题。为确保工程如期完成,靖江由沿江乡(镇)政府负责,包干实施,水利站施工。对部分任务特别重而情况十分复杂的地段由靖江市水利建筑工程总队施工。工程于1999年8月15日开工,2000年5月30日完工,2003年11月20日通过竣工验收。共填塘105处,长61.4公里,人工运土(含复堤加固)54.76万立方米,机械吹土68.49万立方米、吹砂253.94万立方米,人工围堰7.98万立方米,浆砌石挡土墙2500立方米。

江堤外坡砌石护坡、混凝土护坡工程

泰兴填塘固基工程位于过船港至洋思港段,2001年6月8日开工,2009年9月2日竣工。土方采用水力冲填和人工挖装机翻斗车两种形式,总计完成土方42.11万立方米,其中水力冲挖20.41万立方米,人机结合土方21.7万立方米。堤后平台高程填至3.0米,平均宽30米,边坡1∶2,工程总决算419.52万元。

四、改建加固通江建筑物

在江堤达标建设中,全市共计改建加固通江建筑物247座。其中,中型水闸9座(加固:口岸闸、过船闸、马甸闸、安宁闸,改建:天星闸、焦土闸、上六圩闸、十圩港闸、夏仕港闸),小型水闸(闸站)63座,通江涵洞127座,排涝站48座。境内通江建筑物均达到《长江流域防洪规划》标准,其中,中型建筑物达到了100年一遇的防洪标准(详见本章第四节)。

五、堤顶道路工程

1998年前,靖江江港堤防堤顶道路绝大多数为泥路,这给防汛巡堤工作带来很多不便。靖江根据江苏省江海堤防达标建设办公室《江海堤防达标堤顶简易公路建设实施意见》,提高堤顶道路标准。堤顶道路工程由扬州市勘测设计院设计,靖江交通局质量监督组负责质量监督。1998年修建11.6公里,1999年修建34.85公里,2000年修建26.06公里,2001年修建17.94公里,累计总长90.45公里。共完成土方2.49万立方米,砌石4.91万立方米,浇筑混凝土1.09万立方米,工程投资1881.66万元。靖江新建的堤顶道路有三种路面,其中碎石路面46.17公里,宽4米;沥青路面25.23公里,宽4.5米;混凝土路面19.05公里,宽4.5米。

靖江江堤堤顶道路

2006—2007年,靖江市交通局报请江苏省交通厅专项安排江堤滨江公路补助资金,将损坏的沥青路面及碎石路面分两期筑成混凝土路面,路宽4.5~5米,厚20厘米。2015—2016年,靖江市水利部门结合十圩港整治,自九圩汽渡下口至新十圩港东盘角江堤实施混凝土路面,路宽4米,厚20厘米,长4公里。靖江在1998—2001年累计铺设堤顶公路90.45公里。堤顶道路结构为碎石路面,宽4米。其中,沥青路面25.23公里,路面宽4.5米;混凝土路面19.05公里,路面宽4.5米。共完成土方2.49万立方米,砌石4.91万立方米,浇筑混凝土1.09万立方米,投资1881.66万元。

高港在1997—2000年累计铺设堤顶公路20公里。

六、综合效果

通过江堤达标建设,全市形成了洪能挡、涝能排、旱能引、水能循环的防洪除涝调水工程体系,提升了防洪能力。江堤达到抗御50~100年一遇水位加10级风浪的标准,在抗御2003年"7·5"暴雨、2005年9号台风"麦莎"和15号台风"卡努"、2007年13号台风"韦帕"、2009年第8号台风"莫拉克"、2011年"7·13"特大暴雨、2012年11号强台风"海葵"、2015年"6·26"大暴雨、2015年9号台风"灿鸿"、13号台风"苏迪罗"等历次防汛抗台排涝斗争中发挥了重要作用,为全市经济社会发展和民生安定提供了强有力的保障和支撑。同时,还优化了生态环境、稳定了长江岸线,沿江各市(区)水环境也得到了较大的改观。百里达标江堤成为泰州一道亮丽的风景线!

夕阳下的靖江江堤

表3-7 泰州长江堤防1996—2015年出险情况统计表

序号	市(区)	险工地点	险工类型	险情概述	应急措施	发生日期(年-月-日)
1		永长圩	坍江	坍江长120米、宽60米	抛石2万吨	1996-09-14
2		永安洲北沙西新涵下游100米	坍江	坍江长100米、宽20米	抛石	1997-07-24
3		永安洲北沙村、同兴村两处干外堤	决堤进水	冲倒砖窑10座		1997-08-19
4		永安闸	病闸	渗漏	封堵	1998-07-31
5		永安洲镇老圩涵	涵	渗漏	封堵	1998-08-11
6		明沟十队涵	涵	渗漏	封堵	1998-08-11
7	高港	永长圩江堤	渗漏	管涌两处	土袋抛护	1998-08-22
8		嘶马弯道下游扬泰交界处	坍江	深泓逼岸,水下坡比1:2,危及堤防安全	水下地形测量,加强值班巡查,抢险抛护	1998-08-05
9		天星天化涵	涵	渗漏	封堵	1998-07-10
10		过船西兴涵	涵	渗漏	封堵	1998-07-15
11		如泰河口北侧200米处	坍江	坍江长100米、宽70米	抛石	1998-08-18
12		七圩港南侧港堤	渗漏	窨潮渗漏	截渗,内侧做燕窝	1998-08-18
13		八圩涵至口桥江堤	渗漏	外坡坍塌陡立,内侧窨潮	补土	1998-08-18
14		九圩港北堤防港堤	渗漏	窨潮渗漏	土袋抛护	1998-08-19
15		刘垈涵排涝站	病站	渗漏	用200立方米土封堵	1998-08-22
16	泰兴	蒋华镇刘高涵排涝站	病险涵闸	出水池漏水严重	封堵	1998-08-22
17		天星芦坝港南堤	窨潮渗漏	高水位时渗水	外坡泥袋抛护堵漏,内侧加做平台	1998-08-22
18		如泰河口北侧350米处	坍江	坍江长80米、宽40米,由2.5米坍至-8米	抛石	1998-08-07

续表3-7

序号	市(区)	险工地点	险工类型	险情概述	应急措施	发生日期 (年-月-日)
19	泰兴	章春港	崩岸	崩岸长180米、宽20米	抛石2.2万吨	1997-03-31
20		夏仕港套闸	决堤	夏仕港套闸下游翼墙倒塌,闸管所被困	用草包抢堵	1997-08-19
21		惠丰惠柱化工厂	决堤	厂内进水	抢堵	1997-08-19
22		越江乡小桥闸	病闸	上下游窜水	封堵	1998-07-28
23		城南乡下五圩港闸	病险涵闸	下游翼墙伸缩窜水	潜水塞缝堵漏	1998-08-02
24	靖江	章春港段14#丁坝上口	坍江	洗坍长度160米	抛石护岸	1998-08-02
25		章春港段上口盘角	坍江	洗坍长度60米	抛石护岸	1998-08-02
26		五圩港至六圩港江堤(城南乡)	江堤渗漏	1处窨潮渗漏,冒浑水	外堵内导,挖槽导水,已用泥袋封堵	1998-08-10
27		上四圩港下游干支衔接处	江堤管涌	高水位时管涌	截堵	1998-08-13
28		上六圩港闸	病险涵闸	上、下游水平止水裂缝5厘米,宽20厘米,长40厘米	水下灌注,高标准混凝土抢修(水下混凝土封堵)	1998-08-07
29		城南乡七圩闸	病险涵闸	止水拉裂,缝深35厘米,宽12厘米	水下浇筑,混凝土封底	1998-08-02
30		夹港排涝站出水涵	病险涵闸	出水池砌石勾缝剥落,站后垂直止水漏浑水	注意观测、堵漏	1998-08-07
31		惠丰排涝站出水涵	病险涵闸	出水池站后漏水,站房地基下沉,内坡坍漏	封堵	1998-08-07
32		川心港闸	病闸	上游消力池、闸室底板出现10~12厘米的高差	在两底板间用槽钢浇筑60厘米宽、10~20厘米高的混凝土应急。适当调节水位差	1998-08-11
33		万福港干支衔接处	滑坡	闸下游(长江侧)堤外坡堤肩15米长裂缝滑坡	补土地处理	1998-08-13
34		2#、44#、61#、62#、65#、79#、96#、107#、156#、171#、178#、194#、200#、205#、207#、208#、215#	病涵	渗漏	封堵	1998-08

表3-8　泰州市长江主江堤防洪能力情况表

市(区)	主江堤长度(公里)	堤内地面高程(米)	保护面积(公顷)	洪水位(米)			白蚁危害	
				控制站	警戒	历史最高	处	长度(米)
高新区	4.445	2.2~3.0	1000				无	0
高港	15.300	2.5~3.5	28680	口岸闸		6.17		
泰兴	24.395	3.0~5.0	27000	过船水文站	5.04	5.93	1	2000
靖江	49.751	2.2~4.5	66400	夏仕港水文站	4.04	5.66	4	27075
合计	93.891		123080				5	29075

表3-9 泰州市长江干堤现有标准状况表

市(区)	堤段名称	起讫地点		长度（公里）	堤身现状				挡浪墙顶高程（米）
		起	讫		堤顶高程（米）	堤顶宽（米）	外坡比	护坡形式	
高新区	滨江	泰州江都界	东夹江	4.445	7.2	5.0~12.0	1:3.0	混凝土	8.2
高港区	口岸街道办	口岸闸下游东	幸福闸北交界	2.200	6.5~7.6	6.5	1:3.0	块石护坡	8.3
	永安洲镇	幸福闸北交界	东夹江	13.100	7.2~7.9	6.5	1:3.0	块石、混凝土护坡	8.2
靖江	新桥镇	西界河	小掘港	0.717	7.3	6	1:3.0	灌砌、现浇	7.8
		小掘港	大掘港	0.550	7.3	6	1:3.0	现浇	7.8
		大掘港	联兴港	1.019	7.3	6	1:3.0	楼板、现浇	7.8
		联兴港	双龙港	0.737	7.5	6	1:3.0	现浇	7.8
		双龙港	青龙港	0.499	7.3	6	1:3.0	现浇	7.8
		青龙港	合兴港	1.052	7.5	6	1:3.0	现浇	7.8
		合兴港	上九圩港	1.076	7.5	6	1:3.0	现浇	7.8
		上九圩港	老夹港	0.699	7.3	6.5	1:3.0	现浇	7.8
		老夹港	新夹港	0.837	6.0~7.3	6.5	1:3.0	现浇、灌砌	7.8
		新夹港	上头圩港	0.810	7.3	6.5	1:3.0	现浇	7.8
		上头圩港	川心港	1.549	7.3	6.5	1:3.0	现浇、灌砌	7.8
		川心港	上四圩港	0.356	6.8	6	1:2.5	灌砌	7.8
	东兴镇	上四圩港	美人港	0.818	7.23	6.3	1:2.5	楼板、灌砌	7.8
		美人港	上五圩港	0.433	7.26	6.4	1:2.5	灌砌	7.8
		上五圩港	上六圩港	1.393	7.5	6.5	1:3.0	现浇	7.8
	江苏江阴-靖江工业园区办	上六圩港	头圩港	1.281	6.6	6	1:3.0	灌砌	7.65
		头圩港	下二圩港	0.866	7.2	6.5	1:2.5~1:3.0	灌砌、现浇	7.2
		下二圩港	下三圩港	0.889	7.2	6.5	1:3.0	现浇	7
		下三圩港	下四圩港	0.867	7.2	6.5	1:3.0	灌砌、现浇	7.65
		下四圩港	下五圩港	0.789	6.5	6	1:2.0	现浇、灌砌	7.65
		下五圩港	下六圩港	0.376	6.5	7.5	1:2.0	现浇	7.65
		下六圩港	下七圩港	1.043	6.8	7.5	1:2.0	现浇、灌砌	7.65
		下七圩港	八圩港	0.840	7.2~6.8	5~6	1:2.5	企业堆场	7.65
		八圩港	九圩港	0.528	7	5	1:2.5	挡土墙	7.65
		九圩港	新十圩港	0.466	7.2	6	1:2.5	现浇、灌砌	7.65
		新十圩港	老十圩港	1.934	6.5	6	1:2.5	挡土墙	7.65
	城南办事处	老十圩港	天生港	1.101	7	6	1:2.5~1:3.0	灌砌、现浇、挡墙	7.65

续表3-9

| 市(区) | 堤段名称 | 起讫地点 | | 长度（公里） | 堤身现状 | | | | 挡浪墙顶高程（米） |
		起	讫		堤顶高程（米）	堤顶宽（米）	外坡比	护坡形式	
靖江	靖城镇	天生港	小桥港	1.880	6.7~6.8	6.0~6.5	1:2.5	挡墙	7.65
		小桥港	新小桥港	0.267	7	6	1:2.5	灌砌石	7.65
		新小桥港	芦家港	1.044	7	6	1:2.5	灌砌石	7.65
		芦家港	雅桥港	1.050	6.6	6.0~6.5	1:2.5	灌砌石、混凝土护坡	7.65
		雅桥港	蟛蜞港	1.608	6.6	6.0~6.5	1:2.5	灌砌石、楼板	7.65
	斜桥镇	蟛蜞港	罗家港	1.320	6.6	6.0~6.5	1:2.5	现浇、灌砌、楼板	7.65
		罗家港	万福港	0.825	6.6	6	1:2.5	灌砌	7.65
		万福港	旺桥港	0.678	6.5~6.6	6	1:2.5	灌砌	7.65
		旺桥港	新旺桥港	0.595	6.6	6.6	1:2.4	灌砌	7.5
		新旺桥港	新六助港	1.554	6.6	6.6	1:2.4	灌砌	7.5
		新六助港	和尚港	1.205	6.6	6.5	1:2.4	灌砌、现浇	7.5
		和尚港	章春港	2.194	6.4	6.2	1:2.3	灌砌、现浇	7.5
		章春港	安宁港	0.830	6.5	6.3	1:2.3	灌砌、现浇	7
		安宁港	夏仕港	2.227	6.8	6.5	1:2.5	灌砌、挡墙、船台	7.5
		夏仕港	丹华港	2.500	7.5	6	1:2.5	灌砌、挡墙、船台	7.5
		丹华港	下青龙港	2.218	6.5	6.2	1:2.5	楼板	6.5
		下青龙港	永济港	1.445	7	6.5	1:2.5	现浇	6.8
	西来镇	永济港	塌港	0.246	6.8	6.5~6.7	1:2.5	现浇	6.8
		塌港	石灰窑（如、靖交界）	0	6.8	6.5	1:2.8	混凝土护坡	7
		大寨闸	友谊闸	0	6.8	6.5~7	1:2.8	混凝土护坡	7
		友谊闸	四号港涵洞	2.540	6.8	6.5	1:3.0	船台	7.5
泰兴	滨江镇	东夹江高港界	过船港口北	3.08	7.6	11	1:3	混凝土	8.1
		过船港口南	洋思港口北	3.682	6.8	6.5	1:2.5	浆砌石	7.65
		洋思港口南	芦坝港口北	1.691	7.5	9.1	1:2.8	混凝土	8
		芦坝港口南	天星港口北	1.528	7.5	8	1:2.8	混凝土	8.1
		天星港口南	二桥港口北	3.467	7.3	9.5	1:2.8	混凝土	8
		二桥港口南	焦土港口北	2.295	7.56	9.5	1:2.9	混凝土	7.9
		焦土港口南	七圩港口北	5.369	7.35	9	1:2.8	混凝土	7.9
		七圩港口南	九圩港口北	1.723	7.4	9.5	1:3.0	混凝土	8
		九圩港口南	界河港口北	1.56	7.4	9	1:3.0	混凝土	7.9

表 3-10 泰州市长江堤防白蚁危害段基本情况表

市(区)	分段	位置	白蚁危害段起讫桩号	长度(公里)	该段基本情况描述	历年治理情况	总投资(万元)	近期治理规划
靖江	1	下四圩港至下七圩港	257+727~260+468	3.85	下四圩港至下七圩港段存在少量白蚁活动迹象	2014年至2016年3年间，夹港至上六圩港验收段共计埋设引诱堆33540个，投放药物29000袋，埋设引诱桩5112根。开挖白蚁死巢26穴，灌浆4031米。其中，2014年验收段至上四圩港共投药10000袋，挖引诱坑15000个，美人港至上四圩港设立引诱桩1352根，重点治理段3260米，堤坡除草110556平方米，破巢5处。2014年在认真做好白蚁投药工作的同时，还根据年初的计划，对七九圩港至合兴港长1280米堤夹港采用劈缝灌浆法解决白蚁危害造成的隐患。2015年，在验收段共投放灭蚁药物10000袋，设引诱坑9540个，引诱桩1460根，重点治理段385米，堤坡清杂300708平方米，查找到地面指示物地碳棒8处，秋季挖除成年蚁巢3处；对上四圩港至上六圩港长2751米堤段采用劈防裂灌浆，解决堤防白蚁危害，管潮渗漏等隐患。2016年，靖江堤防管理所与句容安宁白蚁防治有限公司签订了白蚁防治技术服务协议，由该公司全程参与指导靖江堤防白蚁防治工作中的各个环节，确保白蚁防治规范有序。2016年，验收段共计埋设引诱堆9000个，投放药物9000袋，设引诱桩2300根，破巢10穴	168	白蚁防治工作是水利工程管理的一项重要内容，需长抓不懈，脚踏实地，认真仔细地搞好每一环节，才能完成任务，达到预期目标，使堤防和水利工程少受，不受白蚁侵害，保一方平安，主要抓以下环节：1.提高思想认识，强化安全意识。充分利用新闻媒体力量多层次宣传白蚁对长江堤防的危害，发动广大群众关注蚁情。在向社会宣传白蚁防治的同时，更注重向领导宣传汇报，使他们充分认识到白蚁防治工作任重而道远，并一如既往地支持长江堤防白蚁防治工作。2.持之以恒，标本兼治。本着急后缓，先重后轻，以点带面的原则，制订详细的防治计划和切实可行的防治措施，将验收段列为重点治理段，其他地段为普遍治理段。只有持之以恒，才能不断巩固防治成果，确保长江堤防安全运行。
	2	夹港至上六圩港	247+815~253+354	7.918	上五圩港至上六圩港白蚁活动迹象比较严重，美人港至上四圩港、上四圩港至上二圩港、川心港至二圩港、上二圩港至上六圩港等堤夹港的蚁害，上五圩港、上六圩港存在较多的蚁害现象			
	3	九圩汽渡至老十圩港	262+020~264+418	3.8	九圩汽渡老十圩港存在少量白蚁活动痕迹			
	4	西界河至夹港	240+155~247+815	11.507	西界河夹港存在少量白蚁活动迹象			
泰兴	1	虹桥镇	236+872~239+595	2.0	堤身密实度不够，这样的土质条件给白蚁的生殖繁衍提供了良好的天然环境，每年通过设堆引诱，均发现白蚁采食	每年投资20万元用于白蚁危害段投药诱杀，带药灌浆处理		投药诱杀，带药灌浆

第四节　通江闸涵站

20世纪50年代前,泰州境内沿江沟港众多,圩口分散。明万历十二年(1584),泰州始建通江闸。此后,历代统治者为维护漕运,在沿江主要港口建了一些小型的堰、埭、闸、坝等设施,而对一般沟港则听之任之。圩内农田灌排需建引排建筑物时,多由当地官民筹建简陋竹、木涵洞。漕运要道则建有坝、埭或闸。

里下河主要通江口门南官河的口岸,清代筑有拦河坝;靖江通江沟港在明崇祯年间始筑滚水坝,或称漫水坝。历代官民对沿江大小建筑物都有所维修、改建。自清末,经民国,直至新中国成立前夕,由于国运衰败,经济日绌,主要港口多以坝代闸;圩内排灌多为小木涵洞,为数甚多,不计其数,加之年久失修,经常出现险情。

新中国成立后,根据通扬运河以南地区水利规划和仪扬运河规划,按面向长江、开辟新水源的指导思想,结合加固江堤,并港建闸,消灭隐患。1997年,在江堤达标建设中,对水工建筑物进行了大规模的新建、改建及加固,部分水闸南移。2005—2015年,随着沿江开发和城市水环境建设需要,部分闸站北移距入江口600~800米处。其工程标准严格按照江苏省水利厅的要求执行,达到"调度科学、运用自如、水流畅通、水质变清"的目的。至2015年,泰州沿江有闸涵247座,其中通江节制闸54座,船(套)闸4座,涵洞127座,排灌站48座,闸站结合14座,形成了完整的沿江防汛体系。经过江堤硬质化护坡和通江涵闸等工程达标建设,通江闸涵都达到了《长江流域防洪规划》50年一遇加抵御10级台风的标准。其中中型建筑物达百年一遇的防洪标准。

一、古闸涵

明万历十二年(1584),泰兴知县冯渠在县城大西门建天井河闸1座。

明崇祯十一年(1638),靖江知县陈函辉令在沿江各港口距江边筑坝挡水,称"滚水坝"或"漫水坝"。各坝距江边约1公里,低于两侧港岸1尺许,可保水灌溉,又可漫坝排涝,但不能挡洪。崇祯十二年(1639),靖江又在县城西南1里许澜港通江(今靖江妃宫西侧)建造寒山闸。该石闸由对称的两个闸墩组成,孔宽、深各约1丈。闸门部分为两个平行的闸墙,称由身。由身上游称迎水,下游称分水。地基采用木桩,长约2丈,呈梅花状。闸底由花岗岩条石拼成,长3丈许,宽2丈。接缝处凿成凹凸楔口,用糯米汁浇灌,以防渗水。两边墙体显露部位为条状面石。面石之后有衬里石和三合土。闸门采用木制叠梁。闸墩有开闭闸门的石制支架,称绞关。用人工将叠梁置于闸墙6寸见方的槽口内。排水或放船时将叠梁提上,保水时放下即可。

崇祯十三年(1640),为保团河和城河水位,陈函辉组织市民在团河南苏家港设东山闸;在隐山团南、缪家港离江六七里处设平山闸。后又建梅山、桃山闸及东闸,均为石闸。寒山、东山、平山3闸建造资金白银2000余两,出自捐俸金和公款,不摊派民间一文。为纪念陈函辉的治水功绩,靖江在寒山闸西建陈公生祠。陈殉职后,又在南门外胡公祠东建陈公祠。清道光年间改忠义祠。清乾隆十一年

(1746)、道光初年募修寒山闸,民国年间进行大修。后各闸皆废,江水依然长驱直入。民国时期,靖江始出现少量混凝土水工建筑。

二、中型水闸

泰州境内中型通江水闸由西往东依次是:高港口岸节制闸,泰兴马甸节制闸、过船港闸、天星港闸、焦土港闸,靖江上六圩闸、十圩港闸、安宁港闸和夏仕港闸。各闸主要排泄通南地区涝水,并以自排为主。

(一)口岸节制闸

该闸位于泰州市高港区口岸镇南官河口门上,距长江边1050米,是通南地区的通江口门之一。1957年11月开工,1958年5月竣工。此闸3孔,每孔净宽7米。共完成土方3.49万立方米,混凝土3670立方米,石方3944立方米,耗用钢材311吨、木材376立方米,国家投资102.2万元。该闸设计标准为:防洪按50年一遇设计,200年一遇校核,为2级建筑物;排涝灌溉按"日雨320毫米不成灾和90%的灌溉保证率",灌溉面积50万亩,排涝面积141平方公里;设计流量:引水流量72米³/秒,排涝流量134米³/秒。最大引水能力190米³/秒,最大排水能力260米³/秒。由江苏省水利厅第四工程队承建。

该闸一块底板,底板上部高程-0.3米,闸顶高程7.5米,胸墙下口高程4.0米,为简支梁垫柏油毡与闸墩分开。交通桥按汽-10级设计,拖-30校核,为钢筋混凝土结构,宽6米。为方便闸门检修,配备插板式检修门1套。岸墙为钢筋混凝土空箱结构。空箱后为挡土墙。上下游翼墙为浆砌块石重力墙,下游翼墙顶高程4.7米。闸基-3.8米以下换黄砂作持力层。浆砌块石护坡脚下打直径15厘米×5米木桩一道,以增强护坡稳定性。上下游皆设消力池,下游高程-1.3米,上游高程-1米,消力池外各做干砌块石护底护坡,下游长30米,上游长20米。口岸闸原为钢架木面板弧形门,配备15吨电动手摇两用启闭机3台(套)及备用发电机组1台(套)。1968年、1969年相继将木面板门更换为钢丝网水泥面板门。

表3-11 口岸节制闸稳定及消能设计水位组合表

稳定								消能							
正向				反向				正向				反向			
设计水位		校核水位		设计水位		校核水位		设计水位		校核水位		设计水位		校核水位	
闸上	闸下	闸上	闸下	闸上	闸下	闸上	闸下	闸上	闸下	闸上	闸下	闸上	闸下	闸上	闸下
3.3	-0.3	3.9	-0.3	3.2	5.66	1.9	5.95	3.37	3.02	3.51	3.02				

1975年,中孔又更换为钢质面板门。由于长期运行,不均匀沉陷严重,致使闸底板纵向多处裂缝,伸缩缝多处开裂,闸身的混凝土严重碳化,亦因设计水位组合与实际遇到的水位组合之间差异较大,以及长期超负荷运行,实际发生的过闸流量大于设计流量,1972年7月3日,排水流量达到264米³/秒。此后,上下游冲塘日趋严重,1973年、1975年下游冲塘分别发展到-12.0米、-9.0米,1982年、1983年又

相继抛石6350吨,仍未能控制。

1997—2003年,江堤达标建设期间对口岸节制闸进行整治、加固。1998年,高港区邀请相关专家对口岸闸的加固问题进行可行性论证并上报市水利局。1999年,市水利局以238号文转批苏〔1999〕229号文件批准了可研报告,并经请示省水利部门同意,投资740万元,其中中央国债369万元,对口岸节制闸按2级水工建筑物标准进行加固,稳定复核水位按长江100年一遇潮位设计,200年一遇潮位校核,抗震烈度按7度设计。2000年5月8日正式开工建设,工程共完成土方2.56万立方米、石方11555立方米、混凝土2650立方米,使用钢材136吨。工程主要建设内容为:①闸室加固,对水上部位闸墩、胸墙、公路桥、便桥、排架等混凝土碳化部位及钢筋胀裂缝处进行加固;②上下游翼墙抗震加固;③侧向防渗处理;④更新闸门,将原有3孔闸门更新为实腹式弧形闸门,相应更换标准型号的卷扬式启闭机,并新建启闭机房,改造控制室;⑤上下游引河消能防冲增做护底护坡,对上下游河床削坡整理、适度顺直、抛石护底,并加做20厘米厚模袋混凝土护底及护坡;⑥新建办公用房和宿舍600平方米。

实施工程建设和工程质量管理上,实行项目法人负责、监理单位控制、施工单位保证和政府监督相结合的质量管理体制。

为防止水土流失,在闸管理范围内做了绿化,迎水侧坡面护砌和堤顶均铺设混凝土硬质路面。在施工过程中,对开挖、堆压、临时占地均采取了有效的防止水土流失措施,严格防止水土外溢,回填及坡面填土压实削坡,禁止乱抛乱撒,工程结束后及时整理绿化。

运行过程中,落实管理机构,安排足够管理人员,配备必要的管理设施,检查工程的变化情况,对雨水冲刷的沟坑及时修补,对树木(花木)加强管理,缺损部位及时补栽。防止有损闸堤标准的各种行为。

2001年10月,工程全部竣工并交付使用。2002年1月16日,闸区绿化工程通过验收。2003年12月30日,工程竣工初步验收。

口岸闸

加固后的口岸节制闸面貌焕然一新,灌溉面积达50万亩,排涝面积达289平方公里,成为一座具有防洪、灌溉、排涝及兼顾市区水源等多功能的水工建筑物,对高港区及泰州市周边的经济发展和人民的生产生活起着十分重要的作用。经过多年运行,主体建筑物无不均匀沉降,沉降值均在规定范围内,上下游河床平坦无冲刷,工程结构无异常情况,闸门门体运行平稳,闸门底侧止水效果良好,基本无漏水、卡阻现象,启闭机运行正常无异声。闸站运行后,已经过多次高水位差的考验。2003年"7·5"暴雨期间,里下河客水压境,南官河水位达4.0米(为1991年以来第二高水位),此期间,口岸闸共抢低潮排水开启闭门17次,排水2314.2万立方米,有效地减轻了涝情,较好地发挥了工程的作用。该闸在发挥防洪、排涝效益的同时,还利用高潮引水,保证了农田灌溉,活化了内河水质,对提高社会、经济、防洪等效益取得明显成效。

　　(二)马甸水利枢纽

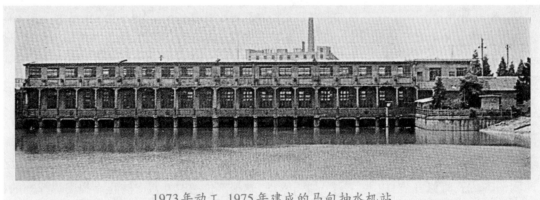

1973年动工、1975年建成的马甸抽水机站

　　马甸水利枢纽位于泰兴马甸社区,是对原马甸节制闸和马甸抽水站的改建。

　　原马甸节制闸是古马干河的引排口门,位于泰兴马甸镇西马甸,距长江5.2公里。1957年10月开工,1958年8月竣工。5孔,每孔净宽7米,北边孔为通航孔,航孔净高7米,闸孔净高4.3米。完成土方17.78万立方米、石方2909立方米,浇筑混凝土4865立方米,耗用钢材184吨。造价85.64万元,其中国家投资84.3万元。设计流量:引80米³/秒,排180米³/秒。灌溉面积96万亩,排涝面积536平方公里(惠及泰兴、泰县部分地区)。该闸实际最大引水流量达446米³/秒(1979年7月21日),实际最大排水流量423米³/秒(1975年6月24日)。该闸由扬州专署水利局设计,江苏省水利厅第四工程队承建。

表3-12　马甸节制闸设计排涝流量表

设计情况	闸上水位(米)	闸下水位(米)	水位差(米)	流量(米³/秒)
设计	3.19	2.88	0.31	180
校核	3.24	2.88	0.36	195

　　该闸闸基为沙壤土,地面以下3米贯入击数在20击以下,地基地质良好。闸身结构与口岸节制闸基本相同。底板3块,共宽42.9米,长19米,高程-0.3米,闸顶高程7.5米。岸墙为140号钢筋混凝土空箱结构,翼墙为浆砌块石重力式挡土墙,顶高程6.2米。消力池为140号钢筋混凝土,上游长10米,高

程-1米;下游长15米,高程-1.3米。护坦下游为110号灌砌块石,长20米。外接干砌石护坦长20米。上游为干砌石,长35米。上下游护坦末端均设有1.0米深防冲槽。原南四孔闸门为钢架木面板弧形门。

1966年秋,改为钢丝水泥面板弧形门;1979—1982年,改为钢架钢面板弧形门。北边孔为通航孔,通航孔高程7.5米,闸门分上、下两扇,均为钢架钢面板直升门,上扇高3.25米,下扇高4.6米。5孔均配备15吨电动、手摇两绳鼓式启闭机。交通桥为汽-10级设计,拖-30校核,钢筋混凝土结构,桥宽7.5米。

该闸由于设计水位组合与实际出现的水位组合差异较大(设计上游最优水位3.2米,实际发生正常年景为高程2.2米左右),加之长期超负荷运行,上游冲塘日趋发展,曾经多次抛石护底,未能控制;闸大河小,该闸按50年一遇设计,200年一遇校核;古马干河上下游引河按排涝50年一遇标准开挖,中东段按排涝5年一遇开挖,一经引水,两岸河坡倒塌严重;闸身外露部分,混凝土碳化严重,表面爆裂剥落。

为解决通南高沙土地区的抗旱水源,1974年在马甸节制闸西南200米处建成马甸抽水站。该站由扬州地区革委会水利处组织有关县技术力量进行设计。该站设计:抽水流量100米³/秒,20台机组,装机容量5600千瓦,每台电动机功率为280千瓦,电压600伏,泵径1.15米,立式轴流泵。土建工程一次施工建成后仅安装10台套,流量50米³/秒。主体工程于1973年2月由扬州地区革委会水利处基建工程队施工,1974年5月竣工。完成混凝土7135立方米、石方3926立方米,耗用钢材278吨、水泥1763吨、木材504.4立方米,总造价325.00万元。附属工程:上下游引河总长6.1公里,下游引河底高程为-4.0米。由泰兴、泰县组织民力5.8万人,于1972年冬施工,完成土方459万立方米,耗资97万元;输变电及公路桥工程于1973年4月分别由泰兴供电所及泰兴县水电局建桥工程队施工,耗资131万元。整个工程,国家投资456万元。

该工程底板共4块,边块长15.5米、宽17.55米,中间两块每块长15.5米、宽16.3米。底板及下游护坦高程均为-3.2米。水泵出水口高程1.25米,进水流道底高程-3.2米,引河底高程-4米。进出口宽度采用叶轮直径的2.6倍。电机层高程4.5米。主厂房净宽9.8米,副厂房净宽2.3米。提吊行车的底面高程为10.5米。抽水站按20年一遇设计,50年一遇校核,为Ⅲ级建筑物。设计水位组合是:自引时上游2.0米、下游4.5米,自排时上游3.8米、下游1.02米。高潮时上游校核水位3.0米、下游校核水位5.8米,枯水时上游校核水位2.6米、下游校核水位-0.81米。建站后实际遭遇的高潮:1974年8月20日,上游水位2.75米,下游水位5.77米。枯水:1979年1月24日,上游水位1.32米,下游水位-0.99米。

1975—1980年,陆续接长护坡、疏浚引河、修补连拱挡土翼墙裂缝,并进行抗震加固和增设集中控制系统等。

由于控制建筑物未配套齐全,水量流失大,内河水位抬不高。因此,自建站以来仅翻水7次,运行6865.2台时,平均每台运行68小时左右,累计抽水量1.16亿立方米。由于当时抽水经费没能落实,长期不使用,下游引河淤积严重,1983年后,闲置不用,机电设备也锈蚀损坏,工程作用未能发挥。

1997—2003年江堤达标建设期间,对马甸抽水站和马甸节制闸进行除险加固。

马甸抽水站除险加固工程于2002年7月8日开工,2003年11月竣工,工程项目为:新筑挡洪坝约

122米,顶高7.0米,顶宽6.5米。挡洪坝两侧边坡均采用护坡措施,迎长江侧浆砌石护坡,内河侧为草皮护坝。挡洪坝两端于港堤和中心岛进行防洪交圈,对局部交圈港堤段进行护砌。参照《长江流域防洪规划》,马甸抽水站下游洪(潮)水位确定为顶高6.27米(废黄河基面)。该工程共计完成土方4.95万立方米、砌石2500立方米,工程决算288万元。

马甸节制闸除险、加固工程于2002年12月30日开工,2003年11月20日竣工。工程包括:更换工作桥、便桥、胸墙、闸门、启闭机,上下游翼墙加固,上下游消力池、护底、护坡接长,河床冲塘抛石,混凝土碳化处理,公路桥加固,新建启闭机房及控制室等。工程设计标准为100年一遇,总投资1206万元。

马甸水利枢纽

经年累月,原有的节制闸受潮水影响,已不能保障船只正常通行,为提高工程灌溉、排涝、航运的综合功能,2013年11月,经江苏省发改委、水利厅批准,实施马甸水利枢纽改建工程。2014年12月1日正式开工,至2016年底,土建主体工程全部完成。先后拆除了原抽水站及上游公路桥,重建了1座60米³/秒的泵站,设5台机组。新建流量113米³/秒的配套闸1座,并按5级船闸标准设计。同时,建设Ⅱ级标准5跨的公路桥1座,其单跨25米,桥面净宽7米,工程总投资2.3786亿元,其中省补助1.22亿元,泰兴配套1.1586亿元。该工程全部实施后,可解决泰兴北部地区和里下河、通南地区灌溉水源的不足,增加古马干河排涝口门,提高区域排涝标准。同时改善古马干河通航条件,促进区域经济协调发展。

(三)过船节制闸、过船套闸

【过船节制闸】

位于过船乡杜樊垱,是通南地区骨干引排河道如泰运河的入江口门建筑物。两闸1959年2月开工,同年8月建成并投入运营。5孔,其中中孔为通航孔,净宽5米,净高8.9米;其余4孔净宽各4米,闸孔净高6米。完成钢筋混凝土及混凝土3421立方米,土方6.9万立方米;干砌、浆砌石3740立方米,耗用钢材30.3吨、木材100多立方米、水泥400多吨。国家投资41.7万元。

该闸由扬州专署水利局设计,扬州市建筑公司施工。设计流量引48米³/秒,灌溉保证率75%,排

94米³/秒,灌溉面积45万亩,排涝面积149.39平方公里。水闸设计标准按20年一遇设计,100年一遇校核。

表3-13　过船节制闸设计水位组合表　　　　　　　单位:米

频率	稳定设计		消能设计	
	闸上水位	闸下水位	闸上水位	闸下水位
20年一遇设计	1.7	6.27	3.0	2.0
	3.2	-0.5	1.7	2.72
100年一遇校核	1.7	7.1	3.0	2.0
	3.2	-0.5	1.7	2.7

表3-14　过船节制闸设计排涝流量表

闸上水位(米)	闸下水位(米)	水位差(米)	流量(米³/秒)
2.81	2.56	0.25	68
3.02	2.56	0.46	94
3.02	2.56	0.64	110

该闸基为壤土、沙壤土,对承载力不够部分做换沙处理。闸底板分4块,岸墙与边孔的一半合一块,第二孔与一、三孔的一半,第四孔与三、五孔的一半各合成一块底板。底板高程-1.5米,闸顶高程8.0米,胸墙高程4.5米,简支结构,岸墙为重力式挡土墙,上下游翼墙为50号浆砌块石重力墙,顶高程3.5米,消力池上游高程-2米,长10米,下游高程-2米,长15米,上部为110号钢筋混凝土,下部为110号素混凝土,塘外各设长5米浆砌块石反滤层、冒水孔。上下游护坦为80号浆砌石,各长10米,外接干砌石,上游长15米,下游长20米,上下游护坦末端设宽4.0米、深1.0米的防冲槽各1道。闸门为钢

架木面板直升门,配备中孔10吨、边孔8吨螺杆式手摇启闭机各1台(套)。交通桥为木质人行便桥,宽2.3米。

1963年,该闸改手摇式启闭机为电动、手摇两用绳鼓式启闭机。1964年,木便桥改建为汽-6、宽4米的钢筋混凝土板梁桥。1966年,边4孔闸门改为钢丝网水泥面板门,通航孔更换木方。1974—1975年,各门逐步改为钢面板门。1963—1984年,先后用于更新改造经费计25万元。但是,该闸工程质量差,混凝土碳化严重,裂缝剥落,钢筋外露锈蚀。设计水位组合与实际发生的水位组合之间存在差距,长期超负荷运行。1975年6月24日,最大排水流量达194米³/秒;1979年7月12日,最大引水流量达325米³/秒,闸上游冲塘日趋扩大,1966年达-7.0米,1982年发展到-12.0米,经多次抛石处理仍未能控制。加之河闸不相适应,尤其是下游引河,几个单位违章建直立墙,与河争地,缩小了过水断面,影响工程效益的发挥和工程安全。

1997—2003年江堤达标建设期间,对此闸进行除险、加固。工程于1999年1月3日开工,1999年4月27日通过水下验收,2000年12月7日通过竣工验收。工程主要项目为:上下游翼墙、闸室加固,拆建工作桥、便桥、胸墙,更换钢闸门及启闭机,上下游消能防冲处理,拆除上下游引河障碍,工程设计标准为100年一遇,总决算为753万元。

【过船套闸】

位于过船节制闸南侧,距江边1650米,是如泰运河通航的入江口门。1970年12月5日开工,1972年7月建成。闸孔净宽8米,闸室净宽11米,长124.6米,闸室口为轻型薄壁涵管墙,按当时泰兴最大的1轮12拖轮队一次通航325吨设计。过船套闸是过船节制闸的配套工程。由泰兴水利局设计并组织施工,扬州地区革委会水利处审批。该闸上、下闸首闸顶高程6.5米,结构为钢筋混凝土灌柱桩基础,桩径0.7米,上闸首桩长6米,下闸首桩长10米,共44根。上、下游闸墙为钢筋混凝土墙,输水洞为拱形浆砌块石结构,宽1.5米,高2.1米。每次输水时间9~14分钟。上闸首闸顶高程4米,门槛高-0.6米,下闸

首门槛高-1.2米。闸室底板采用反拱结构,干砌块石每20米加浆砌块石隔埂1道,磷矿粉垫层厚0.2米。闸室墙为涵管结构,墙顶高4米,加挡浪板高1米。上下游翼墙亦是涵管结构,上游墙顶高3.5米,下游墙顶高4.5米。交通桥为汽-15、拖30双曲拱桥,四肋三波,净宽7米,大肋底高为7.8米。闸门为钢架钢板一字旁开门,绳鼓式启闭。启闭机安装在闸门顶上,利用钢绳牵引。整个工程共完成土方10万立方米、混凝土2446立方米、石方1960立方米,用水泥750吨、木材31立方米、钢材40吨。总造价45万元(含开挖上、下游引河11万元),其中,省交通局投资6万元,扬州市交通局和扬州市水利局分别

投资9万元和30万元。1971年10月,在建公路桥期间,因南侧大腹拱倒塌,施工人员杨怀道被砸死。

（四）天星闸

该闸建于天星乡天星桥,系天星港的入江口门,1958年11月开工,1959年8月竣工。5孔,中孔为通航孔,净宽5.0米,净高8.9米,其余4孔净宽均为4米,净高6米。设计流量:引48米³/秒,排94米³/秒,灌溉面积45万亩,排涝面积127平方公里。该闸由扬州专署水利局设计,扬州市建筑公司承建,完成土方25.1万立方米、混凝土3429立方米、石方3740立方米,国家投资41.7万元。该闸设计标准及结构形式同过船节制闸。实际最大引水流量为97.8米³/秒(1974年8月16日),最大排水流量达159米³/秒(1975年6月25日)。1965年,该闸将螺杆式手摇启闭机改为电动、手摇两用绳鼓式启闭机;1969年,木质交通桥改建为宽5米、汽-10级钢筋混凝土桥;1970年,钢架木面板门改建为钢架钢丝面板门;1976—1978年,改为钢面板门。

因实际引排水流量大于设计流量,上游冲塘日趋扩大。1984年测量冲塘最深处达-6.5米,虽经抛石防护,仍未能控制;混凝标号低、质量差,外露部分混凝土碳化严重,混凝土裂缝剥落,钢筋外露锈蚀,影响结构安全;下游引河口淤积严重,过水断面缩小,影响工程效益发挥。

2000年2月10日,泰兴启动天星港闸改建工程,当年12月9日竣工。工程主要项目:新建3孔、净宽21米节制闸,-20公路桥、工作桥和检修桥。节制闸设计排涝流量110米³/秒,引水设计流量48米³/秒,闸室总净宽21米,分3孔,单孔净宽7米。为2级水工建筑物。工作桥上设控制室,平面直升式钢闸门,4台卷扬式启闭机。闸门自动控制设施及部分水文设施,闸区绿化配套设施,老闸管理房加固改造。设计标准为100年一遇,工程总决算1384万元。

（五）焦土闸

焦土节制闸位于泰兴蒋华镇土桥村，距江边650米，是焦土港的入江口门。1957年2月开工，1958年6月建成，是泰兴第一座新建的港口控制闸。闸3孔，1块底板，每孔宽4米，中孔结合通航孔。设计流量：引20米³/秒，排40米³/秒。灌溉面积20万亩，排涝面积60平方公里。完成混凝土2017立方米、石方3523立方米，耗用钢材56.2吨，国家投资54.6万元。该闸是根据通南地区水利规划新建的。由扬州专署水利局设计，江苏省水利厅审批，扬州市建筑公司承建。按20年一遇设计，100年一遇校核，为3级建筑物。设计水位组合为，正向设计：闸上2.5米，闸下6.41米（加风浪高1.07米）；正向校核：闸上1.0米，闸下6.87米（加风浪高1.24米）。反向设计：闸上3.25米，闸下0.74米；反向校核：闸上3.56米，闸下0.74米。

表3-15　焦土闸设计排涝流量表

排涝频率（%）	闸上水位（米）	闸下水位（米）	水位差（米）	流量（米³/秒）
10	2.34	2.11	0.24	39.1
5	2.58	2.25	0.33	49.2
1	2.85	2.22	0.63	67.2

焦土闸闸基为沙性软土，贯入击数2~4击，采用桩基。闸身两侧、上下游翼墙打木基桩4排，间距1.0米，入土至-13.0米，3孔合一块钢筋混凝土底板，闸底板高程0米。上下游翼墙及其基础均为浆砌块石，顶高3米，上下游消力池为140号钢筋混凝土，长15米，池底高程-1米。上下游浆砌石护坦，各长10米，外接干砌块石护坦，上游长25米，下游长28米，末端设防冲槽，均深2.0米，闸门为钢架木面板直升门，配备手摇绳鼓式启闭机，中孔10吨，边孔6吨。交通桥为人行木便桥，宽2.8米。1972年，将木面板门改为钢丝网水泥面板门；1978年，又改为钢架钢面板门并改为电动启闭；1985年，人行便桥改为汽-15级钢筋混凝土桥，新桥宽4.0米，梁底高程6.95米。

1999年2月14日对焦土闸进行改建，2000年12月8日竣工。工程主要项目有：新建节制闸1座

（闸净宽17米，3孔，中孔宽7米，边孔宽5米），拆除老闸墩、工作桥、公路桥，在节制闸两侧新建2.2米宽、3.3米高箱式涵洞2座；新建工作桥、公路桥各1座，更换闸门、启闭机；建新闸启闭机房、管理房等。工程设计标准为100年一遇，工程决算为1113万元。

（六）上六圩港闸

该闸位于靖江东兴镇、澄—靖工业园区交界处，距长江边1.05公里的上六圩港口，受益面积63.3平方公里。上六圩港是东兴、生祠镇、澄—靖园区的主要引排河道。1960年12月该闸动工，翌年6月竣工，投资68.89万元。组合水位：汛期，长江水位5.44米，内河水位1.5米；蓄水期，长江水位-1米，内河水位2米。闸孔总宽13米，中孔5米可通航，两边孔各4米。闸身长106.54米，闸底真高-1米，闸顶真高7.2米，设计排涝流量104米³/秒。两边岸墙内各装半贯流式水轮机1台，每台可发电24千瓦。闸上设5.5米宽公路桥，荷载汽-10、拖-30。闸门均为钢端柱木板门，中孔使用15吨手摇、电动两用绳鼓轮启闭机，两边孔用8吨螺杆启闭机。水轮机输水孔为木结构直升门，各配6吨螺杆式启闭机1台。

1966年，改中孔木质门为钢架混凝土面板。1975年，添置495型柴油机配套发电机组1台。1981年，下游坍塘抛石1300吨。1998年，市水利局批准，该闸南移600多米，改建成中型水闸。是年12月动工，翌年9月竣工，投资828.15万元。水位组合：防洪期长江水位5.89米，内河水位1.8米；蓄水期长江水位-1.06米，内河水位2.5米。排涝流量104米³/秒，整体3孔一联结构，分3孔布置（3米+7米+3米），闸孔净宽13米，底板真高-1米，闸顶真高7.2米，闸身长122米。中孔平面升卧式钢闸门，边孔平面直升钢闸门，分别为2×16T×1台、1×8T×2台卷扬式启闭机。

1999年，为解决水运、陆运交通和地方矛盾问题，拆除老闸中孔2个闸墩和工作桥排架，增设净跨15米、汽-20、宽7米的交通桥。

该闸下游引河左（东）岸受船行波长期冲刷，2011年，宽10余米的湿地已坍失至堤脚，危及堤身安全，虽采取抛石治理，但又影响船舶过闸通航。2013年1月，采用直径600毫米管桩连打，桩后高压旋喷防渗，桩长9~14米，混凝土压顶真高2.8米，上部砌石、混凝土护坡修复，实施长度295米，工程投资286.82万元。

（七）下六圩闸站枢纽

2010年动工北移兴建的下六圩闸站枢纽工程

下六圩节制闸位于距江边700多米的下六圩港口，1970年开工兴建，1971年5月建成。该闸站是靖江澄靖园区、城南、靖城、马桥等镇园区的主要引排河道,受益面积37.2平方公里。

该闸水位组合为:长江最高潮位5.10米,最低水位-1.0米。内河水位最高3.0米、最低1.5米。全闸长93米,闸室长13米,上游护坡长35米,下游护坡长30米。闸3孔,依次为3米、7米、3米,中孔通航。过闸流量58.6米³/秒。反拱底板,厚0.8米,闸底高程-0.5米。空箱式岸墙,岸墙顶真高7.2米。上游面设交通桥,桁架拱结构,桥面宽4.3米。钢架水泥面板闸门(1982年4月改换成钢面板门),油压启闭机,配50千伏安变压器1台,自备发电机组1台(套),供大电网停电时使用。共计使用资金14万元。1976年和1988年先后对主闸槽打坝修理。2000年在老闸之南100米处改建单宽7米节制闸,2002年1月开工,是年6月8日水下验收,8月15日完工。

为有效改善城区河道水环境,加快清水廊道和水源库区建设,并结合沿江开发,加大内港池建设,省水利厅和市水利局批准,将下六圩港口北移,在距长江边820米处兴建下六圩闸站枢纽工程。工程内容包括:新建单宽8米节制闸1座,闸底高程-2.5米,顶高程7.2米,采用升卧式钢闸门,配套QH-2×250kN卷扬式启闭机。左侧建3台(孔宽4米×3孔)单机流量6.7米³/秒,配1400ZLB6.7-2.8开敞式轴流泵3台(套),单机功率400千瓦,双向20Q提水泵站1座;内河侧新建滨-路交通桥,荷载等级公路-Ⅱ级,4跨,每跨25米,净宽40米;闸站下游引河为口宽250米、深-6米港池,顺水流向长188米,两岸共建造2000吨级内港池泊位6个。码头采用承台管桩基础和地连墙防渗,胸墙顶高5.5米,堆场宽38米,后设顶高7.15米、顶宽6.5米的防洪大堤。工程于2010年11月16日开工,2012年7月15日,水下工程通过市水利局组织的验收。2013年冬,拆除1971年、2002年建造的2座下六圩港江边节制闸,开挖下游引河,提升引排能力,同时将两岸先行筑港堤防洪度汛。

2014年12月,下六圩闸站枢纽工程通过市水利局组织的完工验收。

(八)十圩节制闸、十圩套闸

【十圩节制闸】

1958年,十圩港拓宽后,由于受江潮涨落影响,高潮时孤山一带洼地受涝,低潮时沿线缺乏灌溉水源。为解决两岸农田灌排问题,在位于八圩镇十圩港口距江边1.91公里处建十圩节制闸,受益面积68.1平方公里。

该工程由省水利厅审批,扬州专署水利局设计,靖江建筑站承包施工。1959年11月中旬,靖江抽调民工3437人开挖闸塘及引河。1960年春节前完成闸底板浇筑任务。同年6月20日,经扬州专署水利局等5个单位共同验收合格,交十圩闸管理所管理,7月15日投入运行。

十圩节制闸水位:高潮时内河水位1.5米,长江水位5.44米;蓄水灌溉期内河水位2.5米,长江水位-1米,过闸流量111米³/秒。闸孔净宽15米,分3孔布置(5米+5米+5米)。中孔结合通航,闸身总长111.07米,底板长14米,闸底真高-1米,通航高程7.2米。底板采用钢筋混凝土结构,闸门采用铸铁端柱木板直升门。

该闸在工程竣工放水前,中孔底板曾发生纵向裂缝,工程人员采取底板加高0.3米、凿槽埋设钢轨加固处理,使用资金56.95万元。

1965年11月,中孔闸门木面板更换成钢架混凝土面板。1968年,两孔木闸门更换成钢架混凝土面板。1976年1月,修理门槽,封闭潮汐发电输水孔;同时修理护坦护坡,启闭机全部更换油压启闭,共投资2.22万元。由于该闸设计标准偏低,混凝土碳化破损,设备老化,需拆除改建。

2000年,市水利局批准,在旧闸址南移1.1公里,改建中型水闸1座。2002年11月动工,翌年12月竣工,投资875.46万元。工程按100年一遇洪(潮)水位设计,300年一遇校对;设计水位组合为:防洪期长江水位5.8米,内河水位1.8米;蓄水期长江水位-1.03米,内河水位2.5米。设计排涝流量111米³/秒,闸孔净宽15米,分3孔布置(4米+7米+4米)。新闸为钢筋混凝土整体三孔一联结构,底板真高-1米,闸顶真高7.3米,闸门为直升式平面钢闸门,采用2×16T×1台、2×8T×2台卷扬式启闭机。桥台两侧建控制室和水文观测房360平方米。2003年,为解决水运、陆运问题,拆除老闸中孔2个闸墩和工作桥排架,新建净跨17米、汽-20米的交通桥。

十圩节制闸(2000年)

【十圩套闸】

1973年11月,在十圩节制闸西侧、距长江边1.6公里处动工建十圩套闸,1975年10月竣工。总造价121.31万元,其中国家投资107万元,靖江县自筹14.3万元。该闸建成后,成为靖江沟通大江南北的水上交通枢纽,年通航量600万吨。

十圩套闸水位组合为:最高水位内河3.0米,长江5.0米;最低水位内河1.5米,长江-0.7米。通航水位:上游最低水位1.2米,下游最低水位0.5米,最高水位4.2米。该闸为钢筋混凝土结构,浆砌块石岸墙花岗石护面,闸室宽12米、长134.4米,闸首宽10米。一次可通航500吨轮队,最快过船时间15分钟。闸底高程:上游-1.0米,下游-1.7米。岸墙顶高:上游4.0米,下游5.6米。钢架钢面板三角形闸门,使用4吨推杆启闭机。上游闸首设交通桥,桁架拱结构,桥宽3.4米,荷载2.5吨。

1987年春对该闸进行大修,更换闸门运转件、止水及弯曲杆件,闸门除锈油漆、更换输水闸门,修理启闭机座、伸缩缝等。采用预备闸门封闭排水,2月4日动工,4月6日完成,停航2个月,共完成混凝土35立方米,灌砌石20立方米,土方800立方米,工程由靖江县水利局金属构件工厂施工,使用资金25.7万元。

泰州水利志

1996年8月2日,由于受农历6月半天文大潮和8号台风共同作用,长江高潮位5.4米,超过警戒水位1.36米。受其影响,十圩套闸下游防洪三角闸门运转件损坏倾倒,事发后组织检修闸门封堵应急抢险。是年12月,组织对闸门运转支承部位和闸室底部进行大修,增设钢浮箱、更换推杆启闭机、闸门喷锌防腐处理等。大修工程由江苏省交通工程公司设计院设计,江苏省交通工程公司第五分公司中标施工,土建由靖江市水利建筑工程总队施工,使用资金186万元。次年1月,工程完工,市水利局组织对大修工程验收后,同意放水运行。

2000年春,在长江堤防达标建设中,对下游两岸长252米引航道采用∅800灌注桩、沉板、胸墙结构。沉板底高-2.5米,胸墙底槛高-0.5米,顶高4米,墙后为混凝土护板,底高1.8米,顶高7.15米。

2008年11月下旬,靖江市水利局组织对十圩套闸闸门运转部位进行第二次大修。同时对闸室干砌石护底、压顶、挡浪板,上游干砌石护底、护坡、引航道挡土墙、闸室围墙等土建损坏部位及其办公管理用房、场所进行修复更新,共使用资金601.41万元。

2012年,对套闸进行除险加固。12月开工,2013年8月,市水利局组织对十圩套闸除险加固水下工程验收,同意拆坝放水。8月12日试运行通航。工程内容包括:上下游筑坝施工,上闸首底板与上游翼墙拆除重建,底板高程由-1.0米调整为-1.7米(与下闸首底板同高程),下闸首及下游翼墙加固改造,上下游三

1996年靖江十圩套闸三角形闸门大修工程

除险加固后的十圩套闸

角形闸门、输水门及液压启闭机制作安装,上游交通桥拆除重建,下游两岸长252米引航道拆建加固、闸首控制室改造等项目。由于下游挡墙基础淘刷,墙体塌陷移位,混凝土护坡下沉损坏等,同期,靖江组织对下游引河护砌工程修复长2.7公里,上下游引河疏浚长1.8公里,完成土方10.5万立方米。

(九)安宁港节制闸

该闸位于斜桥镇安宁港口,距长江边550米处,受益面积42平方公里。该闸属于夏仕港配套工程,解决孤北洼地的排水出路。工程于1958年1月开工,7月竣工。水位组合为:汛期长江水位6.08米,内河水位1.7米;蓄水期长江水位-0.19米,内河水位2.54米,引水流量63.96米³/秒,排水流量99米³/秒。闸身全长131米,3孔,每孔宽4米。中孔结合通航,闸底高程-0.7米,闸顶高程7.2米,上游闸墩设公路桥,桥面宽5.5米。闸门为钢架木面板直升门(1965年5月20日,木面板改为钢架混凝土面板门),两边孔用6吨螺杆手摇启闭机,中孔用10吨绳鼓式手摇启闭机(1965年改成电动,1986年,两边孔改为QPQ×8T平面卷扬式启闭机),使用资金1.5万元。

该闸闸基为软性沙壤土,为稳定基础,用梢径10厘米、长10米的杉木桩880根打桩固基。

原闸设计标准偏低,又经60年运行,闸身混凝土碳化剥落,护坡护底损坏,防冲槽外冲刷严重,闸底板沉降不均,闸门、启闭机老化,工作桥、交通桥、管理房破损。为确保工程安全运行,2001年,经对安宁港节制闸上述项目进行除险加固。工程按100年一遇洪(潮)水位设计,200年一遇校核;2002年2月开工,是年8月竣工,配套平面直升钢闸门,2×8T卷扬式启闭机3台,工程投资289.61万元。

(十)夏仕港节制闸、夏仕港套闸

【夏仕港节制闸】

夏仕港节制闸位于夏仕港入江口,距江边约1公里,时为靖江最大的节制闸,与夏仕港配套,灌排面积600多平方公里。1958年1月动工,7月竣工,投资144.73万元。该闸6孔,每孔宽8米,流量528.4米³/秒。组合水位:汛期长江水位6.8米(含风浪爬高1.25米),内河水位2.5米;蓄水期长江水位-1.31

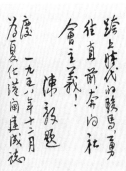

陈毅为1958年所建夏仕港闸题词

米,内河水位2.8米。闸底真高-1.5米,胸墙真高3米,两边通航孔通航高程7.2米。闸门为:通航孔钢架钢面板上下两扇直升门,其余5孔为钢架木面板弧形门,蜗轮立式启闭,6米宽公路桥。该闸竣工时,时任国务院副总理陈毅为其题词:“跨上时代的骏马,勇往直前,奔向社会主义!”时任江苏省副省长管文蔚题写“夏仕港闸”闸名。1969年,通航启闭机更换为绳鼓轮启闭机。1971年,5孔弧形门木面板更换为钢筋混凝土面板。1979年,弧形闸门蜗轮蜗杆启闭机更换为卷扬式启闭机。1987年,弧形闸门混凝土面板更换为钢面板。

夏仕港老闸(2002年拆除)　　　　　　　　　夏仕港节制闸(2002年)

2001年12月7日,江苏省水利厅专家组鉴定,该闸为Ⅳ类,存在严重问题:闸身抗滑稳定不足,混凝土碳化,闸门启闭设备老化,上下游闸塘冲刷严重,不能适应防洪、引排水要求,要求拆除重建。2002年10月,靖江开工建新闸,2003年11月18日竣工。该工程按100年一遇洪(潮)水位设计,300年一遇校核;投资3227.93万元。设计水位组合:防洪期长江水位5.68米,内河水位2.2米,蓄水期长江水位-0.97米,内河水位2.5米。设计排涝流量354米³/秒,校核流量599米³/秒。新闸为三孔一联结构,闸孔分为5孔,单孔宽10米,总宽50米,闸底真高-2.5米,闸顶真高7米,闸室长16.5米。泄水孔为弧形钢结构闸门,安装QH-2×150kN卷扬式弧门启闭机4台;航道孔为直升式平面上下扉钢结构闸门,安装2×160kN、2×80kN卷扬式启闭机各1台。交通桥汽-20,净宽7.4米。两侧桥台及工作桥建造管理用房1691平方米,使用自动化监控系统。

新闸建成后,靖江从安徽广德选购一高5米、宽2.9米、重约40吨的巨石,制成纪念碑,在碑身正面重刻陈毅题词。该碑置于闸管区内,并列为青少年教育基地。

【夏仕港套闸】

1979年12月,在夏仕港节制闸东侧新辟的引河上、距长江边1.1公里处动工兴建夏仕港套闸,1985年5月12日建成,10月投入运行,年通航量300多万吨。

1979年12月,靖江组织民工3000余人开挖闸塘,完成土方20.2万立方米;上下游引河由泰兴和靖江两县共同完成,泰兴负担引河土方38万立方米,靖江负担15.8万立方米,建筑杂工由靖江县各公社轮流派出。1981年,因国民经济调整而停工缓建。这时土方工程已完成62.35万立方米,占计划的84%;闸身底部工程已完成62.35万立方米,占计划的84%;闸身底部工程全部结束,闸室墙砌至真高0.3米,共计完成混凝土8100立方米,占计划的85%;完成浆砌石4746立方米,占计划的37%;完成干砌块石完成777立方米,占计划的6%。

1984年1月9日,经省水利厅批准复工续建。全部工程于1985年5月12日完成,经省水利厅、扬州市水利局等9个单位验收合格,交夏仕港闸管理所管理。1985年10月27日正式投入运行。时任江苏省委书记、中央顾问委员会常委江渭清题写闸名。

夏仕港套闸水位组合为:汛期内河1.70米,长江5.15米;蓄水灌溉期内河3.40米,长江-1.16米。

闸首净宽10米,闸室宽14米,长162.0米。一次可通过1000吨船队两个,或单驳600吨两艘。上下闸首底板高程为-2.7米,上闸首岸墙顶高程5.5米,下闸首岸墙顶高程6.0米。

上下游闸首基础均采用钢筋混凝土轻型结构。分离式铰接底板,底板下设25厘米×25厘米×500厘米钢筋混凝土桩共526根,采用1~3吨锤打方法施工,并在底板四周设18厘米×45厘米×390厘米钢筋混凝土防渗板桩。闸室墙及翼墙采用圆井式浆砌块石结构,墙底板前趾设有20厘米×45厘米×490厘米钢筋混凝土防渗板桩1078根,采用静力压桩法施工。

上闸首设公路桥,钢筋混凝土空心板梁结构。按汽-15、挂-8设计,桥面净宽7米。闸门采用钢结构三角形门,配备4吨推杆启闭机,输水孔用钢结构平面直升门,上游配8吨绳鼓轮启闭机,下游配螺杆启闭机,均电力启动。

该项工程共完成土方80.25万立方米,混凝土9270立方米,征用土地412.72亩,使用经费568.38万元,全部由国家投资。

该闸自1985年10月投入运行以来,年通航量由300多万吨扩至600多万吨,由于经年累月受船舶碰撞影响,闸门支承杆件变形,止水损坏,致使闸门顶底枢不在同一垂心上。1997年大水溃堤后,该闸下游闸门运转件发生卡阻剪切螺栓现象,且按照套闸10年大修周期已经超期服役。

为保证该闸的正常运行,1997年11月上旬,靖江组织对夏仕港套闸闸门运转支承部位、止水、钢质浮箱、喷锌防腐及土建部位进行大修,工程使用资金194.4万元。大修工程由江苏省交通工程公司设计,闸门运转件制安由江苏省交通工程第五分公司中标施工,土建部分由靖江市水利建筑工程总队施工。工程于1997年12月底完工,市水利局组织对大修工程验收,同意放水运行。

2000年春,长江堤防达标建设中,将该闸下游两岸252米的引航道采用⌀800厘米灌注桩、沉板、胸墙结构。沉板底高-3.5米,胸墙底槛高-0.5米,顶高4.0米,墙后为混凝土护坡,底高1.8米,顶高7.0米。

2003年,"7·5"特大暴雨,套闸投入排涝,由于超设计标准泄洪,下游引航道墙外侧出现顺水流向长200多米、宽20米的深槽,最深处达真高-8米,而下游引航道沉板无榫口,埋置深度较浅,致使沉板后土体流失,护坡塌陷。是年7月8—12日,靖江紧急抛石6478.8立方米做固基处理。

随着沿江开发和社会经济飞速发展,套闸年通航量扩至800万吨,过闸单驳船只由600吨扩至800吨以上。由于超大、超宽、超深船只过闸,致使闸门门轴柱、门中斜接柱等部位易受船只碰撞变形,运转件磨损,闸身混凝土碰撞损坏露筋,砌石墙体脱落,下游引航道外深槽引发胸墙外倾变形等。靖江市与省水利检测中心共同鉴定此闸为Ⅲ类闸,应该进行除险加固。此次除险加固工程列为省补工程项目。设计水位组合为:汛期内河2.20米,长江5.68米;蓄水灌溉期内河3.50米,长江-1.32米,引排流量108米³/秒。工程包括:建下闸首、翼墙,拆建闸孔宽度14米,底板高程-3.2米;拆建下游闸室墙长22米,拆建下游消力池、海漫、控制室,下游引航道挡土墙,下游工作闸门、阀门及启闭设备配套更新。与此同时,报请靖江发改委批复的地方配套工程同步实施,其主要建设内容为:拆建上闸首、翼墙,闸室墙长5米;上游闸门、阀门及启闭设备更新;拆建上游消力池、海漫、控制室;拆建上下游引航驳岸、护坡;拆建闸室挡浪墙、划价房、配电房等设施;拆建上游交通桥,公路-Ⅱ级桥面宽7米,桥长84米,共5

跨,中跨20米,梁底高9.5米,其余4跨均为16米。上下闸首,下游Ⅰ级翼墙及直立式引航道均采用钢筋混凝土灌注桩,底板为分离式铰接结构;闸室墙及Ⅱ、Ⅲ、Ⅳ级翼墙采用水泥搅拌桩固基;防渗部位分别采用水泥搅拌桩和高压旋喷处理。闸室长161.8米,其中改建闸室墙为钢筋混凝土U形结构,净宽14米,底高−3.2米,尚有中间长134.8米闸室仍为1979年施工的圆井式浆砌石墙,宽度14米,底高−2.7米,底板前趾设有20厘米×15厘米×490厘米的钢筋混凝土防渗板桩,护底为灌砌石结构。

工程于2014年3月15日开工,2015年4月,通过靖江市水利局组织的水下项目验收和靖江市发改委组织的地方配套水下工程验收,8月15日试运行通航。工程总投资8075.83万元,其中省补2310万元。

夏仕港套闸大修　　　　　　　　　　　夏仕港套闸大修后放水运行

三、小型闸站

至2015年全市共有小型通江闸站60座。其中,靖江段33座,泰兴段18座,高港段7座,高新区段2座。

(一)靖江段

靖江改建小型水闸25座,加固改造5座。工程设计标准按照省水利厅印发的《关于沿江建筑物设计标准》。小型建筑物按《长江流域防洪规划》洪(潮)水位(50年一遇)设计,100年一遇水位校核,工程均为U形结构。大掘港、八圩港、下九圩港、雅桥港、上青龙港、丹华港、下二圩港闸由省水利勘测设计研究院设计。沿江控制线改建加固的23座小型水闸由扬州市勘测设计研究院设计。

1998年改建万福桥、六助港闸,完成土方10.83万立方米、石方2482立方米、混凝土2473立方米,使用钢材123.4吨。是年6月27日,通过泰州市水利局组织的水下工程验收。

1999年改建合兴港、上九圩、下三圩、下七圩、小桥港闸,完成土方19.26万立方米、石方7916.2立方米、混凝土6792立方米,使用钢材367.4吨。是年6月,通过泰州市水利局组织的水下工程验收。

2000年改建联兴港、川心港、美人港、下五圩、天生港、章春港闸。完成土方22.8万立方米、石方1.06万立方米、混凝土9116立方米,使用钢材554.7吨。是年,通过泰州市水利局组织的水下工程验收。

2001年改建罗家桥闸,完成土方4.85万立方米、石方2316.6立方米、混凝土2435.7立方米,使用钢材167.6吨。

2002年改建夹港、下六圩、永济港闸。完成土方13.14万立方米、石方6018.8立方米、混凝土4877.5立方米,使用钢材371.8吨。

2003年改建大掘港、上四圩、下四圩、八圩、下九圩、雅桥、塌港、友谊港闸;加固改造上青龙、下二圩、蟛蜞港、丹华港、下青龙港闸。共完成土方42.25万立方米、石方1.78万立方米、混凝土1.27万立方米,使用钢材1029.3吨。

重点工程选介:

【夹港闸】

该闸位于距江边500多米处的夹港入江口,新桥、生祠等西片地区,受益面积53.3平方公里。夹港节制闸由靖江水利局设计,扬州地区革委会水利处审批,江阴县月城公社建筑站承建。1973年2月动工,7月下旬竣工,交夹港闸管理所管理。

该闸闸身总长91米,其中上下游护坡各长30米,单孔净宽7米,过闸流量55米³/秒。反拱底板,浆砌块石岸墙,挡土墙采用混凝土管砌筑。闸底真高−0.5米,岸墙顶真高7米,工作桥顶高程12.6米。钢架水泥面板闸门,使用油压启闭机启闭,配备20千瓦电动机。岸墙上游设公路桥,按汽−8级设计,桥面宽5.72米,国家投资14万元。

2002年在老闸之南改建的夹港闸

该闸设计施工前基坑土质情况未探明,在开挖闸塘时多处出现冒水孔。底部工程竣工后,上下游护坦冒水管涌现象未停止。放水后经过汛期考验,发现地基下沉,砌面架空,形成险闸。1975年冬进行大修理,增做上下游浆砌石翼墙,以增加渗径长度。重浇筑闸门槽,原水泥管挡土墙部位加砌块石截水墙,翼墙加盖1米厚黏土封顶。

1980年春,因闸槽铁件损坏,闸门离槽,进行打坝抽水大修理,使用资金1.4万元。1982年4月,将水泥面板闸门改成钢面板门。2002年江堤达标建设时在老闸之南100米处改建单宽7米水闸,闸底真高-1米,闸顶真高7米,设计流量50米³/秒,闸首及上下游消力池均为钢筋混凝土U形结构,基础采用混凝土方桩处理,升卧式钢闸门,配套QH-2×120kN启闭机。老闸首仍保留作为简易小型套闸放船通航。

【罗家桥闸】

该闸位于距江边600多米处入江口,是孤北洼地的主要引排河道之一,受益面积40平方公里。罗家桥闸由扬州地区革委会水电处审批,靖江水利局设计,江阴县月城公社建筑站承建,越江公社抽调民工配合施工。1972年新建孔宽7米节制闸。

该闸水位组合:高潮期,长江水位5.1米,内河水位2.5米;蓄水期,长江水位-1米,内河水位2米。单孔,净宽7米,排水流量35.2米³/秒。全闸长91米,反拱底板,闸底真高-0.5米,混凝土厚0.8米,浆砌块石岸墙,混凝土管堆砌挡土墙,岸墙真高7米。岸墙上游面设公路桥,桥面宽5.5米,采用钢桁架、钢丝网水泥面板闸门,油压启闭机启闭,配50千伏安变压器1台。

该闸地基土质差,持力层为灰色软土夹沙层。闸建成后,出现不均匀沉陷,岸墙明显后倾,1979年,闸门上口脱槽,不能挡潮。为改变这一状况,在老闸上游面130米处增建1座闸首。同时对老闸进行整修,重建闸槽,整修护坡护坦。对翼墙缝进行灌浆处理和闸门油漆。新闸首由靖江水利局设计,靖江水利局工程队承包施工,越江公社跃江、渡江、旺桥3个大队抽调民工200人配合施工。1979年11月开工,1980年6月底竣工,使用资金22.45万元。新闸首水位组合与老闸相同。孔宽7米,采用钢筋混凝土箱形结构,基础打桩处理。基桩25厘米×25厘米×1040厘米,入土真高-11.4米,共计182根,使用工程队自制的25吨压桩机静力压桩,浆砌块石弧形翼墙,两闸之间用干砌块石护底护坡连接,形成套闸闸室。闸室长130米,底宽10米,闸底真高-0.5米,闸顶真高6.9米,工作桥真高13.7米,新闸首采用钢架面板直升门,10吨手摇、电动两用式卷扬机配套,1次能通过500吨轮队。

2000年12月,拆除1972年建的老闸,在原址重建。闸孔宽7米,闸底真高-1米,闸顶真高7米,设计过闸流量50米³/秒,闸身及其上下游侧消力池均为钢筋混凝土U形结构,基础采用钢筋混凝土方桩沉桩处理,升卧式平面钢闸门,配套QH-2×120kN启闭机。1979年建的老闸首仍保留作为简易小型套闸放船通航。

随着沿江开发建设需要,2015年11月,经省水利厅批准,新港园区建罗家桥港内港池码头,拆除罗家桥港2座闸首,北移250米重建单宽8米水闸1座,底板真高-1.2米,升卧式平面钢闸门。2016年5月30日水下工程通过验收。

(二)泰兴段

在此期间泰兴进行了马甸节制闸、马甸抽水站、过船港闸除险加固工程,天星港、焦土港的改造工程。还实施了九圩闸、芦坝闸、团结闸、新段港闸、六圩闸、马甸小闸、西江闸、当铺闸改建工程,东夹江闸、界河闸、连复闸除险加固工程,小型涵闸的除险加固工程。

四、沿江闸外涵洞工程

至1987年,靖江沿江封口涵和闸外穿堤涵洞共有194座。1988—2002年,通过水系整合改造并伴随水闸工程南移改建,沿江穿堤涵洞仅139座。

在长江堤防达标建设工程中改建涵洞34座,修理105座。由靖江水利勘测设计室设计,靖江江堤达标建设指挥部项目组分东、中、西3个片负责技术指导和质量监督管理。1988年改建2座,修理21座;1999年改建11座,修理27座,封堵1座;2000年改建11座,修理12座,封堵1座;2001年改建10座,修理43座。累计完成土方35.65万立方米、石方8076立方米、混凝土5262立方米,使用钢材133.5吨。2003年11月18日,通过市水利质监站评定,是年11月18日通过竣工验收。

五、提排站

1958年前,沿江圩区的河港均无闸控制。20世纪60年代,境内沿江地区开始并港建闸,建设灌排独立水系,实行内外分开。至1987年,泰兴(含今高港及高新区部分地区)建成乡(镇)专用的排引通江小型节制闸26座,分别是:七圩乡的九圩、七圩、六圩闸,蒋华镇的二桥、连福闸,天星乡的洋思、芦坝闸,过船乡的老段港、新段港、团结、东夹江、蒋港、龙梢闸,马甸镇的当铺、西江、马甸小闸,永安洲乡的同心、天雨、福利、永安、跃进、幸福闸,口岸镇的龙窝、友谊、高港、杨湾闸。其中,蒋港、龙梢闸、东夹江闸建成后,已成内河闸。

该地沿江圩区地形低洼,易形成内涝,汛期常受台风、江潮顶托的影响,靠涵闸自排,江潮水位高,不能解决排涝问题。1972年7月3日泰兴暴雨,日雨量246毫米;1975年6月24日泰兴暴雨,3日雨量达436毫米,稻田积水深达0.3～0.45米。调运机械排水时,因内河水位较高,船机不能到达指定位置,座机也因路滑不能按时到位,沿江秧苗受淹长达5天左右,超过耐淹时间。1975年冬,泰兴建第一座固定提排站——口岸站。1981年,泰兴开始按每平方公里0.69米³/秒排涝模数的规模,在沿江圩区建设固定排涝站。至1987年,建排涝站53座(含高港及高新区部分地区),其中,一级入江排涝站44座,62.70米³/秒,一般每座站装机1～3台,排水流量1.5米³/秒左右;大的站装机5台,排水流量5米³/秒左右。排涝站分属沿江6个乡(镇),其中口岸镇7座、8.45米³/秒,永安洲乡14座、17.65米³/秒,过船乡6座、14.5米³/秒,天星乡6座、4.7米³/秒,蒋华镇5座、8.81米³/秒,七圩乡6座、8.6米³/秒。这些排涝站多数为乡(镇)自筹经费,一村或两村受益。

1997年,高港建区后,在永安洲镇福利节制闸上增建排涝站1座,并新建排涝站4座。

后因江堤培建加固、沟河夹江整治、引江河开挖等原因,沿江排涝站建设有增有减,至2015年,境内沿江共有排涝站48座,总排水量134.5米³/秒。其中,靖江17座、排水量29米³/秒,泰兴28座、排水量67米³/秒,高港14座、排水量29米³/秒,高新区2座、排水量6.5米³/秒。

第五节　护岸工程

江岸坍塌是长江防洪最危险的隐患之一,直接影响到人民生命财产的安全。在漫长的历史岁月里,历代地方官吏曾不断组织人力修筑堤防。清代,对一般坍岸多采用抛石、建堤、铅丝笼填碎石等方法护岸。崩坍严重处多采用退建江堤以防守。民国时期,仅作水道测量、水文测验及堵口复堤。新中国成立后,国家及泰州各级地方党委、政府和水利部门尽力进行江岸治理,但由于种种因素,仅于每届汛期崩岸严重、危及长江主堤安全时,安排部分防汛急办工程经费,平抛块石应急,尚未形成有计划的治坍护岸工程。为了控制河势,稳定长江岸线,为人民生活、经济发展开发利用长江岸线提供优良的水环境,地级泰州市组建以来,投入了巨大的人力、财力和物力,护岸止坍力度逐年加大,防洪保安能力明显提高。

一、靖江段

1974年前,靖江利用国家投资85万元,实施护岸止坍工程,共筑丁坝15道。坝长30~70米,共抛石7.1万立方米,但效果不佳。原因是丁坝上游壅水,下游水流扩散冲刷。

表3-16　1987年靖江长江丁坝一览表

坝址	坝号	坝长（米）	高程(米)		坝址	坝号	坝长(米)	高程(米)	
			坝头	坝根				坝头	坝根
上六圩港下口	1	40	1.00	4.70	下长圩港上口	9	30	1.00	4.50
下二圩港下口	2	10	1.00	3.50	下七圩港下中	10	20	1.00	4.00
下二圩港下中	3	20	1.00	4.60	八圩港下口	11	10	1.00	4.00
下三圩港上口	4	17	1.00	4.00	下九圩港上口	12	20	1.00	4.00
下四圩港下口	5	35	1.00	4.70	灯杆港下口	13	45	1.00	4.00
下五圩港下口	6	30	1.00	4.50	和尚港下中	14	45	1.00	4.00
下六圩港下中	7	25	1.00	4.50	安宁港下口	15	35	1.00	4.00
下六圩港下中	8	25	1.00	4.50					

1975年7月,靖江成立长江护岸工程处,专司护岸止坍工程。是年起,靖江护岸止坍工程一律采用"平抛护岸法"施工,效果较好。此后,随着长江水情、工情的变化,引发长江河势演变,靖江护岸止坍工程主要集中在西界河、炮台圩、灯杆港及长江农场等坍情危重地段。

(一)西界河止坍

西界河段自西界河上口至大掘港,长约2公里,因受泰兴县五圩洲淤涨影响,民国37年(1948)起,处于不稳定状态。加之左岸河床边界土质构造抗冲性极差,抵御不住水流冲刷,导致该段江岸经常坍塌。1977年3月,一次坍失滩地2400平方米。是年筑二道退堤700米。1981—1984年,累计投资12.15万元,抛护长238米,抛石9000立方米。

1998年,列为长江堤防节点整治工程,抛护长357米,完成工程量1.52万立方米,工程投资139.44万元。2001年,抛石护岸长1140米,完成工程量6.8万立方米,工程投资644.2万元。2002年,崩岸段应急护坎工程长400米,完成工程量3000立方米,工程投资27.5万元。2005年,西界河段护坎工程长700米,完成工程量1.21万立方米,工程投资156万元。2008年,对西界河段续抛加固200米,抛石

4000立方米,工程投资40万元。历经多年护岸止坍,坍情得到有效控制。

(二)炮台圩止坍

炮台圩段自下二圩港至老十圩港,长约8.7公里。属长江下游段与河口段交汇的节点,地处江面最窄处(1.4公里)右岸河床边界土质坚实,抗冲性较强,而左岸河床为长江冲积形成的岸滩,结构松散,抗冲性差,岸线易被冲蚀。1975年,国家交通部在江阴市夏港一带边滩上兴建澄西船厂,伸入江中850米,长达3公里,使江边宽度缩小1/4,加剧下三圩至炮台圩8.7公里的坍势。1973年,三圩港处-15米等深线离岸350米,1985年仅150米。天生港以下深泓开始分汊,主深泓在南半江,比较稳定,次深泓在北半江。分汊点从1953年至1985年上提5公里左右,并不断向北岸靠拢,形成夹港至八圩的深槽。经水利部、省政府与有关方面交涉,交通部从澄西船厂基建投资中划拨200万元,作为靖江止坍工程的补助经费。1975年动工,1977年竣工。在受澄西船厂围堰影响而加剧坍势的8.7公里中,对其中最严重的下六圩港至掘港段首先进行治理,平抛护岸2.63米,护坡、护坎5.38米,加固丁坝4道,共用块石18.54万吨。经3年治理,护岸地段坍情得到遏制。1978—1982年,江苏省、扬州地区水利部门拨给靖江止坍经费计126万元,续建护岸止坍工程,抛石护岸1750米。1980年,长江流域规划办公室测量靖澄河段河床水下地形图显示,1978年以后,北岸-10～36米等深线北移146米,且七圩港下口离岸50米处形成一个-21米的深塘,坍情危急。1982年6月,交通部再补助200万元,靖江实施第二期护岸工程。1982—1984年,在8.7公里范围内,对护岸地段加固180米,增做块石护坡2.16公里,加固2道丁坝。对未治理的坍段平抛护岸1.87公里,坍情得到初步控制。

1986年12月,中外合资无锡利港电厂在夹港口对岸及其以东的江岸兴建码头和堆场,特别是江滩A灰场围堰长2公里,伸入江中973米,占用江滩面积达1.87平方公里,使长江过水断面阻水挑流,增加北岸近岸流速;亦使深泓北移,加剧北岸夹港至下三圩港岸坡的冲刷。经省政府、省水利厅协调,由利港电厂补偿靖江800万元,用于靖江受影响的江岸段加固。1988—1994年,靖江完成平抛护岸长3.31公里,护坡(坎)长3.76公里,抛护块石21.02万吨,使用经费800万元。1998年5月,工程通过省水利厅、省电力局、电力有限公司和泰州市水利局联合进行的验收。

2005年,江苏中燃储运有限公司在七圩港下口出现-20米等深浅逼近码头桩基处,实施抛石护桩工程。工程长300米,抛石1.35万吨,企业筹资81万元。是年7月,省、市投资280万元,实施七圩港下口500米的护岸工程,工程宽20米,抛石2.2万立方米。至此,炮台圩段河势得到有效控制。

(三)章春港段止坍

此段是靖江止坍的重点地段,长约10公里,属于澄通河段。长江水经过旺桥港断面后,被福姜沙(又名双山沙)分成南(右)、北(左)两汊,右汊长16公里,分流约20%。福姜沙右汊经历长期自然演变,发展成鹅头形支汊河道。左汊长11公里,为顺直宽浅型河道,分流量80%左右,历来为长江主泓所在。随着左汊沙埂(浅滩)上提下移活动,并不断扩大左移,加上右岸江阴黄山鹅鼻嘴强劲挑(导)流作用,长江主流进入福姜沙左汊后,进一步贴岸下泄,导致左汊长期处于长江主流冲击,致使灯杆港至夏仕港以下河床江岸严重冲刷崩坍,部分岸段深槽直逼堤脚,少数企业深水码头桩基被冲刷,埋置深度不足,岌岌可危。

1964年、1968年计抛石3900吨,并在该段灯杆港下口、和尚港下口、安宁港下口建造3道长35~45米的丁坝。1980年冬,靖江组织2500民工抢筑长3.25公里的退堤1道。同年,购12只60吨水泥驳船载土、渣石沉入深塘应急抢险。1980—1987年计投资75万元,对坍段治理,但未能抑制坍情。

1992—2009年,经省、市政府批准,通过长江节点整治、国债、防汛岁修及急办工程等11项批复,共投资2185.83万元,重点实施灯杆港至安宁港下口长6.22公里段的平抛护岸(含加固在内),护坎工程长3.8公里,共计完成工程量24.95万立方米。

针对夏仕港至丹华港江岸深泓淘刷码头桩基的状况,企业为解燃眉之急,自筹经费用于码头抛护加固。2004年,新世纪造船厂筹资395万元,对夏仕港下口舾装码头分两次抛石护岸长500米,完成工程量4.93万立方米。2007年,新时代造船厂筹资1311.9万元,对丹华港上口长1.35公里的万吨级舾装码头抛石护岸,完成工程量15.47万立方米。2009年,新荣船舶修理厂筹资161万元,对安宁港以下长400米码头前沿平抛护岸,完成工程量1.75万立方米。

1980—2010年,专项护岸止坍治理,加之近3年来长航局清理福北水道水下沙埂,至此,灯杆港至丹华港上口的江岸坍势得到一定范围控制。

(四)长江农场止坍

长江农场段自焦港上口至如皋四号港下口,长约3公里。该段由于受下游如皋沙群并岸成陆变化,20世纪90年代初期开始冲刷崩坍,−20米深泓向岸边逼近120多米,滩地坍失殆尽。1995年7月头道堤坍入江中。1996年8月二道堤又坍掉豁口60多米。如任其发展,将直接影响上下游河势稳定和变化。对此,靖江县政府采取措施,于1990年在头道堤后退100多米,筑长约170米的二道堤。1995年头道堤失守后,是年冬,二道堤后退400多米,筑长约700米的三道堤。报请长江委和省水利厅列入长江节点整治工程。2000—2009年,通过长江节点工程整治、国债、防汛、岁修等8项批复,共投资4882.84万元,实施平抛护岸包括续抛加固,累计长5.94米,护坎长2.82米,共计工程量41.11万立方米。长江农场坍段经过2000—2001年、2004年、2009—2010年专项重点整治,江岸基本稳定。

此外,2003—2015年,由于部分堤防外无防浪屏障,经不住风暴潮的冲刷,加之船行波影响,堤外滩地洗刷殆尽,致使部分堤防护坡坡面及底坎水毁侵蚀损坏较为严重。对此,上报省、市水利部门后逐年下达防汛岁修和汛期应急防护工程项目,累计投入资金1211.24万元,完成抛护、修复长度11.85公里,抛石护岸4.28万立方米,整修干、灌砌石方1.75万立方米。

二、高新区—泰兴段

(一)口岸镇杨湾段护坡

该段西起江都界,东至高港小闸。江岸地处江都县嘶马弯道末端,受嘶马弯道的影响较大,随着嘶马弯道长江主流顶冲点的逐年下移(平均年下移300米左右),靠近江岸3个深塘达−47米左右。1983年,里新圩破堤放荒,危及主江堤安全。1984年,泰兴(时属泰兴)从防汛急办工程经费中安排17.37万元,在高港灯标水下凸嘴前沿抛石21658吨(12740立方米);1986年、1987年又相继安排防汛急办工程经费11.01万元,在凸嘴上游至杨湾闸以及凸嘴向下200米左右抛石10013吨(5890立方米),

合计抛长800米左右,平均抛宽30米左右,对杨湾段江岸起到很大的稳定作用。

（二）永安洲乡西江段护坡

该段全长10公里。随着新滩的逐年淤高、扩大,向下游延伸及头部向右岸（扬中县江岸）靠拢,左槽逐年逼岸。小明沟至北沙长约7000米,由北向南逐年崩碎。1987年,国家补助3.4万元、县补助1.0万元,用于永安洲同心段抛石压脚,共抛护块石4599吨（2705立方米）。

（三）天星乡新星段

1982年7月28日,天星乡新星段发生突发性崩坍,深塘最深处由坍前高程-6米左右坍深至-19米,坍长450余米,距主江堤脚29米。为防坍保安,1982年、1984年相继在防汛急办工程经费中安排27.31万元,抛石2.91万吨（15120立方米）,近年来未发现崩坍情况。

（四）靖泰界河段止坍

此段位于长江迎风顶浪地段,受风浪冲刷,洗坍比较严重,经多年抛石护岸,坍势得到有效控制。2001年水下地形测量显示,该段0米、-5米等深线均向岸边逼近4米左右,-10米等深线向近岸逼近40米左右,华东船厂前沿的0米等深线至-15米等深线坡比为1:2.5,长度230米左右。2015年水下地形测量结果显示,该段-15米等深线距滩边55米。2006年和2007年,泰兴分别投资30万元和12万元,分别抛石2550立方米和1000立方米护岸防坍。

（五）新星段止坍

该段位于天星港上下游,历史上发生过几次崩塌,后来经历年抛石护岸及天星湖洲整治工程,坍势得到有效控制。1982年7月28日,天星乡新星段发生突发性崩塌,深塘最深处由坍前高程-6米左右坍深至-19米,坍长450余米,距主江堤脚29米。为防坍保安,1982年、1984年,泰兴相继在防汛急办工程经费中安排27.31万元,抛石2.91万吨（15120立方米）,有效护岸止坍。据1998年水下地形测量结果,天星港上下游水下坡度向下游推移,-6米等深线在港口上下游各300米段向岸边推进,该段岸坡陡立,有继续坍塌趋势。2007年11月21日,新星易坍段发生大面积洗坍,总长750米,平均坍宽5米,面积3750平方米,坍塌最近处离堤岸仅70米,经抛石,有效控制了坍情。经多年抛石护岸,至2015年该段水下地形变化不大。

表3-17　新星段抛石止坍统计表（2008—2014年）

时间（年）	工长（米）	抛石量（立方米）	投资（万元）
2008	250	30000	40
2010	280	8840	114
2012	1180	7065	132
2013	350	5950	120
2014	300	4955	100

（六）过船段止坍

此段位于高港下游,河道平面较为顺直,河宽一般在2.3公里左右。1998年8月7日,过船船厂上游300米处坍江,坍长80米、宽40米,面积3200平方米;同年8月18日,过船船厂段再次发生坍江险情,坍长100米、宽70米,面积7000平方米,经抛石抢险,坍势得到控制。2001年水下地形测量显示,该段–35米等深线向岸边逼近,近岸水下坡度陡。经抛石护岸后,水下河势变化不大。

表3-18 过船易坍段历年抛石统计表(1999—2004年)

时间(年)	工长(米)	抛石量(立方米)	投资(万元)
1999	900	57000	
2000	900	71040	
2004	122	4880	40

(七)高港护岸止坍

1995年7月11日,口岸镇高港村永长圩坍江。泰兴(时属泰兴)在坍处抛石18268吨压脚。当日,时任副省长姜永荣、省水利厅厅长翟浩辉、扬州市委书记李炳才、泰兴市市长施国兴等均赶到现场指导抢险。15日,时任省委副书记许仲林视察口岸永长圩抢险工作。1996年9月14日,高港村12组段发生坍江。当日深夜,时任市委书记的陈宝田,市长、副书记丁解民,市水利局负责人和泰兴市负责人赶到现场商讨对策,后突击抛块石2.5万吨控制坍势。

1997年7月24日,北沙西新圩涵下游发生坍塌,塌陷长度约100米,滩面坍落20米,–10米等深线坍进30米,外护堤下盘角堤坡坍落。泰州市政府筹资50万元,实施抛石护岸,在一道堤背水坡抢做2200立方米的土方加固工程。高港区防汛防旱指挥部派精干防汛技术人员赴现场做水下地形测量,研究抛护方案,精心组织施工。27日,高港区政府紧急动员300多名劳力抢做抛护加固工程,日抛石2000吨,共抛石15937立方米,坍势被控制。1998年和2004年,高港分别对永长圩段抛石42100立方米和2200立方米护岸。

2000年6月23日,南官河出口处东港堤(扬子江药厂段)发生长约30米坍江,高港区组织抢险,共动用木桩100根、铁丝100千克、铁钉50千克、编织袋4000只、块石500吨,动用民工80人计240工日,终排除险情。2005年和2006年,北沙段分别抛石1688立方米和4050立方米护岸。至2008年,高港先后抛石近20万立方米护坡止坍,共投入资金1300万元,较好控制了岸坡坍势。

2009—2014年,高港投资495万元,对同心港上下游抛石28970立方米进行加固。其中,2009年投资30万元,对同心港至三水厂段570米进行抛石加固,抛石量2200立方米;2010年,投资110万元,对同心港下游264米进行抛石加固,抛石量7920立方米;2011年,投资40万元,对西新圩涵上游250米段进行抛石加固,抛石量2500立方米;2012年,高港投资90万元,对同心港下游300米段进行抛石加固,抛石量4650立方米;2013年,高港投资110万元,对同心闸上游400米段进行抛石加固,抛石量6000立方米;2014年投资115万元,实施高港区同心港上游防汛应急度汛工程,对同心港上游380米段进行抛石加固,抛石量5700立方米。

第六节 长江岸线的开发利用

泰州境内拥有97.78公里的长江岸线,可开发利用岸线70.5公里,其中一级岸线49.8公里,二级岸线7.4公里,三级岸线13.3公里。

截至2014年底,已开发利用长江岸线57.56公里,占全市岸线资源的59.8%。除去河口、闸口和已用岸线外,未开发利用岸线32.07公里,占全市岸线资源的33.3%,其中一级宜港岸线(水深8米以上)6.64公里,二级宜港岸线(水深5~8米)6.71公里,三级宜港岸线(水深5米以内)18.72公里。截至2014年底,沿江共拥有生产性泊位136个,通过能力11846万吨,其中万吨级以上生产性泊位56个。

一、靖江段岸线

靖江港拥有长江岸线52.4公里,是新兴的现代化国际性商港,港口规划岸线40.1公里,其中深水岸线34公里,长度居江苏省沿江县(市)之首;水域宽阔,岸线顺直,河势稳定,深槽贴岸,水深8~14米,具有天然良港条件。

(一)岸线利用

靖江港口岸线利用较早。明嘉靖三年(1524),靖江在苏家港设谭公渡;在澜港设渡口,并在澜港口建接官亭一座,房屋5间,兼作待渡者停息之用。渡者日以千计。明万历四十二年(1614),靖江知县赵应旟捐俸筑戒衼堤百余丈,阔五尺许,以木桩加石砌,并于堤之尽头处设两小舢板,使渡者可径登渡船,大汛潮涌时,也可直登,民众称之为赵公堤。清嘉庆年间,该堤坍入江中。从澜港抵达黄田港之渡船,需经鹅鼻嘴。清咸丰初年,谭公渡改驿道,渡口移至八圩。

清乾隆年间,在夹港设渡口(今靖江生祠镇海村关帝庙埭附近)。清光绪四年(1878),国营招商局和太古、怡和3家轮船公司在八圩港口设"洋棚"(轮船停靠站)。光绪二十年(1894),江靖义渡总局派2只木质船至夹港免费渡客。

1911年后,江阴和靖江为便利两地百姓出行,成立"江靖救生义渡局",分设于江阴黄田港和靖江八圩港。义渡局有木质帆船8艘,船首两旁印有"江靖救生义渡"红字,俗称"红船"。民国6年(1917),扬州人薛念伯、季家市人李少安先后在新港开办大达、大通轮船公司,每天上、下水各2班。上水可达泰兴的口岸、扬州的霍桥等地,下水直至上海。每日三五百人不等。民国27年(1938)3月,钟海梁等7人在靖江新港开设"洋棚",名复新运输公司,可代理上海英商怡太轮船公司。公司有祥太、武穴、同和、海康、克力司丁等七八艘悬挂英国旗号的大轮船,由上海直达新港。每天常有三四艘轮船停泊港口,过往旅客多达3000余人。猪行每天运出生猪少则二三千头,多则五六千头;鸡鸭200余笼,鲜蛋2000多篓,食油1000余桶;每月运出耕牛4000余头。民国35年(1946)下半年,国民党靖江义渡局将两艘木质义渡船装上日制15马力柴油机,时速仅4公里。此期间,靖江和江阴民间集资购钢质日制小型登陆艇两艘,八圩港登陆艇取名"金山",黄田港登陆艇取名"大同"。江阴报馆亦购江靖一、二号钢质日制小型登陆艇两艘,一直经营至新中国成立。

1952年,八圩渡口有3艘轮船、25只木帆船和1座简易码头。上六圩港口有张姓船民2人,用私有木帆船渡运过江旅客。至20世纪60年代,靖江沿江有八圩、夹港、上六圩港和新港渡口4个。1960年,东兴运输站在上六圩渡口建简易码头及候船室。1970年5月,江苏长江驳运公司在八圩客运渡口两侧建造斜坡式汽车轮渡码头1座。是年载渡车辆1.7万辆次。1980年,靖江物资局在夹港建成首座1000吨泊位散装货运码头。至1981年,上海—高港班客轮停靠夹港(四墩子)码头。1983年9月,靖江交通局在夹港渡口建长50米、宽32米轮渡码头1座,购12车渡轮1艘,1984年10月1日通航。通航1个月,安全渡运北京、天津、河北、山东、云南、上海等20个省(市)的客货车辆5562辆,日最大渡运量348辆。1985年,南通轮船公司投资,在靖江建新港轮船码头1座。1986年,靖江在九圩渡口建长50米、宽32米汽渡码头1座,修筑渡口与姜八公路衔接的一级公路2公里,购14车渡轮2艘,同年7月1日通航。至1987年7月,九圩轮渡共渡运客货车辆56.73万辆次,计234.98万吨,营业收入1024.31万元。

(二)岸线开发

1990年前,靖江港口码头规模较小。随着全省沿江开发战略的实施,靖江加快岸线开发、港口建设提上议事日程。

1992年初,靖江市水利局与河海大学的专家教授共同完成《长江靖江河段河床稳定性分析和岸线开发利用报告》。报告指出,靖江炮台圩以上单一河段内下三圩至八圩港,炮台圩以下分汊河段内万福港至安宁港,这两段河段水流平顺,且深水贴岸,−10米等深线离岸20～50米,宽度一般在2公里左右,多年变化甚小,稳定性好,有充足的港区水域和锚泊地,航道无须疏浚。下三圩港至八圩港河段长4.5公里,可沿岸布置万吨级泊位19个;万福港至安宁港河段长7.3公里,可布置万吨级泊位32个。这样,靖江沿江52.3公里岸线中有11.8公里可以开发成万吨级以上的深水泊位51个,既可以建设专业码头,也可以建设大型工业企业的货主码头,开发前景极好。以江阴长江大桥为中心,西起老十圩港,东至蟛蜞港的6.5公里长河段,亦以大桥为中心景点,建成旅游开发区,建设旅游码头,并配套相应的生活服务设施,更好地为专业码头区服务。除此以外的岸线可以发展中小型码头泊位,以满足地方经济发展的需要,还可以发展拆船工业,建设修造大型江海轮船基地等。

1997年3月9日,靖江市沿江开发开放领导小组和港口建设领导小组成立。是年,靖江造船厂在新港建成沿江首座1.5万吨级泊位舾装码头。

2000年,靖江市政府编制《靖江沿江开发总体规划》,提出合理利用、总体布局长江岸线资源要求,将沿江港区划分为“二区二园”:仓储码头区,利用长江岸线约3.5公里;旅游度假区,利用长江岸线约4公里;新材料工业园,利用长江岸线约6公里;重化工业园,利用长江岸线约7公里。2001年,靖江市委、市政府成立沿江开发开放办公室。2003年2月15日,江阴与靖江签订《关于建立江阴经济开发区靖江园区的协议》,表明跨江联动取得实质性进展。是年11月,江苏中燃油品储运有限公司在七圩港至八圩港之间建成4万吨级泊位货主码头1座,年货物吞吐能力100万吨。

2004年12月,靖江市政府成立市口岸管理委员会办公室,挂港口管理局牌子,负责港口规划建设、岸线审批、港口经营及管理。12月,靖江市政府与中国科学院南京地理与湖泊研究所联合编制完成《靖江长江岸线资源利用与港口发展规划》。根据域内岸线特点和基础现状,规划将沿江岸线分为工业与港口、城市生活、生态保护、旅游景观等岸段。年末,该规划通过江苏省发展和改革委员会组织的专家评审。是年,市水利局为中燃公司、长荣钢铁公司、金泰钢结构公司、新世纪船厂等20家企业提供水陆地形测图40余份,为拟利用岸线的江阴西域钢铁公司、江阴扬子江船厂等10余家企业提供可用岸线段的水下地形变化分析资料。

2005年6月,靖江市政府委托江苏省交通规划设计院编制《靖江港总体规划》,重点对靖沿江岸线利用现状及规划设想,各港区公用码头、货主码头当时的规模、经营状况及发展需求,港口发展环境诸方面进行首次系统调研。11月,市政府与江苏省交通规划设计院联合编制《靖江港码头前沿线控制及锚地规划》。12月,《靖江港总体规划》通过靖江市和泰州市港口局联合组织的专家评审。

2006年6月3日,江苏中燃油品储运有限公司码头第一艘外轮到港,接卸船用柴油5000吨。4日,江苏中油长江石化有限公司码头挪威籍5万吨级"百吉海滨号"货轮到港,卸载液化气1.76万吨。靖江港自此结束无外轮靠泊的历史,开启靖江港口岸走向世界的大门。同月,泰州市政府下达《关于同意实施靖江市长江港区总体规划的批复》,要求靖江严格按规划组织实施,抓好规划的细化工作。

2007年,靖江实施"以港兴城,港城相依"战略,加快沿江港口码头建设。是年1月,泰州港靖江海轮锚地改扩建工程开工建设,锚地区域长3.3公里、宽650米,可同时锚泊5艘3万吨级散货船,并兼顾各船型组合。7月,国务院批复同意靖江24.1公里长江岸线,以江阴港口岸扩大开放形式对外开放。开放范围东至灯杆港,西至夹港。9月,靖江市政府与交通运输部规划研究院联合编修完成《靖江港总体规划》,规划至2020年靖江港陆域面积5095公顷,港口年吞吐能力16080万吨。规划同时将靖江港分为夹港、八圩、新港3个作业区。

2008年,新港液体化工码头2个3万吨级泊位获交通部使用岸线批文,通过省发改委可行性报告审核;新华港务公用码头3期工程项目通过由江苏省交通厅组织召开的岸线合理性使用专家评审会评审,并完成土地平整和吹沙工程;新港作业区公用码头四、五、六期工程项目获省发改委前期工作批文。12月,靖江24.1公里长江岸线对外开放通过国家级验收。

2009年2月,交通部发布长江岸线靖江段24.1公里对外开放公告。靖江港区乘势而上,紧紧围绕"以港兴城、港城相依"的主体战略,加快推进货主码头和口岸对外开放配套设施建设,全力打造"苏中最强港"。同年8月,市政府启动靖江港口岸对外开放申报工作。2011年1月,江苏省政府在征求省级各查验机构和南京军区意见后,向国务院申请设立靖江港国家一类开放口岸。

至2011年,靖江港区建设利用长江岸线23.76公里,新增建设用地983.36公顷,建成码头48座、各类泊位124个,其中万吨级以上泊位45个,通过能力达5000万吨;在建万吨级以上泊位7个,可新增通过能力1060万吨。按照打造国际制造业基地和现代物流基地的发展定位,靖江港已初步形成船舶修造及配套、

靖江港口码头鸟瞰图(2016年摄)

特色冶金、能源石化、粮油加工、木材加工和现代物流6大港口产业。盈利港务获评"中国十强进口木材港口"。为保障港口货物集疏运方便快捷,依托沿江高等级公路东西向过境交通走廊有利条件,构筑疏港道路网络,建成疏港道路14条,总长34.29公里。靖江港口货物吞吐量呈现跨越式增长,已成为长江下游发展最快的新兴港口之一,货物也从低附加值的矿建材料向以高附加值的木材、粮食、油品、煤炭、钢铁为主转变。是年,港口货物吞吐量达7052万吨,为2006年985万吨吞吐量的7.16倍。其中,外贸货物吞吐量达480万吨,接卸外轮981艘次。

2012年11月22日,国务院正式下发批文,同意靖江港口岸正式对外开放。2013年9月11日交通部对外公告,靖江港口岸正式对外开放。靖江港区确立"以港兴市,产业强市"发展路径,提升港口、仓储、制造、交易"四位一体"开发实效。2012—2016年,借助口岸开放,靖江港成功连通六大洲,与100多个国家和地区的港口建立"水上航道",形成木材、能源、粮食、金属材料等主要货种体系。2015年,靖江港完成年度货物吞吐量1.07亿吨,是全省长江干线第五个吞吐量过亿吨的县级港,也是长江北岸首个县级亿吨港。至2016年,靖江港区建设利用长江岸线29.87公里,建成各类泊位174个,其中万吨级以上泊位63个,万吨级以下泊位111个。靖江港是长江中下游最大的玉米中转基地、国内最大的弱筋小麦集散地、江苏省第四大铜精矿进口港,盈利港务码头木材装卸量排名单个码头全国第一。

(三)岸线保护

1969年5月31日,靖江县革委会印发《关于切实加强江堤管理的通知》,要求沿江各社队认真做好江堤管理工作,严禁发生在堤防上耕翻种植等一切影响堤防安全的行为。1975年起,靖江长江护岸工程处主要负责长江扬中、澄通河靖江段52.3公里的水下地形监测,为岸线科学规划、合理开发,以及全县沿江经济的可持续发展提供服务保障等。

1975年3月7日,国家交通部江阴澄西船厂在江阴夏港入江口围堰建厂。江苏省计委组织省水电局、交通局、南京水利科学研究所、南京河床实验站、华东师范大学、江阴澄西船厂、扬州地区水利处、靖江县革委会等单位负责人和工程技术人员16人前往现场查勘,认定船厂围堰对靖江江岸影响很大,必须采取平抛护岸治理措施。同年7月7日,省委第一书记兼澄西船厂筹建指挥部指挥彭冲在靖江县有关人员陪同下,至澄西船厂围堰建厂实地视察。国家交通部于是年及1982年冬,两次下达靖江长江护岸工程经费计400万元,加固下三圩至炮台圩8.7公里江岸,1984年12月竣工。

1986年9月12日,华东电力设计院为兴建利港电厂派员至靖江水利局收集有关水文资料,靖江水利局要求对方建厂设计时考虑对靖江江岸的加固。9月25日,由于利港电厂灰场对长江水流的影响,靖江县水利局致函华东电力设计院,提出对靖江江岸的治理和加固工程应列入利港电厂建设项目。12月10—13日,水电部在无锡召开江苏利港电厂可行性研究报告评估会议。会议纪要中原则同意以费用补偿方式对靖江部分河段的江岸进行适当整修加固。经协商,靖江县政府、江苏省水利厅同意按800万元暂列工程投资。会议期间,靖江县县长吴炳裔曾到会并参加讨论。1987年8月20日,中国国际信托投资公司、国家水电部、江苏省政府关于利港电厂项目中方投资几个问题的备忘录中,就建设A灰场给予靖江县的护岸补偿费按一次包死、不留尾巴的原则,由筹建处与靖江县签订协议,总费用定为800万元。同年10月20日,无锡利港电厂筹建处与靖江县水利局签订协议:鉴于电厂A灰场的兴建对靖江江岸的影响,补偿靖江护岸工程经费800万元,划拨给靖江县包干使用。

1987年3月26日,靖江东兴乡上四村二组吴某等3村民破堤建窑,靖江县政府责成东兴乡政府立即制止并恢复原样,达堤防标准。东兴乡党委书记、乡长组织有关人员学习《江苏省水利工程管理条例》,对当事人进行说服教育。由于领导态度坚决、行动果断、措施得力,这座违章砖窑很快被拆除。这是靖江贯彻执行水法规处理的第一起水事违章事件。5月22日,靖江敦义乡新木村部分村民扒堤土填屋基,致使25米堤防遭到严重损坏。县政府责成敦义乡严肃处理此事,并限期修复该段堤防。

1993年,靖江县人大代表许开文提出"关于利港电厂码头建设对太和川心港以西堤段造成的影响提案",同年7月17日,扬州市水利局至靖江太和乡对提案进行调查,落实岸线治理方案。11月6日,靖江市政协主席徐正祺带领政协委员一行10余人视察八圩至新港段长江岸线治理及开发情况。

1998年8月7日凌晨3时,靖江越江乡滨江村12组村民擅自跨堤架设水泵向长江排水,致使江堤堤脚受到冲刷,形成深塘。越江乡政府迅速采取果断措施,5小时内修复江堤。

2005年,针对岸线使用中出现的违法违规问题,靖江水利局根据靖江市政府的部署,配合靖江港口管理局对沿江码头项目进行清理整顿,采取行政、法律和经济手段,整治"深水浅用、长线短用、优线劣用、占而不用、乱占乱用"行为,取缔违规小码头8座,确保岸线合理开发利用。

2006年,靖江市水利局与江苏新扬子造船公司、新时代造船公司、苏中高鑫隆物资公司、正龙港务公司、扬子江港务有限公司、盈利国际靖江有限公司、国信靖江电厂等沿江10家申用岸线企业签订协议。

2007—2016年,市水利局先后与市同康修船舾装公司、江苏三江港务有限公司、亚星锚链公司、亿兆港务公司、龙威粮油公司、华菱靖江港务公司、苏农物流公司、三峰靖江港务物流公司、靖江港务公司、泰州海事等56家申用岸线企业签订协议。要求申用单位严格执行《中华人民共和国河道管理条例》和《中华人民共和国防洪法》有关规定,自觉承担使用堤段内的长江岸线防洪保安任务。防洪设施必须达到省定标准,并接受市堤防单位的监督检查和防汛部门的统一指挥。

表3-19　靖江1980—2016年长江沿江码头泊位一览表

码头名称	起讫地段	占用岸线（米）	码头等级（吨线）	泊位个数		批准年份
				万吨级以上	万吨级以下	
一、夹港作业区	—	—	—	—	18	—
夹港物资中转有限公司	新夹港上口	180	1000	1	2	1980、1994扩建
夹港汽渡	老夹港下口	180	2000		1	1983
华鑫船舶修造	上五圩港下口	100	—			2005
靖江市苏中高鑫隆物资中转码头	双龙港下口	143	1000		2	2006
靖江市同康修舾装	老夹港下口	180				2007
二三勤务基地	美人港—上五圩港	496	1000	—	4	2009

续表3-19

码头名称	起讫地段	占用岸线（米）	码头等级（吨线）	泊位个数 万吨级以上	泊位个数 万吨级以下	批准年份
江苏三江港务有限公司	上六圩港上口	300	2000	—	3	2009
靖江市黄普修船舾装	上青龙港下口	200	35000	1	—	2011
靖江市永业修船舾装	上青龙港下口	400	—			2011
江苏苏恒海洋装备工程有限公司	上头圩港下口	500	3000（5000）	—	3	2011
港航港口有限公司	上二圩港口	100	2000	—	1	2012
亚星锚链股份有限公司	美人港上口	344	5000	—	2	2012
上五圩汽渡	上五圩港下口	150				2013
亿兆港务	联兴港上口	514	—	待建	—	2013
二、八圩作业区	—	—	—	22	17	—
八圩汽渡	八圩港下口	214	1000	—	1	1970
九圩汽渡	下九圩港下口	143	1000	—	1	1986
江苏博泰船务有限公司	八圩港—下九圩港	162	3000	—	2	1990、2005
新生港务有限公司	下七圩港上口	261	15000	1	—	1993
马钢江东冶金有限公司	下六圩港—下七圩港	506	10000	1	—	2003
江苏中泰钢结构股份有限公司	新十圩港下口	365	5000		1	2004
江苏长强特钢有限公司	下三圩港—下四圩港	440	35000 20000	1 1		2004
江苏中燃油品储运有限公司	下七圩港—八圩港	500	40000	1		2004
江苏金泰桥梁有限责任公司	新十圩港—老十圩港	877	3500	—	2	2004
江苏东方造船有限公司	新十圩港—老十圩港	686	5000		5	2005
海事码头	下五圩港—下六圩港	100	300			2005
江苏正龙港务有限公司	八圩港—下九圩港	137	3000	—	1	2006
新扬子造船有限公司	上六圩港—下头圩港	1200	100000	3	—	2006
永益物流有限公司	下五圩港—下六圩港	527	10000 30000 100000	1 1 1	—	2006年完成，2014年批准扩建
新扬子集团（通舟海洋）	下头圩港—下二圩港	740	100000	4	—	2007
新舟海洋、华澄重工（恒德港口）	下二圩港—下三圩港	764	20000（50000）	4	—	2007
长兴物资公司（船舶修造）	下五圩港上口	80	1000		1	2007
博联港务有限公司	下六圩港下口	296	35000	1		2007

续表3-19

码头名称	起讫地段	占用岸线（米）	码头等级（吨线）	泊位个数 万吨级以上	泊位个数 万吨级以下	批准年份
江苏长博集团	下七圩港—八圩港	400	30000 2000	2	1	2007
江苏东方能源有限公司	下七圩港下口	80	1000	—	1	2008
下六圩港内港池	下六圩港西岸660米、东岸700米	250	待建11个0.2(0.3)万吨级，水利部门已建6座0.2万吨级（未计入泊位个数）			2013
三、城市生活岸线	—	—	—	—	7	—
靖江市天港码头有限公司	天生港下口	444	1000 5000	—	1 3	1994
九五基地	老小桥港上口	500	1000	—	1	2004
新长铁路	芦家港下口—雅桥港	700	1000	—	1	2004
靖江市十圩长盛港务有限公司	老十圩港—天生港	196	2000	—	1	2005
四、新港作业区	—	—	—	40	67	—
长荣钢铁	安宁港—夏仕港上口	370	1000	—	2	1996
江苏中燃长江石化有限公司	旺桥港—六助港	450	35000（50000）1000	1	1	2005
江苏新世纪造船有限公司	夏仕港上口—丹华港	1910	50000	5	—	1997、2005
江苏新时代造船有限公司	夏仕港上口—丹华港	1120	70000	3	—	2006
双江港务（德桥）有限公司	丹华港—下青龙港	700	30000（50000）	2	—	2006
盈利国际靖江有限公司	新六助港上口	752	50000（70000）	3	—	2006
盈利国际靖江有限公司	六助港内港池西岸520米	270	1000	—	6	2006
扬子江港务有限公司	六助港内港池东岸520米	江岸线（合用）	1000	—	6	2006
扬子江港务有限公司	新六助港下口	726	70000（100000）	3	—	2006
国信靖江电厂	和尚港下口	682	50000 3000	1	1	2006
靖江新华港务有限公司	章春港上口	745	40000 50000	1 2	—	—
靖江泰和港务有限公司	万福港—旺桥港	367	40000	2	—	2007、2009
新荣船舶	安宁港下口	680	170000	2	—	2009
新荣船舶	安宁港内港池东岸145米	江岸线（合用）	5000	—	1	2008

续表3-19

码头名称	起讫地段	占用岸线（米）	码头等级（吨线）	泊位个数		批准年份
				万吨级以上	万吨级以下	
靖江龙威粮油有限公司	章春港—安宁港	711	35000（70000） 50000（100000）	1 2	—	2009
扬江江现代粮食物流有限公司	安宁港内港池东岸340米、西岸340米	158	1000	—	6	2008
靖江苏通港务	罗家港—万福港	294	5000（10000）	2		2009
渔轮二厂	永济港上口	100	—			2009
泰和船舶	永济港上口	120	—			2009
张家港海事雷达站	焦港上口	60	500	—	1	2012
南洋船舶制造有限公司	四号港上口	870	30000 1000	1	1	2009
泓伟泵业	永济港西港岸	120	—			2010
江北物资站船舶修造码头	焦港西港岸180米	0	—			2010
三峰靖江港务物流有限公司	友谊港东港岸525米	0	3000 5000	—	1 3	2010
三峰靖江港务物流有限公司	焦港至四号港	680	20000 40000 70000（100000）	1 1 1	—	2010
华元金属加工有限公司	焦港至四号港	986	2000	—	6	2010
港通拖轮	新旺桥港下口	129	500	—	1	2010
苏农物流有限公司	下青龙港上口	525	未建			
苏农物流、华菱靖江港务有限公司	下青龙港内港池东岸753米、西岸553米	210	5000 1000	—	16	2010
靖江新天地港务有限公司	万福桥港—旺桥港	444	5000（10000）	3	—	2011
联合安能石化有限公司	丹华—下青龙港	460	30000（50000）	2		2011
华菱靖江港务有限公司	下青龙港—永济港	893	—	待建		2011
森茂林业有限公司（顾大毛浮吊）	下青龙港下游120米	—	1000		1	2015
靖江港口发展有限公司	和尚港内港池东岸450米、西岸400米	170	1000（3000）		10	2014
丹华港海事航道基地	丹华港东港岸盘角港岸	200	5000		4	2013
新民折船厂	下青龙港下口	454	20000（50000）	1		2015
合　计	—	—	—	63	109	—

二、泰兴段岸线

泰兴境内长江岸线长25.15公里,岸线利用项目共45个,2019年列入清理整治的37个项目均按整治方案整治到位,累计清理长江"两违"6万多平方米,拆除项目11个,退出岸线2.46公里,全市岸线利用率降为40.9%。列入省级以上生态环境问题台账的24个问题均已按整改方案整改到位并完成省级销号。建成12公里长江生态湿地和绿色长廊,拆除沿线小船厂6家、小化工企业3家,回收23个鱼塘和5家规模养殖场,堤内建成100米宽的生态防护林带,堤外恢复湿地3000亩,实现沿江生态"工厂变公园、船厂变森林、鱼塘变湿地、江堤变赛道"的泰兴式蝶变。

表3-20　泰兴市长江岸线开发利用统计表

岸别	项目名称	类型	形式	桩号	坐标	占用长度(米)
左岸	泰州联成仓储有限公司仓储码头	码头	高桩梁板式	217+100	119.934219,32.167969	223
左岸	阿贝尔化工仓储(泰兴)有限公司液体化工公用码头	码头	高桩梁板式	217+100	119.926533,32.161871	190
左岸	泰州港过船港区二期工程江苏三木物流有限公司码头	液体码头	高桩梁板式	218+040	119.927699,32.161848	340
左岸	泰州港过船港区二期工程三木、新浦共用仓储码头	通用码头	高桩梁板式	218+040	119.928699,32.161848	290
左岸	新浦化学(泰兴)有限公司码头	液体码头	高桩梁板式	219+500	119.920639,32.140596	240
左岸	新浦化学(泰兴)有限公司化工1号码头	化工码头	高桩梁板式	219+500	119.920639,32.140596	150
左岸	泰州市过船港务公司码头	货物中转码头	高桩梁板式	218+840	119.927507,32.148183	353、190
左岸	长江海事局码头	海事码头	高桩梁板式	217+500	119.929321,32.140877	76
左岸	泰兴金江化学取水口	取水口	泵站式	221+000	119.937858,32.137605	20
左岸	泰兴卡万塔沿江热电有限公司煤炭码头	煤炭码头	高桩梁板式	221+000	119.93495,32.136665	42
左岸	江苏新海油脂工业有限公司码头	码头	高桩梁板式	224+500	119.932061,32.134861	65
左岸	泰兴市滨江供水有限公司取水口	取水口	泵站式	226+000	119.944752,32.158394	20
左岸	泰兴市金燕仓储有限公司液体化工公用码头	液体码头	高桩梁板式	226+500	119.946752,32.168394	452
左岸	泰兴太平洋液化气有限公司码头	码头	高桩梁板式	227+000	119.942788,32.123922	243
左岸	泰兴市华海船舶制造有限公司造船平台	造船平台	造船平台	227+500	119.945087,32.114778	380
左岸	泰兴市锦盛船舶制造有限公司造船平台	造船平台	造船平台	228+000	119.94674,32.112087	300
左岸	泰兴市粤美船厂造船平台	造船平台	造船平台	228+450	119.948382,32.109594	230

续表3-20

岸别	项目名称	类型	形式	桩号	坐标	占用长度(米)
左岸	泰兴市宏兴造船有限公司造船平台	造船平台	造船平台	229+208	119.949003,32.108592	110
左岸	泰兴市鸿运船业有限公司造船平台	造船平台	造船平台	229+500	119.949443,32.107919	100
左岸	泰兴市东兴船业有限公司造船平台	造船平台	造船平台	230+500	119.949974,32.10701	140
左岸	泰兴市宏锦物流有限公司公用码头	码头	高桩梁板式	231+100	120.003168,32.024123	280
左岸	泰兴市虹桥仓储有限公司码头	码头	高桩梁板式	231+503	120.003168,32.024123	450
左岸	泰兴裕兴港务有限公司码头	码头	高桩梁板式	232+000	120.033612,32.206113	345
左岸	江苏大洋船造船有限公司造船平台	造船平台	造船平台	232+500	120.010447,32.014564	320
左岸	江苏大洋船造船有限公司技改码头	码头	高桩梁板式	233+500	120.010447,32.014564	400
左岸	江苏华泰船业有限公司造船平台	造船平台	造船平台	234+000	120.011408,32.012597	300
左岸	江苏民生新能源装备制造有限公司码头	码头	高桩梁板式	235+000	120.013862,32.011196	180
左岸	泰兴市江腾船舶制造有限公司造船平台	造船平台	造船平台	235+500	119.988322,32.188949	482
左岸	泰兴市港华船业有限公司造船平台	造船平台	造船平台	236+000	119.984712,32.420614	270
左岸	江苏中旭船舶重工有限公司	造船平台	造船平台	236+500	120.023008,31.997164	520
左岸	七圩交运公司九圩港口码头	码头	高桩梁板式	236+872	120.093887,31.970373	100
左岸	泰兴市七圩汽渡	渡口	渡口	236+872	120.024846,31.996138	404
左岸	江苏扬子鑫福造船有限公司船舶、舾装码头	港池码头	高桩梁板式	237+000	120.03324,32.002477	1051

三、高港高新区段岸线

高港高新区岸线总长20.23公里。其中,宜港条件一级岸线12.1公里,主要范围是扬泰界至高港闸3.1公里、泰州长江大桥下游1公里处至东夹江9公里。宜港条件二级岸线1.7公里,主要范围是高港闸至南官河。宜港条件三级岸线6.2公里,主要范围是南官河至泰州长江公路大桥下游1公里处。

规划:扬泰界至南官河4.8公里、大桥下游1公里处至东夹江9公里为以港口为主的生产岸线,南官河至大桥下游1公里处6.2公里为生活旅游岸线。

已开发利用岸线13.93公里。其中,扬泰界至南官河段已开发利用3.49公里,利用岸线项目主要包括海螺集团、杨湾作业区码头、海泰油品码头、中海油码头、高港作业区码头;南官河至大桥下游1公里处已开发利用3.15公里,利用岸线项目主要包括扬子江药业、口岸船舶、三泰船厂;大桥下游1公里处至东夹江段已开发利用7.29公里,利用岸线项目主要包括海企化工仓储、永安作业区三期码头、永安作业区二期码头、永安作业区一期码头、三福船厂、泰州电厂、中航船舶、伟业拆船等。

未开发利用岸线5.23公里。其中,生产岸线为北夹江上游的1.4公里(加上福海港务0.8公里共计2.2公里);生态岸线包括引江河上下游1.24公里、龙窝口下游2.59公里。

第四章　省列流域性骨干河道

第四章　省列流域性骨干河道

　　根据江苏省政府2011年的批复,泰州共有65条河道列为省级骨干河道,其中流域性河道4条(长江泰州段已独立成章,见本书第三章)。

第一节　泰州引江河

引江河上泰州大桥(后改名为"海陵大桥")两头堆土区上绿化造字
"泰州引江河江苏人民的骄傲、泰州引江河泰州人民的奉献"

　　泰州引江河是国家南水北调东线工程的水源工程之一,也是江苏省苏北东部地区引江供水的两大引水口门之一;是一项以引水为主,集灌溉、排涝、航运、生态、旅游等综合利用并支撑苏北沿海地区发展的基础设施工程;亦是江苏省"九五"期间重点水利工程。泰州引江河位于泰州泰高路一线以西约3公里处,穿过泰州高港区、医药高新技术产业开发区、海陵区,与扬州市江都区的边界交错衔接。河道呈南北走向,南接长江,北接新通扬运河,全长24公里。泰州引江河规划引江总规模600米³/秒,分两期实施。一期工程为平地开河,1995年11月开工,1999年9月建成投入运行,总投资12亿元。2003年4月,工程通过江苏省建委组织的竣工验收。为纪念工程竣工,江苏省政府在泰州引江河高港枢纽内建立纪念碑一座。

二期工程是在一期工程基础上的浚深,以扩大引江能力,达到自流引江600米³/秒的规模,同时兴建高港枢纽二线船闸,满足地区航运发展的要求。工程于2012年12月18日开工,2015年竣工,总投资6.96亿元。泰州引江河被人们赞誉为"世界先进,国内一流"的现代化河道工程。

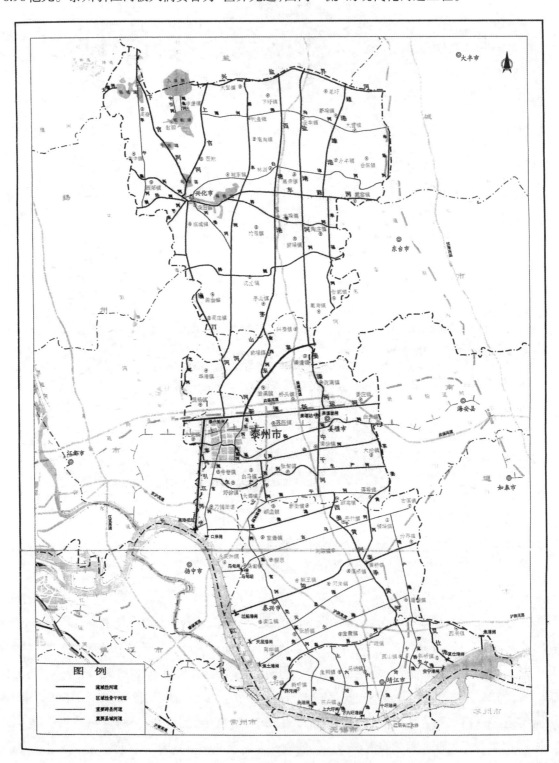

泰州市省级骨干河道分布图

一、规划布局

新中国成立后,江苏省委提出"江水北调、引江济淮、淮沂互济"的治水思路。1956年秋,省农业厅副厅长谢邦佐率省和扬州专署及靖江、泰兴、泰县、江都水利技术人员,组成老通扬运河以南规划小组,开展查勘工作,1957年3月完成《通扬运河以南地区规划报告》。该规划首次提出开挖泰州引江河的建议,说明旨在解决泰州、泰兴、泰县老通扬运河以南地区"旱改水"问题,获省人民委员会批准。同年11月,泰兴县人民委员会动员3万民力,动工试挖。不足半月时间共开挖土方29万立方米,后因民工调往新通扬运河工地而告停。

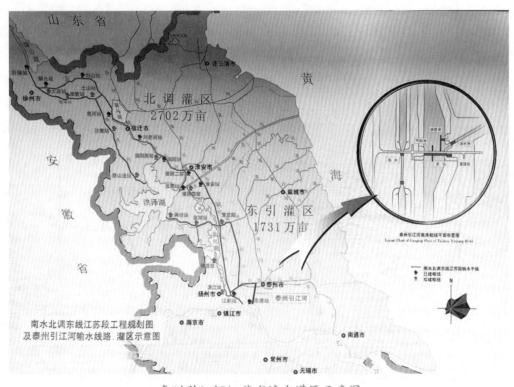

泰州引江河江苏省境内灌区示意图

1958年,泰州引江河工程正式纳入江苏省水利规划。是年冬,工程开工,省人民委员会动员民工20万人,平地开挖土方60万立方米,后因种种原因而停工。

1969年11月,国务院成立治淮规划领导小组,省水电局亦成立淮河规划组。淮河规划组在《江苏省淮河地区骨干工程规划治理意见》中,再次提出开挖泰州引江河的建议,规划工程设计规模为河道自流引江250米^3/秒。但是,此规划未能实施。

此后,省水利勘测设计院的专家开始对泰州引江河工程的规划做进一步论证研究,分别于1973年、1979年、1983年3次开展查勘工作,积累了丰富的第一手资料,为工程的深化设计奠定了基础。

20世纪80年代初,国家南水北调工程开始进入规划研究阶段。1983年6月,省水利勘测设计院在《南水北调东线第一期工程江苏段规划意见》中,提出将泰州引江河纳入南水北调东线体系,并将工

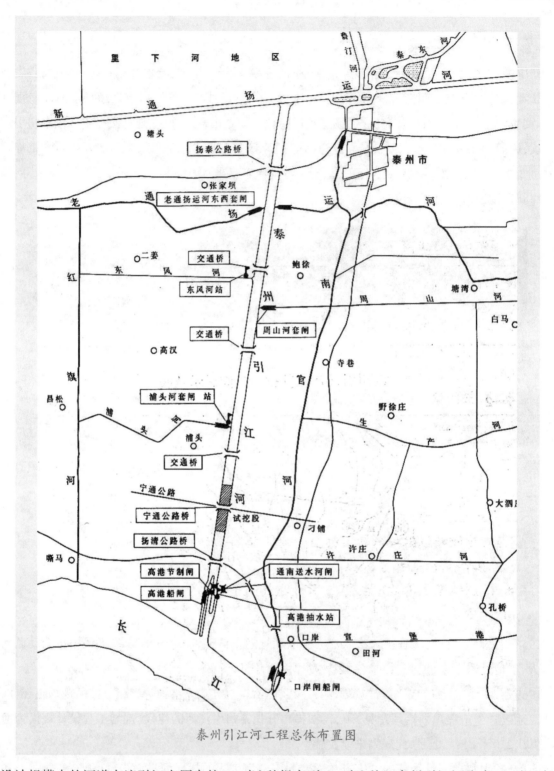

泰州引江河工程总体布置图

程设计规模中的河道自流引江由原来的250米³/秒提高到600米³/秒。泰州引江河取水口,选址长江高港段,引江水向北送24公里进入新通扬运河后,向东经泰东河入通榆河输入沿海垦区,将滩涂变为良田。为此,水利工作者进行了大量查勘、论证、规划、设计工作,付出了辛勤劳动。

1990年7月,省水利厅成立泰州引江河前期工作领导小组,召开泰州引江河前期工作会议,开始了引江河工程建设的各项准备。1992年12月,省水利厅进行泰州引江河工程可行性研究。在省水利勘测设计院,泰州、泰兴、泰县、江都等县(市)有关部门的配合与支持下,历时18个月,于1994年秋完成《泰州引江河工程可行性研究报告》。9月16日,省政府向国务院报送《关于要求批准泰州引江河工程立项建设的请示》(苏政发〔1994〕90号)。1995年5月12日,《泰州引江河工程可行性研究报告》通过水利部技术审查。此报告将泰州引江河工程定位为一项引水排水、航运等多目标、多功能的综合利用工程。工程主要通过引进长江水源,提供东引灌区及沿海滩涂的灌溉用水,并直接提供部分北调水源,腾出现用于东引灌区的江都水利枢纽部分水源北调徐淮地区,提高整个苏北地区供水标准。同时结合3个功能,即结合里下河腹部洼地排涝,结合形成一条从长江到里下河、通榆河的等级航道,结合提高河线穿过的扬州(含泰州)通南高沙土地区灌排航标准等。报告建议工程分两段实施。

1994年12月,中共江苏省第九次代表大会提出"开挖引江河,改善沿海和淮北地区的灌排和供水条件"的要求。1995年,省委经过相当长时间的酝酿,做出了建设"海上苏东"的重大决策,对泰州引江河的上马建设起到了决定性的推动作用。泰州引江河作为"海上苏东"的一项具有战略性的水源工程,理所当然地提上了省委、省政府的重要议事日程。是年,省委把泰州引江河工程列入省重点建设项目;是年,引江河工程环境保护报告书通过国家环保局审查。7月,省水利勘测设计院完成了《泰州引江河工程试挖段初步设计》编制工作。在此基础上,形成了《泰州引江河第一期工程总体初步设计》。

江苏省委、省政府领导高度重视泰州引江河工程建设。1995年11月20日,省政府成立江苏省泰州引江河工程建设领导小组,副省长姜永荣任组长。省水利厅承担领导小组日常工作,副厅长沈之毅任小组办公室主任;同时成立江苏省泰州引江河工程建设指挥部,全面负责泰州引江河工程建设管理工作,省水利厅厅长翟浩辉任总指挥,副厅长沈之毅任常务副指挥。

1995年5月,泰州引江河一期工程可研报告通过水利部组织的技术审查。1997年12月,泰州引江河环境影响评价报告,国家计委上报国务院批准后,以计农经〔1997〕2622号文正式批复江苏省。在国家计委对工程可研批准手续完成前,为不失时机地进行泰州引江河工程建设,实现省政府提出的建设目标,省计经委1995年11月以苏计经农〔1995〕1728号文批复了泰州引江河试挖段工程初步设计概算,一期工程开始起步。泰州引江河工程于1995年11月25日正式开工。

1996年4月,省建设委员会在南京组织召开泰州引江河工程第一期工程总体初步设计预审查会议,形成《泰州引江河第一期工程总体初步设计技术预审查会议纪要》(苏建重〔1996〕233号),对一期工程的总体布置、工程规模、项目内容、设计标准和结构形式提出审查意见。一期工程位于泰州泰(州)高(港)路一线以西约3公里处,穿过泰州高港区、医药高新技术产业开发区、海陵区,与扬州市江都区的边界交错衔接。河道呈南北走向,全长23.846公里,南起长江高港段,北接东西向的新通扬运河。

1996年8月,江苏行政区划调整,地级泰州市成立。江苏省泰州引江河工程建设指挥部在扬州召开行政区划调整后施工交接工作会议,明确扬州、泰州各自实施的项目。泰州市委、市政府十分重视工程建设,领导班子到任后第8天,即1996年8月20日就成立了泰州市泰州引江河工程建设领导小组和泰州引江河工程建设指挥部,全力推进引江河工程的建设。

新上任的市长丁解民任泰州引江河工程建设领导小组组长,市委副书记翁振进任副组长,成员有丁士宏、江正保、潘山元、戴苏生、董文虎、常龙福、谢书敏、张厚宝、王仁政等。泰州市泰州引江河工程建设指挥部由市委副书记翁振进任指挥,丁士宏、董文虎、吴国华、王仁政等任副指挥。指挥部下设工程科、财务科、办公室。

为适应区划调整后的区域经济发展战略,更好地发挥泰州引江河工程的功能和经济效益,9月19日,泰州市筹建领导小组农业办公室,邀请省水利勘测设计院、扬州大学水利学院、扬州市水利设计研究院,以及扬泰两市环保、规划、自来水、交通、港务等部门的领导、专家、教授,对原引江河设计和地级泰州市经济社会的发展进行研讨。会议建议:为适应区划调整后的区域经济发展战略,更好地发挥泰州引江河工程的功能和经济效益,在工程原有设计的基础上进行适应性修改。

1996年11月9日,泰州市政府向江苏省政府报送《关于要求修改泰州引江河工程初步设计的请示》。请求对泰州引江河工程的初步设计做必要的修改和调整,使设计更加符合地级泰州市发展需要。主要是:

(1)提高道路等级。原设计是顺引江河江边段西侧在戗台上筑二级道路。市政府认为:二级路标准的疏港路今后将不能适应发展后港口的吞吐量,建议另辟线路、征地,一次做成一级道路。

省委书记陈焕友(右四)、省长季允石(右五)视察泰州引江河工地

(2)增加建设跨河桥梁并提高桥梁的设计标准。增设南官河公路桥,标准为宽11米+2×0.5米,荷

载汽–20、挂–100（6级航道净高）；新增海阳桥，宽30米。送水河桥原标准宽9米+2×1.5米，荷载汽–20、挂–100，改为宽7米+2×1.5米，荷载汽–15、挂–80。原设计鲍徐、高寺、刁铺桥标准偏低，建议荷载标准提高至汽–20、挂–100；改鲍徐桥宽为30米。海陵区临城段应设置与地级泰州市城市相适应的跨河公路桥。

（3）增设码头。原设计该工程无码头。建议分别在口岸、刁铺交界处和寺巷、鲍徐交界处各建300米、500吨级码头1座。

（4）增设自来水取水头部。原设计对城镇、城乡居民生活供水的基础设施未列项。建议在老通扬运河南300～500米处引江河东侧增列40万吨级取水头部，生产供应泰州市区自来水原水。

（5）结合通南水系调整增建配套建筑物，并提高建闸标准。

（6）调整堆土区方案。

鸟瞰泰州引江河高港枢纽

表4-1　泰州引江河河道断面要素表

河段	起讫	长度（米）	主要土质	地面高程（米）	河底高程（米）	河底宽度（米）	平台高度（米）	平台宽度（米）	河道边坡 平台上	河道边坡 平台下	青坎宽度（米）	堆土高度（米）	直立岸墙河段 长度（米）	直立岸墙河段 说明
一	江边—枢纽	1500	淤土	2.3～3.6	-5.5	80	-1.0	10	1:4	1:5	25	4.4～5.7	1000	枢纽南距江岸500米
二	枢纽—盛兴二圩	3800	淤土	2.2～3.9	-5.5	80	-1.0	15	1:4	1:5	25	5.0		
三	盛兴二圩—鲍徐	10700	粉细砂	4.0～5.3	-5.5	80	-1.0	4	1:3	1:5	25	5.0	1500	万庄、高寺公路桥、鲍徐钲
四	鲍徐—新通扬运河	7846	黏土	2.7～6.4	-6.0	80	-1.0	3	1:3	1:3	20	7.0	2000	通扬公路以北

二、一期工程

一期工程为平地开河,包括河道工程、高港枢纽工程、跨河桥梁工程和配套、影响工程;1995年11月开工试挖,1999年9月底竣工。共完成土方3213万立方米、石方(含垫层)27.89万立方米,浇筑混凝土20.6万立方米。2005年,一期工程荣获中国水利工程优质奖。

(一)征地拆迁

泰州引江河为平地开河,挖掘土地多,动迁群众多。境内工程征地拆迁涉及高港区和海陵区的9个乡(镇)37个行政村,征迁工作面广量大。有关市(区)有关部门密切配合、通力协作,在规定时间内顺利完成拆迁。拆迁地广大群众舍小家保大局,离开了祖祖辈辈繁衍生息的故土,做出了巨大的牺牲。1997年春节,沿线不少群众是在临时搭建的过渡棚中度过的。泰州引江河工程共征用地16667亩(其中泰州12435亩,扬州4232亩);拆迁房屋12019间(其中泰州8947间,扬州3072间);搬迁白果树19156棵;拆迁220千伏高压线路2条,110千伏高压线1条,35千伏高压线1条,10千伏高压线7条,400伏供电线路54公里,电话、广播线30公里,国家一级干线光缆1条,二级干线光缆3条等。

【安置原则】

拆迁后农民搬进的新居,体现了现代化新农村的面貌

工程征迁工作启动后,省国土局组织市、县(区)国土部门及时分批办理了征用土地手续;泰州、扬州市委、市政府和沿线各级党委、政府也成立了专门的班子具体负责这项工作。征迁中,确定了移民安置的4条原则:①就地后靠安置;②以农为主,多种经营;③发展乡村企业和第三产业,广开就业渠道,安置剩余劳力;④国家补助与自力更生相结合,近期补偿与远景扶持相结合。对人均占有耕地超过0.3亩的仍在本组安置,不足0.3亩的在本村或邻村安置,确保人均拥有0.3亩口粮田。新安排的住宅区按农村小康住宅区建设要求,统一规划,统一安排,体现了现代化新农村的面貌。同时,给予优惠

条件,鼓励拆迁户到集镇落户。

【征迁补偿】

省政府办公厅发〔1996〕187号文《关于做好泰州引江河工程征地拆迁工作的通知》规定征地补偿(包括土地补偿费和劳力安置费)每亩5500元,临时占地每年每亩1000元,平房拆迁每平方米150元,楼房拆迁每平方米200元,户外附属设施每户补助1000元。为解决征迁工作中的一些特殊问题,省政府另给以每亩300元的补助。此外,对无地少地群众的安置再给以一次性的补助。

【顺利搬迁】

按农村小康住宅区建设要求,引江河沿线集中兴建近20个规模较大的楼房住宅区,对征迁群众实行集中安置,百姓称之为"引江新村"。工程开工后,南段、中段、北段先后掀起3次搬迁高潮,群众反映较好。

(二)河道工程

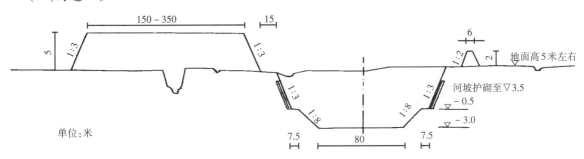

泰州引江河河道一期工程断面示意图

泰州引江河河道全长24公里,河道底宽80米,河底高程南段、中段−3.0米,北段−3.5米,河口一次挖成。高港枢纽以南1.13公里河段纳入枢纽工程,由省枢纽工程处实施;试挖段和江都段由扬州市组织实施,共6.5公里;其余16.216公里河段由泰州市组织实施。工程主要包括:干河和枢纽引航道的开挖、河坡护砌、9座码头土建,江边段堤防填筑,江边河口抛石以及导流沟、截水沟、熟土覆盖等。干河河道工程设计自流引江600米³/秒,河底高程−5.5～−6.0米(废黄河高程,下同),航道标准为三级航道。河道工程分两期实施,一期先按自流引江300米³/秒规模设计,采用宽浅式,上部按最终断面一次挖成,下部放缓边坡,河底高程挖至−3.0～−3.5米。高港枢纽以南段河堤为一等Ⅰ级水利工程,枢纽以北段为一等Ⅲ级水利工程。

1.开河挖建

1995年11月25日,泰州引江河河道工程试挖段开工。当日,在试挖段现场举行了隆重的开工典礼。省委书记陈焕友、省长郑斯林等省四套班子领导出席开工典礼,副省长姜永荣主持典礼。

试挖段工程位于泰兴市刁铺镇万庄及北栾2公里地段,由扬州市、泰兴市具体组织实施。工程于1996年汛期前基本结束。

在相继完成征地拆迁安置后,河道工程进入全面建设阶段,由南向北分段推进、顺序展开。1996年10月,试挖段以南5.8公里河道开工建设;1997年6月,中段8公里河道开工建设;1997年12月,北段8公里河道开工建设;1999年9月竣工,共完成土方2898万立方米,砌石20.6万立方米,浇筑混凝土5.2

万立方米。

省委、省政府采纳泰州市水利局建议,泰州引江河工程全部使用机械挖掘,这是有史以来江苏省第一个全部实施机械化施工的大型水利工程。施工过程中,根据引江河各段的土质情况,分别采用铲运机、挖掘机、泥浆泵等施工机械单独作业、联合作业的施工方法进行施工。机械施工大大加速了工程进度。

机械化开挖泰州引江河场景

河道土方工程包括桥梁施工预留坝、河道施工界坝、河道内的淤积土方均挖足标准通过质评;河坡护砌工程和截水沟、导流沟全面完工,河道工程配套设施直立墙码头全部建成。

二姜桥以南约16公里河段为沙性土,表层土方用作修筑江堤及堆土区围堰和包熟土覆盖,用铲运机施工,下层土方采用水力冲挖机组施工,泥浆泵吸运吹填至堆土区;北段即二姜桥至新通扬运河段为黏土段,用铲运机、挖掘机等一次挖到河底-3.5米高程,其中有沙性土夹层的河段,结合采用水力冲挖机组,个别土质坚硬的工段,辅以挖掘机施工。河坡护砌与截水沟、导流沟在土方完成后相继实施,河坡护砌混凝土预制块集中预制,分散运输到工地铺筑,截水沟、导流沟均用浆砌石砌筑,对地下水逸出点较高出现难工的河段采用钻井排水措施进行施工。共完成土方2898万立方米、石方(含垫层)20.6万立方米,浇筑混凝土5.2万立方米。

闸站基础工程施工现场之一

2.河坡护砌

枢纽以南段采用浆砌石护坡,块石厚0.3米,下设黄砂、碎石垫层各0.1米,护坡上限高程为8.5米,下限为引江河-1.0米、引航道-2.0米。枢纽至二姜桥护坡上限为3.5米,二姜桥以北段上游引航道护坡为-1.0~4.0米。引江河采用0.7米×0.7米×0.1米混凝土预制板,下设土工布垫层;上游引航道段采用0.3米干砌块石加砂石垫层各0.1米。

3.9座码头土建工程

为结合引江河沿线经济开发,沿线设有泰州、鲍徐、浦头、高汉、二姜、刁铺、嘶马、寺巷、口岸等9座直立墙码头(市里负责码头土建部分,机电设备及后方仓库等设施由地方自行配套)。泰州码头长320米,为千吨级码头;其余8座码头均长70米,为500吨级。口岸码头由重力式浆砌块石墙结构改为钢筋混凝土高桩梁板式结构,鲍徐码头为浆砌石挡墙,其他为重力式卸荷板结构。

4.江边段堤防填筑

枢纽以南段东岸及引航道西岸均构筑防洪堤,根据《长江流域防洪规划》设计洪水位加超高2米确定堤防断面:堤顶高程8.5米,堤顶宽度6米,堤后(背水坡)增设10米宽平台,平台高程引江河东堤为4.5米、引航道西堤为4.0米,内外堤坡1:3。河口青坎均为4.0米,宽度15米。

5.江边河口抛石护岸

引江河河口位于长江嘶马弯道尾部,岸线处微冲,为保障岸线稳定,在河口范围内进行抛石护岸,抛石范围长度约600余米,平均宽度约70米,抛石总厚度0.9米,其中碎石厚度0.3米,块石厚度0.6米。

(三)枢纽工程

高港枢纽工程位于泰州市高港区口岸镇,距长江2公里,是实现泰州引江河工程引、排、航目标的控制性建筑物。工程包括船闸工程、闸站工程和110千伏专用变电所。总投资3.56亿元,共完成土方275万立方米,石方(含垫层)6.4万立方米,混凝土12万立方米。枢纽按长江100年一遇高潮位6.41米设计,300年一遇高潮位6.82米校核,内河侧最高水位为3.0米。在工程施工中,采用了多种降排水、防渗和提高地基承载力的新技术、新工艺。因地基土质疏松,天然地基承载力不够,设计采用水泥搅拌桩加固地基,混凝土地连续墙围封防渗。枢纽工程共布置16095根搅拌桩(其中闸站工程布置10631根),这在省内水工建筑物软基处理上尚属首次。1999年9月21日,枢纽工程通过省水利厅单项工程验收,被评定为优良质量等级。

1999年7月,高港枢纽工程被水利部评为首届"文明工地",2000年12月被评为江苏省"水利优秀施工工程"。

1.枢纽土方工程

工程包括开挖基坑和上下游引河,1996年9月开工,1999年9月竣工。共完成土方275万立方米、石方(含垫层)6.4万立方米,浇筑混凝土12万立方米。引航道与引江河中心线平行,相距200米,引航道底宽50米,河底高程:下游段为-4.0米,上游段为-3.0米,下游边坡为1:5.5,上游边坡为1:4。

2.船闸工程

工程位于引江河中心线以西200米,上下游引航道与引江河中心线平行。工程于1996年12月16日开工,次年5月下闸首底板、闸室墙底板浇筑。上下游引航道土方工程于1997年5—10月进行。1997年9月18日开始安装闸门,12月25日完成启闭机安装调试。船闸净宽16米,闸室长196米,槛上水深3.5米。上、下闸首为整体平底板坞式结构,采用短廊道头部输水,对冲消能方式。闸室为分离式,墙身为钢筋混凝土半重力式结构,闸站底板采用钢筋混凝土框架梁顶撑。上、下游导航墙为浆砌块石半重力式结构,表面为厚30厘米钢筋混凝土护面。闸首为平板结构横拉主闸门,上、下闸首设控

闸站基础工程施工现场之二、之三

泵站(室内)

节制闸和泵站外貌

制楼。工程总投资7605万元,完成土方71万立方米、石方(含垫层)1.7万立方米,浇筑混凝土3.9万立方米。1998年3月13日,通过水下工程验收。同年9月18日试通航,12月28日正式通航,是日,举行了隆重的泰州引江河初通水通航仪式。副省长姜永荣主持仪式,代省长季允石致辞,省委书记、省人大常委会主任陈焕友启动船闸闸门,泰州引江河迎来了第一列来自长江的船队。1999年8月,船闸全面建成。

3.闸站工程

1997年9月29日开工建设,由江苏省水利建设工程总公司施工,1999年9月28日竣工。工程按地震基本烈度7度设防。工程包括泵站、节制闸、调度闸、送水闸、变电所及管理设施等项目和上、下游河道的开挖与护砌工作。施工范围总长度为1.13公里。

【泵站】

安装立式开敞式轴流泵9台(套),叶轮直径3.0米,配套电机2000千瓦,总装机容量1.8万千瓦,单机抽水能力34米³/秒,总抽水能力300米³/秒。泵站采用双层X形流道,通过闸门调节,实现了抽引、双排双向运用。1997年10月16日,水力冲挖机组开始闸塘开挖,1998年1月26日泵站底板开仓筑混凝土,12月完成水下工程。1999年2月9日通过水下验收,6月底完成一期3台(套)主机泵的安装及试运行。施工的过程中,为使枢纽泵站能力与河道能力一致,经省政府批准,提办枢纽二期工程。1999年8—9月,二期工程6台主机泵安装结束。泵站布置在节制闸东侧,采取闸站结合布置形式。为改善水流条件,在泵站与节制闸交界处上、下游各设置42米的导流墙。分三块底板,每块底板上布置3台机组,共9台机组,一期工程的3台机组安装在东侧第一块底板上;二期工程的6台机组分别安装在中间及西侧的第二、三两块底板上,站身上、下共分4层,自上而下分别为进水流道层、出水流道层、联轴层、电机层。进、出水流道为双层矩形结构,上、下层流道进出口各设一道钢质平面快速闸门,配卷扬式快速启闭机。主厂房净跨18.5米,下游启闭机设在厂房内。为减轻厂房上部结构重量,屋顶采用钢质网架结构。泵站采用立式开敞式轴流泵,配10千伏/2000千瓦同步电机。为适应长江潮位变化形成的不同扬程,二期工程提办的4#～9#主机泵采用全调节式泵。

【节制闸】

位于泵站西侧,共5孔,每孔净宽10米,总净宽50米,设计流量440米³/秒,加上泵站底层流道过水能力160米³/秒,使高港枢纽的总引水能力达到600米³/秒。节制闸底板高程为-6.35米,采用钢质弧形闸门。针对长江潮位变化,通过节制闸流量自动调节系统控制闸门升高。1998年2月2日,泵站西侧的4号底板开始浇筑。9月8日开始现场组装钢质弧形闸门,10月16日完成5孔闸门的安装,11月5日启闭机吊装到位,11月底安装并调试完毕。

高港枢纽送水闸

【送水闸】

闸孔净宽16.5米,分3孔,每孔净宽5.5米。闸室为三孔一联,整体式平底板,底板顶面高程-2.0米,采用卷扬式启闭机控制。1997年10月16日,水力冲挖机组开始闸塘开挖,1998年10月9日开始浇筑底板,12月24日闸门安装结束,12月22日启闭机吊装到位,1999年1月底完成启闭机安装调试。

【调度闸】

位于泵站以北100米处,距离引江河中心线98.86米。闸站分4孔,每孔净宽5米,总净宽20米。闸室为四孔一联,整体式平底板,顶面高程-5.5米,闸门为钢质平面上、下扉直升门,采用卷扬式启闭机控制。调度闸基坑土方从1998年1月开始冲挖,8月4日开始浇筑底板,11月18日完成调度闸岸及翼墙施工,12月20日闸门安装结束,12月25日启闭机吊装到位,1999年1月底完成启闭机安装调试。

【变电所】

高港枢纽110千伏专用变电所于1999年6月27日投入使用,变电所设置110千伏电源进线和10千伏备用电源进线各1回,110千伏电源进线由界江933线路供电;10千伏备用电源由引江185线路接入变电所0102闸刀上桩头。变电所设置双绕组有载调压主变1台,型号SFZ9-25000/110,电压变比110千伏/10千伏,容量25000千伏安;3只110千伏隔离刀闸和1只主变中性点隔离刀闸;1台110千伏断路器,型号为S1-145F1,以及110千伏电流互感器、电压互感器、避雷器各3只。

4.自动化工程

高港枢纽的自动化控制系统处于国内领先水平。此系统是集监督测量、控制、信号、管理等于一体的计算机系统,能够对变电所、机组及其相应的水工建筑物进行数据采集、控制和管理。

【集散控制系统】

系统采用浙大中控的JX-300集散控制系统,8台采集控制站分布在泵站现场,5台显示操作站安装在控制室内,取消常规显示仪表和报警光字牌。监控系统主干网为两段相连的粗缆冗余总线网,各个采集控制站和控制室内的操作站组成一个以太网络结构,通过TCP/IP协议实现网络通信。

【泵站远程监控系统】

此系统通过Internet能够远程对泵站、节制闸、调度闸、送水闸进行运行调节、控制,主要功能包括:泵站电气主接线的监视、1~9号机组的运行监视和控制、泵站节制闸的运行调度和控制、1~9号机组下层流道引流调度及控制、调度闸和送水闸的运行控制、泵站辅机设备的运行控制、泵站运行数据和历史数据的浏览与查询等。如泵站电气主接线的监视画面能够显示变电所各个刀闸、开关的实时运行状态,显示主变高低压侧三相电流、三相电压、有功功率、无功功率、频率主变油温,以及所变AB、BC线电压、三相电流、所变油温,具有远程分合闸的操作提示和状态指示,并能方便切换到各台机组的运行监控画面。在机组的运行监控画面上显示机组的运行工况、流量、叶片角度、三相电流、三相电压、励磁电流、励磁电压、有功功率、无功功率、主机转速、上下导温度、推力温度、定子温度、上下油缸温度、上下游共4个闸门高,并具有远程机组启停所需的条件控制。

泵站远程监控系统可以使得运行操作人员通过Internet随时随地监视泵站的运行工况,提高水利工程的运行维护水平,合理配置人力资源,同时对水利工程的运行管理模式的改变起着积极的推动作用。它为流域水资源的优化调度、充分合理发挥水利工程的综合效益奠定了基础。

表4-2　高港枢纽1999—2015年抽、排水一览表　　　单位:亿立方米

年度	引水量	排涝量
1999	3.09	—
2000	14.45	—
2001	21.57	—
2002	17.7	—
2003	12.875	7.18
2004	21.57	—
2005	21.6	4.705
2006	23.58	3.8
2007	21.81	4.5
2008	23.88	0.9928
2009	20.86	0.7921
2010	23.4	0.8713
2011	17.255	2.58237725
2012	23.580485	2.5134
2013	24.4193	—
2014	28.5517	1.054
2015	30.0357	6.7141

(四)跨河桥梁

泰州引江河建有跨河桥梁10座。其中,刁铺桥、二姜桥由扬州市负责施工;宁通公路桥由省交通部门组织建造;其余7座均由泰州负责施工。10座桥梁横跨泰州引江河,气贯长虹,由南向北分别为高港大桥、刁陈桥、宁通公路桥、刁铺桥、寺巷桥、高汉桥、二姜桥、鲍徐桥、泰州大桥(今更名海陵大桥)、海阳桥。桥梁长192～248米不等,桥面净宽分别为6米、7米、11米、2×13米不等。荷载标准为:汽-20、挂-100公路桥3座,汽-10、履-50交通桥6座。主跨结构形式为:下承式系杆拱桥9座,桁架梁桥5座,中承式肋拱桥1座。桥孔数为3～7孔不等,中孔主跨60～74米不等。桥梁建设按三级航道标准设计,通航净宽≥50.0米,净高7.0米,最高通航水位3.0米。不但满足公路交通要求,而且满足航道通航要求。

泰州引江河宁通公路桥

跨河桥梁的建设与各段河道工程施工同步进行,分别于1997年陆续开工。

泰州引江河为平地开河,除高汉桥、二姜桥施工时河道开挖成形,采用打坝后干地施工外,其余7

泰州水利志

座桥梁均为预留坝头干地施工。施工主要工序为:在打钻孔灌注桩的基础上浇筑承台,搭设中孔支架,实施中孔不同桥型的上部结构(主要为3种桥型:下承式系杆拱、桁架梁、中承式系杆拱),穿插进行边孔施工,最后铺设桥面和完成两侧接线。桥梁工程共完成土方40万立方米,浇筑混凝土3.4万立方米,砌石8968立方米。1999年9月20日,跨河桥梁工程通过省水利厅组织的桥梁单项工程竣工初验,9座跨河桥梁单位工程的质量等级被评定为优良。

泰州引江河刁铺桥

表4-3 引江河跨河桥梁一览表 单位:米

序号	桥梁名称	等级标准	桥长	桥宽	结构形式
1	高港大桥(原名扬靖桥)	汽-20、挂-100	248	净11+2×0.5	3×30(PCT梁)+1×60(PC系杆拱)+3×30(PCT梁)
2	刁陈桥	汽-10、履-50	199.92	净6+2×0.75	3×22(T梁)+1×60(PC桁梁)+3×22(T梁)
3	刁铺桥	汽-10、履-50	247.25	净7+2×0.75	3×72(中承式肋拱桥)
4	寺巷桥	汽-10、履-50	199.92	净6+2×0.75	3×22(T梁)+1×60(PC桁梁)+3×22(T梁)
5	高汉桥(原名高寺桥)	汽-10、履-50	199.92	净7+2×0.75	3×22(T梁)+1×60(PC桁梁)+3×22(T梁)
6	二姜桥	汽-10、履-50	199.92	净6+2×0.75	3×22(T梁)+1×60(PC桁梁)+3×22(T梁)
7	鲍徐桥	汽-10、履-50	192.05	净11+2×0.5	3×20(空心板梁)+1×60(PC桁梁)+3×20(空心板梁)
8	泰州大桥(原名扬泰大桥)	汽-20、挂-100	212.04	2×净13	2×30(PCT梁)+1×73.92(钢管系杆拱)+2×30(PCT梁)
9	海阳桥	汽-10、履-50	199.92	净7+2×0.75	3×22(T梁)+1×60(PC桁梁)+3×22(T梁)

（五）配套工程

泰州引江河沟通长江和淮河的里下河水系,河道本身位于长江通南片区,因此沿线河道采取封闭运行,直接连通里下河。与原有的通南水系采用建筑物进行控制,同时相应调整通南地区原有的灌溉水源和排涝设施。

泰州引江河配套工程(泰州段)包括两个子项,一是河道主体工程的附属项目,即水土保持工程;二是通南灌排航工程。1996年开始逐步实施,2002年12月16日,工程通过竣工初验。

1.水土保持工程

鸟瞰泰州引江河河道绿化工程

该工程包括水土保持土建、植物防护、隔离栅、管理用房、排水沟衬砌等项目,总投资5193.06万元。水土保持土建工程在引江河东西两岸进行,包括建筑青坎混凝土道路、堆土区土方整理及排水沟护砌等。隔离栅工程主要沿干河征地红线纵向布设,长54.41公里,高2.16米。植物防护在引江河东西两岸进行,全长40.3公里,包括苗木、草皮种植等。

2.通南灌排航工程

通南灌排航工程是泰州引江河结合里下河地区排涝、改善通南灌排航条件、促进区域经济发展的配套工程。工程包括送水河、周山河河道工程,周山河套闸、老通扬运河东船闸(下闸首)、泵站工程、老通扬运河西船闸(上闸首)工程、口岸节制闸加固工程等干河水系调整工程,送水河公路桥及支河跨河桥梁(含刁蒋桥)工程等,总投资10903.74万元。水系调整项目与干河工程同步实施,从1996年开始就陆续实施;其余项目集中在1999年初开工,3座支河口门控制闸(套闸)于2000年5月25日通过水下验收,其余项目于2002年底全面完成并通过验收。

【送水河工程】

工程主要项目有:送水河河道开挖,两侧堤防填筑,庄台填筑,节点河坡护砌,水土保持,堤顶交通道路等。河道工程以机械施工为主,河道上层土方采用挖掘机、推土机配合铲运机施工,两岸堤防按筑堤要求进行碾压;下层土方采用借土筑围堰、水力冲挖为主的施工方案;与南官河交汇处、送水河桥及与高港枢纽分界处预留施工坝头,后期采用挖泥船、水下泥浆泵拆除。

送水河开挖按利用高港抽水站抽翻江水100米³/秒,排涝50～80米³/秒标准实施,河道两侧有堤防要求。河线西段为一直线段,与枢纽调度闸纵轴线成60°夹角;桩号0+818～0+915段为弯道部分,弯道

中心线半径 R=500米,圆心角 θ =11°06′33″;桩号0+915至南官河段为直线段,与南官河中心线夹角为97°。

河道工程自调度闸中心线与送水河中心线交会点以东128米处至南官河,全长约1.86公里。工程采用复式断面,河底高程−2.0米,河底宽20米,高程1.0处留平台5米,平台以上边坡1:3,平台以下1:4,青坎高度真高3.0米,青坎宽15.0米,两侧河堤顶高真高6.0米,顶宽6.0米,内外坡均为1:3。堤顶设简易巡查道路。

高港枢纽送水河

因送水河送水流速较大,为确保高港枢纽的正常运行,在与高港枢纽、南官河衔接处(北岸154米,南岸179米)、弯道段以及送水河桥桥台两侧采取相应的河坡防护措施,村庄密集地段建简易踏步码头,同时为避免送水时水流对南官河造成冲刷,对送水河与南官河交汇处的南官河东岸250米范围内的河坡也采取相应的防护措施。护坡高程由真高1.0米护至真高4.5米,采用半灌砌块石护坡。块石厚度为0.3米,黄砂、碎石垫层各0.1米。护坡下部设置0.7米×0.5米浆砌块石齿坎,盖顶为0.4米×0.6米浆砌块石,各段护坡起、止断面沿坡面设置0.6米×0.4米浆砌块石横向格埂。南官河东岸真高−1.5至真高1.0米以及送水河与南官河交汇处喇叭口西北侧真高−1.0米至真高1.0米暂按模袋形式下达。

为减缓雨水冲刷,青坎地面做成2%倒流坡;堆土区外坡脚设置底宽1米、深0.7米、边坡1:2的堤外排水沟。真高3.0米以上未护砌的坡、青坎及堆土区均采取植物绿化防护措施,河坡、青坎、迎水坡种植狗牙根,堤顶种植意杨等速生树木。

【周山河河道工程】

周山河工程位于海陵区原鲍徐镇境内。工程具有排涝和通航综合功能,当通南地区遭受5年一遇以上暴雨,内河水位猛涨到设计水位以上时,通过周山河、送水河、老通扬运河相机排涝入引江河,使通南高沙土地区的排涝标准由5年一遇提高到10年一遇。周山河配套工程流量规模为100米³/秒,航道标准为六级;设计河底宽18米,河底高程为−1.5米,高程2.5米处留平台宽5米,平台以上边坡1:3,平台以下边坡1:4。与南官河、鲍徐中干河交汇口的护坡用30厘米厚块石砌筑。

周山河河道工程包括新开河道3.2公里,建凤凰桥、鲍九桥、石头桥、龙汪桥等,进行河道护坡、绿化。河道开挖工程于1999年4月17日进场施工,2000年2月底竣工并交给河道防护工程施工单位。凤凰桥、鲍九桥工程于1999年8月开工,2000年1月完工;龙汪桥于2000年1月开工,3月中旬完工;石头桥于1999年12月开工,2000年4月完工。浆砌块石护坡工程于2000年3月初开工,5月初完工。导流沟、截留沟于2000年5月陆续上马,于8月完工。由于周山河地处高沙土地区,地下水位较高,河坡形成后,冲塌严重,2000年2月,对全线未护砌部分增做护坡,护砌高程为1.0~3.0米,护砌部分河坡的坡比为1:2.5,块石厚度30厘米。

周山河工程整治前后

【周山河套闸】

此闸1999年4月开工建设,2000年6月建成。2010年9月经泰州市政府协调,该套闸隶属于市交通部门的泰州船闸整体置换。市交通部门接受后将套闸整体拆除改建为交通船闸。闸首净宽12米,闸室12米×110米×2.5米,通航净空4.5米,钢筋混凝土扶臂式闸墙、悬臂式底板全封闭结构,升卧式平面钢闸门,设计排涝流量100米³/秒。

【老通扬运河东闸(下闸首)】

该闸位于引江河东侧与老通扬运河的交汇处。船闸下闸首宽10米、工作桥宽5.0米,闸首为钢筋混凝土底板,升卧式平板闸门,扶壁式钢筋混凝土结构。后来,在该闸的东南处建2米³/秒的生态补水泵站,该站是市自来水二厂清洁水源和城市生态调水的泵站。

【老通扬运河西闸(上闸首)】

西闸(上闸首)位于引江河干河老通扬运河段河道中心西侧565米,宽10米,空箱式钢筋混凝土结构输水廊道,廊道以上扶壁式钢筋混凝土结构。升卧式平板闸门。扶壁式钢筋混凝土结构,工作桥设置在上闸首上游端。

老通扬运河东闸

老通扬运河西闸

【口岸节制闸加固工程】

见本书第三章第四节。

【北箍江涵洞(结合泵站)工程】

水利部部长汪恕诚(前排中)视察引江河工地,
江苏省水利厅厅长翟浩辉(前排右)、副厅长徐俊仁(前排左)陪同

该工程位于引江河桩号5+090处,涵洞中心线与引江河中心线斜交75°。1.5米×2.0米钢筋混凝土箱涵,两台20ZLB-70立式轴流泵。水泥搅拌桩加固地基。

刁蒋桥,桥跨布置3×20米,桥面总长68.94米,宽5米,T形梁桥,重力式桥台,柱式墩。

三、二期工程

泰州引江河二期工程是在一期工程基础上的扩挖,以扩大引江能力;同时兴建高港枢纽二线船闸,以满足地区航运发展的要求;工程总投资6.96亿元,建设总工期为32个月。2012年12月18日开工。是日,省水利厅在高港枢纽召开动员会议,副省长徐鸣出席并作重要讲话。省水利厅厅长吕振霖、泰州市委书记张雷、市长徐郭平,省农委、审计厅、国土厅、环保厅、纪委、发改委、财政厅、海事局等部门有关负责人出席,省水利厅副厅长李亚平主持。

(一)组织机构

2012年7月30日,省水利厅下发了《关于成立江苏省泰州引江河第二期工程建设局的通知》(苏水基〔2012〕38号),明确建设局作为泰州引江河第二期工程建设项目法人,负责工程建设管理工作,行使项目法人职责。

2012年10月,市政府成立了泰州市引江河第二期工程服务协调领导小组,副市长王斌任组长,市政府副秘书长方针、市水利局局长胡正平任副组长,工程沿线各区分管区长及有关单位负责人为成员。

市水利局充分发挥主动性,加强了与海事、公安、供电等部门沟通协调。在当地党委、政府和沿线广大群众的大力支持下,组织召开了警地合作推进会,在工程现场设立治安管理办公室,为工程建设创造良好的施工环境。工程服务协调领导小组积极做好移民征(占)地的协调工作,分别与工程沿线相关单位签订了征地拆迁包干协议,积极解决工程施工中碰到的地方矛盾,解决群众合理诉求,有力保障了工程顺利开工、按序推进、如期完工并投入运用。

(二)征地拆迁

河道工程主要涉及临时占用农村集体土地补偿、部分国有土地上的树木补偿及专业项目恢复改建补偿。影响范围包括滨江园区内高港村、常福村、杨湾村、刁铺街道万庄社区、明珠街道龙汪村、口岸街道引江社区等6个村(社区)的土地临时占用及泰州市引江河河道工程管理处拥有的树木移栽。其中包括引管处苗木245.44亩、成材树木28185棵、成材果树150棵、竹子995棵;航道拓宽110千伏杆线迁移工程和高港引江河改造10千伏152高丰线陈吉支线升高工程;引江等村(社区)临时占用土地上的青苗及附着物补偿和引排水工程;二线船闸工程共计砍伐树木17519棵,自来水管道、电信网络、有线电视、高压杆线等管线迁移工作。

(三)河道工程

河道工程保持原有河宽不变,全线浚深河道,河底高程由-3.0~-3.5米挖深到-6~-6.5米,河道过水能力由300米³/秒提升至600米³/秒。工程采取不断航施工,水利、海事、航运等部门联合调度,在保证有效管制的通航下,加强河道工程施工安全管理,做到了通航、施工两不误;2013年7月开工,2015

年12月完工;主要包括河道扩浚、河道防护、现状护砌损坏维修、支河口影响处理、跨河建筑物防护、水土保持工程等。浚深河道23.476公里,河坡防护(软体沉排)25.8公里,护坡维修6.371公里,增设锚地4.07公里等。江苏省水利建设工程有限公司、南京市水利建筑工程有限公司、扬州水利建筑工程公司为河道工程的施工单位;盐城市河海工程建设监理中心为河道工程和水土保持的监理单位。

【河道扩浚】

泰州引江河一期工程河道断面采用宽浅式河道断面,河口一次成型。二期工程在一期断面的基础上向下进一步浚深3米,设计底高程为-6.0~-6.5米,底宽为70米,边坡1:3~1:5,不同断面之间采用渐变形式连接;主要采用水下挖泥船(绞吸式、斗轮式、加长臂液压抓斗)机械化施工,共计挖填陆上土方230.27万立方米(含船闸部分121.89万立方米)、疏浚水下土方788.86万立方米(含船闸部分101.50万立方米)。泰州引江河口门区与长江顺接,末端与新通扬运河480米拐弯半径相衔接。二期工程浚深后,泰州引江河与境内沿线支河(周山河、老通扬运河)底存在3.5~5.5米的高差,施工时按坡比1:20对支河进行拉坡处理。通过河道拓浚,扩大了引流能力,实现自流引江规模从300米³/秒扩大到600米³/秒。

【河道防护】

为避免沿线船舶临时停靠损坏护坡,采用系混凝土块软体沉排(其中跨河桥梁上游侧15米、下游侧20米采用模袋混凝土,对跨河桥梁主墩处的河床进行防护)河道防护25.8公里,设置警示牌严禁过往船只停靠及抛锚。根据地形条件和泰州市地方海事局意见,在防护区还分段专门设置了6处临时停靠点共4.07公里,供过往船舶临时停靠。临时停靠点采用重力式混凝土挡墙的结构形式,每隔15米设15吨系船柱和防撞墩。

(四)二线船闸工程

1999年以来,高港枢纽一线船闸一直满负荷运行。随着航运事业的突飞猛进,通航船舶越来越多,高港船闸通航能力逐渐成为瓶颈。最高峰时,上下游积压船舶多达上千艘,船民们过一次闸需要等15~20天,不仅严重影响船舶通行效率,也带来极大的安全隐患。为此,江苏省水利厅部署建设高港二线船闸,以破解工程规模带来的发展瓶颈。

二线船闸工程位于一线船闸西侧,闸室长230米,槛上水深4米,通航宽度也由一线船闸的16米增至23米,可通行千吨级的大型船舶;2012年12月开工,2015年7月投入运用。工程包括:船闸水工工程、上下闸首、公路桥、上下游引航道及其护岸、一线船闸导航墙加固和金属结构、电气、房屋及其附属设施、室外工程等。二线船闸建成后,拓宽了从长江到泰州长300公里的"水上高速公路",实现江海联运,加速物资流通,有力缓解船舶过闸压力,促进了里下河及沿海地区水上运输和造船业的繁荣,进一步提升区域经济社会发展的竞争力和承载力。

1.水工工程

二线船闸距长江边1300米,位于一线船闸西侧,顺水流向中心线距一线船闸70米,其上闸首与一线船闸上闸首齐平。江苏省水利建设工程有限公司为水工工程的施工单位。

【上下闸首】

二线船闸上下闸首均采用钢筋混凝土整体坞式结构,闸首平面尺寸30米×53.8米,口门净宽23.0米;闸首底高程-8.1米,顶高程7.2米,门槛高程-4.0米,槛上最小水深4.0米。底板顺水流向长30米,宽53.8米。闸首防渗采用钢筋混凝土围封地连墙,钻孔灌注桩基础。闸室侧边墩顶部设机房控制楼,上闸首上游设净宽6米、净跨25米的Ⅱ级公路桥,与一线船闸及枢纽相连接。闸室采用分离式结构,全长230米,分为12节,闸室墙采用灌注桩拉锚地连墙结构,地连墙厚80厘米,底高程-15.0米,顶高程1.5米,胸墙顶高程及墙后填土高程均为6.0米,上设厚0.4米、高1.2米挡浪板,桩基承台锚碇,锚碇桩采用钻孔灌注桩,桩径120厘米。

【上、下游导航墙】

上、下游导航墙有效长度均为70米,采用直线段与圆弧段结合的喇叭口布置形式。上游东侧导航墙为拉锚地连墙结构,地连墙顶高程1.5米,胸墙顶高程4.0米,桩基承台锚碇;上游西侧导航墙为钢筋混凝土扶壁结构;底板面高程-4.0米,墙顶及墙后填土高程4.0米;下游东侧导航墙为卸荷板拉锚地连墙和灌注桩排桩结构,港池面高程-4.5米,地连墙(灌注桩排桩)顶高程2.5米,胸墙顶高程7.0米;下游西侧导航墙为拉锚地连墙结构,地连墙顶高程2.0米,胸墙顶及墙后填土高程6.0米,桩基承台锚碇。

2.金属设备安装

船闸工作门为双扇对开钢质三角门,采用QRWY-350kN-4.735米液压直推式启闭机启闭,上、下闸首门顶高程分别为6.7米、8.2米。三角门承受双向水头,能满足静水位差不大于30厘米的情况下开通闸,也具备动水差不大于10厘米时关闭通闸的能力。上、下闸首边墩内均设短廊道输水,长、宽为3.5米、3.5米,廊道阀门采用平面直升定轮钢质平板门,QRWY-300kN-3.75米液压直推式启闭机启闭。

3.电气工程

闸门与阀门启闭机、控制系统、通信系统、信号系统和生产照明等主要用电负荷为二级负荷,其余用电负荷为三级负荷。采用双电源供电,10千伏主供电源由10千伏滨西线引接至船闸变电所,备供电源由150千瓦柴油发电机供电。船闸采用计算机系统进行自动控制,控制系统由服务器、主机、PLC和光纤网络组成,均为冗余配置。主机可在总控室、上闸首、下闸首控制室分级进行控制,PLC采用双机热备的冗余PLC带四个I/O子站,光纤网采用环网,保证有设备发生故障时不影响船闸的正常运行。正常情况下,在控制台上采用计算机控制、调试;非正常情况下,可手动控制,保证船闸连续运行。视频监控系统由15块55英寸高清大屏幕、200万像素高清摄像机、网络存储设备、解码器、磁盘列阵、交换机等设备组成,能全面监控整个船闸的运行。

4.附属工程

新建调度中心。中心建筑面积1121.81平方米,主体2层,局部1层。

上游远调站建筑面积284.9平方米,主体1层;下游远调站建筑面积265.1平方米,主体1层。

传达室建筑面积68平方米,主体1层。

附属房屋工程结构形式均为框架结构。

(五)一线船闸加固工程

高港二线船闸平稳运行后,为确保一线船闸工程安全,省水利厅又决定实施高港一线船闸加固工程,建设投资通过自筹资金解决,工期仅10个月。在这一"急难险重"任务面前,泰州引江河管理处党委一班人敢于担当,迅速自筹6900多万元,保障工程建设顺利推进。该工程于2014年11月15日正式动工,现已通过水下工程验收,并安全拆除围堰。待一线船闸加固工程竣工后,高港船闸通航有望实现即时过闸。

(六)水土保持工程

二期工程依法编制了水土保持方案,开展了专项设计并实施到位,完成了省水利厅批复的防治任务,通过无人机监测,达到了水土保持效果。

河道工程竣工后,为减少弃土区的扬尘,部分弃土区表面铺设了一层100克/米²的土工布。

对工程建设施工区域的生产区、生活区、排泥场、施工道路管线、退水沟均采取工程措施进行了治理,减少工程建设期间的水土流失。同时,根据工程建设特点,以水土流失预测为科学依据,合理配置各防治区的水土保持措施,结合主体工程原有的水土保持项目(主要有排水沟、截水沟、草皮护坡),又利用植物工程,采取铺设草坪、栽植树木等措施,增加植被覆盖,减缓地表径流,做到工程建设与防治相结合,在23个排泥场、3个标段以及工程整体做到点线面相结合,形成完整的水土流失防护体系。

在永久弃土区四周坡面设置梯形导流沟(底宽30厘米,深30厘米,边坡1∶1,采用15厘米厚C20混凝土护砌),在顶面背水侧设置梯形截水沟(底宽50厘米,深50厘米,边坡1∶1,采用15厘米厚C20混凝土护砌),将顶面汇水经导流沟接入一期工程排水系统,同时对一期排水系统清淤、原标准修复。采取的水土保持措施主要包括工程措施、植物措施、施工临时措施、独立费、预备费等。水土保持主要工作量包括:混凝土排水沟10901立方米,袋装土防护4482立方米,浆砌块石排水沟4070立方米,铺植草皮279.56平方米,种植乔木15192株,种植灌木16800株等。

在船闸闸翼墙后及上下闸首之间、调控中心四周铺植高羊茅草坪,并栽植乔灌木、花卉,上下游运调站之间道路两侧修建3.5米宽绿化带,绿化带外侧为50厘米瓜子黄杨绿篱,中间铺植高羊茅草坪,间隔3米栽植香樟。共计整治土地2.91公顷,铺植高羊茅草坪2.9公顷,栽植棕榈210株,栽植红叶小檗、金叶女贞各5250株,栽植瓜子黄杨110250株,栽植月季525株,栽植雅竹525株、桂花36株、紫叶李37株、紫薇44株、石楠53株,栽植香樟1400株,并对上游4.0米高程以上坡面、下游直立墙后裸露地表采用铺植狗牙根草皮护坡。

对顶高程3米以下船舶临时停靠点平台以及施工破坏原有堤防植被铺植百慕大草皮,顶高程3米以上船舶临时停靠点平台以及施工破坏原有堤防分片撒播白三叶和红三叶草。沿河道西侧巡查道路间隔种植一排高干女贞和紫薇,株距3米。在一期工程与二期工程围堰结合处坡面种植宽50厘米麦冬,密度为每平方米20株,并在顶部种植意杨或高干女贞林,行距5米,株距6米。

泰州引江河第二期工程水土保持的监测,在全省首次使用无人机航拍技术,通过航拍技术应用,成功掌握了泰州引江河第二期工程建设期间扰动地表范围、弃土区的分布、弃土(石、渣)量及水土保持措施现状等监测要素,准确监测了各要素质量的变化情况,为航拍技术运用于生产建设项目水土保持监测积累了宝贵经验。

四、工程效益

（一）提高了里下河地区和通南地区的灌排能力

泰州引江河建成后，当里下河地区出现洪涝时，可通过高港枢纽泵站以300米³/秒的速度抽排涝水下泄入江；同时，通过高港枢纽调度闸、送水闸的控制，还可完成通南地区2000平方公里的排涝任务。所建周山河套闸，在泰州主城区发生特大雨涝时，还可以择机向引江河排水100米³/秒，由高港枢纽自排或抽排入江。1999—2014年共开机抽排涝水计27.5亿立方米，大大缓解了受益地区涝情。在干旱时，可通过送水河以100米³/秒的供水量，向通南高沙土地区供水。

2001年，江苏省淮北地区及沿江、沿淮丘陵山区发生严重春、夏、秋连旱。通过泰州引江河累计引长江水21.57亿立方米，有效缓解了里下河等地区的旱情。2007年春夏时节，长江水位较低，境内各通江涵闸自流引江水比较困难，通南地区水稻栽插严重缺水。6月8日开始，高港泵站开动2台机组，以80多米³/秒的流量累计向通南地区送水6000万立方米，使通南地区旱情得到一定缓解。2003年，里下河地区遭受特大洪涝，高港泵站首次开机排涝，7月2—29日，连续安全运行5818.5台时，累计抽排涝水7.18亿立方米，大大减轻里下河地区灾害损失。2005年8月上旬，受频繁降水及第9号台风"麦莎"的影响，里下河地区水势迅速上涨，很快超过警戒水位。8月4日18时30分，高港泵站紧急开动9台机组，以320米³/秒的流量，向长江抽排里下河地区涝水，至8月15日累计抽排涝水3.2亿立方米，地势低洼的兴化水位迅速降至警戒线以下。2006年、2007年高港枢纽分别抽排涝水3.8亿立方米和4.5亿立方米，大大减轻了里下河地区的防洪压力。

自1999年一期工程竣工以来，泰州引江河工程年平均引水量达20多亿立方米。至2014年底，水闸自流引江水322.52亿立方米、泵站开机调引江水6.91亿立方米。

（二）增加了南水北调的供水能力

泰州引江河的建成，增加了南水北调工程的又一个引江口门。高港枢纽可自流引水600米³/秒，或抽引江水300米³/秒。长江水由高港枢纽引入，通过泰州引江河，进入新通扬运河、三阳河、潼河，再经宝应翻水站进入京杭大运河后，逐级提水北送至天津或胶东地区，增加南水北调的送水量达100米³/秒，缓解了江都水利枢纽的输水压力，极大提高了江水北调东引能力。

（三）扩大向沿海地区的供水规模

泰州引江河可引长江水，经泰东河、通榆河、卤汀河等送水骨干河道，源源不断地东引、北调至江苏沿海垦区和各个灌区，满足江苏沿海中部地区城镇、产业、滩涂的开发用水，总受益面积增加到300万公顷。

（四）提升区域航运能力，促进航运发展

拓宽了从长江到泰州长300公里的"水上高速公路"，实现江海联运，加速物资流通，有力缓解船舶过闸压力，促进了里下河及沿海地区水上运输和造船业的繁荣，进一步提升区域经济社会发展的竞争力和承载力。

泰州引江河工程建成以前，泰州及周边地区大宗货物江河联运任务由泰州南官河承担。南官河南起长江，经高港、海陵，北至泰州船闸，全长25公里，它曾是长江通往里下河地区的黄金水道。随着苏中、苏北地区经济的快速发展，这条年通航能力仅300万吨、低等级内河6级航道早已不堪重负，常年超负荷运载。1991年，通航量高达1600万吨。船民们说，堵塞严重的时候，船只要等一个星期才能通行过闸。新建成的泰州引江河为3级航道，可通行千吨级船队。其水面宽、河道直，通过泰东河、通榆河等沟通里下河和东部沿海地区，形成一条从长江通往苏中、苏北地区的长300公里的"水上高速公路"；实现了江海联运，加速了物资流通，促进了航道运输的发展。泰州陵光集团、梅兰集团等一批骨干企业正是依托这条黄金水道加速了企业发展步伐，振兴了地方工业。

（五）促进（高）港（泰州）城一体

泰州引江河的开挖，对泰州的城市定位与走向具有举足轻重的作用。地级泰州市成立后，市委、市政府审时度势，抢抓机遇，以泰州开挖引江河为契机，明确城市的定位与走向，提出"以城促港，以港兴市"的战略，规划建立以"北城南港"为格局的新泰州，并为此实施了一个又一个重要举措：1997年初，泰州市经济开发区定址引江河东岸；同年4月，泰州高港区成立。2009年3月，国家级泰州医药高新技术产业开发区成立……泰州引江河把泰州高港区、医药高新区和海陵区连接成一条线。在空间上将长江向泰州方向拉近了24公里，也就是将泰州向长江岸边推进了24公里，使泰州从此成为滨江城市。2011年，依托泰州引江河堆土区而建成的泰州长江大道全线建成通车。长江大道位于泰州引江河东侧，北起启扬高速泰州西出口，南至高港区通江路与高永路的交叉处，连接了启扬高速、宁启铁路泰州西货站、328国道、宁通高速、336省道和泰州港，这里也是泰州到扬州泰州国际机场的快速通道。长江大道的建成，进一步加强和方便了海陵、高港、医药高新区之间的交通联系，同时缩短了与周边城市之间的时空距离。

（六）成为泰州旅游新亮点

泰州引江河建成后，使沿线的生态环境有了极大的改善。泰州引江河干流基本保持长江水质，达Ⅱ类标准。沿线实施高标准水土保持和绿化防护工程，河坡全部护砌，共种植各类乔灌木40余种174万株，总绿化面积达500多万平方米。沿线主要选用从美国引进的杂交狗牙根草种涵养水源，青坎上栽种柳树，迎水坡间隔栽种紫薇、碧桃、春梅、蜡梅、红枫、桂花、苦楝等观赏性较强的花卉灌木。堆土区域种植意杨等速生经济林木。通过乔、灌、草相间，色、香、形结合，形成"桃李争春、绿荫护夏、枫叶染秋、红梅暖冬"的引江河景观，被人们赞誉为"世界先进，国内一流"的现代化河道工程。2003年，泰州引江河入选"国家水利风景区",成为泰州旅游新亮点(详见本书第十五章第三节)。

2009年9月28日,省水利厅厅长吕振霖在泰州引江河工程建成10周年座谈会上强调,泰州引江河工程是江苏现代水利建设中的又一个示范工程。

(1)科学规划设计的示范工程。泰州引江河工程与先前建成的泰东河、通榆河工程和里下河水系联合运行,实现了引江供水、防洪排涝、交通航运和改善区域水环境的有机结合,科学规划,统筹兼顾,综合治理,充分体现了现代水利科学治水的先进理念。

(2)科技创新的示范工程。泰州引江河工程是江苏省最早实现全部机械化施工的大型水利工程,充分发挥了水利工程机械化施工成本低、效率高、进度快、质量好的特点;建设和管理者们坚持科技先导,攻克了一个又一个技术难题,形成了一个又一个技术创新成果,为后来实施大型河道工程的机械化施工和大型水闸泵站建设提供了重要的技术支撑和实践经验。

(3)建设与运行有机结合的示范工程。泰州引江河工程全线河坡实行护砌,铺设人行道,建设排水设施,所有青坎、堤防实行绿化植被,管理区范围全线封闭管理,是江苏省河道工程建设标准最高、管理设施最好的水利工程之一。

(4)团结治水的示范工程。无论是工程建设,还是运行管理,无论是枢纽工程,还是河道工程,无论是行业与地方,还是地方与地方,各方面顾全大局,密切配合,充分支持,团结治水,为泰州引江河工程建设与管理创造了最好的条件。

(5)树立行业形象的示范工程。泰州引江河工程建设历时数年,没有发现一起违纪违法案件,没有发生一起等级质量事故,涌现了一大批省、市级劳动模范,充分体现了一流的建管队伍、一流的工程质量、一流的行业形象,充分体现了团结拼搏、争创一流的江苏水利精神。

(6)现代水利管理的示范工程。泰州引江河工程建成运行10年来,工程运行管理单位把工程管理与环境保护、文化建设和经营管理有机结合起来,创新实践、创新管理,显著提升了工程效益,显著提升了工程形象,显著提升了管理单位的经济实力,为现代水利工程的运行管理提供了有益的经验。

第二节　泰东河泰州段

泰东河,古代的又一条运盐河道,始挖于明永乐二年(1404),最早的河道由海陵区赵公桥接杨公堤(捍海堰),东至边城一带入东台串场河,历史上称北运河、下官河、下官运盐河,是里下河区东南隅的引江、排涝、灌溉骨干河道,同时也是此地区的交通航运主要河道。明、清朝代都曾加以治理疏浚。治理后的老河道西起泰州西坝,东至东台串场河海道口,经川东港入海。1958年开挖新通扬运河时,泰东河河首改道,在老东河口对面新开河1.4公里,向北至采菱桥入泰东河。

今泰东河西经新通扬运河与泰州引江河相接,东至东台,连接通榆河,全长55.08公里(东台2016市级水利志认定全长58公里),流经海陵区、农业开发区、姜堰区、兴化市,其中境内全长32公里。

一、零星整治

新中国成立后,泰东河一直承担着防洪、排涝、引水灌溉、交通航运等水利水运综合服务功能。由于航运船行波的冲刷,泰东河塌岸现象非常严重,直接威胁沿线圩区安全,每年汛期的挡洪、排涝、河堤抢险加固,让沿线群众付出了难以言说的艰辛。

1956—1958年,为适应航运需要,对该河狭窄淤浅地段进行拓宽疏浚。

1971年冬,拓宽淤溪镇段。泰东河河口大部分地段较宽,在50～150米,但姜堰淤溪镇段却非常窄。该镇有一渡口,当时,为便利南北两岸渡船往返,将河口宽缩至15米。由于河道狭窄,每当引水、排水时,流速快,水位差大,不仅翻船等航运事故不断发生,而且影响泰东河引排能力。1971年冬,姜堰对此段进行了整治。完成土方1.3万立方米,其中水下方0.3万立方米,石方416立方米,支出3.44万元。整治后,河底拓宽为30米,底高–1.5米,坡比1:2;南北两岸建块石护坡长度300米,墙顶真高2.5米,坡比1:1。1982年春,再次拓浚淤溪夹河段,1983年秋全部竣工。除淤溪南河外,又拓浚北河,拓浚标准:底宽20米,底高–2.5米,河坡1:3。动员民力1000人,完成人工开挖部分;水下方由挖泥机船施工;合计完成土方11.51万立方米。跨河建淤溪南、北公路桥两座,国家投资35万元,此举提高了溱潼洼地排涝和向东送水能力,也改善了泰州至盐城、无锡的航道安全。

二、新通扬运河段的整治

2000年12月29日,启动泰东河新通扬运河段整治工程,副省长姜永荣出席开工典礼。此工程是

江苏省江水东引北调的重要基础设施,是沟通泰州引江河与通榆河的关键工程,也是当年省为民办实事项目。工程位于泰州市海陵区东郊、西郊、九龙等乡(镇)及泰州林场境内,全长6.376公里,包括主河道拓浚、新建迎江桥及影响工程等,总投资14833.935万元,其中,征地拆迁及移民补偿项目5561.29万元,河道工程4267.265万元,迎江桥工程3527.89万元,影响工程1477.49万元。工程占地2516.26亩,其中,河道挖废866.25亩,排泥场压地1345.39亩,企事业单位占地304.62亩。拆迁房屋52441.89平方米。2004年竣工。

(一)河道工程

工程包括扩浚干河6.376公里,圩堤修复1.939公里,修筑挡浪墙5.746公里,护坡900米,水土保持12.652公里,水土保持试验项目等。

设计河底高程为-5.5米;引江河—卤汀河段河道设计底宽50米,卤汀河渐变段河道底宽由50米渐变至70米,卤汀河口—泰东河口段设计河道底宽50米;河坡均为1:3;河道南侧不留青坎,保持现状,北侧青坎高程为3.0米,引江河口—卤汀河口段青坎宽度44.5米、卤汀河口—泰东河口段青坎宽20米(其中迎江桥北岸挡墙段青坎宽2米)。圩堤设计顶高程为4.5米,顶宽为4米,堤坡均为1:2。南岸护坡48+828~49+200,长380米,北岸护坡长364米。护坡设计顶高程3.0米,底高程0.0米,混凝土板厚度0.1米,采用C20现浇混凝土板护坡,下铺一层250克/米²聚酯纺粘长丝土工布。

工程于2000年底开工,主体项目于2002年底基本完成。累计完成土方411.55万立方米,其中,开挖300.01万立方米,填筑111.54万立方米,混凝土护坡1040.4立方米。2002年5月、11月河道工程通过由省水利厅组织的水下工程验收。

新通扬运河海陵段

(二)迎江桥工程

工程位于泰州市海陵区海陵北路跨新通扬运河处,包括拆老桥、建新桥。2001年9月开工,2002年11月基本完成。2002年12月通过省水利厅组织的交工验收,项目被评为优良工程。

工程累计完成粉煤灰2147立方米,灰土及二灰结石6019立方米,混凝土及钢筋混凝土11815立方米,沥青混凝土4897立方米;使用钢筋及金属结构1177吨,钢绞线及高强钢丝163吨。该桥设计荷载为汽–20、挂–100。桥跨布置为8×20米先张法预应力空心板+73.98米钢管混凝土系杆拱+8×20米先张法预应力空心板,桥梁宽为净16米+2×2.5米,下部结构为重力式桥台、基础为钻孔灌注桩基础,柱式桥墩。该桥两头接线长约315米,沥青混凝土路面,粉煤灰路基,浆砌块石挡墙维护。

为有效减缓船行波对河坡的冲刷破坏,尤其是水位变幅区的河坡防护问题,在迎江桥东侧北岸1.85公里范围内进行植物防护试验。

为有效利用迎江桥北侧桥孔空间,实施了桥孔封闭工程,封闭后,作为防汛物资储备仓库。

(三)水土保持

水土保持工程包括每隔100米设置的挡浪墙、堆土覆盖以及青坎圩堤种树种草等。

(1)挡浪墙。新建1.6公里挡浪墙,墙顶高程4.2米;新建2.576公里挡土墙,墙顶高程3.0米。

(2)堆土覆盖。由于本工程采用挖泥机船施工,吹填区表层脱水硬化后,从铲运机弃土区取熟土覆盖于吹填区表层,覆盖厚度0.35米,既可防止风蚀雨淋,又有利于树草生长,对保护环境和防止河道淤积均有利。

(3)种树种草。青坎、圩堤需植被保护。选用耐旱、耐湿、速生、根系密集的草(如狗牙根、马尼拉等)、柴、树,在土方工程完成后立即栽种,既防止水土流失,又增加经济收入。

此工程及一些零星工程等于2005年底结束,南岸挡土墙项目于2006年1月开工,至2007年1月完工。种植树木4.8万棵,草坪12.8万平方米。

(四)影响工程

2001—2004年整治工程中的影响工程共52项,其中:建闸站4座、单站7座、单闸9座,建桥梁11座、圩路6条,疏浚河道7条,补偿7项,圩口闸电启闭改造1项,分布在海陵4个乡(镇)。

影响工程从2001年7月开工,至2002年12月大部分基本完成,其余部分项目2005年底结束。

影响工程分别于2003年1月、2006年5月通过市水利局组织的竣工初验,水土保持与预留段河道也通过了阶段验收。

泰东河新通扬运河段实施后,及时发挥了效益,在历年大水排涝和正常年份的引排水方面均发挥了很大的效益,同时沿线引水、通航、排涝条件均得到较大改善。

三、海陵段的整治

海陵段的整治工程包括河道工程、沿线征地拆迁及影响工程、幸福河接口段拓浚工程等。总投资4768.7万元,征用土地840.88亩,临时占地755.84亩,拆迁房屋10590.26平方米。

省、市、县均成立了相应的工程管理机构,征地拆迁工作由县(区)级政府负责,法人是省泰东河工程建设管理局。泰州市泰东河工程建设处负责河道工程的实施,海陵、兴化组建建设处分别负责影响工程及幸福河接口段拓浚工程。

(一)征地拆迁

批复的占地赔偿及拆迁安置工程2071.20万元,征用土地730.36亩,临时占地755.84亩,拆迁房屋

10590平方米。

（二）河道工程

工程主要位于海陵区东郊乡、泰东镇境内，局部位于姜堰境内；主要包括征地拆迁、3.56公里河道拓浚、圩堤填筑、护坡、水土保持工程等。

设计标准：设计河底高程-5.5米（废黄河高程系统，下同），河底宽45米，边坡1∶3，青坎宽20米，高程2.5米，为增加护坡稳定性，泰东河右侧48+700～45+400段在混凝土护坡下限处设置5.0米宽平台；圩堤顶高程4.5米，顶宽4米，边坡1∶2，排泥场段利用排泥场围堰代替圩堤，河北岸从盐河至泰东河口长1.2公里（桩号47+500～48+700）现有圩堤已达标准，仅对局部堤身进行修复；护坡范围为泰东河右侧48+700～45+370，设计顶高程为2.5米，设计底高程为0.0米（浅滩段为0.7米），采用C20现浇混凝土板护坡，厚度0.1米，下铺一层250克/米²聚酯纺粘长丝土工布；水土保持工程主要包括青坎排水1%倒坡，U形槽纵向截水沟、横向导流沟等以及青坎以上植物防护。

工程量：土方开挖144.44万立方米，土方填筑60.96万立方米，混凝土护坡、U形槽混凝土3564.76立方米，浆砌石齿坎、格埂、跌井2323.63立方米，使用土工布40828平方米。省批复河道工程概算投资4159.15万元，其中河道工程2087.95万元，征地赔偿及拆迁安置工程2071.20万元。

工程于2004年1月31日开工，围堰填筑于4月底基本完成，河道拓浚于5月中旬正式施工，混凝土护坡于5月开始施工，2004年11月底全部完成。

整治后的泰东河城区段

（三）影响工程

影响工程位于海陵区境内，共13项，工程分两期实施。一期于2004年4月21日正式开工，2005年12月完成；二期于2009年2月14日开工，2009年11月完工。两期共完成土方4.55万立方米，浆砌石方填筑0.18万立方米，浇筑混凝土0.13万立方米，使用钢材59.5吨。

表4-4　泰东河工程影响工程一览表

序号	工程名称	工程详细内容及设计标准
1	中桥村闸站	新建4米圩口闸、1Q排涝站,改造原2Q排涝站
2	采菱西闸站	新建2Q排涝站、4米圩口闸
3	魏垛闸站	新建4米圩口闸,改造1Q排涝站
4	采菱东闸站	新建1.5Q排涝站、4米圩口闸
5	采菱二号桥	新建汽-10,宽3.5米,长4.8米
6	农三队桥	新建汽-10,宽3米,长10米
7	中桥庄心河桥	新建汽-10,宽2.5米,长18米
8	赵塘闸	新建4米圩口闸
9	农三队闸站	新建3米圩口闸,购置2台6英寸潜水泵
10	渔场圩口闸	新建4米圩口闸
11	许郑闸站、周墩闸站、五里闸站、赵塘闸站、东仁闸站、解娄庄河闸、解娄北闸、老东河闸	加固改造启闭、闸门等结构及部分出水廊道
12	采菱东引排河	长1000米,底宽8米,底高程-0.5米,河坡1:2.5
13	泰东河河坡坍塌防护	新建护坡长125米,顶▽3.0,底▽0.0,坡比1:3

（四）配套工程

配套工程位于幸福河接口段。幸福河南自东台时堰段,途经兴化戴南、张郭、陶庄三镇,北至车路河,全长约25公里,是兴化东部地区13万亩耕地的主要引水和排涝河道。兴化市幸福河接口段工程全长1.03公里,包括征地拆迁、河道工程、桥梁工程等。

此工程能充分发挥泰东河引水、输水能力,又能基本满足兴化东部地区及幸福河沿线的用水,是一项造福人民的水源工程、民心工程。

设计标准:设计引水流量30米³/秒,河底高程-2.5米、河底宽25米,边坡坡比1:3,河道青坎高程2.5米,青坎宽5~10米;堤顶高程4.5米,顶宽4米,内外坡比1:2;西南侧圩堤结合公路建设,堤顶高程4.5米,顶宽9米;幸福河桥,设计荷载为汽-20、挂-100,桥面净宽7米,总宽8米,主桥长3×20米,上部构造采用先张法预应力钢筋混凝土绞接空心板,下部构造采用双柱式灌注桩式桥墩。

工程量:开挖土方1.97万立方米,浇筑混凝土540立方米,使用钢材43.2吨。

幸福河接口段影响工程河道部分于2004年8月11日开工,是年11月30日完成,桥梁部分2004年8月18日开工,2005年3月31日完成并通车。

河道工程于2005年12月、影响工程于2011年12月通过由省水利厅组织的投入使用验收,2013年3月配套工程通过竣工验收。

工程建成后,在历年大水排涝和正常年份的引排水方面均发挥了很大的效益,同时沿线引水、通航、排涝条件均得到较大改善。

河道

桥梁

驳岸

施工现场

四、沈马大桥

2005年7月14日开工建设，2006年10月基本完成工程建设任务。

该桥位于沈马公路与泰东河交汇处，是沈马公路跨越泰东河的二级公路大桥，该桥与泰东河成斜交布置，桥梁横向中心线与拓浚后的泰东河河道中心线相同。大桥总长370.0米，其中：主桥长70米，引桥长300米，桥头引道总长350米。桥面总宽：主桥12.0米，引桥100.0米，行车道宽均为9.0米，拌和式沥青混凝土路面。引道路基宽12.0米，路面宽9.0米，路肩宽2×1.5米。主桥通航孔共1跨，上部结构为钢管混凝土系杆拱。引桥共12跨，跨径均为25米，上部结构为预应力钢筋混凝土大孔板。下部结构：主桥采用分离式桩基承台基础，柱式桥墩；引桥采用灌注桩基础，双柱排架式桥墩（台）。工程完成路基土方16772.8立方米，二灰结石808立方米，浇筑混凝土4088立方米，沥青混凝土450立方米，砌石781立方米；使用钢筋及铁件制作700吨，钢绞线及高强钢丝100.5吨。大桥总投资1852万元，其中上级补助1482万元，其余由地方自筹。

该大桥是沈马公路线上的关键性工程，江苏省水利厅、泰州市水利局、姜堰市委、市政府的领导都十分重视该项工程的建设。泰州市水利局专门成立了泰州市泰东河沈马大桥工程建设处，经省水利厅批准同意，该处作为该项工程的建设单位，行使项目法人职责，具体负责工程的建设实施。建设处下设办公室、工程科、财务科和监察室。为及时处理协调工程建设中的矛盾，泰州市水利局和姜堰市还联合成立了工程建设领导小组，加强了工程组织领导，确保了工程顺利实施。姜堰市委副书记、市政协主席高永明任组长；姜堰市副市长钱娟，泰州市水利局副局长胡正平、局总工程师钱卫清，姜堰市水利局局长周昌云任副组长；姜堰市委办、政府办、财政、发改委、交通、国土、供电、俞垛镇、淤溪镇的负责人为成员。

大桥设计单位为江苏省水利勘测设计研究院有限公司；通过招标投标，施工单位为江苏三水工程建设有限公司，该公司成立了江苏三水工程建设有限公司泰州市泰东河沈马大桥项目部（以下简称项目部）负责该桥项目实施；监理单位为江苏省苏源工程建设监理中心，该中心成立了江苏省苏源工程建设监理中心泰州市泰东河沈马大桥工程监理处（以下简称监理处）负责现场监理工作；质监单位为泰州市水利工程质量监督站。

五、2011—2015年的整治

2003年淮河流域大水后，党中央、国务院做出进行新一轮治淮的战略决策。在水利部和江苏省委、省政府的关心支持下，经多轮会商，决定利用世界银行贷款开展泰东河治理工程，2008年6月，国家发改委批复了项目建议书。2009年省委、省政府在《关于贯彻落实〈江苏沿海地区发展规划〉的实施意见》中明确，泰东河为保障沿海发展的水源工程。2010年3月，国家发改委批复了项目可研报告；2010年7月，江苏省发改委批复了工程初步设计；2010年11月，世界银行与中国财政部正式签署贷款协议和项目协定。至此，泰东河泰州市农业开发区至东台时堰段的整治纳入江苏省利用世界银行贷款实施的淮河流域重点平原洼地治理工程项目，这也是水利部《加快治淮工程建设规划》（2003—2007

年)确定实施的重点治淮项目,同时被列为2012年江苏省水利重点工程。此工程涉及境内海陵区、农业开发区、姜堰市、兴化市和盐城东台市,总投资12.6719亿元(其中利用世界银行贷款6371万美元),其中境内工程总投资7.78亿元。

(一)工程领导机构和参建单位

江苏省水利厅所设的江苏省世行贷款泰东河工程建设局(以下简称省泰东河建设局)对工程建设负总责,为项目法人。

泰州市委、市政府非常重视关心该项工程的建设,对工程项目从立项到建设实施都予以了很大的关注和支持。2011年3月22日,成立泰东河工程领导小组,领导小组下设工程建设指挥部。

表4-5 泰东河工程建设领导小组成员名单(2011年)

序号	领导小组职务	姓名	时任职务
1	组长	徐郭平	泰州市委副书记、市长
2	副组长	王守法	泰州市委副书记
3		丁士宏	泰州市政府副市长
4		陆晓声	泰州市委副秘书长、农工办主任
5		毛正球	泰州市政府副秘书长
6		张余松	泰州市纪委副书记、监察局局长
7		唐勇兵	泰州市水利局局长
8		吴 跃	泰州市财政局局长
9		张文彬	泰州市国土资源局局长
10		孔德平	泰州市住房和城乡建设局局长、周山河街区管委会主任
11	成员	居锦杰	泰州市交通运输局局长
12		丁 亚	泰州市规划局局长
13		祝 光	泰州市城管局局长
14		董维华	泰州市公安局副局长
15		蔡德熙	姜堰市委副书记、市长
16		李 伟	兴化市委副书记、区长
17		孙耀灿	海陵区委副书记、区长

表 4-6　泰东河工程建设指挥部成员名单(2011 年)

序号	指挥部职务	姓名	时任职务
1	指挥	丁士宏	泰州市政府副市长
2	副指挥	毛正球	泰州市政府副秘书长
3		唐勇兵	泰州市水利局局长
4	成员	金厚坤	兴化市委副书记
5		高永明	姜堰市委副书记、市人大常委会主任
6		张仁德	海陵区副区长
7		李兴国	泰州市国土资源局副局长
8		范克永	泰州市住房和城乡建设局副局长
9		马庆生	泰州市交通运输局副局长
10		宋建华	泰州供电公司总经理
11		赵进声	泰州电信公司总经理
12		姜　峰	泰州移动公司总经理
13		胡正平	泰州市水利局副局长
14		龚荣山	泰州市水利局副局长
15		姜文盛	泰州农业开发区管委会副主任

2010 年 12 月 16 日,项目法人江苏省世行贷款泰东河工程建设局以《关于组建泰州市世行贷款泰东河工程建设处的批复》(苏世泰〔2010〕3 号),批准泰州市水利局组建泰州市世行贷款泰东河工程建设处并具体负责所辖工程项目的现场建设管理工作。有关县(市、区)组建影响工程项目部,负责辖管工程建设管理工作。泰东河工程建设处主任龚荣山,副主任丁煜城。2013 年 2 月 20 日,徐丹调任泰东河工程建设处副主任。

表 4-7　2011 年工程参建单位一览表

序号	单位(机构)分类	单位(机构)名称	工作职责
1	项目法人	江苏省世行贷款泰东河工程建设局	建设管理及移民征迁、安置
	现场管理机构	泰州市世行贷款泰东河工程建设处	
	征迁实施机构	兴化市泰东河工程征地移民领导小组办公室	移民征迁、安置
		泰州市姜堰区世行贷款泰东河工程征地移民领导小组办公室	移民征迁、安置
		泰州市农业开发区世行贷款泰东河工程征地移民领导小组办公室	移民征迁、安置
2	勘测单位	江苏省水利勘测设计研究院有限公司	工程勘测
3	设计单位	江苏省水利勘测设计研究院有限公司	工程设计

续表4-7

序号	单位(机构)分类	单位(机构)名称	工作职责
4	监理单位	江苏省苏水工程建设监理有限公司	移民监理
		上海勘测设计研究院	土建3包施工监理
		江苏河海工程建设监理有限公司	土建8包、11包施工监理
		镇江市工程勘测设计研究院	土建7包、9包、10包施工监理
		南京中锦欣信息咨询有限公司	土建13包、21包、25包、26包、27包、29包、30包、31包施工监理
		江苏省水利工程科技咨询有限公司	土建12包、16包、22包、17包、18包施工监理
5	施工单位	江苏盐城水利建设有限公司	泰东河工程土建施工3包
		苏州市水利工程有限公司	泰东河工程土建施工7包
		山东省水利疏浚工程处	泰东河工程土建施工8包
		南京振高建筑工程公司	泰东河工程土建施工9包
		扬州水利建筑工程公司	泰东河工程土建施工10包
		淮安市淮河水利建设工程有限公司	泰东河工程土建施工11包
		江苏盐城水利建设有限公司	泰东河工程土建施工16包
		江苏盐城水利建设有限公司	泰东河工程土建施工13包
		江苏盐城水利建设有限公司	泰东河工程土建施工12包
		江苏祥通建设有限公司	泰东河工程土建施工21包
		常州华艺园林有限公司	泰东河工程水土保持2标
		江苏河海科技工程集团有限公司	泰东河工程土建施工17包
		江苏三水建设工程有限公司	泰东河工程土建施工18包
		响水县水利建筑工程处	泰东河工程土建施工22包
		滨海县水利建设钻井工程有限公司	泰东河工程土建施工25包
		正中路桥建设发展有限公司	泰东河工程土建施工26包
		滨海县水利建设钻井工程有限公司	泰东河工程土建施工27包
		江苏祥通建设有限公司	泰东河工程土建施工29包
		苏州中亿丰建设集团股份有限公司	泰东河工程土建施工30包
		阜阳市颍州区水利建筑安装有限公司	泰东河工程土建施工31包

　　工程设计单位:江苏省水利勘测设计研究院有限公司、扬州市勘测设计研究院;质量监督机构:江苏省水利工程质量监督中心站;安全监督机构:江苏省水利工程建设局。

　　工程概算投资为126719万元。中央补助24888万元;世界银行贷款6371美元,暂按汇率1:6.827折合人民币43495万元;省级补助40314万元;泰州市县配套18022万元。

（二）征地移民

2011年3月，完成泰州段移民监理招标投标工作，移民监理机构、征迁实施机构开展征迁前期实物量的调查工作。境内工程永久征地4067.05亩，其中，姜堰2287.34亩，兴化1526.12亩，泰州农业开发区253.59亩；境内临时征用5291.27亩，其中，姜堰4060.37亩，兴化1230.9亩；境内拆迁房屋56590.26平方米，其中，姜堰52099.63平方米，兴化3823.17平方米，泰州农业开发区667.46平方米。

征迁安置涉及泰州市农业开发区，兴化市张郭镇，姜堰区淤溪镇、俞垛镇、溱潼镇。依据《大中型水利水电工程建设征地补偿和移民安置条例》（国务院第171号令），江苏省泰东河工程建设局与泰州市人民政府签订了《征迁安置任务与投资包干协议书》，泰州市人民政府以《关于下达泰东河拓浚工程征地移民安置任务的通知》（泰政发〔2011〕50号）将泰东河工程主城区农业开发区段和姜堰区段征迁安置任务分别下达给农业开发区管委会和姜堰区政府。

兴化市政府、泰州农业开发区管委会和姜堰区政府分别于2011年4月成立了世行贷款泰东河工程征地移民领导小组办公室（以下简称农业开发区征迁办和姜堰区征迁办），并同步启动实施工程征迁安置工作。在江苏省泰东河工程建设局的统一部署和泰州市工程建设处的紧密协调下，农业开发区征迁办和姜堰区征迁办紧紧围绕各自征迁工作的目标任务，切实以法律法规为依据，严格执行征迁工作操作规程，充分体现公开、公平、公正的原则，努力按照工程建设序时进度的要求稳步推进征迁工作，为工程的顺利施工创造了良好的外部环境。

移民工程在姜堰溱潼镇读书址村、湖滨村和淤溪镇淤溪村建3个集中安置小区，共安置245户759人，安置率100%。其中，读书址村移民安置点占地160亩，安置居民93户303人，按照"统一规划，自主建设"的原则，由建设单位提供施工图纸与户型图，开展水、电、路与综合环境及配套设施建设，同时将移民拆迁补偿款交到移民手中，由各家各户自行建房。老百姓很满意这种移民安置模式。对于4户不愿意入住移民安置点的居民，补偿款直接给付到人，让他们自行安排，解决了群众的实际问题。

（三）河道工程

河道设计断面：兴化张郭段（3.334公里），设计河底高程-4.0米，底宽45米，河坡1:4，高程0.0米以上采用悬臂式混凝土挡土墙护岸；市区段（泰州农业开发区2.14公里，姜堰17.63公里），设计河底高程-5.5米,底宽45米,河坡1:3,高程0.0米以上护岸采用预制块混凝土护坡、模袋混凝土+预制块混凝土护坡、生态护坡、悬臂式混凝土挡土墙、浆砌块石驳岸等形式。

工程主要内容为:河道拓浚22.885公里,圩堤退建、加固30.254公里,建防洪墙4.66公里、挡墙10.32公里、护坡27.72公里、驳岸748米、青坎排水工程及水土保持工程。

河道疏浚共完成土方535.4687万立方米,其中,土方开挖181.2551万立方米,土方回填251.0802万立方米;完成石方2.0029万立方米,浇筑混凝土6.2932万立方米,钢筋制安2364.775吨。

新建城镇防洪墙4.6598公里,全部位于姜堰境内。

新建圩堤67.86公里,其中,境内38.43公里(姜堰29.58公里、兴化5.62公里、泰州农业开发区3.23公里)。新建河道护坡43.92公里,其中,境内27.715公里(姜堰23.815公里、泰州农业开发区3.9公里)。境内新建挡墙10.32公里(姜堰2.69公里、兴化6.39公里、泰州农业开发区1.24公里)。

泰东河工程姜堰段

泰东河工程兴化段

泰东河工程海陵段

河道疏浚扩大了河道行洪断面,提高了汛期洪水下泄速度,减轻了防汛压力;护坡、挡土墙有效防止了河岸坍塌,保持河势稳定;水土保持设施有效降低了工程区内的水土流失;新筑堤防使保护区提高了防洪标准,免受洪水侵扰,生产、生活条件明显改善,为地方经济和社会的可持续发展提供了防洪安全保障。

（四）桥梁工程

【张郭大桥】

张郭大桥位于兴化市张郭镇。桥梁设计汽车荷载等级为公路–Ⅱ级,主桥跨径70米,引桥为14×20米,桥面净宽7米。主桥下部结构为分离式桩基承台基础、柱式桥墩,上部结构为钢管混凝土系杆拱,引桥下部结构采用灌注桩基础、双柱排架式桥墩（台）,上部结构为预应力钢筋混凝土空心板梁。两侧河道护岸采用悬臂式挡土墙形式,顶高程2.5米,桥梁采用节点绿化打造,主要品种有垂柳、女贞、紫薇等。工程于2013年12月31日开工,2015年6月18日完工。

2015年9月,大桥通过江苏省水利厅验收并投入使用,后期由张郭镇政府进行日常管养。

张郭大桥

【溱潼北大桥】

溱潼北大桥位于姜堰区溱潼镇。桥梁设计汽车荷载等级为公路–Ⅱ级,主桥跨径70米,引桥共21跨,长约408米,桥面净宽9米。主桥下部结构为分离式桩基承台基础、柱式桥墩,上部结构为钢管混凝土系杆拱,引桥下部结构采用灌注桩基础、双柱排架式桥墩（台）,上部结构为预应力钢筋混凝土空心板梁。工程于2014年4月28日开工,2015年12月20日完工。大桥两侧河道护岸采用悬臂式挡土墙、预制块护坡形式,顶高程2.5米,桥梁采用节点绿化打造,主要品种有垂柳、女贞、紫薇等。2016年3月,溱潼北大桥通过省水利厅投入使用验收,后期由溱潼镇人民政府进行日常管养。

溱潼北大桥

【读书址大桥】

读书址大桥位于姜堰区溱潼镇。桥梁设计汽车荷载等级为公路–Ⅱ级,主跨79.7米,引桥为20×14米,桥面净宽9米。主桥下部结构为分离式桩基承台基础、柱式桥墩,上部结构为钢管混凝土系杆拱,引桥下部结构采用灌注桩基础、双柱排架式桥墩(台),上部结构为预应力钢筋混凝土空心板梁。工程于2014年4月28日开工,2015年12月20日完工。大桥两侧河道护岸采用预制块护坡形式,顶高程2.5米,桥梁采用节点绿化打造,主要品种有垂柳、女贞、紫薇等。2016年3月,读书址大桥通过省水利厅验收。

读书址大桥

【淤溪大桥】

淤溪大桥位于姜堰区淤溪镇。桥梁设计汽车荷载等级为公路–Ⅱ级,主跨70米,引桥为14×20米,桥面净宽9米。主桥下部结构为分离式桩基承台基础、柱式桥墩,上部结构为钢管混凝土系杆拱,引桥下部结构采用灌注桩基础、双柱排架式桥墩(台),上部结构为预应力钢筋混凝土空心板梁。大桥两侧河道护岸采用悬臂式混凝土挡土墙、预制块护坡形式,顶高程2.5米,桥梁采用节点绿化打造,主要品种有垂柳、女贞、紫薇等。工程于2013年12月31日开工,2015年6月18日完工。2015年9月,淤溪大桥通过省水利厅验收。

淤溪大桥

【淤溪人行便桥】

工程中,老淤溪桥拆除,给桥北居民生产生活带来很大不便。群众反映强烈,经省水利厅批复同意,姜堰区利用征地移民结余资金,拆除老淤溪桥后,在原址新建1座人行便桥,以便群众生产、生活。淤溪人行便桥位于姜堰区淤溪镇,桥梁设计人群荷载3.5千牛/米²,主跨76米,南北两侧通过混凝土踏步与现有路面连接,桥面净宽4米。主桥下部结构采用承台实体墩,两侧踏步下部结构采用矩形盖梁柱式墩,主桥上部结构为钢管系杆拱。施工单位为江苏三水建设工程有限公司,监理单位为南京中锦欣信息咨询有限公司,合同价604万元。

（五）影响工程

泰东河扩大后,封闭了沿线部分小支河及圩口闸,使沿线灌排水系受到影响。为充分发挥泰东河的效益,进行了部分水系的调整,对沿线幸福河、盐靖河、俞西河3条主要支河15.9公里进行疏通,并对低洼圩区、直接影响工程进行处理。

【幸福河工程】

幸福河位于兴化市东南部的戴南、张郭、陶庄等乡（镇）,南至泰东河,北接车路河,全长24.8公里,是兴化东部地区的主要引、排水河道。本次工程实施前,与东台两市交界插花地段7.2公里,由于两市矛盾一直未能打通,因此该河的引、排水效益一直难以充分发挥。本次工程是打通幸福河中部仲家庄至欧家庄实心段,总长7.2公里,投资9100万元;共完成土方140万立方米,填筑圩堤41.74万立方米;新建圩口闸17座,排涝站4座,各类跨河、沿河桥梁16座;此工程为平地开河,由江苏祥通建设有限公司负责施工,2014年9月1日开工,2015年底基本完工;该段河道设计标准为:河底高−2.5米,河底宽25米,河坡1∶3;两岸青坎宽度各5米。该段拓浚后降低了溱潼水位,减轻了溱潼洼地的涝渍压力,同时为泰东河分流30米³/秒,满足了兴化东部地区及幸福河沿线的用水。

【盐靖河南端卡口拓浚工程】

盐靖河是里下河地区的重要引排骨干河道,自泰东河至兴盐界河总长47公里。经过1994年、1997年两次整治,兴化境内已全线贯通,但兴化与姜堰交界段有1.2公里未通,致使该河南段未能接通泰东河。本次工程打通未通段河道,同时疏浚溱潼大河与泰东河连接段,总长3.7公里。河道设计标准为:河底高−3.0米,河底宽20米,河坡1∶3。此段工程共开挖土方32.63万立方米;设置3个排泥场,弃土高程6.0～6.5米,堆高3～4米,排泥场围堰顶高程7.0～7.5米,顶宽2米,内坡1:2,外坡1:2.5。盐靖河沟通、疏浚后可增引28米³/秒,使泰东河更好地发挥了排水、引水作用。

【俞西河】

俞西河位于姜堰市境内,长10.25公里,南接泰东河,北通唐港河,是唐港河接通泰东河的通道。里下河水利规划中为唐港河接茅山河,再接通卤汀河。为充分发挥泰东河引排水作用,2014年9月,实施俞西河接通唐港河工程,总长5公里。河道设计标准为:河底高程−1.5米,河底宽20米,河坡1:3。疏浚后可增引10米³/秒。疏浚土方量约10.07万立方米。共设置4个排泥场,弃土高程5.0米,堆高约3米,排泥场围堰顶高程6.0米,顶宽2米,内坡1:2,外坡1:2.5。疏浚生产河13.5公里,新建挡墙18公里,护坡0.58公里,新建堤防14.75公里,堤防防汛道路10.63公里,隔离栅5.9公里,新建、重建排涝泵站46座,新建、拆建涵闸64座,新建生产桥33座,农民排灌协会6个。2017年10月完工。

俞西河

【配套工程】

为充分发挥主体工程效益,泰东河工程在姜堰区实施了一批防洪排涝工程和改善移民生产生活条件的配套工程。累计新建、拆建、改建泵站45座,涵闸60座,支河桥梁39座,支河治理38.1公里,新建支河堤防16.89公里,防汛道路11条10.63公里;建成小顷河生态防护工程展示基地及溱潼北大桥巡查通道生态长廊各1处。

表4-8 泰东河工程堤防工程一览表(防洪除涝)

序号	项目名称	县(市、区)	所在乡(镇)	所在位置	长度(公里)	调整后投资(万元)
一	泰东河工程				16.89	
1	泰东河支河圩堤新建	姜堰区	淤溪镇	淤溪村	3	150.00
2	幸福河圩堤新建	兴化市	张郭、陶庄镇		13.89	111.05

表4-9　泰东河工程防汛道路工程一览表(防洪除涝)

序号	项目名称	县(市、区)	所在乡(镇)	所在位置	长度(公里)	调整后投资(万元)
一	泰东河工程				10.63	
1	泰东河堤顶防汛道路(海事所北段)	姜堰区	溱潼镇	海事所北	0.2	26.88
2	泰东河堤顶防汛道路(湖滨村段)	姜堰区	溱潼镇	湖滨村	0.8	47.04
3	泰东河堤顶防汛道路(读书址村段)	姜堰区	溱潼镇	读书址村	1.1	64.68
4	泰东河堤顶防汛道路(溱东村段)	姜堰区	溱潼镇	溱东村	0.9	52.92
5	泰东河堤顶防汛道路(姜茅村段)	姜堰区	俞垛镇	姜茅村	0.3	20.16
6	泰东河堤顶防汛道路(何野村段)	姜堰区	俞垛镇	何野村	0.3	20.16
7	泰东河堤顶防汛道路(祝庄村段)	姜堰区	俞垛镇	祝庄村	1.4	94.08
8	泰东河堤顶防汛道路(淤溪村段)	姜堰区	淤溪镇	淤溪村	1.4	188.16
9	泰东河堤顶巡查通道(溱潼闸段)	姜堰区	溱潼镇	湖滨村	0.28	131.59
10	泰东河堤顶防汛道路(南舍村段)	农业开发区	南舍村	南舍村	1.85	97.13
11	幸福河堤顶防汛道路	兴化市	欧家村	幸福河CS0～CS21河西	2.1	150.00

表4-10　泰东河工程安全防护工程一览表(防洪除涝)

序号	项目名称	县(市、区)	所在乡(镇)	所在位置	长度(公里)	调整后投资(万元)
一	泰东河工程					
1	泰州境内堤防安全防护隔离栅工程	兴化市	张郭镇		5.9	107.15
2	泰州境内沿线警示标志、里程桩等设施	农开区、姜堰区、兴化市				100.00

表4-11　泰东河工程河道整治工程一览表(防洪除涝)

序号	项目名称	县(市、区)	所在乡(镇)	所在位置	长度(公里)	调整后投资(万元)
	泰东河工程				38.1	
	支河				15.9	
1	幸福河	兴化市	张郭、陶庄镇		7.2	888.40
2	盐靖河	姜堰区	兴太镇		3.7	242.80
3	俞西河(唐港河)	姜堰区	俞垛镇		5	120.11
	生产河				22.2	
1	涵洞口闸站河	姜堰区	淤溪镇	卞庄村	0.65	22.32
2	六十亩闸河	姜堰区	淤溪镇	淤溪村	0.7	21.36
3	鳅鱼港河	姜堰区	淤溪镇	淤溪村	1.2	18.87
4	大锹口河	姜堰区	淤溪镇	杨庄村	0.9	15.10
5	古港河	姜堰区	淤溪镇	靳潭村	1.3	18.87

续表4-11

序号	项目名称	县(市、区)	所在乡(镇)	所在位置	长度(公里)	调整后投资(万元)
6	龙港村十一组河	姜堰区	溱潼镇	龙港村	0.7	15.62
7	读书址村七组河	姜堰区	溱潼镇	读书址村	0.8	16.70
8	下倾半河	姜堰区	溱潼镇	湖南村	0.5	10.80
9	读书腰口河	姜堰区	溱潼镇	读书址村	0.6	12.10
10	溱西一组闸河	姜堰区	溱潼镇	读书址村	0.45	19.66
11	读书庄东闸河	姜堰区	溱潼镇	读书址村	0.3	13.10
12	读书西闸河	姜堰区	溱潼镇	读书址村	1.05	34.21
13	溱西闸站河	姜堰区	溱潼镇	读书址村	0.5	10.20
14	洲城西闸河	姜堰区	溱潼镇	洲城村	0.7	16.02
15	龙港村十组闸河	姜堰区	溱潼镇	龙港村	0.4	8.35
16	洲城村东闸河	姜堰区	溱潼镇	洲城村	0.25	5.40
17	溱东村一组河	姜堰区	溱潼镇	溱东村	0.3	6.70
18	官庄河	姜堰区	沈高镇	万众、天明、联盟、冯庄、单塘村	3.8	693.50
19	河横生产河	姜堰区	沈高镇	河横村	1.9	361.00
20	丁河闸生产河	姜堰区	沈高镇	河横村	2.1	399.00
21	郭西南口子交通河	兴化市	张郭镇	郭西村	0.48	26.88
22	郭西生产河	兴化市	张郭镇	郭西村	0.15	6.00
23	郭东河东生产河	兴化市	张郭镇	郭东村	0.14	5.60
24	郭东2号生产河	兴化市	张郭镇	郭东村	0.13	5.20
25	郭东友谊生产河	兴化市	张郭镇	郭东村	0.13	5.20
26	郭东中口子交通河	兴化市	张郭镇	郭东村	0.45	22.50
27	郭东北闸交通河	兴化市	张郭镇	郭东村	0.47	23.50

表4-12　泰东河工程护岸护坡工程一览表(防洪除涝)

序号	项目名称	县(市、区)	所在乡(镇)	所在位置	长度(公里)	调整后投资(万元)
	泰东河工程				3.985	
1	泰东河干河护岸(一期工程)	农业开发区		中菱村	2.6	1200.00
2	苗介河、小顷河生态护坡工程	姜堰区	溱潼镇	湖南村	1.185	500.00
3	溱兴河护岸	姜堰区	溱潼镇	湖滨村	0.2	60.00

表4-13　泰东河工程排水沟工程一览表（防洪除涝）

序号	项目名称	县(市、区)	所在乡(镇)	所在位置	长度(公里)	调整后投资(万元)
一	泰东河工程					
1	淤溪村八组混凝土渠	姜堰区	淤溪镇	淤溪村	0.5	8.96
二	泰州市工程					
1	农业开发区圆管涵	泰州市	农业开发区		0.2	80.00

表4-14　泰东河工程泵站工程一览表（防洪除涝）

序号	项目名称	县(市、区)	所在乡(镇)	所在位置	规划参数	调整后投资(万元)
1	华西排涝站	兴化市	张郭镇	华庄村	流量2米³/秒	36.68
2	俞垛排涝站	兴化市	张郭镇	喻戚村	流量2米³/秒	36.68
3	徐秤排涝站	兴化市	张郭镇	同济村	流量2米³/秒	36.68
4	葛黄东圩欧家排涝站	兴化市	张郭镇	欧家村	流量2米³/秒	36.68
5	李庄四组闸站(合并建设)	姜堰区	华港镇	李家庄村	流量1米³/秒,孔径4米,电动启闭	48.11
6	朱沟站	姜堰区	华港镇	野马村	流量1米³/秒	50.38
7	桑湾(胡舍)站	姜堰区	华港镇	桑湾村	流量2米³/秒	87.11
8	左舍村六组闸站(合并建设)	姜堰区	华港镇	左舍村	流量1米³/秒,孔径4米,电动启闭	48.11
9	庄西站	姜堰区	华港镇	徐垛村	流量1米³/秒	50.38
10	华庄庄北站	姜堰区	淤溪镇	马庄村	流量1米³/秒	50.38
11	大锹口北闸站(合并建设)	姜堰区	淤溪镇	杨庄村	流量2米³/秒,孔径4米,电动启闭	53.11
12	杨东闸站(合并建设)	姜堰区	淤溪镇	杨庄村	流量2米³/秒,孔径4米,电动启闭	53.11
13	顷四闸站(合并建设)	姜堰区	淤溪镇	淤溪村	流量2米³/秒,孔径4米,电动启闭	53.11
14	忘私站	姜堰区	俞垛镇	忘私村	流量1米³/秒	50.38
15	耿西站	姜堰区	俞垛镇	俞耿村	流量1米³/秒	50.38
16	茅家站	姜堰区	俞垛镇	姜茅村	流量1米³/秒	50.38
17	叶北站	姜堰区	俞垛镇	叶甸村	流量1米³/秒	50.38
18	春草站	姜堰区	俞垛镇	春草村	流量1米³/秒	50.38
19	湖南站	姜堰区	溱潼镇	湖南村	流量1米³/秒	67.25
20	直带河站	姜堰区	溱潼镇	洲南村	流量1米³/秒	50.93

序号	项目名称	县(市、区)	所在乡(镇)	所在位置	规划参数	调整后投资(万元)
21	洲北6组站	姜堰区	溱潼镇	洲城村	流量1米³/秒	50.93
22	周介圩站	姜堰区	溱潼镇	洲南村	流量1米³/秒	50.93
23	丁河东站	姜堰区	沈高镇	河横村	流量1米³/秒	50.93
24	龙王庙站	姜堰区	沈高镇	夏朱村	流量1米³/秒	50.93
25	东荡站	姜堰区	沈高镇	超幸村	流量1米³/秒	50.93
26	凡舍南站	姜堰区	兴泰镇	孙娄村	流量1米³/秒	50.93
27	园区1号站	姜堰区	兴泰镇	西陈村	流量1米³/秒	50.93
28	园区2号站	姜堰区	兴泰镇	西陈村	流量1米³/秒	50.93
29	尤庄站	姜堰区	兴泰镇	尤庄村	流量1米³/秒	50.93
30	溱湖圩南站	姜堰区	溱潼镇	溱湖圩	流量1米³/秒	39.20
31	溱东十组站	姜堰区	溱潼镇	中大圩	流量1米³/秒	39.20
32	溱潼北站	姜堰区	溱潼镇	老泰东河	流量2米³/秒	56.00
33	龙港八组站	姜堰区	溱潼镇	联合圩	流量1米³/秒	39.20
34	钢厂站	姜堰区	俞垛镇	何野村	流量1米³/秒	39.20
35	大尖站	姜堰区	俞垛镇	叶甸村	流量1米³/秒	39.20
36	房东四组站	姜堰区	俞垛镇	房庄村	流量1米³/秒	39.20
37	中圩站	姜堰区	俞垛镇	南野村	流量1米³/秒	39.20
38	俞北七组站	姜堰区	俞垛镇	俞耿村	流量1米³/秒	39.20
39	角西九组站	姜堰区	俞垛镇	角墩村	流量1米³/秒	39.20
40	春草站	姜堰区	俞垛镇	春草村	流量1米³/秒	39.20
41	童介田排涝站	姜堰区	淤溪镇	卞庄村	流量1米³/秒	39.20
42	甸上排涝站	姜堰区	淤溪镇	甸夏村	流量1米³/秒	39.20
43	孙庄圩排涝站	姜堰区	淤溪镇	孙庄村	流量1米³/秒	39.20
44	淤溪村八组电灌站	姜堰区	淤溪镇	淤溪村	流量1米³/秒	8.00
45	南舍闸站(合并建设)	农业开发区		南舍村	流量2米³/秒,孔径4米	117.21

表4-15 泰东河工程涵闸工程一览表(防洪除涝)

序号	项目名称	县(市、区)	所在乡(镇)	所在位置	规划参数	调整后投资(万元)
一	泰东河工程	(60座)				
1	仲家2号闸	兴化市	陶庄镇	仲冯舍村	孔径4米	35.59

续表4-15

序号	项目名称	县(市、区)	所在乡(镇)	所在位置	规划参数	调整后投资（万元）
2	仲家1号闸	兴化市	陶庄镇	仲冯舍村	孔径4米	35.59
3	华庄5号闸	兴化市	张郭镇	华庄村	孔径4米	35.59
4	华庄4号闸	兴化市	张郭镇	华庄村	孔径4米	35.59
5	华庄3号闸	兴化市	张郭镇	华庄村	孔径4米	35.59
6	华庄2号闸	兴化市	张郭镇	华庄村	孔径5米	35.59
7	华庄1号闸	兴化市	张郭镇	华庄村	孔径4米	43.03
8	俞垛闸	兴化市	张郭镇	俞垛村	孔径4米	35.59
9	徐秤闸	兴化市	张郭镇	徐秤村	孔径4米	35.59
10	欧家7号闸	兴化市	张郭镇	欧家村	孔径4米	35.59
11	欧家6号闸	兴化市	张郭镇	欧家村	孔径4米	35.59
12	欧家4号闸	兴化市	张郭镇	欧家村	孔径4米	35.59
13	欧家3号闸	兴化市	张郭镇	欧家村	孔径4米	35.59
14	欧家1号闸	兴化市	张郭镇	欧家村	孔径4米	35.59
15	郭东友谊闸	兴化市	张郭镇	五星村	孔径4米	29.54
16	华庄闸	兴化市	张郭镇	华庄村	孔径4米	29.88
17	郭东十亩沟闸	兴化市	张郭镇	五星村	孔径4米	29.54
18	野营村八组闸	姜堰区	华港镇	野营村	孔径4米,电动启闭	24.39
19	野马公路闸	姜堰区	华港镇	野马村	孔径4米,电动启闭	24.39
20	野马二组闸	姜堰区	华港镇	野马村	孔径4米	33.11
21	徐垛村北闸	姜堰区	华港镇	徐垛村	孔径4米	33.11
22	野营十组闸	姜堰区	华港镇	野营村	孔径4米,电动启闭	24.39
23	二十七组闸	姜堰区	华港镇	港口村	孔径4米,电动启闭	24.39
24	庄前闸	姜堰区	华港镇	野马村	孔径4米	33.11
25	九顷西闸	姜堰区	华港镇	双烈村	孔径4米,桥面净宽6米	45.61
26	十三湾闸	姜堰区	华港镇	港口村	孔径4米,电动启闭	24.39
27	朱庄闸	姜堰区	淤溪镇	杨庄村	孔径4米,电动启闭	24.39
28	王家尖闸	姜堰区	淤溪镇	淤溪村	孔径4米,电动启闭	24.39
29	杨西5组闸	姜堰区	淤溪镇	杨庄村	孔径4米,电动启闭	24.39
30	杨西闸	姜堰区	淤溪镇	杨庄村	孔径4米,电动启闭	24.39
31	庄西闸	姜堰区	淤溪镇	淤溪村	孔径4米,电动启闭,桥面净宽12米	73.17
32	北桥六十亩闸	姜堰区	淤溪镇	北桥村	孔径4米,电动启闭	24.39

续表4-15

序号	项目名称	县(市、区)	所在乡(镇)	所在位置	规划参数	调整后投资(万元)
33	五星西闸	姜堰区	淤溪镇	靳潭村	孔径4米,电动启闭	24.39
34	庄后西闸	姜堰区	淤溪镇	里溪村	孔径4米,电动启闭	24.39
35	靳东闸	姜堰区	淤溪镇	靳潭村	孔径4米,电动启闭	24.39
36	周庄闸	姜堰区	淤溪镇	周庄村	孔径4米,电动启闭	24.39
37	大锹口南闸	姜堰区	淤溪镇	杨庄村	孔径5米,电动启闭	25.58
38	溱湖北闸	姜堰区	溱潼镇	龙港11组	孔径4米,电动启闭	25.50
39	溱湖南闸	姜堰区	溱潼镇	龙港15组	孔径4米,电动启闭	25.50
40	南寺村闸	姜堰区	溱潼镇	南寺村	孔径4米,电动启闭	25.50
41	三条岸闸	姜堰区	溱潼镇	湖南村	孔径4米,电动启闭	27.45
42	周介圩闸	姜堰区	溱潼镇	洲南村	孔径4米,电动启闭	25.50
43	柳家舍闸	姜堰区	溱潼镇	洲城村	孔径4米,电动启闭	25.50
44	软介田闸	姜堰区	溱潼镇	湖南村	孔径4米,电动启闭	25.50
45	腰口闸	姜堰区	溱潼镇	读书址村	孔径4米,电动启闭	25.50
46	三河闸	姜堰区	沈高镇	河横村	孔径4米,电动启闭	25.50
47	沈舍闸	姜堰区	沈高镇	双星村	孔径4米,电动启闭	25.50
48	红才闸	姜堰区	沈高镇	双星村	孔径4米,电动启闭	25.50
49	16组闸	姜堰区	沈高镇	双星村	孔径4米,电动启闭	25.50
50	冯庄村东闸	姜堰区	沈高镇	冯庄村	孔径4米,电动启闭	25.50
51	夏朱村16组闸	姜堰区	沈高镇	夏朱村	孔径4米,电动启闭	25.50
52	沙南西闸	姜堰区	兴泰镇	甸址村	孔径4米,电动启闭	25.50
53	薛庄西闸	姜堰区	兴泰镇	薛何村	孔径4米,电动启闭	25.50
54	兴西北闸	姜堰区	兴泰镇	三里泽村	孔径4米,电动启闭	25.50
55	溱潼闸	姜堰区	溱潼镇	湖滨村	孔径5米,电动启闭	73.08
56	府后闸	姜堰区	溱潼镇	老泰东河	孔径4米	36.96
57	水沁一闸	姜堰区	溱潼镇	古镇段	孔径4米	36.96
58	水沁二闸	姜堰区	溱潼镇	古镇段	孔径4米	36.96
59	水沁三闸	姜堰区	溱潼镇	古镇段	孔径4米	36.96
60	南舍北闸	农业开发区	南舍村	南舍村	孔径4米	42.14

表4-16　泰东河工程支河桥梁工程一览表(防洪除涝)

序号	项目名称	县(市、区)	所在乡(镇)	所在位置	规划参数 (长,宽)(米)	调整后投资 (万元)
1	仲家北交通桥	兴化市	陶庄镇	仲冯舍村	3×20,4×20	69.22
2	华庄1号桥	兴化市	张郭镇	华庄村	3×20,4×20	68.35
3	唐广公路桥	兴化市	张郭镇	华庄村	3×20,8	153.32
4	华庄1号生产桥	兴化市	张郭镇	华庄村	2×10+13+2×10,4×30	53.43
5	华庄2号桥	兴化市	张郭镇	华庄村	3×20,5.5	100.95
6	俞垛1号交通桥	兴化市	张郭镇	俞垛村	3×20,4	65.32
7	俞垛2号交通桥	兴化市	张郭镇	俞垛村	3×20,7,向北平移200米	120.06
8	徐秤交通桥	兴化市	张郭镇	徐秤村	3×20,4×20	68.35
9	徐秤生产桥	兴化市	张郭镇	徐秤村	3×8,4×15	27.94
10	同济公路桥	兴化市	张郭镇	同济村	3×20,14	265.89
11	欧家北交通桥	兴化市	张郭镇	欧家村	3×20,14,向北平移150米	204.36
12	赵万村戴垛交通桥	兴化市	张郭镇	赵万村	3×20,8,向北平移100米	122.71
13	戴南罗西交通桥	兴化市	戴南镇	罗西村	10+16+10,0.5+12+0.5(×15),向北平移3.3公里	91.09
14	张郭2号生产桥	兴化市	张郭镇	五星村	5×8,4	40.00
15	张郭3号生产桥	兴化市	张郭镇	五星村	1×8,4	15.00
16	张郭4号生产桥	兴化市	张郭镇	五星村	3×8,4	24.78
17	杨庄大圩1号桥	姜堰区	淤溪镇	杨庄村	3×8,4.6	29.41
18	杨庄大圩2号桥	姜堰区	淤溪镇	杨庄村	3×8,4.6	23.04
19	淤溪五星圩桥	姜堰区	淤溪镇	杨庄村	3×13,5.1	63.95
20	大锹口桥	姜堰区	淤溪镇	杨庄村	3×13+4×10,5.1	85.74
21	童介田3~4组机耕桥	姜堰区	淤溪镇	淤溪村	20,3.5	22.84
22	童介田3~8组机耕桥	姜堰区	淤溪镇	淤溪村	20,3.5	23.25
23	童介田4~8组机耕桥	姜堰区	淤溪镇	淤溪村	20,3.5	22.19
24	童介田4~17组机耕桥	姜堰区	淤溪镇	淤溪村	26,3.5	23.26
25	淤溪接线桥	姜堰区	淤溪镇	淤溪村	3×20,9	148.50
26	读书址接线桥	姜堰区	淤溪镇	淤溪村	1×20,10	65.00
27	俞溱河交通桥	姜堰区	俞垛镇	叶甸村	3×13,5.1	41.58

续表4-16

序号	项目名称	县(市、区)	所在乡(镇)	所在位置	规划参数 (长,宽)(米)	调整后投资 (万元)
28	何野村九组桥	姜堰区	俞垛镇	何野村	1×13,4.6	28.70
29	茅家南桥	姜堰区	俞垛镇	姜茅村	2×6+8,4.6	28.61
30	祝庄夹河桥	姜堰区	俞垛镇	祝庄村	3×13,5.1	40.20
31	俞垛祝庄桥	姜堰区	俞垛镇	祝庄村	3×13,5.1	40.11
32	靖盐河(溱潼)桥	姜堰区	溱潼镇	溱东村	4×20+25,12	322.38
33	龙叉港交通桥	姜堰区	溱潼镇	读书址村	3×13,5.1	41.49
34	洲城三组桥	姜堰区	溱潼镇	洲城村	1×13,4.1	24.99
35	溱西七组桥	姜堰区	溱潼镇	读书址村	1×13,4.1	24.99
36	龙港村十二组桥	姜堰区	溱潼镇	龙港村	3×10,4.6	22.76
37	龙港村十三组桥1	姜堰区	溱潼镇	龙港村	1×10,4.6	25.35
38	龙港村十三组桥2	姜堰区	溱潼镇	龙港村	1×10,4.6	24.34
39	蒋介田桥	姜堰区	溱潼镇	洲城村	3×8,4.1	24.99

(六)配建工程

共整治河道3条,合计4.2公里,建幸福河挡墙4.6公里,新建改建圩口闸85座、排涝站20座,建农桥9座,建道路工程1.25公里。

表4-17　泰东河(2011—2014年)工程配建工程一览表

序号	项目名称	县(市、区)	所在乡(镇)	所在位置	规划参数	投资 (万元)
一	河道整治工程	(3条)				
1	溱湖圩北河整治	姜堰区	溱潼镇	湖北村	1.3公里	218.40
2	湖北庄夹河整治	姜堰区	溱潼镇	湖北村	0.9公里	151.20
3	东港河整治	姜堰区	淤溪镇	淤溪村安置区 东港河	2公里	448.00
二	护岸工程	(2处)				
1	幸福河直立式挡墙 (CS3以南段)	兴化市	张郭镇		2.3公里	450.00
2	幸福河直立式挡墙 (CS13～CS25段)	兴化市	张郭镇		2.3公里	450.00
三	圩口闸工程	(85座)				
1	郭东北闸	兴化市	张郭镇	五星村	孔径5米	24.16
2	蒋庄2号闸	兴化市	陶庄镇	仲冯舍村	孔径4米	23.14

续表4-17

序号	项目名称	县(市、区)	所在乡(镇)	所在位置	规划参数	投资(万元)
3	仲家3号闸	兴化市	陶庄镇	仲冯舍村	孔径4米	35.59
4	仲家4号闸	兴化市	陶庄镇	仲冯舍村	孔径4米	35.59
5	华庄6号闸	兴化市	张郭镇	华庄村	孔径4米	35.59
6	欧家8号闸	兴化市	张郭镇	欧家村	孔径4米	35.59
7	武西北闸	姜堰区	淤溪镇	武庄村	孔径4米,电动启闭	27.05
8	大坟口闸	姜堰区	淤溪镇	卞庄村	孔径4米	22.05
9	涵洞口闸	姜堰区	淤溪镇	卞庄村	孔径4米	22.05
10	六十亩闸	姜堰区	淤溪镇	淤溪村	孔径4米,电动启闭	27.05
11	鳅鱼港闸	姜堰区	淤溪镇	淤溪村	孔径4米,电动启闭	27.05
12	童介田圩闸	姜堰区	淤溪镇	卞庄村	孔径4米	22.05
13	祝庄东闸	姜堰区	俞垛镇	祝庄村	孔径4米	22.05
14	角墩村东闸	姜堰区	俞垛镇	角墩村东	孔径4米	22.05
15	何北西闸	姜堰区	俞垛镇	何野村	孔径4米	22.05
16	角墩村北闸	姜堰区	俞垛镇	角墩村北	孔径4米	22.05
17	溱东北闸	姜堰区	溱潼镇	溱东村	孔径4米	22.05
18	龙港村闸	姜堰区	溱潼镇	龙港村	孔径4米	22.05
19	砖瓦厂闸	姜堰区	溱潼镇	湖滨村	孔径4米	22.05
20	溱西一组闸	姜堰区	溱潼镇	读书址村	孔径4米,电动启闭	27.05
21	读书东闸	姜堰区	溱潼镇	读书址村	孔径4米,电动启闭	27.05
22	读书庄东闸	姜堰区	溱潼镇	读书址村	孔径4米	22.05
23	溱西东闸	姜堰区	溱潼镇	读书址村	孔径4米	22.05
24	读书庄西闸	姜堰区	溱潼镇	读书址村	孔径4米	22.05
25	读书西闸	姜堰区	溱潼镇	读书址村	孔径4米	22.05
26	溱西闸	姜堰区	溱潼镇	读书址村	孔径4米	22.05
27	洲东闸	姜堰区	溱潼镇	龙港村	孔径4米	22.05
28	洲城东闸	姜堰区	溱潼镇	洲城村	孔径4米	22.05
29	洲城西闸	姜堰区	溱潼镇	洲城村	孔径4米	22.05
30	洲北闸	姜堰区	溱潼镇	洲城村	孔径4米	22.05
31	龙港八组闸	姜堰区	溱潼镇	联合圩	孔径4米,电动启闭	36.96

续表4-17

序号	项目名称	县(市、区)	所在乡(镇)	所在位置	规划参数	投资(万元)
32	湖东一组闸	姜堰区	溱潼镇	湖东圩	孔径4米,电动启闭	36.96
33	野庙闸	姜堰区	溱潼镇	湖南圩	孔径4米,电动启闭	36.96
34	王泥沟闸	姜堰区	溱潼镇	湖南圩	孔径4米,电动启闭	36.96
35	钢厂闸	姜堰区	俞垛镇	何野村	孔径4米,电动启闭	36.96
36	俞北七组闸	姜堰区	俞垛镇	俞耿村	孔径4米,电动启闭	36.96
37	上坝南闸	姜堰区	俞垛镇	何野村	孔径4米,改建电动启闭	11.20
38	何北一组闸	姜堰区	俞垛镇	何野村	孔径4米,改建电动启闭	11.20
39	野卞南闸	姜堰区	俞垛镇	何野村	孔径4米,改建电动启闭	11.20
40	祝庄西闸	姜堰区	俞垛镇	祝庄村	孔径4米,改建电动启闭	11.20
41	祝庄北闸	姜堰区	俞垛镇	祝庄村	孔径5米,改建电动启闭	11.20
42	祝庄北圩闸	姜堰区	俞垛镇	祝庄村	孔径4米,改建电动启闭	11.20
43	茅家六组闸	姜堰区	俞垛镇	姜茅村	孔径5米,改建电动启闭	11.20
44	茅家庄前闸	姜堰区	俞垛镇	姜茅村	孔径5米,改建电动启闭	11.20
45	茅家闸	姜堰区	俞垛镇	姜茅村	孔径5米,改建电动启闭	11.20
46	一号闸	姜堰区	俞垛镇	姜茅村	孔径5米,改建电动启闭	11.20
47	二号闸	姜堰区	俞垛镇	姜茅村	孔径5米,改建电动启闭	11.20
48	姜家油井闸	姜堰区	俞垛镇	姜茅村	孔径5.6米,改建电动启闭	11.20
49	东姚港闸	姜堰区	俞垛镇	仓场村	孔径4米,改建电动启闭	11.20
50	田姚沟闸	姜堰区	俞垛镇	仓场村	孔径4米,改建电动启闭	11.20
51	北生港闸	姜堰区	俞垛镇	仓场村	孔径5米,改建电动启闭	11.20
52	仓东公路闸	姜堰区	俞垛镇	仓场村	孔径5米,改建电动启闭	11.20
53	陶舍公路闸	姜堰区	俞垛镇	仓场村	孔径5米,改建电动启闭	11.20
54	忘私窑厂闸	姜堰区	俞垛镇	忘私村	孔径5米,改建电动启闭	11.20
55	渔场闸	姜堰区	俞垛镇	忘私村	孔径4米,改建电动启闭	11.20
56	宫伦公路闸	姜堰区	俞垛镇	宫伦村	孔径5米,改建电动启闭	11.20
57	伦西窑厂闸	姜堰区	俞垛镇	宫伦村	孔径5米,改建电动启闭	11.20
58	伦西后闸	姜堰区	俞垛镇	宫伦村	孔径5米,改建电动启闭	11.20
59	房庄窑厂闸	姜堰区	俞垛镇	房庄村	孔径5米,改建电动启闭	11.20
60	房庄村部闸	姜堰区	俞垛镇	房庄村	孔径5米,改建电动启闭	11.20
61	春草公路闸	姜堰区	俞垛镇	春草村	孔径4米,改建电动启闭	11.20

续表4-17

序号	项目名称	县(市、区)	所在乡(镇)	所在位置	规划参数	投资(万元)
62	春草后闸	姜堰区	俞垛镇	春草村	孔径5米,改建电动启闭	11.20
63	龙沟公路闸	姜堰区	俞垛镇	角墩村	孔径5米,改建电动启闭	11.20
64	医院闸	姜堰区	俞垛镇	许庄村	孔径5米,改建电动启闭	11.20
65	九里沟闸	姜堰区	俞垛镇	俞耿村	孔径4米,改建电动启闭	11.20
66	安乐闸	姜堰区	俞垛镇	叶甸村	孔径4米,改建电动启闭	11.20
67	周庄东闸	姜堰区	淤溪镇	周庄村	孔径3米,电动启闭	33.60
68	周庄西闸	姜堰区	淤溪镇	周庄村	孔径3米,电动启闭	33.60
69	淤溪南闸	姜堰区	淤溪镇	淤溪村	孔径4米,改建电动启闭	11.20
70	淤溪庄北闸	姜堰区	淤溪镇	淤溪村	孔径4米,改建电动启闭	11.20
71	淤溪丰收闸	姜堰区	淤溪镇	淤溪村	孔径4米,改建电动启闭	11.20
72	里溪庄东闸	姜堰区	淤溪镇	里溪村	孔径4米,改建电动启闭	11.20
73	卞庄姚介田闸	姜堰区	淤溪镇	卞庄村	孔径4米,改建电动启闭	11.20
74	卞庄东夹沟闸	姜堰区	淤溪镇	卞庄村	孔径4米,改建电动启闭	11.20
75	卞庄青年大圩闸	姜堰区	淤溪镇	卞庄村	孔径4米,改建电动启闭	11.20
76	武西西闸	姜堰区	淤溪镇	武庄村	孔径4米,改建电动启闭	11.20
77	武庄沈马路东闸	姜堰区	淤溪镇	武庄村	孔径4米,改建电动启闭	11.20
78	五号圩北闸	姜堰区	淤溪镇	杨庄村	孔径3米,改建电动启闭	11.20
79	靳潭五跳口闸	姜堰区	淤溪镇	靳潭村	孔径4米,改建电动启闭	11.20
80	孙庄南闸	姜堰区	淤溪镇	孙庄村	孔径5米,改建电动启闭	11.20
81	孙庄东圩闸	姜堰区	淤溪镇	孙庄村	孔径4米,改建电动启闭	11.20
82	孙庄西圩闸	姜堰区	淤溪镇	孙庄村	孔径5米,改建电动启闭	11.20
83	吉庄北闸	姜堰区	淤溪镇	吉庄村	孔径5米,改建电动启闭	11.20
84	靳周联圩周庄闸	姜堰区	淤溪镇	周庄村	孔径4米,改建电动启闭	11.20
85	中菱南闸	农业开发区		中菱村	孔径4米	32.10
四	排涝工程	(20座)				
1	吉庄村排涝站	姜堰区	淤溪镇	吉庄村	流量1米³/秒	37.57
2	孙庄村排涝站	姜堰区	淤溪镇	孙庄村	流量1米³/秒	37.57
3	里溪村排涝站	姜堰区	淤溪镇	里溪村	流量1米³/秒	37.57
4	武西排涝站	姜堰区	淤溪镇	武庄村	流量1米³/秒	37.57
5	祝庄东排涝站	姜堰区	俞垛镇	祝庄村	流量1米³/秒	37.57

续表4-17

序号	项目名称	县(市、区)	所在乡(镇)	所在位置	规划参数	投资(万元)
6	何北排涝站	姜堰区	俞垛镇	何野村	流量1米³/秒	37.57
7	角墩村排涝站	姜堰区	俞垛镇	角墩村	流量1米³/秒	37.57
8	宫伦村排涝站	姜堰区	俞垛镇	宫伦村	流量1米³/秒	37.57
9	溱东排涝站	姜堰区	溱潼镇	溱东村	流量1米³/秒	37.57
10	洲城村四组排涝站	姜堰区	溱潼镇	洲城村	流量1米³/秒	37.57
11	砖瓦厂排涝站	姜堰区	溱潼镇	湖滨村	流量1米³/秒	37.57
12	读书排涝站	姜堰区	溱潼镇	读书址村	流量1米³/秒	37.57
13	溱西排涝站	姜堰区	溱潼镇	读书址村	流量1米³/秒	37.57
14	洲城东排涝站	姜堰区	溱潼镇	洲城村	流量1米³/秒	37.57
15	洲北排涝站	姜堰区	溱潼镇	洲城村	流量1米³/秒	37.57
16	溱西一组排涝站	姜堰区	溱潼镇	读书址村	流量1米³/秒	37.57
17	读书庄排涝站	姜堰区	溱潼镇	读书址村	流量2米³/秒	52.73
18	良种场西闸站(合并建设)	农业开发区	开发区、良种场		流量2米³/秒	82.01
19	姜家舍闸站(合并建设)	农业开发区	姜家舍村		流量1米³/秒	72.01
20	十二工区闸站(合并建设)	农业开发区	十二工区		流量2米³/秒	92.01
五	桥梁工程	(9座)				
1	刘纪生产桥	兴化市	张郭镇	刘纪村	长3×8米,宽4米	28.00
2	华庄3号桥	兴化市	张郭镇	华庄村	长3×5米,宽4米	18.00
3	华庄4号桥	兴化市	张郭镇	华庄村	长3×5米,宽4米	18.00
4	何野上坝圩桥	姜堰区	俞垛镇	何野村	长1×13米,宽4.6米	53.34
5	读书村桥	姜堰区	溱潼镇	读书址村	长3×13米,宽4.6米	126.69
6	溱兴河桥	姜堰区	溱潼镇	湖滨村	长2×13+20米,宽5.1米	166.78
7	淤溪人行桥	姜堰区	淤溪镇	淤溪村	长4×16+80米,宽4米	680.00
8	南舍村中桥	农业开发区		南舍村	长1×15米,宽4米	36.00
9	中菱西庄桥	农业开发区		中菱村	长1×6米,宽4米	14.40
六	道路工程	(2处)				
1	中菱村道路3条	农业开发区		中菱村	1公里	60.00
2	南舍村道路1条	农业开发区		南舍村	0.25公里	15.00

（七）水土保持工程

水土保持工程按照水利部《关于淮河流域重点平原洼地治理工程外资项目环境影响报告书的批复》（水保〔2009〕273号）批复实施，采取了工程措施、植物措施和临时措施，2017年8月17日通过了水利部组织的水土保持专项验收。

兴化段：2014年3月31日开工，2016年12月3日完成。

姜堰段：2014年12月6日开工，2017年6月10日完成。

农业开发区：2015年3月30日开工，2015年4月10日完成。

干河沿线水土保持工程分为一般河段、桥梁集镇段。一般河段采用线形绿化，河道两岸种植垂柳、水杉、女贞、意杨。境内采用意杨与女贞，意杨种植于堤防迎水侧，间距2米，女贞种植于堤防背水侧，间距4米。桥梁集镇段采用节点绿化打造。

水土保持主要建设内容为：南岸水土保持工程。完成主要工程量为：乔木类垂柳（胸径5厘米，高4米，冠幅2米，保留3级分枝）4893株、意杨A（胸径4厘米，高4米）4881株、意杨B（胸径1厘米）29070株、高杆女贞B（胸径3厘米，高2.5米）9494株；香樟（胸径8厘米，高4米）1120株、灌木类4189株；地被植物15455平方米。实际工期：2014年3月26日至2017年6月10日。实施期间，项目法人委托江河水利水电咨询中心对水土保持设施进行了技术评估，并出具了技术评估报告；委托了淮河水利委员会淮河流域水土保持监测中心站对工程水土保持设施进行了监测，出具了监测总结报告。2017年8月，工程通过水利部淮河水利委员组织的水土保持设施验收，验收结论为：项目实施过程中基本落实了水土保持方案及批复文件要求，完成了水土流失预防和治理任务，水土流失防治指标达到水土保持方案确定的目标值，符合水土保持设施验收的条件，同意该项目水土保持设施通过验收。

泰东河整治工程质量优良，体现了生态环保、水文化理念；工程先后被列入面向全球的世界银行在华项目案例库，入选全球案例图书馆，被评为中国10个世界银行安保政策实施最佳案例之一，并荣获"国家水土保持生态文明工程"称号；工程实施完成后提高了区域防洪、排涝能力，改善了地方人民群众生产生活条件，有力地促进了区域社会经济发展。

表4-18　2015年泰东河状况表

河段	长度（米）	河底高程（米）	底宽（米）	河坡	青坎宽（米）
6+700～9+800（张郭镇）	3.1	-4	45	1:4	5
25+370～29+790（溱潼镇）	4.42	-5.5	45	1:3	5
29+790～33+000（溱潼镇、俞垛镇）	3.21	-5.5	45	1:3	5
33+000～35+500（俞垛镇）	2.5	-5.5	45	1:3	5
35+500～41+225（淤溪镇）	5.725	-5.5	45	1:3	5
41+225～45+140（农业开发区、淤溪镇）	3.915	-5.5	45	1:3	5～90

（八）保护文物遗址

世界银行项目秉承文化与工程并重的治水理念，加强泰东河历史文化财富的发掘与保护，泰东河建设局为此付出了很多努力。

2011年，在施工中陆续发现10个古文化遗址，泰东河建设局随即申报文物挖掘专项资金，江苏省发改委最终同意将抢救性考古发掘所需的980万元文物保护经费列入工程概算。在工地发掘出的新石器时代、夏商周时期、唐宋明清时期文化遗存价值远远超过了工程总投资，泰东河工程考古发掘被列为当年江苏省十大考古发现之一。

兴化蒋庄遗址

兴化蒋庄—五星遗址首次发现了纯正的良渚文化，反映出距今6000～4000年间，多种文化元素在这里激烈地碰撞、交流、融合和创新。

文化遗址出土了唐宋时期的瓷、陶、石、琉璃器共700余件，仅瓷器就有碗、盏、碟、盆、盘、罐多种，证明泰东河自古就是商贸繁忙的黄金水道，展示了当时里下河地区富饶的历史面貌。

（九）农民排灌协会

依靠世界银行"社会可接受、发展可持续"的管理理念和"建管并重、改善民生"的要求，泰东河工程建设中积极推进农民排灌协会试点及推广工作，由泰东河沿线各市（区）镇村提出建设内容，集中安排专项资金并负责建设，最后交由协会运行管理，将工程措施与非工程措施结合起来，鼓励更多力量参与农水工程的运行管理，打通了水利工程"最后一公里"的瓶颈，做到了路桥畅通、排供水统一、基础设施配套齐全，从而大大降低了农业种植成本，民生得到很大改善。在姜堰区俞垛镇姜茅村，以前稻麦灌溉都是各家打水，一亩地成本要130元左右；现在通过统一的排供水设施，只需缴纳水费，成本仅要20～30元。以前播种，大型播种机进不了圩子，只能手工播种，成本在每亩60元左右；现在路桥通了,使用机械播种,成本只要40元。以前收割,要将割完的稻麦装船运回家里脱粒,秸秆还没法处理,只能烧掉或扔到湖里,每亩成本要120元;现在大型收割机进场作业,稻麦直接脱粒,秸秆粉碎还田,不仅省时省力,还经济环保,成本只要60～70元。土地流转后,以前种田大户1亩地交承包款900元,现在由于电灌站、硬质渠等配套设施到位,1亩地承包款上涨到1200元,农民每亩增收约300元。

这种将资产移交给协会管理的模式,不仅提高了排水、用水的效率和保证率,还方便了群众,促进了工程运行管理,改变了以往重建轻管的不足,真正解决了水利工程"最后一公里"问题。

（十）工程效益

整治后的泰东河已成为苏北江水东调的骨干河道、保障沿海发展的水源工程,为地方经济可持续发展创造了三大条件:一是江水东引北调。通过泰东河工程可将泰州引江河所引江水以100米³/秒的输水标准输送至通榆河,为沿海垦区及滩涂开发提供淡水资源,改善里下河东南部地区供水条件和水环境。二是防洪除涝。通过泰东河工程,串连通榆河及泰州引江河,以200米³/秒和100米³/秒的排涝标准分别入江和入海,形成完整的防洪排涝体系,涝水排得出,洪水防得住,彻底改变了低洼易涝区涝灾严重、人民群众生活困难的局面。三是航运功能。工程把泰东河从五级航道提高为三级航道,在里下河东部沿海形成一条贯穿南北、沟通江海的黄金水道。

第三节　新通扬运河泰州段

新通扬运河为人工河道,位于古盐运河北面,西起扬州江都的芒稻河,经泰州至南通的海安,全长约90公里。2011年11月,江苏省水利厅在《省级骨干河道分布情况图表》中把新通扬运河分为泰西段（流域性）和泰东段（区域性）两条河道。为叙述简明,本书一并在此节记叙。新通扬运河泰州段西起九龙镇与江都交界处,流经九龙镇、罡杨镇、城西街道、城东街道、京泰路街道、苏陈镇、桥头镇、姜堰开发区、沈高镇、姜堰镇、娄庄镇、白米镇12个乡（镇、街道、园区）,全长40.5公里。

新通扬运河是里下河地区"六纵六横"骨干河网的重要组成,连接里下河地区南部两个主要引排口河和3条输水干线,是里下河地区引水、灌溉、排涝、通航的主要河道,是引江补给里下河地区、渠北地区、沿海垦区和通榆河北延供水的主要输水河道。

一、河道工程

新通扬运河开挖于1958年。是年秋,为引江水灌溉苏北地区,省水利厅最初计划拓浚古盐运河为南干渠,但古盐运河沿线城镇多,拆迁量太大,且地势高。最后,省水利厅决定在古盐运河以北平行开挖一条新河。新河以泰州赵公桥为河道中心,西起扬州芒稻河,经泰州、姜堰至海安,沿线村庄少,地势低,全长90.1公里,定名为新通扬运河。

【四次挖建】

新通扬运河的开挖经历了四期工程。

一期工程:

1958年11月,新通扬运河全线开工。境内5.7万民工参加开挖界沟河到白米公社的郁家圩段。泰州新城大队全部搬迁,桥头公社的中沙、西沙、东沙3个大队搬迁626户2744人,拆除民房2199间,其中草房1577间。但因工程标准较高,工效估计不足,到1959年春耕季节来临时,只开挖土方600多万立方米,仅完成计划总任务的24%。1960年1月复工,扬州、盐城、南通3个专区投入民工近13万人,开挖江都芒稻河至泰州老东河一段(包括新开泰东河1.4公里),1961年4月竣工,完成土方1100万立方米。至此,江都至海陵区段40公里基本开通。此段河底高程-2.5米,底宽20米。白米至海安19.7公里也基本成河,此段底宽10米,底高-1.0米。其中,泰州完成界沟河至老东河段11公里的土方工程,共投入71.9万工日,挑土方137.62万立方米。姜堰续建泰州市森森庄至泰东河口段,动员1.4万民工,实做67.6万工日,完成土方137.6万立方米。

二期工程:

1963年和1964年,江都一、二站先后竣工,抽排里下河涝水能力达130米³/秒,新通扬运河断面偏小,与之不相适应,引江能力也远远不够。水电部决定按抽排150米³/秒的标准拓浚江都至泰州段。1965年2月10日至4月上旬,泰县、兴化组织1.3万余民工,完成江都西闸至江都闸、宜陵闸至庄王家桥段的削坡和块石护坡工程,总计完成土方87.73万立方米、石方1.1万立方米。4月10日通过验收,4月15日拆坝,遂投入自流引江,向里下河腹部送水灌溉农田。

三期工程:

1968年10月至1969年2月,境内6.4万民工(其中泰县2.5万人,兴化3.9万人)参加拓浚芒稻河至泰县白米段工程,实做362万个工日,完成土方655.7万立方米。至此,新通扬运河泰州段全线告通。并配建公路桥3座、机耕桥6座。国家总投资264万元。该河境内由西向东各段标准为:罡杨乡夏庄至卤汀河口,底宽25米,底高-4.5米,河坡1:3.5;卤汀河口至泰东河口,底宽20米,底高-3~-4米,河坡1:3.5;泰东河口至郁家圩,底宽20米,底高-1.5米,河坡1:3。

四期工程:

拓宽新通扬运河江都新东闸至宜陵三阳河口,1979年11月开工,1980年2月竣工。扬州地区14万民工投入此工程,完成土方743万立方米。1980年汛前建成宜陵地涵。

【五次整治】

2000—2014年,泰州水利局5次组织整治新通扬运河泰州段。

第一次整治:2000年开始对新通扬运河泰州引江河至泰东河段6.37公里进行拓浚,旨在进一步扩大新通扬运河断面,将江水送入通榆河,2002年底完成。高峰期投入陆上土方机械100多台(套),大型挖泥机船6艘进行施工。工程征用土地1152亩,临时占用1617亩,河道土方296万立方米,绿化面积12.8万平方米,投资约1.5亿元。拓宽后,河道底宽50米,高程-5.5米,流量400米³/秒。

第二次整治:2009年,投资10万元整治苏陈镇北庄东段0.03公里,2011年分别投资60万元和20万元,整治苏陈镇徐庄段0.5公里和京泰路1段0.2公里。

第三次整治:2012年投资30万元,整治京泰路2段0.23公里。

第四次整治:2013年,分别投资90万元和80万元,整治主城区城东1段0.3公里、京泰路3段0.3公里和北庄西段0.6公里。

第五次整治：2014年，投资50万元整治主城区东2段0.3公里。

通过5次整治，新通扬运河口至泰东河口段，河底高程-5.5米，河底宽50米，边坡1:3，引水流量400米³/秒；泰东河口至通榆河，河底高程-4.0～-3.0米，河底宽20～30米，边坡1:3。堤防标高按4.5米设防。新通扬运河成为里下河地区的主要防洪屏障。

现新通扬运河平均每年可向里下河地区送江水23.4多亿立方米用于农业灌溉、航运、水产养殖和沿海冲淤保港，里下河农田灌溉受益面积达700万亩；平均每年排除涝水7.5亿立方米，里下河地区13500平方公里受益。

二、桥梁工程

新通扬运河配建特大桥梁1座，公路桥3座，机耕桥6座。

【新通扬运河特大桥】

大桥位于泰州引江河和新通扬运河汇流口处，北接江海高速，南联泰州港，全长约2.32公里，包括跨河主桥及引桥工程，总投资2.3亿多元，江苏省交通工程集团有限公司承建。

2010年3月8日开工，同年11月23日贯通。

该桥跨两条铁路、一条运河，全线被隔离为4段。主桥为独塔单索面斜拉桥，主跨185米，桥面宽35.5米。桥梁设计双向6车道，载重量与一级公路相同，设计时速达80公里。由于主跨度较大，根据设计方案，作为斜拉桥最重要的基础构造——主塔的高度达110米，为下宽上窄台形结构。项目部采用自动液压爬模系统，即在主塔的4个外立面安装液压爬架，由液压千斤顶控制工作台的起降。以4.5米为一个单位，工作台每浇筑一个单位，施工人员即可通过设置在塔下的电源系统来操作工作台，使工作台上升到下个单位进行施工。不仅提升了主塔外立面浇筑的美观性，而且降低了高空作业的难度和危险性。

连接主桥面和主墩桩基的承台为平面八边形，高5米，使用混凝土3600多立方米。项目部浇筑前优化混凝土的配合比，浇筑时在混凝土内部埋设一些水管，凝固时采用通水降温的方法减少内外温差，并在混凝土内部安装测温元件定期测温，保证在凝固时的温度可控，防止在凝固时产生水化热导致造成裂缝，确保承台的强度和硬度。

大桥主墩下的35个桩基均深入地下85米处，这在桥梁建设中也是比较罕见的。施工方采用国内最先进的旋挖钻成孔技术，一天半即可成桩，比传统工艺提高效率4倍。

三、沿线闸涵

1996年前新通扬运河沿线建有泰州船闸、九里沟涵，以及同时控制古盐运河的界沟闸、姜堰套闸、泰东闸、黄村闸、白米套闸等（详见本书第六章第一节）。

1996年地级泰州市成立至2015年间，沿线建有森南河闸、五叉河闸、五叉港闸、沈家河闸、老东河闸和周家墩闸等（详见本书第十章第一节）。

第五章　省列区域性骨干河道

第五章　省列区域性骨干河道

根据江苏省政府2010年批复,泰州共有省列区域性骨干河道20条。其中有泰州市列骨干河道11条(新通扬运河泰东段已纳入本书第四章第三节,本章不再重复介绍),市一般河道9条。

第一节　市列骨干河道

一、下官河

下官河北起沙黄河,南至卤汀河,流经兴化昭阳镇、西鲍镇、李中镇、周奋镇、沙沟镇5个镇,全长28.6公里。

崔垛以南,长16公里,河宽100~150米;崔垛以北,长7.6公里,河宽仅30~50米。两岸大部分是芦苇滩地,每年汛期兴化都组织力量割草排水,但作用不大。1958年3月,兴化组织民工切除芦滩,拓宽河道,5月底竣工,河底高程达-1米,底宽100米,使上下游河床标准相适应,以利排涝。共完成土方82万立方米,做工日33.9万个。

二、上官河

上官河位于兴化北部,南起卤汀河(昭阳),北至兴盐界河(古殿堡),全长28.6公里,是卤汀河、乌巾荡、吴公湖、大纵湖涝水经新洋港入海的主要河道,其下游大邹镇吴家庄以北河段俗称朱沥沟。1950年7月,兴化县政府以工代赈,组织民工拆除河中土坝、砖坝各1座。1964年6月,兴化调用挖泥机船分两期清除1958年"河网化"工程中留下的暗坝2座,疏浚4处浅滩,总计开挖水下土方3.7万立方米,投资7.5万元。1987年11月,经江苏省和扬州市航运、水利等部门批准,兴化组织2.4万民工疏浚东皋至吉耿段河道,并取直吉耿附近两个弯道,水上土方人工开挖,水下土方及4座施工坝头由扬州和兴化航政、水利部门派挖泥机船开挖。1989年,兴化机械疏浚东皋至文远铺段,工程投资共210万元。工程标准为底宽25米,河底高程-2米,坡比1∶3。完成土方59.53万立方米,其中机挖水下方14.81万立方米。在东皋庄建桥1座。

三、西唐港

西唐港位于兴化市中部,全长59.9公里,南起茅山河(边城),北至兴盐界河,流经兴化安丰、下圩、海南、昌荣、林湖、大垛、沈伦、茅山、戴南、周庄等乡(镇)。

为提高腹地排水能力,1970年10月至1980年2月,兴化分5期对该河进行整治。先后动员民工4.48万人,共做工日373.33万个,开挖土方628万立方米,全线新开、拓浚42.32公里。5次工程共使用经费352.1万元,其中国家和地方财政共投入经费169.4万元,兴化县补助成品粮141.85万千克。整个工程挖废土地2170亩,压废土地1990亩,拆迁房屋493间。同时预留了公路路基,兴建配套桥梁33座。西唐港整治工程的竣工,对排除兴化腹部地区涝水入海,引入江水,解决灌溉水源和改善水质发挥了重要作用。

首期工程1970年10月至1971年2月,南起兴化昌荣公社东丁庄,北至安丰公社斜沟河,全长7.86公里,组织0.62万名民工施工。南北两头利用老河拓宽浚深,中间3.5公里为实心地段新开。河底高程-1.5米,底宽20米,河坡1∶3,两边外青坎各留5米,两岸圩堤高程5.0米,顶宽3~4米,内外坡1∶2,完成工日74万个、土方94万立方米。第二期工程自1971年11月15日正式开工,次年1月20日结工,由李健区抽调0.21万名民工施工。工段自斜沟河至黄庄,按照一期标准拓宽老河3.5公里,完成土方23.6万立方米,实做工日14.67万个,配套桥梁3座。连同第一期,共使用经费170万元。1976年11月

20日至1977年3月下旬实施第三期工程,在工时间132天。工段北自白涂河东丁庄,南至蚌蜒河复兴庄,实地开挖新河21公里。由兴化大垛、老圩、永合、中沙、海河等5个区18个公社组织民工2.02万人投入施工。新河设计标准:按照日雨150毫米计算,排涝流量46米³/秒;河口宽47米,底宽20米,河底高程-1.5米,边坡1:3;堤顶高4米,西堤宽3米,东堤宽8米,作为公路路基,完成土方356.2万立方米,共做工日175.65万个。配套桥梁20座,其中人行便桥15座,机耕桥5座。民工报酬:每个工日补大米0.55千克,人民币0.2元,共补助成品粮141.85万千克,土方费52924元。总投资119.6万元,其中国家补助41万元,兴化县财政划拨30万元,兴化社队统筹48.6万元。1977年11月至1978年2月实施第四期工程,由兴化戴南、周庄两区及沈伦公社民工1.23万人进行。工段自复兴庄至姜家,工长7.9公里。其中,复兴庄至佘湾的2100米为新开,余为老河拓浚。工程仍按上期标准,做工日82.51万个,完成土方122.2万立方米,配套桥梁6座。国家补助金29万元,地方自筹20万元。第五期工程1979年12月动工,至次年2月竣工,动员周庄区民工0.4万人施工。经与泰县协商,并报扬州地区行署计委、水利局批准,从兴化边城公社腾马大队北塘河拐弯处向南新开一条河道,至泰县俞垛公社宫家圩止,向南利用原有河道经俞垛与泰东河接通。腾马至宫家段新河共长2.06公里,河底宽20米,底高-1.5米,河坡1:3,口宽47米,青坎高程3.0米、宽5米,堤顶高程4米,西堤顶宽3米,东堤顶宽8.5米,预留作公路路基,堤坡1:2。此期工程总计用工26.5万个,正杂项土方32万立方米,配套建桥梁4座。扬州地区补助13.5万元。

2003年12月至2004年3月,兴化市水务局组织兴化市水利疏浚工程处的绞吸式挖泥机船,对唐港河实施了整治。工程北起大垛镇阮中村,南至边城,途径大垛、沈伦、戴南、茅山、周庄等乡(镇),全长28.50公里。设计标准:河底宽15米,底高-2.0米,坡比1:2。完成土方40万立方米,投入资金232万元。2006年11月至2007年9月,采用水陆两栖挖掘机,对车路河至前进河之间9公里河段进行清淤疏浚,整治标准:河底高程-2.0米,河底宽17米,边坡1:3,完成土方35.4万立方米。

2009年2月至5月26日,采用机械绞吸的方法,对唐港河北段大扬河口至兴盐界河包家庄的3.0公里河道进行清淤疏浚。整治标准:口宽40米,底宽15米,河底高程由现状的0.8米浚深至-2.5米,坡比1:2。施工过程中,利用河道疏浚弃土整平大扬圩内沟槽13处,土地复垦填塘4处,完成土方4.8万立方米。

2013年10月,兴化对戴南镇境内唐港河分两段进行整治。第一段北至沈伦界,南至唐家村,工长3.9公里;设计标准为河底宽20米,河底高-2.5米;采取干河施工的方法,由戴南镇政府发包,完成土方7.8万立方米。第二段北至唐家村,南至孙堡村南,工长6.7公里;设计标准同上;由兴化市县乡河道疏浚建设工程处发包,兴化市垄通路桥建设工程有限公司施工,完成土方7.75万立方米,投入资金81.84万元。

2014年5月至2014年8月,兴化大垛镇对境内唐港河段进行疏浚,工程北起大陶桥,南至姜庄小许村,工长4.65公里。设计标准:河底宽20米,底高-2.5米,工程由南京雄基建设工程有限公司中标施工,盐城利通工程咨询有限公司负责监理。完成土方11.2万立方米,投入资金100.44万元。大垛镇对本镇范围内北起梓辛河南至大陶桥的唐港河段也进行疏浚。设计标准:河底宽20米,底高-2.5米,工长3.1公里。工程由江苏世纪鑫源建设工程有限公司承包施工,盐城利通工程咨询有限公司为监理单位。完成土方8.16万立方米,投入资金82.51万元。

2014年5—8月,沈坨镇对境内唐港河段实施整治,整治范围北起大垛界,南至戴南界,工长3.75公里。设计标准:河底宽20米,底高-2.5米,完成土方10.1万立方米。由盐城市丰盈水利工程有限责任公司施工,盐城利通工程咨询有限公司监理。

四、盐靖河

盐靖河南起泰东河(溱潼),北至兴盐界河(大冈),全长58.2公里。流经兴化中圩、老圩、安丰、林潭、昌荣、荻垛、唐刘、戴南8个乡(镇),为里下河地区腹部五大纵向河道之一。

1958年,盐靖河在里下河河网规划中被列为省道工程,北起盐城,贯穿兴化至靖江。首期工程从蚌蜒河至兴盐界河,工长38.5公里。安丰以北至兴盐界河段利用东唐港老河拓浚,安丰以南新开,计划标准底宽30米,坡度1:3,河底高程-2米,两边堤顶高程5米,顶宽12米,青坎15米,完成土方650万立方米。10月上旬,兴化动员2.68万人全线开工。但由于当时工程项目过多,力不从心,1959年春节工程中途下马。共挖土方210万立方米,完成计划的30%。兴盐界河至安丰公社境内河道基本挖成,昌荣至蚌蜒河段大部分只挖至高程1米左右,有的河段仅挖破地表土层。河道未成,却在干支河道上留下坝头214座,破坏了水系,影响了生产和交通。

1962年4月,经扬州专区批准,改建束水的安丰镇西大桥。8月,通过人工开挖和挖泥机船作业,清除上下游施工坝头54座,疏浚河道共挖水下土方47797立方米。1971年11月,组织2600多名民工整治蒋南至车路河段12.6公里,称朝阳河。标准:口宽22米,河底高程-1.5米,底宽6米,坡比1:3,青坎东堤为4米,西堤为6米,两边圩堤按"四三"式做足。工期自11月10日至次年2月17日,共完成土方62.3万立方米,工日26.32万个。民工报酬:每工日补助0.5千克大米、人民币0.1元;共用大米13.2万千克,人民币3.3万元,同时配套建造桥梁12座。

1974年11月,兴化动员0.5万民工整治昌荣至安丰段6.49公里,次年2月结工。标准:安丰境内河底宽5米,底高-1.5米,河口宽27米,东西堤青坎5米,堤顶高程4.5米,顶宽3米,昌荣境内口宽22米,底宽3米。共完成土方29.8万立方米,工日17.39万个;配套建造32米跨度人行桥7座,圩口闸7座;国家补助经费5万元,兴化社队自筹9.04万元。1976年11月,兴化动员0.14万民工开挖、整治戴南张家庄至蚌蜓河段10.8公里,次年3月上旬竣工。标准:口宽30米,底宽9米,底高-1.5米,完成土方10多万立方米,配套建造桥梁9座。

1989年11月,兴化安丰镇调集0.6万民工,结合修筑公路整治盐靖河安丰段6.7公里河道。标准:口宽34米,底高-2米。兴化林潭、昌荣两乡也相继动员0.9万多民工整治境内河道,清除海沟河至车路河之间的梗阻,实现盐靖河的南北贯通,但标准偏低。

1994年,江苏省政府决定修筑盐宁一级公路,在兴化境内与盐靖河走向基本一致,兴化市委、市政府采纳兴化市水利局建议,对盐靖河进行拓浚。工程自安丰镇至戴南镇罗顾庄,全长44.2公里,其中新开4公里。兴化成立了工程指挥部,市长任指挥,以区建立分指挥部,乡(镇)建团,村建连。1994年11月20日开工,动用民工20万人,历时1个月,完成土方405万立方米,实做工日350万个;拆迁房屋1223间、桥梁43座。整治标准:在高程3.0米处河口宽40米,河底高程-2.5米,底宽12.5米,河坡1:2.5。河道东侧留青坎5米,修筑成堤顶高程4.5米、宽4米的大联圩,西侧结合出土修筑盐宁一级公路路基。盐靖河拓浚后,增加引水12米³/秒,水位2.5米时,可过水30米³/秒。在河道东侧修筑高标准圩堤,使9.5万亩耕地抗灾能力有所提高,同时改善了水陆交通条件,航道基本达到6级要求,最大通航船只从原来的15吨级提高到100吨级左右。

北段东唐港于1997年冬实施了干河施工。

2011年3—5月,安丰镇对境内盐靖河段实施了整治,工程南起万联村,北至九丰唐港大桥,工长6.5公里。设计标准为河底宽20米,底高-2.5米,坡比1:2,完成土方18.2万立方米,投入资金72.8万元。

五、车路河

车路河位于兴化中部,为兴化横向干河之一,西起卤汀河(昭阳),东至串场河(丁溪),全长42.3公里。穿得胜湖自西向东,流经兴化昭阳街道、垛田、林湖、大垛、昌荣、荻垛、陶庄、戴窑等乡(镇)。主要功能为排涝、供水、航道。

清康乾年间兴化多次挑浚,民国年间曾数议修治而未果。1950年,兴化县政府以工代赈,组织民工拆除河中坝埝15座,其中土坝8座、砖坝7座,使水系疏通。20世纪七八十年代,随着里下河地区水系的变化,车路河成为兴化主要东西向河道。原河口宽一般70米左右,窄段仅30米,河底高程在-1.0米以下。其中有几处S形大弯,影响引排水和航运。

1983年,兴化整治车路河,结合兴筑兴(化)丁(溪)公路。河道工程总长42.5公里,沿线公路路基全长45公里。河道标准:临近城区1公里河段,即从原轮船码头南河口至东门泊,底宽110米,口宽170米,河底高程-5米;从卤汀河口至轮船码头南河口,以及东门泊至雄港河口约29公里,口宽73米,底宽40米,河底高程-3米;从雄港河口至串场河12.5公里,口宽53米,底宽25米,河底高程-3米。3段边坡比都是1:3。南堤(东段为北堤)结合公路路基,按二级公路标准修筑,路面宽12米,北堤(东段为南堤)的出土结合加固圩堤。基本上达到顶宽3米、堤顶高程4米的要求,青坎一般宽10米以上。土方工程分为两期实施:第一期开挖得胜湖段(西起湖西冲子口,东至湖东口湖西大队庄西)4.5公里,1983年3月中旬开工,4月中旬竣工,动用民工2.4万人。共完成土方102万立方米,工日51.14万个。其余河段在第二期全线施工,11月15日打坝截流排水,于12月22日全面竣工,在工38天,动用近24万人,实际完成土方698.45万立方米,工日398.5万个。两期工程合计完成土方800.45万立方米,工日449.64万个。开河土方靠劳动积累完成,全县每个劳动力平均负担7.7个工日。车路河全线各种配套建筑物65座,其中公路桥19座,4米公路闸28座,4.5米公路涵9座,机耕桥9座。国家投资经费500万元,其中,省水利厅300万元,省交通厅200万元。此次工程发挥了明显的效益。枯水年,当兴化水位0.8米时,可向东送水41米³/秒,既改善了市境东部地区的水源水质,又为垦区淋盐洗碱和冲淤保港补给了水源。丰水年,当兴化水位2.5米时,可通过流量80米³/秒,有利于减轻西部地区排涝压力,还使航道标准由原来的6~7级提高到3~4级。另外,公路的建成使沿途9个乡(镇)通了汽车,也为其他12个乡(镇)发展公路交通打下基础。

车路河两岸

2014年,兴化再次对车路河进行整治(纳入川东港项目),主要整治雄港河至串场河段。设计河底高程-3米,底宽40米,边坡1:3;工程总投资3.56亿元,建设周期约为3年。2018年全面建设完成,实际拓浚9.16公里,沿线退建圩堤3.05公里,新建防洪墙4.18公里,新建桥梁1座、拆建桥梁2座,新建圩口闸1座,以及管理房屋,实施了水土保持和环境保护工程等,增建道路连接线2.71公里和沿线桥梁4座。

六、兴盐界河

兴盐界河位于兴化北部,是泰州与盐城的交界河道,西起大纵湖,东至串场河(刘庄)。自西向东流经兴化的中堡镇、大邹镇、下圩镇、安丰镇、老圩镇、新垛镇、大营镇,该河是构建里下河地区骨干河道"六横六纵"的重要组成部分,自西向东依次与渭水河、西塘港、盐靖河、雌港等4条河道串通联活,全长44.1公里。该河西纳大纵湖水,南汇上官河、渭水河、西唐港、靖盐河、雌港诸河之水。雌港以西之水多向北经盐城县的朱沥沟、一字河、冈沟河由新洋港出海;雌港以东之水,向北经斗龙港出海。河底高程-0.6~-1.5米,底宽25~50米,最大排涝流量为40米³/秒。该河的主要功能为防洪排涝、供水和内部调度。

七、卤汀河

卤汀河,古称海陵溪、浦汀河。旧时南起海陵区老渔行,向北至兴化城,再向北至严家北出境,入东塘河,经射阳河、黄沙港入海。1952年,建泰州船闸后,改由船闸为起点;新通扬运河挖建后,穿新通扬运河北行;1999年与泰州引江河衔接,成为境内北部里下河腹部地区通过高港水利枢纽抗旱引水和抽排涝水入江最便捷的通道,也是该地区的骨干航道。2010年,卤汀河拓浚工程被列为国家南水北调东线里下河水源调整项目。拓浚后的卤汀河南接泰州引江河出口,流经海陵、姜堰、兴化及扬州的江都市,北通里下河腹部河网,全长55.9公里,泰州境内长49.79公里。

(一)20世纪的整治

新中国成立后,水利部门和交通部门多次进行卤汀河河道整治。1957年5—10月,因航运需要,泰州(县级)对海陵区招贤桥北段500米河道进行拓宽疏浚,并提高招贤桥上部结构,共拆迁房屋29间,完成挖水上土方1.24万立方米、水下土方1.23万立方米,投资3.6万元。拓浚后,河底标高-1.3米,河底宽15米。

原卤汀河海陵区西坝村至渔行后河段弯曲狭窄。新通扬运河开挖后,卤汀河口和西大河因水流急剧减缓造成严重淤浅,影响航运交通和农田灌溉。1964年9月25日至1965年4月30日,泰州(县级)自新通扬运河河口向北新开1.1公里卤汀河河道,直通渔行后河。开挖标准:河底标高-1.2~2米,河底宽15~20米。该项工程共分3期实施:第一期工程从1964年9月至11月底,采用挖泥机船开挖,由200人施工,施工期间,因土质沙板,挖泥机船不好开挖而暂停。第二期工程从1965年2月初至3月底,兴化组织民工1450人施工。第三期工程从1965年4月初至4月底,用挖泥机船开挖施工。三期总投工5.46万工日,总投资13.8万元,完成总土方10.87万立方米。

1968年冬至1969年春,在续建新通扬运河时,浚深卤汀河朱庄以南至新通扬运河段,拓宽朱庄桥窄段,切除港口北、港口南、桑湾垱田3个狭段,以利引江与排涝。共完成12.1万工日,土方15.2万立方米(该工程由建湖县民工施工)。同时,兴建朱庄钢筋混凝土人行便桥1座,并在桥南北两侧和西南庄东西两岸部分地段筑浆砌块石护岸。

1968年以后,因排灌需要,陆续加宽拓浚卤汀河狭浅地段,并在南朱庄、朱庄夹河、桑家湾、西坝大桥、渔行庄等部分地段兴建块石护坡。1969年7月,卤汀河拓宽取直后,在卤汀河新建胜利大桥,投资3.9万元。

为了解决卤汀河河岸倒塌危及群众住房安全问题,1982年,泰州市(县级)投资10万元,完成新城大队到渔行大队的石块护坡工程532米。

(二)2010年的整治

新颜　　　　　　　　　　　　　　旧貌

2010年,卤汀河的整治纳入南水北调里下河水源调整工程,是该工程中的主要水源工程项目。整治主要项目为:49.79公里的老河道拓浚,新(拆)建10座跨河桥梁,沿线影响工程及水土保持等,总投资约14亿元。其主要作用是调节和抬高里下河河网水位,保证宝应翻水站北调水源。该项工程对境内里下河地区城乡居民饮水安全、提高防洪排涝能力、改善通航条件和投资环境、促进经济发展等方面都发挥了重要作用。施工后的几年,泰州市南水北调卤汀河建设处连续被江苏省南水北调办公室、江苏水源公司表彰为"南水北调征迁安置工作先进单位""工程建设管理先进单位""年度考核优秀单位",连续3年被国务院南水北调工程建设委员会办公室(以下简称国务院南水北调办)授予"青年文明号"。

　　2010年11月25日,江苏省南水北调办公室在兴化市临城镇卤汀河东侧永久性征地处召开南水北调里下河水源调整卤汀河拓浚工程动员大会。国务院南水北调办主任、水利部副部长鄂竟平,副省长黄莉新到会并先后讲话;省水利厅厅长吕振霖主持会议。国务院南水北调办相关司室,省有关部门负责人,市领导张雷、徐郭平、王守法、丁士宏,扬州、淮安、盐城市相关负责人,兴化及卤汀河沿线乡(镇)负责人,建设管理单位和部分施工单位负责人等参加会议。

　　1.工程领导机构

　　为了保障卤汀河工程的顺利实施,泰州成立了由市政府主要负责人任组长,沿线各县(市、区)负责人及相关部门负责人为成员的工程建设领导小组,下设指挥部、建设处。沿线各市、区、乡(镇)也成立了相应的领导小组,下设办公室。

表5-1　泰州市卤汀河工程建设领导小组成员一览表(2010—2012年)

领导小组职务	姓名	时任职务	任命时间(年-月)
组长	徐郭平	市委副书记、代市长	2010-11
	徐郭平	市委副书记、市长	2012-10
副组长	王守法	市委副书记	2010-11
	丁士宏	市政府副市长	
	杨峰	市委副书记	2012-10
	王斌	市政府副市长	
成员	陆晓声	市委副秘书长、农工办主任	2010-11
	毛正球	市政府副秘书长	
	张余松	市纪委副书记、监察局局长	
	唐勇兵	市水利局局长	
	吴跃	市财政局局长	
	张文斌	市国土资源局局长	
	孔德平	市住房城乡建设局局长	
	居锦杰	市交通运输局局长	
	丁亚	市规划局局长	
	祝光	市城管局局长	
	董维华	市公安局副局长	
	蔡德熙	姜堰市委副书记、市长	

续表5-1

领导小组职务	姓名	时任职务	任命时间(年-月)
成员	李伟	兴化市委副书记、市长	
	孙耀灿	海陵区委副书记、区长	
	陈正泉	市委副秘书长	2012-10
	方针	市政府副秘书长	
	缪云忠	市纪委副书记、监察局局长	
	胡正平	市水利局局长	
	蔡德熙	市财政局局长	
	张文斌	市国土资源局局长	
	陈松林	市住房城乡建设局局长	
	王金国	市交通运输局局长	
	丁亚	市规划局局长	
	孙宏建	市城管局局长	
	董维华	市公安局副局长	
	邹祥凤	姜堰市委副书记、市长	
	徐克俭	兴化市委副书记、市长	
	李卫国	海陵区委书记、区长	

表5-2　泰州市卤汀河工程建设指挥部成员一览表

指挥部职务	姓名	时任职务	任命时间(年-月)
指挥	丁士宏	市政府副市长	2010-11
	王斌	市政府副市长	2012-10
副指挥	毛正球	市政府副秘书长	2010-11
	唐勇兵	市水利局局长	
	方针	市政府副秘书长	2012-10
	胡正平	市水利局局长	
成员	金厚坤	兴化市委副书记	2010-11
	高永明	姜堰市委副书记、市人大常委会主任	
	张仁德	海陵区副区长	
	李兴国	市国土资源局副局长	
	范克永	市住房城乡建设局副局长	
	邢秀华	市规划局副局长	
	马庆生	市交通运输局副局长	
	宋建华	泰州供电公司总经理	
	赵进声	泰州电信公司总经理	

续表5-2

指挥部职务	姓名	时任职务	任命时间(年-月)
成员	姜 峰	泰州移动公司总经理	
	胡正平	泰州市水利局副局长	
建设处主任	胡正平	泰州市水利局副局长	
成员	刘文荣	兴化市副市长	2012-10
	王 萍	姜堰市副市长	
	刘 燕	海陵区副区长	
	李兴国	市国土资源局副局长	
	范克永	市住房城乡建设局副局长	
	邢秀华	市规划局副局长	
	徐朝铭	市交通运输局副局长	
	宋建华	泰州供电公司总经理	
	赵进声	泰州电信公司总经理	
	陶建华	泰州移动公司总经理	
	周国翠	泰州市水利局副局长	
建设处主任	周国翠	泰州市水利局副局长	

工程项目法人:南水北调东线江苏水源有限责任公司;现场建设管理单位:泰州市南水北调卤汀河拓浚工程建设处;质量监督单位:南水北调工程江苏质量监督站。2010年,国务院南水北调办批准同意工程招标分标方案。

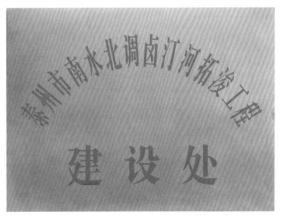

泰州市委、市政府还把工程建设完成情况纳入对各县(市、区)党委、政府双文明考核的内容,采取党政督查部门协调抓、水利主管部门重点抓、相关职能部门配合抓的"三方共抓";同时,采取省里重点检查、市里专项督查、县(市、区)全面自查的"三级联动"机制;自上而下地形成了有力的指挥体系、责任体系和考核体系。卤汀河工程资金流量大、时间跨度长、社会关注度高,为保证工程资金安全,市建设处制定了《泰州市南水北调卤汀河拓浚工程财务管理办法》,有效地规范了卤汀河工程资金的使用和管理行为。同时,通过实行纪检监察派驻制和工程项目跟踪审计,有效构建了卤汀河工程的廉政防火墙。经过国家审计署及国务院南水北调办、省南办等有关部门的多次审计,卤汀河工程未发现违纪违规问题。2012年12月,泰州市南水北调卤汀河工程建设指挥部荣获"国家南水北调系统资金管理先进单位"称号。工程于2010年12月开工,2014年底拓浚工程基本完成。

2.拆迁安置

卤汀河拓浚工程涉及海陵区、姜堰区、兴化市的15个乡(镇、街道)44个行政村(社区)。征地面积大、拆迁范围广、影响人口多。根据"分级负责、各负其责"的原则,征地拆迁工作由沿线的两区一市政府负责,市指挥部负责重大决策、督促指导与协调。征迁安置工作于2010年10月开始,2016年12月总体完成。江苏河海工程建设监理有限公司承担移民监理任务。

江苏河海工程建设监理有限公司同时承担监测评估工作。

2018年12月20—21日,征迁安置工作通过省南水北调办公室组织的验收。

【管理机构】

兴化市、姜堰区、海陵区人民政府分别成立了征迁安置管理机构,兴化市成立了兴化市南水北调卤汀河拓浚工程领导小组办公室,姜堰区成立了姜堰区卤汀河工程建设处,海陵区成立了海陵区南水北调卤汀河拓浚工程建设指挥部。各级征迁管理机构明确了工作职责和各岗位工作人员。市指挥部制定了《卤汀河工程征地拆迁及移民安置补偿标准实施细则》《征地移民安置工作例会和报表制度》《关于明确工程施工临时用地补偿标准及操作程序的通知》《泰州市南水北调卤汀河拓浚工程征迁安置档案管理办法》《泰州市南水北调卤汀河拓浚工程征迁安置配套工程建设管理办法》等,并严格执行到位。海陵区、姜堰区、兴化市均制定了信访回复、补偿兑付操作流程,资金管理、档案等内部管理制度。海陵区、姜堰区还制定了包保工作办法。

为全面推进卤汀河工程征地拆迁工作,确保各地按期完成征迁任务,市政府组织召开了征地拆迁现场推进会。实施过程中,定期召开领导小组会议,指挥部深入征迁安置工作一线,及时排查和解决影响征地拆迁工作的苗头性问题。有关县(市、区)利用各种媒体,广泛宣传征迁的政策依据、补偿标准、工程建设的重大意义,使广大群众了解国家、省、市的决策部署,了解卤汀河工程的重大社会意义;及时处理各类征迁安置矛盾,征迁实施过程中没有发生一起群体性事件;纪委、监察部门派出专门效能监察小组,督查指导征迁履职情况和工作进展,定期召开督查会,有力地推动了征迁实施进度。市各级征迁安置管理机构建立了财务管理机构,能够严格征迁安置资金管理,工作中实行县级报账制,工程沿线乡(镇、街道)所有征地补偿和移民安置资金的支出原始凭证统一由海陵区、姜堰区、兴化市成立的专门管理机构负责核算和保管。

【实际拆迁量】

永久用地2062.9亩,其中征收农村集体土地1725.93亩,使用国有土地336.98亩。临时用地6697.58亩,其中排泥场(33个)用地6489.32亩,施工临时用地208.26亩。只补不征用地307.26亩。搬迁居民543户2087人。拆除居民各类房屋总面积72387.53平方米,其中框架房14183.77平方米,砖混房27376.09平方米,砖木结构房9045.16平方米。搬迁企事业单位62家,其中事业单位8家,企业单位54家。迁建主要杆线工程189.49公里,其中电力40.6公里,电信50.19公里,移动10公里,联通3.87公里,广播电视84.11公里,自来水0.72公里。专项设施:柏油路1020平方米,水泥路13100.5平方米,土大路650平方米,桥梁4座,码头522平方米,水闸12座,精养鱼塘356.97亩,坟墓4279家。实施以水利、交通为主的生产安置配套项目,加快恢复与提高移民生产能力。共实施生产安置配套项目98项,总投资11453.45万元。其中,市本级8项,投资5805.9万元;海陵区13项,投资801.18万元;姜堰区48项,投资2672.81万元;兴化市29项,投资2173.56万元。工程施工完成后,各县(市、区)征迁管理实施机构与各乡(镇、街道)签订复垦协议,按照恢复土地的生产能力、提高土地的利用效率原则进行复垦,县(市、区)征迁安置机构根据复垦进度及协议补助标准下达复垦资金。所有临时用地已全部复垦交付地方使用。

【安置情况】

影响企事业单位共计62家,其中局部影响的49家,全部影响的13家。海陵区涉及24家,货币补偿13家,集中安置8家,后靠安置3家;姜堰区涉及20家,货币补偿10家,整体搬迁安置10家;兴化市涉及18家,货币补偿12家,整体搬迁安置5家,拆除赔建事业单位用房1家。生产安置方面:海陵区卤汀河拓浚工程建设指挥部将征地补偿款拨付到国土局财政专户,国土资源局根据土人比核定进入社保人数,其中70%的土地补偿费和全部安置补助费作为被征地农民基本生活保障资金进社保账户,其余的土地补偿费支付给农村集体经济组织。姜堰区对涉及征地各村组全部实行货币补偿,没有组织调地。兴化市生产安置人口979人,永久征地进入社保人口865人;土地补偿费按70%~100%补偿至个人,安置补助费全部进入社保,17个村调地,3个村没有调地。生活安置方面:海陵区共搬迁359户;集中安置256户,分布在朱庄、朱东、窑头1、窑头2、渔行村等5个集中安置区,其中自建房111户,代建房145户;货币补偿安置103户(其中西坝大桥拆迁打包82户)。姜堰区共搬迁居民62户,集中安置52户,自建房31户,代建房21户;货币安置9户(有2户并户)。兴化市共搬迁122户。设置老阁集中安置区,集中安置46户,分散安置23户,货币安置53户(其中老阁村30户)。

3.河道整治

河道整治工程于2010年12月陆续分标段开工,2013年底整个工程基本完成。工程包括全线河道拓浚、约10公里的河道防护及局部圩堤加固等。

境内河道整治全长49.79公里,共分3段:与引江河连接段(新通扬运河段)长3.6公里,设计河底高程5.5米,河底宽100米,设计引水流量498米³/秒;车路河口以南段长41.59公里,河底高程-5.5米,

河底宽度40米,在兴化水位1.3米时,设计引水流量200米³/秒;车路河口以北段(上官河段)长4.6公里,河底高程-4.0米,河底宽度40米,设计引水流量106米³/秒。

该整治工程主要采用不断航挖泥机船拓浚。3段共完成土方开挖1308.92万立方米,土方填筑431.83万立方米;浇筑混凝土5.17万立方米,砌石及垫层4.68万立方米。工程竣工后,临时用地和临时排泥场全部移交所属乡(镇)进行复垦。

4.跨河桥梁

卤汀河沿线建了10座跨河桥梁,其中拆旧建新7座,新建3座。桥梁建设有3种模式。周庄公路桥、老阁公路桥和红星生产桥纳入南水北调项目,项目法人为江苏水源公司,泰州市卤汀河工程建设处为现场建设机构,3座桥梁累计浇筑混凝土1.55万立方米,钢筋及金属结构1345吨。

朱庄公路桥、朱庄生产桥、港口公路桥、董潭生产桥由市水利局组织实施,经费除初步设计的批复经费作为切块包干经费外,另从征迁费中补助4000万元,不足部分由地方自筹;4座桥梁累计完成混凝土3.40万立方米,钢筋及金属结构3386吨。

西坝公路桥、宁乡公路桥和五里大桥由所在地地方政府或交通部门实施。

【周庄公路桥】

位于兴化周庄境内,是拆除老桥向北移15米重建。设计荷载公路-Ⅱ级,桥梁宽度为净-9.0米+2×0.5米,桥跨布置6×20米先张空心板+85米钢管混凝土系杆拱+6×20米先张空心板。下部结构为柱式桥墩、肋板式桥台,基础为钻孔灌注桩基础。桥梁全长331.6米,桥梁接线长267米。工程于2011年5月正式开工,2013年11月全面完成。

周庄公路桥更名为太平桥

【陵亭桥】

原名老阁公路桥,位于兴化临城境内,为拆除老桥向北移16米重建,设计荷载公路-Ⅱ级,桥梁宽度为净-7.0米+2×0.5米,桥跨布置5×20米先张空心板+85米钢管混凝土系杆拱+5×20米先张空心板。下部结构为柱式桥墩、肋板式桥台,基础为钻孔灌注桩基础。桥梁全长291.6米,接线长300米。工程于2011年10月正式开工,2013年11月全面完成。

老阁公路桥更名为陵亭桥

【南津桥】

原名红星生产桥,位于兴化开发区红星村境内,设计荷载公路-Ⅱ级×0.8,桥梁宽度为净-4.5米+2×0.5米,桥跨布置8×20米先张空心板+82米混凝土桁架梁+5×20米先张空心板,下部结构主墩薄壁墩身,引桥桩柱式桥墩为肋板式桥台,基础为钻孔灌注桩基础。桥梁全长348.34米,接线长约278.26米。工程于2011年11月正式开工,2013年11月全面完成。

红星生产桥更名为南津桥

以上3座桥累计完成混凝土1.41万立方米,钢筋1347吨。

【麒麟桥】

原名朱庄公路桥,位于海陵区境内,设计荷载公路-Ⅱ级,桥梁宽度为净-12.0米+2×0.5米,桥跨布置采用5×20米先张空心板+85米系杆拱+6×20米先张空心板+2×16米空心板+1×20米空心板+9×20米现浇单箱双室连续箱梁,下部结构主桥桥墩采用薄壁墩身,引桥桥墩采用三柱桩式桥墩、肋板式桥台,基础为钻孔灌注桩基础。桥梁全长536.76米,接线长度252.9米。工程于2011年10月正式开工,2014年8月全面完成,浇筑混凝土13576立方米,钢筋1513吨。

朱庄公路桥更名为麒麟桥

【龙珠桥】

原名朱庄生产桥,位于海陵区境内,为拆除老桥向北移15米重建,设计荷载公路-Ⅱ级×0.8。桥梁宽度为净-4.5米+2×0.5米,桥跨布置采用5×20米先张空心板+82米桁架梁+5×20米先张空心板,下部结构为柱式桥墩、肋板式桥台,基础为钻孔灌注桩基础。桥梁全长288.3米,接线长度479.0米。工程于2011年11月正式开工,2014年1月全面完成,浇筑混凝土4550立方米,钢筋365吨。

朱庄生产桥更名为龙珠桥

【鱼龙桥】

原名港口公路桥,位于姜堰区华港镇境内,为拆除老桥(港口大桥)向南移95米重建,设计荷载公路-Ⅱ级。桥梁宽度为净-12.0米+2×0.5米,桥跨布置采用10×20米先张空心板+85米系杆拱+6×20米+1×25米+1×15米先张空心板,下部结构主桥桥墩采用薄壁墩身,引桥桥墩采用三柱桩式桥墩、肋板式桥台,基础为钻孔灌注桩基础。桥梁全长451.6米,接线长度521.3米。工程于2011年10月正式开工,2014年8月全面完成,浇筑混凝土11092立方米,钢筋1076吨。

港口公路桥更名为鱼龙桥

【龙潭桥】

原名董潭生产桥,位于姜堰区华港镇境内,为拆除老桥(董潭大桥)向南移250米重建,设计荷载公路-Ⅱ级×0.8。桥梁宽度为净-4.5米+2×0.5米,桥跨布置采用8×20米先张空心板+82米桁架梁+5×20米先张空心板,下部结构为柱式桥墩、肋板式桥台,基础为钻孔灌注桩基础。桥梁全长348.3米,接线长度707米。工程于2011年11月正式开工,2014年1月全面完成,浇筑混凝土4765立方米,钢筋432吨。

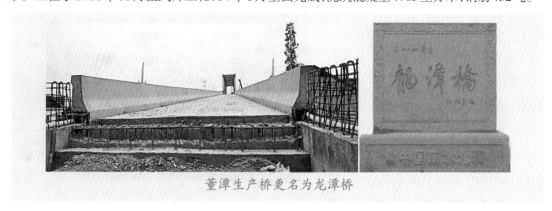

董潭生产桥更名为龙潭桥

【西坝公路桥】

位于海陵区境内,委托泰州市市区公路工程建设指挥部实施。主桥采用三跨(57+95+57)米预应力混凝土变截面单箱单室连续箱梁,西侧引桥布跨为16×20米先张法预应力混凝土空心板梁;东侧引桥除第六联跨越规划中海陵路,采用(25+30+25)米现浇预应力混凝土箱梁,桥梁全长886.454米,桥面宽8.0米。工程于2012年开工建设,2015年底全面完成。浇筑混凝土5736立方米,钢筋815吨。

【人和桥】

原名宁乡公路桥,位于兴化陈堡镇境内,由兴化市政府实施。设计荷载公路-Ⅱ级。桥梁宽度为净-7.5米+2×0.5米,桥跨布置为:7×20米空心板梁+87.6米系杆拱+7×20米空心板梁,下部结构为柱式墩、肋板式桥台,钻孔灌注桩及承台基础。桥梁全长为374.00米,接线由当地乡(镇)负责。工程于2012年5月正式开工,2013年12月全面完成,浇筑混凝土3793立方米,钢筋893吨。

宁乡公路桥更名为人和桥

【五里大桥】

位于兴化城区,由兴化市政府实施。原桥拆除重建为城市主干线桥梁,设计荷载为公路-Ⅰ级,为机非分离,上层:2×(0.5米护栏+11.0米行车道)+3.0米中分带=26米,下层:2×4.5米=9.0米(非机动车道),路线全长600米,其中桥梁全长346米。主桥桥型为双塔单索面混凝土部分斜拉桥,桥跨布置为(63+100+63)米,引桥两侧采用3×20米跨先张空心板梁,墩身采用4.0×17.0米直立式墩,承台为矩形,厚4.0米,单个基础为4排28根直径1.2米钻孔灌注桩。工程于2012年9月正式开工,2014年9月全面完成,浇筑混凝土17948立方米、钢筋3186吨。

5.影响工程

影响工程于2011年1月6日签署施工合同,8月1日开工,2012年12月竣工。按"占一补一、确保运行、不留后遗、有所改善"的原则进行,合计完成土方开挖24.95万立方米,土方填筑0.8万立方米,浇筑混凝土0.54万立方米,使用钢筋396吨。

兴化葛家闸

【圩口闸3座】

皆为U形闸室结构,孔口净宽为4.0米。

分别位于海陵区右1排泥场南侧、姜堰区右6圩右6排泥场南侧、兴化市临城镇右24排泥场北侧。

【排涝站1座】

单机流量Q=1米³/秒,配套电机功率为75千瓦。位于兴化市老阁村右22排泥场东侧。

【生产桥21座】

桥梁宽度:净−4.5米+2×0.3米。设计荷载为公路−Ⅱ级×0.8。

表5-3　生产桥一览表

序号	编号	位置	地点	备注
1	左4	左4排泥场东侧	海陵区	1跨
2	右3	右3排泥场东侧		3跨
3	右4	右4排泥场东侧		3跨
4	左5	左5排泥场东侧	姜堰区	取消
5	右6-1	右6排泥场东侧		3跨
6	右6-2	右6排泥场东侧		3跨
7	右8-1	右8排泥场东侧		1跨
8	右8-2	右8排泥场东侧		1跨
9	右9-1	右9排泥场东侧		3跨
10	右9-2	右9排泥场东侧		3跨
11	右10	右10排泥场北侧		改为5跨
12	右19-1	右19排泥场东侧		3跨
13	右19-2	右19排泥场北侧		改为5跨
14	右20	右20排泥场南侧		3跨
15	右22-1	右22排泥场南侧	兴化市	3跨
16	右22-2	右22排泥场东侧		3跨
17	右23	右23排泥场南侧		3跨
18	左15	左15排泥场东侧		取消
19	右24	右24排泥场东侧		1跨
20	右25	右25排泥场北侧		3跨
21	右28	右28排泥场东侧		取消

【联络河】

新开联络河6.05公里,疏浚3.76公里,联络河等按农田水利工程标准设计。底高程−0.5米,底宽6.0米,边坡1:2。

表5-4　联络河开挖、疏浚一览表

序号	编号	位置	地点	长度（米）	备注
1	右1	右1排泥场	海陵区	1000	河道疏浚
2	右3	右3排泥场		1350	河道疏浚
3	右4	右4排泥场		920	联络河开挖
4	左5	右5排泥场	姜堰区	260	联络河开挖
5	右6	右6排泥场		640	联络河开挖
6	右8	右8排泥场		500	联络河开挖
7	右9	右9排泥场		480	联络河开挖
8	右10	右10排泥场		310	联络河开挖
9	右21	右21排泥场	兴化市	400	联络河开挖
10	右22	右22排泥场		570	联络河开挖
11	右23	右23排泥场		640	联络河开挖
12	左15	左15排泥场		490	联络河开挖
13	右24	右24排泥场		580	河道疏浚
14	右25	右25排泥场		720	联络河开挖
15	右27	右27排泥场		300	河道疏浚
16	右28	右28排泥场		120	联络河开挖
17	右28	右28排泥场		530	河道疏浚

【泥结碎石路】

建泥结碎石路5.77公里，路面宽3.5米。

表5-5　泥结碎石路一览表

序号	编号	位置	地点	长度（米）	备注
1	右1	右1排泥场	海陵区	560	
2	左4	左4排泥场		152	变更
3	左5	左5排泥场	姜堰区	500	
4	右6	右6排泥场		640	
5	右8	右8排泥场		540	
6	右9	右9排泥场		990	
7	右10	右10排泥场		630	
8	右22	右22排泥场	兴化市	570	
9	右23	右23排泥场		390	
10	左15	左15排泥场		360	
11	右24	右24排泥场		90	
12	右28	右28排泥场		350	

6.水土保持工程

境内河道水土保持工程于2013年2月1日签署施工合同,4月开工,2014年底基本完成。

海陵、姜堰境内的河道两岸长13348米,栽种了乔木类4264株,其中意杨650株、乌桕60株、香樟192株、合欢86株、垂柳598株、墨西哥落羽杉180株、水杉341株、朴树9株、高杆女贞2148株等;花灌木类39725株,其中碧桃285株、红叶李136株、四季桂54株、红叶石楠10株、樱花60株、紫薇328株、加拿大紫荆197株、木槿120株、法青8100株、小叶女贞球550株、金叶女贞球197株、红叶石楠567株、海桐球32株、云南黄馨29089株等;绿篱类1929平方米,其中金边黄杨109平方米、红叶石楠781平方米、紫叶小檗439平方米、八角金盘600平方米等;种植草皮7055平方米。

兴化境内河道两岸长18580米,栽种乔木类10389株,其中意杨6744株、合欢269株、垂柳1196株、水杉180株、高杆女贞2000株等;花灌木类14844株,其中碧桃558株、红叶李164株、紫薇134株、加拿大紫荆54株、木槿105株、金叶女贞球117株、红叶石楠球1012株、云南黄馨12700株等;绿篱类932平方米,其中金边黄杨561平方米、红叶石楠371平方米等;种植草皮158357平方米。

7.工程主要作用

卤汀河拓浚工程建成后,构建了融排涝、饮水、航运、生态、文化整体效益为一体的百里"黄金水道",为泰州高质量发展提供了水利支撑。

保证宝应站北调水位向里下河北部地区稳定供水,支撑里下河北部地区特别是阜宁的水位,为苏北灌溉渠北灌区的调整提供水源保证工程。扩大了河道的输水规模,抬升了里下河腹部的水位,以200米³/秒的外排流量,为里下河南部地区涝水外排增加了一条新通道,提高了境内的防洪能力。

提升了通航能力,形成了一条从长江至兴化城区80余公里的三级航道,千吨船只可深入里下河腹部。

沿线关闭了排污口,对污水实施截污导流,有效防止水体的污染,促进了境内生态环境的保护,增强了水体的自净能力,改善了境内水环境质量,有效地改善了沿河两岸人民群众的饮水条件,给沿河两岸群众生产生活带来了便利。

促进和带动了沿河镇、村的快速发展。10座跨河桥梁的建成,再加上征迁项目配套实施的交通道路,明显改善了沿线多个乡村道路等级;沿线30个排泥场的复垦,增加了土地资源,有的建成生态农庄,有的建成蔬菜大棚,为当地农民带来了实惠;提高了沿线数百万亩农田的灌溉保证率,保证了区域内农业的增产增收。

八、如泰运河

如泰运河是泰州、南通2市的区域性重点骨干河道,全长156.1公里,流域面积527平方公里。境内西起泰兴过船套闸西江口,东至泰兴分界与南通如皋界套闸(规划向东至如东东安闸入海),长44.33公里,流经泰兴滨江、济川街道、姚王、河失、黄桥、分界镇6个镇(街道)。设计灌溉面积83万亩,排涝面积149.39平方公里。历史上,该老河由过船港、泰兴环城河、老龙河、黄桥镇河和分黄河串连而成,东与如泰界河相通。老河总长63.37公里,整治后总长52.7公里,既是泰兴县腹部引江、排涝骨干河道,又是如皋、泰兴之间的交通河道。老河弯曲多,特别是老龙河,从泰兴城至黄桥镇直线距离22公里,河道长36公里,有99个弯,而且土质沙,水土流失严重,常常是"一年挖,二年塌,三年淤"。清光绪年间、民国期间都曾疏浚,均未解决问题。

从1958年至1982年的25年中,按照江苏省通南地区水利规划标准,先后经过7次分段开挖整治,

共完成土方1595.98万立方米。1956年2月,泰县动员6300人整治分黄河秀才港至花园桥段,工程长7.5公里,完成土方34.2万立方米,同时利用废土修筑分界至黄桥公路9公里。1958年起,按《通南地区水利规划》线路,裁弯取直,分期整治。9月,按省6级通航标准,泰兴动员2.31万人开挖中段周桥至黄桥段18.8公里。于次年3月8日竣工,并举行了隆重的放水典礼。实施时,泰兴县城段仍利用老河成直角弯,河失向东利用老河相连,为一大弧弯。12月11日,开挖西段(泰兴至过船节制闸),民力增至3.57万人。西段在江口建节制闸,从节制闸直线开挖至泰兴西外城河,次年5月底竣工。开挖标准:黄桥至河失底宽20米,河失至方阡底宽30米,方阡至泰兴城底宽20米,泰兴城至过船闸(含闸外1.4公里引河)底宽10米,河底高程均为−1米;坡比:高程2.5米以上1:3,2.5米以下1:4,青坎宽20米。1958年,筑周桥至黄桥沿河公路,路宽20米;泰兴至过船公路路基,宽20米。中、西两段工程共完成土方695.97万立方米,工日333.44万个;建桥4座,其中公路桥2座;拆迁房屋847.5间,国家补助97.4万元。施工中推广了"运土车辆化、工具轴承化、绳索牵引绞关化"等机械运土方法,组织制造了1.3万部独轮车、300部绞关、60部二轮板车、100部牛车、2部绳索牵引机,人均日工效达4.01立方米。1958年10月10—20日,省政府在工地召开全省水利现场会,徐州、淮阴、扬州、南通、镇江、常州、苏州7个专区的238名代表参观了施工现场。竣工后,江水能引到黄桥以东。上述直线,因系分段放样,造成若干折角弯。1959年2月7日,泰兴抽调民力平地开挖周桥至泰兴段,工程长3.45公里。

1961年冬,租用天津航道局挖泥机船,开挖过船节制闸闸外引河江口淤浅段,工程长278米(包括坝基),完成水下土方4.4万立方米,底宽达40米。1966年冬,整治过船节制闸内外引河和泰兴城河段,工程长6公里,两处共完成土方46万立方米。1967年冬,泰兴动员4000人,整治分黄河(黄桥镇至分界段),工程长11公里,完成土方49.8万立方米,维修桥梁5座。标准:底宽5米,底高程0米。但两次整治都未能解决黄桥东部地区引、排、航问题。

1973年冬,整治如泰运河周桥至向阳闸段,将扭曲三弯的泰兴环城河,改线开挖成规则的弧形弯。11月28日,泰兴动员3.5万人施工。工程长9.32公里,完成土方279.4万立方米、石方0.44万立方米、混凝土1101立方米,拆迁房屋403间。工程标准:底宽30米,底高程−1米;坡比:高程3米以上1:3,以下1:4。这次整治,将该河两侧500米内的废沟塘基本填平。泰兴城区填平原来的环城河,铺筑大庆路1200米,填平新汽车站基地;在迎幸桥东西两侧河坡加做块石护岸790米,新建装卸码头465米、公路桥1座、生产桥1座。总投资85.3万元(不含公路桥和各单位装卸码头经费),其中国家补助26万元。1978年12月1日,泰兴动员3.39万人,按新线开挖如泰运河东段(废分黄河),当年春节前竣工。工程长12.38公里,共完成土方398.6万立方米、石方1752.3立方米,拆迁房屋1789间,拆除黄桥镇南坝桥和花园桥,建桥15座(其中公路桥3座);总投资237.96万元,其中国家补助145.56万元。标准:底高程均为−1米,坡比:高程3米以上1:3,以下1:4;南岸青坎宽5米,北岸青坎结合公路路基宽10米;黄桥镇区季黄河至姜八公路桥段底宽为15米,姜八公路桥至增产港段底宽10米,增产港至如泰边界段底宽为6米。

1982年11月20日，泰兴动员1.8万人整治羌溪河口至方阡段，于次年1月5日竣工、拆坝。工程长6.2公里，完成土方86万立方米，沿河两岸增做块石直立墙、护坡7.5公里。1983年春，继续由泰兴城区向西砌块石直立墙、护坡1.6公里。投资166万元，其中国家补助30万元，航道部门投资8万元。

2012年12月至2013年5月，整治河道33.967公里，投资5823万元，按底宽20米、河底高程真高-1.0米进行疏浚，河道采用浆砌块石重力式驳岸46.45公里。

九、季黄河

季黄河历史上称沙港、马挺河，北自西姜黄河（黄桥），南至靖泰界河（季家市），全长15.2公里，其中靖江境内长2公里，泰兴境内长13.2公里。1957年，通南地区水利规划将季黄河、夏仕港列为重要的排灌骨干河道，也是盐靖河之一段，通过夏仕港入江。季黄河受益灌溉面积22.2万亩，排涝面积37万亩。

明天启年间（1621—1627），靖江县境成陆后与泰兴接壤，由此争界数年，靖江知县唐尧俞退让，"剖沙为界，阔五丈，深三丈"，此即靖泰界河。明崇祯年间，知县陈函辉为解决边界纠纷，遂定割地拓宽浚深东段靖泰界河。清康熙年间在东、西姜黄河合流交接处建石拱南坝桥1座，以束淮水。合流后南接季黄河，流经靖泰界河东段（季黄河口至白龙镇）、夏仕港入长江。

1958年2月中旬,靖江负责疏浚黄家市(白龙镇)至入江口的夏仕港整治工程,完成土方242.5万立方米。泰兴负责黄桥镇至季家市的季黄河以及靖泰界河东段(季黄河口、白龙镇)整治工程。工程标准:底宽40米,河底真高-0.5米,坡比1:3。完成土方314.8万立方米,其中季黄河靖江段及靖泰界河东段完成土方88.56万立方米,修建桥梁7座,国家投资40万元。

十、夏仕港

夏仕港北起靖泰界河(季家市),南入长江,全长13公里。

清康熙五年(1666),由如皋县开挖,口宽5丈,深2丈,挖废面积800.7亩。康熙四十八年(1709),如皋县履约续浚1次。乾隆十七年(1752)、嘉庆十二年(1807)、咸丰二年(1852)、光绪四年(1878)、光绪十七年(1891)和光绪三十一年(1905),靖江组织民工先后疏浚6次。

民国36年(1947),国民党靖江县政府建设局征工裁直夏仕港龙潭港段(四汊河以南)3公里,将老土桥附近开通取直,是年年底完工。

1949年11月至1950年2月3日,靖江组织民工重点培修四汊河至江边港堤,完成土方3.2万立方米。为加固夏仕港堤防,1951年打33道排桩护堤。1952年改用三角形木链36道,打成"八"字形桩,用竹竿、芦柴、树枝编篱,篱内填块石、土方。1953年块石护堤470米。1954年抛石700吨护坡。1955年做埽工10处,完成土方70余万立方米。1956年春,靖江新港、斜桥、土桥、大觉、长安等乡(镇)组织民工计5500人,培修夏仕港港堤,完成土方32.75万立方米。是年台风内涝,夏仕港堤决口20余处,80%工程被冲毁。

1957年,靖江、泰兴联合整治夏仕港。泰兴负责疏浚从季黄河口至白龙镇长7.7公里段,靖江负责裁弯取直、拓宽浚深并复堤加固白龙镇经四汊河至入江口段13公里。设计标准为底宽60米,真高-1～-1.5米,坡比1:3。在北横港、小涨公殿、四汊河、竖辛港、百花港等处建闸(涵)控制,与夏仕港高水位隔开;在夏仕港入江口建6孔节制闸1座,设计流量528米³/秒。夏仕港两侧另辟排水出路,西侧由安宁港入江,东侧从小涨公殿新辟横港通丹华港入江,并在江边建闸控制。是年冬,完成夏仕港闸闸塘土方。

1958年,夏仕港及其上游季黄河全线拓浚,成为通南"三泰"(泰兴、泰县、泰州)、靖江东部和如皋西部地区的主要引排航运骨干河道之一,灌排面积约600平方公里。是年3月,靖江组织18个乡(镇)2.8万民工,疏浚夏仕港白龙镇至江边段,完成土方242.5万立方米。7月,夏仕港闸开坝放水交付使用,是年秋冬,其他配套工程陆续完工。夏仕港整治工程历时1年,国家投资400余万元,其中河道拓宽工程资金64.63万元。整治后的夏仕港,北起如皋白龙镇,与如靖界河相接;南经靖江洗脚庵、小涨公殿、四汊河、朱家大桥,穿过七号桥至东马桥,与安宁港衔接。四汊河东老土桥至新港入江段,原名龙潭港,其小观音堂至斜桥段"九曲十八弯",直线距离2公里,而河道长度竟达5公里之多,河面最宽处200米以上,最狭处50余米。1957年通南地区水利规划,将四汊河以北和龙潭港定名为夏仕港,四汊河以南至安宁港定名为小夏仕港。此项工程为通南"三泰"地区90万亩农田灌排发挥了很大作用,但对靖江东部及孤北洼地带来严重后遗症。孤北洼地原来依赖夏仕港排水的出路被堵,虽借安宁港排水入江,但东团河、安宁港港道弯曲,排水不畅。省、市、县虽在孤北洼地配套了一些工程设施,但涝渍隐患未能根除。

1967年6月下旬,靖江组织夏仕港沿线社队民工突击复堤加高培厚,7月上旬竣工,完成土方22.7万立方米。夏仕港在战胜1975年"6·24"特大暴雨中发挥了巨大作用。

1979年12月,靖江组织西来、斜桥、土桥、敦义等公社民工3000余人,开挖夏仕港套闸闸塘,完成土方20.2万立方米。同时,开挖上游引河11.4公里,北通夏仕港;下游引河1.16公里,南接夏仕港入江口。引河底真高-2.7米,底宽30米。引河共开挖土方53.8万立方米,其中泰兴负担38万立方米,靖江负担15.8万立方米,建筑物施工的杂工由靖江各公社轮流派出。

1999年12月至2000年5月,靖江实施夏仕港套闸下游引河港堤护砌工程。下闸首起两侧港堤建设长252米靠船助航设施,堤坡为现浇混凝土护坡。两侧908米长引河港堤基础为0.5～2.5米灌砌石挡墙,2.5～7米坡面为现浇混凝土护坡。

2003年7月上旬,靖江西来镇突击组织民工抢修加固夏仕港套闸上游西岸港堤漫溢段200米,完成土方2000立方米。是年汛期,夏仕港西岸位于靖江江平路之北200多米处港堤坍塌,堤顶及迎水坡均塌入港内,靖江抛石2500立方米,对160米的坍坎组织突击护坎。

2011年,靖江疏浚如皋拉马河至夏仕港入江口段长的11.51公里。设计标准河底高-1～2.5米,底宽45～55米,边坡1∶3。共完成土方88.65万立方米。是年,靖江修复加固堤防10.04公里,加固后,堤顶真高5米,顶宽4米,坡比1∶2.5。对临近村庄的堤防,修筑1.51公里的挡洪墙,其顶真高5米,底真高3.8米。对水流顶冲港堤塌方地段实施抛石护岸。其中,西岸长975米,抛石9378立方米;东岸长320米,抛石2028.4立方米。2014年3月,夏仕港套闸除险加固工程开工,疏浚上下游引航道长2.3公里,完成土方8.1万立方米。

第二节　其他河道

一、沙黄河

沙黄河原名"东塘河",位于兴化西北角,南起兴化沙沟镇朱夏庄,途经兴化王庄、严家舍、薛家舍、南荐野,至盐城黄土沟,全长16.9公里,是兴化西部地区主要排水口门。20世纪70年代末,为扩大里下河地区腹部调度引水能力,增强北部抗旱灌溉及冲淤保港水源,省水利部门决定举办沙黄河拓浚工程。从朱夏庄至黄土沟全部利用老河拓浚,全长17.3公里,其中兴化境内7.7公里。工程全部委托盐城地区行署主办,兴化境内朱夏庄以北由东台、盐城两县2.4万民工开挖,朱夏庄以南至沙沟段采用机械疏浚。河道标准:河底宽40米,河底高程-4米,河坡1:2.5,朱夏庄以北400米内河坡1:2,王庄至严家舍青坎宽15米、高程2米,其余宽10米、高程1米。工程1979年12月1日开工,1980年1月15日竣工,23日开坝放水。兴化境内共完成土方107.64万立方米,新建桥梁3座,圩口闸1座,排涝站1座。国家补助41.99万元,其中11.99万元为土地挖压、房屋拆迁补偿费,30万元用于配套建筑物。工程完成后,干旱季节沙沟水位0.7米时,可增引江水50米³/秒。河道东侧属盐城市,施工期间,结合出土筑成大坝,原有河道都建闸控制,致使沙沟地区向东排水出路受阻,汛期高水位滞留时间较长。

二、雌港河

雌港河位于兴化市东北部的新垛镇境内,南起海沟河葛垛营,北至兴盐界河张家尖,与盐城斗龙港相接,全长8.4公里,原是兴化老圩内一条口宽22米的小河。为改善这一地区水源、水质,1958年,兴化组织民工0.53万多人,利用老河裁弯取直,拓宽浚深,以利排泄涝水入兴盐界河。当年10月开工。工程标准:底宽20米,挖深1.0米,坡比1:2.5,两边堤顶高程5米,宽5米,青坎宽5米,全部土方30万立方米。当年基本完成南段5.6公里,后半途停工。北段2.9公里开挖很浅,两岸圩堤亦未形成。

1962年9月,兴化调用挖泥机船挖掘河南段10处坝头、浅滩,共挖土方1.35万立方米。12月,兴化组织0.2万民工挖浚河北段的2.9公里,并修复圩堤。兴化水利工程总队队部成立了工程办事处负责施工,各公社组成中队,下设16个分队进行施工。12月5日起按原标准施工,次年1月下旬竣工。共完成土方18.53万立方米,实做工日87733个,支出经费7.87万元,补助大米6.34万千克。

1972年兴化第三次整治该河。11月动工,次年2月结工。共做工日141.5万个,总土方201万立方米,新建主干河桥梁6座,支河桥梁2座。民工生活补助每工日0.3元、成品粮0.55千克。国家下达经费65万元。

经过这三次整治,雌港成为兴化东部主要排水干河,扩大了兴化的排水出路。

2014年5月至2015年1月，兴化对雌港河进行全线疏浚。设计标准：河底宽40米，底高-2.5米，工程由淮安市淮河水利建设工程有限公司中标，采用绞吸式挖泥机船施工，盐城利通工程咨询有限公司负责监理，完成土方14.6万立方米，投入资金129.94万元。

三、雄港河

雄港河南起车路河（林潭），北至海沟河（新垛）接雌港，全长15.4公里。

此河原为兴化永丰圩内南北向的中心河道，南通白涂河，北与海沟河以坝头相隔，河道浅窄弯曲。为扩大兴化境中东部70万亩农田的排水出路，充分发挥斗龙港排涝入海作用，1969年，兴化整治雄港，工程主要项目为：剖开永丰圩，浚深、拓宽雄港，扒开北端坝头，使之与雌港衔接，成为南北引排干河。1969年10月开工，1970年1月15日竣工放水。工程长10.7公里，工程标准：河底宽25米，高程-1.5米，坡度从地面到高程0.5米处为1:2，高程0.5～-1.5米处为1:3，两边青坎各留5米，圩顶沉实高程4.5米，顶宽4米。动用1万民工，完成杂项土方140万立方米，共做工日70万个。国家投资40万元。

1977年11月，兴化进行雄港延伸工程，全长4.5公里。工程自白涂河至车路河，以沟通海沟、白涂、车路3条东西向干河，并承接团结河、幸福河来水泄入雌港、斗龙港。工程标准：底宽20米，底高-1.5米，河坡1:3，青坎高程3米，宽5米，堤顶高程4.5米。1978年1月中旬结工，共开挖土方75万立方米，做工日44.7万个，新建桥梁5座。国家共投资21万元。0.78万民工参加工程建设。

2011年1—6月，兴化戴窑镇对境内雄港河段实施了整治，工程南起车路河，北至永林河，全长10.3公里。整治标准：河底宽26米，底高-2.5米。工程由兴化市水利建筑安装工程总公司采用转盘式强抓挖掘机船施工，共完成土方42.7万立方米，投入资金213.07万元。

四、茅山河

茅山河起于卤汀河（港口），讫于西塘港（兴化边城），全长15公里。2013年11月，茅山河姜堰段治理工程全面完工。主要工程为：整治河道12.3公里，设计河底真高-2.0米，底宽20米，边坡1:3。新建、加固圩堤，其中新建圩堤1.25公里，加固圩堤10.32公里。新建圩口闸、泵站各1座，拆（移）建生产桥2座。工程总投资2428万元。

五、姜溱河

姜溱河旧称罗塘河、下坝河、姜堰草河或草河，南起新通扬运河（官庄），北至泰东河（溱潼），全长15.1公里。该河在姜堰镇北行至夏朱庄时分成两支：一支北流称东大河，经河横村至泰东河（溱潼镇）；一支西北流到溱潼镇称西大河，后因沈高乡在河上所建桥桥孔低窄，大船不能行，东大河遂成主要航道。

2012年，姜堰整治姜溱河新通扬运河至龙王庙河段。该段长4050米，清淤疏浚土方约12万立方米，总投资约350万元。2014年，姜堰在重点县项目中，对姜溱河沿线3.94公里进行浆砌块石护坡，投资750万元。

六、中干河—西姜黄河

该河段从新通扬运河（中干河船闸）至季黄河（黄桥），全长38.2公里。

（一）中干河

中干河为1975年新开挖的灌、排、航骨干河道，北起新通扬运河，南行过姜堰套闸，穿老通扬运河、周山河、生产河，在桥梓头汇入南干河。流经姜堰、梁徐、顾高等镇，全长17.7公里。该河连接内河及通江诸航道，是大江南北通向里下河的主要航道之一。设计标准：新通扬运河至老通扬运河段，底宽20米，闸上底高-1.0米，闸下-1.5米，闸下真高1.5米处设3米宽平台，上下河坡均为1:3。老通扬运河至南干河段，底宽15米，底高-1.0米，坡比1:3。该河分两期建成。一期工程：南段从周山河到南干河，长9.4公里，北段自新通扬运河至通扬公路，长3.1公里；1975年11月开工至次年1月竣工，动员3.0万民工，实做144.8万工日，完成土方355.6万立方米。二期工程：从通扬公路至周山河，工程长5.2公里，1976年11月开工至次年1月竣工，动员1.5万民工，实做79万工日，完成土方145万立方米。配建公路桥2座,机耕桥11座,人行便桥4座。两期工程国家补助88.11万元。1977年建成姜堰套闸。河道标准:新通扬运河至老通扬运河段,底宽20米,闸上底高1米,闸下−1.5米,闸下真高1.5米处设平台,平台宽3米,上、下河坡均为1:3;老通扬运河至南干河段,底宽15米,底高−1米,在真高2.5米处设平台,宽3米,河坡均为1:3。

1983年冬,姜堰组织0.5万人疏浚老通扬运河至周山河段的4.5公里,共做工日6.5万个,完成土方14.7万立方米。由于河床土质沙,两岸河坡植被条件差,加之船行波的影响,致使两岸河坡倒塌,河床淤塞。为发挥中干河工程效益和姜堰翻水站向南输水能力,1989年,姜堰疏浚姜堰套闸下游四支河口至周山河段,全长7.0公里,块石护坡5.5公里。同年11月动员梁徐、姜堰两乡劳力0.55万人,投入18台泥浆泵施工,至1990年4月竣工。疏浚标准:从姜堰套闸上闸首至通扬公路桥段,河底宽24米,公路桥至老通扬运河段河底宽由24米渐变到20米,真高2.5米以下为1:4土坡,以上与原河坡相连。老通扬运河至周山河段河底宽15米,河底真高均为−1.0米,套闸下闸首至翻水站引河口段底宽24米;引河口至四支河段底宽20米,河底高均为−1.5米,真高2.0米以下为1:4土坡,以上与原河坡相连。河道护坡工程自姜堰套闸至通扬公路桥段,在离河中心21米处用仰斜式浆砌块石挡土墙护坡,迎水坡1:0.6,背水坡1:0.35,墙底真高−0.2米,墙顶真高3.4米,顶宽0.5米,以上为植物护坡。姜堰套闸下闸首至翻水站引河口,亦砌仰斜式浆砌块石墙,墙迎水坡1:0.55。背水坡1:0.3,墙底真高−0.7米,墙顶真高为2.5米。南段自老通扬运河至周山河,块石护坡采用3种形式:一是仰斜式浆砌块石墙,墙底真高0.3米,墙顶真高3.0米;二是仰斜式浆砌块石墙和框格式混凝土板相结合,真高2.0米以下为仰斜式浆砌块石墙,真高2.0米以上为框格式混凝土板,板厚8~10厘米,横向每10米设一道浆砌块石格埂;三是框格式混凝土板,坡比1:2.5,坡底真高0.5米,坡顶真高3.0米,3米以上为植物护坡。共完成土方45.6万立方米,混凝土及块石护坡2.82万立方米,维修电池站12座,下水道20座,兴建生活码头94座,维修桥梁4座。工程总投资344.69万元,其中省补助118万元,交通部门支持60万元,其余由姜堰集资。

1992年11月起,分两期对该河南段(周山河至南干河)9.2公里进行整治。一期工程:完成河道疏浚土方和块石护坡至真高2.1米以下部分,至1993年1月拆坝放水,历时46天。二期工程:于1993年5月全部完成。疏浚标准为河底真高−1.0米,底宽15米。块石墙底真高0.5米,块石基础厚0.4米,自真高0.9米至真高3.0米，为1∶0.6块石墙坡面。单线护坡20.04公里，拆建危桥和维修桥梁9座，新建电灌站15座，累计完成土方84.0万立方米、混凝土0.23万立方米、石方4.2万立方米，全部工程共支出794.39万元。

2000年5—12月，江苏省交通部门专项补助150万元，对中干河北段——姜堰套闸至新通扬运河段双向块石护坡2786.6米，至此，中干河全线均为块石护坡。

（二）西姜黄河

1958年春，泰县全线疏浚境内西姜黄河，河道标准达到河底宽6～22米，河底高程0米。1968年冬至1969年春，因淤积严重，又全线疏浚一次。1986年1—4月，为改善南干河至黄桥段航运交通，泰县境内裁弯1公里，疏浚1.2公里，河道底宽达15米。1986年12月至1987年6月，泰县向南疏浚到泰兴境内，古马干河以北6.8公里，为适应向北送水，河底高程-1.0米，底宽为12米；古马干河以南7.6公里，河底高程-1.0米，底宽10米。整个工段均由泰县采用人机结合办法施工。同时，对7处河段加以护砌，并建桥9座。

1990年11月至1991年1月，泰县水利局组织16台泥浆泵，疏浚西姜黄河古盐运河（老通扬运河）至周山河段，疏浚标准：底宽10米，底真高-0.5米，河坡比1∶3，完成土方30.4万立方米。工程总投资141万元，其中国家补助17万元，泰县筹集34万元，其余为泰县姜堰、太宇两个乡劳动积累工投入。

2000年冬至2001年春，疏浚西姜黄河周山河至幸福河段，全长8.1公里，完成土方42.47万立方米，新建桥梁1座，维修桥梁6座、排水涵洞16座、电灌站6座。工程总投资235.03万元。

2010年，疏浚护坡西姜黄河药厂至周山河段。

2012年12月至2013年春，整治西姜黄河姜堰段。工程主要内容为：疏浚干河7.9公里、支河0.5公里。建护坡7.5公里，挡墙7.1公里，河北桥梁1座（幸福桥）。完成土方106.46万立方米、石方1.11万立方米，浇筑混凝土9900立方米。总投资2811万元，其中，省以上投资1405万元，地方投资1406万元。

七、冈沟河

冈沟河起于兴盐界河（大冈），讫于盐城蟒蛇河（龙冈），全长22公里。

八、北澄子河

北澄子河起于高邮城区，讫于卤汀河（老阁），全长38.4公里。

九、拼茶运河

拼茶运河起于东姜黄河，讫于黄海（小洋口闸），全长79.3公里。

第六章　省列重要跨县河道

第六章 省列重要跨县河道

第一节 市列骨干河道

一、古盐运河泰州段

泰州境内的古盐运河历史上称邗沟、运盐河、上官河、上官运盐河等,1910年定名为通扬运河。1958年,为区别于新通扬运河,称老通扬运河。2008年,泰州水利局与专家、学者研究后,决定复用原名古盐运河。省列河道里仍称通扬运河。此河已有近2200年的历史,是中国最早的盐运河,也是泰州境内最早的人工运河。此河东西流向,起于扬州江都市仙女镇,经泰州达南通通州九圩港闸出江,全长201公里。境内全长45公里,流经主城区腹部,跨泰州引江河,越九里沟、南官河,与城河在打渔湾相交,折而东南至塘湾,复向东略偏北出海陵区境至姜堰区,与中干河、盐靖运河、运粮河相交至白米镇东出泰州。泰州主城区南扩、泰州引江河开挖及周山河套闸建成后,此河的航运功能逐渐为周山河所替代。此河水位以泰州水位站为代表站,多年平均水位2.2米,历史最高水位4.91米,历史最低水位1.19米。排涝设计水位4.3米,引水设计水位2.20米。堤防设计标准为100年一遇。

(一)早期的挖建

该河是世界上最古老的水利工程之一,是江淮东部长江水系和淮河水系的分水河,是繁荣古海陵城、哺育河两岸百姓的母亲河。该河始挖于西汉文景年间(前179—前154)。吴王刘濞为便于运输海盐,发展盐业生产,在战国吴王夫差开挖邗沟的基础上,连接邗沟向东开挖了一条支道,曾名邗沟支道、运盐河、南运河、盐运等。支道西起扬州江都仙女镇,经过泰州,逐步延伸到如皋的蟠溪、白蒲(今东陈镇汤家湾);隋宋以后,又延伸至通州(今南通)各盐场入海,为跨地域的水上通道。

历史上,这条河既可引水灌溉,又能宣泄淮河洪水达长江,更是盐运和漕粮运输的主要通道,历代统治者为了满足皇室及庞大的官僚机构与军政的需要,一直视其为生命线之一,时有治理。历史上,由官方组织的较大治理工程有:宋嘉祐中期(1056—1063),淮南江浙荆湖制置发运副使徐的,调兵夫疏浚泰州、海安、如皋县河道,该河成为从扬州直达通州的盐运、漕运干道。宋神宗熙宁九年(1076),泰州动用近3万民工,拓浚盐运河泰州至如皋县段,共长170余里。此外还有明洪武五年(1372)、明永乐二年(1404)、弘治年间(1488—1505)、嘉靖四十一年(1562)、清雍正六年(1728)、乾隆四年(1739)、乾隆三十七年(1772)、同治四年(1865)的整治等。

1910年,姜堰商会丁植卿和南通大达轮船公司张謇共同出资雇工疏浚姜堰至海安官河,3个月竣工。由此,此河定名为通扬运河。民国3年(1914),为方便泰州至南通的行船,泰州商会、南通盐场商会、大达轮船公司共同筹款,在姜堰设通扬运河工程总局,对老通扬运河进行疏浚和拓宽。工程分段进行,泰州境内分19段施工,工期2个月,共完成土方7万余立方米。工程总投资4.6万元,其中,南通盐场商会1.5万元,大达公司1.8万元,泰县地方暨3个商会协助银1.3万元。《民国泰县志稿》述:民国20年时,盐运河在泰县境内长143里。沿河北岸有涵洞72处,当上河水大成灾、下河能承受时宣泄大水于下河,以利农田;当淮水小、江水大时,则开南岸各坝,引江水调节之。

(二)河道整治

1.20世纪50—80年代的整治

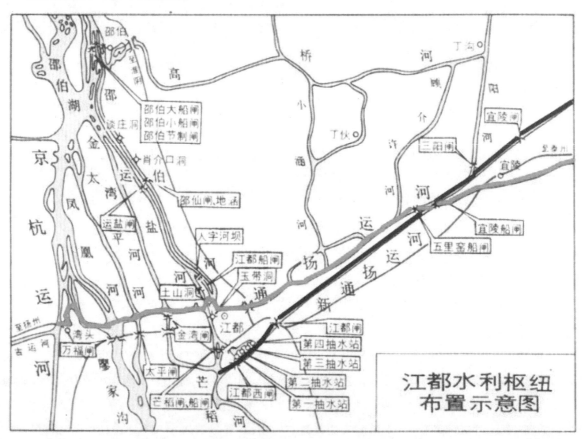

1951年、1953年、1955年间对古盐运河进行小型疏浚。1953年疏浚界沟到泰州段,拆除民房34户108.5间。1952年,在泰州及其附近沿河兴建了邵伯闸、褚山洞作为南干渠向里下河的引水渠,兴建了泰州、江都两船闸,沟通了里下河与长江的航运交通;1957年兴建界沟、黄村两节制闸,以控制盐运河的通航水位和解决通北部分高地灌溉水源;1963年建五里窑船闸(江都境内),1964年建宜陵船闸,1980年建宜陵地涵,以解决新、老通扬运河交叉口引排矛盾,恢复盐运河航道。其后,沿线又建大冯套闸、白米套闸等,既沟通了上下河航道,又确保了盐运河水位。盐运河河底高0~0.6米,底宽8~6米,河坡1:(2~2.5)。

20世纪60年代后,由于在江都、宜陵设节制闸,水源补给困难,加之长期没有治理,境内盐运河航道淤浅,水质恶化,很多地段淤塞积堵严重,1985年河底高1.2米,枯水期河漕最狭处仅宽2~3米。此后,由于多年未治理,导致航道淤浅,最窄处甚至只有10米,水深只有1米左右,枯水时较大吨位船舶难以通行,同时也严重影响了周边群众的生产、生活和城市形象。

2.地级泰州市成立后的整治

1996年,地级泰州市设立后,市委、市政府做出了对古盐运河进行彻底整治的重大决策,使这条古老的河流重新焕发青春,重新造福于民,也成了泰州城市的新亮点。

【局部整治】

1997年,为改善主城区第一水厂水源水质,市水利局规划、市交通局组织疏浚了南官河至静因寺桥段0.9公里,并对岸坡进行了驳砌;2000年,市水利局组织疏浚主城区淤浅最严重的宫涵闸至塘湾与大冯交界处约8公里;共投资约560万元,其中市交通局出资360万元、水利局出资100万元、区乡配套100万元。由于泰州主城区南扩和泰州引江河工程的实施,此河已成为泰州主城区横向引排及生态型的骨干河道,其航运功能渐为周山河所替代。

2001年10月,整治古盐运河中段(海陵区与姜堰区交界处至中干河)14.2公里,完成土方74.8万立方米,新建公路桥1座,维修、加固桥梁2座,维修电灌站12座,新建涵洞16座,维修涵洞20座,工程总投资5872.52万元。2002年6月竣工。

    2011年10月,整治古盐运河姜堰黄村河至宁盐公路段的7.75公里。2012年7月竣工。工程具体项目:拓浚河道7.75公里,新建两岸块石墙护岸7.60公里,整修已有浆砌块石墙倒塌部位1.76公里。完成疏浚土方54.98万立方米、石方1.55万立方米,浇筑混凝土0.66万立方米,总投资2626万元。整治后,河底高程-0.5米(废黄河高程系,下同),河底宽1.5米,边坡比1:3;高程1.5米处设2米宽的平台,高程1.5~3.0米设浆砌块石挡墙,高程3.0米以上按1:3坡至地面。是年至2013年,还整治凤凰河口至塘湾北桥段的河道5.9公里,总投资4000万元,标准为:底宽6~16米,底高程-1.0米,并采用浆砌块石挡墙驳岸11公里。

    2012年,整治东闸东侧段的河道2.8公里,投资约700万元,整治标准为:底宽10米,底高程-1.0米,河道采用生态护坡。

    2013年12月至2014年6月,整治磨桥河至东兴家园段的河道7.1公里,投资2995万元,其中省以上出资1497万元,地方配套1498万元。整治标准为:河底宽15~20米,高程-0.5米,坡比1:4,浆砌块石挡墙护坡14.1公里。是年,还疏浚东兴家园至东姜黄河段河道0.82公里,投资560万元。整治标准为:河底宽5~15米,高程-0.5米,坡比1:3,浆砌块石挡墙护坡1.64公里。

    【三期综合整治】

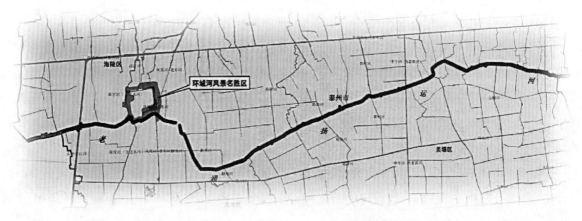

    2008—2012年,市水利局分3期对古盐运河进行大规模的综合整治。

第一期工程始于 2008 年 4 月,竣工于 2009 年 12 月,被列为城市防洪工程建设项目,总投资
3928.57 万元。工程主要包括:老盐运河东闸至二水厂段约 1770 米的河道拓浚整治,支河九里河河口
上涵洞的更新改建,新建九里河跨河交通桥,盐运河文化公园景观绿化工程等。合计完成土方 24.95
万立方米,浇筑混凝土 0.33 万立方米,砌石 0.46 万立方米。

第二期工程始于 2009 年 11 月,竣工于 2010 年 8
月,主要是对二水厂至南官河段 1430 米河道的综合整
治,总投资 3717.07 万元。具体项目:河道疏浚、两侧建
挡土墙驳岸、挡墙以上河坡及管理范围内的绿化。完
成土方 54.25 万立方米、混凝土 0.25 万立方米、砌石
0.28 万立方米。防洪标准为 100 年一遇,排涝标准为
20 年一遇。河道整治设计断面:河底高程 0.5 米,河底
宽 16.0 米,河口宽 52~60 米,真高 0.5~1.8 米坡比为
1:3.5,真高 1.8 米处设宽 4.0 米平台,真高 1.8~5.0 米坡
比为 1:3;堤顶高程 5.0 米。河道驳岸完成后,对河道两
岸的滨河地带进行了绿化,总景观绿化面积达 10 万平
方米,并重点在盐运河与 328 国道交叉处的 4 个角进行
了景观绿化、休闲小区建设。主景区内有座 3 层六角形

的观光阁,1 座古码头,1 座石牌坊,各类铺装(包括广场、园路等)共约 2800 平方米,绿化面积近 1 万平
方米。

第三期工程始于 2012 年 8 月,竣工于 2014 年 12 月,主要是对古盐运河海陵区段的综合治理。该
项目被水利部列入《全国重点地区中小河流近期治理建设规划》,总投资 2478 万元。工程主要项目
有:疏浚河道 6190 米,河坡护砌 7535 米,堤防加固 3520 米;新建电灌站 4 座(河道东侧、西侧,运河西大
桥南面,河道两侧老塘湾北桥各 1 座),水泵型号皆为 250HW-8(10 英寸泵),设计流量为 0.15 米³/秒,
配套电机功率为 18.5 千瓦。合计完成土方 44.85 万立方米,浇筑混凝土 1.28 万立方米,砌石 1.2 万立方
米。整治后,防洪标准达到 20 年一遇,排涝标准达到 10 年一遇,流量 35 米³/秒。

（三）沿线闸涵

1. 闸

【黄村闸】

黄村闸旧称庙子沟,位于姜堰黄村河,曾为盛极一时的粮运通道,始建年代不详。清道光十九年(1839)沟上有涵洞。后大水毁涵,崩为黄村口。清光绪五年(1879)将口门缩小,两边用石裹头,上建木桥,名顺济闸,以资蓄泄,后倒塌。民国7年(1918),盐船过泰州坝需换船,费重,改运道由黄村河口入上河,在黄村河上建闸。民国12年(1923),建闸两道,第一道闸在渡船口南,第二道闸在石家埭后寿圣寺前。民国13年(1924),两道闸合建为一道闸,地点在黄村河口,同年夏竣工。闸门宽一丈四尺,用银36306.6元。闸为插板式,每年汛前6月关闸,汛期一过即开闸。其关闸的方法是依靠插板处打坝,每关1次要1000人工,开1次要200人工,用泥包140船左右(每船6000市斤)。民国20年(1931)汛期,黄村闸关闭,农民在闸西边紧靠闸身处挖沟排水,决口宽11丈、深2丈,闸石亦损失一二层。由于闸下口冲成大塘,闸底漏水,插板不易到底,已失去修复利用的价值。1957年底,姜堰在旧闸下游1公里处的通扬公路上,结合公路桥兴建黄村闸,次年6月8日建成。闸3孔,每孔净宽4米,闸底真高0米,闸顶高程6.5米,直升闸门,配10吨启闭机,能通过流量30～50米³/秒,造价30.6万元。1982年,黄村闸与界沟闸均更换木质闸门为波纹型钢筋水泥闸门,并整修启闭台扶梯,该工程由泰县水利工程队施工。

该闸经过40多年的运行,加之工情、水情变化和无抗震设防,此闸已存在诸多问题:渗径偏短,防渗长度不足;闸身结构混凝土碳化严重,强度不足;上下游翼墙已多处破损,闸门及启闭机不能满足运行要求。2001年10月,姜堰对黄村闸进行除险加固,2002年6月完工,总投资345.61万元。工程等级为水工建筑物3级。

【界沟闸】

界沟闸位于(县级)泰州市泰西乡界沟村。清道光年间,此处筑有石闸,汛期闭闸防洪,控制上下河水位。清末,闸坍毁,泰州盐运司主持筑坝,以抬高盐运河水位,维持航运。抗日战争期间,坝被冲毁。1954年汛期,为实现"滴水不入里下河",再次筑坝堵塞。1957年12月,为了解决界沟坝下游农田的灌溉水源,结合通扬公路桥动工兴建界沟闸,次年6月24日竣工放水。闸设3孔,每孔净宽4米,闸底真高0米,闸顶高程6.5米,考虑中孔在低水头时通航,故未设胸墙;闸门高度5米,直升闸门,配10吨启闭机;设计水位:闸上最高水位5米,闸下最低水位1米,过闸流量30～50米³/秒,造价31.65万元。1984年,木结构闸门换成波纹钢筋混凝土闸门。

【泰东闸】

泰东闸位于(县级)泰州市泰东乡宫涵村宫涵河首,始建年代不详。河口原有宫家涵,下游有万余亩农田赖其引水灌溉。民国20年(1931)涵被大水冲毁,后修复。1954年汛期中涵又被冲毁,曾动员3000民力抢堵,耗资万余元,历时半月方堵闭。为引盐运河水进行旱改水,1956年开宫涵坝,在鲍坝桥筑土坝(实为漫水坝),控制水流北上。1961年5月,建单闸1座,门宽3米,耗资1.6万元。因时间紧迫,又受经费和建材来源的限制,使用标准低而质量差的土水泥浇筑,次年暴雨,水位骤涨,闸身开裂,墙漏水,乃堵闭报废。1963年,为实行上河水位的分级控制,经江苏省水利厅批准,于废闸下游重建新闸,由(县级)泰州市建筑工程公司承建。4月1日新闸动工,同年7月底竣工。闸,单孔,净宽4米,闸墙顶高5.47米,闸底真高-0.47米,直升式钢架木板闸门,配8吨手摇电动两用齿杆式启闭机,过闸流量10米³/秒,闸上水位在3.5米以下时,可通行10吨农船,总造价5.9万元。1972年,鲍坝桥土坝北移到职工大学西,改建成闸,建闸后因与上游纪庙等大队有排涝矛盾,于1978年请驻军在闸门中央炸一小孔泄水。

【白米套闸】

20世纪50年代初,姜堰白米镇西北1公里处有林家涵,因其不能适应上下河之间引蓄调节的要求,1951年,经泰州专署批准,姜堰(时称泰县)在林家涵旧址建白米闸。这是泰县第一座钢筋混凝土基础条石结构的节制闸。单孔宽5米,闸顶高4.5米,闸底0.5米,木质插板式闸门,由镇江市吴德泰营造厂设计并承建。当年4月17日动工,7月4日竣工。由于闸顶高度不足,1954年和1956年的两次大水,水位均超溢闸顶,只好在闸顶加土埝拦水,闸下已冲成深塘,闸身安全受到影响。以后每年汛期均需重点防范。1986年5月,姜堰在1979年新开的白米河上重建白米套闸,旧闸废。新套闸总长156.5米,上下闸首孔宽6米,上闸首岸墙顶高程5.5米,底槛-0.6

米。采用钢结构人字门,下闸首岸墙顶高4.3米,为钢结构直升门,岸翼墙均为空箱连拱结构。基础为打入式钢筋混凝土预制桩,闸室长80米,底宽10米。底面高程-1.0米。完成土方5万立方米、混凝土1450立方米、石方2336立方米,打基础桩349根,共征用土地14.68亩,其中闸址征地6.43亩,其他为挖废和道路用地。总造价68.2万元。同年12月25日全面竣工。

经过20多年运行,该闸老化严重,尤其是闸门、启闭设备已经无法正常运行,存在安全隐患。2014年10月,姜堰对该闸进行加固改造,工程由姜堰区城市水利投资开发有限公司负责实施。工程包括:对上闸首以及上下游翼墙、护砌进行维修加固,更换闸门、启闭机及工作桥等。项目总投资约100万元。加固改造工程完成后,因航道不适应大中型船只通行,故封闸停航。

【三水闸】

三水闸旧址原有姜中涵,老闸建于20世纪60年代初期。引上河水穿通扬公路,经下坝石桥入姜溱河。原涵洞管径为60厘米,底高在0.5米以上,过水能力偏低。1983年12月8日,姜堰动工改建姜中涵,并整治了下游河道,建成2.5米×2.25米箱式涵洞。涵底高0米,配钢结构直升门,可通过流量3~5米³/秒,次年8月2日完工,更名为"三水闸"。同时,改建西

街涵为3米×2.5米箱式涵,底高0米,疏浚下游河道2.15公里(其中新开挖0.7公里),护坡2.54公里,并兴建了北市桥、利民桥及西街农贸市场,工程总造价为133.6万元。三水闸建成后,姜堰镇工业和人民生活用水、环境卫生以及市容美化诸方面均有明显改观。为配合姜堰城区建设整体规划的实施,2001年10月,姜堰将三水闸拆除北移,2002年1月建成,总投资100万元。新建闸独孔,净3米宽的钢筋混凝土涵闸,新配钢闸门及启闭机,上部为3层砖混结构管理用房547.8平方米。

【泰州船闸】

泰州船闸位于主城西北燕子沟南部。1952年9月,为兼顾防洪和航运,经苏北治淮委员会批准,建此闸。当时,组成苏北治淮总指挥部仙女庙闸坝工程处泰州船闸工务所,调配干部48人、技工139人,负责船闸施工。当年9月25日破土动工,1953年8月建成,12月8日正式通航,年通航能力150万吨。工程合计完成土方22.2万立方米,其中人工挖土21.52万立方米,机船挖土0.68万立方米,总耗资68亿元(旧人民币),用粮40万千克。设计水位:上游最高水位为真高4米,最低水位为真高1米;下游最高水位为真高2米,最低水位为真高0米,上、下游最大水位差为2米。主要尺度:闸室长80米、宽10米,闸门宽8米,闸首墙顶真高为4.5米,闸门顶真高4.3米,门槛及闸室底真高均为-2.0米。启闭和输水装置:闸门为木质人字门,每门装设输水活门2扇。闸门尺寸为4.8米×6.45米×0.25米,阀门尺寸为1.08米×0.69米×0.064米,闸门采用4吨手摇启闭机,阀门采用1吨手摇启闭机,计大小12部,全部是人力启闭。

1961年10月,手摇输水阀门改为电动输水阀门;1963年1月,闸门手摇启闭改为电动启闭。

1966年,随着国民经济的发展和南官河入江航道的开发,原先闸室设计愈来愈显得偏小,为了减

少船舶待闸时间,适应航运需要,省交通厅拨款83万元,对泰州船闸进行扩建。该工程由省交通厅工程局设计,交通厅维修工程队第二工区施工,当年2月10日打坝断航,6月17日恢复通航,年通航能力增加到400万吨。工程内容:在原闸下游将闸室接长100米,接长部分宽12米(老闸室为钢筋混凝土板桩墙,新闸室为块石墙),新建下闸首,采用钢筋混凝土重力式结构,加高上闸首,上、下游闸顶真高均为5.5米,增设输水廊道,改门孔输水为廊道输水,上、下游闸门改换成钢质人字门,上游闸门设计洪水位为真高5米,阀门改换钢质平板门。

1981年9月23日,开始安装集成电路程序控制装置,安装"76-1"型船闸自控设备操作台1台、动力柜1台、光电式水位计3台和继电器式步进器等,1983年1月安装完毕。

【姜堰套闸】

为沟通上、下河引、排、航综合利用,1977年1月,在中干河北端、距新通扬运河2.25公里处建姜堰套闸,1978年6月建成,下半年正式通航。共做土方10.08万立方米,混凝土3842立方米,投资103万元。套闸闸首宽10米,闸室宽16米、长140米。闸首墙为连拱空箱式,钢筋混凝土和浆砌块石混合结构,以短廊道输水。上闸首顶真高5.6米,底槛-1.5米;下闸首顶高5.1米,底槛-2.0米。闸室墙顶高4米,外加1米高的挡浪板,单向水头,钢结构人字门,电动启闭。最高通航水位:上游4.5米,下游3.5米;最低通航水位:上游1米,下游0.5米。

姜堰套闸自1978年通航运行以后,10多年未进行大型维修,闸门变形,锈蚀严重,止水失灵。1989年11月25日断航维修,次年2月18日开坝复航。大修内容为4扇钢结构人字门和4扇输水门的更换及4台推杆启闭机、4台螺杆启闭机和全套电气设备更新,闸室内部分土建维修。完成钢结构制作50.64吨,铸钢体9.4吨,投资68.23万元。

从1990年到2012年,该闸历经23年未进行大修,但在工作人员的精心维护和保养下,基本上保持了工程的正常运转。

2012年2月,该所委托扬州市扬大工程检测中心有限公司对套闸工程建筑物、金属结构进行现场安全检测,于2014年3月出具检测报告,安全综合评价为:姜堰套闸工程设计指标能满足要求,按照《水闸安全鉴定规定》(SL214—98)第6.0.2条,姜堰套闸安全类别拟定为三类闸。

【姜堰东闸】

姜堰东闸位于姜堰镇东双涵河上,原有涵洞,沟通上下河。1963年,姜堰废涵建闸。闸1孔,宽4米,砖石结构,叠梁木闸方,上有钢筋混凝土箱式渡槽,国家投资1.5万元。1966年,姜堰在东闸下首80米处再建单闸1座,国家投资0.5万元,改成小型套闸。闸为单扇钢质闸门,输水洞放在闸门上,用人工启闭,建成后,一时船只通行频繁。1977年姜堰套闸建成后,通航船只渐少,遂废,河亦淤塞。

【大冯套闸】

1979年3月,姜堰大冯公社自筹资金兴建大冯套闸,以发挥上下河之间引、排、航作用。闸门宽5米,室长73米,国家补助5万元。当时,因经费限制,所建的套闸结构简单,渗径长度不足,经10年运行,混凝土人字门及闸首块石砌体,破坏严重。1990年9月停航大修,上下游更换成钢结构上悬横移闸门,闸门启闭由人工操作改为电动操作,闸室护坡改为直立式浆砌块石挡墙,次年4月恢复通航。总投资90.77万元,其中土方工程15.43万元,闸桥经费75.34万元。

【古盐运河西船闸(上闸首)工程】

古盐运河西船闸(上闸首)工程位于古盐运河与泰州引江河西侧交叉处,为泰州引江河一期工程配套项目,1999年建成(详见本书第四章第一节)。

【古盐运河东船闸(下闸首)工程】

古盐运河东船闸(下闸首)工程位于古盐运河与泰州引江河东侧交叉处,为泰州引江河一期工程配套项目,1999年建成(详见本书第四章第一节)。

【中心闸】

中心闸位于姜堰区三水街道经三路桥西,该闸于2004年3月建成,总投资184.83万元。该闸为单孔节制闸,净宽4米,筏式底板,底板面真高0.5米,闸室长18.5米,采用潜孔式结构,胸墙底真高3.0米,下游侧(里下河)设消力池,池长7.0米,池深0.50米,池后接4.60米的混凝土铺盖及10米长的灌砌块石护底,上游(通南地区)设13.5米长的混凝土铺盖及7.65米长的灌砌块石护底,上下游翼墙与消力池铺盖连成U形结构。采用平板直升钢闸门,门顶真高3.2米,启闭机选用QP-80kN卷扬式启闭机,工程等级为水工建筑物3级。

【鹿鸣闸】

2004年7月,姜堰在鹿鸣河与古盐运河交汇口处建成此闸,总投资158.36万元。此闸是长江和淮河流域的控制性建筑物,具有引水、排涝、冲污等多项功能。此闸为单孔节制闸,净宽4.0米,设计流量14.0米³/秒,整体底板,底板面真高0.00米,闸顶真高5.4米,闸室长11.0米,胸墙底真高2.3米,下游侧(里下河)设消力池,池长7.0米,池深0.5米,池后接两段各14.49米的直立式挡墙,在挡墙内设两段共24米长的混凝土灌砌块石护坦。上游设4节13.6米长的箱涵,箱涵过水断面尺寸4米×2.3米,全长101.5米,闸门采用钢结构平面直升门,启闭机采用YJQ-PS2×5T双吊点集成液压传动结构,工程等级为水工建筑物3级。

【砖桥闸】

此闸上游为古盐运河,下游为砖桥河,2005年10月姜堰建成。此闸为单孔涵闸,闸室上游接单孔涵洞,设计流量14.0米³/秒。单孔净宽4.00米,闸室底板真高0.0米,闸顶真高5.60米。平面钢闸门尺寸4.06米×2.35米,YJQ-P2×3T双吊点集成液压启闭机。工程等级为水工建筑物3级。

【罗塘河闸站】

罗塘河闸站建成于2007年2月,设计流量1.0米³/秒。位于姜堰区罗塘河陈庄路北侧,正身采用闸站结合形式。中孔为泄水孔,孔径净宽4.0米,两侧为泵室,净宽1.8米。闸室底板真高0.0米,正身底板面真高-0.8~-1.3米,墩顶真高5.2米。正身顺水流向长9.5米,垂直水流向长10.0米。中孔采用平面钢闸门(尺寸4.06米×2.05米)挡水,配双吊点YIQ-PF2×40kN液压启闭机。两侧泵室内各设一台500QZ-100D型潜水泵,叶片安放角-2°,配套功率2千瓦。泵站出水设钢制拍门(铰座为钢制,止水采用橡胶),中心线真高2.4米。

【许陆闸】

2010年8月开工,2011年3月竣工。设计流量5.0米³/秒。位于姜堰区纬三路与许陆河交接处。节制闸主体结构分为两个部分:前部为C25钢筋混凝土箱涵结构,箱涵净尺寸为4.0米×4.0米,底板面真高0.0米,箱涵共分为两节,总长约26米,由于现状河道与规划河道存在夹角,因此第一节箱涵处设置一个22°夹角;后部为节制闸控制段,控制段前半部分亦为4.0米×4.0米钢筋混凝土箱涵结构,后半部分为C25钢筋混凝土U形结构,控制段顺水流方向长度15.0米,底板面真高0.0米,控制段设一扇4.0米×2.0米平面钢闸门,闸门后为钢筋混凝土挡水胸墙,钢闸门采用手电两用QLW2×80kN明杆式螺杆启闭机启闭,启闭机工作桥顶真高5.8米。

正身与上游间采用M10浆砌块石翼墙连接,设8.0米长C25钢筋混凝土铺盖及10.0米长M10浆砌块石护砌。正身出口为C25钢筋混凝土消力池。消力池与下游河道间采用翼墙连接,翼墙均为重力式结构,消力池后部设10米长M10浆砌块石护底护坡,工程等级为水工建筑物3级。

【古盐运河钢坝闸】

古盐运河钢坝闸位于海陵区境内,古盐运河过S231省道道路桥梁西侧,闸宽35米,为液压启闭机,2011年5月建成,主要起泰州城区区域防洪及水质改善调度作用。

【马宁闸】

马宁闸建成于2015年12月,位于姜堰开发区马宁河末端与洋马河连接处。节制闸采用2孔的涵闸形式,单孔净宽2.5米,净高2.5米,洞身底板面真高-0.5米,闸身段长10.0米,闸身上游侧设控制竖井,竖井内设ZAQJ-2.5×2.5米-3.5米双向止水铸铁闸门,配8吨手电两用螺杆启闭机。设计流量12米³/秒。

闸身上游侧设钢筋混凝土扶壁墙连接上游河道,墙顶真高5.5米,河底设C25混凝土护坦,闸身下游侧设钢筋混凝土U形墙与下游河道连接,U形墙顶真高4.0米,并在U形墙内设消力池,池长10米、深0.5米。上、下游河道均设C25混凝土护砌,上游河道护砌长度10米,下游河道护砌长度20米。工程等级为水工建筑物3级。

【时庄河北闸】

时庄河北闸位于古盐运河与时庄河交汇口南侧,开工建设,2015年11月建成。此闸采用3孔的涵闸形式,边孔净宽4.0米,净高4.9米;中孔净宽5.0米,净高4.9米;闸身底板面真高1.2米,闸身段长11.0米;闸身上游侧中孔内设ZAQJ-300×160双向止水铸铁闸门,配2×5T手电两用暗杆双节点启闭机。涵闸下游段以钢筋混凝土悬臂墙接时庄河木桩护岸,上游段同样以钢筋混凝土悬臂墙接古盐运河,连接段挡墙总长约100米。

【革命河闸】

革命河闸2016年2月开工建设,是年5月建成,位于罗塘街道,西姜黄河与革命河交汇口西侧。

投资123万元。该闸设计自流流量10.38米³/秒,为单孔节制闸,闸孔净宽4.0米,高2.8米,采用平面直升钢闸门,配QLW-2×80kN螺杆启闭机。闸身主体为钢筋混凝土结构,底板为钢筋混凝土整底板,底板顶真高0.0米,闸顶板面真高6.2米,闸内外河侧均为钢筋混凝土结构"U"形墙连接。

【古盐运河闸】

古盐运河闸位于姜堰白米镇。闸孔净宽12米,设计流量为60米³/秒,2017年1月建成(通南片水生态调度控制工程项目)。

2.涵洞

【九里沟涵】

旧洞建于清康熙年间,为盖顶式石涵,长6米,洞底高1.17米。清道光三十年(1850),为便利农田灌溉,九里沟下游13庄,按亩捐款公修。后由于长期失修,涵洞墙基倒塌,洞口淤塞,失去引排能力,群众在洞边另开沟槽引水。1954年大水,为防上河水下泄,投资3100万元(旧人民币),保涵堵水。1955年3—5月,重建盖顶式方形九里沟涵,耗资1.83万元,投工5182个,完成土、石、混凝土3257.3立方米,过洞水量4米³/秒,直接受益农田1.5万亩。

表6-1 20世纪50年代初期通扬公路沿线涵坝统计表

名称	地址	质料	名称	地址	质料
林家涵	白米区白米乡	水泥	武家庄涵	官庄区兰亭乡	水泥
陆家涵	白米区白米乡	水泥	杭家铺涵	官庄区兰亭乡	木
马家涵	白米区白米乡	水泥	唐家坝涵	官庄区兰亭乡	水泥
东坝涵	白米区白米乡	土坝	东朱家滩涵	官庄区兰亭乡	土坝
东郭涵	白米区白米乡	木	西朱家滩涵	官庄区兰亭乡	水泥
西郭涵	白米区白米乡	水泥	双涵	官庄区兰亭乡	水泥
茅家涵	白米区白米乡	土坝	姜堰东涵	官庄区兰亭乡	水泥
拜家涵	白米区白米乡	土坝	亮桥涵	官庄区兰亭乡	水泥
丁家巷涵	白米区马赛乡	水泥	荷花池涵	官庄区兰亭乡	水泥
双涵	白米区马赛乡	水泥	老坝头	官庄区兰亭乡	木
曹堡涵	白米区马赛乡	水泥	三家庄涵	夏朱区三茅乡	坝
朱家涵	白米区马赛乡	水泥	杭家汪涵	苏陈区张刘乡	木
杨家涵	白米区马赛乡	水泥	杨家舍坝	苏陈区张刘乡	坝
双东蓬涵	白米区马赛乡	木	仲家舍坝	苏陈区张刘乡	坝
曹洪喜涵	白米区马赛乡	水泥	虹桥坝	苏陈区张刘乡	坝
东土坝涵	白米区马赛乡	水泥	杭官恒坝	苏陈区军铺乡	坝
西土坝涵	白米区马赛乡	水泥	红庙坝	塘湾区三忠乡	坝

续表6-1

名称	地址	质料	名称	地址	质料
马沟涵	白米区马赛乡	土坝	宫家涵	塘湾区林纪乡	坝
储家涵	官庄区兰亭乡	水泥	武家庄小涵	官庄区兰亭乡	木

注:地址沿用当时区乡名称。

新通扬运河建成后,古盐运河沿线涵洞的饮水作用已逐步消失,加之每年汛期管理麻烦,后逐步堵闭,至1994年,仅存水泥涵洞7座。

表6-2　1994年古盐运河沿线涵洞统计表

名称	地址	管径(米)
双涵	白米镇腰庄	1.00
曹堡涵	白米镇胜利	0.60
杨家涵	白米镇曹堡	0.60
曹洪喜涵	白米镇马沟	0.60
储家涵	白米镇双傅	0.60
朱家涵	姜堰乡朱家	0.60
丁家巷涵	白米镇白米	0.80

二、东姜黄河

该河是南通市和泰州市交界的省级河道,位于黄桥老区高沙土区的腹部,旧称老龙河、白眉河,历来为灌、排、航重要干河之一。此河北起盐运河西段(姜堰白米),出盐运河南行,交周山河、生产河,经南干河后入西姜黄河(黄桥),在黄桥镇与西姜黄河汇合入季黄河,再由夏仕港入长江,全长32.7公里,故称姜黄河。该河连绵数十里,把沿线黄桥、新桥、蒋垛、孟家湾、高家湾、缪家埭、塔子里、李庄、白米、姜堰等数十个村庄、集镇连接在一起,"九曲十八弯",像一条长龙,故旧时也称老龙河。后来,在该河的西边挖了一条北至姜堰,南至黄桥的河流,为了区别,就称此河为"东姜黄河",新挖的称"西姜黄河"。清光绪年间,通江段淤浅,泰兴蒋垛开明士绅曾助资浚挖。

1957年,对东姜黄河进行拓宽加深,向南延伸至季家市、八圩等地进入长江。从此,东姜黄河真正成了黄金水道,兴化、盐阜等地运输船只都途经东姜黄河南下江南。20世纪70年代以后,东姜黄河更加繁忙、热闹,隔数分钟就有船队从此经过。东姜黄河还是沿途数十万老百姓的生产河。干旱时,长江水经东姜黄河灌溉沿途数十万亩高产稳产农田;洪涝时,东姜黄河亦可将苏中地区的洪水排泄到长江,沿岸的老百姓称东姜黄河是"母亲河"。

1999年冬至2000年春,姜堰与海安共同组织对东姜黄河的疏浚,工程涉及姜堰白米、大伦、蒋垛及海安县李庄、雅周5个镇。姜堰组织实施南段工程,海安组织实施北段工程。南段工程全长10.65公里,即从姜堰与泰兴交界处至大伦跃进河北侧,完成土方59.85万立方米,新建公路桥2座,拆建桥梁2座,维修桥梁9座,新建排水涵洞15座,维修排水涵洞14座、电灌站8座。工程总投资312.4万元,其中省拨款130万元。

2008年11月至2009年5月,整治泰兴段河道11.9公里,完成土方95万立方米,投资475万元。疏浚后,河底宽4~6米,河底高程真高-0.5米。

三、周山河

周山河是一条人工河道,是境内通南地区主要的区域性骨干河道之一,也是市区引水、排水的主要通道。该河西起泰州引江河,东至姜堰与海安交界处,入东姜黄河,全长38.6公里,流经海陵区、高港区、经济开发区、姜堰区。

(一)20世纪的挖建

周山河开挖于1958年,当时,西起南官河,东讫东姜黄河,全长35.4公里。是年12月,为改造高沙土区的盐碱地和低产田,姜堰(原名泰县)动员8万民工,开挖从南官河至西姜黄河的周山河西段。原计划开挖标准是河底高程-2米,底宽30米。由于当时条件所限,难以完成,遂及时调整为河底高程-1米,底宽14米,次年5月竣工,河长26.5公里。完成土方919万立方米,并建人行桥3座、机耕桥1座、公路桥3座。国家补助102.3万元。

1967年冬,姜堰组织1.2万人开挖周山河东段。河道从西姜黄河至东姜黄河,长8.9公里;开挖标准:河底高程-0.5米,底宽8米;完成土方110.3万立方米,并建桥6座。国家补助22万元。

1974年11月,姜堰组织鲍徐、野徐、蔡官、寺巷、塘湾、白马、张甸、大泗、太宇9个公社民工9140人疏浚周山河西段(南官河至西干河以西700米)8.9公里。疏浚标准:河底高-1米,底宽14米,河坡1:4,1975年1月完成,实做29.15万工日,完成土方47.8万立方米。国家补助32万元。

1975年11月,姜堰组织太宇、梁徐、蒋垛3个公社民工5000人,疏浚周山河的葛港河至西姜黄河一段,工程长7.45公里。实做15.4万工日,完成土方34.7万立方米。以后十余年未疏浚,又无较好的防护措施,河床淤淀严重,一般已淤高1.5米左右,沿线电灌站进水池和支河口门全部淤塞,影响工程效益的发挥。

1989年,姜堰按原设计标准疏浚周山河西段的南官河至中干河段,包括周山河与16条支河交汇口,全长22.1公里。是年11月开工,投入39台泥浆泵施工,1990年2月竣工。完成土方130万立方米,维修加固电灌站13座,新建排水涵洞15座、水码头2座、桥梁3座,完成前进河、西干河交汇口块石护坡770米。工程总投资241.9万元,其中江苏省、扬州市补助55万元,姜堰财政拨款22万元,姜堰通南12个乡(镇)集资164.9万元。

1990年11月,姜堰组织疏浚中干河至东姜黄河段,全长13.3公里,1991年6月竣工,工程总投资255.13万元。疏浚标准:中干河至西姜黄河段4.4公里,底宽14米,底真高-1米,河坡比1:4;西姜黄河至东姜黄河段8.9公里,底宽8米,底真高-0.5米,河坡比1:3。采用泥浆泵机械施工,完成土方67.71万立方米。

1999年,周山河整治工程纳入泰州引江河的配套和影响工程(详见本书第四章第一节)。

(二)主城区段的三期整治

2009—2014年,泰州市水利局对周山河主城区段进行了连续三期整治。这三期整治是市区城市建设十大重点工程之一。整治范围西起引江河,东至与姜堰市交界处,全长13.85公里。工程设计河底高程-1.5米(废黄河零点,下同),河底宽20米,河口宽由原来的46米扩展为80米,河口两侧各设20米绿化带,总投资2.88亿元。河道工程等级Ⅱ级,堤防工程等级4级,设计水位4.1米,防洪标准为100年一遇,排涝标准为20年一遇。

周山河整治一期工程是2009年度泰州市政府投资项目,东起凤凰河,西至泰高路,全长2.3公里。设计河底高程-1.5米,河底宽20米,河口宽80米,河口两侧各设20米宽绿化带。2009年2月27日开工建设,2010年12月全面完工,累计浇筑混凝土4932立方米,浆砌块石9379立方米,开挖土方40.1万立方米,土方回填26.8万立方米,河道疏浚土方64.5立方米;使用钢筋689吨、花岗岩条石1.74万平方米;绿化14.2万平方米;搬迁拆除企业、码头等共28户。累计投资6200万元。

周山河整治二期工程是2010年度泰州市政府投资项目,整治泰高路至南官河段,全长0.8公里。设计河底高程-1.5米,河底宽20米,河口宽80米,河口两侧各设20米宽绿化带。2010年4月启动搬迁,2011年12月底完工,累计开挖土方5.5万立方米,土方回填2.5万立方米,河道清淤土方3.8万立方米,浆砌块石3524万立方米,浇筑混凝土1916立方米;绿化5.2万平方米;搬迁拆除码头、企业、房屋等34户。累计投资8800万元。

周山河整治三期工程是2014年度泰州市政府投资项目,整治凤凰河向东至姜堰交界处,全长7.65公里。对80米河口范围内进行搬迁,实施河道疏浚、两侧驳岸及绿化,新建道路2.7公里、桥梁3座。2014年6月25日,市政府召开周山河整治三期工程搬迁动员会,并开始组织搬迁工作,至10月底,基本完成搬迁工作。累计拆除、搬迁个人及企业67户,拆除各类房屋面积4.57万平方米。整治工程于是年10月开工建设,2016年12月全面完工,累计浇筑混凝土2.5万立方米,浆砌块石3.5万立方米,开挖土方75.2万立方米,土方回填64.4万立方米,河道疏浚土方64.5立方米;使用钢筋689吨、花岗岩条石1.74万平方米;种植各类乔木3.1万株、灌木1.07万平方米、草坪12.65万平方米。累计投资2.5亿元,其中征地搬迁1.45亿元,工程建设1.05亿元。

三期工程竣工后,有效提高了市区防洪排涝能力,改善了沿线水生态环境,并形成一处新的水利景观(见本书第十五章第二节),提升了城市形象,促进了泰州的经济发展。

(三)姜堰段的整治

2010年,周山河、葛港河至西姜黄河段的疏浚治理列入江苏省中小河流治理项目,工程于2010年10月开工,2011年7月竣工。按防洪20年一遇、排涝10年一遇的标准疏浚河道8.97公里,新建护坡17.7公里,完成土方27.67万立方米;总投资2689万元。整治后河底宽16米,河底高程-1.0米。

2017年,市政府出资整治周山河姜堰区段13.55公里河道,其中海陵与姜堰交接处—葛港河段长5.24公里,西姜黄河—东姜黄河段长10.98公里。主要建设内容为疏浚河道13.55公里,河坡防护29.0公里,河道两侧10~15米范围内水土保持,新建后时大桥1座。桥梁总长82.2米,桥宽60米。海陵与姜堰交接处—稳泰桥段设计河底高程-1.5米(废黄河零点,下同),河底宽20米;兴旺桥—葛港河段设计河底高程-1.0米,河底宽16米;西姜黄河—东姜黄河段设计河底高程-0.5米,河底宽10米。2017年9月开工,2019年6月完工,累计浇筑混凝土4.57万立方米,生态模块挡墙2.1万立方米,土方开挖36万立方米,土方回填21.7万立方米,河道疏浚土方28.14万立方米;使用钢筋1991吨;种植各类乔木9.2万株、草坪99万平方米;搬迁沿线居民和企业72户。累计投资1.41亿元,其中征地搬迁0.33亿元,工程建设1.08亿元。

整治后期建后时大桥。后时大桥位于姜堰区三水大道南延道路与周山河交会处。桥梁设计荷载为城-A级,道路名称为三水大道。后时大桥行车道方向与河道中心线斜交,斜交角度为101°,为拼装式预应力(先张法)钢筋混凝土空心桥板结构,桥两端通过接线道路与三水大道连接。公路桥面总宽60米,共3跨,中跨25米,边跨20米,两端各设置长8米搭板,桥跨总长65米,工程范围总长共82.2米;上部结构采用25米跨及20米跨两端简支先张法预应力空心板梁,下部结构均为单排柱式墩台,灌注桩基础,桩直径120厘米。工程于2018年6月开工建设,2019年6月完工验收。

四、生产河

生产河是境内通南水系的一条主要支流,西起南官河,东入东姜黄河,全长44公里。流经高港区、医药高新区和姜堰区。汇水总面积204.25平方公里,保护面积7万亩,保护人口12万人。

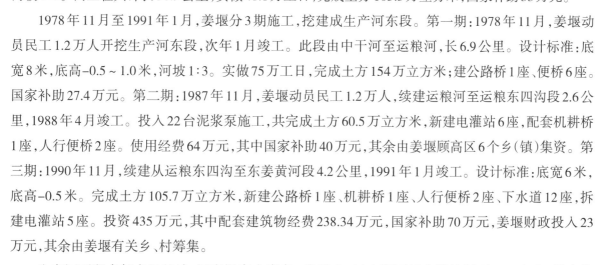

(一)姜堰段的整治

【20世纪的挖建】

20世纪50年代中期,姜堰拓浚、通联沿鸭子河向东的多条浅隔沟河而成此河,因对姜堰南部引水、排水,发展农业生产作用突出,定名生产河。1957年冬至1958年,姜堰共动用民工2.7万人,浚通沿鸭子河向东至西姜黄河横港段和东、西姜黄河之间的河道。设计标准:底宽6.0米,底高0米,河坡1:3。实做90万工日,开挖土方270万立方米,国家补助72.1万元。1967年4月,姜堰疏浚张甸黄桥河口至葛港河口段4.1公里,实做7.1万工日,完成土方14.1万立方米。疏浚标准:河底宽10米,底高-0.5米,河坡1:3。1969年11月至1970年春,姜堰出动民工2.1万人,再次疏浚鸭子河口至西姜黄河段和西姜黄河至东姜黄河段。拓浚标准:底宽8.0米,底高-0.5米,河坡1:3。两工程共计长36.9公里,实做48.1万工日,完成土方105.5万立方米,国家补助33万元。

1978年11月至1991年1月,姜堰分3期施工,挖建成生产河东段。第一期:1978年11月,姜堰动员民工1.2万人开挖生产河东段,次年1月竣工。此段由中干河至运粮河,长6.9公里。设计标准:底宽8米,底高-0.5~1.0米,河坡1:3。实做75万工日,完成土方154万立方米;建公路桥1座、便桥6座。国家补助27.4万元。第二期:1987年11月,姜堰动员民工1.2万人,续建运粮河至运粮东四沟段2.6公里,1988年4月竣工。投入22台泥浆泵施工,共完成土方60.5万立方米,新建电灌站6座,配套机耕桥1座,人行便桥2座。使用经费64万元,其中国家补助40万元,其余由姜堰顾高区6个乡(镇)集资。第三期:1990年11月,续建从运粮东四沟至东姜黄河段4.2公里,1991年1月竣工。设计标准:底宽6米,底高-0.5米。完成土方105.7万立方米,新建公路桥1座、机耕桥1座、人行便桥2座、下水道12座,拆建电灌站5座。投资435万元,其中配套建筑物经费238.34万元,国家补助70万元,姜堰财政投入23万元,其余由姜堰有关乡、村筹集。

生产河西段多年未经整治,河底淤高在真高1米以上,过水断面只占设计断面30%左右,低水位时经常断流。1993年11月至1994年1月,寺巷、野徐两乡(镇)集资23万元,用泥浆泵施工疏浚鸭子河入口段2.6公里,完成土方7万立方米。1994年11月至1995年4月,采用泥浆泵疏浚鸭子河口至中干河段24.65公里,总投资449万元,开挖土方89.64万立方米。疏浚标准:河底真高-0.5米,底宽8米。

【21世纪的整治】

2002年11月至2003年1月,姜堰采用泥浆泵疏浚整治中干河至运粮河段,全长7.2公里,完成土方21.73万立方米。工程总投资133.23万元。整治标准:河床真高-0.5米,河底宽8米,真高3米以下坡比1:4,以上按原河坡。

2015年,姜堰实施2014年中央财政土地出让金项目,对生产河西段(中干河至西姜黄河)进行了疏浚护坡。

(二)高港、高新区段的整治

2004年,高港区整治泰高路至许庄太平中沟段。2006年9月至2007年2月,疏浚河道,动用机械14台(套),日用劳力近千名。共疏浚土方近20万立方米,打捞水花生,清理21.4万平方米水域,伐除6万平方米区域芦竹,全线拆除违建39处,清理渔网、渔簖14处。河道全线机械整坡,植树14000余株,河坡种草16万平方米。2008年,投入150余万元疏浚整治生产河大泗段,恢复河道引排标准。

2011年,高新区生产河段的整治被列为国家中小河流治理项目。2012年6月开工,2013年9月竣工。共疏浚河道4公里,完成土方44.2万立方米,浇筑混凝土1.26万立方米,砌石1.08万立方米,新建河坡护砌8.07公里,加固堤防4.39公里。总投资2116万元。

通过多年的整治,该河道防洪标准达到20年一遇,排涝标准达到10年一遇。

五、宣堡港

宣堡港西起南官河,东至西姜黄河,流经口岸街道、胡庄镇、宣堡镇、新街镇4个乡(镇、街道),全长27.1公里;贯通南官河、两泰官河、新曲河、西姜黄河,灌溉面积8.5万亩,排涝面积14.3万亩。

1955年冬,泰兴动员民工6432人,拓宽浚深两泰官河至北徐庄段,沟通谢李港,工程长12.83公里。设计标准:底宽3米,底高0.5米,坡比1:2.5,完成土方21.79万立方米。后该河床大部分淤塞,局部改为鱼塘。1959年冬,按1958年河网化要求,重新选线开挖宣堡港(西段)南官河至两泰官河段(其中,两泰官河向东至西姜黄河,利用1956年疏浚的老河)。河段长9.5公里。泰兴组织2.09万人施工。

开挖标准:底宽4米,底高程0.5米。完成土方68.96万立方米,建桥10座,其中公路桥1座。国家补助6.46万元。

1962年,西段局部整治2.19公里,完成土方6.46万立方米。1967年冬,泰兴动员1.8万人,整治老宣堡港中东段崇头庄至倪浒庄16.2公里。设计标准:底宽6米,底高程0米,高程2.5米以上坡比1:3,2.5米以下坡比1:3.5。共完成土方129.3万立方米,建桥11座,植树栽草同步进行。国家投资9.7万元,泰兴县财政拨款2万元。1969年冬,为发挥宣堡港全线排灌效益,泰兴动员沿线民力2.4万人,扩大并浚深老港9.5公里,共完成土方140万立方米,接长农桥7座。

1972年冬,为适应口岸镇市镇规划需要,对口岸镇市区的1.1公里段裁弯取直,拓宽浚深。设计标准:底宽8米,底高程-0.5米,高程2.5米以上坡比1:2.5,2.5米以下坡比1:3。工程由马甸抽水站工程指挥部组织施工,动用民工3700人;完成土方10.32万立方米,新建交通桥2座,总经费8万元。1975年12月5日,泰兴开挖新宣堡港西段口岸江平公路桥至两泰官河段8.4公里,裁去封集弯道,穿樊堡、桥头两村,接两泰官河,其余按原河线不变;中段,两泰官河至新曲段14.8公里。西段标准为:底宽5米,底高程0米,坡比1:3;中段标准为:底宽8米,底高程-0.5米,高程3米以上坡比1:3,高程3米以下坡比1:4,青坎同高线5.5米。两段共计动用民工5.76万人,完成土方354.8万立方米,1976年1月8日竣工。1976年12月,泰兴开挖新宣堡港东段倪浒庄至西姜黄河段3.9公里。设计标准:河底宽7米,底高程、坡比与中段同。动用民工1万人,完成土方89万立方米,1977年1月8日竣工。1975—1976年,宣堡港新线两期开挖工程共建桥20座。该港全线竣工后,沿线公路路基同时筑成。全线基本无堆土,首次复垦还田面积超过挖废面积。1978年,两泰官河与宣堡港岔口及樊堡弯道淤积,枯水期只有不足3米的水道。同年冬,从宣堡港岔口至胡庄肖林的沟坡上试栽芦柴、芦竹、水杉,初步探索了植物护坡的模式。

1983年春,进行宣堡港与两泰官河岔口护坡止坍防淤试点。1986年冬,疏浚两泰官河至肖崇中沟3.6公里,同时完成凡青弯道的护坡。

2002年,高港对宣堡港高港段实施水土保持措施,共栽植树木8000余株,种草2.4万平方米。2004年9月至2005年2月,高港共投入150万元实施宣堡港高港段整治工程,整治江平线大桥至泰兴交界处,全长5.8公里。设计标准:河口宽50米,两岸青坎各5米。共拆除违章建筑36处,清除渔网、渔簖12处,清除杂树2万余株,砍伐芦竹8万平方米,栽植意杨8000棵、香樟4000棵、垂柳2000余棵,河坡种草9万多平方米。

2013年,整治口岸街道向阳桥至五一桥段河道0.3公里,设计标准:底宽6米,底高程−0.5米。河道采用浆砌块石形式驳岸0.3公里。2014年12月至2015年5月,整治泰兴段河道8.155公里,投资2923万元。设计标准:底宽11米,河底高程真高−1.0米。河道采用素混凝土重力式驳岸10.93公里。

六、靖泰界河

靖泰界河西南起靖江新桥镇西界河入江口,东至如皋市拉马河口,全长44.6公里。流经曲霞镇、珊瑚镇、广陵镇、虹桥镇、新桥镇、生祠镇、马桥镇、孤山镇、季市镇、西来镇等镇,是泰兴与靖江之间的分界河道。

此河开挖于明天启年间(1621—1627)。其时,靖江县境长江北大江沙涨成陆,与泰兴接壤,这一带也增加了大量土地,但无固定边界。靖、泰两县争界数年,两县百姓为争地械斗,颇多伤亡。扬州、常州二府派员勘察,难定界址。崇祯七年(1634),靖江知县唐尧俞做了退让:"剖沙为界,阔五丈、深三丈",使泰兴县民多得土地,争端始息。此即最初的靖泰界河。明崇祯年间,靖江、泰兴又为争界发生纠纷,"杀伤颇多"。靖江知县陈函辉"以季市地数百顷归泰兴,争执才止息",并主持拓宽浚深靖泰界河。

1958年冬,泰兴组织1.5万民工拓浚靖泰界河东段及季黄河靖江段,合计长9.7公里,与夏仕港闸配套。设计标准:底宽44米,河底高程真高−1米,坡比1:3。完成土方88.56万立方米、工日54.52万个。国家投资40万元。

1973年冬,泰兴组织4500名民工疏浚靖泰界河新市段。工程长1.73公里,完成土方8.5万立方米,工日4.3万个,建桥2座。泰兴财政拨款1.5万元。1978年冬,泰兴在靖泰界河口建节制闸,开挖闸外引河1公里,翌年9月底竣工,国家补助21万元。完成土方6.2万立方米、石方0.17万立方米。设计排水66米³/秒。

1986年1月,泰兴新市镇结合乡镇建设,组织3500名民工对新市段界河裁弯取直,开挖新河1.6公里,填塞了原老河,完成土方11.8万立方米。

1991年冬,靖江对靖泰界河沿线8座封口坝、15处漫水的界河堤防近3.6公里进行加固培修,完成土方1.8万立方米。2003年,靖江加高河堤7800多米长,完成土方2.1万立方米。2007年11月至2008年5月,疏浚北段(泰兴段)河道15公里,完成土方19.32万立方米,投资274万元;疏浚后,河底宽4~6米,河底高程真高−0.5米。

2008年冬,靖江水利部门组织对三泰村蜘蛛圩至水三村五唐圩5.5公里的界河段疏浚复堤。设标准：底宽4米，底高0米。完成土方8.25万立方米。是年，靖江还疏浚法喜村耿家圩至新义村河道3公里，完成土方2.65万立方米。

经以上整治后，界河河底一般宽4米，河底高程0.5米。南岸地面较北岸低1米左右，除夏仕港及界河东西入江口作为北岸高地专用排水河道外，沿线从1958年以来，在南岸建起界河控制线，共建节制闸13座、套闸3座、坝10座，做到高低分开，高水高排，低水低排。但是，河道仍未达到规划标准。

2016年9月，整治靖泰界河界河闸至季黄河口段，工程包括疏浚河道35.95公里，新建护岸13.19公里。其中，靖江市实施曲霞、广陵交界处至季黄河口疏浚整治河道11.9公里，新建护岸3.06公里；泰兴市实施界河闸至曲霞、广陵交界处疏浚整治河道24.05公里，新建护岸10.13公里。工程级别4级。设计标准：排涝标准20年一遇，河底高程真高–1～0米，底宽10～2米，边坡1∶3，局部河道采用挡墙防护。采用水力冲挖和挖掘机结合作业，2016年11月进场施工，工期9个月，工程总投资5319.15万元，其中靖江市地方自筹1820.25万元，其余为泰兴市地方自筹。

第二节 其他河道

一、西干河

此河是1971年春新建成的南北干河，起自南干河的姜堰大泗乡洱庄，西通鳅渔港，北穿生产河交于周山河，全长8.8公里，纵贯大泗乡、白马乡。挖建标准：底宽8米，底高–1米，河坡1∶3。动员民工2.2万人，实做82.56万工日，完成土方205.6万立方米，建成公路桥1座、人行便桥8座。国家补助23万元。

2003年10月,姜堰整治其境内西干河河道。主要工程为:疏浚整治河道5.6公里,完成土方26.9万立方米,拆建机耕桥2座,维修桥梁2座,改建电灌站5座,新建下水道5座,维修下水道6座。工程整治标准为:河底高程-1.0米,河底宽8.0米,真高3.0米以下河坡坡比为1:4,真高3.0米以上接现状自然坡。是年12月底完成土方任务,2004年6月前完成建筑物配套。工程总投资485万元,其中省级以上补助80万元,其余由姜堰通过多渠道自行解决。

二、梓辛河

梓辛河为兴化历史遗留下来的自然河道,西起车路河(得胜湖),东至串场河(东台),全长35.9公里。

2011年1—6月,兴化林湖乡整治境内梓辛河段,工程西起垛田镇交界,东至竹泓镇交界,工程长4.64公里。设计标准:底宽30米,底高-1.0米,完成土方5万立方米,投入资金21.5万元。

2015年10月至2016年3月,兴化大垛镇整治境内梓辛河段,工程西起吴岔村,东至安民排涝站,工程长1.0公里。设计标准:河底宽35米,底高-2.5米。江苏伟宸建设工程有限公司中标,

采用绞吸式挖泥机船施工,江苏省工程勘测研究院有限责任公司监理,完成土方3.8万立方米,投入资金36.26万元。

三、幸福河

幸福河位于兴化东南部,南起泰东河(戴南),北至车路河(焦家舍),全长27.4公里。

1975年11月和1977年1月,兴化分别由陶庄、张郭、戴南3个公社对北段和南段进行开挖,中间仲家庄至欧家庄段因东台市的范围未能开通,南北两段总长16.9公里。

2004—2014年,兴化4次对幸福河进行整治。

2004年8月,对南端与泰东河接口段1.2公里进行整治。设计标准:河底宽25米,底高-2.5米,坡度1:3,高程3.0米处口宽58米,两岸青坎各12米。土方工程由戴南、张郭两镇通过以资代劳筹集资金。通过兴化市水务部门招标,兴化市水利疏浚工程处负责施工。共完成土方15万立方米。兴化市水利工程处负责拆建跨河桥梁1座,新桥设计标准:汽-20、挂-100,桥长3×20米,桥宽7米+2×0.5米,梁底高程6.5米,工程于2005年底通过省水利厅验收,被评为优良工程。

2004年10月,兴化市水务局第三次组织整治该河。主要是疏浚该河中段8.1公里,由兴化水利疏浚工程处用绞吸式挖泥机船施工。设计标准:河底高程-2.0米,底宽12米,坡度1:2。2005年4月29日竣工,共挖土方68万立方米。施工中利用出土对河道两侧的圩槽和沟塘进行回填复垦,新增土地面积84亩。

2005年10月,兴化市水务局第四次对幸福河进行整治。工程区北起车路河,南至蚌蜒河,全长12.5公里。设计标准:底宽12米,底高-2.0米,坡度1:2。兴化市水利建筑安装工程总公司中标,兴化市水利疏浚工程处负责实施。2005年11月,该处先后组织6条绞吸式挖泥机船进场施工。由于当地未能按要求提供排泥场地,以致河道出土对沿线部分生产河造成淤积,遭到有关村庄村民的阻挠,给施工造成一定的影响,只有梓辛河西汉村至蚌蜒河仲家村6.3公里达到设计要求,其余河段淤浅情况都不同程度有所改善,工程于2006年5月告一段落。开挖土方37万立方米。

2014年9月1日,幸福河中段仲家庄至欧家村7.2公里的实心段打通工程被列为泰东河整治工程的影响工程,由江苏祥通建设有限公司负责实施平地开河。设计标准:河底高程-2.5米,底宽25米,河肩口线宽58米,边坡1:3,两岸青坎各5米。完成河道土方140万立方米,填筑圩堤41.74万立方米,2015年底基本完工。

四、渭水河

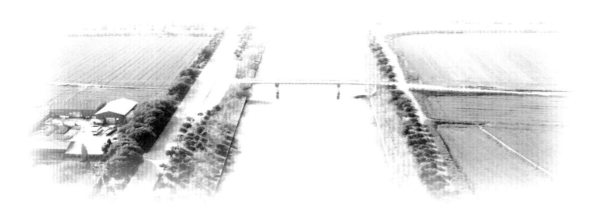

渭水河位于兴化腹部,南起周庄东坂,北至大邹镇野邹村入兴盐界河,纵贯兴化全境,全长52.5公里。该河从1958年3月至1987年1月,先后经过5次整治,实现全线畅通,成为兴化重要的引排河道之一。此后多年未整治,河道发生淤积。为了恢复河道功能,兴化沿线有关乡(镇)按照属地管理的原则,分别进行了清淤疏浚。

2003年10月至2004年2月,兴化下圩乡对境内渭水河段实施整治。工程南起刘文村,北至兴盐界河,工长6公里。设计标准:底宽15米,底高-3.0米,内坡1:3。兴化市水利疏浚工程处采用绞吸式挖泥机船施工,完成土方18万立方米,投入资金99万元。

2007年5月,兴化陈堡镇针对河道淤浅的状况,对买水河至蚌蜒河段6.75公里进行干河施工,采用泥浆泵疏浚。设计标准:底宽20米,底高-2.0米,边坡1:2,共完成土方20万立方米。是年12月至

2008年4月28日,兴化竹泓镇对南起临城镇西浒北村北至北刘村与林湖乡交界处的渭水河竹泓段7.56公里采用挖掘机进行干河整治。疏浚标准:在维持原口宽47米的前提下,按河底高程-2.0米、底宽20米的标准实施,共完成土方49.5万立方米,投入资金222.75万元。

旧貌

2012年9月至2014年5月,兴化再次整治渭水河(列为全国重点地区中小河流治理项目)。施工方法:采用干河施工,组织水力挖塘机组进行水力冲挖和挖掘机开挖。工程范围:南起买水河,北至车路河,涉及陈堡、临城、竹泓、林湖4个乡(镇),全长24.67公里。设计标准:排涝按10年一遇标准、防洪按20年一遇的标准进行整治(近期10年一遇兴化水位2.47米,20年一遇兴化水位2.90米),桥梁设计荷载为公路-Ⅱ级,桥梁总宽为4米、5.1米两个规格。整治工程项目包括:疏浚河道24.67公里,圩堤退建1.80公里,兴建驳

现状

岸4.084公里,拆建桥梁16座,拆除桥梁1座。共完成土方104.64万立方米。2014年5月通过竣工验收。整治的工程勘察单位:江苏建科岩土工程勘察设计有限公司;工程设计单位:扬州市勘测设计研究院有限公司;工程监理单位:南京江宏监理咨询有限责任公司;中标施工单位:张家港市水利建设工程有限公司、镇江市长江建设开发公司、江苏东大建设有限公司、盐城市隆嘉水利建设有限公司。兴化水务局组建兴化市渭水河整治工程建设管理处,具体负责工程实施过程中的建设管理工作。工程总投资2975万元,其中省级以上补助1488万元,兴化配套资金1487万元。

2013年7月至2014年1月,兴化海南镇对境内渭水河段实施了疏浚,工程南起兴盐公路渭水河大桥,北至海沟河,工长6.2公里。设计标准:底宽17米,底高-2.5米。工程由淮安市淮河水利建设工程有限公司采用绞吸式挖泥机船施工,江苏华诚项目管理有限公司为监理单位。工程完成土方11.49万立方米,投入资金129.38万元。

2014年6月至2015年1月,兴化城东镇对境内渭水河段实施整治。工程南起林湖水产,北至兴盐公路渭水河大桥,工长4.0公里。设计标准:底宽20米,底高-2.5米。工程由江苏永宁建设工程有限公司采用绞吸式挖泥机船施工,江苏利通建设管理咨询有限公司为监理单位。工程完成土方10.3万立方米,投入资金90.85万元。

2015年4—7月,兴化大邹镇对南起钓鱼镇陈木大桥、北至兴盐界河段的渭水河实施了整治,工长5.35公里。设计标准:底宽20米,底高-2.5米,边坡1:3。施工单位为江苏河海工程技术有限公司,采用绞吸式挖泥机船施工,江苏利通建设管理咨询有限公司为监理单位。工程完成疏浚土方12万立方米,投入资金123.50万元。是年12月至2016年4月,兴化钓鱼镇对境内渭水河段实施了整治,工程南

起渭水河钓鱼大桥,北至陈木大桥,工长2.0公里。设计标准:底宽20米,底高-2.5米。工程由江苏河海工程技术有限公司施工,江苏省工程勘测研究院有限责任公司为监理单位。共计完成土方3.5万立方米,投入资金36.21万元。同期,兴化林湖乡对境内渭水河段进行整治。工程南起车路河,北至白涂河,全长1.75公里。共计完成土方3.5万立方米,投入资金36.21万元。设计标准:底宽20米,底高-2.5米。工程由江苏河海工程技术有限公司施工,江苏省工程勘测研究院有限责任公司为监理单位。

五、蚌蜓河

该河起于卤汀河,讫于串场河,全长47.5公里。此河原上承北澄子河、南澄子河、斜丰港的坝水东排入海。新中国成立后,废除归海坝,兴建江都站,南抽北排,经蚌蜓河向东的水量虽渐少,但是仍不失为里下河区南部主要排水干河,排涝能力为40米³/秒。

六、横泾河

横泾河位于兴化,在兴化分为东部横泾河和西部横泾河。

【东部横泾河】

东部横泾河位于兴化东部,南起车路河戴窑镇,北至海沟河大营镇,流经兴化戴窑、合陈、永丰3镇,全长14.4公里。由于长期淤积,阻水严重,不能满足当地工农业生产和群众生活对水源的需求,2005年12月,兴化戴窑镇投入8台泥浆泵对车路河至白涂河4.5公里的河段实施干河施工。整治标准:河底宽15米,底高-2.0米,坡度1:2。2006年4月通过验收。完成土方16.5万立方米。

2011年12月至2012年6月,兴化合陈镇对白涂河以北至大营集镇的横泾河段实施了清淤疏浚,工长10公里。设计标准:河底宽10米,底高-2.0米。由兴化市溢陈清淤有限公司施工,完成土方53万立方米,投入资金280.9万元。

【西部横泾河】

西部横泾河位于兴化城区以西,东西走向,东起城区西荡河,西至高邮境三阳河,流经王阳、冷家、东潭、西潭、西夏、高邮横泾等村镇,境内长度11.12公里,是兴化第二自来水厂取水水源河道。

为改善兴化第二自来水厂取水水源的水质,2009年,兴化水务局组织实施横泾河疏浚。设计标准分为两个档次:从兴化第二自来水厂至昭阳镇双潭村约5.72公里,河底高程-2.5米,底宽25米,坡比

1:0;从双潭村至兴化高邮交界处约5.4公里,河底高程-2.0米,底宽20米,坡比1:0。工程于2009年2月12日开工,11月22日结工,工程采取绞吸式挖泥机船施工,完成总土方41.28万立方米,合同价371.52万元。

七、俞西河

1980年,姜堰整治俞西河,拓狭段、挖坝埂、拆旧桥、建新桥。该河长10公里,拓宽4处狭段,长470米,标准是河底高程-1.5米,底宽20米。拆旧桥7座,建新桥7座。

八、大潼河

大潼河起于扬州宝应大三王河(杜港),讫于沙黄河(兴化沙沟),全长11公里。

九、临兴河

临兴河起于高邮三阳河(临川),讫于卤汀河(兴化昭阳),全长26.7公里。

十、东平河

东平河起于高邮东墩,讫于卤汀河(兴化昭阳),全长41.8公里。

十一、斜丰港

斜丰港起于高邮三阳河(樊川),讫于卤汀河(兴化老阁),全长20.9公里。

十二、龙耳河

龙耳河起于新通扬运河(江都双阳),讫于卤汀河(兴化周庄),全长27.7公里。

十三、串场河

串场河起于新通扬运河(海安),讫于射阳河(阜城),全长174.9公里。

第七章　省列重要县域河道

第七章 省列重要县域河道

第一节 靖江市

　　靖江市境内有省列重要河道11条。其中流域性过境河道1条——长江(详见本书第三章),区域性骨干河道2条——季黄河、夏仕港(详见本书第五章第一节),重要跨县河道1条——靖泰界河(详见本书第六章第一节),县级骨干河道7条。

一、横港

　　横港西起红光乡庆丰村,东至罗家桥港,全长26公里,流经靖江红光、新桥、太和、新丰、生祠、东兴、惠丰、马桥、长里、城南、靖城、越江、柏木13个乡(镇),是靖江"六纵一横"骨干河道之一。既是"老岸地区"和"沿江圩区"高低分开工程,又是靖江东西水上运输的唯一通道。

　　横港成于何年无考。民国36年(1947),国民党靖江县政府建设局以工代赈疏浚横港,疏浚后"河床深5尺,河口宽3丈"。

　　1951年11月中旬,靖江柏木区组织民工400人,疏浚十圩港至罗家桥港横港东段,是年12月25日竣工,完成土方2.8万立方米。1952年,靖江组织民工疏浚十圩港以西横港西段,全长22公里,完成土方6.9万立方米,使用资金1.38万元。1959年11月,靖江组织民工1300余人,疏浚十圩港至罗家桥港横港东段的4.8公里,工程标准:底宽3米,底真高0米,坡比1:2.5。是年12月30日竣工,完成土方7.68万立方米。

1973年前的横港治理仅是捞淤挖浅,因而河道弯曲,河床淤浅,有的河段人一跃而过,实为废港。1973年起,对横港实施分期治理,目的是实现老岸地区和沿江圩区高低分开。即老岸地区条条港道通横港,沿江圩区除留骨干河道直通横港外,其余港道在通横港处建闸控制,实现高水高排、低水低排。同时,以横港贯通南北大港,畅通内河航运。是年11月,靖江组织民工1.2万人疏浚十圩港至下六圩港段4.2公里,1974年1月10日竣工,共完成土方91万立方米。十圩港至七圩港底宽20米,七圩港至下六圩港底宽15米,底真高-1米,坡比1:3。横港靖城河段裁弯取直,与十圩港交汇处南移300多米,城南闸西侧新老横港基本吻合。1976年11月下旬,靖江组织民工1.6万余人疏浚横港下六圩港至上六圩港段4.8公里。工程标准为:底宽15米,底真高-1.0米,坡比1:3。次年1月12日竣工,完成土方99万立方米。1977年11月,靖江组织近2万民工疏浚上六圩港至夹港段7.4公里,12月31日竣工。工程标准为:底宽10米,底真高-1.0米,坡比1:3。完成土方146.4万立方米,拆迁民房1100间,迁移电灌站8座,挖废土地800亩,压废土地1500亩。使用资金81.8万元,其中国家投资30万元。

1980年冬,新桥、红光两公社组织民工4000人疏浚夹港至红光庆丰周家埭段4.4公里。标准为:夹港至上青龙港底宽5米,底真高-0.5米,坡比1:2.5;青龙港以西底宽3米,底真高0米,坡比1:2。共完成土方19万立方米,挖废土地300亩,压废土地400亩,拆迁房屋400间,迁移电灌站3座。投入资金26.5万元,其中国家投资10万元。1986年,靖江组织17个乡(镇)民工计1.2万人,疏浚十圩港至罗家桥港段4.9公里,12月5日动工,12月31日竣工,完成土方46万立方米。工程标准为:西段1.6公里底宽10米,底真高-1米,坡比1:3;东段3.3公里底宽8米,底真高-1.0米,坡比1:2.5。挖废土地277.13亩,压废土地600亩,拆迁房屋238间。共投入资金98.5万元。1989年12月,红光乡组织民工1000多人平地开河,将横港向西延伸近1公里,距靖泰界河500米左右。工程标准为:底宽2米,底真高0米,坡比1:2.5。共完成土方5万立方米,使该乡赵家滩一带洼地的排涝问题得以解决。

2001年12月,横港整治一期工程开工,该段位于天港至二圩港,工程共分6段。为解决挖压废用地与泥浆排水的矛盾,由属地的河道管理处、靖城、八圩、马桥、东兴、生祠水利站组织实施。疏浚长度计4.67公里,按照底真高-1米、底宽15~20米、坡比1:3的标准施工,共完成土方21.38万立方米,投资160.35万元。2002年12月,二期工程开工。该段位于二圩港至夹港,长8.37公里,共分5段,由靖江孤山、东兴、生祠、红光、新桥水利站组织施工,按照底真高-1米、底宽15~10米、边坡1:3的标准疏浚,共完成土方20.96万立方米,投资157.2万元。2004年9月,实施十圩港至天港段3.01公里的疏浚,按照底真高-1米、底宽20米、边坡1:3的标准施工,采用挖泥船作业,完成土方12.39万立方米,使用资金140.99万元。2008年7月,实施横港驳砌疏浚工程(十圩港至高速公路桥),2.86公里,按照底真高-1米、底宽20米、边坡1:3的标准轮疏,完成土方7.97万立方米,使用资金87万元。

2011—2013年,实施横港治理工程(生祠镇法喜村至罗家桥港段),工长26公里,河道疏浚按底真高-1~0米、底宽20~5米、边坡1:3的标准施工。同时,改建横港南岸7座闸站和1座涵洞,共完成土方77.67万立方米,投资2951.3万元。2015年,整治七圩港至下六圩港东侧1.25公里,南北两岸长2.5公里,均由市交通部门组织施工。至2016年,横港清水廊道十圩港至下六圩港护岸驳砌工程全部完成,累计浆砌石驳砌长8.3公里,完成石方4.2万立方米、土方12.8万立方米。

二、夹港

北起靖泰界河,流经靖江生祠镇、新桥镇入江,全长14公里,受益面积36.8平方公里,北段称润泾港。

清咸丰二年(1852),夹港淤塞严重,靖江、泰兴两县联合疏浚,土方按受益田亩分摊,筑坝、戽水等费用由两县募捐筹集。民国23年(1934)再浚夹港,自老港(今太平港)至江边长7.73公里,完成土方20.3万立方米。

新中国成立至20世纪70年代中期,夹港流域配套水利工程发展较快,但河道弯曲淤浅,过水断面小,难以适应引排需要。1975年11月,靖江组织民工9000余人整治夹港。主要工程:对夹港裁弯取直,全线疏浚,南接闸上引河(1973年建闸时新开2公里),北通靖泰界河,全长13公里。工程于次年1月竣工,完成土方101万立方米,投资47.5万元。工程标准为:河底宽8~12米,底真高0~-1米,坡比1:3,挖废土地513.6亩,压废土地604.4亩,拆迁房屋671间。江边近3公里老河道(今老夹港,即文东港),仍作引排河道。

1998年12月,靖江组织红光、新丰乡疏浚润泾港(横港至界河段),工长6.9公里,底宽4~6米,底真高-0.5米,坡比1:2.5,完成土方7.5万立方米。2016年1月,疏浚北段润径港(横港至界河段),长6.92公里,采用泥浆泵和挖掘机组合作业。工程标准为:底宽4~6米,底真高-0.5米,坡比1:2.5,完成土方7.2万立方米。

三、上六圩港

上六圩港北起靖泰界河,南经靖江生祠镇、东兴镇、澄靖—工业园区入江,全长16公里。该港横港以南称上六圩港,中段至团河称岳前港,团河以北称大靖港。受益面积63.3平方公里。

该港成于何年无考。清咸丰三年(1853),知县齐在镕主持疏浚大新港(今大靖港,即上六圩港团河以北段)。民国22年(1933),由实业家刘国钧等捐助,全线疏浚上六圩港,平均浚深1.5~1.8米,完成土方37.55万立方米。

　　1955年11月,县政府组织民工2000余人,疏浚横港至生祠镇北段上六圩港,长5公里,完成土方7万余立方米,使用资金1.95万元。1965年11月,组织民工1.2万人,疏浚上六圩港(江边至老孙家埭段),长13.5公里,东兴镇前后裁弯取直,平地开河2公里,完成土方72.92万立方米。江边至中心桥底宽10米,底真高−1米,坡比1:2.5(引河1:3);中心桥至团河底宽由10米渐变为6米,底真高由−1米渐变为−0.6米;团河至老孙家埭底宽由6米渐变为4米,底真高由−0.6米渐变为0米。拆迁房屋156.5间,投资93.66万元。

　　1988年12月,靖江组织生祠、侯河、马桥3个乡(镇)3500人疏浚大靖港北段界河至徐家埭河段2.8公里。工程标准为:底宽6~8米,底真高0~−0.5米,坡比1:2.5,完成土方15万立方米。拆迁房屋35间,挖、压废土地78亩,使用资金36万元,其中国家投资10万元,靖江财政26万元。

　　1999年11月,疏浚上六圩港生祠镇徐家埭至横港6.5公里,底宽6~8米,底真高0~−0.5米,完成土方28万立方米,使用资金85万元。因上六圩闸下游引河东岸坍及堤脚,影响堤防安全,2013年1—5月,靖江对基础采用管桩固基及高压旋喷防渗处理,上部砌石、喷混凝土护坡修复,完成工程长度310米,使用资金286.82万元。

四、下六圩港

　　北起靖泰界河,流经靖江马桥镇、城南办事处,经澄靖工业园区入江,全长17公里,受益面积37.2平方公里。

北段蔡家港是靖江历史上"五大港"之一，曾是泰兴县的一条南向排水河港，成于清康熙五年（1666）。是年靖江知县郑重协同常州、扬州两府管河厅及泰兴知县勘定开挖蔡家港，口宽5丈，深2丈，翌年3月竣工。挖废农田在朝廷编审剔除前，由泰兴县补价，并代靖江缴纳赋税。嗣后，康熙五十一年（1712）至光绪三十一年（1905）间，蔡家港又7次疏浚。民国36年（1947）冬至翌年春，对横港至团河段裁弯取直，长1.5公里。

1970年冬，靖江县革委会组织民工1.37万人，对下六圩港全线取直拓宽，全长17公里，其中平地开河12.5公里。标准为底宽5米渐变至10米，底真高0米渐变至–0.5米，坡比1：2.5，完成土方90.62万立方米。投资34.46万元，其中国家补助21.3万元。拆迁房屋341间，建电灌站6座，挖废土地594.62亩，压废土地714.74亩。

2006年9月，盐靖河南段下六圩港整治工程开工。工程北起横港，南至通江闸口，全长7.02公里，设计流量50米³/秒，7级航道等级。河道疏浚标准为：底宽12米，坡比1：2.5，采用挖泥船作业，完成土方22.65万立方米。河道两岸边坡驳砌挡土墙长14.38公里，完成石方4.24万立方米、土方15.2万立方米。配套涵洞修理59座，泵站14座，桥梁拆建2座、修理1座。工程于次年1月竣工，总投资5336.25万元，其中国家投资1800万元，省级补助870万元，其余由靖江有关镇村自筹。2007年11月，靖江疏浚下六圩港横港至界河段9.04公里，采用泥浆泵进行全线作业，按照底宽6～8米、底真高–0.5米、坡比1：2.5的标准实施，完成土方15.78万立方米，使用资金96万元。是年，对下六圩港西岸河坡从马桥镇小横港至铭坤桥北首驳砌挡土墙1.7公里，完成石方6800立方米、土方2万立方米，使用资金360万元。

五、罗家桥港

北起靖泰界河，南入长江，流经季市、孤山、斜桥、靖城街道等镇、园区，全长18公里，受益面积40平方公里。

罗家桥港北段称百花港，明清时称柏家港，南段称中天生港。柏家港是靖江历史上的"五大港"之一，成于清康熙五年（1666），由泰兴县开挖。康熙五十一年（1712）浚柏家港，泰兴浚70％，靖江浚

30%。乾隆十七年(1752)至光绪三十一年(1905)间,5次疏浚柏家港。民国23年(1934),靖江县政府组织民力疏浚中天生港,北起团河,南至江边,全长10.76公里,完成土方28.57万立方米。民国24年(1935),疏浚百花港北段靖泰界河至桑木桥,南段谢家埭至团河,合计长4.7公里,完成土方12.19万立方米。

1955年冬,靖江长安区组织民工疏浚百花港。1971年11月,靖江组织15个公社民工9500人,疏浚老庄头至江边罗家桥港段7.55公里,完成土方43.02万立方米,使用资金14万元,同年12月25日竣工。工程标准为:底宽5~8~10米,底真高0~-0.5米,坡比1:2.5。挖废土地218.1亩,压废土地426.6亩,拆迁房屋301间。2009年11月至2011年5月,靖江组织季市、斜桥、孤山等镇疏浚百花港界河至团河段9.65公里,采用泥浆泵和挖机作业。工程标准为:底宽4米,底真高0米,坡比1:2.5,完成土方30.1万立方米。

六、安宁港

安宁港西起孤山麓十圩港,经东团河入长江,全长10公里,流经靖江孤山、斜桥等乡(镇),受益面积42平方公里,是孤北洼地的主要排水出路之一。

明崇祯十一年(1638)团河开挖后,安宁港为团河通江尾闾,曾于清康熙年间疏浚2次,嘉庆、咸丰年间及民国22年(1933)、24年(1935)各浚1次。

1956年11月,靖江组织民工2000余人,疏浚江边至塌港口(安宁港段)6公里,同年12月10日竣工,完成土方8.5万立方米,投资3万元,其中国家补助2万元。

1967年冬,靖江发动孤山、季南、长安、斜桥等17个公社民工8350人,疏浚安宁港江边至老庄头段8公里,11月28日打坝断航,12月5日全面动工,次年1月20日竣工,完成土方45万立方米。工程标准为:底宽8~10~12~16米,底真高0~-0.7米,国家投资20万元。

2007年1—10月,因扬子江粮食码头建设需要,在距闸外100米处,下游引河开挖-0.7米渐变至-4米,河面宽158米港池,东西两岸兴建长360~460米板桩锚锭式码头2000吨级泊位6个。2009年12月,斜桥镇疏浚安宁港团河、塌港交界至江边段4公里。按照底宽8~10米、底真高0~-0.7米、边坡1:2.5的标准施工,采用挖掘机和泥浆泵结合的作业方式,完成土方9万立方米。

七、十圩港

十圩港北起靖泰界河,流经靖江季市、孤山、靖城街道、城南办事处、澄靖工业园区等镇(街道、园区)入长江,全长22公里,受益面积68平方公里。该港是靖江中片地区和孤北洼地引排河道,又是沟通南北水运的主要航道,年通航量600多万吨,排水3亿多立方米。该港是靖江历史上"五大港"之一,成于清康熙五年(1666),由泰兴县开挖,南接蟛蜞港入江。清康熙五十一年(1712)至光绪三十一年(1905)间8次疏浚石碇港。

1952年冬,靖江动员孤山、长安、柏木、八圩4个区16个乡民工5708人,民办公助开浚十圩港秦家桥南段,工长12公里。工程标准为:底宽3米,底真高0～0.5米,坡比1:2,完成土方19.93万立方米。国家投资2.5万元,地方补助0.52万元,群众自筹2.07万元。改善排灌面积9.5万亩,1953年4月竣工。1958年11月,靖江组织民工2万余人拓浚八圩港,由于规划变动,改浚十圩港,工段为江边至北土桥,全长17.5公里,完成土方244万立方米。工程标准为:河底宽自北向南分别为5米、8米、10米渐变,底真高-1米,坡比1:2.5～1:3。施工中,拆迁房屋853.5间,挖废土地583.8亩,压废土地1130.52亩,工程于1959年3月29日竣工。这次工程,裁去老虹桥和焦家湾两个大弯道,老虹桥处新老河道相距500米。1959年11月至1961年3月,靖江先后两次组织民工1500人和800人,疏浚十圩港北段北土桥至界河,全长5公里。工程标准为:底宽5米,底真高0米,坡比1:2.5,完成土方22万立方米。

1968年11月,靖江成立石碇港疏浚工程总队部,组织民工7250人疏浚十圩港北段,自北土桥东折接老石碇港,过三元桥直线北接靖泰界河,全长7公里,比原河道缩短2.5公里。工程标准为:河底宽10米,底真高-0.5～0米,坡比1:2.5。完成土方42万立方米,12月28日竣工。

1973年11月,拆除老石碇港闸,改建为闸孔宽10米、闸室长134米的季市套闸1座。1974年11月20日,靖江组织14个公社民工1.43万人,疏浚十圩港靖泰界河以南段15公里,1975年1月20日竣工,完成土方156.5万立方米。工程标准为:底宽15米,坡比1:3;底真高:沙泥河以北-1米,以南-1.5米。三元桥至北土桥段裁弯取直,平地开港2.2公里,孤山段裁去两处绕山陡弯,平地开港1.5公里。竣工后,河道顺直,曲率半径700～2000米不等,符合船队航行要求。施工中,拆迁房屋855间,挖废土地849.7亩,压废土地959.7亩,使用资金59.75万元,其中国家投资30万元。1975年11月24日,靖江组织民工1.2万人,疏浚十圩港南段化肥厂至江边,工长7.7公里,包括套闸上下游引河按照底宽15~20米、底真高−1.0~−1.5米的标准挖淤,完成土方87万立方米。施工中,拆迁房屋740间,挖废土地228.7亩,压废土地419.5亩。工程使用资金40万元,其中国家补助8万元。工程标准为:底宽20米,底真高−0.5米,坡比1:3。1976年1月11日竣工。是年7月建成孔宽10米、闸室长134.4米的十圩套闸。1978年春,靖江孤山公社组织民工2500人,疏浚十圩港东团河至通泰市淤浅段,完成土方18.5万立方米。

1983年11月,靖江县十圩港中段疏浚工程指挥部动员9个乡(镇)民工近万人,疏浚十圩港真武河至孤山段6公里。工程标准为:底宽15米,底真高−1米。完成土方34万立方米,国家投资39.54万元,12月6日竣工,10日复航。

2004年9月,靖江组织整治十圩港城区段(东北环大桥至合兴桥南首)5.75公里,按照底宽20米、底真高−1米、边坡1:3的标准,采用挖泥船作业疏浚,12月底完工,完成土方13.91万立方米,使用资金256万元。

2008年4月,疏浚十圩套闸上下游引河2.63公里,按照底宽20米、底真高−2米的标准疏浚,完成土方21万立方米,使用资金178.16万元。2013年春,拆除重建下游引河港堤护坡挡土墙,增加埋置深度和进行防渗处理,长1.35公里,并疏浚上下游引河1.8公里。按照底宽20米、底真高−2米、边坡1:3的标准,采用挖掘机和挖泥船相结合的作业方式,完成土方10.5万立方米、石方1.6万立方米。是年8月12日完工复航。

因十圩港套闸江边至东北环大桥段(两岸全长18.6公里)岸坡坍方严重,2014年,水利、航道及相关企业分期分批实施浆砌石挡墙驳砌,河口宽45~50米,顶真高3.5~4.5米,底真高0~1.2米,完成石方10.23万立方米,工程投资约5200万元。

2015年11月,靖江利用中小河流治理重点县项目,疏浚驳砌十圩港老闸至新闸河1.07公里。按照底宽15~20米、底真高−1米的标准施工,两岸挡墙顶真高3米,底真高1米,河口宽45米,完成石方约5000立方米、土方3.63万立方米,工程投资260余万元。

第二节　泰　兴　市

　　泰兴市位于通扬运河以南高沙土平原腹地,陆地面积955.89平方公里、水域面积216.58平方公里。以江平路为界,西为沿江圩区,地面高程2.2~3.0米,易受洪涝灾害威胁;东为高沙土地区,地面高程4.2~5.3米,持水力差,漏水严重,易旱、易涝、易渍。泰兴河流统属长江水系,长江岸25.2公里。泰兴市有省定重要河道13条。其中流域性过境河道1条——长江(详见本书第三章),区域性骨干河道3条——如泰运河西段、中干河-西姜黄河、季黄河(详见本书第五章),重要跨县河道3条——东姜黄河、宣堡港、靖泰界河(详见本书第六章),县级骨干河道6条。

一、古马干河

　　古马干河西起长江,东至泰兴古溪,流经高港区的永安洲镇,泰兴市的马甸镇、根思乡、滨江镇、新街镇、元竹镇、古溪镇7个乡(镇),沿途与两泰官河、新曲河、西姜黄河、增产港等河相通,全长44.3公里。该河位于马甸闸下段,是境内通南地区的主要外排、引水河道之一,灌溉面积666.7平方公里,排涝面积256平方公里。现状:河道江口至马甸闸底高-4米,底宽35米,马甸闸至古溪,底高-1.5~-1.0米,底宽8~50米,边坡系数为:上边坡1:3,下边坡1:4,青坎高程6.0米。

　　该河是利用马甸港、新庄子河、众安港、王庄河、陈赵河和古黄河等老水系,裁弯取直,连接而成。清光绪末年和民国13年(1924)曾两次疏浚马甸港(又名李家港)。浚后复淤,不久即失去排水与航运作用。

　　1952年、1954年、1958年曾疏浚众安港、王庄河、陈赵河等,古马干河开挖后,这些老河有的废沟还田,有的用作中沟。1957年冬建马甸港闸。闸5孔,每孔7米。同时,整治了马甸港闸至两泰官河李秀河口段3.75公里。设计灌溉面积30多万亩,引江流量80米³/秒;排涝面积258.7平方公里,排涝流量180米³/秒。实际最大引江流量1979年7月21日达446米³/秒,最大排涝流量1975年6月24日达423米³/秒,都大大超过设计标准。马甸节制闸建成后,改称古马干河西段。

　　1971—1987年,根据《通南地区水利规划》,泰兴分5期施工开挖古马干河。

　　1971年11月15日,泰兴动员民工3.5万人开挖古马干河东段从西姜黄河至古溪的私盐港段14.37

公里。开挖标准:河底高程–1米,东、西姜黄河间底宽10米,东姜黄河至私盐港段底宽8米,两段底高程均为–1米,高程3米以上坡比1:3、3米以下坡比1:4。共完成土方406.7立方米、石方246立方米,浇筑混凝土300立方米,建桥梁8座。国家补贴65万元。次年1月竣工。东坝拆除时水位差达2米,流速快,造成古溪南公路桥坍塌。因夹江淤浅,江水引不足,1972年11月中旬,泰县、泰兴共动员民工5.8万人,开通马甸港至永安洲,直达江口。工程长5.74公里,河底宽35米,河底高程–4米,河坡采用复式断面;完成土方332万立方米,建桥2座,配套建永安、天雨2座闸。共投资110.3万元,其中国家补助80.3万元。次年2月竣工。1974年5月建成马甸抽水站,补给两泰高沙土地区约182万亩农田的灌溉水源,设计流量100米³/秒。因经费、材料等原因,只安装一半机泵,10台(套)、50米³/秒,投资325万元。1977年11月,用人工和水力冲土开挖古马干河中段。该河段从西姜黄河至李秀河口,长18.64公里。工程标准:李秀河至曲新河,底宽15米,底高程–1米,高程3米以上坡比1:3、3米以下坡比1:4;曲新河至西姜黄河,底宽10米,底高、坡比同前。泰兴动员8万人施工,完成土方688.7万立方米、石方6900立方米、混凝土2040立方米、工日374.4万个;水力送废土25万立方米,填沟还田400余亩;建人行桥15座、公路桥2座;拆迁房屋846间。总投资124.5万元,其中国家补助65万元。1978年1月竣工。

1987年3月18日,泰兴开工整治古马干河西段。工程长3.83公里,从李秀河口至马甸晶莹楼。工程标准:底宽55米,底高程–1.5米,坡比3米以下1:4。采用18台泥浆泵冲土施工,完成土方34.6万立方米、石方1.13万立方米,块石护坡2.52公里。当年4月30日竣工。首次采用泥浆泵拆坝,获得成功。

古马干河建成后,沿线35万亩农田的灌排获得很大改善;通过两泰官河送水给泰县南干河、生产河及周山河,为泰县通南地区提供灌溉水源40米³/秒。

2008年,整治长江—永安集镇段2.3公里,投资108万元,按底宽6米、底高程–0.5米进行疏浚。2011年12月至2012年5月,整治泰兴段河道7.215公里,投资2871万元。其中,两泰官河至新曲河段设计河底高程–1米,河底宽15米,河坡坡比为1:4;古溪镇区段设计河底高程为0.00米,河底宽8米,河坡坡比为1:4。河道采用浆砌块石重力式挡土墙形式驳岸15.35公里。

2012年1月,治理古马干河中段与东段,防洪标准按照20年一遇,排涝标准按照10年一遇。总投资2871万元,全长7.2公里。工程有3个项目:疏浚河道7.215公里,17条支河口拉坡1.7公里;新建重力式浆砌块石挡土墙15.35公里;拆建沿线灌溉泵站6座。工程共完成土方32.82万立方米、石方2.33万立方米,浇筑混凝土1.64万立方米,绿化15.35万平方米。2013年该工程通过竣工验收。

2015年12月18日,古马干河新街段(位于泰兴市新街镇古马干河南新街大桥至肖季大桥段航道)驳岸工程通过省航道局验收。

二、天星港

天星港因天星桥而得名,史称王家港,又名新河,是按1958年通南水利规划改造开挖成的引排干河。西起天星桥长江口,东至季黄河,流经泰兴天星、城西、蒋华、张桥、焦荡、十里甸、河失、常周、溪桥9个乡(镇),全长33.73公里。灌溉面积48万亩,排涝面积153.58平方公里。

原港上接泰兴环城河,与两泰官河、众安港、羌溪河、老龙河通联,在泰兴城西经西马桥与过船港、洋思港交汇;西南蜿蜒经大生桥、殷家园子、新桥口、花园庄、南行汇三角洲,东与漕沟河相通,南与芦漕港相联,西由天星桥入江,长15.45公里。明清时期天星港是苏北漕运入江河道之一,是沟通苏南地区的主要通航河道。直至清中叶,该港商贾舟舶云集,一直为泰兴江淮之门户,清中叶后该港航运衰落。到20世纪50年代初,枯水期船只进出困难,货物需在中马桥起驳或经漕沟河绕道。由于年久失修,江口无节制,河床弯曲,江潮涨落,水流顶冲,沿港堤岸倒塌陡立,近万亩农田经常发生洪涝灾害。

　　1954年冬,泰兴对老天星港全线查勘测量。1955年4月,泰兴动员城黄、梯青、珊瑚3个区民工1.5万多人,结合港堤培修全线浚深撩浅,完成土方23.5万立方米;建桥4座、涵5座;投资经费4.29万元,其中国家补助3.22万元,泰兴财政1.07万元。此举基本解决了沿岸5.04万亩农田排灌,改善了通航条件。1958年冬,根据通南水利规划,在老天星港口新建5孔、净宽21米的节制闸1座,废老天星港。由节制闸向东取一直线至羌溪河,羌溪河向东至季黄河利用老河加以整治。1959年春,利用老港口,平地开挖闸内外引河接漕沟河2.5公里,完成土方9.37万立方米,建涵1座,初步与节制闸配套受益。1959年10月,开挖羌溪河至周王庄段12.89公里。施工中途因民力调往老通扬运河工程,未能按计划完成,仅开成底宽4米、底高0米的输水河,暂时解决了泰兴焦荡、常周两个公社电灌站抽水问题。

　　1960年冬,泰兴动员3.11万人,继续完成羌溪河至陈桥段。按底宽8米、底高程-0.5米拓宽浚深,工程长14.14公里,完成土方246万立方米,浇筑混凝土141立方米。挖地1180.4亩,压地(含青坎)1247.5亩,拆迁房屋697.5间。因天星港东西不对口,在羌溪河交叉处构成两个90°弯道,引水顶冲造成11公里河床淤浅,1966年冬,泰兴突击完成清淤10万立方米。1968年冬,泰兴组织1.5万人,按1958年规划开挖闸口至羌溪河段,废原漕沟河,工程长11.28公里。工程标准:底宽10~15米,底高程-1.5~-0.5米,高程3米以上坡比1:3,3米以下坡比1:3.5。完成土方145.3万立方米、混凝土180立方米,拆迁房屋125间,建桥15座,国家投资40万元。1969年冬,组织4.27万人整治天星港东段(羌溪河至季黄河),工程长19.95公里。工程标准:底宽8~10米,底高程均为-0.5米。完成土方235万立方米,拆屋155间,建桥15座。投资45万元,其中国家补助40万元,泰兴县财政5万元。

　　1977年11月,因天星港东西不对口,引水顶冲造成河床淤浅,泰兴组织5300人,整治羌溪河时结合疏浚天星港西段(西起三阳中沟,东至羌溪河汊口),工程长4.76公里,底宽10米,底高程-0.5米,坡比1:3;东段西起羌溪河,东至刘家井,长2.8公里,标准与西段相同,只有高程3米以下坡比为1:4,使之在羌溪河交界处对口相接。完成土方18.55万立方米,拆屋171间,建桥3座。泰兴县财政开支7.0万元。该段放样时,因高程误差,未挖到标准。1978年汛期引水,与羌溪河交叉的东北角坍塌,天星港淤积长达1公里。羌溪河失去通航能力。1979年冬和1981年冬,泰兴继续组织民力疏浚,由于未根治,仍然淤积。

1984年春,天星港与羌溪河东北角岔口处增做块石护坡350米,疏浚了该淤积段,从而稳定了河坡,恢复了工程效益。

三、焦土港

焦土港西起江口,东至增产港,流经泰兴虹桥、张桥、曲霞、河失、黄桥、广陵、珊瑚等乡(镇),全长36.23公里。该河既是泰兴市南部的骨干灌排河道,又是沿靖与高沙土两区高低分隔的截水河。灌溉面积28.5万亩,排涝面积108.85平方公里。河底宽6~8米,河底高程真高-1.0米,坡比1:4。

老港羌溪河以西史称通济港、和尚港、土桥港。西起江口草滩圩,经石坝匡、马家桥、卢家园子、蒋华桥、张家园子、唐家港、印家垈、高沃垈至羌溪河,长12.31公里。清嘉庆年间,沿港栽种水稻8万亩,靠江水自流灌溉,是著名的鱼米之乡。老港在历史上常因排涝发生纠纷:清道光二十九年(1849)、民国20年(1931)发生大水,港南低洼地区民众在大刘垾西打坝堵水,唐港、张桥等地则要求破圩排涝,多次发生械斗伤人事件。至20世纪50年代初老港淤塞严重,坝多浅滩少,基本失去引排作用。羌溪河以东称横河,流经张桥、曲霞、广陵、宁界等乡(镇),河窄沟深,是高低分开的隔水河,河道走向按自然高低分开,多直角弯,引排不畅。河北为老岸即高沙土地区,河南为沿靖圩田。

1956年,泰兴组织4350人疏浚老港,废坝建桥,适当裁弯拓浚,工程长11.75公里。工程标准为:底宽4米,底高程-0.5米,坡比1:2,并加高圩岸。完成土方24.66万立方米,建桥7座。县财政开支2.21万元,其中贷款0.07万元。当年夏,经雨水考验,两岸受涝显著减轻。1958年,江口焦土闸建成。为使河闸配套受益,扩大引流排量,是年1月,泰兴组织10108人,拓宽浚深从江口至羌溪河11.75公里。工程标准为:底宽6~15米,高程0米。完成土方107.28万立方米,新建、接长桥梁12座。国家补助11.5万元。

1976年,泰兴成立焦土港工程指挥部,组织8.6万人,按1958年规划开挖新焦土港。工程全长36.23公里,于12月20日开工。其中,江口至羌溪河段,废老焦土港直线开挖,长11.3公里;羌溪河至增产港平地直线开挖,长24.93公里。工程标准:闸外引河长0.7公里,底宽15米,河底高程-1米;闸口至羌溪河长10.6公里,底宽10米,底高程-1米,边坡均为1:3;羌溪河至季黄河长21.43公里,底宽8~

10米,其中河弯至丁桥,底宽10米,丁桥至季黄河底宽8米,底高程-0.5米;季黄河至增产港长3.5公里,底宽5米,底高程-0.5米,边坡高程3米以上1:3,3米以下1:4。全线青坎除沿靖圩田个别地段土方不足,宽为6~8米,顶高程5~5.5米外,其余均为宽10米,顶高程6米。该工程,工日448.32万个,共完成土方679万立方米、石方300立方米、混凝土1680立方米;拆迁房屋1897间,建桥36座。经费111.0万元,其中国家补助47万元,泰兴县财政56万元。此工程改善了沿线农田的引排条件。

四、两泰官河

该河开挖于明永乐四年(1406),充总兵官陈瑄动用民工15.5万人,在1个月内建成。当年,该河沟通了泰兴境内如泰如河、蔡巷、古马干河、宣堡港、许庄河等5条干河,从而解除了两岸人民长期以来遭受的旱涝之苦,促进了农业和经济的迅猛发展,曾被朝廷视为沟通南北运河4条漕运河流中的一条。历史上称北新河、通泰河。今两泰官河是通南地区的引排骨干河道,南起泰兴镇,北至南干河,全长23.4公里。其中,高港区7.5公里,流经大泗镇、胡庄镇、许庄街道;泰兴市15.9公里,流经济川街道、滨江镇、根思乡、宣堡镇。

(一)20世纪的整治

该河淤积严重。1951—1988年,曾进行多次进行拓浚和护岸整治。1951年11月至1953年1月,泰兴分3期整治深沟头至孔桥乡孔家桥段。1951年11月26日至1952年1月13日,浚深沟头至李秀河6.4公里;1952年2月2日至4月24日,浚李秀河至阚家庄1.24公里,底宽16米;1952年12月17日至次年1月,浚阚家庄合至猫獾桥7.16公里,底宽14米,河底高程0米。3期工程计长14.8公里,完成土方92.62万立方米,建桥3座,合计动用民工4.15万人,总投资19.14万元。

1957—1965年,泰县因河道弯曲、断面小,与马甸闸不适应,曾分段疏浚该河。

为进一步整治两泰官河,1966年冬,泰兴和泰县分别成立两泰官河整治总队部,分别负责各自的整治工作。泰县疏浚李秀河至张甸黄桥河段和黄桥河至黄村闸段计36.7公里,完成土方226万立方米,国家补助45.5万元。泰兴疏浚李秀河至深沟头段6.12公里,同时,开挖马甸闸至两泰官河段3.88公里,共完成土方65.19万立方米,国家补助5.84万元。1967年冬,泰兴继续整治李秀河与古马干河汇合口段1.5公里,完成土方7万立方米、石方0.6万立方米,先挖滩填塘,再用块石护底。国家补助11.29万元。

1981年冬,泰兴组织开挖如泰运河交叉口至燕头乡戴巷桥段,使两泰官河与羌溪河成一直线。河底高程-1米,底宽10~15米,坡比1:3~1:4。工程长2.12公里,完成土方60.2万立方米、石方0.54万立方米,浇筑混凝土828立方米,建桥3座,并砌两岸护岸块石直立墙3.1公里。总投资89.8万元,其中国家补助30万元。

1982年冬,用块石护砌两泰官河与宣堡港岔口东北岸282米,同时疏浚汊口,填塞老两泰官河。同时,动员民工4000人,在两泰官河与如泰运河交叉口护坡666米,完成土方4.5万立方米。国家补助7万元,于次年3月1日竣工。1983年6—12月,整治宣堡港至蔡王庄段,裁去折角大弯,工长800米。首次试用6台泥浆泵,以水力冲土方法施工,400人配合,每日工效达262立方米。7月1日开机,12月30日竣工,完成土方35万立方米。国家补助17.6万元。

1985年5月,泰兴再次整治两泰官河,分3期施工。疏浚、开挖戴巷村至宣堡镇毛家群和蔡王庄至大泗庄段19.77公里。工程标准:河底高程1米,底宽10米,河坡坡比在高程3米以下为1:(3~4),3米以上为1:2.5,共完成土方223.40万立方米,弯道及四岔口块石护坡长4.20公里,建桥13座、涵闸9座,架设10千伏输电线路16公里,拆屋134间,移果树200多棵。总投资408.72万元,国家补助331.20万元。工程完成后即封河育草,促进和保护坡面柴草生长,防止水土流失。

(二)2011—2013年的整治

2011年12月至2012年5月,整治泰兴段河道8.4公里,投资2997万元,按底宽10米、河底高程真高-1米进行疏浚,河道采用浆砌块石重力式驳岸19.847公里。2012年5月25日,此工程通过了市水利局组织的水下工程验收,2013年4月通过完工验收,12月30日通过竣工验收。2013年,泰兴整治孔桥集镇段河道0.65公里,投资240万元,按底宽10米、底高程-1.0米进行疏浚,河道采用浆砌块石形式驳岸0.65公里。

五、羌溪河

羌溪河是两泰(泰兴、泰县)涝水入江的分流河道,是沿江圩区和高沙土地区高低分开的截流河和南北调度的灌排河,也是泰兴南部张桥、虹桥、曲霞等乡(镇)通往城区的主要航道;北接如泰运河,南至靖泰界河,流经泰兴济川街道、姚王镇、张桥镇、曲霞镇、虹桥等镇(街道),长13.28公里。

原河北起南门环城河,经张堡、汤庄、岛石桥、张桥汇陆涛塘,出毗芦市穿靖泰界河,由靖江夹港入江。明正统八年(1443)被辟为漕运河,成为连接南北运河的四条漕河之一,河床一直较稳定,能终年通行30吨帆船，兴盛百年不衰。

1954年大水后，泰兴结合县城环城河疏浚，同时对羌溪河黄古桥至南门环城河进行撩浅。工程长200米，完成土方0.2万立方米。此次疏浚，仍保持原状，直至20世纪70年代未有变化。

1976年冬，在该河南端毗芦市兴建一套闸。1977年秋，泰兴县革委会将羌溪河改名为大寨三港。是年，泰兴成立大寨三港工程总队部，组织4.36万人，整治该河，11月25日全线施工。工程标准：套闸至焦土港长2.65公里，底宽6米，底高程-0.5米，坡比1:3；焦土港至酒厂支沟8.52公里，底宽5米，底高程-0.5米，坡比为高程3米以上1:3、以下1:4；泰兴酒厂支沟至如泰运河2.09公里，底宽10米，底高程-1.0米，坡比为高程3米以上1:3、以下1:3.5。该期工程裁去张桥南河弯、泰兴城段两个大弯。在泰兴县城工段上，泰兴宁界公社组织胶轮小车2700多辆、板车140辆、拖拉机120余台，700名民工白天挖河，晚上运送废土填平泰兴县城公园至庆云寺内城河及庆云寺后的玉带河，并筑成了国庆路。路基宽30米。利用废土铺筑东门大庆路引道650米，填筑打靶场1座。开挖酒厂支沟1142.8米，同时对天星港羌溪河汊口东西近7公里进行疏浚整治，在城区修筑装卸码头9个。整个工程完成土方311.07万立方米，拆屋1429间，建桥17座，建涵洞4座。投资73.2万元，其中国家补助10万元（不包括套闸经费），实际施工35个晴天。

在此后的7年中，由于养护管理不善，河坡塌坍严重，尤其如泰运河与其相交的汊口更为突出。

1984年2月17日，泰兴投资31.85万元，动员4000人疏浚如泰运河汊口至泰兴酒厂支沟段。工程总长1325米，底宽10米，河深-1米，坡比为高程3米以下1:3.5、以上与原河口贴坡相接。同时，疏浚泰兴人民大会堂至老干部活动室南河段、北门内城河段，部分地段增做直立墙。完成土方10万立方米、石方4007立方米。同年11月20日，泰兴组织疏浚酒厂支沟至焦土港段8.52公里。工程标准：底宽5米，河深-0.5米，坡比与北段相同。12月2日竣工。完成土方21万立方米、石方1800立方米。有关单位集资20万元，泰兴县财政投资64.44万元。

六、增产港

增产港系通南地区的骨干河道之一,北通古马干河,南至靖泰界河,流经泰兴横垛、分界、长生、珊瑚4个乡,全长22.3公里,灌溉面积16.5万亩,排涝面积27.5万亩。

增产港老河名为秀才港,原是如皋龙游河一脉,亦为淮水通江口门。靖江未成陆前,秀才港直接在珊瑚洋港木排湾入江,靖泰界河形成后仍然河阔水深,淮水终年南流。20世纪50年代初能行50吨左右帆船,黄桥以东地区猪、油、酒等物资均由此港经夏仕港出江。

1957年冬末,根据原水系和当时旱谷地区排灌要求,泰兴组织9000人,疏浚秀才港,在分界何家庄至珊瑚洋港之间裁去小庄湾、蒋垡湾、西河湾、丁桥湾等阻水弯道。完成土方144.69万立方米,整修生产桥16座,国家补助15万元。

1963年2月,组织6500人,疏浚秀才港15公里,完成土方22.3万立方米,整修桥梁3座,国家补助9.35万元。至1969年,泰兴东部地区主要依靠秀才港灌溉、排涝。但秀才港弯曲,水土流失严重,如皋至黄桥公路以北河床淤高到1~2米,基本断流,不能适应该地区农业灌排需要。

1970年北方农业会议后,泰兴县革委会决定废秀才港,重新选线开挖新港,定名为增产港。是年冬,泰兴组织5.6万人,11月14日全线施工。工程标准:秀北中沟南河口至分黄河7.4公里,底宽8米;分黄河至靖泰界河长14.9公里,底宽10米;全线河底高程均为-1米,边坡为高程3米以上1:3、3米以下1:3.5,高程3米处留有宽1米的平台。开挖时质量标准较高,共挖土方526.51万立方米,拆房屋512间,建桥15座(含公路桥3座),总经费101万元,其中国家补助45万元,泰兴县财政投资56万元。同时,利用废土填去部分老港,仅保留了长生、珊瑚一段老港作为中沟和水产养殖使用。1971年冬,开挖古马干河东段时,与其沟通。开坝时坝内外水位差达2.7米。放坝后,由洋港到珊瑚庄倒坍5公里多,河坡坍落,河底淤高到0.5米以上。次年开挖的北段,拆坝时亦倒坍,河底淤高到0米。

2014年,作为泰兴市"城建会战"清水、活水工程中的一个重点水环境整治项目,泰兴疏浚整治羌溪河城区段,修筑石坝挡墙,沿河设置人行坡道和13个亲水平台,河坡实施生态绿化护坡。

第三节　兴化市

兴化有省定重要河道31条。其中,区域性骨干河道13条——下官河、沙黄河、上官河、西塘港、盐靖河、冈沟河、雌港、雄港、车路河、兴盐界河、北橙子河、卤汀河、茅山河(详见本书第五章),重要跨县河道12条——大潼河、梓辛河、幸福河、渭水河、蚌蜒河、横泾河、临兴河、东平河、斜丰港、龙耳河、俞西河、串场河(详见本书第六章),县级骨干河道6条。

一、李中河

李中河位于兴化西部湖荡地区,南起西郊镇(原荡朱乡)北沙村,北至沙沟镇,于1976年冬和1977年冬两次人工开挖而成,全长20.75公里。承穰草河、子婴河、潼河之水于沙沟与下官河合流入沙黄河。因连接当时李健和中沙两区而得名。

　　1976年11月，兴化组织0.36万名民工开挖北沙庄至穰草河段，工长11.5公里。设计标准：河口宽30米，底宽14米，河底高程−1.5米，两边青坎各5米，东岸堤高4米，宽12米；筑成兴沙公路路基，次年4月下旬竣工。共挖土方100.28万立方米，完成工日61万个。1977年12月中旬至1978年4月，新开穰草河至沙沟段，工长9.25公里。工程按前期标准，共完成土方80.7万立方米，正杂项工日49.1万个。整个工程共配套桥梁14座，其中公路桥4座；圩口闸16座，排涝电站17座，排涝能力20米³/秒。

　　为解决河道淤浅的状况，2006年，沙沟镇采用绞吸式挖泥机船疏浚沙沟镇至周奋子婴河段，工长6.65公里。整治标准：河底宽12米，河底高程−1.5米，边坡1：2，完成土方15万立方米。2007年，李中镇采用同样的方法疏浚穰草河至齐河段，工长7.5公里。设计标准：河底宽16米，河底高程−1.5米，边坡1：2，完成土方20万立方米，补助经费72万元。

二、中引河

　　中引河位于兴化西北，南起缸顾乡东罗庄，北至大纵湖，全长8公里，是连通平旺、吴公和大纵3湖的重要水道。原为中堡镇西部一条弯窄的荒田沟，口宽12米左右。兴化腹部涝水由上、下官河注入吴公湖后，因该河狭小，不能排水入大纵湖。1957年汛期，吴公湖水位高于大纵湖达38厘米，直至12月两湖水位差仍达27厘米。为开拓吴公湖入大纵湖通道，加大排洪泄量，1958年春，兴化实施中引河拓浚工程。设计标准：底宽55米，河底高程−1米，河堤边坡均为1：2。实际施工在地面高程2.5米处，口宽60米，河底高程-1.5米，边坡为1:2。由于大溪河以南，中引河上游地区为大片垛圩地形，汇水支河较多，根据实际需要，仅开挖从大纵湖口至大溪河段2223米。3月25日由中堡、沈抡两乡民工1666人施工，共完成土方31.25万立方米，实做工日13.95万个。

20世纪60年代，兴化联圩并圩，将上游垛圩地区联成郏家大圩，致使该河与吴公湖隔绝。为了加速西部地区涝水宣泄，1987年底，兴化启动"三湖连通"工程。分开郏家圩，疏通中引河上游郏家河道，再扒开平旺湖与吴公湖之间大丁沟下游万家段河道，使平旺、吴公、大纵3湖相互沟通，共同调蓄，加快西部地区涝水经大纵湖入蟒蛇河北排入海的速度。工程分郏家、万家两段，总长2.5公里。郏家段从大溪河至吴公湖，工长1.06公里。1989年12月上旬开工，由中堡镇完成。万家段从万家庄至吴公湖，工长1.45公里。周奋乡动员民工0.2万人，于1988年12月下旬开工。河道设计标准：河底宽27.5米，高程-1.5米，坡比1:2.5，河口宽在3.0米处为50米。完成土方22.3万立方米。次年1月结工。配套长70米的万家大桥1座，生产河桥4座，圩口闸4座（其中闸门装贯流泵1座），拆迁房屋22间，挖废土地37.2亩，压废土地26.5亩，总投资11万元。

1992年12月，兴化机械疏浚中引河1.55公里（作为新洋港整治应急工程的一部分）。其中，大溪河以南1.05公里河底高程-1.5米，底宽25米，边坡1:3。入湖喇叭口500米（含173米河道疏浚），河底高程-1.5米，底宽从30米渐宽至100米，底高程从-1.5米逐步抬至-0.8米。共完成土方10.98万立方米。同时加固维修大溪河以南河道上的人行便桥2座。

三、鲤鱼河

鲤鱼河位于兴化中堡镇境内，南起吴公湖，北出大纵湖，是兴化西北部排水经蟒蛇河入新洋港的主要通道之一，全长3.69公里。

原河道弯曲浅窄，口宽40米，底高-0.6米，且有90°弯道两个，形成市境北部排水入新洋港的"瓶颈"。1991年特大洪涝灾害，兴化大面积破圩沉田，水位长期居高不下，与鲤鱼河排水效益不佳有关。

为扩大新洋港入海泄量,减轻里下河地区尤其是兴化排涝压力,1992年,经水利部淮河水利委员会批准立项,江苏省政府批准实施鲤鱼河整治工程,作为整治新洋港工程的重要部分。治理长度3.69公里。其中,人工开挖2.61公里(包括新开1.04公里、老河拓浚和裁弯1.57公里),余为机械拓浚。工程设计标准:河底宽30米,底高–1.5米,坡比1:3。高程2米处河口宽51米,青坎各宽10米,高程2米。两侧均为"五五"式大堤。北段327米为出大纵湖喇叭口扩散段,河底由–1.5米渐变至湖底高程0米,口宽由51米渐移至200米,扩散角15°。工程总投资269万元,其中省补助179万元,兴化配套资金90万元。

人工开挖由兴化沙沟区组织1.33万人施工。12月15日全面开工,次年1月13日竣工。共做土方36.06万立方米,合计20.29万个工日。挖废土地80.6亩,压废土地60.8亩,作青合计281亩。拆迁房屋128间,拆建桥梁2座、摊涝站2座、圩口闸2座,砌筑临镇段驳岸墙434米。机挖部分由于拆迁最大,施工难度大,直至1995年12月下旬全部竣工。

鲤鱼河整治后,当兴化水位2.5米时,排涝能力可达32.8米³/秒,有效减轻了洪涝灾害,同时也改善了兴化沙沟地区的生产条件和水陆交通。

四、白涂河

白涂河是自然河流,是兴化腹部地区东西向主要干河之一,西起兴化城区东北角水乡大桥南侧的上官河,向东横穿渭水河、西唐港、盐靖河、南唐港、雄港、横泾河至大丰草堰镇入串场河,全长46.4公里。

2011年,兴化整治白涂河临城段(列为中小河流治理项目)。工程初步设计由扬州市勘测设计研究院有限公司承担,施工图设计由兴化市兴水勘测设计院承担。监理单位为江苏省苏水工程建设监理有限公司。工程1标施工单位为镇江市水利建筑工程有限公司,工程范围为:轧花厂东闸至跃进河北岸4公里河道疏浚,复堤4公里。工程2标施工单位为淮安市淮河水利建设工程有限公司,工程范围为:九顷白涂河大桥至轧花厂东闸1.2公里河道疏浚,新建防洪堤1.1公里,闸站1座,复堤1.4公里,埋设污水管1.2公里。第三方检测单位为江苏省水利建设工程质量检测站。河道疏浚采用绞吸式挖泥机船施工,圩堤加修和防洪堤新建采用挖掘机取土。

1标段于2011年4月开始施工,10月底河道疏浚结束,共疏浚工长4.0公里,完成疏浚土方23万立方米,圩堤加修于2011年11月底完工。实际复堤长度只有2.02公里,比初步设计批复减少3.38公里。2标段轧花厂闸站于2011年底完工,2012年汛期发挥效益。河道疏浚1.2公里,完成土方9.5万立方米,白涂河北岸防洪堤完成0.62公里,于2014年4月4日完工,工程总投资1650万元。

　　2013年8月至2014年3月,城东镇疏浚境内白涂河段,共完成土方19.06万立方米,投入资金214.43万元。工程西起跃进河口,东至渭水河沈沟村,长6.2公里,设计标准:底宽20米,底高-2.5米。工程由兴化市水利建筑安装工程总公司中标实施,江苏华诚项目管理有限公司负责监理。

五、海沟河

　　海沟河是兴化的自然河道,西起西鲍村与上官河交汇,向东横穿渭水河、唐港河、东唐港、雌港,至大丰市白驹镇与串场河相交,流经兴化腊树、灶陈、吉陈、棒徐、钓鱼、黄庄、安丰、大营等村镇。

　　2013年7月20日至2013年12月16日,兴化实施海沟河上官河东至上峰水泥厂东6.2公里段的清淤疏浚工程。设计标准:河底宽20米,河底高-2.5米。工程由江苏永宁建设工程有限公司实施,采用绞吸式挖泥机船和液压式挖泥机船相结合施工,江苏华诚项目管理有限公司负责监理。完成土方11.49万立方米,工程审计价61.65万元。

　　2014年4月25日至2014年12月5日,兴化实施海沟河上峰水泥厂东至腊树村蒋沟河口2.5公里段的疏浚工程。设计标准:河底宽40米,河底高程-2.5米。工程由南京力驰工程建设有限公司中标实施,采用绞吸式挖泥机船和液压式挖泥机船相结合施工,江苏利通建设管理咨询有限公司负责监理。完成土方11.133万立方米,工程审计价104.03万元。

　　2015年11月20日,兴化实施海沟河北吉向东北至海南老舍桥3.5公里段的疏浚工程。设计标准:河底宽40米,河底高程-2.5米。完成土方14.114万立方米。施工单位:泰州隆昌建设工程有限公司。施工方式:绞吸式挖泥机船和液压式挖泥机船相结合。监理单位:江苏利通建设管理咨询有限公司。同期疏浚海沟河海南老舍大桥向北至钓鱼大桥向东砂石场的3.6公里段。设计标准:河底宽40米,河底高程-2.5米。施工单位:江苏建筑工程技术有限公司;施工方式相同。江苏利通建设管理咨询有限公司负责监理。完成土方16.29万立方米。

六、兴姜河

兴姜河又称姜堰河,因系兴化城区与姜堰间客运轮船航道而得名。兴化境内自城区经何家垛、孔戴、南腰、刘陆、沈垛、顾庄、戴南、东陈庄至姜堰,其中顾庄帅垛向东至戴南镇段又称茅山河。

2003年11月至2004年2月,兴化茅山镇对境内卞家至唐港河的兴姜河段进行了疏浚,工长6.5公里。设计标准:河底宽30米,底高-2.0米,坡比1:3。兴化市水利工程处施工,完成土方14.1万立方米,投入资金77万元。

2006年,兴化戴南镇组织绞吸式挖泥机船疏浚张家至戴南集镇段的兴姜河,完成土方23万立方米,砌筑以南岸为主的块石驳岸6公里,既保护了红双西圩的北堤,又提高了河道的通航能力。

2009年9月20日至2010年4月,兴化茅山镇政府组织疏浚沈垛蚌蜒河至戴南界的河段,采用绞吸式挖泥机船施工,疏浚工长15.5公里。实施标准:河底高程-2.0米,底宽20米。完成土方35.5万立方米,投资213万元。

2010年,兴化水务局将兴姜河茅山临镇段列为中小河流治理项目,在河岸保护范围内进行绿化护坡,穿越集镇及村庄的河段采用块石驳岸进行护坡,完成了一期工程200米的防洪驳岸建设任务。

2011年3—5月,垛田镇疏浚兴姜河,张皮到征北段,工长4500米。设计标准:底宽15米,底高-2.0米,坡度1:2。由个体经营户刘进海中标施工,完成土方7000立方米,投入资金372400元。

2011年12月至2012年6月,戴南镇疏浚境内兴姜河。工程西起唐港河,东至盐靖河,工长10.1公里。设计标准:底宽25米,底高-2.0米,坡比1:1.5。由滨海县水利建筑工程总公司采用绞吸式挖泥机船施工,完成土方35万立方米,投入资金329万元。

第四节 市 区

市区(包括海陵、高港、高新区)有省列重要河道12条。其中,流域性过境河道4条——长江(见本书第三章)、泰州引江河、泰东河泰州段、新通扬运河泰西段(详见本书第四章),区域性骨干河道1条——新通扬运河泰东段(详见本书第四章第三节),重要跨县河道5条——盐运河、周山河、生产河、宣堡港、西干河(详见本书第六章),县级骨干河道2条。

一、南官河(含送水河)

南官河,始挖于元至正二十五年(1365),古称庙港,又称济川河,1956年整治后更为此名。该河南起长江口岸闸,北至新通扬运河泰州船闸、泰州引江河,位于高港区和海陵区中心偏西、京杭大运河和串场河之中,是苏北地区南北走向的3条水运主动脉之一,通南地区重要的引、排、航骨干河道,也是市区南北走向的重要水运交通河道,全长28公里,流经海陵、高港和医药高新区的寺巷、庙湾、刁铺、口岸镇等城镇。南官河流域灌溉面积50万亩,排涝面积289平方公里;河道由北向南以周山河、312省道为界,分别为城市防洪包围圈(规划实施中)、通南高沙土区段、沿江圩区段。

历史上,南官河是苏北地区的出口门户,沟通长江南北的通衢要道,出江港口素有"百川汇合""咽喉要冲"之称。汉、唐以后,南官河曾一度是淮南地区漕粮北上、淮盐外运、木材集散的水运航道;明清期间,逐步形成了口建(口岸—泰州—兴化—建湖)、口盐[口岸—泰州—泰县(姜堰)—东台—盐城]、口(岸)邵(伯)及口岸至清江(经淮安市)等地区的客货轮船运输航线。

元至正二十五年(1365)冬,吴王朱元璋部大将徐达,为攻打泰州张士诚部,兵至泰兴,水道不通。徐达为了运送士兵和辎重船达泰州,乃自长江口向北挖河15里,接通泰州南门的盐运河,使之至龙窝

口接通长江,全长约35公里。此后,这条船成为排淮水入江、引江水灌溉农田和里下河连接长江主要的交通干河。旧时,江口无闸坝控制,江潮进出自流。涝时江水倒灌,旱时无法蓄水,里下河累遭洪水灾害。明洪武二十五年(1392),在泰州城北门外筑东、西两坝,拦江水于上下河,以消除里下河地区水灾。为控制通扬运河水位,境内用济川坝(滕家坝)和小宝带桥涵,调节两河水位。清乾隆五十三年(1788),为蓄水和防江潮影响,将滕家坝筑实,使济川河与通扬运河水系不通。

(一)20世纪的整治

民国元年(1912),废小宝带桥涵,建小宝带桥,南官河与古盐运河之间恢复通航。民国期间,进行过多次疏浚,但只限于局部挖浅,应急通航,没有解决南官河水道的治本问题。坐落在泰州西仓桥北、1953年建成的泰州船闸,将南官河(包括西城河)与卤汀河连成一线,使隔断了560年之久的上下河航道得以打通,沟通了上河和里下河之间的水路直接交通,促进了长江与里下河地区的经济联系。由此,南官河以泰州船闸为起点,起到了控制上下河水位的作用。

此后,连续多年进行大规模的整治。

1956年疏浚泰州西仓桥至十三圩段航道长20.5公里,其中原河疏浚14.5公里,新开河道6公里,完成土方136.45万立方米。同期,投资102.2万元,于1958年5月建成口岸节制闸、公路桥2座、农桥4座。1959年又建成口岸船闸,使南官河水位得到控制,改善了南北航运交通和引排条件,亦为大面积旱改水创造了条件。滕家坝因此失去控水作用,于1962年5月拆坝建桥。

1964年,(县级)泰州市、泰县和泰兴民工2.25万人疏浚周山河至西港口段。1964年3月3日动工,4月1日完工,工程长12公里,完成土方165万立方米。1965年春,组织民工3万人,疏浚泰州西仓桥至周山河及泰兴西港口至长江边航道,工程长13公里,河底高程−0.4米,底宽15米,边坡1∶4,块石护坡15.75公里。这期工程废土处理较好,不仅压而不废,还利用废土填废河、洼塘、死沟,整地还田247.96亩,群众编顺口溜:"质量超设计,土地一比四(挖一填四),节约20万,上下都满意"。为通南地区开河不废地开创了先例。

1978年2月对南官河进行拓宽、加深。工程长17.51公里,设计标准:河底高程−1米,河底宽为周山河以南20米、周山河以北15米。从西港口至古盐运河16.03公里用人工开挖,古盐运河至泰州西门桥北段1.48公里用挖泥机船疏浚。全面整修块石护坡,坡脚改建直立墙,并下伸到高程0.4米处,5月完成放水。从此,南官河口、高港附近江岸稳定,不坍不淤,成为里下河地区通江良港之一。

(二)1996—2015年的整治

【口岸节制闸大修】

地级泰州市成立以后,加大了对南官河的整治力度,2000年,对口岸节制闸进行大修(详见本书第三章第四节)。

【2006—2014年的整治】

2006年,投资300万元,整治入江口门至口岸闸东岸0.5公里,采用水下模袋混凝土和浆砌块石形式驳岸0.5公里。2009年,投资110万元,整治口岸自来水厂—口岸闸上游段东岸0.33公里,河道采用浆砌块石形式驳岸0.33公里。

为提高市区防洪除涝能力,改善城市水环境,促进区域经济发展,2013年,南官河海陵区及高新区部分河段整治被列为国家中小河流治理项目,具体分3段实施,分别为泰州船闸—古盐运河口段、古盐运河口—跃进河口段及跃进河—朱港河段。

2014年9月12日,开工建设泰州船闸—古盐运河口段,2018年4月28日通过完工验收,12月18日完成竣工验收。该段位于市凤城河景区,概算总投资2528万元。工程实施后恢复河道防洪、排涝及引水的能力,恢复河道的行水断面,排涝能力提高到20年一遇。工程主要为:河道疏浚2.68公里,新建挡墙2.621公里,改建挡墙1.723公里,新建木桩护岸3.909公里。

2013年8月30日开工建设古盐运河口—跃进河口段,总投资2399.94万元,2015年8月7日通过完工验收,2016年6月25日通过竣工验收。该段工程位于海陵区及医药高新区,设计防洪设计标准为50年一遇,排涝标准为20年一遇。工程主要为:疏浚河道5.57公里,拆建挡墙10.69公里。工程共挖土方61.8940万立方米,浇筑混凝土8649立方米,砌石15732立方米,使用钢筋74.3吨。

2014年9月18日,开工建设跃进河—朱港河段,2015年7月30日通过完工验收,2016年6月25日通过竣工验收。该段工程位于医药高新区,通过河道疏浚及岸坡防护,使河道排涝标准提高到20年一遇。工程主要为:疏浚河道5.7公里,新建挡墙护岸4.3公里。工程土方开挖约13.516万立方米,土方回填约8.084万立方米,河道疏浚15.5163万立方米;浇筑混凝土1.18万立方米,老挡墙拆除0.733万立方米,钢筋制作安装549.91吨。3期整治工程竣工后,提高了南官河城区段的灌排标准和引排能力,改善了城市水环境,促进了区域经济发展,工程至今运行正常。

经过多次整治,新通扬运河至高港的航运水程从原来的35公里缩短为26.6公里。

泰州引江河建成后取代了南官河的航运功能。与此同时,南官河生态功能、环保功能和人文功能得到提升。今南官河已成为集航运、灌溉、景观于一体的旅游风光线,恢复了历史上盛极千年的漕粮北上、淮盐外运、木材集散、"龙舟"竞舞的盛世景观带。

二、凤凰河(含老东河)

凤凰河工程于2002年5月开工挖建,2003年4月竣工。建成后的凤凰河位于主城区境内、通南高沙土区的西北部,南北走向;南起南许庄河,北至南城河与东城河交汇处,全长约13.63公里,是高沙土地区引排骨干河道之一;以周山河为界,分为凤凰河北段(凤凰河国家水利风景区)和凤凰河南延段(永丰河和太平中沟)两段。

工程建设单位:泰州市城市水利投资开发有限公司;设计单位:扬州市勘测设计研究院;施工单位:分为三个标段,01标泰州市市政工程公司、02标铜山县水利工程处、03

标泰兴市水工市政工程公司;监理单位为苏源监理中心。质监单位为泰州市水利工程质量监督站。工程总计施工合同价11333028元。工程项目:河道开挖、整治,挡土墙护坡。由于市水利局和水利投资公司多次组织安全生产检查,项目部建立了安全生产网络,层层落实责任制,签订责任状。由于加强了安全生产管理,本工程未发生任何安全生产事故和质量安全事故。

(一)凤凰河北段

凤凰河北段全长5.43公里,绿化面积达50万平方米,河口宽30～40米,水面19万平方米,与之相通的河道有古盐运河、王庄河、翻身河和周山河,河道南端为凤凰河闸。

【河道开挖、整治】

凤凰河北段的前身是引水河,此河开挖于20世纪70年代,是实施农田旱改水时的一条引水灌溉三级生产河。地级泰州市组建后,随着城市规模的日益扩大,引水河逐渐失去了农田灌溉功能,变为城市的一条内河,河道淤塞严重,河床杂草丛生。

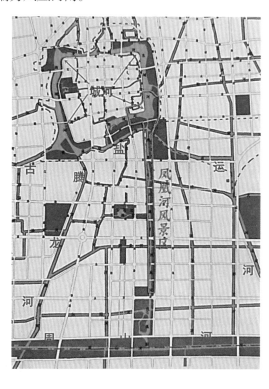

2002年,对凤凰河北段进行全面整治,2006年底全面竣工。这是城市防洪12项工程中的骨干工程,也是主城区城市建设的标志性工程。整治后的凤凰河北段河道拓宽,水线延长,沟通了周山河、南城河,北起南城河与东城河交汇处,南至周山河,全长5.43公里(其中2.78公里属于引水河拓浚,2.65公里属于新河开挖),河口宽30～40米,高程真高0.2～3.0米。岸坡选用优质金山石石料进行护砌,常水位以上均以具有水土保持功能的植物进行生态护坡。

【挡土墙护坡】

(1)在河岸两真高2.8米处设3米宽平台,平台下河道边坡比1:3,采用40厘米厚C20混凝土底板,底板面高程真高0.6米,墙身为C10混凝土灌砌块石,1.5米以上墙面采用苏州麻石砌体,墙顶高程真高2.6米。

(2)通扬运河至济川路段驳岸墙底板顶高程真高0.6米,墙顶高程真高3.0米,底板为C20混凝土,厚40厘米,宽2米,墙身为C10混凝土灌砌块石,真高1.5米以上迎水面采用苏州金山石(块石)镶面。

(3)济川路至永泰路段:驳岸墙底板顶高程真高0.6米,墙顶高程真高3.0米,底板为C20混凝土,厚40厘米,宽度2米,墙身为C10混凝土灌砌块石,高程真高1.5米以上迎水面采用蘑菇石(片石)镶面。

（4）永泰路至梅兰路段。东岸：驳岸墙底板顶高程真高0.6米，墙顶高程真高3米，底板为C20混凝土，厚40厘米，宽度2.0米，墙身为C10混凝土灌砌块石，真高1.5米以上迎水面采用花岗岩条石贴面，盖顶采用苏州麻石。西岸：驳岸墙底板顶高程真高0.6米，墙顶高程真高4.0米，底板为C20混凝土，厚50厘米，宽度3.1米，墙身为C10混凝土灌砌块石，真高1.5米以上迎水面及盖顶采用苏州麻石。

（5）梅兰路至翻身河段：驳岸墙底板顶高程真高0.6米，墙顶高程真高3米，底板为C20混凝土，厚40厘米，宽度2.0米，墙身为C10混凝土灌砌块石，真高1.5米以上迎水面及盖顶采用苏州麻石。

（6）在施工时采用了新型的150毫米的加筋透水软管，效果非常好。

【城市风光带】

此项工程在满足城市防洪要求的同时，综合考虑休闲娱乐、观光旅游、绿化美化、挖掘文化、增强功能、社会发展等多方面要求，集休闲、娱乐、观光于一体，有较为深厚的文化内涵。竣工后的凤凰河，不仅是泰州城区一条防洪排涝的"安全带"，更成为集防洪、生态、旅游、环保、休闲、人文等于一体的城市风光带，因其功能大大提升，遂更名为凤凰河。凤凰河是水系综合整治规划"一横二纵三环"中的一纵河道，是新区主要排水骨干河道，主要功能是承担新区大区域面积的排水、引水、活水任务。河底高程-0.5米，水面宽26米以上，河口宽46米以上。2007年被水利部批准为国家级水利风景区。凤凰河风景区在建设过程中将河道综合整治与改善水质、绿化美化、观光旅游、休闲娱乐、文化景观等结合起来，把文化概念、

凤凰河

文化元素注入其中，形成了独特的戏曲文化、桥梁文化、水利文化和凤凰文化，体现出绿色、生态、人文的理念（详见本书第十五章第三节）。

【钢坝控制工程】

为实现中心城区"水面可亲、水体流畅、水质优良"的目标，2010年实施主城区水生态环境封闭工程，在凤凰河国家水利风景区南端与周山河交汇处北侧建设28米宽的钢坝控制闸。该闸主要结构分为坝身、坝控制间两部分。坝身：内河侧底板顶面0.0米，外河侧底板顶面-1.33米；坝有闸门1扇，闸室净宽28米，顺水流方向18.5米；坝外，河侧10米长M10浆砌石护砌，内河侧设10米长M10浆砌石护砌。坝控制：坝两侧为控制间，分别布置启闭机一套，控制间顺水流向长18.5米，垂直水流向5米，隔墩厚0.75米，控制间顶高程5.2米，底板面高程-1.33～1.58米。工程于2011年3月26日开工，2012年6月30

日完工。

（二）凤凰河南延段

南延段工程于2015年11月18日开工,2017年4月竣工。工程北起周山河,南至许庄河,全长约8.2公里,与之相通的河道有鸭子河、周山河、许庄河等。设计河口宽35～39米,河底宽3.5～7米;防排涝标准为20年一遇,洪水位4.91米,排涝水位4.29米。采用C25素混凝土重力式挡墙及双排杉木桩两种护岸形式,墙顶高程真高2米,真高2米以上为1:2.5放坡至现状地面。桥梁设计标准公路-Ⅱ级。工程投资概算审批额为15237.03万元。南延段是主城区的引水通道,其可利用沿江圩区的龙窝站（Q=35米³/秒）向泰州城区周山河以南片补水,即凤凰河—永丰河—大寨河—张马中沟—田河中沟一线。凤凰河南延—永丰河是凤凰河引水通道的其中一段,其补水服务范围约占周山河以南片面积的45%,河道送水流量为15.8米³/秒,送水水位为2.8米。工程项目:总长8.2公里的河道清淤、挡墙防护、边坡整治、景观绿化等。工程项目法人为泰州市城市水利投资开发有限公司,设计单位为扬州市勘测设计研究院有限公司,监理单位为南京江宏监理咨询有限公司,施工单位为南通市水利建设工程有限公司,质量监督单位为泰州市水利基本建设工程质量监督站,第三方质量检测单位为扬州市扬子工程质量检测有限公司。主要工程:完成土方776186立方米,砖砌595立方米,使用混凝土29660立方米,杉木桩2900立方米。

【永丰桥拆建工程】

拆除老永丰桥,在原位重建永丰桥。新建永丰桥宽8米,桥跨30米,桥梁上部结构采用10米+10米+10米先张预应力混凝土空心板,下部结构桥墩台采用桩柱式桥墩台、钻孔灌注桩基础;同时新建2座单孔6米箱涵和1座直径1.5米圆管涵。合计完成土方2100立方米,使用钢筋76.445吨、混凝土1026.9立方米、栏杆73.6米、圆管24米。

【挡墙护坡】

周山河—创新大道段为重力式混凝土挡墙,挡墙墙顶高程2.0米,河道两岸挡墙前沿线口宽为22

米,2.0米平台宽1.0米,岸坡坡比2.0米以上为1:2.5;创新大道—许庄港段为杉木桩驳岸,河道两岸木桩前沿线口宽为18.0米,2.0米平台宽1.0米,平台以上为自然坡。

凤凰河南延段通过河道清淤、挡墙防护、边坡整治、景观绿化等措施,恢复河道引水、活水及排涝能力,并在河道两岸建设景观带,打造主城区东南部的重要景观河道。

【景观绿化】

绿化景区位于市医药高新区和高港区。主要包括周山河—姜高公路段、褚野桥—创新大道段、太平桥—许庄河段。绿化总长8.18公里,总面积约18.8万平方米。其中,周山河—姜高公路段全长2.56公里,宽度为10~12米,面积约6万平方米;褚野桥—创新大道段长4.26公里,宽度为9~12米,面积约9.5万平方米;太平桥—许庄河段长1.37公里,绿化宽度为9~13米,面积约3.3万平方米。

十里凤河十里绿

【工程效益】

凤凰河南延段通过河道清淤、挡墙防护、边坡整治、景观绿化等措施,恢复河道引水、活水及排涝能力,成为抽引江水向城区输送的重要通道之一;在河道两岸建设了景观带,成为主城区东南部重要的景观河道,改善了河道沿线水生态环境及两岸居民的居住环境。

表7-1 凤凰河各段河道基本信息表

河段		护坡形式	河底高程	河底宽(米)	河口宽(米)
凤凰河北段		混凝土护坡、花岗岩贴面	−0.5		46
永丰河		重力式混凝土挡墙	−0.5	3~5	>36
太平中沟	创新大道以北	重力式混凝土挡墙	−0.5	5	>38
	创新大道以南	杉木桩驳岸	−0.5	5	>38

表7-2 凤凰河沿线跨河桥梁统计表

序号	行政区域	所在乡(镇)	桥梁名称	序号	行政区域	所在乡(镇)	桥梁名称
1	海陵区	城南街道	滨江社区	百凤桥	10		褚雅村	北野线桥
2			滨江社区	金凤桥	11		褚雅村	康居路桥
3			新莲花社区	彩凤桥	12		褚雅村	新华路桥
4			新胜社区	双凤桥	13	高新区	野徐镇	褚雅村	褚野桥
5	高新区	凤凰街道	东谢村	永兴路桥	14		永丰村	红卫桥
6			东谢村	鸾凤桥	15		永丰村	永丰桥
7			双河村	洪泽湖路桥	16		永丰村	无名小桥
8			殷蒋村	凤凰河闸桥	17		官沟社区	建设一号桥
9			殷蒋村	殷蒋桥	18		官沟社区	永福桥

第五节　姜堰区

姜堰区有省列重要河道15条。其中,流域性过境河道1条——泰东河泰州段(详见本书第四章第二节),区域性骨干河道6条——盐靖河、新通扬运河泰东段、茅山河、姜溱河、栟茶运河、中干河-西姜黄河(详见本书第五章),重要跨县河道7条——渭水河、俞西河、古盐运河西段、东姜黄河、周山河、生产河、西干河(详见本书第六章),县级骨干河道1条。

南干河

南干河是姜堰区通南地区重要的引、排、航骨干河道,西接鲻鱼港,穿西姜黄河,交于东姜黄河,全长22公里,流经蒋垛、顾高和张甸镇。原设计标准:平均河道底宽10米,内坡坡比1:3~1:4,平均底高程真高-1.0米。该河于1971年11月开挖,1972年1月竣工,动员3万民工,实做190.1万工日,完成土方401万立方米。开挖标准:河底宽10米,底高-1米,真高2.5米处设平台,平台宽3米,上下坡均为1:3。配套公路桥2座,人行便桥10座,工程总经费93万元,其中国家补助55万元。由于来往船只频繁,土壤沙质,植被养护不善,出现塌坡淤底现象。1983年冬疏浚与中干河交接的一段,西自顾高的桥梓头,东至顾高邵家电灌站之东,工长4.65公里,投入民工6000人,实做13.6万工日,完成正河土方16.34万立方米。疏浚标准:底宽10米,底高−1米,真高2米处设平台,平台坡比下坡1:3,上坡西姜黄河以西1:4、以东1:3。西姜黄河以西平台宽5米,以东平台宽3米。1989年11月开工疏浚顾高邵家电灌站向东至蒋垛东姜黄河口。工长7.15公里,动用顾高、仲院、蒋垛3乡(镇)民工3500人,投入泥浆泵44台,次年2月竣工,实做4.19万工日,完成土方36万立方米。疏浚标准:河底宽10米,底高−1.0米,河坡坡比真高3米以上1:3、3米以下1:4。新建下水道7座,电灌站2座,结合送土填平废沟通增加面积197亩。投资66.2万元,其中国家补助22万元,其余由顾高区群众自筹。

1994年冬,疏浚与中干河交接处自顾高桥梓向东至西姜黄河段,工长2.55公里;疏浚西姜黄河向南至顾高的镇南段工长0.92公里。疏浚标准:底宽15米,底高−1米,河坡坡比1:4,并进行块石护坡,砌仰斜式块石挡土墙。挡土墙标准:基础底真高0.5米,厚0.4米,宽0.9米,迎水坡坡比1:0.6,背水坡坡比1:0.35,墙顶真高3.0米,顶宽0.4米。

1997年对南干河西段12.3公里进行了疏浚,同时新建机耕桥2座,维修机耕桥4座,新建下水道10座,维修下水道12座。完成土方48.59万立方米,总投资338.94万元。

2002年冬至2003年春,对南干河中段(西姜黄河—顾高邵家)1.9公里进行疏浚整治。整治标准为:河床高程真高−1米,底宽10米,真高3米以下坡比1:4,以上接自然坡。完成土方10.93万立方米,总投资65万元。

第八章　农村水利（上）

第八章　农村水利（上）

泰州里下河地区垛田原始风貌

经过20世纪60年代平田整地后的兴化垛田

（本章记述的是1996年地级泰州市成立前境内的农村水利,个别地方略有突破。本章所述的泰州乃县级泰州市,泰县即今姜堰区,泰兴含今高港区和高新区一部分。）

泰州农村水利始于几千年前兴化先民的垒土为（垛）田。之后,为了发展农业生产和改善航运条件,西汉刘濞开邗沟;北宋范仲淹率领民夫修筑大堤,抵御海潮保农田;南宋黄万顷筑南塘、修北塘,灌溉农田。此后,历代官吏也曾组织民众开河、筑塘、建堤,灌农田。明代沿江圩区始建江堤,清代里下河地区也先高地后低田,圈圩耕地。经年累月,劳动人民也不断尽其力经营农田排灌工程。但受历史条件的限制,收效甚微。1949年春,泰州全境解放时,农田水利的实施落后且破旧:通南高沙土区沟河湾、浅、断、乱,水田无沟墒排水,水害相当严重;里下河地区圩堤和沿江圩堤、江堤零乱卑矮,缺口多、病洞多、险工多,水旱灾害连年,农民苦不堪言。

20世纪50年代初、中期,境内各地实施了一些疏浚整修沟渠的基础工程,初步改变了洪水漫流的局面。但当时是被动应付,跟着灾害转,没有完整的规划,也未能改变农田易旱易涝等问题。

20世纪50年代后期至60年代,境内兴起第一次农田水利建设高潮,明确了不同类型地区的治理原则和措施。按照"小型为主、以蓄为主、社办为主"的方针,按照江苏省委、省政府制定的通南地区水利规划,沿江圩区加修圩堤,并港建闸(涵洞),缩短了防洪路线;通南高沙土地区开挖、建设新河网,平整土地,建立引、排、降水系,发展水旱轮作;里下河地区普遍加固圩堤,实施联圩并圩,整治老河网,圩内开沟排水,改造塘心田,发展沤改旱。境内各地还积极发展机电排灌,农田水利建设进展较大。

20世纪70年代,境内掀起第二次农田水利建设高潮。70年代初,在国务院北方地区农业会议的推动下,境内涌现了一批治水改土的先进典型,各县、乡(镇)按照建设旱涝保收、高产稳产农田的"六条标准"(日雨150~200毫米不受涝;70天无雨保灌溉;地下水位控制在田面下1~1.5米;排灌分开,建筑物配套,能潜能排能降;因地制宜地平整深翻土地;粮棉全面超纲要)制订农田基本建设"五五"规划和分年实施计划,结合秋播平田整地,开挖农田一套沟,做到"一方麦田,两头排水,三沟配套,把田抬起来种"。

20世纪80年代至90年代中期,境内农田水利仍坚持小型为主、配套为主。尽管农田水利建设资金削减,各地仍自力更生,艰苦奋斗,依靠劳动积累和多方集资,进行中低产田改造和土地复垦,兴建农业节水示范园区,续建和更新配套原有工程,使农田水利获得持续发展。

第一节　旧式提水

在20世纪50年代以前,境内农田灌溉主要靠四车提水。四车即风车、人力水车、牛车和泼车。随着农业、农村的发展和进步,旧式提水逐步被机电排灌所代替,到20世纪60年代后期,人力、畜力等旧式提水工具基本被淘汰,农田排灌进入机械排灌的新时代。

一、旧式提水工具

在20世纪50年代前,境内农田排灌除人力肩挑手提外,主要靠三车,即风车、人力水车、牛车(兴化还辅助有泼车、戽斗、吊桶等)。三车提水流量很小,灌溉效率甚低。随着生产力的发展和机械化程度的提高,三车灌溉逐步被机电排灌代替,1961年泰州尚有风车1428部、人畜力水车1769部。20世纪70年代后期,旧式提水工具在境内基本绝迹。

【风车】

泰州里下河地区风车的形状

风车是利用风力提水的大型农具,扬程一般在2米以下,每部每天可灌田20～30亩,20世纪70年代以前,是境内里下河圩区提水保沤、排涝抗旱的主要工具。风车由风轮、传动装置和龙骨水车组成。风动装置由四眼盆、八眼盆、立轴、刨、缆、撑芯、箍头、桅子、拨单、剪、大网、小网、八卦、直川、弯川、地轴、拨及篷等部件构成。20世纪50年代末,由于木材、竹篙、桐油等物资缺乏,风车制造、维修困难。1961年6月,兴化进行风车改制,试制成功以钢轴代替木轴、以铁齿轮代替木拨的风车。1963年4月,经江苏省机械工业厅鉴定定型批量生产。铁风车提水高度1.1～1.3米,三级风每小时可提水70立方米,每部可满足40～60亩水田的灌溉,风能利用系数12%～16%,效率比木制风车提高1倍。1965年,兴化农具修理厂生产2600部铁风车在县内推广使用。20世纪70年代以来,由于排灌机械的发展,各种风车逐渐被淘汰。1982年,兴化农机修造厂成功试制4BF-3型风力排灌机,同年10月通过了扬州专署经委、科委组织的测试和鉴定。4BF-3型风力排灌机主要利用风能,并可与多种动力配套使用,适用于风力资源比较丰富的平原、湖泊、沿海地区。经农田提水试验,性能良好,使用风速范围3.0～13.8米/秒(2～6级),在设计风速5.6米/秒(4级),转速610转/分,扬程3.0米,流量为30吨/时,轴功率0.45马力,效率达73%。

【人力水车】

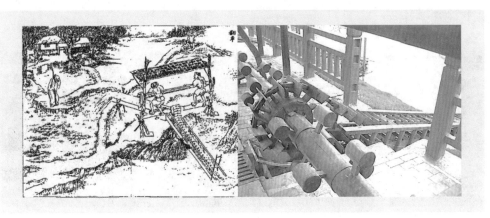

人力水车由槽桶、刮板和连头(如鹤膝,群众称"鹤")、车轴、支架组成。槽桶分上下两层,下层过水,上层有支架并钉有竹滑道两条,刮板与连头连接,长度按提水高度设计,循环转动如龙骨,又称龙骨车。利用齿轮原理,以人力带动连头上的刮板,将水刮入槽桶。车轴用圆木制成,直径20～25厘米,分2人、4人、6人轴3种,最长达4米左右,中间装一木质齿轮,两边对称装置脚踏枕头。使用时,将槽桶一端搁在河岸车垛上,另一端伸入河中,用支架两根,下端设有固定的木制轴承,人伏在支架上的一根横木上,脚立在车轴枕头上,不停地踏动,戽水上田。

清代和近代人使用龙骨车车水

旧时,境内人力水车有4种,即脚车、泼车、戽斗、吊桶。脚车是用人力踩动的提水工具,1949年后被逐步淘汰。脚车由车轴、水拨、拂椿、槽桶、踏枕、车担棒组成。车轴两端搁置在踏枕上,车轴中间装有水拨,利用糙齿带动槽桶内拂椿,水拨两边各有两对车拐。车担棒架在车轴上方,两端系于踏枕的立柱上。槽桶一端置于田岸进水口,一端系在两根竹篙绑成的"X"形支架上,插于水中,将拂板浸入水中2/3左右,3～4人手臂扶车担棒、脚踏车拐使车轴转动,带动拂椿引水入田。泼车由车轴、车拐、水箱组成。岸上部分结构与脚车相仿。用木板制成有底无盖相互连接的8孔水箱(或只有木板),套装在车轴中间。当水位差在0.3米以内时,奋力踩动车轴,使水箱快速旋转,将水由低处向高处泼去。出水量根据车速,约为脚车的3倍。但扬程低,一般在县境西部低洼地区使用。戽斗又叫戽水瓢,是小型浇水工具。竹竿一端装瓢形舀子,用人力将水戽上岸,适用于小面积田块的浇灌。垛田地区广泛使用。吊桶是用三根竹竿系成支架,用绳子将桶之类的容器吊在上面,人站在出水方向用力拉绳,一下一下将水刮出。

单人戽水　　　　　　　　　　　　　双人戽水

1982年10月,兴化大营乡农具厂研制成功BJT15-3型脚踏水泵。水泵主要技术参数:转速1300～1400转/分,扬程3.0米,出水量15～18吨/时,泵效率65%。动力为两个劳动力,相当于0.224马力。

【牛车】

牛车用畜力牵动,有固定车基,由木车盘、墩芯、躺轴和固定车轴的轴承座组成。牛车搭建圆形车橱,牛拉车盘旋转,车盘齿带动躺轴的齿轮旋转,再带动水车连头刮板提水。

【泼车】

泼车由车轴、车拐、水箱组成。岸上部分结构与脚车相仿。用木板制成有底无盖相互连接的8孔水箱(或只有木板),套装在车轴中间。当水位差在0.3米以内时,奋力踩动车轴,使水箱快速旋转,将水由低处向高处泼去。出水量根据车速,约为脚车的3倍。但扬程低,一般在姜堰西部低洼地区使用。

二、自流引排

民国时期,境内沿江河港大都敞开,无涵闸控制,江潮自由出入。农民就在港支堤下埋设木质涵洞,利用江潮自控灌排。1949年,境内灌排面积381.62万亩,其中,引江潮自控灌溉46.84万余亩。随着沿江河港闸涵控制,自控灌排面积逐年减少。

至1996年,境内仅剩沿江一带15.47万多亩农田仍以自控灌溉为主。

第二节　机电排灌

20世纪20年代末,境内农田始有机械灌溉,但为数很少,发展缓慢,到1949年底,仅有排灌动力65千瓦。20世纪50年代,机械排灌开始发展,境内各县(市)先后成立机灌委员会或办公室,加强机械排灌的发展和管理工作。20世纪50年代中期,境内始有电力排灌,1966—1976年,电力排灌进入大发展的阶段。

到1978年底,境内电力排灌动力发展到92307千瓦,是1960年的6.6倍,电力排灌农田136.10万亩,占总耕地面积的35.8%;1996年上半年,境内电力排灌动力发展到178815千瓦,是1978年的1.94倍,排灌农田225.86万亩,占总耕地面积的59%。

一、机械排灌

民国17年(1928),泰县白米一带始有农户租用曲塘某油米厂柴油机牵引水车,次年即有水泵配套;民国21年(1932),农忙时,该县小白米荀立丰油米厂用装有27匹马力的机船,流动为通扬运河两岸农户抽水;民国29年(1940),荀立丰油米厂迁姜堰镇,有6条机泵船代农民抽水泡田;此后,泰县溱潼镇朱祥茂、朱旺记等米厂亦相继经营代农提水业务。最多时,该县各油米厂投入农灌的柴油机有30多台,并配有10英寸和12英寸水泵25台。灌水季节,通过"水头"与农户落实灌水协议,按管径和时间收费,因水费较高,只有富裕农户才用得起。民国28年(1939),兴化始有机械灌溉。是年,兴化西鲍庄林东明购进无锡产16马力暗头柴油机1台,配10英寸离心泵灌溉农田。民国36年(1947),靖江广陵镇一张姓地主自备1台3.68千瓦柴油机,配置3英寸口径水泵,日灌溉稻田20亩。民国38年(1949),苏北行署投资购置15马力柴油机1台,配8英寸离心泵,交由兴化农场使用。

抽水机船

1952年,泰县泰西国营农场有1台20马力的柴油机和12英寸的水泵,专用于农业灌溉。同年,靖江农民集资购买无锡戽水机船用于农田灌溉。1953年,江苏省水利厅配置4台60马力柴油机、4台混流泵、4艘帆船给永兴化丰、舍陈等乡，兴化受益面积0.24万亩。

1953年以后，随着农业生产的发展，机械排灌迅速发展，各县陆续成立机灌办公室或机灌委员会（名称不一，功能相同），加强机械排灌的发展和管理工作。

1955年后，兴化陶庄、张郭、戴窑、严家、大垛、周庄等乡（镇）先后购置抽水机船。1956年，泰兴购买柴油机8台，同时向黄桥、刁铺、横垛3个油厂借机3台，合计285马力，成立了第一个机灌站。当年筑干支渠道88条28.96公里，完成土方7万多立方米。

安装船机水泵泵管，利用倒虹吸管输水

1957年，靖江县水利科集资购16.56千瓦煤气机20台、18.4千瓦柴油机10台，全部配套12英寸水泵装成船机，分配各乡（镇）灌溉农田；全县有排灌机泵57台（套）、811.76千瓦。同年，泰县购进旧机器28台（套）和煤气机15台（套），加上原有机械，全县共有国营抽水机50台（套）、1081马力。国营机灌站与43个农业生产合作社签订农灌合同，当年机灌面积40781亩。同年，泰兴也在古溪区及沿靖圩区安装39台煤气机。1959年春，兴化有机灌区86个、电灌区8个。共筑干渠158条，273公里；支渠395条，445公里；斗、农、毛渠2090条，825公里；兴建水闸449座、节制闸84座、渡槽947座、涵洞47座等配套建筑物。

1959年，泰州县［是年1月9日，县级泰州市和泰县合并，称泰州县。1962年3月，两泰分治，恢复泰州市（县级）、泰县建制］增加抽水机74台、2306马力，机灌面积扩大到15万亩。同年冬，靖江因机船

座机抽水溉田

移动机口频繁，改船机为岸机，建1米³/秒以上大机灌站26座，每站配套44.16千瓦柴油机和18～20英寸口径水泵各2台，输水渠道总长750公里，其中干支大渠道340余公里，斗农毛渠400余公里。但是，大渠道东西横跨10余条灌排干河，打乱原来的灌排系统，且成本高、效益低。1960年农灌期间，因输水行程长，大机灌站倒塌渗漏严重，致使上、下游用水不均，争水斗殴事件时有发生。同年秋，兴化也因大面积座机灌区效益欠佳，94个大灌

兴化机灌站

区渐减至38个,并将其中31个灌区的柴油机34台、1905马力及配套水泵全部改下机船。

1960年,泰兴新建机灌站100个,全县有机灌站197个,装机287台、8613马力。1961年后,通南地区根据农田水利规划,逐步将大灌区改为小灌区、将机灌站改为电灌站;里下河地区既发展固定机电排灌动力,又发展流动机灌动力。这年,靖江拥有柴油机126台、动力3238.24千瓦。1962年,泰县共有船机174条、25.24马力,座机165台、4975马力,合计339台(套)、9471马力,当年机灌面积25.24万亩,占机电灌总面积的69%。1964年,省人民委员会调拨给兴化内燃机64台,投放部分公社使用。同年,扬州专区在兴化设立抗旱排涝四中队,先后两年由省拨给兴化抽水机112台(套)、2442马力。从此,机械排灌在兴化境内逐步得到发展。

20世纪80年代后,农村经济体制改革,普遍推行家庭联产承包责任制,生产方式发生变化,加之农村能源一度比较紧张,为适应这种变化,兴化县有关部门和厂家研制、推广了一批小型提水工具,主要有BJT15-3型脚踏泵、4BF-3型风力排灌机。

至1996年,全市拥有农用排灌机械总动力340213千瓦、农用水泵32053台、喷灌机械525台(套),其中海陵区、兴化市、靖江市、泰兴市、姜堰市分别拥有农业排灌机械动力12845千瓦、114970千瓦、52668千瓦、98080千瓦、61650千瓦。

二、电力排灌

境内电力排灌始于1955年。为了加快电灌事业的发展,1957年各地陆续成立了两级(县和公社)电灌办公室或电灌委员会,名称不一,性质和任务相同。1966—1976年,电力排灌进入了大发展的阶段。1976年底,境内电力排灌动力达27692千瓦,占境内机电排灌总动力的33.1%;电力排灌农田47.63万亩,占机电排灌总面积的34.9%。境内绝大部分国营电灌站是这一阶段建成的。从此,电力排灌在农田灌排中占据了主导地位。

1977年,在发展新灌区的同时,对老灌区进行调整、配套、更新和节能改造。1979年,机电排灌工作的重点从建设转移到管理上。到1995年底,合计淘汰电动机2602台、25268千瓦,机改电1022台、16526千瓦,调整配套1952台、29278千瓦,改造管路、改善进出水条件等762台、13685千瓦。

(一)历年建设

1.通南地区灌区建设

1955年泰州市(县级,本章下同,为了叙述方便,以下不再加注)在近郊蒲田建成第一座电灌站(1965年在南官河改道工程中废除)。1956年,经省计划委员会和省水利厅批准,在泰州和泰县兴办2

万亩电灌工程,工程分两期施工。第一期工程于当年5月底建成投产,共建九龙、鲍坝和花园3个灌区,计划灌溉面积5528亩,实际灌溉面积3566亩,耗资38.94万元,其中国家投资29.96万元。建干支渠54条、17.5公里,配套建筑物66个,完成土、石、混凝土方6.3万立方米,投入5.6万工日;建机房3座、145平方米,配套5台(套)机组、91.9千瓦。同年,泰州市和泰县购进煤气机泵49台(套)、1122千瓦。1957年因电力不足影响工程计划,将原核定的九龙、鲍坝、花园、三忠、靳桥、九里、智堡、森森8个灌区调整,并改电灌为机灌。二期工程也于当年完成,建成三忠电灌区(亦说1957年建成)和九里、靳桥2个机灌区,扩大机电灌溉面积1.65万亩。

1957年,靖江利用湖南常德市油米加工厂所办小电厂的电源,在靖城西郊尤家桥北首建电灌站2座,装机2台、27千瓦,配套8英寸、10英寸口径水泵各1台,灌溉面积300亩。

1958年,泰县建塘湾河庄、寺巷军王庄、大冯东、姜堰西、张沐西、梁徐后时和王石前时7个灌区。计划灌溉面积13.19万亩,配套水泵电动机31台(套)、1690千瓦,因设备未能在农灌前交货,仅安装水泵17台(套)、919千瓦。该工程于3月中旬施工,6月上旬先后投入生产,动员民工3万人,最多时5万人以上,完成土方245万立方米,筑干支渠240条,总长156公里;建机房7座(合计35间、726平方米),进出水池各7座,分散建筑物296座,完成石方2600立方米、砖方2000立方米、混凝土240立方米。架设35千伏和10千伏高压输电线50公里,采购裸铝线12吨、钢材32吨、电杆木94立方米、水泥312吨、块石6873吨、黄砂4044吨、机房用材30.6立方米。因机电设备品种繁多、规格不一,在上海专门设立驻沪办事处采购物资设备。物资器材的运货,交泰州航运公司包运、包放,共承运机电设备器材1.28万吨。7个灌区总支出205.2万元,其中县拨款170.4万元。是年,靖江利用国营电厂、季市油厂等电源,建王店桥、文昌寺、展家埭、柏木桥、季市镇郊等灌区,全县总计有电灌站11座,电动机20台(套)、390千瓦。是年,泰兴在城北的商家井建造该县第一座电灌站,灌溉67个生产队近1万亩耕地;至1959年5月,该县相继建成孔岳桥、常桥、松扬、尹垛、挖尺、野芹、金堡、横巷、盐泥、申庄10座大型电灌站,灌溉面积近10万亩。加上中小型电灌站,共建成18个电灌站,装机26台(套)、1436千瓦。

1960年,泰州县(1959年1月,泰州与泰县合并,称泰州县。1962年3月恢复泰州、泰县建制)新建蒋垛东、仲院、顾高、大坞、运粮、张沐、梅垛、蔡官、张甸、大泗、野徐、姜堰东、白米北、娄庄中、官庄冯庄、后堡、桥头三沙、泰东等18个灌区,新增电动机46台(套)、1536千瓦。同年,泰兴建陈庄、长生、何韩、钱荡、陈赵、蔡石、城东、焦荡、城西、常巷10座大型电灌站,有32个公社搞了机电灌设施。电灌站达24个装机97台(套)、2508千瓦。次年,泰州县新建大冯西、白米南、官庄、塘湾北、娄庄红桥、洪林、王石7个灌区。灌区面积一般在1万～1.8万亩。

1961年,境内电灌建设步伐加快,各地将一些机灌站改为电灌站;同时,陆续将万亩灌区改建为千亩、几百亩的中小灌区,从而克服了万亩大灌区成本大、渠道长、水难送、纠纷多、难管理等弊端,效益显著提高。靖江用电纳入江南大电网,全县建成电灌站55座、2362千瓦。泰县、靖江开始调整灌区布局,冬春维修夯实干支渠道,逐步配套渠系建筑物,灌区建设更趋科学。泰兴拆除大站21个,将大机大泵改为小机小泵和水泵下沉,或用20千瓦电动机配12英寸水泵,又将张桥东、广陵东、广陵西、蒋华、双圩、同心、三友、桑元、新市北、新市南、倪浒机灌站改为电灌站。至1964年,共发展电灌4932马力、机灌6100马力，水泵237台，架设高压电线125.1公里，筑干渠42条、92.33公里，支渠158条、22.42公里，斗渠437条、33.71公里。

1963年，国家投资27.4万元，在泰县架设10千伏高压线23.55公里，分建苏陈宋墩南、宋墩北、梁徐油坊头、姜堰银杏、东寿、朱家、官庄白杨、光明、洪林刘禽、邱舍、白米竹园、竹科、张沐野沐、太宇穆家、娄庄建设、蒋垛北荡、顾高翟庄、大冯高岸等电灌站。同年，国家投资109.7万元，对靖江线路进行改造。1964年，泰兴共发展电灌4932马力、机灌6100马力，水泵237台，架设高压电线125.1公里，筑干渠42条92.33公里、支渠158条22.42公里、斗渠437条33.71公里。是年，泰县相继建成顾高、苏陈变电所，供电范围逐年扩大；结合兴建圩口闸，泰县还在沈高丁河建电力排涝站1座，配20英寸轴流泵、28千瓦电机。该年，境内通南地区农业生产向三熟制发展，对灌溉要求更高。为适应生产发展的需要，各地电灌站逐步向小型化发展。泰县将洪林、娄庄两个大电灌站又分拆出洪北站、娄北站。

1965年，境内通南地区实行"自办为主，小型为主，配套为主，国家适当补助"的方针，所用建筑器材和机电设备由国家调配。是年，泰州共有鲍坝、高桥、九龙、景庄、西坝、森南、头营、唐娄、招贤和花园10个机电灌站，另有蔬菜区小型灌点6处，机动排灌船4条，合计拥有排灌动力28台（套）、574.3千瓦。当年经过调整配套，机电灌溉面积1.4万亩，其中电灌0.85万亩，机灌0.50万亩，在机电灌面积中国营灌区1万亩。水稻区基本实现排灌机械化。水车逐年减少，水车保有量由1957年的391部下降到206部，而且多数闲置。是年，泰县自建机排站1座，配20英寸轴流泵，50马力柴油机。建电灌站11处。总经费10.41万元，其中泰县财政投资5.07万元，其余由社队自筹。1966年，泰县自筹资金设备兴建电灌站15座。

靖江为解决沿江地区自流灌溉的不稳定性和稻棉轮作问题，也自筹资金兴办电灌。1966年，靖江拥有电灌站达466座，装机容量8361千瓦。1967年，为提高原有电灌站灌溉效益，靖江对老站进行布局、设备调整和水泵改造，同时建设沿江地区电灌站。通过调整改造，增加电灌站57座，减少装机容量69千瓦，设备使用率达99.5%。其时，该县由县水利局管理的国营电灌站有8处计14个站。

1970年，泰县自筹资金32.35万元，在顾高、大冯、仲院、梅垛、太宇、张甸、鲍徐、寺巷、三野、王石、

泰兴农村电灌站站房

蒋垛、运粮、大泗等乡（镇）增加动力405千瓦。是年，还在梁徐、梅垛、蔡官、泰东、塘湾、泰西、杨庄、西冯、苏陈、野徐等公社兴建电灌站35座，增设机力682千瓦。是年12月，国家投资11万元，建成大泗变电所（站址在大泗公社大马庄），架设35千伏线路9公里，安装35/10千伏、1800千伏安变压器1台。

1970—1972年，泰兴新建电灌站642个，装机容量17757马力。到1973年，机电灌面积达69.06万亩。1977

年,早、中、晚三熟水稻面积达71万亩。到1987年底,共有机电灌站2872座,机电动力7330台、9.35万千瓦,实灌面积59.41万亩。

1972年春,泰县分拆寺巷杨庄、仲院邱娄、梅垛、大冯东、王石港西电灌站,建杨庄、薛庄、东尹、东风、郭家5个电灌站,总经费5.25万元,其中国家补助3.07万元。同年,泰县还自筹资金建电灌站151座。当年底,泰县通南地区有电灌站586座、12926千瓦,各大队基本都通了电源。

此后,境内电灌站进一步小型化,大站改小站,两台泵站分拆两站,同时向10英寸、12英寸小站发展,每个灌区灌溉面积200~500亩。

1976年,国家投资16万元,在泰县通南地区的洼地蒋东荡和梅花网洼建电力排灌站。至1994年,两洼地共建单排站8座、排灌站18座,总动力1011千瓦。1976—1983年,靖江在沿江洼地先后建32英寸口径轴流泵和苏排Ⅱ型、Ⅳ型圬工泵排涝站、提排站18座,排水总流量53米³/秒,提排能力11.6米³/秒。但是,其提排总流量远未达到日雨150~200毫米不受涝的要求,且布局上也不尽合理,涝的威胁依然存在。

20世纪80年代初,境内开始对泵站出水量小、影响灌溉质量、浪费能源、增加灌溉成本的泵站进行改造。农村实行联产承包责任制后,小机小泵需求量猛增,各地对大站也进行了一些改造。至1985年,靖江全县共有小机和小水泵8111台、26837.5千瓦,固定单灌站减至336座、4571.18千瓦,单灌站改为排灌结合站123座、2089.85千瓦,单排站发展至242座、6637.1千瓦。1987年,靖江原有固定站基本停用,灌溉渠道平废还田或废渠改路。全县形成一匡田一台小机水泵的布局,以1~2个村民小组为单元,设置灌溉泵站,一般的灌溉面积150~250亩,配套6~8英寸泵,田亩多的配10~12英寸泵,田亩少的(零星田块)配4英寸流动泵,再加上相应配套过水断面的衬砌渠道送水到田头。是年,

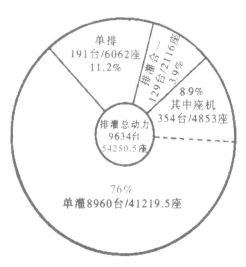

靖江1987年全县灌排总动力结构示意图

靖江共有小机小泵8606台、36366.5千瓦。此间,靖江还在孤北洼地腹部先建20英寸以下水泵提排站,后"并""拆""弃",建团结Ⅰ、Ⅱ站,孤山南、北站,季市东、西站,亮港、长安、大觉站9座4~8米³/秒的翻水站,合计提排能力40米³/秒,受益面积4.06万亩,国家投资118.3万元。

1988—1996年,按照"谁受益、谁负担"的原则,靖江沿江镇村以自筹资金为主,国家补助电机、水泵为辅,在低洼易涝地区建设了一批小型排涝泵站。1991年7月,靖江水利局建一排涝站,解除夏仕港之东5000亩低洼地涝情。该站配备32英寸水泵3台(套),提排能力6米³/秒。1992年,靖江农业机械局在团结乡掘港建设4米³/秒排涝站1座,配备苏Ⅱ型2台(套),解除大港与中心港之间4000亩洼地涝渍危害。

1987—1994年,泰县通过机泵配套、更新机泵管、改造机房等措施,改造泵站432座,流动机泵332台(套),装置效率明显增加。塘湾的三忠电灌站,原装置效率仅占35.3%和27.3%,1987年更新泵管后,效率提高了17.3%、26.4%,收到节能降本的效果。

海陵区灌溉以修建小型固定电灌站为主,也有以机电抽水机船临时进行灌排。20世纪90年代以后,采取机电并举的措施,一方面,逐步对境内以柴油机为主要动力的小型泵站进行维修、改造,但投入不足,不少小型泵站"带病"运行,亦存在"大马拉小车"配置不合理、配件不全、自然老化等问题,导致利用率和使用效率普遍低下;另一方面,开始修建小型固定排涝站,以电力设备取代柴油机作为排涝动力。从20世纪90年代起,机电灌溉开始按照分级负担的原则建设,由村集体统一管理。

2.里下河地区灌区建设

1959年秋,兴化建成兴南宦家庄电力排灌站南站,次年建成北站。两站分别安装5台20英寸混流泵,各配套55千瓦电动机5台,总流量4.5米³/秒,灌溉面积共5万亩。为建设兴南灌区,在兴南公社开挖省道东高河和高王河各一段,中沟4条,小沟118条,干、支渠8条,农渠118条,套闸、节制闸和各级渠道101个;打坝197座,挖、压废土地6370亩,损失风车120部、脚车150部、农船314条,拆毁民房521户、1172间。此举打乱了水系,堵塞了交通,使水质变坏,农业生产受到很大影响。此间,兴化由于座机灌区的动力水泵和渠系布局照搬平原地区形式,灌区面积过大(一般七八千亩,大的二三万亩),跨河建筑物过多,一时难以配套,只好打坝筑渠,兴化全县共打坝头1414座,堵塞了许多河道,不适合兴化水网圩区的特殊情况。由于上马仓促,工程质量低劣,渠道过长,渠首漫溢,渠尾无水。灌溉效益低,每亩电费高达7元。1961年,兴化开始进行小型灌区建设。灌区面积一般为1500亩左右,实行座机渠道灌溉。渠道一般配置干、支两级,便于管理,灌溉效益较好。到1969年末,兴化共建成小型灌区200个,排灌动力3.5万马力。此后,又在座机渠灌的基础上,发展船机固定渠口灌溉,使灌溉水平得到较大提高。

1960年,泰州县(今海陵、姜堰)将通南地区的部分机电排灌设备调往里下河圩区,建白米、娄庄、沈高、桥头、溱潼等5个灌区。每个灌区建有一座电灌站。

1961年初,兴化在兴西、李健等公社试办"电网船工程",用电动抽水机船在输电线路范围内流动抽水。同年4月,在城南、西鲍、下圩、中圩、海南、安丰等公社推广,受益面积从1万多亩扩大到9万多亩。该年干旱,上游虽及时补给水源,但兴化灌区却出现"满河大水闹干旱"的反常现象。由于座机灌区问题较多,导致纷纷下马。10月,兴化决定除保留7座较好的灌区继续配套外,其余全部实行"座机下船",并采取渠尾加配船机灌溉、开坝理通水系等措施,发挥灌区效益。同年,兴化水利局机船队成立。该队有抽水机船30艘、643马力。1961—1964年,兴化全县共发展电船178艘,装机容量1771千瓦。

1962年,兴化配套建成中圩夏家、成其甫、海南胡家、高家、张舍、西鲍平旺,下圩野邹、李季,兴西马港,安丰黄庄等10个灌区,增加灌溉面积1.43万亩。1963年,兴化机船队更名国营兴化抽水机站,迁址安丰,抽水机增加到80台。

1963年,泰县建溱潼变电所。1964年,国家投资37.5万元,泰县建溱潼溱湖北、溱湖南、大泥塘、中大圩、野顷六、南大顷、徐铁圩、兴泰储楼,沈高火车头、五一、北联圩、中联圩、王舍圩、河横东、河横西、夹河北等16座电力排灌站,增加机泵18台(套)、252千瓦。同年,泰县还建沈高丁河电力排灌站,该站配20英寸轴流泵,28千瓦电机。1965年,泰县在沈高三河圩建机排站1座,20英寸轴流泵,50马力柴油机。1966年,国家投资20万元,在泰县溱潼、兴泰、俞垛3个公社架设10千伏高压线28.4公里,发展电力排灌站26个,配变压器26台、520千伏安,站址在河口坝头处,均为电船,可灌可排。1967年,泰县在沈高美星、万舍,溱潼的湖东、湖中,俞垛的祝庄、野卞建6座电排站。1968年,泰县在沈高夹河,俞垛耿庄、伦西建3座电排站。1969年,泰县在洪林广如,俞垛俞南、忘私、龙沟建电排站4座,配20英寸轴流泵,同时在溱潼湖中建机排站1座,配套32英寸圬工泵,90马力柴油机。

1965年,兴化在西鲍三角圩建成境内里下河地区第一座圬工泵站——平旺电力排灌站。该泵站设计流量2.1米³/秒,配用动力75千瓦,由兴化水利局技术员设计。与10~12英寸混流泵相比,抽排同样水量节省成本4.7万元。当年汛期运转1340小时,排水1013万立方米,使圩内1.8万亩耕地在大灾之年夺得丰收。

同年,扬州水利局和农机公司拨款1.9万元,在兴化临城公社新舍圩、中堡公社西孤圩各建一座排灌站,进行以内燃机拖带轴流泵的试点,获得成功。同年10月,兴化水利局设计,省水利厅、扬州水利局拨款4.5万元,在兴化竹泓志芳圩建成境内里下河地区第一座机械排涝圬工泵站,利用80马力柴油机拖带苏排Ⅱ型圬工泵,扬程1.7米,出水量2.0米³/秒。泵体及二级传动装置由省水利厅商请机械工业厅安排生产,柴油机由省水利厅向句容县免费调拨。同年又在中堡戚家圩建成同样机械圬工泵站1座,为无电源地区发展低扬程、大流量排涝站开辟了道路。圬工泵流量大、扬程低,但不能结合灌溉。该年,兴化水利局技术人员在PVA50型轴流泵基础上,设计兴排Ⅰ型轴流泵,设计扬程1.90米,配用动力20马力柴油机,流量0.38米³/秒,出水量是10英寸混流泵的3倍、12英寸混流泵的2倍。1966年,兴排Ⅰ型轴流泵通过省水利厅组织的技术鉴定。在同样配用20马力动力设备时,Ⅰ型轴流泵流量约比混流泵大1倍,能够适应该区低扬程地区使用要求,亦降低了农业生产成本。是年10月,兴排在Ⅰ型轴流泵的基础上,以一节短扩散管代替原有的弯管,改制成兴排Ⅱ型圬工泵,安装在西鲍的毛垛、钓鱼的棒徐。此泵在净扬程2.0米时,流量0.41米³/秒,轴功率9千瓦,配用动力14千瓦。

在改泵建站过程中,兴化还采取船机上岸、降速落井、调换叶轮等措施。1965年5月在临城新舍圩试点,把安装在船上的10英寸混流泵和配套20马力柴油机搬上岸,改配PVA35斜式轴流泵建排灌站,出水流量由0.12米³/秒增加到0.245米³/秒。11月,又将烧饼圩内两艘10千瓦电动船改配PVA35斜式轴流泵,建成两座排灌站。12月,在李健的姜戴、中丁两圩内,用原有10千瓦电机配10英寸混流泵改配PVA35泵13台。其中卧式5台、斜式8台。1966年10月,在东潭袁庄圩用原有锡山牌20英寸混流泵降速落井,略去两弯,缩短进出水管,倾斜30°安装,水泵转速降至每分钟420转,用14千瓦电机拖带,设计扬程1.8米,流量0.43米³/秒。同时,在西鲍新中圩安装由华东水利学院设计的苏排Ⅵ型贯流泵1台,用14千瓦电机拖带,扬程1.9米,流量1.0米³/秒。在海南北蒋用PVA70轴流泵建站,配用45马力柴油机拖带,扬程2.2米,流量1.0米³/秒。11月,兴化在西潭大队采用一机拖双泵的方法,将12英寸混流泵两台降速落井,调换叶轮,去掉两弯安装,以两级传动方式,合用10千瓦电动机,经现场测试,技术指标基本达到预定要求。

1966—1968年,兴化共改泵建站346座,其中专排站18座,灌排两用站328座,泵改马力计8450匹,占整个改泵建站任务的75%。为了建设灌区,1967—1968年,兴化开始在灌渠经过的圩内河道上累计建成倒虹吸1088座,为扩大灌溉效益创造了条件。

20世纪70年代,兴化主要发展苏排Ⅱ型、苏排Ⅳ型专排站和PVA50泵、PVA35泵等排灌两用站。1970—1978年共建站789座,拥有机电排灌动力10.99万千瓦,比1969年增长3.14倍。随着电网覆盖面扩大,有电地区逐步将原有机站改为电站,达到机电并举,有电用电,无电用机,两手准备,为突击抢排内涝争得了主动。1972年夏,兴化西鲍农机站用薄铁皮作泵体及叶轮材料,试制成功14英寸轴流泵,配用动力12马力,当净扬程1.85米时,该泵出水量0.2米³/秒。由于出水量大,使用安全方便,受到群众欢迎。当年生产110台投入防汛。1973年,兴化县水电局与华东水利学院"两站"研究室协作改进后,此泵定名为14ZLB-100型简易轴流泵,俗称"抢排泵"。样机经200小时连续试运转,当净扬程2.1米时,出水量为0.24米³/秒,轴功率10.9马力,全泵重280千克,造价353元。1979年,兴化县农田水利工程队与县农修厂协作,对泵体局部改进后制造400台。1980年6月,江苏省和扬州行署水利、农机部门以及华东水利学院、江苏省农学院联合测试、鉴定,认为性能良好,基本符合设计要求。7月,扬州地区防汛指挥部下达800台生产计划,兴化交县农水队、拖拉机厂等单位生产。

1971年,泰县(今姜堰,下同)建成娄庄、港口变电所。1972年,泰县里下河地区的电灌区有较大发展,共新建洪林新意、俞垛姜家、沈高夹河、港口上湾、官庄万众、桥头东沙、娄庄益众、溱潼湖中、沈高新华(双阳)、兴泰何庄、俞垛俞南等47处电灌工程。1970—1975年,泰县新建20英寸轴流泵单排站40座,32英寸圬工泵排涝站12座,其中有1974年从淮安县引进的38英寸木制圬工泵11台,安装在叶甸横庄大圩。

自1983年起,兴化每年建新站10座左右,泵型仍以苏排Ⅱ型、苏排Ⅳ型、PVA50型为主。新通电地区,排灌站则继续"机改电"工作。1986年后,国家每年下达兴化一定数额发展粮食生产专项资金,兴化划出其中一部分专门用于机电排灌站建设。"七五"计划期间,每年配套20座左右。1988年在兴化荡朱乡许戴村、刘陆乡孔家村建贯流泵站各1座,均为泵闸结合形式。

1987年底,泰县共有排涝动力2217台(套),合计25832千瓦,其中单排站113座、4352千瓦。总投资1359.51万元,其中国家补助307万元,乡村自筹1052.51万元。

1990年末,兴化共建成固定排灌站1071座(不含已报废的182座),流动抽水机船7749艘,总动力11.08万千瓦,排灌流量1631米³/秒。

表8-1　1982年、1983年境内投资泵站测试情况表

县(市)	测试机组数	平均装置效率(%)	平均能耗(千瓦时/千吨米)
兴化	30	27.73	9.80
靖江	111	4.30	6.70
泰兴	770	33.14	8.20
泰县	360	44.20	6.15

泵站装置效率低、能源单耗高的原因，有些是规划、设计不合理，有些是设备质量差，有些是机泵不配套，有些是设备超过使用年限、带病运行，有些是电源紧张，供电质量差，也有些是维修不及时、管理不善等。

表8-2　1982年至1987年底境内泵站改造情况表

县（市）	改造数			增加流量（米³/秒）	提高效率（%）	节电（万千瓦时）
	座	台	千瓦			
兴化	138	135	4651	8.30	13.28	26.03
靖江	9	11	700	2.75	13.64	2.67
泰兴	91	91	2267	4.92	19.03	44.83
泰县	277	284	3991	16.67	10.49	35.01

（二）大灾后重建

1.兴化

1991年，境内里下河地区发生特大水灾，给该地区的排灌设施造成极大破坏。其中，兴化报废排涝站70座，损坏和严重损坏590座。兴化有180个联圩、113.5万亩耕地排涝动力不足，其中48个联圩、21万亩耕地尚无固定排涝设施。该年汛期，当水位超过3.1米时，兴化许多联圩出现险情。大部分低扬程排涝站开不出，有的联圩虽然保住未破，但内涝积水不能及时排出，灾情也很严重。

灾后，兴化市委、市政府及时提出排涝站必须在合理布局的基础上加快修复和重建，对抽水机船

小型电灌站

要认真检修。兴化过去建的排灌站基本上是单机单泵，分散布置，多点设站，不但输电线路长、工程造价高，而且难以管理和维修。兴化市水利、农机部门总结经验，改用群泵组合、能灌能排、闸站结合、闸桥一体化的方式建站。同时，推广固定机口，实行船机渠灌或兴建小型电（机）灌站，直接从中心河提水，保证灌溉水源水质，提高灌水的利用率，降低灌溉成本。1991—1995年，共建成排涝站117座，增加排涝流量173米³/秒，其中引进推广闸泵结合的贯流泵新型结构18座。由于站位调整、设备损坏等原因，至1995年末，兴化实际拥有专排站和排灌两用站945座，总装机容量3.48万千瓦，流动机船8015

艘、9.8万马力，合计灌排流量1883米³/秒。有189个联圩基本达到"日雨150毫米两日排出不受涝"的要求。至1997年末，日雨量200毫米能两日排出的标准联圩有92个，总面积53.89万亩，占17.5%；日雨量150毫米能两日排出的标准联圩76个，总面积69.13万亩，占22.4%；日雨量100毫米能两日排出的标准联圩有81个，总面积79.34万亩，占25.8%。

1992年6月,兴化建成舜生农田水利枢纽。该枢纽位于舜生镇北开发区,列为1991年国家黄淮海开发项目;由兴化水利局设计,兴化水利工程处承建,总投资55.38万元。这是境内里下河圩区第一座闸站桥结合、运用功能较为齐全的水利枢纽工程。这项工程由泵房、上游防洪闸、输水涵闸、出水转向建筑物、套闸下闸首、站前人行便桥等部分组成。泵房建筑面积336平方米,分为3层,下层为水泵室,中层为电机室,上层为工作室。枢纽全部采用钢质闸门。上游防洪闸口宽3米,兼为套闸上闸首,套闸闸首口宽4米,并结合交通机耕桥布置,输水涵闸口宽2.7米。上闸首闸门启闭用螺杆启闭机,下闸首采用悬卧式闸门启闭模式,设计合理,结构形式独特。其工程效益主要有:①排涝。关闭上游防洪闸闸门和输水涵闸闸门,打通出水池通外河的口门即可投入排涝,设计排涝流量4米³/秒,由2台20ZLB-70型水泵和3台28LBC-125型水泵共同负担,配套功率225千瓦。②灌溉。关闭出水池通外河的口门,打开输水涵闸门即可。设计提灌流量1米³/秒,由2台20ZLI3-70型水泵执行。当外河水位超过1米时,还可打开出水池和输水涵闸门,自流引水灌溉。③防洪。上游防洪闸门和输水涵闸均按3米水位差设计,整个建筑物可防御外河3.5米水位。④降积水。可根据需要控制内河水位。⑤交通。站前人行便桥主要用于整个开发区的外围环行交通,套闸下闸首布置的机耕桥可保证大型农业机械通过,上下游闸首之间组合成的套闸可满足15吨位生产船只汛期的通航。

1991年灾后,香港慈济会捐资兴建兴化东鲍乡新东圩水利工程。工程由兴化市水利局设计,兴化东鲍乡水利站承建,由圩口闸、排涝站和公路桥3部分组成。圩口闸位于站西侧,两者连成一体,孔宽4米。排涝站由2台600ZLB轴流泵组成,排涝流量为2.3米³/秒,站分上、中、下三层,上层为管理用房,中层为机电房,下层为水泵房,泵房的出水池和圩口闸上设汽-10单车道公路桥。整体布置协调、美观,减少了闸站地基着力不均,改善了站房底板受力状态,相应降低了工程造价。

1991年灾后,兴化张郭乡将4个联圩合并成总面积1.6万亩的中心大圩,实施多种形式闸站结合工程。张北村、蒋庄村闸站结合工程:闸孔宽分别为5米和6米,苏Ⅱ型排涝站位于圩口闸一侧与闸合为一体,闸门采用横移门布置,横移设备为2只3吨手动单轨行车。在正常情况下,闸门横移排涝站进水池中,以避免过往船只碰撞。汤河闸站结合工程:位于张郭乡中心圩西侧,一闸两站布置,圩口闸孔宽7.0米,钢直升门,闸室两侧各布置苏Ⅱ排涝站1座,闸室和排涝站出水池上方布置公路桥,荷载汽–10,净宽4.5米,结构紧凑、合理,运行管理方便。

闸站一体的圩口闸

2.泰县

灾后,泰县结合兴建圩口闸,发展机排站,一般是195柴油机拖12英寸排涝泵,一机多用。至1993年泰县(姜堰)共有排涝动力26515千瓦。其中,固定站262座,453台(套),7909千瓦。20英寸泵101台,32英寸泵19台。14千瓦电动机10台(套),10千瓦电动机16台(套),合计300千瓦,均配14英寸轴流泵,直接传动,用10吨水泥船,船底留孔装置进水管,分布在俞垛的龙沟、角西、房东、姜家、俞北、俞东,兴泰的新河、东港、孙庄、南匦、北河、东风、兴东、兴北、兴西、西陈、苏庄、沙场,溱潼的湖中、十八号圩、溱西、船花港、储垛、湖滨、溱湖西、湖东。

三、电力喷灌

电力喷灌是通过加压喷洒器把灌溉水喷射到空中,均匀湿润农作物和土壤。这种先进的现代化科学灌溉方法节水、节能、省工、增产,在境内推介后,很快受到了各地城郊菜农的欢迎。

1977年,海陵区开始在城郊区菜田发展喷灌,当年在西郊公社招贤大队建成地下水自引固定式蔬菜喷灌工程60亩。同年,兴化试制成功80B50型农用喷灌消防泵。该泵通过配套可一机多用,主要用于垛田地区蔬菜喷灌,也可用于消防灭火,效率达70%,在高效区10～15升/秒的工作范围内性能较好。经性能测定数据和性能参数曲线分析,效率在69.3%时,扬程51米,流量54.15吨/时,轴功率10.85千瓦。

1979年,海陵区快速发展电力喷灌。该区采取"三三制"投资原则,即省、市、社队各负担1/3,行之有效。到1985年,海陵区郊区菜田喷灌面积达5600亩,其中,固定式喷灌面积1600亩,半固定式和流动式喷灌面积4000亩,拥有动力731.6千瓦。同年,靖江在孤山公社城北大队建电力喷灌站1座,装机4台、30千瓦,喷灌面积50亩;在靖城镇靖南、靖北大队各建电力喷灌站1座,分别装机2台、14千瓦和

1台、7千瓦,灌溉面积35亩。随后,靖江在大兴(生祠)公社金星大队和靖城镇、季市镇蔬菜队推广机动喷灌机20台(套)。但由于喷灌成本高,加之靖江灌溉条件较好,喷灌难以全面推广,且喷灌站设备逐渐老化报废。1984年,海陵区水产养殖场实施喷灌工程,铺设管道5公里,配套动力55千瓦,输送淀粉厂浆水养鱼,节省投资12万元。

实行家庭承包生产责任制之后,田块分散,种植品种复杂,原有的灌溉方式、布局不能适应农村新的经济体制,喷灌的使用受影响,面积也有所缩小。

四、井灌

1967年,为解决泰兴通南无水源的实心田、高垛田的灌溉及人畜用水,省、专区下发泰县9台(套)人力回转式抗旱井工具,国家补助2万元。泰县先在顾高钱野进行钻井试点。当年在顾高、蒋垛、太宇、蔡官、仲院、大坽、寺巷、野徐、梅垛、王石、梁徐、白马、鲍徐等公社打井53眼。1968年,在蒋垛、仲院、顾高、张甸边角交界无水源地区,打深井30眼、浅井9眼,配套机泵39台(套),装机容量220千瓦,国家补助1.89万元。泰县还为城区白玉池浴室、益众油厂、农具机械厂、人印厂、化肥厂等单位打生产用井。深井离地面63.8米,浅井29米。蒋垛公社花灯、盐泥、大岸、芦姜、莲河、南莲、野曹、野朱等大队打了农业用井,并配套投入生产,除进行抗旱灌溉外,还在井周围田块栽插了水稻。由于井水矿物

质含量高,碱性大,水性凉,返碱严重,有些出水池及渠
系建筑物均有侵蚀现象。1970年后,逐年新开河道,大
力兴建电灌站灌溉,井灌被逐步淘汰,井被封存,少数井
用于人畜饮水。

井孔采用上大下小的形式,即上口井管内径70厘
米,下口井管内径40厘米,上下井管间用一变形管连
接。在水质较好的地下水层放透水管,其余安放闭水
管。为增大水井出水量和延长水井的寿命,在管周围填
10厘米厚天然混合砂砾,上部用优质黏土捣碎回填封闭。完成一个浅井需7～10天,深井10～15天。
一眼30米深的浅井需水泥1.5吨、黄砂20吨、石子4吨、木材0.4立方米、钢材0.2吨、毛竹10根、沥青40
千克、铅丝15千克。

五、主要抽水、翻水站简介

【马甸抽水站】

见本书第三章第四节。

【泰县姜堰翻水站】

该站位于姜堰套闸西侧,建于1987年。

泰县地处江淮平原腹部,无独立引江口门,须由泰兴马甸港闸、高港口岸闸供水,灌溉近50万亩
田的水稻。但每逢5—6月用水季节,江潮偏低,不能开闸引水,严重影响水稻灌溉、旱作物抗旱和交
通航运。1986年6月初,长江大通来水量小,口岸、马甸闸引不到潮水,适逢泡田用水高峰,内河水位
猛跌。6月11日,泰县水位下降到1.25米,其通南地区有478座电灌站抽不到水,其余电灌站也不能正
常抽水,旱情较重。经省水利部门同意,在新、老通扬运河之间兴建泰县姜堰翻水站。利用原有的中
干河引水,向南送水。在干旱年份,当泰县水位低于1.7米时,从里下河翻水补给其通南地区;在雨涝
年份,当溱潼水位超过3.0米,而泰县通南水位在4.0米以下时,可以相机抽排里下河涝水,由通南出
江,增强里下河排涝能力。

1987年12月1日,开工建设姜堰翻水站,1989年8月6日竣工。共完成土方13.49万立方米,浇筑
混凝土2719.5立方米,浆砌块石4517.8立方米,干
砌块石150立方米。共用水泥1339吨、钢材86.7
吨、木材152立方米,安装40ZLB-125立式轴流泵
5台,每台流量为3.0米³/秒,配JSL-13-12型130
千瓦立式电动机直接传动,变压器采用S7-800/10
型新型节能低损耗电力变压器1台。北段引河长
260米,底宽10米,底高-1.5米,坡比1:3;南段引
河新开280米,接姜堰三支河,再向东180米入中

干河,底宽为10米,底高-0.5米,坡比1:3,南北段均砌块石护坡,同时配套机耕桥和人行便桥各1座。总投资207万元,其中国家补助65万元,姜堰粮食生产发展基金支持20万元,姜堰水利系统筹资30万元,其余为农村劳动积累用工。

1991年7月里下河水位超过历史最高水位,而通南水位又在4.0米以下,从6月16日起至8月16日,翻水站开机1070小时,翻水5136万立方米,为减轻里下河涝水压力发挥了一定的作用。1992年6月12—14日、1993年6月17—24日,通南水位均低于1.50米,时适泡田插秧季节,该站开机翻水,补给姜堰通南灌溉用水,解燃眉之急。

第三节　田间工程

田间工程是直接为提高粮食和经济作物产量服务的工程。随着生产力的发展和社会的进步,在不同时期,境内各县(市)水利部门对田间工程提出了不同的要求。20世纪50—70年代,主要是进行旱改水、沤改旱和改造盐碱地等中低产田改造。20世纪80年代,主要实施田间沟渠配套,实行沟、渠、田、林、路统一安排,圩内河网建设和洪涝旱渍碱综合治理,努力建设高产稳产田、双纲田、吨粮田。20世纪90年代中期主要以建设样板圩、标准圩、示范方、示范带为载体,进行田间沟系(导渗沟、隔水沟、灌排沟和田间墒沟)配套,改善灌溉、排水、降渍条件。

一、里下河地区

旧时,里下河圩区无田间灌溉系统,三麦无冬灌、春灌习惯,稻田灌水以风车、脚车为主,以后逐步发展了流动机船,灌水时利用圩边高、中间洼的地形,将风车、脚车或岸机固定在地势高的上匡田边,水由上匡田引入中匡田,再由中匡田流入下匡田。如此串灌漫灌,中、下匡田就形成了老沤田,也就是低产的塘心田。20世纪50年代初,各地因地制宜在田间挖沟做渠,分级排水,经过不断实践,不断变革,由最初单一的沟网化,逐步建成有排有灌、排灌分开的田间工程。

表8-3　农田一套沟标准　　　　　　　　　　　　　　　　单位:米

沟别	地类	沟名	间距	深度		底宽	说明
				黏土	沙土		
田内沟	各类地区	竖墒	3~4	0.4	0.3	0.10~0.15	
		横墒	50左右	0.5	0.4	0.15~0.20	出口通深横墒
		鼠道	2~4	0.4			
田外沟	圩区	隔水沟	50	1.0		0.3	
		生产河	200~250	2.5~3.0		2~4	
	高沙土平原区	隔水沟	80~100	0.8~1.0		0.2~0.3	亦称排水沟
		田头沟	200	1.5~2.0		1.0~0.3	亦称降渍沟
		排降沟	250~500	2.0~2.5		1.0	

(一)排灌沟渠

按照"四分开、三控制"的要求,里下河圩区因地制宜地利用和改造老河网,建立新的排灌渠系。一般先开挖中心河,穿过圩心,解放塘心田,作为新水系的骨干河道。两侧生产河垂直于中心河,呈"丰"字形,圩口大的呈双"丰"字形,圩口小的呈"艹"字形,均视圩口具体情况而定。中心河间距800~1000米,河底高程-1.0米,底宽8~10米;生产河(小沟级)间距200~250米,河底高程-0.5米,底宽4米,能引、能排、能通航,农船到田头。灌溉渠系呈双"非"字形布置,末级(农)渠道位于两条生产河之间,沟、路、渠,灌排分开。灌区较大的有两级渠道或三级渠道,但以小灌区一级渠道上田较多。田块按小(块)平大(匡)不平的原则,平整成条田,一端临生产河,一端临农渠,长约100米,宽15~30米不等,因各地生产需要而定。生产河以下为农田一套沟。

1953年,兴化在小范围内进行开沟挖墒试点。开沟:秋天降低内河水位,在种麦前(10月中旬),将河水位降至1.5米以下;深墒窄畦,田面一般四转八犁或五转十犁成畦,畦宽约2米,畦面呈龟背形。用犁拉墒,抽墒带畦。在田块四周开挖排水沟,要求沟沟相通,雨住田干。排水沟的标准按地下水位高低,一般沟深20~30厘米、宽30厘米。靠近沤田边缘通常开一条宽、深各1.5米的大龙沟,以引导邻田渗水入河,达到水旱分开。在地势高差较大的地区做分匡隔堤以利分级排水,避免上匡田水流入下匡田。

1959年冬至1961年春,兴化按照平原地区干、支、斗、龙、毛模式布置渠系,大搞座机灌区。经过一冬春努力,兴化共建大灌区94个,面积计约85万亩,最大的面积2万多亩。由于布局不适应兴化水网圩区具体情况,常常造成"渠首泛滥,渠尾抗旱"的局面,灌溉效益极差。1962年拆除全部坝头,平渠还田,将能利用的农、毛渠道整理后继续利用,对废弃渠道有的利用其一边做分匡隔堤或做田间大路,另一边则放坦还田,恢复耕作。自1964年开始,以沤改旱田块为重点,包括老麦田、棉田,开挖灌排两用生产沟渠,一般一个子圩开挖干沟1条,挖深0.7米左右,底宽0.3米,坡度1:0.3。一边做路,宽1米,高0.5米;另一边做田埂,宽0.4米,高0.4米。干沟两侧做"百脚支沟",支沟挖深0.5米,底宽0.2米,沟埂高出田面0.4米,在高低田之间加做分匡隔堤,以分级排灌,隔堤一般比上匡田高出0.3米,顶宽1米。

20世纪70年代中期,里下河地区田间工程按一渠二路式布局,即渠道两边的堤顶作路,两条路的外侧各有一条导渗沟。渠道挖深0.4米,底宽0.5米。路顶高程3.2米,宽2.0米,坡比1:1。导渗沟挖深

1米,门宽1米,支渠与隔水沟分别与主渠道和导渗沟呈T形衔接。支渠平地修筑,渠顶高0.6米,渠底宽0.5米,隔水沟深1~1.2米。少部分地区仍按排灌两用的沟网布置。沟网由灌排沟和隔水沟组成,标准比上一种稍高。

1974年10月,兴化县委在戴南公社召开各区社负责人参加的水利工作会议,要求各区社按照省革委会1973年9月提出的建设高产稳产、旱涝保收农田"六条标准"治水改土,进行农田水利建设。

1974—1977年,为了加快建设"三田"(高产稳产田、双纲田、吨粮田)步伐,兴化实行沟、渠、田、林、路统一安排,洪、涝、旱、渍、碱综合治理,以沟渠路促方整,以方整促甲整,一土多用,做到"河成、圩成、沟成、路成、渠成、林成,当年收益"。兴化县委在国民经济"五五"规划和"六五"设想中,要求田间工程做到河、沟、墒三网配套,灌排分开,开新河、填老河,条田方整,土地平整,达到墒通沟、沟通河,雨住田干,排灌自如。经过几年的努力,兴化竹泓公社振南圩建成全省文明的高标准样板圩。与此同时,各公社也都开辟了自己的样板圩、样板方。

1978年后,兴化以治理地表水、浅层水、地下水为主攻方向,每年结合秋播,开挖标准农田一套沟,沟网、墒网配套成龙,墒、沟、河条条畅通,达到防涝防渍的要求。兴化按照集中排涝、分散灌溉的要求布局,实行生产河东西向布置,间距为250米,两河之间布置一条机耕路,路两侧各挖1米深灌排沟1条,沟渠结合,灌排两用。麦作期当排降沟用,与田间隔水沟和墒网组成排降系统;稻作期当低渠道用,灌排结合,从中心河抽水,固定机口,船机渠灌,一级到田。田块南北向长度由生产河决定。一般每块田长125米,东西向宽20米,每2~3块田垂直生产河方向挖一条深1.0~1.2米的隔水沟。

种麦时,田内顺墒深0.3米,横墒深0.6米。包括顺墒、横墒、隔水沟、灌排沟、生产河的田间灌排工程系统成为一种模式,为各乡(镇)建设田间工程时普遍采用,对圩内农田抗旱、排涝、降渍都发挥了一定作用。

1992年,兴化一套沟的配套密度每万亩降至100公里,下降了9个百分点。由于田间沟渠不配套,导致灌排困难,渍害严重。1993年、1994年,兴化抓住时机大搞秋播田间工程。农田一套沟完成土方650万立方米,新开三沟9130条、1108公里,疏浚95703条、12900公里。配套总面积达141万亩,占秋播面积的96%,万亩密度130公里以上。1991—1998年,兴化全市共清理、疏浚、新开农田一套沟142901条,累计完成土方3200多万立方米,配套三沟涵9049座、机耕板35810块,农田沟系配套占秋播面积的95%以上。

1956年,泰县(姜堰)叶甸乡仓南村采用高垄深墒,排降结合,在面积较大或与沤田交界处开挖排水沟,圩内中心开挖穿心沟或"十"字沟,实现"二沟三墒"排水系统。沟分穿心沟和排水沟,墒分顺墒、横墒、围墒。由于沟墒相连,沟河相通,四面排水,四面上肥,取得了改制的成功。1963年,俞垛公社龙沟大队在九顷三圩上布置了南北向的排灌两用干渠两条,间距110米,呈双"非"式,东西向间开挖斗渠与斗排。斗渠与斗排相间布置,间距100~110米,田块近似正方形,干渠与斗渠排灌两用。斗排单排不灌,改变了仓南大队单一的沟网系统,建成了初具雏形的灌排两用渠道。其排与灌呈"井"字形交错,排灌矛盾多,需要的建筑物多,未推广应用。

1965年,兴泰公社甸北大队北河圩在泰县水利局指导下,改龙沟式"井"字形田间工程为"丰"字形。该公社统一标准,灌排分开,不受社队限制,原有田间排灌以改造为主。灌溉系统分干、支、斗3级,圩口小、南北短的分为干、斗2级。排水系统分河、沟、墒3级,河分内河、外河,沟分斗排沟、穿心沟和导渗沟。斗排与斗灌长150～200米,间距40～50米,均采用南北向,以利通风透光。由于布置合理,能满足灌、排、降的要求,一时成为泰县里下河圩区田间工程的样板,大为推广。

1967年9月,泰县水利局向里下河各人民公社发出《关于里下河地区田间排灌工程意见》的通知,要求田间工程分灌溉系统和排水系统,灌溉系统分干、支、斗3级或干、支2级,排水系统分河、沟、墒3级。

排灌系统的布置:斗渠与斗排南北向,排灌相间,长150～200米,间距50米;穿心沟力求挖深一些,以满足棉田对地下水的控制;顺墒为南北向,每40米左右挖横墒1条。

灌溉系统规格:干渠底宽0.5米,地面向下挖深0.7米,地面向上填高0.7米。支渠底宽0.4～0.5米,地面向下挖深0.6米,向上填高0.6米。斗渠底宽0.3米,地面向下挖深0.5米,向上填高0.5米。

排水系统规格:斗排底宽0.3米,地面向下挖深0.8米,挖土结合做路,穿心沟底宽0.4米,地面向下挖深1.2～1.5米。顺墒底宽0.25米,挖深0.3米。横墒底宽0.25米,挖深0.4米,围墒标准与横墒相同。第三阶段除涝降渍,综合治理,田、林、路、闸、站、桥统一安排。

20世纪70年代后,田间工程由单一治理推向综合治理。1974年,泰县在沈高公社夹河圩进行土暗墒、瓦管、灰土管排水降渍试验。1976年3月19—26日,泰县分片召开农田水利建设检查验收现场会,要求按照中央提出的建设旱涝保收、高产稳产"六条要求"和省里提出的"六条标准"对照验收,进行"六查",即查规划、查工程、查配套、查效益、查政策、查管理,验收结果,70%的农田达到和基本达到旱涝保收农田要求。验收后,泰县再度掀起综合治理、全面"达标"的高潮。1985年后,相继在娄庄、洪林、里华、罡杨等乡(镇)利用鼠道犁开凿鼠道,推广鼠道排水。

1996年8月,境内里下河圩区田间排灌沟渠配套的面积为215.6亩,占耕地的80%。

(二)圩内河网

旧时,里下河圩区农田一般以小子圩挡水,每圩300～400亩。由于面积小,圩内基本没有河道。部分较大的子圩内也只有一两条"死沟头",由外河伸入圩内,以供运肥和排水之用,宽度一般4～5米。由于河道较少,运送河泥、肥料需人抬肩挑,劳动强度较大,以致肥料、河泥多施在子圩四周靠近河边的地方。年复一年,形成大大小小四周高、中间低的整坞子塘心田,这不仅导致圩内排水困难,而且造成土质恶化。

20世纪50年代,随着农业集体化的发展和"沤改旱"的逐步实施,为便于灌溉,根据不打乱原水系的原则,里下河圩区开挖和疏浚圩内小型河道,整治圩内河网。整治后的圩内河网一般由中心河和生产河(有的地方称中沟)组成,中心河两头必须与外河相连,以达到内外沟通。其布局有呈"丰"字形的,沈高镇所有大圩口,圩内水系,均呈"丰"字形布置。淤溪镇五星圩有两条中心河呈"井"字形布局,缺点是交叉建筑物多,未普遍采用。呈"丰"字形布置的,中心河位于圩内中部,多为南北向。生产河东西向,间距300～400米。有的生产河用大排沟代替。中心河河底真高一般-0.5米,底宽5米,河坡1:1.5～1:2;生产河河底真高-0.3米,底宽3米,河坡1:1.5～1:2。

1960年,兴化在开挖县级干河的同时,整治开挖中沟36340米、小沟40973米,共完成土方近300万立方米。在部分灌排条件差、运肥困难的低产塘心田以及尚未改制的一熟沤田内开挖必要的小型沟河。小河标准一般河底高程0米,底宽1.5～2米。1962—1967年,兴化共开挖圩内小型河道1010条,使32.4万亩塘心田得到不同程度改造,加快了兴化沤改旱的步伐。

1970年10月,兴化组织3600名社员,用50天时间在幸福圩内开挖生产河7条。河与河之间相互间距300米左右,共长12公里。并以生产河为骨干河,修渠筑路24条,共完成土方40万立方米,使圩内4400亩土地基本达到河道规格化、土地方整化、排灌系统化,成为兴化第一个样板圩。在样板圩推动下,1973年至1974年冬,兴化又开挖生产河748条,合计长371.7公里,挖土方56.2万立方米。1974年兴化开始按照建设高产稳产农田标准对圩内水系重新规划,以中心河、生产河、一级河道为骨干,实行河、沟、墒三网配套,灌排分开。中心河按南北向布置,间距1000米左右,底宽5米,高-1米;生产河按东西向布置,间距250米左右,底宽2米,高-0.5米。中心河、生产河在圩内形成"丰"字形或"井"字形网络。为保护圩堤完整,减少圩口、险段,有利排水和交通,有的公社还开挖环圩河,标准与生产河相同,距离圩堤内脚1～2节田。开挖圩内河道时,对在规划线上的老河网尽量改造利用,其余的则开河取土,填老河还田;将无法填平的老河塘拓浚成鱼池,做到开河不减田。1974年至1978年冬春,兴化每年动员劳力20多万人,共开挖中心河、生产河、环圩河1700多公里,各公社都有一个5000亩左右的样板联圩。其中较好的有竹泓振南圩、钓鱼乡钓鱼圩、大垛东凤圩、李健李南圩等。1978年以后,兴化重点改造残留的塘心田和实心田,疏浚整治淤浅阻塞的河道。至1990年,兴化圩内河道总长达9207公里。

1991年,兴化圩内一些河道因受大水冲刷而淤浅,东部圩里地区沙质土壤淤浅尤甚,引、排、航效益日减。灾后,各乡(镇)组织劳动力按缓急先后疏浚河道。1991—1998年,新开、疏浚中心河、生产河共长2019公里,完成土方14584万立方米。兴化还结合每年秋冬罱河泥、浇泥浆的需要,拓浚圩内河道,特别是整治南北向中心河,改变"水在圩外转,圩内引不进"的状况,解决了灌溉和人畜饮水的水源,又改善了水质。

1996年末,兴化有区乡级(含)以下河道10150公里,其中分圩河道1620公里,圩内中心河1250公里,生产河7280公里。

【泰县沈高公社河横圩】

河横圩有耕地2800亩,地势低,沟港多,被纵横交错的沟港分割成54个小匡。其中一熟田占80%。1968年开始筑大圩,搞联圩,并在圩内中部新开1条南北向中心河、3条东西向生产河,间距300米,出土结合填平废沟废塘,形成"丰"字形新水系。田间开排水沟垂直于生产河,间距100米;田块为南北向,田内挖墒沟形成墒、沟、圩内河与圩外河4级排水系统。同时,在中心河南端建套闸和电力排灌站,中心河侧筑干渠,沟、渠、路相结合;生产河之间筑支渠,排水沟之间筑斗渠,形成干、支、斗3级灌溉系统。继而配套涵闸桥,实现了河网化、渠系化、条田化,从根本上改变了过去"一年一熟稻,十年九年涝"的旧面貌,成为里下河地区"农业学大寨"的一面红旗。1969年,省水利厅在里下河农田水利现场会上将其誉为全面配套的农田水利建设典型。1970年,《人民日报》以《一双铁手改天地》为题,报道了河横圩事迹。

【泰县沈高乡夹河圩】

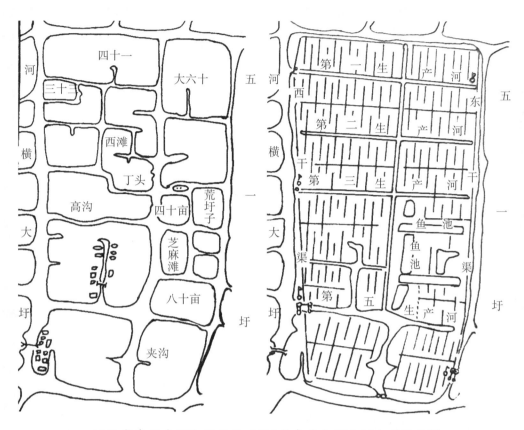

1950年泰县夹河大圩原状、1987年泰县夹河大圩水利现状图

夹河圩圩内总面积2.14平方公里，耕地2345亩，水面面积280亩，原先地势南高北低，田块零碎，产量低而不稳。1969年，该圩开始进行联圩工程，将25个小圩联成1个大圩，以后逐年加修圩堤5800米，圩堤顶高均达到4米，顶宽3米，建1座套闸、4座单闸，巩固了防涝阵地。接着按利用、改造、新建的原则，开挖生产河3条，改造、利用生产河各1条，并利用南北向老河作中心河，形成了"六横一竖"的新水系。在中心河上建分匡节制闸1座，高低分开，使高水高排、低水低排。建排灌站4座，设流动电力排灌船13条，总动力310千瓦。灌溉渠分干、支、斗3级，依东西圩堤筑干渠2条，支渠在两条东西向生产河之间，双"非"灌排，东西两侧6条。斗渠全为南北向，斗渠与排水沟相间，间距50米，计120条。排水沟只排不灌，斗渠灌排两用，加速田间排水。田间设墒网，暗管排降，还配套建了桥涵闸站，1969—1972年，共挖土22.3万立方米。雨后，田面水由墒网经沟网入河网。由于"三网"标准高、密度大，加速了径流汇入，减少了入渗，有效地控制了地下水。粮食总产由1969年的83.75万千克增加到1987年的169.27万千克，同期棉花总产由1.67万千克增加到5.35万千克。1973年，扬州地区革委会发出向治水改土的先进单位夹河大队学习的决定。

【兴化钓鱼乡钓鱼圩】

钓鱼圩在兴化圩外地区，地势低洼，易发涝灾。经多年整治，1974年圩子基本定型，圩内耕地5304亩，圩长11.5公里，圩顶高程4.1米，顶宽5米，巩固了防涝阵地。圩内中心河两条，河底高程-1.0

米,生产河间距200～300米,河底高程-0.5米,农船直达田头。两条生产河之间一条机耕路,路两侧开沟,沟深1米,沟渠结合,灌排两用,麦作期作排降沟,与田间隔水沟、墒网组成排降系统;稻作期作渠道用,船机固定机口,从中心河抽水入渠,一级上田。田块南北向,长度由生产河间距决定,一般田块长125米、宽20米,每隔3块田垂直于生产河方向挖一条深1～1.2米的隔水沟。沤改旱后,排水条件改善,土壤得到改良,活土层加厚到70厘米左右,大部分鸭屎土的肥力已达勤泥土的水平。圩内建立了管理制度,堤、林、闸、站专人管理,报酬落实,奖惩兑现。1981年粮食总产400万千克,是1970年的2倍,人均收入120元,比1976年增长88%,是农业生产和农田水利建设的先进单位。

二、通南地区

(一)农田一套沟

1973年,江苏省革委会颁发了关于建设高产稳产、旱涝保收的农田"六条标准",即日雨150～200毫米不受涝;70天无雨保灌溉;地下水位控制在田面下1～1.5米;排灌分开,建筑物配套,能潜能排能降;因地制宜地平整深翻土地,粮棉全面超纲要。1974年,全国农田基本建设座谈会提出以改土治水为中心,建设旱涝保收、高产稳产农田"六条要求",即旱涝保收、配套齐全、保养完好、合理排灌、保墒防旱、植树造林。

两个"六条"发布后,境内各地迅速贯彻执行,为达到建设旱涝保收、高产稳产农田的目的,积极进行农田一套沟建设。农田一套沟包括内三沟和外三沟,实施农田一套沟后,可达到水旱分开、高低分开、内外分开、灌排分开。地下水降至田面以下1米。做到墒通缺、缺通河、河通港,沟沟相通,雨住田干。各地沟名有别,标准也略有差异,但作用相同。内三沟即围墒、顺墒、横墒,是临时性的田间工程。其布置根据田块的形状、面积和作物的布局而定。一般顺墒为南北向,与竖排沟平行,间距为3.33米。横墒为东西向,又称腰墒。其间距根据田块长短和田面平整情况而定,一般在田块中部开挖1条,如田面不平整或田块较长,可开挖两条。围墒深0.3米,底宽0.3米;横墒深0.25～0.3米,底宽0.25米;顺墒深0.25米,底宽0.2米。泰兴在每块田两头挖深0.35米左右的横墒,每年根据作物布局需要开挖,以利快排田间水。同时,根据作物布局和田块大小开挖深0.25米左右的明墒,每块田中间挖腰墒,挖深0.35米左右。外三沟即排降沟、田头沟和隔水沟(竖排沟)。排降沟在乡级河道之间,能灌能排不通航;间距一般在500～1000米,长度约1公里,沟深2.5～3.0米,底宽1米,坡比1:2.5左右,两头建涵闸接中沟(乡村河道)。田头沟通入排降沟,间距一般为200米左右,长度500米,沟深1.5米,底宽0.5米。隔水沟(竖排沟)通入田头沟,采用南北向;间距60～100米,沟深0.8～1.0米,底宽0.2～0.3米,两沟间建田埂1条。田头沟的作用是分隔相邻的水田和旱田,加速田块渗水降渍。田间一套沟工程配套齐全后,积水有了归宿,且分级负担,不至于高压低、水乱转、越级排水,从而大大减轻了涝害。

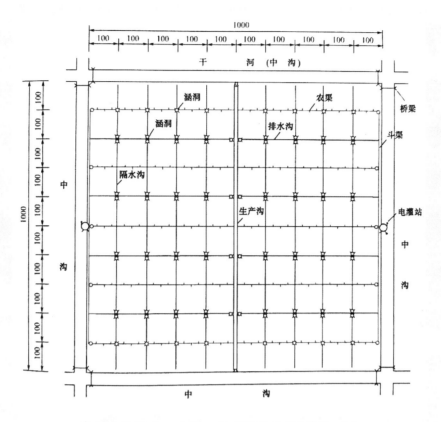

高沙土地区农田水利工程布局示意图(单位:米)

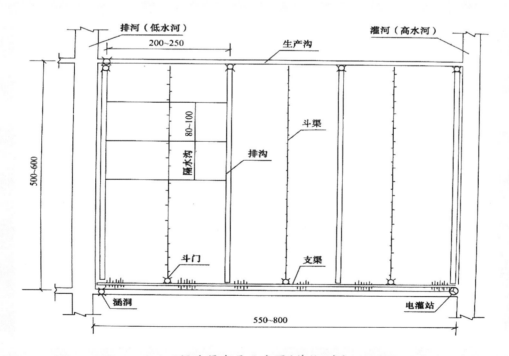

田间沟渠布局示意图(单位:米)

平田整地、开沟挖渠

1.靖江

1973年,靖江水利局安排技术干部就如何挖好内外三沟用图表进行讲解,并提出标准:地下水降至田面以下1米。做到墒通缺、缺通河、河通港,沟沟相通,雨住田干。是年,靖江完成排水沟1.28万条,累计3850公里;整理小沟610条,累计365公里;完成土方520万立方米。1974年11月28日,扬州地区在靖江召开秋播现场会,与会者参观齐心大队秋播现场,并予以充分肯定。是年,靖江根据省颁农田建设"六条标准"对农田进行验收,完全达标的有18.5万亩,基本达标的有13万亩,达标和基本达标的占集体耕地面积的66%。1976年5月,达到或基本达到标准的农田有39.82万亩,占集体耕地面积的85%。1977年,靖江县农业部门在侯河公社齐心大队和孤山公社城北大队搞农田基本建设样板。根据扬州地委提出的"一方麦田,两头出水,三沟配套,四面脱空"的要求,明确靖江降低地下水标准:老岸地区地下水控制在田面以下1.5米,沿江及孤北洼地控制在田面以下1米,解决受涝渍而减产问题。靖江各公社也选择1个大队为样板,以点带面,全面推广。是年,靖江完成农田一套沟土方约400万立方米。1978—1979年,靖江继续掀起以降低地下水位、防治涝渍为重点的农田基本建设高潮,农田一套沟采用明墒与暗墒相结合的方法,暗墒深0.8~1米。

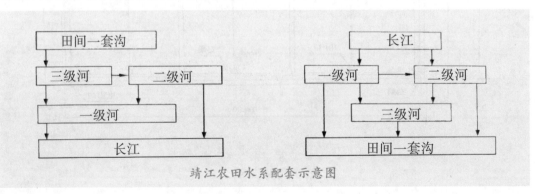
靖江农田水系配套示意图

1980年起,国家重点扶持"三沟"建筑物配套。1982年10月,省有关部门颁发《江苏省农田水利建设八条标准》。靖江对照"八条标准",提出要努力做到日雨150~200毫米不受涝,有水源的地方70~100天无雨保灌溉,水源不足的地方开辟水源扩大灌溉面积;地下水位控制在地面以下1~1.5米以防渍;建筑物配套达60%。1980—1984年5年间,靖江农田水利土方达1976.46万立方米,其中农田一套沟土方约500万立方米,建成三沟配套建筑物1059座。至1984年,靖江达"八条标准"旱涝保收高产稳产农田40.02万亩,占总耕地面积的82.1%。1985—1987年,靖江县政府针对农村联产承包责任制推行后田间水利工程退化的情况,要求各乡(镇)秋播前根据作物布局对农田一套沟进行统一规划,统一标准,统一组织劳力开挖,并强调要做到"一块麦田,两头出水,三沟配套,四面脱空"。1985年秋,靖江县政府分别在马桥、斜桥、长安、季市等乡(镇)搞三麦秋播样板。是年加宽、加深隔水沟计730条,新开隔水沟220条,清理、开挖田头沟和导渗沟1100条,完成土方5万余立方米,高标准地完成1.3万亩麦田的田间一套沟任务,并达到村村队队一个样,点上面上一个样。1985年10月23日,靖江县委、县政府在该乡召开现场会,向全县推广他们的经验。同年11月28日,扬州市政府在高邮县召开秋播农田一套沟评比大会,靖江马桥乡获一等奖,奖金2.5万元,斜桥、长安、新桥等乡受到表扬。此间,靖江田间工程一套沟共完成土方736万立方米,其中,1987年冬疏浚整治外三沟9.9万余条,完成土方220万立方米,同时完成外三沟配套建筑物。但田间一套沟工程标准质量存在不平衡性,加之土质沙软,容易坍塌。配套建筑物滞后,管理不善,田间水利工程作用未能得到充分发挥。1992年,靖江县政府在新桥镇新柏村率先进行渠道硬质化建设,采用梯形、矩形、U形等多种断面形式,梯形居多。材料有混凝土预制板、混凝土空心砌块、砖砌外粉等。其布置尺寸:小泵(4~6英寸泵)口宽0.7~0.9米,深0.6米;大泵(8~10英寸泵)口宽1.2~1.45米,深0.7~0.8米。1993年,靖江在柏木乡柏一、汤家村进行农业示范方试点。实施混凝土衬砌渠道4.1公里,田间配套、渠道、涵洞分水闸等构筑物180座。同时试点"一路两沟",铺设机耕路2.6公里,投入资金34.4万元。

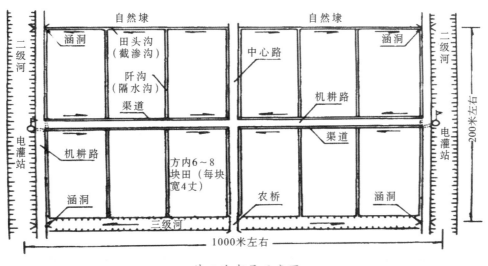

外三沟布局示意图

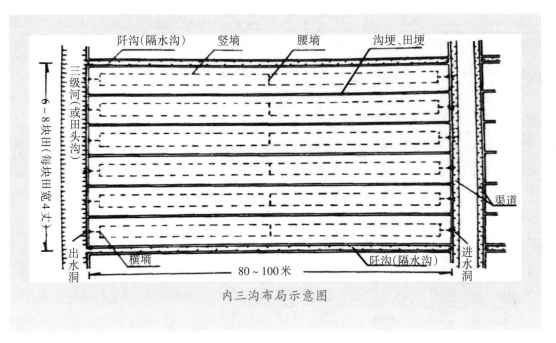

内三沟布局示意图

图中标注：
阡沟(隔水沟)　竖墑　腰墑　沟埂、田埂
三级河(或田头沟)
6～8块田(每块田宽4丈)
出水洞
横墑
阡沟(隔水沟)
80～100米
渠道
进水洞

2. 泰兴(含高港)

1987年,高港、泰兴一线已建成生产沟357条,长37公里,排水沟1250多条,长72.5公里,完成95%以上。与其水系相配套,先后建成穿江堤引排涵62座。内部通中沟、生产沟的灌排涵900多座。其内、外三沟布局标准与高沙土地区有所不同,生产沟间距500米左右,挖深2.5～3米,底宽1.5～2.5米,坡比1:1～1:1.5;排水沟间距200米,挖深1.2～1.5米,底宽0.5米左右,坡比1:0.7;隔水沟间距80～100米,挖深1.0米,底宽0.3米左右,坡比1:0.5;竖墑沟根据田块宽度决定条数,一般每3米1条,挖深0.4米左右,宽0.3米左右;横墑沟(田头墑沟),挖深0.5米,口宽0.4米;腰墑标准与横墑相似。为提高降渍能力,这一线一般采用明、暗墑结合,其中泰兴七圩乡八圩村曾用脊瓦作为衬底材料配套300亩,降渍效果较好,但费工费料,未能推广。

3. 泰州市(县级)

该市在通南高沙土地区着手疏浚原有沟、河,提高引排能力。随着沿江并港建闸控制水位后,分期完善引、泄连的河道新布局,初步疏通通江水路;同时在干河之间开挖乡级河道,纵横交错、干支分明。骨干河道的开挖为大、中、小沟定向,中沟以下排灌渠系一般为沟路渠布局,干渠多采用单"非"灌溉,支渠以下多采用双"非"排灌,也有的采用单"非"排灌。排水系统在生产沟(中沟级)以下为排降沟、田头沟、隔水沟,是农田一套沟的外三沟。外三沟的排降沟一般为南北向,间距500米左右,沟深2～3米,底宽2～3米。农排沟为东西向,间距200米左右,沟深1.5米,底宽0.5～1米。隔水沟为南北向,间距60～100米,沟深0.8～1米,底宽0.2～0.3米。

4. 泰县

1955年农业合作化前,泰县通南农村田间普遍无沟墑排水,习惯于"一耕两耙,就算到家"的粗放耕作,有用犁头深耕挑墑的,也有用铁锹铲个"荞麦壳儿墑"或"三角墑"的。20世纪60年代初,泰县机电排灌大发展,田间始有灌溉渠道,但仍无完整的排水沟系。1964年7月,泰县水利局6名技术人员到张沐公社调查研究,制定短期水利规划,经2年大搞田间工程,取得明显效益。1966年后,泰县在通南地区推广张沐公社水利建设的经验,成效显著。陆续出现了一些新的典型样板:1970年蔡官公社以原有骨干河道为框架,分7片建设田间工程;1974年大纶公社以建设新水系为基础,大搞排灌沟果;1975年大冯公社根据沟、渠、田、林、路、宅统一安排的要求,制定分期实施目标。这些典型样板起了示范带头作用,推动了泰县通南地区治水治田逐步向高标准前进。

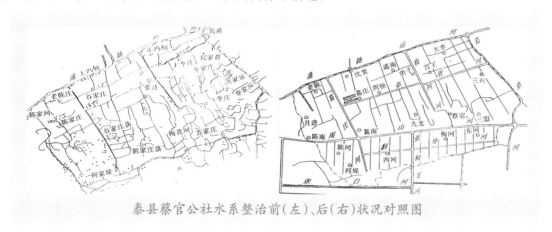

泰县蔡官公社水系整治前(左)、后(右)状况对照图

泰县通南田间工程分沟网和墒网,分排降沟、农排沟和竖排沟(隔水沟)3级。排降沟在乡级河道之间,大多是南北向,也有东西向,根据各乡(镇)的地形特点而定;间距一般在500米左右,长度约1公里,控制面积为750亩;沟深2.5～3.0米,底宽1米。农排沟通入排降沟,间距一般为200米左右,长度500米,控制面积150亩;沟深1.5米,底宽0.5米。竖排沟(隔水沟)通入农排沟,采用南北向;间距60~100米,沟深0.8~1.0米,底宽0.2~0.3米;两沟间建田埂1条。竖排沟的作用是分隔相邻的水田和旱田,加速田块渗水降渍。临时性的田间工程,其布置是根据田块的形状、面积、作物布局而定。顺墒为南北向,与竖排沟平行,夏熟后茬一般为花生、山芋、大豆田,其顺墒间距为1市丈,两旱一水的为8市尺。横墒为东西向,又称腰墒,其间距根据田块长短和田面平整情况而定,一般在田块中部开挖1条,如田面不平整或田块较长,可开挖两条。围墒挖深0.3米,底宽0.3米,横墒挖深0.25～0.3米,底宽0.25米,顺墒挖深0.25米,底宽0.2米。田间工程配套齐全后,积水有了归宿,且分级负担,不至于高压低、水乱转,越级排水,从而大大减轻了涝害。

1975年"6·24"暴雨期间,泰县3日降雨160.6毫米,盐运河(老通扬运河)泰县水位1天上涨1.98米,高达4.68米。泰县通南积水面积约28万亩,一般田块短时积水3.5市寸。由于发挥河网的大排、大蓄、大调度作用,仅1天的时间,田间积水基本排除,农田一套沟田间工程齐全的地方,在雨后3小时即排除了积水。1980年8月29日夜晚至次日凌晨6小时内,泰县大纶公社降雨204毫米,大田和墒沟普遍积水,而田间工程和配套建筑物基本齐全、达到规格标准的,雨后6小时排除田间积水;配套比较齐全的,雨后12小时积水才能排除;配套不齐全、规格标准达不到要求的,雨后30小时雨水方全部排完。至1994年,泰县通南地区田间工程齐全的面积占总耕地面积的85%。

(二)配套建筑物

20世纪50年代前,境内农村桥涵很少,且多为砖石或木结构,河宽桥窄,破旧不堪,行水与行人均

泰州水利志

不便。20世纪50年代,各地相继修建了一批干河桥梁,六七十年代配套了大量的桥梁、涵洞及闸站等建筑物。20世纪80年代至90年代中期,发展较快,各地区配套了一大批桥涵,标准、质量都有所提高,水利效益进一步发挥。到1996年,境内农村已建成大中沟闸202座、桥10125座、涵洞25417座、固定抽水站8028座。

1.桥梁

上部结构多为板梁式和空心"T"形梁。桥面宽2.25米,能通行手扶拖拉机。中孔一般为12~16米,能通航机动船只。20世纪70年代,开始兴建机耕桥。此类桥结构形式:石拱桥、双曲拱桥较少,桁架拱桥、预应力板梁桥较普遍,钢架拱桥、组合式桥也日渐增多,田间桥梁多为单跨板梁桥和三铰拱桥。

2.排水涵洞

涵洞上下水头差较大,都配有管式跌水,管式陡坡,井式、护坦式或撞击式的消能设施。近期推行双井式消能,即在上游设一浅井,井连洞身,下游建一深井,上口与洞身相连,下口与出水管相通,出水管口外设护坦、消力塘,均淹没在最低水位以下,防止冲刷。田头排水洞水量小,落差也很大。在典型示范田上,在上口设一跌水井,通过预制混凝土管,下接斜坡式流水槽或梯形跌水,再接护底、护坡。大面积农田排水口仍用土法"草垡防护"。

农田水利建筑物预制配件

3.灌溉涵闸

由于沙质土地区不能随意开口放水，渠道上都建有进水闸、进水涵、腰闸、倒虹吸、渡槽、过路涵、田头进水洞等。进水闸多采用开敞式。随着预制、装配施工的发展，近来推行压盖式，按定型图纸预制进口压盖门及底座、出口底座、上下游连接部件等，安装甚便。田头进水洞面广量大，大部分地方仍采用开缺放水或土法开堵。在示范区上则采用预制、装配施工，进口有预制楔形闸门配"凹"字形挡土板。底座有预制圆锥形闸门配挡土板，出口有分水井、分水槽及小闸门，中间以圆涵管连接进出口。

（三）治理典型

【泰兴胡庄乡肖林村】

肖林村有耕地2118亩，多为高沙龟背田、垛田。1975年，该村制定了治水改土综合治理规划，开始按规划开挖中沟、生产沟、排水沟和隔水沟，中沟间距1000米左右，深5.5米，沟底高程-0.5米；生产沟间距700米左右，深2.5米，沟底高程0.5米；排水沟间距200米，深1.3～1.5米；隔水沟间距100米，深0.8～1.0米。并修条田，田块宽一般10～13米，长100米，每块田2～3亩。1979年开始治沙改土试点。主要措施是：取宣堡港沉淀的红江泥垫田，3年中，罱红江泥3.5万立方米，掺入沙土，改良土壤，面积达1550亩，占耕地面积的73.18%。同时，扩种绿肥、油菜，秸秆还田，增加土壤有机质，1978年和1983年两次土壤测定，有机质含量分别是0.12%和0.53%。7年时间，完成全部计划的沟渠路林和桥涵闸站建设，共做土方83万立方米，并建立"四定一奖赔"的管理责任制。植树10.5万株，每年可收草200吨；81亩水面养鱼、育珠、放萍。1987年，粮食总产由1977年的53.5万千克上升到134万千克，工副业总产值由1977年的3.5万元上升到165万元。

【泰兴燕头乡】

燕头乡位于泰兴城北，耕地3.27万亩，地高土沙，原有呆塘2600多个。1975年，燕头乡制订治理高沙土的规划和分期实施计划。从1976年起到1981年，整治中沟13条，间距1000米左右，深5.5米；开挖生产沟8条，间距500米，深2.5米；田头排水沟，间距200米，深1.0～1.2米；共完成土方956万立方米，占计划的89%；建筑物647座，占计划的70%。自筹资金178万元，加国家补助每年投入30万元。已建成旱涝保收、高产稳产农田2.46万亩，占总耕地的75%。利用河坡绿化达92%以上，河坡上部以水杉为主，下部以池杉为主，辅以柴草。沿中沟、干河营造林带11条，长55公里，成片造林220多亩，栽树48万多株。利用老沟河，结合平整土地，扩建鱼塘215个，水面养殖1200亩，年产成鱼17.5万千克。植桑养蚕，植杞柳编织，年产值28.5万元。647座建筑物和河坡树草都有专人管理。1987年，粮食产量由1970年的875万千克上升到1978万千克，副业产值由1970年的60多万元上升到1540万元，工业产值由1970年的50多万元上升到8100多万元。

【泰县大坨乡】

大坨乡原为通南高沙土区，废沟、呆塘遍布，垛田零乱，耕地2.3万亩，易旱易涝，产量低而不稳。1974年制定了沟、渠、路、林统一安排的全面规划，进行综合治理。1975年起，陆续新开响堂、坨北、跃进、大坨、坨南等5条乡级河道，长19.31公里，挖6条排降沟，长33公里；开117条农排沟；筑灌溉渠道126条，长285公里；建750多座配套建筑物；削平5000多亩高垛，净增耕地950亩；建成17000多亩旱涝保收、高产稳产农田。同时,在沟河路渠两侧植树270多万株,其中乔木桑50万株,绿化面积达96%,人均百棵树。基本上能防风固沙、控制水土流失。实现了河成网、路渠成线、田块成方、树木成行。1987年养蚕3534张,收入44.68万元。水利设施都实行承包管理责任制,基本达到沟河畅通,建筑物完好。

第四节 乡村河道整治

一、乡镇级河道整治

(一)靖江

靖江的乡级河道分布于县级河道之间,多为南北走向。明崇祯年间,靖江有港道106条,至清光绪五年(1879),仅存72条。各港之间间距约500米,一般宽约3丈6尺深1丈6尺。迄于清末,均疏浚1~2次。民国时期,省政府规定凡港道淤浅15厘米以上者均应疏浚。民国22—24年(1933—1935),国民党靖江县政府先后组织疏浚水洞港、永济港、芦泾港、西来镇市河、靖城镇市河、渔婆港、陆稼港、玉带河、横港、芦家港、四圩港、范家港、天生港、张方港、陈湾港、展四港、陆三港、二圩港、护城河等河道31条,共完成土方约500万立方米。

新中国成立以后,靖江在组织整治县级河道的同时,注重治理乡、村级河道。至1987年,全县80余条(段)乡级河道平均疏浚2次以上,其标准为底宽4~8米,底真高0米,坡比1:(2~2.5),河口宽20~25米。以乡村自办为主,靖江县水利部门解决部分房屋拆迁的材料计划和农桥、涵洞配套资金。

1988—1995年,靖江侧重于农田基本建设,仅疏浚三圩港、八圩港等乡级河道就达46条,总长167.1公里,共完成土方444.02万立方米。

重点工程:

1.八圩港

八圩港北起靖泰界河,南入长江,全长19.4公里,受益农田4万余亩。北段西三官殿至靖泰界河称庙宇港,长10.5公里,是靖江历史上"五大港"之一,成于清康熙五年(1666),由泰兴县开挖,口宽5丈、深2丈,挖废土地由泰兴补价并代纳赋税,直至朝廷编审剔除。此后,康熙五十一年(1712)至光绪三十一年(1905)7次疏浚庙宇港。民国23年(1934),县组织疏浚界河至官堤城河段,全长9.49公里,完成土方22.67万立方米,受益农田2.18万亩。同年,征工疏浚官堤城河至江边段,全长8.38公里,完成土方22.17万立方米,受益农田2.73万亩。民国36年(1947)冬至民国37年(1948)春,全线疏浚八圩港。

1951年2月,靖江组织东兴、八圩、孤山、侯河、柏木5个区37个乡民工6893人,疏浚江边以北河段16公里,标准为"能通航30吨载重船",完成土方15.59万立方米,投资4.88万元,其中,靖江县筹1.25万元,群众负担3.63万元。

1992年11月,靖江组织民工8000多人,历时20天,疏浚八圩港横港至八圩闸段7.2公里,完成土方26万立方米。疏浚标准:底宽8~10米,底真高-0.5米。1994年,靖江侨联公司将八圩港北起横港、南至江阳路北侧的1.1公里河面封闭,建造3~4层楼、6万多平方米的新世纪招商市场。

2.九圩港

九圩港成于清光绪年间,隶刘闻沙各段通江,北起横港,南入长江。贯穿越江乡西片境内,全长8.7公里,受益面积6.0平方公里。

为解决越江乡合兴、康兴、前进、江防、新民等低洼地区的排水出路,1949年冬,靖江越江乡组织沿线5个村对九圩港全线清淤削坡,完成土方2.16万立方米。

1975年冬,靖江越江乡组织民工6000余人,疏拓九圩港,完成土方28万立方米。工程长7.5公里。工程标准:底真高0米,底宽3~5米,河口宽16~20米,用于排放靖城的工业和生活废水。

1986年起,靖江葡萄糖厂、溶剂厂的有机废水日排4500吨进入九圩港,南片布厂、袜厂等工业废水及城区生活污水通过3泵站泄入九圩港,日排入量1万余吨。九圩港辟为排污港后,水质日渐变差,两岸臭气熏天,蚊绳孳生,群众反映强烈。1992—2008年,靖江由北向南相继埋管封闭,横港至南环路段采用直径150厘米管涵,南环至朝阳路为2米×2.5米方涵,累计长2.5公里。

3.天生港

天生港始建于清光绪年间。光绪五年(1879)的靖江河道图标明:天生港位于十圩港下口,对江阴黄山港江面。该港南起长江,距江边1.9公里处(今江阴大桥收费站东北侧),分汊为东、西天生港。西天生港长5.1公里,从分汊口向北穿越通江路后,沿着通江路东侧及东南环向北至东横港;东天生港长9.1公里,自分汊口向东,沿新洲路南侧南天生港(又称阜公河)向东穿越站前路,通至新小桥港;另外一条向北沿新马路东侧拓浚金盛圩河至江洲路北侧河,穿越站前路,沟通新小桥港。由新小桥港沿站前路东侧至江阳河,在中洲路东首与东天生港衔接,穿越木金市后向北入东横港。

1956年冬,靖江疏浚东天生港江边至横港段8公里,完成土方10万立方米。1959年11月,靖江再次拓宽、疏浚此段,完成土方30.5万立方米。

1962年11月,靖江疏浚西天生港汊口至横港段5.1公里,清淤捞浅土方2万立方米。1984年冬,疏浚东天生港雅槽港口至横港段2.2公里,完成土方7.5万立方米。2002年冬,疏浚西天生港汊口至东横港段5.1公里,完成土方17.25万立方米。工程标准:河底宽4~6米,底真高0~-0.5米,河口宽20~25米。

表8-4　1949—1996年靖江5公里及以上二级河道疏浚一览表

河道名称	时间	地段	长度(公里)	土方(万立方米)
联兴港	1971年11—12月	江边至红光乡	7	24
	1978年春	江边至横港	7.3	34
大掘港	1996年冬	江边至界河	5	6
上青龙港	1955年春	新桥至斜埭	8	9.2
	1962年11月至1963年1月	江边至朱淑港	11.95	28.3
	1984年冬	江边至宝塔村	7	34

续表8-4

河道名称	时间	地段	长度(公里)	土方(万立方米)
合兴港	1976年冬	江边至陶家圩腰沟	7.3	18
合兴港	1989年冬	江边至陶家圩	7.5	16.5
上九圩港	1949年冬	江边至横港	6	2.04
川心港	1956年	江边至横港	7.3	9.22
川心港	1977年11—12月	江边至横港	6.3	33
川心港	1991年冬	江边至横港	7.3	24.3
火叉港(上四圩港)	1955年春	中八字桥至杨家垈	11.28	16.78
陈湾港	1973年冬至1974年冬	界河至横港	9.1	45(分3段施工)
美人港	1949年冬	团河至横港	6	2
马家港	1974年11月	界河至团河	7.3	29
马家港	1996年冬	界河至团河	5	15
二圩港	1970年冬	江边至横港	7	22
三圩港	1949年冬		10	3.4
三圩港	1978年春		6.7	13
三圩港	1989年冬	横港至东陶家庄	9.8	36
三圩港	1989年冬	江边至惠龙村	5.7	17.6
三圩港	1998年冬	横港至东陶家庄	9.8	17.34
下头圩港	1990年冬	江边至统兴圩	8	28.1(人工)
上五圩港	1988年11月至1990年1月	两年全线	7.9	19(人工)
四圩港	1956年冬	江边至团河	10.7	31.56
五圩港	1955年春	蒋家垈至口桥	13.42	11.62
五圩港	1967年冬		5.7	10.4
严家港	1985年3月	团河至北横港	5.5	17.5
严家港	1993年11月	界河至北横港	8.3	13.6
严家港	1996年11月	界河至侯河横河	6	13.6(人工)
曾家港	1976年1—3月	横河至侯河横河垈	6.15	30(人工)
陆三港	1974年11月	界河至长里乡界	5.5	41.6
陆三港	1994年冬	横港至集福横河	7	14.5
渔婆港	1955年		5	5.5
渔婆港	1988年冬	界河至红星桥	5	12.5

续表8-4

河道名称	时间	地段	长度(公里)	土方(万立方米)
八圩港	1951年2月	江边至行家桥	16	15.59
	1992年1—2月	八圩闸至横港	7.2	26
九圩港	1949年冬	江边至横港之南	6	2.16
	1975年冬	江边至横港	7.5	28
大港	1977年11月		6.1	38
蟛蜞港	1955年冬	横港至周家场	5	4.75
亮港	1977年冬	界河至小市桥	6.3	26.00
竖辛港	1957年冬	界河至团河		
	1978年冬	团河至长安市	6	35
	1987年冬		5.2	9
	1990年冬	界河至长安段	5.5	10
塌港	1967年		5	12.82
	1996年冬	界河至季市界	5.3	8
万福桥港	1956年冬	万福桥至团河	6	7
灯杆港	1976年	包括横港、章春港	6	27.5
扒头河	1971年11月	安宁港至小夏仕港	6	23.85
太平港	1989年冬	界河至夏仕港	6.7	8.5
丹华港	1957年12月	江边至小涨公殿	8.26	25.3
下青龙港	1959年冬		5.1	25
永济港	1956年冬	五圩港桥至西来	8.4	9.43
	1966年11月		8	30
塌港	1967年冬	江边至下青龙港	5	11
合计35条				

(二)泰兴

泰兴乡级骨干河道设计标准为20年一遇。高沙土地区的标准为底宽4～5米,底高程-0.5～0.5米,工程布局多为南北向,间距一般在1公里左右。1949—1958年,泰兴乡级河道的建设以疏浚老河为主。1958—1980年的23年中,完成了规划的80%左右。1981—1987年,以疏浚、接长、完善配套为主。共开挖乡级河道246条,合计816.88公里。

表8-5　1949—1996年泰兴市5公里及以上乡级河道一览表

河道名称	所在乡(镇)	开挖年份	长度(公里)	规格	
				底宽(米)	底高(米)
秀才港	珊瑚乡、横巷乡	老河利用	9.50	6~8	0~0.5
东板中沟	宁界乡、南沙乡	1971—1983	7.70	4	0
小龙河	曲霞镇、常周乡		11.60	10	0
北塘河	长生乡	1960—1966	5.70	5	0
新野中沟	长生乡		5.80	4	0
团结中沟	南沙乡	1977—1981	6.65	5	0
老焦土港	蒋华镇	老河利用	8.4	6~8	0.5
龙季河	南沙乡、常周乡	1974—1978	6.92	5	0
私盐港	分界乡、古溪乡	1958—1959	10.25	8	0
丁陈腰沟	元竹乡	1975	5.38	4	0.5
中心港	北新乡、孔桥乡、胡庄乡	1976—1984	12.09	5	0
白马中沟	北新乡、南新乡	1970	5.36	4	0
花鱼港	南新乡、刘陈乡	1967	8.43	4~6	0
迎大河	南新乡	1974	5.10	4	0
封庄中沟	十里甸乡	1958	5.30	4	0.5
李湾中沟	常周乡	1958	7.40	4	0
跃进中沟	焦荡乡	1973	5.50	4	0
向阳河	姚王乡	1971	5.00	8	0
跃进河	燕头乡	1979	8.90	4	0
大寨中沟	孔桥乡	1975—1978	5.64	4	0
太平中沟	孔桥乡、许庄乡	1974—1980	5.55	4	0
广德港	分界乡		5.32	5	0.6
如泰界河	古溪乡、分界乡、长生乡		20.00	3~6	0.8
联盟中沟	燕头乡	1979	5.70	4	0
虾港中沟	根思乡、老叶乡	1969	5.46	4~8	0~0.6
肖崇中沟	根思乡、宣堡乡、胡庄乡	1974	7.00	4~10	0~1
汪群中沟	根思乡、汪群乡	1963	5.15	4~7	0~0.5
二号沟	根思乡、老叶乡	1977	7.00	3	0.5
四号沟	根思乡、老叶乡	1981	8.40	3	0.5

续表8-5

河道名称	所在乡(镇)	开挖年份	长度（公里）	规格	
				底宽(米)	底高(米)
众安港	老叶乡	老河利用	14.30	6	-0.5
老宣堡港	宣堡乡	老河利用	8.20	6	0
宁马中沟	宁界乡	1971—1982	6.90	4	0
横河	宁界乡	1972—1975	5.30	4	0
小麦港	新市乡、蒋华镇、天星乡	1970	8.85	4	0
七圩港	七圩乡、新市乡	1973	7.33	8 ~ 10	0
芦槽港	七圩乡、蒋华镇	1986	8.52	3	0
连福港	七圩乡、蒋华镇	1976	5.00	4	0.5
九圩排河	七圩乡	1973	5.30	4	0
八圩河	七圩乡	1976	5.20	3	0
头桥港	蒋华镇	1979	5.30	2	0
二桥港	蒋华镇	1971	6.30	5	0
三桥港	蒋华镇	1974	5.60	2	0
洋思港	天星港、城西乡	1959—1969	9.01	3 ~ 5	0 ~ 0.5
一站排涝河	过船乡	1975	5.20	5	0
二站排涝河	过船乡	1978—1980	5.60	3	0
新段港	过船乡、城西乡	1968—1973	8.20	4 ~ 5	0 ~ 0.5
文胜河	口岸镇、田河乡、永安洲乡、马甸镇	1967	9.24	6	0 ~ 1
上横港	张桥乡、城西乡	1955—1986	5.89	6	0 ~ 1
三阳中沟	城西乡	1966—1969	6.85	3 ~ 5	0 ~ 0.5
金沙中沟	城西乡	1971—1978	6.50	3	0
合计50条					

(三)兴化

20世纪50年代后,兴化开始新建和整治乡村级河道,重点工程如下。

1.屯沟河工程

屯沟河位于兴化大营乡中部,南起海沟河,北至兴盐界河,全长8.1公里;与东西向的洋子港交叉,将大营乡5.3万亩耕地分成4块。20世纪80年代以前曾两次整治拓浚,裁弯取直。但因设计标准过低,加之长年淤积,过水断面逐年缩小,直接影响水源水质。1984年冬,兴化大营乡采用劳动积累的形式,拓浚整治南段河道4.35公里,完成土方30万立方米;1988年11月15日至12月25日,该乡动员0.65

万人整治北段河道3.75公里,完成土方39.16万立方米,工日20.5万个;拆建桥梁5座,拆迁房屋95间,挖、压废土地277.9亩(含公路用地),基本做到河成、路成、圩堤成。整治后标准:河底宽15米,高程-2米,坡度1∶2.5,高程3米处口宽40米。河道东侧加修"四三"式圩堤,西侧实行圩路结合,修筑成顶宽7.5米的乡级公路。通过整治,提高了引排效益,夏季用水高峰时可增加12.6米³/秒的灌溉水源,汛期可通过25米³/秒的涝水入斗龙港,有利于淋盐洗碱,改造中低产田。浚河筑路,既增强了御涝能力,又改变了交通落后的状况,还为乡办砖瓦厂提供了20万立方米的土源。

2.茅湾港工程

茅湾港位于兴化东北部,南起车路河,北至海沟河,全长15公里;流经兴化舍陈、合塔、戴窑3乡(镇),是这一地区引、排、航骨干河道之一,但河道浅窄,引水不畅。为改善沿岸7.5万亩耕地的灌溉水源和水质,兴化分期对茅湾港进行整治。第一期工程于1987年11月25日开工,由戴窑镇组织民工0.4万人,对南段车路河与白涂河之间的新川港实施裁弯取直,拓宽浚深,取土做圩。工段长2.64公里,河口宽30米,底宽6米,河底高程-2米,坡比1∶2.5,共完成土方17.7万立方米,12月20日结束,工期25天。第二期工程于1995年秋开工,由戴窑镇和合塔乡组织民工实施。工段在戴窑镇境内,包括白涂河与大寨河之间的驴港2.26公里和合塔中心河向南延伸至白涂河的新开河段1.96公里,全长4.22公里。设计标准:底宽10米,底高-2米,口宽30米,坡比1∶2,共完成土方35.6万立方米,总工日19.68万个。1996年11月22日举办续建工程,南起合塔乡申家庄,北至海沟河,工长10.1公里。整治标准:河底高程-2.0米,底宽6米,坡比1∶2.5,高程2.8米处口宽30米。青坎宽5米,圩堤"五五"式,西圩万家港向北至海沟河堤宽8米,留作公路路基。工程由合塔乡和舍陈镇民工实施,于次年1月5日完工,共完成土方65.4万立方米,工日28.5万个。续建工程共挖、压废土地461.5亩,拆建桥梁9座。茅湾港的整治,提高了引水能力和涝水外排速度,使沿岸耕地的水源得到保证,水质有所改善,御涝能力有所加强,还改进了通航条件。

3.洋子港工程

洋子港位于兴化北大营、新垛两乡境内,西起雌港,东至串场河,全长9.3公里。1958年"河网化"工程试点时,开挖从雌港至崔家庄3000多米一段,后中途停工。1962年冬,用挖泥机船疏浚"河网化"工程遗留的部分坝头、浅段及崔家西舍河口切角处,完成水下土方4000多立方米。1972年冬,由大营公社组织民工0.54万人对全线拓浚开挖,裁弯取直。其中,拓浚部分从雌港到崔家庄3853米,新开部分从崔家庄至串场河5380米。设计河口宽21米,河底宽7米,河底高程-1米,共开挖土方38.5万立方米。由于河两岸高程1米以下为沙性壤土,易于流失,致使河道逐渐淤浅堵塞。加上春季三麦后期里下河控制水位较低,因此水流不畅,水质变坏。1980年11月至次年1月,大营公社组织水利专业队伍0.25万人全面拓浚。河道标准:口宽31.2米,河底浚深至高程-1.7米,河坡根据土质情况采用两种坡比,在高程1米以上为1∶2,高程1米以下为1∶3,两边各留青坎5米。共开挖土方47万立方米,完成工日19万个。

4.阵营港工程

阵营港南起海沟河,北至兴盐界河,流经兴化大营、新垛两乡交界处,总长8.5公里。1996年11月

21日至1997年1月4日，由上述两乡组织民工1万余人整治。河道标准：底宽6米，底高程-2.0米，坡比1:3，高程3.0米处口宽36米，青坎宽5米，东岸修筑"四点五、八"式公里路基，西岸修筑"五五"式圩堤。大营临镇段口宽32米（高程3米处），高程1.0米以上坡比1:2，1.0米以下坡比1:3，底高、底宽不变。开挖土方45.5万立方米，工日28.7万个，另有4万立方米机械疏浚。整治后，当兴化水位1.1米时，南段入口处水位0.8米，河道过水断面面积40平方米，为原来的6.7倍，增加引水能力10.6米³/秒，可以解决4万亩耕地的水源，并使水质有所改善。当上游水位2.5米时，过水断面面积87.75平方米，为原来的2.48倍。增加排涝流量13.8米³/秒。由于圩堤标准高，提高了防洪能力，还有利于降低地下水含盐量，改良土壤，使0.5万亩中低产田得到改造，同时改善了航运条件。

工程拆建跨河桥梁10座，拆迁房屋315间，挖废土地196.83亩，压废土地396.12亩。

5. 老圩河工程

老圩河原名反修河，位于老圩、新垛两乡境内，东起雌港，西至东脚港，与中圩乡前进河相通，全长8.9公里。开挖工程由老圩公社抽调民工分两期进行。第一期工程1975年11月至次年2月。工段从东唐港到"三五"河，长3.4公里，挖土方26.4万立方米。第二期工程1976年10月底至次年2月，工段长5.5公里，挖土方54.5万立方米，河道口宽30米，底宽6米，河底高程-1.5米，河坡在高程1.0米以上为1:2.5、1.0米以下为1:3，竣工后配套桥梁10座。

6. 老圩中心河工程

老圩中心河是1980年兴化老圩乡开挖的南北向骨干河道。由于原设计标准偏低，加之多年淤积，效益下降，与南段不相适应。1990年11月5—27日，老圩乡组织0.7万人拓浚河道北段3.64公里，共挖土方29.6万立方米，做工日15.9万个。工程标准：底宽6米，底高-2.0米，坡比1:2.5～1:3，高程2.5米处口宽30米。土源用于修筑东岸公路和西岸圩堤。工程拆建跨河桥梁4座，拆迁房屋255间，挖废土地19.4亩，压废土地23.4亩。

7. 新海河工程

新海河位于兴化北部、上冒河与渭水河之间，南起海沟河，北至兴盐界河，纵贯钓鱼、海河、大邹3乡（镇），全长14公里。为沟通海沟河与兴盐界河，1977年1—3月，海河区组织钓鱼、海河、大邹3公社民工开挖。河道口宽28米，底宽12米，河底高程-1.5米，合计挖土方126万立方米，竣工后，新建桥梁10座。

8. 西孤峰河工程

西孤峰河位于兴化北部，中堡镇境内，鲤鱼河与上官河之间，是分泄吴公湖、上官河水入大纵湖的重要水道。全长3公里，南端口宽60米，但西孤峰河入大纵湖口门处仅宽12米，束水严重。1958年初，兴化决定拓浚。原计划沿河顺直向北，劈开西孤峰庄，后因房屋拆迁太多，而改向西北入湖。1958年3月10日，由垛田乡动员民工500人施工，5月结工，共完成土方3.55万立方米。工程标准：河底宽45米，高程-1.5米，河坡坡比1:1，两边各留青坎1米。

9. 龙江河工程

龙江河位于兴化西北部下官河与中引河之间，全长5.7公里。为排沙沟地区涝水入大纵湖，分合兴大圩,1975年11月至次年2月底,兴化中沙区组织沙沟、周奋、中堡3公社民工0.4万多人施工。河口宽34米,底宽20米,河底高程-1.5米,共挖土方53.9万立方米,配套桥梁5座,国家投资6万元。

10. 缸洋河工程

缸洋河西起兴化缸顾庄与缸夏河相连,东穿吴公湖、上官河与洋汊河衔接。1986年12月,中庄河以西河道已经形成,以东在尚未开通的中堡乡东南圩内河。1996年11—12月,由中堡、缸顾两乡(镇)组织民工拓浚中庄河以东河段。工段长1950米,河底高程-2.0米,底宽20米,高程3米处口宽50米,青坎大于5米,南堤"五五"式,北堤为沙海公路。完成土方16.5万立方米,工日8.8万个。另有机械疏浚2万立方米。经拓浚,把下官河、中引河、中庄河和上官河等4条南北向河道串通,有利于暴雨的扩散,加快外排速度,减轻沙沟地区排涝压力。通过浚河取土筑路,减少了土地挖废。工程拆除旧圩口闸1座,改建为跨河桥梁,新建圩口闸4座(其中与公路桥结合2座),新建小型排涝站1座。挖废土地33.1亩,压废土地86.9亩。

11. 临海河工程

临海河兴化在林湖乡境内,原计划南起车路河,北至海沟河,穿越林湖、海南两公社。实施过程中只从车路河开至林湖魏庄,全长5.4公里。1977年1—3月,由林湖公社组织社员施工。河道口宽30米,底宽14米,河底高程-1.4米,共挖土方45万立方米。

12. 团结河工程

团结河位于兴化东南,自车路河至戴南镇,穿林潭乡南端,沿荻垛、陶庄两乡支界向南至唐刘乡、戴南镇,全长23.6公里。1977年1—3月,由荻垛、陶庄两公社开挖车路河至蚌蜒河段12公里。设计标准:河口宽30米,底宽8米,河底高程-1.5米。共挖土方128万立方米,竣工后配套桥梁8座。1988年11月至12月中旬,戴南、唐刘两公社动员民工1.5万人开挖河道南段(唐戴河),从唐刘曹兴至戴南全部新开,工段长11.6公里。河道标准:戴南境内口宽20米,唐刘境内口宽18米,底宽5.2米,河底高程-1.0米。共完成土方54.08万立方米,工日34.3万个。

13. 朝阳河工程

朝阳河位于兴化南部,自西边城至茅山朱龙庄,总长9.1公里。为解决圩南地区河道弯曲浅窄、有网无纲、引排不畅的问题,1976年7—9月,兴化茅山、边城两公社动员民工开挖,共挖土方77.2万立方米。河道标准:口宽30米,底宽10.5米,河底高程-1.0米,边坡1:2.5～1:3。河道竣工后配套桥梁6座,其中人行便桥2座、机耕桥4座。

14. 幸福河工程

幸福河位于兴化东南的陶庄、张郭、戴南3乡(镇)境内,分南北两段。两段总长16.9公里,其中北段从车路河陶庄徐舍至仲家庄,长12.65公里;南段从张郭欧家庄至戴南镇祈雁庄,长4.25公里。仲家庄至欧家庄因东台县境的阻隔,未能开通。1975年11月初,陶庄公社动员民工0.3万人开挖北段,次年2月底完成。设计标准:底宽12米,挖深-1.5米,坡比1:2,两边青坎各5米,共挖土方101万立方米。国家补助资金8万元,配套桥梁8座。1977年1月初至3月中旬,张郭和戴南两公社动员民工开挖南段,河口宽30米,底宽8米,河底高程-1.5米,共完成土方43万立方米,配套桥梁4座。

15.古字河

古字河位于兴化林潭乡腹部,南起车路河,北出白涂河,全长4.6公里,自护驾垛以北弯曲浅窄,引、排、航效益受到影响。1990年冬,林潭乡对北段改道,新开1616米,与配套的5号河一并施工,最多时上工人数逾万人。完成土方31万立方米,工日10.54万个。11月15日开工,12月18日结工。工程标准:底宽6.0米,高程-2.0米;坡比:高程1米以上为1:2,1米以下为1:3,高程2.5米处口宽30米。工程拆建桥梁1座、增建2座,拆迁房屋26间,挖废土地78.5亩,压废土地58.2亩。

16.胜利河工程

胜利河位于兴化林潭乡境内,车路河与白涂河之间,东起横泾河,西至盐靖河,是贯穿乡境中部的引、排、航干河,全长10.3公里,原口宽18米,河底高程0米。1996年由林潭乡组织拓浚,工程标准:底宽7米,底高-1.5米,坡比1:2,高程2.5米处口宽30米,两岸圩堤"四点五、三"式,与公路结合段堤顶加宽至8~10米。共完成土方33.2万立方米,工日19.7万个。施工中共拆迁房屋450间,挖、压废土地246亩,拆建桥梁9座,新建桥梁1座。

17.子婴河工程

子婴河位于兴化周奋乡境内,西至高邮,东至下官河,工长10.22公里。口宽保持30米,浚深至-1.5米,坡比1:2。1996年冬由周奋乡组织施工,完成土方25.7万立方米,做工日11.7万个,拆建桥梁6座。

18.西荡河工程

西荡河位于兴化城西郊,南起跃进桥,北至西鲍鹅尚河,全长7公里。承大溪河、六安河、横泾河、东平河来水,由于长年淤浅,阻水严重,成为西部低洼地区排水卡口。兴化组织整治阻水最严重的北段,从肉联厂工农桥至西鲍乡鹅尚村,接通下官河,工段长5.3公里,同时整治大溪河与西荡河连接段1.5公里。两段总长6.8公里,土方42万立方米,全部采用水下机械挖浚。至1998年末,只完成南段3.8公里,土方23万立方米,占计划的56%。新河顺老河中心线浚深,局部地段顺直,河口宽70米(老河口如超过不镶坡),底宽30米,高-2.0米,坡比1:3。两边水下各留部分老河床作平台,形成复式断面,以稳定河坡、堤岸。配套建成汽-15公路桥1座,桥长80米,宽8米;防洪圩口闸2座。

19.塔子河工程

塔子河全长15公里,位于兴化东部的戴窑、舍陈两镇境内,南承车路河,北通海沟河,是两镇内重要的引排河道。该河河道弯曲,中段淤浅狭窄,引排不畅。为改善引排条件,改良水质,提高农业效益,1987年11月,舍陈镇动员民工0.75万人进行拓浚,12月20日竣工,工段长7.53公里。工程标准:河底宽13米,河底高程-2米,坡比1:2.5,河口在高程2米处宽30~36米。挖土方32万立方米,做工日16.2万个。通过拓浚,干旱时能引车路河水灌溉,排涝时能将涝水泄入海沟河,同时在河东堤修筑从戴窑至舍陈的公路,公路长17.53公里、宽10米。该工程拆迁房屋158间,拆建跨河桥梁6座,挖废土地131.55亩(含公路用地)。

20.水东河工程

水东河位于兴化徐扬乡境内,南承白涂河,北通海沟河,全长9.3公里,是纵贯徐扬乡的重要引水河道,但长年坍塌淤浅,河道变窄,有的河段已阻塞,影响水源和水质。1987年11月中旬,徐扬乡组织民工0.54万人拓浚该河北段5.4公里,完成土方33.6万立方米,做工日13.6万个。共拆建跨河桥梁9座,增建1座,拆迁房屋18间,挖废土地94亩,压废土地47.8亩。工程标准:河底宽6米,高程–2米,坡比1:2.5～1:3。东岸为"四点五、八"式圩路结合,西岸为"四点五、四"式圩堤。

21.合塔乡中心河工程

合塔乡中心河位于兴化合塔乡中部,为纵贯该乡的重要引排河道,南起白涂河,北出海沟河,全长11.73公里,于20世纪60年代开挖。由于设计标准低、断面小,加之土壤含沙量大,淤浅严重,影响水源水质。1987年11月30日,合塔乡出动民工0.75万人、戴窑镇出动民工0.4万人,拓浚工农河以南至白涂河7.36公里,12月底竣工。共挖土方37.6万立方米,工日18.8万个(含新川港)。1988年11月中旬至12月中旬,拓浚工农河以北至海沟河的4.37公里。由合塔乡动员民工0.8万人施工,挖土方21万立方米,做工日10.4万个。中心河拓浚标准:底宽6米,河底高程–2.0米,坡比1:2.5,高程2.8米处口宽30米。土源用于加修两岸圩堤。施工中,合塔乡挖废土地130.2亩,压废土地132.5亩,拆迁房屋204间,拆建跨河桥梁9座;戴窑镇挖废土地49.2亩,压废土地88.4亩,拆迁房屋93间,拆建跨河桥梁4座。

22.缸夏河工程

缸夏河位于兴化缸顾乡境内,西起夏广沟(下官河边),东至缸顾庄(吴公湖边),是连接下官河和吴公湖的重要通道。1974年12月6日,周奋公社组织民工0.7万人,破九庄圩为九庄南、北圩,工长4.27公里。工程标准:河底宽15米,河底高程–1.0米。一部分利用老河拓浚,一部分新开。共挖土方9.5万立方米,工日4.2万个。两岸筑成"四三"式圩堤,配套缸顾庄人行桥1座。

23.鹅尚河工程

鹅尚河位于兴化西鲍乡境内,全长1.6公里,东西向,是连接上官河和下官河的重要水道,其中鹅尚村以南河道淤浅。为充分发挥其引、排、航的效益,1991年秋,兴化交通局组织疏浚此河,共挖土方9万立方米。河道标准:河底宽40米,河底高程–2米。两岸重力式块石护坡3公里,墙体底高程为0米,墙顶高程2.5米,使三角圩南圩成为全市第一段块石护坡的圩堤。

表8-6　1949—1996年兴化市新开、拓浚5公里及以上乡级河道一览表

河道名称	所在乡(镇)	开挖年份	长度(公里)	底宽(米)	底高(米)
大寨河	戴窑镇	1969	6.4	8	–0.5
塔子河	戴窑镇	1967	5.4	15	–1.0
塔子河	舍陈镇	1987	7.53	13	–2.0
茅湾港	舍陈镇、合塔乡	1996	10.1	6	–2.0
乡中心河	合塔乡	1987	11.7	6	–2.0
永东河	徐扬乡	1972	6.5	9	–2.0
胜利河	林潭乡	1996	10.3	7	–1.5
洋子港	大营乡、新垛乡	1972	9.3	7	–1.7

续表8-6

河道名称	所在乡(镇)	开挖年份	长度(公里)	规格	
				底宽(米)	底高(米)
屯沟河	大营乡	1984	8.1	15	-2.0
阵营港	大营乡、新垛乡	1996	8.5	6	-2.0
四五河	新垛乡	1972	5.03	5.3	-1.3
中心分圩河	老圩乡	1980	8.7	9.3	-1.5
老圩河	老圩乡	1975	8.9	6	-1.5
四五河	中圩乡	1970	8.53	6	-1.0
跃进河	下圩乡	1968	7.8	20	-1.0
前进河	下圩乡	1972	7.73	11	-0.5
中心河	海南镇	1976	8.2	10	-1.4
分圩河	海河乡、钓鱼乡	1975	7.5	8	-1.2
新海河	大邹镇、海河乡、钓鱼乡	1977	14	12	-1.5
洋汉河	钓鱼乡	1957	5.21	30	-1.5
丁字河	钓鱼乡	1976	5.22	6	-1.0
新海河	大邹镇	1975	5.20	14.4	-1.5
超纲河	大邹镇	1976	6.10	5.8	-1.0
林海河	林湖乡	1977	5.40	14	-1.4
跃进河	垛田乡	1976	8.80	19	-1.0
中心河	刘陆乡	1975	11.00	15	-1.5
运粮河	刘陆乡	1978	7.10	12	-1.0
宝应河	沙沟镇	1971	6.98	20	-1.0
中心河	沙沟镇	1975	7.19	12	-1.0
子婴河	周奋乡	1996	10.22	15	-1.5
龙江河	缸顾乡	1975	5.70	20	-1.5
支三河	红星乡	1958	7.40	20	-1.0
支二河	红星乡	1959	8.05	20	-1.0
中心河	西鲍乡	1976	5.00	6.5	-0.5
幸福河	陶庄乡	1975	15	8	-1.5
团结河	陶庄乡	1976	15	8	-1.5
买水河	周庄乡	1985	5.25	30	-1.5
校阳河	陈堡乡	1975	10	10	-1.0

续表8-6

河道名称	所在乡(镇)	开挖年份	长度(公里)	规格	
				底宽(米)	底高(米)
朝阳河	边城镇	1975	5.2	8	−0.7
通界河	边城镇	1977	6.2	20	−1.0
向阳河	边城镇	1974	5.8	8	−0.5
幸福河	张郭镇	1976	5.2	10	−1.0
唐戴河	唐刘镇	1978	7.5	3	
中心干河	昌荣	1972	6.6	12	−1.5
顾中河	顾庄	1978	8.2	40	−1.0
合计45条					

表8-7　1949—1996年姜堰市新开挖3公里及以上乡级河道一览表

河道名称	所在乡(镇)	开挖年份	长度(公里)	规格	
				底宽(米)	底高(米)
曹埭河	蒋垛	1974	3.1	4	0
跃进河	蒋垛	1975	4.8	4	0
大寨河	蒋垛	1977	3.1	4	0
仲院河	仲院	1978	3.3	6~8	−0.5~0
丰产河	顾高	1970	5.1	4	0
响堂河	大伦	1974	3.75	4	0
伦北河	大伦	1974—1975	4.96	4	0
跃进河	大伦	1976	3.52	4	0
伦南河	大伦	1977	3.57	4	0
运东河	运粮	1976	3.4	3	0
中心河	王石	1975	4.2	4	0
东林河(北)	王石	1978	3.0	4	0
王石河	王石	1979	4.9	6	−0.5
胜利河	梅垛	1972	5.4	7	0
杨尹河	梅垛	1974	4.0	4	0
张东河	张甸	1974—1976	7.5	4	0
张白河	张甸	1975	3.3	3.5	0
三支河	姜堰	1976	3.15	6	0

续表8-7

河道名称	所在乡(镇)	开挖年份	长度(公里)	规格	
				底宽(米)	底高(米)
备战河	蔡官	1969	5.2	3	0
梅网河	蔡官	1971—1985	4.3	3	−0.3
葛庄河	蔡官	1973—1982	3.4	3	−0.5
中心河	梁徐	1978	4.5	5	0
老前进河	野徐	1952	5.0	3	0
小港河	野徐	1964	3.4	3	0
纲要河	白马	1970	3.0	3	0
秧田河	白马	1971	5.1	3	−0.5
扬港河	鲍徐	1971	4.0	3 ~ 5	0
中干河	鲍徐	1973	3.1	5 ~ 8	0
翻身河	塘湾	1976	5.7	3	0
大寨河	大冯	1978	4.4	3	−0.5
先锋河	大冯	1979	3.2	3	−0.5
跃进河	大冯	1980	6.1	4	−0.5
小新河	张沐	1977	3.8	4	0
沐南河	张沐	1977	3.4	4	0
中心河东段	大泗	1974	3.1	6	−0.5
大寨河	大泗	1975	5.5	4	0
官庄河	官庄	1973	7.0	3	−0.5
中心河	白米	1976	6.4	6.2	−0.5
四支河	姜堰	1975	4.07	3	−0.5
三号河	娄庄	1975	3.7	5	−0.5
六号河	娄庄	1975	4.2	8	−1
新洪河	洪林	1970—1974	4.0	9	−1
光明河	洪林	1972	4.25	7	−0.5
苏陈河	苏陈	1975	3.3	6 ~ 8	−0.6
桥头河	桥头	1974	3.0	6	−1.0
白米闸河	白米	1978	3.5	10	1.0
马南河	马庄	1974	4.0	11	−0.5
叶溱河	叶甸	1974	3.5	15	−1.0
合计48条					

二、村级河道整治

（一）靖江

靖江的村级河道分布于埭前埭后,多为东西走向,间距200~300米。新中国成立后,县政府在组织一级河道整治的同时,注重治理二、三级河道。尤其是1973年省革委会关于建设高产稳产、旱涝保收的农田"六条标准"颁发后,县水利部门因地制宜,科学规划,将村级河道列为外三沟(俗称田头沟)田间工程治理,冬季干河浇麦田浆、取泥积肥,夏季罱泥沤肥,年复一年,村级河道无淤积,为耕作农民世代饮用水水源。

1988—1995年,自从农村实行联产承包责任制后,靖江县、乡级河道岸坡人为耕翻种植,水土流失严重。农户与水争地,填河造地,穿河坝头比比皆是,缩小了河床断面。加之村级河道不罱河泥,不干河取淤,河床淤积日益严重,遇旱水不能引进,遇涝水又不能排出,直接影响农田排灌和村民生活。靖江县委、县政府针对农村河道淤浅情况,适时将县、乡级河道治理列为农村冬季水利建设工作的一项重要内容。1990—1994年,掀起疏浚村级河道的高潮,共疏浚村级河道1111条。

（二）姜堰

姜堰位于328国道与新通扬运河之间的狭长地带和新通扬运河以北东南角部分高田,一贯靠老通扬运河沿岸涵闸引水。民国《泰县志》载:沿河北岸有涵洞72处(包括现海安境内),每当淮水小、江水大时,则开南岸各坝,引江水向下河调节。1954年,姜堰在其境内老通扬运河沿岸建有水泥涵洞及木质涵洞26处,每遇旱季则感涵洞太少,引量不足。自新通扬运河开挖后,水源虽有了保证,但原有河道稀少,且狭浅。为解决引排灌航矛盾,沿线各乡(镇)先后开挖了乡级河道8条、村级河道10条,总长58.02公里,使干支交叉,引排自如,航运畅通。

第五节　中低产田改造

旧时,境内高沙土地区水土流失严重,土地贫瘠,形成了许多高垛田、龟背田、塌子田。新中国成立初期,基本上都是中低产田。20世纪50年代后,该地区开始改造中低产田,建设高产稳产农田。

一、平田整地

境内通南高沙土区田块零乱,高低不平,跑水、跑土、跑肥严重,群众称"三跑田"。泰兴有"三跑田"20多万亩。20世纪50年代后期,泰兴在古溪公社进行平田整地旱改水试点,两个冬春共平整土地1.9万亩,占全乡2.4万亩耕地的80%。古溪公社是大面积平整土地,实行旱谷改水稻最早的一个乡。1970年全国北方农业会议后,元竹、孔桥、胡庄、北新、南新、分界、横垛、吴庄、汪群等公社全面展开平田整地。1970年,元竹公社在全社范围内大规模地开展以平田整地为主的农田水利建设,1973年,全社粮食总产由1970年的1019万千克增长到1264.04万千克。该社的大元大队是一个垛多、塘多、引水无源、排水无路的垛子地。1970年,大元大队成立了平田整地专业队,逐块平整。低产田经过3个冬春的艰苦奋斗,削平大小垛子999个,填平废沟塘40个,平整土地1370亩,搬土12万立方米。1973年,该大队粮食产量由1970年的50.15万千克增加到115.28万千克,受到省里的嘉奖。泰兴北新公社在

1973年冬创造了结合秋播平田整地、沟渠配套的经验,进入一个把水利工作做到土壤里去的新阶段。从1976年起,城北公社组织了700多人的平田整地专业队,在全社范围内实行"推磨转",坚持十多年,至1987年,基本建成了土地方整化、排灌沟渠化、农田林网化的高产稳产农田。进入20世纪80年代中期,泰兴的低产田改造与乡村建设、农田林网化相结合,在平田整地的基础上,因地制宜,宜沟则沟,宜塘则塘,分匡隔圩,高田高平,低田低平,对低产田进行综合改造。在土方工程结束后,建好桥、涵和电灌站,改一块,成一块,做到能灌能排,旱涝保收。在布局上做到连片种植,水旱轮作,培肥地力,提高产量。有名的盐场子刘陈乡印院,过去终年不长粮食,长期抛荒,通过低产田改造,亩产达千斤。老叶乡低产田面积大、范围广。1987年,该乡组织劳力4000多人,动土30万立方米。平整了土地,配套了沟渠,改造低产田2946亩,当年粮食增产。溪桥乡在1987年初组织4700多人新开排水沟47条4600米、降水沟45条4500米,新筑渠道7条4600米,削平高埒田4块,填平废沟塘、洼地7处,动土27.8万立方米,改造低产田2100亩,当年获得了稻麦两熟增产的好效益。平田整地成为泰兴改造低产田的主要措施,仅1987年,全县平田整地4.4万亩。

1956年以后,为适应旱改水需要,(县级)泰州市开展了大面积土地平整,将高低不平的龟背田平整改造成平坦的水稻田。1958年起,大搞土地方整化,把原来大小不一、高低不平、横七竖八的田块,统一放样,以匡为单位,建匡成方。匡内平整路、沟、渠,按照水利化、方整化、园田化的要求统一规划,南部以百亩左右为一匡,北部以自然圩成匡,匡内根据田块高低悬殊情况划分地块,高低悬殊3寸以下的20～30亩一块,3～5寸的10亩左右一块;5～10寸的5～10亩一块。做到田沟、母埂和沦子三对直,便于田间排灌。

1970年以后,随着农业机械化的发展和水稻水浆管理要求的提高,(县级)泰州市进一步提高平田整地的标准,提出"田平如镜"的要求,改变了"高处种瓜、低处放鸦"不利水稻生长发育的状况。1974年,共平整土地1.48万亩,占总耕地面积的77.5%。1975年,组织工人、干部6000人参加劳动,日夜奋战26天,基本完成胜利南圩工程,平整垱田600多亩;接着又完成胜利北圩和丁冯圩的改造,使1200多亩垱田改为平坦的稻麦田和菜田,改善了灌排条件。朱庄乡的垱田,也在20世纪70年代进行了大面积改造,实行油菜-稻二熟制或油菜、蔬菜轮作。

1975—1983年,(县级)泰州市又平整土地5000多亩。1984年,农村有机耕道路115.5公里,农用机耕桥24座,全市耕地基本平整,适应机械化作业。

二、改造垛田、洼地

(一)改造垛田

垛田是境内里下河圩区部分地区的微地貌特征,是历代圩区劳动人民抵御洪涝灾害的产物,主要分布在兴化的垛田、竹泓、林湖、沙沟和泰县港口、淤溪、马庄等乡(镇)。垛田四面环水,灌溉主要靠人工戽水,旧日无防涝排涝设施,受涝威胁更为严重,生产发展受到限制;土地零散,面积大的有1亩左右,小的只有几分地。由于多年水土流失,水槽逐渐淤浅,沟底抬高,造成部分垛田沟槽无水,交通不便,且上肥困难,形成高垛易旱、低垛易涝的局面。20世纪70年代初,垛田地区对垛田进行改造,削高垛,填低川,平整垛田;同时开新河,填废沟,健全圩内水系,逐步把所有垛田分建成圩口,加高圩堤,把垛田改成稻麦两熟田,面积也扩大了5成。

自1974年起,兴化采取治水专业队伍常年施工,农闲季节组织群众突击的方法,按照"高筑圩,双配套,四分开,两控制"的要求,在振南圩内平田整地。是年冬,兴化垛田比较多的竹泓公社动员近万名劳力,在1700亩第一方区内修圩2.4公里,开沟126.8公里,筑干、支渠道6.4公里,填老河153亩,削平垛坨150块,建成规格条田330块,并配套建设排灌站、专排站、桥梁、倒虹吸等。尔后连续建设二方区、三方区。至1978年,累计完成土方314.92万立方米。几年中,共开挖中心河8.9公里,生产河、环圩河29.52公里,修筑支渠28.75公里,加修圩堤23.46公里,平整土地5660亩。兴建排涝站11座,圩口闸17座,沟渠节制闸61座,涵洞99座。振南圩平垛还田后,耕地面积从8513亩增加到9960亩,占圩内总面积的比例由41.6%上升到48.7%。水面积从4500亩减少到3750亩,占总面积的比例由22%下降到18.3%。圩内赵家大队1969年吃国家返销粮2.59万千克。1970年后产量逐年上升,1976年向国家交售粮食8万多千克,1978年提供商品粮12.2万千克。

泰县称垛田为垛垈、垛田。垛田有高、中、低之分,一般成垛时间较长、离村庄农户较近的垛田较高,利用荒草滩开发形成的则较低。又由于各户劳力强弱与经济情况不一,垛田的大小、高低、形状也不一致。高垛田一般顶高程5~7米,中垛田顶高程3.5~5.5米,低垛田顶高程2.5~3.0米。垛田每丘一般在1~2亩,小的仅有几分地,最大的也不过3亩田。由于多年水土流失,垛槽逐年淤浅,沟底抬高,部分垛田沟槽无水,交通不便,且上肥困难,形成高垛易旱,低垛易涝,中垛易旱又易涝,旱涝不能保收。1969年起,泰县港口公社首先在港南大队进行平整垛田的建设,并逐步把所有垛田分建成5个圩口,加高圩堤,发展排灌站,同时大力平整圩内垛田,健全圩内水系,把垛田全部改成稻麦两熟田,面积扩大了5成。到20世纪80年代,泰县尚有垛田2000余亩,大部分为高垛田,因平整用工多,扩展面积少,未加改造。20世纪80年代后,泰县窑业发展,高垛土成为做砖坯的最好土源,高垛田逐步被削平。

(二)改造洼地

泰县蒋垛镇的蒋东荡、蔡官乡,张甸镇交界处的梅花网地面高程3.8~4.2米,有平原洼地之称,亦为通南两大洼地。蒋东荡东与海安县古铜港交界,南与泰兴市接壤,为三县交界处,总面积12.6平方公里,耕地面积12154亩。梅花网位于通南中心的蔡官乡、张甸镇交界处,在葛港河以西,横港以北,张家垛、树家垛、蔡家垛以南,新沟河以东,周山河横贯其中,总面积16.16平方公里。耕地面积12246亩,其中蔡官乡4687亩,张甸镇7559亩。

改造梅花网洼地

这两块洼地,历史上沟河浅而狭窄,地势低洼,田底瘦薄,遇旱无水,遇涝受淹,每年雨季,四周来水,皆注入荡内。十年九灾,产量低而不稳,群众生活极端贫困。1954年、1956年两年连续遭遇特大暴雨,积水成涝,挡无圩堤,排无去路,抽无设备,灾害损失惨重。1954年汛期,一片汪洋,田河不分,田间积水最深处达1米左右。大水持续时间达1个月之久。据蒋东荡不完全统计,被淹没受损的粮食就有196万斤,倒塌房屋5055间,打死打伤和被淹死的禽畜有7014头。

1954年大水以后,泰县在这两块洼地都做了一些工程,但缺乏整体规划,效益不太明显。仅在洼地四周筑圩挡水,又未能全部交圈,标准不高,堤顶宽仅有1米左右,圩内沟河又未疏通拓宽,调蓄能力差,加之圩区面积大,圩内地面高低处未做分匡隔圩,圩上既少建筑物控制,又无抽排设备,每遇暴雨,仍然是外水压境,内河水位上涨,内外夹攻,涝情严重。根据洼地实际情况,1978—1980年,泰县将蒋东荡的北港、南港、红星河和梅花网的葛庄河、梅网河、张东河腾出作为容水排

顾高镇田间路、渠、站配套

泄河道,在该县蒋东荡建成4个圩口,在圩内疏通主要排水河道,相应疏浚和开挖支沟,分别建圩口闸4座,排涝站2座,发展排涝动力390千瓦,同时修筑圩堤。20世纪90年代初,该荡能挡历史最高水位的圩堤长度有13公里,占圩堤总长的40%。梅花网洼地建成8个圩口,其中张甸镇6个,蔡官乡2个;建有圩口闸4座,排涝站4座,拥有动力320千瓦,能挡历史最高水位的圩堤长度有32.67公里,占圩堤总长度的72%。

三、旱改水

境内通南高沙土地区地势高,土质沙,龟背田、高垛田多,河道稀少,常年缺水,处于干旱威胁之中。农业合作化后,境内开始试行耕作制度改革,将旱田改种水稻。

1956年,泰兴购置8台柴油机,同时向黄桥、刁铺、横垛3个油厂借机3台,计285马力,在古溪区的古溪、顾庄、孙滕等7个乡进行旱改水试点。7个乡共筑干、支渠道88条28.96公里,完成土方7万多立方米,改栽水稻7317亩,当年亩产200多千克,比旱谷增产近1倍。古溪乡红光合作社亩产达450千克。1957年又在古溪区及沿靖圩区扩大试点,共安装39台煤机,改制水稻面积扩大到2.56万亩。到1987年底,实现旱改水59.41万亩。

1956年和1957年,姜堰选择老通扬运河边田势低洼的蒋垛乡孟湾社和梁徐乡搞旱改水试验。两地平田整地、打田埂、筑渠道,旱改水2680亩。其中,梁徐乡缪家农业社有3亩水稻田,亩产达705斤,加上麦熟元麦、蚕豆310斤,年亩产1015斤,旱谷地区首次出现千斤田,较旱谷增产1倍以上。该乡在改造中,先做好物资准备,抽出木工,整修水车32部,又投资0.9万元,添购水车45部,重点支持冯垛社购置抽水机1台。

1959年,泰县成立县旱改水办公室,当年除兴建电灌站7座外,又添置抽水机71台,修筑机电灌渠道156公里。机电灌溉面积由1958年的10万亩扩大到23万亩,其中旱改水面积扩大10万亩。1965年,旱改水在通南高沙土地区全面展开。姜堰张沐公社当年全面实现水旱轮作,粮食总产比上年增长15.7%。以"十年九荒"闻名的蒋东荡和梅花网,经过筑圩建闸、发展机电排灌等综合措施,2.44万亩荡田全部改造成稻麦两熟良田。1958—1970年泰县改造面积达36.9万亩。20世纪70年代后,大力开挖骨干河道,扩大引水水源,内部沟河联网,发展调整灌区,有计划、有步骤地平田整地,到20世纪90年代中期,实现了大面积旱改水。

【改造高垛田、龟背田、塌子田】

这些田块四周都是旱沟槽,平时无水浇灌。龟背田是由于过去大田四周没有田埂,下雨后田边泥土淋塌,形成的四边低、中间高,状如龟背的田块。塌子田是由于当地人多田少,产量较低,农民为扩大种植面积,与沟河争地,在河坡上扒塌栽

种形成的。大河大扒,小河小扒,河坡扒塌,有的还在浅沟的底部耕翻种植,使沟河完全失去引排作用。

20世纪70年代后,泰县组织劳力,削平高垛,填低填凹,挖浚河道,平整土地,使高垛田、龟背田、塌子田得到了改造。为了保证平整土地质量,对高垛田采用"破腹开膛"的方法,高垛深挖、低垛浅挖,然后把下面的生土运走,覆上熟土。面层是黄沙土的,则用"卷席子"的方法换土,把黄沙土运走,挑上熟土或黑黏土掺少量黄沙土,覆盖表层。面层是较好壤土的,采用"驴打滚"的方法,先把上层熟土挖放在沟边,再把下面的生土运走,挖高田,垫低田,翻盖熟土。刚平好的田块,第一年多施有机肥料。平田整地前,事先落实施工计划和茬口布局。一般冬季削平的田,前茬是山芋,平好种晚大麦;春季削平的田,前茬是胡萝卜,平好种绿肥、栽水稻;夏季削平的田,前茬是小麦,平好种晚稻;秋季削平的田,前茬是小油果花生,平好种三麦,这样不因平整土地影响当年种植,做到平田、生产两不误。

到20世纪80年代末,泰县通南地区中低产田均得到不同程度的治理,但水利设施不配套,粮食产量仍在低水平徘徊。为实现农业生产再上新台阶,扬州市人民政府制定了百万亩中低产田改造工程项目实施计划,其中泰县项目区有大坨、蒋垛、仲院、运粮、王石、顾高、梅垛、张甸、大泗、白马等10个乡(镇)。规划改造面积30.69万亩,从1989年开始到1994年基本完成改造任务。改造中坚持以水利带头,实行综合治理。在水利措施上,疏浚乡级河道80条,新开和接长乡级河道13条;新开排降沟154条,疏浚排降沟559条;新开农排沟801条,整修农排沟2243条;新开隔水沟16500条,整修隔水沟23769条;新建干、支渠537条,整修干、支渠2745条;平田链地面积40684亩,新增耕地面积4239亩。共投入劳动工日1069万个,完成各类土方1710万立方米,投入资金507万元。配套各类建筑物9068座。通过各有效措施,泰县新增水稻面积4.47万亩,秸秆还田面积达62%,配方施肥面积达到86%,良种化面积达91%,植保面积达81%,水旱轮作面积达93%。粮食总产量比改造前上升8.3%,粮食单产比1989年上升85千克。

四、沤改旱

1954年以前,境内里下河圩区以沤田为主,沤田一年只种一熟水稻,亩产很低,丰收年景也只有200多千克。耕地闲置、浸泡在水里达8个月左右。20世纪50年代初,境内里下河地区开始试行"沤改旱",1955年,结合兴修水利同步进行小面积推广。

【沤田改造】

1953年,兴化进行小范围的沤改旱试点。1955年,全县沤改旱12万亩,平均亩产80多千克;1956年,全面推广;至1961年,沤改旱面积占总田亩的43.89%。三年困难时期,生产力下降,田间水系不配套,排水设备少,种植措施又不得力,不少田块夏熟产量不高,秋熟失收,农本加大,收不抵支。1962年回沤量达112.42万亩。后经多年努力,直至1971年底,兴化除留16.42万亩沤田作秧池外,其余全部改造成功。

1955年,泰县在溱潼区溱西乡角西合作社和野卞乡祝庄合作社搞试点,分别沤改旱205亩和314.5亩。其中祝庄合作社有3.1亩田上熟大麦亩产533斤,下熟水稻单产405斤,两熟合计每亩年产量938斤,超过一熟稻子产量1倍以上。该年,祝庄合作社增产5700多斤。

1956年起,泰县港口区叶甸乡仓南村兴修水利与沤改旱同步进行,成效显著。仓南村有耕地2382亩,沤田面积2046亩,占总耕地的86%。从1956年起,该村用5年的时间,将沤田全部改成稻麦两熟田。1961年粮食亩产117千克,棉花亩产47.5千克,都接近纲要指标,成为当时里下河区的一面红旗。他们主要是进行了开沟理墒,即确定改制的田块要根据排水状况先易后难,先改地势高的上匡田,再改低洼的下匡田;先改靠近沟河出水快的沟边田,再改排水困难的塘心田;先改熟土层浅的不陷脚的田,再改淤土深的老陷脚田。排水采用两沟、三墒法。两沟即开排水沟、穿心沟,三墒是顺墒、横墒和围墒。雨后,田面水沿顺墒、横墒和围墒排入排水沟,经穿心沟,出圩口闸,排入外河。穿心沟有东西向的,也有南北向的,有呈"一"字形的,也有呈"十"字形的,有开挖一条的,也有开挖两条的,随圩口的大小、形状而定。穿心沟下有排水沟,间距120~150米。穿心沟、排水沟各深1.2米、0.7米,底分别宽0.7米、0.5米。墒分顺墒、横墒、围墒,为季节性的田间工程,田块两头的称围墒,通过开沟理墒、调整作物布局、精耕细作和加强管理,夺取了好收成。在1962年14号台风暴雨中仓南村也沉圩,田面积水近1米。仓南村支书郑永福顶住了"回沤风",组织300多人,风车、脚车、抽水机一齐上,排水抢种,还比1961年多种了180亩。1963年麦熟总产12.4万千克,平均亩产达96.5千克,仍获得麦熟丰收。1964年,仓南村粮棉双超纲要,被江苏省人民委员会誉为"里下河地区一面红旗"。《新华日报》以《力量来自群众》为题发表长篇报道,介绍其经验。1987年,该村夏熟总产53.02万千克,亩产365.7千克;棉花总产5.40万千克,亩产75千克。

仓南沤改旱的成功经验,为境内里下河改制闯出了新路,提供了示范,当年"学仓南,赶仓南"的运动普及里下河地区,加快了该地区改造的步伐。到1960年,泰县近60%的沤田改造成稻麦两熟田,全县沤田面积下降为11.43万亩;至1965年,沤田面积仅剩下5.81万亩。1968年底,圩区20多万亩沤田全都改成两熟田。

【塘心田改造】

旧时,圩区农民罱泥渣作肥料,为戽泥方便,泥坞渣塘均设在河边。年复一年,形成周高中低的塘心田。这些地方水系紊乱,干旱时引水困难,洪涝时排水不畅。塘心田改造始于1970年秋冬。是年10月,兴化舍陈公社幸福圩新开一条长1900米的南北向中心干河。按300米左右的间距新开7条东西向生产河,建成"丰"字形河网。填平废沟废河32条,平整土地1700多亩。将原来大小不一、高低不平的田块改造成规格化条田,净增耕地20亩。还配套修建了路、渠、涵、闸、站等建筑物,成为圩区第一个高标准样板圩。后兴化采取圩内河网配套,提高灌溉水平,引淡洗碱,改良土壤,搞好土地平整,健全河、沟、墒三级田间排水系统,改善除渍条件等措施,大面积实行塘心田改造,获得成功。

五、盐碱地改造

境内里下河地区与黄海距离相对较近,历史上多次受卤水倒灌的危害。还有的因地势低洼,排水不畅,致使土壤盐碱度偏高。盐碱地的主要特点是土性凉,土壤板结,蒸发性强。每遇干旱,表面结有一层灰白色盐霜,不利于作物生长,严重的只长有稀稀拉拉的茅草。

根据1953年的土壤调查,兴化有盐碱地13.77万亩,占兴化耕地的6%～7%。1956年,兴化老圩区曾因土壤返碱,60%棉田缺苗。20世纪50年代,有些地方采取栽稻串水洗碱和增施河泥等措施,减轻盐碱危害。20世纪60年代初,兴化尚有盐碱地7万亩。在此后的10年间,兴化结合兴修水利,畅通水系,在田间深挖墒沟,做到"三沟配套",灌水淋碱。同时采取种植苕子、增施绿肥等植物措施,并通过压实、换土等办法使大片盐碱地得到治理。至20世纪70年代,盐碱地已不复存在。

20世纪50年代初,泰县通南地区有盐碱地12万亩,主要分布在王石、仲院、顾高、蒋垛等乡。王石乡的中南部有1条宽1.7公里、长8.0公里的东西盐碱带,约9100亩耕地,几乎占该乡总耕地面积的40%。亩产百十多斤粮就是好收成。民谣称:"土地是荒滩,小雨田发板,无雨闹干旱,天好就烧苗,日晒发盐碱,想尽垡田法,难过百斤关。"过去每逢夏熟收割期刮东南风时,田面田埂盐碱如霜。不少群众铲盐土回家洗盐水吃。用沟河水煮粥颜色发红。这些地区由于常年种植旱作物,加之河道稀少,狭窄不通,缺少冲洗水源,盐碱下沟,沟泥垡田,盐碱循环转,碱气不离田。1966年,蒋垛公社花灯大队打吃水井1眼,井水既咸又苦。1967年起,曾又先后在王石、顾高、蒋垛、仲院等公社打农业用水井。井深30多米,经化验,井水含盐量较高,不宜灌溉。凡经井水灌过的沟渠和建筑物,日久均呈紫红色。大部分农业用水井报废。从1970年起,泰县先后开挖整治骨干河道和乡级河道,变死水为活水。在实现旱田改成水田的同时,实行水旱轮作,淋盐洗碱,使盐碱地逐步得到改造,土壤的含盐碱量逐年下降,产量逐步提高。

六、百万亩中低产田改造工程

1988年,泰县大伦、蒋垛、仲院、运粮、王石、顾高、梅垛、张甸、大泗、白马等10个乡(镇)被列入扬州市"百万亩中低产田改造工程"项目区,规划改造面积2.05万公顷。是年,泰县改造中低产田4.8万亩,

新开外三沟860条,整修外三沟6.91万条,整修渠道3556条,完成4.67万公顷夏熟作物田间一套沟配套工程,实现一深、二密、三通。1989年,泰县水利部门牵头全面实施"百万亩中低产田改造工程",对中低产田进行综合整治。1990年,改造中低产田80040亩,完成土方380万立方米,增加旱改水面积

12810亩,开挖鱼池80.1亩,实行沟、渠、田、林、路综合治理,桥、涵、闸、站全面配套。1992年,该县张甸镇通过平整土地填废沟塘增加土地60亩,旱改水1000.5亩;顾高镇夏庄村投入1200多人进行平田整地和建设田间工程,人均完成土方25立方米,通过填平废沟塘,净增耕地13.95亩;白马乡对东北部5个村5490亩土地进行连片改造,完成土方25万立方米。改造后的耕地达到渠成形、路成线、田成方、沟配套、林成网。至1994年,泰县基本完成"百万亩中低产田改造工程"项目区工程任务,共疏浚乡级河道80条,新开和接长乡级河道13条;新开排降沟154条,疏浚排降沟559条;新开农排沟801条,整修农排沟2243条;新开隔水沟1.65万条,整修隔水沟2.38万条;新建干、支渠537条,整修干、支渠2745条;平田整地40725亩,新增耕地4245亩;完成土方1710万立方米;配套各类建筑物9038座;总投入资金507万元,投入劳动工日1096万个。新增水稻面积44715亩,秸秆还田面积占62%,配方施肥面积占86%,良种化面积占91%,植保面积占81%,水旱轮作面积占93%。是年,区内粮食总产量比改造前的1989年增长8.3%,粮食每亩产量上升85千克。1995年完成中低产田改造项目扫尾任务,改造面积39915亩,完成土方290万立方米。至此,扬州市"百万亩中低产田改造工程"姜堰(泰县)项目区任务全部完成。该项目的实施,从根本上解决了泰县通南地区"吃粮靠返销、用钱靠贷款"的状况。

七、水利措施

从1989年开始,在低产田的改造中,泰兴采取了一系列的水利措施,坚持水利带头,综合治理,取得显著成效。

20世纪80年代初,泰兴县尚有垛塌田6.37万亩,低田6.33万亩,高亢死角田3.03万亩。从20世纪80年代中期起,在平田整地的基础上,泰兴首先对这些突出的低产田综合改造,探索田、沟、路、渠、涵、桥、站、林治理格局,做到能灌能排,旱涝保收。在布局上做到连片种植,水旱轮作,培肥地力,提高产量。工程措施:因地制宜,讲究实效,宜沟则沟,宜塘则塘,分匡隔圩,高田高平,低田低平。做到7个结合:①与配套系结合,先建立完善排灌系统然后分匡隔圩,平田整地;②与建筑物配套相结合,土方工程结束后,建筑物跟上,建好桥、涵和电灌站,改一块,成一块,发挥效益;③与开挖鱼塘相结合,扩大塘,填小塘,精养鱼虾;④与茬口布局相结合,以便来年改造中低产田顺利开工;⑤与道路建设相结合,方便交通生产;⑥与乡村建设相结合,填好住宅地,开好饮水河;⑦与农田林化相结合。刘陈乡印院带是有名的盐场子,终年不长粮草,长期抛荒,通过低产田改造,亩产达千斤。

泰兴老叶乡是1981年由汪群、南新、根思、姚王4个公社的边缘村队划出来新组建的一个乡,低产田面积大、范围广。1987年,该乡组织劳力4000多人,动土30万立方米。平整了土地,配套了沟渠,改造低产田2946亩,当年粮食增产。溪桥乡在1987年初组织4700多人新开排水沟47条4600米、降水沟45条4500米,新筑渠道7条4600米,削平高埯田4块,填平废沟塘、地7处,动土28万立方米,改造低产田2100亩,当年获得稻麦两熟增产的好效益。

八、先进典型

【溱潼乡】

溱潼乡是苏北里下河地区三大洼地之一,总面积40.5平方公里,圩内耕地面积2.2万亩。地面真高大部分为2~2.5米,2米以下的有4267亩,原有自然圩口408个,圩口零碎,一湖、一汪、一塘(鸡雀湖、夏家汪、大窑塘)环绕全乡。由于地面低,湖荡多,水害给该乡农业生产带来了严重威胁。新中国成立前十年九淹,民众以捕鱼捞虾为生,生活极端困难,一遇洪涝被迫外出逃荒。新中国成立后,虽历年整修圩堤,但标准低,养护管理差,结果圩堤年年筑,年年被风浪冲掉。1962年大水,1536亩棉花总产只有1300千克,亩产不足1千克;17997亩水稻总产162.5万千克,单产仅90千克。

大灾后,溱潼公社认真总结教训,着手全面兴修农田水利,采取"三挖三结合"的方法,大搞圩堤建设,即挖荒滩,挖高埯田,挖废田埂;结合开生产沟取土做圩,结合圩堤取直、裁弯、切角取土,结合挖深墒开灌排沟取土做圩。从1962年起,经3年培修,圩顶做足真高4米,顶宽2.0米,防涝能力有了很大的提高。1965年虽遇大涝,水稻单产仍上升到219千克。但是也暴露出圩堤防浪措施的不足,针对这一问题,从1965年起,采取圩堤绿化措施。根据树草的生长条件和耐涝能力,从水面到堤顶进行分层多品种栽植,圩脚水面栽插5米宽的蒿草,向上是芦苇带,坡上栽杞柳、紫穗槐,内坡栽植湖桑,圩顶栽植榆、楝等民用材。

为了充分发挥工程效益,20世纪70年代初,溱潼公社采取了一系列圩堤绿化管理措施,社队都成立管理组织,生产队按圩长落实到人,一般每人管理500米。管理人员做到"三要",即要在圩上建立管理棚,食宿在圩上;要以身作则,不在圩堤上种庄稼;要认真负责,不得擅自离开圩堤。"三包",即包圩上无雨淋沟,无缺口,雨后随时修复;包树草长势好,及时治虫施肥,天旱窖水,缺棵补苗,管好育苗基地,做到自繁自育;包管好闸坝、鱼箔,发现损坏,及时整修。

由于措施落实,不仅护好了圩,挡了浪,巩固了圩堤,也为开辟多种经营提供了基地,部分圩堤达到了"土不见天,坡不现土,只见树草不见圩堤"的要求。翻身圩、溱潼大圩、湖东圩虽临鸡雀湖畔,联合大圩位于泰东河边,遭风浪船波冲刷频繁,但20余年,圩堤依然坚固,芦苇树草繁茂葱茏。

【沈高镇】

沈高镇位于泰县北部,属里下河地区,总面积31.0平方公里,其中耕地27934亩,占总面积的60%,人口21120人。该镇原有一熟沤田10200亩,一年一熟稻,十年九受涝。1965年大水后,沈高公社针对本地弱点,因地制宜制定了一个全社农田水利建设规划和实施计划。按境内老河网,以河定圩,把308个小圩并为10个大圩,形成"二横四竖"的圩外河道。二横即南有夏朱河,北有河横河;四竖是东有十字港,西有黄村河,与洪林、桥头两乡为界,中有姜溱东、西两大河,圩外河道顺直,与境外河沟通相连,有利于引、排、航。10个圩口中,有4个圩口与邻社合圩,面积均在1000亩以下,其余6个大圩圩内耕地面积在2000～7000亩,圩顶真高做足4米,顶宽2米。1970年冬,开挖位于全社中部的社前河,全长5.7公里,横贯东、西、中3个大圩,为全社开挖圩内生产河定了方向。圩内水系由生产河、中心河组成,共开挖生产河38条、中心河11条,总长63.4公里。生产河间距一般为300米,中建支渠一条,全社各圩口基本形成"丰"字形圩内新水系,在调整圩内外新水系的同时,大搞农田一套沟,先后开挖南北向排水沟1300条,长200公里,与生产河垂直,排水沟与斗渠相间布置,一排一灌,间距50米,田块长150米,每块田的面积约10亩。1980年以来,又抓紧了闸站配套建设,全镇共建圩口单、套闸67座,平均每个圩口有闸6座,河口全面配套,实现了无敞口河的乡(镇)。建有固定排灌站22座,每平方公里的排涝模数为1.07米³/秒,大大超过了设计指标。同时加强圩堤绿化管理,夹河圩、河横圩和沈高东、中圩,都在圩上建立圩堤管理工棚,配备专人管理。1983年又重申前令,圩堤由乡、村统管,不承包到人。在进行水利建设的同时,统筹安排路、桥和居民点的建设,靖(靖江)盐(盐城)公路,纵贯境内中部,兴建各类桥梁79座,除两个村外,村村通汽车。全镇用水泥预制块铺成宽阔的大路,拖拉机、内行车可靠通田头舍间。

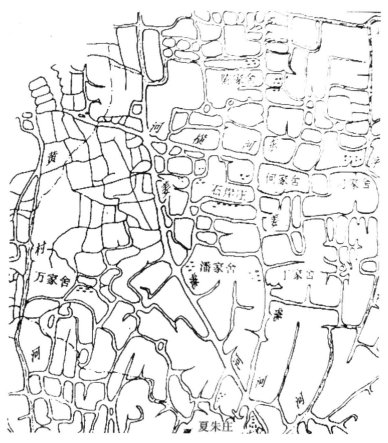

泰县沈高公社水系整治前

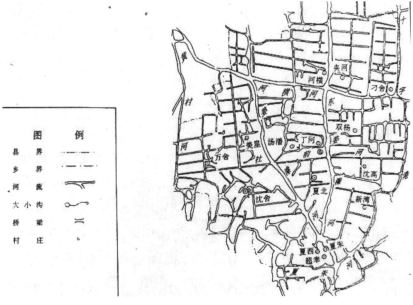

泰县沈高公社水系整治后

　　该镇河横村有耕地2800亩,原被河港分割成54个小匡。1968年在圩内中部开挖1条南北向中心河、3条东西向生产河,形成"丰"字形新水系。生产河间距300米,使支离破碎的农田连片成方。中心河南端建套闸和电力排灌站,干渠与中心河平行,河、渠、路结合,支渠建在生产河间,田间有排水沟,间距100米,两沟间有斗渠,形成墒、沟、内河与外河4级排水系统和干、支、斗3级灌溉系统。实现了河网规格化、排灌系统化、农田方整化的要求,从根本上改变了"一年一季稻,十年九受涝"的旧貌,当年被省里下河农田水利现场会誉为"沟、渠、平(土地平整)、建(建筑物配套)、提(提水排灌)、管(管理)"全面配套的典型。

　　1970年,《人民日报》以《一双铁手改天地》为题,报道了河横的事迹。

　　20世纪80年代起,河横坚持以水利建设带头,实行综合治理,致力于生态农业建设,植树造林,发展生猪饲养,降低化肥、农药施用量,发展生态农业、科技农业。实行贸、工、农一体化,获得了显著的经济效益、社会效益。1990年6月,河横荣获联合国环境规划署授予的"全球500佳"生态奖。1994年被确定为江苏省绿色食品生产基地。

　　1992年,在中心河西,改明渠为暗渠,长1.7公里,预制混凝土板衬砌排水沟72条,长10.8公里。暗渠上筑机耕路,其中混凝土路面0.85公里,砂石路面1.25公里。路渠沟两侧,按照农业林网要求,形成林网。

　　与河横一河之隔的夹河圩,自1969年至1975年,分年实施规划方案,开河挖沟,联圩并圩,造闸建站,绿化护圩。1969—1972年4年间,共挖土22.3万立方米,每亩耕地挖土97立方米,建成排灌固定站4座,电船13座,总动力422马力。建套闸2座,单闸4座,在中心河上建分匡节制闸1座,达到高低分开,低水低排。建筑物基本配套,出水口处有出水池,支渠上有分水闸,斗渠上80%有斗门,排水沟70%有排涵控制,1973年扬州地区革委会发出"向农田水利建设先进单位夹河大队学习"的决定。

　　1965—1988年,沈高共完成土方1146.7万立方米,建成旱涝保收田24396亩,占耕地面积的

87.4%，总投资 563.3 万元，其中国家投资 63.3 万元，占总投资的 11.2%，乡村自筹 116.34 万元，其余为农民劳动积累。

1988 年，沈高镇粮食总产为 1751.4 万千克、棉花 107.7 万千克，比 1965 年的粮食总产 726 万千克、棉花 7.5 万千克，分别增长 1.41 倍和 6.18 倍。

沈高镇河横电灌站

1991 年 7 月，境内里下河地区遭受特大涝灾，沈高镇雨前进行圩内预降，有 7 个大圩口圩内无积水，另外 3 个与邻设合圩的小圩口，也在两天内排除圩内积水。大灾之年沈高镇农业未减产，全年粮食产量与 1990 年持平，棉花还比 1990 年增产 12%。

通过中低产田改造，到 1996 年，全市高沙土地区新增水稻面积 5.7 万亩，植保面积达 62%，水旱轮作面积 61%；粮食总产量比改造前上升 9%，粮食单产分别比 1949 年、1978 年上升 162 千克和 45 千克。经过多年的综合治理，高沙土地区抗旱能力获得显著提高，农田抗旱能力大于 100 天的有 65 万亩，占该地区总田亩的 33%；70～100 天的有 80 万亩，占该地区总田亩的 40%；30～70 天的有 44 万亩，占该地区总田亩的 22%，小于 30 天的尚有 5%。已建成旱涝保收农田 62 万亩，占该区耕地的 31%。

第六节　圩堤　圩口闸

20 世纪 50 年代，建内里下河圩区开始了大规模的联圩并圩，分匡隔岸，高低分开，缩短了防洪战线，到 20 世纪 60 年代，址圩减少了近 3/4。20 世纪 70 年代，开河定向，圩口定型，对过大、过小的圩口作适当调整，兴化址圩又减少了 3/4，大联圩从 246 个分为 416 个；泰县址圩从 414 个并为 301 个。1991 年，里下河地区遭受了百年一遇的特大洪涝灾害，使该地区的经济和社会事业遭受重大损失。"大灾后反思，反思后大干"。里下河圩区人民在各级党委和政府领导下，不断加修圩堤、建闸站，掀起了水利建设的高潮，防洪抗灾能力得到迅速恢复和提高。到 1996 年，里下河圩口联为 601 个，圩长 3185 公里，圩内耕地 125 万亩。

一、新中国成立前的圩堤、闸

（一）范公堤

据《范文正公年谱》记载，范仲淹曾"筑堤置闸纳潮以通运河"。据此，县东捍海堰诸闸最初修筑时间,当不晚于11世纪20年代(北宋天圣年间),后经明、清两代多次维修、扩建、改建,至清末,凡12闸、29孔。1951年,按照苏北行政公署的部署,兴化县组织县、区干部10多名,老圩、合塔两区民工600多名及县大队战士56名赴范公堤,实施范公堤石闸整修工程。为此设立办事处,县长殷炳山为主任,县政府秘书沈道周、建设科科长刘永福为副主任。工程自1951年5月11日开工,先后疏浚了丁溪、草堰、刘庄南、白驹等9闸23孔,共挖土方1万立方米,使诸闸行水畅通。闸身修理经扬州市人民政府公开招标,由曾万兴营造厂和丰华营造厂中标承建。共修闸11座31孔,配闸方550块,工程于9月完工。1951年后,范公堤诸闸划归大丰县管理。1953年后,为解决诸闸渗漏,兴化曾组织人员修理。

(二)南、北塘

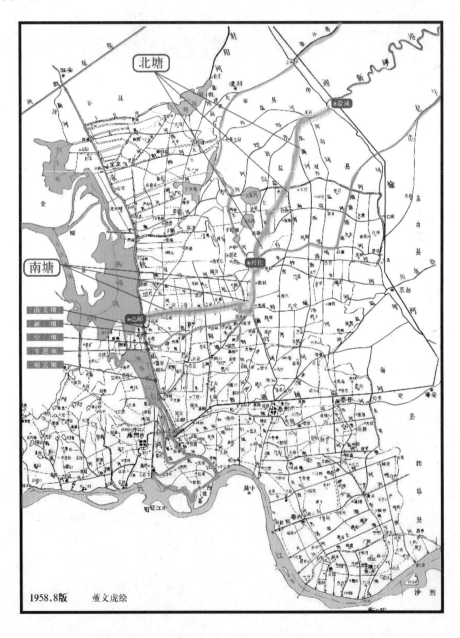

扬泰水系图——宋建炎至绍兴期间知县黄万顷主修南北塘位置分析

塘,堤防。南、北塘建于南宋建炎元年(1127),由兴化、高邮和盐城3县联手修筑,旨在将射阳河与农田隔开,亦为方便陆路交通。两塘位于兴化境西部,建成于南宋绍兴十年(1140),由兴化知县黄万顷主持修筑告竣,民间亦称绍兴堰,又称盘塘等。南塘起自兴化南闸桥,西南至河口镇丰乐桥45里,通高邮;北塘南起兴化玄武台(拱极台),北至界首铺60里抵盐城。两塘在兴化境内全长105公里,县城当其中。因兴化地势东高西低,两塘旱则蓄水以资东部灌溉,涝则拦挡西部涝水。300多年后,明成化十六年(1480),兴化知县刘廷瓒见堤堰水毁严重,召集民夫,对南北塘全面修筑加固,沿堤种柳,后人称"刘堤"。在此后50年时间内,兴化地方官吏5次续修两塘:明嘉靖十六年(1537),知县傅珮申请御史洪垣发银,合刘堤、新堰并筑,将及10年。嘉靖三十八年(1559),兴化大旱,河塘干涸,便于取土,知县胡顺华募集灾民挑浚南塘。培修后的南塘,由南闸至河口28.13里,北闸东向沿白涂河、车路河至丁溪场共计112里。河塘根脚1.5丈,结顶1丈,河宽向东一带3丈,深5尺,每丈议算工价银3钱,共约用银6306两。当年遂申请钦差巡按直隶监察御史李某拨给银两,以工代赈。而至盐城一路则难以修复。嘉靖四十五年(1566),兴化知事王汝言主持浚大河、筑河塘,绵亘百里,柳植其上,仍系东路。隆庆六年(1572),兴化雨水泛溢,知县李仁安修筑两塘百余里,直抵捍海堰,亦为东路。万历十一年(1583),高邮知县阮良弼、兴化知县凌登瀛重筑南塘。此后再无修筑南北塘的记载。两塘遗迹早已荡然无存。

(三)西堤老坝

该堤位于兴化西水关外北经土山(昭阳山,在兴化城西)至今东潭乡山子庙。南门外有堤,堤间有闸,是为"老坝"。老坝建于何时缺考。其可西障运河之水,亦可使南来之水经兴化市河汇入海子池,由海子池出西水关沿西坝而去。从明代到清代,老坝屡圮屡修。清乾隆十年(1745),兴化知县李希舜曾主持修筑,后因水患频发,堤渐圮。乾隆四十六年(1781)议修未果。道光十年(1830),知县张泰清倡捐修筑,尔后时加培修,不久堤又圮。同治七年(1868),经洒扫会会员筹资修筑,旋又被偷挖。经洪涛迭次冲刷,西堤老坝无法修复,遗迹亦无存。自老坝圮废,来水不复汇于海子池。西堤废,出西关之水即漫入乌巾荡。后虽有人提议兴复,但一直未能付诸实施。

(四)泰东河北堤

明成化十五年(1479),监察御史杨澄奏请朝廷修筑泰东河北堤,获准。是年二月,工程开工,4个月后全面竣工。堤高7尺(2.33米),树以万柳。此工程为运盐河捍堰,从泰州渔行庄到东台两溪,全长30公里;用桩木4300根,苇草7万余束;在渔行庄和溱潼各造土坝、水闸一座,坝以蓄水备旱,闸以泄水防洪;沿堤设邮亭10座。为缅怀杨澄功绩,人们称该堤为杨公堤。

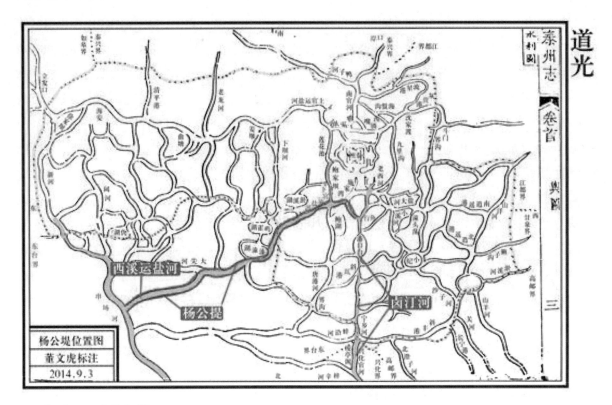

（五）旧日其他圩堤

唐大历元年至十四年间（766—779），淮南西道黜陟使李承组织民夫修筑常丰堰（亦称海陵堰、捍海堰）。此堰，北起盐城阜宁沟墩，南抵海陵（今大丰县刘庄附近），长142里。堰成之后，障蔽潮汐，兴化东部地区渐成农田。

清乾隆中期（1736—1795），兴化先后创筑安丰镇东北圩、中圩、西圩等御坝水。清乾隆二十三年（1758），盐政高恒征候增筑南堤60里，开涵洞以利宣泄，栽苇柳以御风浪，并设堡房巡守。历经嘉庆十年（1805）、十三年（1808）两次洪水，堤遭冲圮未加修复，堤址早已荡然无存。据史载，康熙年间，朝廷令地方官员于农隙时，按照田亩，佃户出力，业主给食，开挖浅隘水道，挑出之土，堆成圩岸，以护田畴。嘉庆十七年（1812），姜堰挑筑下河各归海河道及民田堤岸，但由于圩口分散，圩堤战线过长，标准低，抗洪御灾能力薄弱。嘉庆十九年（1814），兴化挑浚下河，并修筑河岸，圩高数尺，同时筑合塔圩。道光年间（1821—1850），泰州知州张东甫筑山洋河（今三阳河）樊川镇南河堤。清代，兴化浚挖东西向的海沟河、梓辛河、车路河、子婴河、澄子河、盐邵河、斜丰港、蚌蜓河等归海河道，结合修筑沿河大圩，以挡坝水。

表8-8 清乾隆后兴化东北乡圩堤一览表

圩名	位置	周长（里）	圩内情况	圩高（丈）	圩顶（丈）	圩根（丈）	圩口（个）
老圩	唐港河东，串场河以西，兴盐界河以南，海沟河以北	100	193庄舍，田地20万亩	1.9	1.2	2.8	238
中圩	东西唐港之间	61.9	36庄舍	1.8	1.2	2.8	29
下圩	西唐港与渭水河之间	62.62	48庄舍	1.5	1.2	2.8	42
合塔圩	海沟河以南，东抵串场河，西为永丰圩	100多	200余庄舍，田地20余万亩	2.2	1.3	2.5	48
永丰圩	合塔圩以西，北起海沟河，南为白涂河，西为东唐港	60	135庄舍	1.8	1.2	2.5	62
林潭圩	雄港以东，横泾河以西，白涂河以南，车路河以北	44	25庄舍	1.8	1.3	2.5	25
苏皮圩	东唐港以东，林潭圩以西	40	16庄舍	1.5	1.3	1.5	28
福星圩	唐子镇圩	44	面积200多万亩				
丰乐圩	横泾河以东	28	内有13庄舍	1.7	1.3	1.5	28

民国10年（1921）、20年（1931）两次大水，里下河圩区皆成泽国，汪洋一片。民国32年（1943），兴化抗日民主政府曾贷款修圩浚河。

民国14—26年（1925—1937），兴化在县城西北又匡建了烧饼圩、合兴圩。至1949年末，兴化共存老大圩8处，子圩8672个，圩内面积200多万亩。

（六）圩区水闸

据《范文正公年谱》记载，范仲淹曾"筑堤置闸纳潮以通运河"。据此，兴化县东捍海堰诸闸最初修筑时间，当不晚于北宋天圣年间（1023—1032），后经明、清两代多次维修、扩建、改建，至清末，凡12闸、29孔。

【范堤诸闸】

丁溪闸 建于明万历十一年（1583），清康熙三十一年（1692）修。雍正七年（1729）改建为2孔。乾隆十二年（1747）增建为3孔，每孔宽1.6丈。

草堰正闸 建于明万历十九年（1591），明天启二年（1622）、清康熙三十一年（1692）再修。雍正七年（1729）增为2孔，每孔宽1.6丈。

草堰越闸 即苇子港闸，清乾隆十二年（1747）建，3孔，每孔宽1.6丈。

白驹闸 初建时间不详。明成化二十年（1484），巡盐御史李孟蛭再修。

白驹数闸 明天启二年（1622）建，清乾隆二十二年（1757）改建为2孔，每孔宽1.95丈。白驹中闸，明天启二年（1622）建，清乾隆五年（1740）移建，1孔，宽1丈。白驹北闸，明天启二年（1622）建，清乾隆五年(1740)移建,1孔,宽1.85丈。白驹一里墩闸,清乾隆十二年(1747)建成,5孔,每孔宽1.8丈。

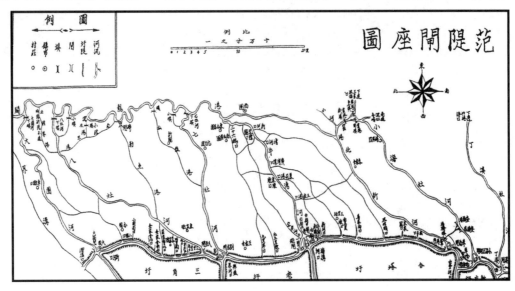

刘庄青龙闸　清雍正七年(1729)建成,2孔,每孔宽1.72丈。

刘庄八灶闸　清乾隆十二年(1747)建成,2孔,每孔宽1.72丈。

刘庄大团闸　明天启二年(1622)建,清乾隆十二年(1747)改建,2孔,每孔宽1.8丈。

小海正闸　明万历十六年(1588)修,万历十九年(1591)竣工。2孔,每孔宽1.6丈。清乾隆十二年(1747)增建小海越闸,2孔,每孔宽1.6丈。

上述各闸是分泄里下河地区西来之水东流入海的主要通道,也是东阻卤水倒灌、西蓄淡水的主要设施。因年久失修和战争破坏,至1949年,刘庄八灶、大团2闸已全部毁坏,不堪再修,其余大部分也已破损或堵塞断流。20世纪80年代初,由于水系变化,兴化诸水已不再全部经大丰入海。为拓建通榆公路,大丰县交通局已将白驹等拆除建桥(详见本书第十九章第五节"范仲俺")。

【两塘石礴】

南宋初年修筑的南北塘,在兴化境内有2闸、10礴。2闸即南闸、北闸。南闸初在南门老坝头(现兴化城南跃进桥东侧),后移至南闸桥。北闸初在兴化北门玄武台(拱极台),后迁至北闸桥。两闸早圮,仅存砖墩木板闸桥2座。20世纪70年代,随两处夹河填塞,木桥相继拆除。

石礴为"石砌水门,以时启闭,涝则启而杀其流,旱则闭而蓄其水"。在明中叶以前,兴化境内石礴已名存而实泯。据志书记载,诸礴分别建在十里亭、贾庄镇、孟家窑、河口镇(兴化县南)、平旺铺、土桥口、火烧铺、兰溪坝、卢家坝(兴化县北)及盐城县境的界首铺。

【老阁石闸】

建于民国6年(1917),位于蚌蜒河西端,兴化老阁西南,卤汀河、蚌蜒河、斜丰港交汇处,与蚌蜒圩配套挡御西部坝水南侵,保护圩南大片地区。此闸原为一孔两槽,闸宽5.6米,闸室长5.4米,抗日战争时期闸板被侵华日军烧毁。1949年,中国人民解放军南下渡江作战,因闸孔狭小,大船过境受阻而拆除。1951年,苏北行政公署决定修复此闸,将东闸墙退建2.4米,闸身加宽到8米。工程是年2月24日开始,7月6日竣工。共支出旧版人民币2750万元,大米32.74万千克。后因淮河治理,运堤坝水威胁解除,老阁石闸和蚌蜒圩一样失去作用,反而束窄河面,阻碍行水和交通,遂于1958年拆除。1964年将闸基清理完毕。

二、1949年秋至1996年秋的圩堤建设

新中国成立前,境内里下河圩区除兴化老圩地区有几个大圩外,绝大部分是小址圩,且圩口分散,圩堤卑矮。据不完全统计,当时兴化有小子圩8672个,最小的圩口仅有耕地20~30亩,圩身仅高出地面0.3~0.5米。圩口无节制,春季水位低,灌溉困难,苦于干旱;夏秋季一遇洪水、雨涝,极易溃圩成灾。

新中国成立后,圩堤建设一直是境内里下河地区水利建设的重点。各级党委、政府不断组织农民培修圩堤,培修标准随着里下河圩区工情、水情的变化逐步提高。1991年大灾后掀起新一轮圩堤建设高潮,成效显著。

(一)圩堤

20世纪50年代,境内圩堤顶高一般超出历史最高水位0.3米,顶宽1米。1962年,堤顶高程达3.6米。1965年,13号台风暴雨受涝后,圩堤顶修高到4米,顶宽1.5米,内坡1:1.5,外坡1:1。20世纪70年代,兴化首先提出"四三"式标准,即堤顶高程4米,顶宽3米。此后,姜堰、海陵均照此标准加固圩堤。1981年后,境内里下河地区圩堤培修执行新"二三四"标准,即圩顶真高4米,顶宽3米,内外坡1:2。到1987年,境内51%的圩口、61%的耕地符合上述标准;37%的圩口、34%的耕地能防御历史最高水位;还有12%的圩口、5%的耕地不能防御历史最高水位。但部分社、队对圩堤的培护保养不够重视,边建设、边破坏的现象比较普遍。20世纪70年代初期,圩堤上"六口一险"(泥坞口、风车口、牛缺口、排水口、过船口、机口和风浪险段)增多,20世纪80年代又出现挖圩烧砖、平圩做庄台、平圩修路、平圩建窑、建拖拉机码头、建无闸洞口门和种植庄稼,形成新的险工险段。

兴化首先修复的是蚌蜒河南的蚌蜒圩。此圩位于兴(化)泰(州)江(都)交界地带,长36公里,西御坝水南侵,护卫周庄、戴南两区及姜堰市的大片土地。20世纪40年代迭遭战火破坏,不能发挥作用。1950年8月,兴化组织圩南茅山、周庄、戴南3区民工1.5万人加高培厚圩堤险工患口。工程长度36公里,共完成土方8.31万立方米。次年冬,在泰县民工的支援下,兴化组织民工0.87万人继续加修,完成土方6.44万立方米。与此同时,兴化海南、海河、中堡、沙沟、草冯、李健、平旺等7个区也对2141个子圩加修,受益田亩达64.4万亩。1951年11月底至次年3月,兴化动员民工674名,复建圮毁的苏皮圩,共完成土方12万立方米。1954年冬至1955年春,兴化修复子圩,共做土方145万立方米。尔后,在每年冬春农田水利基本建设中,都将整修、加固圩堤作为重要工程项目,组织认真实施。

1952年冬至1953年春,泰县动员民工22.05万人,整修圩口403个,完成土方65.8万立方米。1954年、1956年,泰县先后遭到雨涝袭击,后整修圩堤。工程标准是:圩顶高出地面0.5~1.3米,顶宽1米。1962年又遭到台风和暴雨袭击,受涝面积达32.8万亩,占圩区面积的89%。在吸取沉痛教训之后,泰县对圩顶高程在真高3.0米以下的圩堤进行整修,保证溱潼水位真高2.6米不沉圩。整修标准:圩顶真高3.6米,顶宽1米。经过一个冬春的努力,姜堰修圩1738公里,完成土方192.3万立方米,培修圩口有698个,圩内面积32万亩,占圩区耕地总面积的84%。

（二）联圩并圩

联圩并圩就是将分散的小圩联合组成大圩，以提高圩田的防洪防涝能力。20世纪五六十年代，境内里下河圩区开始了大规模的联圩并圩。兴化址圩减少了3/4，（县级）泰州市和泰县也减少了2/3多。20世纪70年代，境内各地贯彻全国北方农业会议精神，拟订农田水利基本建设"五五"规划和"六五"设想，针对境内老河网"有网无纲"和"弯、浅、狭"的状况，提出"改造老河网，建立新水系，重新安排河田"的治水方略。按照规划开挖县、区、乡骨干河道，达到河道定线、联圩定型，以适应畅引畅排的要求。至1980年，圩区联圩基本定型。

在联圩并圩过程中，里下河圩区各地因地制宜，对上、下游的排水、引水、航运、灌溉以及圩内排灌等综合考虑，统一安排。一般在圩口设置圩口闸，这可根据需要控制圩内水位，提高防涝能力；对圩内河网，以利用为主，适当进行改造，使圩内水系通畅；圩外河道做到互相沟通，留足宽阔的引排走廊，便于干旱时向里下河腹部送水，雨涝时抽排涝水入江，灌溉、排水相互调剂。现新通扬运河北岸有5条宽广的北向引排河道，即澛汀河、界沟河、九龙河、妈妈尖河和泰东河。兴化在不妨碍流域规划、不打乱原有水系的原则下，依靠群众自办联圩并圩。1954年6月，组织1.3万民工苦战一个多月，匡建成李健大圩，共完成土方40多万立方米。大圩总长50公里，圩内近200个子圩，总面积8万亩。当年汛期，兴化遭遇严重雨涝，在其他圩堤相继陆沉、大面积绝收的情况下，李健大圩一直坚守未破。当年秋冬至次年春，兴化在平旺、海南、临城、花顺4个区匡并13个联圩。中堡、大垛、李健、花顺等区群众自发联圩6个，共完成土方111万立方米。地、县两级用以工代赈办法补助联圩工程3.38万元，其中泰州专署1.9万元，兴化县1.48万元。在这批联圩中，尚存的有西鲍三角圩、新中圩，中堡戚家圩、刘陆三王圩及竹泓白高圩等。此外，其他各区全面修复子圩，共完成土方145万立方米。1955年冬至1956年春，继续加筑和新匡子圩，适当联圩并圩。为解决圩内地势高低不平的矛盾，增做分匡隔堤，开挖部分河道。共新开、拓浚河道220条，做分匡隔堤50条，联圩并圩40个，但大部分未能交圈受益。

20世纪60年代初，三年困难时期，圩堤建设处于停顿状态。1961年兴化干旱，人们在无组织的状态下，到处开口引水，圩堤受到严重破坏。1962年先旱后涝，旱涝急转，又连遭两次台风袭击，大部分子圩漫顶、溃决。在当时已建成的48个联圩中，只有西部湖荡地区的郭兴圩坚守未破。1962—1974年，兴化共建成联圩292个，保护面积174.2万亩，占耕地总面积的93%。联圩面积一般二三千亩至六七千亩，工程标准：圩顶高程3.5米以上，顶宽2米，外坡1:1，内坡1:1.5。通过联圩并圩，使防涝战线从原来的1.6万公里缩短到0.5万公里以内，减少了圩堤的渗漏，节约了大量的岁修土方，避免了挖、压废耕地，为汛期预降内河水位、

降低地下水位，以及耕作制度改革和农业结构调整创造了良好的水利条件。

自1963年起，（县级）泰州市在境内里下河地区逐步开展有计划的联圩并圩工程，将分散的小圩联合组成大圩，提高圩田的防洪防涝能力。在联圩并圩过程中，因地制宜，对上、下游的排水、引水、航

运、灌溉以及圩内排灌等综合考虑，统一安排。圩口设置圩口闸，可根据需要控制圩内水位，提高防涝能力，对圩内河网，以利用为主，适当进行改造，以使圩内水系通畅；圩外河道做到互相沟通，留足宽阔的引排走廊，便于干旱时向里下河腹部送水，雨涝时抽排入江，灌溉、排水相互调剂。新通扬运河北岸有潺汀河、界沟河、九龙河、妈妈尖河和泰东河等5条宽广的北向引排河道。

1984年，（县级）泰州市郊区基本完成联圩并圩工程，将原有的47个圩子和1000多亩塔田改造成12个圩子，兴建圩口闸13座。1987年，郊区共有圩子28个（包括朱庄乡，不含泰东乡），有圩口闸34座，圩堤防线全长120.8公里，圩内耕地总面积2.56万亩。1989年，郊区圩子40个，圩长153.37公里，圩内耕地3.23万亩，其中圩内面积在5000～10000亩的1个，1000～5000亩的9个，500～1000亩的10个，500亩以下的20个。有圩口闸42座，其中能用单闸33座。1996年，（县级）泰州市郊区共有圩子43个，有圩口闸49座，圩堤防线全长146.65公里，圩内耕地总面积3.37万亩，其中，圩内面积在5000～10000亩的1个，1000～5000亩的9个，500～1000亩的11个，500亩以下的22个。有圩口闸49座，其中能用单闸41座。

1980年，泰县的圩口由1965年的835个并为301个；1994年，联并为208个。其中，耕地面积在5000亩以上的圩口7个，3000～5000亩的圩口27个，1000～3000亩的圩口87个，500～1000亩的圩口34个，500亩以下的圩口53个。

表8-9　泰州市里下河地区5公里以上联圩情况

市（区）	数量（处）	面积（万亩）	长度（公里）	工程完好情况	
				达标 长度（公里）	不达标 长度（公里）
（县级）泰州	7	1.13	36.18	28.02	8.16
泰县	13	42.22	71.32	67.84	3.48
兴化	36	69.56	297.92	252.88	45.04
合计	56	112.91	405.42	348.74	56.68

【新建匡圩】

1950年12月至次年3月下旬，兴化组织民工0.53万人新筑淘河圩。其范围北抵兴盐界河，东濒渭水河，南临海沟河，西沿上官河朱腊沟。包括今海河、大邹、钓鱼3个乡（镇）。大圩标准顶高2.5～3.0米，顶宽3米，内坡1:2，外坡1:1.5，共完成土方60.28万立方米，做工日21.45万个，地方动用水稻50万千克。圩外地区地势最低的李健区[今荡朱、舜生、李健3个乡（镇）]，在1952年前后建成蒋鹅、顾赵等圩，圩里面积分别为3000亩和5000亩。1954年11月至

1955年4月,兴化共动员民工3万多人,在工120个晴天,在各地新匡、岁修子圩3197个。

【开河分圩】

20世纪60年代后期,兴化在西部、南部地区继续联圩并圩的同时,着手解决东北部及西部老大圩因围护面积过大,内部水系不配套而产生的引排矛盾。该县在群众自愿、社队自办的原则下,通过开河,破老大圩,建中小型联圩,以畅通水系,加快排涝速度,促进淋盐洗碱,改善水源水质。早在1955年冬,李健大圩就已分成蒋鹅、李健、严家3个联圩。1962年冬,开挖雌港后,原老圩被分成老圩、大营圩。1966年冬,海河圩内整治洋汊河和上官河文远铺至大邹分支——中官河,分成春景、钓鱼、荻垛、大邹、汤家、胜传6圩。同年,大营圩内通过整治阵营港,分成营东、营西2圩。次年开挖屯沟河、洋子港,将营东圩划分为营东、屯军、联镇、前进4圩;营西圩则分为营西、幸福2圩。老圩整治三五河分为老东、老西2圩。合塔圩内开挖青龙河、茅弯港和万家港等河道,分为凤存、高桂、桂山等圩。永丰圩内开挖祁吉河

圩内生产河

圩内镇村河

和新巡港,分为祁吉、西港2圩。1968年冬,在下圩内开挖跃进河,分为下南、下北2圩。至此,兴化境内7座老大圩被分别建成26座中小型联圩。

(三)圩口闸

圩口闸是建在农村联圩通往外河口门上的配套建筑物,是农村防洪体系重要的基础设施,对于控制圩内水位、方便群众生产生活交通、减轻防汛压力、增强抗灾能力等都具有较为显著的作用。

20世纪50年代末60年代初,境内里下河圩区在搞联圩并圩时即开始兴建圩口闸。

20世纪70年代初,沤改旱改制基本完成后,为实现内外分开、灌排分开、高低分开、控制内河水位,圩口闸建设速度加快。但这个时期圩口未定型,设计标准偏低,结构过于简单,施工质量也差。到20世纪80年代中期,为提高圩区防涝能力,圩口闸有较大发展。全国北方地区农业会议以后,通过圩口定型,改进设计,培训施工人员,落实自筹资金,严格审批制度,实行施工技术经济承包合同制,加强检查验收,落实施工管理责任制,圩口闸建设的质量有所提高。但由于受经济条件制约,圩口闸配套的进展一直较为缓慢。1991年里下河地区特大雨涝成灾的一个重要原因就是圩口闸不配套,高水位来临时圩堤口门打坝堵口不及时,加之相当一部分口门由于引水抗旱既宽且深,打坝堵口根本无法取土,造成大面积沉田被淹,经济损失惨重。

1962年,泰县开始兴建圩口闸,由于设计标准较高,导致用料多,造价高,经费不足。淤溪公社建南舍闸,块石结构,造价2.8万元。兴泰公社建储楼闸,青砖结构,造价1.1万元。受益社队,除安排劳

力外（适当补助计划口粮），其余排水、建筑材料、技工工资，均由国家负担，因此建闸速度十分缓慢。1964年后，一度追求用料省、造价低，又难以保证质量。溱潼公社溱南大队自筹资金，在溱湖大圩建一简易青砖单闸，造价800元，以造价低广为称许。闸底板厚度仅30厘米，上无铺盖，下无护底，闸墙断面小，上下游无护坡，侧向防渗差。1965年桥头公社前进大队，在前进大圩兴建圩口砖闸

钢筋混凝土闸墙

1座，汛前方告建成，由于渗径长度不足，闸身单薄，一经抽排预降，即发现闸墙漏水，致串水翻闸，此后，吸取教训，开始重视圩口闸的质量。

建闸初期以建青砖闸为主，闸门用叠梁式木闸方，青砖就地取材，造价低，上马易。1965年后改木闸方为钢丝网水泥一字门，1966年在兴泰公社尤庄大圩建尤庄西闸时，闸门改用钢丝网水泥人字双扇

浇筑圩口闸闸身

门，使用情况良好。1970年后，以建块石闸为主，并建了少量预制水泥方形涵管闸。1962年初建闸时，孔径4米块石闸的用料为：水泥35吨，黄砂167吨，石子188吨，块石420吨，钢材1.1吨，木材5.5立方米。1972年以前，孔径3.5米块石单闸造价为4000元，国家补助1500元，供应水泥12吨、黄砂50吨、石子45吨、块石120吨。1974年后，底板增加深齿槛3道，各为60厘米，前后护坦各加长至4米，闸墙为"八"字式翼墙，闸孔净宽以

4米为主，5米为辅，底板真高为-0.3米，用双扇人字门，闸门放在岸墙上游面，不再建青砖结构闸。1976年，4米块石单闸造价为5000元，国家补助2000元。1977年，造价6000元，国家补助2400元。1980年增加两项措施：一是在建闸地基上进行轻型动力触探试验；二是经地质钻探后，底板加铺钢筋。4米单闸造价为1.35万元，国家补助1万元左右。供应水泥23吨、黄砂83吨、块石190吨、石子110吨。1989年，建筑材料价格上涨，加之土地承包后，需现金雇用劳动力，加大了建闸的费用。当年4米单闸的造价为2.5万～3.4万元，国家补助1.4万元，闸门由双扇门全部改用一扇直升式门。1994年，4米单闸需用材料：水泥35吨，黄砂83吨，块石190吨，钢材1吨，每座造价4.3万～5.0万元，从1992年起，国家补助1.8万元。

20世纪六七十年代，桥面板、闸门及栏杆等预制件均由泰县水泥构件厂承担预制，因搬运麻烦，后改为现场浇筑，由姜堰水利局派专职预制船组，在里下河地区轮流预制，姜堰水利工程队负责闸门安装。工作次第有序，忙而不乱，均能保证在汛前结束，未有安装不及时和质量不合格的事件发生。需

要建闸的社队,在获批准后,只需将自筹资金按期汇交姜堰水利局,姜堰水利物资储运站即负责供应所需建筑器材,或主动从产区直接运至工地,以减少上卸过载的麻烦和费用。20世纪80年代后期,姜堰建闸补助款由水利局汇给各建闸乡(镇)水利站,建闸所有材料,由各乡(镇)就地采购,圩口闸的建筑施工、桥面板及闸门安装,亦由各乡(镇)水利站自行联系承包。圩口闸建成后,泰县水利局组织了验收。

1991年,境内里下河圩堤受特大洪水冲刷,多处被毁。当年冬天起,圩区内各市(区)组织人民大搞圩堤建设,提出"立足抗大灾,坚持高标准,决战一冬春,圩堤上水平"的口号。根据大灾中暴露出的问题,以提高挡排能力为重点,认真组织实施。

兴化在灾后圩堤建设中,上工人数最多时达30万人。经过一冬春的艰苦努力,调整了部分联圩规模,圩总数由403个调整为393个,圩堤总长度由3649.4公里缩短为3600公里,缩短防涝战线49.4公里。堵塞活口门797个,平毁建在圩堤上的土窑403座。完成土方1847.81万立方米。达"四三"式标准的圩堤有3130公里,占圩堤总长度的89%。

大灾后,泰县重新审视圩堤建设标准,提出"高起点规划、高标准实施、严要求验收"的新思路,将加固圩堤要求定为"四二四",即圩顶真高4.2米,顶宽4米。1991年冬季,泰县组织10多万民工修筑圩堤,至1992年春,共完成圩堤加固土方606万立方米。新筑、整修圩堤总长150多公里,为前20年的总和;溱潼乡调集600多条农用船,解决堵闭翻身大圩敞口取土难问题,其壮观场景,时称"水利会船节"。

此后,泰县圩堤建设主要实施联圩并圩和圩堤全面达标。联圩并圩中保持一定水面面积,以便于调蓄。对圩内河网以利用为主,适当进行改造,以达到内外分开、圩内水系通畅要求。1994年,圩内水面面积48.98平方公里,占圩内总面积的13%。其中,马庄、溱潼、港口3个乡(镇)水面面积分别占总面积的22.6%、20%、20%,罡杨、沈高、兴泰3个乡(镇)水面面积分别占总面积的83%、8.2%和7.4%。圩内河网一般由中心河和生产河组成,中心河两头与外河相连,以达到内外沟通,其布局有的呈"丰"字形,有的呈"井"字形。

是年,泰县撤县建市,称姜堰市。姜堰市里下河地区先后建成圩口闸547座,其中:涵管闸10座,青砖结构闸150座,块石结构闸387座。

1996年,姜堰水利部门按750亩左右建一座圩口闸设想,对里下河各乡(镇)圩区进行重新规划论证,确定建闸位置,规划新建圩口闸315座,全部实施后实现"无坝市"。是年,建闸71座,待建37座。9个乡(镇)通过"无坝乡"验收。1998年,新建、改建圩口闸48座。1999年,姜堰水利局对各乡(镇)报建的圩口闸数量、位置进行论证,新建、改建圩口闸145座,实现"无坝市"。2000—2001年,完成63座圩口闸改建。2002年,改建圩口闸28座。2003年和2004年,通过"以资代劳、一事一议",新建、改建圩口闸121座。2005—2007年,新建、改建圩口闸73座。

表8-10 1996年泰州里下河地区圩口闸情况一览表

市(区)	1米³/秒以上				1米³/秒以下			
	数量(座)	工程完好情况			数量(座)	工程完好情况		
		A类	B类	C类		A类	B类	C类
		数量(座)	数量(座)	数量(座)		数量(座)	数量(座)	数量(座)
海陵区	32	26	4	2	9	6	1	2
姜堰区	181	159	13	9	13	9	2	2
兴化市	922	876	29	17	36	27	4	5

第七节 排涝涵闸站

一、靖江

1957年,夏仕港成为地区性专用引排河道后,抬高控制水位,孤北洼地失去向夏仕港排水的出路。为此,是年底,丹华港向西延伸直至小涨公殿,接通夏仕港。该工程完成土方25.3万立方米。1959年春和1968年、1974年、1975年冬,县政府治理孤北洼地夏仕港以西的河段。疏浚十圩港,完成土方586万立方米。1971年疏浚罗家桥港,完成土方43万立方米。1957年春和1967年冬先后疏浚安宁港,完成土方53万立方米。各乡(镇)自力更生治理洼地,筹集资金疏浚或新开部分乡级河道。1956—1957年疏浚渔婆港、竖辛港、百花港及孤山横港、芦泾港、东团河。1960—1967年疏浚竖河、塌港。1972—1980年疏浚小夏仕港、芦场港、竖河、大港、竖辛港、小港,并新开季市东、西横河。1976年,国家投资10万元,用于丹华港(土桥至丹华闸)疏浚工程。1984—1987年疏浚老石碇港、掘港中段、竖辛港,新开团结掘港北段。1988—1995年轮疏塌港南段、竖辛港北段、孤山北横港。1991年7月,靖江水利局新建的土桥创新排涝站通过验收,一次试机出水成功,解除夏仕港之东5000亩低洼地涝情。该站配备32英寸水泵3台(套),提排能力6米³/秒。1993年,靖江农业机械局在团结乡掘港新建4米³/秒排涝站1座,配备苏Ⅱ型2台(套),解除大港与中心港之间4000亩洼地涝渍危害。

表8-11 1987年靖江县孤北洼地固定排涝站一览表

| 站名 | 造价(万元) | 提排能力 | | | | 站区集水面积 | | |
| | | 流量(米³/秒) | 电动力(千瓦) | 机动力(千瓦) | 集水面积(平方公里) | 其中 | | |
						洼地面积(平方公里)	耕地面积(万亩)	
团结Ⅰ、Ⅱ站	23.0	8	150	154.60	9.29	3.45	1.05	
孤山北、南站	22.0	8	185	66.24	7.04	4.80	0.63	

续表8-11

站名	造价（万元）	提排能力			站区集水面积		
		流量（米³/秒）	电动力（千瓦）	机动力（千瓦）	集水面积（平方公里）	其中	
						洼地面积（平方公里）	耕地面积（万亩）
季市西站	16.0	4	110	117.76	4.30	3.74	0.43
季市东站	17.2	6	160	132.48	7.00	6.10	0.65
亮港站	14.2	6	165	66.24	6.12	3.93	0.54
长安站	21.8	6	310			2.30	0.55
大觉站	4.1	2	75		2.40	2.00	0.22
合计	118.3	40	1155	537.32	36.15	26.32	4.07

二、泰兴

泰兴通南高沙土区骨干河道的控制闸有：七圩乡的连福南、涌兴闸通七圩港；蒋华镇的马桥、蒋华、宋桥、清水闸通焦土港、天星港；天星乡的翻身闸通天星港；过船乡的杨园闸通如泰运河；城西乡的三阳南、三阳北、东风、曙光、兴隆、三联、红旗闸通如泰运河、天星港；燕头乡的向阳、幸福闸通如泰运河；口岸镇的太平闸通南官河。

上述闸虽与高水河相接，但圩区沟网相通，可以调度直排入江，仅低潮利用高水河引水灌溉、提排、通航。

另外，人工河的排涝站有：城西乡的金沙南、金沙北、红旗、五杨站；燕头乡的向荣、向阳站；口岸镇的口岸、太平、双新站。

三、高港

2006年，高港投资200万元建设盘头排涝站。该站位于古马干河南岸，排涝流量4米³/秒，由于不均匀沉降，管理用房出现倾斜、屋面漏雨严重。2019年，高港拆除重建管理用房，投资45万元。

2008年，投资800万元，建设小四圩排涝站。该站位于永胜村，设计排涝流量8米³/秒。

2011年，投资1000万元，建设引江排涝站。该站位于中心社区，设计排涝流量8米³/秒。

2012年，投资1650万元，建设同联排涝站和胜利排涝站，列入高港区2012年中央财政小型农田水利重点县项目，涉及兴洲、永兴2个行政村，控制排涝面积0.75万亩。两站共完成土方2.9万立方米，砌石方0.18万立方米，浇筑钢筋混凝土0.19万立方米。2012年12月开工，2013年5月浚工，两个站设计流量都为8米³/秒。

2014年投资12万元，维修友谊排涝站排架，对出水池进行灌浆。

第八节　湖荡、江滩的开发和围垦

一、湖荡开发

（一）泰兴市

1965年，泰兴县在老段港外围垦大黑沙、孺子沙，建泰兴县麻风医院，后称滨江医院，面积700亩。1967年、1974年、1984年分3期筑坝4道，长4000余米，面积1万余亩，封闭夹江，使永安洲与陆地相连，缩短防洪战线11公里。1970年围垦陈家圩，圩长2600米，面积700亩，投资68万元，安置杨湾坍江移民和夹江渔民。从1965年至1985年共打坝、筑圩长10341米，完成土方137万立方米，并配套活闸站，共围垦江滩11730亩。

（二）兴化市

兴化古地貌为大型湖盆洼地，经江、河、海合力堆积，经历了海湾—潟湖—水网平原的演化过程，形成湖荡、沼泽地貌特征。兴化湖荡面积79978亩，其中水面76508亩，湖坎3470亩。20世纪70年代以来，在"以粮为纲"的口号下，湖荡地区的部分生产大队、生产队围垦了一些荒地浅滩，后来按照"决不放松粮食生产，积极发展多种经营"的方针，有关乡（镇）利用湖荡发展水产养殖，得胜湖、郭正湖及吴公湖被逐步开发成精养鱼池，面积达55736亩，约占湖荡总面积的70%。1989年，江苏省里下河地区开发会议在兴化召开后，在开发致富的思想指导下，湖荡被进一步开发，兴化市政府对湖荡进行规划，要求开发必须服从滞涝和保障行洪，做到"围而不死，活而不溜，水利水产，兼得其利"。但也出现一些基层单位无序乱围乱垦的现象。1991年特大洪涝灾害后，根据江苏省政府1994年44号文件精神，湖荡被列为清障滞涝的范围，按照上级要求，部分鱼池兴建了网口闸、滚水坝，部分鱼池采取"四平一"（四周池埂平毁一面，代之以拦网或竹箔）的措施，但湖荡被开发的面积并未减少。境内湖荡众多，有"五湖十八荡、莲花六十四荡"之称，其中面积较大的为五湖八荡，主要包括得胜湖、郭正湖、吴公湖、大纵湖、平旺湖及沙沟南荡、乌巾荡、癞子荡、花粉荡、官庄荡、王庄荡、团头荡、广洋荡。

【得胜湖】

得胜湖位于兴化市区东部，直线距离5公里。旧名"缩头湖"，又名"率头湖"，南宋绍兴元年（1131），武功大夫张荣与贾虎、孟威、郑握率山东义军大败金兵于此，因改名"得胜"。湖面略呈椭圆形，东北至西南长约5.7公里，宽约2.7公里，面积22500亩。其中，水面18666亩，滩地3834亩。湖面分属城东、垛田、林湖三乡（镇）。水面面积中属城东镇1866亩，林湖乡10827亩，垛田镇5973亩，滩地都在垛田镇境内。湖底平坦，一般高程0.4～0.6米（废黄河零点，下同），湖中央略高，为0.8～0.9米，西部较低，最低处0米。湖岸曲折，四周多为垛田。较大的出水河道有车路河、梓辛河。2014年3月，兴化对得胜湖实施退渔、退圩还湖，还湖后可恢复1.74万亩的湖荡水面，并可为发展旅游、观光、度假创造条件。2015年已完成拆迁工作。

得胜湖湖荡开发

【郭真湖】

郭真湖又名郭正湖,位于市区西北部,直线距离约23公里。湖东堤与西荡(花粉荡)相隔,湖面分属沙沟镇和周奋乡。自20世纪50年代以来,因围湖造田和筑堤兴建鱼池,湖面逐渐缩小,现南北长约2.6公里,东西宽约2.5公里,面积6348亩,其中沙沟镇3079亩,周奋乡3269亩。湖盆由北向南倾斜,南部为深水区。湖底高程平均为0.4米,最低处0.3米,最高处0.6米。湖西潼河为进水河道,出水经花粉荡、南荡排入沙黄河,但河道狭窄,排泄不畅,每逢暴雨或上游来水较猛时,湖水有陡涨缓落的特点。

【吴公湖】

吴公湖因昔日有隐士吴高尚居此得名。位于市境西北部中堡镇南,直线距离约13公里,与大纵湖隔中堡镇南北相望,故又称"南湖"或"前湖"。湖面分属中堡、缸顾两乡(镇)。西北至东南长约5.6公里,宽约4.4公里,面积21518亩,其中缸顾乡6970亩,中堡镇14548亩。湖泊略呈椭圆形,湖底高程平均0.2米,湖心最低处0米,最高处0.6米。水源来自上官河、中庄河、下官河,经中引河、鲤鱼河北泄大纵湖。2014年,中堡镇对吴公湖实施退渔还湖,拆除鱼池地埂、鱼网,已退出水面2170亩。

【大纵湖】

大纵湖位于市境西北,与市区直线距离约19公里,以湖中心线与盐城分界。因在吴公湖之北,又称"北湖"或"后湖"。面积3.9万亩,兴化境内180105亩,均属中堡镇。湖呈圆形,湖底高程平均0.2米,最低处0米,最高处0.5米。湖盆浅平,由东北向西南微倾,深水区在湖的西南部。进水河道为西部的中引河和东部的鲤鱼河及南部的大溪河。泄水河道分为两支:一支东行注入兴盐界河,一支北行排入盐城境内的蟒蛇河。2011年,兴化对大纵湖实施退渔还湖,并由中堡镇负责实施,湖荡南缘规划建成旅游观光区,2015年已退出全部水面。

大纵湖湖荡开发

【平旺湖】

平旺湖又名黑高荡,位于兴化市区西北。湖面分属李中、缸顾两乡(镇),面积5049亩,其中水面5013亩,滩地36亩属李中镇。湖面呈椭圆形,湖底高程0米,最低处0.2米,最高处0.5米。下官河位于湖荡西侧,贯穿南北,为进出水主要河道,南承乌巾荡来水,东北泄入吴公湖,西北流经沙沟后北行泄入官庄荡入沙黄河。2014年11月,兴化对平旺湖实施退渔还湖,将湖荡水面列为千垛景区的组成部分统一规划,2015年已完成退渔征地拆迁工作。

平旺湖湖荡开发

【沙沟南荡】

沙沟南荡位于兴化沙沟镇南,与兴化市区直线距离约24公里,与时堡东荡相连,名为两荡,实为一体,分属沙沟镇和周奋乡。南北长约4.3公里,东西宽约3.6公里,总面积4192亩,其中沙沟镇1147亩,周奋乡3045亩。荡呈半圆形,荡底高程平均0.5米,最低处0.4米,最高处1.2米,进出水河道为李中河、下官河、子婴河等,汛期荡水自沙沟向北排入沙黄河。

【乌巾荡】

乌巾荡位于兴化市区以北。20世纪50年代初,荡南起自拱极台北城墙外,东为北窑及上官河,西为严家庄、西荡河,北至西鲍鹅尚河,官庄坐落荡中心。南北长约3.2公里,东西宽约1.6公里,总面积5.1平方公里。荡底高程一般为0米,低处-0.3米,东部为深水区,高程-0.8米。1954年,新建兴化水产养殖场,在严家庄和北窑之间穿荡筑东西向圩堤一道,将堤南荡面辟为鱼池。1962年,又在北部窑尾向西修筑一条穿荡大堤,北坡做块石工程,扩大了养殖场范围。1972年12月,兴建的兴化至盐城公路穿过兴化水产养殖场。当月,兴化县革命委员会组织民工将路基以南的部分鱼池填平为体育场,仅存的一个鱼池于1979年11月整治海池河时利用河床出土填平。至此,乌巾荡南部水面已不复存在。北部尚存面积4195亩,其中北郊乡328亩,西鲍乡3867亩。1992年11月,过境公路通过乌巾荡中段,并从荡中横穿而过,修筑路基过程中,将路基南部荡面填平,辟为风景、休闲区,路基北修筑一条至官庄的通村公路路基,至1998年底,乌巾荡水面实际面积3189亩。

【癞子荡】

癞子荡位于兴化市东部,南起西浒垛河,北至梓辛河芦洲村,东起志芳圩及蒲塘河,西至东大圩。癞子荡,过去又叫"濑子荡",得名于生活在荡中的一种"濑鱼",后来又有人称"来子荡""奶子荡""狗子荡"。实际上,癞子荡与旗杆荡[南宋建炎四年(1130),通泰镇抚使兼知泰州事岳飞,率部战逐金兵时驻扎于此而得名]、翟家荡、高家荡、杨家荡等连在一起,除癞子荡外,其余均为草滩,总面积3825亩,其中癞子荡面积2943亩,含水面1872亩,滩地1071亩。荡底高程一般0.5米,最低处0.1米。其余柴草滩地高程1.1～1.3米。九里港、梓辛河为进出水河道。

【5000亩以下的小荡】

官庄荡，位于沙沟镇官庄东北，东到沙黄河，南至王庄，西至官庄小溪河，北至宝应广洋湖刘家村，因紧靠官庄而得名，面积1724亩，属沙沟镇。

王庄荡，位于沙沟镇北，东邻盐城大纵湖镇朝阳、振兴、陈捷等村，南至沙沟，西与王庄相连，北接王家舍，因王庄而得名，面积893亩，属沙沟镇。

花粉荡，又名时堡南荡，位于沙沟镇西，时堡村以北，郭正湖以东，金炉庄以南，面积541亩，其中沙沟镇441亩，周奋乡100亩。

广洋荡，面积480亩，属宝应广洋湖的一部分，兴化境内面积在沙沟镇范围内。

团头荡，面积193亩，属沙沟镇。

（三）姜堰区

姜堰区现有喜鹊湖、溱潼北湖、夏家汪、北大泊、西大泊、龙溪港等湖荡。

【喜鹊湖】

喜鹊湖，历史形成的自然湖荡，位于姜堰区溱潼镇西南部，又称鸡雀湖，总面积2.1平方公里。该地区处于亚热带向暖温带过渡地区，属海洋性气候，具有明显的季风特征，冬干冷夏湿热，四季分明，雨量充沛，雨热同季，光热资源比较充裕。湖东西长1.4公里，南北宽1.5公里。湖底平均高程在0.33（0.5）米（1985黄海高程，括号内为废黄海高程，下同）。主要功能是调节水量、削减洪峰，以及引排水。喜鹊湖主要进出湖河道有黄村河、姜溱河、湖州河等3条。主要涉湖涵闸有溱湖圩南闸、湖东圩西闸、翻身圩加工厂闸等4座。主要涉湖泵站有溱湖圩南站、湖东圩1站、湖东圩2站等6座。湖泊正常蓄水位

1.03(1.2)米,相应容积为0.0204亿立方米,最低水位0.43(0.6)米,历史最高水位3.24(3.41)米(1991年),相应容积为0.085亿立方米。喜鹊湖湖区多年平均降水量1046.3毫米,多年平均水面蒸发量1361.0毫米。丰水年最大年降水量为1671.6毫米(1991年),枯水年最小年降水量为541.8毫米。

喜鹊湖水质清澈,湖四周无污染源,经卫生防疫部门检测,属Ⅱ类水,符合饮用水标准。喜鹊湖现有取水口1处,位于九号桩(湖泊保护界桩)东侧,为溱潼镇湖西水厂取水水源,该水厂设计取水规模为每年40万吨,年实际取水量30万吨。多年来,该湖一直保护完好,无圈圩现象。20世纪90年代初,建设旅游景区,其中旅船车码头占用水域150平方米。喜鹊湖有一个副业圩,面积为1.94平方公里,有一个混合圩,面积为0.979平方公里。姜堰不断加大投入,开发建设旅游景区,新增码头4处、科普中心1处,凭借其独特的自然资源、厚重的人文资源,成功举办了溱潼会船节,以此为平台,不断丰富其内涵,吸引八方宾朋慕名而来,溱湖风景区现已成为国家级水利风景区、国家级湿地公园、国家5A级风景区。

【龙溪港】

龙溪港,历史形成的自然小湖荡,位于姜堰镇,东接泰东河,西连卤汀河,流经淤溪、华港两镇,与省级公路兴泰公路正交,地势低洼,总面积为2.878平方公里。湖东西长2.6公里、南北宽1.1公里,湖底平均高程-0.67(-0.5)米,最低高程为-2.17(-2.0)米。主要功能是调节水量、削减洪峰,并具有引排水及通航的作用。湖泊死水位0.73(0.90)米,相应容积为0.006538亿立方米。龙溪港正常水位1.03(1.2)米,相应容积为0.008873亿立方米;设计洪水位2.93(3.1)米,相应容积为0.016812亿立方米;最低水位(0.6)米;历史最高水位3.27(3.41)米(1991年),相应容积为0.0182597亿立方米。丰水年最大年降水量为1671.6毫米(1991年),枯水年最小年降水量为541.8毫米。龙溪港水质清澈,湖四周无污染源。

20世纪80年代,龙溪港已被开发利用,主要是圈圩养殖,华港镇境内的龙溪港圈圩3处,分别为龙溪港养殖一场南圩0.33平方公里、龙溪港养殖一场北圩0.216平方公里、龙溪港养殖二场圩(0.528平方公里),现主要从事淡水鱼类养殖。20世纪90年代圈圩1处,为龙溪港圩(0.467平方公里),2009年圈圩1处,为二号圩(1.337平方公里)。龙溪港养殖一场南圩有圩口闸1座,滚水坝1座;养殖一场北圩有圩口闸1座;养殖二场圩有圩口闸1座,滚水坝4座。龙溪港养殖一场南圩、养殖一场北圩、养殖二场圩是华港镇重要的水产养殖基地。

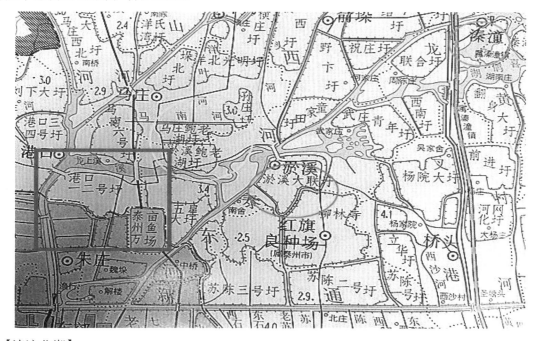

【溱潼北湖】

溱潼北湖,历史形成的小湖荡,位于溱潼镇北侧,姜溱公路以南,喜鹊湖北侧。丰水年最大年降水量为1671.6毫米(1991年),枯水年最小年降水量为541.8毫米,湖底平均高程真高-5.0米,该湖主要起调节水量、削减洪峰作用。

该湖东西长1.2公里,南北宽0.8公里,总面积约1200亩。主要进出河道为龙叉港河,多年来,里下河溱潼正常水位1.2米,最低水位0.6米,历史最高水位3.41米(1991年)。

溱潼北湖水质清澈,沿湖周围无污染源,经卫生防疫部门检测,属Ⅱ类水,符合饮用水标准。

北湖原为精养鱼塘,2007年,拆除北湖围堰,并清淤浚深,将原来的滞涝区恢复为天然湖泊,净增自然调蓄面积近1平方公里,增强了北湖的调蓄能力。2008年对北湖进行了干湖清淤,并实施了全线块石护坡和混凝土预制板贴坡,进行了岸坡绿化,有效减少了水土流失,保护了湖泊水环境,2015年前后湖底高程真高-8～-10米(废黄河高程系)。

【西大泊】

西大泊位于古镇溱潼北侧,紧邻省级航道泰东河,据水利志记载,丰水年最大年降水量为1671.6毫米(1991年),枯水年最小年降水量为541.8毫米,湖底平均高程在0米,主要功能是调节水量,削减洪峰,保证引排。该湖东西长0.35公里,南北宽0.7公里,总面积约230亩。主要进出河道为兴溱河、溱边河、泰东河,多年来,里下河溱潼正常水位1.2米,最低水位0.6米,历史最高水位3.41米(1991年)。

西大泊水质清澈,湖四周无污染源,经卫生防疫部门检测,属Ⅱ类水,符合饮用水标准。

溱潼镇主要利用该水域栽植菱、藕等水生经济植物,"溱湖"牌商标命名的水产品名扬海内外。

【夏家汪】

夏家汪,历史形成的小湖荡,位于古镇溱潼北侧,紧靠省级航道泰东河。丰水年最大年降水量为1671.6毫米(1991年),枯水年最小年降水量为541.8毫米,湖底平均高程在-0.5米,主要功能是调节水量,削减洪峰。该湖东西长0.45公里,南北宽0.7公里,总面积约480亩。主要进出河道为泰东河、溱边河。

夏家汪水质清澈,河四周无污染源,经卫生防疫部门检测,属Ⅱ类水。20世纪80年代,溱潼镇已将该湖泊圈圩养殖,养殖面积约260亩。主要从事淡水鱼类养殖,以"溱湖"牌商标命名的水产品名扬海内外。

【钥匙湖】

钥匙湖旧称淤溪湖、淤祁湖,位于姜堰淤溪乡。旧时,该湖被武、卞两庄荒草垛田分割成一串钥匙状。1977年,淤溪乡在湖内开挖东西向河一条,后又开挖南北向河一条。1982年又在湖上建公路,湖泊改造为淤溪乡水产养殖场。

【鲍老湖】

鲍老湖又名鲍湖、包家湖，分属姜堰马庄、淤溪两乡。民国《泰县志》载："湖周二十里，东北由夏家庄至靳家潭穿湖心七里，西北由甸头庄至杨家庄穿湖心7里"，"水清无滓与他水会而不杂"。1972年为消灭血吸虫病，排水灭螺，遂开垦成田。南部淤溪乡开垦1929亩，建排涝站，装机117千瓦；北部马庄乡建排涝站，装机66千瓦。1982年，为发展多种经营，将开垦的农田退耕还渔，建成精养鱼池1200亩，有大小鱼池127口，该湖全被开发利用。

二、围垦

（一）江滩围垦

1.靖江段

【江心滩垦殖】

清顺治四年（1647），靖江有在册水滩81000亩。至康熙十八年（1679），围垦的滩地达9万余亩。至道光十六年（1836），靖江全县有芦洲近10万亩。民国6年（1917），靖江设沙田分局，专管江边沙田。是年，靖江丹华港至张黄港以下江面，出现绵延5公里长的沙滩。刘玉衡、刘莲舫与陈科甫等人获准联合实领沙滩2万亩，取名龙驹沙，并成立"龙驹沙"垦殖公司，在龙驹沙高阜之区筑岸围田1000余亩，招佃耕种。后因江阴建轮船码头，水线变动，渐次洗坍，未及15年，龙驹沙大部坍没。民国21年（1932），距老滩水脚约2里，又出现绵延5公里余的涨滩。是年，刘莲舫、刘玉衡等报买青龙港至永济港一段沙滩地3000亩，取名震兴沙；张益甫报买500亩，取名藕藕沙；盛金亮报买丹华港至青龙港段沙滩2000亩（实买1200亩），取名南畇沙；刘藕报买永济港至张黄港段沙滩2000亩，取名义兴沙；盛金亮报买塌港至张黄港段沙滩3000亩，取名靖安沙；南畇、震兴、义兴、靖安等沙中间夹槽由张念和报买1200亩。自清代至民国，靖江形成一股围垦热潮。这些沙滩，在水影光滩之期，即有地方豪绅申报购买，招佃垦殖，将滩地建成芦洲。围垦一般在千亩以上，多的2万余亩。

1955—1964年，靖江东部江面先后又涨出7个沙洲，即驷沙、骥沙、民主滩、靖兴滩、和平滩、双姜沙、带子沙，总称江心滩，面积2.7万亩。1955年，靖江县政府设芦柴办事处（1962年改称江滩办事处），负责江滩的垦殖管理事宜。是年起，靖江每年组织社员上滩植芦，至20世纪60年代普遍收益，年均产柴220万捆（1.2万吨）左右，成为靖江财政收入的来源之一，1970年，产值达53.7万元（含江边滩15.14万元）。此后，由于部分滩地坍失或被围垦造田，面积不断缩小，年产芦柴130万捆左右。1975年栽杞柳1159.95亩，产柳条102.5万千克。双姜沙坍没后，于1977年新出水沙滩4999.95亩，1980年，滩地产柳条达560万千克，此后，江心滩坍多涨少。至1985年，累计上交财政收入350万元。至1987年，江心滩面积仅剩1.2万亩。1989—1990年，靖江县政府组织对地势较高的民主滩的部分滩地围垦，造田3540亩。1993年，靖江进行围堰筑堤，围垦土地3500亩，防洪堰堤长6.1公里。1995年，无锡宏伟公司投资2亿元建工厂化养鳖场，用地1000.05亩。建成1500千瓦热电站1座、10万平方米温室养鳖场1个。场内建露天鳖池64个，养鳖50万只。1998年，按照抵御50年一遇洪水的要求，靖江加固围堤

6.1公里。2003年10月,江苏润生林产有限公司在江心滩建速生杨生产基地,占地6000亩。2008年,江心滩被命名为马洲岛。岛上栽植芦苇6000亩,有江滩水草资源6000亩,有野生鸟类20余种,特别是白鹭和野鸡的种群数量达上万只。至2015年,江心滩(马洲岛)在和平滩、民主滩、驷沙围垦筑堤,面积11.52平方公里,其中可耕地1.05万亩,水域面积2200亩,堰堤长12公里。在靖江市政府的推动下,成立靖江市江心洲生态工程发展有限公司。该公司依托中科院、江苏省淡水研究所、南京农业大学等科研院校技术力量,建设全生态、全循环的有机农业生态园,已开发建成水产物种驯繁基地。马洲岛成为长江靖江段中华绒螯蟹、鳜鱼国家级水产种质资源保护区,是一处原生态湿地旅游胜地。

【江边滩围垦】

1949年,靖江县人民政府接收民国县政府江边公滩6400.05亩,没收、征收9户地主、富农的江边滩817.95亩。20世纪50年代,靖江在江边滩主要垦殖芦苇。1960年开始引种杞柳,至1980年已在江边滩地(含江心滩)垦殖杞柳3619.95亩。

1963年冬,靖江敦义人民公社在江边芦滩围圩造田685.05亩。1964年10月,靖江人委命名其为县新生农场。1968年冬、1969年,靖江分别在斜桥公社黄普大队、六二圩围垦造田300亩。1969年,越江公社在渡江大队围田300亩,在旺桥大队围田100.05亩。西来公社在靖安沙围田550.05亩,在敦义公社围田270亩。1971年,渔业公社在永济港至塌港义兴滩间围垦954.15亩,建渔业农场,解决了渔民定居之所。1977年11月,靖江县革委会成立靖兴滩围垦指挥部,在西来镇靖兴滩围垦造田2761.9亩,建国营靖江长江农场。至1998年,靖江有江边滩7万亩。此后,靖江逐步将江滩围垦纳入长江岸线综合开发利用之中。

靖江东南还有一块待开发的处女地——江心岛。该岛包括靖兴滩、和平滩、骥滩、民主滩、驷沙和民主小滩等,总面积约1.5万亩,出水于1955—1957年间,黏沙土质。出水后即栽植芦苇,长势茂盛。1985年前,每年上缴财政10万元左右,累计已上缴350万元。20世纪80年代,靖江滩势已稳定,南与张家港隔江相望。

2.泰兴段

从1965年起至1984年止,泰兴先后围垦江滩8次,筑坝4道,面积13278亩。打坝、围堤总长10441米,完成土方131.38万立方米。

1965年,为把全县麻风病人集中起来治疗,泰兴动员城西、蒋华民工计7200人,围垦老段港外口的大黑沙、儒子沙建麻风医院,后称滨江医院。工程于3月12日开工。筑堤标准:按1954年最高洪水位5.37米加高1米,顶宽3米,内坡坡比1:2,外坡坡比1:3,工长1949.5米,完成土方25.48万立方米。建桥3座、节制闸1座,围垦面积700亩,国家投资16.17万元。

1967年,为解决渔民584户3043人陆上定居和杨湾坍江灾民无住所的困难,经省、地批准,泰兴动员口岸、永安民工计3500人围垦东夹江北段马甸港至泡泡滩9公里。在马甸街西头和泡泡滩北首,筑两条拦江坝。南坝长362米,北坝长761米,完成土方42.02万立方米,围垦面积5000亩。永安洲中部与陆地马甸相连。

1970年冬,泰兴县革委会动员民工2700人围垦陈家圩。12月开工,工程长2600米。筑堤标准:按1954年最高洪水位5.37米加高1.0米,顶宽3米,内坡坡比1:2,外坡坡比1:3。完成土方15.2万立方米,建闸1座,涵3座,围垦面积700亩,国家投资68万元。1971年由东夹江迁移渔民23户130多人到此定居,属县长江队。

1974年春,为扩大县马甸养殖场,泰兴动员1200人围垦东夹江马甸至蔡港涵段,工程长3500米,筑堤标准同上。在蔡港涵北侧筑拦江坝,坝长3300米,完成土方11.8万立方米,扩大养殖面积1750亩。

1974—1975年,泰兴沿江江堤多处进建,围垦江滩计1441亩。其中,口岸围垦冷冻船厂及口岸船厂东江滩177亩、春风圩85亩;天星围垦洋思港两侧409亩、蚕桑场及芦坝港南438亩;蒋华围垦四十圩西江滩105亩和立新、马桥西江滩120亩等。

1976年,泰兴七圩公社为发展养殖事业,动员500民工,围垦焦土港南侧江堤外滩,工程长880米,完成土方7.48万立方米,围垦面积180亩。1978年冬,七圩土桥段部分江堤进建,围垦江滩107亩。

1984年冬,为解决泰兴城镇居民吃鱼难问题,经批准,泰兴动员3000多人围垦东夹江南段。县成立开发工程指挥部,徐先任指挥。12月开工,在姚家圩、北沙南段筑拦江大坝1条,坝长588.5米,顶宽13米,顶高程7.6米,坡比高程3米以上1:3、3米以下1:8;开挖引河750米,建净宽7米节制闸和高、宽1.5米方涵各1座。整个工程于1985年8月竣工,投资21.95万元,其经费由养殖场自筹,围垦面积3400亩,挖鱼池40个,水面面积1087亩,完成土方29.4万立方米。至此,永安洲南部与陆地过船乡相连,将原西江12.85公里的洲堤建成主江堤,缩短防洪战线近11公里。

(二)草荒田围垦

早年,泰县苏陈镇北部有草荒田5万多亩,地面真高在1.7～2.0米,一直未被开垦利用,民国期间为盗匪出没之地。1955—1963年间草荒田全部围垦。

1.红旗良种场

1955年,为安置从大城市遣送回乡的人员以及城市贫民的生产生活,根据近郊地少人多和国家建设需要征用土地的实际情况,经江苏省人民委员会批准,泰州市(县级,此章下同)与泰县联合在苏陈区北部围垦草荒田1.23万亩。1955年12月中旬开工,1956年4月中旬竣工,共动员民力13516人,完成土方27万立方米,圩内开垦7830亩,命名为泰联集体农庄(今市红旗良种场西场)。由泰州市和泰县分别管理各自开垦的范围。

1956年,扬州专区为妥善安置邗江县坍江农民和泰县、泰州市失业工人、市镇贫民及农村中地少劳多的农民,经江苏省人民委员会批准,自当年12月至1957年4月,动员民工10531人,完成土方48.3万立方米,开垦10246亩,围垦经费41万元,其中民政部门拨款23万元,水利部门拨款18万元。竣工后,迁进移民804户2776人,命名为联垦农场。

1962年,南京军区后勤部接管该场。由于围垦初期以筑圩工程为主,而圩内地势低洼,缺乏排涝设施,水利工程不能跟上,土地利用率不高,影响生产生活,因此部队投资开展农田建设工程,于当年12月开工,1963年6月底竣工,圩内开干渠8条、6163米,支渠8条、1400米,斗渠14条、5650米,排水干河2条、1996米,建成固定排灌站3座,配40千瓦电动水泵6套、45千瓦电动水泵1套,架设10千伏输电线路11.34公里。合计挖土方9.52万立方米,其中东圩7.90万立方米,西圩1.62万立方米。部队拨出经费40.89万元,工程实支37.93万元。1976年2月,部队将红旗农场移交扬州专区管理(今泰州红旗良种场东场)。

2. 五星搬运圩

1958年,泰县淤溪公社朱庄、杨庄、尤庄、周庄、靳家潭5个大队在荒草田联合开垦2923亩,取名五星圩。圩内种植面积2403亩。由于水利工程不配套,提水工具缺乏,产量较低;外圩高度不足,堤身单薄,1962年全圩沉于水。是年,为解决失业搬运工人的安置,泰州市搬运公司组织开垦1050亩,起名搬运圩,圩内种植面积840亩。自开垦后,历年产量均较低,1962年圩破田沉,任其荒废。1963年,经江苏省水利厅批准,在新庄台河上建进水闸1座,并架设10千伏高压线,发展流动电船,同年移交给泰县,建良种繁殖场。

1963年,经江苏省水利厅批准,搬运、五星两圩合建成五星搬运圩,列入新通扬运河高水河的移民安置工程。1963年3月工程开工,5月全部结束。两圩共核定经费16.3万元,其中土方及涵闸工程7.5万元,电灌工程8.8万元;共培修圩堤7.66公里,完成土方4.88万立方米。圩堤标准:沿泰东河圩顶真高3.8米,临内河3.6米,圩顶宽2米。

3. 泰州市水产养殖场

为发展水产事业,1958年,泰州市、泰县联合开垦草滩,兴办水产养殖基地。该年春派员勘测,4月5日正式开工兴建。泰州市投资7万元,在京杭运河和新通扬运河工程费中拨出6.8万元,共计投资13.8万元,(县级)泰州市副食品经理部袁银龙任民工指导员兼支部书记,他带领2000多民工,人工开挖鱼塘、排灌沟渠,共挖鱼池29个,面积242亩,当年竣工受益,命名为泰州市水产养殖场。

1959年12月下旬,省农林厅、泰州县委(1958年12月29日,国务院决定将泰州市、泰县合并为泰州县。1962年3月27日国务院决定两泰分治,恢复泰州市、泰县建制。在1958年12月29日至1962年3月27日间,两泰称"泰州县")合计投资44万元,动用泰州县12个公社民工5200多人,在朱庄公社采菱桥北和古港一带,将泰州市水产养殖场扩建为泰州县万亩渔场。工程于1960年1月17日开工,6月3日竣工。共开挖4200亩,建鱼池303个、鱼苗工厂1座,筑大圩5826米,筑路3条,总计完成土方71.89万立方米。

至此,苏陈镇北部5万多亩草荒田全部围垦成良田和鱼塘。

第九章　农村水利(下)

第九章 农村水利(下)

(本章记述的是1996年8月地级泰州市成立后全市的农村水利,个别地方略有突破。)

1996年,泰州市水利局针对全市"南堤北圩"防洪抗灾的特殊形势,提出水利建设"四三"工程(3年完成江堤达标工程、3年基本完成里下河地区无坝市工程、3年基本完成通南地区节水灌溉工程、3年完成对所有淤浅河道疏浚一遍),使全市农村水利建设进入了一个新的发展阶段。自此,全市各地农村深化水利改革,以中央财政小型农田水利重点县、大中型灌区节水配套改造等项目为抓手,逐年加大农村水利建设投入,各级水利部门持续推进农田水利基础设施建设,在里下河地区实施圩堤达标工程,在全市进行中低产田的综合整治、农业节水灌溉、乡村河道整治、水土保持工程和农村饮水安全工程。到2015年底止,全市共投资82.65亿元,开挖和拓浚大、中、小沟2.6万条,修筑干、支、斗、农渠1.07万条,配套建设圩口闸364座,新筑和加固圩堤5480公里,累计建设灌溉泵站3323座、排涝泵站501座,建成防渗渠道4700公里、各类田间建筑物4.26万座,建设低压管灌、喷灌、微灌等高效节水灌溉面积4.38万亩。通过农田水利建设,共改造中低产田63万亩,建成旱涝保收田371万亩、吨粮田255万亩,新增节水灌溉面积39万亩,年平均节约水资源2411万立方米,年平均新增粮食产量2240万千克。2015年全市粮食总产329.35万吨,分别是1949年和1996年粮食总产的5.7倍和1.2倍。

第一节 圩堤加固工程

境内有两大圩区:里下河圩区和沿江圩区。里下河圩区包括兴化市、海陵区、姜堰区北部及红旗良种场等1市2区1场的68个乡(镇),拥有农业圩609个,圩堤总长4519公里,保护耕地234万亩。这里地势低洼,宛若釜底,平均地面高程1.8~2.5米,最低的仅1.2~1.4米。长期以来,洪涝灾害一直是威胁境内里下河圩区人民生命财产安全的心腹大患。沿江圩区包括高港区、泰兴市和靖江市的沿江地带。这一带地面高程在1.8米~3.5米,总面积约1000平方公里。新中国成立前,境内沿江圩区堤身矮小单薄,涵洞破旧,常因洪水和高田客水过境而漫溢成灾。新中国成立后,不断加快圩区建设步伐,沿江圩区普遍培修圩堤。随着沿江涵闸的前移,沿江圩区有些圩堤的功能逐步消失。今沿江圩区都是以通江港堤和二级河道的堤防为圩堤(详见有关河道整治章节),本节只记述里下河地区圩堤。

地级泰州市组建以来,市委、市政府把水利建设放到全局工作的重要位置。1997年底,里下河圩区各级党委、政府紧紧抓住国家重点加强水利基础设施建设的历史机遇,按照市委、市政府的统一部署,结合本地实际,深入宣传发动,组织广大干部群众,积极投入圩堤达标工程建设(兴化市称"无坝市工程"),此后多年又不断进行加修,终于把境内里下河地区4000多公里的圩堤建成了牢固的防洪保安工程。1996—2015年,全市累计投入7.5亿元用于圩堤加修改造,累计完成土方1.27亿立方米。

一、圩堤达标工程

圩口闸、排涝站

泰州市水利局对圩堤达标工程提出了"统一规划、综合治理、合理联圩、减少口门、提高标准、确保安全"的总体要求。根据这一要求,里下河各地对原有圩堤整治工程规划进行了全面的调整、修订。圩堤达标工程面广量大,投资多、任务重,为了确保完成这一任务,里下河地区各级党委、政府都成立了由主要领导任总指挥、分管领导任副总指挥的圩堤达标工程建设指挥部和相应的办事机构,具体负责圩堤达标工程建设的组织发动、工作协调、资金调度、工程检查和考核验收等工作。各级党委、政府还层层签订了专项目标责任状,建立了严格的工作目标责任制,形成了一级抓一级、一级对一级负责的责任体系。兴化、姜堰还实行市领导分片负责和机关部门挂钩乡(镇)包干负责的责任体系,这些都为工程建设提供了强有力的组织保证。

在工程实施过程中,坚持"一土多用",把加修圩堤和修筑乡村公路、多种经营、完善圩区水系工程结合起来,改善了群众生产生活条件,节约了土地资源;提高了河道引排输水能力,促进了农田水利建设;减少了圩堤活口门和配套闸站,降低了工程投资,提高了工程的综合效益。

为了确保工程质量,市政府明确,各级水利部门是本行政区域圩堤达标工程建设质量的责任单位,并要求水利系统层层建立质量保证体系。在施工过程中,组织水利工程技术人员对圩堤加修现场进行不间断巡回检查,及时把问题和隐患解决在施工过程中。成立了联圩达标工程验收小组,对所有联圩进行初步验收,合格的发给证书,不合格的限期加工达标。市水利局组织了复查验收,以确保每一个联圩都经得起大洪水的检验。

圩路结合

里下河圩堤达标工程土方工程量大,配套建设的排涝闸站多,因此需要的投资量也很大。境内各地水利局按照"社会工程社会办"的基本思路,积极运用市场化手段,努力探索多元化筹资的水利建设新机制。各市(区)以乡(镇)为单位,按照劳动力和耕地面积各半负担的原则,将义务工和劳动积累工下达到村并分解到户,采取"联户合作"的办法包干完成圩堤土方任务。对圩口闸、排涝站等圩堤配套设施建设投资,有关市(区)在规定的范围内实行以资代劳,筹集了部分建设资金。里下河地区有关市(区)和乡(镇)两级政府按照中央和省、市的要求,普遍加大了财政对水利投资的力度。同时,市政府在财政相当困难的情况下,加大了对里下河圩堤达标工程建设的支持力度。有关部门加强水利建设基金、防洪保安资金及农业发展基金等农业、水利专项资金的筹措和管理,并相对集中投入圩堤达标工程建设。工程任务重、投资量大的兴化、姜堰还采取"银行贷款、政府贴息、政策延续"的办法,解决工程建设部分资金缺口。

圩堤达标的标准是"四五四",即圩顶真高4.5米,顶宽4米。在圩堤达标工程建设中,全市继续撤并小圩,圩子数从1996年的633个并为526个;按"四五四"式加修圩堤4103公里,占圩堤总长度(4326公里)的94.8%,基本完成圩堤达标任务。封堵活口门1100个,新建圩口闸1908座、改建维修122座,新建排涝站147座、改建维修191座,缩短了防洪战线,提高了防洪标准,既减少了工程隐患,又节约了工程投资。

（一）兴化市

1997年11月,兴化的圩堤达标工程全面开工,上工人数15万人左右,最高达20万人。

圩口闸是建在农村联圩通往外河口门上的配套建筑物,是农村防洪体系重要的基础设

施,对于控制圩内水位、方便群众生产生活交通、减轻防汛压力、增强抗灾能力等都具有较为显著的作用。

多年来,由于受经济条件制约,境内圩口闸配套的进展一直较为缓慢,兴化在1959年至1996年的38年间,已建圩口闸的保有量只有1745座,农村联圩在挡得住方面存在很大的不足。

自1997年起,兴化每年筹集资金1000万元用于圩口闸建设。其中,兴化市财政200万元,兴化市防洪保安资金300万元,兴化市重点工程建设资金和农业发展资金500万元。兴化乡(镇)农业发展资金的60%左右和乡(镇)集体经济组织提留的公积金主要用于圩口闸建设。兴化水利部门对乡(镇)向金融部门的贷款实行贴息,每年在水费留成中安排50万元用于以奖代补。此外,还在群众自愿的基础上,按每个劳动力每年5个工日,每个工日6~10元的标准实行以资代劳。以资代劳资金实行"按劳负担,以乡统筹,乡有市管,验收返还"的管理办法,圩口闸建设资金由兴化市建设无坝市领导小组集中管理。

为保证工程质量,兴化各乡(镇)认真挑选并组织施工队伍的岗前培训,严格施工规范和相关技术要求。建设过程中,工程技术人员分片包干,加强巡回检查,在抓好业务技术指导和分工序、分阶段验收的基础上,重点抓好竣工验收。兴化市组成了由纪委、监察局、农工部、财政局、水利局等部门组成的联合验收小组,对每座建成的圩口闸的几何尺寸、混凝土强度、外观质量等进行检测,评定等级。经检查验收,张郭镇、沙沟区(包括沙沟镇、中堡镇、周奋乡、舜生镇、李健乡)率先建成无坝镇(区)。1997—1999年,兴化共建成圩口闸1688座,合格率达100%,其中优良工程占70%。1998年底,兴化圩堤达标工程全面完成。1999年2月8日,兴化市委、市政府在钓鱼镇召开新闻发布会,宣布兴化圩堤达标的目标基本实现。

表9-1 兴化圩区5平方公里以上联圩情况

联圩名称	所在乡(镇)	总面积 (平方公里)	耕地面积 (亩)	圩堤长度 (公里)	植树长度 (公里)	圩口闸 (座)
丰乐	戴窑、林潭、舍陈	14.58	14874	22.80	16.11	7
胜利	合塔	11.21	10900	13.14	12.58	2
机关	合塔	12.44	12073	16.45	9.97	10
红卫	合塔、戴窑	11.22	10713	13.13	11.97	1
桂山	舍陈、徐扬	11.39	11206	13.24	11.29	1
西南	舍陈、徐扬、戴窑	12.25	12153	13.76	11.67	2
徐扬	徐扬、永丰	15.21	14957	26.65	20.80	7
三联	徐扬、永丰	14.11	14515	26.71	23.16	10
双港南	永丰、徐扬、林潭	16.41	16805	20.61	14.80	12
双营北	永丰、安丰、徐扬、老圩	10.99	19824	10.40	14.71	7
营东	大营、新垛	12.40	12359	15.01	0.99	12
屯军	大营	14.51	15400	16.05	0	9
联镇	大营	10.51	10100	12.45	0	4
中心	大营	10.32	10700	12.45	0	4
营西	新垛、大营	15.13	15596	15.86	12.65	8
幸福	新垛、大营	13.19	13601	15.13	10.91	7
王好	老圩、中圩	10.78	10131	13.15	12.37	9
万胜	老圩、安丰	18.69	18261	16.17	13.05	9
九丰	安丰	11.15	12400	19.42	13.40	13
九庄北	缸顾、周奋、中堡	14.13	12961	14.49	10.50	9
九庄南	缸顾	13.24	13174	16.12	12.00	11
东南	中堡、海河、西鲍	14.52	15671	24.04	6.25	15
烧饼	北郊、西鲍、荡朱	10.58	10938	16.01	14.30	16
牌坊	北郊、西鲍、李健	16.41	15682	19.44	17.19	17
姜戴	荡朱	12.29	9598	10.88	10.85	9
袁家	东潭、荡朱	12.69	12569	18.18	3.60	10
城南	红星、东潭	33.26	30848	27.97	25.22	26
新北	东鲍、西鲍、海河、钓鱼	13.41	13950	15.83	15.36	15
三角	西鲍、北郊	17.77	15912	19.72	12.00	12
新中	西鲍、东鲍	16.08	15512	17.27	13.10	21
志芳	竹泓、林湖、大垛	18.03	17680	30.81	29.57	18
振南	竹泓	12.08	13550	21.07	20.98	16

续表9-1

联圩名称	所在乡(镇)	总面积 (平方公里)	耕地面积 (亩)	圩堤长度 (公里)	植树长度 (公里)	圩口闸 (座)
东风	大垛、昌荣、荻垛	13.50	13361	14.93	14.93	15
东南	中圩、下圩、安丰	14.61	15700	13.85	13.50	14
东北	下圩、中圩	13.49	14700	13.59	13.51	9
西南	下圩、钓鱼、大邹、海南	12.87	13643	14.74	14.70	12
西北	下圩、大邹	12.55	13616	13.05	13.01	10
圣传	海河	11.10	12102	15.26	12.30	10
钓鱼	钓鱼	11.76	12638	19.93	19.70	17
前进	钓鱼、海河、西鲍	12.12	13812	15.00	14.45	12
长银	大邹、海河	19.67	18644	18.24	16.95	15
荻垛	大邹、钓鱼	13.53	12664	16.00	14.96	15
子北	周奋	11.93	12651	20.58	15.00	10
联合	荻垛、大垛	10.29	10817	11.59	9.57	18
陶庄南	陶庄、荻垛、唐刘	13.17	12280	15.36	12.41	8
豆子	陶庄、荻垛	11.02	11108	14.29	12.98	5
昌荣	昌荣、林潭、大垛	12.28	13259	13.87	12.73	9
存德	昌荣、林湖	10.62	10747	14.20	14.15	6
唐戴东	戴南、张郭	12.31	13180	15.68	6.90	16
中心	张郭	16.90	18474	19.96	16.25	28
中南	唐刘	11.53	12328	14.93	11.80	10
顾南	顾庄、茅山	11.68	12120	19.67	14.85	5
顾北	顾庄、唐刘	11.05	11751	22.14	9.85	6
联合	顾庄、茅山	13.11	13670	19.88	12.02	5
东古	戴窑、合塔	6.88	7416	10.59	8.96	7
三元西	戴窑、合塔	5.23	4929	8.90	5.41	5
花园	戴窑	5.53	5563	10.21	8.50	6
灯塔	戴窑	9.98	10197	12.69	11.00	7
红旗	合塔、舍陈、戴窑	9.14	8740	13.33	11.08	1
高桂	舍陈	6.53	6334	10.72	8.74	8
津河	舍陈	7.68	7634	11.53	10.07	8
舍陈	舍陈、合塔	6.26	6071	10.62	9.31	11
捷行	徐扬、林潭	9.16	9185	16.21	15.00	5
双港北	永丰、徐扬	5.81	5500	9.10	7.30	4

续表9-1

联圩名称	所在乡(镇)	总面积 （平方公里）	耕地面积 （亩）	圩堤长度 （公里）	植树长度 （公里）	圩口闸 （座）
苏皮	林潭	8.27	8789	11.40	0	8
焦勇	林潭	7.77	9311	11.70	6.40	11
林东	林潭、陶庄	8.92	9860	11.20	0	0
向阳	林潭、徐扬、戴窑、舍陈	9.35	10874	12.14	3.35	0
白港	林潭、昌荣、徐扬	9.62	10803	13.19	0.40	1
钱韩	新垛、老圩	7.18	7767	10.92	10.70	6
南徐	新垛、老圩	6.02	6203	9.10	8.82	5
曹家	新垛、老圩	6.96	7425	10.83	10.43	5
杨林	老圩、中圩	9.77	9383	12.76	11.96	7
肖家	老圩、新圩	6.78	6813	10.33	9.66	8
西韩	老圩、新圩	7.87	8315	12.23	11.31	6
港东	安丰	9.69	11300	17.98	15.80	14
万明	安丰、永丰	5.32	6194	9.84	9.20	6
中南	安丰、中圩	7.01	8300	10.28	8.70	3
中心	中圩、老圩	5.27	5873	9.90	7.64	5
中北	中圩	8.33	10100	11.66	9.10	5
西南	中圩、安丰	6.09	7000	10.27	9.90	6
烈土	中圩	5.21	6000	8.95	8.95	5
东旺	缸顾、中堡	9.19	7890	16.02	5.00	4
东北	中堡、大邹	7.45	8511	11.29	0.98	9
团结	中堡、周奋、沙沟	5.74	3952	10.91	2.60	5
中秦	中堡	5.54	5238	10.20	0	5
李南	李健、舜生	6.20	6285	12.11	11.91	8
李中	李健、舜生	9.80	9887	14.20	13.17	9
李北	李健、舜生、缸顾	8.22	7580	12.59	10.77	6
舜生	舜生	9.56	8100	12.10	12.10	10
郭兴	荡朱、舜生、李健	7.28	7320	11.48	11.46	5
跃进	荡朱、东潭	7.66	6733	11.12	10.88	7
中丁	荡朱	7.63	8152	8.32	8.30	6
赵何	红星、刘陆	7.57	8071	9.30	9.20	10
新东	东鲍、西鲍	9.39	9770	10.52	8.00	13
湖北	东鲍	9.89	8800	12.71	11.36	11

续表9-1

联圩名称	所在乡(镇)	总面积 (平方公里)	耕地面积 (亩)	圩堤长度 (公里)	植树长度 (公里)	圩口闸 (座)
塔西	东鲍	5.11	4700	8.73	8.00	5
新舍	临城	5.70	5084	9.70	8.50	8
团结	临城	8.53	8976	16.47	14.95	6
宣扬	临城	6.60	6538	10.62	9.50	6
西马	林湖、东鲍	6.30	6232	11.01	10.41	5
兴苗	林湖、大垛、昌荣	5.73	5817	10.28	9.63	3
姚家	林湖	9.50	9321	18.71	7.10	13
万胜	林湖	7.43	7281	16.79	3.00	5
得胜	垛田	5.92	4087	11.92	7.95	10
前进	垛田	9.74	6416	13.45	12.00	13
东白高	竹泓、刘陆	8.23	9176	13.13	13.08	12
东南东	刘陆、沈伦	5.27	5177	10.17	10.17	8
中心	刘陆	5.15	5280	7.91	7.91	8
联合	刘陆	5.12	5582	8.48	8.48	10
李默	沈伦	5.81	5874	8.63	8.43	8
薛唐	沈伦、大垛	7.92	7834	12.13	11.53	7
丛六	沈伦	7.90	7098	11.75	11.75	13
红旗	大垛、荻垛	5.03	5134	9.38	4.85	9
三七	大垛、林湖	9.66	9362	12.93	11.08	10
大杨	中圩	7.92	9400	11.19	11.19	6
中西	海南	6.20	6400	9.46	9.39	8
中东	海南	6.45	7100	12.09	12.02	4
三角	海南、钓鱼	5.68	6098	9.66	9.25	6
明理	海南、钓鱼	9.65	10674	12.31	12.23	12
红旗西	海河	7.51	8191	12.55	12.35	9
洋汊西	中堡、海河、大邹	6.54	7331	10.95	9.62	6
春景	钓鱼	6.79	7350	10.13	10.12	7
永红	钓鱼、海河	5.41	6028	10.78	10.74	5
大邹	大邹	7.73	7703	11.34	10.73	13
武装	沙沟	19.52	16562	19.93	19.89	11
高桂	沙沟	5.75	5670	6.78	6.77	3
子南西	周奋	5.34	6273	12.40	10.00	6
崔一	周奋、沙沟	5.25	4892	9.53	7.83	3

续表9-1

联圩名称	所在乡（镇）	总面积 （平方公里）	耕地面积 （亩）	圩堤长度 （公里）	植树长度 （公里）	圩口闸 （座）
先锋	大垛、荻垛	9.34	9367	11.07	8.41	11
西毛	荻垛、林潭、陶庄	7.75	8381	14.21	2.18	10
前进	荻垛、陶庄	7.93	8467	11.99	9.56	9
大兴	荻垛、大垛	5.07	5624	9.61	6.57	6
丰收	荻垛、陶庄	8.77	9116	12.80	9.04	12
红旗	荻垛	6.28	6080	9.62	7.22	8
大顾	陶庄、林潭	6.41	5284	12.12	8.71	8
焦家	陶庄	7.00	7446	10.58	8.16	9
陶庄北	陶庄、荻垛	5.19	4668	10.02	8.61	6
新洋	陶庄、荻垛	5.56	5327	7.44	6.84	6
安东	昌荣	6.77	7173	9.80	9.80	5
盐西	昌荣、林湖	9.36	9426	14.44	14.21	10
江太	茅山、顾庄	5.13	6190	8.12	7.52	7
建设	茅山	5.36	5920	9.46	7.69	9
朱薛	茅山	5.44	6490	9.79	5.78	7
东浒	边城、周庄	5.86	4783	4.75	1.50	6
前进	边城	7.33	8384	10.24	4.00	10
友谊	边城、茅山	9.89	11010	14.25	5.00	14
东北	边城	5.20	6662	10.47	4.00	5
中心东	周庄	5.63	6484	9.75	8.80	13
同心	周庄、陈堡	5.49	6168	14.55	10.99	10
孙祈	周庄	5.07	5488	9.75	9.70	7
唐蒋	陈堡	5.76	5940	12.28	10.90	5
四林	陈堡	6.08	7016	10.07	9.12	6
曹黄	陈堡	6.66	6692	13.52	12.37	9
东彭	陈堡、茅山、沈埨	8.24	10462	12.51	12.22	11
沈蔡	陈堡、茅山	8.56	9236	12.47	11.71	11
红双东	戴南	7.74	8400	12.19	8.10	17
唐戴西	戴南	8.97	9900	12.05	8.00	14
蒲唐	唐刘、荻垛	5.54	6154	11.61	7.36	2
朱七	唐刘	6.03	6336	10.20	5.50	4
姜何	顾庄	7.67	8100	14.88	8.47	9
丰纪	顾庄	7.00	7000	7.99	5.10	6

兴化各种圩口闸造型

（二）海陵区

1998年，海陵区实施圩堤达标工程，2000年完成。

因引排和交通需要，海陵区里下河圩区在匡建联圩时留有许多活口门，每年需开、堵几次，不仅耗工费土,而且在旱涝急转时往往因堵闭不及时或堵而不实造成倒坝沉田。从1995年起,海陵区陆续在圩口上建闸。在正常情况下,开启闸门以利交通,排涝时则关闭闸门。1996年,海陵区全面推广悬搁门型圩口闸。2000年后,又对圩口闸闸门进行机电启闭改造。根据圩堤防洪标准要求,对部分老旧圩口闸进行改造、重建。至2008年,全区共建有圩口闸93座。

(三)姜堰区

1998年,姜堰区实施圩堤达标工程,经过3年努力,基本完成。

1996年,姜堰水利部门在里下河各乡(镇)圩区开始实施每750亩左右建一座圩口闸工程。建闸71座,9个乡(镇)通过"无坝乡"验收;1998年新建、改建圩口闸48座;1999年新建、改建圩口闸145座;2000—2002年改建圩口闸91座;2003—2007年新建、改建圩口闸194座;至2010年,姜堰共有圩口闸836座,其中通南地区10座。

老式人工手动闸是依靠人工手动葫芦启闭,启闭方式落后,效率低下,在台风暴雨等恶劣天气下进行关闸操作,存在较大的安全隐患。2011年,姜堰结合防汛应急工程、泰东河卤汀河影响工程等项目,对里下河地区的人工手动闸进行了更新改造。此后,按照轻重缓急的原则,每年对病险圩口闸进行更新改造。改造资金以镇、村自筹为主,工程竣工后,经验收,区财政按规定给予补助。到2017年12月,姜堰累计完成344座圩口闸电控启闭改造。圩口闸电控启闭改造后,提高了快速启闭闸门的能力,减少了防汛时间,运行成本显著下降,减少人力、物力的调遣和支出,节约了能源,提升了汛期运行的安全性和操作的便捷性,改善了抗洪排涝环境,切实增强了圩区挡排能力。

二、圩堤加修工程

圩堤达标建设后的多年中,兴化市和海陵区针对圩堤现状,还组织了乡际结合部、庄圩、场圩等薄弱堤段的岁修。

(一)兴化市

2009—2015年,兴化每年都投入一定的人力加修圩堤。

表9-2　2009—2015年兴化圩堤加修情况

年度	加修工长（公里）	涉及乡(镇)及联圩
2009	179	35个乡(镇),145个联圩
2010	209	35个乡(镇),155个联圩
2011	140	35个乡(镇),228个联圩
2012	150	35个乡(镇),198个联圩
2013	160	35个乡(镇),170个联圩
2014	148	35个乡(镇),164个联圩
2015	121	35个乡(镇),129个联圩

2005年,江苏省水利厅将圩口闸建设纳入里下河圩区治理规划,每座给予5万~7万元的经济补助。兴化又陆续建设圩口闸660座。2007年,除省级下达的建闸计划和补助资金外,兴化市财政也安排专项资金,按上级补助同等标准给予补助,调动了各乡(镇)完善圩口闸配套的积极性,当年建成圩口闸154座。2009年,兴化利用中央财政新增农资的投资,在临城、陈堡、沈伦等乡(镇)新建圩口闸33座,其中孔宽3米的圩口闸2座,孔宽4米的圩口闸30座,孔宽5米的圩口闸1座;新建排涝站13座,新增流量36米³/秒。

2010—2015年，兴化在大营、新垛、老圩、安丰、临城、陈堡、西郊、钓鱼、老圩、新垛、大营、合陈、沈伦、城东、周奋、大营、海南等乡（镇）新建、拆建圩口闸225座。至2015年，兴化计有圩口闸4042座。

（二）海陵区

2003—2007年，海陵区在里下河次高地（地面高程在2.5米左右）地区陆续建成城东、城西联合东圩，胜利北圩，魏唐圩，唐甸北圩等。至2008年，海陵全区有联圩34个，85%的圩口、80%的耕地符合"四五四"式标准。是年底，姜堰区的苏陈、罡杨两镇划属海陵区。两镇有圩区14个，圩内总面积36.7平方公里，圩内耕地面积3.77万亩；圩堤总长75公里，有圩口闸76座，电机固定排涝站19座。

（三）姜堰区

俞垛镇加固整修圩堤

表9-3　姜堰区圩堤基本情况

镇（街道）	圩内总面积（平方公里）	圩堤长度（米）				
		总长度	顶高4.5米以上	顶高4.5~4.0米	顶高4.0~3.5米	顶高3.5米以下
蒋垛	12.6	32880	32880			
张甸	12.34	19320	19320			
淤溪	53.36	105760	77250	26750	1460	300
娄庄	34.29	97573	0	87893	9480	200
沈高	41.15	85425	79955	5440		
溱潼	67.74	171574	160317	1275	9982	
俞垛	62.66	178950		170076	8774	100
三水	24.08	71277		71277		
天目山	6.72	18160	14570	3590		
场圃	3.82	14755.4	2900	10175.4	1280	400
合计	318.76	795674.4	387192	376476.4	30976	1000

表9-4　泰州市里下河地区1999—2015年圩口闸建设数量一览表

实施年份	兴化		海陵		姜堰	
	座数	投资（万元）	座数	投资（万元）	座数	投资（万元）
1999	571	5710			122	1320
2000	174	1740			63	721
2001	106	1060			11	160
2002	76	760			28	301
2003	42	420			17	391
2004	118	1180			28	616
2005	61	732			27	567
2006	83	996			2	48
2007	154	1848			9	225
2008	141	1551			10	231
2009	132	1452	5	125	10	245
2010	55	657	5	125	7	175
2011	43	645	5	125	5	103
2012	92	1444	24	960	2	42
2013	143	2300	13	520	1	21

续表9-4

实施年份	兴化		海陵		姜堰	
	座数	投资(万元)	座数	投资(万元)	座数	投资(万元)
2014	67	1243	15	600	2	44
2015	89	2186				
合计						

第二节　中低产田的综合整治

中低产田改造测量、放样

一、泰兴市

1996年,泰兴市长生乡运用"政府贷款、财政贴息,农民出工、增粮还贷"的办法,改造低产田10056亩。该乡的经验得到省委、省政府和水利部的肯定。中央电视台曾于1997年6月14日和12月14日两次在《新闻联播》节目中播放该乡低产田综合改造的新闻。是年,泰兴还在宁通公路两侧实施高标准农田水利建设工程,改造中低产田1.5万亩。1997年,泰兴珊瑚、横巷等乡改造中低产田3.47万亩。1998年,泰兴实施了古溪、分界、横垛3个乡(镇)结合部1000亩,横巷、长生两乡结合部5000亩,宁界、南沙两乡结合部5000亩,常周、焦荡两乡结合部5000亩中低产田的改造。1999年,泰兴共改造中低产田5.42万亩,其中低产田3.06万亩。

2005年,改造中低产田4.8万亩。2006年,泰兴中低产田改造进展较快,建设了一大批集中连片的高标准农田示范区,但是仍有低产田3万亩、中产田近30万亩。2007年,重点实施黄桥勤丰片、横垛西雁岭片、元竹兴扬片、古溪顾庄片、河失李湾片、姚王十里甸片、广陵禅师片、曲霞戴尧片、张桥焦堡片、根思小毕片等中低产田改造项目,改造中产田2.29万亩、低产田2.59万亩;同时配套做好了农田建筑物工程,新建改造小沟级以上建筑物1272座,着力提高农田水利配套水平。2008年,泰兴实施姚王、刘陈、溪桥3镇6个村小型农田水利工程建设,改造中低产田1.2万亩。2009年,实施东片古溪、分界、横垛、黄桥等4镇小型农田水利工程建设,改造中低产田2.03万亩。2010年,实施北片元竹、新街、刘陈、根思等4镇小型农田水利工程建设,改造中低产田2万亩。2011年,实施南片溪桥、姚王、广陵、曲霞等4镇小型农田水利工程建设,改造中低产田2.05万亩。2012年,实施曲霞、张桥、虹桥、姚王等4镇小型农田水利工程建设,改造中低产田1.8万亩。2013年,实施泰兴宣堡、新街、根思、滨江等4镇小型农田水利工程建设,改造中低产田1.73万亩。2014年,实施泰兴分界、珊瑚、广陵项目等4镇小型农田水利工程建设,改造中低产田1.8万亩。2015年,实施泰兴张桥、曲霞、虹桥、滨江等4镇小型农田水利工程建设,改造中低产田2.05万亩。

二、姜堰区

1996—1999年,姜堰改造中低产田55.5万亩,植树936.3万株,修筑乡村机耕路1137.1公里。

2000—2001年,姜堰改造中低产田5.80万亩。2002年,姜堰水利部门本着"先干后补、边干边补、多干多补"的原则,鼓励社会资本参与中低产田改造,实行"以奖代补",筹资4355万元,一部分用于老通扬运河、三水闸和黄村闸整治改造,加固圩堤,新建、改建圩口闸;另一部分用于中低产田改造,共计疏浚乡级河道29条,改造中低产田3.56万亩。2004年,改造中低产田3万亩。2005年,实施中低产田改造和圩区综合治理工程,改造中低产田2.14万亩,新开挖鱼塘1000.5亩,复垦土地9105亩,配套建筑物2500座。2006—2010年,改造中低产田1.78万亩。2011—2019年,改造中低产田5.74万亩。至此,姜堰基本完成中低产田改造任务。

<h2 style="text-align:center">第三节　高标准农田建设</h2>

1996年,地级泰州市组建后,加大了对农村水利基础设施建设的投入,在成功改造中低产田的基础上,各地根据实际情况,从多方面着手,改善农业的生产条件,提高了农业综合生产能力,推进了高标准农田建设。

2011年,兴化兴建3个高标准农业联圩(戴南镇联合圩、张郭镇顾北圩、戴窑镇苏皮圩),建成高标准农田示范区2.24万亩。具体工程为:新拆建圩口闸7座,新拆建排涝站5座,流量22米³/秒;新建低压输水管道103.68公里,配套建灌溉泵站34座;新建小型电灌站54座,配套建混凝土衬砌渠道41.193公里、硬质化圩堤19.8公里。完成新建圩堤土方4.74万立方米、加修圩堤土方22.3万立方米。工程总投资4725万元,其中中央资金1200万元,占25.4%;省级资金1600万元,占33.9%;兴化配套1925万元,占40.7%。

2012年,兴化新建临城镇团结圩、陈堡镇四林圩两个高标准农业联圩,建成高标准农田示范区1.55万亩。具体工程为:新拆建圩口闸43座,新拆建排涝站33座,流量98米³/秒;新建低压输水管道54.516公里,配套建灌溉泵站21座;新建小型电灌站41座,配套建混凝土衬砌渠道30.9公里、硬质化圩堤12公里。完成新建圩堤土方2.4万立方米、加修圩堤土方2.4万立方米。工程总投资4637万元,其中中央资金1200万元,占25.9%;省级资金1300万元,占28%;兴化配套2137万元,占46.1%。

2013年,兴化兴建西郊中跃圩、老圩万胜圩、钓鱼圣传圩3个高标准农业联圩,建成高标准农田示范区2.25万亩。具体工程为:一期工程新建、拆建圩口闸45座,新建、拆建排涝站23座,流量90米³/秒;新建小型电灌站76座,配套建混凝土衬砌渠道54.82公里;设置过路涵洞270座,新建圩堤防洪通道6.8公里,加修圩堤土方6万立方米。二期工程新建小型电灌站25座,建设高标准混凝土衬砌渠道13.1公里,建设道路涵洞20座、节制闸300座、跨渠机耕桥200座。工程总投资4844万元,其中中央资金1200万元,占24.8%;省级资金1600万元,占33%;兴化配套2044万元,占42.2%。

2014年的项目在2015年实施,在合陈、沈伦、城东等乡(镇)建成高标准农田1.7万亩。具体工程为:新建、拆建圩口闸61座,新建、拆建排涝站23座,新建小型电灌站57座,新建混凝土衬砌渠道46.14公里,配套渠道建筑物984座;新建混凝土圩堤堤顶防洪通道1.69公里,加修圩堤土方3.648万立方米。工程总投资4112万元,其中中央资金1400万元,占34%;省级资金1400万元,占34%;兴化配套1312万元,占32%。

2015年,在周奋、大营、海南等乡(镇)建成高标准农田示范区3.13万亩。具体工程为:新建、拆建圩口闸26座,新建、拆建排涝站16座,流量36米³/秒,新建小型电灌站98座,配套建混凝土衬砌渠道

91.907公里,配套过路涵洞121座、分水节制闸164座、跨渠机耕桥139座,新建圩堤堤顶防洪通道4.49公里。工程总投资4118万元,其中中央资金1400万元,占34%;省级资金1400万元,占34%;兴化配套1318万元,占32%。

第四节　百万亩农田节水灌溉

长期以来,境内通南高沙土地区农业灌溉普遍采用土渠输水、大田漫灌的方式。该区地表土壤结构松散易碎,黏粒含量偏低,粉砂颗粒含量高达80%,上层土壤持水能力极差,因此在土渠输水过程中水量漏失现象十分严重,灌溉水利用系数长期徘徊在0.4～0.5,水稻亩均灌溉用水量高达1200立方米左右,致使该地区农业灌溉成本长期居高不下,水土资源浪费严重。由于土渠道内

T形节水渠

杂草丛生,每年还需花费大量人力、物力整修渠道。这种传统灌溉方式成本大、效益低,加之降雨时空分布不均,通南高沙土地区始终存在农业缺水的矛盾。

1996—2015年,全市各地以大中型灌区节水配套改造等项目为抓手,完善排灌设施,提升农业灌溉水平,确保排涝、泄洪畅通,累计投资75.44亿元,开挖和拓浚大、中、小沟2.26万条,修筑干、支、斗、农渠1.02万条;建灌溉泵站3323座、排涝泵站501座、圩口闸364座;建成5115多公里防渗渠道,控制面积103.1万亩,渠系水利用系数由原来的0.5提高到0.9,且横竖成行,渠边均配以绿化,其壮观程度可与"南堤北圩"媲美。实施节水灌溉工程大大降低了农业生产性投入,减轻了农民负担;同时使农田基础条件得到了根本改善,减灾抗灾能力有了显著提高。

一、百万亩农田节水灌溉工程

1997年,市水利局成立专门小组,着手推进通南地区农田节水灌溉工程技术。

1998年初,按照市"四三"工程计划的统一要求,市水利局编制了《泰州市通南地区节水灌溉工程规划》,并于当年在境内通南高沙土地区实施百万亩农业节水灌溉工程,2000年基本完成。项目建成后,全市累计新建硬质化渠道5115余公里,增加农业节水灌溉面积117万亩,每年可为通南高沙土地区节省水电费支出2400万元以上。这项工作一直处于全省领先地位。

市水利局坚持走"科技兴水"之路,积极推广水力条件较好的U形防渗渠道,市财政专门拨款20多万元购置了混凝土U形渠道预制机18台(套),用于补助节水灌溉重点乡(镇)。姜堰还研制出经济、实用、适合于以村为单位统一预制的简易预制机械,为加快全市节水灌溉工程建设提供了有力的保障。

在节水工程建设中，各地注重一手抓建设，一手抓管理，通过明晰产权、经营权和管理权，建立健全责任制，将责任落实到人，做到一建就管、一管到底、建管并重，使节水灌溉工程的效益得到了充分发挥。

节水灌溉工程涉及面广、工程量大，需投入的资金多。市水利局采取有力措施，解决了建设资金。全市坚持以农民投资为主体，按照"谁投资、谁所有，谁管理、谁受益"的原则，市政府进一步放宽政策，积极鼓励农民采取私营、合股和股份合作等投资方式，兴建节水灌溉工程。

U形节水渠

通过对现有的小型农田水利工程设施产权制度改革，促进节水灌溉工程建设。对现有的生产经营性的小型农田水利工程设施，通过产权转让、公转私营、先售后股、股份合作经营，租赁经营等形式进行改制，所得收益新建节水灌溉等小型农田水利工程设施，加快节水灌溉工程建设。认真搞好规划，最大限度地提高投入产出效益。把实施农业节水灌溉工程与改造中低产农田、调整水系和农田方整、土地复垦、建设农业领导工程和高产稳产农田等结合起来，努力实施综合开发，提高工程建设的综合效益。

（一）防渗工程

灌溉渠道防渗处理是一项投资少、见效快、效益好的农业基础设施改造工程。实施渠道防渗，能最大限度地减少通过土渠渗入渠道边坡和渠底的水量，达到节水目的。1998年，有关市、区政府及水利部门根据当地实际情况，因地制宜地制定了3年实现混凝土防渗渠道灌溉的规划，成立了节水工作领导小组，并多次召开专门会议进行部署；同时积极宣传节水、节地、节电、节本，效益宏大的混凝土防渗渠道，姜堰、泰兴还组织部分人大代表对节水工程进行视察，起到了较好的检查、督促作用，保证了防渗工程建设的有序进行。

为了保证节水渠道工程效益的发挥，泰州各级水利部门严格把好工程建设的每一道关口。对难度较大的"U"形板由水利站统一预制，混凝土薄板以村、组为单位集中预制，水利技术人员现场指导，施工时由专业技术人员监督施工。工程结束后，由水利部门统一按乡验收，质量不过关的不计入完成量，更不得享受政府的有关补助。

1994—1996年，泰兴市首先在元竹、汪群等乡进行衬砌渠道建设试验。元竹乡祁利村1994年率先实施了近1000米斗、农渠混凝土防渗工程，经灌溉对比试验，当年节水近2万立方米，渠道输水时间缩短了约一半，节约提水电费近20元/亩；1995年，元竹乡在12个村扩大试点，建设衬砌斗、农渠1.4公里。通过改进施工工艺，加强灌溉用水管理，平均节约灌溉水量约每亩120立方米，节省提水电费每亩近30元。实践证明，应用渠道防渗技术，实施衬砌渠道工程建设，不仅具备投资少、见效快、方法简单、易于掌握，而且具有节水、节能、节地、增产、增效、省工、省力、省时等诸多优点，经济、社会效益十分显著。1996年下半年开始，泰兴大面积推广渠道混凝土防渗技术。通过广泛宣传发动、多渠道筹集资金、兴建节水示范工程项目区等有效途径，先后建成了长生耿园、横巷周堡、溪桥翁庄等一批国家及省级节水灌溉项目区。2002年，泰兴建成溪桥镇诸葛片防渗渠道21.5公里，其中干渠6公里，完成土方24万立方米，总投资180万元；建成根思农科所项目区68亩低压管道输水灌溉、42亩固定式喷灌、20亩大棚滴灌工程，并实行灌溉自动控制。截至2004年底，

运行中的节水渠

泰兴累计建成混凝土衬砌斗、农渠3600多公里，基本实现了斗渠全部硬质化，发展节水灌溉面积60多万亩，每年可节约灌溉水量约7200万立方米，节约资金2000万元以上。

1996—2000年，海陵区在高沙土地区建设衬砌主要骨干渠道250公里，控制面积约8万亩，在里下河地区建设衬砌渠道也具有一定规模。海陵区内推广的衬砌渠道主要为斗渠和农渠两种，斗渠多采用梯形断面，断面较大，农渠断面形式主要是U形。对采用工场预制、现场拼装运输不便的田块，大都采用梯形断面；对交通运输方便的田块，多采用U形断面。

1996年，姜堰在张甸镇实施硬质化渠道衬砌工程试点，亦获成功。实践证明，衬砌工程不仅省地、省电，还节省整修用工，特别是节约了用水，通过测算，每亩投入约120元，节水2/5，5年可收回成本。1997年，张甸镇在19个村实施"万亩渠道衬砌工程"，灌溉面积1.35万亩，总长度66.3公里，工程造价约为：总渠为每米70元，支渠每米40元，田间小沟每米20元。"张甸模式"深受群众欢迎，在姜堰全面推广。1998—2001年，姜堰实施硬质化衬砌渠道1645公里，节水灌溉面积39万亩。对验收合格的衬砌渠道，按实际长度和标准，由姜堰财政和农业发展基金办公室给予一次性定额补助，多建多补。1999年，姜堰实施了通南灌区改造工程，总投资1030万元，其中国家用于水利建设的国债补助300万元，乡（镇）、村自筹730万元。在项目区内对原有田块进行以节水为中心的综合治理，推广节水灌溉面积12.47万亩。铺设节水灌溉衬砌渠道436.6公里，配套各类建筑物9350座，提高了灌溉水利用系数，改善了农业生产基础条件，促进了农业增收。2001年姜堰市被命名为全国节水灌溉示范县。

（二）示范区建设

2000年1月，泰兴市在溪桥乡翁庄村、姚王镇毛庄村创建以防渗渠道、喷灌、微灌为主的节水增效灌溉示范区。示范区总面积3980亩，其中，防渗渠道示范区3380亩，喷灌工程示范区550亩，滴灌工程示范区50亩。同年7月竣工。总投资390万元。2000—2005年，泰兴市开始尝试其他节水灌溉技术，应用低压管道输水灌溉技术实施了张桥匡庄、黄桥封庄、黄桥祁巷等节水示范工程；应用喷滴灌工程技术，实施了溪桥南殷、根思农科所、泰兴林场等节水增效或示范项目。以上几个项目区，应用管道灌溉及喷滴灌工程技术发展节水灌溉面积总计达到1950亩。

通过3年的防渗渠道建设，通南高沙土地区全部实现了"无土渠"输水灌溉，成为连方节水农业的

典型,年直接经济效益达1.04亿元。此工程荣获2001年省水利厅水利推广一等奖,泰州市政府也授予其科技成果推广三等奖。

活动喷灌设施

二、后续工程

"百万亩农田节水灌溉工程"基本完成后,2001—2015年,各市(区)相继实施了国家和省节水增效项目,成绩显著。

(一)历年工程

2001年,姜堰分别在姜堰、梁徐两镇实施国家计委、水利部"国家节水增效示范县"项目。姜堰镇项目为"姜堰市大地农业科技园"300亩君子兰温室提供微灌、滴灌、喷灌等。梁徐镇项目为810亩蔬菜大棚提供喷灌、微灌、半固定式喷灌等。两项目2002年初竣工,总投资190.05万元,其中国家补助70万元。

2003年,姜堰在沈高镇实施省级节水增效示范项目。工程为:新建泵站3座,衬砌渠道1000米,总投资173.6万元,其中省补助70万元。项目建成,每年节约水28万立方米,节约用工3900个,节约土地95亩,综合效益十分明显。是年,姜堰还实施了桥头、蒋垛两镇的节水灌溉示范项目。桥头镇项目位于桥头镇姜溱公路以西的三沙村,建设面积1000亩。主要工程为:新建泵站4座,铺设

高效节水——2007年姜堰区溱湖湿地生态园喷灌节水设施

UPVC管6.36公里、PE管8.77公里,建滴灌带33.66公里。蒋垛镇项目位于伦蒋公路两侧的蒋垛村和许桥村,建设面积2420亩。主要工程为:新建泵站4座,新建衬砌渠道9.43公里,配套建筑物650座。项目区合计实施面积3420亩,工程总投资300万元,其中中央预算内专项资金100万元,省级配套资金70万元,其余由姜堰自筹解决。该示范区的建成,年节约用水85万立方米,节省用工6800个。同年,泰兴市建成张桥镇匡庄省级节水示范区。工程包括:建设560亩低压管道输水灌溉、42亩固定喷灌、20亩大棚滴灌、2445亩衬砌渠道,总投资148.44万元。

2004年,姜堰在张甸镇土桥村实施省级节水增效示范项目——绕树滴灌工程。项目区总面积1815亩。一期工程250.5亩,工程总投资152万元,其中省补助50万元。新建反冲洗过滤式泵房1座,

铺设 VRVC 管道 1982 米、入田及绕树 PE 管 8.96 万米。是年 1 月,泰兴在黄桥镇封庄片实施省级节水示范区项目。主要工程:建设低压输水灌溉区 450 亩,衬砌渠道灌溉区 2986 亩,总投资 114 万元。是年 5 月,泰兴投资 110 万元,建成黄桥镇祁巷低压输水灌溉区 250 亩,衬砌渠道灌溉区 3050 亩。

2005 年 4 月,泰兴建成泰兴镇耿园片节水示范区。工程总投资 77.5 万元,衬砌渠道灌溉区 864 亩,喷灌灌溉区 232 亩。

2007 年,姜堰在张甸镇的土桥、三彭、甸头 3 村实施 2950 亩的省级节水增效示范项目。工程为:新建泵站 4 座,衬砌防渗渠道 13.51 公里。项目于是年 9 月 26 日开工,2008 年 1 月 28 日全部安装调试结束。

(二)灌区续建配套改造工程

1.城黄灌区工程

城黄灌区位于泰兴市中西部。该灌区范围大,西临长江,东至西姜黄河,南到天星港,北界古马干河以南刘陈乡的边界野肖、二号中沟、根南中沟一线,涉及泰兴的蔡港、滨江、济川、张桥、根思、姚王、河失、黄桥 8 个乡(镇、街道)的 32 个村。灌区总面积 328 平方公里,其中农田灌溉 30.6 万亩;受益人口 51.83 万人,其中农业人口 34.7 万人。

灌区建设始于 1958 年,次年建成,后经过多次改进、完善,形成骨干框架。1998 年加固改建过船港闸控制通江口门,所有干、支渠均建设到位。由于当时条件限制,工程技术含量不高,建筑物工程不配套,水、电资源浪费严重。

2000 年,国家发改委、水利部批准城黄灌区建设节水改造工程。2001 年至 2016 年底,泰兴连续 11 期对该灌区进行续建配套与节水改造,共修建硬质灌渠 1088.7 公里,干渠防护 26 公里,新建闸站涵等建筑物 1016 座,改造建筑物 5 座。极大地改善了城黄灌区农田水利基础设施条件,为粮食增产、农民增收提供了保障,为实现农业持续发展夯实了基础。累计投资 3.1324 亿元。

第一期工程于 2001 年 4 月开工,当年 12 月底竣工。新建混凝土防渗渠道 24.5 公里,主干渠防护 0.872 公里,新建、重建电灌站 27 座、排涝站 3 座、涵洞工程 28 座,改造节制闸 3 座,新建灌区管理设施和自动化监测控制系统等。总投资 828.4 万元。第二期工程于 2003 年 2 月开工,次年 5 月底竣工。新建混凝土防渗渠道 25.4 公里,新建、重建电灌站 37 座、排涝站 6 座、涵洞工程 27 座,改造节制闸 3 座等,总投资 893.19 万元。第三期工程于 2004 年 1—10 月实施,进行两泰官河抛石防护 3.5 公里,新建防渗渠道 41.6 公里,新建、拆建节制闸 5 座,拆建电灌站 5 座,新建、拆建闸涵和排水涵 25 座等,总投资 744.77 万元。第四期工程于 2005 年 6 月开工,次年 9 月全面竣工。工程包括新建、拆建节制闸 2 座、排涝站 8 座、灌溉泵站 20 座,新建排水涵洞 28 座、农桥 6 座、防渗渠道 31.06 公里、干渠防护 0.5 公里等,总投资 987.8 万元。第五期工程于 2007 年开工,总投资 1250 万元,其中国家投入 500 万元,省级配套 250 万元,泰兴自筹 500 万元,新建 2 米³/秒排涝站 1 座、灌溉泵站 47 座。第六期工程于 2008 年开工,总投资 1500 万元,新建泵站 81 座、闸站 1 座。2010 年,实施第七期工程,在滨江、泰兴、姚王、根思、河失、溪桥、刘陈等 7 个乡(镇)拆建电灌站 87 座。2011 年,实施第八期工程,该工程拆(新)建灌溉站 42 座,拆建排涝闸站 1 座,总投资 900 万元(中央补助 300 万元,省级配套 200 万元,泰兴自筹 400 万元)。2012

年,实施第九期工程。该工程拆建、新建灌溉泵站45座,拆建排涝站2座、引排闸站2座,总投资3285万元。2013年,实施第十期工程——城黄灌区续建配套与节水改造工程项目。2015年,实施第十一期灌区续建配套与改造工程,工程总投资4273万元,其中,中央投资2564万元,市(县)配套1709万元,在根思、姚王、河失、黄桥等4个乡(镇)建设泵站61座。

城黄灌区由泰兴市城黄灌区管理所负责全面管理,区内11个乡(镇)水利站负责管理所属范围内各类工程。管理所与水利站签订管理合同,明确责、权、利,管理单位产权明晰,职责分明,经济自主,独立核算,自负盈亏。在运营机制上实行骨干工程统一管理,小型工程放开经营,多渠道筹措管理资金。具体措施如下:①对干渠坡面、青坎确权划界,利用土地资源种植林木,开发创收;②对小型水利工程如电灌站、防渗渠道等产权,通过拍卖、租赁、承包、股份制等多种形式筹措管理资金,滚动开发,循环发展;③引进能人资金,放开经营;④开发利用水面岸线发展养殖和码头运输,实现"以水养水"。

2.姜堰灌区改造工程

2010年,姜堰实施城黄灌区(姜堰片)续建配套与节水改造工程项目。项目区涉及姜堰6个镇36个村。工程主要为:疏浚渠道11条,长度33.96公里,完成土方58.54万立方米。衬砌渠道244.214公里,新建、拆建泵站97座,新建渠系建筑物1945座。工程总投资4500万元,其中中央财政补助1500万元,省级财政补助1000万元,其余由姜堰区自筹。工程于2010年1月开工,2011年4月底竣工。

3.溱潼灌区工程

2015年,姜堰实施溱潼灌区节水配套改造项目。该项目涉及兴泰、桥头、沈高3个乡(镇)。工程为:①新(拆)建泵站43座,配套量水设施43套;②新(拆)建防渗渠道79.868公里、排水沟14.749公里;③新建分水闸129座、渡槽4座、过路涵140座、田间进水涵3133座;④新建低压灌溉管道3.906公里,灌溉面积63.33公顷;⑤疏浚渠道6条5.3公里,疏浚土方8.31万立方米;⑥成立用水户协会3个。工程总投资2200万元,其中,中央财政资金1000万元,地方各级财政资金1000万元,地方财政水利资金及自筹200万元。该工程2015年11月开工,2016年12月完工。

三、新建与改造排灌站

(一)泰兴市

2006年、2007年,泰兴利用民办公助试点项目总资金1331万元(省级以上补助经费467万元,泰兴自筹864万元),在16个镇17个村,改建电灌站97座、排涝站1座。2010年,泰兴利用小型农田水利建设项目资金改建灌溉泵站39座,利用农资综合补贴项目资金1167万元建成灌溉泵站49座。其中,中央财政补助700万元,泰兴地方财政配套467万元。是年,泰兴还利用中央财政小型农田水利重点县项目资金建成灌溉泵站164座。工程总投资3565.4万元,其中,中央财政资金850万元,省级财政资金1450万元,泰兴市财政配套1200万元。

2012年,泰兴利用中央财政小型农田水利重点县2011年项目的投资3614万元新建或改造灌溉泵站177座,利用末级渠系项目工程总投资1000万元拆建及新建灌溉泵站52座。

2014年,泰兴市共拆建、新建泵站254座。其中,在黄桥、古溪等13个乡(镇、街道)更新改造泵站共64座,总投资421.5万元。利用中央财政小型农田水利重点县项目、2011年中央财政小型农田水利重点县结余资金、泰兴市2013年新增千亿斤粮食产能规划田间工程(灌区末级渠系)等项目,在宣堡、滨江、根思、新街、济川、张桥、黄桥、珊瑚、河失、元竹等乡(镇)新建、拆建灌溉泵站167座,新建排涝站3座。是年,还利用小型农田水利重点县工程项目投资2682万元,在分界、珊瑚、广陵等3个乡(镇)新建、拆建泵站83座。

2015年,泰兴利用小型农田水利重点县工程项目投资3000万元(其中中央资金800万元,省级资金1300万元,泰兴自筹900万元),在曲霞、张桥、虹桥、滨江等4个乡(镇)改造泵站74座。利用2015年度新增千亿斤粮食工程项目投资3000万元(中央2400万元,市、县配套600万元),在张桥、河失、黄桥、古溪、元竹、新街等6个乡(镇)改造泵站81座。是年,泰兴还投入600余万元按成本价补助建设资金,改造64座急需改造的电灌站。

(二)兴化市

为了提高灌溉效率,降低灌溉成本,2001年,兴化开始新建小型电灌站,200~500亩配套1座电灌站,有条件的还逐步推行混凝土衬砌渠道,防止渠道渗漏,减少水流损失。兴化水利局设计了3种结构简洁、造型新颖的电灌站图纸供各地选用。当年建50座。

此后,兴化水利局又在大营乡和戴南镇各实施了1个省级节水灌溉示范项目,建设小型电灌站13座,发挥了较好的示范引领作用。加之落实了相应的补助政策,调动了积极性,各乡(镇)基本上每年都能完成下达的小型电灌站建设任务。此外,兴化农业综合开发项目和土地整理开发项目也把建设小型电灌站作为开发项目内容之一,落实到有关乡(镇)和联圩,使小型电灌站的建设数量逐年增加。

兴化合陈新建三阳电灌站

2008年以后,兴化利用中央财政新增农资项目、小型农田水利专项工程、中央财政小型农田水利高标准农田示范重点县等项目资金,加快小型电灌站、新建高效节水灌溉示范区建设,成效显著。

2009年,兴化利用中央财政新增农资项目资金在临城、陈堡、沈伦等乡(镇)新建小型电灌站114座,配套建混凝土梯形渠道5700米,新建高效节水灌溉示范区2950亩,总投资2382万元,其中中央财政投资1400万元,占58.8%,兴化地方财政及受益乡(镇)配套982万元。是年,兴化还投资735万元,在大营、新垛、老圩、安丰4乡(镇)新建排涝站20座/29台,新增流量58米³/秒。2010年,兴化投资1345万元(其中中央财政投资100万元,占7.4%;省级配套700万元,占52%;兴化县级配套545万元,占40.6%),在大营、新垛、老圩、安丰4乡(镇)新(拆)建圩口闸43座,新(拆)建排涝站3座/9台,新增流量

18米³/秒；新建小型电灌站63座，新建高效节水灌溉示范区（喷灌工程）约700亩；2011年，利用中央财政小型农田水利高标准农田示范重点县项目资金，在戴南、张郭、戴窑等乡（镇）新建小型电灌站54座；2012年，在陈堡、临城新建小型电灌站41座；2013年，在西郊、钓鱼、老圩、新垛、大营等5个乡（镇）新建小型电灌站101座；2014年，在合陈、沈伦城东等乡（镇）新建小型电灌站57座；2015年，在周奋、大营、海南等乡（镇）新建小型电灌站98座。至2015年末，兴化已建成小型电灌站1724座，配套动力13767千瓦，提灌能力达241.36米³/秒，以每座电站有效灌溉面积200亩（最低）计，可改善灌溉面积344800亩。

2009年，兴化还实施了省沿运灌区兴化片工程。工程位于兴化市西南部，东至西唐港河，北至车路河，包括周庄镇、陈堡镇、茅山镇、沈伦镇、竹泓镇、临城镇、垛田镇、开发区及昭阳镇、大垛镇和林湖乡部分地域。2009年的项目区是沈伦、竹泓、周庄、临城、垛田、茅山、陈堡等7个镇（面积65.61万亩，其中耕地面积33.5万亩）。是年12月11日工程正式开工，2010年6月26日全面完工，2011年10月，该项目通过了省水利厅组织

的竣工验收。工程总投资900万元，其中中央补助300万元，省级配套200万元，市里和兴化配套400万元。

工程包括：

疏浚茅山镇兴姜河支渠1公里，疏浚标准：底宽20米，底高-2.0米，边坡1∶1.5；疏浚陈堡镇黄舍河支渠4公里，疏浚标准：底宽10米，底高-1.5米，边坡1∶3；共完成土方11万立方米，解决了河道淤积严重、周边农田引水困难的问题。建支渠渠首13座，占规划总数的10%左右，其中沈伦镇8座，周庄、临城镇各1座，垛田镇3座。在陈堡镇新建小型电灌站5座，可改善灌溉面积0.25万亩。电灌站采用250ZL-2.5型轴流泵配7.5千瓦电动机，设计流量0.14米³/秒。新建排涝站10座，设计流量合计38米³/秒。其中，沈伦、竹泓、周庄、临城各1座，垛田、茅山镇、陈堡各2座，改善灌区排涝面积7.13万亩。水泵采用700ZLB-160型轴流泵，设计流量2米³/秒。

在茅山镇建生产桥3座，均为3跨钢筋混凝土板梁桥。桥净宽5.5米，桥长分别18米、30米、30米。主要工程量为：挖填土方16.3万立方米（其中土方开挖14.1万立方米，土方填筑2.2万立方米），浇筑混

凝土及钢筋混凝土2574立方米,砂石垫层及砌石方3067立方米,使用钢筋151.7吨、水泥1678吨、黄砂4110吨、碎石4185吨、块石5187吨、木料70立方米、柴油110吨,用电10.6万千瓦时,人工4.6万工时。

生产桥

曲拱农桥　　　　　　　　　板梁农桥

(三)高港区

2011—2013年,高港区利用中央财政小型农田水利重点县项目,在口岸、刁铺、许庄、永安、大泗、胡庄、白马7个镇(街道),建设泵站243座、排涝站2座,衬砌渠道420.54公里,配套建筑物114座,建设高效农业节水灌溉工程面积1400亩。总投资9952万元,其中中央财政补助2400万元,省级财政补助3000万元,市级财政补助1800万元,其余为高港区财政配套。2014—2016年,高港利用中央财政小型农田水利重点县项目资金,在口岸、刁铺、许庄、大泗4个镇(街道),疏浚整治河道14条(骨干河道1条,中沟河道13条)、32.91公里,岸坡防护45.59公里;建设灌溉泵站5座、涵洞17座、闸站1座、机耕桥5座。总投资9011.18万元,其中中央财政补助2700万元,省级财政补助2700万元,市级财政补助1800万元,其余为高港区财政配套。

(四)姜堰区

2011年,姜堰区在娄庄、溱潼、桥头、俞垛、兴泰5镇新(拆)建圩口闸28座,新(拆)建排涝站45座,新建电灌站45座,新建衬砌渠道51.04公里,实施滴灌面积929亩。工程于是年1月10日开工,5月底基本完成。工程总投资3343万元,其中中央财政补助800万元,省级财政补助1200万元,姜堰财政配套1340万元。工程建成后,新增灌溉面积约2.3万亩,恢复灌溉面积4.7万亩,改善灌溉面积8.62万亩,改善排涝面积10.8万亩。年新增引提水能力2795万立方米,新增节水能力875万立方米,年新增粮食产量560万千克,年新增经济作物产值194万元。

2012年,在梁徐、沈高2镇新(拆)建电灌站50座,新(拆)建衬砌渠道100.9公里,新(拆)建渠系建筑物954座,新(拆)建排涝站22座,建设高效农业节水灌溉面积1710亩,工程于是年1月10日开工,6月底基本完成。工程总投资3340万元,其中,中央财政补助800万元,省级财政补助1200万元,姜堰财政配套1340万元。是年,还在姜堰、白米、俞垛、华港4镇新(拆)建灌溉泵站49座,新(拆)建混凝土衬砌渠道161.74公里、配套建筑物1500座,新建排涝站3座,新建高效农业节水滴灌面积200亩。项目总投资3365.5万元,其中中央财政补助800万元,省级财政补助1200万元,姜堰财政配套1365.5万元。

2014年3—12月,姜堰利用千亿斤粮食产能田间工程项目(灌区末级渠系)资金,在蒋垛镇、娄庄镇、兴泰镇新建、拆建灌溉泵站17座,其中10英寸泵站6座,12英寸泵站11座;新建混凝土衬砌渠道30.94公里,其中梯形斗渠16.25公里,梯形农渠14.69公里;新建3.0米宽水泥路5.023公里,拆建排涝站3座。工程总投资1000万元,其中工程建设费924.65万元,独立费46.22万元,预备费29.13万元,中央投资800万元,地方财政配套200万元。是年,姜堰还实施了2013年所定项目;在张甸镇张前村拆建灌溉泵站4座,其中10英寸泵站1座,14英寸泵站1座,16英寸泵站2座;新建混凝土衬砌渠道16.96公里,其中梯形斗渠(干渠)1528米,梯形农渠(支渠)9819米,U形农渠(干渠)4623米,U形农渠(支渠)990米。建分水闸49个,田头进水涵542个。配套建设过路涵162座,其中,∅60的生产路涵111座,∅40田间路涵51座。新建节水滴灌199.95亩。总投资400万元。是年8月开工,11月完工。

2016年,姜堰实施2014年省定土地整治项目。该项目位于张甸镇,含严唐村、花彭村、张甸村、张桥村、朱顾村、甸头村、魏家村7个行政村。主要工程为:平整土地34.31万平方米,表土剥离10.18万平方米,土地翻耕,修筑田埂2.61万立方米。衬砌渠道36.68公里,清淤排水沟48.42公里,建渠系建筑物7225座、泵站7座、道路81公里。种植护路护沟林2.22万株。项目总投资3662万元,全部为省级投资。

(五)海陵区

2012—2014年期间,海陵区利用第四批重点县项目资金在苏陈镇、京泰路街道、城西街道和九龙镇高沙土地区拆建或新建电灌站42座。

表9-5　泰州市1996—2015年节水灌溉工程统计表

市(区)别	小计	渠道防渗	管道输水	喷灌	微灌
小计	222.76	206.60	5.47	1.72	8.97
海陵	8.44	8.10	0.29	0	0.05
高港	13.34	12.43	0.49	0.38	0.04
姜堰	78.00	77.25	0.50	0.20	0.05
靖江	42.95	41.57	0.73	0.06	0.59
泰兴	22.50	20.95	0.40	0.60	0.55
兴化	57.53	46.30	3.06	0.48	7.69

第五节 洼地治理

靖江有沿江和孤山以北地区两大洼地。沿江洼地地势低平,孤北洼地四面高、中间低,形同锅底,极易受涝。靖江治理措施是自排与提排并举,疏浚沟通水系,提升自排能力,调整排灌体系,分区封闭提排。

一、沿江洼地治理

沿江洼地分布在该市新桥、东兴、澄靖工业园区、城南、滨江新区、斜桥镇、西来镇的沿江一带,地面高程在2~2.5米,最低的1.8米,较周边地面低0.8~1米,耕地面积99.4平方公里。1974—1987年,靖江在此区域先后建提排站18座,提排能力11.6米³/秒,其提排总流量远未达到日雨150~200毫米不受涝的要求,且布局上也不尽合理,涝的威胁依然存在。1988—2002年,按照"谁受益、谁负担"的原则,靖江以沿江镇村自筹资金为主,国家补助电机、水泵为辅,在低洼易涝地区修建小型

新桥文东排涝站

排涝泵站。至2002年,该市新桥镇有灌排结合和单排泵69台,排涝流量24.35米³/秒;东兴镇有排涝泵50台,提排能力15.5米³/秒;八圩镇有排涝泵36台,提排能力14.1米³/秒;靖城镇(越江)有排涝泵26台,提排能力8.3米³/秒;斜桥镇有排涝泵8台,提排能力2.95米³/秒;西来镇有排涝泵31台,提排能力14.1米³/秒;长江农场有排涝泵4台,提排能力2.6米³/秒。是年底,靖江沿江地区累计有排涝泵224台,提排能力81.9米³/秒,较1987年增长7.1倍。2009年,利用中央财政小农水重点县项目资金,更新改造新桥镇文东等排涝站47座。是年,还利用新增农资综合补贴小型农田水利项目资金,更新改造东兴镇排涝站2座。2010年、2011年,利用中央财政小农水重点县项目资金,更新改造排涝站88座,其中西来镇排涝站19座、城南办事处(含澄靖工业园区)30座、斜桥镇3座、东兴镇36座。

至2016年,靖江沿江洼地共有排涝泵站249座,装机负荷8703.5千瓦,总提排能力130.83米³/秒。其中,新桥镇97座,提排能力43.59米³/秒;东兴镇67座,提排能力30.64米³/秒;城南办事处、澄靖工业园区33座,提排能力12.6米³/秒;滨江新区6座,提排能力7米³/秒;斜桥镇19座,提排能力16.6米³/秒;西来镇(含长江农场)25座,提排能力16米³/秒;其他(江阴大桥及收费站)2座,提排能力4.4米³/秒。2016年提排能力是1987年的11.3倍。

二、孤北洼地治理

1995—2015年，靖江对孤山以北、界河以南洼地进行综合治理。这一狭长地带地面高程3米以下，与周边地区犬牙交错，低0.8～1米，四水投塘，形同锅底，极易受涝，称"孤北洼地"。涉及靖江团结、孤山、季市、长安、大觉5个乡（镇）及斜桥、土桥镇部分村队，耕地面积6.37万亩。

1995—2000年，靖江疏浚塌港北段、芦场港北段、中心港南段；2001—2005年，疏浚石碇港南段、亮港北段、竖河北段、小夏仕港；2006—2010年，疏浚太平流漕、朱宣流槽、扒头河、掘港、大港、小港、中心港北段、百花港、竖辛港、塌港、亮港、季市横河、芦场港南段、渔婆港界河至红星桥等河道；2011—2015年，先后疏浚孤山北横港、中心港南段、竖河、季市北横港、横港、石碇港、芦场港。平均疏浚3～4次，累计长199.86公里，完成土方635.84万立方米。加上镇村河道疏浚、水系沟通，共计完成土方1385.4万立方米。此番轮疏有效提高了这一地段的除涝治渍能力。

2002年，本着"谁受益、谁负担"的原则，靖江对低洼易涝地区建造0.2米³/秒以上的排涝泵站，以镇村自筹资金为主，靖江财政补贴：12英寸泵0.5万元、20英寸泵2.5万元、24英寸泵3万元、32英寸泵5万元。至2005年，孤山镇用于单排和灌排结合泵站34台，提排能力32.4米³/秒。季市镇用于单排和灌排结合泵站40台，提排能力30.55米³/秒。斜

乐稼村范西排涝站

桥镇用于单排和灌排结合泵站10台，提排能力11.9米³/秒。2008年，孤山灌区节水配套更新改造孤山北站、南站及掘港、中心站、大港为4.6米³/秒排涝泵站。季市东站、西站、横河站改建为6米³/秒排涝站，亮港为4.6米³/秒泵站。2009年，利用中央财政小农水重点县项目资金更新改造排涝站76座，其中，安排孤北洼地的孤山镇改造17座。2010年，利用小农水重点县项目资金更新改造排涝站63座，其中斜桥镇13座，其余用于改造大觉东、西站，民政站及10座小型排涝站。是年还分别更新改造孤山镇、季市镇小型排涝站11座，西来镇20座。2012年，利用中央财政小农水重点县项目资金，分别在孤山石碇港、芦场港与东团河交界处新建6米³/秒排水闸站，同时更新改造孤山镇小型排涝站2座。2016年春，在掘港与界河交界处拆除封口涵，新建3.3米³/秒排涝站。至2016年，孤北洼地共有排涝泵站98座，装机负荷6663千瓦，总提排能力114.68米³/秒。其中，孤山镇56座，提排能力66.46米³/秒；季市镇33座，提排能力35.8米³/秒；斜桥镇（原大觉、土桥片）9座，提排能力12.42米³/秒。

第六节　农村河道疏浚工程

农村河道包括乡(镇)级河道和村级河道。这两级河道是市县骨干河道的终端,具有防洪、除涝、灌溉、供水、航运、水环境等多种功能,是支撑农村经济社会可持续发展的重要水利基础设施,是农村水生态环境的主要载体。境内拥有乡(镇)级河道1959条、7487公里,村级河道22848条、12623公里。

1996年组建地级泰州市以后,各地政府逐年加大疏浚农村河道的投入,同时积极引导通过"一事一议"政策投劳投资,并综合开发水土资源,利用以河养河、一土多用、以土换资等方式,积极鼓励社会资本投入农村水利建设与管理,1996年至2002年底,全市对600多条淤浅严重的乡(镇)级河道(中沟)以上河道进行了清淤,取得明显成效。

为全面提高农村防洪和农田抗灾能力,改善水体环境质量和生态环境,2002年,省水利厅制定了《2003—2007年县乡河道疏浚规划》,在全省实施农村河道疏浚工程。2005年底,省水利厅、财政厅联合编制了《江苏省"十一五"村庄河塘疏浚整治规划概要》,要求在"十一五"期间,按照"二清一建"的标准(清理淤泥,拆除坝埂,疏浚水系,改善水质;清理垃圾,清除杂物,整治河坡,改善环境,建立制度,明确责任,长效管理,巩固成果),将全省村民居住比较集中、淤泥堵塞严重、水污染问题突出、与村民生产生活关系密切的村庄河塘基本疏浚整治一遍。

为推动全市农村河道整治,市水利局先后组织编制了《泰州市通南地区水利规划》《"十三五"农村河道轮浚规划》等规划。规划结合引排骨干河道建设,对农村水系进行合理规划布局。通过河道清淤、岸坡生态化整治、河网水系连通等措施,改善河湖水质,修复水生态,促进农村水体流动,保证水系畅通循环,改善农村水环境。各级水利部门也根据规划,按照"先急后缓,分步实施"的原则,持续开展农村河道整治工程。对骨干河道,注重河道拓宽,清淤疏浚,打通束窄段和断头河;对村庄河道,充分考虑村民对河道景观和环境和谐的要求,拆坝建桥,沟通水系,实现农村河道水清、河畅的目标。

2002—2015年,全市各地以农村河道疏浚整治和中小河流重点县等中央、省级项目为抓手,通过河道疏浚、岸坡整治、水系沟通、生态修复等措施,持续性开展农村河道综合治理工作。其中,2003—2006年全市疏浚县乡河道740条、2820公里,完成土方5000万立方米;是年还实施了1185个村、2247条村庄河道的疏浚整治,完成土方1394.54万立方米。2007—2010年疏浚县乡河道882条、3276公里,完成土方5885万立方米。在河道疏浚的同时全面清洁河道,打捞水生植物,清理河道两侧杂物和垃圾,有效地改善了农村水环境和人居环境。

通过多年大规模的疏浚整治与环境治理,畅通了农村河网,恢复了河道引排水功能,2015年较之2002年,共增加排涝能力12000万米³/秒,引水灌溉能力9000万米³/秒,增加河道蓄水量1.8亿立方米,改善排涝面积210万亩，灌溉面积123万亩，增加旱涝保收、高产稳产农田255万亩，年增产粮食产量615万吨。复耕土地1.8万亩，增加水产养殖面积33万亩，植树造林160万株，实现农村河道"深、通、畅、顺"的整体效果。其次是改善水质、改善水生态环境，广大农村呈现出"水清、岸绿、河畅、景美"的村容村貌，为新农村建设、农村水利现代化建设创造了条件。

一、乡级河道整治

2003年，全市开始实施乡级河道疏浚工程。

乡级骨干河道（中沟）上接各市、区主干河，下连生产沟。以前的设计标准为20年一遇。高沙土地区的乡级骨干河道标准为底宽4~5米，底高程−0.5~0.5米，工程布局多为南北向，间距一般在1公里左右。两条乡级河道之间一般布置一条生产沟，两条生产沟之间布置一条排水沟，每一方田用隔水沟分开。高沙土地区高中之洼参照圩区治理要求，设置独立提排站和挡水建筑物。

（一）靖江市

1.河道疏浚

靖江有乡级河道116条，其中30条通长江，其余86条通县级河道，总长650.27公里，一般分布于县级河道之间，多为南北走向。

1996—2002年，疏浚乡、村级河道35条，总长138.05公里，共完成土方315.23万立方米。2003—2005年疏浚乡级河道21条，总长100.54公里，完成土方128.2万立方米。

2005年11月，靖江市委、市政府按照建设社会主义新农村要求，计划用3~5年时间，按乡级河道标准把农村乡、村河道轮疏一遍。是年冬至2008年春，靖江各镇、园区在主攻村级河道清理的同时，对遇旱引不进水、遇涝排不出水的乡级河道78条（段）、307.42公里，共完成土方552.46万立方米。同时，对条件较好的河道实施挡墙和生态护坡治理。

2006—2014年，靖江有计划地综合整治乡、村河道水系布局。相继开挖了公兴河48.5公里（一期实施17.7公里，底宽8米，底真高−0.5米，河口宽20~25米，两岸实施浆砌石挡墙和混凝土生态连锁块护坡），阜民河7.1公里，南天生港（又称东天生港）2.5公里（河底宽7~15米，底真高−1米，河口宽25~30米，两岸实施浆砌石挡墙、仿木桩和混凝土生态连锁块护坡），六助港南段（沿江公路北侧至江边），新和尚港3公里，新旺桥港2.3公里，同时填平老旺桥港、老和尚港、老六助港南段及章春港（沿江公路至闸口段）河道，并对新旺桥港两岸实施浆砌石挡土墙驳砌。开挖驳砌江阳河（西天生港至新小桥港）、城东大道河（江阳河至市政府）、江洲路北侧河（城东大道河至新小桥港），总长3.78公里，两岸实施浆砌石挡土墙驳砌；开挖疏浚金盛圩河、老小桥港，填平雅桥港南段（沿江公路南侧至江边）；驳砌工农河南段（北环至北二环北首）1.3公里；疏浚驳砌七一河（渔婆港至人民北路）1.8公里、齐心河（工农河至人民北路）0.55公里、沙泥河（渔婆港至十圩港）2.6公里、大港（姜八路东侧至十圩港）0.45公里。疏浚中心港（南横港至沙泥河）3公里。

2009—2010年，靖江相继填平掘港（孤山南横港以南河道）、大港（南横港至姜八路东侧）等河道。

2009—2014年，靖江在城区及园区的河道相继实施浆砌石挡墙、混凝土生态连锁块、格宾、植物混凝土生态墙等生态护岸工程。同时，疏浚乡级河道93条，总长358.23公里，共完成土方854.89万立方米。2014年冬至2016年，该市乡级河道进入新一轮的疏浚治理。2015年，利用中小河流治理重点县一期项目资金，疏浚滨江东西天生港、新老小桥港、江阳河、江洲路北侧河、城东大道河、雅桥港等8条河道，总长22.66公里，疏浚土方35.25万立方米。同时，对东天生港(闸口至分汊河口)进行混凝土连锁块生态护岸。开挖、驳砌新小桥港(沿江公路桥至江阳路段)2.56公里，两岸实施基础挡墙、上部植物混凝土生态墙复式护岸工程。使用石方0.83万立方米，浇筑混凝土0.89万立方米，生态混凝土护坡1.56万平方米，草皮绿化护坡等9.02万平方米。

2.重点工程选介

【八圩港】

八圩港北起靖泰界河，南入长江，全长19.4公里，受益农田4万余亩。北段西三官殿至靖泰界河称庙宇港，长10.5公里，是靖江历史上"五大港"之一，成于清康熙五年(1666)，由泰兴县开挖，口宽5丈、深2丈，挖废土地由泰兴补价并代纳赋税，直至朝廷编审剔除。此后，康熙五十一年(1712)至光绪三十一年(1905)7次疏浚庙宇港。民国23年(1934)、36年(1947)冬至民国37年(1948)春，全线疏浚八圩港。1951年、1992年，靖江分别组织民工6893人和8000多人，疏浚八圩港。

治理后的八圩港

2003年11月至2004年3月，疏浚庙宇港界河至曹家桥段5.6公里，按照底真高0米、底宽4米、口宽18～20米的标准施工，完成土方11万立方米。

2003—2006年，对八圩港河道实施驳砌挡土墙，其中东岸长5.30公里，西岸长3.90公里，完成石方3.3万立方米、土方12万立方米，工程投资1830多万元。

2009—2010年，对八圩港河道东西两岸实施驳砌挡土墙，两岸长约1600米，完成石方5700立方米、土方2.2万立方米，工程投资300多万元。2005年11月至2006年3月，疏浚庙宇港泵站至靖城、马桥、孤山交界处的4.2公里，完成土方5.06万立方米。2008年6月，在八圩港与横港交界处建宽4米、1米³/秒的提水闸站，投资113.5万元。是年3—6月，还组织疏浚八圩港自横港至沿江高等级公路桥北侧河道6公里，水力冲挖作业，按照底宽6～8米，底真高0～-0.5米的标准施工，完成土方10.8万立方米，使用资金135万元。

2014年，靖江启动八圩港封闭段侨发新世纪招商市场拆迁。至2016年12月，靖渡桥北至三江路北侧的招商市场营业用房拆除，长420多米，累计拆迁面积约2.4万平方米。并先行试点对靖渡桥之北160多米长河道驳砌挡墙，口宽15～20米，栽种树木草皮护岸，铺设人行道板砖和非机动车道。

【阜民河】

2012—2016年，靖江在阜前路北侧开挖阜民河(罗家桥港至扒头河)，长7.1公里，底真高-1米，底宽7～15米，口宽30米。两岸分别为：浆砌石挡墙基础，真高1～3.5米为混凝土生态连锁块护坡；真高-1～0.4米为混凝土生态连锁护块护坡。0.4米部位设宽2.8米复式平台，浇筑深1.4米的混凝土基础。真高1.2～2.5米埋置仿木桩护岸，真高2.5米以上为植物生态坡面。共完成土方106万立方米、石方1.06万立方米，浇筑混凝土3.16万立方米。

疏浚后的阜民河

表9-6　1997—2015年靖江市二级河道疏浚5公里及以上河道

河道名称	时间	地段	长度（公里）	土方（万立方米）
联兴港	2008年春	江边至横港	8.3	13.4
合兴港	2008年春	江边至务本村	5.7	3.8
上九圩港	2000年冬	江边至横港	7.5	12
	2008年春	江边至横港	7.5	4.26
老川心港	2005年冬	滨江牛角湾至礼圣普祥圩	5.6	6.5
川心港	2007年冬	江边至姚家圩	7.3	13.7
毛竹港	2001年冬	铜弯港至界河	6.7	14.49
	2008年春	铜弯港至界河	6.7	14.05
	2015年春	铜弯港至界河	6.7	14.33
陈湾港	2008年冬	新丰至横港	7.7	10.97
	2012年春	界河至横港	7.64	9.17
美人港	2000年冬	江边至横港	7.8	20.3
	2014年冬	江边至横港	7.8	21.8
陆家港	2004年冬	生祠团河至界河	7.8	12.8
马家港	2007年冬	界河至团河	7.3	11.3
二圩港	2006年冬	横港至界河	10	17.2
	2015年3—12月	江边至横港	5.9	6.31
三圩港	2003年冬	江边至北闸	7	8.4
	2007年冬	横港至高家垱	17.9	6.5+9+4.45＝19.95（含小三圩港）
	2009年冬	横港至东陶家庄	9.8	11.2
	2015年3—12月	江边至横港	6.72	10.65（驳砌疏浚）

续表9-6

河道名称	时间	地段	长度(公里)	土方(万立方米)
下头圩港	2015年3—12月	新扬子船厂至统兴圩	5.68	6.77
上五圩港	2013年11月至2014年1月	江边至森河庄	7.9	19.8(机)
四圩港	2009年冬	横港至界河	9.3	16.5
四圩港	2015年11月至2016年6月	界河至江边	18.4	18.88
刘四港	2009年冬	江平路至提排站	5.9	9.5
刘四港	2016年春	江平路至界河	6.5	10.24
五圩港	2005年冬	横港至侯河横港	5.4	8.64
五圩港	2008年冬	江边至横港	7.4	6.66
五圩港	2009年冬	横港至界河	9.8	15.5
严家港	2015年12月	界河至小横港	8.2	6.88
水洞港	2001年11月	界河至团河	6	11.5
曾家港	2010年1—5月	横港至马桥界	6.1	7.32(机)
洋铁港、中横港、北横港	2005年11月、2006年11月、2012年11月	水洞港至四圩港	7.4	12.1
七圩港	2007年冬	江边至横港	8.7	11.6
七圩港	2015年春	闸口至横港	8.3	11.35
渔婆港	2009年12月至2010年5月	界河至红星桥疏浚	7	16.85
八圩港	2003年冬	泵站至界河	9.2	18.5
九圩港	2003年冬	朝阳路至江边	5	7.2
九圩港	2013年1—8月	江边至朝阳路疏浚驳砌	5	20.5
中心港	2008年冬	界河至中横港	5.4	8.4
掘港	2008年春	界河至中横港	6.1	9.13
大港	2008年11月	界河至中横港	5.7	9.8
石碇港	2015年冬	季市横港至东团河	6.9	12.3
芦场港	2015年冬	界河至东团河	9.4	17.92 季市、孤山同期疏浚
亮港	2004年冬	界河至小市桥	6	10.9
亮港	2007年冬	界河至竖辛港	5.1	9.18
竖辛港	2007年冬	亮港至团河	5	9.18
塌港	2007年冬	界河至横河	5	9.8
塌港	2009年11月至2010年4月	界河至季市界	5.3	10.02
万福桥港	2010年1—4月	万福桥至团河	6.2	8.2
扒头河	2008年11月	安宁闸至竖辛港	5.38	6.61
公兴河(新港园区)	2007—2016年	永济港至蟛蜞港	15.5(宽20米)	102

续表9-6

河道名称	时间	地段	长度(公里)	土方(万立方米)
阜民河(新港园区)	2012—2015年	罗家桥港至东阜公园	7.1	106
朱萱流漕	2005年11月至2006年3月	界河至夏仕港	5.7	14.25
	2014年冬	界河至夏仕港	5.7	10.2
太平港	2007年11月至2008年3月	界河至夏仕港	6.7	16.75
	2014年冬	界河至夏仕港	6.7	12.5
下青龙港	2009年11月至2010年2月	青龙闸至东来窑厂	5.1	14.28
北横港	2014年冬	芦泾港至夏仕港	5.4	11
合计41条				

（二）泰兴市

泰兴通南沙土区土壤结构松散易碎,河坡稳定性较差,水土流失现象普遍存在。据统计,该市县级河道平均淤积周期为10～15年,乡级河道淤积周期仅5～8年。为充分恢复和发挥乡级河道引排功能,泰兴市编制了《泰兴市2003—2007年县乡河道整治规划》《泰兴市2007—2010年县乡河道整治规划》《泰兴市2007—2010年村庄河道整治规划》,2010年上半年又编制了《泰兴市2011—2012年农村河道整治规划》,并严格按照规划组织实施。

泰兴现有乡级河道430条,总长1163.79公里。乡、村河道(河塘)与县级干河皆引排结合利用,共同构成了泰兴的引排水网络。泰兴乡级河道大多为南北向,仅在其东北地区干河为南北向时,乡河为东西向。间距每公里1条,在垂直方向设与乡级河道等级相等的腰沟一条,利于建站和布设生产沟,设计防洪标准为20年一遇;西部沿江圩区直接自长江引水,乡级河道皆平行于干河呈东西向。

2003—2012年,泰兴累计整治乡级河道748条(段)1889.6公里,完成土方2567万立方米。自2013年起,泰兴按照《江苏省泰兴市2013—2015年农村河道轮浚规划》,每年对3个乡(镇)的农村河道进行疏浚整治,集中投入、整乡推进,治理一片、见效一片。至2015年,共疏浚整治农村河道71条,总长135.8公里,完成土方191.09万立方米、挡墙护岸21.9公里。同时启动并实施了中小河流治理重点县项目。该项目涉及11个乡(镇)合计12个试点项目区,主要建设内容包括河道疏浚、岸坡整理及水系沟通,分3年施工,总投资约3.6亿元。

（三）兴化市

2003—2015年,兴化疏浚乡级河道510条,长计3380.51公里,完成疏浚土方3051.65万立方米,总投资21096万元。

表9-7　兴化市乡级河道疏浚工程一览表(2003—2015年)

年度	条数	工程量		总投资（万元）
		年度疏浚长度（公里）	疏浚土方量（万立方米）	
2003	29	79.22	201.80	2116.00
2004	46	107.85	200.00	1839.00
2005	33	101.20	220.00	2312.00
2006	58	179.69	359.00	2203.00
2007	49	178.00	302.00	1622.50
2008	55	182.61	324.50	1858.00
2009	47	160.88	288.00	1440.00
2010	47	178.10	307.00	1535.00
2011	63	193.86	366.00	2548.00
2012	64	208.00	398.00	2786.00
2013	7	29.10	33.25	332.50
2014	8	17.65	22.80	228.00
2015	4	17.00	29.30	276.00
合计	510	1633.16	3051.65	21096.00

(四)高港区

2001—2008年,高港区疏浚河道612条,长675公里,完成土方900万立方米。2008年9月11日,高港区通过省水利厅组织的农村河道整治工作总体验收。至此,全区干河畅通,河道整齐,绿化优美;中沟及村庄河道已初步清除淤泥;整平河坡,沿岸植树种草,河岸变绿,河水变清,功能恢复,形象改观。2006年,省委组织部等四部门联合授予高港区"江苏省农村河道疏浚整治先进县市(区)"称号。2011年,整治戴王、蔡庄等乡级河道8条,长22.9公里,完成疏浚土方3697万立方米。在农村河道整治过程中,完成小沟以上建筑物近130座,改造中低产田1800余亩,改造电灌站35座,新建改造桥梁13座。

表9-8　2003—2008年高港区农村河道疏浚工程投入资金统计表　　单位:万元

年度	投入资金	资金来源			
		省级	市级	县级	乡级
2003	203.94	21.00	4.81	56.31	121.82
2004	188.12	32.32	5.32	31.26	119.22
2005	419.91	92.97	8.30	185.23	133.41
2006	913.77	92.00	7.70	537.35	276.72
2007	848.13	106.00	11.10	481.27	249.76
2008	937.80	80.10	7.80	561.00	288.90

表9-9 2008年高港区2公里以上乡级河道一览表

序号	河道(中沟)名称	所在镇(街道)	开挖年份	长度(公里)	规格	
					底宽(米)	底高(米)
1	同兴港	永安洲镇	1970	2.25	2~4	0~0.5
2	天雨中沟	永安洲镇	1972	2.37	3	0
3	悼念河	永安洲镇	1976	2.1	3~5	0~0.5
4	福利中沟	永安洲镇	1977	2.1	3~5	0~0.5
5	保健中沟	永安洲镇	1975	2	3~4	0~0.5
6	团结中沟	永安洲镇	1976	3.1	3~5	0~0.5
7	堂圩中沟	永安洲镇	1977	2	4	0~0.5
8	小四圩港	永安洲镇	1970	2.05	3~5	0~0.6
9	永正中沟	永安洲镇	1968	2.1	4	0~0.5
10	穿心港	永安洲镇	1968	7.32	3~5	0~0.5
11	界港	永安洲镇	1977	3.48	3~5	0~0.5
12	五七中沟	永安洲镇	1975	4.2	4	0.5~0.9
13	文胜河	永安洲镇口岸街道	1967	9.36	3~6	0~1
14	北沙中沟	永安洲镇	1962	3	2~4	0~0.5
15	小明沟港	永安洲镇	自然河	3.3	3~5	0.5
16	吴楼中沟	口岸街道	1973	2	3	0
17	徐桥中沟	口岸街道	1972	3.3	5	0~1
18	范雅中沟	口岸街道许庄街道(孔桥)	1965—1975	4.95	5~13	0~1.5
19	凌家港	口岸街道	1964	3.27	2	0
20	戴集中沟	口岸街道	1974	2.2	3	1
21	张马中沟	口岸街道	1958	2.15	3	0.5
22	周潘中沟	口岸街道 刁铺街道 许庄街道	1972—1981	2.83	2~4	0.5~0.8
23	友谊中沟	口岸街道	1982	3	2	0.5
24	团结中沟	口岸街道	1978	2.3	3.5	0~0.7
25	临江中沟	口岸街道	1965	3	4.5	0~1.5
26	光明中沟	口岸街道	1970	2.13	3	1~1.5
27	小刘港	口岸街道	1975	3.22	4	0
28	曾家港	口岸街道	1978	2.3	3.5	0
29	蔡圩中沟	口岸街道 刁铺街道	1976—1978	2.2	3~5	0~0.8

续表9-9

序号	河道(中沟)名称	所在镇(街道)	开挖年份	长度(公里)	规格 底宽(米)	规格 底高(米)
30	王营中沟	口岸街道 刁铺街道	1968—1977	4.0	3	0
31	利民中沟	口岸街道 许庄街道	1974 1977—1978	3.8	4	0.2 ~ 0.5
32	王庄中沟	刁铺街道	1976—1978	2.7	3 ~ 5	0 ~ 1.3
33	界牌中沟	刁铺街道	1972—1981	2.6	3 ~ 5	0.5 ~ 1.2
34	马厂中沟	许庄街道	1976	4.163	5	- 0.5
35	周梓中沟	许庄街道	1965—1969	3.905	5	0 ~ 0.5
36	官沟中沟	许庄街道	1965—1975	3.633	3	0 ~ 1.2
37	太平中沟	许庄街道	1978—1980	4.62	4	0.5 ~ 0.6
38	乐园河	许庄街道	1981	2.154	2 ~ 3	0.8 ~ 1.0
39	董庄中沟	许庄街道	1979	3.414	2 ~ 4	0.5 ~ 1
40	中心港	许庄街道 胡庄镇	1973—1974 1978	10.8	4 ~ 5	0 ~ 0.5
41	二青中沟	许庄街道	1982	2.79	3 ~ 5	0.5 ~ 0.8
42	纲要河	白马镇	1970	3	3	0
43	秧田河	白马镇	1971	5.3	3	−0.5
44	东港河	白马镇	1968	2.4	2	0
45	老秧田河	白马镇	1970	2.6	5	0
46	张白河	白马镇	1975	2.1	3.5	0
47	乡前进河	大泗镇		3.5	4	−0.5
48	双马河	大泗镇	1976	2.15	4	0
49	扬子港	大泗镇		2.1	4	−0.5
50	大寨河	大泗镇	1975	5.15	4	0
51	中心河	大泗镇	1974	0.81	4	−0.5
52	老中心河	大泗镇	1974—1979	2.74	4 ~ 6	−0.5
53	戴王中沟	胡庄镇	1978	2.9	4	0.5
54	宗黄中沟	胡庄镇	1972	2.8	5	0
55	陶沟中沟	胡庄镇	1983	2.55	5	0
56	胡马中沟	胡庄镇	1982	2.7	5	0
57	陈兴中沟	胡庄镇	1978	2.8	4	0.5
58	孔庄中沟	胡庄镇	1973	4.7	5	0

续表9-9

序号	河道(中沟)名称	所在镇(街道)	开挖年份	长度(公里)	规格	
					底宽(米)	底高(米)
59	薛马中沟	胡庄镇	1976	3.75	4	0.5
60	海潮中沟	胡庄镇	1977	3.75	4	0.5
61	汪群中沟	胡庄镇	1977	4.2	4	0.5
62	老宣堡港	胡庄镇	1967	4.9	8	−0.5
63	老前进河	野徐镇	1952	5.0	3	0
64	小港河	野徐镇	1964	3.4	3	0
65	界河	野徐镇	1965	2.9	3	0
66	大寨河	野徐镇	1974	2.0	4	0

蔡圩河整治前后

大寨河整治前后

吴楼中沟整治前后

(五)姜堰区

2003年疏浚乡级河道38条,总长83.87公里,完成土方95.29万立方米,总投资714.34万元。2004年疏浚乡级河道36条,总长87.87公里,完成土方111.41万立方米。2005年疏浚乡级河道38条,总长

91.3公里,疏浚土方116.2万立方米,总投资121万元。2006年疏浚乡级河道38条,总长98.18公里,疏浚土方185.5万平方米,总投资215.4万元。2007年疏浚乡级河道57条,总长115.54公里,疏浚土方172.01万立方米。2008年疏浚乡级河道48条,总长105.76公里,疏浚土方162.2万立方米,总投资810.98万元。2009年疏浚乡级河道37条,总长157公里,疏浚土方215.3万立方米,总投资1076.5万元。2010年疏浚乡级河道52条,总长121.41公里,疏浚土方191.74万立方米。2011年疏浚乡级河道25条,总长72.57公里,疏浚土方116.6万立方米。2012年疏浚乡级河道33条,总长81公里,疏浚土方126.76万立方米,总投资889.97万元。2013年疏浚乡级河道27条,总长71公里,疏浚土方137万立方米。2014年,姜堰共疏浚乡级河道41条,总长82.84公里,完成土方116.91万立方米。其中,沈高、桥头、白米3个镇列入省级村庄河塘疏浚项目,3镇共计疏浚整治村庄河塘15条、25.61公里,完成土方35.57万立方米;实施生态护坡3条,总长5.4公里;该工程2014年9月开工,年底完工;工程总投资632.81万元,其中省级财政补助350万元,姜堰财政配套282.81万元。娄庄、白米、大伦3镇列入农村河道疏浚整治工程,3镇共计疏浚整治县乡河道4条、16.6公里,完成土方40.4万立方米;其中实施生态护岸2条,总长5.4公里。该工程2014年9月开工,年底完工,工程总投资904万元,其中省级财政补助500万元,姜堰财政配套404万元。2015年疏浚乡级河道22条,总长47.94公里,完成土方98.43万立方米。

二、村级河道整治

2005年,全市开始全面实施村级河道(河塘)疏浚整治工程。

(一)靖江市

靖江共有村级河道3767条,总长2539.64公里,多为东西走向,间距200~300米。

2005—2013年,靖江实施以清洁河道、清洁村庄为主要内容的农村"双清"工程,将3767条村级河道全部疏浚一遍,共完成土方1689.85万立方米。实施拆坝建桥10207座,新(改)建涵洞2966座,实施绿化2万多亩,农村重现"水清、水活、水美"的自然环境。其中,2005年疏浚898条,完成土方390.55万立方米;2006年疏浚1184条,完成土方490.67万立方米;2007年疏浚1437条,完成土方704.04万立方米;2008—2013年疏浚248条,完成土方104.59万立方米。工程验收合格后,靖江市政府核发每立方米土方"双清"工程补助经费2.5元,镇、村自筹0.5~1.5元。靖江乡、村河道疏浚共投入资金1.3亿元,其中省、市补助1400万元,靖江财政投入8300万元,镇、村自筹和社会赞助3300万元。

2008年2月,水利部部长陈雷至靖江调研视察水利工作和新农村建设情况,实地察看了靖江马桥镇、生祠镇河道疏浚管护现场和新农村建设情况,赞赏靖江农村水美、环境美,称赞靖江河道疏浚投入机制好,新农村建设模式新,河道管护经验值得在中国东部地区推广。同年4月,靖江乡、村河道整治在全省率先通过省级验收,被评为"优秀"等级。

2014年冬,靖江村级河道二轮疏浚全面展开。到2015年底,疏浚村级河1752条,长1171.35公里,达标村79个。

(二)泰兴市

泰兴共有村庄河道(塘)3530条。村庄河道主要为原村庄自然水系,亦有一部分依过境的骨干河道或中沟,垂直开挖的引水河道,主要保障沿线农村生产、生活及灌排需要。此外,两条中沟之间布置生产沟一条,排水沟间距200米,隔水沟间距80~100米,其标准为保证洪峰流量通过和田间降渍需要。

2005—2015年,泰兴对村级河道沟塘进行了大规模的疏浚整治与环境治理,共疏浚整治村庄河塘4317条(段),完成土方2073万立方米。乡村水体环境状况得到了明显的改善。

（三）兴化市

2005年12月27日,兴化市委、市政府颁发了《关于在全市农村实施"清洁水源、清洁家园、清洁田园"工程的意见》。该意见明确指出,农村村庄河道综合整治必须达到"四无两有"的标准,即所有经过综合整治的村庄河道必须达到河道无淤泥、河中无水生杂草、河边无垃圾、无露天粪坑,圩堤有绿化,长效管理有措施。兴化用3年左右的时间全面完成村庄河道综合整治任务,使村级河道水质明显好转,农村水环境明显改善,河道引排能力明显提高,展现出水清、河畅、岸绿的农村自然风貌。

2006年4月,兴化有516个行政村的村河整治通过兴化市级验收。这些行政村共整治庄前屋后沟河810条,工程计626公里,完成土方526万立方米。是年4月27日,这些行政村的河道整治顺利通过省级验收。

2007年,兴化对189个行政村进行村庄河道清淤疏浚,合计长640公里,完成土方585万立方米。5月23日,省水利厅、市水利局、市财政局等部门联合经对兴化戴窑、海南、中堡3个乡(镇)有关村的河

道整治进行抽样检查,所查项目全部达标。

2008—2012年,按照整村推进的要求,配合村庄环境整治,兴化合计完成1238个行政村庄、3525.94公里村庄河道疏浚,合计完成土方2702万立方米。2014年,兴化对急需疏浚的生产河进行清淤,恢复其原有的生产、交通功能,畅通

圩内水系,完成土方360万立方米,复垦废沟废塘1200亩,投入3000万元。2015年完成35个乡(镇)的农村生产河疏浚,完成疏浚土方300万立方米。

(四)海陵区

2003—2009年,海陵区整治村庄河道260条,完成土方270.93万立方米。

(五)高港区

2005年,高港整治村庄河道290条,长151公里,完成土方260万立方米。

2006—2011年,高港按照建设社会主义新农村的要求,将全区淤浅的农村乡、村河道轮浚一遍,并建立了河道长效管理制度。同时,认真做好绿化造林,努力改变农村面貌,改善农业生产条件,提高了农民的生活质量。其中,2006年整治18个村的河道235条,长114.5公里,完成土方137.6万立方米,新建垃圾池775只,复垦土地300亩,清理水草38.3万平方米,栽植意杨、垂柳9.2余万株。2007年整治18个村的河道217条,长143.1公里,完成土方201.3万立方米。2008年整治19个村的河道278条,长170公里,完成土方149.06万立方米,复垦新增土地260多亩。2009年整治11个村的河道179条,长73.57公里,完成土方49.83万立方米,复垦新增土地125多亩。2010年整治17个村的河道142条,长64.5公里,完成土方37万立方米,复垦新增土地25亩。2011年疏浚整治14个村庄的河道145条,长87.8公里,完成土方99.1万立方米。

(六)姜堰区

2004—2006年,姜堰实施"河道清洁"工程,每年均进行村级河道的疏浚和清洁,同时实施河坡水土保持绿化工程。做到了河道清洁工程与土地复垦、改造中低产田、国土绿化、城乡道路建设、开发水资源、改善人民群众生产生活条件相结合。2007年,围绕新农村建设,按照"整村推进"的原则,完成了100个村550条(处)村庄河塘的整治,长237公里,完成土方324万立方米,冲填废塘86处,复垦土地2000亩,大小河道沟塘基本实现了"水清、面净、岸绿"。大泗、顾高、大纶等镇,采取由承包人"全额投资、全程管护、收益分成"的运行方式,实施河道绿化管理养护,各镇集镇中心河建成生态景观河道,一批小康示范村、村庄河道整治试点村也将过去的呆沟建成了农民休闲娱乐的理想场所。2008年疏浚村级河道684条,长403.58公里,完成土方308.9万立方米,总投资1390.05万元。2009年疏浚村级河道1050条,长455.51公里,完成疏浚土方461.25万立方米,总投资2357.25万元。2010年疏浚村级河道384条,完成土方449.7万立方米。2011年疏浚村级河道86条,长62公里,完成土方109万立方米。2012年疏浚村级河道91条,长82.19公里,完成土方137.43万立方米;疏浚村庄水塘29座,总面积188.2亩,疏浚土方31.67万立方米,总投资1077.06万元。2014年疏浚村级河道100条,总长79.54公里,疏浚土方123.67万立方米。2015年疏浚村级河道108条,长70.12公里,完成土方76.37万立方米。

表9-10 2003—2015年泰州市农村河道疏浚情况一览表

年份	县级河道			乡级河道			村庄河塘			总投资（万元）	护岸、挡墙（公里）	绿化面积（万平方米）
	条数（条）	长度（公里）	土方（万立方米）	条数（条）	长度（公里）	土方（万立方米）	条数（条）	长度（公里）	土方（万立方米）			
2003	14	113.2	400.03	156	440.63	636.65	0	0	0	10310.49	10	140.58
2004	17	139.96	398.83	165	403.98	623.42	0	0	0	9526.66	4.3	76.64
2005	15	108.65	431.58	177	490.5	713.51	898	555.05	390.55	11763.3	2.62	120.44
2006	19	186.4	665.05	231	664.03	1004.21	1439	879.24	666.91	14000.87	1.935	254.82
2007	16	104.94	402.03	221	713.7	1209.44	3087	1915.66	1620.63	18391.43	31	274.48
2008	15	107.85	422.1	240	748.2	1172.01	2354	1341.8535	1136.98	28299.94	28.5	317.43
2009	22	177.46	535.69	351	976	1476.44	2247	822.7225	1255.51	27791.2	23.9	192.22
2010	8	96.11	281.4	178	466.397	697.84	973	536.575	569.45	21672.02	9.4	69.4
2011	14	99.65	358.85	171	443.61	727.89	1965	1089.3575	1143.58	29003.38	15.25	185.8
2012	15	172.282	604.87	172	483.265	855.44	1205	1022.78	953.463	34736.7	52.81	124.4
2013	11	62.97	243.44	89	228.91	412.53	1691	951.75	626.45	30557.75	41.69	188.34
2014	10	60.98	174.76	122	244.44	536.16	1938	1306.297	548.34	38614.11	120.384	114.18
2015	15	111.855	304.09	129	368.003	507.735	2173	1246.122	504.21	46836.87	184.405	277.5

泰州水利志

表9-11　2007年全市县、乡级河道和村庄河塘一览表

市、区	县、乡级河道							村庄河塘					
	总淤积土方量（万立方米）	县级河道			乡级河道			总淤积土方量（万立方米）	河道			水塘	
		数量（条）	总长度（公里）	淤积土方量（万立方米）	数量（条）	总长度（公里）	淤积土方量（万立方米）		数量（条）	总长度（公里）	淤积土方量（万立方米）	数量（条）	淤积土方量（万立方米）
合计	7585.8	130	2011.4	2503.4	1271	4250.2	5082.4	6963	14821	8787.5	6534.6	1295	428.4
泰州经济开发区	59.5	6	20.9	20	20	55.6	39.5	224.2	230	126.7	210.1	24	14.1
海陵区	243.8	9	78.2	44.9	73	97.1	198.9	570.2	1494	672.6	570.2	—	—
高港区	260.4	11	74.4	74.7	54	230.2	185.7	293.4	255	251.1	270.8	48	22.6
靖江市	982.6	7	124.8	298.5	104	618.1	684.1	1916.1	4331	2523.1	1912	9	4.1
泰兴市	2208	15	403.2	574.3	358	1357.7	1633.7	2032.1	4383	2762.7	2032.1	—	—
姜堰市	1225.5	32	341.1	424	330	794	801.5	756.6	673	506.2	391.4	1122	365.2
兴化市	2606	50	968.8	1067	332	1097.5	1539	1170.4	3455	1945.1	1148	92	22.4

第七节 水土保持

一、泰兴

2011年，泰兴在元竹镇试点实施水土保持项目。项目区面积20平方公里，主要工程有生态模块护坡、涵洞建设、发展水保林、种草等。项目总投资500万元，其中中央投资166万元，省级及市财政投资334万元。2012年，泰兴建成西姜黄河生态模块挡土墙1000米，丁泰生产沟护坡2100米，排水涵16座，防护林2850米，草护坡41184平方米，栽植芦苇12597平方米。2013年，泰兴市元竹镇综合整治蒋徐小区沟道4.483公里，沟口防

护12处，新建、拆建配套涵洞12座，林草措施防护4.483公里，种植女贞3586株、垂柳3586株，岸坡种草59.25亩，综合防治水土流失面积10平方公里。工程总投资497.17万元，其中中央补助167万元，省级配套133万元，泰州市及泰兴市配套197.17万元。2015年，泰兴实施分界水土保持项目。项目主要工程有：疏浚河道9.178公里，新建护岸3.556公里；建配套涵洞14座，新建河坡泄水槽422处；岸坡绿化13.6581万平方米，栽种苗木2.1354万株；综合防治水土流失面积10平方公里。工程总投资501.79万元，其中中央补助167万元，省级配套133万元，其余由泰兴市财政自筹。

二、姜堰

为探索河坡水土保持的新路子，姜堰水利局于2002年10月30日注册登记成立了"姜堰市绿地水保有限公司"，进行水土保持试点研究，取得明显效果。

梁徐水利站对经国土、水利部门确权的中干河坡绿化实行租赁承包管护，与承包人签订了协议，并进行了公证。承包人负责对河坡的树木、牧草施肥、治虫及管护，牧草由承包人用于饲养家禽家畜。树苗成材出售所得实行4、6分成（承包人得4成，水利部门得6成），梁徐水利站还在站两侧自培苗木

基地20亩，种意杨1500株，培植广玉兰、蚊母、女贞、垂柳、塔柏1万多株，价值35万元。

该市顾高水利站的河坡植被采用树草相结合的立体种植结构。在石坡外平台上（或在没有石坡的河床真高3米的位置上）栽植根部较为发达的桤柳或垂柳，河坡上栽意杨、经济树种或常绿树种。此举不但美化了村容村貌，而且创造了经济效益。坡面上种植的多年生牧草，不但可

有效防止水土流失,而且可供发展三产、搞养殖业。在河岸水边栽能防浪护岸的耐水植物,坡肩角外设置控制坡堤外雨水冲刷的混凝土路牙,每隔50米还建一道U形混凝土排水沟,解决了沿线村庄的排水出路。

大泗水利站将西干河6公里长的河坡水土保持全面推向市场化运作,即树苗的购买、栽植、管护等费用全部由承包人负责,经济效益由水利局、大泗镇政府和承包人按比例分成。此举增加了承包人的绿化管护责任,较好地解决了农村河道"无人管、无法管、无钱管"的问题。这种"大泗模式"后来在全姜堰推广。

2014年,姜堰在梁徐、黄村、双墩、桥林、张埭5个行政村实施水土保持工程,总面积16.70平方公里。工程包括:新建七里河联锁式水工砖护砌4484米,计21254平方米;新建配套涵洞14座,规模为∅60厘米×15米。七里河边坡采用林草措施防护,种植垂柳897株、女贞897株、菖蒲21254平方米,撒播高羊茅草籽35468平方米。工程概算静态总投资501.11万元,其中,中央补助167万元、省级投资133万元、泰兴地方财政配套201.11万元。是年11月开工,年底完工。

第八节　小型农田水利改革

全市的小型农田水利工程通过两轮改革。

一、第一轮改革

这阶段的工作始于1998年。

为了解决农田水利设施集体建设、集体管理体制下存在的管理不善、老化失修、效率低下、成本上涨等弊端,促进全市农田水利建设的良性循环,1998年5月8日,市政府下发《关于推进全市小型农田水利工程设施产权制度改革工作意见》,并于7月6日在姜堰召开全市小型农田水利工程产权制度和水利工程管理体制改革工作会议,全面动员部署"两改"。市水利局按照文件精神,积极引导和推进全市农田水利"两改"工作。各市(区)对小型泵站和节水灌溉等农田水利工程以股份制、股份合作制、拍卖、承包等多种形式,实行所有权和经营权的分离,全市累计改制电灌站3410座,回收吸纳水利资金2257万元,1999年基本完成了改制工作任务。

(一)积极推进改制

为了改革的顺利进行,市水利局选择首先在泰兴进行试点。

通过试点取得了经验。1998年5月8日,泰州在全省水利系统第一个出台了小型农田水利产权制度改革的文件《推进全市小型农田水利工程设施产权制度改革工作的意见》(泰政发〔1998〕199号)。此文推进和规范了全市的小型农田水利工程改革工作,对改革的指导思想、改制的范围、主要形式、具体要求做了原则的规范;要求各级政府组织相关部门的力量,协同动作,有计划、有步骤地推进改制;要求各市(区)加快水利建设步伐,最大限度地发挥农村水利设施的效益,推进水利产业化的进程,调动和保护全社会兴水、管水、用水的积极性;同时还号召各地加快试点步伐,在试点取得经验的基础上向面上全面推开。5月25日下午,市政府组织全市水利、农机、农工部分管负责人参加了泰兴市胡庄乡肖林村电灌站改制现场的观摩活动,市委、市政府分管领导出席活动并做了重要讲话,要求深入调查研究,积极宣传发动,明确工作目标,全面稳妥推进。

（二）市（区）改制选介

全市各地都成立了改革领导小组,并把小型水利工程改革列入各市（区）政府重要议事日程,强力推进小型水利工程管理体制改革工作,为体制改革提供强有力的组织保障。各地水利部门强化业务指导,有计划地组织技术培训,不断提高管护人员素质,利用报纸、广播、电视、网络等新闻媒体,充分调动社会各界参与改革的积极性,确保水利工程管理体制改革顺利推进。为确保改革工作顺利开展,各市（区）组织人员深入实地认真开展调查摸底,按照省、市有关小型水利管理体制改革的要求,结合实施方案,全面摸清现有小型水利工程设施的规模、使用年限、完好状况以及建设投资结构、债权债务关系等情况;河道测量完善界桩坐标;做好登记造册、位置上图等,确保工程不漏报、不错报,为改革工作顺利开展奠定坚实的基础。

1.靖江市

靖江市先后制定了《靖江市小型农田水利设施管理办法和考核意见》《靖江市小型水利工程长效管护考核细则》《靖江市农田水利设施维修养护资金管理办法》《靖江市农村环境"八位一体"综合管护实施意见》等规范性文件,明确所有权、使用权,界定管理权,搞活经营权,落实工程管护主体和责任。靖江市水利局还建立专门账户,自筹经费150万元,根据管护考核情况给予适当补助。

2.泰兴市

1998年,泰兴市启动小型农田水利产权制度改革。泰兴市水利局首先在该市横垛乡进行试点。1998年3月初,改制工作组进驻横垛乡,4月完成该乡南谢村电灌中站股份合作制的试点。20名股东以7680元购买该站,成立了泰州市第一个股份合作制形式的"农田灌溉服务公司",并合股出资47520元建设了2160米衬砌渠道。

改制过程中形成了一套比较规范的文件:村党支部、村委会、村经联社联席会议决议,村民代表大会决议,经联社出售电灌站的报告,乡政府同意出让产权的批复,市农村集体资产评估事务所资产评估报告,招股说明书,股东大会会议纪要,股东名册,董事会议纪要和决议,灌溉服务站章程,电灌站产权出让合同及公证书,节水设施管理细则,财务管理制度及工作人员责任状,农田灌溉管理制度及群众监督制度,电灌站和混凝土衬砌渠道养护管理制度。

很快,泰兴市在横垛乡全面推开南谢村改制的经验。对该乡12个村19座电灌站进行了资产评估,对5个村7座电灌站进行了改制,其中拍卖了秦垛北站、烂潮南站和烂潮北站,租赁出秦垛南站、刘纲站,承包出桃源东站,南谢中站则采用的是股份合作制的形式,初步建立了多种所有制并存的水利资产体系。

在取得试点经验的基础上,泰兴稳步推进小型农田水利工程改革,到1998年底,电灌站改制2751座,其中总价出售1158座,租赁88座,股份合作5座,经营承包1500座,共收回出售转让金、租赁金1256.6万元。

3.海陵区

为充分发挥电灌站的使用效益,降低农灌成本,减少电灌站在集体使用管理中存在的职责不明、维修费用大、机泵技术不易保证和漫灌、窜灌等现象,海陵区进行了电灌站的改制。但改制后也出现了一些矛盾:电灌站作价让售时,同时核定了水费收费标准,让农户放心,但由于原有电灌站年久失修,实际排灌能力与设计能力相差较大,有的购买者无利可图,每当农田需水时往往不及时供水,或供水量不足,供需矛盾突出;改制前政府对农机电灌维修有所投入,改制后转由购买者自己维修、养护,受利益驱使,一是靠吃老本,只要机器不停转只管开,拼设备。二是摞包袱。一旦机器无法运转,购买者则将电灌站大门钥匙甩交给村委会。这些矛盾和问题,在其他市(区)也时有发生。作为农村经济政策研究和解决的内容,进行配套改革。

4.姜堰区

2000年,实行小型农田水利工程设施产权制度改革,采取股份制、股份合作制及拍卖、承包等形式,对小型泵站、节水灌溉等工程设施的所有权和经营权进行分离,逐步建立产权清晰、责权明确、自我发展、自我管理的农田水利资产经营管理机制。在塘湾镇开始试行排灌站产权制度改革。至2004年底,排灌站改制基本结束,共改制排灌站18座,均出售给个人,10英寸泵固定排灌站出售价格在1万～1.5万元,18英寸泵及以上的固定排灌站出售价格在35万元,共收回出售资金40万元左右。2008年,姜堰有小型机电排灌站248座,其中单灌泵站203座、单排泵站42座、灌排结合泵站3座,排灌设备263台(套),装机总容量5241千瓦,总流量63.66米³/秒。

二、第二轮改革

第二轮改革始于2014年。

(一)靖江市

2014年,靖江成立了小型农田水利工程设施管理领导小组,次年制定了《靖江市小型农田水利工程长效管护细则》和《靖江市小型农田水利工程管理体制改革实施办法》,明确了考核内容和要求,工程管护主体和责任得到了较好的落实,明确了相关镇、村为小型农田水利工程的管护主体,还和他们签订了管护协议,并加强对相关从业人员的日常工作管理和考核。靖江水利局还对已完成产权登记和移交的小型农田水利工程发放了产权证书。

靖江加强了小型农田水利工程的档案管理,对各镇、村的小型农田水利工程进行了造册登记、管护到位,明确具体管护责任人,落实了相关经费,日常检查资料等也得到了完善。同时,根据要求进行小型农田水利工程的公告公示,不断加大宣传力度,增强群众保护意识。

2019年,靖江安排"八位一体"管护经费1714.66万元,经费根据半年一度的考核检查情况,由靖江农业农村局集中进行申报拨付;各镇安排小型农田水利工程管护经费705.01万元;是年,靖江进行机构改革,撤销了水利局农村水利科相关职能,农田水利建设项目管理工作职能划入市农业农村局(详见靖委办〔2019〕66号)。经靖江编委批复,靖江各水利站成立,编制为全额拨款,为市水利局的派出机构,工作经费得到有效保障。靖江各镇也根据实际情况开展了农民用水协会建设,落实了村级水管员,基层水利服务体系建设基本完善。

通过几年的努力,靖江市小型农田水利涉水管理总体情况良好,排灌设施完好、运转正常,水闸周围无侧漏、管涌,过水断面无淤积;农村沟渠无坍塌、淤积,坡面无农作物种植,涵洞设施完好无损。在小型农田水利工程管理保护范围内无从事影响工程运行安全的活动,广大群众对靖江市小型农田水利工程管护效果给予了充分肯定,满意度达到100%。

（二）泰兴市

2014年,泰兴市政府印发了《关于改革和加强农村小型水利设施管护工作的意见(试行)》。文件指出:①此轮改革的主要任务是全面回购私有泵站,2014年底前,各村(居委会)负责将产权为个人所有的泵站收回为村(居委会)集体所有,并落实专门人员负责农田灌溉工作。②村(居委会)是各自域内小型泵站、硬渠、涵的运营维护及安全监管的责任主体,要明确专人管理,建立管理台账,落实工作责任和报酬,乡(镇、街道)水利站负责进行技术指导。③乡(镇、街道)负责本区域内中沟及以下河道上桥梁的维护和安全监管工作。④农业水利工程水费由村(居)负责按政策足额收取,专户储存,专款用于本村(居)小型水利设施的运营和维护。

2014年,泰兴市政府设立150万元专项资金,用于农村泵站产权回购的补助,确保了全市所有农村泵站产权收归村(居委会)集体所有。补助对象为:产权为个人所有的农村泵站,由村(居)收回并经营的(回购率低于90%的不予补助)。补助标准为:黄桥老区东部7个乡(镇)、曲霞镇和根思乡每座泵站补助7000元,张桥镇、河石镇、姚王镇、宣堡镇每座泵站补助5000元,其他乡(镇、街道)不享受财政补贴。对2010年以来由市以上财政投入新建、改建的泵站,如产权仍为个人所有,由村(居委会)负责收回,市财政不予补助。是年起,泰兴市政府每年设立260万元农村小型水利设施管护专项补助资金,用于对各乡(镇、街道)考核的奖励和补助,奖、补资金直接发放到村(居委会)。补助标准为:泵站每年补助200元/座,硬质渠道每年补助390元/公里。黄桥老区7个乡(镇)和曲霞镇、根思乡在此基础上上浮30%。

各村(居委会)在乡(镇、街道)双代管中心设立农村小型水利设施管护专户。专户资金由奖、补资金和各村(居委会)收取的农业水利工程水费组成,用于对农村小型泵站、硬渠、涵的维护及安全监管。农村小型水利设施管护资金的使用,由村(居委会)提出申请,乡(镇、街道)水利站会同乡(镇、街道)财政所现场察看、审核,报乡(镇、街道)分管负责人审批后,方可列支。各村(居委会)小型水利设施管护资金当年不得透支,结余滚存下年使用。

（三）兴化市

兴化对境内除个人投资兴建以外的所有小型水利工程范围、数量、投资主体、功能受益面积及管理现状进行调查摸底,建立台账,登记造册,张榜公示。对照实施方案和改革办法,对境内小型水利工程(其中圩口闸3841座、灌溉站2953座、排涝站1109座、防渗渠道728公里)等全部纳入改革范围内,所有小型水利工程颁发了产权登记证,并发放产权证613本。相继制定出台了《兴化市小型水利工程管理体制改革实施方案》《兴化市小型农田水利工程管理办法》《兴化市财政局、水务局农村闸站新建及维修改造工程管理办法的通知》《兴化市小型农田水利工程管理及维修养护办法》等规范化管理相关制度,对明晰产权、落实管护责任和管护经费、创新管护模式等进行了明确。明确兴化市水务局是全市小型水利工程的业务主管部门。各乡(镇、街道)分别是本管辖区内小型水利工程的管理责任主体,也是涉及公共安全的小型水利工程安全责任主体。各水务站分别是其管辖区内小型水利工程管理业务指导单位,各村委会分别是本村小型水利工程的管理责任主体,各类小型水利工程均落实责任主体,明确管理标准。

兴化按每亩15元的标准筹措管护经费。兴化市财政局设立专门账户,用于管护考核奖补。实行专业化管理与社会化管理相结合的管理模式。圩口闸、排涝站、灌溉站、防渗渠道和圩堤由所在村或各乡(镇)供水协会或各乡(镇)专业服务队负责管理;省级骨干河道、镇与镇交接,以及交界的市、乡级河道由市河长办负责管理;其余乡级河道由所在乡(镇、街道)负责管理;村级河道由所在村负责管理。

（四）高港区

高港小型水利工程管理体制改革涉及胡庄、大泗等7个镇(街道),70个行政村。改革范围包括河道工程、沿江圩区防洪除涝工程、农田灌溉工程、城区防洪排涝工程。其中,电灌站631座,排涝站74座,闸站4座;干渠913条,总长度331.37公里,支渠2182条,总长度534.0198公里。2017年8月21日,高港发放全区小型水利工程产权证,标志着全区小型水利工程管理体制改革工作的全面完成。改革后的小型水利工程运行正常、发挥效益,群众满意度大大提高。

为确保改革工作顺利开展,高港区水利局结合《高港区小型水利工程管理体制改革实施方案》,全面摸清现有小型农田水利工程设施的规模、使用年限、完好状况以及建设投资结构、债权债务关系等情况;河道测量完善界桩坐标;做好登记造册、位置上图等,确保工程不漏报、不错报,为改革工作顺利开展奠定坚实的基础。

他们还将初步确定工程产权性质的相关情况,在镇、村范围内进行公示,切实提高群众的知情权、参与权和监督权,再将公示后的各乡(镇、街道)范围内的农田水利工程实行分类整理,统一在地图上标注并编号,全区建立统一的小型农田水利工程登记档案。对确权认定后的农田水利工程,由产权所有者或代表提出书面办理产权证的申请,先经所在地水利站初审,所在村、镇签署意见之后,报区人民政府授权的区水利局核发《高港区小型水利工程产权证》。全区共发放产权证72本,其中村属产权证70本,镇属产权证2本。

第九节　农村饮水安全工程

由于20世纪八九十年代农村兴建的水厂标准低,泰州境内部分农村水厂不能正常运行,水质普遍达不到国家标准,农村饮水安全存在较多问题。加上工业、农业和生活污水排放造成的地表水和地下水水质大于Ⅳ类,乃至达劣Ⅴ类,饮用水中含细菌和重金属超标的人口达678.4万人,占饮水不安全总人口的61.6%。2004年,省委、省政府决定实施新一轮农村饮水安全工程,用3年时间,集中解决全省农村居民饮水不安全问题。2006年,省政府批准了《宁镇扬泰通地区区域供水规划》;2007年,《泰州市区域供水规划》完成并获批准实施。

市新一轮农村饮水安全工程从2005年开始实施，实施范围包括靖江、泰兴、兴化市和姜堰区，主要项目有：饮水水源地开发与保护工程，新建、扩建、改造集中式供水的水厂工程，新铺设与改造供水管道工程，新建供水增压泵站工程，新建供水工程现代化管理系统等。2013年，此轮农村饮水安全工程全部完成。这是一项造福农村人民、保障经济社会可持续发展的民生工程。

四市（区）水利主管部门还会同各地规划、建设等部门共同编制了饮水安全总体规划和分年实施计划，经市水利主管部门会同市规划、建设等相关部门审核后，报当地市（区）政府批准，并报省有关部门备案。各地规划都做到了与新农村建设等规划相衔接。靖江、泰兴通过镇以下输水管道的改造、配水管网的延伸和乡（镇）增压站的建设，接上区域供水系统，解决饮水不安全问题。兴化通过撤并农村不合格小水厂和新建供水设施形成一镇一厂或多镇一厂的集中供水格局，分4个片区集中供水，基本解决农村饮水安全问题。

各地水利部门主要负责建设乡（镇）增压站及乡（镇）以下镇村的供水管网，建成后移交给乡（镇）供水公司管理；区域水厂及主管道的建设则由住建部门负责实施和管理。全市总投资7.01亿元，其中中央资金1.8亿元，省级资金2.25亿元，市（区）财政配套2.96亿元。共解决饮水不安全人口158.78万人，累计铺设供水管网5215公里，建设增压泵站32座。

在资金使用管理方面，各地都能按照资金使用管理要求，建立健全各项财务规章制度，严格支付程序，做到专户储存，专款专用。同时组织监察、财政等部门对工程建设实施过程进行监督检查，确保资金使用安全。兴化市政府专门出台了《兴化市农村饮水安全项目建设资金管理实施办法》（兴政办发〔2009〕160号）。在实施过程中，工程建设资金实行报账制，同时还实行公示制，对工程规模、建设内容、工程量、工程总投资及各分部投资、材料设备价格、国家补助资金、地方配套资金等进行公示，增加资金管理和使用的透明度，接受社会和群众的监督。

一、县（区）工程

2005年以来，泰州市农村饮水安全项目实施方案均由市发展改革委和水利局联合审查并批复（泰兴市2006年、2007年由江苏省发改委、省水利厅批准），共敷设镇村管网2835.388公里，村及村以下管网2380.112公里。

工程实施后，覆盖区域内用水方便程度普遍提高，水质达到了国家生活饮用水标准，水量、水压能够满足用户的需要，乡（镇）管网的漏损现象亦得到明显改善，各界人士反映良好。

（一）靖江市

2005年，实施了西来镇农村饮水安全工程，解决不安全饮水人口2.25万人。工程建设总投资985.96万元，其中上级补助资金388万元，靖江配套资金200万元，靖江水厂自筹资金397.96万元。2009年，靖江市委托江苏东华市政工程设计有限公司编制完成了《靖江市2009年度农村饮水安全工程可行性研究报告》《靖江市2009年度农村饮水安全工程初步设计》《靖江市2009年度农村饮水安全工程施工图设计》。2009年，靖江市采用集中供水方式，通过延伸自来水输水管道、改建增压泵站等方式解决了5.13万人的不安全饮水问题。工程建设总投资2501万元，其中中央财政预算补助834万元，省财政补助280万元,靖江自筹资金1387万元。

(二)泰兴市

2006—2007年,泰兴分别改造、新建骨干输水管网83.06公里、93.23公里,改造、新建村级配水管网179.39公里、98.58公里,工程总投资3467.72万元,主要解决河失、原南沙两镇及刘陈、新街、宣堡、胡庄、马甸等5个乡(镇)11.91万人饮水不安全问题。

2008年,新建改造村间管网75.5公里,村内管网49.1公里,解决了古溪、黄桥、横垛、元竹、分界、珊瑚、广陵等7个乡(镇)8.19万人饮水不安全问题。2009年,新建、改造乡(镇)管网24.8公里,乡(镇)内供水管网44.5公里,解决曲霞、蒋华、马甸、过船、溪桥、张桥、七圩等7个乡(镇)7.44万人的饮水不安全问题。2011年,投资5453.48万元,铺设管网402公里,解决黄桥、元竹、广陵、河失等4个乡(镇)9.72万人饮水不安全问题。同年,投资1939.11万元,铺设管网59公里,解决了虹桥、滨江、分界、根思、广陵、河失、古溪、黄桥、珊瑚、姚王、新街、宣堡、元竹、张桥等14个乡(镇)5.14万师生饮水不安全问题。2012年,投资6648.7万元,铺设管网1145.57公里,解决根思、分界、古溪、虹桥、黄桥等5个乡(镇)10.75万人的饮水不安全问题。2013—2017年,泰兴实施新一轮农村饮水工程。工程总投资

24900万元,铺设管网4297公里,主要解决姚王、滨江、古溪、黄桥、分界、元竹、宣堡、根思、济川街道办等9个乡(镇、街道)126个村37.89万人饮水不安全问题。

(三)兴化市

兴化2008—2012年连续5年实施了全市所有34个农村乡(镇)的饮水安全工程,解决了省级核定的88.05万人饮水不安全的问题,实际解决饮水不安全人口141.27万人。共完成投资41065万元,其中中央资金9903万元,省级资金17153万元,兴化配套资金14009万元。安装各类管道1911公里,新建增压泵站31座。

2008年,实施了缸顾、李中、戴南、永丰、合陈、戴窑6个乡(镇)饮水安全工程,共铺设管道353公里,新建增压泵站5座,计划解决20.03万人饮水不安全问题,实际解决32.79万人。

2009年,实施了安丰、大营、新垛、老圩、昌荣、

张郭、荻垛、沈垎、茅山、陶庄4个片区10个乡（镇）、145个行政村饮水安全工程，共铺设管道511公里，新建增压泵站11座。工程总投资11893万元，其中国家资金2789万元，省级资金5363万元，兴化配套资金3741万元。计划解决24.39万人饮水不安全问题，实际解决40.94万人。

2010年，实施了周庄、陈堡、大垛、林湖、沙沟、海南、开发区、竹泓8个乡（镇）饮水安全工程，共安装管道409公里，新建增压泵站5座。工程总投资7299万元，其中中央资金220万元，省级资金4553万元，兴化配套资金2526万元。计划解决14.29万人饮水不安全问题，实际解决30.77万人。同年，还实施了周庄、陈堡、大垛、林湖、沙沟、海南、开发区、竹泓、缸顾、李中、周奋、戴南、张郭13个乡（镇）学校饮水安全工程，安装管道26公里，解决3.93万师生饮水不安全问题。

2011年，实施了临城、下圩、城东、垛田、中堡、钓鱼、西郊、周奋8个乡（镇）饮水安全工程，共安装管道424公里，新建增压泵站9座。工程总投资7604万元，其中中央资金2424万元，省级资金2562万元，兴化配套资金2618万元。计划解决14.93万人饮水不安全问题，实际解决31.71万人。同年，还实施了临城、下圩、城东、垛田、中堡、钓鱼、西郊、合陈、永丰、戴窑、安丰、大营、新垛、老圩、昌荣、沈垎、茅山、荻垛、陶庄19个乡（镇）学校饮水安全工程，安装管道92公里，解决6.74万师生饮水不安全问题。

2012年，实施了大邹、西鲍2个乡（镇）饮水安全工程，共安装管道85公里，新建增压泵站2座。工程总投资1663万元，其中中央资金764万元，省级资金375万元，兴化配套资金524万元。解决省核定3.37万人饮水不安全问题。同年，还实施了大邹、西鲍2个乡（镇）学校饮水安全工程，安装管道11公里，解决0.37万师生饮水不安全问题。

表9-12　兴化管网长度统计表　　　　　　　　　　　　　单位：公里

序号	乡（镇）	镇村管网	学校管网	合并	村内管网
1	合陈	80.61	5.20	85.81	214
2	永丰	78.11	6.30	84.41	270
3	戴窑	69.00	4.90	73.90	438
4	大营	51.90	3.60	55.50	416
5	新垛	42.64	2.80	45.44	327
6	老圩	50.35	2.90	53.25	298
7	安丰	84.80	6.20	91.00	322
8	昌荣	42.17	5.80	47.97	135
9	下圩	53.51	4.70	58.21	164
10	戴南	95.28	3.10	98.38	427
11	张郭	67.33	2.90	70.23	319
12	荻垛	58.26	2.60	60.86	412
13	陶庄	51.33	5.20	56.53	352

续表9-12

序号	乡(镇)	镇村管网	学校管网	合并	村内管网
14	沈㑹	23.88	5.40	29.28	102
15	茅山	38.48	3.80	42.28	169
16	缸顾	17.00	1.80	18.80	82
17	李中	13.00	1.25	14.25	106
18	周奋	12.98	2.12	15.10	186
19	大垛	47.45	2.30	49.75	212
20	周庄	63.52	2.18	65.70	222
21	陈堡	58.49	2.22	60.71	410
22	垛田	39.10	6.80	45.90	235
23	临城	69.16	6.50	75.66	270
24	竹泓	59.94	1.89	61.83	262
25	林湖	55.30	2.45	57.75	170
26	开发区	25.21	0	25.21	101
27	西鲍	36.00	4.80	40.80	198
28	城东	50.88	7.70	58.58	240
29	海南	55.19	1.68	56.87	192
30	西郊	67.03	4.20	71.23	145
31	钓鱼	82.99	7.40	90.39	188
32	中堡	48.38	0	48.38	123
33	大邹	49.00	6.20	55.20	166
34	沙沟	44.43	2.14	46.57	139
	合计	1782.70	129.03	1911.73	8012.00

(四)姜堰区

2007年、2011年和2012年,姜堰市争取到上级部门农村饮水安全工程资金6603万元(分别为3549万元、1657万元、1397万元),改造、扩建镇村输水管网114.6万米。

2005—2015年姜堰累计投资2708万元(姜堰财政补助资金600万元,相关镇财政资金932万元,水厂自筹资金1176万元),对蒋垛、白米、大伦、顾高、华港、姜堰、梁徐、娄庄和兴泰等9个镇的农村供水管道进行了局部改造、延伸,共解决了43825人的饮水安全问题。通过对农村供水管道的改造、延伸,基本上解决了140634人(含大泗、苏陈两镇的10037人)的不安全饮水问题。

2010年11月,姜堰出台《姜堰市农村区域供水实施方案(试行)》,构建了"区镇联动、属地管理、督查推进、齐抓共管、规范运作"的农村区域供水工作机制,加强对农村区域供水工作的组织领导。2014年5月,姜堰区政府出台《姜堰区区域供水工程建设和运营管理考核办法》,与各镇(街道)签订年度镇属区域供水工程建设及运营管理责任书,明确由区水利局负责各镇供水运营管理日常指导及季度、年度考核牵头组织工作,住建局做好配合,考核结果与评先评优、以奖代补挂钩,确保工程顺利推进。

沈高镇管网改造施工

为减少工程建设矛盾,理顺供水主体与资产运行管理的关系,姜堰累计投入5500多万元,回收全区24家私营水厂。回收价原则上为原资产转让时的合同价,加上资产转让后供水企业自身投入的固定资产投资额。姜堰对镇属内部管网改造实行以奖代补,在完成目标任务和规定标准的前提下,奖补比例为工程审计额的60%,姜堰区财政共以奖代补近2.6亿元。其余由镇村投资、受益用水户出资、招商引资、能人捐资等多元化方式进行筹资,为工程建设提供了资金保障。在工程建设过程中,各镇严格执行规范的财务制度,实行财务独立,专款专用。

工程建成后,姜堰区水利局从三方面做好了对各镇供水运营管理日常指导及季度、年度考核牵头组织工作:①组建供水工程管理机构。在实现水厂回收的基础上,指导各镇(街道)分别组建了供水站,具体负责所属范围内的供水安全、运行管理、管网维护、水费收缴等。供水站普遍推行委派监管(由镇政府直接委派专人兼管)和自主经营(从原水厂公开推选人员负责管理,实行独立核算、自负盈亏)两种模式。②完善制度。根据责、权、利相结合的原则,姜堰区水利局指导各镇(街道)供水站制定各项管理制度、加强运行管理、合理确定水价,保障供水工程长期良性运行。③加强培训。2015年5月,姜堰水利局举办了首期农村供水运营管理培训班,全区各镇(街道)供水站、水利站80多人参加了培训,通过专业人员讲授供水营销管理、供水管网运行管理和生活饮用水卫生执行标准等方面知识,收到了良好的效果。

姜堰累计投入4.9亿元改造农村区域供水,累计改造农村供水管网7.45公里,解决农村饮水不安全人口56万人。同时,确保自来水普及率100%、入户率100%,农村供水水质、水量得到明显改善,实现了城乡居民"同网、同质、同水价、同服务"的"四同"供水模式。

二、运行管理

（一）靖江市

项目建成后，移交靖江市自来水公司统一管理，实行企业化经营。靖江市自来水公司主要负责人作为第一责任人，保证水厂和增压站的正常运行，保证项目区群众的饮水安全，统一政策，统一奖罚，水厂作为一个经营单位，自负盈亏。

靖江饮用水水源——长江取水口和保护公示牌

靖江自来水备用水源——明湖水库

为保证水源健康，靖江在长江水源厂取水口头部设置了原水在线监测站，实现了对原水的实时监测，并安装了高锰酸钾粉末活性炭应急投加装置，时刻准备应对水质突发污染事件。2011年，靖江市自来水公司水质检测实验室通过专家评审，成为首批获得省城镇供水企业二级水质检测资质的实验室。2012年初，靖江市应急水源工程建成，为靖江的安全供水提供了双重保证。

至2009年，靖江市城乡一体的供水网络基本形成，区域内供水工作已基本实现了"供水一体化、管理一体化、价格一体化"的目标，全市居民执行统一水价每吨2.99元。

靖江市有合兴水厂、江防水厂两个净水厂,日供水能力达20万吨。根据《生活饮用水卫生标准》(GB 5749—2006)要求,靖江自来水公司水质检验部定期检测原水、出厂水和管网水,每天上午,水质检验部对两个净水厂的出厂水以及原水开展浑浊度、氨氮、总大肠菌群等14项常规项目检测,每个月再做一次42个项目的全面检测。靖江设置了15个管网水采集点,每个月两次定期检测。省住建厅近年来对全省城市自来水厂水质进行检测,按照《生活饮用水卫生标准》(GB 5749—2006)开展106项指标全分析检测,数据显示,靖江市江防水厂、合兴水厂出厂水合格率高于国家标准。

(二)泰兴市

项目建成后,移交泰兴市自来水公司统一管理。泰兴乡(镇)水费单价为每吨2.84元,基本实现了"同网、同质、同价",城乡一体化供水格局基本形成。2014年,泰兴市政府出台《关于印发泰兴市安全高效供水工作方案的通知》(泰政发〔2014〕53号);泰兴市水务局制定了饮水安全工程建后管理制度、应急预案;泰兴市自来水公司水质检测中心坚持每天对出厂水、末梢水进行检测,确保人民饮用卫生健康的放心水。通过历年来的区域供水、农村饮水安全工程的实施,泰兴各乡(镇)管网漏失率得到了较好的控制,水压、水质比以前有很大的提高。泰兴自来水源水为长江水,取水口位于泰州市三水厂,实行有偿使用。

泰兴市元竹镇农村饮水安全施工现场

(三)兴化市

农村饮水安全工程建成后,兴化从3个方面强化运营管理:①将农村区域水厂上游1000米至下游100米的范围划定为一级保护区,设置饮用水水源地保护标志。在保护区内,禁止新建、扩建与供水设施和水源保护无关的项目;禁止向水域排放污水、堆放工业废渣、倾倒垃圾、排泄粪便和其他废弃物;规定不得设置与供水需要无关的码头,禁止停靠船舶;禁止放养畜禽和水产(网箱)养殖活动。②加强检测工作,各区域水厂建立以水质为核心的质量管理体系,建立严格的取样、检测和化验制度,对水源水、出厂水、末梢水进行监测,做好各项检测、监测、化验记录,并向社会公布检测结果,提高供水水质,确保供水安全。③完善内部管理,抓好企业法人、管理负责人、技术负责人的资格审查。对从业人员定期进行健康体格检查,定期对各类技术人员进行技术培训。实行技术工种持证上岗制度,严格执行岗位责任制和考核奖惩制度。同时,按照"一户一表"的要求,对用水户实行装表计量,按量收费,以乡(镇)成立供水服务公司,抓好对增压站至各村主管网和村内支管网的维修养护以及对用水户相关设施的维修,收取水费,确保供水工程良性运行。

(四)姜堰区

2005年,姜堰出台了《姜堰市农村供水管理暂行办法》(姜政发〔2005〕54号),明确水利局为农村供水管理的主管部门,成立了县级专管机构供水科,负责全区的农村供水管理工作。实行区域供水后,由各镇镇政府对原农村水厂统一回收,成立镇供水站,负责全镇的供水经营和服务。镇供水站采取企业化方式经营,实行独立核算,自负盈亏,与用水户签订了协议,规定了供需双方的权利、义务,规范了供水工程的管理。区自来水公司在每镇安装1~3只计量总表,向镇供水站收缴自来水水费。目前执行水价为:区自来水公司向镇供水站收缴的单价为2.06元/米³,镇供水站向用户收缴的单价为2.94元/米³,不考虑管网漏失率。区域供水实施后,姜堰供水水源为泰州三水厂供应的长江水源,由泰州市自来水公司负责保护管理,原农村饮水安全工程的主供水水源将作为备用应急水源。

三、优惠政策

泰兴市饮水安全工程对管道占用公路和公路用地费、穿越公路桥梁等公路补偿费按规定给予减免,损坏公路绿化、路面的按标准恢复;占用绿化用地的,免收临时及长期占用绿地费和绿地恢复费,树林迁移和绿地恢复按政府拆迁补偿文件精神进行补偿。

2010年兴化出台了《兴化市人民政府关于加强农村供水管理的实施意见》(兴政规〔2010〕8号),从权属、管理、运营、水价等方面进行了明确。专门对特殊群体实行水价减免政策,农村五保户每月减免2吨水费,低保户每月减免1吨水费。

2014年5月,姜堰区委、区政府出台了《姜堰区区域供水工程建设与运营管理考核办法》(泰姜政办〔2014〕50号),该办法提出对各镇区域供水工程从建设和运营管理两方面进行考核评分,并制定了详细的奖励和补助措施及标准,明确对完成区政府年度目标、区域供水行政村覆盖率达100%、入户率达90%、镇内私营水厂全部回购及供水销差率小于30%的镇,按照工程竣工审计金额的60%奖补;对供水经营管理考核合格且水费解缴率达到100%的镇,通水后第一年奖励水费解缴额的15%,第二年奖励水费解缴额的10%,从第三年开始每年奖励水费解缴额的5%。

第十节　水美乡村建设

2013年5月,江苏省水利厅在全省首次启动"水美乡村"创建活动。《江苏省水美乡村考核评分细则(试行)》规定,水美村庄按照"河畅、水清、岸绿、景美"的要求进行综合评价。河畅,从河道疏浚、水体通畅、防洪排涝、农田灌溉等方面进行评价;水清,从水体保洁、水质达标等方面进行评价;岸绿,从岸坡整治、植物措施等方面进行评价;景美,从村容村貌、水土保持、水乡人文、长效管护、宣传到位等方面进行评价。2014年、2015年两年,全市各级水利部门认真落实省委、省政府加快推进生态文明建设的决策部署,持续推进农村水环境综合整治,以"河畅、水清、岸绿、景美"为目标,着力开展水美乡村的建设。

全市涌现出一批组织落实、配套齐全、管护到位、环境优美的水美乡村,为提升和改善农村人居环境和农民生活质量提供了有力的水利支撑和保障,成为水生态文明建设一张亮丽的名片。2014—2015年,全市共创成省级水美乡镇8个,省级水美乡村85个。

表9-13 泰州市水美乡(镇)一览表(2014—2015年)

序号	乡(镇)名称
2014年	
1	姚王镇(泰兴)
2	溱潼镇(姜堰)
3	永安洲镇(高港)
2015年	
1	宣堡镇(泰兴)
2	曲霞镇(泰兴)
3	白米镇(姜堰)
4	沈高镇(姜堰)
5	马桥镇(靖江)

表9-14 泰州市水美乡村一览表(2014—2015年)

序号	县(区)	数量	村名
2014年			
1	靖江市	8	马桥镇正北村、东兴镇海镇村、孤山镇通太村、靖城街道柏木村、生祠镇东进村、西来镇丰产村丰产自然村、斜桥镇筱山村、新桥镇德胜村
2	泰兴市	12	根思乡井坔村、河失镇同心村、河失镇西黄村、虹桥镇六圩村、黄桥镇祁巷村、曲霞镇印达村、珊瑚镇镇前新村、新街镇杨芮村、姚王镇毛庄村、姚王镇桑木村、姚王镇夏家垡村、张桥镇西桥村
3	姜堰区	9	淤溪镇周庄村、沈高镇河横村、溱潼镇湖北村、溱潼镇溱东村、溱潼镇洲城村、兴泰镇西陈庄村、兴泰镇尤庄村、俞垛镇忘私村、华港镇葛舍村葛舍自然村
4	海陵区	5	工业园区管委会北马社区、城西街道办事处麒麟社区、罡杨镇罡门村、九龙镇姚家社区铺头自然村、苏陈镇西石羊社区
5	高港区	6	永安洲镇东江社区、永安洲镇福沙社区、口岸街道徐庄村、口岸街道引江社区、胡庄镇薛垛村、胡庄镇宗林村
	合计	40	
2015年			
1	靖江市	4	斜桥镇海圩村、东兴镇成德村、生祠镇七里村、西来镇龙飞村
2	泰兴市	13	曲霞镇丁桥村、分界镇张竹村、济川街道陆桥村、济川街道三阳村、元竹镇蒋堡村、元竹镇申庄村、河失镇印庄村、新街镇野肖村、根思乡双港村、古溪镇周庄村、济川街道南郊村、滨江镇蔡桥村、滨江镇龙港村
3	姜堰区	10	顾高镇塘桥村、白米镇白米村、白米镇野沐村、罗塘街道曹家村、大伦镇桥东村、罗塘街道银穆村、溱潼镇龙港村、溱潼镇读书址村、兴泰镇沙垛村、沈高镇万众村
4	海陵区	3	响林社区、城东街道唐甸村、城东街道丁冯村

续表9-14

序号	县(区)	数量	村名
5	高港区	2	胡庄镇史庄村、胡庄镇戴陈村
6	兴化市	13	沈㙲镇关华复村华谈自然村、沈㙲镇薛鹏村、开发区开泰村、安丰镇九丰村、安丰镇中圩村、沙沟镇联溪村落驾自然村、李中镇许季村、茅山镇朝阳庄村朱龙自然村、茅山镇顾冯村顾蔡自然村、陈堡镇蒋庄村、张郭镇罗磨村、张郭镇赵万村、戴南镇董北村
	合计	45	

一、典型选介

(一)姜堰溱潼镇

该镇持续加强农村生态环境建设和保护的重要方面,也是经济可持续发展的必然要求。该镇主要做了以下几点:一是河畅、水清、岸绿、景美。新农村建设以来,配合姜堰区水利局对区级河道泰东河、龙叉港、姜溱河、黄村河等进行综合整治,对部分河道采取统一规划,分年实施,先后共疏浚整治乡、村级河道18条,其中已护坡、绿化4条河道。结合河塘整治,硬是将脏臭不堪的老沟塘打造成农民休闲娱乐的好去处。近年,按照村庄环境验收要求全面整治,进一步改善村容村貌。二是加强基础建设,改善农民群众的交通、生产、饮水条件。近年,对有条件的通村道路实施硬质化。

(二)高港永安洲镇

永安洲镇东江社区借助天然优势,大力发展特种水产、畜禽规模化养殖,打造以渔家文化为特点的绿色乡村旅游点。通过渔家餐饮、捕捞技艺、特种养殖、瓜果种植等展现新时代渔家特色。

在创建江苏省水美村庄的过程中,遵循人水和谐理念,按照因地制宜原则,在全面规划的基础上开展水环境治理和水生态保护,力争将永安洲建设成"水清岸绿、河畅景美、宜居怡人"的幸福家园,长江之滨的一颗璀璨明珠。

(三)靖江马桥镇

马桥镇位于靖江市西郊,区域总面积50.31平方公里,辖18个行政村、2个社区,总人口4.9万人。马桥镇属长江三角洲冲积平原,共有县、乡河道17条,全长约96.1公里。其中,横港、靖泰界河分布于南北两侧,庙宇港、三圩港分别与靖城镇和生祠镇交界,下六圩港、下四圩港与长江贯通,6条河道均为马桥镇一级河道,形成了"两横四纵"的格局,403条三级河道分布于镇18个村及2个社区,形成了比较完善的现代水网体系。

靖江马桥"大美徐周"

马桥镇投入约3000万元,重点打造严家港三九公路至新江平路约6公里的生态景观带。依托"十里樱花港"样板河打造主题,大力推进严家港水系生态工程,实施了河岸驳砌、生态护坡。以"大美徐周"生态旅游区为中心,分别新建了马头桥、岳文化桥、资善桥三座拱形景观桥。综合考虑安全、环保、交通、景观,镇电力部门对严家港沿线电力线杆全部实施强、弱电管线下埋并铺建了约7米宽的沥青路面。为提升绿化层次水平,突出绿色生态理念,2014年底,河道两侧完成了2000多株樱花栽植。初步建成水资源安全供给,水生态、水环境明显改善,水功能区基本达标的水系及滨水绿带系统,基本实现"水位可亲、水体流淌、水质优美、水环境秀美"的目标。

黄 河 《泰州水利志》编纂委员会 编

·郑 州·

泰 州
水 利 志

下 册

黄 河 水 利 出 版 社

·郑 州·

目 录

第十章　城市水利

第十章　城市水利

　　泰州辖区内县级建制城市包括海陵区（主城区），高港区、姜堰区，靖江市、泰兴市和兴化市。以前，城市水利由建设部门兼管。2001年8月，泰州市委做出水利进城和加快推进城市水利、实施城市防洪工程的重大决策，明确将城市防洪和河道整治工作由水利部门统一规划、统一建设、统一管理。11月1日，市委书记陈宝田主持召开了泰州市城市防洪及河道综合整治会议。会议指出，要从"大水利"的理念出发，将城市防洪、城建配套、环保、文化、旅游等五大功能相配合进行综合整治；要遵循"富规划、穷实施"的思路，坚持高起点、大手笔完善城市防洪总体规划。会议还提出，要抓紧研究筹资政策，迅速组建融资公司，要加强宣传引导，使全社会充分认识城市防洪及河道综合整治的重要性等。这次会议开创了泰州城市水利的新局面。11月29日，泰州市城市水利投资开发有限公司成立，该公司是城市河道综合整治工程和城市防洪工程的项目法人单位与实施主体。12月6日，市政府出台《泰州市城市防洪及河道综合整治工程筹资办法》，此后，各市（区）也出台了类似的文件，为城市防洪及河道综合整治工程的实施提供了筹资保障。经多年建设与整治，主城区及辖区内各县级城区都建成了相对比较完整的城市水利工程体系，防洪标准基本接近"百年一遇"的要求。

第一节　主城区

　　主城区地处里下河南部边缘，新通扬运河、泰东河、卤汀河3条骨干河道呈一横二纵状。引江河建成后，新通扬运河与长江连通，缩短了里下河与长江的距离，为主城区的防洪排涝及灌溉引水提供了外部通道保障。主城区水利工程的实施，从根本上改善了城区内河水系水质，提升了城市的形象和品位，对促进城市经济和社会事业的全面发展，为泰州市创建新三城"全国文明城市""全国最佳人居环境城市""国家生态城市"做出了重大贡献。

一、城市水利规划

（一）《泰州市城市防洪规划》

　　为适应泰州市城市总体规划，从保障城市安全出发，1999年市水利局编制《泰州市城市防洪规划》，同年7月通过专家论证，12月分别通过江苏省水利厅审查和江苏省建委审核，2000年3月经泰州市人民政府批准实施（详见本书第二章）。

（二）《泰州市主城区水系综合整治规划》

2004年，在《泰州市城市防洪规划》的基础上，市水利局把城防工程建设与改善水质、营造水环境结合起来，与打造城市景观、绿化美化城市结合起来，与挖掘文化旅游资源、提升城市品位结合起来，编制完成了《泰州市主城区水系综合整治规划》。同年8月，经市政府批准实施（详见本书第二章）。

二、河道综合整治

（一）新开泰州凤凰河

凤凰河北起南城河与东城河交汇处，南至周山河，全长5.43公里。河底高程真高−0.5米，水面宽26米以上，河口宽4.6米以上。2002年开工建设，2007年竣工，总投资3.2亿元。其主要承担市区新区大部分区域的排水、引水、活水任务（详见本书第七章第四节）。

葫芦岛河段

六号小区以南段

王庄河段

新塘小区段

观凤桥以北河段

凤凰园河段

双凤桥以南河段

(二)整治古盐运河(老通扬运河)

该河始挖于西汉文景年间(公元前179—前154),是世界上最古老的水利工程之一,也是境内最早的人工运河。此河属于长江流域通南沿江水系,起于扬州江都市仙女镇,经泰州,达南通通州九圩港闸出江,全长201公里,泰州境内45公里(详见本书第六章第一节)。

泰州下河水利图上河的位置

泰州与扬州分界斗门

引江河东泰州段

与里沟交汇段

与西城河交汇段

高桥、税碑亭段

与凤凰河交汇段

红庙转弯去塘湾段

龙净寺千年古树段

姜堰曲江楼段

姜堰坝口楼段

古盐运河泰州、南通分界处

（三）景庄河西端接通工程

景庄河位于泰州主城区西部，东西流向。西起安居苑西侧，东至江洲南路景庄桥，全长1543.99米。该河道东端与南官河接通，西端不通，水流不能畅通。整治前河口宽15～30米，景庄南北向为卡口段，最窄处口宽仅为12.5米，东段河底高程在真高1.5～1.8米，安居苑段向西河底高程在真高1.2米左右。景庄河西端接通工程即是向西打通其与九里沟河的联系。工程包括河道整治、九里沟桥改建、九里沟涵闸沟通与九里沟河。

（四）整治中子河

该河西起南官河，沿永泰路方向至莲花四号区拐弯向北至古盐运河，是新城区的防洪排涝骨干河道。2003—2005年分两期进行整治。

（五）整治稻河

该河位于老主城区北部，南起西城河大浦头涵洞口，北入新通扬运河，总长1.87公里，是一条以排涝为主的市区内河。2003年开工整治，2006年竣工。工程包括：采用顶管技术接通西城河，建大浦头涵闸1座（增加下泄流量5米³/秒），韩桥以南30米处设橡胶坝1座，以及河道疏浚、河岸驳砌、河坡绿化等。工程总投资2712万元。

（六）整治城南河

该河西起南官河，东至凤凰河，包括南北方向两条汊河，分别南至凤凰东路南侧，北至梅兰路，总长3.65公里。2002年实施一期整治工程，工程主要项目有：疏浚河道1.3公里，在河底高程2.8米处设置3米宽平台，平台以下护砌挡土墙，平台至河口线种植草皮绿化，永晖路南侧新开河道400米，人民公园东接引水河处建设绿化景点等。工程总投资586万元。2005年实施二期工程。1月开工建设城南河闸站，12月建成。该站位于泰州新区城南河与南官河交汇处，其主要功能是双向抽引，改良河道水质。中孔为节制闸，闸孔宽度4米，设4扇钢闸门，配置QP-250kN卷扬式启闭机，变压器配电为315千伏安，两侧各配有一台流量为2.02米³/秒的800ZLDB-125型立式长轴流泵。此闸为2级水工建筑物。

（七）骨干河道的清淤整治

2006年，为了解决主城区河道淤积不畅影响行洪排涝的问题，在新、老城区还实施了其他20多条骨干河道的清淤整治，其中有新城区的翻身河，老城区的海光河、草河、南玉带河、宫涵河、鲍马河、向阳河、西刘河、老东河、济川河、扬子港、九里河、七里河等。为保证城区河道汛期行水通畅，此后，市水利部门还落实了专业队伍，每年汛前组织清障活动，清除河道阻水障碍物（鱼网、鱼箔等），确保河道行水安全。河道的清淤疏浚不但保证了涝水能够及时排出，提高了主城区的防洪排涝能力，而且促进了水环境的改善，提升了人居环境质量。

三、防洪工程

过去,泰州主城区防洪排涝标准偏低,基本上处于不设防状态,缺少挡排工程设施,遇到集中性强降雨极易受涝成灾。地级泰州市组建后的前几年,城市水利仍然是薄弱环节。1996年,市水利局成立以后,依据《中华人民共和国防洪法》的要求,采取多种措施,加快主城区防洪保安工程建设和改造进度,1996—2000年,投入近4000万元进行主城区防洪保安工程建设和改造,其中,省、市级资金2000多万元,海陵区级资金822万元,乡(镇)政府资金投入986万元,重点对圩口闸、圩堤、排涝站、次高地防洪工程等进行改造和加固。

2001年8月1日暴雨后,泰州市委、市政府决定城市水利管理交由水利部门统一管理。2002年5月,市委、市政府召开城区防洪工程暨河道环境整治动员大会;6月,市人大常委会做出了《关于加快主城区城市防洪体系建设和河道综合整治的决议》,此后,实施了主城区一大批水利工程。2002—2007年,投入7.42亿元进行主城区城市防洪建设工程。

(一)西北片封闭防洪工程

城区西北片封闭防洪工程总共7座,包括五叉河闸站、五叉港闸、九里沟河闸、森南河闸、大兴河泵站、元河泵站、郑家庄闸站,主要承担西北片防汛任务。

1.五叉河闸站

该闸站是西北片封闭重点工程,2005年3月建成,位于五叉河与新通扬运河交界处,主要承担西北片的排涝任务,兼有通航功能。闸站由单孔净宽12.0米节制闸与总装机流量18米³/秒的泵站组成,为2级水工建筑物。节制闸闸底板顶面高程为真高-2.0米,采用升卧式平面钢闸门。泵站采用5台40ZLB-125型轴流泵,配套电机单机功率为210千瓦,总功率1050千瓦。工程项目法人为泰州市城市水利投资开发有限公司(以下简称市水投公司),设计单位为江苏省水利勘测设计研究院,监理为苏源监理中心,质量监督为市水利工程质量监督站,施工单位为江苏省水利建设工程总公司等。

2.五叉港闸

2005年12月建成,位于五叉港与卤汀河交界处,汛期防卤汀河洪水。闸孔净宽12.0米,闸门采用浮箱叠梁钢结构闸门,叠梁闸门共4块,启闭设备为2台CD1-3T手电两用葫芦。工程项目法人为市水投公司;设计单位为江苏省水利勘测设计研究院,监理单位为苏源监理中心,质量监督为市水利工程质量监督站,施工单位为泰兴市水工市政工程公司等。

3.九里沟河闸

2005年2月建成,位于九里沟河与郑家沟之间,该区域为独立圩区。此闸为单孔节制闸,孔宽4.0米,此闸采用直升铸铁闸门,门顶高真高2.00米,型号:ZMT-400×200mm;启闭机为手电两用螺杆式,型号:QDS-180;电动机型号:DZW-180。设有500ZLB-0.75-4.3型轴流泵,抽排流量0.5米³/秒,配套功率30千瓦。此闸主要功能是防九

里沟洪水和抽排圩内积水。工程项目法人为市水投公司,设计单位为扬州市勘测设计院,监理为苏源监理中心,质量监督为市水利工程质量监督站,施工单位为江苏三水建设工程有限公司等。

4.森南河闸

2005年2月建成,位于森南河与九里沟交界处,汛期防九里沟洪水,兼有通航功能。闸孔净宽10米。闸门采用浮箱叠梁钢结构闸门,叠梁闸门共4块。启闭设备为2台CD1-3T手电两用葫芦。工程项目法人为市水投公司,设计单位为扬州市勘测设计院,监理工作由苏源监理中心承担,市水利工程质量监督站负责质量监督工作,施工单位为靖江市水利建筑工程总队等。

5.大兴河泵站

2015年3月建成,位于大兴河与卤汀河交界处,汛期防卤汀河洪水和抽排大兴河水。抽排流量为1.0米³/秒的双向排涝泵站,设有一台600ZLB-125型轴流泵,配套功率55千瓦。泵站采用侧向排水形式通过箱涵向两侧河道出水。工程项目法人为市水利投资公司,设计单位为江苏省水利勘测设计研究院,监理工作由苏源监理中心承担,市水利工程质量监督站负责质量监督工作,施工单位为泰兴市水工市政工程公司等。

6.元河泵站

2005年3月建成,位于元河,设有600ZLB-125型轴流泵,配套功率55千瓦,抽排流量1.0米³/秒。主要功能为排除元河上部区域涝水。

7.郑家庄闸站

2005年3月建成,位于九里沟河与郑家沟之间,该区域为独立圩区,主要功能为防九里沟洪水和抽排圩内积水。闸设计为单孔净宽4米,设有500ZLB-0.75-4.3型轴流泵,抽排流量0.5米³/秒,配套功率30千瓦。工程项目法人为市水投公司,设计单位为扬州市勘测设计院,监理单位为苏源监理中心,质量监督单位为泰州市水利工程质量监督站,施工单位为江苏三水建设工程有限公司等。

8.景庄河西闸

2002年12月建成。此闸上连景庄河通南官河,通过1.5米方涵,下接九里沟,属于流域性工程。平板式直升钢质闸门,配有1.5千瓦R901-4闸门启闭电机,启闭方式为手动或电动。此闸主要功能是在汛期控制下泄流量,通过上、下游的水位差自流冲污,改良景庄河等沿线河道水质。工程项目法人为市水投公司,设计单位为扬州市勘测设计院,监理单位为建宏监理,质量监督单位为市水利工程质

量监督站,施工单位为市水工建筑工程公司。

9.九里沟涵闸

2010年12月建成,位于市梅兰集团西侧,九里沟河上,2002年12月建成,上连九里沟河通老通扬河,通过4.0米方涵,下接九里沟河,属于流域性工程。闸孔净宽10米。闸门采用浮箱叠梁钢结构闸门,叠梁闸门共5块,挡洪水位5.0米,为上河与下河的节制工程。启闭设备为2台CD1-3T手电两用葫芦。该涵闸主要功能为控制下泄流量,自流冲污,改良九里沟河等沿线河道水质。此涵闸主要功能是在汛期防新通扬运河洪水。工程项目法人为市水投公司,设计单位为江苏省水利勘测设计研究院,监理单位为扬州市扬子工程建设监理咨询公司,质量监督为市水利工程质量监督站,施工单位为江苏河海科技工程集团有限公司等。

(二)中北片封闭防洪工程

该工程位于泰州市中心城区中北部,西起海陵北路,北至新通扬运河,东临七里桥河、老东河,南至东进路、南通路,面积约10.2平方公里,地面高程2.5米左右,属里下河圩区。此工程共有闸站6座,主要承担中北片的防汛任务。

1.智堡河闸站

2008年5月建成,为Ⅱ级水工建筑物,是泰州市中北片封闭重点工程项目。该闸位于智堡河与新通扬运河交界处,采用套闸与泵站相结合的形式,泵站设计排涝流量为8米³/秒,共设3台900ZLB-160型轴流泵,单机流量2.7米³/秒,单台配套电机功率110千瓦。设计套闸净宽10米,底板高程为−1.5米,上下闸首均采用升卧式平板钢闸门,各配QH2×150kN卷扬式启闭机1台。设计套闸净宽10米,底板高程为−2米(废黄河零点,下

同),闸室长60米,正常情况下通航净空3.5米以上;控制用房1100平方米,2006年6月建成并投入运行。该涵闸采用顶管工艺(管径2米),上连东城河,下接智堡引排河。上游为长江水系,下游为淮河水系,属于流域性防洪工程,设闸径2米节制闸,设计流量5米³/秒。采用平板内旋式钢质闸门,启闭方式为手动或电动。工程法人为市水投公司,设计单位为扬州市勘测设计研究院有限公司,监理工作由江苏省水利工程科技咨询股份有限公司承担,市水利工程质量监督站负责质量监督工作,施工单位为江苏省水利建设工程有限公司等。该闸站建成后负担了城区中北片12平方公里的排涝任务,在历年的防洪排涝工作中较好地发挥了防洪减灾作用,为主城区中北片区内人民生命财产安全、社会稳定提供了可靠的防洪屏障。该闸站由泰州市城区河道管理处负责工程的运行管理,2015年创建为省三级水利工程管理单位。

2.老东河闸站

2008年5月建成,是泰州市区里下河片区防洪控制建筑物之一,位于泰州市城区中北片新通扬运

河与老东河交汇处,主要负担城区中北片1.5平方公里的排涝任务。该闸采用闸与站相结合的形式,按二级水工建筑物设计,地震基本烈度为7度,设计防洪标准为挡新通扬运河百年一遇洪水,设计排涝标准为20年一遇。泵站设计排涝流量为15米³/秒,共设5台900ZLB-125型轴流泵,单机流量3米³/秒,单台配套电机功率155千瓦。节制闸设计净宽12米,底板高程为-1.5米(废黄河零点,下同),采用升卧式平板钢闸门,配2×160kN卷扬式启闭机1台,控制用房900平方米。工程设计单位为江苏省水利勘测设计研究院有限公司,监理工作由江苏省水利工程科技咨询股份有限公司承担,市水利工程质量监督站负责质量监督工作,施工单位为泰兴市水工市政工程公司。2015年,该闸站创建为省三级水利工程管理单位。

3.花园庄闸

该工程位于城北街道草河支河,2009年5月建成并投入运行。该涵闸采用顶管工艺(管径4米),属于流域性防洪工程,设有闸径4米节制闸。采用平板内旋式钢质闸门,启闭方式为手动或电动。

4.草河北闸

该工程位于城北街道草河,2009年5月建成并投入运行。该涵闸属于流域性防洪工程,设有闸径5米节制闸。采用平板内旋式钢质闸门,启闭方式为手动或电动。

5.稻河钢坝

2015年3月建成。稻河闸采用底轴驱动式下卧门,主要结构分为闸室、控制间两部分。闸室和控制间采用整底板结构,Ø100厘米C25钢筋混凝土灌注桩基础。闸室内河侧底板顶面真高0.5米,外河侧底板顶面真高-1.15米,闸室净宽20米,设底轴驱动式下卧闸门一扇,闸门为主纵梁式结构,门叶采用主纵梁结构,横向设有连接梁,闸门孔口尺寸30米×3.7米,底坎高程0.5米。底部设有启闭驱动轴,驱动轴轴径1.2米。顺水流方向长12.4米,闸室底板厚1.5米。控制间位于闸室两侧,分别布置2×1600kN(拉)/2×400kN(压)液压启闭机1台(套),控制间底板顺水流向长22.0米,垂直水流向宽7.5米,底板面真高-1.15~2.0米,底板厚2.0米,隔墩厚0.6米,控制间顶真高4.2米。冲淤泵配套电机功率为75千瓦,设1台XGN15-12型高压环网开关柜,变压器选用SCB10-200/10/0.4kV干式变压器,低压侧采用单母线的接线方式,设3台GGD低压开关柜。

6.七里河北闸

2013年7月建成,位于七里河与新通扬运河交汇处,上连七里河通新通扬河,通过10米钢闸门,下接新通扬运河,属于流域性工程。配有11千瓦双杆螺标式闸门启闭机,启闭方式为电动。

(三)东北片封闭防洪工程

工程位于主城区东北部,西侧与中北部洼地紧邻,边界为23米³/秒。通过对中北部洼地的封闭,使该区域的防洪标准提高到100年一遇,排涝标准提高到20年一遇。工程范围:东至规划中的先锋河,南至老328国道流域控制线,北至新通扬运河,属里下河地区,总面积约12.53平方公里。工程由周家墩闸站、许郑河闸站、九里河闸、九里河北闸、任庄河闸等5个建筑物组成,设计总排涝流量84米³/秒,计划总投资8000万元。结合泰州市里下河洼地世行贷款项目,东北片封闭防洪工程共分3年实施,2008年度实施了兴泰公路至京泰路片,工程投资2000万元。通过对东北部洼地进行封闭,将使该区域的防洪标准提高到100年一遇,排涝标准提高到20年一遇。

1.周家墩闸站

2011年3月建成,位于王墩河与新通扬运河交界处,是主城区东北片封闭重点工程项目。该闸采用闸与泵站相结合的形式,泵站安装4台ZL2812-4(0)立式轴流泵,单机流量1.5米³/秒,各配有75千瓦异步电机。泵房采用4孔一连的整块坞式底板,底板高程为-1.5米(废黄河零点)。一泵一室,多边形进水室,正向进水,水泵吸水口高程为-1.0米,水泵梁梁顶高程0.6米,为平顺进水流态。现用主变压器SCB10-500/10,为泵站的4台机组、电容器、控制用房照明、起重机及检修等提供电源。该闸站设计单位为扬州大学机电排灌工程研究所,监理工作由盐城市河海工程建设监理中心承担,市水利工程质量监督站负责质量监督工作,施工单位为江苏省引江水利水电设计研究院。

2.许郑河闸站

2015年3月建成,位于许郑河与新通扬运河交汇处。泵站上、下游未护砌的部分采用挡墙、护坡等措施进行护砌,其中挡墙位于许郑河与新通扬运河交汇处东岸,长约70米;护坡位于泵站的内河侧,长约50米。配套新建跨河桥梁1座,工程设计单位为扬州市勘测设计院,监理工作由苏源监理中心承担,市水利工程质量监督站负责质量监督工作,施工单位为江苏三水建设工程有限公司。

3.九里河闸

2007年12月建成。该闸为单孔节制闸,孔宽4.0米,设计排涝(引水)流量为20米³/秒,正向蓄水最大水位差3.0米(通过侧水位6.0米,内河侧水位2.0米)。该闸采用直升铸铁闸门,门顶高真高2.00米,型号:ZMT-400×200mm,启闭机为手电两用螺杆式型号:QDS-180,电动机型号:DZW-180。

4.九里河北闸

该闸建于2011年5月,位于周家墩南侧,通过4米钢闸门,下接九里河,属于流域性工程。

5.任庄河闸

2013年7月建成,位于任庄河与新通扬运河交汇处,上连任庄河通新通扬河,通过10米钢闸门,下接新通扬运河,属于流域性工程。配有11千瓦双杆螺标式闸门启闭机,启闭方式为电动。

（四）枢纽与闸站

1.明珠水利枢纽

该枢纽位于周山河与中干河交界处,距周山河河口约75米。2011年3月26日开工建设,2012年10月30日完工,共开挖土方49560立方米,填筑土方34080立方米,浇筑混凝土10500立方米,浆砌块石1165立方米,使用钢筋615吨。工程以防洪、排涝为主,兼顾保水、活水、引水,是主城区水位控制主要工程之一。

该枢纽为闸、站结合的双向泵站。泵站有钢闸门15扇,液压启闭机4台,螺杆启闭机1台,皮带输送机4台,水泵4台(套),设计总流量20米³/秒,单台流量5米³/秒。泵站厂房置于闸站正上方,分主厂房、副厂房、检修间三大区域。主厂房主要为巡视管理通道、水泵检修间和配电房;副厂房为双层结构,地下层主要布置液压管路、电气自动化线路、电气控制柜以及2台5吨电动葫芦等,地面层与主厂房形成一体,内设高低压室、电气控制室、微机控制室、办公室。工程由泰州市城市水利投资开发有限公司(以下简称城投公司)负责实施,扬州市勘测设计研究院有限公司设计,南京江宏监理咨询有限公司监理,泰州市水利工程质量监督站负责质量监督,江苏省水利建设工程质量检测站对工程进行全方面、全过程跟踪检测,兴化市水利建筑安装工程总公司、合肥三益江海泵业有限公司、江苏省引江水利水电设计研究院、扬州安达起重机械有限公司等施工。工程总投资3465.17万元。

【水工土建】

泵室、闸室底板面高程均为-1.6米,墩墙顶高程6.0米。泵(闸)室顺水流方向总长26.9米,垂直水流方向总宽28.6米。共有5孔,中孔为净宽5.0米闸室,两边各布置2孔泵室。泵室有4孔,分别对称布置于闸室两侧,水泵安装中心线相距4.8米,临闸室侧水泵中心线距离闸室中心线6米。底板顶高程−1.6米,底板厚度1.5米。水泵选用1400QGS5−1.2双向潜水贯流泵(以排涝方向为正向),配套电机功率280千瓦。泵室中每个水泵孔在内河侧、周山河侧均布置一扇带拍门的平面钢结构工作闸门,并在中干河侧布置一道检修门槽,在周山河侧布置一扇事故闸门。闸室单孔净宽5.0米,底板面高程−1.6米,底板厚度1.5米。闸首布置一扇挡洪闸门,闸门顶高程1.3米,门顶以上设置C25钢筋混凝土胸墙。泵(闸)室内、外河侧均布置C25钢筋混凝土进水池,内河侧池长16.0米,外河侧池长12.0米,进水池底板面高程为−1.6米,底板厚1.1米,末端以1∶4边坡与内外河底高程衔接,消力池底板均呈梅花状每隔1.0米设置直径5厘米冒水孔。内、外河侧共布置8套GH型回转式格栅清污机,并配套设置清污工作兼检修桥,内外河侧工作桥各安装1台皮带水平传送机和1台皮带堆高传送机,皮带宽80厘米。内河侧结合地方交通布置6米宽的对外交通桥。站(闸)身东、西两侧均布置空箱式岸墙,东侧布置两节空箱岸墙,西侧布置三节空箱岸墙。检修间下空箱岸墙顶高程6.0米,底板面高程−1.6米,底板厚0.8米;其余空箱岸墙顶高程5.5米,底板面高程−1.6米,底板厚0.7米。所有空箱岸墙直墙厚均为50厘米,隔墙和扶臂厚度为40厘米。内河侧消力池以外30米长范围两岸布置M10浆砌块石重力式挡土墙与内河规划整治挡土墙连接,挡土墙顶高程3.0米,底板面高程0.5米,墙顶设置2米宽人行道,连接段内河底进行M10浆砌块石护底,厚度30厘米。外河侧两岸布置C25钢筋混凝土结构扶臂式翼墙与外河河口连接,翼墙顶高程6.0米,底板面高程−1.0米,连接段河底进行M10浆砌块石护坡、护底,厚度均为30厘米。护底长36米,护坡与周山河岸坡衔接。站内置有专用配电房,主机型号为10千伏柜,采用10千瓦单电源供电,4台双向潜水贯流泵电动机,单台容量为280千瓦,10千伏电压等级,由10千伏母线直接供电。其他0.4千伏动力及照明负荷由站变压器供电。

【金属结构】

泵站有快速闸门8扇、事故闸门4扇、内外河侧清污机各4台、皮带输送机4台、节制闸闸门1扇、节制闸检修门1套(5块)、水泵机组检修门1套(5块)及相应的启闭设备。

快速闸门采用带拍门的钢结构直升门,孔口尺寸为3米×2米,启闭设备采用QPPYⅡ−100−2.5m液压启闭机。启闭机行程2.5米,启门力100千牛,闭门力15千牛,启门速度不小于3米/分,闭门速度不小于5米/分。事故闸门采用钢结构直升门,孔口尺寸为3米×2米,启闭设备采用QKY−100kN−2.5m液压快速闸门启闭机。启闭机行程2.5米,启门力100千牛,启门速度3.7米/分,闭门速度6米/分。在每台水泵机组的内外河侧进水口各设清污机1台,清污机采用回转式,孔宽4.0米,栅距100米,倾角75°。周山河侧孔深7.0米,栅条高度5.0米;中干河侧孔深6.5米,栅条高度3.8米;清污机的材料除框架外均采用不锈钢。节制闸门采用钢结构直升门,孔口尺寸为5米×2.9米,启闭设备采用QLW−2×80kN−2.9m暗杆式螺杆启闭机,启闭机行程2.9米,启门力160千牛。检修闸门采用分块叠梁式钢结构闸门。泵站有2台水平输送皮带机和2台堆高输送机,内外河侧各置水平输送皮带机和堆高输送机1台。水平皮带输送机宽80厘米,输送长度27米。堆高皮带输送机宽80厘米,输送长度3.5米,倾斜角25°。输送速度均为0.8米/秒。除输送带等非金属材料外,其余均采用不锈钢材料。

截至2015年12月31日,累计运行2653小时,引水总量4901万立方米。该工程为双向引排水工程,工程的实施一方面能够通过泵站向外排水,提升了泰州城区排涝能力,另一方面能够通过引水,对居民的生活与工作环境有明显的改善,在改善水环境的同时,也改善城市的投资环境,社会效益和经济效益显著。

2.东城河闸站

2002年5月建成。该站为节制闸和泵站结合站。节制闸孔净宽4米,底板高程真高0米,设计自排流量10米³/秒,装有2台800ZLB–125轴流泵,配套电机功率55千瓦,设计抽排流量2米³/秒。主要功能为抽、引、排双向水流。其承担老城区东部2平方公里面积的防洪、排涝任务,是调节东玉带河及周桥河水位的主要工程之一,是实施调水、换水的小型枢纽工程。

3.南园泵站

2001年4月建成并投入使用,工程总投资245万元。中孔节制闸净宽4米,设计自排流量7米³/秒,两侧各配置1台600ZLBc–100型轴流泵,抽排流量2米³/秒。变压器配电160千伏安,配有2台600ZLBc–100轴流泵,55千瓦电动机2台。

该站主要功能如下:解决主城区西南部的防洪排涝及城区南玉带河、西玉带河及中市河的水源水质。2002年12月配套建成了西玉带河北涵闸工程,采用蝶闸控制,为改善该河段水质,将西玉带河北端向西用涵管接至南官河。排水管采用直径1000毫米玻璃纤维增强塑料夹砂管,经五一路市政管网,连接南官河。进水口闸门采用直径1000毫米FZ型铸铁镶铜闸门,出水口采用直径1000毫米防潮闸门,以防河水倒灌。

4.城南河闸站

2005年12月建成,位于主城区城南河与南官河交汇处,其主要功能是双向抽引,改良河道水质。中孔为节制闸,闸孔宽度4米,设4扇钢闸门,配置QP–250kN卷扬式启闭机,变压器配电为315千伏安,两侧各配有1台流量为2.02米³/秒的800ZLDB-125型立式长轴流泵。该站为Ⅱ级水工建筑物。

5.中子河闸站

2005年12月建成,位于主城区新区中子河与南官河交汇处,其主要功能是双向抽引,改良河道水质。中孔为节制闸,闸孔宽度4米,设4扇钢闸门,配置QP-250kN卷扬式启闭机,变压器配电为315千伏安,两侧各配有1台流量为2.02米³/秒的800ZLDB-125型立式长轴流泵。该闸站为Ⅱ级水工建筑物。

6.南山寺泵站

2006年9月建成,位于主城区国泰宾馆南侧,主要功能为改善城区东玉带河南端水源水质。

该泵站配电容量为80千伏安,配置有立式500ZLB-100轴流泵1台(套),电机功率45千瓦。工程设计流量0.6米³/秒。通过开机抽引,经新世纪花园西侧引水道将南城河水源经过南山路管道流入东玉带河南端,改良东玉带河南端河道水质。

7.南玉带河泵站

2007年4月建成,设计抽排流量为1米³/秒,通过直径2米、长80米的顶管穿过海陵路,将南城河与南玉带河沟通,并在中市河和南玉带河底铺设555米直径80厘米的管道,通过水泵上抽南城河水源,通过管道输送,改良中市河断头和南玉带河东端断头河段的水质。

8.沈家河泵站

2005年3月建成,位于沈家河与卤汀河交界处,抽排流量为0.5米³/秒的单向排涝泵站。设有500ZLDBc-125(低速)型单基础水泵,配套功率30千瓦,设有单孔节制闸1座,净宽2.5米。

四、水环境整治工程

(一)城区调水泵站

城区调水泵站位于泰州引江河(详见本书第四章第一节)与古盐运河(详见本书第六章第一节)交界处、古盐运河东闸西南侧。

城区调水泵站工程是主城区2009年度水环境整治工程。该工程主要是内环城河水环境整治。内环城河由东城河(含北城河东段、南城河东段)、西城河(南官河城河段、北城河西段)、古盐运河城河段、凤凰河局部环绕组合形成。环城河不仅是泰州老城区重要的排涝河道,承担着老城区3.8平方公里排水的重任,而且对增加老城区生态环境用水、改善城市面貌具有重要作用。过去,虽组织多次整治,但由于无活水水源补给,河水基本处于静止状态,稀释自净能力极差,加之周边地区未经处理的生活污水及工业废水等仍有部分直接排入河中,污染物已大大超过水体自身稀释扩散的净化能力,富营养化严重,导致水质恶化,水色浑浊,挥发难闻异味。经泰州市环境监测中心测定,环城河水质已列为Ⅴ类水,严重影响主城区环境,制约了主城区经济社会的发展,与名城风貌极不相称。

　　城区调水泵站的主要作用是增加主城区生态环境用水水源,促进主城区河水的流动,提高主城区河道自净能力,从而改善主城区水环境。该调水泵站由泰州市城市水利投资开发有限公司(以下简称水利投资公司)负责实施。泵站按三级水工建筑物设计,地震设计烈度为7度,设计调水流量为15米³/秒,单泵设计流量3.75米³/秒。选用ZQ4812-6(3°)-185型潜水轴流泵,配套电机功率为185千瓦,共装机4台(套)。机泵设备工程于2009年3月12日开工建设,2010年11月29日安装完成,2011年4月进行通电试机。土建工程于2012年5月31日完工。工程总投资2624.5万元。

　　1.水工土建

　　泵室为开敞式钢筋混凝土U形,底板顶面高程真高-2.8米,共设4台潜水轴流泵,单泵设计流量3.75米³/秒,合计流量15米³/秒,每台泵室净宽3米,总宽14.7米,泵室顺水流方向长9米,泵室上建泵房,泵房地面标高为真高4.5米。进水前池长12米,中隔墩高程真高0.5米、厚0.5米,边墩厚0.6米,进水前池岸墩由真高4.5米斜降至真高2.0米,并设安全拦板。出水箱底板面高程为真高0米,由泵室宽度渐变至箱涵宽度,收缩角38°,出水箱顺水流方向长13.6米。为了景观要求,临河侧另建挡土耳墙,出水池顶板面高程真高2.85米,顶板上覆土至真高4.0米,供景观绿化。出水箱涵为双孔,单孔孔口净尺寸2.5米×2.5米,底板面高程真高0米,箱涵直线段长度47.5米,弯曲段轴线长度约26.5米。出水口设消力池,消力池底板面高程真高-0.1米。岸墙:进水侧直立岸墙除房屋下为空箱岸墙外,其余均为钢筋混凝土扶壁式岸墙,与护坡衔接处为斜降式浆砌石墙。出水侧驳岸墙为浆砌石墙,西侧接老通东闸翼墙,东侧与原驳岸墙顺接。

　　2.金属结构

　　拦污栅:泵站拦污栅均采用角钢及螺纹钢焊接而成,拦污栅宽32米,高3.0～3.5米,每个泵室前设1扇,合计4扇。进水侧检修门:为钢结构平板门,4台泵备1套检修门,门宽3.06米,高2.1米,单向止水。出水侧防洪门因出水侧为通南水位,水位高于引江河,在其高水位时为防止倒灌,在出水涵洞口设铸铁闸门,孔口尺寸2.5米×2.5米,合计2扇,配暗杆启闭机2台。

　　3.厂房、配电房、管理用房

　　此闸站工程房屋设施主要为厂房、配电房以及管理用房,均采用框架结构形式。厂房:布置于闸站正上方,其建筑风格为仿徽派建筑,建筑色彩以青灰色和淡黄色为主,双坡屋顶,屋顶采用青灰瓦。内有主体厂房、检修间两大功能布局。主要布置电气自动化线路、电气控制柜以及1台10吨电动葫芦等,主厂房主要为巡视通道,水泵检修间配电房与主厂房平齐布置于闸站东侧。亦为仿徽派建筑,建筑色彩以青灰色和淡黄色为主,单坡屋顶,屋顶采用青灰瓦,与厂房形成一体。内设有高低压室、电气控制室、微机控制室。配电房:泵站10千瓦专用变电所采用户内布置方式,布置于泵站旁的一楼配电房内。该站采用"站、所合一"的方案,主变及其10千瓦配电装置的控制、保护、测量与泵站主机统一考虑,在集控室内设置微机监控系统和微机保护系统。管理用房:单独布置于闸站的西侧,平面尺寸70米×21米。为3层楼房结构形式,建筑风格也同样为仿徽派建筑,建筑色彩以青灰色和淡黄色为主,四坡屋顶,屋顶采用青灰瓦。内设有办公室、宿舍、会议室、厨房等。

4.主要工程量

表10-1 引江河城区调水泵站主要工程量一览表

序号	项目名称	单位	数量
1	土方开挖	立方米	29200
2	土方填筑	立方米	21300
3	混凝土	立方米	3376
4	钢筋	吨	241
5	浆砌块石	立方米	1650
6	钢闸门	扇	6
7	止水拍门	扇	4
8	螺杆启闭机	台	2
9	管理用房	平方米	3418

5.参建单位

工程项目法人为水利投资公司,设计单位为扬州市勘测设计研究院有限公司,监理工作由江苏省水利工程科技咨询股份有限公司承担,市水利工程质量监督站负责质量监督工作,施工单位为上海凯泉泵业有限公司、江苏龙光建设工程有限公司、江苏伯乐达变压器有限公司、泰兴市瑞丽电器有限公司等。工程完成后,由泰州市水工程管理处负责工程的运行管理,配有管理人员2名;通过招标,委托江苏省江都水利工程管理处负责现场运行维护。截至2015年12月31日,机组累计运行38662.5小时,调水总量4.2亿立方米。

泰州市引江河城区调水泵站的正常运行,从根本上改善了主城区内河水系水质,提升了城市的形象和品位,促进了城市经济和社会事业的全面发展;亦对泰州市创建新三城——"全国文明城市""全国最佳人居环境城市""国家生态城市"做出了重大贡献。

表10-2　调水泵站设计水位组合表

工况	进水池(真高)(米)	出水池(真高)(米)	设计流量(米³/秒)
设计水位	1.0	2.5	15
校核水位	0.5	2.5	15

（二）城区南片封闭工程

该工程位于主城区南部,属通南水系。工程设计挡洪水位为真高5.0米。此工程包括南官河枢纽、凤凰河闸、翻身河闸、老通扬河闸、刘西河闸,主要承担着主城区南片沿线区域的封闭。

1.南官河枢纽

2011年3月建成,位于南官河与周山河汇合处的北侧,闸门宽28米,底高程真高0米,可调节挡水高程最高至真高5.0米;设计单位为扬州市勘测设计研究院有限公司,监理由江苏省水利工程科技咨询股份有限公司承担,市水利工程质量监督站负责质量监督工作,上海凯泉泵业有限公司、江苏龙光建设工程有限公司、江苏伯乐达变压器有限公司、泰兴市瑞丽电器有限公司等单位施工。

2.凤凰河闸

2010年12月建成,位于凤凰河与周山河汇合处北侧,闸门宽28米,底高程真高0米,可调节挡水高程最高至真高5.0米。工程主要由液压站、冲淤泵、应急保护、油缸、锁定装置、闸门、控制柜等组成。建成以后,主要负责城区周山河沿线区域的封闭,一直承担着泰州市城区南片的防洪和生态调水重任,为主城区人民生活和经济发展做出了巨大的贡献。

3.翻身河闸

2011年2月建成，位于S231省道道路桥梁的东侧，闸宽21米，底高程真高0米，可调节挡水高程最高至真高5.0米。设计单位为扬州市勘测设计研究院有限公司，监理由南京江宏监理咨询有限责任公司承担，市水利工程质量监督站负责质量监督工作，施工单位为苏州市水利工程有限公司。

4.老通扬河闸

2011年5月建成，位于过S231省道道路桥梁的西侧，闸宽35米，底高程真高0米，可调节挡水高程最高至真高5.0米。

5.刘西河闸

2011年2月建成，位于刘西河与周山河汇合处北侧，为提升式闸门，闸宽7米，底高程真高0米，可调节挡水高程最高至真高5.0米。

(三)改良水质的工程

1.鲍坝闸

鲍坝闸位于老东河首，1997年12月建成并投入运行。上连城河，下接老东河，属于流域性工程。闸径5米，工程设计流量10米³/秒，配有5.5千瓦卷扬式启闭机R2160M1-6，采用的平板直升钢质闸门，启闭方式为电动。

2.宫涵闸

宫涵闸位于南京师范大学泰州学院西南侧，上连古盐运河，下接宫涵河。上游为长江水系，下游为淮河水系，2002年8月建成并投入运行，属于流域性工程。闸径4米，工程设计流量10米³/秒，配有5千瓦卷扬式启闭机Y2132M2-6，采用平板直升钢质闸门，启闭方式为手动或电动。

3.景庄河西闸

景庄河西闸位于主城区西九里村景庄河西端,2002年12月建成。该闸上连景庄河通南官河,通过1.5米方涵,下接九里沟,属于流域性工程。平板式直升钢质闸门,配有1.5千瓦R901-4闸门启闭电机,启闭方式为手动或电动。

4.九里沟河闸

九里沟河闸2005年2月建成,位于梅兰集团西侧,九里沟河上,汛期防新通扬运河洪水。闸孔净宽10米。闸门采用浮箱叠梁钢结构闸门,叠梁闸门共5块,挡洪水位5.0米,为上河与下河的节制工程。启闭设备为2台CD1-3T手电两用葫芦。

5.大浦头涵闸

大浦头涵闸位于主城区坡子街商业街区西城河东端,2005年4月建成并投入运行。该涵闸采用顶管工艺(管径2米),上连西城河,下接稻河。上游为长江水系,下游为淮河水系,属于流域性防洪工程,设有闸径2米节制闸,设计流量5米³/秒。采用平板内旋式钢质闸门,启闭方式为手动或电动。

6.老西河涵闸

老西河涵闸为2002年度城市防洪工程项目,2002年7月建成,工程主体穿越主城区主干道东进路及沿线的水榭楼、银河宾馆和住宅区。工程设计流量5米³/秒,铺设直径2米的管道246米。通过涵闸节制调控水情,增强城区防洪排涝能力;通过拉动水系,改善城区水源水质。

7.审计局涵闸

审计局涵闸位于城中街道审计局西侧,建于2002年5月。工程设计流量1米³/秒,铺设直径1米管道。通过涵闸节制调控水情,增强城区防洪排涝能力;通过拉动水系,改善城区水源水质。

8.西玉带河北涵闸

西玉带河北涵闸为2002年12月建成。采用蝶闸控制,为改善该河段水质,将西玉带河北端向西用涵管接至南官河。排水管用直径1米玻璃纤维增强塑料夹砂管,经五一路市政管网,连接南官河。进水口闸门采用直径1米FZ型铸铁镶铜闸门,出水口采用直径1米防潮闸门,以防河水倒灌。

9.智堡河涵闸

智堡河涵闸位于主城区凤城河区域,2006年6月建成并投入运行。该涵闸采用顶管工艺(管径2

米),上连东城河,下接智堡引排河。上游为长江水系,下游为淮河水系,属于流域性防洪工程,设有闸径2米节制闸,设计流量5米³/秒。采用平板内旋式钢质闸门,启闭方式为手动或电动。

10.玻璃厂涵闸

玻璃厂涵闸位于主城区凤城河边,2006年6月建成并投入运行。该涵闸采用顶管工艺(管径2米),上连东城河,下接鹏欣丽都小区内河(原冠带河)。上游为长江水系,下游为淮河水系,属于流域性防洪工程。设有闸径2米节制闸,设计流量5米³/秒。采用平板内旋式钢质闸门,启闭方式为手动或电动。这项工程的实施较大地改善了市自来水一厂的水源水质,使水厂的水质从原来的大肠菌超标28倍达到国家饮用水水源水质标准。

11.五里河闸

五里河闸为2010年7月建成,位于主城区迎春路春兰研究院西侧,工程配建有LQ2000×2000闸门,LQ螺杆式启闭机,工程铺设直径2米的顶管及明管,连通五里河与鲍马河。

12.七里河闸

七里河闸为2009年1月建成,位于328国道北侧七里河(泰东水泵厂西侧),单孔节制闸,设计孔宽为4.0米,启闭机型号:QL-SD2×50kN,设计排涝(引水)流量为20米³/秒,正向蓄水最大水位差3.0米(通过侧水位6.0米,内河侧水位2.0米)。

13.草河涵闸

草河涵闸位于主城区滨河广场区域凤城河东北端,2006年6月建成并投入运行。该涵闸采用顶管工艺(管径2米),上连东城河,下接草河。上游为长江水系,下游为淮河水系,属于流域性防洪工程,设有直径2米的节制闸,设计流量5米³/秒。采用平板内旋式钢质闸门,启闭方式为手动或电动。

五、水源工程

(一)河道排污,改良自来水厂水源

20世纪80年代后,泰州工业发展突飞猛进,城市建设迅速扩张,主城区水系被严重破坏,冬春季节城区河道水位一般只有1.8～2.0米,不少小河几乎干涸见底,凤城河等亲水景观下坎露底、平台高悬,景观效果很差。主城区水体经常处于滞流状态,河道污染严重,有52%的河道水质劣于Ⅴ类,有的甚至变成臭水沟,生态严重退化,几乎不见水生植物。1996年,地级泰州市成立后,市水利局发现主城区自来水一厂取用的南城河水很少流动,且水源上游1.5公里河段内有污染源65处。为改善自来水水源水质,市水利局制定了建1闸、修2涵、浚3河的"上引活水、中止污水、下泄死水"的整治方案及工程资金分解、筹集方案。市委、市政府非常重视此方案,把一水厂水源水质改善工程列为1997年为民办实事第一项工程。工程包括建鲍坝闸,维修草河、玻璃厂涵洞,疏浚南城河、梅亭引排河、老通扬运河和老东河等。

1998年底至1999年初,市政府实施冬季水源水质改良工程,通过调引长江高潮水,开启沿江闸口引水,解决了通南地区和市区严重缺水的问题,并维修了九里沟涵洞、大浦头涵洞,解决了二水厂的水质问题。

（二）备用水源工程

泰 州 引 江 河 备用水源泵站

　　2008年5月6日开始实施主城区备用水源工程（引江河备用水源工程），2009年1月3日竣工，工程总概算为2408万元。工程由取水泵站、输水管道、检修道路桥梁3部分组成。取水口设于泰州市引江河东岸与老通扬运河交叉口南侧，距老通扬运河东节制闸约600米处，送水管道直接与二水厂源水管道连接。该工程投入使用后，城市供水的安全保障能力得到增强，在泰州第三水厂取水口发生突发性水污染事件、无法取水的情况下，可作为主城区的备用水源取水口，日送水能力可达15万立方米。

　　（三）主城区调度方案

　　1.城区南片沿线控制工程调度方案

　　自流活水调度：通南片区南官河、周山河水源充足时，开启周山河沿线控制，引水源入城区南官河、凤凰河、凤城河等河道，盘活城区南部地区、中心城区共62平方公里的水体；利用江淮水系在泰州城区交汇形成落差的独特优势，调节城区流域性节制工程形成自流活水，拉动水体流通，实现"水位可亲、水体流畅、水质优良"的目标。

　　封闭控制调度：枯水期时，封闭周山河沿线控制工程和城区流域性节制工程，形成62平方公里的封闭圈；通过生态调水泵站调引引江河水体入城区老通扬运河、凤城河等河道，补充城区水源，同时利用江淮水系在泰州主城区交汇形成落差的独特优势，分片区调节城区流域性节制工程，形成自流活水，盘活泰州城区水体。

防汛调度：当周山河水位接近3.0米时，调节周山河沿线控制工程，阻挡周山河水体进入城区；利用江淮水系在泰州城区交汇形成落差的独特优势，调节城区流域性节制工程，将城区涝水自流入新通扬运河。

2.主城区动力抽引改水工程调度方案

新区活水调度：城南河闸站、中子河闸站每天开机8小时，日活水量约23万立方米，主要通过抽提南官河水源入城南河、二号小区内河、三号小区内河、中子河、四号区内河、王庄河西段等河道，达到活水目的，确保新区河道良好水环境。

中心城区玉带河调度：南园泵站、南玉带河泵站每天开机7~8小时，日活水量约10万立方米，主要通过抽提南官河、凤城河水源入南玉带河、西玉带河、中市河，通过开启西玉带河北涵闸进行循环调度，盘活西玉带河水体。

东城河闸站、南山寺泵站每天开机6~7个小时，日活水量约6.5万立方米，主要通过抽提东城河、凤城河水源入东玉带河、周桥河，通过开启审计局涵闸进行循环调度，盘活东玉带河水体。

3.主城区流域性节制工程调度方案

防汛调度：汛期城区封闭圈内河道水位超过2.8米，或根据天气预报连续强降雨，城区实行水位预降时，及时开启闸门，利用水位落差拉动城区上游南官河、凤凰河的水体，实行自流排涝，确保主城区不受淹。

活水调度：非汛期城区实行活水调度时，及时关闭闸门，视河道水质、城区水源等情况按片区开启闸门，拉动城区上游南官河、凤凰河等河道水体，通过水位落差实行自流，改良城区北片九里沟、稻河、老东河等河道沿线水质，达到水体畅通、水质改良的目的。

(四)通南地区水生态调度控制工程

工程涉及位于姜堰、高港、泰兴境内的周山河、新生产河、生产河、南干河、东姜黄河、古同港、尹垛中沟、私盐港、古钱老河古溪段、许庄河等11条河道。主要有26座工程，其中泰兴境内15座，高港境内2座，姜堰境内9座。工程的主要作用为：泰州引江河以东片，在长江丰水期，利用通江各口门，高潮抢引，低潮抢排，优化工程控制调度，挖掘自流引江潜力，形成水体有序流动；不能自引时，通过老通扬运河生态补水泵站(15米³/秒)、送水河(100米³/秒)、马甸补水泵站(60米³/秒)引水，利用老通扬运河、周山河、许庄河–南干河、宣堡港、古马干河等骨干河道，汇入区域骨干河网，通过区域纵向骨干河道西姜黄河、季黄河、夏仕港等南排入江，形成"西引东送，南排入江"的清水通道，同时利用老328国道沿线控制建筑物及兴建泰州市东部水源调度控制工程，维持通南高沙土区水位2.2～2.5米，构造"大引、大排、大调度、水体循环和水体交换"格局。通过这些工程措施，利用沿江泵站引水，在运粮河东侧的古盐运河、周山河、南干河、生产河、老生产河、尹垛中沟、私盐港、古同河、古钱老河等河道上新建控制建筑物10座，抬高泰州市通南片区水位，解决该区域灌溉高峰期用水缺口，同时促进内部水体循环，改善水环境。

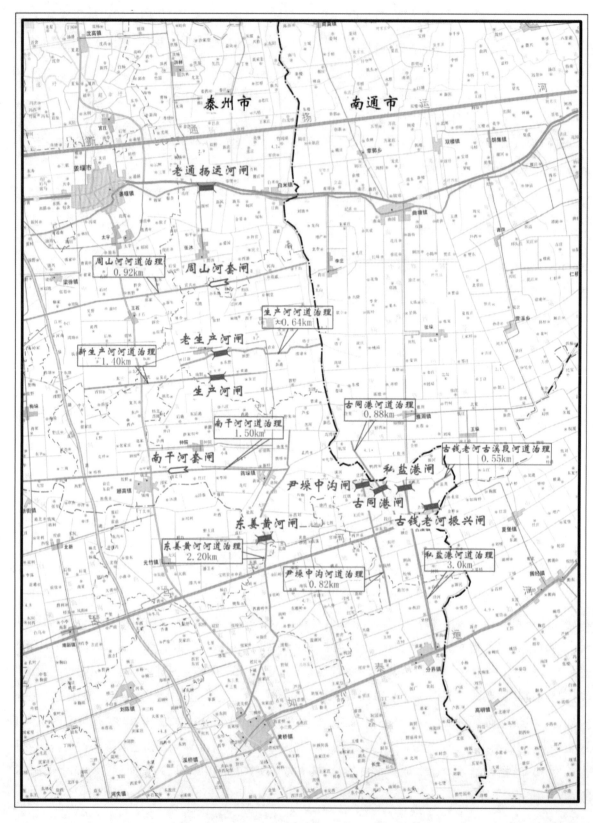

泰州市通南片水生态调度控制工程示意图

表10-3 泰州主城区河道桥梁一览表（2002年）

序号	河道名称	河道拟定名	河道起讫点	序号	桥现有名	桥拟定名	地址	说明
1	南官河	西城河	泰州船闸至周山河	1	西仓桥	√	西仓路	建船闸前,卤汀河与南官河不相通,历来都把由西城河向南通向长江的河道称为南官河
				2	西门桥	√	迎春路	
		南官河	西城河南端至江边	3	济川桥	宝带桥	海陵南路	古宝带桥是城南的一处名胜。老桥拆除改建新桥后,当地居民仍以"新宝带桥"称之
				4	凤凰桥	朝凤桥	凤凰路	因"凤凰桥"名宜用在凤凰河与凤凰路相交的桥梁上,故改名
				5	李庄桥	√	港北路	
				6	南官河大桥	福兴桥	328国道	桥近福兴村,取地名作桥名
				7	老通扬运河西闸桥	东闸桥	老通扬运河西闸	
				8	老通扬运河大桥	靳九桥	328国道	
				9	鲍九路桥	泰来桥	鲍九路	九里沟泰来面粉厂是泰州最早的一个近代工业企业,九里沟也因该厂而出名,故以"泰来"为桥名
2	老通扬运河	√	老通扬运河西闸至塘北村委会	10	江洲路桥	西来桥	江洲路	与"东来桥"相呼应
				11	新高桥	√	青年南路	
				12	老高桥	√	海陵南路	
				13	海陵大桥	万善桥	海陵南路	沿用老桥名
				14	洋桥	净因桥	口泰路	净因寺正在修复,此桥靠近净因寺
				15	文昌桥	√	鼓楼南路	
				16	东风路老通扬运河桥	东渡桥	东风路	这里原是一渡口,位于古城东南部,故取名"东渡"

续表10-3

序号	河道名称	河道拟定名	河道起讫点	序号	桥现有名	桥拟定名	地址	说明
2	老通扬运河	√	老通扬运河西闸至塘北村委会	17	老通扬运河大桥	陵安桥	328国道	取"海陵平安"之意
				18	塘湾运河北桥	塘北桥	塘湾镇北	当地居民习惯称呼"塘北桥"
				19	塘湾桥	√	塘湾镇	
3	九里沟河	九里沟	老通扬运河至新通扬运河	20	庄桥		引东村	九里沟本来就是水名,意为"距城九里",因此没有必要在"沟"后再加一个"河"字
				21	朱家桥		引东村	
				22	村桥		引东村	
				23	村桥	潘东桥	引东村	西面有潘家巷,东为引东村
				24	唐林西庄桥	唐林桥	引东村	
				25	九龙桥	√	扬州路	
				26	鲁庄桥	√	九龙村	
				27	扬桥		九里村	
				28	九里沟新桥	√	九里村	
4	景庄河	√	南官河至九里沟河	29	鲍九路新桥	鲍九路桥	九里村	简化原桥名
				30	野庄桥	√	任景村	
				31	张家庄桥		任景村	
				32	景光小区桥	景光桥	任景村	简化原桥名
				33	景庄桥	√	江洲路桥	
5	南城河	√	迎春坝至老通扬运河	34	文峰桥	√	鼓楼南路	
				35	海陵二桥	敬亭桥	海陵南路	桥旁有柳敬亭公园
				36	阀门厂内桥	△	原阀门厂	

第十章　城市水利

续表 10-3

序号	河道名称	河道拟定名	河道起讫点	桥现有名	序号	桥拟定名	地址	说明
6	西城河	北城河	月场广场东西两侧至拐弯处	青年桥	37	√	青年路	
		北城河		鼓楼大桥	38		鼓楼路	
7	东城河	东城河	东北拐角处至东南拐角处	梅兰芳公园桥	39	△	梅兰芳公园内	
				工农路桥	40	鲍坝桥	工农路	
				迎春路桥	41	迎春桥	迎春路	
				水泥桥	42	西虹桥	泰山村	
				泰山公园桥	43	√	公园路	
8	西玉带河	西市河	区农业局至南玉带河	公园二桥	44	金兰桥	公园南大门对面	借用古桥名
				泰山桥	45	√	公园南大门对面	
				经武桥	46	√	迎春路	
				南园内桥	47	和合桥	南园小区内	桥近古财神庙,庙内原供奉和合二仙
				玉带桥	48	√	南山寺路	
				南园泵站小桥	49	南园泵站桥	南园泵站前	
9	南玉带河	富民河	南园泵站至鸿发小区东端	南园二桥	50	蒲田桥	蒲田路	桥在蒲田路上,目附近为"蒲田住宅区"
				南园一桥	51	富民桥	夹河路	河为"富民河"
				海陵路桥	52	延寿桥	海陵南路	或名"峰鹤桥"。桥北原有延寿庵,今庵已不存,但原庵内的一株古柏——"仙鹤柏"(未代,形若峰鹤翱翔)仍矗立于中市河河畔(海陵南路旁)

续表 10-3

序号	河道名称	河道拟定名	河道起讫点	序号	桥现有名	桥拟定名	地址	说明
10	东玉带河	东市河	南山寺路北侧至审计局涵洞	53	鼓楼路桥	芦洲桥	鼓楼北路	此处原为芦洲，"雁宿芦洲"是古海陵八景之一
				54	便桥	东虹桥	东城河邮电局宿舍	东市河上原有东虹桥已不存在
				55	健康桥	清风桥	邑庙街	河滨有"文会清风"景点
				56	国土局大桥	留芳桥	人民西路	对面原有留芳茶社。茶社虽已不存在，现借其名作桥名
				57	税务二桥	文会桥	税务东路	河滨有"文会清风"景点，桥旁为泰州市规模最大的图书馆
				58	松林村一桥	青松桥	松林村	桥近青松街
				59	亚细亚大酒店桥	且乐桥	亚细亚大酒店	借用古桥名
				60	松林村二桥	松林桥	松林村	
				61	自来水公司桥	向贤桥	自来水公司办公楼西	向西可至文庙旧址
				62	黄桥	√	东南园路	
				63	石板桥	√	松林村	
11	周桥河	玉带河	东市河至西市河					
12	夏家汪	√	邑庙街南侧至中医院西南	64	无	√		
13	中市河	√	南山寺至北水关	65	睿春桥	√	南山寺路	
14	老东河	√	鲍坝闸至新通扬运河	66	黄泥河大桥	黄泥河桥	老东河村	目前，主城区称"大桥"者有16座之多，今后只有引江河和新通扬运河上的大桥方可称"大桥"
				67	老东河支沟桥		老东河村	
					老东河村桥		老东河村	

续表 10-3

序号	河道名称	河道拟定名	河道起讫点	桥现有名	桥拟定名	地址	说明
14	老东河	√	鲍坝闸至新通扬运河	牛桥		老东河村	
				斜桥	√	南通路	
				扬桥	饮马桥	口泰路	附近原有一大水塘,人称"饮马塘"。相传当年岳飞驻泰时常在此饮马,因"扬桥"重名,故改此名
				泰州高院内桥	△	高职院内	
				春晖桥	√	春晖路	
15	鲍马河	√	营涵河至七里桥河	响林西桥	√	响林村	
				响林桥	√	响林村	
				5组小桥	√	响林村	
16	朱新河	√	营涵河至328国道	营涵新村		营涵村	
				纪庙桥	√	营涵村	
				洪兴大桥	洪兴桥	洪兴庄	
17	七里桥河	√	响练庄至新通扬运河	七里桥	√	南通路	
				春兰厂区桥	√	春兰集团内	
				跃东桥	√	迎宾路	
				响林村2组桥		响林村	
				响林村2组桥		响林村	
				迎宾路桥	√	迎宾路	
18	营涵河	√	老通扬运河至老东河	高职院内桥	△	高职院内	
				新省泰中桥	崇文桥	迎春东路	桥位于城东学院区。崇文重教,历来是泰州的优良传统

续表10-3

序号	河道名称	河道拟定名	河道起讫点		桥现有名	桥拟定名	地址	说明
18	官涵河	√	老通扬运河至老东河	87	官涵村桥		官涵村	
				88	官涵村桥		官涵村	
				89	官涵闸桥	√	官涵村	
19	五里桥河	√	新通扬运河至肖家庄	90	五里桥	√	南通路	
20	新河	海子沟	杜庄河至南官河	91	王庄河桥	海子桥	328国道	古称"海子沟",清代称"海蜇沟",并非新开挖之河道
				92	粮种场桥	√	杜庄河	
				93	生产桥	√	新建村	
				94	奉献桥	√	新建村	
				95	开发区四号路桥	建新桥	经济开发区	开发区尚处于创建阶段,在给新建的桥梁起名时,建议均冠以"建"字
				96	开发区三号路桥	建业桥	经济开发区	
				97	开发区二号路桥	建康桥	经济开发区	
				98	江洲路桥	√	江洲路	
				99	村桥		东明村	
				100	便桥		东明村	
21	杜庄河	√	扬子港至老通扬运河	101	杜庄老桥	√	新建村	
				102	杜庄新桥		新建村	
				103	杜庄桥	√	新建村	
				104	杜庄村桥		北徐村	
				105	杜庄村桥		北徐村	
				106	东徐桥		北徐村	

续表 10-3

序号	河道名称	河道拟定名	河道起讫点		桥现有名	桥拟定名	地址	说明
22	扬子港	√	引江河东岸至南官河	107	庄桥		北徐村	
				108	东徐桥		北徐村	
				109	杜庄桥		杜庄村	
				110	扬子港大桥	扬子港桥	328国道	
				111	鲍家庄桥		新建村	
				112	镇西桥		鲍徐镇	
				113	鲍徐桥		鲍徐镇	
				114	李庄新桥		东汪村	
				115	李庄桥		东汪村	
23	中干河	龙斩河	(北段) 老通扬运河至新河	116	斩桥	√	新建村	
				117	斩新桥		新建村	
			(南段) 扬子港至周山河	118	鲍庄桥		新建村	
				119	中干大桥		328国道	
				120	西庄桥		西庄村	
				121	龙埂桥	√	西庄村	
24	鲍家河	√	引江河东岸至段家庄					
25	五圩河	长脚沟	老通扬运河至新河	122	窑湾桥	姚湾桥	春风村	"窑湾"为"姚湾"之误
				123	东风桥	春风桥	春风村	
				124	1号丙路桥	建安桥	春风村	
				125	梅兰路桥	建宁桥	春风村	

续表10-3

序号	河道名称	河道拟定名	河道起讫点		桥现有名	桥拟定名	地址	说明
26	中子河	永济河	南官河经四号小区至老通扬运河	126	花园桥	南花园桥	泰高路	因有两座"花园桥",现冠以方位,加以区别
				127	南郊新村桥		南郊新村	
				128	永济桥	√	市疾病预防控制中心	
				129	腰庄桥	√	高桥村	
				130	中子河海陵南路桥	太平桥	海陵南路	
				131	莲花四区一桥	青莲桥	莲花四区内	莲花住宅区内共有6座桥梁,分别以"红莲""白莲""金莲""秀莲""彩莲"为名,与"玉莲桥"一起构成一个系列
				132	莲花四区二桥	秀莲桥	莲花四区内	
				133	中子河济川路桥		济川路	
				134	钟表厂桥		高桥村	
				135	便桥		高桥村	
27	城南河	玉莲河	南官河经人民公园至凤凰河,北接中子河	136	城南桥	玉莲桥	泰高路	此河穿越莲花二区和莲花三区,故建议定名为"玉莲河"
				137	城南河凤凰路路桥	凤凰路桥	凤凰路	以路名为桥名的大部分集中于这条河道上,不必再冠以河名,则桥名更加简明
				138	城南河永晖路桥	永晖路桥	永晖路	
				139	莲花三区一桥	金莲桥	莲花三区内	
				140	城南河海陵路桥	海陵路桥	海陵南路	
				141	人民公园内一桥	常春桥	人民公园内	
				142	人民公园内二桥	漪澜桥	人民公园内	
				143	人民公园内三桥	浮香桥	人民公园内	

续表 10-3

序号	河道名称	河道拟定名	河道起讫点		桥现有名	桥拟定名	地址	说明
27	城南河	玉莲河	南官河经人民公园至凤凰河，北接中子河	144	人民公园内四桥	朝晖桥	人民公园内	
				145	城南河鼓楼路桥	鼓楼路桥	鼓楼南路	
				146	城南河永泰路桥	永泰路桥	永泰路	
				147	莲花二区一桥	红莲桥	莲花二区	
				148	莲花二区二桥	白莲桥	莲花二区	
				149	城南河梅兰路桥	梅兰路桥	梅兰路	
				150	莲花三区一桥	彩莲桥	莲花三区内	
28	翻身河	√	南官河至老通扬运河	151	翻身河海陵南路桥	丰乐桥	海陵南路	
				152	市政府广场西支路桥	安泰桥	政府广场	
				153	小桥	安康桥	政府广场	
				154	小桥	安民桥	政府广场	
				155	市政府广场东支路桥	安澜桥	政府广场	
				156	翻身河鼓楼南路桥	利通桥	鼓楼南路	
				157	东谢村桥		东谢村	
				158	扬兴桥	√	忠南村	
				159	翻身河大桥	如意桥	328国道	
				160	振兴大桥	吴垛桥	吴垛村	
				161	村桥		吴垛村	
				162	吴垛村桥	吴垛桥	吴垛村	
				163	孔庄桥	√	孔庄村	

续表 10-3

序号	河道名称	河道拟定名	河道起讫点	桥现有名	桥拟定名	地址	说明
29	王庄河	√	鼓楼路至老通扬运河	王庄河鼓楼路桥	永定桥	鼓楼南路	
				引凤大桥	引凤桥	沿河村	
				王庄河秦塘路桥	永吉桥	沿河村	
				王庄河东凤路桥	永祥桥	东凤路	
				筝子湾桥	√	沿河村	
				永兴桥	√	永兴路	
				刘庄桥	√	刘庄村	
30	西浏河	西浏河	翻身河至周山河	西浏河大桥	安乐桥	328国道	
				刘庄村桥		刘庄村	
				西谢村桥		西谢村	
				西谢六组桥		西谢村	
31	凤凰河	√	南城河至周山河	凤凰河口泰路桥	百凤桥	口泰路	以下凤凰河上8座桥均以凤字命桥名
				凤凰河济川路桥	金凤桥	济川东路	
				凤凰河永泰路桥	丹凤桥	永泰东路	
				凤凰河梅兰路桥	彩凤桥	梅兰东路	
				凤凰河永晖路桥	玉凤桥	永晖东路	
				凤凰河凤凰路桥	凤凰桥	凤凰东路	
				引水河大桥	鸾凤桥	328国道	
				双河村桥	双凤桥	双河村	
32	向阳河	√	南官河(戚家庄)至西浏河(西谢村)	城南村11组桥		城南村	
				城南村12组桥		城南村	

续表 10-3

序号	河道名称	河道拟定名	河道起讫点	序号	桥现有名	桥拟定名	地址	说明
32	向阳河	√	南官河(戚家庄)至西浏河(西谢村)	185	西谢村12组桥		西谢村	
				186	西谢村7组桥		西谢村	
				187	西谢村1组桥		西谢村	
33	济川河	√	济川泵站至高桥村	188	济川河桥	√	海陵南路	
				189	破大门桥		滕坝街	
				190	吴洲路桥	√	吴洲路	
34	森南河	√	九里沟至沈家河	191	森森大桥	森森桥	江洲路	
				192	牛桥		江洲路	
				193	森森村桥		森森村	
				194	森森村桥	森森桥	森森村	
35	五叉河	√	五叉河至乙炔站	195	海阳路二桥	大通桥	森森村	借用老桥名
				196	村桥		森森村	
36	庆丰河	√	庆丰河至岗汀河	197	队桥		森森村	
				198	先斜桥		招贤村	
37	沈家河	√	引江河东侧至庆丰河	199	庄桥		引东村	
38	先锋河	招贤河	五叉河至沈家庄	200	招贤村桥		招贤村	
39	东倒河	唐南河	森南河至梅兰化工集团	201	海阳路一桥	乐群桥	海阳路	
40	无河	√	森南河至海阳路		无			
41	大兴河	√	五叉河至岗汀河	202	大兴桥	√	招贤村	

续表10-3

序号	河道名称	河道拟定名	河道起讫点	序号	桥现有名	桥拟定名	地址	说明
42	草河	√	草河涵洞至新通扬运河	203	省动力一处内桥	△	省动力一处内	
				204	迎江路桥	√	迎江路	
				205	花园桥	北花园桥	花园村	因有两座"花园桥",现冠以方位,加以区别
				206	破桥	√	南通路	
				207	徐家桥	√	徐家桥东巷	
43	花园新村河	花园河	草河至智堡河	208	国庆桥	√	花园路	
				209	韩桥	√	海陵北路东侧	改造稻河时,若老韩桥拆除,则此桥沿用"韩桥"名
				210	新韩桥	√	海陵北路东侧	
44	稻河	√	大浦头涵闸至东岗门河	211	演化桥	√	海陵北路东侧	
				212	孙家桥	√	海陵北路东侧	
				213	扬桥	√	扬州路	
				214	清化桥	√	海陵北路东侧	
				215	通仓桥	√	海陵北路东侧	
				216	金明桥	彩席桥	海陵北路东侧	为何叫"金明桥",谁也无法理解。桥东原有相连的一条著名商业街——彩衣街和席行街,议改名"彩席桥"
				217	板桥	√	海陵北路东侧	
45	东风河	√	智堡河至东进小区内河	218	智堡一组桥	√	智堡村	
			东风路	219	东风桥	√	东风路	

续表 10-3

序号	河道名称	河道拟定名	河道起讫点	桥序号	桥现有名	桥拟定名	地址	说明
46	东进小区内河	东进河	振兴船厂至老东河	220	头道河西桥	康乐桥	东进小区内	东进小区是泰州较早建成的一个住宅区,体现了"国家兴盛,人民安居乐业"
				221	头道河东桥	新盛桥	东进小区内	
				222	二道河西桥	怡情桥	东进小区内	
				223	二道河东桥	益寿桥	东进小区内	桥近小区敬老院
				224	东兴桥	√	东进小区内	
				225	水泥桥		智堡村	
47	智堡河	√	新通扬运河至冠带河	226	东升桥	√	东升路	
				227	智堡桥	√	南通路	
48	冠带河	√	智堡河至玻璃厂涵洞	228	便桥		东草居委会	
				229	冠带桥	√	东草居委会	
				230	水泥桥		东草居委会	
				231	公园内桥	△	凤凰公司	
				232	公园内桥	△	凤凰公司	
49	智堡引排河	智堡南河	东车站北侧至智堡河	233	智堡5组桥		智堡村	
				234	庄桥		智堡村	
				235	水泥桥		智堡村	
50	岗汀河	√	泰州船闸至新通扬运河	236	招贤桥	√	扬州路	
51	老西河	√	水榭楼后至卤汀河		无			

续表10-3

序号	河道名称	河道拟定名	河道起讫点	桥现有名		桥拟定名	地址	说明
52	葫芦山汪塘	葫芦塘	海陵北路西侧至泰州林场南侧	无				
53	赵家河	√	老东河至薛家河	237	老东河村桥		赵唐村	
54	薛家河	√	薛家庄至七里河西侧	238	姚沟桥	√	赵唐村	
				239	沙沟桥	√	赵唐村	
55	许郑河	√	新通扬运河至许郑庄	240	幸福桥	√	许郑村	
				241	安顺桥	√	许郑村	
				242	红旗桥	√	许郑村	
56	任庄河	√	新通扬运河至任家庄	243	东任七里桥		赵唐村	
				244	东任加工厂桥		赵唐村	
57	海光排水沟	海光沟	海光村出水口至景光河	245	海光排水沟泰九路桥		泰九路	
				246	景光村一桥	√	景光村	
				247	景光村二桥	√	景光村	
58	新通扬运河	√	江都至海安	248	泰北大桥	√		
				249	迎江桥	姜公桥		原为危桥。时任副省长姜永荣来得知后，专程来泰视察，决策列项，筹拨5000多万元重建。姜公于桥竣工前谢世。建议以姜公为名，永志纪念
59	引江河	√		250	海阳桥	√		
				251	泰州大桥	√		
				252	鲍徐桥	√		
				253	二姜桥	√		

续表 10-3

序号	河道名称	河道拟定名	河道起讫点		桥现有名	桥拟定名	地址	说明
59	引江河			254	高寺桥	√		
				255	寺巷桥	√		
				256	刁铺桥	环溪桥		由口岸至刁铺有水曰"环溪",古镇亦曾称"环溪"
		√		257	宁通大桥			
				258	刁陈桥	万庄桥		该桥地处刁铺镇万庄村,亦因万庄羊肉较有名气
				259	高港大桥	√		
				260	龙汪桥	√	龙汪村	
				261	引江大道周山河大桥(在建)		开发区在建	
				262	鲍九桥		鲍徐镇南	
60	周山河			263	吴陵桥(在建)	√	开发区	
		√		264	凤凰桥(在建)		小寿村	
				265	周山河桥	军铺桥	南官河南	
				266	河庄桥	双河桥	双河镇双河村	
				267	周山河桥	白塘桥	塘湾村	
				268	秦庄桥	√	秦蒋村	

第二节　高港区

泰(州)扬(州)分设后,1997年,新建高港区。建区以来,高港区从建区初期以城市防洪工程建设为主,逐步转入城市水环境建设。经过10多年建设,高港区城市水环境逐步完善,相对封闭的城区保水圈已经建成,城区水环境基本达到"水系畅通、调度自如、水位可控、水景优美"。

一、城市水利规划建设

(一)《泰州市高港区城市水系综合规划》

为提高城市水利建设的标准、工程品位,进一步规范城市建设行为,2002年高港区水利局委托南京水利科学院编制了《泰州市高港区城市水系综合规划》。高港区政府于2002年10月18日在区水利局召开了《泰州市高港区城市水系综合规划》评审会。参加评审会的有市水利局、规划局及高港区有关单位的专家代表30余人。此规划按照可持续发展要求,贯彻经济建设、城市建设、环境建设同步规划、同步实施、同步发展的方针,运用定量和定性相结合的方法,通过现状分析,确定高港区防洪排涝的治理方向、规划原则、整治标准、工程布局和运行管理措施,努力处理好外洪与内涝、排涝与排污的关系,指导城市防洪排涝工作。依据《泰州市城市防洪规划》《泰州市高港区水利发展"十五"计划和到2010年长远规划》《高港区城区防洪控制规划》《高港区城市建设规划》等文献,以"构筑堤防,设置闸站;疏浚河道,形成水网;强化护岸,美化水体;严控竖向标高,着力洼地改造;合理布设管网,实施雨污分流"为指导思想。根据高港区城市地形特点、洪水特征和行洪走向,结合现有防洪工程措施,建成以堤防、节制闸为主体的防洪工程,以标准河道和泵站为主体的排涝工程,科学调度运用,形成有效的地表排水与降低内河水位相结合的防洪排涝体系。

(二)《泰州市高港城区水环境综合整治规划》

为适应经济社会发展,加快城市水利基础设施建设步伐,更好地为高港城区水利规划、建设、管理和发展服务,配合城区总体规划修编,2011年,高港聘请扬州市勘测设计研究院有限公司编制了《泰州市高港城区水环境综合整治规划》。规划主要依据《泰州市高港区城市水系修订规划》(2008)、《泰州市城市水系规划》(2011年1月)、《高港区临湖新区控制性详规》《高港区滨江新城控制性详规》,通过拓浚河道、合理配置引水泵站、实施内外河封闭工程等措施,形成活水、保水及水生态环境工程体系,基本可达到城区"水系畅通、水位可控、调度自如、水景优美"的要求。2011年12月14日,高港区人民政府组织了规划评审。规划实施建议:①规划区内部河道、沟塘也是重要的

景观之一,对增加区内容蓄水量、循环水体、改善水质有着重要意义。建议区内各企业在开发建设过程中,保证区内水面积不被减少,骨干河道相沟通,以达到活水的目的。对于内部河道的治理,原则上不采用硬质化措施,对城内需要护砌的河道,应采用新材料、新工艺工程措施,保证河道与两侧土壤内的水体交换。②为提高保水效益,对新建闸、涵的运行管理要落实到位,责任到人,减少闸、涵的漏水,延长保水时间,降低泵站运行成本。③当换水时,应尽可能将尾水排入南官河、古马干河,进而排入长江,避免高沙土区和沿海滩涂污染;当换水遇到通南高水位时,可结合城区排涝泵站,将尾水通过抽排进入南官河和长江。④工程建设严格实行"四制"(项目法人制、工程监理制、招标投标制和工程质量终身责任制),确保工程建设质量和建设进度。

二、城市水利工程建设

(一)城区防洪排涝工程

2002年,高港总投资800万元,实施城区防洪排涝工程。其中,整治二井中沟,投资111.63万元,该工程位于金港路西至水闸处,河口宽12米,石驳墙约4500立方米。整治高港公安局西桥至蔡圩河处河道约500米;在宣南中沟新建1米³/秒闸站1座,闸净宽4米,开挖疏浚河道800米,共完成土方38307.6立方米、石方4632立方米,浇筑混凝土2314.4立方米。投资33.4万元,实施沿江西路泵站工程,新建一座1米³/秒泵站站身,安装闸门、启闭机、机泵及电气设备。

整治后的蔡圩河

2003年,投资1000万元,实施蔡圩河1.4公里河道整治,工程包括新建驳岸、桥梁、道路,景点绿化等。二井中沟东延工程采用了较为先进的顶管和沟埋管相结合的施工工艺,即在泰高路位置,不开挖路基,将∅1500涵管顶进穿过泰高路下基层。该工程总长130米,投资70万元;新区河道路工程,总长约1400米,包括路基处理,混凝土路面浇筑及路基路面养护,下水道、凉亭和桥梁建设,责任期内缺陷修补等内容。

2004年,投资2000万元,实施蔡圩河整治工程。蔡圩河位于高港新区中部,东接王营河,西与南官河沟通,河底高程真高0.5米,宽30米,总长2100米。河道采用块石驳岸护至真高3.5米,其上为1.5米人行道路和绿化护坡,北岸30米、南岸15米为风景绿化带。

2005年,投资1000万元建南官河大桥,工程包括大桥主体建设、征地、拆迁、东侧引桥建设等。桥长80.5米,宽36米。投资800万元整治王营河,整治总长度约3000米,疏浚河道,全面清障、清杂,整理河坡和青坎,种草绿化;二井河泵站和西段驳岸,新建排涝流量2米³/秒的泵站和315米驳岸;蔡圩河整治扫尾,全长2100米,包括河坡及两岸各5米的青坎。

2006年,累计投入800多万元,建成南官河东港堤。堤厚20厘米,水下模袋混凝土7470平方米,灌砌块石护底1805立方米,M10浆砌块石直立墙2904立方米;疏浚许陈河河道500米并新建沿岸直立块石墙,在王营河西侧新建控制涵1座;在老许庄河道建设亲水驳岸,铺设人行道板,坡面整治绿化,同时拆建老桥、新建闸桥;全线疏浚宣南中沟,共完成土方10.2万立方米,改建1米³/秒泵站1座。

2009年,投入210多万元,实施南官河东港堤驳岸工程,在南官河水厂段550米进行块石驳岸。是年还投入100万元,拆除殷戚桥老桥,建53米×6米公路Ⅱ级桥梁1座。

整治后的南官河

2013年,总投资约734万元,建成蔡圩河闸站和王营河闸站。蔡圩河闸站采用闸站结合的形式,中孔为节制闸,两侧各设一台轴流泵,水泵采用正向进水、侧向出水的形式。闸站为双向引排泵站,每个泵室孔布置两扇2.5米×2.8米平面钢闸门,闸室布置两扇5米×2.8米平面钢闸门。通过6扇钢闸门的不同启闭方式实现双向抽水。王营河南闸站采用闸站结合的形式,共两孔,一孔为节制闸,一孔设1台轴流泵,水泵采用正向进水、正向出水的形式。闸室孔布置一扇2.5米×2.3米平面钢闸门。闸站上游翼墙采用钢筋混凝土扶壁结构,下游翼墙采用重力式浆砌块石挡土墙。同期还实施了两泰官河孔桥集镇段护岸工程,驳岸护砌高度自真高0.5~2.6米,护砌工程长度约为950米,并同步实施河坡绿化等水土保持工程,总投资约166万元;周潘中沟及屯沟河护岸工程,投资约209万元,建设范围为许庄河至农业生态园桥之间的河道生态护岸;启动实施王营河中段改造工程,总投资1000余万元,对近500米淤塞严重河道进行沟通、清淤、驳岸、绿化综合整治。

2014年,投资800万元,在蔡圩河与南官河交界处建设4米³/秒双向引排闸站1座,采用闸站结合的形式,闸孔净宽5.0米,泵室净宽2.5米,闸站底板面高程-0.5米,闸站顺水流向长11.6米,闸站顶高程5.6米;在王营河与宣堡港交界处建设1.5米³/秒双向引排闸站1座,采用闸站结合的形式,闸孔净宽2.5米,泵室净宽2.5米,闸站底板面高程0米,闸站顺水流向长8.5米,闸站顶高程5.5米,单泵设计流量1.5米³/秒,设计净扬程2.0米。

2015年,投资1000万元,实施刁东中沟闸站工程,在刁东建设双向引排、闸站结合建筑物1座。工程设计:在闸站两侧置贯流泵各1台,单泵设计流量2米³/秒,中间设计净宽3米闸孔,闸站南侧建18米宽交通桥1座。投资550万元。

是年,还实施了蔡圩河改造工程。改造河道685米,拆除坝埂,疏浚沟通水系,对王营河至高港大道段进行生态砌块护岸、绿化护坡,并建设滨水人行步道和景观栏杆;对高港大道东侧河道进行疏浚整坡,在高港大道西侧建设小型控制涵闸1座。

(二)城市水环境建设、水生态治理

1.河道整治

2014年,投资3600多万元,实施了王营河中段马厂中沟、周梓中沟、官沟中沟、太平中沟4条中沟集镇段整治工程,整治河道6公里,沟通拓浚河道,实施景观和生态护岸。

凤栖湖整治前原貌

整治后的凤栖湖

2015年,投资5000万元,启动凤栖湖水生态治理项目,完成土方61.8万立方米,实施护岸2.96公里,建环湖路2.75公里,浇筑混凝土及杉木桩护岸3.3公里,疏浚整治河道4条5.34公里,浇筑混凝土挡墙1.26公里、生态砌块挡墙9.42公里;建设张马支沟闸站,设计流量6米³/秒;建设集成中沟闸桥,设计流量6米³/秒。

2.污水管网工程

2005年,投入1400万元,实施污水管网一期工程。建设管线13公里,污水提升泵站2座,过河倒虹管4座。2006年,投入近2000万元,实施污水管网二期工程。在刁铺建污水管网14公里,污水提升泵站1座。2007年,投入1360万元,实施城区污水治理第三期工程。建设宣堡港、新区河、建设河、江平路等沿河(路)截污管道9公里。2010年,投资90多万元,实施了三泰啤酒厂、口中、建设局、人社局污水管网工程,封堵沿河溢流口、防潮门7处。是年,还投资220万元,新铺设供水干管1.3公里,实施塘许路供水管网工程,解决了许庄、野徐、白马等地用水高峰期的供水压力不足问题。2011年,投资1500万元,实施东部地区农村饮水安全改造一期工程。此工程采取以奖代补的形式由相关镇(街道)负责实施,高港区水利局负责督查和提供技术支持。2015年,投资280万元,铺设沿通港路、王营路供水管道1.38公里,有效解决了王营路附近锦绣珑湾等小区的供水需求。是年,还完成永安洲污水处理厂二期扩建工程。扩建后,污水处理厂处理污水的规模增至4万吨/日。同期还实施高港自来水公司出厂总管通港路延伸工程。

高港区港城污水处理厂　　　　　　　　　　高港区港城污水处理厂生态湿地

第三节　姜堰区

姜堰区位于长江、淮河两大水系交界处,城区面积为12.36平方公里。以328国道为界,路南属长江水系,历史最高水位为4.96米,最低水位为0.98米,地面高程5.0~5.8米;路北属淮河水系,历史最高水位为3.41米,最低水位为0.6米,地面高程3.9~4.6米。常年水位差1米左右。历史上姜堰城区规模较小,防洪职能一直由建设部门负责。21世纪以来,随着城镇化进程加快,姜堰城区规模不断扩大,城市水利建设也日显重要。2003年,姜堰市委、市政府将城市防洪职能划归市水利局。为搞好城市防洪及河道综合整治工作,2003年4月28日,姜堰组建了姜堰市城市水利投资开发有限公司,注册资金2036.78万元。该公司经营范围为:城市防洪及河道综合整治工程项目的投资、开发、建设和管理。

2005年3月姜堰正式出台《姜堰市城市防洪规划》。

经过十几年的建设,姜堰城区河道得到全面整治,建成了多座节制闸、泵站等防洪、活水工程,防洪排涝能力得到提升,城区河道管护常态化,水环境得到有效改善。

一、河道综合整治

姜堰老城区除骨干河道外,大部分河道蜿蜒曲折,部分地段被人为阻断不连通,加上生活垃圾和建筑垃圾随意倾倒,导致排水不畅,水环境恶化,严重影响城区防洪排涝。从2005年起,姜堰对城区河道进行综合整治。

2005年实施4项工程。投资2764万元,实施中干河滨河绿化一期工程。该工程包括河道清淤、水环境治理、景观建设、三水汇聚广场、亮化、绿化等。投资932万元,实施陵园河整治工程。工程包括建节制闸1座和过路箱涵,河道护坡2.1公里,新开河道0.6公里。投资644万元,实施府前河整治工程。工程包括块石护坡2.4公里,建节制闸1座。投资298万元,实施汤河东段整治工程。工程包括护坡0.85公里,疏浚土方3.5万立方米,河道绿化整治等。

2006年实施8项工程。汤河西段整治工程:工程包括新开河道1.3公里,新建桥梁2座,新建闸站1座及管理用房,河道疏浚1.8公里,绿化、美化等,投资1504万元;罗塘河(老通至三水河段)整治工程:工程包括河道护坡0.72公里,新建闸站1座及管理用房,罗塘河顶管、河坡加固,新建滚水坝等,投资1081万元;东方河整治工程:工程包括护坡0.5公里,疏浚河道2公里,河边绿化、美化等,投资118万元;黄村河北段整治工程:工程包括河道护坡3.05公里,疏浚土方16.4万立方米等,投资530万元;三水河(下坝新桥至淮海路)整治工程:工程包括河道清淤、块石驳岸、绿化、亮化、景观建设等,投资350万元;汤河西段整治二期工程:工程包括新开河道1.3公里,护坡2.6公里,河道疏浚1.8公里,新建闸站1座,绿化、美化等,投资1324万元;黄村河(姜堰大道至天目路)整治工程:工程包括河道护坡3.05公里,河道疏浚土方6.4万立方米,景观绿化,完善配套设施等,投资530万元;黄村河(罗塘路至姜堰大道)整治工程:工程包括河道护坡0.6公里,疏浚土方2万立方米,投资97万元。

2007年实施了4项工程。砖桥河整治工程:工程包括新建节制闸1座及管理用房,新建桥梁1座,完成河道疏浚土方1.7万立方米,河道护坡2.600米等,投资830万元;黄村河北段整治工程:工程包括河道护坡3.050米,河道疏浚6.4万立方米,景观绿化等,投资580万元;东方河西段整治工程:工程包括新建封闭箱涵,新建滚水坝1座等,投资500万元;三水河大鱼池整治工程:工程包括河道清淤、护坡,景观绿化等,投资390万元。

2008年实施3项工程。种子河整治工程:工程包括河道护坡3.200米,新建闸站1座,新建桥梁6座,过路顶管,绿化、美化等,投资1462万元;汤河东延整治工程:工程包括生态护坡1.55公里,新建闸站1座,新建桥梁1座,购买管理用房,顶管80米,沿河绿化、栏杆等,投资1275万元;吴舍河整治工程:工程包括新建护坡0.6公里,安装栏杆,景观绿化等,投资200万元。

2009年实施5项工程。时庄河整治工程:工程包括疏浚河道3.2公里,土方10万立方米,生态护坡3.2公里,新建桥梁6座,全线生态绿化等,投资1410万元;罗塘河北段整治工程:工程包括河道护坡

1.5公里,新建桥梁2座,新建过路路涵1处,清淤土方6万立方米,全线生态绿化等,投资2543万元;黄村河南段整治工程:工程包括河道护坡3.2公里,疏浚土方4.5万立方米,投资628万元;汤河东延(328国道至生产河段)整治工程:工程包括河道清淤,生态护坡1.5公里,新建箱涵、过路顶管,绿化等,投资380万元;城北村荷花组臭水沟治理:工程包括铺设雨水管道,回填土方等,投资28万元。

2010年,实施3项工程。许陆河整治工程:工程包括河道护坡1.5公里,新建闸站1座,新建公路桥1座,疏浚土方7万立方米,投资460万元;西姜黄河整治工程:工程包括河道疏浚4.5公里,疏浚土方14万立方米,投资345万元;周山河整治工程:工程包括河道整治8.97公里,河坡护砌长17.70公里,沿线6条支河口拉坡及支河口护砌共长0.4公里,投资2689万元。

2011年实施5项工程。鹿鸣河、砖桥河、三水河等河道清淤工程:共疏浚河道6.9公里,清淤土方2.8万立方米,投资36万元;单塘河、姜溱河清淤工程:工程包括疏浚河道1.95公里,疏浚土方2.15万立方米,投资53.75万元;龙叉港整治工程:工程包括疏浚河道3.4公里,清淤土方6.8万立方米,投资100万元;砖桥河(东方河至新通扬运河段)治理工程:工程包括河道疏浚0.8公里,护坡1.6公里,投资340万元;老通扬运河(磨桥河—黄村河)整治工程:工程包括河道拓浚7.75公里,河坡护岸全长7.6公里,护砌段整修1.76公里,投资2626万元。

2012年实施5项工程。四支河闸站工程:工程在四支河(南京路)新建闸站1座,用于改善河道水质,投资260万元;城区河道绿化工程:工程包括鹿鸣河、西姜黄河、汤河、罗塘河等绿化,投资288.2万元;马宁河整治工程:工程包括河道清淤,生态护坡2.2公里,景观建设等,投资480万元;四支河清淤工程:工程为河道疏浚3.2公里,投资60万元;茅山河整治工程:工程包括河道治理12.3公里,设计河底真高−2.0米,底宽20米,边坡1:3,新建圩堤1.25公里,加固圩堤10.32公里,新建圩口闸1座,新建泵站1座,拆(移)建生产桥2座,总投资2428万元。

2013年实施6项整治工程。四支河整治工程:工程包括河道清淤2.2公里,生态护坡4.4公里,投资200万元;姜溱河清淤工程:工程包括疏浚河道4.5公里,清淤8万立方米,投资131万元;一支河(河道护坡、桥梁、绿化)工程:投资1276万元;泰州市水生态治理工程河道施工05标(许陆河):工程包括河道清淤1公里,新建挡墙护坡2公里,投资199万元;泰州市水生态治理工程河道施工06标(328国道沿线):工程包括河道清淤2.4公里,新建护坡4.8公里,投资460万元;西姜黄河整治工程:工程包括河道疏浚干河长7.9公里,支河长0.5公里,新建护坡长7.5公里,新建挡墙长7.1公里,新建镇北河幸福桥1座,投资2811万元。

2014年实施9项工程。许陆河整治工程:工程包括疏浚河道1.7公里,新建护坡3.4公里,投资350万元;老通扬运河白米段整治工程:工程包括河道清淤0.820公里,新建块石护坡1.6公里等,投资500万元;马宁河闸、箱涵、压顶工程:工程包括新建节制闸1座、箱涵1处,投资388万元;府前河清淤工程:工程包括河道清淤3公里,土方3.3万立方米,投资54万元;巴黎小学南河道整治工程:工程包括生态护坡0.26公里,清淤土方3000立方米,投资45万元;老通扬运河支河口等护坡工程:工程包括河道护坡0.87公里,清淤0.2公里,拆建电灌站1座,投资108万元;汤河绿化(姜堰镇)工程:工程包括新建绿化覆盖面积2.4万平方米,投资55万元;泰州市水生态治理工程(西一支河、时庄河):工程包括河道清淤3公里,新建挡墙护坡3.3公里,绿化3.5万平方米,投资1064万元;老通扬运河东段(磨桥河—东兴家园)整治工程:工程包括河道清淤7.1公里,块石护坡14.2公里等,投资2955万元。

2015年实施8项工程。单塘河整治工程:工程包括新建木桩护岸1.8公里,清淤河道0.9公里,新建滚水坝1座,投资723万元;吴舍河整治工程:工程包括新建生态护岸2.2公里,清淤河道1.1公里,新建引水泵站1座,投资498万元;老通(东段)绿化工程:工程为新建绿化8公里、1.6万平方米,投资190万元;时庄河综合整治工程:工程包括河道清淤0.9公里,新建生态木桩护岸1.8公里,新建节制闸1座,投资470万元;马厂路套闸桥工程:工程为新建长57米、宽18米桥梁1座,投资700万元;时庄河闸站工程:工程为新建引水泵站1座,投资300万元;白米闸河溢流堰建设工程:工程为新建溢流堰1座,投资45万元;泰州市水生态治理工程姜堰区河道整治01标(四支河):工程包括新建四支河闸站,河道清淤1.3公里,新建挡墙护坡2.02公里,投资413万元。

二、防洪工程

姜堰城区因具有特殊的地理位置和较高的地面高程,历史上虽遭遇几次洪涝灾害,但损失不大,未受洪水淹没,所以未建设防洪堤。由于种种原因,原城区防洪排涝基础设施标准不高,缺乏统一科学规划和有效管理,致使河道淤积、河流污染、排水系统混乱不配套、排涝能力不足、管理机制不完善、执法力度不够等问题,城市防洪面临很大压力。

姜堰通南河道的水位、水量均由泰兴、高港、靖江等地的沿江口门和江都、泰州引江河等枢纽工程控制。上、下河水位高差一般在1米左右。为了控制上、下河水位,凡是连通上、下河的河流都设有套闸或节制闸。

自2003年以来,城区先后新建了8座闸、9座闸站,分别为中心闸、鹿鸣闸、砖桥闸、许陆闸、马宁闸、革命闸、一支河闸、时庄河北闸、罗塘河闸站、汤河闸站、汤河东闸站、种子河泵站、一支河泵站、吴舍河泵站、时庄河闸站、四支河闸站、四支河闸站。

此间,对黄村河、府前河、三水河、东方河、鹿鸣河、砖桥河、汤河、罗塘河、中干河、种子河、一支河、四支河、许陆河、马宁河、单塘河、吴舍河、时庄河、古盐运河、西姜黄河城区段进行了综合整治,其中黄村河、府前河工程护坡近7.5公里;鹿鸣河工程拆迁92户,护坡1.6公里;三水河工程下坝石桥至淮海路段两岸块石护坡,铺设了游步道,安装了白矾石栏杆,实施了墙体贴面,绿化、亮化全部到位。为了进一步完善局部水系,对东方河砖桥河至姜官路段、汤河东段进行了疏浚整治,对汤河西段进行了重新规划、疏浚整治,为了不破坏人民南路地面设施及因施工改道交通的问题,进行地下直径2米的顶管推进工程,使汤河东西贯通,2007年还对罗塘河进行整治。2010年之后,对老通扬运河、西姜黄河城区段的治理,使得姜堰城区两条历史悠久的重点河道得到了翻天覆地的改观。对一支河、四支河、单塘河、吴舍河、时庄河的治理使得姜堰城区环境整治有了明显的改善。

通过十几年的城市水利工程建设,投入之巨、起点之高、力度之大,在姜堰历史上史无前例,原来那种水路不通、水质恶劣、臭气熏天的旧貌得到了根治,城区河道环境的改善,为沿线居民休闲提供了好的场所。

表 10-4　姜堰区城区河道防洪能力情况表

河道名称	所属镇（街道）	长度（公里）	护坡衬砌长度（公里）	位置	河道作用	护坡衬砌类型	闸、闸站具备情况
汤河	罗塘街道	3	3	西至时庄河，东至328国道	引排水	块石挡墙和生态模块墙护坡两种形式	建有汤河闸站、汤河东闸站
种子河		2.9	2.9	南起西姜黄河，北至老通扬运河	引排水	浆砌块石挡墙	建有种子河泵站
西姜黄河（城区）		2.4	2.4	北至老通扬运河，南至328国道	航道、引排水	连锁式生态混凝土预制块护坡为主	
罗塘河		3.3	3.3	南起老通扬运河，北至单塘河	引排水	生态模块墙、块石墙	建有罗塘河闸站
单塘河		1.1	1.1	西起中干河，东至姜溱河	引排水	木桩护坡	建有单塘河滚水坝
吴舍河		1.1	1.1	西起中干河，北至单塘河	引排水	木桩、生态模块墙、生态袋护坡	建有吴舍河泵站
时庄河（城区）		2.2	2.2	南至姜泗路，北至老通扬运河	引排水	木桩、生态砖护坡	建有时庄河北闸、时庄河闸站
三水河		2.4	2.4	南起老通扬运河，北至淮海路	引排水	浆砌块石挡墙	建有三水闸
东方河		1.7	0.5	西起姜官路，东至229省道	引排水	浆砌块石挡墙	
砖桥河		2	2	南至老通扬运河，北至新通扬运河	引排水	浆砌块石挡墙和生态护坡两种形式	建有砖桥闸
鹿鸣河		2.5	2.2	南至老通扬运河，北至新通扬运河	引排水	浆砌块石挡墙	建有鹿鸣闸
老通扬河（城区）		5	5	西至中干河，东至328国道姜堰东转盘	航道、引排水	浆砌块石挡墙	
中干河（城区）		5.3	5.3	南至328国道，北至新通扬运河	航道、引排水	浆砌块石挡墙	
府前河	三水街道	3	3	西至黄村河，东至中干河	引排水	浆砌块石挡墙	建有中心闸
四支河（城区）		3.2	3.2	西至黄村河，东至中干河	引排水	连锁式生态混凝土预制块护坡	建有四支河闸站、四支河闸站
东一支河		2.5	2.5	南至老通扬运河，东至中干河	引排水	连锁式生态混凝土预制块护坡	建有一支河闸、一支河泵站

表 10-5　姜堰城区河道整治工程一览表

序号	年度	工程名称	投资(万元)
1	2005	中干河滨河绿化一期工程	2514
		陵园河整治工程	932
		府前河整治工程	644
		汤河东段整治工程	298
		合计	4388
2	2006	汤河西段整治工程	1504
		罗塘河南段整治工程	1081
		东方河整治工程	118
		黄村河北段整治工程	530
		三水河(下坝新桥至淮海路)整治工程	350
		汤河西段整治工程	1324
		黄村河(姜堰大道至天目路)整治工程	530
		黄村河(罗塘路至姜堰大道)整治工程	97
		合计	5534
3	2007	砖桥河整治工程	830
		黄村河北段整治工程	580
		东方河西段整治工程	500
		三水河大鱼池整治工程	390
		合计	2300
4	2008	种子河整治工程	1462
		汤河东延整治工程	1275
		吴舍河整治工程	200
		合计	2937
5	2009	时庄河整治工程	1410
		罗塘河北段整治工程	2543
		黄村河南段整治工程	628
		汤河东延(328国道至生产河段)整治工程	380
		城北村荷花组臭水沟治理	28
		合计	4989
6	2010	许陆河整治工程	460
		西姜黄河整治工程	345
		周山河整治工程	2826
		合计	3631

续表 10-5

序号	年度	工程名称	投资（万元）
7	2011	鹿鸣河、砖桥河、三水河等河道清淤	36
		单塘河、姜溱河清淤工程	53.75
		龙叉港整治工程	100
		砖桥河（东方河至新通扬运河段）整治工程	340
		老通扬运河（中小河流项目）整治工程	2626
		合计	3155.75
8	2012	四支河闸站工程	260
		城区河道绿化工程	288.2
		马宁河整治工程	480
		四支河清淤工程	60
		茅山河（中小河流项目）整治工程	2428
		合计	3516.2
9	2013	四支河整治工程	200
		姜溱河清淤工程	131
		一支河（河道护坡、桥梁、绿化）工程	1276
		泰州市水生态治理工程河道施工05标（许陆河）	199
		泰州市水生态治理工程河道施工06标（328国道沿线）	460
		西姜黄河整治工程	2811
		合计	5077
10	2014	许陆河整治工程	350
		老通扬运河白米段整治工程	500
		马宁河闸、箱涵、压顶工程	388
		府前河清淤工程	54
		巴黎小学南河道整治工程	45
		老通扬运河支河口等护坡工程	108
		汤河绿化（姜堰镇）工程	55
		泰州市水生态治理工程（西一支河、时庄河）	1064
		老通扬运河东段整治工程	2955
		合计	5519

续表10-5

序号	年度	工程名称	投资（万元）
11	2015	单塘河整治工程	350
		吴舍河整治工程	498
		老通（东段）绿化工程	190
		时庄河综合整治工程	470
		马厂路套闸桥工程	700
		时庄河闸站工程	300
		白米闸河溢流堰建设项目	45
		通南片水生态调度控制工程征地及附着物补偿费	399
		泰州市水生态治理工程姜堰区河道整治01标（四支河）	413
		合计	3365
12	2016	白米套闸加固改造工程	68.6250
		革命河闸工程	122.7923
		鹿鸣河人行桥工程	37.5447
		河滨广场仿古建筑工程	92.1577
		河滨广场仿古建筑装饰改造工程	44.9190
		河滨广场景观亭室内装修工程	24.5714
		四支河闸站箱变用电工程	25.2573
		四支河溢流坝改造工程	32.5923
		四支河（黄村河至杭州路）整治工程	313.0765
13	2017	四支河（黄村河至杭州路）绿化工程	299.9860
		许陆河桥工程	150
		汤河、鹿鸣河、砖桥河清淤工程	90
		罗塘河疏浚工程	29.9478
14	2018	中干河备用水源地二级保护区防护栏安装工程	70
		环保设备固化清淤工程（东方河、种子河）	76.3498
		河滨广场提档升级改造工程	1200
		罗塘河、东方河、种子河河道绿化工程	41.3033
		合计	1387.6531
15	2019	老通扬运河（崔母大桥至元和桥）疏浚工程	29
		三水河疏浚工程	87
		鹿鸣河、砖桥河等河道绿化工程	141
		邰家垛河沟塘整治工程（工程款）	62
		合计	319.00
		2005—2019年总投入	47450.0731

第四节　靖江市

靖江市位于省苏北平原南端,处于富饶的长江三角洲,南濒长江,与张家港市、江阴市和常州新北区相望,东北至西北分别与如皋市、泰兴市毗邻。襟江近海,拥有长江岸线52.3公里,所属水域是长江黄金水道的一部分,水运发达,交通便捷。广靖高速公路、新长铁路纵穿境内,沿江高等级公路、宁通高速公路横贯东西,更有江阴长江大桥飞架南北,历为中国东部水陆交通之要冲。区域总面积655.58平方公里,其中陆地面积569.16平方公里,水域面积86.42平方公里。现靖江城区面积131.61平方公里,有县级河道4条、乡级河道13条、村级河道180条。明成化七年(1471),靖江县城初建时即建西水关引水入城。明嘉靖年间开市河、城壕,而后城区相继开挖巽河、官堤河、运河、玉带河等。民国期间,先后4次小规模地开浚城区河道。新中国成立后,结合县城建设,对以上河道又多次进行疏浚拓宽。改革开放后,城市水利规划进一步完善,城市水利得到大规模建设与发展,防洪排涝、供水给水、水质改善、水土保持等取得一定成效。

一、城市水利规划

(一)《靖江市城市防洪规划》

2002年,靖江市政府组织编制。规划明确规定2001—2005年,侧重抓市河疏浚清淤,提高河道滞涝行洪能力。

(二)《靖江市城区水系综合整治规划》

2005年编制。规划提出"十一五"期间重点对照20年一遇排涝标准和城区河道水系畅通的要求,达到"水流、水活、水清"的目标。继续抓好市河水土保持,维护水域面积,大力推进城区河道驳砌疏浚工程,采取"分片控制、提水调度"的办法,调整配套提水泵站。与此同时,着力倡导水文化、水景观,提出以十圩港景观带为纵轴线,结合其他干河串连的滨水景区创意和建设。

（三）《靖江市水利现代化规划（2012—2020）》

2012年,靖江市水利局会同南京水科院编制。其中涉及城市水利方面主要是水生态综合治理与保护。

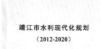

（四）《澄靖工业园区"十二五"水系综合整治规划》

在注重城市水利规划的同时,新港园区于2005年编制水系综合整治规划。2008年《澄靖工业园区"十二五"水系综合整治规划》通过专家评审。2013年新桥园区水系综合整治规划出台。2016年前,各开发园区依据规划,先急后缓、量力而行、分期实施。

二、城市水利工程

1999年前,靖江城市防洪工作由城建部门和靖城镇共同负责。是年3月起,靖江市政府决定城区河道建设、管理和城区防汛排涝由靖江水利局负责(地下排水管网仍由市建委负责)。

城区的主要排涝河道,汛期严格执行靖江市防指制定的梅雨和台风、暴雨期间水情调度计划和指令,同时采取"雨前预降、边降边排、雨后抢排"的措施。

（一）旧时河道整治

明成化七年(1471),靖江县城初建时即建西水关引水入城,以利人民用水。明嘉靖年间开城内河和外城濠。后来,由于外城壕日久不浚,市河淤塞,百姓填土架屋于其上,不便疏浚。明嘉靖年间,靖江知县汪玉首开东关市河;万历年间,知县朱勋续开西关市河;崇祯初年,知县叶良渐疏浚市河;崇祯十年(1637),知县陈涵辉组织大规模疏浚市河,城市水利得以改观。此后,城区相继开挖巽河、官堤河、运河、玉带河等。1932—1946年,先后由靖江浚港委员会、河委员会和靖江政府建设科主持4次开浚城区河道。后因战事频繁,市河疏浚停止,至新中国成立前,靖江城区大部分河道淤塞废弃。

(二)老城区的河道治理

靖江老城区东起十圩港,南至横港,西至庙宇港,北至真武河,地面高程3.5～4.0米,地势西高东低,引排水条件较好。1996年8月,地级泰州市成立以后,水利进城,靖江更快地推进了老城区的河道治理,每年轮浚5～6条市河;进入21世纪,靖江注重城区清水廊道建设,从而保持了城区水系通畅,河道过水断面及其行洪排涝能力提升30%左右,基本达到20年一遇排涝要求。

1997—2006年,实施西城河(新建路至骥江西路)、玉带河(建造曲桥1座,跨度20米交通桥1座)、十圩港(东北环大桥至江阳路)、真武河(城北桥至红星桥)、渔婆港、横港(人民路至城南闸段)、小兔子桥河(人民路至中医院西侧)、城河、团河东段、四公河、团河、庙宇港、展四港、北城河等的疏浚驳砌等工程,2003年,将真武河上原0.5米³/秒泵站改造为1米³/秒提水泵站;在团河与六三港交界处和庙宇港南首各建1座1米³/秒提水泵站;在东城河、东支沿河、泗公河、七一河等建排水涵。

2007—2010年,驳砌疏浚下六圩港、横港、东城河(江华街至十圩港)、展苏港(横港至二院)、团河西段(季旺桥至六三港)、长田岸河(渔婆港至庙宇港)、西天生港(东横港至南环)。2007年,在下六圩港(横港至江边),建配套桥、涵、站76座;其中,净宽8米的水闸和3台20米³/秒双向提水泵站2012年竣工。2007年冬至2010年,实施横港东段、西段(十圩港至七圩港东)、东横港(十圩港至西天生港)、老横港(江华桥至老十圩港之东)、东城河(江华街至十圩港)、展苏港(横港至二院)、团河西段(季旺桥至陆三港)、大河上河(启航至朱大路)、庙宇港西岸(泵站至城西桥)、长田岸河(渔婆港至庙宇港)、西天生港(东横港至南环)、北横港(十圩港至东湖园)、北城河、公园北侧河驳砌疏浚工程,至2010年,疏浚市河包括城乡接合部的河道累计38条(段),长35.1公里,完成土方98.4万立方米,驳砌河道挡土墙23条(段),长26.5公里,完成混凝土10.8万立方米,新建、改造泵站共计12座,工程总投资1.42亿元。

2011—2015年,靖城镇城中村投资建设有限公司先后组织整治马尤方埭后沟、七一西河、马家沟(西环东侧)、北二组后沟、团河(陆三港至曾家港)南二、三、四、五组后沟等河道2430米;实施浆整治、砌石挡墙,浇筑混凝土2.5万立方米。

2014年,对招明埭河(陆三港至曾家港)长530米和正南村七组河(陆三港至展苏港)长288米等2条河道疏浚治理,实施植物生态混凝土挡土墙,完成混凝土0.75万立方米。

2015年,实施横港(七圩港至下六圩港)疏浚驳砌挡土墙工程,南北两岸长2.5公里,完成石方1.2万立方米、土方3.9万立方米。2016年,靖城镇对马家沟(西环西侧)长240米、大寨河(庙宇港东侧)长320米、友仁村大陆地前沟(陆三港至建校)长115米实施疏浚驳砌石挡墙,完成石方0.52万立方米。是年,靖江老城区河道疏浚驳砌及清水廊道工程基本结束。靖江市河道管理处注重长效管护,做好调水换水,并组织定期轮浚。

2014—2016年,共轮浚市河16条,其中,2014年完成5条,2015年完成6条,2016年完成5条,总长13.84公里。通过轮浚,靖江城区河道过水断面及其行洪排涝能力提升20%以上,基本达到20年一遇排涝要求。

2013年,下六圩港闸站枢纽建成投入试运行,以20米³/秒提引长江水向城区供水补水,年均约6000万立方米,在2016年"7·3"梅雨期暴雨出现洪峰下泄、江潮顶托时,开机排涝751.7小时,排水1810.73万立方米,缓解了城区排涝压力。

(三)2007—2015年老城区新建闸站

1.单向提水站

1997年,市城乡建设局在真武河与渔婆路交界处建0.5米³/秒真武河泵站。2003年市水利部门将其改造为1米³/秒提水泵站。是年,城区在团河与陆三港交界处、庙宇港南首各建1座1米³/秒提水泵站。

2007—2008年,实施城区河道综合整治和水源骨干工程,先后在展苏港、展泗港与横港交界处建2米³/秒、0.5米³/秒提水泵站各1座,在八圩港与横港交界处建1米³/秒八圩港提水泵站;在玉带河中段建0.2米³/秒玉带河提水站。

2009年,孤山灌区节水配套工程在渔婆港与界河交界处南侧建4米³/秒渔婆港提水站;翌年,城区水源骨干工程在十圩港与徐家埭河交界处建0.5米³/秒康兴提水站;在十圩港与西小圩后沟交界处建0.5米³/秒虹兴提水站;在渔婆港与安宁路交界处建0.5米³/秒安宁路提水站;在庙宇港与陈家埭河交界处建0.5米³/秒西郊公园提水站。

2010—2016年靖城镇在虹兴社区东横港建0.5米³/秒的桃园路排涝泵站,虹兴4队建0.6米³/秒排涝泵站,友仁社区建0.3米³/秒排涝泵站,虹桥社区建0.6米³/秒虹桥菜场排涝泵站,西郊社区建0.2米³/秒大寨河提水泵站。

2.双向提水站

对难以打通排水出路的河道建双向泵站,既可提水,又可排水。2008年,先后在东城河与十圩港交界处建0.5米³/秒东城河双向提水站,在泗公河与横港处建0.5米³/秒泗公河双向提水站,在老横港与十圩港交界处建孔宽5米水闸和2米³/秒提排泵站。2009年,改造团河泵站为1米³/秒双向提水站。

2010年在西天生港与东横港交界处建2米³/秒双向提水站。用于老城区的提排泵站共4座,提排流量4米³/秒,再加上部分闸站开启闸门自排涝水,使老城区河道除涝能力从10年一遇提升至20年一遇。

2012年冬,在下九圩港入江口重建单宽4米节制闸和3台(套)8米³/秒提排泵站。2016年,在十圩港(阳光大桥南侧)建2米³/秒提水泵站,沿着阳光大道南侧,采取埋管、顶管方法放置压力钢管至九圩港,长350米。通过泵站提水,改善九圩港水体质量。

"十二五"期间,靖江滨江新区保留0.5米³/秒宜和排涝站,相继在雅桥、富阳、宜稼、江阳各建1座0.5米³/秒排涝站。中洲路北侧河建1座2米³/秒排涝站。2012年春,牧城生态园在螃蜞港西岸建3米³/米排涝站,可开机引排生态园内涝水入江。

2015年,新小桥港入江口建孔宽5米水闸和3台20米³/秒的双向提排泵站,新小桥港(一期)工程投入运行后,滨江新区防洪排涝能力明显提升。是年,滨江新区江阳路0.5米³/秒单向排涝泵站移交河道管理处管理。在城北园区真武河与七一河交界处建0.5米³/秒提水泵站。

2016年,在城南园区七圩港与横港交界处建孔宽4米水闸和2米³/秒提水泵站1座,可启闭闸门,亦可开机提水,通过七圩港排入长江,又可提水改善七圩港水环境。是年,在中心港与南横港交界处南侧建孔宽5米水闸,将孤北洼地的涝水经孤山南横港排入十圩港,可减轻城北园区中心港、沙泥河的排涝负担。为缓解老城区和重点低洼地区的排涝压力,市河道管理处储备应急抢险排涝机泵56台(套)。

(四)新城区河道治理

1.城南园区

通过域内八圩港、七圩港、六圩港、五圩港、四圩港等河道进行引排水。2007年,疏浚七圩港横港至江边段7.8公里,完成土方11.6万立方米。2008年,疏浚下五圩港横港至江边段7.4公里,完成土方6.66万立方米。2009年,疏浚驳砌徐家垛河、美人垛河,总计长3.8公里,河口宽6～8米,完成石方1.03万立方米、土方4.88万立方米,同时新建0.5米³/秒提水泵站和排水涵洞各1座,工程总投资587.74万元。2011年,疏浚驳砌沈家圩河,长980米,口宽14米,两岸实施植物生态混凝土护岸,建2座桥梁,工程总投资616万元。2013年,港整下九圩朝阳路至江边段5公里的河道,疏浚和两岸长10公里挡土墙驳砌工程同步实施,河口宽18～20米,完成土方20.5万立方米、石方1.51万立方米、混凝土0.96万立方米。2014年,疏浚驳砌鼎新桥前沟六圩港至七圩港段1100米,口宽14米,完成石方9300立方米。2015年冬,中小河流治理重点县(一期)项目疏浚和格宾生态护坡治理下四圩港(横港至江边)、下七圩港(横港至江边)河道,总计长14.68公里,完成土方22.03万立方米。

2.城北园区

2008年,疏浚驳砌齐心河(人民路至工农河),长550米,口宽5米,为直立式挡土墙。2009年,疏浚驳砌工农河(北环至真武河),长0.6公里,口宽12～14米,为直立式挡土墙,上部为生态混凝土连锁块护坡。2010—2012年,疏浚驳砌工农河(北环至北二环北首),长1.7公里,口宽12～14米,为直立式挡土墙,上部为灌砌石坡面。2013年,疏浚驳砌七一河(人民路至渔婆港),长1.8公里,口宽6～10米,为直立式挡土墙。是年冬,疏浚中心港(南横港至沙泥河),长3公里,河底宽4米,底真高0.4米,口宽20～22米,完成土方4.9万立方米;驳砌疏浚大港南段(姜八路东至十圩港),长450米,口宽16～18米,为直立式挡墙、生态草皮护坡。2013—2015年,驳砌疏浚沙泥河(渔婆港至十圩港),长2.6公里,口宽20～16米,为直立式挡墙。2015年冬,中小河流治理重点县(二期)项目安排工农河北段(北二环北首至孤山南横港)河道开挖和格宾生态护砌工程,长2公里,底真高0米,顶真高3.5米,底宽10～12米,河口宽14～16米,完成土方20.73万立方米。

3.滨江新区

2008—2015年,靖江对该区西天生港北段和南段、江阳河(西天生港至新小桥港)、城东大道河(江阳河至市政府)、江洲路北侧河、公兴河、南天生港(又称阜公河)等进行驳砌疏浚。2010年,在西天生港与东横港交界建造2米³/秒双向提排泵站。2015年春,开挖新小桥港河道江边至江阳河2.8公里,底宽8米,底高-1.0米,口宽40米,完成土方14.9万立方米,两岸实施复式护岸工程,基础0.2～1.8米为直立挡墙,中部1.8～3米为植物混凝土生态墙,上部3～4米为植物绿色草皮护坡。同时,拆除江边林家港封口涵,在新小桥港建造孔宽5米的水闸和20米³/秒双向提水泵站。同年,还疏老小桥港等8条(段)河道共计18.1公里。标准均为:河底宽4～6米,底高0米,口宽20～22米,完成土方合计20.3万立方米。

(五)沟通水系

为不影响交通和居民生活,2007—2010年,靖江采取不破拆路面,用顶管、埋管的方法沟通水系,解决断头河、实心沟的排水出路问题。

2008年,在展苏港(二院至西环绿岛)实施直径2米顶管,长140米。长田岸河(穿越西北环路、朱大路、渔婆路)长240米,其中顶管140米,埋管100米,均为直径2米混凝土管道。是年,竖向玉带河(江山路至中医院北侧)因2002年驳砌挡墙基础滑移,影响西侧居民住宅楼安全,改为铺设直径1.5米管道,长185米,填土建绿化带。同年,北城河(穿越安宁路、北大街及人民路)分别实施直径1米、0.8米顶管,总计长730米。东城河(穿越东兴街及垃圾中转站)铺设直径1.5米管道,长40米。玉带河(农委至竖向玉带河)实施直径1.5米顶管,长200米。翌年,东城河(竖向玉带河至江华街)穿越江山路、江华街北段实施直径1.5米顶管,长520米。

2009年,对侯家弄后沟(穿越朱大路、渔婆路)实施直径1.5米顶管,长100米;朱大路之西至侯家弄后沟、朱大路之东至渔婆港铺设直径1.5米涵管,长315米。是年,康兴社区(穿越农机公司住宅楼)铺设直径1.2米涵管,长180米;实施直径1.2米顶管,长80米。虹兴社区西小圩后沟(沟通十圩港泵站)铺设直径1.2米管道,长80米。同时,沟通河道管理处南侧河,穿越桃园路埋管,长36米,至老十圩港排水。

2011—2013年,在江洲路北侧铺设直径1米涵管及顶管,与八圩港沟通排水,长600米。在江阳路南侧铺设排水涵管,与工校集水坑沟通,缓解合兴路、华侨新村一带的排涝矛盾。城南办事处在三江东路铺设0.8米排水涵管道,与十圩港沟通,长320米。

三、供排水建设

(一)供水

明清、民国时期,靖城居民长期饮用河水和井水。新中国成立后,靖城居民仍主要依靠河水。1966年,靖江首建成小型自来水厂1座(靖城自来水厂),日供水1200吨。后因水质硬度增高,停止饮用。经1969年和1975—1979年的改、扩建,日产能力提高到1.5万吨。1982年9月,集资340万元筹建长江水上水厂,1986年5月竣工,该厂直接取用长江水,日产能力2.5万吨。1987年供水量784.3万吨。

1996年在雅槽港与蟛蜞港之间建成江边水源厂,取用长江水,日产能力25万吨。2006年,在澄靖工业园区办事处新建江防水厂,与合兴水厂联网供水,日供水能力7.5万吨。2007年市自来水公司由市住建局划归市国资委管理,改称市华汇供水有限公司。2008年,镇所属自来水厂全部关闭,由靖江华汇供水有限公司向全市12个镇(街道)实行统一供水。2015年,日平均供水量16.5万吨,日最高供水量20.5万吨;年供水量6000万吨,其中生活用水2997万吨,工业用水3003万吨;全市供水总用户28万户,用水普及率100%。现有给水站10个,铺设直径100毫米以上管网长830公里。基本上形成"依托长江,清水联通,城乡一体,备用可靠"的水资源调配格局。

在着力强化水功能区和水源地保护的同时,2012年9月,在牧城生态园建成占地600多亩的明湖应急水源地,应急储备水量200多万立方米,并纳入供水管网系统。2014年,在长江取水口水体污染的情况下,投入运行,确保市民生活和重点企业7天的用水量。

(二)引排水

长江是靖江生活用水和引水灌溉的主要水源,也是排除雨涝多余水量的主要出路。引排水分提引长江水和自引长江水两类。提引长江水主要用于市民生活用水和工业用水的供水,由靖江华汇供水有限公司经营管理。

进入21世纪,随着长江中上游水情、工情变化,加之受潮感影响较大,每至小潮汛和冬春枯水期,靖江基本上长江无潮可自引水。为解决城区河道水环境循环调水需要,2011—2016年,"十二五"期间,靖江重点实施江边提水闸站和清水廊道建设。至2016年,机械给水有南、北2条动脉,南线是主动脉,以下六圩港闸Ⅰ级泵站提水,通过横港,由六三港至团河、庙宇港向城区给水,下六圩港闸站平均每天开机8小时20分,日提引长江水60万立方米。2013—2015年累计开机6070小时,提供老城区河道给水1.85亿立方米。按照装机容量计算,满负荷运转,年提水量可达4亿立方米。北线是次动脉,通过渔婆港泵站从界河引水,经渔婆港向城区给水,平均每天开机8小时,日提水量约8000立方米,年给水300多万立方米。再通过展苏港、展四港、团河、庙宇港、真武港、七一河等Ⅱ级泵站提水,流经大河上河、西城河、南城河及玉带河、东城河、北城河、公园北侧河,排入十圩港,每天早晨4—5时开机提水,日运行8个小时,年提引给水量7039万立方米。

靖江充分发挥水利工程作用,通过长江潮感纳潮引水,科学调度,优先保障农业灌排要求。每年6月中下旬夏收、夏种用水高峰期,靖江沿江35座闸纳潮引水10~15潮次即可满足夏栽用水需要。平时灌溉用水结合城乡水环境纳潮调水统筹安排。在自引长江水方面主要是解决城乡水环境给水需要,采取"北补南泄"和"西引东排"的调水方案。北补通过夏仕港引水,年约2.35亿立方米,再经季市闸、渔婆港闸、百花港闸等进入域内河道及十圩港内,按照过闸流量比率测算,年入境引水量约7800万立方米。安宁港闸、罗家桥闸年引水量2500万立方米入十圩港。西引从下六圩港闸、上六圩港闸、夹港闸纳潮引水,年引水量合计2.78亿立方米,再加上沿江28座孔宽4~5米小型水闸引水能力,按500米³/秒计算,年引水量2.5亿立方米,沿江中小型闸累计年引水5.28亿立方米,完全满足农业灌溉年用水量2.2亿立方米的需求,亦能保障十圩港闸调水循环年排水量3亿立方米的水量平衡。但被动式自引长江水受潮位制约较大,尤其是冬春枯水期和小汛期间无潮水可引,凭借下六圩港枢纽泵站年提引长江水0.8亿~1亿立方米,弥补水环境调水的需要。

四、水环境综合治理

(一)治污改善水质

20世纪80年代初、中期,靖江九圩港辟为排污港,两岸臭气扑鼻,蚊蝇孳生,群众反映强烈。1988年8月,靖江县政府重点解决工业废水入河和集中处理达标排放问题,靖江县水利局担负市河水质改善任务。

1997年,在真武河与渔婆港交界处建造提水泵站1座,但因装机容量小,难以大面积河道调水换水。1998年起,靖江水利部门采取"分片控制,提水调度"的方案,化被动式潮感调水为主动式调水的方案。2003年,靖江在城区建庙宇港、团河提水泵站,改建真武河为1米³/秒提水泵站。通过泵站提水,汇流至西城河、南城河、老横港入十圩港,水体流动稀释后,市河(南片)黑臭水质得到改善。2007—2010年,靖江城区实施河道综合整治工程,建展苏港、展泗港、八圩港、老横港、安宁港、玉带河等6座提水站;同步实施河道疏浚驳砌,采用顶管、埋管沟通展苏港、长田岸河、北城河、东城河等断头河;在难以打通排水出路的泗公河、东城河建双向提水泵站。

2009年,在渔婆港与界河交界处建4米³/秒泵站,在康兴社区建徐家埭泵站,在西郊公园建陈家埭提水站。2010年,在西天生港建双向提水泵站,在虹兴社区建西小圩提水泵站,改造团河站为双向提水泵站。至2015年,靖江市河道管理处管理的14座泵站装机容量952.4千瓦,总流量17.25米³/秒。每天运行8小时以上,河道水位5~6个小时即可达到3米,通过老横港闸泄入十圩港。年提水换水7039万立方米。

"十二五"期间,靖江城区铺设雨污分流管网302公里,污水收集率逐年提升,日处理污水能力达4万吨。至2016年,靖江城区河道基本收到科学调度、水流畅通、纳污可控、水质变清的效果。

(二)水土保持

结合河道综合整治,城区河道水土保持工作由硬质化护砌逐步向生态型河堤建设推进。1982年,靖江城建局组织实施北城河驳岸护砌试点工程65米。1985年,对南城河(人民桥两侧)实施石块驳岸工程,长920米,底高1米,顶高4.5米,口宽16~20米,两岸栽种树木、花草。既解决耕翻种植,治理水土流失,又有效防止倾倒垃圾杂物、与河争地现象发生。

2001—2009年,城区55条河道两岸采用1:2草皮岸坡、砌石岸坡或直立式浆砌石挡墙。城乡接合部的虹兴、康兴、西郊社区及城北园区大港、沙泥河、七一河、齐心河;滨江新区江阳河、城东大道河、江洲路北侧河均采用1:2草皮岸坡、砌石挡土墙。

2008年在新港园区公兴河两岸采用挡土墙结合生物护坡和挡土墙生态混凝土连锁护坡两种形式,实施长13.5公里、底高-0.5米、顶高2.8米、口宽20米。2010年,工农河南段河道护岸基础采用浆砌石挡墙,上部为混凝土生态连锁块护坡,长575米、口宽12~14米。2012年,新港园区阜公河采用

两种护岸形式,一种为挡土墙结合混凝土生态连锁块护坡,长2.95公里;另一种为复式断面,底部混凝土生态连锁块护坡,中上部仿木桩(混凝土)挡墙和植物护坡,长3.44公里。城南园区七圩港采用1~2.5米常水位变化区为格宾生态连锁块护坡,水上部位为生态护坡。2012年,水土保持项目实施渔婆港(界河向南1.3公里)河道挡墙驳砌工程,标准底高1米,顶高2.8米,河口宽20米,真高2.8~4米河坡为绿化生态植物护岸,绿化植被5.62平方公里。

2008—2014年,实施滨河绿地建设。十圩港北起康宁明珠,南至新洲路,南北长6.9公里,东西宽15~80米。驳砌河道建成滨河亲水曲道、景观带和慢行系统,面积17.85万平方米。自中洲路至新洲路连成一片,绿地河旁花木竹石、景观雕塑、亭阁曲道,是百姓休闲、健身的好去处。天生港景观带北起工农东路,南至体育中心,河道两岸累计长6.53公里,宽10~40米,结合河道疏浚采用植物生态草皮护坡治理,通过绿化造型和花木、山石、亭阁组合建设,形成良好的生态环境。

2014年,靖城实施招明埭河道植物混凝土生态墙护岸工程530米,河口宽20米,底高1米,顶高3.7米。是年,滨江新区公兴河(长2.7公里)及南天生港(长2.2公里)均采用混凝土生态连锁块护坡,底高1米,顶高2.8米,口宽25~30米。

第五节 泰兴市

泰兴城区位于泰兴市西部,西距长江8公里。改革开放以来,随着城市化的推进,泰兴市区面积已由1991年的7平方公里拓展到2015年的27.49平方公里。城区共有河流77条,河道长度131公里,水面面积4.47平方公里,水面率7.9%。城区河道分为主干河道(如泰运河、两泰官河–羡溪河)、干河(河口宽度大于20米)和支河(河口宽度小于或等于20米)三类。泰兴市城区主要河流中,东西向河流有跃进中沟、战备河、洋思港,南北向河流有耿戴中沟、封庄中沟、幸福中沟、三阳中沟、郭庄中沟、金沙中沟、友谊中沟,此外还有内环城河和外环城河等。

一、城市治水规划

(一)《泰兴市城市防洪规划》

为切实提高城市防洪排涝标准,泰兴市于2002年委托江苏省城乡规划设计研究院编制了《泰兴市城市防洪规划》,计划投资3.9亿元实施城市防洪工程。自2002年起启动城市防洪工程建设,至2012年共投资1.6亿元,先后整治了外城河、羽惠河等18条(段)20公里的河道,新建、改建了4座泵站,新增排涝流量8米³/秒,拆涵建桥1座。上述工程的建成,有效地提高了城市防洪排涝能力,较好地改善了城市水环境,得到广大市民和社会各界的充分肯定。

(二)《泰兴市城市水环境治理规划(2011—2020)》

为切实改善泰兴市城市水环境,进一步提高城市防洪排涝标准,2011年,泰兴市委托江苏省城市规划设计研究院在2002年编制的《泰兴市城市防洪规划》的基础上编制了《泰兴市城市水环境治理规划(2011—2020)》,计划投资12.05亿元,通过修筑防洪堤、新建节制闸、设置排涝站、整治河道等措施,解决客水压境、洼地受涝、河道淤积、水质恶化等问题,达到综合整治和优化城区水环境的目的。规划范围北至跃进河,南至南三环、战备河,西至郭庄中沟、三阳中沟,东至封庄中沟、耿戴中沟,规划区总面积47.8平方公里。主要规划实施内容为:

(1)新建闸站控制工程,完善城市防洪排涝包围圈。规划共设置涵闸65座,口门宽4~6米,其中闸站结合20座,流量101米³/秒。

(2)疏浚河道沟通水系,切实改善城市水环境。规划消灭断头沟、盲沟,对原有29条河道进行新开、沟通,完善水系布局,总土方量103.14万立方米。将友谊中沟穿北二环路涵及老江平路涵、前陈腰沟穿江平路涵、老羌溪河与蒋庄河穿南二环路涵、北湾河与东城河穿济川路涵、仙鹤湾风光带南侧内城河穿国庆路涵、张堡中沟穿江平路涵等6处涵拆除建桥,解决梗阻的问题,让城区每条河道的水能流动起来。

(3)实施河道护岸工程,加强沿河景观建设。规划区内共有河道79条,总长199公里(其中新开河道总长17.1公里),岸线总长398公里,其中已经进行岸线整治河道总长338公里。护岸采取多种结构形式,积极推行生物护岸或生态型护岸。主干河道的护坡,优先考虑其防洪排涝对岸坡稳定的需求,兼顾生态功能。迎水面边坡进行护坡处理,护坡形式以干砌块石为主,推广使用三维植被网护坡、地毯式混凝土草坪护坡等生态护坡新技术;一般河道的护坡,优先考虑其生态功能,河道护坡以植物护坡为主;易发生坍塌的岸段采取干砌块石或大块卵石等天然材料叠砌护坡。城区河道的护坡,注重景观功能,在堤岸布置绿化带或休闲公园。如泰运河、两泰官河、羌溪河城区段禁止船只通行,重点进行沿河景观建设,建成沿河旅游风光带。

(4)拆除沿河违章建筑,加强滨水建设项目监管。泰兴市成立了城市综合执法管理局,加强对城市违章建筑的查处力度。水务部门与城市管理局建立了联合协调执法机制,制定相关法规,切实加强河道管理,禁止在城区河道管理范围内违章搭建,严格保护河道不被填塞。对开发过程中出现的违法乱占现象予以严肃处理,任何单位和个人新建与河道整治工程无关的建筑物必须予以拆除。

(5)多途径筹措建设资金,保证城市水环境治理经费来源。规划提出泰兴市财政要确保当年可用财力的2%用于水利工程建设,从土地出让金收益中提取10%用于农田水利建设,从城市维护税中提取15%用于城市防洪排涝工程管理和建设,经测算,泰兴市每年应投入1.6亿元用于全市水利建设。规划还提出从城市建设资金中切块解决并向上争取资金投入。

(6)建立健全组织机构,加强项目建设管理。

(三)《泰兴市城市水环境治理规划(2014—2030)》

2014年,泰兴市委托江苏省城市规划设计研究院编制了《泰兴市城市水环境治理规划(2014—2030)》。规划调整优化了城市河道功能定位、建设标准和蓝线控制,并以东西向如泰运河、南北向羌溪河和两泰官河为外河,将主城区水系划分为4个片区进行综合治理、贯通和控制,重点实施河道清淤、护岸整坡、闸站建设、新开河道和处置盲沟及断头河。东北片区以众安港南闸站、耿戴中沟南闸站为主,进行引排水和提水冲污;东南片区以羽惠河北闸站、跃进河闸站、南人工湖闸站为主,进行引排水和提水冲污;西南片区以外环城河北闸站、济川闸站为主,进行引排水和提水冲污;西北片区以友谊中沟南闸站、郭庄中沟南闸站为主,进行引排水和提水冲污。

该规划在已有河道整治、污水处理、绿地系统等规划的基础上,着重体现水体的系统性、历史性、协调性,强调泰兴市城区水生态环境的改善和原有水景观特色建设,加强水工程设施现代化管理,逐步改善人居环境,提升城市功能,彰显城市风貌,造福人民群众,实现城市可持续发展目标。

二、城市水利机构变迁

2002年,泰兴市实现了从农村水利向城市水利的推进,成立城市水利投资开发有限公司,由泰兴市水利物资经营公司和泰兴市国有资产经营有限公司合股组建,具体负责城市防洪工程的实施。

2012年5月28日,泰兴市水务局下发《关于明确城市防洪工程项目法人的通知》(泰水〔2012〕110号),明确泰兴市润泰水利投资开发有限公司作为城市防洪工程项目法人,承担具体的工程建设管理和资金运行管理任务。

2014年3月14日,为积极策应泰兴市"城建会战"重大决策部署,加强统筹协调,促进城市水利工程建设快速、有序推进,提高项目建设管理力度和综合水平,确保各建设项目的质量和安全,泰兴市水务局下发《市水务局关于成立城市水利工程建设和管理领导小组的通知》(泰水〔2014〕60号),决定成立城市水利建设和管理领导小组。

2014年4月9日,泰兴市人民政府同意成立泰兴市城市水利工程建设处,具体负责泰兴市城市水利工程的建设管理工作。同年,经泰兴市委编办批准,泰兴市水务局增设城市水利工作科,并核增中层干部编制1名。

三、城市防洪工程

2002年,泰兴市成立城市水利投资开发有限公司,由泰兴市水利物资经营公司和泰兴市国有资产经营有限公司合股组建,具体负责城市防洪工程的实施。同年,实施了城市防洪一期工程,即南至鼓楼南路四牌楼,北起国庆西路全长1000米的外环城河整治工程、东门排涝站、朱庄河拆坝建桥、北湾河整治、新法院河整治、联盟支沟整治、复兴支沟整治、酒厂支沟、张立中沟、莲花新村河等10条河整治工程,共完成土方10万立方米,砌筑直立墙9万立方米,建桥4座,拆除房屋1976平方米,支付补偿金122万元,资金投入1400万元。

2003年,投入60万元建成国庆路顶管工程。完成马甸闸水上部分工程和附属配套物及绿化工程,完成老天星港整治工程、羽惠河整治工程、新法院河整治工程,启动了外环城河中段整治工程。

2004年,完成外环城河北段国庆路桥至鼓楼西路桥1000米河道整治工程,酒厂支沟、羽惠河二期整治和西门排涝站维修工程,对内城河局部地段进行了清淤,实施了羽惠河一期绿化工程,启动了东城河整治工程。城区污水收集管网工程全面启动,实施鼓楼东路东延线至济川路污水收集管网工程,组织实施泰师路沿外环城河沿线污水收集管网工程。

2005年,投入1200万元实施第二期东城河拆迁整治工程、内城河泰师附小直立墙拆建工程、羽惠河整治三期工程、如泰运河新区段整治工程拆迁、西郊排涝站工程、朱庄河拆涵建桥工程和外城河二期绿化工程,配套2米³/秒的泵站1座。

2006年,投入590万元,在老城黄路上拆涵建桥1座,并整治东城河东段。完成了蒋庄河防洪工程、朱庄河示范段绿化工程、酒厂支沟绿化工程、如泰运河杨园段绿化工程、护坡整治工程;对内城河部分地段进行了维修和清淤;完成了两泰官河洼地治理工程、东三环绿化工程、市府西路工程、龙溪河洋思中学段整治工程、泰兴东立交桥环境整治工程。启动了环城西路改造工程。

2007年,整治城市河道4880米,总投入达2800万元。完成了朱庄河、张立中沟、外城河、老天星港、财校河、华泰新村河、徐庄河等7条河道的疏浚整治,以及徐庄河排涝站、财校河泵站、新区活水工程(双向排涝站)、济川路拆涵建桥等5座引排建筑物建设,同时沟通了羌溪河以东、如泰运河以北、羽惠河以西、南二环以北范围内水系,解决了江平路以西、如泰运河以南西郊农场、南苑小区的排涝问题,实施了如泰运河风光带、环城西路北延等工程建设。

2008年,先后完成了朱庄河两侧、张立中沟两侧、老天星港江平路西侧的绿化工程,完成河道绿化面积35000平方米。同时,实施了济川路拆涵建桥工程、徐庄河闸站工程、老天星港整治工程、东城河南延工程、徐庄河整治工程、西元支沟整治工程等城市河道的整治。

2009年,先后实施了东城河南延工程、老天星港江平路西侧绿化工程,完成绿化面积15000平方米。实施了徐庄河整治工程、内城河五星家电公司北侧挡土墙修复工程等城市河道整治工程,整治河道长1000米。整修内环城河环境,安装花岗岩栏杆8800米。

2010年,组织实施了徐庄河接通工程,改善泰兴西郊结合部的水系环境和群众的居住环境,破解了其涝水无出路的难题。为切实解决城郊结合部水系不通的问题,经泰兴市政府批准,对泰兴党校北侧前陈支沟西段、良种场周边河道、商井支沟等进行了清理,沟通了水系,整治了环境,改变了上述地区遇雨即淹的状况。

2011年,组织实施了徐庄河整治工程,整治河道1100米,极大地改善泰兴西郊结合部的水系环境和群众居住环境;完成了城区延陵中沟整治、羌溪河东侧挡土墙建设;城区黑臭河流专项整治等工作。并对泰兴内城河、外城河、东城河等城区12条河道进行清淤疏浚,拆除坝埂,清除河道内杂物。

2012年,泰兴加大城市水环境整治力度,开展黑臭河流专项治理,实施了城区59条河道综合整治等为民办实事工程。投入6338万元,实施了前陈节制闸工程、老天星港节制闸工程、鼓楼南路节制闸工程、韭菜桥节制闸工程、前陈腰沟西段整治工程、外环城河闸站工程、羽惠河北闸站工程等7项城市水利工程,整治河道800米、新建水闸6座、建设箱涵77米。前陈节制闸工程,投资368.29万元,在复兴垃圾中转站处穿江平路建设5米宽箱涵,在东侧安装闸门及启闭控制系统,老天星港节制闸工程,投资278.87万元,在老星港穿江平路桥涵南侧建设5米宽节制闸。鼓楼南路节制闸工程,投资180.08万元,在西元支沟穿鼓楼南路欧式花园处方涵东侧加装6米宽闸门及启闭控制系统,韭菜桥节制闸工程,投资566.82万元,在外城河与羌溪河交汇处韭菜桥东侧建设节制闸,闸宽5米,前陈腰沟西段整治工程,投资1073.84万元,工程包括800米河道整治、清淤、砌筑挡墙、安装栏杆、埋设污水管道。外环城河闸站工程,投资1837.39万元,在外城河与如泰运河交汇处建设闸站,闸宽6米,装机流量6米³/秒,羽惠河北闸站工程,工程投资2032.61万元,在羽惠河与如泰运河交汇处建设闸站,闸宽6米,装机流量8米³/秒。

2013年,投入1.84亿元,实施了蒋庄河节制闸(南二环箱涵)、羽惠河南节制闸、老上横港节制闸、宝塔闸站(老羌溪河)、张堡中沟、老上横港河道、金沙中沟、羌溪河等9项城市水利工程,共计整治河道6800米、新建水闸4座、建设箱涵1座。蒋庄河节制闸工程(南二环箱涵),连接蒋庄河和酒厂支沟,建设1座宽3米、高3.2米的双孔箱涵,工程投资849.80万元。羽惠河南节制闸工程,新建1座宽6米的节制闸,工程投资1022.51万元。老羌溪河整治工程,北起酒厂支沟,南至老羌溪河闸站,整治河道长1400米,河口宽20~25米,工程投资860.10万元。老上横港节制闸工程,新建1座宽6米的节制闸,工程投资475.23万元。宝塔闸站工程,闸宽6米,泵站设计流量6米³/秒,工程投资3751.50万元。张堡中沟整治工程,东起老羌溪河,西至江平路(新),整治河道长1500米,河口宽15米,工程投资3376.41万元。老上横港河道整治工程,北起老天星港,南至澄江路,整治河道长1600米,河口宽15米,工程投资2308.34万元。金沙中沟整治工程,北起过泰公路,南至延陵路,整治河道长700米,河口宽10~15米,工程投资1782.99万元。羌溪河整治工程,北起文昌路,南至澄江路,整治河道长1600米,河口宽40米,工程投资3972.29万元。

积极实施河道环境综合整治。先后对城区9条河道进行综合整治,共疏浚土方1.5万立方米,清理水生植物4万平方米、河坡垃圾4600立方米、河坡芦竹及整坡1700米,抽除污水1.5万立方米;及时开展生态调水,利用东门泵站、国庆新村泵站以及新区活水泵站,每天提水7~8小时,科学调度提水冲污;强化水工程管理,修复栏杆217多米、直立墙95米,清理外运垃圾120立方米,修复挡土墙252立方米。

2014年,围绕如泰运河以南地区水系畅通,投入2.27亿元,建设6座闸站,整治新上横港、耿戴中沟、羽惠河、宝塔生产沟、幸福河、众安港等6条河道6850米,新建块石挡墙2420米、生态护岸9565米,完成黑臭河道整治任务。新上横港整治工程,南起澄江路,北至洋思港,整治河道850米,工程投资199.00万元。耿戴中沟整治工程,北起众安港,南至汽车城,整治河道1200米,工程投资2496.00万元。羽惠河整治工程,北起羽惠河北闸站,南至澄江路,整治河道3300米,工程投资770.00万元。宝塔生产沟整治工程,北起羽惠河北闸站,南至澄江路,整治河道1000米,工程投资299.00万元。幸福河整治工程,北起东风河,南至纵四河,整治河道长约700米,工程投资1165.00万元。众安港整治工程,南起如泰运河,北至镇海路,整治河道3000米,工程投资3966.00万元。

2015年,泰兴城区实施了14项水利工程,总投资10757万元。维修改造北湾河、张立中沟节制闸,开通了朱庄河、学院河、东风河(西段),连通了东城河与北湾河,新建商井河桥闸、跃进河闸站、老两泰官河桥闸、南人工湖闸站、战备河节制闸、老羌溪河节制闸等6座闸站,整治羽惠河南段,新建张堡中沟桥梁1座。北湾河节制闸维修,拆除老旧闸门,在桥下安装1根直径2000厘米钢管及闸门,工程投资101.72万元。张立中沟节制闸维修,在济川桥下安装2根直径1400厘米钢管及闸门,工程投资134.57万元。朱庄河贯通工程,建设0.5米³/秒的潜水泵站1座、铺设1根直径600厘米的钢管约200米,工程投资640.00万元。学院河贯通,文昌路至跃进河,河道总长约450米,工程投资1753.70万元。商井河桥闸,新建4米宽节制闸1座,桥闸合建,工程投资487.00万元。跃进河闸站,新建6米宽节制闸及6米³/秒的引排水泵站1座,闸站合建,工程投资1500.00万元。东风河(西段)开通,友谊中沟至长征北路,河道总长约700米,主要实施开挖河道及挡墙砌筑,沿线建设桥梁3座,工程投资940.00万元。老两泰官河桥闸,新建6米宽节制闸1座,桥闸合建,工程投资493.80万元。羽惠河南段整治工程包括:①羽惠河段北起澄江路,南至同德路,整治河道长约1200米。②战备河段西起文江路,东至羽惠河,整治河道长约225米。清淤,环境综合整治,砌筑挡墙。③南人工湖段西起文江路,东至羽惠河,新开河道长约225米。环境综合整治,砌筑挡墙。工程投资1797.00万元。南人工湖闸站,新建6米宽节制闸及4米³/秒的引排水泵站1座,济川南路至羌溪河河道,河道总长约225米,主要实施开挖河道及生态挡墙,工程投资1207.20万元。战备河节制闸,新建4米宽节制闸1座。济川南路至羌溪河段河道整治,河道长约225米,主要实施河道清淤、整坡及挡墙,工程投资600.60万元。老羌溪河节制闸,新建6米宽节制闸1座,工程投资220.00万元。东城河与北湾河连通,建设1米³/秒的潜水泵站1座、建设箱涵及管道连接两条河道,工程投资449.10万元。张堡中沟桥梁工程,新建桥梁1座,工程投资430.54万元。

如泰运河以北片区水系基本沟通,完成了省下达的城市黑臭河道治理任务。2015年4月,市政府在泰兴市召开黑臭河道整治现场会;5月,省环保厅组织《新华日报》《中国环境报》、江苏卫视等媒体记者,集中来泰兴市采访报道黑臭河道治理的经验和做法。

四、城区污水管网建设工程

2003年,泰兴市全面启动城区污水收集管网工程,实施了鼓楼东路东延线至济川路和泰师路沿外环城河沿线污水收集管网工程。2005年,泰兴投资6964.7万元,继续进行城区污水收集管网建设。2006年,继续推进污水管网工程建设,完成环城路、泰师附小段、鼓楼东路等道路沿线的管网铺设工作,总长约8公里,实施南二环路、江平路顶管工程、济川路南延工程、泰常路向西至污水处理厂的输送管网、泰兴镇工业园区至2号泵站的收集管网工程等。2007年,泰兴将城市污水处理工作纳入水务工作重点内容,投入1.5亿元,建设城区南片污水收集管网,共铺设90公里污水收集和输送管线,建设2座提升泵站,将城区4万吨污水输送到污水处理厂集中处理。2008年,投资9491.53万元,实施了东至曾庄路,西至泰常路,南至南三环,北至如泰运河的污水管网工程,总面积27.6平方公里。工程主要铺设污水管道约36.2公里,建设两座提升泵站。2009年实施"城区净水工程",完成了城区污水管网一期工程扫尾。2010年,继续推进污水管网工程,新建9条污水管网工程,管线总长10.668公里,总投资3500万元。2011年,铺设污水管道10.1公里,总投资2500万元;对已建污水管网进行全面整改,共拆除整改三面井391座,安装钢质井245座,主管网全线贯通,1、2号泵站恢复运行。污水管网工程建设方面,2012年,新建城区西片9条10.67公里污水管网和城南片区提升泵站1座,铺设污水收集管道6100米。是年,按照泰兴市政府部署,城区污水管网建设移交给泰兴市住建局负责,城区污水管网运行维护由市开发区滨江污水处理总厂负责。

五、城区河道管护

2004年12月,泰兴市成立了城区河道管理所,由其负责城市河道管理范围内的水工程管理、泵站管理与维护、水面保洁以及城区生态调水等工作。2012年9月,按照泰兴市委、市政府的要求,泰兴市水务局将原承担的城市河道保洁职能移交给泰兴市城管局。河道保洁涵括岸坡及水域,具体移交内容包括:80条总长122.48公里的城区河道保洁职能、保洁物资、保洁经费及保洁人员等。泰兴市城市河道管理所不再承担城市河道保洁职能。

城市河道保洁职能移交后,泰兴城市河道管理所主要职能为城区生态调水和城市水工程的运行管理及维护。该所建立了专门的巡查队伍,对城区部分建设时间长、标准低、易坍塌、易破碎的河道挡土墙及护栏交专人管理,做到发现一处,上报一处,修复一处,不留安全隐患,不留管理死角。同时,按照"最大引水、最优配水"要求,优化城市河道配水方案,建立城市河道引水配水调控体系,开发城区河道调度控制系统,发挥已建14座提水泵站、16座节制闸的作用,城区泵站每天运行8小时以上引进活水,保障水位合理、水体流动、水质改善,每年城区泵站提水总量达2亿立方米。

泰兴市围绕"活水绕城、清水润城"的总目标,整治城中水、打造水中城。通过长期不懈的努力,昔日杂草丛生的垃圾河变成了河水清澈的生态河,为广大市民提供了休闲娱乐的好去处,将城市河道打造成靓丽的风景线,赢得了居民的广泛称赞。

第六节 兴化市

1999年,兴化委托扬州市勘测设计研究院编制了《兴化市城市防洪规划》,11月通过了专家评审。2000年11月7日,兴化市政府批准实施《兴化市城市防洪规划》。从2000年至2015年底,兴化市城市防洪工程建设累计投资8.6亿元(其中拆迁补偿5亿元),城区共建成防洪墙(堤)47.43公里、防洪闸21座、排涝站33座,装机容量5588千瓦/75台泵。排涝流量105.77米³/秒,城市防洪设施保护范围近110平方公里,基本实现了建成区的防洪安全。

一、组织领导

为切实加强对城市防洪工程建设的组织领导,中共兴化市委、市政府先后成立和调整了城市防洪工程建设的领导与指挥机构。1999年11月,中共兴化市委发布了《关于建立兴化市城市防洪工程建设领导小组的通知》,明确了组长、副组长和各成员单位。2000年5月,调整城市防洪治污工程建设领导小组,成员单位增加了民政局、供电局、市建设银行、市农业银行、市工商局负责同志。2001年9月、2003年9月,又两次调整城市防洪工程建设领导小组,成员单位增加了市建工局、地税局、开发区、临城镇、垛田镇、西郊镇、西鲍乡、航道站、公路站负责人。2006年5月,又一次调整城市防洪工程建设领导小组,成员单位增加了市纪委、监察局、市委组织部、电信公司、市委宣传部、教育局、国税局、水产局、气象局等单位。

2006年8月,兴化成立城市水利投资开发有限公司,由其负责筹集城市防洪工程建设资金和城市防洪工程建设。同时,明确了公司董事会组成人员和监事。聘任公司总经理、副总经理、财务总监、技术总监,业务上接受市水务局行业管理。

在经历了2006年、2007年连续两次较大雨涝灾害后,已建成的防洪设施在排涝抗灾斗争中发挥了重要作用,兴化市委、市政府把推进城市防洪工程建设列为重要议事日程,市委十届三次全体会议做出"城市防洪工程建设三年任务两年完成"的决策,加大了城市防洪工程建设的组织程度和实施力度。

二、城市防洪规划

(一)《兴化城市防洪工程设计规划》

该规划采用50年一遇的防洪标准,设计防洪水位3.36米。防洪墙(堤)顶高4.5米(废黄河零点)。具体为:让出行洪交通骨干河道,将城区分为主城区、九顷区、城南区、陈堡区、东五里区、关门区、严家区、野行区等八个区分别圈围设防。封闭市河两端建闸设站,内部水面作为汇水调蓄河道,以块建站排涝,集中排除涝水,除把九顷小区和主城区建成两个具备独立挡排功能的分区外,其余分区则依托城郊结合部的联圩建设防洪设施。

(二)《兴化城市排涝规划》

城市排涝总体规划方案:根据各分区地势的高低、建筑物的稠疏、水面面积的大小,分区分块计算,确定各分区的排涝标准。城区排涝模数为 $2\sim4$ 米^3/(秒·公里^2),城郊结合部排涝模数为1.3米^3/(秒·公里^2)。兴建组合泵站,安装高扬程轴流泵,实行大小泵径搭配,集中排除涝水。

三、防洪排涝工程

兴化的城市防洪工程基本做到了5个结合:①与城市景观建设相结合。在保留、恢复、发掘原有古迹的同时,对防洪闸、排涝站的建筑,做到设计新颖、造型别致、风格典雅,每一座建筑物都成为城区新的景点,为开发旅游资源创造条件。如北水关集水池泵站,系仿宋代建筑,青砖小瓦、飞檐翘角、木制屏门格扇,古色古香。又如新闻信息中心闸上的凉亭,八角翘飞,登临远眺,使人心旷神怡。②与城区道路建设相结合。防洪闸站做到闸站桥路相结合,沧浪河南闸沟通了昭阳路与王家塘小区的交通。水产村东闸站的实施保证了沧浪路顺利西延。水产村北闸桥成为城区西部主干道的重要跨河桥梁。防洪墙(堤)结合环河路,串通连活城区街道、巷道,路边建成滨河绿带,做到绿树环城,清水绕城,亮化配套,成为人们散步、休闲和晨练的理想场所。③与市区航道建设相结合。防洪墙(堤)全部采用浆砌块石护岸,既固定岸线,又减少船行波洗刷和风浪冲刷。防洪堤土源采取就近浚深航道取土,既改善了通航条件,又降低了工程投资。④与污水处理相结合。利用排涝泵站的双向流道,对部分内河冲污排污,定期换水。实施城区排水管网改造,封闭沿河下水道排污口,接通防洪堤下埋设的截污管道,并与污水处理管网配套衔接。⑤与旧城改造相结合。拆除沿河零乱、低矮、破旧,以及与河争地的各类建筑近20万平方米,投入拆迁补偿款近5亿元,代之而起的是整齐划一的防洪墙(堤)。

(一)防洪排涝工程

【九顷小区防洪工程】

2000年2月开工,2004年5月底前全部竣工。共建成防洪墙3110米,防洪闸4座(兴中、抗排站、储运站,野行闸,均为单孔,孔宽3米),排涝站3座/5台(兴中、抗排站、储运站、各配套500ZLB-100型水泵1台,含2台输水冲污泵站),排涝流量2.5米^3/秒。对两条总长1410米的排水沟进行清淤疏浚和护坡护底,总投入资金1247万元。

九顷防洪堤

【行政新区防洪排涝工程】

2003年开始实施,2004年底基本完成,共建成6米孔宽的防洪闸2座(直港河南闸、北闸),6米^3/秒的排涝站2座(直港河南站、中心河南端紫荆河站,各配套900ZLB-125型水泵1台),小型防洪闸2座(紫荆河防洪闸、独圩子防洪闸,单孔3.5米),砌筑防洪墙1100米(垛田砖瓦厂、何垛村)。按照"四五四"式标准加修圩堤4650米(姜堰河西岸、紫荆河北岸),总投入资金1300万元。

东门泊防洪墙

王家塘防洪堤

【严家区防洪工程】

在严家区建成防洪堤2300米和防洪闸1座,不含拆迁费,预算总价约150万元。防洪堤于2008年12月开工,2009年4月完工。防洪闸于2008年3月开工,2009年6月竣工。南官河东岸驳岸工程1800米。由航道站向上争取资金负责建设,2008年11月开工,2009年4月完工。

【关门区防洪工程】

该工程被江苏省水利厅列为水利地方基建"上官河城区段整治工程"项目,包括防洪堤1.42公里(白涂河大桥至过境路上官河大桥)和1座防洪闸站(拖拉机厂南河与上官河交汇处,1孔宽4米,配套700QZ–120型水泵,2米³/秒),工程概算961.41万元。2012年建成新城区五岳村南闸站(1孔宽6米,配套700ZLB–100型水泵,流量6米³/秒),由兴化市水利建筑安装工程总公司承建;五岳村北闸(1孔宽6米)、葛家南闸(1孔宽6米),由江苏祥通建设工程有限公司承建;化肥厂北闸站(1孔宽6米,配套700ZLB–160型水泵,流量3米³/秒),由兴化市水利建筑安装工程总公司承建;葛家北闸站(1孔宽6米,配套700ZLB–160型水泵,流量6米³/秒),由江苏三水建设工程有限公司承建;经一路西闸站(1孔宽6米,配套700QZ–160型水泵,3米³/秒流量),由江苏国盛建设有限公司承建;五里大桥至南绕城公路南官河大桥段南官河东岸1800米防洪堤,由江苏农垦盐城建设工程有限公司承建;五里大桥至南绕城公路南官河大桥段南官河西岸1800米防洪堤,由江苏苏兴建设工程有限公司承建;九顷白涂河大桥至轧花厂段防洪堤1200米,乌巾走廊防洪堤410米,由江苏国盛建设有限公司承建;原肉联厂段防洪墙230米,由兴化经济开发区建筑安装公司承建。

(二)闸站工程

【沧浪河闸站工程】

该工程包括沧浪河东闸站、南闸和西闸。

沧浪河闸站工程夜景

沧浪河东闸站是淮河流域灾后重建应急工程(隶属于车路河城区段整治项目),2004年6月开工建设,由兴化市水利工程处承建,是年年底基本完成主体工程,2005年6月8日通过省、市交付使用验收。该项工程共7孔,为闸站桥三位一体布置形式,其中防洪闸孔宽7米,两边6孔配套700ZLB–100型水泵各1台。排涝站流量8米³/秒,总动力450千瓦。

2006年8月26日开工建设沧浪河南闸和西闸,2007年10月19日通过水下工程验收。两项工程被省水利厅批准立项为城区洼地挡排工程项目。沧浪河南闸位于沧浪河与车路河交汇的南口门处,结构为西高东低单坡5孔拱桥的闸桥结合形式。5个桥孔中,3孔为6米宽的过水闸孔,西孔采用液压横移门,其余两孔为液压直升门。拱桥中间设行车道宽9米,两侧设人行道,各为4.5米。沧浪河西闸站位于沧浪河西口门,为闸站桥结合工程。东边孔为净宽6米闸孔,采用横移钢闸门。中孔布置排涝站,配套800ZLB-125型水泵,流量2米³/秒。西边孔为岸孔。拱桥总宽13米,其中8米宽桥中设有古亭构造景点,5米为人行道。

【海池河东、西闸站】

这两座建筑物也是江苏省水利厅批准立项的城区洼地挡排工程项目。2006年12月28日同时开工建设,东闸站于2007年10月19日、西闸站于2007年12月15日通过水下工程验收。东闸位于海池河东端与上官河交汇处,由闸室、泵房和交通桥组成。西部北侧为防洪闸,单孔宽6米,钢闸门,采用2×5QP双吊点卷扬式启闭机。南侧为泵房,配套800ZLB-125型水泵,设计流量2米³/秒,配套90千瓦功率YZ-315LZ-10电机。东侧为交通桥,宽5.1米。海池河西闸站位于海池河西端与西荡河交汇处,是集防洪排涝、城市景观、文化休闲等功能于一体的建筑物,由闸室、泵房、交通桥3部分组成。中孔为防洪闸,孔宽6米,选用QPZ×5kN双吊点卷扬式启闭机,钢闸门。南北两侧为泵房及附属用房,配套800ZLB-125型水泵4台,流量8米³/秒。配套90千瓦功率YZ-315LZ-10电机4台,西侧为交通桥,宽3.1米。东侧为曲形观光桥,宽3.1米。

海池河东、西二闸站

西鲍乡加修境内圩堤1138米,由西鲍乡实施。

【昭阳湖闸站】

2013年建成1孔宽6米,配套700ZLB-160型水泵,流量3米³/秒。乌巾荡西片防洪堤600米、南官河东岸桥梁工程、红星美凯龙闸(1孔宽6米),都由兴化水利建筑安装工程总公司承建;南贺闸站1孔宽6米,配套700QZ-160型水泵,流量3.0米³/秒,由江苏国盛建设有限公司承建。

【乌巾荡西片排涝站】

2014年建成乌巾荡西片排涝站。该站配套600W2500-5.5型水泵,流量0.5米³/秒,由常州南天建设集团有限公司承建。改造后的中心河滩闸,1孔宽6米,配套700ZLB-160型水泵,3.0米³/秒流量,由江苏晨功建设有限公司承建。

【十里亭东闸站】

2015年建成十里亭东闸站。该闸站1孔宽6米,配套700ZLB-160型水泵,流量6米³/秒,由江苏吴威建设工程有限公司承建;新悦北闸,1孔宽6米,由大丰市水利建筑工程有限公司承建;关门片区集水泵站,配套300QW900-8.37型水泵,流量0.6米³/秒,由江苏华冶建设工程有限公司承建。

四、城区饮水安全工程

城区饮水安全的重点主要放在提高供水水质和确保安全供水等方面,采取相关措施确保水质综合合格率达标。

2005年,兴化市自来水公司着力加强供水设备的维护保养和水质检测,通过水质检测中心计量认证三级化验室的监督评审,确保水质综合合格率达100%。

2006年,泰兴集中开展城区一水厂、二水厂取水口环境整治,加强供水设备的维护保养和水质检测,对城区供水管网进行一次全面普查,检修消火栓237座,组织120多次听查漏,查出并修复漏水点1050余处。

为切实改善兴化二水厂水源水质,2008年9月,兴化对该城区二水厂取水口800多米河段按照底宽25米、河底高程-2.5米的标准进行清淤疏浚。同时,市财政投入300多万元对12公里长的二水厂取水水源河道横泾河按照东潭村以东河底宽25米、河底高程-2.5米,东潭村以西河底宽20米、河底高程-2.0米的设计标准进行全线清淤疏浚,拆除东潭村的卡口,打通与高邮横泾河的通道,直接引用三阳河水源。市自来水公司按照新颁发的生活饮用水卫生标准,对城区一、二水厂取水口每天进行清理,清除漂浮物,定期打捞水草和清除污泥。对取水口格栅不定期清洗修缮,分期分批对澄清池、滤池、清水池等净水构筑物进行清洗消毒。投入资金设置管网测压点,添加在线检测仪器,增加化验频率,严格水质检测,定期接受并通过省水质检测中心、兴化市疾病控制中心的水质抽检。对城区供水管网末梢地段进行实地勘查,利用管网排放口定期对全城管网死头水进行排放,全年累计排放20多小时,确保供水水质合格率。

2009年,兴化市自来水公司全力配合兴化市政府新城区建设、开发区建设和旧城改造,实施英武中路DN400、西环路DN500、西郊线DN300等主管道改造工程;实施海德国际、幸福小城、东方明珠、锦绣文华、风和雅筑、龙腾湾等住宅小区管道安装工程和沙垛回迁安置房、水乡人家、王家塘安置房等安居工程给水管道铺设,累计铺设直径100毫米以上主管道35.2公里,安装用水户7237户。加快供水管网和低压区改造,实施米市河路、玉带路、西公路、开发区城南路等地段供水管道改造,实施建兴花园南DN200、城堡小桥DN100等过桥钢管改造,累计投入资金100多万元,改管移管1064米,为保障供水低压居民的正常饮用水,先后对严家8组、严家十八顷、严家工商路、西门大教场、阳山老街西四和西五巷等地段低压区进行改造,为260户980多居民解决了吃水难的问题。11月,针对城区二水厂水源浊度偏高的实际,特邀省水质检测中心专家来兴会诊,分析原因,探讨对策,采取相关措施,使水源浊度偏高的状况逐步得到改善。在全城改装10多处管网末梢排污阀,组织专门队伍对管网死头水进行排放,先后排放直径200毫米主管道15条,排放住宅小区40多个,累计排放200多小时,有效缓解了城区部分地区和小区的水质问题。

2010年，较好地完成了城区水质提升工程管网清洗和管网改造工作，清洗直径100毫米以上主管道15065米。

2011年，兴化在城区一、二水厂一、二级保护区界碑的上下游，按规定增设准保护区标志。委托泰州水文分局对兴化各重点饮用水水源地、水功能区及骨干河道水质进行每月两次取样监测，并及时将监测结果通报给兴化市领导及相关职能部门。市水资源管理办公室坚持每月5日、15日、25日对城区一、二水厂取水口至准保护区范围进行巡查，确保保护区范围内无污染事故发生。

周庄水厂

同时，城区水质提升工程稳步推进。兴化(周庄)自来水厂深度处理工艺投产供水，二水厂工艺改造项目完成厂区35千瓦高压线路改造及桩基，进入土建主体施工阶段。供水管网配套建设和改造工程完成牌楼路、楚水东路、牌楼北路等供水干管改造配套建设20公里。

2015年，完成二水厂工艺改造工程，城区水厂实现生产工艺上的协调统一。实施城区部分老小区供水支管网改造及老化管道改造工程，完成管网改造7.92公里。铺设直径100毫米以上主管道19.6公里，维修大小漏点1759处。

第十一章　防汛防旱

第十一章　防汛防旱

　　泰州位于长江、淮河下游,水旱灾害频繁发生,尤以水灾为甚。历史上,由于水利工程标准低,御洪能力脆弱,每遇灾害人民群众苦不堪言。新中国成立后,各级党委、政府都把防汛防旱作为重要工作,领导人民群众开展大规模的水利工程建设,实行防汛责任制,加强防汛正规化、规范化建设,境内抗灾能力不断增强。20世纪70年代中期,通南地区引水抗旱问题基本得到解决;20世纪90年代后期,沿江地区经江堤达标建设,抗洪能力整体上了一个台阶,达到能抵御50年一遇洪水加10级台风的"长流规"标准,但坍江问题尚未能从根本上解决;1999年9月新建成的泰州引江河和高港枢纽,增加了境内里下河地区外排能力300米^3/秒和通南地区抽引能力100米^3/秒,境内抗灾能力逐年增强。多年形成的防洪工程在抗灾中起到重要保障作用。每当灾害到来,各级领导都亲临抗洪抢险第一线,查看险情、指挥抢险,各级各部门协调联动,通力协作做好抢险救灾工作,保障了工农业生产和人民群众生命财产的安全,夺得防汛防旱的胜利。

第一节　领导机构

一、1996年8月以前的领导机构

　　民国前,境内无专门防汛防旱机构,遇有水旱灾害,地方官吏或亲自率民,或委其部属组织民众抢险救灾。民国时期,靖江防汛防旱由国民政府县建设科(局)管辖,其他各地无常设性抗灾领导机构。1950年5月,成立泰州专区防汛防旱指挥部,1954年3月撤销。1949年后,境内各地陆续成立县防汛防旱总队部或指挥部,各区、乡(镇)也成立相应机构。总队部(指挥部)由县党政主要领导任总队长(指挥),成员有水利、农业、财政、银行、交通、公安、物资、农机、气象等部门的主要负责人;各乡(镇)由相应人员组成分指挥部。各县防汛防旱指挥部坚持"以防为主,防重于抢"的方针,贯彻执行上级有关防汛防旱工作的指示和决定,制订度汛方案,组织汛前安全大检查,发现问题,及时采取措施,除险加固,清除行洪障碍,筹集防汛抢险物资器材,及时掌握汛情,加强水情调度,组织抢险,确保安全度汛。遇有大洪、大涝、大旱,各级领导都亲临第一线指挥抗灾抢险,驻泰部队也积极参加抗灾斗争。

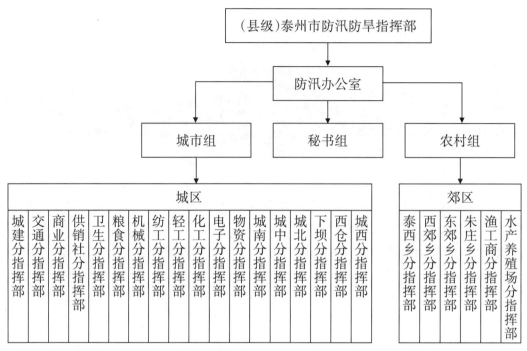

1987年(县级)泰州市防汛防旱机构图

二、1996—2015年的领导机构

1996年8月,地级泰州市成立后,防汛防旱工作实行行政领导责任制。1997年2月18日,泰州市防汛防旱指挥部(简称市防指,下同)正式成立,市政府分管水利的副市长兼任市防指指挥长,各市(区)行政领导亦作为本级防汛防旱责任人。各级防汛防旱指挥部负责领导、组织本级防汛防旱工作。其主要职责是:拟订防汛防旱工作制度,组织制订防御洪水方案和调水方案等,及时掌握汛情、旱情、灾情并组织实施抗洪抢险及防旱减灾措施,统一调度重要水利工程设施的运行,做好洪水防范应对工作,组织灾后处置,并做好有关协调工作等。

泰州市防汛防旱指挥部成员单位名单:泰州军分区、市委宣传部、市发改委、市经信委、市教育局、市公安局、市水利局、市民政局、市财政局、市国土资源局、市住房和城乡建设局、市交通运输局、市农委、市商务局、市卫计委、市气象局、市环保局、市粮食局、市供销总社、市火车站街区、市凤城河管委会、市旅游局、泰州供电公司、泰州电信公司、中国邮政集团公司泰州市分公司、市消防支队、市武警支队、预备役高炮三团、省泰州引江河管理处、省水文水资源勘测局泰州分局。

表11-1 泰州市防汛防旱指挥部各成员单位职责一览表(1997年2月至2015年)

市防汛防旱指挥部成员单位	职责
泰州军分区	负责协调和调动驻泰部队、民兵和预备役部队支持地方抗洪抢险和防旱救灾,保护国家财产和人民生命安全;组织受灾群众转移和安置等任务
市委宣传部	正确把握全市防汛防旱宣传导向,组织、协调和指导新闻媒体做好防汛防旱新闻报道工作

续表11-1

市防汛防旱指挥部成员单位	职责
市发改委	协调安排重点防汛防旱工程建设、除险加固、水毁修复计划和监督管理,做好铁路设施的防洪安全
市经信委	负责组织、指导企业做好防洪工作。负责组织、协调通信运营企业做好汛期的通信保障工作,协调调度应急通信设备
市教育局	负责组织、指导各级各类学校做好防洪、防台风、防暴雨工作,及时组织、监督学校做好校舍加固和师生安全的防范工作
市公安局	维护社会治安和道路交通秩序,依法打击阻挠防汛防旱工作、造谣惑众和盗窃、哄抢防汛防旱物资以及破坏防汛防旱设施的违法犯罪活动,协助有关部门妥善处置因防汛防旱引发的群体性治安事件,协助防汛防旱部门组织群众从危险地区安全撤离或转移
市水利局	负责全市防汛防旱的组织、协调、监督、指导等日常工作;负责组织、指导全市防洪排涝和抗旱工作的建设与管理;负责组织江河洪水和旱情的监测、预报,做好防汛调度和抗旱水源调度;制订全市水利工程防汛急办、度汛应急处理及水毁修复工程计划,并督促各市(区)政府、管委会完成到位;提出防汛防旱所需经费、物资、设备、油电等方案;负责防汛防旱工程的行业管理,按照分级管理的原则,负责市属工程的安全管理;负责全市城市防洪工作及主城区河道的管护
市民政局	负责组织、协调全市受灾地区的救灾工作和受灾群众的基本生活救助。组织核查灾情,统一发布灾情及救灾工作情况,及时向市防汛指挥部提供灾情信息;协助管理、分配市救灾款物并监督检查其使用情况;组织、指导和开展救灾救助和捐赠等工作
市财政局	负责安排和调拨防汛防旱经费,及时下拨并监督使用,及时安排隐患处理、抢险救灾、水毁修复等经费
市国土资源局	负责组织因暴雨和洪水引发的江岸崩塌、地面沉降、地裂缝、地面塌陷等突发性地质灾害的勘查、监测、防治等工作。协助做好里下河湖区保护,防止违章占用
市住房和城乡建设局	协助做好城市防洪排涝规划及防旱规划的制定工作,组织、指导城市市政设施和民用设施的防洪排涝工作;及时组织、协调、指导、督促市区暴雨积水地段下水管网的更新改造
市交通运输局	负责做好公路、水运、交通设施的防洪安全工作;做好公路(桥梁)在建工程安全度汛工作,在紧急情况下责成项目业主(建设单位)强行清除碍洪设施。配合水利部门做好通航河道的堤岸保护,汛情紧张时,通知船只限速行驶乃至停航;负责协调组织运力,做好防汛防旱所需物资和设备及抢险救灾人员、灾民转移运输工作;协同公安部门做好车辆绕行工作,保证防汛抢险救灾车辆和船只畅通无阻
市农委	负责及时收集、整理和提供农业旱、涝等灾情信息;负责农业、渔业遭受水旱灾害和台风灾害的防灾、减灾和救灾工作;指导灾区调整农业结构、推广应用旱作农业节水技术及重大病虫害和动物疫病防治工作;负责救灾种子(种畜禽、水产苗种)、化肥、饲草、兽药的调配;组织、协调、指导、督促高效设施农业园区提高排涝抗旱标准;组织、研究、推广、指导里下河湖荡地区开展生态养殖,大框格、大水面养殖,配合做好退渔还湖工作
市商务局	负责全市灾民和防汛抢险人员的生活日用品供应工作
市卫计委	负责水旱灾区疾病预防控制、医疗救护和卫生监督工作,及时向泰州市防指提供水旱灾区疫情与医疗卫生信息
市气象局	负责天气气候监测和预测预报工作,从气象角度对影响汛情、旱情的天气形势做出监测、分析和预测;及时提供天气预报和实时气象信息

续表 11-1

市防汛防旱指挥部成员单位	职责
市环保局	负责水质监测,及时提供水源污染情况,做好污染源的调查与处理工作;掌握全市有毒、有害物资存放地点,协助保证储存、转运安全,防止污染水体;汛情发生时,督查相关部门、单位及早安排有毒有害物品转移;已发生水体污染事件时,负责监测,及时向下游等有关地区通报,防止因水源污染造成次生灾害;负责城区河道排污口的检查检测,确保城区河道保持良好水质
市粮食局	负责抢险抗灾的粮食储备、调运和供应
市供销总社	掌握防汛抢险和生产救灾物资信息,做好调运供应工作,确保抢险救灾物资随时调拨
市火车站街区	及时掌握区域内暴雨积水情况,协助、配合相关部门做好区域内防汛排涝规划、建设和下水管网更新改造
市凤城河管委会	及时掌握城河水位变化和天气形势,保证水上游船运行安全,维护区域内建筑设施、花卉林木度汛安全
市旅游局	负责、指导、督促全市旅游风景区安全设施规范化建设和管理,保证各类景区管理部门及时掌握灾害性天气形势,及时规避风、暴、潮、浪等风险,并及时传达到相关游客
泰州供电公司	负责保障排涝防旱用电供应,遇突发性洪涝,按泰州市防指的通知,及时安装电力设施应急调度所需电力。负责安排汛期水利工程及临时排灌站的用电增容
泰州电信公司	负责组织协调公共通信设施的防洪建设和维护,做好汛期防汛防旱的通信、网络保障工作。根据汛情需要,协调落实应急通信设施
中国邮政集团公司泰州分公司	负责所辖邮政设施安全,确保邮运车辆的完好和邮路的畅通,保障各类邮件、报刊的及时安全寄递,迅速、准确传递防汛信息
市消防支队	支持地方抗洪抢险和防旱救灾,协助做好城区低洼易涝地区抗洪排涝
市武警支队	支持地方抗洪抢险和防旱救灾,保护国家财产和人民生命安全,协助做好城区低洼易涝地区抗洪排涝
预备役高炮三团	支持地方抗洪抢险和防旱救灾,保护国家财产和人民生命安全
省泰州引江河管理处	负责高港枢纽引排水的安全运行,根据省防指令及时实施引、排水工作。适时做好泰州通南地区引江输水工作
省水文水资源勘测局泰州分局	负责全市水情、雨情监测工作,及时提供水雨情实况和预报,按照《江苏省水文管理办法》有关规定,为泰州市防指防汛防旱决策发挥助手作用

三、泰州市防汛防旱指挥部办公室

泰州市防汛防旱指挥部办事机构为泰州市防汛防旱指挥部办公室(简称市防办,下同),承担泰州市防汛防旱指挥部日常工作,组织、协调全市的防汛防旱工作。按照省防汛防旱指挥部、流域防汛防旱指挥部和泰州市防汛防旱指挥部的指示,对重要水利工程实施调度;组织全市汛前、汛后水利工程安全检查,指导、督促除险加固;研究提出具体的防灾救灾方案和措施建议;组织制订全市防御台风、洪水方案,水利工程调度方案和重点地区的防旱预案,并监督实施;指导、推动、督促市(区)人民政府制定防汛防旱应急预案及防御台风应急预案;督促指导有关防汛指挥机构清除河道、湖泊、蓄滞洪区范围内阻碍行洪的障碍物;负责防汛防旱经费、物资的计划、储备、调配和管理;组织、指导和检查蓄滞洪区安全建设、管理运用和补偿工作;组织、指导防汛机动抢险队和防旱服务组织的建设与管理;指导督促全市防汛防旱指挥系统的建设与管理等。

表11-2 泰州市防汛防旱指挥部及其办公室领导人(1997—2015年)

市防汛防旱指挥部		市防汛防旱指挥部办公室	
年份	指挥	年份	主任
1996	丁士宏	1997—1999	王仁政
1997—2002	吕振霖	2000—2001	王仁政
2002—2012	丁士宏	2002—2005	胡正平
2013	王 斌	2006—2008	胡正平
2014—2015	陈明冠	2009—2012	胡正平
		2013—2014	龚荣山
		2015	龚荣山

第二节 应急指挥系统和各类预案

一、应急指挥系统

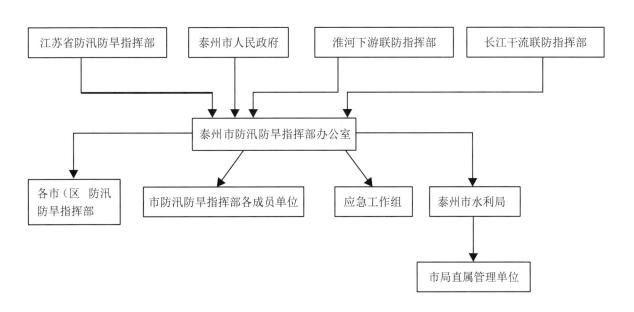

泰州市防汛防旱应急指挥系统图

二、预案选介

根据泰州境内水利防洪抗旱工程建设现状,面对不同灾情的不同阶段,市防指和市水利局先后制定了各类防汛防旱预案,并在防汛防旱、抗洪抗台实战中基本据此执行。主要有:《泰州市防汛防旱应急预案》《泰州市防洪预案》《泰州市水利工程调度运行方案》《泰州市防御台风预案》《泰州市城市防洪预案》《泰州市城市突发性强降雨应急预案》《泰州市长江堤防溃口性抢险预案》《泰州市长江江心洲抗洪抢险及应急转移预案》《泰州市抗旱预案》《泰州市高效设施农业园区防汛预案》《长江泰州段滞留待闸船舶防台风应急预案》等。各市(区)亦及时修订了各类防汛防旱预案。

(一)《泰州市防汛防旱应急预案》

为了做好水旱灾害突发事件防范与处置工作,使水旱灾害处于可控状态,保证抗洪抢险、抗旱救灾工作高效有序进行,最大程度地减少人员伤亡和财产损失,保障经济社会全面、协调、可持续发展,依据《中华人民共和国水法》《中华人民共和国防洪法》《中华人民共和国防汛条例》《中华人民共和国蓄滞洪区运用补偿暂行办法》《国家防汛防旱总指挥部成员单位职责》《国家防汛防旱总指挥部工作制度》《江苏省突发公共事件总体应急预案》《江苏省防洪条例》《江苏省水旱灾害统计报表制度》《江苏省防汛防旱应急预案》等,泰州市防汛防旱指挥部制定了此预案。

预案说明,此预案适用于全市范围内(包括邻近市发生的但对本市产生重大影响的)突发性水旱灾害的预防和应急处置。突发性水旱灾害包括:江河洪水、渍涝灾害、台风暴潮灾害、干旱灾害、供水水源危机,以及由洪水、风暴潮、地震、恐怖活动等引发的堤防决口、坍江、涵闸倒塌、供水水质被侵害等次生衍生灾害。

预案提出了工作原则,明确了全市防汛防旱的组织体系及职责,明确了应急响应,按洪涝、旱灾的严重程度和范围,分为Ⅰ级应急响应(红色)、Ⅱ级应急响应(橙色)、Ⅲ级应急响应(黄色)和Ⅳ级应急响应(蓝色)4级(详见附录)。

(二)《泰州市防洪预案》

为了做好泰州城区洪涝灾害事件的防范与处置工作,保证城市抗洪抢险工作高效有序进行,在现有水利工程设施条件下,针对历史上已发生的洪涝灾害特点和可能发生的各类洪水灾害,依据《中华人民共和国水法》《中华人民共和国防洪法》《中华人民共和国防汛条例》《国家防汛防旱应急预案》《江苏省防洪条例》《江苏省水利工程管理条例》《泰州市防汛防旱应急预案》《泰州市城市防洪规划》等,市防汛防旱指挥部制定了此预案。

预案说明,此预案适用于市主城区内雨涝灾害事件的防御和处置。预案指出:主城区坚持贯彻以人为本的方针和行政首长负责制;坚持“安全第一、常备不懈、以防为主、防抢结合”的防汛总方针;坚持公众参与、军民联防;按照“全面部署、保证重点、统一指挥、统一调度、服从大局、团结抗洪”的要求,坚持工程措施和非工程措施相结合等原则,尽可能调动全社会力量防御灾害。泰州市防汛防旱指挥部负责处置主城区防洪应急事务,当主城区发生洪涝灾害时,由市防汛防旱指挥部负责组织协调抢险工作。

根据主城区暴雨、洪涝等灾害事件的严重程度,将预警划分为红、橙、黄、蓝4个级别,当出现下列情况之一的为Ⅰ级红色预警:有特大暴雨袭击主城区;泰州(泰)(位于新通扬运河与卤汀河交汇处,是泰州城区里下河片水文站点,下同)水位高于3.33米;泰州(周)(位于周山河与南官河交汇处,是泰州城区通南片水文站点,下同)水位高于4.91米。当出现下列情况之一的为Ⅱ级橙色预警:有大暴雨或未来48小时内有特大暴雨袭击主城区;泰州(泰)水位高于3.0米;泰州(周)水位高于4.45米。当出现下列情况之一的为Ⅲ级黄色预警:有暴雨或未来48小时内有大暴雨袭击主城区;泰州(泰)水位高于2.5米;泰州(周)水位高于4.0米。当出现下列情况之一的为Ⅳ级蓝色预警:泰州(泰)水位高于2.0米;泰州(周)水位高于3.8米。根据实际情况的需要,由市城区防洪指挥部通过电台、电视、网站、报刊等新闻媒体向公众发布预警信息。

预案说明了预防预警的准备和行动。

预防预警准备:

(1)思想准备。加强宣传,增强全民预防洪涝灾害和自我保护的意识,做好防大汛、抗大灾的思想准备。

(2)组织准备。建立健全城区防汛组织指挥机构,落实防汛救灾责任人、防汛救灾队伍,加强对洪涝易发重点区域的监控,加强防汛机动抢险队的建设。

(3)工程准备。按时完成水毁水利工程修复任务,对存在病险的堤防、涵闸、泵站等各类水利工程设施进行应急除险加固。做好应急抢排设备的维修保养和试运行工作。

(4)预案准备。修订完善洪水预报方案、防洪工程调度方案、城市应急供水方案等应急预案。

(5)物料准备。按照分级分部门负责的原则,储备必需的防汛物料。

(6)通信准备。保证预警反馈系统完好,确保雨情、水情、工情、灾情信息和指挥调度指令的及时传递。

(7)防汛检查。组织由行政、技术人员参加的检查组,对河道、闸站、排水管网等工程设施及低洼易涝区进行检查,发现薄弱环节,明确责任,限时整改。

(8)部门协调。市防汛防旱指挥部各成员单位之间加强协调,合力抗击洪涝灾害。

预警行动:

Ⅰ级红色预警:气象部门加强降雨预测预报工作,将预报结果及时准确地报告市防汛防旱指挥部,由市防汛防旱指挥部在市主要媒体上发布预警信号。根据暴雨预报,提前开启城区排涝泵站,预降城区河道水位。请消防、武警部门将机动抢排泵安装布置在重点防护区域及城区低洼易涝区,做好排涝准备。

Ⅱ级橙色预警:气象部门加强降雨预测预报工作,将预报结果及时准确地报告市防汛防旱指挥部,密切关注重点防护区域及城区低洼易涝区,做好抢险排涝准备,必要时请消防、武警部门协助抢排。

Ⅲ级黄色预警:组织人员巡查重点防护区域及城区低洼易涝区,遇有问题立即向市防汛防旱指挥部汇报,组织抢险排涝。

Ⅳ级蓝色预警:做好日常防汛工作,一旦城区发生涝害,立即组织抢排。

预案还说明了应急响应启动机关和行动。

表11-3　泰州市城市防洪应急响应级别与启动机关

应急响应级别	严重程度	响应启动机关
I级	特别严重	由市政府或市防汛防旱指挥部宣布启动
II级	严重	由市防汛防旱指挥部宣布启动
III级	较重	由市防汛防旱指挥部宣布启动
IV级	一般	由市防汛防旱指挥部办公室宣布启动

应急响应行动：

I级应急响应为最高级别响应，其次为II级、III级，IV级为最低级别响应。每级响应行动包含低级别应急响应行动所有内容。

I级响应行动：市防指指挥主持会商，指挥部成员参加，做出防洪排涝应急工作部署，加强工作指导，在2小时内将情况上报省防指和市委、市政府，同时派工作组赴现场指导抗洪排涝工作。情况严重时，提请市委常委会、政府常务会议听取汇报并做出部署。市防指密切监视洪涝灾情的发展变化，做好汛情预测预报，做好重点工程调度。市防指每天发布汛情通报，并在市电视台等媒体报道涝情及抗洪抢险措施。

II级应急响应：市防指指挥或委托副指挥主持会商，市防指成员单位派员参加会商，做出相应工作部署，加强防洪排涝工作的指导，在2小时内将情况上报市政府。市防指加强值班力量，密切监视涝情的发展变化，做好预测预报，做好重点工程的调度，派出由市防指成员单位组成的工作组、专家组赴现场指导抗洪排涝工作。市防汛防旱指挥部办公室不定期在市电视台发布涝情通报。市防指成员单位按照职责分工，做好有关工作。

III级应急响应：市防指副指挥或委托市防办主任主持会商，做出相应工作安排，密切监视汛情、旱情发展变化，加强防汛防旱工作的指导，在2小时内将情况上报市政府。市防指成员单位按照职责分工，做好有关工作。

IV级应急响应：市防办主任或委托副主任主持会商，做出相应工作安排，加强对水情、雨情的监视和对防汛防旱工作的指导，并将情况上报市防指负责同志。

此预案为防汛部门实施指挥决策、防洪调度和抢险救灾提供依据，从而最大限度地减少人员伤亡和灾害损失，保障城市经济社会安全稳定和可持续发展，维护社会稳定。

（三）《泰州市防御台风预案》

为促进全市防御台风工作有序、高效、科学地开展，全面提升防御台风灾害能力，最大程度地减轻台风灾害带来的损失，保障人民生命财产安全和经济社会的持续稳定发展，依据《中华人民共和国防洪法》《中华人民共和国突发事件应对法》《江苏省防洪条例》等法律法规，以及《国家突发公共事件总体应急预案》《江苏省重大气象灾害预警应急预案》《江苏省防御台风预案》《泰州市防汛防旱应急预案》等，市防指制定此预案。此预案所称台风包括超强台风、强台风、台风、强热带风暴、热带风暴、热带低气压。

预案指出,此预案适用于市范围内台风灾害的防御及应急处置工作。防台风要统一领导,分级负责。市及市(区)人民政府、各类园区管委会是本行政区域内防御台风工作的责任主体,实行行政首长负责制,统一指挥、分级分部门负责。要以人为本,预防为主。坚持把人民生命财产安全放在首位,居安思危、常备不懈,以防为主,"防、避、抢、救"相结合,注重实用性和可操作性,保障防台风工作有序、高效、科学开展。要因地制宜,突出重点。坚持从实际出发,全面分析台风可能带来的危害,合理、科学采取各项应对措施,突出抓好重点领域、重点部位,确保人民生命财产安全。要快速反应,协调高效。预报台风将对本地区或已经对本地区有较大影响或产生次生灾害时,当地政府、管委会应迅速响应,各有关部门联合行动,及时、高效开展应急处置工作。要全民防御,加强基层。实行公众参与、军民结合、专群结合、平战结合,动员组织全社会力量防御台风灾害。加强基层防台工作,落实基层各项防御和应急措施,提高基层防御台风的意识和能力。预案还指出,在工程建设方面,始终将防台风作为重要技术指标予以规划实施,构筑防御台风及其引发的暴雨洪水和风浪的重要物质基础。在非工程措施方面,加强监测预警体系、防洪调度预案体系、抢险救灾指挥体系、规章制度体系的建设。

预案明确了全市防台风的重点区域、单位和人群,具体为:

(1)全市长江堤防等流域性河湖堤防、涵闸站,受风浪正面袭击的工程安全,以及台风暴雨、风暴潮引发涵闸、泵站等水利工程高水位时的安全管理。

(2)船舶、港口、水上水下作业人员和施工设施设备安全。

(3)靖江、泰兴江心洲及沿江养殖人员和其他危险地区群众的安全转移,出港作业船舶的回港避风。

(4)城乡危旧房屋、建筑工地、户外广告及高空构筑物等的安全防护,市政、电力、交通、通信等重要设施的安全运行保障。

(5)城乡低洼地区的涝水抢排。

(6)防止台风暴雨诱发地质灾害及其带来的次生灾害。

预案说明,市防指为市防台风应急指挥机构,负责全市防御台风灾害抢险救灾工作,其办事机构市防办设在市水利局。各市(区)政府、园区管委会防御台风工作领导指挥机构为各市(区)、园区管委会防汛防旱指挥部,负责当地防御台风灾害抢险救灾工作,其办事机构设在同级水行政主管部门。沿江化工、石化、港口有关单位可根据需要设立防御台风机构,负责本单位防御台风工作,并服从当地防汛防旱指挥部的统一领导。市防台风应急指挥机构(市防指)主要职责为:统一指挥防台风工作;决定启动、结束防台风应急响应;下达应急抢险、水利工程调度等指令;动员社会力量参与防台风抢险救灾等。预案还明确了市防台风应急指挥机构组成成员及成员单位防御台风职责。

根据台风威胁和严重程度,预案说明,台风预警等级分Ⅳ、Ⅲ、Ⅱ、Ⅰ四级标准,预警信号颜色依次为蓝色、黄色、橙色和红色,分别代表一般、较重、严重和特别严重。Ⅰ级预警(红色):已遭受台风正面影响或6小时内可能受台风正面影响,境内已出现12级以上风力或预报6小时内将出现12级以上风力;预报未来12小时内强热带风暴过境正好是沿江地区农历天文大潮汛;预报未来12小时内强热带风暴过境期间,长江大通来量在60000米³/秒以上。Ⅱ级预警(橙色):全市已遭受强热带风暴影响,出现10级以上大风,或未来12小时内可能受强热带风暴影响;预报未来12小时内热带风暴过境正好是沿江地区农历天文大潮汛;预报未来12小时内热带风暴过境期间,长江大通来量在60000米³/秒以上。Ⅲ级预警(黄色):预报24小时内可能受热带风暴正面影响,平均风力8~10级;预报未来24小时内热带风暴在江浙一带活动正好是沿江地区农历天文大潮汛;预报未来24小时内热带风暴在江浙一带活动期间,长江大通来量在60000米³/秒以上。Ⅳ级预警(蓝色):预报48小时内可能受热带风暴影响,或登陆台风已经降为热带低气压12小时内受其影响或已经受其影响,平均风力6~7级,预报不排除热带低气压与冷空气等其他天气系统组合形成强降水可能。预案还指出,台风发展过程中其强度、范围、登陆地点、登陆后的移动路径、影响程度、危害程度等发生变化时,应及时调整预警等级。

预案指出,市防指作为全市防台风应急指挥机构,根据上述预警等级所描述的情形决定并发布全市防台风工作预警等级,其他相关部门根据各自防台风工作职责及时预警并在相应的范围内发布到位。具体为:市气象局负责发布台风的强度、移动路径、移动速度,并及时预警。市水利局负责发布水利工程安全、水情预警信息。市国土资源局负责发布地质灾害预警信息。市住建局负责发布城区高空建筑设施、城乡危旧房屋、道路树、园林花木支护等方面的预警信息。市交通运输局负责发布公路、港口、内河、湖区(航道)、渡口、码头(长江除外)等方面的预警信息。市农委负责出港船只、养殖人员及设施农业的预警信息发布。泰州海事局负责长江在港、航行船舶的预警信息发布。市委宣传部组织协调新闻媒体及时播报有关预警信息。其他有关部门做好相关预警工作。各级各部门应按照职责要求做好各项预防工作,组织各单位与公民积极开展自我防范。

预案指出,Ⅰ级应急响应为最高级别响应,其次为Ⅱ级、Ⅲ级,Ⅳ级为最低级别响应。每级响应行动包含低级别应急响应行动所有内容。

Ⅰ级应急响应要做到:市防指指挥主持会商,指挥部全体成员参加,部署台风防御和抢险救灾工作。召开防御台风紧急会议,进行紧急动员部署;市政府发出紧急通知,要求有关地区全力做好防御台风工作。市防指提出防御目标、重点和对策措施,情况特别严重时市防指可依法宣布进入紧急防汛期,按照《中华人民共和国防洪法》的相关规定,行使权力。提请市委常委会、市政府常务会议听取汇报并做出部署。市政府派工作组赴一线指导防御台风工作。市防指指挥坐镇市防汛办公室指挥抗台风工作,市防指加强值班力量,实行防指领导带班,了解掌握重大险情、灾情和由台风引发的其他重大突发事件,组织协调指挥重大险情、灾情的抢险救灾工作,必要时提请上级和有关方面支援,每天发布《台风情况通报》,通报台风及抢险救灾情况。指挥部各成员单位要做好各自防御对策。其中,市气象局及时掌握台风动态,预报发展趋势,对台风登陆地点、时间、登陆后的移动路径、台风暴雨的量级和落区加密监测预报,每隔1~2小时发布最新信息。水文部门及时报告长江风暴潮、水雨情。泰州军分区负责组织协调驻泰解放军、武警、消防、预备役高炮三团,按照市防指要求,迅速投入抢险救灾工作,并派员参与防汛指挥部协助防台风抢险救灾指挥。市水利局督促各地做好重点险工险段的巡查防守,及时开展抢险救灾工作。有关非成员单位根据各自职责和分工,落实应急响应措施,做好有关工作。台风影响地的市(区)政府、防汛防旱指挥部启动相应应急响应,把防御台风工作作为首要任务,动员和组织广大干部群众投入防台风工作,责任到人。根据预案转移危险地区群众,按照权限组织抗洪排涝和洪水调度,组织堤防险工险段、地质灾害隐患点等巡查,组织人力、物力抢险救灾,营救被洪水围困群众。及时将防台情况报上级防汛防旱指挥部。

Ⅱ级应急响应要做到:市防指指挥主持会商,防汛防旱指挥部成员单位负责人参加会商,根据市气象局对台风发展趋势提出具体的分析和预报意见,部署防御台风工作,明确防御目标、重点和措施。在2小时内将情况上报市委、市政府和省防汛防旱指挥部,并在12小时内派出由市防指相关成员单位组成的工作组、专家组赴一线指导、推动、督查防御台风工作,具体督促靖江市、泰兴市迅速将江心洲上所有人员撤离回大陆,加强里下河地区省定三批滞涝圩的清障督查,不折不扣完成全省里下河地区湖荡"中滞"目标任务。市防办加强值班力量,实行市防指领导带班,密切监视台风的发展变化,及时收集汇总风情、雨情、水情、工情、灾情等各类信息,做好重点水利工程的预报调度,不定期发布台风情况通报,紧急部署各地全力做好防抗台风工作,安排相关单位做好抢险救灾物资调拨工作。市防指各成员单位各司其职。其中,市气象局加密台风趋势预测,做出台风路径、影响范围和风、雨量级的预报,密切监视台风动向。解放军、武警部队和民兵预备役以及公安、消防等各类抢险救灾队伍做好抢险救灾准备工作,或按照市防指要求投入抢险救灾工作。市民政局指导各地做好群众转移安置工作,及时开展救灾救助工作。市水利局认真做好各类水利工程的巡查和安全运行,科学调度水利工程,加强风暴潮预报,落实险工险段和在建水利工程的抢险队伍、物资和设备,及时开展抢险救灾。台风影响的市(区)防汛防旱指挥部启动相应应急响应,动员和组织广大干部群众投入防御台风工作,落实防御台风各项措施,做好人员转移、船只回港避风、洪水调度、抢险救灾等各项工作。

Ⅲ级应急响应要做到:市防指副指挥或委托市防办主任主持会商,水利、气象、水文等主要成员单位参加,部署防御台风工作,明确防御目标和重点,在2小时内将情况上报市委、市政府并通报成员单位;市防办在24小时内派出工作组、专家组,指导地方做好防御台风的各项准备工作。督促靖江市、泰兴市做好江心洲围堤守护,必要时申请部队登陆艇增援,组织全体江心洲人员撤离或转移到滩内安全地带;加强里下河湖荡清障督查,确保1991年底现有湖荡调蓄功能正常发挥;督促兴化市、姜堰区做好省定三批滞涝圩的滞涝运用准备。市防办密切监视台风和雨情、水情、工情,做好江河洪水预测预报和调度工作,监督指导台风影响区域内河网预排预降和洪水调度,掌握人员转移、船只回港避风、抢险救灾等情况,做好灾情核查和信息发布工作,及时将防御台风信息报告市防指指挥、副指挥,并报市委、市政府和省防汛防旱指挥部,通报指挥部各成员单位。指挥部各成员单位加强值班,依据各自职责做好相应工作。其中,市水利局督促各地组织力量加强长江堤防、里下河圩堤的巡查,对险堤、险闸等进行抢护或采取必要的紧急处置措施,督促检查险工险段行政与技术负责人到位情况。

Ⅳ应急响应要做到:市防指副指挥或委托市防办主任主持会商,研究分析台风可能影响情况。关注台风预报成果,密切监视台风动向,研究防御重点和对策,做出相应工作安排,重点做好江面船只和沿江作业人员的安全保护工作。做好城乡低洼易涝地的防洪排涝工作。市防办加强与市气象台的联系,及时向各市(区)防汛防旱指挥部办公室通报台风动向。各成员单位依据职责做好相应工作。其中,市气象局加密台风趋势预测,做出台风路径、影响范围和风、雨量级的预报,密切监视台风动向。

解放军、武警部队和民兵预备役以及公安、消防等各类抢险救灾队伍做好抢险救灾准备工作,或按照市防指要求投入抢险救灾工作。市水利局认真做好各类水利工程的巡查和安全运行,科学调度水利工程,加强风暴潮预报,落实险工险段和在建水利工程的抢险队伍、物资和设备,及时开展抢险救灾。台风可能影响市(区)防汛防旱指挥部启动相应的应急响应。

预案还明确了通信与信息、应急队伍、交通运输、物资、资金、电力、医疗、治安等应急保障的措施,以及宣传、人员培训与演习、奖惩和善后等工作的具体要求。

第三节 主要措施

一、汛前准备工作

【建立责任制】

根据《中华人民共和国防洪法》,防汛防旱工作严格落实各级行政首长负责制。各级行政首长对本地区负总责,层层签订责任状,落实责任制。每年调整当年度防汛防旱指挥部成员,明确各成员单位防汛防旱工作职责。汛前,市有关领导到各地视察,各级防汛防旱指挥部进行汛前检查,全面摸清防洪工程度汛隐患和存在问题,及时采取除险加固措施,制定应急抢险预案,逐级明确行政责任人和技术责任人。市政府召开全市防汛防旱工作会议,部署当年的防汛防旱工作。市防指在《泰州日报》或水利局网站公示各市(区)防汛责任人、城市防洪责任人、险工险段责任人及沿江骨干工程防汛责任人、里下河地区5000亩以上联圩防汛责任人名单,接受社会公开监督。

【以防为主】

每年年初,各市(区)集中力量,对各类水利工程进行汛前安全检查。在此基础上,市防指安排技术人员对重点水利工程进行抽查。根据汛前检查结果,市防指正式发文至各市(区)政府、管委会、防汛指挥部,通报险工患段并提出除险消险要求。召开全市防办主任会议,交流汛前水利工程检查、防汛准备工作、隐患处理进展情况,并就防汛准备工作进行专门部署。组织专家分析当年长江近岸水下地形测量结果,对河势变化进行会商,并向沿江两市两区政府通报会商结果,督促各地采取措施维护长江河势稳定。

着力消除安全隐患,加快病险工程的除险消险和应急整治。对汛前检查中发现的度汛隐患进行除险消险,确保安全度汛。同时,推进城区积水点整治,并督促职能部门开展河湖清障工作。

【组建抢险队(突击队)】

明清时期,每年夏秋汛期,境内各县都在江堤紧要之处,派人挑积土修补残缺。民国时期,沿堤防分段设专职监察员进行管理维修。

20世纪50年代后,沿江有关县(区)、乡(镇),都以民兵为骨干建立防汛巡逻队、抢险队。根据离堤远近、劳力强弱,分成巡汛、抢险和预备3个梯队,有组织地上堤防守。一般巡汛由沿江村干带队巡逻,抢险由沿江乡(镇)组织,遇到较大洪潮灾害时,由市(县)防指调动各乡(镇)、部门参加防汛抗灾。

二、积极应对各类灾害天气

每年5月下旬至6月中旬末为通南高沙土地区水稻栽插泡田用水集中高峰期,沿江各通江口门全力引江,每天引足两潮次,确保水稻栽插和农灌大用水需求。6月中旬末至7月10日前后的梅雨季节,根据天气实况和变化,通过少引水、停止引水、适度预降水位及抢排涝水,综合调度水利工程,确保全市城乡水安全。

市防汛指要求气象部门加强对天气形势的分析、预测工作,水文部门加强水情、雨情测报、分析,汛情紧张时预报加密,为防指领导决策提供依据。汛期,各级防汛指挥机构实行24小时值班制度,值班人员认真履行值班职责,视汛情为命令,及时处置市民因积水打来的告急电话,分解应急排涝任务,及时调度消防、武警等力量投入排涝。同时,做好台风防范应对部署工作。密切关注台风动向,加强会商研判,督促相关成员单位按照各自职能做好安排部署。入汛后,特别是入梅后,市气象局加强对天气形势的分析、预测工作;对每次暴雨天气过程及时会商、预报并对各地降水实况进行反馈。省水文局泰州分局加强雨情、水情测报分析工作,在梅雨季节和台风影响期间,适时进行加报。1991年,兴化水文站在水位突破2.0米后,从7月2日至7月27日坚持每天2小时加报一次,为市防指领导及时掌握汛情、做好防汛决策提供依据。

三、充分利用通信系统

1997—1999年,市防办工作人员掌握气象信息主要通过中央电视台一套气象台的天气预报和市气象台通过传真机报来的气象预报。省水文水资源勘测局泰州分局也每天通过电话记录下报码数据,再转译成各站点水位和降水数据,每天9时前报市防指。2000年,建成防汛决策支持系统,气象台与防汛办电脑联网。2005年之后,市防办工作人员可以通过个人办公电脑,直接掌握海上台风实时动态。2006年后,通过电脑联网,市防办亦可直接在电脑上获取当日水情报表。

四、足额储备防汛抢险物资

在地级泰州市成立之前,境内各地防汛物资储备方式以商业代储为主,即主要由各地供销总社、商业局、石油公司及其下属企业仓库备存一定数量的草包、铁丝、汽油、柴油、木棍,汛期如抢险调用,汛后按协议价结清账款,如汛期未调用,汛后按协议明确的仓储费补偿。2002年开始,市防办逐年通过议价或政府采购适度购置编织袋、木方、应急抢排泵,并对抗洪抢险消耗部分及时增储。2010年,各县级市(区)利用中央特大抗旱经费,储备了一批电灌机、移动电站、移动排灌机器,总价值一个县(市、区)约200万元。2013年,市防办在泰州长江大道刁铺段新建了市级防汛物资仓库。

表11-4 2015年全市主要防汛物资储备表

序号	县(市、区)	编织袋(万只)	木材(立方米)	铁丝(千克)	元钉(千克)	柴油(吨)	块石(吨)	土工布(万平方米)
1	海陵区	10	30					
2	姜堰区	20	100	7082	1599	162.6		61.57
3	高港区	8.43					3000	0.45
4	高新区	5	10				10000	0.5
5	农业开发区	2	10					
6	靖江市	10	20				10000	1
7	泰兴市	20					10397	1.215
8	兴化市	30	150					2.8
9	市本级	35	160				20000	1.6
	合计	140.43	480	7082	1599	162.6	53397	69.135

表11-5 1997—2012年海陵区防汛排涝主要物资储存一览表

年度	防汛物资储备	年度	防汛物资储备
1997	木棍1500根,编织袋5万只	2007	木棍1500根,编织袋5万只
1998	木棍1500根,编织袋5万只	2008	木棍1500根,编织袋5万只
1999	木棍1500根,编织袋5万只	2009	原木30立方米,编织袋10万只
2000	木棍1500根,编织袋5万只	2010	原木30立方米,编织袋10万只
2001	木棍1500根,编织袋5万只	2011	原木30立方米,编织袋10万只
2002	木棍1500根,编织袋5万只	2012	原木30立方米,编织袋10万只
2003	木棍1500根,编织袋5万只	2013	原木30立方米,编织袋10万只
2004	木棍1500根,编织袋5万只	2014	原木30立方米,编织袋10万只
2005	木棍1500根,编织袋5万只	2015	原木30立方米,编织袋10万只
2006	木棍1500根,编织袋5万只		

表11-6 1997—2015年高港区防汛物资储备情况一览表

年度	防汛物资储备
1997	"三袋"(编织袋、草袋、麻袋)8万只,木材10万立方米,块石7000吨
1998	"三袋"8万只,块石7000吨,树木2000棵,土工布0.5万平方米
1999	"三袋"5万只,块石7000吨,树木2000棵,土工布0.5万平方米

续表 11-6

年度	防汛物资储备
2000	"三袋"5万只,块石5000吨,树木2000棵,土工布0.5万平方米
2001	编织袋2.6万只,木材4.5万立方米,毛枝180枝,树棍540枝,铁丝1250千克,圆钉200千克,土工布1万平方米,防汛集石7160吨
2002	编织袋5.2万只,木材6.6立方米,毛枝5200枝,树棍3150枝,铁丝2300千克,圆钉450千克,土工布0.53万平方米,防汛集石7000吨
2003	"三袋"6.5万只,木材1006.1立方米,木桩1280根,块石8000吨,土工布15万平方米,铁丝2250千克
2004	"三袋"6.5万只,木材6.6立方米,木桩560根,土工布5300万平方米,圆钉、铁丝2300千克
2005	编织袋6万只,木材12立方米,树棍610枝,铁丝1300千克,圆钉100千克,土工布0.5万平方米
2006	"三袋"9.8万只,木材6.7立方米,木桩400根,土工布0.52万平方米,积石0.5万吨,圆钉、铁丝2300千克
2007	"三袋"6.1万只,木桩400根,土工布0.25万平方米,积石0.5万吨,圆钉、铁丝2300千克
2008	"三袋"7.7万只,木桩440根,土工布0.5万平方米,积石0.7万吨,圆钉、铁丝840千克
2009	"三袋"9.4万只,木材5.5立方米,土工布0.5万平方米,块石7000吨,铁丝(铁钉)1590千克,钢管800米,应急排水泵4台(套)
2010	钢管2400米,应急泵4台(套)
2011	"三袋"8.85万只,木桩1440根,土工布0.5万平方米,积石0.7万吨,圆钉、铁丝1590千克,钢管800米
2012	"三袋"5.6万只,木桩440根,钢管9100米,钢丝2000千克,块石3000吨,土工布0.45万平方米
2013	"三袋"5.6万只,土工布0.5万平方米,块石5000吨,钢管9100米
2014	"三袋"8.43万只,木桩440根,钢管9100米,铅丝440千克,土工布0.45万立方米,潜水泵6套
2015	"三袋"8.43万只,木桩440根,土工布0.45万平方米,块石3000吨,钢管9100米,应急排水泵6台(套),打桩机2台,应急灯8只,救生衣30件

表 11-7　1997—2015年泰兴防汛排涝主要物资储存一览表

年度	编织袋(万只)	毛竹(支)	木桩(根)	铁丝(千克)	土工布(平方米)	块石(吨)	钢管(米)
1997	34.4		2420	3930			
1998	28.33	200	5100	6600	10000	4000	
1999	17.37	200	3550	3360	5000	4000	
2000	14	400	4900	2950	5800		
2001	14	400	4900	2950	5800		
2002	12.2	600	3000	2750	5800		

续表11-7

年度	编织袋（万只）	毛竹（支）	木桩（根）	铁丝（千克）	土工布（平方米）	块石（吨）	钢管（米）
2003	12	600	3000	2750	5800		
2004	12.7	1000	4900	1850	5000		
2005	12.5	1000	4900	1850	5000		
2006	23.7	1000	6800	1850	6000	10000	
2007	11.7	300	2000	450	5280	10000	
2008	10	300	2000	450	5000	10000	800
2009	10	300	2000	450	5000	10000	800
2010	10	300	2000	450	5000	10000	1000
2011	20		2000		12150	10000	2181
2012	20		2000		12150	10397	2181
2013	20		2000		12150	10397	2181
2014	20		2000		12150	10397	2181
2015	20		2000		12150	10397	2181

表11-8　1988—2015年靖江防汛排涝主要物资储存一览表

年度	草包（只）	原木（立方米）	木桩（根）	柴油（吨）	汽油（吨）	火油（吨）	铅丝（吨）	钢丝绳（吨）	土工布（平方米）	块石（吨）	编织袋（只）
1988	10000	50	16000	100	10	2	6	2	—	—	—
1989	10000	50	16000	100	10	2	6	2	—	—	—
1990	4000	50	18400	100	10	2	6	2	—	—	3000
1991	18000	50	18000	100	10	2	6	2	—	—	4000
1992	14000	60	19200	100	10	2	6	4	—	—	10000
1993	10000	70	19400	100	10	5	10	4	—	10000	10000
1994	10000	60	19600	100	10	5	10	4	—	10000	10000
1995	20000	60	20800	100	10	5	10	4	—	10000	10000
1996	20000	60	24600	100	10	5	10	4	—	10000	10000
1997	250000	50	25000	100	10	5	10	4	—	10000	10000
1998	308000	30	26000	100	10	5	12	4	10000	10000	10000

续表11-8

年度	草包（只）	原木（立方米）	木桩（根）	柴油（吨）	汽油（吨）	火油（吨）	铅丝（吨）	钢丝绳（吨）	土工布（平方米）	块石（吨）	编织袋（只）
1999	312000	20	15000	100	10	5	13	4	10000	10000	10000
2000	318000	20	18000	100	10	5	13	4	10000	10000	10000
2001	316000	20	11600	100	10	5	12	4	10000	10000	10000
2002	328000	20	11800	100	10	5	12	4	10000	10000	10000
2003	348000	20	11800	100	10	5	12	4	10000	10000	10000
2004	337000	20	11400	100	10	5	12	4	10000	10000	10000
2005	340000	20	12000	100	10	5	12	4	10000	10000	10000
2006	345000	20	12800	100	10	5	12	4	10000	10000	10000
2007	345000	20	15600	100	10	5	12	4	10000	10000	10000
2008	346000	20	15800	100	10	5	12	4	10000	10000	10000
2009	346000	20	14600	100	10	5	12	4	10000	10000	10000
2010	335000	20	15700	100	10	5	12	4	10000	10000	10000
2011	347000	20	15300	100	10	5	12	4	10000	10000	10000
2012	356000	20	14900	100	10	5	12	4	10000	10000	10000
2013	343000	20	14600	100	10	5	12	4	10000	10000	10000
2014	338000	20	15200	100	10	5	12	4	10000	10000	10000
2015	326000	20	14900	100	10	5	12	4	10000	10000	10000

五、科学调度防洪工程运行

【沿江地区】

长江潮位超警时（夏仕4.04米，过船闸5.04米，口岸5.23米），病险涵闸要派人巡逻防守，遇洪峰过境，适当抬高内河水位，减小上下游水头差，江堤崩坍地段和蚁害等险工险段必须加强观测，落实应急措施，增加物资储备，遇有险情，及时抢险。江堤外零星小圩，视汛情做好人、畜、财产的转移。遇有内涝，沿江各通江涵闸在市防指统一调度下排涝，遇干旱或内河水位偏低，沿江各通江涵闸必须服从统一调度多引江水，力争满足人民生活、工农业生产用水和水上航运、改善城乡水生态环境的要求。

【里下河地区】

里下河地区水位主要受控于省江都站、高港站及盐城入海四港。汛期兴化水位控制在1.40米左右。

（1）入梅前，力争兴化水位控制在1.1米左右；入梅后，力争水位控制在1.0米左右。入梅后，如遇降雨,兴化水位有上涨趋势时,请省调度江都、高港枢纽抽排、预降里下河水位。

(2)里下河高水位大量排涝时,古盐运河沿线控制口门不得向里下河排涝水。同时,请省防指要求扬州沿运高地要服从大局,不能向下放水。当兴化水位超过1.50米时,兴化市1991年底所保留的40.06平方公里湖荡面积要保证滞蓄功能的发挥,要做好水政执法督查工作;当兴化水位超过2.5米时,里下河地区省定副业圩采取分批滞涝。这一时期要加强里下河湖荡地区清障工作和省确定的三批副业圩滞涝准备。必要时,请求省防指调度高港站、宝应站抽排降低兴化水位,以减轻兴化地区抗洪排涝压力。

(3)通南需排涝时,由市防指进行水情调度,各地不得擅自向里下河排水。遇里下河干旱,黄桥水位不低于2.0米时,沿古盐运河控制口门必须服从市防指指令开启向里下河送水,不得自行关闭控制口门。同时,请省防指调度江都站和高港枢纽向里下河送水。

(4)里下河地区圩内调度原则:兴化水位超过1.60米,并有继续上涨趋势时,里下河地区各圩口要相机关闭圩口闸,封闭活口门,固定排涝站及时开机抽排预降圩内水位;当兴化水位达2.0米并有继续上涨趋势时,所有圩口闸要全部关闭,打牢所有坝头,增设临时泵站,全力抽排圩内涝水,同时注意圩内外水头差,加强圩堤安全巡查,确保不破圩、不沉圩。

【通扬运河以南地区】

通南地区水位主要受控于沿江各通江涵闸,而各通江涵闸引排水情况又受制于长江潮位的高低。汛期通南地区水位[泰州(通)]在2.50~3.00米为理想水位,枯水季节在2.00米以上为理想水位。

(1)入梅前黄桥水位控制在2.2米左右。遇干旱或江潮低引水困难时,力争黄桥水位不低于1.8米。

(2)水稻栽插前和栽插期间,沿江各口门要抢潮引水,提前引足水源,努力将黄桥水位抬高至2.50~3.00米。如遇长江枯水、江潮低引水不足,可请求高港枢纽开启送水闸自流引江水补充通南地区水源,必要时,启动高港站100米³/秒、马甸抽水站60米³/秒动力抽引江水补水。水稻栽插结束,汛期黄桥水位力争控制在2.50米左右,遇连续阴雨可适当降低黄桥水位。

遇干旱或江潮低,引水困难,黄桥1.8米水位难以保证,且里下河兴化水位高于1.1米,启动姜堰翻水站15米³/秒从里下河地区翻水,向通南供水,以缓解姜堰南部地区旱情。

(3)夏仕港闸根据以上要求进行控制。如遇突发性暴雨,要立即报告市防指进行调度。在不影响大局的前提下,夏仕港闸可自行适当调整。夏仕港抗旱引水向如皋送水时,按两市协议执行。

(4)入梅前后或台风临近,沿江各闸要抓好水位预降工作,听从市防指的统一指令,不得擅自启闭。

(5)主城区内水利防洪工程调度基本原则:东城河闸站、南园泵站、南山寺泵站沟通内外城河,改善城区水质;中子河闸站、城南河闸站沟通南官河与新区水系,改善新区水生态环境;老西河涵洞、大浦头涵洞、草河头涵洞、玻璃厂涵洞、智堡河涵闸、鲍坝节制闸平时应保持细水长流,改善城北水生态环境;界沟闸、张家坝涵洞、九里沟涵洞、宫涵闸定期开启改善上下游水质;西北片、东北片封闭工程遇大汛发挥挡洪工程,正常情况保持开启状态。

表11-9　1998—2015年泰州市防汛防旱经费一览表

年度	经费使用
1998	1.4亿元防汛防旱工程经费;63.5万元防汛物资储备和抢险预备金
1999	2.1亿元江堤达标工程;1700万元,新建圩口闸272座,改建圩口闸14座,新建排涝站38座,改建排涝站35座
2000	11.3亿元加强防洪保安工程措施;2.09亿元完成66公里的港堤护坡和挡浪墙工程,改建加固通江涵闸站53座;13万元购进编织袋10万只;78万元防汛会商系统
2001	"8·1"暴雨抗灾经费20万元
2002	防洪工程除险加固605万元
2003	17座中小型通江闸实施加固改建,总投资8422万元
2004	实施防汛岁修、急办工程共9项,总投资244万元
2005	引江河排水沟维修加固,太平排涝站维修、泰兴七圩段江堤渗漏灌浆处理、姜堰翻水站机组维修等,投入经费149万元
2006	投入1.76亿元,实施主城区中北片防洪封闭工程,疏浚整治部分城市河道
2007	投入1.35亿元,完成老东河闸站、智堡河闸站等中北片城市防洪工程
2008	投入144.2万元,对1350米护坡、24座涵洞及市管闸进行加固
2009	投入1633.11万元,对汛前检查中发现的险工险段进行了除险加固
2010	6000根木棍储备,投入资金80474元
2011	9万元配置应急抢排泵
2012	投入961.5万元,对90公里圩堤进行加固;投资1700万元,整治横港;投入3570万元,整治古马干河和焦土港;落实50万元,对沿江过船闸、西江闸、东夹江闸进行维护保养
2013	投入资金约1925.9万元,加固圩堤125.9公里,新建、改造圩口闸116座,更新改造排涝站171座
2014	投入9938.5万元,针对汛前检查中发现的险工患段进行除险消险
2015	投资31.38万元,新购入编织袋20万只、土工布1万平方米

六、防汛清障消除隐患

清除河道内渔网、鱼箔等阻水障碍,是确保河道行洪畅通的关键所在。每年汛前及汛中,市水利局联合市公安、航道、渔政等部门及有关乡(镇)对河道进行拉网式普查,清除渔网、鱼箔,拆除沿河违章搭建等,有力地保障了全市的防洪安全。

第四节　抗重大灾害纪实

一、抗重大水灾

（一）抗1949年大水灾

1949年6月下旬至7月下旬,洪水、暴雨、台风夹击,江淮并涨,海潮顶托,长江最高洪水位达到

5.16米(天星港口水位)。7月初(县级)泰州市鲍坝上河水位陡涨4尺余,上下河水位差3～5尺。

泰州(县级)受灾面积17.62万亩,占总耕地面积的33.4%,平均减产3～4成,其中完全失收的2.90万亩,占总耕地面积的5.5%。泰兴江堤决口95处,港堤决口233处,病涵决口8处,江堤外圩堤半数以上溃决;沿江地区倒屋774间,冲毁48间,淹死8人;全县受灾面积27.4万亩,其中永安洲受灾最重,淹没农田2.1万亩。

灾害发生后,中共泰州(县级)市委立即组织抗灾。泰州市委书记周伯藩等亲临鲍坝组织抢险,副书记李维、组织部部长吕捷分别带领工作队下乡,发动群众打圩排水,郊区共有1.2万多人参加,投入26万多工日,抢救圩田4.7万亩,发放农贷粮11万千克、急救粮1万千克;城区动员民工0.6万多人,投入里运河大堤抢险,城市干部和居民5天内收集250多万千克碎砖,运往里运河大堤。

泰兴县委、县政府动员全县人民抗洪、防洪,提出"江堤不保,全县受涝,党政军民一条心,抗洪排涝救国救民"的战斗口号。县长朱星、公安局长孙佩藩等冒雨带领泰兴县大队(地方武装)200多人,到江边指挥抗洪抢险。泰兴县、区成立修堤委员会,乡成立修堤大队,村成立中队,由县、区、乡主要负责人亲自领导,干部、党员分段负责。城西、蒋华、永安洲3个区动员5.18万多人,组成8个中队233个分队,6月17日至18日,突击抢修17处险段,填实江堤塌塘360多处,修补决口58处,抢修塌坡7.77公里。7月25日至8月15日,继续动员民工4.2万余人,对江、港、洲堤倒塌的决口、险洼段等全面培修,总计长12.69公里。在抢做江、港、洲堤的同时,泰兴组织排水突击队抢排田间积水,泰兴永安洲被淹农田2.1万多亩,一般水深0.4米左右,最深的1米左右。从6月29日开始,组织2161人利用565部水车排水,到7月3日,近2万亩秧苗得救。1950年春,泰兴人民政府发放粮、款,以工代赈,救济灾民。

靖江全县115个乡,其中96个乡遭受水灾,15.34万亩农田被淹。靖江县政府组织修复江堤险段18.5公里,其中6.5公里为特险段。泰州专署拨大米54吨支援靖江。

(二)抗1954年特大洪灾

是年,全境发生特大洪水。境内各级党委和政府全力以赴,及时组织抗灾,领导干群排除万难,战胜洪灾。

是年梅雨早至,雨区长期滞留在江淮之间。境内5月有18个雨日,6月有14个雨日,7月有20个雨日。7月6日中午12时,泰州(县级)水位高达4.91米,溱潼水位高达3.17米,为近百年所罕见。8月1日,泰兴天星桥江潮最高水位达5.37米。8月17日,靖江八圩港口江潮水位达4.9米,全县江港堤决口漫水169处。加之大量客水入注里下河地区,形成江淮并涨、海潮顶托的局面。由于水利设施基础差,提排能力弱,全地区灾情严重。

自7月1日起,泰州(县级)连降暴雨,7月5日晚7时至6日中午降雨212.1毫米,全月降雨683.2毫米,至9月底共降雨889.2毫米,里下河农田被淹,受灾面积7.9万亩,占总耕地面积的76%,其中无收稻田1476亩,占总耕地面积的6.6%;九里沟涵洞和鲍坝出现险情,官家涵被冲毁。觉正寺坝口缺口1丈多,百货站、煤建仓库等进水,染织厂倒房,工厂停产,损失1900多万元(旧人民币),市区倒房558户,进水民房1256户。

泰兴从5月18日至8月底,共降雨954.3毫米,占全年降雨量1304毫米的71.7%,涝洪交错发生。

江港堤决口多处,洲、圩堤近50%被冲垮,永安区先后决口90多处,除盘头乡一个村未破圩外,其余各村堤均破圩。沿江沿靖大部分地区田河不分,陆地行舟,农田积水近两个月,全县受涝面积一度达82.8万亩,其中失收面积10.17万亩。淹死164人,冲毁房屋5374间,压伤152人,打死、淹死牲畜470头。

8月1日(农历七月初,大汛),长江大通站泄流量达9.26万米³/秒。8月17日(农历七月十九日,大汛),11号台风从靖江过境,八圩港口江潮水位达4.9米。靖江江港堤决口漫水169处,塌房屋2140余间,水毁建筑物40余座,受灾45万亩,成灾38万亩,减产粮食2.5万吨。死4人,伤27人。

7月、8月两个月,兴化连续降雨36次,雨量累计883.3毫米。其中,7月2日、9日、16日日雨量均超过100毫米。下游范公堤以东白驹、丁溪、草堰等闸因海潮顶托,闸东水位高于闸西,从而失去泄水功能。7月27日兴化水位达3.06米。全县受淹面积99.44万亩,占总面积的44.8%;近73万亩受涝减产,占总面积的32%;绝收面积26.47万亩,占总面积的11.6%。按正常年景计算,水稻歉收1650万千克,棉花歉收650万千克,黄豆歉收350万千克。

灾情发生后,省委、省政府做出重点保护里下河地区的指示。7月10日,封闭沿运及通南地区通往里下河地区各涵闸,做到滴水不进里下河。

境内各级党委和政府领导干群筑圩排涝,保苗补种,进行生产自救,秋耕秋种,缩小了灾情。

泰州(县级)市委、市政府全力领导群众及时排出4.42万多亩农田积水,抢种4.12万多亩。先后动员民工4.1万多人次,新筑和培修界沟、九里、鲍坝等坝头19处,长346米;新筑圩子30条,长5.74万米;新筑觉正寺河堤6处,长4300多米。当年全市粮食完成计划产量的89.7%,减产10%。泰县(今姜堰区)县委及时组织县区机关干部分赴各地加强领导,发动群众6.2万余人,投入抢险排涝斗争。共编织草包15.9万余只,抢险和堵塞了亮桥涵、宫家涵、仲家舍坝、红庙坝等缺口,加筑了白米、黄村等闸涵37处,在通扬公路姜泰段上增筑了7.5公里的子埝,全力贯彻执行省委制定的"滴水不入里下河"方针。7月22日,界沟坝西岸出现漏洞,连夜动员搬运工400余人赶赴工地,参加抢险的船只计725只次,用去麻袋3616只,挖土1.0万立方米,抛瓦砾366立方米。九里沟坝因高度不足,出现险情,参加抢险的有6600人次,倒土2487立方米,抛瓦砾170立方米。白米区200多民工,连夜抢堵通扬公路上马沟村处冲决的过路涵洞,因水流湍急,需在下口先堵两座涵洞,当堵好本庄涵后再堵小东庄涵时,远沐乡共青团员曹洪喜,奋勇钻入水下塞包,终因连续战斗,精疲力竭,卷入急流,光荣献身(详见本书第十九章第三节)。

靖江县委、县政府发动广大干群抗灾自救。全县8区两镇动员民工5万余人、干部1200余人投入防汛排涝,实做工146.17万个,完成抢险土方174.47立方米、使用石方0.34万立方米。开挖排水沟203条,堵闭险涵772座。全县动用抽水机35台、水车1万多部。抢险、打坝所用门板、晒垫、篾缆、青树等均由群众自筹解决。整个防汛排涝工作持续两个多月。

泰兴组织12万多人抗洪排涝,封闭28条通江口门堵坝,防止洪水倒灌,拆除10条通江港中的阻水障碍。沿江地区组织巡逻队248个、1656人,基干班188个、1825人,抢险突击队459个、7189人。汛期组织8.63万人抢修江港圩堤,共完成土方28.1万立方米,其中江堤2.5万立方米、港堤17.7万立方米、圩堤6.4万立方米,打坝91条、1.5万立方米。使用水车5586部及少量排水机械,共排涝水面积达50万亩。耗用木材1131立方米、杂树41169根、竹子2.4万千克、铅丝946千克、晒垫1644条。在抢排积水、抢割抢收的同时,发动群众,及时补种、改种,大大减轻了受灾损失。

兴化县委、县政府除紧急动员民工5万人、船6400多条前往灌溉总渠和运河大堤参加抢险加固外,每天组织动员25万人挖土堵口,突击加高圩堤,共做土方483万立方米。各种排水器械全部用于突击抢排。全体机关干部、建筑搬运工人及社会各界采取各种措施,全力支援。经过3周时间的昼夜奋战,该县东北部地区联圩和李健、平旺等新筑大圩及大部分趾圩逐渐摆脱涝水威胁。

(三)抗1962年大涝

是年8月31日至9月3日、9月5—8日,13号台风"温黛"、14号台风"艾美"两次过境,境内连降暴雨,一般降雨量200~390毫米。里下河地区雨量特大,达350~450毫米。暴雨中心的溱潼雨量为483.6毫米。雨后,各地水位猛涨,全境严重受灾。

9月7日,古盐运河水位达4.58米,新通扬河水位达3.22米。泰州(县级)降雨372.4毫米,最大日雨量达184.5毫米,受灾农田17.9万亩,占总耕地面积的55.4%。泰县(今姜堰)49.5万亩农田出现涝情(其中里下河为32.8万亩),9万亩无收,减产粮食3.8万吨;冲毁鱼池214处,损鱼1000万尾;毁坏桥梁700余座,损坏房屋16.18万间,压死5人,淹死16人,伤834人。泰兴最大日雨量136.7毫米,全县(含高港)受涝面积72.3万亩,其中积涝失收6.3万亩,倒塌房屋5.3万间,冲毁桥梁924座,死4人,伤102人。靖江30万亩农田受涝,成灾10万亩,粮食减产2万吨,倒塌房屋5305间,伤27人。兴化1~2日,平均降雨209毫米,其中戴南达400毫米;7日连续降雨,雨量达391.12毫米,水位涨至2.91米,全县53个联圩,除兴西郭兴圩外,余均沉没;8281个小址圩,漫顶的2654个,溃决的2540个,漏沉的1176个,占小址圩数的77%。倒毁房屋165975间,砸死13人,伤137人;死伤家畜101头、家禽7万只。毁坏桥梁2500座、风车4500部、农船120余艘。180万亩农作物受涝,其中,因涝减产的有77万亩,损失粮食0.5万吨。

灾情发生后,各地党委、政府立即组织抢险排涝。其中,泰县全县动用风脚车4000余部、抽水机247台,6363.5马力参加排涝,抢排面积21.77万亩。兴化县人民委员会迅速组织防涝排涝,全县共有20万劳力上圩排涝,共投入风车近3万部、脚车6000多部、机电排涝设备近2万马力。但因雨量集中,圩堤破坏严重,河道中坝埂阻塞,排水不畅,致使高水位不退,造成严重损失。

(四)抗1975年沿江大涝

是年6月21—27日,境内沿江地区普降大雨,导致沟河水位猛涨。加之江潮顶托,内涝不及外排,圩区一片汪洋,扬泰公路一度被水阻断。

6月21—27日,泰兴(含高港)全县普降暴雨521.3毫米。其中24日8小时降雨228毫米,暴雨中心的马甸,日雨量达325.3毫米,称"6·24"暴雨,黄桥水位猛涨到4.46米。全县受涝面积一度达80多万亩,倒屋13185间,倒墙断梁66322间,断电杆1436根,冲倒桥梁198座,毁涵7049座,倒电灌站140座,烧坏变压器26台,死10人,伤88人。

同期,靖江累计降雨300.3毫米,其中24日降雨129.8毫米,界河水位高达3.82米。全县受涝面积32.66万亩,严重受涝25万多亩,成灾5.2万亩;倒塌房屋2875间,死6人,伤27人,损失粮食175吨。

灾情发生后,沿江各县党政领导均陆续动员机关干部投入排涝。24日凌晨,泰兴县委召开紧急会议,号召全县人民立即行动起来,抢险排涝、抗灾夺丰收。全县组织干群40多万人投入排涝斗争。沿江涵闸全部大开抢排,共计排水1.76亿立方米,多数县属节制闸出现了新中国成立以来的最大排水流量。沿江的各社队开动排水机械日夜突击抢排,至27日,农田积水基本排除。在抗灾的同时,对严重受淹损失的作物,突击补种、改种和扩种。晚稻面积由雨前的31万亩扩大到40万亩。对无法补种的改种高粱、粟子、荞麦等作物,秋熟作物取得了较好收成。在被冲毁的公路中,首先抢修了泰兴至过船的公路,保证了出港运输畅通。泰兴还发动平原区社队,人机配套,人抬车送,支援圩区排涝。黄桥水位从4.47米(24日)降到4米(26日)。27日,靖江涝情解除。但是,25日,泰县古盐运河水位仍有4.67米,居高不下。经扬州地委、防指批准,开启界沟、黄村、白米等闸,突击抢排,27日,姜堰水位降到4.0米以下。接着,各地采取追肥、补种等措施,缩小灾情。

(五)抗1991年特大洪水灾害

是年,全市比正常年份提前1个月进入梅雨季节,梅雨季节长达56天,梅雨日是常年的2.7倍。56天时间内,发生了两段集中性降雨。一段为5月21日至6月18日,另一段为6月28日至7月15日,也称为二段梅雨。淮河下游地区平均面降雨量820.8毫米,是常年梅雨量的4~5倍。其中兴化梅雨量是常年的5.7倍。7月8日,兴化水位达3.06米,平1954年最高水位;7月15日高达3.55米,超新中国成立后最高水位0.29米。里下河超警戒水位持续时间为52~65天,其中超过3米水位持续15天。长江大通流量7月急剧上升,19日达6.36万米³/秒,比常年同期均值多三成。7月16日,泰州站新通扬运河水位最高达3.33米,溱潼站高达3.40米,均刷新1954年最高水位。主城区水位最高达4.66米,通南黄桥水位最高达4.05米,7月12日,姜堰水位高达4.58米。加之底潮不降、客水过境,境内发生了新中国成立以来最大的雨涝灾害,受灾范围之广、灾情之重、经济损失之大都是空前的。灾情发生后,党中央、国务院及省委、省政府及时发放了救灾款和物资,给予灾区人民极大的关怀和帮助。大灾之后,境内各地积极恢复工农业生产,大力开展生产自救活动。全境没有因为校舍倒塌而使1个学生失学,没有因疫病而病死1个人。

【超历史大水灾】

梅雨季节,靖江梅雨量819.2毫米,超过1954年5—7月713毫米的降雨量。内河水位最高达3.05米,界河水位瞬时最高达3.85米。长江潮位十圩港口7月14日达4.81米,超警戒水位77厘米,是新中国成立后第4个高潮位。由于洪涝夹击,沿江、沿界河险情迭起。长江堤防干支衔接堤39处计5000米滑坡,18处计3000米裂缝,因白蚁危害造成的严重跌塘渗漏4处,暴露病险闸9座、病险涵38座。界河沿线出现病闸4座,8座封口坝漫水,河堤漫水15处计3600多米,水毁工程直接损失500多万元。夏粮受灾面积30余万亩,减产约2万吨。其中,棉田7.5万亩受涝,1.5万亩严重受涝,约减产2成;2000余亩果园、4000余亩桑田及苗圃受涝成灾;2.1万多亩鱼塘漫水严重减产,部分家畜家禽和大批珠蚌死亡,副业损失约670万元。全县一度停产企业77个,半停产企业125个,倒塌厂房489间,进水厂房2.6万平方米,浸水设备820台(套),企业直接经济损失1000万元之上。8月7日,"靖渡3号"船受风暴袭击,连同所载11辆汽车沉入江中。全县倒塌民房2698间,受损1450间,20人受伤,4人死亡。据不完全统计,靖江直接、间接经济损失1亿元左右。6月28日至7月16日,高港连续降大雨和大暴雨,急降雨量达683毫米,南官河水位猛增至3.98米,口岸向阳路积水深1米左右,田间积水在0.8～1米。8月13日永安洲乡盘头村发生坍江,坍长200米,坍进130米,外江堤被坍通。

境内里下河地区灾情最严重。第一段集中降雨期间,兴化水位由1.01米涨至2.08米,出现烂麦场。第二段集中降雨时期,兴化降雨974.8毫米,水位由1.34米涨至3.34米,超过1954年最高水位28厘米。出梅后至8月15日退水期间,兴化又先后遭受4次暴雨袭击,降雨量210.5毫米,水位两次回涨,使改种补种作物受涝。根据气象卫星遥感资料,7月19日,当兴化水位回落到3.25米时,兴化受淹总面积还达2038平方公里,占其总面积的85.2%,是里下河地区受淹总面积的41.4%,受淹农田144.29万亩。7月23日,兴化水位退至2.98米时,受淹面积1791平方公里,占其总面积的74.8%,受淹农田126.27亩。8月10日,兴化水位降至2.28米,仍有824平方公里严重受灾,占其总面积的34.4%,受淹农田58.09万亩。兴化市因灾直接损失达17.1亿元,破圩沉圩302个(农业圩266个,副业圩36个)。179万亩稻棉数度受涝受淹,其中165万亩严重淹没,106.7万亩(棉田44.04万亩、水稻62.66万亩)绝收。全市交通数度中断。2189个工业企业被迫停产,占总企业数的98%。83%的村、53%的农户住宅严重进水,大量物品因浸水变质变坏,许多学校被迫停课。报废圩堤517公里,严重损坏1345公里,损坏207公里,因灾毁坏圩口闸440座、排涝站660座,影响面积超过百万亩;损坏农桥430座,3000座配套涵管因灾报废。直接用于抗灾柴油5150吨,"三袋"1100万条,木材200多立方米,毛竹、杂棍75万多根,堵口报废农船1910条,抗灾用电3830万千瓦时,仅农村抗灾物资支出就达3700万元。另外,大量基础设施的损坏,对兴化经济的发展也产生了不可低估的严重影响。

泰县(今姜堰区)里下河地区247个圩口,全部沉没的有129个,面积20.11万亩,占总面积的54.5%。经积极抢救,7月17日前已圈圩并排除田间积水的有53个圩口,6.29万亩;未救出的圩口为118个,面积16.94万亩,占总面积的45.5%。叶甸、兴泰、里华3个乡(镇)受灾最为严重,叶甸乡未沉圩的仅两仓、余家两个圩口,面积2143亩,兴泰乡仅薛庄、何庄两个圩,里华镇仅九顷、徐垛、西联圩3个圩口,面积4906亩,其余一片汪洋,3个乡(镇)政府所在地亦围于洪水之中。全县粮食比上年减产74864吨,棉花减产3498吨。2万多亩精养鱼池、7.8万亩养鱼河沟漫塘跑鱼,损失重大。倒损土窑1050座,损失砖坯1亿多块。

兴化受灾实况(航拍)

抢修决堤

大田受淹

兴化城中行舟

转移遇险群众

众志成城

部、省领导关心

表11-10　境内各地梅雨期雨量对比

县(市、区)	1991年5月21日至7月15日梅雨总量(毫米)	全年常年各地总雨量(毫米)	各年常年各地梅雨总量(毫米)	里下河1991年梅雨总量与1954年、1931年同期降雨量对比								
				1991年			1954年			1931年		
				总雨量(毫米)	暴雨天数	其中大暴雨天数	总雨量(毫米)	暴雨天数	其中大暴雨天数	总雨量(毫米)	暴雨天数	其中大暴雨天数
兴化	1294	1016	243	1294	10	5	427	4	1	316	2	2
泰州	886	1059	246	886	6	1	638	4	1	807	4	3
泰县	817	992	226									
泰兴	850	1022	238									
靖江	833	1034	229									

表11-11　境内各地渔业损失(1991年)

县(市)	受灾面积(万亩)		产品逃散			水毁工程			直接经济损失(万元)
	小计	其中:鱼池	成鱼(万千克)	鱼种(万千克)	夏花(万尾)	圩堤决口(万米)	圩堤池埂冲卵(万米)	冲毁河沟外荡拦鱼设施(万米)	
泰州	0.2	0.1	52.38		469		0.05	1.5	356.89
兴化	37.9	5.7	1957		17578	2.6	68.71	40	11822.58
靖江	0.4	0.3	93.9		290		0.4		530.7
泰兴	0.6	0.4	123		58		0.33	0.09	605.85
泰县	7.8	2.4	1020.4		6600	1.1	18	1	6558.01

表11-12 境内里下河地区乡(镇)企业受灾情况(1991年)

县(市)	乡(镇)数	乡村工厂		6月29日至7月30日			7月产值	
		企业数(个)	职工人数(万人)	全部开工(个)	半开工(个)	停产(个)	原计划(亿元)	实绩(亿元)
兴化	45	2261	8		110	2151	1.1	0.1
泰县	15	620	4.2	85	115	420	0.7	0.12

县(市)	直接经济损失						抗灾费用(万元)
	原材料金额(万元)	成品、半成品(万元)	房屋倒塌		设备		
			间	金额(万元)	台	报废修整金额(万元)	
兴化	330	1809	1570	620	17000	2025	955
泰县	1700	1300	1200	400	2000	1100	500

【领导关心 八方支援】

灾情发生后,党中央、国务院和省委、省政府及省有关部门情系灾区人民。7月3日至8月22日,省领导曹克明、季允石、吴锡军、陈焕友等,先后到兴化市、泰县等地指导抗灾、救灾、防病、恢复生产等工作。7月9日下午5时,省委书记曹克明率工作组抵达兴化,连夜了解灾情,慰问灾民,并召集盐城、扬州两市主要负责同志研究以兴化为重点的里下河地区抗洪排涝紧急措施,决定将上游大运河、苏北灌溉总渠涵闸洞一律封死,在不向里下河排水的基础上,采用"上抽、中滞、下排"三管齐下的办法。即江都抽水机站继续开足马力,东台、富安、安丰、贾家集和姜堰等翻水站也全力开足;里下河副业圩立即破圩滞涝,三天内要破出400平方公里滞洪区;进一步打通射阳港、黄沙港、新洋港、斗龙港四大入海通道,以迅速降低兴化等里下河洪水高水位。7月11—17日,国务院抗洪救灾工作组实地考察兴化、泰县等地的乡(镇)、村、居民区、灾民安置点。7月21日上午,国务院总理李鹏亲临兴化市视察灾情,代表党中央、国务院向兴化灾区人民表示亲切的慰问。这对灾区人民是个极大的鼓舞,更加激励了灾区人民生产自救、重建家园的积极性。7月18日至8月23日,公安部副部长胡之光、水利部副部长周文智、卫生部副部长陈敏章、邮电部副部长杨贤足、中国气象局副局长李黄、最高人民法院副院长华联奎等,先后察看兴化市、靖江县等地灾情,指导抗灾斗争。8月底,卫生部专家小组现场指导兴化市林湖乡、舜生镇防疫工作。参加抗洪抢险的人民解放军、武警部队和预备役部队全体官兵,始终战斗在加固堤坝、排除险情、抢救物资、转移群众的第一线。

灾情发生后,国务院和省委、省政府先后向灾区下发了救灾款,国内外各界纷纷向灾区人民伸出援助之手。兴化市先后得到联合国开发计划署、兴化旅台同乡会、台湾佛教慈济事业基金会、爱德基金会、广东省南海市、河南省南阳地区粮食部门、山西省长治市李建堂等单位和个人的资金、鱼苗、绿豆种、无烟煤等支援。

表11-13　国务院和省委、省政府救灾款一览表(1991年)　　　　单位:万元

县(市、区)	财政资金			定向捐赠款	合计
	救灾款	财政减收补助	小计		
兴化	3592.5	4040	7632.5	158	7790.5
靖江	119	643	762	31.4	793.4
泰兴	255	798	1053	56.5	1109.5
泰县	1254.5	1195	2449.5	73.5	2523

【万众一心　抗灾救灾】

境内各县(市)总动员,抗击特大洪涝灾害。各县(市)委、政府都把抗洪救灾作为压倒一切的中心任务,紧急进行全民总动员,一切服从抗灾大局。全境没有因生活安排不周到而饿死1个人,没有因校舍倒塌而使1个学生失学,没有1种疫病流行,没有因疫病而病死1个人! 基本稳定了群众情绪和社会秩序,把灾害损失降低到尽可能低的程度。

泰县抽调大批干部深入第一线,组织群众,抢堵坝口,加修圩堤。翻水站5台机组,流量15米³/秒,日夜抽排,对缓和里下河涝情起了一定的作用。改种补种后作稻4.2万亩、绿豆8.0万亩、荞麦2万亩和秋山芋等,同时加强田间管理和病、虫、杂草的综合防治,增加秋蚕、秋禽饲养量,以弥补水灾的损失。80%的乡(镇)企业得以复工。兴泰乡党委秘书、民兵营副营长李德宏,在带领该乡储楼村干群抗涝斗争中,多次纵身跳入水中,挖土加圩,由于连续作战,极度疲劳,于7月11日晚,在为群众装运救灾煤炭时,不幸落水,英勇牺牲,时年32岁,被省政府追认为烈士,省政府、省军区号召全省人民,学习李德宏烈士的先进事迹(详见本书第十九章第二节)。苏陈镇迅速将被大水围困的1000多名群众转移到苏陈中学。当河水回落,灾民们返回家园生产自救时,在教室的黑板上认认真真地写下了"这次抗洪救灾,我们更加理解了没有共产党就没有新中国"。短短几十个字,道出了灾民的共同心声。

靖江出动7万余人次,挑土7万余立方米加固堤防险段。共使用麻袋、草包、编织袋35.35万只,木桩4300余根,毛竹6000余根,竹帘6580块,柴油605吨,块石6000余吨,铁丝4.96吨。共封堵病涵12座、险闸1座。7月8—12日,奋战5天5夜,赶在阴历六月初大汛到来之前排除了险情,百里江堤未发生一处决口。靖江由于水利基础较好,抗灾措施及时、得力,大大减少了灾害损失。全年粮食总产270642吨,只比1990年下降1.3%;皮棉总产6191吨,比1990年上升16.66%;创造了大灾之年灾不大、大灾之年大丰收的奇迹。是年秋冬,靖江掀起了大干水利的热潮,完成土方650万立方米,比常年增加100万立方米。

泰兴(含高港)各乡(镇)党委、政府动员组织广大干部群众和社会各方力量,全力以赴,奋起抗灾。沿江各闸抢低潮排水,利用船、套闸帮助排涝。突击修江堤裂缝、滑坡、跌塘、雨淋沟,抢筑南官河河堤,制止河水漫溢;永安洲抢筑同兴、盘头二道堤防1260米,抢抛石1.65万吨护岸,面积达1万平方米。抗灾期间,乡(镇)负责人均分工分段包干,机关干部下乡救灾。各行业服从和服务于抗灾。先后2次

开展抢灾募捐活动。

兴化先后关闭圩口闸1080个,打坝堵口5000多个,完成土方150多万立方米。在全面加高培厚堤坝的基础上,启动3.3万千瓦、10.5万马力的动力突击抢排圩内积水。主动破圩36个,滞涝湖荡滩地18处,滞涝面积97.7平方公里,连同沉没的农业圩实际滞涝面积140多万亩,是省里规定滞涝面积的11.65倍,对削峰里下河地区洪水起了重要作用。同时收缩战线,突出重点,保防洪基础较好的大联圩,保居民集中、人员无法及时转移的联圩;确保重要部门和关系国计民生的重要设施的安全。经过艰苦奋斗,保住了155个农业圩,夺回80万亩秋熟作物,改种补种70万亩晚秋作物,为救灾工作争得了主动。60%的乡镇企业也得以复工。及时组织、调配资金、物资和药品,帮助灾民解决吃饭、住房、医疗、上学等主要困难。在水位突破3米后,面积12.7平方公里的兴化城,除1.7平方公里的老城区没有进水外,新城区居民点全部进水。70%~80%的圩子被洪水淹没,危在旦夕,不少泵闸已无法启动,40多万灾民被水围困。省政府发来紧急电话:在大灾面前,人民的利益高于一切。一旦出现危及群众的险情,要立即组织灾民转移。兴化市委、市政府千方百计将近40多万灾民转移到安全地带。其中,投亲靠友的3万多人,转移到老庄台或高地的26万多人,住圩堤、公路边简易棚的1.69多万人,住进船里的3.6万多人,住进学校、机关、工厂库房的3万多人。

(六)1995年永长圩抗洪抢险

1995年7月11日上午10时50分,泰兴市口岸镇永长圩发生坍江,坍长150米,宽70~50米,坍深12~15米,距江堤仅2米。泰兴市委书记黄龙生、市长万门祖和其他市领导立即赶赴现场,迅速成立抢险总指挥部,市有关部门、单位组成抢险队,并立即投入运转。总指挥部果断决策,一方面抛石止坍,保护主江堤;另一方面抢筑江堤,构筑二道防线。各分指挥部立即行动,紧急调度11艘船投入抛石作业,先后共抛石1.8万吨。抢建二道退堤分指挥部连夜动员口岸、刁铺、田河、马甸、许庄5个乡(镇)1.5万名民工赶赴工地,经3天3夜奋斗,筑二道堤长650米,完成土方5万多立方米,堤顶高6.5米,堤底宽22米、顶宽2米。市级机关各部门捐资20余万元购买食品、饮料,慰问抗洪第一线干部群众。至7月16日12时,抢险工作结束,堤内2万亩农田和沿江人民财产得到保护。

(七)1996年抗长江大水及风暴潮

1996年7月底8月初,长江水位猛涨,加之前期连续大暴雨和8号台风的影响,形成上有洪水压境、下有江潮顶托、中有本地降雨之势,境内沿江全线超历史最高水位。7月31日,口岸闸最高水位达6.17米。泰兴市各乡(镇)负责人全部上阵,组织395名干部、133名闸站巡逻人员驻堤防守;组织沿江民兵突击铲除堤内杂草,巡查江堤渗漏情况,抢做浪窝,临时封闭通江涵洞,有效控制渗漏;组织民力加固干外圩堤,抢堵决口,增筑子堰,投入编织袋;抢低潮引水,抬高内河水位,降低上下游水位差。杨湾闸和福利闸闸体单落,为防止出险,口岸街道和永安洲镇分别组织民力在闸内侧突击筑坝堵水,有效减轻闸身所承受的水压力。同时投入木材突击加工位于龙窝的下道闸门,使杨湾、龙窝形成双重屏障,抬高内河水位,减少主闸门的挡水压力,有效排除高水位下水利工程的安全运行隐患。8月1日晨5时30分,口岸最高潮位6.17米,为历史最高水位。高港港6号副码头新加固的长20米、高1米的草包防洪墙被冲倒,缺口6米长,港务局300余名职工跳进水中,用人体堵住缺口,直至江潮退落。8月2日,靖江夏仕港水位5.40米,超过历史最高记录0.37米,超警戒水位1.36米。靖江长江农场二道堤和惠丰乡的头圩港干支衔接堤相继决口,惠丰、八圩及江心洲多处堤防发生漫水。十圩套闸挡潮闸运转件受高水位作用损坏倾倒被迫封堵断航。靖江主江堤中有15.3公里出现浪坎浪洞,浪洞最深达3米多,有的至堤多坡顶角,严重危及主江堤安全。靖江市政府组织沿江干部群众奋力抢险,使灾情得到遏制。靖江共投入工日35万个,经费430万元,使用防汛草包4万只、编织袋73.5万只、竹帘2745张、楼板1497块、铅丝7.51吨、黄沙100吨、打桩1.4万根。抢补浪坎浪洞15.3公里,完成土方15万立方米,封堵节制闸1座,抢修排涝站2座,闸处穿堤涵3座。

(八)1997年沿江地区抗洪救灾

1997年8月18日,11号台风"温妮"袭击境内沿江地区,靖江、泰兴江面最大风力达10级,江面浪高4米以上,并伴有大暴雨,靖江5小时内降雨量60毫米。受台风影响,8月19日夏仕港最高潮位5.66米,超过警戒水位1.62米,比1996年的历史最高潮位高出0.26米。靖江沿江有11座涵闸出现险情,24.4公里堤防堤身损坏严重,严重的堤段堤身坍去2/3,浪坎最深4米多,损失土方24万立方米,冲坏石方1.2万立方米,护坡预制水泥楼板被毁,堤顶外侧树木全部被冲倒,滨江公路受损严重。夏仕港、惠丰乡、江心滩段的圩堤有7处漫水决堤,堤内受淹处水深40~80厘米,有206人受困。靖江经济损失1.33亿元,其中防洪工程直接经济损失2559.7万元。高港口岸闸水位高达5.83米,造成永安洲镇境内干外圩堤四处破圩,江堤损毁严重,坍塌长度约100米,滩面坍落20米,-10米等深线坍进30米,外护堤下盘角堤坡坍落,主江堤流失土方4.5万立方米,干外圩堤流失土方6.5万立方米。口岸船舶工业公司和扬子江药业集团厂区进水,并经厂内流入农田,全区直接经济损失1100万元。面对汛情,高港区政府迅速决策,组织劳力500人,抢做堤防土方1800立方米,平抛块石19159吨,控制险情。8月19日下午4时30分,长江高潮位达5.85米,涨幅之大为新中国成立以来首次。流失江堤土方5.0万立方米,多处干外堤、部分沿江企业进水。区政府组织防台抢险人员2.56万人,动用15万只编织袋,新筑土方2.26万立方米,险情方得控制。泰兴也普降大雨,黄桥地区降雨量高达111毫米,2.7公里江堤、8.3公里块石护坡受损。泰兴抢险动用编织袋5.1万只、木材18.3立方米,抢做土方2100立方米。

台风过后,靖江市政府组织全市23个乡(镇)共计5万民工突击抢险4昼夜,全面修复加固长江大堤水毁工程。完成土方24万立方米,调用编织袋100万只、木桩3万根、竹帘2.4万张、铅丝30吨、燃油50吨,出动运输车560辆次,累计使用防汛资金1156万元。

（九）抗2003年水灾

是年梅雨期间，境内暴雨频繁，强度大，里下河地区出现7次暴雨天气过程，其中兴化市7月8—9日出现一次大暴雨天气过程，降雨111毫米。里下河地区面梅雨量达522毫米，是常年的2~2.5倍，梅雨量最大的兴化站达554毫米，是常年的2.5倍。7月5日凌晨至傍晚，通南和沿江地区普降大暴雨，其中过船港站3时至15时12小时降雨量达205毫米。这场大暴雨各站降雨量分别为：泰州140毫米，姜堰124毫米，黄桥169毫米，倪浒庄151毫米，口岸187毫米，马甸164毫米，过船港226毫米，夏仕港213毫米。受强降雨影响，全市河湖水位上涨。7月1日，里下河地区水位持续上涨，各水文站水位日涨幅达0.33~0.45米，兴化、沙沟站水位首次突破1.80米的警戒水位。7月11日，兴化水位达3.24米，为新中国成立以来仅次于1991年大洪水最高水位3.35米的第二高水位。受7月5日强降雨影响，7月6日通南地区水位比前一日陡涨0.8~1.04米，但水位绝对值仅上涨至3.80米警戒水位附近。

由于暴雨洪水影响，境内里下河地区农田大面积积水，受淹农田达252.66万亩，受灾246.79万亩，成灾189.06万亩，绝收113.55万亩，减产粮食28.73万吨；受灾精养鱼池61.14万亩，损失水产品8.74万吨；兴化城区70%受淹，积水最大深度达1.0米以上。兴化市紧急转移人口12.8万人，倒塌房屋12001间、桥梁95座，受灾企业2071家，损坏圩口闸467座，损坏机电泵站455座。姜堰市紧急转移人口1.8万人，倒塌房屋11000间，受灾企业1550家，损坏圩口闸2座。

7月5日凌晨至傍晚的强降雨，致使沿江圩区农田普遍积水在0.2米以上，受淹农田41.2万亩，其中靖江35.2万亩、泰兴5.5万亩、高港0.5万亩。沿江城镇积水严重，泰兴有42个单位和小区严重积水；靖江东兴镇因洪涝灾害死亡1人，城区个别低洼地区积水深达0.8米，40家企业被迫停产或部分停产，4500间房屋进水，180间房屋倒塌；高港向阳南路、农贸市场等地段短时间积水0.3米以上，南官河西岸有300米港堤坍塌；主城区由于降雨集中，外河水位较高，低洼地区（主要集中在北部）的居民区有5处90多户家中进水。全市直接经济损失31.11亿元，其中里下河地区30.44亿元，通南及沿江圩区0.67亿元。

灾情发生后，水利部，江苏省委、省政府及相关部门高度重视泰州的抗洪救灾。水利部副部长陈雷，江苏省省长梁保华，省委副书记张连珍，副省长黄莉新、何权、黄卫等，先后到灾区视察，了解灾情，慰问受灾群众，指导抗灾斗争。省、市水利部门调集了一批编织袋和水泵支援兴化抗灾。

灾情发生后，泰州市委、市政府及时研究部署抗灾救灾、防疫灭病和恢复农业生产等工作，努力降低灾害损失。各市（区）党委、政府领导到抗灾排涝一线靠前指挥，组织领导群众排涝抢险，生产自救，力争将灾害损失降到最低。市水利局充分发挥职能部门作用，密切关注雨情和水情变化，及时调度各类水利工程，发挥防洪减灾效益。在抗洪紧要关头，全市3000多名民兵奋战在抢险最前线。市交通局建立应急调运小组，抽调应急客货车33辆，负责防汛物资应急调运；市交通航运有限公司组织两家船队，以应对特殊险情；市卫生防疫站建立防病抗灾专业队，从防疫、防病治病、抗灾药品供应等方面保证一线需要。各级防指都用完了常规储备的防汛物资，其中市防指在用完储备的情况下紧急采购"三袋"30万只、水泵8台（套）用于排涝抢险。全市共投入抗灾人力162.4万人，排涝动力7.6万千瓦，提排涝水9.98亿立方米，清除阻水障碍1494处，控制或消除险情1907处，抢做土方155.36万立方米。

共投入"三袋"884.6万只、木材1945立方米、树棍48.122万根、毛竹28.02万支、铁丝46吨、柴油6524.5吨,用电3026.94万千瓦时,共投入抗灾经费1.419亿元。

姜堰党、政负责人到第一线靠前指挥,四套班子负责人全部挂钩到各镇督查;组建12支小分队分赴里下河圩区、通南圩区、城区和通扬路沿线,驻扎一线指导各地抗洪排涝;各乡(镇)领导干部全部分工到圩区,所有机关干部和村组干部实行包圩、包段、包站、包闸、包险工患段,严防死守。7月6日上午5时,溱湖风景区翻身圩东闸右侧出现裂缝,险情发现后,风景区全体负责人立即赶到现场研究对策,20分钟后,两艘水泥堵坝船、1000只装泥土用编织袋、200多名抢险队员全部到位。巨大的水压把闸门撕开一条裂口,水流奔泻而下。临时抢险指挥部命令将一艘6吨水泥船侧沉在闸外,减缓水流速度。同时,紧急打桩、挖土、垒坝,两个多小时筑成一道高3米、宽4米的大坝,险情排除。7月7日下午5时30分左右,该区芦滩管理所所属农林场圩自建闸整体垮塌,致使1000.5亩农田、1000.5亩精养鱼塘、1座大型轮窑受淹,淹死家禽、家畜2500只,直接经济损失600万元。事故发生后,姜堰党政负责人急赴现场指挥抢险,紧急转移群众300人,人民武装部20多名官兵及白米镇30多名民兵应急分队队员以及地方干部群众参加抢险筑坝,奋战两天使闸坝露出水面。至7月12日,姜堰共投入抗洪救灾人员45万人次,清除阻水障碍600多处,抢做土方30万立方米,排涝75万亩。7月13日,姜堰召开农业抗灾救灾工作会议,要求各地一手抓防汛救灾,一手抓恢复生产。同时,动员通南地区各乡(镇)与里下河各乡(镇)对口支援,号召灾区人民生产自救,将洪涝灾害带来的损失降至最低限度。靖江市委、市政府组织排涝抗灾工作,紧急调用机泵2080台(套)、专业技工500余人、编织袋8万只、块石6800吨,完成土方2万立方米。暴雨袭击时,正值夏仕港水闸拆建施工,夏仕港套闸超设计标准行洪排涝引发下游冲塘,靖江紧急抢险抛石6500立方米。

(十)抗2005年洪涝风灾

是年,受9号台风"麦莎"和15号台风"卡努"影响,全市出现一定程度的洪涝风灾。8月6日清晨,9号台风"麦莎"在浙江玉环县干江镇登陆后,逐渐向泰州地区逼近,8月7日泰州风力达10级。过程性降水(8月3—9日),泰州主城区88毫米,通南和沿江地区67～115毫米,里下河地区123～217毫米。9月11日下午,15号台风"卡努"在浙江台州路桥区登陆,登陆时风速为50米/秒,并以25公里/时的速度向西北方向移动。受其外围影响,泰州从当天晚上开始到9月12日上午出现10级左右大风,主城区最大风速29.8米/秒。过程性降水为33～106毫米,其中主城区76毫米。

两次台风造成全市受灾人口11万人,倒塌房屋865间,直接经济损失2.23亿元,其中兴化市0.902亿元,靖江市0.583亿元。农作物受淹面积共105.92万亩,其中兴化市51.15万亩,靖江市22.95万亩;农作物成灾面积共42.134万亩,其中兴化市19.245万亩、5.805万亩绝收,靖江市10.05万亩;全市林果损失1.92万株,死亡家禽1.52万只;16家企业受淹,其中13家属镇村企业;供电中断36条,其中靖江22条;通信线路损坏361杆,其中靖江110杆,泰兴221杆,姜堰30杆。

全市共投入抗灾人数8.60万人次。其中,高港1.3万人次,投入10台(套)2.64万千瓦时的电动机;兴化4.48万人次,靖江1.5万人次;投入动力柴油机750台,0.63万千瓦,电动机333台,2.61万千瓦。防台抗台中,由于及早准备,及时抗御,避免了人员伤亡,大大减轻了损失。

（十一）抗御2006年洪涝

是年，梅雨季节，境内里下河北部地区发生了继1991年、2003年后又一次严重的洪涝灾害。6月21日入梅，7月12日出梅，梅期22天，基本正常，全市面梅雨量206.4毫米，与常年值相当，但时空分布严重不均，并呈现北多南少的特点。里下河地区北部沙沟、安丰、兴化梅雨量分别达530.6毫米、495.4毫米和331.8毫米，而泰州城区至沿江地区梅雨量仅为113.5～230.6毫米。6月30日至7月2日，兴化、沙沟、安丰三天降雨量分别为138.6毫米、358.4毫米、290.5毫米，其中，7月1日沙沟日降雨207.8毫米，达到特大暴雨量级。受强降水影响，加之里下河地区工情已发生深刻变化，湖荡面积锐减，各圩口排涝动力增加，圩外河网水位迅速暴涨，7月1日开始溱潼以北水位全线超警戒（1.80米），7月5日19时，兴化水位达3.01米，比6月29日涨1.40米。

里下河北部地区受灾人口达101万人，紧急转移4.1万人；农作物受灾163.5万亩；受淹工矿企业1054家，其中停产744家；毁坏公路路基13.3公里；供电中断29条次，损坏输电线路5.52公里；损坏堤防192处327.8公里，损坏水闸549座，损坏机电泵站276座，因灾倒塌房屋2000间。全市直接经济损失9亿元，其中水利工程设施直接经济损失0.55亿元。

7月15日清晨，受4号强热带风暴"碧利斯"影响，境内出现6～7级东到东南风，沿江江面阵风达8级以上，加之又处在农历六月半大潮汛期间，沿江潮位异常增高，夏仕港高潮位达4.51米，超过警戒水位0.47米。受风暴潮侵袭，靖江江心洲位于主江堤以外迎风浪口的围栏养殖的堰埂外坡被风浪冲刷陡立，出水涵洞由于填土不实，涵洞坝漏水倒塌决口20多米，江水倒灌，100多亩鱼池内损失成鱼1万多千克。

面对突发的灾情和迅速发展的汛情，泰州市防指迅速研究部署防汛排涝工作，启动《泰州市防洪预案》，并派出4个防汛排涝工作组分赴各地指导防洪抢险。7月3日和7月6日，市防指相继下发《关于进一步落实防汛排涝责任制严肃防汛纪律的通知》和《关于加强圩区堤防巡查加固确保安全的通知》，要求各地严格执行防汛防旱行政首长负责制，里下河地区加强圩堤的巡查防守力度，采取有效措施，确保圩堤安全。各地积极清除滞涝圩阻水障碍，关闭圩口闸，封闭土口门，启用排涝站，抽排圩内涝水。

根据汛情演变，市防指及时向省防指提出《关于请求启用高港枢纽排涝的请示》。7月3日、4日，市防办紧急调拨市级防汛物资10万只编织袋，分两批送往兴化、姜堰抗洪前线。7月5日又紧急增储10万只编织袋预留备用。

这次抗洪救灾共投入45万人次，封堵土口门1700座，开启排涝泵站1000余座，起用流动机船3500条，使用草包、编织袋、麻袋共657万只，桩木9200根，毛竹36万支、柴油3600吨。

（十二）抗2007年洪涝灾害

梅雨季节，境内里下河地区发生大洪涝灾害。该地区6月20日入梅，7月25日出梅，梅雨期历时35天；兴化梅雨总量551.6毫米，是常年的2.1倍；姜堰里下河地区梅雨量467.5毫米，为常年的2倍，沈伦最大雨量533.9毫米。梅雨主要集中在7月上旬，这10天，兴化降雨389.2毫米，其中7月9日清晨降149.5毫米大暴雨。受降雨影响，7月5日兴化水位突破1.80米警戒水位，随后持续攀升，至7月10日

20时水位最高达3.13米。里下河地区有49个乡（镇）近217万亩农田受灾,其中绝收面积19.93万亩,受灾人口49.4万人,紧急转移2.2万人,倒塌房屋1429间。兴化市有39.76万亩水产养殖受到严重影响。据测算,全市里下河地区直接经济损失12.13亿元。

灾情发生后,中央电视台新闻采访指导组、国家农业部灾情调查组、江苏省委副书记张连珍、副省长黄莉新、省军区有关领导,以及民政厅、水利厅、财政厅、卫生厅、环保厅、农林厅、海洋与渔业局等省级部门负责人,市委、市政府、市防指负责人先后深入境内里下河地区具体指导防汛救灾。省防指、市防指先后紧急调运抢险救灾物品援助灾民。

境内里下河地区各级党委和政府根据雨情、水情变化,适时启动相应防汛工作预案,动员和组织广大干部群众积极投入防汛抗灾工作。7月7日,兴化召开全市防汛排涝紧急电话会议,要求各级党政组织集中人力、物力、财力,全力以赴抓好防汛抗灾工作。7月9日清晨,兴化先后召开防指成员单位负责人会议和市四套班子全体负责人会议,进一步重申当前防汛抗灾工作要求,加大全市城乡防汛抗灾督促检查力度。兴化市防指和城区两级防指相继集中办公,强化领导,科学调度,城区还落实有关部门与社区挂钩,共同做好低洼地域抢排和受淹群众转移安置工作。兴化市四套班子全体负责人和各乡（镇）、村全体干部到岗到位,靠前指挥,做到乡干部包干到村到圩,村干部包干到段到闸站,对联圩、排涝站、圩口闸逐一落实圩长、站长、口长。兴化共关闭圩口闸3300多座,开启排涝站950多座,投入排涝动力3.5万千瓦。实施市级骨干河道清障方案,达到骨干河道无捕鱼设施、河道狭窄处无停泊船只、水上无漂浮物的要求。兴化还组织乡村和社区干部逐一走访受淹户,拨付救灾预备金,做好重灾户投亲靠友、转移安置工作,努力化解各类矛盾,全力维护社会稳定。同时,坚持抓好各类自来水厂的抽水消毒,确保城乡居民饮水安全卫生。

汛情稍有缓解后,该区各地把工作重点及时转移到生产自救上来,不失时机抢抓晴好天气,全面落实补救措施,突击排涝降渍,加强田间管理,搞好技术指导,抓好补种改种,把灾害损失降到最低。

（十三）抗2015年内涝

汛期,全市各地降雨频繁,暴雨、大暴雨反复出现,多地出现特大暴雨,主城区降雨926毫米,比常年684.7毫米多3成以上;其他地区降水量比常年多3成到1倍左右,其中兴化1132.5毫米,黄桥1032.8毫米,夏仕港1090毫米。6月27日、28日沿江地区连降两次暴雨,由于降雨强度大,加之当时长江大通流量在55000米³/秒左右,又逢农历五月十八前后大潮汛,长江泰州段低潮不低,给各通江口门自排涝水增加了严重困难,防汛排涝压力大,各排涝站超负荷排涝。8月10日中午到8月11日8时,受13号台风"苏迪罗"残留云系和北方冷空气共同影响,全市除靖江夏仕港外,自北向南出现一次大范围强降雨。兴化市大营、老圩、新垛、永丰、合陈、大垛6个乡（镇）超过300毫米,为特大暴雨,最大降雨量大营镇达380.3毫米,历史罕见,兴化水位从8月10日8时的1.48米猛涨至8月13日8时的2.84米。全市农作物受灾面积75.407万亩,成灾面积43.368万亩,绝收面积29.677万亩。全市直接经济损失50635万元,其中农林牧渔业直接经济损失47047万元,兴化市农林牧渔业直接经济损失19200万元,靖江市农林牧渔业直接经济损失25667万元。受强降雨影响,主城区森园路（兴泰公路口、花鸟市场对面）、江洲北路297号机械厂平房宿舍、西仓桥下海舟家具城门口、九龙镇西缇阳光小区、水岸豪庭、明珠小区、新建村等127个地段受淹;兴化、靖江也有部分城镇地段积水。

灾情发生后,各级防汛部门迅速行动,精心组织,科学调度,全力以赴抢排城乡涝水,化解社会矛盾,最大限度减轻灾害损失,努力营造全市安全、优良的水生态环境。

在抗灾抢险中,境内受到中央各部门表彰的先进集体1个,先进个人1名;受省委、省政府及有关部门表彰的先进集体7个,先进个人20名;受市委、市政府表彰的先进集体29个,先进个人73名。

二、战胜重大旱灾

(一)战胜1978年特大旱灾

是年,从春到秋,全境降雨量少,河湖水位低,为近百年来最严重的干旱年份。境内各级党委引导干群全力以赴,充分利用机电排灌抗旱保苗夺丰收,保证了农田灌溉,当年仍获得了农业生产的大丰收。

1—4月、5—6月、6—9月平均降雨量分别只占常年同期的28%、60%和39%。里下河地区平均雨量220.1毫米,相当于百年一遇;通南地区平均雨量273.6毫米,相当于80年一遇;长江来水量比常年少26%,水位偏低。淮河长期断流。境内十塘九空、十沟九断。加之盛夏晴热高温,连续半个月气温在35℃以上,最大日蒸发量10毫米,加剧了旱情。

泰州(县级)春、夏、秋、冬连续干旱248天,年降雨量395.5毫米,为正常年份的1/3,泰县受旱面积达80万亩,部分社队因河床淤浅机电设备不能正常运转。泰兴先是"空梅",然后夏旱、伏旱接秋旱。其中,长生公社5—9月只有7个雨日,宣堡公社5个月仅降雨113毫米。江潮水位一直低于常年同期潮位,汛期大通来水量只有2.8万~3.6万米³/秒,黄桥水位从4月半汛到8月半汛,有4个潮汛期低于1.77米。高沙土地区有326座电灌站一度抽不到水,370个生产队5.8万人饮水发生困难,农田受旱面积一度达86.74万亩。兴化上年秋播时即干旱少雨,1978年1—5月降雨仅117.8毫米,汛期雨量仅有204.9毫米,为历年同期的1/3;全年雨量399.3毫米,为常年平均雨量的39%;盛夏季节,晴热高温,连续半个月气温在35℃以上,最大日蒸发量16毫米。由于长期晴热少雨,导致河网水位不断下降,4月水位一度仅有0.61米;全县236条、总长78.89公里河道干涸断流,190条、92.66公里河道断航,278条、60公里河沟水质变坏返碱。

面对罕见的严重干旱,境内各级党委引导干群全力以赴,抗旱保苗夺丰收。各地"天大旱,人大干","三车六桶"齐上阵,充分发挥水利设施的作用,引、提并举,大引江水,翻水入运、入湖、入河。

里下河地区首先突击抢拆江都新东闸施工坝头,通过宜陵闸及宜陵北闸引江水48.2亿立方米,并利用运东各闸输水入里下河,保持兴化水位长期在1米左右。通南地区利用沿江各闸抢潮引水,保持泰州和黄桥水位在2米左右,南部利用九龙和通江翻水站翻江水,北部由邵伯湖补水,使水位保持在2.5米左右,共计自流引江20.4亿立方米(马甸站未开机)。在电源紧张时,采取工业让电、照明让电、圩区以机代电等措施,保证抗旱所需电源。各地还组织机电维修队,分赴现场巡回检修机电设备,保证抗旱机电设备正常运行。

境内各社队根据旱情发展,及时调整茬口布局,通过减早茬,增加中、晚茬,使水稻栽播面积不变。其中,兴化年粮食产量达84.13万吨,比历史最高的1976年增产13.3万吨,位居全国县级前列。

（二）战胜1997年严重干旱

是年入汛初期,全市发生严重干旱,降雨量仅为495.3毫米,占常年平均值的71.3%;入梅较常年推迟10天,梅雨量181毫米,较常年偏少3成以上。6月,境内里下河地区和通南高沙土地区发生了严重干旱。姜堰上河水位跌到1.37米,里下河水位跌到0.95米,348座电灌站抽不到水或基本抽不到水,78条乡级中沟河道引不到水或引水不畅。水稻田只栽下15万亩,其中80%无水灌溉。泰兴黄桥水位由6月8日的2.23米跌至6月16日的1.51米,199条中沟引水困难,758座电灌站抽不到水,致使高沙土地区用水严重短缺,中稻栽插受到很大影响,66.9万亩中稻受灾面积达15万亩,其中特别严重的7万亩,枯萎的8000亩。兴化水位从6月8日的1.22米下降到6月22日的0.85米,大营乡董家水位仅-0.05米。至6月底,共有1200多条生产河干涸见底,2100多条河道因淤浅而断航,67.78万亩稻田受旱,24万亩稻田因缺水泡田而无法栽插,已栽插的稻田也因缺水灌溉,局部田块出现干裂。近10万人生活用水一度发生困难。兴华市直接经济损失达1.4亿元,其中农业损失0.93亿元。

灾情发生后,泰州市委、市政府主要负责人及各市（区）主要负责人深入旱情严重的乡（镇）了解旱情,部署抗旱工作,紧急动员各地抗旱保苗,抢栽水稻。泰州市防指、市水利局督促沿江各引水口门抢潮引水,沿新通扬运河一线通里下河的闸涵全部打开,做到有水必引,滴水不漏。在6月8—18日长江低潮期间,共引江水6200万立方米。同时,在里下河地区栽插尚未开始时,为确保姜堰市部分地区的抗旱用水,泰州市防指电令姜堰翻水站开机向通南供水。6月13—20日,该站共开机606个台时,翻水3337.8万立方米,大大缓解了通南地区的旱情。6月20日,江潮抬高,沿江引水量加大,通南地区的旱情基本解除。里下河地区进入栽插用水高峰期,市防指即时电令开启通南与里下河地区边界控制口门,向里下河供水,累计供水3100万立方米。同时,向省防指请示,要求江都水利枢纽开启宜陵闸向里下河地区送水,6月,江都水利枢纽供水达4.03亿立方米,为解决里下河地区的工农业生产及生活用水问题发挥了巨大作用。抗旱期间各地动员组织49.08万人次,突击行动开挖坝埂、淤浅段,清除阻水渔网、鱼箔,使水流畅通,充分利用有限的水资源缓解旱情。

姜堰市委、市政府先后召开5次抗旱救灾会议,提出"抗大旱、抢季节、保面积""不惜一切代价抗旱保苗"等口号。该市市委、市政府负责人带领水利、农机、供电、石油、财政等部门负责人赶往现场,分析灾情,指挥抗灾;乡（镇）干部全部分工到村,村干部蹲点到组,组干部包干到户,层层落实任务,明确责任。姜堰在启动翻水站向通南地区供水的同时,调借市抗排站几十台抽水机泵,并利用该市水利物资储运站自备机泵,突击组织从该市骨干河道向通南地区中沟进行二级送水;姜堰农机局拉长水泵管道,保证机械维修24小时服务;该市供电、石油部门确保抗旱用电、用油供应。经过持续5个多月抗旱奋斗,大旱之年,姜堰40.05万亩农作物仍然获得丰收。

兴化组织各部门包区包乡,并组织水利、水产、交通、公安、工商等有关部门联手行动,突击清除骨干河道行水障碍215处,同时组织干旱地区干部群众突击清理疏浚圩内河道3894条,完成土方80万立方米,努力扩大引水。全市投入抽水机船近万艘和抢排泵2791台,实施二级翻水,耗用柴油1534.5

吨,抗旱费用达2170万元。

(三)战胜2011年严重干旱

2010年11月至2011年6月中旬,全市发生严重气象干旱。主要表现为:①周边省市同期旱情覆盖范围广,持续时间长。此间,长江中下游和淮河流域发生了60年一遇的严重气象干旱,鄱阳河、洞庭湖、洪湖、洪泽湖水面面积严重缩小,大片湖滩变成"茫茫草原";长江大通来水量长期处于枯期流量,有207天小于20000米³/秒,而常年同期小于20000米³/秒天数不足133天,特别是入汛后,从5月1日至6月7日大通流量一直低于20000米³/秒,与常年同期35200~40200米³/秒比仅占一半不足。淮河流域旱情亦持续发展,里下河北部地区的盐城等地,由于远离长江水源地,加之江都枢纽、高港枢纽自流引水不足,境内长期无雨,到农业大用水期间水位一降再降,用水矛盾异常突出,6月23日阜宁、建湖水位低于海平面,分别仅为-0.23米、-0.11米。②境内降水少,自流引江不足,低水位持续时间长。2010年11月1日8时至2011年6月21日8时,泰州城区降水量为249.5毫米,兴化181.1毫米,黄桥235.6毫米,比常年同期降水量459.5毫米少200毫米。以泰州总面积5798平方公里计算,由于降水少于常年,这一时期境内比常年缺水11.60亿立方米,其中通南和沿江地区缺水5.52亿立方米,里下河地区缺水6.02亿立方米。

按照测算,境内即使正常降水,用水缺口仍在28亿立方米左右,这部分缺口主要靠沿江口门从长江过境水源引水补充。由于这次气象干旱覆盖范围广、持续时间长,造成长江干流来水量少,致使长江泰州段潮位长期偏低,全市沿江各口门自流引江困难,引水总量不足,内河水位长期处于低水位。这一时期,泰州(通)水位低于2.00米72天(低于2.00米,凤城河净因寺以北开始出现断流),最低水位为1.71米;通南地区黄桥水位低于2.00米158天,低于1.80米53天,最低水位1.56米;里下河兴化水位从2011年4月12日至6月18日连续68天低于1.00米,最低水位0.86米,沙沟最低水位0.36米,安丰最低水位0.55米。

长江靖江段高潮位平均比往年同期低1.0~1.2米。面对10年来最严峻旱情,靖江市委、市政府立即召开紧急会议,进行全面部署。靖江市水利局组织40余人成立抗旱排涝应急服务队,采取切实有效的措施,全力调水,严格保水,科学蓄水。沿江各涵闸共引水2.01亿立方米,各水利站共购置、调用水泵644台(套)。通过架设临时机泵灌溉农田29.5万亩,迅速缓解了旱情。

表11-14　2010年11月1日至2011年6月24日泰州市气象水文干旱特征表

长江大通流量	小于20000米³/秒(不含)	
	207天(常年同期小于133天)	12000米³/秒(12月19日)
	降水量(气象资料)(毫米)	
	(11月1日8时至6月20日8时)	常年同期
泰州站	249.5	459.5
兴化站	181.1	
黄桥站	235.6	

表11-15　2011年主要水站水位情况

站名	低于2.00米水位(不含)	低于1.80米水位(不含)	低于1.00米水位(不含)	最低水位
泰州(通)	72天	17天		1.71米(3月8日、9日)
黄桥	158天	53天		1.56米(4月15日)
兴化			4月12日至6月18日连续68天	0.86米(5月20日)
沙沟				0.36米(6月21日)
安丰				0.55米(6月17日、18日)

注:通南地区水位低于2.00米,中沟以下河道开始出现断流;低于1.80米中沟以下大部分河道断流,
　　村庄河塘全部断流,骨干河道水上航运受影响。里下河地区水位低于1.00米,圩内生产河行走
　　灌溉机船困难;低于0.60米,骨干河道500吨位以上船只通航困难。

随着气象干旱的持续发展,全市工农业生产、航运业、水生态环境、城乡居民生活用水都不同程度受到影响。5月下旬,沿江和通南地区除骨干河道维持低水位外,几乎所有二级河道以下和村庄河道完全断流,完全干涸的河道占到1/4。鱼塘干涸,无水养殖,通南和沿江圩区及里下河淤溪等个别乡(镇)水产业直接和间接损失在5000万元以上。

由于内河长期维持低水位,全市水上航运受到较大影响。从上年12月开始通南骨干河道船舶搁浅事故时有发生,累计有10次之多。其中,当年3—6月,由于出现反季节枯水,属于7级航道的两泰官河高港段、西姜黄河元竹段搁浅船只明显增多,船舶吨位一般200~300吨,船舶堵塞最长达10公里,近20天后才通行。虽然与泰州南官河航道改线(主城区正在建封闭工程)有一定的关系,但主要原因还是水位低造成搁浅堵塞。里下河地区从5月中旬开始旱象毕现,到6月中旬,兴化北部农业、航运业用水矛盾突出。6月21日,兴化市属于5级航道的下官河沙沟镇以南2公里处,有船队搁浅。6月14—24日属于6级航道的盐邵航运线,上官河猪腊沟大桥南北两侧,搁浅的沙石建材运输船队长达6~7公里,500吨以上船只滞留10天左右。

受干旱影响,全市夏熟作物中5万亩蚕豆减产40%,54.6万亩油菜减产20%,17.46万亩大麦减产10%;278.66万亩小麦平产,其中,前茬稻草还田的田块小麦减产10%;秋熟作物中稻栽插时节,里下河地区兴化城以北和通南沿江地区部分乡(镇)为不误农时,不得不实施了二级翻水。

6月11日,正当旱情即将演变成全局性危机的关键时刻,全市喜降13~34.3毫米的中到大雨,用水矛盾有所钝化。6月12日开始,长江中下游地区连降暴雨,形成旱涝急转,长江大通来水量由6月9日的21400米³/秒迅速增加到6月19日的43800米³/秒,沿江各口门自流引江能力大大提高,全市旱情缓解出现最积极的有利条件。6月18日,通南和沿江地区普降暴雨,局部大雨,通南和沿江地区旱情率先解除。6月24日里下河地区普降大雨,兴化市北部沙沟、安丰水位开始回涨,当日8时兴化、沙沟、安丰水位分别为1.28米、0.55米、0.73米,尤其里下河北部盐城地区普降暴雨,全市里下地区旱情至此亦全面解除。

（四）战胜 2013 年夏秋干旱

当年 7 月 8 日出梅后,副热带高压异常强大稳定,西至重庆,北到黄河以南,都在它的控制范围,并形成一个重庆至华北至东北的稳定降雨带,而长江中下游地区,包括浙江,出现了历史上罕见的长时间晴热高温天气。泰州境内出现持续晴热高温天气,35℃以上高温天气达 38 天,8 月 8 日出现最高气温 39.1℃。7 月 10 日到 9 月 30 日,全市总降水量 218.3 毫米,比常年同期的 358.5 毫米偏少 39.1%。其中 7 月全市面平均降水量为 137.7 毫米,较常年同期(197.6 毫米)偏少 30.3%;8 月全市面平均降水量为 69.2 毫米,较常年同期(146.6 毫米)偏少 52.8%;9 月全市面平均降水量为 64.0 毫米,较常年同期(97.3 毫米)偏少 34.2%。与此同时,长江中下游地区也持续高温干旱,长江大通流量 7 月勉强保持在 40000 米³/秒,8 月下滑至 33000 米³/秒左右,9 月仅在 24000 米³/秒左右,提早 2 个月进入枯水季节,远少于 7—9 月大通常年同期在 41100~48900 米³/秒的平均流量,给沿江各通江涵闸自流引江增加了困难。

随着旱情的演变和发展,全市城乡各地的抗旱工作也逐步展开,并成为全年度主要工作。在抗旱夺丰收工作中,泰州市防指、市水利局除要求各市(区)按照《泰州市中心城区水生态环境工程调度方案(试行)》,加强生态水源调度,改善中心城区水生态环境外,还要求全市各地按照《泰州市水利工程调度方案》《泰州市防汛防旱应急预案》认真开展抗旱工作,保证了全市 305 万亩水稻田在大旱年份实现丰收。

全市各级水利部门都深入第一线主动服务,及时解决出现的问题,保证了全市抗旱工作有序进行。

8 月 7 日,由于持续高温,农业用水增加,生产河道水位下降快速,海陵区罡杨镇有约 4000 亩水稻田机船灌溉出现困难。当时,省引管处考虑兴化水位在 1.40 米左右,按照调度原则,暂未引水。市防办立即与省有关方面联系协调,当日下午,省防指即启动省高港枢纽、省江都枢纽,向里下河地区引水,主城区里下河水位当日由 1.23 米抬高到 1.43 米,农业用水矛盾及时得到解决。由于省调度工程及早使用,为里下河后期抗旱赢得了主动。

8 月 16 日,泰州市防指派出 3 个督查组,重点对沿江和通南地区旱情及抗旱工作进行现场督查,有力地推动了基层抗旱工作。与此同时,市(区)水利局及乡(镇)水利站工作人员都深入到田间地头,加强巡查,主动服务,保证电灌站、流动机船正常出水。据统计,全市共投入抗旱人次 11.166 万人,启用电灌站 840 座,抗旱用电 6439.9 万千瓦时,抗旱用油 18 吨,投入抗旱经费 5580.5 万元,机动抗旱设备 5590 台(套),抗旱浇灌面积 153.9 万亩,投入抗旱经费 5580.5 万元。沿江各通江涵闸,加强值守,克服潮位不高的困难,积极抢潮引水,确保沿江圩区和通南高沙土地区农灌用水需求,省高港枢纽、省江都东闸也为里下河地区持续引送江水。据统计,7—9 月,沿江四大闸(口岸闸、马甸闸、过船港闸、夏仕港闸)共向通南地区引水 6.49 亿立方米,其中口岸闸引水 1.33 亿立方米,马甸闸引水 2.11 亿立方米,过船港闸引水 1.90 亿立方米,夏仕港闸引水 1.15 亿立方米,比常年同期引水多 60.1% 左右;省高港枢纽、省江都东闸向里下河地区引水 14.39 亿立方米,其中省高港枢纽引水 6.66 亿立方米,省江都东闸引水 7.73 亿立方米。

第五节　历代大灾

一、水灾

（一）964—1948年

宋乾德二年(964)四月,泰兴潮坏民田。七月,复涨。次年六月,泰兴暴风,潮溢。

宋太平兴国四年(979),泰兴大雨水,庄稼受其害。

宋咸平六年(1003),泰兴潮溢。

宋大中祥符二年(1009),泰兴大水。

宋大中祥符六年(1013)七月,泰兴潮溢。

宋天圣四年(1026),泰兴大水。

宋天圣六年(1028),泰兴江水溢,坏庐舍。

宋嘉祐六年(1061),泰兴霪雨为灾。

宋元丰四年(1081)春,泰兴大水。

宋元祐八年(1093)八月,泰兴大水。

宋重和元年(1118),泰兴大水,灾民漂溺无数。

宋绍兴二十三至二十八年(1153—1158),泰兴大水,灾民漂溺亡者无法计算。

宋隆兴元年、二年(1163、1164),泰兴大水,霪雨伤稼。

宋乾道三年(1167)八月,泰兴霪雨,禾粟多腐。

宋淳熙三年(1176)夏,泰兴雨伤稼。次年,泰兴又发水灾,赈被水害贫民。

宋淳熙十六年(1189)五月、宋绍熙四年(1193)、绍熙五年(1194),泰兴大水。

宋开禧元年(1205)九月,兴化水溢,百姓死者几半。

宋开禧二年(1206),泰兴淮水溢,饥。

宋嘉定十六年(1223),泰兴大水,无麦禾。

宋绍定四年(1231)、宋淳祐二年(1242)、元至元二十九年(1292)、元元贞三年(1297),泰兴大水。

元大德二年(1298)七月,泰兴暴风,江水溢高四五丈。

元大德九年(1305)七月、元大德十一年(1307)六月,泰兴大水。

元泰定二年(1325),泰兴潮溢。

天历二年(1329),兴化大水,没民田。

元天历三年(1330)五月,泰兴潮溢,次年饥民一万三千余户。

元至顺三年(1332),泰兴河水溢。

元至顺三年、四年(1332、1333),江水连续两年溢兴化。

元元统元年(1333)夏,泰兴雨伤禾。

元至元二年(1336),泰兴潮溢。

明洪武十二年(1379),泰兴江溢。

明永乐七年(1409)十二月,泰兴江岸为风潮冲决,沦入江中三千九百余丈。次年,泰兴风雨暴作,江潮泛涨,五日还退,坏房屋,漂流人畜。

明永乐九年(1411),泰兴江潮涨四日,漂人畜甚众。

明正统二年(1437),泰兴大水,江淮泛涨,巡抚周忱视灾给贷。

明正统九年(1444),泰兴潮溢。

明正统十四年(1449),泰兴、姜堰大水。

明景泰四年(1453)七月,泰兴大水;姜堰大洪,民多死徙,饿殍满路。

明景泰六年(1455),泰兴潮溢。

明天顺元年(1457),明天顺四年(1460),泰兴水灾。

明成化元年(1465),泰兴水。

明成化八年(1472)秋,泰兴江溢。

明成化十一年(1475),泰兴水灾。

明成化十三年(1477)九月,泰兴淮水溢,蟹食禾稼,户部郎中谷炎赈饥民。

明弘治元年(1488)夏,靖江大雨风潮,淹死2951人,漂去民房1543间。

明正德七年(1512)七月,泰兴大风雨,潮溢。

明正德十一年(1516),泰兴霪雨伤稼。

明正德十二年(1517),泰兴大水,无麦;姜堰大水。

明正德十三年(1518),姜堰大水。

明嘉靖元年(1522)七月,泰兴大雨雹,潮溢;秋,靖江"潮涨如海三天",淹死数万人,相传"弘治元年之潮不及其半"。

明嘉靖二年(1523)七月,泰兴霪雨不止,饿殍载道,盗贼四起;秋,姜堰大水。

明嘉靖十年(1531),泰兴潮溢。

明嘉靖十二年(1533),泰兴霪雨伤禾,春无麦。

明嘉靖十五年(1536),夏兴化大旱,秋淫雨不止,水没田禾;春、夏,姜堰旱。

明嘉靖十八年(1539)闰七月初三,兴化大风刮倒禾苗,海潮高二丈余,漂没庐舍人畜不可胜记。海潮所淹田地,十余年不宜种稻。

明嘉靖十九年(1540)秋及次年春,泰兴大水。

明嘉靖二十八年(1549)、嘉靖三十一年(1552),姜堰大水。

明嘉靖三十四年(1555),姜堰旱,忽大雨,一日夜两坝俱决。次年,姜堰大水,庐舍漂没。

明嘉靖三十七年(1558),泰兴大水。

明嘉靖三十九年(1560),自六月迄重阳,泰兴霪雨,大饥,人食草禾;姜堰大水,人畜庐舍漂没无算。

明隆庆二年(1568)七月,泰兴潮溢。

明隆庆三年(1569)六月,泰兴潮溢,大风坏屋;姜堰大水,海潮涌溢,舟行城市,漂溺无法计算;农历六月初一、闰六月靖江两次大潮,漂去民房无数,淹死万余人。是年七月半大雨连三日,"平地水深五尺,禾苗皆死,岁大灾"。

明隆庆四年(1570)五月,淮水大发,决黄浦,宝应、兴化、高邮、泰州,四望无际;秋,泰兴水。

明万历二年(1574),姜堰河决,水患;七月,泰兴暴风雨、潮,淹没人畜无法计算。

明万历三年(1575)八月,姜堰河决,大风坏木伤禾;夏,泰兴大风,复溢。

明万历八年(1580),姜堰洪水;泰兴江淮并涨,大水,获不及半。

明万历九年(1581),姜堰潦;靖江大水灾;八月,泰兴狂风大作,屋瓦如飞,骤雨如注,坡塘圩埂尽决,漂浸官民屋舍凡数千间,男妇死者无数。

明万历十三年(1585),姜堰大水。次年五月,姜堰飓风暴雨,过旬不止。泰州城颓四百八十余丈,庐舍尽坏,民浮木以栖。

明万历十五年(1587),姜堰烈风暴雨,浸禾稼。

明万历十九年(1591),淮湖涨溢,姜堰决邵伯堤六十余丈。

明万历二十一年(1593),姜堰大水,决湖堤;泰兴大水,雨黑黍。

明万历二十三年(1595)、万历二十四年(1596),姜堰大水。

明万历二十六年(1598),姜堰大水;泰兴霪雨无麦。

明万历二十九年(1601),姜堰大水。

明万历三十年(1602)、万历三十六年(1608)、万历三十九年(1611)、万历四十年(1612),姜堰大水。

明万历四十三年(1615),先旱后水,泰兴大饥。

明泰昌元年(1620),姜堰大水。

明天启元年(1621)二月,泰兴雨雹。

明天启四年(1624),靖江大水灾;五月十九日,泰兴霪雨昼夜,江潮溢。

明天启七年(1627),姜堰大水伤稼。

明崇祯元年(1628)七至八月,泰兴连续十九天大风,随之高潮,沿江土地多半坍没于江。

明崇祯三年(1630)八月,泰兴潮溢。

明崇祯四年(1631)五月至七月,泰兴雨不止;夏,兴化高宝堤决南北三百余丈,高邮南门闸桥崩,城市行舟,人多溺死。泰州、兴化大水。七月,淫雨倾盆,淮黄交溃,盐城、兴化水深二丈,村落尽没;夏旱,姜堰秋大水,决湖堤。民饥道殣相望。

明崇祯五年(1632),姜堰夏旱。六月十五日大风拔木。八月淮决,漂禾稼,是年饥,流殍载道;六月,兴化宝应山阳苏家嘴大溃,盐城、兴化、宝应、高邮无不被灾。

明崇祯六年(1633),靖江大水灾。次年正月,泰兴雷震,雨雹;闰八月二十五日夜,姜堰大风雨拔木,漂禾稼。

清顺治三年(1646)三月,泰兴苦雨淹麦。次年姜堰大水,漕堤决。

清顺治五年(1648)夏,泰兴雨伤稼。次年,姜堰大水。

清顺治八年(1651),泰兴大水。

清顺治十一年(1654)六月,泰兴飓风涌潮;靖江大水灾。

清顺治十六年(1659),淮南、淮北大水灾,姜堰麦、秋颗粒无收,民多饥死。

清康熙二年(1663)九月,泰兴雨不止,江乡被汨,农民弃田转徙。

清康熙四年(1665),黄淮交溃,沂沭并溢,姜堰漂没庐舍人畜无数;泰兴大水。

清康熙七年(1668),高邮清水潭决,兴化环城水高二丈,漂没人民,死者无法计算;姜堰大水,清水潭决。

清康熙十二年(1673),泰兴潮溢;姜堰大水。

清康熙十四年(1675),兴化、江都八月大风雨十日余,水骤溢;姜堰大水。

清康熙十五年(1676),淮河汛涨,五月大风雨,兴化水骤涨丈许,舟行市中,漂溺庐舍人民无数;姜堰大水,清水潭决。

清康熙十六年(1677),泰兴江溢,水入城中民舍,街巷低洼处皆架木以济;姜堰大水。

清康熙十九年(1680),泗洲城陷没,漕堤决,兴化大水;姜堰大水。

清康熙二十四年(1685),姜堰大水,田舍尽没。

清康熙二十二年(1683),泰兴春夏绵雨。

清康熙三十二年(1693),姜堰大水。

清康熙三十五年(1696),泰兴潮溢,溺人无法计算;姜堰大水。

清康熙三十六年(1697),姜堰大水。次年,姜堰、泰兴水灾。

清康熙四十四年(1705),泰兴、姜堰大水。

清康熙五十四年(1715)、康熙五十八年(1719)、康熙五十九年(1720),姜堰大水。

清雍正元年(1723),泰兴霪雨伤稼。次年,兴化海溢,被潮淹溺男妇大小四万余口。毁范公堤,漂没民田八百余顷。

清雍正六年(1728)夏,泰兴雨。

清雍正十年(1732)秋,泰兴潮溢。翌年大饥;靖江大水灾。

清雍正十一年(1733)六月,泰兴大雨,岁大饥。

清雍正十二年(1734)夏,泰兴大雨,行潦成渠。

清雍正十三年(1735)秋,姜堰大水。次年四月,泰兴大风雨,水溢市衢。

清乾隆六年(1741),兴化大水。七月初九起,江扬地方连刮东北大风,大雨连续三昼夜,江潮涨至丈余。

清乾隆七年(1742),夏、秋淫雨,姜堰漕堤决,漂溺人民庐舍;兴化堤决大水,一昼夜直抵捍海堰,城中水深数尺,漂没人民庐舍无数。次年夏,姜堰大水。

清乾隆十二年(1747),泰兴潮溢伤禾。

清乾隆十五年(1750),姜堰大雨。

清乾隆十八年(1753)九月,雨,淮水骤至,姜堰坏范堤,漂溺人民庐舍。七月,车逻坝石脊封土前后决开六十余丈,诸坝齐开,上下河田尽淹。

清乾隆十九年(1754)夏,泰兴大水。次年二月至八月,泰兴雨,江暴溢。

清乾隆二十一年(1756),姜堰漕堤决,大水、大疫;泰兴涝,春大饥,升米百钱。

清乾隆二十五年(1760),五月连雨四十日,姜堰大水。

清乾隆四十六年(1781)秋,姜堰大水;秋,泰兴大风,潮溢;靖江大水灾。

清乾隆五十一年(1786)春,姜堰大疫。秋,大水。六月,泰兴始雨,大饥疫。

清乾隆五十二年(1787),姜堰大水。

清乾隆五十五年(1790)四月,泰兴大雨水,麦尽损,赤地数十里;夏旱,姜堰秋水。

清嘉庆三年(1798),夏旱,秋潦,夏秋大歉,姜堰灾民饿死无法计算。

清嘉庆四年(1799)七月,泰兴潮溢。

清嘉庆九年(1804)七月,泰兴潮溢,冲坍田地数十顷;姜堰春旱,秋大水。

清嘉庆十年(1805)五月,兴化启车逻、南关、新坝三坝。六月,启五里中坝、昭关坝,高、宝、兴、阜(宁)大水,江、淮、海并溢;六月,姜堰大风雨,海潮溢,江涨,淮水骤发。开五坝,水淹下河,民多流徙。

清嘉庆十一年(1806)春,姜堰民饥,食水中萍及榆皮,河鱼涌出,人争取之。夏,大旱,疫。六月,荷花塘决,漂没下河田庐无法计算,岁大歉。

清嘉庆十二年(1807)七月,泰兴大雨雹。

清嘉庆十三年(1808),姜堰春旱。秋,荷花塘再决。

清嘉庆十七年(1812),淮水涨溢,姜堰下河成灾。

清嘉庆十八年(1813),姜堰四月大雨,秋,淮水至。

清道光三年(1823)七月,泰兴水灾;秋七月初三大雨,姜堰平地水深数尺,鲍家坝决,下河禾稼被淹;泰州鲍家坝开,淹民田;靖江大水灾。

清道光四年(1824)正月,泰兴水灾;冬十一月十二日,姜堰大风拔木,两昼夜不止,高堰十三堡决,湖水溢出,五坝全启,水趋下河。

清道光六年(1826)六月,兴化大雨,五坝开,大水,乘舟入市;夏,姜堰淮水涨溢。南关、车逻等五坝俱开,下河田庐尽被淹没,民多流徙。

清道光八年(1828)秋,姜堰大水。

清道光十一年(1831)夏,泰兴大雨,潮溢,大饥;夏,姜堰运河决马棚湾,次日张家沟复溢,下河田多淹没;五月大雨,江潮涌涨,六月十八日运河决马棚湾,次日张家沟复溢,高邮、兴化、宝应田多被淹。

清道光十二年(1832),黄堤决,兴化大水。

清道光十三年(1833)秋,姜堰大水;秋,泰兴大风,潮溢。

清道光十八年(1838),泰兴潮溢。

清道光十九年(1839)秋,姜堰大水。

清道光二十年(1840)九月,泰兴江水顶托,市内行舟,漂溺人畜庐舍无数;秋,姜堰大水。

清道光二十一年(1841)秋,姜堰大水。

清道光二十五年(1845)秋,姜堰大水,多风雨。

清道光二十七年(1847),姜堰春、夏少雨,秋发大水。

清道光二十八年(1848)六月,泰兴飓风作,江暴溢,平地水深数尺,岁大歉;夏,姜堰大风雨。江淮湖海同涨。平地水深数尺,岁大歉;靖江大水灾。

清道光二十九年(1849)、道光三十年(1850)秋,姜堰大水。

清咸丰五年(1855),姜堰洪水下注,岁大歉。

清咸丰十年(1860)三月,泰兴大雪;秋,兴化大风雨,小六堡漫口。七月初九启车逻坝、新坝;秋,姜堰大水。

清同治五年(1866),夏秋兴化多怪风雨,清水潭决口三百余丈。六月二十七日启车逻坝,二十八日启南关坝,田庐被淹殆尽,人畜溺毙无数,东乡八圩先后被冲破;夏,七月初六姜堰大雷雨。秋,湖水盛涨。清水潭决,下河田庐漂没,禾稼尽淹。

清同治六年(1867),姜堰夏旱;七月初二,大雨三日,农田歉收。

清同治八年(1869),姜堰夏旱,秋多雨,歉。

清同治十一年(1872)三月,泰兴雨雹;秋,姜堰大水。

清同治十三年(1874)夏,姜堰禾生虫多,大水。

清光绪八年(1882),泰兴潮灾。

清光绪九年(1883),兴化大水。七月二十日启车逻坝,十六日启南关坝;七月,泰兴大风。霪雨伤禾,江暴溢。

清光绪十一年(1885)春,泰兴雨黑豆,大水。

清光绪二十一年(1895),泰兴县西水灾。

清光绪二十五年(1899),靖江大水灾。次年秋姜堰大水。

清光绪二十七年(1901)七月,泰兴大水,江堤半数以上溃决成灾。

清光绪二十九年(1903),姜堰夏大雨,秋歉收。

清光绪三十二年(1906),泰兴霪雨夏秋成灾;夏兴化大雨,六月二十八日启车逻坝,三十日启南关坝。七月二十八日启新坝;秋,姜堰大雨,湖水涨溢,车逻、五里等坝俱开,下河田庐半为淹没;冬,麦不下种。

清光绪三十四年(1908),泰兴大水,冲倒圩堤,沿江地区失收。

清宣统元年(1909),兴化夏旱,秋水。六月二十三日启车逻坝,二十五日启南关坝。十月二十七日,地大震。

清宣统二年(1910)秋,泰兴江暴溢;六月兴化淫雨为灾,除夕大雷电。次年,泰兴大水;六月五日兴化地震,九月十六日启车逻坝。

民国元年(1912)农历七月初四,泰兴一夜大雨,腹部成涝,吉家庄到宣家堡场上行船,花生、荞麦、山芋均烂。

民国3年(1914)夏,泰兴霆雨伤禾,行潦成渠。

民国5年(1916)农历六月十七日,姜堰大潮,海边地区上水,平地一人深,河路不分,房屋冲走,人上潮墩。7月大雨连绵,街区水深尺许,能行小船。农历7月中旬,运河水涨,启车逻坝。27日南风怒吼,雷暴雨至,高宝河湖顶涨。里下河地区破圩冲没田舍不计其数;海陵大水。

民国8年(1919)春,泰兴腹部水涝。

民国10年(1921),境内梅雨秋潮,台风叠煽。3月28日,主城区海陵雨雹;7月、8月淫雨,大水。米价每升涨至一百三四十文。泰兴沿江破圩坍地。8月14日车逻坝启,高宝水势大涨,下游民田都遭淹没。9月1日斜丰港堤岸崩溃,下游水势泛滥汪洋,桩木船只悉被卷去,乡(镇)多泛宅浮家。兴化大水,灾情严重。姜堰淫雨匝月,城乡低洼之处皆成泽国。9月19日午后,城区清化桥北稻河河水上岸,城北一片汪洋。10月下旬水势稍退,已逾种麦之期,次年麦熟,损失殊巨。

民国11年(1922),姜堰春遭虫害,夏秋遭雨水,庄稼三种三歉,农民饥寒交迫。海陵大水,漫滕家坝。是年10月17日,大雨如注,两地飓风竟日,拔木毁屋。

民国12年(1923)5月26日,海陵、姜堰大雨,雷毁树。夏,两地大雨。7月6日鲍家坝崩,下河水势骤增。乡民纷至县署报灾。8月1日,暴风不息。

民国13年(1924),泰兴西乡水灾,损失约60万元。

民国15年(1926),泰兴等6县水灾,共淹没田亩196万亩。

民国20年(1931)7月,泰兴沿江圩田地区一片汪洋,腹部低洼地区陆地行舟,全县受灾面积达1/4。里下河地区大水,8月3日开车逻坝、南关坝、新坝,田庐被淹没,无禾。26日,自邵伯六闸子至高邮,运堤决27处,兴化全境被淹,漂没人畜庐舍无数,舟行市中,最高水位4.60米;城东官庄(现属西鲍乡)100余户,只剩5人,其余全部淹死。是年3月,姜堰、海安间雹。6月下旬以来,海陵风雨连朝,江淮湖海并涨,运河水位与日俱增,8月2日下午4时开启高邮车逻坝。4日续启高邮新坝,南关坝溃。西水下注,7月12日姜堰堤西村舍为水淹,城镇街道行船。全县90%农田被淹没,下河淹死2500多人,为明清六七百年未有的大水灾。8月26日邵伯南塘坝又崩溃四十余丈。下河地区田庐尽没,人畜漂溺无数。泰州城区施家湾以北、大浦沿河等地7月4日即尽没水中,8月26日清化桥西街可以行舟,西仓街以南自水巷小街至大浦及西仓街后三元巷以北皆舟泊往还无阻,扁豆塘、智家堡一带居民攀栖树顶。乡村以樊汊、小纪、坂埨、港口受灾最重。泰县农田被淹150万亩以上,毁坏房屋10万余间,灾民40余万人,死亡300人左右。是年,靖江也发生特大洪水,6—9月累计雨量1006.2毫米,近常年全年降雨量,平地水深3~5尺,田中行船。

民国24年(1935)7月,泰兴大水,稻谷损失严重。次年,姜堰夏秋雨涝成灾,疟疾流行。

民国26年(1937),泰兴大水,平地水深1~1.5米,全县受灾面积28万亩。次年,海陵、泰兴、兴化大水。7月,海陵连月霆雨,江河湖海并涨。8月,高邮车逻坝开,港口、坂埨、小纪、樊汊等低洼地区尽成泽国。水灾持续近3个月,农田积水2~4尺,秋熟作物损失近3成,房屋损坏1万余间,灾民约4万余人。7月底,姜堰被淹,到10月底水退。7月14日,泰兴暴风急雨,江潮暴涨,圩堤溃决成灾。接着,雨涝一个月,洪水位1.3米,被淹面积约占全县土地总面积的1/4。

民国37年(1948)5月上旬,海陵雨雹,大如鸽蛋,新城大的达1斤多重,庄稼损伤。

(二)1949年至1996年7月

1949年全境涝灾(详见本章第四节)。

1951年5月20日,冰雹袭兴化茅山、戴南、大垛、周庄、梓辛5区20个乡。茅山区麦子损失40%,小秧损失20%。5月23日,暴风兴化经海南、海河、唐港、永丰、老圩5区。唐港区损坏房屋1500余间,风车577部。8月,兴化再遭10级以上台风袭击。

1954年,全境特大洪灾(详见本章第四节)。

1956年5月至9月底,泰兴累计降雨1037.3毫米,三麦渍害严重。夏涝接秋涝,加上台风袭击,受涝面积达53万亩,其中减产9成以上的6.92万亩、5~9成的63.67万亩。全年粮食减产3900多万千克。是年,梅雨季节姜堰不断出现大暴雨,5月、6月、7月3个月共降雨837毫米,9月14—24日,10天内又降雨300.8毫米,梅花网2万亩田全部被淹,蒋垛东荡一带3.8万亩尽成泽国,里下河有8.17万亩沉在水中。全县受涝面积24.8万亩,其中重灾面积8.1万亩,减产粮食1272万千克。是年6月,海陵降雨量393.4毫米,超过往年同期平均降雨量2倍,通扬运河一带300亩稻田被淹,新城、智堡两乡3020亩稻田平水,城市低洼地区积水。9月降雨量339.1毫米,超过往年同期平均降雨量1倍。淹没农田2190亩,倒房231间,倒墙1176处,伤28人。全年粮食减产200吨。12月中旬受寒流袭击,麦田13.3%受冻。是年6月9日,靖江降雨124.8毫米,农田受涝28万亩,成灾18万亩,减产2.5万吨。是年,兴化风、涝。从6月上旬起,连降大雨和暴雨,雨量300多毫米,河水猛涨1米多。随后又遭强台风袭击,20多万亩水旱作物受灾,减产3~5成不等。

1958年,兴化涝、冻、雹、低温。1月16日和3月3日冻灾,全县损失麦苗4.4万亩。3月29日低温,4月17日雹灾,受灾面积占全县耕地面积的21%,稻秧损失5%。9月4日,台风暴雨,圩里地区雨量达200~300毫米,合塔、永丰、戴窑等乡90%农田受淹。15日暴雨,全县旱作物遭受不同程度损失。

1959年,兴化涝、雷电、风、雹。7月12—13日,暴雨,海河、大邹等地雨量达270毫米以上,淹没稻田1.4万亩,倒伏4万亩。雷击,老圩王寺大队死4人,死耕牛1头。沈沦乡死2人,茅山乡死1人。全县被大风刮倒房屋1311间。8月1日,刘陆、陈堡、临城、中堡等公社遭风灾、雹灾。10月2日,临城、兴西、垛田、大营、老圩等5公社遭受暴雨和冰雹袭击,中晚稻损失5~7成,损房屋640余间、风车20部,伤8人,淹死2人。

1960年,兴化风、雹、涝。7月1日下午先后两次暴风袭击陈堡、刘陆、茅山3个公社,计损坏房屋1363间、风车53部,棉田受损5400亩。8月4日、5日暴雨,降雨量269.1毫米,全县围水田210611亩,凑口田158340亩,淹没田204699亩,倒塌房屋1715间,死5人,伤8人。陶庄公社受灾较严重。是年,7月10日、12日、13日、17日,海陵4次遭暴风雨袭击,13个公社52个生产队受灾,房屋倒塌1033间,损坏1423间,打伤31人,雷电击伤2人,打死耕牛1头。娄庄、大泗、寺巷3个公社损失较严重。8月3日起连降大暴雨,至8月5日3天降雨200多毫米,部分农田被淹。是年8月,姜堰秋涝,连续降大雨。里下河部分地区积水很深,旱谷地区部分低洼田受涝渍,无收面积1.1万亩,减产粮食375.5万千克。7

月、8月两月，泰兴降雨307.2毫米，低洼田受到不同程度的涝灾。7月12日下午至13日上半夜，疾风暴雨，风力达9级以上并降雹，倒屋1600余间，死1人，伤107人。

1962年7—9月，境内严重水灾(详见本章第四节)。

1963年4—5月，泰兴阴雨连绵，共降雨371.7毫米。口岸西部使用抽水机及龙骨车排水收麦，三麦因涝渍严重，亩产只有25千克左右。沿江和东部实心荡田，在秋熟受涝渍的农田达25万亩，减产8成以上的5.2万亩。4月14日，县城附近大风雹，倒屋1259间，损坏房屋4622间，死3人。8月中旬，兴化茅山等7个公社遭龙卷风袭击，共计倒塌房屋4918间，砸伤10人，损坏洋车128部、农船9艘，砸死耕牛2头，损失稻子0.6万千克。

1965年6月30日至8月3日，兴化连降暴雨，雨量400毫米，水位猛涨至2.84米。8月下旬又遭13号台风袭击，最高水位2.91米。全县64700亩棉花失收，损失粮食4100万千克，刮倒民房69057间，倒风车3293部，损农船694艘，砸伤326人。是年夏，姜堰先旱后涝。5月下旬起至6月底38天无透雨，通南受旱面积15万亩，玉米、大豆等作物普遍卷叶发黄。北部水稻田严重脱水，影响栽插。7月上旬到8月下旬4次大暴雨，8月21日有13号台风袭击，累计雨量823.6毫米，溱潼水位从1.26米升至3.0米。全县受涝面积21.6万亩，其中重灾8.9万亩，减产粮食1116.25万千克，倒塌房屋5000间，损坏农桥18座。

1969年7月3—22日，兴化连降大雨、暴雨，雨量达548.3毫米，水位从1.03米陡涨至2.84米，全县沉没稻田38.51万亩、棉田7.53万亩。张郭、刘陆2公社部分大队遭受龙卷风和冰雹的袭击，一些房屋、船只、高压电杆、电线受损。是年6月24日起，30天内姜堰降水441.9毫米，并有台风袭击，全县受涝农田49万亩，其中重灾4.8万亩，减产粮食475万千克。1969年7月3—16日靖江连降暴雨，雨量320毫米，受涝农田36万亩，8万亩成灾，减产1.5万吨。1969年7月1—21日，泰兴连续降雨达453.8毫米，全县倒塌房屋10428间，冲毁桥梁35座，水稻受涝33万亩。

1970年7月12—17日，靖江全县累计降雨29小时，雨量320毫米，其中15小时降雨111毫米，成灾6万亩。

1972年7月3日0时到14时，泰兴连降暴雨242.2毫米，黄桥水位猛升到4.3米，农田普遍积水5寸以上，雨后一度受涝63.7万亩。倒塌房屋2019间，倒电杆27根，冲垮电灌站翼墙168块，压死1人，伤24人。是年6月11日晚，海陵大暴风雨，并有冰雹袭击，持续1小时左右的阵风最大时8~9级。倒塌房屋8间，刮断通往溱潼的高压线与电杆11根。下旬连续阴雨，降雨量325.1毫米，其中6月21日大暴雨，雨量158.5毫米。河水出堤，部分公路、街道被淹，倒房55间，倒墙139处。是年7月3日，几小时内靖江降雨93.4毫米，全县受涝15万亩，重灾3万亩。是年6月10日起，1个月内，姜堰雨量达712.2毫米，最大日雨量为163.5毫米(6月21日)，全县受涝农田19.9万亩，其中棉花3.2万亩。1972年初兴化遇到低温、阴雨，三麦减产。6月中旬，连降暴雨，雨量达620毫米左右，河水陡涨至2.42米，60万亩农田受涝。

1974年8月20日(农历七月初三)，靖江受天文大潮袭击，八圩港口水位达4.99米，全县倒堤、圩、坝11处，严重受灾的5处，受涝面积1.2万亩，2158户、8924人遭灾，死1人，倒塌房屋1065.5间，造成危房903间,损坏上九圩港、天生港等闸闸门。十圩套闸施工坝被冲垮,经济损失20万元。

1975年6月下旬,靖江、泰兴和姜堰水灾(详见本章第四节)。

1977年9月10—11日,8号台风影响泰兴,最大风力达9级,雨量103.2毫米,全县倒塌房屋7714间,伤38人,死1人,折断电话杆2669根,农作物受灾32万亩。1977年4—5月,姜堰阴雨连绵,降雨257.7毫米,三麦受渍严重。

1979年6月24—25日,姜堰连降暴雨,全县受涝渍面积有22.8万亩(其中受渍8.63万亩),冲坏渠道900余条,冲塌水沟1310条,冲成大缺口6400余处。

1980年,泰兴梅雨期长达41天,雨量达621.8毫米。6—8月,先后遭受3次暴风雨袭击,农田一度受涝达55.73万亩。因灾失收改种1.3万亩,倒桥22座、涵757座、缺塘19996处,干河、中沟、青坎、河坡上流失土方81.3万立方米,倒屋2962间,死8人,伤94人。

1981年5月1日18时左右,泰兴受雷雨大风和冰雹袭击约3小时,平均风力7~8级,阵风10级,其间两次降雹。29万多亩三麦受损失,其中失收1.39万亩。倒屋2970间,倒墙2710户,倒涵7座,倒电杆645根,倒树木2.86万棵;死2人,伤56人。

1982年7月18—19日,靖江全县陡降特大暴雨,孤山、团结等公社降雨140毫米,红光公社降雨183毫米,夏仕港闸附近降雨达214毫米,内河水位从2.1米上升至3.0米。全县25万亩农田受涝,积水深0.3~0.6米。孤北洼地尤为严重。7月4—25日,海陵连续阴雨21天,田间积水严重,影响早稻成熟,大部分蔬菜烂死。

1983年4月25日、26日、28日,兴化受雷雨大风袭击(最大风力9级),22万亩三麦倒伏,4063亩秧池露种,1217间房屋倒塌、损坏,2人死亡。7月1日,泰兴狂风暴雨,降雨100~200毫米;17时许,古溪、横垛、分界3乡,宣堡区部分乡村遭冰雹袭击,历时10分钟左右,雹粒大如鸡蛋。龙卷风造成48.96万亩三麦倒伏,其中被冰雹砸伤11.46万亩;倒屋14659间,死2人,伤1210人;死耕牛33头,断电杆961根,倒大树2.62万棵。是年7月,泰州(县级)郊区农村遭暴雨袭击,形成雨涝,粮食减产30万千克,蔬菜损失7.5万千克,民房倒塌54间,死2人,伤7人。

1985年7月26日下午1时左右,兴化舍陈乡北部受冰雹和龙卷风袭击,19个村受灾,其中最严重的许家、桥头、万家等7村受损棉花4785亩、早稻915亩、其他作物1600多亩,掀掉房屋319间,刮断树木593株。10月9日下午6时25分至7时,周奋、舜生、中堡、大邹、下圩、老圩、中圩、新垛、大营、竹泓、鳞湖、沈纶、东鲍、西鲍等乡(镇)的100多个村,先后遭冰雹袭击,冰雹一般鸡蛋大,最大的重达1.85千克。共砸坏房屋5382间,损失粮食150万千克,直接经济损失350多万元。

1986年7月27日,泰兴曲霞区乡村遭暴风雨、冰雹袭击,倒房1297间,倒电线杆640根,打死1人,伤20人,有3万多亩在田作物严重遭灾。

1987年7月,因暴风雨和龙卷风袭击,兴化全县有4.38万亩水稻、7100亩棉花、7860亩蔬菜受淹。131个村庄共倒塌草房383间、损坏204间,砸死9人,重伤3人。8月9日下午4时左右,戴窑镇21个村遭受狂风暴雨和冰雹袭击,最大风力8~9级,雨量50毫米,受灾棉花5500亩,水稻16200亩。8月29日凌晨2时40分,周奋乡古沙、仲寨、谭堡等村受龙卷风袭击,损坏房屋500余间,10多人受伤,大部分棉花、水稻倒伏。是年,泰兴永安洲乡北沙村有7个生产组因坍江退建江堤废粮田312亩,拆民房392间。

1989年7月14日下午2—4时,兴化的老圩、中圩、下圩、大邹、海河、林湖、沙沟、周奋、舜生、荻垛、唐刘等乡(镇)遭雷雨、冰雹及龙卷风袭击。8月28日下午至午夜暴雨,雨量140毫米,周庄镇达265.5毫米。受灾区大部分农田被淹,鱼池大量跑鱼,倒房1500余间,沉船1500余艘。

1990年8月15日,兴化境内12个乡(镇)遭暴风雨袭击。竹泓等区1小时内降雨92.5毫米,最大风力达10级,农田受灾严重。8月31日中午至次日下午,受15号台风袭击,日降雨量达156.2毫米,风力10级以上。兴化105.25万亩农田围水,其中40多万亩严重受淹,40多万亩棉花倒伏,房屋倒塌1.1万多间。

1991年全境大水灾(详见本章第四节)。

1992年10月2日下午至次日晨,兴化境内陡降暴雨,雨量达93毫米,南部地区同时遭龙卷风和冰雹袭击,倒房23间,死亡2人,重伤4人。

1994年9月8日傍晚,泰兴西郊、北部地区普降雷暴雨,马甸1小时降雨128毫米,宣堡有3人、南新有1人被雷击致死。

1996年6月4日1时10分至3时30分,泰兴、姜堰和兴化共41个乡遭受暴风雨和冰雹袭击,死1人,民房倒塌328间、损坏2821间,折断"三竿"1211根,14万亩农作物严重受损,直接经济损失3900万元。下午5时起,兴化24小时降雨118.2毫米,水位达1.74米。

(三)1996年8月至2015年

1996年7月底8月初和8月中旬,境内沿江地区受台风和大潮影响,两次发生大风和特高潮位,灾情严重(详见本章第四节)。

1997年8月中旬,受11号台风"芸妮"袭击,境内沿江出现历史最高潮位,江堤毁损严重(详见本章第四节)。

1998年6月中旬至8月下旬,长江中上游地区出现长时间、大范围强降雨,长江上游先后形成8次洪峰。6月28日,长江大通来水量突破70000米³/秒,到9月11日,持续68天处在70000米³/秒之上,中间仅有8天回落低于70000米³/秒,但仍处在65000米³/秒之上。其中,大通来水量持续在80000米³/秒,有9天,8月1日下午,高达82100米³/秒,为仅次于1954年92600米³/秒的最高纪录。由于长江中上游洪水来量大、持续时间长,造成境内沿江地区潮位平均抬高40~60厘米。从6月下旬以来每遇农历初三、十八大潮汛,沿江潮位即超警戒。沿江各测站超警戒水位天数,夏仕港为32天,过船港为15天,口岸闸为14天。各测站当年出现最高潮位分别为夏仕港4.66米、过船港5.34米、口岸闸5.51米,分别超警戒水位62厘米、30厘米和28厘米。过船港最高潮位仅比1954年最高潮位5.37米低3厘米。沿江地区由于长江中上游长时间、高水位、大流量影响,江堤和通江涵闸站险情频发,江堤渗水、江岸坍塌、涵闸漏水接连不断,其中重大险情37处。泰兴过船港上游和靖江章春港段局部发生3处江岸坍塌,坍江冲刷段有10处,江堤窨潮渗漏26处,总长781米。沿江地区虽遭受到长江大洪水袭击,但由于防汛工作准备充分,抗洪排涝措施得力,加之没有台风增水影响,没有形成大的灾害。

1999年,大通来水量出现新中国成立后第二大流量,沿江地区江堤受到长江大洪水的严重威胁。6月下旬开始,大通来水量迅速增加。7月7日17时,大通来水量超70000米³/秒,此后一直持续至8月3日(7月10日例外,为69900米³/秒),长达28天。7月23日一度达到83900米³/秒(实测),超过长江全流域洪水的1998年的流量,为1954年以来第二大流量。受长江中上游洪水过境和农历天文大潮汛共同影响,从7月中旬至9月中旬,夏仕港高潮位有5次超警戒水位,超过警戒水位天数有22天,最高潮位4.67米。7月中旬(农历六月初三大潮)沿江各站出现全线超警戒水位的形势,其中过船港站和口岸闸的最高潮位分别为5.25米和5.39米,但总体潮位没有突破1998年的同期高潮位。6月27—28日,靖江大暴雨,过程降雨量130.1毫米,农田大面积受淹,房屋倒塌46间,损坏112间,35家企业的仓库进水,轻伤2人。新桥镇西界河港堤、上九圩港堤在高潮期出现5处渗漏(清水)现象,经过沉沙导渗处理,及时排除了险情。7月8日,泰兴农田受淹面积达10万亩,成灾面积3.3万亩,倒塌房屋240间,损坏电灌站196座、桥18座、涵503座,城区25个单位和小区积水,直接经济总损失1480万元。

2001年7月31日下午至8月1日清晨,受第8号台风"桃芝"云团和北方冷锋云系的共同影响,主城区遭受到175毫米、高港区口岸镇遭受到172毫米的大暴雨袭击,主城区1小时降水达73毫米,为近30年所罕见。这次暴雨造成主城区27处低洼地区严重积水,61处民宅进水,受淹居民上千户,受淹最为严重的有10处,积水深达0.5～0.6米,雨后10小时严重受淹地区的积水才基本排至外河。主城区南园莆田路西侧、青年路老梅兰芳剧院至公园路以北、新世纪花园东侧园林蔬菜田、夏家汪一带、钢管厂职工平房宿舍、高港区向阳路等处受淹居民正常生活受到严重影响。新落成的新世纪花园西侧驳岸坍塌近300米,危及4幢居民宿舍楼。

2003年7月4—9日,全市连降暴雨,内河水位迅速上涨。4日晚至5日中午,主城区持续降雨146毫米,由于一系列防洪工程投入使用,夏家汪、公园路、徐家桥西巷等低洼易淹地段基本无积水,群众生活正常。7月5日,境内通南高沙土和沿江地区出现大范围的大暴雨,其中过船港站当日12小时降雨量达205毫米。里下河地区发生了新中国成立以来仅次于1991年的第二大洪水(详见本章第四节)。

2005年,受9号台风"麦莎"和15号台风"卡努"影响,全市出现一定程度的洪涝风灾,造成直接经济损失2.23亿元(详见本章第四节)。

2006年,境内发生洪涝,里下河地区尤为严重,兴化直接经济损失9亿元,其中水利工程设施直接经济损失0.5亿元。(详见本章第四节)。

2007年,梅雨季节,境内里下河地区发生大洪涝灾害(详见本章第四节)。

2008年8月1日,受第8号台风"凤凰"残留低气压云系与北方冷空气共同影响,全市普降大雨。兴化、沈伦降雨分别为90.7毫米、60.5毫米,通南地区倪浒庄81.1毫米,沿江地区口岸81.3毫米,马甸130.8毫米,过船52.6毫米。8月2日8时,兴化水位涨为2.01米,溱潼1.8米,省防指启动高港枢纽抽排里下河涝水。

2011年,入梅至7月12日,全市累计梅雨量达351.9毫米,比常年梅雨量多128毫米,兴化水位达2.24米,超过警戒水位0.44米。市防指启动防汛应急级响应,高港枢纽开启9台机组抽排里下河涝水,瞬时流量319米³/秒。靖江入梅后旱涝急转,7月13日降水量208毫米。8月6—7日受超强台风"梅花"外围影响,靖江出现8～10级大风,并伴有中雨,10.74万亩农田受淹,开发区及城区主干道局部低洼地段受淹,道路积水深30～80厘米。6月27日下午3时30分,永安洲镇兴隆社区福利农场河道堤防发生漫坝险情,高港区人武部、永安洲镇随即出动民兵100多人,地方干群300多人,动用编织袋1万余只填筑子堰,到晚上9时险情基本排除。6月28日,由于强降水,南官河(周山河)水位暴涨至3.92米,加之长江大通来水量大,多日维持在53000米³/秒左右,沿江潮位高,低潮不低,沿江各通江涵闸,自排涝水困难,沿江圩区防汛形势严峻,市防指及时启动应急响应预案,派出工作组,督促地方政府组织应急抢排泵,紧急排涝。

2015年汛期境内大涝(详见本章第四节)。

二、旱灾

(一)998年至1948年

宋咸平元年(998),泰兴旱。

宋大中祥符五年(1012),泰兴旱。

宋天禧元年(1017)夏,泰兴旱,蝗。

宋明道元年(1032),泰兴大旱,饥。

宋宝元元年(1038),泰兴大旱。

宋宝元三年(1040)、宋康定二年(1041)、庆历四年(1044),泰兴旱,蝗。

宋熙宁六年、七年(1073、1074),泰兴旱,饥,赈灾民。

宋熙宁八年(1075),泰兴旱,饥。

宋建宗靖国元年(1101),泰兴旱。

宋大观二年(1108),泰兴大旱。

宋建炎二年、三年(1128、1129),泰兴大旱。

宋绍兴元年至三年(1131—1133),泰兴大旱,民饥。

宋绍兴六年、七年(1136、1137),泰兴大旱,被害甚广。

宋绍兴十二年(1142)秋,泰兴旱。

宋绍兴三十二年(1162),泰兴旱灾,蝗灾。

宋淳熙二年(1175),泰兴旱,螟食禾尽。

宋淳熙五年(1178)八月,泰兴旱,黑鼠禾尽。

宋淳熙六年至八年(1179—1181),泰兴旱,大饥。

宋绍熙二年(1191),泰兴大旱,蝗灾。

宋庆元六年(1200),泰兴旱灾。

宋嘉泰元年、二年(1201、1202),泰兴旱,二年夏蝗,食草禾皆尽。

宋嘉定元年、二年(1208、1209),泰兴旱,元年大饥,人封道磋食尽,发瘗肉以继。

宋嘉定十一年(1218),泰兴旱。

宋景定五年、六年(1264、1265),泰兴旱,大饥。

宋德佑二年(1276),泰兴旱,大饥,人相食。

元至正十七年、十八年(1280、1281),泰兴大旱,民饥。

元大德九年(1305)、元至大元年(1308)、元延祐二年(1315),泰兴大旱,民饥。

元至治元年、二年(1321、1322),泰兴旱,元年蝗。

元至治三年(1323)至元统二年(1334),泰兴大旱。其中,元统二年有灾民三千余户,发米钞及义仓粮,赈饥。

元至正二年(1342)八月,泰兴江水一夕枯竭。沿江居民争捡江中遗物,获无数,江潮骤至,人不及走,多溺死。

明洪武二十年、二十五年、二十九年(1387、1392、1396)泰兴大旱。

明宣德五年、六年(1430、1431),泰兴大旱,五年饥。

明宣德八年(1433),兴化春夏不雨,河水干涸,禾苗焦枯。次年六月,泰兴旱。

明正统五年(1440),泰兴大旱,饥。

明景泰七年(1456),泰兴旱,蝗。

明成化二年、六年(1466、1470),泰兴大旱,六年河竭成陆。

明成化七年(1471),上年秋至今春姜堰大旱,运河竭;夏,泰兴大旱。

明成化十八年、二十年(1482、1484),泰兴大旱。成化十八年知县蔡暹贷粟赈饥;成化二十年河竭,斗粟易子女。

明成化二十年、二十一年(1484、1485),姜堰大旱河竭,舟楫不通。

明成化二十三年(1487),泰兴、姜堰大旱。

明弘治十四年、十五年(1501、1502),泰兴大旱。

明弘治十六年(1503),姜堰旱;夏、秋泰兴大旱疫。

明弘治十七年、十八年(1504、1505),泰兴大旱。弘治十七年人相食;弘治十八年飞蝗蔽天,食田禾殆尽。

明正德元年(1506),泰兴大旱,河底生尘,草木焦枯。

明正德三年(1508),泰兴、姜堰大旱,民饥。

明正德九年(1514),泰兴旱。

明嘉靖二年(1523)正月至六月,泰兴不雨。

明嘉靖八年(1529)秋,泰兴旱,飞蝗蔽天,募民输谷。

明嘉靖十四年(1535),泰兴大旱,蝗灾。

明嘉靖十九年(1540)夏,泰兴旱。

明嘉靖二十年(1541),姜堰大旱;夏,泰兴旱,蝗。

明嘉靖二十一至二十五年(1542—1546),靖江连续五年大旱,米价三倍,有"五斗糠秕三尺布,一挑河水五文钱"之说。

明嘉靖二十三年(1544)夏,泰兴大旱,大饥大疫。

明嘉靖二十四年、二十五年(1545、1546),泰兴大旱;姜堰旱,无禾。

明嘉靖三十二年(1553),姜堰大旱。

明嘉靖三十三年(1554),境内大旱,泰州城濠竭。

明嘉靖三十八年(1559),二至八月兴化不雨,夏秋蝗;泰兴夏、秋旱。次年,大饥,人食草木。

明隆庆四年(1570),泰兴夏。旱秋水,虫食禾;姜堰旱。

明万历十一年(1583)夏,姜堰旱。

明万历十六年(1588),泰兴大旱。

明万历十七年(1589),兴化大旱,下河茭葑之田尽成赤地,有黑鼠无数;夏,姜堰、泰兴大旱,民饥。

明万历十八年(1590),姜堰旱、蝗,里下河菱葑之田,尽成赤地。

明万历二十五年(1597),泰兴水啸,大旱。

明万历三十五年(1607)夏,姜堰旱。

明万历四十一年(1613),泰兴旱,夏大蝗,秋无禾。

明万历四十三年(1615),泰兴大饥,先旱后水。

明万历四十五、四十七年(1617、1619),姜堰大旱。

明天启五年(1625)夏,泰兴大旱。次年,姜堰秋旱。

明崇祯六年(1633),泰兴大旱,河皆龟坼。

崇祯十年(1637),泰兴旱,大疫。

明崇祯十一年(1638),姜堰、泰兴大旱伴蝗灾。

崇祯十二年(1639),泰兴虫飞蔽天。

明崇祯十三年(1640),兴化大旱,飞蝗蔽天,食草木皆尽,道殣相望;四月至七月,姜堰不雨,河竭,无禾,人相食;泰兴大旱,蝗食草木叶皆尽。

明崇祯十四年(1641),泰兴大旱,春至冬不雨,溪河涸竭,蝗蝻复生,民大饥,疫病生;五月、六月、七月姜堰不雨,河竭,无禾,蝗,疫。

明崇祯十五年、十六年(1642、1643),泰兴大旱。

清顺治四年至六年(1647—1649),泰兴大旱。

清顺治七年(1650),姜堰大旱。

清康熙二年(1663)五月至七月,泰兴不雨。

清康熙十年(1671)六月,泰兴旱,异暑,有渴死者;姜堰大旱。

清康熙十三年(1674)夏,泰兴大旱。

清康熙十八年(1679),姜堰大旱、蝗灾;靖江大旱,知县胡必蕃集城乡绅董在东塔寺施粥赈饥。

清康熙二十一年(1682),姜堰水涸。

清康熙三十八年(1699),泰兴大旱,蝗灾。

清康熙四十六年(1707),姜堰大旱。

清康熙五十年(1711),泰兴旱,大饥。

清康熙五十二年(1713),姜堰旱。次年夏,泰兴旱,异暑。

清康熙五十五年(1716),姜堰旱。

清雍正七年(1729)夏,泰兴大旱;夏,姜堰旱、蝗。

清雍正十一年(1733)夏,泰兴大旱。六月不雨,岁大饥。

清乾隆三年(1738)秋,泰兴大旱,河竭;秋,姜堰大旱,河竭。

清乾隆九年(1744)夏,泰兴大旱;秋,姜堰旱、蝗。

清乾隆三十三年(1768)夏、秋,姜堰大旱,河竭。

清乾隆三十九年、四十年、四十三年(1774、1775、1778),姜堰大旱。

清乾隆四十七年、四十九年(1782、1784),姜堰分别秋、冬旱。

清乾隆五十年(1785),全境大旱。姜堰、兴化三月至次年二月不雨。姜堰蝗,无麦无禾,河港尽涸;兴化斗米千钱,人相食。靖江夏秋大旱,米价昂贵。

清乾隆五十一年(1786)春,泰兴旱。

清乾隆五十五年(1790),姜堰三月雨雹,夏旱、秋水。

清嘉庆三年(1798),姜堰旱。

清嘉庆七年、十二年、十五年(1802、1807、1810),姜堰大旱。

清嘉庆十九年(1814),姜堰夏秋大旱,无禾,河涸井泉竭;泰兴夏大旱,河尽涸。

清道光二十三年(1843)夏,泰兴旱。

清道光二十六年(1846),姜堰夏旱。

清咸丰六年(1856),泰兴夏秋,大旱,飞蝗蔽天,岁大歉。五月至八月,姜堰、兴化大旱。姜堰运河水涸,赤地千里;兴化飞蝗、土蚕、卤水为灾,遍地人行不得,旧谷大昂,十月河水竭。

清咸丰七年、八年(1857、1858),姜堰大旱。

清同治六年(1867)夏,泰兴、姜堰大旱。

清同治八年(1869),姜堰夏旱,秋多雨。

清同治九年(1870),姜堰春多雨雪,秋旱。

清同治十二年(1873)夏,泰兴、姜堰旱。

清光绪二年(1876)夏,泰兴、姜堰大旱,泰兴蝗灾。次年,春夏兴化干旱,卤水倒灌,土虫蛀禾,飞蝗为灾。

清光绪十九年(1893)夏,姜堰旱。

民国3年(1914),兴化春夏旱,卤水倒灌百余里,伤害田禾。

民国6年(1917),海陵、姜堰、泰兴大旱。是年,运河干涸,闸洞断流,下河停航;兴化春夏旱,除车路、梓辛、海沟、蚌蜓等河有水外,余皆干涸。

民国14、15年(1925、1926)夏,姜堰大旱。1925年水涸,河底可行人。

民国15、16年(1926、1927),泰兴旱,东乡歉收。

民国17年(1928)7月,海陵大旱,蝗蝻起,县境灾区面积约60平方公里,曲塘、谢王河、塘湾、寺巷口等处较甚。9月15日,飞蝗过境。10月,白米飞蝗为害。早中二禾枯萎补种,晚禾结实颇疏,豆秫杂粮为蝗啮食,收数平均约减九成,民众粒食维艰。泰兴旱,东乡歉收。

民国18年(1929),兴化大旱疫,秋无禾,全境成灾8成以上。海陵春、夏雨泽愆期,蝗蝻发生为灾;5月22日午后大风,雷雨飞雹,雹大如银杏,谷微损;夏大旱,乡民报灾;秋收大歉;冬大雪。年雨量只有455.9毫米,其中夏季降水只121.9毫米,秋季降水只57.2毫米。姜堰春夏,大旱,7月、8月、9月3个月共计70多天不雨。古盐运河、串场河皆涸,秋收大歉。济川河最深处1米,姜堰至泰州船载重仅2.5吨,姜堰至白米能行空船,姜堰向北能步行至兴化。8月22日午后大风,雷雨风雹,雹大如银杏。泰兴大旱,蝗灾。

民国19年(1930),海陵、姜堰大旱,河底行人,庄稼失收,粮价飞涨。

民国21年(1932),海陵、姜堰、泰兴、靖江大旱。海陵古历六月中旬,午前热度恒在华氏九十五六度左右,最烈时曾在华氏一百零二度;霍乱流行。姜堰济川河水仅2市尺,古盐河姜堰至泰州可通空船。沐家湾向东河内无水。

海陵东乡崔母镇一带,土地干裂,农人车水灌秧有中暑倒毙者。下河周家庄一带河皆浅塞,轮船难通,支流皆涸,河底可以步行。靖江人畜饮水困难。

民国22年(1933),泰兴大旱。

民国28年(1939)夏、秋,海陵、姜堰、泰兴分别旱,姜堰内河港岔涸竭见底,海陵麦收前后旱情严重,秧田龟裂,河道全部干枯。旱谷和水稻全部失收,粮价上涨。

民国32年(1943),姜堰大旱。

民国34年(1945)秋,泰兴大旱。

(二)1949年至1996年7月

1951年夏,姜堰大旱,30余日未雨。

1952年6月初至7月初,泰州(县级)和泰县未雨。泰县黄豆受灾严重,全县需戽水救苗面积60.7万亩。6月8日,泰州市郊24个村及泰县6个区59个乡发现蝗虫,虫口密度最多每平方丈1000只。

1953年,姜堰5月下旬至7月上旬,46天未雨,通南缺水抗旱,水田地区浅河干涸,受灾面积14.65万亩,是年三麦平均单产仅31千克。是年4月下旬至6月中旬,泰州(县级)不雨,沟塘干枯,河水下降;6月下旬后又连降暴雨,发生内涝;8月16—18日,台风袭击,农作物重灾1465亩、轻灾22424亩,伤2人。是年夏,靖江连续干旱49天,部分沟河干涸,老岸地区提水困难,受旱5.36万亩。

1958年,泰县夏旱、蝗害。

1959年,7月、8月间全境大旱。泰州(县级)连续43天少雨,降雨量仅26.5毫米。泰县24个公社发生蝗灾。靖江全县旱灾,尤以马桥、侯河、生祠、涨公等公社最为严重,30万亩农田受旱,成灾12万亩,减产1.5万吨。泰兴仅降雨128毫米,有些地区基本无雨,全县受旱面积90万亩。

1960年5月至6月中旬,靖江降雨稀少,地下水位降至距田面以下1.7～1.9米,部分河沟干涸,受旱面积18万亩,成灾10万亩,减产1.5万吨。

1961年夏,泰州(县级)少雨,6—7月仅降雨166.7毫米,其中7月11—23日滴雨未下。城区井枯,农村塘干,旱情持续75天,356500亩作物受旱,占秋熟作物面积的44%,枯死秧苗3000多亩。8月中旬,连续降雨400多毫米,先旱后淹。6月10日至8月3日,泰兴连续55天基本无雨。6月仅局部降雨75.4毫米,旱情严重,全县受旱面积一度达70万亩。7月、8月严重干旱,60多天未下雨,56.6万亩早稻受灾。

1962年1—3月,泰州(县级)降雨仅47.4毫米,影响夏熟作物返青,78000亩作物严重受灾。

1964年7月2日起,泰州(县级)持续高温,水稻旱情严重,大都普遍枯热。

1966年,泰县、泰兴夏旱。泰县7月中旬至9月中旬,连旱61天,旱情逐渐加重,受灾面积达30万亩,重灾6万亩,减产粮食0.5万吨。泰兴6月1—24日仅降雨17.1毫米,6月下旬至7月下旬,除局部地区降雨外,大部分地区基本无雨,旱情严重,黄桥水位一度降至1.6米左右,39个公社228个生产队4058户16364人吃水困难。

1967年,泰县、泰兴旱情严重。泰县5月22日至6月14日仅降雨17.9毫米,出现旱象,大面积春玉米卷叶,黄豆也严重缺水。泰兴5月22日至6月12日仅降雨3.7毫米,7月22日至10月底,无透雨,农作物成灾面积达30万亩。

1971年5—7月,泰兴黄桥水位降到1.5米,有17座电灌站抽不到水,全县受旱38.3万亩,其中成灾27.2万亩。

1978年,泰县、泰兴、兴化大旱。泰县春、夏、秋三季大旱,全县受旱面积达80万亩,部分社队因河床淤浅,机电设备不能正常运转。泰兴先是"空梅",然后夏旱、伏旱接秋旱,全年降水量仅462.1毫米,夏旱成灾面积86.74万亩。兴化春、夏、秋持续3个季度大旱,1—5月降水仅117.8毫米,此后"空梅"接夏秋旱。全年降水量393.6毫米,比正常年份少7成,水位最低时为0.64米(详见本章第四节)。

1979年5月初至6月中旬,泰兴高温少雨,黄桥水位降到1.54米,全县有450座电灌站抽不到水,有6个公社25条中沟断流,全县受旱19.3万亩。

1980年9月23日至11月,泰县连续干旱,未下过一场透雨,给三麦齐苗带来威胁,需窖水抗旱近26万亩。

1986年5月、6月两月,泰县久旱少雨,6月11日,水位降至1.25米,通南地区203座电灌站抽不上水,275座电灌站抽抽停停,影响中稻栽插面积9.9万亩,5万多亩玉米卷叶,8万多亩大豆、花生枯萎,4万多亩山芋等水栽插。抗旱中,泰县向省抗一队租用机泵33台(套)共计990马力,县内租用51台(套)共计1350马力,用于分片翻水。

1994年6月28日至8月18日,兴化晴热少雨,日平均气温30℃以上,较常年高1.7℃,其中35℃以上高温天气达16天,降水总量104.5毫米,比常年同期少67.8%;平均降雨量63.3毫米,而蒸发总量达306.9毫米,是同期降雨量的2.93倍。河水位迅速下降,虽然江都抽水机站自7月6日起持续向里下河地区送水,但自7月8日起,东部的新垛、大营、合塔、舍陈、戴窑等乡(镇)的水位一直在0.5米以下,合塔、大营的水位分别在0.34米、0.33米以下。东部8乡(镇)2条分圩河和1890条中心河与生产河断航,其中1554条干涸。182个村24.14万人口饮水困难,30.78万亩水稻、16.65万亩棉花无法灌水和窖水。

是年6月以来,姜堰境内雨水偏少,全县60万亩水稻和8万多亩棉花、20万亩旱谷受旱。靖江遭遇60年以来特大旱年,伏旱接秋旱,高温伴久旱。

(三)1996年8月至2015年

1997年,泰兴、兴化和姜堰严重旱灾(详见本章第四节)。

2010年秋至2011年上半年,境内严重干旱(详见本章第四节)。

2013年,境内夏秋严重干旱(详见本章第四节)。

三、风灾

(一)1519年至1948年

明正德十四年(1519),姜堰大风拔木,潮溢,居民庐舍半淹没,人多溺死。

明嘉靖十九年(1540),靖江龙卷风骤起,渔婆港边一顾姓人家,人屋俱被卷走;嘉靖四十三年(1564),孤山西出现龙卷风,扫去民房数十间,石井圈被吹过港。

明万历十四年(1586)五月,姜堰飓风。

明天启六年(1626)七月初二,姜堰大风拔木。

清顺治五年(1648)农历六月十九日,龙卷风起于靖江城西20多里,有老农在河北坡牧牛,被风提立于河南,牛吃草如故,10余亩豆苗卷入空中,不落一叶;龙卷风经过一庙,众僧正在诵经,忽失踪2人,追数十里,杳无踪影,俄顷,雨点大如拳。

清康熙元年(1662)夏历六月十七日夜,龙卷风自东北方向经泰兴严家港、靖江朱淑港,拔树卷屋,界河上5丈多长的木桥被卷飞3里之外,冰雹、大雨如注一昼夜。

清乾隆十三年(1748)夏五月,姜堰暴风雨雹,拔木坏屋。

清乾隆二十年(1755)七月十四、十五日,姜堰大风雨。

清乾隆二十六年、四十六年(1761、1781),姜堰秋大风,潮溢。

清道光十五年(1835)秋七月,姜堰大风拔木,损坏房屋无法计算。

清光绪三年(1877)夏、十七年(1891)二月、二十八年(1902)夏,姜堰大风拔木。

民国25年(1936)8月7日(农历六月二十一日),飓风袭泰县。塘湾乡灾情奇重,受灾500余户,死6人,伤212人;梅兴、曲塘、姜堰乡次之。此次风灾共死10余人,伤570余人。

(二)1949年至1996年7月

1955年8月2日,靖江全县遭强台风袭击,圩堤决口73处,受涝面积6700余亩,失收水稻180亩,棉花106亩。8月5日,再遭强台风袭击,两处江堤外护堤倒塌,266户被淹,1020人受灾,淹没农田1332亩,港堤及水洞倒塌197户,744人、2000亩农田受淹,风毁房屋2600余间。

1956年8月5日,台风袭泰县,平均风力7~8级,风毁房屋3160余间,倒树5000余棵,伤8人。高秆作物遭受一定程度的损失,10多万亩早稻普遍掉粒1成左右。

1961年4月1日下午,大风袭击泰州(县级)、泰县,风力8~9级,泰州21个公社305个生产大队22752户受灾,损坏房屋30617间,伤30人。5月3日、4日兴化大风,全县元麦受损9.12万亩,大、小麦断秆,棉花受损 11.65 万亩,中稻秧受损 4054 亩,倒风车 3735 部,损房屋 4 万多间,伤 23 人,死 4 人。

1962 年 8 月 6 日,第 8 号台风过境,靖江平均风力 7～8 级,阵风 9～10 级,持续 36 小时,造成堤防 54 处出险,吹倒房屋 415 间,死 1 人,伤 5 人,2 小孩失踪,刮倒桥梁 1 座,中稻棉花损失很大。同年 9 月 5 日,第 14 号台风过境并伴有大暴雨,9 月 6 日一天降雨 219.4 毫米,靖江县 30 多万亩农田受涝,其中 3.49 万亩棉花和 1.56 万亩胡萝卜失收。倒塌房屋 5305 间、桥 137 座,损坏水洞 209 座,粮食受潮 50 余吨。9 月,泰县亦受 13 号、14 号台风袭击。

1965 年 8 月 19—21 日,13 号强台风袭泰州(县级),风力 8～10 级,最大风力 12 级,降雨 171.8 毫米,倒塌、损坏房屋 866 间,水稻与高秆作物全部倒伏,农田被淹 7650 亩。

1969 年 7 月 17 日,靖江的新桥、太和、东兴、马桥、大兴等 10 个公社 50 个大队遭龙卷风袭击,1830 户受灾,2751 间房屋倒塌,死 1 人,重伤 43 人,轻伤 136 人。死生猪 38 头,伤 45 头,伤耕牛 13 头,损失双季稻小秧 2162 亩、粮食 328 吨。姜堰夏涝并有台风袭击。

1970 年 5 月 28 日夜至 29 日下午 2 时,泰州(县级)陡降暴雨 107.6 毫米,瞬间极大风速 20 米/秒。郊区农村麦田严重积水,秧田大部分被淹,倒房 150 多间。

1972 年 6 月 11 日,泰县沈高、兴泰、溱潼、里华、苏陈、塘湾等 11 个公社遭受龙卷风袭击,损坏房屋 1 万余间,倒塌房屋数百间,刮断电杆数百根。

1974 年 6 月 4 日中午 12 时 40 分,龙卷风、大雨、冰雹袭击泰州(县级),历时约 20 分钟。元件一厂 600 平方米厂房一座被刮倒,死 4 人,伤 8 人。20 个厂、3 个公社 9 个大队受灾,倒房 66 间,死 4 人,伤 22 人。未收割的小麦普遍落粒,烧坏 50 千瓦变压器 2 台,刮断电杆 10 根。

1976 年 4 月 23 日,靖江的靖城、柏木、侯河、长里、团结、东兴、新桥等公社遭冰雹伴 10 级大风袭击,刮坏房屋 4000 余间,刮倒电杆 800 余根,雷击、淹死 4 人,三麦、棉花苗床损失惨重。

1978 年 5 月 8 日,下午 6 时,泰县遭飓风、暴雨、冰雹袭击,冰雹大的如拳头,小的似蚕豆,受灾地区有桥头、官庄、姜堰、白米、张沐等公社 1281 个生产队,三麦断穗掉粒严重的有 24 万亩。

1979 年 6 月 8 日,泰县遭暴风雨袭击,叶甸、沈高、桥头、姜堰、太宇、张沐、梅垛、大泗等 23 个公社 374 个大队的 4.5 万亩农田受灾,房屋损坏 5000 余间,电杆刮断 296 根。是年 7 月 21 日,靖江的团结、侯河、季市等公社遭龙卷风袭击,倒塌房屋 1300 多间,伤 27 人,死 1 人,吹倒电杆 289 根、广播线杆 105 根,倒伏棉花 3593 亩、水稻 2332 亩。

1980 年 6 月下旬,泰州(县级)、泰县、靖江遭飓风暴雨袭击。6 月 27 日夜至 28 日晨,强风暴雨袭海陵,瞬间极大风速 32 米/秒,高压电线被刮断,触电死 1 人,雷击死 1 人,倒树万株,粮食受潮 50 吨,蔬菜损失 30%～50%。6 月 28 日,泰县西北部和通南 17 个公社,遭大风暴袭击,风力 11 级左右,最大雨量 107 毫米,风雨中伤 105 人,雷电击毙 2 人,损坏房屋 700 多间,死伤牲畜 533 头,刮断电杆 1328 根。30 日,泰县又遭暴风袭击,最大风力 8 级左右。8 月 12 日,龙卷风袭击泰县仲院、运粮、大伦等公社的 12 个大队,风力 10～11 级,持续时间约 15 分钟,伴有大雨。倒屋 660 间,伤 34 人。30 日,受 12 号台风影响,泰县降暴雨,大伦、张甸等公社雨量达 230 毫米。靖江 17 万亩农田墒沟平缺积水,受涝棉田 2.5 万亩,刮毁房屋2000余间,损坏电杆150余根,粮食受损1000多吨。同年7月17日,靖江西来、敦义、土桥、长安等公社遭龙卷风袭击,倒塌房屋2300余间,棉花倒伏、断秆4000余亩。

1981年5月1日,泰县狂风暴雨夹有冰雹,降雹持续时间3～5分钟不等。受其影响,25个公社310个大队房屋破坏3500余间,伤2人。9月1日,泰县再受14号台风影响,风力8～9级,1100余间房屋倒塌,45万亩田间作物受到不同程度的影响。8月31日至9月2日(农历八月初三至初五),靖江受14号台风外围影响,风力7～9级,伴有暴雨,12万亩棉花断秆瘪叶,2万多亩中稻倒伏。

1983年4月26日凌晨,靖江全县遭飓风袭击,风力8～10级,夹降暴雨83毫米,三麦倒伏5.3万亩,倒塌房屋314间,吹断电杆46根,压伤7人。

1985年5月4—5日,靖江全县受龙卷风侵袭,并伴有冰雹、暴雨。19个乡(镇)遭受了不同程度的损失,受灾面积5.5万亩,损坏房屋1642间,损失粮食50余吨,压伤48人,死亡2人,死亡大牲畜5头,直接经济损失258.8万元。

1986年7月27日下午,靖江县西北片4个乡(镇)32个村270个生产队遭龙卷风、冰雹和大暴雨袭击,历时40分钟,最大风力达12级,红光乡受灾最严重。据不完全统计,该县倒塌房屋770间,损坏房屋2780间,重伤12人,死亡1人,轻伤24人;死伤大牲畜17头、家禽400多只;打断和倒伏棉花1.29万亩,倒伏早稻1.24万亩、中稻1.2万亩;倒、断低压电杆624根、广播和电话线杆350根、树2.5万棵。

1986年7月27日,泰县大冯、白米等11个乡(镇)遭受龙卷风的袭击,被掀房屋2213间,受伤21人。8月1日,有16个乡(镇)遭受特大暴风雨袭击,其中有7个乡(镇)同时下了冰雹。

1987年7月27日,靖江遭受7号台风侵袭,历时2天,风力6～7级。恰逢六月初三大汛,造成江边护坎工程6处约120米被冲毁入江,章春港14号丁坝上口有2处近100米的护坎被风浪和水流卷坍入江,敦义乡张家圩涵附近250米块石护坡被冲塌。8月23日,该县西片10个乡(镇)遭到大风暴雨袭击,历时半小时,风力8级,阵风9级。全县倒塌房屋259间,损坏房屋598间,刮断电杆和广播线杆354根,砸伤9人,重伤2人,烧毁变压器1台,1.6万亩棉花倒伏。8月24日,姜堰沈高、洪林、娄庄等乡先后遭到龙卷风袭击,倒塌房屋1387间,死3人,伤8人。

1990年8月31日9时至9月1日18时,泰县遭15号台风袭击,最大风力9～10级,这次台风袭击时间长、范围广,直接经济损失8999万元左右。

1996年7月15日0时20分,泰兴口岸镇遭受龙卷风袭击,死2人,重伤8人,倒房546间。受灾农田509亩,毁白果等树498棵,直接经济

受1997年第11号台风袭击,江堤水毁情况

损失1358万多元。

(三)1996年8月至2015年

1997年6月4日凌晨,姜堰(原泰县)20个乡(镇)遭受暴风雨和冰雹的袭击,4小时降雨45.7毫米,风力8级以上,局部地区伴有20分钟左右的冰雹袭击,一般冰雹如蚕豆,大的如乒乓球。秋熟在田作物受损较重。棉花受灾3.8万亩,其中断头、掉叶、破叶、打成光秆的占2成,严重地块3成以上。蔬菜受灾1.9万亩,严重受灾6000多亩。水稻秧苗受损面积1.5万亩,其中严重受损5000亩。旱谷受损2.1万亩,其中严重受损4000亩。未收夏熟作物损失严重,未收小麦4万亩,平均损失1成,严重的田块损失2成以上。已收未进仓小麦也有部分流失。里下河地区收割在田未脱油菜5100亩,绝收60%。部分多种经营项目受损:通南地区受灾乡(镇)银杏掉果22000多株,其中株掉果15千克以上的9000多株。吹断、吹倒树17000多棵。家禽死伤58000多只。房屋倒塌82间,受损主房137间、附房1082间。损坏砖坯1100万多块。部分村组"三线"中断。直接经济损失4000多万元。6月30日17时半左右,龙卷风袭击泰兴曲霞、常周、南沙、胡庄4乡(镇),倒塌房500多间、电灌站6座,重伤15人,轻伤32人。8月19日,11号强台风正面袭击靖江。时值7月半大潮汛,最高潮位达5.66米,江面最大风力达10级以上,江面浪高4米以上,并伴有大暴雨。靖江24.4公里堤防堤身损坏严重,堤防7处缺口,堤顶外侧树木全部被冲倒。倒塌民房481间,受灾农作物6万亩,直接经济损失1.33亿元。8月19日,受11号台风外围影响,泰兴市出现7～8级、阵风9级的大风,15个乡(镇)严重受灾:倒塌房屋148间,因房屋倒塌死亡1人,受伤1人;刮倒电线杆200多根,吹倒银杏树350多棵,吹落白果40多万千克,打死家禽200多只;稻田严重积水2万亩,1.5万亩花生、玉米受灾严重,直接经济损失1000多万元。

1999年6月23日13时20分左右,泰兴横垛乡野芹等村突遭龙卷风袭击,风力10级左右,倒塌和损坏民房145间,1人死亡,4人受伤,农作物及电力线路等受损严重,直接经济损失约150万元左右。

2000年汛期,全市发生两次龙卷风袭击,造成重大人员伤亡。第一次是5月12日19时至19时40分,海陵区、姜堰市部分地区遭受雷雨和大风袭击,1小时降雨25毫米,风力9～10级,瞬间出现11级以上的狂风,部分地区伴有冰雹,致使人民群众生命财产遭受严重损失,共伤亡50人,其中死亡3人(姜堰市张甸镇、顾高镇、罡杨乡各1人),重伤11人;559户1450间房屋倒塌,2758户7882间房屋受损;14400多只家畜死亡,砖坯430万块损坏,115700亩小麦、1万多亩油菜、2.2万亩玉米、8935亩蔬菜倒伏或被冰雹砸伤,1.3万株树木及行道树被狂风吹倒、折断;海陵区60根电线杆被吹倒,断线3000米,部分路段停电停水。第二次发生在7月13日下午3—5时,兴化遭受历史罕见的龙卷风袭击,其行经路线为兴化市开发区、临城镇、垛田镇、竹泓镇、沈伦乡、荻垛镇、张郭镇、陶庄镇、安丰镇、新垛乡,龙卷风所到之处,中心风力超过12级,并伴有瞬时强降雨。此次龙卷风造成兴化重大人员伤亡和财产损失:因灾死亡13人,受伤816人;损坏房屋13632间;通信、交通一度中断,城乡全面停电;供电主干线毁坏5800米,供电、电信、广电线路倒杆3100余根(包括一处省级通信干线);10多所中小学教室倒塌或受损,11座农桥、5座闸、12座排涝站受损,沉没船只150条;8万亩棉花倒伏(部分棉田遭冰雹袭击,断头断枝严重),30万亩水稻叶片破损严重,3万亩大豆普遍倒伏,5万亩蔬菜受灾;损失家禽34万只、生猪1500头。这次龙卷风灾害造成直接经济损失亿元以上。

2003年7月21日22时,雷雨大风入侵靖江,瞬时风速19米/秒,生祠、红光、新桥等地遭受龙卷风袭击,房屋倒塌近900间、损坏555间,轻伤2人。

2005年,受9号台风"麦莎"和15号台风"卡努"影响,全市出现一定程度的洪涝风灾。8月3—9日,境内普降大雨,主城区88毫米,通南和沿江地区67~115毫米,里下河地区123~217毫米。8月7日,境内风力达10级。9月12日清晨到上午,受15号台风"卡努"影响,境内出现10级左右大风,主城区最大风速29.8米/秒,过程性降水为33~106毫米,其中主城区76毫米。两次台风造成全市11万人口受灾,倒塌房屋865间,直接经济损失2.23亿元。农作物受淹面积1059.15亩,其中兴化市511.5亩,靖江市229.5亩;农作物成灾面积421.335亩,其中兴化市192.45亩,58.05亩绝收,靖江市100.5亩;全市林果损失1.92万株,死亡家畜1.52万只;16家企业受淹,其中13家属镇村企业;供电线路中断36条,其中靖江22条;通信线路损坏361杆,其中靖江110杆,泰兴221杆,姜堰30杆。全市抗灾人数8.60万人次,其中兴化4.48万人次,靖江1.5万人次;投入动力柴油机750台,0.63万千瓦,电动机333台,2.61万千瓦。

2008年8月18日,泰兴滨江镇江堤边遭遇大风袭击,华海、粤美船厂3台龙门吊倒塌,造成船厂及附近群众1人死亡、5人受伤。

2012年,受第11号台风"海葵"影响,靖江农田受淹9200亩,江堤两侧倒伏意杨近5000棵,马洲岛港堤倒伏意杨1.8万棵。

2015年7月11日、12日,受9号台风"灿鸿"影响,靖江大部分地区出现6~8级东北大风,沿江江面7~9级。

第十二章　水行政管理

第十二章 水行政管理

唐宋时期,泰州境内水利管理实行州县长官负责制。明清时期,由知县综理水利,工房具体承办。清光绪九年(1883),泰兴知县陈漠督修堤防后,就做出了保护堤防的规定。民国时期,沿江堤防及涵闸分段设专职监察员进行管理督查,江边堰堤由业主负责管理维修。新中国成立后,泰州境内水行政管理由各县水行政主管部门负责。1996年8月,地级泰州市成立以后,市水利局全面加强水行政管理工作。随着水法律法规的健全与完善,水行政管理逐步走上依法行政、依法治水管水的规范化、法治化轨道。

第一节 管理体制

20世纪50年代初,境内水行政管理由各县水行政主管部门负责。1990年前后,各县水利局成立水政水资源科(股),其主要职责就是依法治水和依法管水。1995年前后,境内各地成立水政监察大队。1996年,设立地级泰州市后,市水利局设置了局水政水资源科,归口管理全市水行政执法工作,依法维护正常水事秩序,承担对违反水法规的依法裁定、行政处罚和行政复议,协调水事纠纷。建立正科级建制的泰州市水政监察支队(含海陵水政监察大队),承担全市水行政执法业务指导和水政监察队员的业务培训,办理市级及海陵区范围内的水行政执法工作,组织打击长江非法采砂活动。2008年10月,根据市政府《关于印发推行行政许可"两集中、两到位"工作实施意见的通知》(泰政发〔2008〕103号)精神,为进一步提高行政效能,优化发展环境,市水利局增设行政许可服务处,与水政水资源处合署办公。行政许可服务处主要工作职能为:贯彻执行和监督实施行政许可政策规定;承担局行政许可受理、送达、公示、监督工作;牵头负责水行政许可规章制度的制定;指导、协调审核水行政许可事项;负责对本局办理行政许可工作人员的业务培训。

第二节 水法规性文件

一、《关于切实加强水利工作的决定》

1996年11月22日,泰州市政府以泰政发〔1996〕41号文印发此文件。文件明确了泰州市水利建设的指导思想、目标任务和进一步增加水利建设投入的8个渠道;提出加快发展水利经济,转换经营机制,逐步实现社会效益、经济效益和行业自身效益的统一;倡导积极推进水利法治建设,加强全市水利产业政策研究;要求全面理顺水资源管理体制,由水行政主管部门统一规划水资源、统一管理水量水质,统一收取水资源费,为建市之初的水利工作指明了方向。

二、《泰州市水利工程水费核定、计收和管理办法》

为了充分发挥水利工程效益,保证工农业生产、人民生活和其他用水需要,促进计划用水、节约用水、科学用水,解决水利工程必需的运行管理费用、大修费用、更新改造费用,加强水利基础产业,1997年2月1日,市政府出台此文件。自此,市及所辖各县级市(区)水利部门均分别设置了水利工程水费管理机构,配备专职人员,做好水费的收缴、使用和管理工作,按照物价部门核定的标准,收取农业用水水费、工业用水水费和城乡生活用水水费。水利工程水费支持了水利事业的发展,保障水利工作人员经费支出。

三、《关于建立水利建设基金有关问题的通知》

1997年9月4日,市政府以泰政发〔1997〕256号印发此文。根据国家和省有关文件精神,市政府研究决定,自1997年起建立水利建设基金,专项用于水利建设。其主要来源为:市级、县级市(区)收取和分成的市政设施配套费、驾驶员培训费、市场管理费、个体工商业管理费、征地管理费各提取3%;城市建设维护税按10%提取用于城市防洪和水源保障能力建设;泰政发〔1996〕41号文规定的农村劳动积累工以资代劳资金;泰州市市级按泰政发〔1997〕129号文规定,每年收取的城区水利建设以资代劳资金;市、县级市(区)政府批准的其他资金。

四、《泰州市水利工程管理实施办法》

为了加强水利工程的管理和保护,保证水利工程完好和安全运行,充分发挥水利工程的功能和效益,保障人民生命财产安全,维护社会秩序稳定,根据《中华人民共和国水法》《中华人民共和国防洪法》《中华人民共和国河道管理条例》《江苏省水利工程管理条例》《江苏省河道管理实施办法》等法律法规,结合本市实际,1998年1月21日,市政府以泰政发〔1998〕14号出台了由市水利局起草的此文件。该办法明确了市、县级水行政主管部门及其水利工程管理机构主管本行政区域内的水利工程的职责;确定了水利工程以及河道、堤防的管理范围,规定了在水利工程管理范围内新建、扩建、改建的各类工程建设项目应当报经河道主管机关审查同意的程序要求;设立了河道堤防工程占用补偿费征收机制,明确了征收标准和用途;对防汛抗洪清障工作做了具体的规定。

五、《泰州市市级水利建设基金财务管理暂行办法》

为加强市级水利建设基金的使用管理,规范市级水利建设基金使用管理过程中的财务行为,1998

年2月,市政府出台此文件。办法中规定了市级水利建设基金的具体划转办法,明确其全部用于市级重点水利工程建设。

六、《关于推进全市小型农田水利工程设施产权制度改革工作意见》

为进一步完善农村水利服务体系,促进水利基础产业的加快发展,建立农村小型水利工程设施投入和管理新的运行体制,促进农业和农村经济的持续稳定发展,1998年5月8日,市政府出台此文件。文件要求,按照《水利产业政策》精神,对小型农田灌排工程设施、达标后的里下河圩堤,通过拍卖、租赁、股份合作制、承包等形式进行产权制度改革,加快水利产业化进程,促进全市水利建设持续发展。

七、《关于严禁开采销售使用长江砂源的通告》(第1号)

为进一步加强长江堤防管理,确保长江河势稳定和防汛安全,巩固多年来的治江工程成果,1998年7月8日市政府出台此通告(第1号)。依据通告所采取的控制措施,自此,泰州市全面禁止开采长江砂源,组织打击长江非法采砂活动,制止长江砂源的买卖和使用,有效遏制了泰州市境内长江非法采砂的势头。

八、《关于加强长江河道堤防管理工作的意见》

为了加强依法管理,力争做到建设、管理工作双达标,充分发挥百里江堤的防洪屏障作用,确保长江长治久安。1998年8月4日,市政府出台了泰政发〔1998〕175号文件。该文件提出了加强长江堤防管理11项措施,分别是:严格江堤管理责任制,明确江堤管理范围和产权权属,理顺江堤管理体制,建立完善江堤管理机构,加强江堤管理的各项制度,严格江堤管理区内建设项目的审查把关,合理解决江堤管理机构的正常经费,积极开展江堤资源的综合利用,切实加强江堤国有资产管理,认真制定长江岸线的开发规划,继续强化长江堤防管理的宣传。

九、《泰州市市区河道保护管理暂行办法》

为了加强市区河道保护管理,发挥市区河道的综合效益,改善和提高市区河道环境质量,根据有关法律法规,1998年8月17日,市政府印发泰政发〔1998〕98号文件。文件明确市水行政主管部门是市区河道及配套设施的行政主管部门,市城区河道管理所是市区河道管理的业务管理机构,确定了市区河道具体管理范围,规定了6个禁止,所有单位和个人必须遵守:禁止损坏市区河道的涵、闸、堤、泵站、护坡、驳岸、拦栅及各类建筑物;禁止在市区河道管理范围内随意搭建各类建筑物、构筑物;禁止在市区河道设障阻水,设置鱼罾、鱼箔,进行捕捞作业;禁止在市区河道养殖(水产、家禽),经水行政主管部门批准的,为改善生态环境和改善美观需要的养殖除外;禁止在管理范围扒翻种植;禁止向市区河道管理范围内倾倒抛弃工业垃圾、建筑垃圾、生活垃圾、经营垃圾、各种废弃物、液化气残液、各种有毒有害液体。

十、《关于调整县级机电排灌管理职能的通知》

农业的机电排灌设施是农田水利工程体系的一个重要组成部分。为进一步理顺全市农田水利工程管理体系,加强农田水利工程的规划建设和管理,加快全市水利基础设施的建设,1998年9月11日,市政府以泰政发〔1998〕198号文印发此通知。通知明确,各市(区)原来由农机部门承担的农业机电排灌职能统一划归水利部门承担。

十一、《关于加强里下河地区圩堤管护的暂行办法》

圩堤是里下河地区最重要的防洪排涝工程设施,是保证里下河地区人民生命财产安全和经济社会可持续发展的重要屏障,根据有关法律法规,1999年4月22日市政府印发了泰政发〔1999〕91号文件。文件明确了圩堤管护的基本原则,即根据国家有关法律和政策,确定圩堤权属,划定管护范围,明确管护职责,理顺管护体制,强化管护手段,实行圩堤"建设、管理、维护、开发、服务"一体化,实现管护工作法治化、规范化、科学化、制度化。规定圩堤的土地权属仍为乡(镇)、村集体所有。但作为重要的防洪工程设施,由乡(镇)水利部门负责圩堤工程管理和水行政执法工作。明确圩堤工程范围包括迎水坡(含青坎、河坡)、堤身、背水坡(含戗台)。规定圩堤的管护范围包括圩堤权属范围内的所有水利工程设施以及圩堤背水坡堤脚线以外2～3米。

十二、《泰州市水资源管理暂行办法》

泰州市属于水质型缺水城市,为合理开发、利用和保护水资源,充分发挥水资源的综合效益,以适应全市经济建设、社会发展和市民生活需要,1999年8月13日,市政府出台了由市水利局起草的此文件(泰州市人民政府令第15号)。该办法共计6章54条,分章阐述了水资源开发利用和管理的具体规定和要求,提出了水资源保护的措施,明确了用水管理和奖惩细则,操作性较强。文件还确定,市及各市(区)水行政主管部门负责本行政区域内水资源统一管理工作以及节约用水工作,组织实施取水许可制度,发放取水许可证,依法征收水资源费,负责计划用水和节约用水管理。

十三、《关于加强取用浅层地下水管理的通告》

为防止因大量开采浅层地下水而导致地面沉降不均匀,造成建筑物损坏等地质灾害的发生,2004年7月,市政府以泰政发〔2004〕164号文件印发。该文件规定了禁止开采浅层地下水用于水温空调的区域:住宅小区,工矿企业所在地,中高层及高层建筑物周边50米范围内,其他建筑物密集地区。同时,要求在市区(含海陵区、高港区、开发区)范围内,利用机械提水设施直接取用浅层地下水用于生产经营、商业服务业(非水温空调)的单位和个人,应当于2004年7月底前到所在地水利部门登记,履行相关审批手续。针对违反相关规定,明确了具体处罚要求。

十四、《泰州市节约用水管理办法》

为加强节约用水管理工作,科学合理利用水资源,建设节水型社会,根据《中华人民共和国水法》《取水许可和水资源费征收管理条例》等有关法律法规,结合泰州市实际情况,2009年2月26日,市政府办出台了由市水利局起草的此文件(泰州市人民政府办公室泰政办发〔2009〕23号)。该文件规定,节约用水应当遵循统一规划、综合利用、总量控制、计划用水、定额管理的原则。明确市及各市(区)人民政府水行政主管部门按照管理权限,负责本行政区域内节约用水管理工作,其下设的节约用水管理机构具体负责节约用水的日常管理工作。市及各市(区)人民政府有关部门应当按照职责分工,各负其责,协同做好节约用水工作。要求居民生活用水户应当节约用水,采用节水型器具。非居民用水户应当加强节约用水管理,做到用水计划到位、节水目标到位、节水措施到位、管理制度到位。

十五、《泰州市水行政处罚自由裁量权执行标准》

2009年3月25日,市水利局依据省水利厅有关文件精神,制定出台了该文件(泰政水〔2009〕53号)。该文件按照《中华人民共和国水法》《中华人民共和国防洪法》等有关法律法规和规章的罚则规定,按照情节轻重和有关标准,细化分解具体罚则,量化行政处罚标准。

十六、《泰州市水利工程管理办法》

为了加强水利工程的管理和保护,保证水利工程完好和安全运行,充分发挥水利工程的功能和效益,保障人民生命财产安全,维护社会秩序稳定,根据有关法律法规,结合本市实际,经市政府第39次常务会议讨论通过,2011年2月28日,市政府印发此文件(泰政规〔2011〕2号)。文件明确市(县)、区人民政府水行政主管部门是本行政区域内水利工程管理和保护的主管机关。水行政主管部门设立的水利工程管理机构具体负责水利工程的管理和保护工作。乡(镇)和街道办事处设置的基层水利站作为市(县)、区水行政主管部门的派出机构,具体负责本乡(镇、街道)水利工程的建设、管理和保护工作。确定了水利工程的管理具体范围,提出了管理具体要求,规定了所有单位和个人必须遵守禁止损坏涵闸、泵站等各类建筑物和机电设备及水文、通信、供电、观测等设施;禁止在堤坝、渠道上扒口、取土、打井、挖坑、埋葬、建窑、垦种、放牧和毁坏块石护坡、防洪墙、林木草皮等其他行为,合计10项禁止行为。确定了有关法律责任。

十七、《泰州市卤汀河泰东河管理办法》

为加强卤汀河、泰东河管理,充分发挥其调水、灌溉、排涝、航运、防洪等综合功能,根据《中华人民共和国水法》《中华人民共和国河道管理条例》等法律法规的规定,2014年12月19日,市政府出台了由市水利局起草的该文件(泰政规〔2014〕7号)。文件明确卤汀河、泰东河实行统一和分级相结合的管理模式。市水利部门负责卤汀河、泰东河的统一管理和监督工作。河道沿线市(县、区)水利部门按照规定的权限负责本行政区域内卤汀河、泰东河的统一管理和监督工作。规定在卤汀河、泰东河管理范围内,禁止下列行为:种植高秆农作物、树木(堤防防护林除外);设置拦河渔具;弃置秸秆、矿渣、石渣、煤灰、泥土、垃圾等废弃物,排放油类、酸液、残液、剧毒废液等污水;在堤防和护堤地建房、放牧、开渠、打井、挖窑、葬坟、晒粮、存放物料、开采地下资源、进行考古发掘以及开展集市贸易活动。下列行为应当经市水利部门批准同意:采砂、取土;爆破、钻探、挖筑鱼塘;在河道滩地存放物料、修建厂房或者其他建筑设施;在河道滩地开采地下资源及进行考古发掘。

第三节 水行政许可、行政权力清单与执法

一、行政许可

为进一步提高行政效能,优化发展环境,2008年10月,市政府决定在市水利局增设行政许可服务处(泰政发〔2008〕10号)。

是年,市机构编制委员会下发《关于印发推行行政许可"两集中、两到位"工作实施意见的通知》(泰编办〔2008〕116号)。10月23日,市水利局正式成立行政许可服务处。2009年1月1日,市水利局行政许可处开始受理涉水行政许可事项。

2013年,为进一步深化全市行政审批制度改革,加快政府职能转变,提升行政服务效能,优化经济发展环境,10月8日,市政府决定推行行政审批"三集中、三到位"工作,印发了《关于推行行政审批"三集中、三到位"工作实施意见的通知》(泰政办〔2013〕183号)。根据文件精神要求,市水利局出台了行政审批改革方案。经泰州市机构编制委员会办公室审批(泰编办〔2013〕257号),市水利局归并职能,

设置新的行政许可处。该处除原行政许可处外,市局水政水资源处由单独设置调整为在行政许可服务处挂牌。

新设置的行政许可处的主要职能为:牵头负责市水利局所有的行政审批工作,并将工程管理处"负责市管河道管理范围内工程建设方案、位置、界限及有关活动的审批"权并入其中。同时,负责市水利局水利政策法规以及水资源管理的相关工作。

市水利局以依法、精简、高效、便民为原则,全面清理行政权力,形成权力目录清单,具体为:行政许可9项、行政处罚90项、其他行政权力31项,并经市政府批准实施,构建了权界清晰、分工合理、权责一致、运转高效、法治保障的行政权力运行体系。按市政府"三集中、三到位"的行政许可改革要求,2014年3月21日,市水利局行政许可处入驻泰州市政务中心办公,做到了"一个窗口受理、一站式审批、一条龙服务"。

(一)各项制度

2014年9月,市水利局修订了《泰州市水利局实施行政许可工作制度》,明确了相关职能处室的工作职责,确定了行政许可后续监管及建设项目竣工专项验收责任主体和要求,落实了监督检查和责任追究机制,提高了行政服务质量和速度。2015年6月出台了《泰州市水利局水行政许可"一次性"告知制度》《泰州市水利局水行政许可"一站式"服务制度》等多项规章制度,进一步规范了涉及河道建设项目、取水许可、设置入河排污口等审批流程。职能处室设定A、B岗,确保行政许可工作在规定的时限内办结,杜绝"中梗阻"现象。

(二)监察督查

涉水行政许可重在后期监督管理。驻市水利局纪检组、监察室对已审批的涉水行政许可项目进行效能监察,跟踪督查后续监管和现场服务情况。现场管理单位认真落实后续监管制度,及时现场放样、建立后续监管和服务情况反馈记录,一案一档归档备查。行政许可处工作人员认真执行各项制度,积极主动服务企业,从不吃、拿、卡、要。在市政府组织的调查测评中,市水利局行政审批服务工作满意度达95%以上。华润置地(泰州)有限公司、泰州高教开元房地产开发有限公司等多家企业对市水利局行政审批的真情服务表示感谢,向市水利局赠送了"依法行政效率高、排忧解难服务好""扶困解忧,热忱服务"等多面锦旗,市政府分管领导也充分肯定了市水利局审批效能建设。

(三)简政放权、高效便民

为深化行政审批制度改革,推动简政放权,建立行政审批权力清单制度,市水利局行政许可服务处编制了行政权力清单和责任清单,面向社会公布111项行政权力。

为了方便企业办理水利审批项目,所有涉水行政许可事项均实行"容缺受理"。企业在申请材料不齐全的情况下,可以先行受理。企业在准备容缺材料的同时,进入流程办理,节省了大量时间。

1.清理行政许可事项

对水行政审批事项进行了全面清理,行政许可事项由14项合并调整至9项;对所有行政审批事项的实施主体、法定依据、法定许可条件、实际办理需要申报材料进行了梳理,设置了办理流程图。

表12-1　泰州市水利局行政许可事项(2014年)

序号	实施主体	项目名称	项目依据	权利状态	备注
1	泰州市水利局	取水(扩大取水)许可	《中华人民共和国水法》(2002年8月29日第九届全国人民代表大会常务委员会第二十九次会议修订通过)第四十八条	常用	
2	泰州市水利局	江河、护坡新建、改建或扩大排污口审批	《中华人民共和国水法》(2002年8月29日第九届全国人民代表大会常务委员会第二十九次会议修订通过)第三十四条第二款	常用	
3	泰州市水利局	河道管理范围内建设项目及从事有关活动的批准(含"水利工程管理范围内建设项目工程建设方案审查"和"洪泛区、蓄滞洪区内建设非防洪建设项目洪水影响评价报告审批")	《中华人民共和国防洪法》(1997年8月29日第八届全国人民代表大会常务委员会第二十七次会议通过)第二十七条	常用	
4	泰州市水利局	河道采砂、取土批准	《中华人民共和国水法》(2002年8月29日第九届全国人民代表大会常务委员会第二十九次会议修订通过)第三十九条第一款	挂起	
5	泰州市水利局	不同行政区域边界水工程批准	《中华人民共和国水法》(2002年8月29日第九届全国人民代表大会常务委员会第二十九次会议通过)第四十五条第四款	挂起	
6	泰州市水利局	水工程建设规划同意书审查(含"防洪规划同意书批准"和"水工程建设项目流域综合规划审查")	《中华人民共和国防洪法》(1997年8月29日第八届全国人民代表大会常务委员会第二十七次会议通过)第十七条、《中华人民共和国水法》(2002年8月29日第九届全国人民代表大会常务委员会第二十九次会议修订通过)第十九条	挂起	
7	泰州市水利局	城市建设填堵水域、废除围堤审查	《中华人民共和国防洪法》(1997年8月29日第八届全国人民代表大会常务委员会第二十七次会议通过)第三十四条第三款	挂起	
8	泰州市水利局	占用农业灌溉水源、灌排工程设施审批	《国务院对确需保留的行政审批设定行政许可的决定》(国务院令第412号)附件第170条	挂起	
9	泰州市水利局	开发建设项目水土保持方案审批	《中华人民共和国水土保持法》(中华人民共和国第十一届全国人民代表大会常务委员会第十八次会议于2010年12月25日修订通过)第二十五条	挂起	

　　将原有涉水许可事项法定时限20个工作日缩短为15个工作日。实行"无缝隙服务"。对重要民生工程、园区重点项目提前介入,登门走访,协办有关资料。树立"延伸服务"理念,通过电话随访、现场督查等方式,跟踪已许可项目落实和执行情况,听取对市局行政许可工作的评价、建议,做好后续服务,并向社会公布行政许可工作流程和具体规定。

行政许可工作流程图如下：

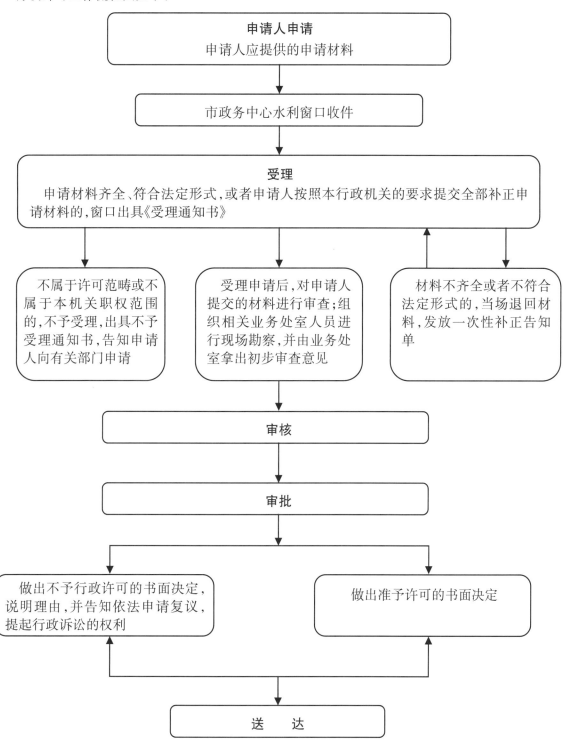

2.制定行政许可工程程序9大项

泰州市水利局行政许可工作程序规定(2014年)

1.取水(扩大取水)许可

法定时限:45个工作日　　　　　　　　　承诺时限:30个工作日

办理部门:政务服务中心水利窗口　　　　　服务电话:0523-86897607

许可依据:《中华人民共和国水法》《江苏省水资源管理条例》

申报条件:①必须符合河道流域的综合规划、水长期供求计划、水资源的配置、取水许可总量控制指标以及国家产业政策,遵守经批准的水量分配方案或者协议;②建设项目应当编制节水方案,配套建设节水设施,申请的取用水量必须符合《江苏省工业和城市生活用水定额》;③取水、退水布局合理;④建设项目的退水必须达标排放,若涉及排水许可,应取得排水许可审批,同时必须符合《江苏省地表水(环境)功能区划》确定的水质目标,不会对水功能区水域功能造成重大损害;⑤城市公共供水管网能够满足用水需要时,建设项目自备取水设施不得取用地下水,地下水的取水不得超过本行政区域地下水年度计划和区域可采总量,符合井点总体布局和取水层位的要求,地下水禁止开采区内,禁止开凿深井,地下水限制开采区内,不得新增深井数量;其他地区开采地下水实行总量控制;⑥不得损害上下游、左右岸以及第三者或者社会公共利益。

申报材料:①取水许可申请;②填写《取水许可申请书》1式4份;③取水许可申请所依据的有关文件;④属于备案项目的,提供有关备案材料;⑤由具备建设项目水资源论证资质的单位编制的建设项目水资源论证报告书及专家审查意见;⑥取水许可申请与第三者有利害关系时,第三者的承诺书或其他文件;⑦不需要编制建设项目水资源论证报告书的,应当提交建设项目水资源论证表;⑧利用已批准的入河排污口退水的,应当出具具有管辖权的县级以上地方人民政府水行政主管部门或者流域管理机构的同意文件。

收费标准及依据:不收费

颁发证件名称:准予许可的书面决定

2.江河、湖泊新建、改建或扩大排污口审批

法定时限:20个工作日　　　　　　　　　承诺时限:15个工作日

办理部门:政务服务中心水利窗口　　　　　服务电话:0523-86897607

许可依据:《中华人民共和国水法》

申报条件:①符合经批准的江河、湖泊的水功能区划,不影响水域的水质保护目标和使用功能;②污染物排放总量不超过经核定的水域纳污能力;③符合水资源保护规划和防洪规划的要求;④入河排污口设置与第三者有利害关系的,已有第三者承诺书或协议、纪要等其他相关文件。

申报材料:①入河(湖)排污口设置申请;②入河(湖)排污口设置申请书一式四份;③入河(湖)排污口设置所依据的有关文件;④入河排污口设置论证报告及专家审查意见;⑤有取水许可项目的,提交水资源论证报告。

收费标准及依据:不收费

颁发证件名称:准予许可的书面决定

3.河道管理范围内建设项目及从事有关活动的批准(含"水利工程管理范围内建设项目工程建设方案审查"和"洪泛区、蓄滞洪区内建设非防洪建设项目洪水影响评价报告审批")

法定时限:20个工作日　　　　　　　　承诺时限:15个工作日

办理部门:政务服务中心水利窗口　　　　服务电话:0523-86897607

许可依据:《中华人民共和国水法》《中华人民共和国河道管理条例》《中华人民共和国防洪法》

申报条件:建设项目必须符合综合规划和防洪规划、治导线规划、岸线规划、河道(口)整治规划等专业规划和其他技术要求,不得危害堤防安全、影响河势稳定、妨碍行洪畅通。

申报材料:①单位(个人)申请;②《河道管理范围内建设项目申请书》一式四份;③建设项目或从事活动所依据的文件;④建设项目或从事活动的可研报告(含图纸)或初步方案,对水利工程造成影响的,须进行修复(或补偿)工程专项设计;⑤《河道管理范围内建设项目防洪评价报告》审查意见及按审查意见修改完善的《河道管理范围内建设项目防洪评价报告》;⑥建设项目或从事活动对水质等可能有影响的,应当附具有关环境影响评价意见;⑦涉及取、排水的建设项目,应当提交经批准的取水许可申请书、排水(排污)口设置申请书;⑧影响公共利益或第三者合法水事权益的,应当提交有关协调意见书。

收费标准及依据:不收费

颁发证件名称:准予许可的书面决定

4.河道采砂、取土批准

法定时限:20个工作日　　　　　　　　承诺时限:15个工作日

办理部门:政务服务中心水利窗口　　　　服务电话:0523-86897607

许可依据:《中华人民共和国水法》《中华人民共和国河道管理条例》

申报条件:建设项目必须符合综合规划和防洪规划、治导线规划、岸线规划、河道(口)整治规划等专业规划和其他技术要求,不得危害堤防安全、影响河势稳定、妨碍行洪畅通。

申报材料:①单位(个人)申请;②《河道管理范围内建设项目申请书》一式四份;③项目所依据的文件;④项目涉及河道防洪部分的可研报告(含图纸)及初步方案;⑤《建设项目防洪影响评价报告》审查意见及按审查意见修改好的《建设项目防洪影响评价报告》;⑥建设项目对水质等可能有影响的,应当附具有关环境影响评价意见;⑦涉及取、排水的建设项目,应当提交经批准的取水许可申请书、排水(污)口设置申请书;⑧影响公共利益或第三者合法水事权益的,应当提交有关协调意见书。

收费标准及依据:不收费

颁发证件名称:准予许可的书面决定

5.不同行政区域边界水工程批准

法定时限:20个工作日　　　　　　　　承诺时限:15个工作日

办理部门:政务服务中心水利窗口　　　　服务电话:0523-86897607

许可依据:《中华人民共和国水法》

申报条件:①水工程项目符合国家有关法律、法规、规章、规范和技术标准;②水工程项目建设方案、实施安排、运用方式应当符合经批准的有关江河流域、区域水利综合规划及有关水资源综合规划(含供水、灌溉、节水、水资源保护)、防洪规划(含防洪、防潮、治涝)、水土保持规划等有关专业规划和专项规划,其中水资源开发项目还应当符合经批准的流域、区域水量分配方案;③水工程项目建设方案、实施安排、运用方式应当兼顾上下游、左右岸及有关各方的利益,对防洪除涝、水资源供给与保护等影响范围和影响程度较小。

申报材料

立项阶段:①市(区)际边界水工程项目立项申请;②《水工程项目建议书》(符合《水利水电工程项目建议书编制暂行规定》等规定);③边界各方的协调意见。

可行性研究阶段:①市(区)际边界水工程项目建设申请书;②《水工程项目建议书》及批复;③《水工程项目可行性研究报告》(深度符合《水利水电工程可行性研究报告》编制规程)等规定)。

收费标准及依据:不收费

颁发证件名称:准予许可的书面决定

6.水工程建设规划同意书审查(含"防洪规划同意书批准"和"水工程建设项目流域综合规划审查")

法定时限:20个工作日　　　　　　　　承诺时限:15个工作日

办理部门:政务服务中心水利窗口　　　　服务电话:0523–86897607

许可依据:《中华人民共和国水法》《中华人民共和国防洪法》

申报条件:①符合国家有关法律、法规、规章、规范和技术标准;②工程建设方案、实施安排、运用方式符合流域、区域和城市综合规划或防洪除涝规划的要求;③工程占用的水域面积、调蓄容量以及在不同设计条件下,对上下游、左右岸防洪除涝的影响范围和影响程度较小;④不同设计标准洪涝对建设项目的影响程度较小;⑤提出了可行的减免负面影响的补偿措施;⑥符合法律法规和相关技术标准规定的其他有关内容。

申报材料:①水工程建设规划同意书申请表;②拟报批水工程的(预)可行性研究报告(项目申请报告、备案材料);③与第三者有利害关系的相关说明;④审查签署机关要求的其他材料。

收费标准及依据:不收费

颁发证件名称:准予许可的书面决定

7.城市建设填堵水域、废除围堤审查

法定时限:20个工作日　　　　　　　　承诺时限:15个工作日

办理部门:政务服务中心水利窗口　　　　服务电话:0523–86897607

许可依据:《中华人民共和国防洪法》

申报条件:①符合国家有关法律、法规和有关规划要求;②不得妨碍河道行洪、输水、调蓄功能,不影响水利工程及设施防洪安全;③若有不利影响,须提出可行的减少负面影响的替代、补偿措施。

申报材料:①单位(个人)申请;②《河道管理范围内建设项目申请书》一式四份;③城市建设填堵水域、废除围堤所依据的文件、可行性研究报告或者初步设计;④城市建设填堵水域、废除围堤位置、规模与实施计划和涉及水利工程管理范围;⑤城市建设填堵水域防洪影响评价报告、专家评审通过的占用水域工程建设方案或者等效替代水域工程建设报告表,废除围堤有关技术论证资料和补偿措施;⑥涉及取、排水的建设项目,应当提交经批准的取水许可、排水(污)口设置文件;⑦影响公共利益或者第三者合法水事权益的,应当提交有关达成一致意见的证明材料。

收费标准及依据:不收费

颁发证件名称:准予许可的书面决定

8.占用农业灌溉水源、灌排工程设施审批

法定时限:20个工作日　　　　　　　　　承诺时限:15个工作日

办理部门:政务服务中心水利窗口　　　　服务电话:0523-86897607

许可依据:《国务院对确需保留的行政审批设定行政许可的决定》(国务院令第412号)附件第170条

申报条件:①兴建的替代工程与被占用农业灌溉水源工程、灌排工程设施效益相当,替代工程初步设计和农业灌溉影响评价报告经技术审查同意;②经实地勘察确无条件兴建替代工程的,补偿方案经市、区水利、财政、物价部门审定;③被占用农业灌溉水源工程、灌排工程涉及利害关系各方的协议(承诺)书无矛盾、无争议。

申报材料:①申请人(单位或个人)的名称,法人代表或个人姓名、地址;②占用的理由和目的;③占用农业灌溉水源的,占用的水源及地点、占用量(包括年内各月占用的流量和水量)等,占用灌排工程设施的,占用的地点、范围、面积、数量等;④占用的起始时间、期限及作业方式;⑤补偿的方式(有偿占用或等效替代);⑥应当具备的其他事项。

收费标准及依据:不收费

颁发证件名称:准予许可的书面决定

9.开发建设项目水土保持方案审批

法定时限:20个工作日　　　　　　　　　承诺时限:15个工作日

办理部门:政务服务中心水利窗口　　　　服务电话:0523-86897607

许可依据:《江苏省水土保持条例》

申报条件:①符合国家有关法律、法规、规章;②编制水土保持方案的单位,必须具有相应的资质;③符合《开发建设项目水土保持技术规范》等国家、行业的水土保持技术规范、标准的要求;④水土流失防治责任范围界定清楚、准确;⑤水土流失防治措施合理、有效,与周围环境相协调,并达到与主体工程相同的设计深度;⑥水土保持投资估算编制依据可靠、方法合理、结果正确;⑦水土保持监测的内容和方法得当。

申报条件:①单位(个人)申请;②建设项目所依据的文件;③水土保持方案报告书或者水土保持方案报告表一式三份(用地面积5万平方米以上或者挖填土石方总量5万立方米以上的生产建设项

目,应当编报水土保持方案报告书;其他生产建设项目应当编报水土保持方案报告表)。

　　收费标准及依据:不收费

　　颁发证件名称:准予许可的书面决定

二、行政权力清单

　　依据有关法律法规和市水利局"三定"方案,市水利局按照泰州市行政审批制度改革联席会议办公室的要求,组织开展了行政权力清单的编制工作,经上报后的核查审定,市政府印发了《关于公布市级部门行政权力事项目录清单的通知》(泰政发〔2014〕158号),核定市水利局保留市级行政权力107项(不含行政许可事项),其中,行政处罚78项,行政强制17项,行政征收4项,其他行政权力8项。行政权力清单在泰州市人民政府网站上公布,接受社会各界监督。

表12-2　泰州市水利局行政权力事项目录(2014年)

序号	事项名称	权力类型
1	对在河道管理范围内擅自或者未按照批准建设妨碍行洪的建筑物、构筑物,从事影响河势稳定、危害河岸堤防安全和其他妨碍河道行洪的活动处罚	行政处罚
2	对在江河、湖泊、水库、运河、管道内弃置、堆放阻碍行洪的物体和种植阻碍行洪的林木及高秆作物的处罚	行政处罚
3	对围海造地、围湖造地或者未经批准围垦河道的处罚	行政处罚
4	对未经水行政主管部门或者流域管理机构审查同意,擅自在江河、湖泊新建、改建或者扩大排污口的处罚	行政处罚
5	对未经批准或者未按照批准的取水许可规定条件取水的处罚	行政处罚
6	对拒不缴纳、拖延缴纳或者拖欠水资源费的处罚	行政处罚
7	对建设项目的节水设施没有建成或者没有达到国家规定的要求,擅自投入使用的处罚	行政处罚
8	对在水工程保护范围内,从事影响水工程运行和危害水工程安全的爆破、打井、采石、取土等活动的处罚	行政处罚
9	对未按照规划治导线整治河道和修建控制引导河水流向、保护堤岸等工程的处罚	行政处罚
10	对在洪泛区、蓄滞洪区内建设非防洪建设项目,未编制洪水影响评价报告;防洪工程设施未经验收,即将建设项目投入生产或者使用的处罚	行政处罚
11	对在县级以上地方人民政府划定的崩塌滑坡危险区、泥石流易发区范围内取土、挖砂或者采石的处罚	行政处罚
12	对在林区采伐林木,不采取水土保持措施,造成严重水土流失的处罚	行政处罚
13	对未取得取水申请批准文件擅自建设取水工程或者设施的处罚	行政处罚
14	对申请人隐瞒有关情况或者提供虚假材料骗取取水申请批准文件或者取水许可证的处罚	行政处罚
15	对拒不执行审批机关作出的取水量限制决定,或者未经批准擅自转让取水权的处罚	行政处罚
16	对不按照规定报送年度取水情况;拒绝接受监督检查或者弄虚作假;退水水质达不到规定要求的处罚	行政处罚
17	对未安装计量设施;计量设施不合格或者运行不正常;安装的取水计量设施不能正常使用,或者擅自拆除、更换取水计量设施的处罚	行政处罚

续表12-2

序号	事项名称	权力类型
18	对伪造、涂改、冒用取水申请批准文件、取水许可证的处罚	行政处罚
19	对未经批准或者在禁采区、禁采期从事长江河道采砂的处罚	行政处罚
20	对未按照河道采砂许可证规定的要求采砂的处罚	行政处罚
21	对采砂船舶在禁采期内未在指定地点停放或者无正当理由擅自离开指定地点的处罚	行政处罚
22	对伪造、涂改或者买卖、出租、出借或者以其他方式转让河道采砂许可证的处罚	行政处罚
23	对不依法缴纳长江河道砂石资源费的处罚	行政处罚
24	对擅自开发利用河道、湖泊、湖荡管理范围的处罚	行政处罚
25	对阻挠防洪方案执行,拒绝拆除在险工险段或影响防洪安全的建筑物及设施的处罚	行政处罚
26	对在地下水禁止开采区内开凿深井;在地下水限制开采区内擅自增加深井数量的处罚	行政处罚
27	对混合、串通开采地下水的处罚	行政处罚
28	对在建筑物密集的地区开采浅层地下水用于水温空调的处罚	行政处罚
29	对未经批准擅自扩大取水的处罚	行政处罚
30	对在湖泊湖荡内圈圩养殖的处罚	行政处罚
31	对在行洪区内设置有碍行洪的建筑物和障碍物的处罚	行政处罚
32	对在湖泊保护范围内圈圩的处罚	行政处罚
33	对在湖泊禁采区内采石、取土的处罚	行政处罚
34	对擅自停止使用节水设施的,擅自停止使用取退水计量设施的,不按规定提供取水、退水计量资料的处罚	行政处罚
35	对被许可人以欺骗、贿赂等不正当手段取得水行政许可的处罚	行政处罚
36	对被许可人涂改、倒卖、出租、出借行政许可证件,或者以其他形式非法转让行政许可、超越行政许可范围进行活动、向负责监督检查的行政机关隐瞒有关情况提供虚假材料或者拒绝提供反映其活动情况真实材料的处罚	行政处罚
37	对修建建筑物及设施圈圩开发利用对河道工程农田灌排系统或者其他水工程造成不良影响拒不采取补救措施和赔偿补偿、未经达成协议或批准擅自兴建边界水工程、擅自设置阻水捕鱼设施、拒不如数交纳河道堤防工程占用补偿费用的处罚	行政处罚
38	对在长江堤防保护范围内擅自开河挖筑鱼塘、开凿深井采砂取土和爆破等危害堤防安全,在沿江涵闸泵站上下游河道各50~200米警戒区范围内停泊船只及排筏、捕鱼、游泳等影响工程运行、危及工程安全活动的处罚	行政处罚
39	对必须进行招标的水利项目而不招标,将必须进行招标的水利项目化整为零或者以其他任何方式规避招标的处罚	行政处罚
40	对水利项目的投标人以他人名义投标或者以其他方式弄虚作假,骗取中标的处罚	行政处罚
41	对水利项目评标委员会成员收受投标人的财物或者其他好处,评标委员会成员或者参加评标的有关工作人员向他人透露对投标文件的评审和比较、中标候选人的推荐以及与评标有关的其他情况的处罚	行政处罚

续表12-2

序号	事项名称	权力类型
42	对水利项目招标人在评标委员会依法推荐的中标候选人以外确定中标人,依法必须进行招标的水利项目在所有投标被评标委员会否决后自行确定中标人的处罚	行政处罚
43	对中标人将中标水利项目转让给他人,或者将中标水利项目肢解后分别转让给他人,违反《中华人民共和国招标投标法》规定将中标水利项目的部分主体、关键性工作分包给他人,或者分包人再次分包的处罚	行政处罚
44	对水利项目招标人与中标人不按照招标文件和中标人的投标文件订立合同,或者招标人、中标人订立背离合同实质性内容的协议的处罚	行政处罚
45	对水利项目中标人不履行与招标人订立的合同或者不按照与招标人订立的合同履行义务的处罚	行政处罚
46	对水利生产经营单位的决策机构、主要负责人、个人经营的投资人不依照《中华人民共和国安全生产法》规定保证安全生产所必需的资金投入,致使生产经营单位不具备安全生产条件,导致发生生产安全事故的处罚	行政处罚
47	对水利生产经营单位的主要负责人未履行规定的安全生产管理职责,导致发生生产安全事故的处罚	行政处罚
48	对水利生产经营单位未按照规定设置安全生产管理机构或者配备安全生产管理人员,危险物品的生产经营储存单位以及矿山金属冶炼建筑施工道路运输单位的主要负责人和安全生产管理人员未按照规定经考核合格,未按照规定对从业人员、被派遣劳动者、实习学生进行安全生产教育和培训或者未按照规定如实告知有关的安全生产事项,未如实记录安全生产教育和培训情况,未将事故隐患排查治理情况如实记录或者未向从业人员通报,未按照规定制定生产安全事故应急救援预案或者未定期组织演练,特种作业人员未按照规定经专门的安全作业培训并取得相应资格上岗作业的处罚	行政处罚
49	对水利生产经营单位未在有较大危险因素的生产经营场所和有关设施设备上设置明显的安全警示标志、安全设备的安装使用检测改造和报废不符合国家标准或者行业标准、未对安全设备进行经常性维护保养和定期检测、未为从业人员提供符合国家标准或者行业标准的劳动防护用品、危险物品的容器运输工具以及涉及人身安全危险性较大的海洋石油开采特种设备和矿山井下特种设备未经具有专业资质的机构检测检验合格取得安全使用证或者安全标志投入使用、使用应当淘汰的危及生产安全的工艺设备的处罚	行政处罚
50	对水利生产经营单位生产、经营、运输、储存使用危险物品或者处置废弃危险物品未建立专门安全管理制度及未采取可靠的安全措施,对重大危险源未登记建档或者未进行评估监控或者未制定应急预案,进行爆破吊装以及国务院安全生产监督管理部门会同国务院有关部门规定的其他危险作业未安排专门人员进行现场安全管理及未建立事故隐患排查治理制度的处罚	行政处罚
51	对水利生产经营单位将生产经营项目、场所、设备发包或者出租给不具备安全生产条件或者相应资质的单位或者个人的处罚	行政处罚
52	对建设单位将水利建设工程发包给不具有相应资质等级的勘察、设计、施工单位或者委托给不具有相应资质等级的工程监理单位的处罚	行政处罚
53	对建设单位将水利建设工程肢解发包的处罚	行政处罚
54	对水利建设单位迫使承包方以低于成本的价格竞标;任意压缩合理工期;明示或者暗示设计单位或者水利施工单位违反工程建设强制性标准,降低工程质量;水利施工图设计文件未经审查或者经审查不合格,擅自施工;水利建设项目必须实行工程监理而未实行工程监理;未按照国家规定办理工程质量监督手续;明示或者暗示水利施工单位使用不合格的建筑材料、建筑构配件和设备;未按照国家规定将竣工验收报告、有关认可文件或者准许使用文件报送备案的处罚	行政处罚

续表12-2

序号	事项名称	权力类型
55	对水利建设单位未取得施工许可证或者开工报告未经批准,擅自施工的处罚	行政处罚
56	对水利建设单位未组织竣工验收,擅自交付使用;验收不合格,擅自交付使用;对不合格的水利建设工程按照合格工程验收的处罚	行政处罚
57	对水利建设工程竣工验收后,建设单位未向水利部门移交建设项目档案的处罚	行政处罚
58	对勘察、设计、施工、工程监理单位超越本单位资质等级承揽水利工程,未取得资质证书承揽水利工程,以欺骗手段取得资质证书承揽水利工程的处罚	行政处罚
59	对勘察、设计、施工、工程监理单位允许其他单位或者个人以本单位名义承揽水利工程的处罚	行政处罚
60	对承包单位将承包的水利工程转包或者违法分包,工程监理单位转让水利工程监理业务的处罚	行政处罚
61	对勘察单位未按照水利工程建设强制性标准进行勘察,设计单位未根据勘察成果文件进行水利工程设计,设计单位指定建筑材料、建筑构配件的生产厂、供货商,设计单位未按照水利工程建设强制性标准进行设计的处罚	行政处罚
62	对水利施工单位在施工中偷工减料的,使用不合格的建筑材料、建筑构配件和设备的,或者有不按照工程设计图纸或者施工技术标准施工的其他行为的处罚	行政处罚
63	对水利施工单位未对建筑材料、建筑构配件、设备和商品混凝土进行检验,或者未对涉及结构安全的试块、试件以及有关材料取样检测的处罚	行政处罚
64	对水利施工单位不履行保修义务或者拖延履行保修义务的处罚	行政处罚
65	对水利工程监理单位与建设单位或者施工单位串通,弄虚作假、降低水利工程质量;将不合格的建设工程、建筑材料、建筑构配件和设备按照合格签字的处罚	行政处罚
66	对水利工程监理单位与被监理工程的施工承包单位以及建筑材料、建筑构配件和设备供应单位有隶属关系或者其他利害关系承担该项建设工程的监理业务的处罚	行政处罚
67	对涉及建筑主体或者承重结构变动的水利装修工程,没有设计方案擅自施工的处罚	行政处罚
68	对未取得水文、水资源调查评价资质证书从事水文活动的处罚	行政处罚
69	对超出水文、水资源调查评价资质证书确定的范围从事水文活动的处罚	行政处罚
70	对拒不汇交水文监测资料,使用未经审定的水文监测数据,非法向社会传播水文情报预报,造成严重经济损失和不良影响的处罚	行政处罚
71	对侵占、毁坏水文监测设施或者未经批准擅自移动、使用水文监测设施的处罚	行政处罚
72	对在水文监测环境保护范围内从事种植高秆作物、堆放物料、修建建筑物、停靠船只;取土、挖砂、采石、淘金、爆破和倾倒废弃物;在监测断面取水、排污或者在过河设备、气象观测场、监测断面的上空架设线路,以及对监测有影响的其他活动的处罚	行政处罚
73	对依法应当编制水土保持方案的生产建设项目,未编制水土保持方案或者编制的水土保持方案未经批准而开工建设;生产建设项目的地点、规模发生重大变化,未补充、修改水土保持方案或者补充、修改的水土保持方案未经原审批机关批准;水土保持方案实施过程中,未经原审批机关批准,对水土保持措施做出重大变更的处罚	行政处罚
74	对水土保持设施未经验收或者验收不合格将生产建设项目投产使用的处罚	行政处罚
75	对未采取有利于水土保持的种植方式、措施开垦种植农作物和经济林的处罚	行政处罚
76	对水土保持工程设施的所有权人或者使用权人未保证水土保持设施功能正常发挥的处罚	行政处罚

续表12-2

序号	事项名称	权力类型
77	对未兴建或者未按照审查同意的方案兴建等效替代水域工程;等效替代水域工程未经验收或者验收不合格投入使用;未按照规定报送建设项目等效替代水域工程有关图纸和相关档案资料的处罚	行政处罚
78	对临时占用水域期满未经原审批的水行政主管部门批准继续占用水域;临时占用水域经批准的延长期限已满,未按照占用水域承诺书承诺自行恢复水域原状的处罚	行政处罚
79	强行拆除未经批准擅自在河道管理范围内建设的妨碍行洪的建筑物、构筑物;强行拆除擅自修建或者未按要求修建的水工程,或者桥梁、码头和其他拦河、跨河、临河建筑物、构筑物,铺设跨河管道、电缆	行政强制
80	强行拆除在饮用水水源保护区内设置排污口	行政强制
81	加收拒不缴纳、拖延缴纳或者拖欠水资源费滞纳金	行政强制
82	代为将"围海造地、围湖造地、围垦河道"造成的损害恢复原状或者采取其他补救措施	行政强制
83	扣押、拍卖非法采砂船舶,就地拆卸、销毁非法采砂船舶	行政强制
84	加收不依法缴纳长江河道砂石资源费滞纳金	行政强制
85	组织拆除或者封闭未取得取水申请批准、擅自建设的取水工程或者设施	行政强制
86	强制封填报废、闲置或者施工未成的深井	行政强制
87	代为治理因开办生产建设项目或者从事其他生产建设活动造成的水土流失	行政强制
88	加收不按期缴纳水土保持补偿费滞纳金	行政强制
89	代为将被圈圩养殖的湖泊、湖荡恢复原状或者采取其他补救措施	行政强制
90	对围湖造地或者在湖泊保护范围内从事圈圩活动的代为恢复原状	行政强制
91	暂扣在湖泊禁采区内采石、取土、采砂的机具	行政强制
92	加收拒不如数缴纳河道堤防工程占用补偿费滞纳金	行政强制
93	将非法采砂船舶拖至指定地点停放	行政强制
94	强制启用蓄滞洪区	行政强制
95	强行清除在河道、湖泊范围内设置的阻碍行洪的障碍物	行政强制
96	水资源费的征收	行政征收
97	水土保持补偿费的征收	行政征收
98	河道(不含长江)采砂管理费的征收	行政征收
99	河道堤防工程占用补偿费的征收	行政征收
100	水事纠纷调解;水事纠纷调解前的临时处置	行政其他
101	引江河道工程管理	行政其他
102	水利工程安全生产监督管理	行政其他
103	水利国有资产监管	行政其他

续表12-2

序号	事项名称	权力类型
104	水利规划监督实施	行政其他
105	水利工程建设项目招标投标工作的管理	行政其他
106	水利工程建设项目验收	行政其他
107	水利建筑业企业资质管理	行政其他

三、水行政执法

1988年,国家颁布《中华人民共和国水法》。此后,水行政执法成为境内各级水行政主管部门的一项新工作。

（一）执法组织

20世纪90年代初,境内各地相继成立专门科室,作为水行政主管部门依法行政的综合职能机构。1995年,境内各地先后成立市水政监察大队。该大队为全民事业性质,为各地市政府水行政主管部门依法行政的专业机构。其职责是按照法律、法规授权范围,实施水政监察活动。1996年,兴化市被列为水利部在全国开展水政监察规范化建设的18个联系点之一。兴化围绕水资源管理、水利工程管理、行业管理和项目管理四项任务,从思想、组织、制度三方面扎实开展水政监察规范化建设。同时,抓好执法装备配套,提高了人员素质和执法条件。经过水利部水政水资源司和江苏省水利厅联合检查,于当年年底在18个联系点中率先通过了验收。

为加强水行政执法工作,1997年5月5日,市水利局设市水政监察支队(正科级,参照公务员制度管理的事业单位),编制18名,领导职数1正1副。2010年9月,领导职数由1正1副调整为1正2副(市编委会〔2010〕53号文)。为完善水行政执法管理监督网络体制,防止和纠正违法或不当的行政行为,保护公民和法人的合法行为,根据《行政法》《行政诉讼法》《行政复议条例》《行政处罚法》等法律规定,是年,市水利局还成立了泰州市水利局行政复议委员会。其主要的职责是负责受理本行政区域内市(区)水行政主管部门做出的具体行政行为而引起的水行政复议案件,以及上级政府、部门指定管辖的复议案件。

2002年,市水政监察支队组建了引江河水政监察大队、城区河道水政监察大队。2003年成立了红旗农场水政监察大队,有效避免了局部地区水行政执法、管理的盲区现象。各地根据乡(镇)水利执法工作的需要,在乡(镇)水利站现有在编人员中,选聘1名热爱水利工作、具有一定法律知识和业务水平的人担任兼职水政监察员,全市水行政执法网络已基本形成。2003年,经省水政监察总队批准,泰州建立了20支水政监察队伍,其中支队1个(市支队),大队9个,中队10个,共聘任专职水政监察员84名,兼职水政监察员181名。

市水政支队成立以后,在注重执法队伍自身建设的同时,认真开展了一年一度的水法律法规宣传活动,组织执法巡查,认真规范查处水事违法事件,依法保护各类水工程设施安全完好,搞好河湖清障等工作。

（二）业务培训和考核

多年来，市水政支队认真贯彻执行《水政监察员学习培训制度》，确保每周学习不少于半天，及时学习以新水法为主的有关法律法规，交流执法体会，分析典型案例，把学习全面融合到日常工作中去。与此同时，坚持对执法人员进行正规的业务培训，全市水政监察队伍的执法水平有了显著的提高。市局水政处多次派员赶赴所辖市（区），监督检查各地的学习培训工作并进行培训指导，有效促进了全市水行政执法、管理、培训工作均衡发展。2002—2015年，全市共举办培训班98期，其中市级培训班14期；共培训水政执法人员2030人次，其中，参加市本级培训的490人次，参加上级和综合部门培训的158人次。

根据《江苏省水政监察工作考核和评比办法》的要求，2007年1月，市水政监察支队对全市水政监察队伍进行了考核。为了避免考核工作走过场、流于形式，市支队制定了翔实的考核步骤、量化考核指标，综合自评分和考核分得出总分。通过考核，各地在总结成绩的基础上找出了自己的不足，为下一步工作的重点明确了方向。

市支队还牵头起草了市水利局"三项承诺"和"六条禁令"监督检查和责任追究制度，并组织全支队人员认真学习。局党组要求驻局纪检组把阳光行政、文明执法和执行"六条禁令"情况的检查监督与考核工作作为一项重点任务，每季对各单位执行"六条禁令"的检查，每半年进行一次考核。凡违反"六条禁令"的单位实行年终评优一票否决并通报批评，违反"六条禁令"的个人一律先下岗，再处理。

（三）水法规宣传

地级泰州市成立后，市水利局广泛开展水法规宣传，强化水利系统干部职工法治素养，增加依法行政能力，着力提高广大市民遵守水法规、保护水环境意识。

积极推进领导干部学法用法，完善党组理论学习中心组学法制度和法律培训制度、重大事项决策法律咨询制度、任职法律考试考核等制度，推动、健全、完善领导干部学法用法工作机制。同时，加强对全局干部职工的法治教育，健全完善公务人员法律知识的学习培训和考核制度、水行政执法人员的培训考核制度等，做到全员持证上岗，有效提高了水利系统依法治水管水的水平。深入开展水法律法规"六进"（进机关、进乡村、进社区、进学校、进企业、进单位）活动，提高行政管理人员办事依法、遇事找法、解决问题靠法的意识和水法规基本知识的知晓度。

多年来，市水利局一贯加强相关政策法规的宣传教育，把普法责任制贯穿到行政审批、行政检查、执法监管、行政处罚、行政强制等服务和执法的事前、事中、事后全过程，要求执法人员做到说理式执法，把水法律法规宣传教育与水利工作的中心工作紧密结合，增强水法治宣传的针对性和实效性。职能处室深入基层一线，结合典型案例的剖析，通过召开座谈会、开展水法律专题讲座、设立水法治宣传展板、开展问卷调查等形式广为宣传、普及法律知识，有效增强了水法治宣传的说服力。

2010—2013年间，市水利局陆续建成几个水法治文化宣传的公共设施，使水法治文化宣传与公共文化服务设施功能互补，相得益彰。

2010年10月，市水利局开工建设江苏省长江采砂管理泰州基地（以下简称基地）。基地位于市高港区永安洲镇中心村古马干河北岸、马甸节制闸下游约3.7公里处，距长江1.5公里，占地面积2300平方米,码头长50米,基地用房520平方米,总投资450万元,2012年10月建成。省长江采砂管理泰州基地建成后,为全市长江河道管理提供了船艇停靠、人员驻扎、训练场地等基础设施,更加有利于方便灵活、迅捷有效地开展长江河道巡查、执法和监督管理,切实为长江水行政执法提供可靠保障。

2011年,为推进法治文化建设,加大法律知识的宣传力度,提高群众的法治观念和法律意识,市水利局在中子河与青年路交会处东北侧,投资建设了水利法治文化园。该园占地面积1200平方米,建有20米长的普法宣传橱窗。是年底,市局还建成"清正清风、和谐泰州"的廉政公园,亦称镜园。该园位于高新区周山河海陵路大桥东侧,面积约9000平方米,总投资896万元(详见本书第十五章第二节"四、周山河景观")。

2013年,市水利局建成市节水教育基地。基地位于主城区梅兰东路和引风路交会处的西北侧、泰州市城区河道管理处一楼,由泰州市水资源管理处出资新建(2019年扩建),面积约300平方米,分参观和培训两大功能区。参观区域共有农业节水、工业节水、城镇生活节水和非常规水资源利用四大板块;培训区域设有节水讲堂、互动体验和节水承诺三个分区。基地常年对外开放,建成以来,每年接待中小学生和社会公众约1000人次,较好地发挥了节水宣传实践活动载体功能,2016年被省水利厅、省委宣传部和省教育厅评为第二批省级节水教育基地。

市水利局还利用水纪念日组织开展水法律法规宣传活动。3月22日是"世界水日"纪念日。在每年3月22—28日的"中国水周"宣传周,全市水利系统均组织开展水法律法规宣传活动。每年3月22日,市水利局在《泰州日报》开辟专版进行宣传;同时会同省泰州引江河管理处、省水文局泰州分局、市气象局等单位联合协作搞宣传,开展发放水法宣传单,广场摆放展牌、设立咨询台接受社会各界人士的咨询。在"中国水周"期间,市水利局还在市电台、泰无聊网站、局政务网站进行专题宣传;水利管理机构亦利用水政监察艇沿河开展水法律法规宣传,在市区各社区滚动橱窗设置宣传广告,启迪广大市民遵守水法规、爱护水环境。

1996—2015年"中国水周"宣传主题:

1996年:依法治水、科学管水、强化节水

1997年:水与发展

1998年:依法治水——促进水资源可持续利用

1999年:江河治理是防洪之本

2000年:加强节约和保护,实现水资源的可持续利用

2001年:建设节水型社会,实现可持续发展

2002年:水资源的可持续利用支持经济社会的可持续发展

2003年:依法治水,实现水资源可持续利用

2004年:人水和谐

2005年:保障饮水安全,维护生命健康

2006年:转变用水观念,创新发展模式

2007年:水利发展与和谐社会

2008年:发展水利,改善民生

2009年:落实科学发展观,节约保护水资源

2010年:严格水资源管理,保障可持续发展

2011年:严格管理水资源,推进水利新跨越

2012年:大力加强农田水利,保障国家粮食安全

2013年:节约保护水资源,大力建设生态文明

2014年:加强河湖管理,建设水生态文明

2015年:节约水资源,保障水安全

（四）长江采砂管理

长江河床砂石堆积对保持河床稳定、约束水流、保护堤防具有重要作用。20世纪90年代以来,随着经济的发展和城市化进程的加快,建筑市场对砂石需求量猛增,利益驱动导致非法采砂日益猖獗。非法采砂直接破坏河床、损坏护岸工程、加剧岸滩崩塌、掏空堤防基础,并且直接影响长江水上交通秩序和运输安全,造成国家税收和水利规费的大量流失。

1996年10月,江苏省政府发出《关于我省境内长江河道暂停采砂活动的通知》;1997年,省政府又发出《关于我省境内长江河道继续禁止采砂的通知》;1998年7月,泰州市政府颁发1号通告《泰州市人民政府关于严禁开采销售使用长江砂源的通告》;2002年6月24日,省人民代表大会常务委员会做出《关于在长江江苏水域严禁非法采砂的决定》。市水政支队及沿江市、区水政大队认真贯彻执行省政府长江采砂管理条例、省人大禁采长江砂决定及市政府1号通告,实行长效管理措施,采取定期巡查与突击打击相结合方式,有效遏制了非法采砂猖獗势头,非法采砂活动呈逐年下降趋势。在禁采期间,市支队与高港及泰兴水利部门一起选址,分别在长江高港、泰兴段设立禁采期采砂船指定停靠点2处,并在媒体上发布政府通告、在停靠河段设立固定停靠牌,加强主汛期长江采砂船只的统一管理,但是非法采砂仍然时有发生。

2005年2月,在长江采砂禁止9年之后,为不让非法采砂有机可乘,江苏段长江采砂有限解禁。

为有效遏制长江采砂的猖獗势头,市水政监察支队及所属大队按照省水政监察总队统一部署,多次实施集中打击,并通过建立边界水事应急机制,多次与邻近地市实施联合打击。2005年,市支队会同市公安部门统一组织实施了长江泰州段5次联合执法行动;靖江、高港等市(区)也分别组织了10次集中打击;共出动联合执法人员260余人次,抓获、查处了40余条非法采砂船只。

2007年,省水利厅印发《关于长江河道采砂管理"集中整治月"行动方案的通知》(苏水传发〔2007〕36号),市水政支队按照文件要求建立了巡查组,整治月中每周深入到沿江巡查一次,每天与沿江市、区水政大队联系,掌握沿江水事活动情况。同时,制定了"整治月"期间人员值班计划。"五一"长假期间,支队全体队员、驾驶员都参加值班,加强管理。按照省水利厅统一部署,5月28日,市支队组织沿江各市(区)水政大队开展了打击长江非法采砂"清江行动",共计出动执法人员50余人次,执法艇3个航次,抓获查处非法采砂船、非法停靠船7条。

随着沿江开发崛起,采砂吹填造地项目增多,未经批准、边报边采、少报多采现象时有发生,给禁

采管理带来一些困难。市水利局明确:由市水政监察支队统一负责吹填造地的报批,各县(市)水政大队负责现场管理工作,使沿江各地盲目吹填施工的现象得到有效控制。同时,对不履行批准手续,不服从管理的单位进行查处。

表12-3　1996—2015年泰州打击长江非法采砂情况一览表

年份	打击长江非法采砂次数	查扣非法采砂船(条)
1996	120	
1997	400	10
1998	520	33
1999	810	109
2000	815	32
2001	874	71
2002	949	50
2003	803	61
2004	1004	170
2005	924	8
2006	2436	10
2007	2258	36
2008	2010	15
2009	1346	18
2010	1708	25
2011	1634	25
2012	1693	21
2013	1767	27
2014	2396	9
2015	3365	8
合计	27832	738

多年来,市支队坚持依法管理长江采砂活动,对非法采砂采取"露头就打、小乱大治"的策略,有效遏制了长江非法采砂。1997—2015年,市支队共出动执法车辆450次、执法艇398航次,直接或牵头组织了近380次集中打击行动,依法查处了45起非法采砂案件,上缴财政罚没款396万元。

(五)水事执法案件选

【擅自使用长江岸线、吹填长江行洪滩地案件】

2007年5月中旬,市支队接群众举报:高港永安洲、泰兴化工开发区、泰兴七圩镇等地未履行审批手续擅自使用长江岸线、吹填长江行洪滩地。市支队及时组织现场核查,发现群众举报属实。5月31

日,支队起草下发了《关于查处高港、泰兴沿江违法采砂吹填的督办通知》。要求泰兴、高港水行政主管部门切实履行职责、依法严肃查处。6月2日,市支队成立督察组。督察组派员分别到高港、泰兴、靖江,监督各地贯彻执行市局督办通知情况。

【江海高速施工损毁水利工程设施案件】

江海高速施工在泰州沿线共破圩16个22处,平毁圩堤1340米,缩口河道17条,推入影响河道行洪土方65300立方米,排水设施、下水道、电灌站、硬质渠毁损情况也较为严重。针对这一情况,2008年,市水利局牵头,海陵、姜堰水利部门及时向省高指、市高指汇报此情况。市领导高度重视,多次到现场进行视察,并责成各项目部迅速与有关镇对接,迅速拿出修复、应急方案,限期修复到位。

表12-4　1996—2015年泰州水事案件查处情况一览表

年份	一般性案件查处(起)	立案(起)	防汛清障情况及成果
1996	99		拆除违章渔网、簖378处,拆除违章建筑405平方米。清理废船10艘
1997	192	10	拆除违章渔网、簖409处,拆除违章建筑360平方米。清理废船3艘
1998	140	33	拆除违章渔网、簖395处,拆除违章建筑305平方米。清理废船7艘
1999	1106	109	拆除违章渔网、簖398处,拆除违章建筑320平方米。清理废船8艘
2000	765	32	拆除违章渔网、簖357处,拆除违章建筑265平方米。清理废船15艘
2001	241	71	拆除违章渔网、簖383处,拆除违章建筑220平方米。清理废船9艘
2002	246	50	拆除违章渔网、簖538处,拆除违章建筑4835平方米。清理废船5艘
2003	184	61	拆除违章渔网、簖520处,拆除违章建筑1190平方米。清理废船4艘
2004	114	170	拆除违章渔网、簖563处,拆除违章建筑270平方米。清理废船4艘
2005	111	8	拆除违章渔网、簖504处,拆除违章建筑260平方米。清理废船2艘
2006	250	10	拆除违章渔网、簖445处,拆除违章建筑260平方米。清理废船7艘
2007	140	36	拆除违章渔网、簖459处,拆除违章建筑160平方米。清理废船3艘。
2008	182	15	拆除违章渔网、簖425处,拆除违章建筑290平方米。清理废船10艘
2009	111	18	拆除违章渔网、簖405处,拆除违章建筑215平方米。清理废船8艘
2010	68	25	拆除违章渔网、簖403处,拆除违章建筑225平方米。清理废船13艘
2011	29	25	拆除违章渔网、簖433处,拆除违章建筑213平方米。清理废船9艘
2012	38	21	拆除违章渔网、簖402处,拆除违章建筑185平方米。清理废船8艘
2013	33	27	拆除违章渔网、簖380处,拆除违章建筑195平方米。清理废船5艘

续表12-4

年份	一般性案件查处（起）	立案（起）	防汛清障情况及成果
2014		9	拆除违章渔网、簖396处,拆除违章建筑245平方米。清理废船3艘
2015	2	8	拆除违章渔网、簖391处,拆除违章建筑205平方米。清理废船16艘
合计	4051	738	拆除违章渔网、簖8584处,拆除违章建筑10623平方米。清理废船149艘

（六）协助规费征收

详见本书第十四章第一节。

第四节　水资源管理

水资源管理是水利事业由以工程建设为主转向以水的管理为主的主要标志。20世纪80年代初,国家和省提出城市节约用水、保障供水资源的要求,境内各地先后成立节约用水办公室。其主要职责是:贯彻执行国家和省有关法律法规和方针政策,编制城镇范围内供水资源管理的有关专业规划,报市(县)人民政府批准后组织实施,负责城镇供水资源管理的日常工作和城镇供水设施的建设工作。1988年,《中华人民共和国水法》颁布实施后,境内各地水利部门逐步开展了对水资源的管理工作。1993年9月1日,国务院颁发《取水许可制度实施办法》。自此,境内各地实施取水许可制度,由各县(市)水利部门负责办理取水许可证。是年起,开始征收工业用水水资源费。

1996年8月,地级泰州市成立。为进一步加强全市计划用水和节约用水工作,努力为经济建设和人民生活服务,1997年4月,市水利局成立泰州市节约用水办公室。办公室为全额拨款的事业单位,相当于科级,核定事业编制4人。原县级泰州市节约用水办公室更名为泰州市节约用水办公室城区工作站,性质为全额拨款的事业单位,相当于副科级,行政上归属市住建局领导,业务上归口市水利局。1998年10月,为统筹考虑水资源的开发利用,合理配置、节约和保护水资源,实现水资源的统一管理,城区节水工作站整建制划入泰州市水利局,与泰州市水资源管理处共同开展水资源管理和节约用水工作。1999年8月13日,市政府发布《泰州市水资源管理暂行办法》,对全市水资源的管理提出了若干具体要求,指导全市水资源管理上了一个新台阶。2013年,泰州建成并运行省水资源管理信息系统一期工程泰州市分工程,实现了有关工作人员手机与电脑、内网与外网同步运行。工作人员可随时随地在线监控全市283家取水户的水量、水位等信息,方便了地表水、地下水管理,在线率一般在90%以上。2014年建成并投入运行泰州市城市水资源实时监控与管理系统。这些举措进一步提升了水资源系统智能化管理水平。

一、地表水管理

泰州市地跨长江、淮河两大流域。分属江、淮两大水系,水资源分区以新通扬运河和老328国道沿线控制建筑物为界,以北为里下河区,以南为通南沿江区。市域内河网密布,水资源丰富。各级政府实施水资源科学调度和管理,为全市经济社会发展提供了水资源支撑和保障。

1996年,按照省水利厅的要求,各市(区)开展了地表水现状调查分析。1999年,市水利局与扬州水文分局联合编制了《江苏省泰州市水资源开发利用现状分析报告》;2011年,市水利局与泰州水文分局完成了《泰州市水资源调查评价报告》;2014年,完成了《泰州市水资源保护规划》。2011年始,发布《泰州市水资源公报》。

2002年5月,市水利局完成《泰州市地表水功能区划报告》,在全市29条骨干河道及4处主要湖荡进行水功能区划。共设水功能区76个,其中保护区3个,保留区3个。

2003年8月,市政府发布《泰州市地表水(环境)功能区划》,泰州市水利局对重点水域功能区确界立碑,公示保护范围和水质管理目标,每月进行水质监测。

2008年泰州全面推行取水许可制度,统一换发新版非农业取水许可证559个,其中地表水135个,地下水424个。全市非农业取水许可总量达14.45亿立方米,其中地表水13.95亿立方米,地下水0.5亿立方米。

2012年,市政府积极贯彻落实《国务院关于实行最严格水资源管理制度的意见》,成立了由9个部门组成的泰州市最严格水资源管理考核联席会。2014年该会认真研究制定《泰州市最严格水资源管理制度考核办法》,联合市发改委下达《2014年实行最严格水资源管理制度目标任务》,将用水总量分解下达到各市(区)政府,加强水资源开发利用的考核管理,全面实施用水总量控制。严格控制污染和高耗水行业的发展,全市单位GDP大幅上升,年用水总量下降4.5%。各市(区)依据核定的用水总量,凡有突破的新增用水量一律不再许可,维护了总量控制的权威性。2015年,市水利局委托江苏省水文水资源勘测局泰州分局编制完成《泰州市地下水压采方案》,封井工作推进有力,地下水开采总量大幅下降。通过下达用水计划、核定取水限额和有效的管理制度,实现地下水优水优用、平衡保护。

到2015年,全市用水总量指标为33亿立方米,其中靖江市3.64亿立方米,兴化市11.48亿立方米,泰兴市6亿立方米,海陵区4.28亿立方米,高港区1.38亿立方米,姜堰区5.24亿立方米,医药高新区0.98亿立方米。至2015年底,全市实际用水水平为27.7亿立方米,其中靖江市2.79亿立方米,兴化市10.79亿立方米,泰兴市5.93亿立方米,海陵区2.29亿立方米,高港区1.09亿立方米,姜堰区4.39亿立方米,医药高新区0.42亿立方米。截至2015年底,全市有集中式饮用水水源地8个,分别是长江靖江蟛蜞港水源地、长江泰州永安洲永正水源地、上官河兴化水源地、横泾河兴化水源地、下官河缸顾水源地、卤汀河周庄水源地、兴姜河兴化水源地、通榆河兴东水源地。上述水源地类型均为河流型,饮用水水源地一级保护区、二级保护区和准保护区水域与陆域范围基本划定。根据省政府办公厅《关于开展全省集中式饮用水水源地达标建设意见的通知》,泰州市从2012年起,分别实施饮用水水源地达标建设工作,通过工程措施和非工程措施,建立了全市集中式饮用水水源地安全保障体系。截至2015年底,全市有3个水源地通过达标验收,2个在落实整改,其余3个还在创建之中。

表 12-5　泰州市（76个）水功能区情况表

序号	水功能区划码	水功能区名称	国家重点水功能区	重点水功能区(2017年)	一级水功能区类别	二级水功能区类别	起始断面名称	终止断面名称	流域	水系名称	河流名称	行政地市	水功能区长度	水功能区面积	水功能区2010年目标	水功能区2020年目标	功能排序	备注
1	E0302026101000	新通扬运河泰州调水保护区	√		保护区		界沟河	泰东河口	淮河	淮河下游区	新通扬运河	泰州	10.7		Ⅲ	Ⅲ	渔业用水,工业用水	
2	E0302026153203	新通扬运河海陵姜堰农业用水区	√	√	开发利用区	农业用水区	泰东河口	姜堰开发区	淮河	淮河下游区	新通扬运河	泰州	14.7		Ⅲ	Ⅲ	工业用水,农业用水	
3	E0302026203307	新通扬运河泰州姜堰排污控制区	√	√	开发利用区	排污控制区	姜堰开发区	宁盐公路桥	淮河	淮河下游区	新通扬运河	泰州	5.0		Ⅳ	Ⅲ	工业用水,农业用水	
4	E0302026253403	新通扬运河姜堰白米农业用水区	√	√	开发利用区	农业用水区	宁盐公路桥	泰通交界	淮河	淮河下游区	新通扬运河	泰州	7.0		Ⅳ	Ⅲ	工业用水,农业用水	
5	E0302026303101	上官河兴化饮用水源区	√	√	开发利用区	饮用水水源区	车路河口	水乡大桥	淮河	淮河下游区	上官河	泰州	2.0		Ⅲ	Ⅲ	饮用水水源,景观娱乐	
6	E0302026353203	上官河兴化农业用水区	√		开发利用区	农业用水区	水乡大桥	大邹吉联	淮河	淮河下游区	上官河	泰州	25.0		Ⅲ	Ⅲ	渔业用水,农业用水	
7	E0302026413205	下官河兴化景观娱乐用水区			开发利用区	景观娱乐用水区	车路河口	严家大桥	淮河	淮河下游区	下官河	泰州	3.0		Ⅳ	Ⅳ	景观娱乐	原E0302026403107下官河兴化排污控制区
8	E0302026453204	下官河沙沟渔业用水区		√	开发利用区	渔业用水区	下官河与子婴河交汇处	沙沟镇	淮河	淮河下游区	下官河	泰州	9.5		Ⅲ	Ⅲ	渔业用水	

续表12-5

序号	水功能区划码	水功能区名称	国家重点水功能区	重点水功能区(2017年)	一级水功能区类别	二级水功能区类别	起始断面名称	终止断面名称	流域	水系名称	河流名称	行政地市	水功能区长度	水功能区面积	水功能区2010年目标	水功能区2020年目标	功能排序	备注
9	E0302026503105	卤汀河海陵景观娱乐用水区	√	√	开发利用区	景观娱乐用水区	泰州船闸	新通扬运河	淮河	淮河下游区	卤汀河	泰州	2.3		IV	IV	景观娱乐用水,工业用水	
10	E0302026553203	卤汀河泰州农业、工业、渔业用水区	√		开发利用区	农业用水区	新通扬运河与卤汀河交汇处	姜堰北桥村	淮河	淮河下游区	卤汀河	泰州	14.1		III	III	渔业用水,工业用水,农业用水	
11	E0302026603104	车路河兴化渔业用水区		√	开发利用区	渔业用水区	兴化东郊	大垛天和成	淮河	淮河下游区	车路河	泰州	15.8		III	III	渔业用水,农业用水	
12	E0302026603301	卤汀河兴化饮用水水源区	√		开发利用区	饮用水水源区	姜堰北桥村	兴化周庄镇北殷庄村	淮河	淮河下游区	卤汀河	泰州	10.0		III	III	饮用水水源	
13	E0302026653203	车路河兴化农业用水区		√	开发利用区	农业用水区	大垛天和成	横津河口	淮河	淮河下游区	车路河	泰州	17.2		III	III	农业用水	
14	E0302026653403	卤汀河兴化农业、工业、渔业用水区	√		开发利用区	农业用水区	兴化周庄镇北殷庄村	兴化城区	淮河	淮河下游区	卤汀河	泰州	19.0		III	III	农业用水,工业用水,渔业用水	
15	E0302026703401	车路河兴化饮用水水源区		√	开发利用区	饮用水水源区	横津河口	兴化东台界	淮河	淮河下游区	车路河	泰州	4.0		III	III	饮用水水源,渔业用水	
16	E0302026753013	海沟河兴化西鲍农业用水区			开发利用区	农业用水区	西鲍	中圩乡西南圩	淮河	淮河下游区	海沟河	泰州	24.0		III	III	渔业用水,农业用水	高怀新河
17	E0302026803021	海沟河兴化安丰饮用水源区			开发利用区	饮用水水源区	中圩乡西南圩	永丰戚家舍	淮河	淮河下游区	海沟河	泰州	4.0		III	III	饮用水源,景观娱乐	

续表 12-5

序号	水功能区划码	水功能区名称	国家重点水功能区	重点水功能区(2017年)	一级水功能区类别	二级水功能区类别	起始断面名称	终止断面名称	流域	水系名称	河流名称	行政地市	水功能区长度	水功能区面积	水功能区2010年目标	水功能区2020年目标	功能排序	备注
18	E0302026853033	海沟河兴化大营农业用水区			开发利用区	农业用水区	永丰戚家舍	合陈胜利	淮河	淮河下游区	海沟河	泰州	16.0		Ⅲ	Ⅲ	渔业用水,农业用水	
19	E0302026903014	兴盐界河兴化渔业用水区			开发利用区	渔业用水区	大纵湖	串场河	淮河	淮河下游区	兴盐界河	泰州	39.5		Ⅲ	Ⅲ	渔业用水,农业用水	
20	E0302026953013	雌雄港兴化农业用水区			开发利用区	农业用水区	果园场	新珠张头	淮河	淮河下游区	雌雄港	泰州	24.0		Ⅲ	Ⅲ	渔业用水,农业用水	
21	E0302027003013	盐靖河兴化农业用水区		√	开发利用区	农业用水区	戴南罗东	安丰张家	淮河	淮河下游区	盐靖河	泰州	53.0		Ⅲ	Ⅲ	渔业用水,农业用水	
22	E0302027053013	姜溱河姜堰农业用水区			开发利用区	农业用水区	溱潼镇	姜堰镇	淮河	淮河下游区	姜溱河	泰州	15.2		Ⅲ	Ⅲ	工业用水,农业用水	
23	E0302027103103	蚌蜒河兴化农业用水区		√	开发利用区	农业用水区	兴化老阁	兴化,东台界	淮河	淮河下游区	蚌蜒河	泰州	37.0		Ⅲ	Ⅲ	渔业用水,农业用水	
24	E0302027153104	泰东河海陵姜堰渔业用水区	√		开发利用区	渔业用水区	新通扬运河	龙叉港	淮河	淮河下游区	泰东河	泰州	28.5		Ⅲ	Ⅲ	渔业用水,工业用水,农业用水	
25	E0302027203201	泰东河泰州溱潼饮用水源区	√	√	开发利用区	饮用水源区	龙叉港	溱潼镇东	淮河	淮河下游区	泰东河	泰州	3.5		Ⅲ	Ⅱ	饮用水水源,渔业,工业用水,农业用水	
26	E0302027303203	九里沟泰州海陵农业用水区			开发利用区	农业用水区	九里村	新通扬运河	淮河	淮河下游区	九里沟	泰州	5.0		Ⅳ	Ⅲ	农业用水	

续表 12-5

序号	水功能区划码	水功能区名称	国家重点水功能区	重点水功能区(2017年)	一级水功能区类别	二级水功能区类别	起始断面名称	终止断面名称	流域	水系名称	河流名称	行政地市	水功能区长度	水功能区面积	水功能区2010年目标	水功能区2020年目标	功能排序	备注
27	E030202740 3204	大纵湖兴化渔业用水区		√	开发利用区	渔业用水区			淮河	淮河下游区	大纵湖	泰州		12.07	Ⅲ	Ⅲ	饮用水水源,渔业用水	
28	E030202750 3204	蜈蚣湖兴化渔业用水区			开发利用区	渔业用水区			淮河	淮河下游区	蜈蚣湖	泰州		16.18	Ⅲ	Ⅲ	渔业用水,农业用水	
29	E030202760 3204	得胜湖兴化渔业用水区		√	开发利用区	渔业用水区			淮河	淮河下游区	得胜湖	泰州		11.43	Ⅲ	Ⅲ	渔业用水,农业用水	
30	E030202770 3205	喜鹊湖姜堰景观娱乐用水区		√	开发利用区	景观娱乐用水区			淮河	淮河下游区	喜鹊湖	泰州		1.93	Ⅲ	Ⅲ	景观娱乐	
31	F110301310 1000	长江泰州调水水源保护区	√	√	保护区		泰州引江河口上游2公里	泰州引江河口下游1.4公里	长江	长江干流	长江	泰州	3.4		Ⅱ	Ⅱ	渔业用水	
32	F110301320 3012	长江泰州高港工业、农业用水区	√	√	开发利用区	工业用水区	泰州引江河口下游1.4公里	龙窝口	长江	长江干流	长江	泰州	3.4		Ⅱ	Ⅱ	工业用水,农业用水	
33	F110301330 3026	长江泰州口岸水安过渡区	√	√	开发利用区	过渡区	龙窝口	幸福闸	长江	长江干流	长江	泰州	1.0		Ⅱ	Ⅱ	工业用水,农业用水	
34	F110301340 3031	长江泰州水安饮用水水源区	√	√	开发利用区	饮用水水源区	幸福闸	北沙(上游5公里)	长江	长江干流	长江	泰州	4.1		Ⅱ	Ⅱ	饮用水水源	
35	F110301350 3042	长江泰兴工业、农业用水区	√	√	开发利用区	工业用水区	北沙(上游5公里)	芦坝港	长江	长江干流	长江	泰州	15.3		Ⅱ	Ⅱ	工业用水,农业用水	

续表 12-5

序号	水功能区划码	水功能区名称	国家重点水功能区	重点水功能区(2017年)	一级水功能区类别	二级水功能区类别	起始断面名称	终止断面名称	流域	水系名称	河流名称	行政地市	水功能区长度	水功能区面积	水功能区2010年目标	水功能区2020年目标	功能排序	备注
36	F1103013602000	长江泰兴天星洲保留区	√	√	保留区		芦埝港	七圩港	长江	长江干流	长江	泰州	10.8		II	II	渔业用水、农业用水	
37	F1103013703012	长江泰兴七圩—夹港工业、农业用水区	√	√	开发利用区	工业用水区	七圩港	夹港口	长江	长江干流	长江	泰州	11.0		II	II	工业用水、农业用水	
38	F1103013802000	长江靖江六圩保留区	√	√	保留区		夹港口	下六圩	长江	长江干流	长江	泰州	10.3		II	II	渔业用水、农业用水	
39	F1103013903012	长江靖江下六圩小桥闸工业、农业用水区	√	√	开发利用区	工业用水区	下六圩	小桥闸	长江	长江干流	长江	泰州	9.5		II	II	工业用水、景观娱乐、农业用水	
40	F1103014003026	长江靖江小桥过渡区	√	√	开发利用区	过渡区	小桥闸	野潲闸	长江	长江干流	长江	泰州	1.8		II	II	过渡	
41	F1103014103031	长江靖江蟛蜞港饮用水源区	√	√	开发利用区	饮用水源区	野潲闸	罗家桥闸	长江	长江干流	长江	泰州	2.8		II	II	饮用水水源	
42	F1103014203042	长江靖江夏仕港工业、农业用水区	√	√	开发利用区	工业用水区	罗家桥闸	夏仕港下游1公里	长江	长江干流	长江	泰州	11.2		II	II	工业用水、农业用水	
43	F1103014302000	长江靖江夏仕港保留区	√	√	保留区		夏仕港下游1公里	泰通交界四号港	长江	长江干流	长江	泰州	11.0		II	II	渔业用水、农业用水	
44	F1103014353011	靖泰界河饮用、工业用水区		√	开发利用区	饮用水源区	夏仕港	季市镇	长江	长江下游区	靖泰界河	泰州	6.0		III	II	饮用水水源、渔业、工业用水	

续表 12-5

序号	水功能区划码	水功能区名称	国家重点水功能区	重点水功能区(2017年)	一级水功能区类别	二级水功能区类别	起始断面名称	终止断面名称	流域	水系名称	河流名称	行政地市区	水功能区长度	水功能区面积	水功能区2010年目标	水功能区2020年目标	功能排序	备注
45	F11030144403023	靖泰界河农业、工业用水区			开发利用区	农业用水区	季市镇	界河闸	长江	长江下游区	靖泰界河	泰州	38.6		Ⅲ	Ⅱ	工业用水、农业用水	
46	F11030144453013	夏仕港靖江农业、工业用水区			开发利用区	农业用水区	长江边	长安	长江	长江下游区	夏仕港	泰州	7.0		Ⅲ	Ⅱ	工业用水、农业用水	
47	F11030144503021	夏仕港靖江饮用水水源、农业用水区			开发利用区	饮用水水源区	长安	靖泰界河	长江	长江下游区	夏仕港	泰州	3.5		Ⅲ	Ⅱ	饮用水水源、农业用水	
48	F11030144603013	季黄河泰兴农业、工业用水区			开发利用区	农业用水区	季市镇	吴韩	长江	长江下游区	季黄河	泰州	16.8		Ⅲ	Ⅲ	渔业用水、工业用水、农业用水	
49	F11030144653021	季黄河泰兴饮用水水源区			开发利用区	饮用水水源区	吴韩	西寺桥	长江	长江下游区	季黄河	泰州	2.0		Ⅲ	Ⅲ	饮用水水源、工业用水	
50	F11030144703012	如泰运河泰兴工业、农业用水区			开发利用区	工业用水区	长江边	泰兴扬园	长江	长江下游区	如泰运河	泰州	12.5		Ⅳ	Ⅲ	工业用水、农业用水	
51	F11030144753023	如泰运河泰兴农业、工业用水区		√	开发利用区	农业用水区	泰兴扬园	黄桥镇	长江	长江下游区	如泰运河	泰州	18.0		Ⅲ	Ⅲ	工业用水、农业用水	
52	F11030144803031	如泰运河泰兴饮用水水源区			开发利用区	饮用水水源区	黄桥镇	直来桥	长江	长江下游区	如泰运河	泰州	4.0		Ⅲ	Ⅲ	饮用水水源、工业用水、农业用水	
53	F11030144853043	如泰运河泰兴分界农业、工业用水区			开发利用区	农业用水区	直来桥	分界沈巷	长江	长江下游区	如泰运河	泰州	12.0		Ⅲ	Ⅲ	工业用水、农业用水	

续表 12-5

序号	水功能区划码	水功能区名称	国家重点水功能区	重点水功能区(2017年)	一级水功能区类别	二级水功能区类别	起始断面名称	终止断面名称	流域	水系名称	河流名称	行政地市	水功能区长度	水功能区面积	2010年目标	2020年目标	功能排序	备注
54	F110301490 3012	古马干河泰兴工业、农业用水区		√	开发利用区	工业用水区	长江边	根思大桥	长江	长江下游区	古马干河	泰州	10.0		Ⅲ	Ⅲ	渔业用水、工业用水、农业用水	
55	F110301495 3023	古马干河泰兴农业、工业用水区			开发利用区	农业用水区	根思大桥	古溪镇	长江	长江下游区	古马干河	泰州	32.5		Ⅲ	Ⅲ	渔业用水、工业用水、农业用水	
56	F110301500 3012	西姜黄河泰兴工业用水区			开发利用区	工业用水区	黄桥镇	明星中沟	长江	长江下游区	西姜黄河	泰州	1.5		Ⅲ	Ⅲ	工业用水、农业用水	
57	F110301505 3023	西姜黄河泰兴、姜堰农业用水区			开发利用区	农业用水区	明星中沟	老通扬运河	长江	长江下游区	西姜黄河	泰州	25.0		Ⅲ	Ⅲ	工业用水、农业用水	
58	F110301510 3012	东姜黄河泰兴工业、农业用水区			开发利用区	工业用水区	黄桥镇	卜礤	长江	长江下游区	东姜黄河	泰州	1.5		Ⅲ	Ⅲ	工业用水、农业用水	
59	F110301515 3023	东姜黄河泰兴农业、工业用水区			开发利用区	农业用水区	卜礤	老通扬运河	长江	长江下游区	东姜黄河	泰州	36.0		Ⅲ	Ⅲ	工业用水、农业用水	
60	F110301520 3011	南官河泰州工业、饮用水水源区			开发利用区	饮用水水源区	刁铺镇	鲍徐钱家庄	长江	长江下游区	南官河	泰州	9.0		Ⅲ	Ⅲ	饮用水水源、工业用水、农业用水	
61	F110301525 3023	南官河泰州农业、工业用水区			开发利用区	农业用水区	刁铺镇	长江边	长江	长江下游区	南官河	泰州	11.0		Ⅲ	Ⅲ	工业用水、农业用水	

续表 12-5

序号	水功能区划码	水功能区名称	国家重点水功能区	重点水功能区(2017年)	一级水功能区类别	二级水功能区类别	起始断面名称	终止断面名称	流域	水系名称	河流名称	行政地市	水功能区长度	水功能区面积	水功能区2010年目标	水功能区2020年目标	功能排序	备注
62	F1103015303031	南官河泰州饮用水水源、工业用水区			开发利用区	饮用水水源区	鲍徐钱家庄	老通扬运河	长江	长江下游区	南官河	泰州	2.4		III	III	饮用水水源、渔业用水、工业用水	
63	F1103015353045	南官河泰州景观娱乐用水区			开发利用区	景观娱乐用水区	老通扬运河	泰州船闸	长江	长江下游区	南官河	泰州	4.0		IV	III	渔业用水、景观娱乐	
64	F1103015403013	周山河泰州农业用水区		√	开发利用区	农业用水区	引江河	泰通交界	长江	长江下游区	周山河	泰州	39.6		III	III	农业用水	
65	F1103015453013	中干河姜堰农业用水区			开发利用区	农业用水区	顾高	周山河	长江	长江下游区	中干河	泰州	10.5		III	III	渔业用水、农业用水	
66	F1103015503011	中干河姜堰饮用水水源区		√	开发利用区	饮用水水源区	周山河	新通扬运河	长江	长江下游区	中干河	泰州	8.7		III	III	饮用水水源	
67	F1103015553042	通扬运河泰州海陵区工业、农业用水区			开发利用区	工业用水区	九龙彭家湾	南官河	长江	长江下游区	老通扬运河	泰州	9.7		III	III	工业用水、农业用水	
68	F1103015603055	通扬运河泰州海陵区景观娱乐用水区			开发利用区	景观娱乐用水区	南官河	宫涵闸	长江	长江下游区	老通扬运河	泰州	3.0		IV	III	景观娱乐	
69	F1103015653067	通扬运河泰州海陵区排污控制区			开发利用区	排污控制区	宫涵闸	塘湾镇	长江	长江下游区	老通扬运河	泰州	2.5		IV	IV	农业用水、排污控制	
70	F1103015703073	通扬运河姜堰蔡官农业、渔业用水区			开发利用区	农业用水区	塘湾镇	黄村河	长江	长江下游区	老通扬运河	泰州	10.7		III	III	渔业用水、工业用水、农业用水	

续表 12-5

序号	水功能区划码	水功能区名称	国家重点水功能区	重点水功能区(2017年)	一级水功能区类别	二级水功能区类别	起始断面名称	终止断面名称	流域	水系名称	河流名称	行政地市	水功能区长度	水功能区面积	水功能区2010年目标	水功能区2020年目标	功能排序	备注
71	F110301575 3086	通扬运河姜堰过渡区			开发利用区	过渡区	黄村河	中干河	长江	长江下游区	老通扬运河	泰州	1.5		Ⅲ	Ⅲ	过渡	
72	F110301580 3091	通扬运河姜堰饮用水水源区			开发利用区	饮用水水源区	中干河	西板桥	长江	长江下游区	老通扬运河	泰州	1.0		Ⅲ	Ⅲ	饮用水水源	
73	F110301583 3107	通扬运河姜堰排污控制区			开发利用区	排污控制区	西板桥	靖盐公路桥	长江	长江下游区	老通扬运河	泰州	2.0		Ⅳ	Ⅳ	农业用水、排污控制	
74	F110301586 3113	通扬运河姜堰张沐农业、工业用水区			开发利用区	农业用水区	靖盐公路桥	东姜黄河口	长江	长江下游区	老通扬运河	泰州	9.0		Ⅲ	Ⅲ	工业用水、农业用水	
75	F110301590 3015	泰州环城河泰州海陵景观娱乐用水区		√	开发利用区	景观娱乐用水区	阀门厂	轮船公司修理厂	长江	长江下游区	城河	泰州	5.7		Ⅳ	Ⅲ	景观娱乐、农业用水	
76	F110301593 3015	凤凰河泰州海陵景观娱乐用水区		√	开发利用区	景观娱乐用水区	周山河	东城河	长江	长江下游区	引水河	泰州	5.3		Ⅲ	Ⅲ	景观娱乐	
77	F110301596 1000	泰州引江河泰州保护区	√	√	保护区		长江边	新通扬运河	长江	长江下游区	泰州引江河	泰州	24.0		Ⅱ	Ⅱ	饮用水水源	

二、地下水管理

泰州水文地质条件差异较大。以328国道为界,南部属长江古河床沉积地段,含水层岩性以中砂、含砾粗砂为主,厚度多在120米以上,且多为单层状,补给充沛,富水性极强。往北,含水层层次增多,厚度减少,岩性变细,海陵区第Ⅰ、Ⅱ、Ⅲ承压砂层厚度多在20~40米,岩性以粉细砂、中粗砂为主,单井涌水量1000~3000米³/天,市区除永安洲外,多为淡水,局部铁锰离子略有超标。

1998年,泰州市完成了首轮地下水资源调查评价工作,基本查明区域内各承压水层的分布规律、富水性及水化学特征、地下水开采情况与动态变化特征等,并对全市地下水的开采量进行计算评价。

表12-6　各市(区)地下水开采情况一览表

市(区)	Ⅰ		Ⅱ		Ⅲ		Ⅳ		合计	
	井数(眼)	开采量(万立方米)	井数(眼)	开采量(万立方米)	井数(眼)	开采量(万立方米)	井数(眼)	开采量(万立方米)	井数(眼)	开采量(万立方米)
海陵区	6	53.80	45	390.82	13	229.40			64	674.02
高港区	1	1.60	4	54.70	1	19.47			6	75.77
靖江市	11	249.50	9	86.00	1	4.00			21	339.50
泰兴市	49	546.80					16	253.30	65	800.10
姜堰市	22	151.00	72	815.00	86	930.00	6	163.00	186	2059.00
兴化市			41	229.60	67	466.83	2	8.30	110	704.73
总计	89	1002.70	171	1576.12	168	1649.70	24	424.60	452	4653.12

表12-7　各市(区)水位监测点情况一览表

市(区)	潜水(眼)	第Ⅰ承压(眼)	第Ⅱ承压(眼)	第Ⅲ承压(眼)	Ⅳ承压(眼)	合计(眼)
海陵区	1	3	23	6		33
高港区			2	1		3
靖江市		3	6	3		12
泰兴市	1	57	4	2	19	83
姜堰市		3	13	21	6	43
兴化市			31	59	2	92
合计	2	66	79	92	27	266

表12-8　泰州各市(区)上次可开采量一览表

市(区)	第Ⅰ承压水	第Ⅱ承压水	第Ⅲ承压水	合计
市区	708.10	1011.05	474.50	2193.65
靖江市	2361.55	719.05	605.90	3686.50
泰兴市	4372.70	1660.75	945.35	6978.80
姜堰市	557.36	649.70	1251.95	2459.01
兴化市	65.70	231.78	425.23	722.71

表12-9　各承压地下水水化学指标一览表

分析项目		标准值（毫克/升）	含量范围(毫克/升)			
			第Ⅰ承压水	第Ⅱ承压水	第Ⅲ承压水	第Ⅳ承压水
一般化学指标	pH值	6.5～8.5	6.9～8.4	6.2～8.34	7.2～8.3	7.1～8.36
	矿化度	≤1000	370～15107	359～3735	120～2846	160～913
	总硬度	≤450	159～5575	17～1744	9.1～585	10.7～492
	Cl^-	≤250	3.66～8474.9	4～2649	4.9～1536.9	0.16～394
	SO_4^{2-}	≤250	≤1041	≤531	≤264	1.4～76.3
	Fe	≤0.3	≤11.75	≤5.4	≤3.32	0～1.15
	氟化物	≤1.0	≤3.28	≤2.45	≤0.88	0.04～0.72
毒理学指标	砷	≤0.05	≤0.153	≤0.085	≤0.02	≤0.024
	氰化物	≤0.05	<0.002	≤0.01	≤0.002	≤0.008
	酚	≤0.002	<0.002	<0.002	≤0.002	<0.002
	汞	≤0.001	≤0.0002	≤0.0002	≤0.001	≤0.0002
	Cr^{6+}	≤0.05	<0.004	≤0.002	≤0.01	<0.005
污染指标	NO_3^-	≤20	≤15.1	≤15.6	≤4.59	≤2.95
	NO_2^-	≤0.02	≤2.8	≤0.35	≤0.56	≤0.02
	NH_4^+	≤0.2	≤18.6	≤12.8	≤2.6	≤0.76

根据《泰州市地下水资源评价报告》和《泰州市地下水资源开发利用规划报告》所提供的资料,地下水资源按其埋藏深度、沉积时代、岩性、水力性质以及水理特点,结合区域水文地质条件,泰州市区地下水可划分为3个承压含水层组和一个潜-微承压含水层组。

市区地下水资源可开采量约2112万米³/年。其中,海陵区可开采量为902万米³/年,高港区可开采量为1210万米³/年。2010年全市地下水开采量为3712万立方米,较省水利厅下达的4120万立方米开采计划少采408万吨,全市无地下水超采区域。

泰州市区开采深层地下水始于20世纪60年代中期,到2015年底,先后开凿深井约120余眼,正常开采井70余眼,大多为年内间断开采,多年平均开采量1194万立方米,开采最高年份为1986年,达1254万立方米,年度内6—9月开采最高达105～135万米³/天。

市区开采井主要分布在原纺织厂、微化厂、化肥厂、电化厂、帘子布厂一带。市区地下水开采使用结构,主要是工业用水,约占开采量的85%,生活饮用水(包括制酒、饮料等)所占比例约15%。工业用水中绝大部分作为空调冷却和产品加工等用水。以利用冷能为目的的地下冬灌夏用工艺在纺织厂施行多年。自1984年起到2007年止,每年11月中旬至次年4月底,实施人工回灌地下水,多年平均回灌量达21.3万米³/年,通过地下水储能蓄水既提高了地下水的利用效率,又维护了生态平衡。

1984年2月,全面加强市区地下水水位监测和水质分析。市区范围内,按地理位置、开采层次先后确定了10个水位监测井,坚持每月2次定期监测,每年3月和8月对部分控制井进行水质分析。通过长期积累资料,全面掌握泰州市地下水水位和水质动态变化情况。

1998年5月,全面建立地下水"四个一"管理制度,主要内容是:一证(取水许可证)、一表(计量设施)、一牌(深井编号牌)、一卡(管理档案卡)。确保每口深井都处于水行政主管部门的监督之中。

三、节水管理

节约用水涵盖范围很广,涉及农业、工业、教育系统及城乡居民生活等社会各个方面。20世纪80年代初,境内各地逐步建立节水工作机构,完善节水管理网络,开展节约用水工作。每年年初联合市经信委下达主要用水大户单位产品用水消耗定额,实行单位产品用水消耗定额考核和万元GDP用水量考核。1983年,境内各地全部取消生活用水"包费制",建立了节奖超罚的用水制度。1984年开始,逐年实施节水技改项目,推行节水技术改造和冷却水循环使用、一水多用等措施。1987年,开始对用水大户(企业)实行供需平衡计算和查漏工作,举办水平衡测试培训班,正常开展水平衡测试工作。

1996年,地级泰州市成立以后,市水利局加强节水管理,使节约用水真正成为经济社会发展的刚性约束。2007年始,每年年初,市水利局联合市级机关事务管理局下达机关部门(单位)用水计划,实行计划用水指标考核。

2015年,全市实际用水总量26.24亿立方米;单位GDP用水量71立方米,较上年79立方米下降了10%;万元工业增加值用水量14.47立方米,较上年24.53立方米下降了41%。地下水"四个一"管理制度得到全面落实,全市封井56眼,超额完成任务,与省分配的地下水开采总量控制计划相比,压缩开采量984万立方米。

表12-10　2001—2015年泰州市总供水量统计　　　　单位:亿立方米

年份	地表水	地下水	总供水量
2001	31.3116	0.2206	31.5322
2002	29.2090	0.4201	29.6261
2003	26.2995	0.2791	26.5786
2004	27.9438	0.4647	28.4085
2005	27.6885	0.4820	28.1705

续表 12-10

年份	地表水	地下水	总供水量
2006	27.4492	0.4038	27.8530
2007	29.3667	0.3979	29.7646
2008	26.7478	0.3979	27.1457
2009	28.3526	0.3774	28.73
2010	28.0288	0.3712	28.4
2011	27.5874	0.3426	27.93
2012	27.1314	0.2786	27.41
2013	27.1194	0.2356	27.355
2014	26.5270	0.1530	26.68
2015	26.1387	0.1016	26.2403

【重要节水文件】

随着社会经济的不断发展和人们生活水平的不断提高,泰州用水量逐年递增,为规范全市企事业单位和个人的用水行为,实现节约用水,缓解城乡供水矛盾,促进全市经济社会发展,根据《中华人民共和国水法》《取水许可和水资源费征缴管理条例》《江苏省水资源管理条例》的有关规定,2009年,市政府出台《泰州市节约用水管理办法》,明确节约用水管理职能统一划归水行政主管部门,其下设的节约用水管理机构是具有法人资格的事业单位。

该办法还明确指出,非居民用水采取抓大放小的办法,对年用水量1万立方米以上的非居民用水大户实行重点管理;通南地区的农业灌溉应以防渗型渠道为主,扩大单座电灌站灌溉规模,逐步实行计量供水;里下河地区应当杜绝大水漫灌,实行统一供水、统一管理。按照"不抵触"的原则,依据有关上位法的规定,该办法对重点用水户故意向水行政主管部门提供虚假资料、建设项目违反"三同时"等行为设定了处罚。

2009年12月23日,省发改委、省水利厅联合出台《关于加强建设项目节水设施"三同时"工作的通知》(苏发改环资〔2009〕1855号)。次年3月21日,市发改委和市水利局联合印发《关于加强建设项目节水设施"三同时"工作的规定》(泰政水〔2010〕26号)。文件明确了建设项目节水设施"三同时"工作的组织实施机构和处罚主体,规定了不同类型建设项目事前、事中、事后监管工作程序和要求,同时制定了建设项目节水设施"三同时"的技术标准。

2010年市水利局和市质量技术监督局联合印发《泰州市用水定额(2010年修订)》,细化出台了泰州市工业用水定额418项,并对工业企业、宾馆酒店、住宿性学校、市级机关部门(单位)等用水户下达年度取用水计划。加强计量用水管理,全市非农取水户计量设施安装率达100%(年鉴)。截至2015年底,颁发市级产品消耗定额101个,市区计划用水户从1983年的48户发展到2015年的174户;工业用水重复利用率由1983年的12.21%提高到2015年的70.5%;万元产值取水量由1983年的253立方米下降到2015年的53.2立方米,万元工业增加值用水量为13.2立方米。

四、水质管理

全市水资源质量监测工作分为水功能区监测、饮用水水源地监测、入河排污口监测3个部分。其中,水功能区监测分为重点水功能区监测和水功能区全覆盖监测。二者监测项目保持一致,均为24项,饮用水水源地监测项目为29项。

重点水功能区监测,每年12次,分别为每月的上旬。水功能区全覆盖监测每年6次,分别为1月、3月、5月、7月、9月、11月的上旬。饮用水水源地监测,每年24次,分别为每月的5日、25日。入河排污口监测,每年2次,分别为5月和10月。

1996年市水利局内设泰州市水资源监测中心。1977年,泰州市开始进行水质调查;1998年二季度,开始对28个水质断面和5个集中式饮用水水源地每月进行监测,并发布《泰州市水资源水质简报》,2007年水质监测断面增加为41个,监测指标为22项。

1998年始,每年开展"淮河流域零点行动",对全市淮河流域工业污染、生活污染进行监测。全市入河排污口(日排放污水量超过300吨或年排放量超过10万吨)由2006年的66个减少至目前的47个。2006年水利部门开展排污口普查,并履行新设入河排污口的审批职能,每年定期向环保部门提出水域功能区限制排污总量意见。2006年泰州市水利局开展入河排污口整治规划编制工作,将全市76个水功能区划分为10处禁止排污区、11处限制排污区、55处允许排污区。水功能区水质监测断面由81个增加到目前的87个,重点水功能区水质监测断面由43个增加到53个。集中式饮用水水源地监测个数由5个增加到7个。

截至2015年底,全市水功能区全覆盖水质监测(双指标均值)达标率77.9%,重点水功能区监测(双指标均值)达标率77.4%,集中式饮用水水源地水质达标率(测次)69%。

五、水功能区管理

2013年,强化水功能区限制纳污红线管理,开展城区入河排污口普查,对泰州市主城区近80平方公里范围内的59条河道577个排污口进行了全面普查,利用水资源信息系统对入河排污口的详细信息进行登记造册,基本摸清了主要河道上排污口的位置、数量、污水排放量,为排污口管理工作的信息化奠定了坚实基础。严格水功能区监管。开展市区重点水功能区确界立碑工作,对市区"保护区""保留区""缓冲区""饮用水水源区"等四大功能区进行确界立碑管理。开展全市水功能区水质全覆盖监测,每月对全市43个重点水功能区进行水质监测,编发水源水质简报。开展全市水功能区纳污能力计算,形成排污量削减方案,向环保部门提出限制纳污总量意见。开展河湖健康评价工作,委托泰州水文分局先期对引江河、卤汀河开展河湖健康评估,为全面实施河湖健康评价积累经验基础。

2015年,开展市区重点水功能区确界立碑工作,对市区"保护区""保留区""缓冲区""饮用水水源区"等四大水功能区进行确界立碑管理。开展水功能区水质全覆盖监测,每月对全市43个重点水功能区开展水质监测,双月对全市77个水功能区进行全覆盖监测,5月、10月对全市规模以上入河排污口开展例行监测,每月编发《泰州市水资源水质简报》。开展河湖健康评价,制定了卤汀河河流健康状况评估的指标体系,对卤汀河健康状况进行了系统分析评价,形成了《泰州卤汀河健康状况评估研究报告》,评估结果卤汀河自然环境健康评估等级为"良",卤汀河社会服务功能健康评估等级为"优",综合评估等级为"良"。提高再生水利用水平,泰兴市投入5000多万元新建日处理15000吨的再生水深度处理厂;靖江市建成了全市首家再生水售水站;海陵区九龙镇污水处理厂的尾水直接进入"九岛环湖"作为生态补给用水。

六、水源地保护

水源地的保护围绕"一个保障、两个达标、三个没有、四个到位"的总体目标进行,逐一落实保护措施,饮用水水源保护区水环境质量明显改善,饮水安全保障水平进一步提高。经省水文局泰州水文分局监测,泰州饮用水水源地水质达标率100%。2013年12月17日,蟛蜞港饮用水水源地、永安洲永正水源地通过了省水利厅、住建厅联合组织的验收。兴化市启动了5个饮用水水源地达标建设工作,通榆河、横泾河2个饮用水水源地达标建设实施方案通过了省水利厅组织的审查。2015年,兴化1个饮用水水源地达标建设通过省政府验收。

同时,进一步健全完善饮用水水源地水量、水质监测制度和日常巡查及不定期巡查制度。着力加强市本级备用水源地建设,通过对备用水源地进行物理隔离、建立应急物资仓库、建设全自动水质监测点等措施,全面加强应急处置能力,引江河备用水源地水质达标率100%。

认真落实应急保障机制。市水利局提前编制了《突发性水污染事件应急预案》。针对姜堰企业违法排污、引江河备用水源污染事件、靖江长江水污染事件、新通扬运河水污染等事件,配合环保等部门展开采样、应急监测以及污染源调查,水污染事件得到有效控制。

第五节　节水型社会建设

2008年12月,水利部下发了《关于确定江苏省泰州市等为全国节水型社会建设试点地区(市)的通知》,确定泰州市为全国第三批国家级节水型社会建设试点市。泰州市组织编制了《泰州市节水型社会建设规划》,2009年5月通过水利部主持的专家评审。2009年8月,省人民政府批复了《泰州市节水型社会建设规划》(详见本书第二章)。按照规划,泰州市加强节水型社会制度建设,建立健全区域用水总量控制和定额管理、节水减排绩效考核等管理制度,促进水资源循环利用,改善水生态环境,不断提高水资源和水环境承载能力;强化节水型灌区、节水型企业(单位)、节水型高校、节水型城市等各类载体建设,深化水资源统一管理体制改革,创新节水投入机制,设立节水型社会建设专项资金;加大节约用水宣传教育力度,大力开展群众性节水减排活动,树立珍惜水、节约水、保护水的意识和依法管水、依法用水的观念,营造全社会参与水资源节约和保护的氛围。77个水功能区水质监测实现全覆盖,重点水功能区水质达标率提升到75.3%,创建各类节水农业园区140多个,对267家工业企业进行了节水技术改造,建成节水型小区65个、节水型单位8家、节水型学校(高校)57所。通过节水型社会建设,全市单位GDP用水量下降到115.3米³/万元,单位工业增加值用水量下降到18米³/万元,累计经济效益达到2.85亿元。2013年11月,泰州市节水型社会建设全面通过验收。2014年1月,水利部联合全国节约用水办公室发文授予泰州"全国节水型社会建设示范区"称号。

一、强化管理

2011年,初步实行用水总量控制管理,全市39亿立方米的用水量指标分解下达各市(区),并细化到每个用水单位。加强"两费"征收管理,全市水资源费征收到账2033万元,南水北调工程建设基金1077.4万元。加快推进节水型社会建设,全市共创建节水型学校44所、节水型社区48家、节水型企业9家,节水技改12项,完成6个节水"三同时"建设项目。节水型社会示范市验收的各项准备工作有序开展。

通过试点,强化了水资源统一管理职能,完善了节水型社会建设管理机制体系;以保障饮水安全为重点,加快水环境整治和水污染防治,初步构建水环境治理和水生态修复工程技术体系;积极推进经济转型升级,调整产业结构,初步建立了与水资源承载能力相协调的经济结构体系;创建了一批节水型示范区、企业、社区、学校等节水载体,初步构建水资源高效利用工程技术体系;通过宣传教育,初步塑造了自觉节水的社会行为规范体系,社会节水意识明显提高。试点工作取得了一系列的重要经验和启示。截至2015年,全市进一步加强节水载体建设,累计创成节水型企业26个、社区42个、单位4个、学校14个、高校4个,超额完成省水利厅的创建任务。推进节水型社会示范区建设。靖江市省级节水型社会示范区通过省水利厅验收,实现了农业用水负增长、工业用水微增长、生活用水适度增长、水资源利用效率显著提高、水生态环境显著改善。

二、节水典型

(一)泰州市第二中等专业学校

该校创办于20世纪70年代。学校占地面积230亩,固定资产总额8000万元。现有教职员工274人(其中外聘教工122人),在校学生3500多人。校内设信息技术应用、机械工程、电气工程三个系,初步形成了数控、电工电子、模具设计与制造、汽车维修等特色专业。在培养初、中级技能人才的基础上,学校近年来开设了高级工职业工种,以适应社会经济发展对高技能人才的需求。学校平均每年培养1200名各类专业技能人才,毕业生推荐就业率连续4年100%。该学校坚持科学发展观,本着以人为本,德育优先,严管理、高素质、宽基础、多技能的质量方针,彰显特色,努力创建品牌学校。

1.学校重视,统一思想

倡导勤俭办学的方针,在开展"节水型学校"的创建活动中,专门组织师生员工学习了省水利厅、教育厅、财政厅关于全面开展学校节水工作的通知,领会精神、把握实质,研究并通过了关于创建"节水型学校"的实施意见,成立了以校长为组长,有关职能部门负责人为成员的节水工作领导小组和工作小组,负责全校节水工作的具体组织和落实,定期、不定期召开会议,研究、讨论和检查学校节水工作情况。

学校建立了节水管理网络,明确各楼、室管理员为相应楼、室的节水员,各班班长为相应班级的节水员,各部门负责人为相应部门的节水员。学校和总务处负责对节水员进行培训、管理和考核。

2.加强制度建设,完善节水管理制度

在日常节水工作过程中,十分注重制度建设,建立健全各项节水管理制度,明确了节水管理的各岗位职责,有组织、有计划地开展节水工作。完善了《学校水电管理办法》,制定了《节水管理制度》《学生宿舍节水节电制度》等规章制度,细化了《节水管理岗位职责》《水电管理员岗位职责》等,明确了各岗位人员职责。在用水管理上,能够做到用水记录和统计台账完整规范,并根据日常巡视记录和抄表记录进行统计、分析,以便发现异常,及时采取补救措施。

3.加强节水宣传,营造节水氛围

为提高广大师生员工的节水意识,增强广大师生员工节水的紧迫感和责任感,在创建活动中上下一心、协同共建,利用校刊、校园广播、宣传栏、网络、横幅标语等宣传手段,大力宣传创建节水型学校的重大意义,普及节水节电基本知识和方法,积极营造节约水电资源的良好氛围。

(1)利用学校网站、校园广播、宣传栏、粘贴标语等,大力宣传节约用水工作的重要意义。

(2)由学校团委向全校师生发放了《节水倡议书》,使节水宣传工作"进班级、进家庭、进社区",积极推进节水宣传工作深入发展。

(3)组织节水知识讲座,开展节水知识竞赛。

(4)依托世界水日和全国节水宣传周,开展了丰富多彩的节水主题活动,收效显著。①开展"节约水资源"主题班会活动;②组织开展"节水知识手抄报"评比;③组织开展"节水型宿舍"创建活动。

4.重视节水投入,强化节水设施,提高水利用率

节水工作不仅在制定节水制度、进行节水宣传等方面下大力度,在节水硬件设施方面更是舍得投入,学校先后投入20万余元进行节水设施建设和改造,全面推广运用节水型设备和器具,完善用水计量网络,节水成效显著。

(1)教学区厕所全部安装"节水王",总数48套;宿舍厕所全部安装"弹簧延时阀",总数1832只。

(2)学校狠抓节水节能工作,全部按要求使用符合标准的节水龙头等用水设施,总数2625件(套)。

(3)学校一、二、三级水表安装率均达100%,为全面实行计量用水奠定了基础。

(4)定期进行水平衡测试。学校聘请水利部门的领导和专家来校进行水平衡测试,并根据测试结果进行用水合理性的分析和用水漏洞的排查,为进一步提高水利用率提供了依据。

(5)加强用水的计量管理和统计分析。

(二)泰兴经济开发区节水型园区

该园区地处江苏中部,居于长三角沟通南北、承上启下的重要节点,是江苏省沿江地区重点发展的工业园区、全国最早的专业性精细化工园、科技部批准的"国家火炬计划"精细与专用化学品产业基地、江苏省批准创建的首批省级生态工业示范园区。近年来,园区加大招商引资力度,集聚化工企业105家,坚持生态环保、坚持绿色发展、坚持节能减排,走出了一条经济总量持续增长、用水定额不断下降、用水效率不断提高、节能减排成效显著、生态文明日益彰显的绿色发展之路。

1.转变生产方式,形成产业链条

园区通过物质循环集成、能量利用集成和技术创新集成,在企业之间初步形成产业共生组合,在产业集群之间已逐步形成物料、能量与资源的循环组合和利用的产业布局。园区内以氯碱化工为龙头,由盐离子膜电解生产碱、氯气、氢气。不仅在纵向上形成"离子膜烧碱—氯气—氯乙烯"闭合的氯碱产业链;而且在横向上通过以氯气为原料衍生出氯乙酸、三氯化磷以及医药农药精细化工产业链;通过以氢气为原料衍生出苯胺、精制苯(粗苯加氢)、苯乙烯等苯系产业链;并通过以氯乙烯、丙烯酸、丙酰胺、苯乙烯等高分子单体衍生出聚合物与聚合物加工的高分子新材料产业链等。耦合了磷化工产业、高分子新材料产业、医药农药精细化工产业等。多条产业链共生发展,在一定程度上形成了不同产业链企业间横向相互衔接、纵向上下游链接的产业链。这一模式使得园区企业产品的种类、规模等对资源供应、市场需求以及外界环境的影响具有较好的适应性,提高了企业的市场竞争力和园区的综合竞争力。

2.加大设备投入,提高用水效益

2008年泰州市被确定为第三批国家节水型社会建设试点市以来,泰兴市水务局加大园区节水工作的指导,鼓励企业使用节水工艺,支持企业实施节水技改,全面推进节水型企业创建工作。2009年以来,园区投入12.8亿元用于节水改造。其中,江苏瑞星化工有限公司投入85.4万元,增建500立方米循环池1座、一体式凉水塔8座,将公司水的重复利用率提高到95%,每年节水达13万立方米以上,节资超20万元;阿克苏诺贝尔氯乙酸化工(泰兴)有限公司,新建重复用水循环水泵4台、凉小塔3台、循环小池1座,将企业水的重复利用率提高到98.2%;泰州百力化学有限公司在十溴二苯乙烷、间苯二甲腈、霜脲氰等农药的生产过程中,增建循环水泵4台、冷却塔3台,将企业的水重复利用率提高到94.36%;新浦化学有限公司投资6000多万元,配备6套循环水系统,建设一套40米³/时的生化污水处理装置,将公司的冷却循环水利用率提高到99.33%,工业用水重复利用率提高到97.85%,每年节水量超过30万立方米,节资超800万元;江苏常隆农化有限公司投资622万元,建设总容量2700立方米的冷却塔6座、总容量1900立方米的循环池5套,将公司间接冷却水循环利用率提高到95.10%;工业用水重复利用率为92.34%,每年节水1100万立方米以上,节资超3000万元;泰州开源化工有限公司,由于原先未设置冷却水回收系统,部分工艺废气混入冷却水系统,导致冷却水因受污染无法回用而直排,被列为2009年泰州市环保挂牌督查项目,2010年该企业投资近300万元,改造原有储罐,减少原料的挥发排放,增加两台冷冻机组,提高工业尾气冷凝效果,最终杜绝了冷却水被污染的现象,每年减排COD 388.6吨;泰兴金江化学工业有限公司、泰兴斯比凯可特种化学品有限公司、泰兴协联众达化学有限公司等企业,也都通过节水技改,将企业用水的重复利用率提高到90%以上。

3.实施集中供热,推进循环用水

近年来,园区在节能节水方面实施同步抓、双促进。一方面,切实抓好园区的集中供热,园区内初步建成了一体化蒸汽管网,供热来源主要由三部分组成:一是卡万塔沿江热电有限公司,每年向企业供应热蒸汽86.4万吨;二是新浦化学有限公司,该公司建有120兆瓦自备热电厂,在为离子膜烧碱电解过程提供电能的同时,也为园区供热;三是联成化学、裕廊化工、南磷化工、协联众达化学等园区内企业的化学反应放热过程产生的部分蒸汽,也统一进入园区蒸汽管网。这不仅初步实现了园区内热能的一体化管理,也有效降低了园区内水源的消耗,实现了节水、节能、环保的多重利好。另一方面,抓好园区内水的循环利用。园区不仅对各用水企业推行清洁生产和节水技术,实施中水直接回用和一水多用,提高水的循环率和水资源利用率;同时,着力推行园区废水与清下水园区内外资源化利用、废水级联回用和废水集中处理回用等,以提高水资源利用率。"十二五"期末,园区将采用"生态修复技术"对园区内河道水网进行集中整治,构建"人工湿地",使园区河道水网具有水自净化功能,建设园区水循环生态系统,从而实现园区水资源循环利用的目标。

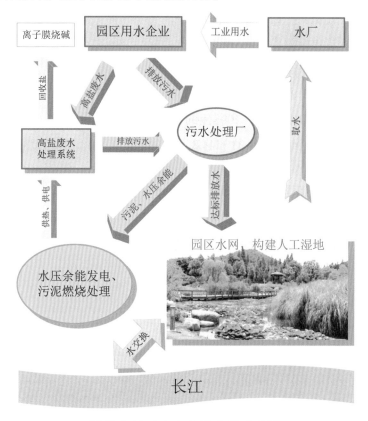

园区水循环生态系统建设示意图

4.坚持三措并举,推进节能减排

为保证节能减排的效果,确保目标的实现,开发区成立了节能减排领导小组,由开发区管委会主任任组长,开发区纪工委书记和分管环保工作的副主任任副组长,环保安全科、开发区环保分局等科室负责人为成员。区内主要企业也相应成立了节能减排的机构,确保主要污染物削减任务和总量控制目标的完成。2009年以来,园区突出抓好结构减排。加强源头管理,严格控制新建高能耗、高污染项目,将新能源、新材料和主导产业链项目作为招商重点,积极引进环保产业项目,对入区项目实行"能耗、排污"否决制度,累计因环保问题拒批项目18个,先后关停了近30家污染严重、污染治理难和"十五小"化工企业,取缔企业工业炉窑和燃煤锅炉,投入3000多万元改造发电锅炉3台,完善脱硫除尘设施3套,削减二氧化硫2725.25吨。突出抓好工程减排。2007年投资2000多万元,按照日处理2万吨工业废水和1万吨生活污水对泰兴市滨江污水处理总厂实施扩容改造。通过改造,尾水COD由

100毫克/升提高到80毫克/升,全年可增加COD减排150吨;2008年投资近3000万元对泰兴市滨江污水处理总厂进行了提标升级技术改造(采用MP-MBR多相生物组合膜技术)。技术改造后,园区内尾水排放的标准由1级B提高到1级A,其中COD由80毫克/升提高到60毫克/升,全年可增加COD减排150吨;2009年开工建设泰兴市滨江污水处理总厂二期工程(日处理2万吨工业废水和5万吨生活污水)。突出抓好监管减排。对全园区内高耗能企业实行"控制总量、降低比重,淘汰落后、改造提升,硬化目标、强化监管,扶优治劣、限期达标"的综合措施,对近20家重点企业,安装了在线COD、SO_2监测仪和流量计,进行实时监控,实施了8个COD、4个SO_2减排工程,经环保部核定,合计减排COD 4140.5吨、SO_2 2725.25吨,全面完成了主要污染物减排任务。

5.节水水平提升,示范效应显著

经过几年的创建,园区的节水水平有了明显的提升。园区单位工业增加值用水量由2008年的52.37米³/万元提高到2011年的25.57米³/万元;工业用水重复利用率由2008年的82.3%提高到2011年的90.9%;园区的工业废水收集处理量由2008年的1095万吨提高到2011年的2263万吨;年度节水量由2008年的1055.2万吨提高到2011年的3844.8万吨;年度减排量由2008年的844.16万吨提高到2011年的3075.8万吨;年度节水效益由2008年的0.3亿元提高到2011年的1.36亿元。其中,园区的4家大型企业,总用水量约占园区总用水量的60%,积极发挥龙头骨干企业在园区中节水的示范作用,每年投入约5900万元用于节水技术改造,不断提高工艺的用水水平。新浦化学有限公司苯胺和硝基苯的取水定额仅为省用水定额的20%、烧碱定额仅为省定额的40%,联成化学有限公司的聚乙烯定额仅为省定额的10%,金江化学的醋酸乙酯定额仅为省定额的40%,均在全国同类产品中居于领先水平。

表12-11 园区企业节水成效统计

年份	单位工业增加值用水量(米³/元)	用水总量(万立方米)	工业用水重复利用率	工业废水年处理量(万吨)	节水量(万吨)	减排量(万吨)	节水效益(亿元)
2008	52.73	2109.25	82.3	1095	1055.20	844.16	0.30
2011	25.57	2398.63	90.9	2263	3844.80	3075.80	1.36

表12-12 园区大型企业取水定额和省定额对照表

产品名称	省定额	实际取用水定额	与省定额的权重对比
新浦烧碱	13	5	40
新浦液氯	5	3	60
新浦硝基苯	10	2	20
新浦苯胺	10	2	20
新浦VCM	10	1.83	18.3

续表12-12

产品名称	省定额	实际取用水定额	与省定额的权重对比
瑞和磷酸一铵	8	8	100
瑞和复合肥	0.3	0.3	100
瑞和硫酸	5	5	100
联成苯酐		2.5	
联成增塑剂	7.5	2.5	33
联成聚氯乙烯	33	3	9
金江无水酒精	50	20	40
金江醋酸乙酯	30	12	40
金江醋酸丁酯	30	11.3	37

三、节水教育基地

2015年,在获得"国家节水型社会建设示范区"荣誉称号的基础上,全市共建成3个节水教育基地。这3个基地各有亮点、各具特色。泰州节水教育基地侧重普及水资源和节水型社会建设常识,泰州益海粮油循环水利用展示馆侧重介绍工业节水,溱湖湿地科普馆主要展示生态湿地保护和水处理的知识。

(一)泰州节水教育基地

该基地陈设了节水宣传手册;设置了水资源介绍、工业节水、农业节水、生活节水、水资源保护、节水展望、我为节水出一策等板块;录制了节水宣传视频;布陈了工业节水装置模型、农业节水示范区模型、生活节水器具等。通过这些形式,全面展示国家节水型社会建设示范市的成果,宣传、普及节水知识,形成节水互动。

该基地每周一至周五向市民开放,如有中小学校预约,可在星期六、星期天开放。市水利局还培养了5名熟悉泰州水利、掌握节水理论、具有文化素养的水利形象大使兼基地讲解员。节水教育基地开放以来,年接待各类参观人员5万人次以上,其中每年在基地受教育的中小学生达1万人次以上,得到了学生、家长和社会的一致好评,有力提升了泰州市民的生态意识、环保意识、节水意识,促进了泰州经济社会健康绿色可持续发展。

(二)泰州益海粮油循环水利用展示馆

该展示馆是向中小学生开放、以水的知识和节约用水为主要内容的科普性展馆,该馆使用声、光、电等现代化视听手段,并采用多媒体多方面把水的科学知识展现在每一位参观者面前。展馆内包括自来水的由来、节水器具展示、雨水利用、日常生活用水,以及长江的发源地、母亲河的开发等几十件类别不同的展品,并让参观者亲身参与触摸操作电子屏,观看节水录像,翻阅互动展板,通过实践使参观者加深对水的了解,进而激发人们对水的应用的研究,以期达到爱水、惜水、科学用水和保护水资源的目的。

第一部分为泰州水资源的介绍。通过对泰州水资源文字阐述及异形的立体造型灯箱形式展示出来,适当地配以相关渲染泰州文化生态名城元素,向学生们展示出泰州水资源的概况,让学生更加明确地了解他们生活的城市水的来源、水资源利用等知识。

第二部分是长江流域知识点互动展示区。这是展厅中最核心的部分。通过中国地图长江流动灯光的展示和经过主要的区域点对点的展示,学生可以通过开关控制长江图上介绍的点,更加清楚地了解长江、黄河沿线重要城市以及重大工程对于水利的保护,也可以通过触屏的互动,更加深入地了解我国的水源长江、黄河等流域的介绍,让学生了解我国的水源长江的发源地、流经区域的知识点。同时,墙上精美的挂图还讲解了中国七大水系水网知识。

第三部分是节水宣传片播放。在液晶电视上循环播放节水宣传视频,跟工业、农业、生活、学校等节水方面相互结合展示一部生动、科学、自然的宣传片。让学生们更加生动地了解节水宣传的重要性和生活中相关的节水点点滴滴。

第四部分为节水器具展示区。通过节水型马桶、节水型龙头、节水淋浴装置等的展示,让学生了解相关的节水器具产品。

第五部分为生活节水小妙招展示区。通过可以转动的互动圆形转轴式展板来展示生活节水小妙招,让学生了解生活中日常节水小知识。

第六部分为中水回收利用展示区。通过六边形的立体灯箱和转动的展板展示中水回收利用,用深入浅出的知识让学生了解工业、农业、社区、学校节水后然后循环利用。

第七部分为自来水工艺流程展示区。用仿真的自来水管道展示出自来水生成的流线图,让学生了解自来水的流程工艺及相关生产知识。

第八部分是展厅中间的工业、农业、生活手动互动展示区。用立体的互动展示落地展示柜,增添色彩的同时,让学生了解工业、农业、生活中的节水表现。

(三)溱湖湿地科普馆

溱湖湿地科普馆位于姜堰区溱湖大道北首,占地面积约8000平方米,以生态展示、科普教育、生态示范功能为主,通过声、光、电等高科技现代化的手段向人们宣传湿地的有关知识。

科普馆室内共分为三层,第一层主题为"溱湖寻迹",主要通过水孕溱湖、观鸟天堂、麋鹿故乡、绿影生灵、溱湖夜色、足迹星空、溱湖迭韵、沉浸溱湖等8个展区,向参观者介绍溱湖湿地的动植物、四季溱湖美景。

第一展区"水孕溱湖",这个展区通过投影仪、半透明的幕布以及众多模型模拟了溱湖的水下世界。

第二展区"观鸟天堂",在它的三面墙上可以看到溱湖的十多种鸟类的图案或灯箱造型,游客们可以躺在展厅中央的休息岛上,一边聆听各种鸟的叫声,一边仰观展厅顶上投影仪投射的鸟群飞翔的画面。

第三展区"麋鹿故乡",这里在一个密闭的房间中放置了一个麋鹿的仿真标本,而在两面墙壁上开凿了十多个长方形的孔洞,有的是供游人观看麋鹿标本,有的是安装了液晶显示器用来播放麋鹿的介绍片和动画片。

第四展区"绿影生灵",带给人身临其境的感觉,这个数十平方米的三角形区域的三面墙体全是用大块的落地玻璃铺装而成,设计师把溱湖植物最繁茂时的一处很有代表性的场景照片印制在这些玻璃幕墙之后。展厅中间的区域是由十多个放置在树状金属管上的小液晶显示器组成的所谓"信息树",显示播放的内容为溱湖湿地最具代表性的植物种类。

第五展区"溱湖夜色",会眼前一暗,此处正是一幅"烟笼寒水月笼沙"的真实写意,一轮明月挂在空中,屋顶上点点星光,垂下一条条玻璃纤维丝,其下端不时闪烁着亮光,用来模仿萤火虫,一面墙上镶嵌有69枚人造琥珀,每个琥珀中都有一个小昆虫的身影。

第六展区"足迹星空",通过十几种动物的脚印来引导游客最终找到每种动物的图像和名称。

第七展区"溱湖迭韵",展示溱湖的冬春夏秋,四块区域分别用投影仪展示了四段影像,在舒缓空灵的背景音乐下,一幅幅画面徐徐展开,溱湖冬天的沉寂、春天的烂漫、夏天的繁茂以及秋天的收获都一一得以体现。

第八展区"沉浸溱湖",这是对一层的总结,四面大玻璃将展厅分隔成五个空间,其上能见识到各种各样的溱湖动植物剪影,游客行走其中,如同融入溱湖湿地。

第二层主题为"科普教育",设有节水宣传教育平台、湿地知识普及平台、水生态"净水系统"演示平台、生态环境展示平台,通过图文说明、语音介绍、系统演示、模型展示等手段宣传水文化,普及湿地水体自净知识。

节水宣传教育平台,通过多媒体从水文化、节水知识、水资源节约与保护等方面介绍节水常识,呼吁人们要关注我们身边的水资源,养成节约用水的习惯。

湿地知识普及平台,利用展牌以图文的形式,从湿地功能、湿地保护、湿地建设等方面让人们从中汲取知识,提升对湿地的了解,认识到保护湿地的意义以及湿地对水资源的作用。

水生态"净水系统"演示平台是利用生态系统中物理、化学、生物的三重协调作用,通过过滤、吸附、沉淀、植物吸收、微生物降解等方法,实现了对污染物质的高效分解和净化,有效地保护了水环境。

生态环境展示平台,从探本览胜、湿地银河、溱湖会船、溱湖砖瓦、危机与恢复、地球之肾、生态花园等展区,介绍溱湖的生态环境、地方水文化特色,展示和诠释湿地的作用。

第三层主题 为"百鹊归巢",通过大型场景以喜鹊跟随着我们回到家园为素材,讲述全球范围内人类在保护湿地、保护自然过程中所走过的"足迹"。

在布展中,既有互动游戏让游客参与,又有水墨画电影让游客身临其境,就犹如进入了一个人与自然共享共融的和谐世界。

科普馆室外设有600亩的湿地水生态修复示范亲水区。通过滨岸微地形改造和浅滩岛屿地形塑造,水中栽植挺水植物和沉水植物,岸边栽植景观乔木和灌木,采取生物多样性保护,保障野生生物栖息、繁衍,从而改善水质,维护水环境,打造休闲娱乐、养生的水生态示范亲水平台,使人们受到保护好水环境的良好教育。

溱湖湿地科普馆由泰州市姜堰区溱湖国家湿地公园管理处出资建设,由泰州市姜堰区水利局和溱湖国家湿地公园管理处共同维护管理。基地建立了管理领导小组,制定了严格的开放制度、教育制度、宣传制度、培训制度、安全制度、应急预案等一系列的管理制度,为教育基地的正常开放、安全运营提供了有力的保障。

　　溱湖湿地科普馆全年向市民和游客开放,年受众人员大于3万人次,对学校组织活动提供票价优惠政策,并免费发放节水宣传资料。科普馆与学校、机关、企事业单位建立了教育共建关系,并与区水利局联合多次开展有特色的节水宣传教育活动,向市民普及节水知识,帮助市民群众养成节约用水的习惯,在全社会形成科学用水、节约用水、文明用水的良好氛围。

第六节　水生态文明试点市建设

　　2012年,泰州启动全省水生态文明试点市的前期工作,落实了实施方案编制单位和经费。2014年4月,泰州市被水利部批准为全国第二批水生态文明城市建设试点;同年11月,《泰州市水生态文明城市建设试点实施方案》通过水利部组织的专家审查。

　　实施方案分析了泰州市水生态文明现状和基础条件,提出了泰州市水生态文明建设的试点目标和任务、主要实施内容、重点示范工程。专家组认为:实施方案所构建的"一脉、一城、一湖、三带"总体布局可行,指标体系分类合理,具有科学性和可操作性。实施方案提出了水安全、水环境、水生态、水文化、水管理五大体系,城乡供水安全保障工程等八大方面建设内容,以及引江源头保护工程等十大重点示范工程。总体合理可行。

　　泰州市水生态文明城市建设试点周期为2015—2017年,建设范围以泰州市区为重点,示范工程辐射至泰兴、靖江、兴化3个县级市。2015年3月,《泰州市水生态文明城市建设试点实施方案》通过省政府的批复,方案全面进入实施阶段。当年4月初,市政府召开全市水生态文明城市建设试点工作动员会,成立领导小组,签订目标责任状,印发《泰州市水生态文明城市建设工作方案》和考核办法。领导小组定期召开会议,印发简报,分析情况,掌握进度,督查考核。全市水生态文明城市建设有序推进。围绕实施方案,泰州按照"一脉、一城、一湖、三带"的总体布局,围绕水安全、水环境、水生态、水管理和水文化等五大体系,完成了103项建设任务,建成了引江源头保护、碧水环城水文化提升等10项重点示范工程,实现了22项考核指标,较好地完成了试点任务。2018年12月,泰州市水生态文明城市建设试点全面通过验收。2019年5月,水利部发文公布泰州通过全国水生态文明建设试点验收。

第十三章　水工程管理

第十三章　水工程管理

　　唐开元二十五年(737)，泰州境内水工程管理开始实行州、县官负责制。此后，各朝代都出台了一些管理条令。民国时期，境内各地先后由国民党县政府实业科、建设科(局)管理河道工程。国民党省政府规定："各县已征工或雇工开浚完成之河道，应逐年举岁修以防淤浅而维久远"，"凡淤泥积滞在15厘米以上者即应举行岁修"。每年的岁修由实业科或建设科(局)提出征工浚河计划，报请县政府、省建设厅核准后施工。从20世纪50年代起，泰州境内的江堤、圩堤工程，河道工程，以及涵闸、泵站等，国家和集体分别建立了相应的管理机构，并明确了管理范围和职责。20世纪80年代，境内各地认真执行《江苏省水利工程管理条例》和上级有关法规，水利工程管理工作出现了新局面。1996年，地级泰州市成立后，为推进泰州水利工程管理规范化、制度化，保证水利工程完好和安全运行，充分发挥水利工程的功能和效益，市政府和市水利局出台了一系列的管理制度、办法等，使泰州水利工程的管理进入一个新的阶段。

第一节　管理体制

一、机构设置

　　汉末，泰州境内江堤、圩堤、涵闸、塘坝等中小型水利工程均由地方自行管理。唐开元年间，境内水利管理实行州、县长官负责制。宋乾德五年(967)，建立河堤岁修制度。咸平三年(1000)，境内置专官沿河巡护。明清时期，境内有的县由知县综理水利，工房具体承办；也有的县设河堤总督，主持河道修守。民国元年(1912)，江苏省设苏北运河上下游堤工事务所，此后，沿江堤防分段设专职监察员，进行管理督查，江边堰堤由业主负责维修。

　　1950年1月，境内水工程管理由泰州专署建设处建设科总负责，各市、县的水工程管理也由政府建设科负责。1953年1月1日，江苏省水利厅成立。是月，泰州专署改称扬州专署，专署机关由泰州市迁驻扬州市。此后，境内各地水利工作先后由市(县)农林水利科、水利科负责。

　　20世纪60年代，省水利厅提出"全省闸坝堤防分工管理及调整机构的初步意见"，各县陆续在县水利局内设堤防管理股、闸坝股、机电股，或建立堤坝管理所，专司江堤、闸涵专业管理。各地专管机构成立后，负责江港堤防的防汛、岁修和检查任务。

　　1996年8月，地级泰州市成立后，陆续设立了几个水利工程管理处室，专职从事水利工程管理。

同时,在全市实行水利工程分级管理,重要的工程由市里成立专门机构管理,地方性工程由各市(区)管理,乡(镇)有关工程由各乡(镇)自行管理。

二、水利工程管理体制改革

2003年3月,《江苏省水利工程管理体制改革工作实施意见》出台,市政府对该项工作高度重视,迅速组织相关部门进行了专题调研,于当年9月下发了《关于切实做好全市水利工程管理体制改革工作的通知》。

通知指出,要按照体制理顺、机制搞活、机构合理、人员精干、服务优质、运行高效和先易后难的要求,于年底前拿出本市(区)的改革方案,指导改革有序进行,确保通过改革既充分发挥水利工程的社会效益,又建立好水利工程的市场运行机制,努力降低管理成本,提高管理水平和经济效益。市水利局既要研究制订好市直水管单位的改革方案,又要做好各市(区)方案的指导工作。通知要求,全力推进经营性水管单位的改革。尽可能早改、快改,确保改到底、改到位,确保在公有资本退出的基础上建立现代企业制度,真正实现自主经营、自我约束、自负盈亏、自我发展。此项改革2003年底前各市(区)全面取得突破,2004年6月底前全部改制到位。通知还要求,要充分做好公益性、准公益性水管单位的改革准备工作。要严格按照苏政办发〔2003〕3号文件的要求,于2003年底前完成两类水管单位的性质划分和定岗定编工作;乡(镇)水利(水务)站作为各市(区)水行政主管部门的派出机构,其编制内的在职人员经费、离退休人员经费及公用经费等基本支出,应纳入各市(区)水行政主管部门的部门预算。要围绕建立人员的竞争流动机制,认真谋划人员精简分流、公开录用、竞争上岗的方案,确保通过改革,使公益性、准公益性服务全面得到加强,经营性业务有新的发展,全面提升水利工作水平。

是年11月20日,泰州市体改委办公室、泰州市编制委员会办公室、泰州市水利局、泰州市财政局4部门又联合印发了《泰州市水利工程管理体制改革实施意见》,进一步明确了改革的必要性和紧迫性、改革的目标和原则、改革的主要内容和措施。此实施意见在省实施意见的基础上又有了进一步的深化和拓展:水利建设基金、防洪保安资金用于各级水利工程维修养护岁修资金的比例取消了上限;乡(镇)水利(水务)站作为水利工程管理单位,其编制内的在职人员经费、离退休人员经费及公用经费等基本支出纳入各市(区)水利(水务)部门的部门预算;城市防洪工程运行管理费纳入城市建设维护经费中支出,不挤占原有水利资金盘子。

为切实加强水利工程管理体制改革的领导,成立了由市政府领导任组长,市体改、财政、人事、编制、水利等相关部门负责人参加的水利工程管理体制改革领导小组。领导小组在市水利局设办公室,负责日常工作,各市(区)也成立了相应的组织机构。市政府还将体改工作列入各市(区)政府农村工作目标考核内容。2004年主要考核改革意见出台,2005年主要考核内部改革、经费测算等内容。

2004年,泰兴在全市率先出台了水利工程管理体制改革实施意见,完成了工程管理单位性质分类、定岗定编、经费测算等工作;成立了城市河道管理所,明确了城黄灌区管理机构,使机构设置更加合理,管理体制更加科学,运行机制更加灵活。2005年,各市(区)改革实施意见全部出台,为改革工作奠定了基础。

市内南北经济条件差距较大,水工程管理单位的基础条件也不尽相同。在具体工作中,市水利局采取因地制宜、因势利导、先易后难的办法,稳步推进了全市的体改。在经费落实上,市水利局选择了经济条件较好、管理工作量相对较少的高港区作为试点,通过市、区两级方方面面的努力,高港区率先将人员经费、管理运行及维修养护费纳入部门预算,为全市改革开了个好头。对其他市(区),市水利局采取由财政部门认可测算结果,在保证正常运行经费的前提下,维修养护经费从财政预算和相关水利专项资金中分步到位的办法。在管养分离工作上,市水利局选择市城区河道管理所作为试点,积极推行向社会招标管理的做法,该所管理的23座闸站、8处水景区、57条河道的管理工作全部进入了市场。靖江市堤闸工程管理处也将单位内有一定技术能力的人员组成闸修队,实现了管养分离的第一步。对市直管理单位,市水利局主动邀请市财政部门进行会商,明确了城市防洪工程维修养护经费渠道将由现在的在城市防洪工程建设经费中列支,逐步过渡到在城市建设维护费中列支,引江河河道工程维修养护费市级补助的比例也将逐年增加。

2006年8月8日,市政府召开全市水管体制改革工作推进会,市相关部门负责人、各市(区)分管领导及部门负责人出席会议。会上明确提出了千方百计、克服困难,确保2006年底全面完成改革任务的要求。是年10月20日,市水利局再次召开各市(区)水利局一把手会议,各市(区)汇报交流改革进展情况,对出现的共性的难点问题进行了专题研究,提出了有效解决问题的办法。

通过改革,全市水管单位新的管理体制和运行机制初步形成,新的用人机制和社保体系初步建立,开始步入良性发展的轨道。全市16个水管单位共核定编制556个,在编人员由改革前的574人减少为改革后的547人。经测算,公益性人员基本支出2591.2万元,维修养护经费1833.03万元,总计4424.23万元。

通过改革,水利工程管理定性准确、事权明确、职责清楚。全市16个水管单位定性为纯公益性水管单位的9个,准公益性水管单位的7个。在准确界定水管单位性质的前提下,水管单位资金来源有保障,主管部门负责业务指导、技能培训,管理单位专心从事管理工作。各市(区)明确了纯公益性水管单位及准公益性水管单位中公益性部分的人员经费和公用经费的来源渠道,落实职工五项保险,工程维护费逐年到位,水利工程管理规范运行机制基本建立。

通过改革,切实扭转了过去管理单位"有的人没事干,有的事没人干""干多干少一个样,干与不干一个样"的状况。各管理单位按照"因事设岗、以岗定员"的原则,设置不同岗位,并对岗位进行分类管理,按照有关规定建立聘用制度,并建立新的内部分配制度,基本建立了竞争激励机制,激发了广大职工的积极性、主动性和创造性,增强了职工的爱岗敬业精神,工程管理面貌也有了较大改观。结合工程管理体制改革,全市加大了水利工程管理达标考核力度,市及各市(区)都建立健全了各类预案、技术规程、管理标准和岗位责任制。进一步健全了水管单位台账,做到每项工作有据可查;严格实行规范化管理考核,并与职工收入挂钩,使以往在工程管理中该检查的地方不按时检查、该养护的地方不按时养护、该观测的不按时观测的现象大大减少。全市的河道、堤防管理单位内部大部分实行了管养分离,向社会招聘养护人员,与养护人员签订合同,实行合同管理,制定具体的考核实施细则,实行每月考核制度,考核结果与养护人员的工资待遇挂钩,为下一步全面推行水利工程管养分离,提高管理水平,降低运行成本,积累了初步经验。

通过改革,各水管单位的面貌有了较大的改观,管理水平明显提高。部分市(区)在抓好工程管理单位改革的同时,积极探索面广量大的农村河道管理的有效机制,取得了一定成效。靖江市政府专门出台了农村河道长效管理意见,明确了分级管理的原则及各级的职责,明确农村河道长效保洁管理经费实行市、镇、村三级负担。一级河道管护经费按照河道长度3000元/公里的标准,由靖江市财政安排;二级河道管护经费按照河道长度2000元/公里的标准,由靖江市及相关镇两级财政各半的比例安排;三级河道管护经费由该市、镇各补助每村每年3000元。靖江相关管理单位还采取定期检查和随机检查相结合的办法,全面加强对管护责任人的考核,将考核结果与管护经费挂钩。其他市(区)也陆续出台了农村河道管理实施办法,全市农村的河道管理取得了一定成效。

通过改革,全市水利站编制内的在职人员经费、离退休人员经费及公用经费等基本支出都纳入各地水行政主管部门的部门预算。靖江市由改革前每人每年补助2500元增加到5000元;泰兴市财政定额补助乡水管站在编人员每人每年1万元;兴化市由改革前的无补助到2006年每人每年补助1000元,2007年提高到每人每年3000元;海陵及市经济开发区实行差额预算管理;姜堰按照市财政40%、乡财政40%、乡站综合经营20%的比例落实。运转经费的保障,调动了水利站人员的工作积极性,为稳定基层水利队伍奠定了基础。

三、职能处室

【泰州市水利局工程管理处】

泰州市水利局成立了泰州市水利局工程管理处。该处负责指导全市各类水利工程设施、水域及其岸线的管理与保护;负责市管河道管理范围内工程建设方案、位置、界限及有关活动的审批,负责长江及河道采砂管理工作;指导城市防洪和水利工程的运行管理;指导江河、湖泊、河口的治理和开发。

【泰州市引江河河道工程管理处】

1997年5月,泰州市水利局设泰州市引江河河道工程管理处(以下简称市引管处),为市水利局直属水利工程管理单位,相当于科级,成立时为自收自支事业单位,2011年调整为财政差额拨款事业单位。该处职责为:宣传贯彻执行国家和本省有关河道管理的法律法规及规范性文件;根据有关河道堤防的管理规定和上级调度指令,对所辖河道工程进行管理、维修和养护,保证工程的完好和正常运行;参与审查在各自辖区河道管理范围内各类建设项目方案,对项目建设、运用和涉及河道的活动进行监督,依法查处违法行为,并依法依规收取各项规费;依法合理开发水土资源。根据《泰州市卤汀河泰东河管理办法》,卤汀河、泰东河整治工程启动时,经市编委批复,在市引管处增挂泰州市卤汀河工程管理处牌子,负责卤汀河的管理和监督工作。

【泰州市水工程管理处】

2001年,"泰州市水利产业经济技术服务中心"更名为"泰州市水工程管理处",原单位性质和人员编制不变(单位性质为全民事业单位,经费来源为自收自支,核定编制21人,其中泰州市海陵水工程管理所、高新区水工程管理所编制11人属于自收自支性质的事业单位)。市水工程管理处具有水工

表 13-1　改革后水管单位基本情况

市(区)	水管单位数量(个)							其中:省直单位							水管单位管理人员数(人)		其中:省直单位		水管单位经费(万元)	
	总数	水库单位	河道堤防单位	水闸单位	泵站单位	灌区单位	其他类型单位	总数	水库单位	河道堤防单位	水闸单位	泵站单位	灌区单位	其他类型单位	批准编制人数	实际到位人数	批准编制人数	实际到位人数	总经费	财政拨款
	(1)	(2)	(3)	(4)	(5)	(6)	(7)	(8)	(9)	(10)	(11)	(12)	(13)	(14)	(15)	(16)	(17)	(18)	(19)	(20)
靖江	5		3	1			1								264		192			2557
泰兴	9		3	6											146		109			1279
高港	10		1	1			8										60			494
姜堰	17		15	2											152		121			1272
海陵	7						7								27		24			504
合计	48		22	10			16								589		506			6106

表 13-2　泰州市水利工程管理体制改革情况汇总表

序号	市(区)	水管单位名称	单位性质	批准编制数		内部改革						两项经费				备注
				改革前	改革后	改革前			改革后			测算情况		落实情况		
						合计	在编人员	临时工	合计	在编人员	临时工	公益性人员基本支出	维修养护经费	公益性人员基本支出	维修养护经费	
总计				518	556	615	574	41	572	547	25	2591.2	1833.033	2411.91	867.21	
一	市局直属															
1		市引江河河道工程管理处	准公益性	26	26	26	26	26	26	26	12	179.79	297.34	179.79	34	
2		市城区河道管理所	纯公益性	15	15	12	12	12	12	12	12	78	418	78	250	

续表13-2

序号	市(区)	水管单位名称	单位性质	批准编制数 改革前	批准编制数 改革后	内部改革 改革前 合计	改革前 在编人员	改革前 临时工	内部改革 改革后 合计	改革后 在编人员	改革后 临时工	两项经费 测算情况 公益性基本支出	测算情况 维修养护经费	落实情况 公益性基本支出	落实情况 维修养护经费	备注
二	靖江市															
1		江河堤闸管理处	准公益性	207	207	249	249		207	207		1134.94	188.396	1100	50	
2		河道管理处	纯公益性	15	15	24	24		15	15		74.92	141.51	74.92	102.18	
3		护岸工程管理处	准公益性	30	30	24	24		30	30		179.39	59.02	70	50	
4		堤防管理所	纯公益性	10	10	11	11		10	10		53.65		30	30	
三	泰兴市															
1		堤闸养护管理处	纯公益性	131	144	150	131	19	163	144	19	545.05	218.76	545.05	154.51	
2		沿江测量队	纯公益性	12	12	18	13	5	17	12	5	37.63	18.14	37.63	5.17	
3		城区河道管理所	纯公益性	6	6	6	6		6	6		28.8	59.2	28.8	30	
四	姜堰市															
1		城区河道管理所	纯公益性	12	12	9	9		9	9		41.17	265.31	41.17	68.17	
2		姜堰套闸管理所	准公益性	36	36	55	40	15	36	36		105	5	105	5	
3		白米套闸管理所	准公益性	11	11	14	12	2	8	8		15.8	3.28	15.8	3.28	
五	兴化市															
1		城市防洪工程管理处	纯公益性	7	7	7	7		7	7		30.32	46.227	30.32	11.9	
六	高港区															
1		口岸闸管理所	纯公益性	12	12	13	12	1	13	12	1	40.43	8.7	40.43	9	
2		江河堤防管理所	准公益性	6	6	6	6		6	6		22.53	94.15	16.36	78	
3		城市供排水建设管理处	准公益性	7	7	7	7		7	7		23.78	10	18.64	16	

程的管理和经营职能,主要从事防洪、除涝等甲类性质的事业服务和水利供水等乙类性质的经营管理业务。2010年2月,市水利局以《关于明确局属水管单位管理职责的通知》(泰政水〔2010〕号)文件,明确市工程管理处负责管理泰东河城区段、备用水源泵站。2011年4月和2013年12月,泰州市水工程管理处分别接管了引江河城区调水泵站和明珠水利枢纽的管理工作。2015年3月,根据《泰州市卤汀河泰东河管理办法》相关规定,泰州市编委办以泰编办〔2015〕39号文件批复,在市水工程管理处增挂"泰州市泰东河工程管理处"牌子,负责泰东河的统一管理和监督工作。至此,该处兼有水利工程公益性管理职能。

【泰州市城区河道管理处】

泰州市城区河道管理处原名为"泰州市城区河道管理所",成立于1998年6月4日。为加强水利工程管理,适应水利事业发展需要,经市编办同意,2008年1月10日,原"泰州市城区河道管理所"更名为"泰州市城区河道管理处"。7月4日和11月17日,市水利局同意在市城区河道管理处增设景区绿化股(同时撤销水政监察股)和周山河管理所。2009年4月7日,市城区河道管理处内部工作体制由股室模式调整为实体型责任管理模式:撤销闸泵站管理股,设置闸站工程管理所;撤销景区绿化股,设置凤凰河风景区管理所;撤销规划建设股和综合股,合并设置办公室;保留市水政监察支队城区大队和周山河管理所(泰政水〔2009〕66号)。

第二节　规章制度和考核

一、规章制度

唐开元二十五年(737),朝廷颁布第一部水利法规《水部式》。该法规对建设斗门、节约用水、组织维修、人员配备以及水官职权范围等都有较详细、生动的说明。清代除漕运综合禁例外,还有一些专业性管理法规,如《漕粮二道考成则例》。清光绪九年(1883),泰兴知县陈谟领导督修补沿江堤岸后,曾勒石示禁,不准近堤耕种,令百姓在堤内外坎脚种植杞柳、麻,外滩种植芦苇,"以蔽风雨而护堤身"。新中国成立后,曾在泰兴龙梢港、东岳殿和潘桥等地发现清代关于堤防管理的勒石布告,其中,龙梢港边有一勒石,内容为:"对江岸看守,修理要勒,无论岸坡岸顶,永禁布谷。(一)禁止堤身栽树;(二)禁止在堤身种庄稼;(三)禁止在堤上放牧,不得挖草皮;(四)禁止在堤上松土。"

新中国成立后,1950年,苏北行署发布《运堤内外坡脚处留田取土暂行办法》的训令。1951年,苏北行署颁发《长江下游堤工养护办法草案》《江运沂海等堤养护办法》。1954年3月,省人民政府批复实施省治淮指挥部拟订的《江苏省淮河下游河、湖堤防管理养护办法》。1955年,省治淮指挥部制定《淮河下游地区船闸管理养护办法》。1957年6月,省人民委员会颁布《江苏省堤防管理养护暂行办法》;是年10月,省人民委员会还向全省人民发布《加强堤防管理养护布告》。1958年,省水利厅制定《江苏省堤防绿化规划意见》和《江苏省涵闸水库管理通则(草案)》。1961年10月,省水利厅制定了《江苏省水利管理条例(草案)》。1962年7月,省人民委员会颁发《江苏省水库塘坝管理养护办法》。

境内各地相继发布了加强水利设施管理的布告,制定水利设施管理的规定、办法等,境内水利工程管理水平逐步得到提高。但是,由于泰州地处江淮下游,水利建设任务很大,不少地方存在着不同程度的重建设轻管理的现象。

20世纪60年代中、后期,因多种因素,境内水利工程管理逐步削弱,堤坡耕翻种植、建房、建窑、损坏机电排灌设备、湖滩圈圩垦殖、河道设障等违章事件时有发生。1967年10月、1968年3月,省军事管制委员会先后发出《关于加强堤防管理养护的通知》和《关于严禁破坏水利工程的通知》。1969年5月31日,靖江在泰州地区首发了《关于加强江堤管理的通知》,明确江堤管理,保护江堤安全,禁止耕翻种植、损坏堤防等各项规定等。此后,境内各地陆续出台了一些水工程管理的规章制度。1973年,靖江县革委会批转县水利局《关于江堤、江滩管理工作的意见》,重申江堤、江滩保护范围和有关规定,严禁在江堤上砌屋造房、挖土墓葬、种植庄稼;禁止在江边滩地擅自圈圩垦种,不准到江滩上放牧牛羊、偷盗芦苇等。

1972年,省水电局制定了《水利工程管理试行办法》;1979年11月,省革委会批转省水利局《关于保护工程设施的八项规定》。

1980年,省水利厅下发《关于抓紧进行水利工程周边绿化的通知》。1981年11月,省人民政府批转省水利厅《关于加强堤防管理的意见》。境内各地也陆续发出有关严禁破坏水利设施、加强堤防、涵闸、排灌站等水利工程管理的通告、布告、规定、条例等。是年下半年,根据全国水利管理会议的要求和水利电力部、省水利厅的部署,境内各地开展以"查安全、定标准,查效益、定措施,查综合经营、定发展规划"为内容的水利工程大检查,1984年11月底结束。通过"三查三定",摸清了水利工程状况,发现了存在的问题,从而修订各类工程管理制度,制订防洪标准不足和有隐患工程的加固计划,分期分批地进行处理,使管理工作提高到一个新的水平。

根据《江苏省水利工程管理条例》,1987年始,境内各县(市)也陆续制定了水利工程管理的实施细则、办法、意见,有力地促进了水利管理工程。是年6月13日,泰兴印发了《泰兴县水利工程管理实施细则》。细则强调对水利工程和设施因地制宜,采取多种形式的管理承包责任制,同时建立健全管理机构。1988年6月10日,靖江出台《靖江县水利工程管理实施办法》。该办法分总则、工程保护、工程管理、法律责任、附则5章38条,是靖江水利史上较完整的管理办法。1990年,泰县(姜堰)出台《泰县水利工程管理实施办法》。

1996年,地级泰州市成立后,泰州市政府、市水利局陆续出台了一系列的文件规范水利工程的管理,使水利工程管理有章可循、有法可依。1998年,市政府印发了《泰州市水利工程管理实施办法》(泰政发〔1998〕14号),2011年,对此实施办法进行了修订,更名为《泰州市水利工程管理办法》(泰政规〔2011〕2号)。这是泰州市第一部水利工程管理的法规。该办法共分5章33条。该办法的实施对加强水利工程的管理和保护,保证水利工程完好和安全运行,充分发挥水利工程的功能和效益,保障人民生命财产安全,维护社会秩序稳定,起到了十分重要的作用。

2010年,国家投入20多亿元对卤汀河和泰东河进行整治。为保证工程的完好,充分发挥其调水、灌溉、排涝、航运、防洪等综合效益,形成水利工程良性运行机制,根据《中华人民共和国水法》《中华人民共和国河道管理条例》等法律法规的约定,2014年12月19日,市政府出台了由市水利局起草的《泰州市卤汀河泰东河管理办法》(泰政规〔2014〕7号)。该办法的实施有效地加强了卤汀河、泰东河管理,充分发挥了两河调水、灌溉、排涝、航运、防洪等综合效益。

2011年,靖江市政府印发修订后的《靖江市水利工程管理实施办法》。该办法共计5章33条。

以上这些法规性文件的出台和贯彻执行,进一步推进了泰州水工程管理规范化、制度化,保证水利工程完好和安全运行,充分发挥水利工程的功能和效益。

二、水利工程管理考核

水利工程管理考核是加强水利工程管理、保障工程安全运行、充分发挥工程效益、推进水利工程管理现代化的必由之路,是科学合理评价水利工程管理的重要手段。

泰州水利工程管理考核始于2007年,通过逐年的考核,不断提高境内水利工程管理水平,推进水利工程管理规范化、制度化、现代化建设,促进全市水利管理工作更上一层楼。

(一)省级达标考核

为保证工程管理省级达标考核工作的顺利推进,市水利局领导多次带队到有关管理单位进行专项检查,现场听取市(区)水利局和管理单位的情况汇报,了解工作进展,帮助解决工作中的疑难问题。相关市(区)水利局管理单位干部职工共同努力,保证了管理考核工作按序推进。全市各级水利部门和水利工程管理单位认真组织学习水利部《水利工程管理考核办法》和省水利厅《江苏省水利工程管理考核办法》及考核标准,围绕水利工程管理考核的各项要求,不断强化水利工程管理单位的组织管理、安全管理、运行管理和经济管理,全市水利工程管理单位能力水平逐步提高,水利工程面貌得到了改善。在全力抓好水利工程管理单位省级达标创建工作的同时,2010年初,市水利局召开专门会议,明确各市(区)水利局每年都要对各自的水利工程管理单位进行千分制评定,通过自评找出水利工程管理存在的薄弱环节,制定整改措施,把自评得分较高的管理作为下一年创建省级管理单位的重点。是年,市水利局还出台了《市区水利工程管理考核办法》及考核标准,不断强化市区水利工程管理考核工作,规范管理程序、提高管理水平。通过多年的考核,全市水利工程管理单位能力水平逐步提高,水利工程面貌得到了明显改善。

对水利工程管理单位的考核评价,主要是依照《江苏省水利工程管理考核办法》《江苏省水闸工程管理考核标准》《江苏省河道工程管理考核标准》等文件,对管理单位的4个管理大项(组织管理、安全管理、运行管理、经济管理)、30个管理子项进行考核赋分。总赋分1000分,即所谓"千分考核",得分在750分以上,可评为省三级管理单位,得分在850分以上,可评为省二级管理单位。考核评选为省级管理单位,省以补代奖,每年给予补助。省二级管理单位每年补助30万元,省三级管理单位每年补助20万元,每3年由省、市两级组成的专家组对已被评为省级的管理单位进行复核验收。

市水利局选择沿江有一定基础条件的中型闸管理单位作试点,逐步推进水利工程管理单位省级达标创建工作。经过市、县两级水利局和相关管理单位的共同努力,2006年,夏仕港闸管理所和马甸闸管理所分别被评为省二级和三级水利工程管理单位;2009年,夏仕港闸管理所通过了省级复核,马甸闸管理所提升为省二级水利工程管理单位。2010年,焦土闸管理所被评为省三级水利工程管理单位。此后,市和各市(区)水利部门再接再厉,到2015年,全市有14家管理单位成功创建为省级水利工程管理单位。

表13-3　泰州水利系统省级管理单位一览表(2015年)

序号	市(区)/单位	水管单位名称	备注	日期
1	泰州市城区河道管理处	泰州市五叉河闸站管理所	省二级	
2	泰州市城区河道管理处	泰州市周家墩泵站管理所	省三级	
3	泰州市城区河道管理处	泰州市老东河闸站管理所	省三级	
4	泰州市城区河道管理处	泰州市智堡河闸站管理所	省三级	
5	泰州市引江河河道工程管理处	泰州闸管理所	省三级	
6	靖江市水利局	靖江市上六圩港闸管理所	省一级	
7	靖江市水利局	靖江市夏仕港闸管理所	省二级	
8	靖江市水利局	靖江市城南闸管理所	省三级	
9	泰兴市水务局	泰兴市水务局马甸闸管理所	省二级	
10	泰兴市水务局	泰兴市水务局过船闸管理所	省二级	
11	泰兴市水务局	泰兴市水务局天星闸管理所	省二级	
12	泰兴市水务局	泰兴市水务局焦土闸管理所	省二级	
13	高港区水利局	泰州市高港区水利局口岸闸管理所	省二级	
14	姜堰区水利局	泰州市姜堰区城区河道管理所	省二级	

(二)市管河道管理的考核

2012年,市水利局制定了《泰州市市管河道管理考核办法》(泰政水〔2012〕80号)。该考核办法指出:对市12条骨干河道的组织管理、涉河建设项目、安全管理、运行管理、经济管理方面实行百分制考核,年终检查后形成通报以市水利局文件下发各(区)水利局和局直管单位,并依照考核结果下达年度河道管理市级财政补助经费。文件指出,对市骨干河道管理工作,要建立河道长效管理机制,健全河道管理工作责任制和问责制,形成层层抓落实的工作格局,保障河道防洪安全、供水安全和生态安全,维护河道健康生命。要依法管理,认真开展工作,查处水事违法违章行为时,做到笔录等办案文书齐全,举证有据,程序合法,对巡查和市民举报等途径发现的违法违章行为,做到及时发现、及时查处,查必有果。

要严格按行政许可批文执行,规范管理,对每个涉河工程项目建立监管台账及电子文档,重点抓好施工放线、中途检查监管、竣工验收三个环节。在监管过程中,在服务好基层的基础上开展有序工作。

(三)筹措资金,加强工程维修养护

为促进全市水利工程管理考核工作,在省水利厅对泰州市相关单位给予维修养护经费倾斜的同时,市、县两级水利部门也想方设法筹集资金用于管理考核。2010年,市财政安排维修养护经费75万元;2011年安排210万元(其中城区五汊河闸站达标创建100万元);泰兴市2010年争取财政资金70多万元用于天星闸硬件、软件设施改造;靖江市2011年计划投入150万元用于城南闸、上六圩闸改造;兴化、姜堰等市也积极向财政争取维修养护资金用于达标创建工作。

第三节 省级工程的管理

一、长江泰州段的管理

(一)管理机构

民国时期,泰州境内长江堤防管理无专门机构,沿江堤防分段设专职监察员,进行管理督查,江边堰堤由业主负责维修。

新中国成立后,境内沿江的靖江、泰兴两地相继成立了长江堤防管理机构,加强对江堤的管理。1950—1956年间,靖江培修江堤时由县里成立临时机构负责。1973年,靖江水利局设置工程管理股,负责江堤、涵、闸的管理工作。沿江堤防由夹港、上六圩、下六圩、十圩、罗家桥、夏仕港6个闸管所划段管理。1976年,靖江水利局增设堤防管理所,专门从事堤防管理,江边10个公社各配备堤防管理员1人。1983年,靖江水利局、多种经营管理局等部门联合成立江堤管理委员会,沿江10个乡(镇)也相继成立管理委员会,有的沿江村队还有专职堤管员。1984年,靖江撤销堤防管理所,设置堤闸管理所,堤防、涵闸分类管理,立制考评。堤管员由水利局配备,分别由沿江6个闸管所领导。1987年,省编委、人事局、劳动局、水利厅联合通知,境内乡(镇)水利站更名为水利管理服务站,为全民事业性质,属县水利局的派出机构。靖江沿江各乡(镇)水利管理站明确1名堤防管理员,沿江各闸管所专管闸,不管堤。1999年9月,靖江分东、西两片,配备4名堤管员负责巡查堤管工作。沿江乡(镇)水利站副站长兼管堤防,每2~3公里聘请1名护堤员,实行管堤、护林、治蚁、保洁、巡查等"五位一体"的管护制度。2006年3月,靖江堤防管理所配备堤管员4人,并组建由22名护堤员组成的堤管队伍,实行专职堤防管理。至2016年,分东、西两片,每片由副所长负责检查考评护堤员的管护工作和企业占用段堤防管理。每2~3公里由堤防管理所聘用1名护堤员,包干堤管、护林、治蚁、保洁、巡查的堤防管护工作。

新中国成立初期,泰兴江堤管理主要由所在乡(镇)负责。20世纪50年代初,泰兴沿江各区、乡均建立江堤管理委员会,管理本辖区内的堤防。1969年前,口岸、马甸2闸由扬州市直接管理;1970年移交泰兴水利局管理。1979年,泰兴成立县堤闸养护管理所,专门负责对沿江闸和堤防的管理工作。1980年春,马甸闸管所与马甸抽水站合并为马甸抽水站管理处。1964—1969年,泰兴在全县7个区各设一名水利工程员协助各区水利工程建设与管理;1969—1978年间,由泰兴县水利局统一负责,各公社成立水电管理站,具体负责;1979年,水利部提出把水利建设工作的重点转移到工程管理上,使水利管理真正走上正轨,泰兴各乡(镇)成立水利站,专司其职;1987年,省编委、人事局、劳动局、水利厅联合通知,泰兴水利站更名为水利管理服务站,是县水利局的派出机构(股级),性质为全民事业单位。2004年,泰兴成立城市河道管理所,明确了城黄灌区管理机构,使机构设置更加合理,管理体制更加科学,运行机制更加灵活。

地级泰州市成立以后,市政府明确:长江堤防、沿江涵闸站由水利部门统一管理。

（二）管理制度

1969年5月31日,靖江县革委会印发《关于加强江堤管理的通知》。该通知明确:为保护江堤安全,禁止在江堤上耕翻种植、损坏堤防。1973年,靖江县革委会批转靖江水利局《关于江堤、江滩管理工作的意见》,重申江堤、江滩保护范围和有关规定,严禁在江堤上砌屋造房、挖土墓葬、种植庄稼;禁止在江边滩地擅自圈圩垦种,不准到江滩上放牧牛羊、偷盗芦苇等。1988年6月10日,靖江县政府在其印发的《靖江县水利工程管理实施办法》中明确堤防管理所职责为:贯彻执行水利部《河道堤防工程管理通则》,负责堤防工程检查观测,及时掌握河势演变和险工患段的变化情况,负责制订堤防工程养护修理和除险加固方案,负责堤防管理范围内水事违法行为的查处和涉水建筑物的审定上报并跟踪管理,负责堤防工程资料整编上报。

1980年9月1日,泰兴县革委会下发《关于保护水利工程设施的布告》。布告的8条规定中有4条关系到江堤的建设与管理。1981年10月3日,泰兴县政府在下发的《关于禁止侵占耕地的布告》中重申不准在江、港堤岸脚和干河河坡上建房、葬坟、挖土,做土坯烧砖瓦等。1982年,泰兴防汛防旱指挥部制定了江堤管理责任制,并在每500～1000米堤防设1名护堤员(全县共161名)。护堤员的主要职责是:管好堤防,发现险情立即报告。1984年,泰兴江堤普遍进行绿化。此后,每届汛期、大潮汛,泰兴党政负责人分工包干,上堤驻守,指挥防汛抗洪,保护堤防。1987年,泰兴发布《泰兴县水利工程管理实施细则》(泰政发〔87〕171号)文件。1992年发布《〈泰兴县水利工程管理实施细则〉补充规定》(泰政发〔1992〕268号)文件。

1998年8月4日,市政府下发了由市水利局起草的《关于加强长江河道堤防管理工作的意见》,意见指出,全市沿江市(区)要根据国家有关法律法规建立健全管理机构,完善各项管理设施,落实管理责任制,制定和完善各项管理规章制度,实行长江河道堤防"建设、管理、维护、开发、服务"一体化,实现管理工作法治化、规范化、科学化、制度化。意见还指出,长江堤防是泰州最重要的防洪工程设施之一,是保证全市人民生命财产安全和经济可持续发展的重要屏障,无论采取何种形式,江堤的管理与开发都必须首先服从防汛防旱的要求,确保完成防汛防旱任务。意见还就长江堤防管理范围内的建设项目、江堤管理机构的正常经费、江堤资源的综合利用及江岸线的开发做了明确规定。

（三）运行管理和维护

泰州地级市成立后,境内沿江市(区)积极贯彻执行水利部《河道堤防工程管理通则》和市政府《关于加强长江河道堤防管理工作的意见》,对堤管员实行岗位责任制,定岗、定编、定职责。堤管员负责开展日常巡查、定期检查、特别检查、专项检查。日常巡查:一般在大潮汛期间巡查堤防设施是否完好,有无水毁侵蚀、窨潮渗漏、白蚁危害等情况,堤防面貌是否整洁完好,是否有危害堤防安全的行为等。定期检查:每年汛前、汛期、汛后分别按照《河道堤防工程管理通则》和《关于加强长江河道堤防管理工作的意见》进行规定项目的大检查。特别检查:发生台风、暴雨等灾害性天气和洪峰流量过境后,均及时对堤防、滩地、岸线进行检查。专项检查:对堤防土、石方,混凝土工程,配套建筑物,护堤地及管理设施的完好、管理范围和保护范围是否出现违章事件和人为破坏行为等,进行专项检查,并对护堤员"五位一体"管护工作进行定期和不定期考核。同时,加强堤管队伍行政执法建设,外树形象,内强素质。

【综合整治】

20世纪80年代,沿江各市(区)对堤防的整治初见成效。1984年,靖江太和、敦义两地有人在江堤违章种植、搞建筑,两乡政府及时采取措施,迅速清除全部违章种植、建筑,共计肃杂面积250多亩。1985年7月,靖江防汛防旱指挥部组织沿江各乡堤管员全面开展江堤肃杂工作。累计肃杂堤长6.5公里,面积近45亩。1998年8月,靖江敦义乡在靖江水政监察大队和水警大队协助下,组织专门力量对境内江港堤防内外坡进行强制清障。共清除乱堆乱放障碍物20余处,耕翻种植面积近1万平方米,拆除违章房屋3间,回填加固内坡跌塘3处。

从2007年起,靖江市水利局实施长江堤防道路环境综合整治工程。是年,整治堤防86公里,路肩覆土6.9万立方米,驳砌生态挡墙15公里,栽植苗木16万株。2008年,查处盗伐、破坏江堤林木案5起,清理违章搭建31处,清除耕翻种植235亩。2010年,清理长江堤防违章搭建及堆放物33处,清除耕翻种植224亩,补栽苗木123万株,修复损毁堤防道路1500平方米,灌浆密实300米。2012年,清理违章搭建3处、江堤堆放场17处,清除耕翻种植70.5亩,整治重载车辆上堤行驶41次;责令擅自占用江堤防汛通道的24家单位进行整改,并增设防汛通道标志38个。2013年、2014年,靖江共计清理违章搭建33处,堆放物17处,清除耕翻种植、杂树杂草465亩,整治重载车辆上堤行驶101次,清运江堤堆放秸秆516车次。2015年,清理违章搭建55处、杂树杂草585亩,清除耕翻种植365亩、江堤垃圾400余吨、堆放物23处,整治重载车辆上堤行驶79次,修复损毁堤顶道路1.2公里。

【设施建设】

按照"建管并举"的方针,2000年,市水利局决定将江堤管理设施列入达标建设。其项目为观测设施、交通设施、通信设施、生物工程及其他生产生活设施5个部分,并规定了通信设施的统一标准。沿江有关市(区)都下达专用经费,用于堤防管理设施建设。

2000年10月,靖江投资844.17万元,建设了水情遥测系统,2003年10月竣工。是年,靖江还给堤管所配备了巡堤越野车,建立了防汛计算机网络系统,配置所需设备、系统软件开发;添置了灌浆用打锥机、拌浆机、灌浆机和拖拉机2台等堤防渗漏治理设备;还购置了治虫机械喷雾器、除草机和剪草机等绿化维护保养器械。靖江还实施生物工程,对堤防(青坎)进行绿化,水土保持植被1100多亩,青坎培育香樟等苗木基地160亩,中山杉、银杏等林木710亩;外滩植柳、栽芦苇、抛石等,减轻风浪冲刷,保护湿地3100亩;靖江还新建防汛哨所20座,每座哨所面积12~15平方米。

高港2006年投资200万元建设盘头排涝站,位于古马干河南岸,排涝流量4米³/秒,由于不均匀沉降,管理用房出现倾斜、屋面漏雨严重,2019年对管理用房进行了拆除重建,投资45万元。

2008年投资800万元,建设小四圩排涝站,位于永胜村,设计排涝流量8米³/秒。

2011年投资1000万元,建设引江排涝站,位于中心社区,设计排涝流量8米³/秒。

2012年投资1650万元,建设同联排涝站和胜利排涝站,列入高港区2012年中央财政小型农田水利重点县项目,涉及兴洲、永兴2个行政村,控制排涝面积0.75万亩,总人口0.73万人。完成土方2.9万立方米,砌石方0.18万立方米,混凝土及钢筋混凝土0.19万立方米。建设时间2012年12月至2013年5月,两个排涝站设计流量都为8米³/秒。

2014年投资12万元,对友谊排涝站排架进行维修,对出水池进行灌浆。

2015年投资36万元,实施高港区长江堤防护坡维修工程,对小四圩排涝站至泰州大桥段护坡进行维修,底埂外抛石。

【白蚁防治】

本着"查为基础、治为手段"的治理方针,坚持"以防为主、防治结合、综合治理"的原则,对照江苏省白蚁防治达标控制标准和省堤坝白蚁防治技术规程,境内沿江地区认真抓好白蚁防治工作的各个环节。

1986年初,靖江在川心港堤段和上二圩港头道堤首次发现白蚁。是年,靖江对全县堤防进行全面普查,在7个乡15段堤防上发现有白蚁活动迹象,总长度22.61公里。其中,上二圩港至川心港堤段白蚁危害最为严重。1987年,靖江又发现8个乡18段堤防有白蚁活动迹象,总长度24.8公里。经破巢发现,大的蚁穴主巢直径达1.6米,内有大小菌圃42个,使堤内形成约2立方米的空腔。最大蚁道直径达5厘米,从主巢通外坡取水,通内坡采食,正好将堤防横穿。"千里堤防,溃于蚁穴"。汛期高水位时,江水内窜,势必形成管涌,以致溃堤。为消灭这一隐患,靖江县水利局专门组建防治小组,采取带药灌浆(灭蚁、密实一举两得)、挖堤破巢、毒饵诱杀、药烟熏杀等办法治理。1986年5月,用"灭蚁灵"毒杀白蚁15巢。1987年挖堤破29巢,生擒蚁王4只、蚁后6只。1986年、1987年国家投资灭蚁经费4.2万元。1989年起,靖江每年春秋白蚁活动期组织护堤员深入细致地全面普查。1990年查明白蚁危害地段长度计33.41公里。靖江每年在春、秋两季(春季5月上旬,秋季9月下旬)投放灭蚁药2万包,设引诱坑及引诱桩2万个(根)。

2011年4月下旬到5月上旬,根据白蚁活动规律,靖江和泰兴都进行了大规模的蚁情普查。两市首先加强对治蚁人员的培训和教育工作。他们积极组织白蚁防治人员进行白蚁防治理论、技术知识和实际治理能力的培训和学习,让蚁防人员全面了解和掌握最新的白蚁防治知识、方法和技术,不断提高蚁防人员的业务素质和治蚁水平。同时,请老白蚁防治人员传授白蚁防治的经验和做法,介绍白蚁的生活习性、活动规律和查找方法,组织防治人员观看白蚁防治方面的有关影像资料。通过培训学习,白蚁防治人员的防治水平有了进一步的提高,工作的责任心得到了加强。

靖江市白蚁防治小组组织白蚁防治人员对长江堤防范围内的蚁害情况进行拉网式检查,并采用设置引诱桩、引诱堆、引诱坑进行普治。为节约治理经费,把有限的治理经费用在刀刃上,靖江把重点放在蚁害严重堤段、试验段和达标段的治理上,对重点蚁害堤段加大投药密度,在堤坡浸润线附近每5米投药一包,遇泥被、泥线处再加密。投药后,白蚁防治人员每周检查1次,及时更换、添加灭蚁药物,并认真做好记录,在发现地面指示物的堤段做上标记,以便及时处理。是年,靖江市总计投放灭蚁灵诱杀袋2万袋,查获地面指示物12处,其中红垂幕3丛、地碳棒9丛。

泰兴市根据白蚁活动的规律、季节,通过查看泥被泥线、分飞孔,清杂割草,设置诱饵桩、诱饵堆等方法开展蚁害普查工作,检查发现白蚁危害堤段长4公里。在全面掌握蚁情的基础上,对有蚁害的堤段进行打桩、设堆引诱、重点投药。2011年,泰兴在九圩港至八圩涵段共设堆298个,投药894包,打桩250个。打桩和设堆后,指派专职人员负责观察,补堆补投,定期翻堆,做好详细的采食记录,共发现3处采食现象。为切实加强防治效果,该市对九圩港南港堤至八圩涵段2公里堤防在投药引诱治理的同时,又采用钻孔灌药浆的方法,直接进行灭杀。在白蚁危害堤段的内外堤肩角灌浆,钻二序孔,最终孔间距为2米,每孔灌浆次数不少于3次,每2天复灌1次,每立方米泥浆中加入100克50%农药乳剂,累计打孔400个,灌药浆2200立方米。采用这种方法一方面可以杀灭过浆蚁道、蚁巢、菌圃内的白蚁,另一方面,能够毒化坝体土壤,防止白蚁孳生营巢,并在迎水坡、背水坡间形成帷幕墙,阻止白蚁向迎水坡修筑蚁道,避免渗漏现象发生。

二、泰州引江河(泰州段)的管理

泰州引江河工程的运行管理、维修及更新改造的费用,按照分级管理、分级负担的原则,分别由省和地方承担。河道工程运行管理经费由泰州市解决,省里实行定额补助。

泰州市引江河工程管理处(以下简称引管处)成立以来,依靠广大干部职工团结一致、勤奋工作,加强单位建设与人才队伍建设,依法依规管理河道,多方筹措经费,及时组织工程维修养护,确保了工程设施正常运行,充分发挥工程效益,为地方经济发展做出了一定贡献,先后获得"省青年文明号""省二级水管单位""省三星档案管理单位""省水利安全标准化二级单位""泰州市青年文明号""市级园林式单位""市创建文明单位先进单位""五一文明班组"等荣誉称号。干部职工中2人次被评为省劳模,1人次被评为市劳模。

(一)管理范围和规定

1999年2月,江苏省水利厅制定《江苏省泰州引江河管理办法》,全文29条,关于管理范围和有关规定如下:

(1)在河道两边堤防(含堆土区,下同)之间的水域、河床、滩地、青坎、两岸堤防、堆土区及所有工程征用范围内,国家征用过的所有土地的使用权归省泰州引江河管理处;各有关市、县河道管理部门对所管的河段土地有经营管理权,但不得转让。

(2)禁止在河道堤防上扒口、取土、挖坑、打井、埋坟、建窑、垦种等。

(3)禁止在河道内设置影响引、排水的建筑物、障碍物及鱼网、鱼簖、鱼罾;禁止在河道内采砂。

(4)禁止向河道内排放有毒有害污水、倾倒工业废渣、城市垃圾和其他废弃物、污染物。

(5)禁止在征用范围内擅自盖房、圈围墙、堆放物料,设置取水口、排污口,埋设管道、电缆及兴建其他建筑物。

(6)禁止破坏河道绿化工程。

(7)禁止损坏护坡、堤防、涵闸、泵站等各类建筑物及机电设备、水文、通信、供电、观测、交通航运标志等设施。

(8)在泰州引江河内航行的船舶,必须向河道主管机关缴纳河道通航护岸费。

(9)在泰州引江河内取水,应当按照有关规定向水行政主管部门办理取水许可预申请、申请和审批手续,并按规定缴纳水费、水资源费。

(二)具体管理工作

【河道管理】

多年来,泰州市引管处充分利用水法宣传月、安全生产月、社会普法等活动,走村入社开展涉水法律法规宣传,进小区、到公园广场设置宣传点,积极开展涉水法律法规宣传工作,营造良好的水事氛围。不断加强兼职水政执法人员的培训与考核,抽调骨干队员参加省水利厅组织的学法、用法考核工作,提高执法人员的素质和能力,逐步配备了水政执法摩托车、水政执法艇、无人机等执法装备,打造了一支执法铁军。建立河道巡查预防机制,坚持每天白天不间断巡查和记录,每年巡查200次以上。对管理范围内的违章搭建、扒翻种植、偷倒废弃物等违法违规行为,配合法院、公安部门、沿线社区分别采取依法强制拆除、行政指导清除、依法诉讼等方法,有力地维护了水法律的威严,维持了引江河正常水事秩序。

【维修养护】

泰州引江河(泰州段)全长33.8公里,占地约6500亩(不含水面积),管理巡查工作面广、战线长,维修养护工作量大、任务重,经费渠道有限、缺口大。泰州市引管处干部职工发扬艰苦奋斗精神,不等不靠,充分利用现有水土资源,按照引江河管理规定,通过多年水土保持绿化苗木开发工作,累计建设苗圃500多亩,繁殖苗木16万株,引进新品种植树造林38万株,建成省级生态公益林5000多亩,林木蓄积20多万立方米。该处还积极开展引江河工程配套的5座码头招商引资工作,化资源为资产,2013年引江河二期工程建设前,码头年租金已达100多万元。2011年,周山河船闸闸费收入达140多万元。多年来,泰州市引管处在省补经费严重不足的境况下,通过生产、开发、经营等创收工作,多方筹措经费,陆续实施了隔离栅分界确权、引江河桥梁检测、老通闸检测、老通东闸环境整治、桥梁安全设施、引江河水土保持绿化提升等工程,并每年开展年度水毁工程维修工作,保证了工程完好和正常运行,持续发挥工程效益、生态效益和社会效益。

【服务民生和地方经济发展】

根据泰州闸以北水质较差的实际情况,泰州市引管处制定应急机制,按上级指令有计划地开闸调水,保持水体流动,提升水环境,改善下游水质,惠及民生。按照市防办指令,梅雨季节强降水期间,开启老通西闸廊道排水,缓解了鲍徐、九龙等乡(镇)数千亩农田受淹灾情,保障农业生产。按市防办指令,开启老通扬运河东闸的输水廊道,抢排城区涝水,提前降低城区水位,缓解城区防汛压力,发挥工程防汛效益。

在船闸服务上,公布每日套闸水情,建立了船民服务热线,配置便民服务箱,拉近了与船民的距离,保障船闸顺利通航,保证了城市建设物资运输的方便与快捷。

引江河一期工程堆土区较高,且多为高沙土,泰州市引管处在管理中,通过削坡降高、加大林木绿化力度防止水土流失,并将调整的土方支援宁通高速公路扩建等重大民生工程,有效节约了城市基础建设成本。

多年来，泰州市引管处与市农委紧密配合，加强了河道堤防上加拿大一枝黄花的巡查与清除工作，做好春季药物除苗和秋季人工突击除秆等工作，并加强实施林木绿化工程，解决了加拿大一枝黄花可能泛滥的问题。

【服务重点工程】

泰州长江大道是市政府的重点工程之一，引管处成立了专门的服务小组全力配合工程建设。为解决工程用地问题，引管处积极配合上级部门，加强基础调查分析、现场勘察测量等工作，按要求提供工程用地约1800亩，并及时完成场地清理工作，为工程建设做出了重大贡献。

纬创集团的投资项目毗邻泰州引江河和泰州市引管处办公区，引管处从大局出发，积极配合泰州市经济开发区管委会，调整单位办公区，有力地协助纬创项目顺利落地和开工建设。

泰州引江河第二期工程建设时，引管处迅速成立服务领导小组，根据市政府要求和实际情况，组织技术人员复核土方工程量，优化排泥场布置，并完成549亩土地的征地拆迁工作，节约土地90亩。同时，妥善化解地方矛盾，协助二期工程建设局顺利开工，顺利完成项目建设。

第四节　市骨干河道的管理

全市共有流域性和区域性市级骨干河道22条，根据《泰州市水利工程管理办法》，这22条河道的管理实行统一管理和分级管理相结合、下级服从上级的管理原则。

一、日常管理

（一）依法划定管理范围

为加强市级骨干河道的管理，充分发挥其调水、灌溉、排涝、航运、防洪等综合效益，市水利局依据《江苏省河道管理条例》《江苏省水利工程管理条例》《泰州市水利工程管理办法》等的规定，划定河道管理范围。其中有堤防的河道，河道管理范围为两岸堤防之间的水域、滩地、青坎（含林带）、迎水坡、两岸堤防及护堤地（背水坡堤脚线外不少于10米）；无堤防的河道，河道管理范围为河道及两侧河口线外不少于10米。

（二）编制河道保护规划

根据《江苏省河道管理条例》和推行河长制工作要求，围绕水安全有效保障、河湖资源永续利用、水环境整洁优美、水生态系统健康、水文化传承弘扬的总体目标，明确河湖功能定位，市水利局制订科学、高效、规范的河湖保护方案，构建与经济社会发展相适应的河湖保护和管理体系，形成新的河湖保护格局，提升河湖防洪、供水、生态等公益性功能，发挥河湖综合效益，促进河湖资源可持续利用。市水利局编制了市级骨干河道保护规划，进一步明确了河道管理（保护）范围，强化了河湖功能保护，突出了河湖水域岸线保护，加强了河湖范围内重要基础设施保护，突出了河湖空间管控。

（三）健全河道管理机构，落实管理责任

全市22条骨干河道的日常维护都落实了具体的管理机构，负责河道、河坡及其水工建筑物的管理。其中,长江泰州段涉及的市(区)均成立了专门的河道堤防管理单位,引江河(含送水河)由市引江河河道工程管理处负责,南官河、卤汀河、新通扬运河、泰东河、周山河、古盐运河(老通扬运河)、古马干河、宣堡港、两泰官河、凤凰河(凤城河)等10条河道的泰州市区段日常管理工作由市城区河道管理处、市水利局海陵分局负责管理,其他河道(河段)的日常管理分别由所在地水利(水务)部门负责。市管河道均明确了市级河长,河道所在地相应明确了县、乡、村三级河长,明确了目标任务,做到任务分解到位、责任落实到位。

(四)涉河项目的审批监管

市级骨干河道涉河建设项目由市水利局负责审批。对确需在水利工程管理范围内新建、扩建、改建的各类工程建设项目和从事相关活动,包括开发水利(水电)、防治水害、整治河道的各类工程,跨河、穿河、穿堤、临河的桥梁、码头、道路、渡口、缆线、取水口、排水口等建筑物及设施,厂房、仓库、工业和民用建筑以及其他公共设施,取土、弃置砂石或淤泥、爆破、钻探、挖筑鱼塘、在河道滩地存放物料、开发地下资源及进行考古发掘等,建设单位在按照基本建设程序履行审批手续前,必须首先向水利工程管理的主管机关提出申请,并提交有关资料。市水利局严格按照"确有必要、无法避让"的审批原则,从严从紧开展涉河建设项目审批许可工作,对于影响河湖河势稳定、危害防洪安全、侵占生态空间、损害生态功能、破坏生态环境的涉河建设项目,一律不予审批。

在县(市、区)界两侧各1公里的范围内,以及跨县(市、区)骨干河道有引、排水影响的河段,对跨县(市、区)河道有引排水影响的河段,未经双方达成协议并报市水利行政主管部门批准同意,任何一方不得修建排水、引水、阻水、蓄水工程以及实施河道整治工程。

(五)强化河道巡查管理

为及时掌握河道管理动态信息,全市各地均建立了切实可行的河道巡查制度,河道管理单位每周不少于一次巡查,市(区)水利部门每月一次检查,市水利局每季度一次督查,做到巡查督查工作常态化。对涉河项目也按照涉河项目监督管理办法的要求,加强日常巡查和专项检查,确保涉河项目立项有据、建设有序、补偿有度、验收有期。

(六)持续加大河道管护经费的投入力度

市财政每年从"城市建设维护税"中列支48万元,用于市区市管河道运行管理,管护标准为5000元/公里。各市(区)也加大财政投入力度,多渠道落实资金,以保证河道管护需要。

二、河长制

"河长制"的管理模式由省内无锡市首创。它是在太湖蓝藻暴发后,无锡市委、市政府自加压力的举措,所针对的是无锡市水污染严重、河道长时间没有清淤整治、企业违法排污、农业面源污染严重等现象。2007年8月23日,无锡市委办公室和无锡市人民政府办公室联合印发了《无锡市河(湖、库、荡、氿)断面水质控制目标及考核办法(试行)》。该文件中明确指出:将河流断面水质的检测结果纳入各县(市、区)党政主要负责人政绩考核内容,各县(市、区)不按期报告或拒报、谎报水质检测结果的,按照有关规定追究责任。这份文件的出台,被认为是无锡推行"河长制"的起源。自此,无锡市党政主要负责人分别担任了64条河流的"河长",真正把各项治污措施落实到位。

2008年,江苏省政府在太湖流域借鉴和推广无锡首创的"河长制"。之后,全省15条主要入湖河流已全面实行"双河长制"。每条河由省、市两级领导共同担任"河长","双河长"分工合作,协调解决太湖和河道治理的重任,一些地方还设立了市、县、镇、村的四级"河长"管理体系,这些自上而下、大大小小的"河长"实现了对区域内河流的"无缝覆盖",强化了对入湖河道水质达标的责任。淮河流域、滇池流域的一些省、市也纷纷设立"河长",由这些地方的各级党政主要负责人分别承包一条河,担任"河长",负责督办截污治污。

2011年3月18日,市水利局印发《泰州市关于建立"河长制"的实施意见》(泰政水〔2011〕39号)。该意见指出:泰州"河长制"实行分级管理、一河一长的工作机制,"河长"负责牵头制订河道管理整治方案,并统筹纳入水利建设与管理投入计划组织实施。该意见还指出,泰州实行"河长制"管理的范围为:《泰州市水工程管理办法》中明确的22条流域性或区域性河道、跨市(区)河道和重要的县、乡河道共计29条实行"河长制"管理。其中,14条主要河道由水利部门的负责人担任"河长"。2012年,省政府办公厅出台了《关于加强全省河道管理"河长制"工作的意见》,省水利厅、财政厅联合制定《江苏省省骨干河道管理考核办法》,对全省河道管理"河长制"工作提出了新的更高要求。泰州根据上级主管部门的工作部署,认真贯彻落实省政府、省水利厅文件精神,以"河长制"为抓手,加强领导,落实责任,强化措施,扎实开展省骨干河道长效管理工作。

此后,按照市水利局要求,各市(区)相继出台《河道管理"河长制"实施方案》;分别成立"河长制"管理办公室,明确了组成人员名单及相关部门职责分工;对各自境内河道实行分级管理、一河一长的工作机制,并落实了管护经费和考核办法。

按照分级管理、分级负责的原则,省级骨干河道和区级河道由水利局负责人出任"河长";乡级河道由河道所在镇(街道)负责人出任"河长";村庄河道由所在村(居)委会负责人出任"河长"。"河长"负责牵头检查、督促、指导河道工程管理工作,形成立体式、网络化,互相配合、协同推进的组织领导体系。在市级河道管理范围内设置117块长效管护公示牌,公示牌明确了河道名称、管护范围、管护内容、管护标准、管护责任人员及监督电话等内容。

为保证河道管护工作的顺利开展,各地也坚持因地制宜,多种形式推进河道管理"河长制"工作,根据不同的特点制定了实施方案。通过明确河道长效管理的责任主体、管理单位、管理范围、管理要求,落实管理经费,河道面貌、水环境质量明显改善。部分市(区)积极筹措经费,切实落实公共财政对河道管护的投入,建立了长效、稳定的河道管理投入机制。其中,靖江市财政共落实省骨干河道和一、二级河道长效管理资金578万元,专项用于河道管护,实行专款专用。高港区江河堤防管理所每年都编制独立的部门预算报区政府批准,2013年批复的部门预算为198.06万元。其中,骨干河道管理每公里补助8000元,共补助管护经费68.42万元,并出台《高港区江河管理和农村水利设施补助资金拨付和考核办法》,规范经费执行。

定期开展河道清障活动。联合公安、渔政、海事等相关行政执法人员对市骨干河道进行集中清障,对河道非法设置的拦网、渔罾、渔簖、沿河岸侧的扒翻种植、临河设施进行清障,并张贴清障通告,还通过新闻媒体进行宣传,发动舆论开道,制造声势,有效打击和遏制危害河道健康的水事违法行为,确保河道行水通畅。定期督查河道保洁环境质量,建立督查台账资料,确保河道水清、水秀、水美。

第五节 城市水工程管理

一、管理机构及职能

1996年8月地级泰州市组建前,城市水工程(河道、涵闸等)分别由市建设委员会和市交通局管理。

地级泰州市组建后,2000年成立了泰州市城区河道管理处(市财政全额拨款事业编制),负责主城区包括海陵区境内新通扬运河以南、医药高新区境内的城区河道及闸(涵)、泵站管理。泰州市城区河道管理处下设办公室、闸站工程管理所、水政监察支队城区大队、凤凰河风景区管理所、五叉河闸站管理所、智堡河闸站管理所、老东河闸站管理所(建制级别为股级),编制、人员从现有编制人员中自行调剂使用,原内设机构同时撤销。

(1)办公室:负责河管处日常工作;制定内部各项规章制度,组织安排办公会议,督促检查会议决定事项的贯彻落实;负责档案、信息、宣传、保密等工作;负责后勤服务和综合性文件的起草工作。

(2)闸站工程管理所:负责河管处所有闸站工程的管理。

(3)市水政监察支队城区大队:负责水事违法行为的查处,强化水政执法力度,正常开展城区所有河道及其宣传牌、护栏等设施巡查,及时发现和制止水事违法违章行为,做到查必有果。

(4)凤凰河风景区管理所:负责城区所属管理范围内水利绿化景区项目的管理和安全生产,保证资源资产的完好。

(5)周山河管理所:负责周山河泰州市区段的河道、林地及其附属设施等资源资产的全面管理和安全生产,保证资源资产的完好。

(6)五叉河闸站管理所:负责五叉河闸站的日常运行、管理,以及闸站上下游各50米范围内的管理。

(7)智堡河闸站管理所:负责五叉河闸站的日常运行、管理,以及闸站上下游各50米范围内的管理。

(8)老东河闸站管理所:负责五叉河闸站的日常运行、管理,以及闸站上下游各50米范围内的管理。

(9)城区闸站管理所:具体承担5座钢坝闸、1座较大型排涝站及城区小型闸涵泵站等43座工程的日常管护运行和保养。

二、河道的管理

泰州城区西至引江河(不含)、东至S231省道、北至新通扬运河(不含)、南至周山河,区域内面积

86平方公里(城区通南片62平方公里、里下河片区24平方公里),主要引排水河道共59条,全长约135公里。

为加强对市区河道的保护和管理,充分发挥市区河道的综合效益,改善和提高市区河道的环境质量,1998年8月17日,市政府印发《泰州市市区河道保护管理暂行办法》,确定泰州市水行政主管部门是市区河道及配套设施的行政主管部门,并明确其主要职责。该办法共25条,分条目阐述了对市区河道及配套建筑物护管的要求,操作性很强。

泰州市城区河道管理处负责城区59条河道(段)的水域、岸坡以及河口角线的外10米(南官河、老通扬运河河口线外30米,凤凰河河道绿化、景区及配套工程)范围内河道管理区域进行巡查,对未经水行政主管部门同意擅自搭建房屋或其他设施,河岸坡扒翻种植取土、倾倒垃圾杂物,擅自设置渔网、箔、罾等捕鱼设施,未经批准擅自建设跨河、穿河、穿堤、临河的桥梁、码头、道路、渡口、管道、管线、缆线、取水口、排水口等建筑物及设施,以及改变河床现状等国家、省、市有关河道管理的法律法规禁止的行为进行查处。负责经水利局审批的中心城区涉河工程建设项目实施情况的巡查,及时汇报工程实施进展情况。汛期雨日,负责低洼易涝区的水情巡查和汇报。

三、建筑物的管理

城区现有闸泵站51座,共形成了86平方公里(城区通南片区64.4平方公里、里下河片区21.6平方公里)的防洪控制圈和生态水环境调度圈(南边为周山河以北,西边为引江河以东,东边为S231省道及兴泰公路沿线以西,北边为新通扬运河以南),其中43座工程由泰州市城区河道管理处负责日常管护,8座由市场化招标委托管护单位进行日常管护。

在管理中,根据水闸技术管理规程、水利工程管理细则等规范,结合城区工情特点,制定了《城区水利工程防洪预案》《城区水利工程反事故预案》《城区水利工程特别检查报告》等各类应急预案。完善了《城区水利工程水生态环境调度方案》,使新区城南河闸站和中子河闸站的水生态调度运行有章可循。同时,还制定了一系列管理制度和人员管理考核办法,明确岗位职责和责任,根据工程的性质制定调度操作规程,明确设备管理的要求、设备检查保养的周期、安全巡查的频次及检查记录的格式等,从硬件保养到软件记录,从运行管理、日常巡查到安全保卫,要求具体明了,确保管理规范有序。落实好各班组周例会、班组长半月例会、闸管所月例会,加强一线管理人员爱岗敬业、安全、专业技能、防汛知识等教育;落实泵站日常管理考核措施,坚持以考核为抓手,通过考核促管理质量的提升,坚持做好日检查、周整改、月考核,将考核与工资挂钩,通过考核促进管理工作的有效执行到位。

为确保工程的安全可靠运行,每月都会同江都管理处对新通4座闸站进行全面试机运行一次,对所有电力设备开展年度预防性试验,及时排查解决影响工程运行的各类问题和隐患。对5座钢坝工程运行管理技术支撑服务,委托钢坝液压启闭机厂家每月共同参与钢坝工程现场试运行,并详实填写试运行记录,及时排查解决影响钢坝运行的技术故障,确保工程良好运行状态。通过岗位培训和实践,从聘用队伍中抽调有一技之长和工作经验的技术人才组成技术班组,解决一线管理过程中出现的一般性故障。落实城区水利工程汛前、汛中、汛后三次大检查,以及每月定期开展电气、机械、建筑物、河床等安全检查,对检查中发现的安全生产隐患,做到立即上报并及时处置,确保所有工程拉得出、打得响。

制定城区汛期工作制度,落实雨日调度工作措施,构建城区防汛一线调度体系,及时准确地执行上级调度指令。通过近几年的调度运行,在应对多次台风和持续强降雨时,一线工作人员均能24小时待命并迅速准确地将市防指指令严格执行到位,做到工作超前,科学应对,有效地将城区暴雨期间最高洪水位控制在3.0米以内,保障了城区度汛安全,城区未因水利工程调度不力而受涝。

围绕提升管理水平和能力,积极创先争优。根据《江苏省水利工程管理考核办法》考核标准,加强工程达标创建工作,通过对工程设备的检查、现场设施的完善,不断规范和完善各项管理工作,加大基础设施完善投入,进一步健全内部管理制度,不断提高工程运行管理水平。近年来,申报争创省级水利工程管理单位,同时,以水利工程达标创建为契机,逐步带动城区小型闸泵站工程的规范化管理,不断提升城区水利工程综合水平和能力。通过努力,共争创了1个省二级管理单位,5个省三级管理单位。

四、主城区生态调水

泰州市主城区处于通南与里下河分水岭处,水系以通南高水系为主,正常年份自然流向由南向北,利用通南河与里下河两水系水位的自然落差和自然流向,将主城区水系变成活水,改善城区水质,在正常情况下由口岸闸开闸引进江水。口岸闸所引长江水经南官河进入老通扬运河口后分东西两路进入泰州城河。西路沿南官河继续北上进入泰州西城河,再分别经泰州船闸进入卤汀河及其支流,通过大浦头涵洞和老西河涵闸,使西城河水进入老西河和稻河,再转入卤汀河,从而增加西城河水的活性。东路经老通扬运河,在净因寺处进入南城河、东城河、北城河,再由草河头涵洞进入草河,由玻璃厂涵洞进入冠带河、智堡河、新通扬运河,经鲍坝闸进入老东河。在新区,口岸闸所引江水经南官河,转入周山河,再由凤凰河、西刘河、翻身河、城南河、中子河等经老通扬运河和南城河进入东城河。

当口岸闸引水不足,泰州城河水位低、水质较差时,可请求省防指启动高港枢纽送水闸,通过南官河增补泰州城河水量,抬高城区水位,并利用南园泵站和新建成的东城河闸站以及大浦头、鲍坝闸等闸涵泵站定期抽引排水冲污,改善城区水质。

一般情况下,大浦头涵洞、草河头涵洞、玻璃厂涵洞保持开启状态,即可保证城河水流不断,改善城河水质。鲍坝闸实行小流量开启状态,即可保证城河蓄取一定水位的水量,力争城河水位保持在2.2～3.0米。当遭遇突发性暴雨,城区水位普遍明显上涨时,南园泵站、东城河闸站、审计局涵洞等及时投入使用,将东、西玉带河等内城河水排入外城河。当外城河水位超过3.0米以上时,鲍坝闸应加大排水量,尽快降低城区水位,与此同时暂停口岸闸引江水。

通南片区南官河、周山河水源充足时,开启周山河沿线控制,引水源入城区南官河、凤凰河、凤城河等河道,盘活城区南部地区、中心城区共62平方公里的水体;利用江淮水系在泰州城区交汇形成落差的独特优势,调节城区流域性节制工程形成自流活水,拉动水体流通,实现"水位可亲、水体流畅、水质优良"的目标。

封闭控制调度:枯水期时,封闭周山河沿线控制工程和城区流域性节制工程,形成62平方公里的封闭圈;通过生态调水泵站调引引江河水体入城区老通扬运河、凤城河等河道,补充城区水源,同时利用江淮水系在泰州主城区交汇形成落差的独特优势,分片区调节城区流域性节制工程,形成自流活水,盘活泰州城区水体。

新区活水调度:通过城南河闸站、中子河闸站每天开机8小时,抽提南官河水源入城南河、二号小区内河、三号小区内河、中子河、四号小区内河、王庄河西段等河道水,达到活水目的,确保新区河道良好水环境。

中心城区玉带河调度:通过南园泵站每天开机6小时,抽提南官河水源入南玉带河、西玉带河,通过开启西玉带河北涵闸进行循环调度,盘活西玉带河水体。东城河闸站、南山寺泵站每天开机6个小时,提引东城河水源入东玉带河、周桥河,通过开启审计局涵闸进行循环调度,盘活东玉带河水体。

第六节 农村水工程管理

一、河道管理

20世纪60年代以前,境内各地对农村河道疏于管理,形成了"一年挖、二年塌、三年再重挖"的不良后果。20世纪70年代以后,乱围、乱垦湖荡滩地,填河建房,在河道上乱圈乱围,鱼网林立,向河中倒土和窑渣、垃圾等现象在有的市(县)农村时有发生,这些行为缩窄了航道,阻碍了行洪通道,挤占了蓄洪区,污染了水源,河道的综合效益大大降低。此间,泰兴等地已经注意河道管理与河道建设同步进行,做到土方工程结束,覆盖良土,栽植树草,保护河坡。1980年,泰兴县革委会发出《关于保护水利工程设施的布告》后,河道管理得到了进一步重视。开始实施干河由县水利局和乡(镇)共管,(泰兴)中沟及中沟以下工程由乡(镇)管理,日常工作由水利站负责。1982年,该县对干河、中沟实行"三自一包"的方式,即自栽、自管、自受益,包河坡不倒,取得显著效果。1983年,泰兴推广了马甸公社47人的护河专业队"两包""四管"的经验,即包河坡、青坎不倒塌,管树、管草、管鱼、管水生植物。

1987年,境内掀起了宣传、学习、贯彻《江苏省水利工程管理条例》的热潮,很多乡(镇)、村制定了乡规民约,加强农村河道管理,取得显著效果。各地因地制宜,划段包干,落实人员,明确职责,定期检查。采取了行之有效的方法进行管理。兴化对乡级河道进行绿化护坡,一般在水边种芦柴,平台栽杞柳,河坡长芦竹,岸边植水杉。农村实行联产责任制后,兴化的绿化管理采取多种形式:有随责任田承包的,庄台、河旁在谁的承包田边就由谁负责管理,谁管谁收;有单项管理的,新开河道植上树草后,明确专人管理,定工段,包成活;也有由专业户承包的,每年上交集体一定的利润。凡在承包地段,发生雨淋沟和河床淤塞,均由承包者负责填平和疏浚,造成损失时,除特殊情况外,要扣除其收入。但由于河道的绿化和管理面广量大,在组织上和措施上,还不够具体有力,未能形成一支群众性的水利工程管理网络和切实可行的严格制度。

1996年以后,全市每年投入约9500万元用于农村河道长效管护,主要以各市(区)财政资金及乡村自筹资金为主,市级财政每年安排483万元,主要用于区级考核奖补。从2003年起,国家增加了对农村河道疏浚经费补助,凡经地方报送的属于规划范围内的河道疏浚项目,省按照0.5元/米³补助。2005年调高标准,按0.9元/米³给予补助。从2007年起,按照省水利厅、财政厅《2007年江苏省农村水利和水土保持工程补助项目编报指南》文件精神,对农村河道疏浚工程按完成土方数进行补助,省级补助新标准如下:县乡河道1.3元/米³,乡级河道0.9元/米³;黄桥老区补助标准为县级河道1.8元/米³,乡级河道1.2元/米³。对县乡河道疏浚工程,县财政预算安排不得低于省级标准。村庄河塘疏浚整治工程:兴化市为2.0元/米³,泰兴市、姜堰市为1.5元/米³。2013年,通南各镇土方按1.5元/米³补助,里下河各镇按1.2元/米³补助,机械整坡按0.5元/米³补助。

2015年1月7日,市政府出台《泰州市农村河道长效管理工作考核办法》,明确农村河道长效管理的责任主体、管理范围及权属,明确农村河道长效管理的具体内容。各市(区)也都出台了关于农村河道长效管理的意见,在全面推广、完善"五位一体"的农村河道长效管护体制基础上,积极创新农村河道长效管护新机制。市水利局每年6月和12月委托中介机构对各市(区)河道管护情况进行检查考核,根据两次检查考核情况,评出各市(区)的年度综合得分,考核结果以通报形式公布,并作为考核奖惩的依据。

二、机电排灌管理

(一)20世纪50年代至90年代中期

【管理单位】

20世纪50年代初期,随着机电排灌事业的兴起,境内各县、社相继建立了专门管理机构。20世纪六七十年代,各地在调整机电灌区的同时,健全灌区灌溉管理组织,一般由公社管理水利的副书记或副主任、电灌站站长、有关灌区大队干部和社区代表组成。各乡(镇)成立改革和加强农村小型水利设施管护领导小组,乡(镇、街道)长(主任)任组长,乡(镇、街道)分管负责人任副组长,农业助理、民政助理、水利站长等为领导小组成员。各乡(镇、街道)建立农村小型水利设施管护队伍,对农村小型泵站、硬质渠道、涵洞、中沟(含)以下河道桥梁和河道水环境整治进行维护、安全监管以及产权明晰,与管护队伍所有成员签订管护合同,采取必要的奖惩措施。20世纪80年代至90年代中期,境内各县(市)机电排灌管理工作仍由各地农业机械局(公司)负责。

【机务管理】

20世纪50年代,境内各地大办机电排灌,但技术人员很少,技术力量薄弱。1955年以后,境内各县(市)陆续举办机电工训练班,培训技术力量。机电排灌设备维修,由各县(市)农机修造厂承担,日常保养则由机电工承担。农机管理部门对农机保养提出"禁三乱"(乱拆、乱卸、乱换)、"三不漏"(不漏油、水、气)、"四净"(油、水、气、机具干净)、"五良好"(紧固、调整、润滑、电路、仪表良好)的要求。20世纪70年代,各地基本达到"小修不出队,中修不出社,大修不出县"。农机维修网点建设的重点放在公社一级,使农机可以就近、就地修理。20世纪80年代,境内各地推广"机、田、油"相结合的方法供油,即核定计划到村,发证到机,凭证供油,定期发布,把管机、管油和节油工作紧密结合起来。

各地都制定了灌溉管理制度,明确规定每年春季整修渠道和建筑物,渠堤植草护坡,维修机电设备,保证机组正常运行,为计划用水、节约用水创造条件。绝大部分电灌站采取申请用水制度,按照"先远后近、先高后低、先难后易"有计划地开机放水。水费征收,有的先缴款后开机,有的先放水后缴款。

【用水管理】

20世纪60年代,为提高灌排质量,境内各地开始建立申请用水管理制度,实行计划用水。按照"先远后近、先高后低、先难后易"有计划地开机放水。水费征收,有的先缴款后开机,有的先放水后缴款。泰州市(县级)机灌区由生产队报用水计划,大队安排好用水时间,做到多用多负担、少用少负担,收费方式实行机工凭票领油、凭票开机,解决了机船灌溉用水紧张的现象;电灌区实行电票制,生产队提出用水计划,大队统一购买电票,电工凭票开机,降低了电耗;同时实行"三包一奖四固定"责任制,即包消耗、包维修、包安全,超产奖励,以机定机口、以机定人、以机定田和以机定燃料,有效地降低了成本。随着小型灌区的发展,管理逐步改由大队、生产队管理,一般采用按亩负担。20世纪80年代中期,农村实行联产承包责任制后,机电排灌工作大多由个人承包,有的县由农户按亩缴费,泰州市(县级)则每年由大队按亩统一收取水电费。

(二)1996年8月至2015年

地级泰州市成立后,为进一步理顺全市农田水利工程管理体制,加强农田水利工程的规划、建设和管理,加快全市水利基础设施建设,1998年9月11日,市政府印发《关于调整县级机电排灌管理职能的通知》,明确指出:市级排灌管理职能从市农机局划归市水利局。各市(区)原来由农机部门承担的农业机电排灌职能统一划归水利部门承担。职能调整后,涉及的有关机构、编制、人员、财产、经费和其他有关事项,按照"人随事转,财随事转"的原则,由各市(区)人民政府研究解决。

各市(区)认真贯彻落实市政府通知精神,先后将机电排灌管理职能从农机局划归水利局,并将机电排灌管理人员划入乡(镇)水利站,从事电排灌管理工作。各地水利站认真修订完善岗位责任制、计划管理、安全操作、用水管理、渠系管理、检查养护等制度,并通过实践形成一套浅水勤灌的水稻水浆管理制度。

靖江各排灌站制定操作规程,实行定机、定岗、定员,专人操作,做好开机前、开机时、开机后的各项检查工作。严格按规程操作,密切注视机泵运行是否正常,上下游水位情况,做好运行记录,办好交接班手续。汛后组织检查设备完好情况,同时进行岁修、保养及渠系防渗漏修复工作。

2010年,靖江市成立机电排灌中心,为靖江水利局下属的全民事业单位。负责靖江机电排灌规划、设计、建设和管理,对排灌站进行更新、改造、维护、保养,提供技术咨询、服务,掌握雨情、水情,确保排灌工程作用得到应有发挥。按照分级管理、分级负担和"谁受益、谁负担"的原则,靖江明确4米³/秒以上排涝站由镇政府委托水利站或所在村专人管理,其运行管理费由镇政府支付或包干补助;0.2米³/秒以上的泵站由所在村专人管理,镇政府适当补助维修保养费,水利站指派副站长和机电排灌员负责排涝泵站的技术指导和定期检查管理。

靖江明确机电排灌中心(管理所)的工作职责为:贯彻机电排灌工作的有关方针、政策和规章制度,编制和执行机电排灌发展规划、设计、建设与岁修工作计划,负责机电排灌运行指导和培训工作,处理有关灌排水的矛盾。每年组织水利站(原农机站)对排灌站进行"三查",即汛(灌)前检查、汛期

(灌)中检查和汛(灌)后检查。汛(灌)前检查人员配备和就位情况,水泵及电力设备是否拆检、维修、养护、安装好,配套建筑、渠系是否完整,岁修工程是否完成,切实做好试水运行及记录。汛期(灌)中检查以岗位责任制为中心的各项规章制度执行情况,各项运行指标是否正常,记录是否完整,防止事故发生。汛(灌)后检查设备通过汛期运行是否完好,配套建筑和渠系是否完好,制订岁修和保养计划。检查形式有自查、互查、抽查。

2015年8月,靖江将灌排设施列为农村环境"八位一体"综合管护范围,并制定考核计分4条标准,建立运行值班、机电设备管理及日常养护等规章制度,灌排设施运行和维修养护实施规范化管理。

泰兴各乡(镇)成立改革和加强农村小型水利设施管护领导小组,乡(镇、街道)长(主任)任组长,乡(镇、街道)分管负责人任副组长,农业助理、民政助理、水利站长等为领导小组成员;各乡(镇)应加强宣传,统一思想,在乡(镇)政府政务公开栏里应当建立农村小型水利设施管护专栏,宣传有关政策、办法、制度以及资金使用情况。各乡(镇、街道)建立农村小型水利设施管护队伍,对农村小型泵站、硬质渠道、涵洞、中沟(含)以下河道桥梁以及河道水环境整治进行维护、安全监管以及产权明晰,与管护队伍所有成员签订管护合同,实行奖惩措施。泰兴各乡(镇、街道)认真建立农村小型水利设施管护台账,由专人保管,考核办法具体、明确,奖惩措施得力。

三、圩堤管理

20世纪60年代,泰州境内里下河地区实施联圩并圩,此后,开始在堤上植树栽草,对圩堤进行管理养护。1965年秋,泰县(今姜堰)大部分公社成立了圩堤管理委员会,并指定一名副社长负责管理工作。各圩口挑选有一定劳动能力、勤劳肯干的社员107人担任圩管员。对圩管员落实管理范围、落实责任制、落实工分报酬;要求圩管员在圩上搭舍看管,田头宿人;不准在圩上扒翻种植,乱砍乱挖,做到"三要""三包"。圩管员的分报酬根据以段定苗、以苗定产的原则,由各生产队向圩管会上缴工分,在圩堤副业收入中返还。1963年10月,兴化县人民委员会发出布告,要求对现有圩堤除继续维修加固外,还要加强维护管理。1976年5月,兴化成立县堤防涵闸管理所。1979年3月,兴化县革委会发布《关于加强圩堤涵闸管理的暂行规定》。1981年12月,兴化县政府颁发《关于加强圩堤管理的布告》。针对不少地方圩堤被划分到户,以至于出现圩堤树木被砍、挖翻种植等现象,兴化县政府还颁发了《兴化市圩堤管理的规定》,规定指出:对圩堤实行分级管理和专业管理、群众管理相结合的原则,建立健全管理机构,充实管理人员,制定落实管理制度。自是年起,通过试点,兴化陆续涌现出几种较好的管理形式。如李健公社李南圩实行圩、林、闸、站分段负责,统一管理;安丰公社落实专管人员,既管圩又管林;西鲍公社颜家大队实行"五包一奖赔"(包修、包管、包经营、包成本、包收入,奖赔兑现)责任制,采取一年负担、二年补贴、三年自给、四年分成上交的办法;下圩公社陆祖大队以公社水利站、大队、生产队为甲方,承包人为乙方,双方签订为期10年的管圩合同。乙方包圩堤完整、植树栽草,综合经营,合同期满分得成材树木4成,并允许其开展能保护圩堤、涵养水土的副业项目,以短养长。县人民政府发出通知,向全县推广他们的经验。

1969年,(县级)泰州市成立市堤林管理站,负责新通扬运河泰州段的圩堤绿化和管理,后发展成泰州林场。

20世纪80年代初,境内农村实行土地承包后,一些地方对圩堤的管理逐渐放松,出现了在圩上耕翻种植、取土他用、砍树毁林、破坏绿化的歪风,有的社队甚至将圩堤当作"十边"分给社员。泰县马庄公社的华南圩,原绿化标准较高,外坡植树4行,内坡植树3行,树高枝茂。实行联产承包责任制后,大队采取挂牌标价办法售给生产队,生产队再转卖给群众,致使大圩树木被砍光。看管圩堤的圩管员也纷纷撤离圩堤。该县马庄公社马庄圩原有圩管员8人,此间除留下两名看渔网外,全都撤走。为了刹住破坏水利建设的歪风,1982年春,泰县县委在四级干部会议上强调保护圩堤的紧迫性,要求各地迅速刹住破坏圩堤的歪风。同年4月,泰县县政府发出《关于加强圩堤管理的布告》,重申圩堤、圩口闸等水利设施均属国家或集体所有,不准下放给生产队,不准划分到户,已下放给生产队划到户的,由集体收回;圩堤只能由集体栽植有利于圩堤养护和水土保持的树木,如杞柳、柴草等多年生植物,不准种植粮、油、棉和蔬菜等农作物;堤上树木必须认真保护,不准乱砍滥伐;严禁乱开圩口、乱挖圩堤、平圩做场、毁圩卖土、建窑烧砖。人为破坏圩堤的现象初步得到了遏制。

1986年9月,境内各地认真实施省人大常委会颁布的《江苏省水利工程管理条例》。各地各乡(镇)每年冬春都以圩堤为基地植树造林或栽种其他多年生植物,从而减少了圩堤水土流失,保护了圩堤的完整。

1991年灾后,境内里下河地区各市(区)在加修圩堤时,接受以往"重建轻管"的教训,努力做到建管并重,切实保护和巩固土方工程的成果,发挥工程综合效益。各乡(镇)人民政府发文件,明确圩堤经营权和使用权归集体,由乡(镇)水利站统一管理;建立一支管圩护圩队伍,实行圩、林、闸、站、桥统一管护;健全一套管理责任制度,以村划段,以段定人,明确责任,落实奖赔,并签订管理合同;每1000米左右圩堤搭建1座管理棚;每个圩堤都建立一整套档案资料,通过管理出成效;所有圩堤不准取土,不准建窑,不准乱开口子,不准挖翻种植。同时强化水利执法,对破坏圩堤的案件及时调查处理。

兴化大垛东风圩圩堤加修到哪里,绿化就搞到哪里。圩顶以速生树72、69意杨为主,青坎、堤坡以水杉、池杉为主要品种,推广紫穗槐林下间作,圩外河口逐步推广垂柳、杞柳。生产河、乡村大道、村庄四周树木的品种、栽种规格也都整齐划一。钓鱼乡以分管农水口的副乡长牵头,以6个联圩的圩长为网络,以乡水利站为主体,以行政村权属界线为承包地段,落实承包护林管理员60多人。制定管理制度,由乡水利站与各村委会统一订立管护合同,与每个圩管员签订《管圩护林综合承包合同书》,甲乙双方签字盖章,圩长签字鉴证。合同5年一期,按季检查评比,年底结算兑现。明确管理报酬,凡完成各项承包任务,经水利站验收合格后,领取报酬。对在管护圩堤和水利工程配套设施中有突出贡献的单位和个人,分别由乡人民政府给予表彰和奖励。对于在圩堤上挖翻种植不听劝阻或者影响圩堤标准的违章建筑物,除责令全部停建或限期拆除外,并处以一定罚金。西鲍乡将圩堤全部收归集体,由党委分工1名副书记牵头,水利站1名副站长具体负责,安排3名圩长,46名管理员。由水利站统一管理,划段到村,分段到人,相对稳定,签订合同,统一绿化。资金由乡统筹,统一管理报酬,实行综合经营,走以圩养圩的道路。兴化东潭乡为加强水利设施管理,成立水利工程管理领导小组,由1名党委副书记具体负责。乡水利站明确1名站长专司其事,配备28名圩管员,实行堤、林、路、闸、站、河综合管理。水利站从水费留成和综合经营中抽出资金,与各村配合在联圩上搭盖管护棚28座,使圩管员能食宿在圩,工作到位。乡人民政府发文明确圩堤属集体所有。水利站拟定了《水利工程管理责任书》。根据工程状况以村划段,以段定人,签订合同,明确报酬。

地级泰州市成立以后,境内里下河地区依照"四五四"标准(圩顶沉实高4.5米,顶宽4米,确保4米水位挡得住)修筑了圩堤。在工程完工后,在圩堤两侧栽植了2~3排乔木树种,外青坎全部进行了绿化。同时,明确圩堤的管理范围为外青坎迎水坡到圩堤内侧10米,严禁在圩堤挖翻种植,严禁乱砍滥伐。对已完成"整圩推进,全面达标"的联圩,明确管护主体,落实管护责任,建立圩堤长效管护机制,确保达标联圩标准不降低。明确圩堤的管理由乡(镇)人民政府统一负责,逐圩建立管护组织,配备圩堤管理员(圩长),签订管理合同,落实管理职责。

为进一步强化圩堤管护,确保圩堤长期发挥效能,市政府在认真调查研究,充分听取各方面意见的基础上,于1999年4月22日印发了《关于加强里下河圩堤管护的暂行办法》,明确了圩堤管护服从防汛、依法管理、以圩养圩等基本原则,以及圩堤的权属和护管范围、管护形式与管护工作的基本要求。强调以改革的精神引进市场机制合理开发圩堤资源。积极推行公开竞争承包、租赁等新的圩堤管护形式。在服从防汛保安的前提下,充分利用泰州市丰富的圩堤资源,引导农民投资,植树种草,发展多种经营,以圩养圩,促进管护。通知还要求里下河地区各级政府要切实加强对圩堤护管工作的领导,把圩堤管护作为防汛保安的一项重要任务纳入防汛工作行政首长负责制。要求有关市(区)政府根据此法制定具体的实施细则。

全市圩堤的运行管理按照"先急后缓、分步实施、乡(镇)主体、市级扶持"的原则,严格基建程序,由各乡(镇)组织实施,水利、财政等部门进行监督。

在实施的过程中,一方面,将圩堤达标建设与管护纳入乡村振兴考核指标,实施严格考核;另一方面,按照高程对达标建设圩堤实行以奖代补,补助标准为:地面高程在真高2.4米以下的(含2.4米)联圩,每公里补助1.5万元,地面高程在2.4米以上的联圩,每公里补助1.2万元(包含圩堤绿化达标建设0.1万元/公里奖补)。

四、湖荡湖泊管理

泰州市里下河地区湖泊湖荡主要分布在兴化市和姜堰区。历史上,海陵区万亩渔场(今碧桂园小区)、淤溪湖滩地(今泰州农业开发区范围和淤溪镇水产养殖基地)都是泰东河沿线湖荡湿地,新中国成立后也经历了多次开发高潮,地面高程高一点的开发为农业圩,低一点的开发为农业种植业与水产养殖业混杂的混合圩。1965年,泰州里下河地区湖荡面积为305平方公里,其中兴化市272.1平方公里,姜堰区32.9平方公里。20世纪80年代后期至90年代中期,湖荡开发已深入到湖泊腹地,以大小不等的圈圩作水产养殖精养鱼池开发为主,原有湖泊湖荡自由水面不断缩小,甚至完全消失。1986年,境内里下河地区湖荡面积还有103.23平方公里,其中兴化市101.3平方公里,姜堰区1.93平方公里;1991年底,境内里下河地区湖荡面积只剩下41.99平方公里,其中兴化市40.06平方公里,姜堰区1.93平方公里;2006年,省航测资料显示,泰州境内里下河地区湖荡面积仅为15.4平方公里,主要在姜堰区的滆湖、夏家洼、北大白,兴化市的大纵湖、乌巾荡等,兴化市的得胜湖、平旺湖、蜈蚣湖,姜堰区的龙溪港、鲍老湖、淤溪湖已经被全部开发。

在20世纪50年代至80年代中期,里下河湖荡的开发对发展农业生产,增加粮食和水产品供应,富裕农村经济,做出了历史性的贡献,但80年代中后期至90年代的开发则过度了,而且80年代之前的开发也存在规划不够的问题,致使湖荡的洪水调蓄功能、涵养水源的抗旱功能,以及水生态湿地水质净化功能丧失。1991年里下河地区发生了新中国成立后第二个严重的洪涝灾害,1997年初夏和2010年区域严重干旱,以及2000年后多次发生3.00米以上高水位和水乡地表水富营养化不能饮用,集中暴露了里下河地区水环境已经严重恶化,加强湖荡湿地保护和管理,历史性地摆在各级政府面前。

1992年4月6日,江苏省政府下发《批转省水利厅关于里下河腹部地区滞涝、清障实施意见的通知》(苏政发〔1992〕44号),全省里下河湖区,虽然已经开发为各类大小不等的农业圩口、混合圩口、水产养殖圩口,但为了保证区域防洪安全,保障湖区调蓄洪水功能的正常发挥,实施意见明确到各市(县、区)哪些具体圩口为第一批、第二批、第三批滞涝圩。实施意见指出,当兴化水位达到2.50米和3.00米时,分期滞涝。具体工程措施是:滞涝圩预留缺口(允许拦网或用竹箔)或每平方公里建4米净宽的进退水闸1座,或建40米长滚水坝且坝顶高程不超过2.50米;滞涝圩内不得建房住人,不得搞精养鱼池,圩内沟堤、格堤堤顶高程不得超过2.50米。

全市里下河地区三批滞涝圩总面积(含1991年底实际湖荡自由水面面积)为207.72平方公里,其中兴化市199.04平方公里,姜堰区8.68平方公里。此后,水利部门主要围绕各地滞涝圩缺口设障、滚水坝顶上是否有堆土阻水障碍,以及圩内可能的违章建设,进行管理和清障。这一时期的湖荡管理,更多的仍是迁就地方市(县)、乡(镇)政府和湖区所在村组对湖荡的深度开发,地方政府及湖区村组"要致富,走水路",湖荡过度开发势头没有真正得到控制。

2004年8月20日,省十届人大常委会第十一次会议通过《江苏省湖泊保护条例》。2005年2月26日,省政府正式公布了《江苏省湖泊保护名录》(苏政办发〔2005〕9号),里下河腹部地区湖泊湖荡被列入全省137个应保护湖泊的第4个。2006年12月21日,省政府正式批复了省水利厅的《江苏省里下河腹部地区湖泊湖荡保护规划》(苏政复〔2006〕99号),全省里下河腹部地区列入保护的湖泊湖荡共计41个,面积695平方公里,其中包括1991年底现状湖泊湖荡面积216平方公里和1992年省政府44号文规定的用于调蓄洪水的三批滞涝圩479平方公里。

根据《江苏省湖泊保护条例》《江苏省湖泊保护名录》《江苏省里下河腹部地区湖泊湖荡保护规划》,泰州市列入省管湖荡群保护名录的湖荡主要有广洋湖、官庄荡、王庄荡、兴盛荡、花粉荡、郭正湖、沙沟南荡、大纵湖、洋汊荡、蜈蚣湖、平旺湖、蜈蚣湖南荡、林湖、菜花荡、乌巾荡、东潭、得胜湖、耿家荡、癞子荡、陈堡草荡、喜鹊湖、龙溪港、夏家洼等23个湖荡。明确需保护的湖区行水通道主要有卤汀河、下官河、上官河、西塘港、泰东河、车路河、横泾河、海沟河、白涂河、李中河、鲤鱼河、渭水河、兴姜河等。泰州市列入省管湖荡群总面积217.22平方公里,其中实施第一批滞涝圩滞涝时湖区总面积153.205平方公里(含1991年底保留的水面面积49.379平方公里),姜堰区湖区总面积6.765平方公里(对照省政府1992年44号文,调整后姜堰不再有第二批、第三批滞涝任务)。全市湖区内有涵闸121座、泵站(排涝站)56座、滚水坝31座、进退水闸11座。其中,兴化市湖区有涵闸98座、泵站(排涝站)34座(流量40.4米³/秒)、滚水坝25座(总长1010米)、进退水闸11座,姜堰区湖区内有圩口闸23座、排涝站22座、滚水坝6座。

从2009年开始,在省水利厅工管处、省引江河管理处的领导下,全市按照《江苏省里下河腹部地区湖泊湖荡保护规划》的目标,通过主抓相关法规宣传培训、湖区组织管理、巡查执法管理、涉湖建设项目管理等,规范性地开展了相关湖区管理工作。市水利局工管处负责牵头开展里下河湖区管护工作。兴化市成立了兴化市湖泊保护和管理所,挂靠兴化市水政执法大队,没有增加新编制;姜堰区成立了姜堰区湖泊保护和管理所,挂靠姜堰区水利局水建科,并增加新编制。从2009年开始,省水利厅每年补助泰州湖泊管护经费35万元,其中泰州市级6万元,兴化市17万元,姜堰区12万元,并配备了3艘湖区巡查艇和定位仪等。

2011年,兴化市在全省里下河地区率先实施大纵湖(兴化市域)退渔还湖工作。2012年11月,兴化市政府正式启动《里下河(兴化市域)退圩还湖专项规划》编制立项工作。2015年3月和5月,《里下河(兴化市)湖泊湖荡退圩还湖规划》《大纵湖(兴化市域)退圩(围)还湖专项规划》分别通过省内专家审查,7月21日得到省政府的批准,兴化市境内20个湖泊湖荡在全省里下河地区率先有了退渔还湖时间表和路线图,预计规划实施后泰州市里下河湖区自由水面面积将增加到153.32平方公里,当年已完成得胜湖、平旺湖、蜈蚣湖退渔还湖前期工作。

有关市(区)水利局每年还利用"世界水日""中国水周"等向社会,特别是涉湖乡(镇)、村组负责人宣传湖泊保护法规。涉湖乡(镇)也组织专人加强湖区巡查,做好巡查记录,并拍照,每月上报,及时查处湖区违章建设。

第十四章　水利经济

第十四章　水利经济

　　水利经济主要包括水利各项规费征收和水利综合经营两个方面,是水利队伍稳定和水利事业发展的重要支撑。泰州的水利经济是从1958年开始的,经历了一个从无到有、从小到大的发展过程。地级泰州市成立后,随着治水思路和治水体制的转变,给全市的水利经济工作带来了新的契机。市水利局紧密围绕"发展水利经济、创建基础产业"和"行业脱贫、职工致富"的总体目标,认真贯彻执行"一体两翼、三业并举、四轮驱动"的水利经济方针,坚持"以水为本",一手抓水利基础设施建设,一手抓水利经济发展,充分挖掘行业潜力,坚持走水路、靠水富,努力提高水利经济的运行质态,全市水利经济工作有了较快的发展。

第一节　规费征收

　　水利规费包括水资源费、河道堤防工程占用补偿费、水利工程水费等。水利规费的收入是维护水利工程运行管理的主要经费来源之一,主要用于水利工程的维修、养护、管理、运行、大修、更新改造、专管机构管理费及少量综合经营周转金等。1982年,《江苏省水利工程水费收交使用和管理实施办法(试行)》规定收费范围为:凡已发挥水利包括灌区、水库、翻水站、涵闸都应向受益范围内的用水单位收取水费,包括农业用水、工业用水、城镇用水、水力发电和交通航运用水。1992年,国家计委将水利工程供水列入重工商品目录。

　　1988年国家颁布的《中华人民共和国水法》规定:"使用供水工程供应的水,应当按照规定向供水单位缴纳水费。"1997年,国务院《水利产业政策》规定:"要合理确定供水、水电及其他水利产品与服务的价格,促进水利产业化。""原有水利工程的供水价格,要根据国家的水价政策和成本补偿、合理收费的原则,区分不同用途,在三年内逐步调整到位,以后再根据供水成本变化情况适时调整。县以上人民政府物价主管部门会同水行政主管部门制定和调整水价。"1984—2000年,境内水费作为行政事业性收费,使用财政票据,实行预算外资金管理,专户储存,专项管理,并接受同级财政、审计部门的监督。2000年,国家三部委联合下发的《关于取消农村税费改革试点地区有关涉及农民负担的收费项目的通知》(财规〔2000〕10号)规定,自2001年1月1日,水利工程水费转为经营性收费管理,进行税务登记,统一使用税务部门印制的专用发票。水费收入不再纳入财政部门预算外资金专户管理,纳入水管单位的财务统一核算,实行水利部门内部预算管理制度。按照经营收费管理的要求,2002年、2004年泰州市水利局先后制定出台了《泰州市水利工程水费票据管理暂行办法》(泰政水〔2002〕171号)、《泰州市水利工程水费财务管理办法(试行)》,进一步规范水费计收和使用管理。2015年,为适应新形势下水利工程水费管理模式的变化,加强和规范水利工程水费的管理,省水利厅制定了《江苏省水利工程水费管理办法》,对水费的计收、使用、管理做了进一步规定,要求各级水行政主管部门应当联合财政、物价、审计等部门开展对水费工作的监督与检查,了解掌握水费计收、使用、管理情况,发现问题及时整改并按照相关规定进行处罚。

一、水资源费

水资源费包括地表水、地下水资源费及超计划用水加价水费。1989年,境内各地陆续征收水资源费。征收的水资源费缴入同级财政国库,再根据专款专用的原则,用于水资源的调查、规划、保护、管理及专管机构的办公支出等。

依据《中华人民共和国水法》《中华人民共和国河道管理条例》等水利法规,1990年,境内各地陆续设立水资源管理机构,虽名称不一,但职责相同:健全水利工程供水价格形成机制,规范水利工程供水价格管理,保护和合理利用水资源,保障水利事业健康发展。此后,境内各地水资源管理机构依据《江苏省水资源管理条例》征收水资源费。

为科学合理开发利用和有效保护水资源,发挥价格杠杆的调节作用,促进节约用水,1994年5月,省政府印发《关于做好〈江苏省水资源管理条例〉贯彻实施工作的通知》(苏政发〔1994〕36号)。通知规定了水资源费征收的范围、标准和管理使用,规定除农业灌溉用水和按规定不需要领取取水许可证的用水户外,对直接从江河、湖泊或者地下取水的单位和个人都要征收水资源费,规定非农业灌溉取用地表水每立方米0.01元;县(市)及其以下乡(镇),取用地下水每立方米0.20元,市区取用地下水每立方米0.71元。这一标准中的地面水标准一直沿用至2000年。为控制地下水的取用,1997年,地下水资源费调整为:自来水管网到达地区每立方米0.71元,自来水管网未到达地区每立方米0.435元。水资源费管理使用,由水利局统一征收部门专户存储,专款用于水资源的调查评价、规划、管理保护和专管机构办公等费用。征收时间从1994年10月1日起征。

2015年,根据国家发改委、财政部、水利部印发的《关于水资源费征收标准有关问题的通知》,(发改价格〔2013〕29号)和《江苏省水资源费征收使用管理实施办法》(苏财综〔2009〕67号、苏价工〔2009〕346号、苏水资〔2009〕66号),结合江苏省实际,经省政府批准,省物价局、省水利厅下发了《关于调整水资源费有关问题的通知》(苏价工〔2015〕43号)。根据国家发改委、财政部、水利部三部委调整要求,对各类用水的水资源费标准进行调整。

根据《江苏省水资源费征收使用管理实施办法》等相关法律法规,全市对取用水实行计量收费,超计划或超定额取水部分实行累进收取水资源费制度。同时,制定了以"差别水价"和"阶梯式水价"为重点的水价政策,主要遵循自备井供水价格高于地表水供水价格的原则,大幅度提高地下水水资源费征收标准,鼓励引导使用地表水,限制开采地下水,并号召部分行业使用再生水,居民用水实行"阶梯式水价"。

表14-1 1996—2015年泰州水资源费征收情况一览表　　　　单位:万元

年份	市本级	海陵区	高港区	姜堰区	靖江市	泰兴市	兴化市
1996	0	22.69	0	40	13.37	17	76.96
1997	95.97	109.04	0	35	0	26	77.56
1998	75.47	59.39	8.3	40	16.7	24	72.82
1999	101.47	45.96	7.6	57.31	18.69	28	70.15
2000	95.76	28.3	9.0	57.14	14.92	35	78.11
2001	90.07	26.23	10.2	97.45	28.52	39	0
2002	114.87	25.97	8.0	114.17	44.13	43	0
2003	371.23	23.88	9.4	102.16	38.73	80	0
2004	193.62	25.41	15.3	119.32	49.07	93	95.70
2005	543.92	46.37	16.8	205.69	52.69	126	127.23
2006	543.92	52.29	48.89	235	96.37	157	183.21
2007	783.80	58.67	70.6	252.20	139.05	194	0
2008	995.96	51.68	105	205.15	96.06	172	296.50
2009	976.76	54.70	138	207.31	209.45	189	311.62
2010	1035.95	60.95	150.88	245.79	266.9	284	348.90
2011	1213.27	67.43	150.13	335.22	235.07	365	403.23
2012	1114.91	67.80	151.53	314.48	238.92	400	407.48
2013	576.812	62.90	175.9	368.33	341.22	411	380.64
2014	1254.47	65.55	161.74	301.09	532.83	479	368.45
2015	1281.00	72.21	209.08	411.87	913.92	655	396.20
总计	11459.232	1027.42	1446.35	3744.68	3346.61	3817	3694.76

2003年,国家发改委、财政部、水利部印发《长江河道砂石资源费征收使用管理办法》(财综〔2003〕69号)。2009年,三部委印发《关于长江河道砂石资源费收费标准及有关问题的通知》(发改价格〔2009〕3085号)。2015年,省相关部门印发《关于印发江苏省长江河道砂石资源费征收使用管理办法的通知》(苏财综〔2015〕42号),通知中明确,长江河道砂石资源费征收标准为每吨2元。因吹填造地进行采砂的,建设单位自收到有管辖权水行政主管部门批准文件后,核定采砂总量少于30万立方米的,应当向征收单位首缴50%的长江河道砂石资源费;大于30万立方米的,首缴长江河道砂石资源费不少于总量的30%。其余的长江河道砂石资源费按照征收单位《缴费通知书》规定的时间缴纳。受委托单位应当及时将上述资料信息上报省水行政主管部门。

二、河道堤防工程占用补偿费

境内河道堤防工程占用补偿费从20世纪90年代初开始征收。2000年4月14日,泰州市水利局、财政局、物价局转发省水利厅、财政厅、物价局《关于核定河道堤防工程占用补偿征收标准的通知》,同时在全市对经批准、有占用河道行为的单位和个人开始征收河道堤防占用补偿费。

河道堤防占用补偿费征收标准:

(1)兴建建筑物、设施和停放、堆放物料等行为的,每月每平方米0.9元,占用长江岸线的,每月每米6.0元,占用内河河道岸线及引江河岸线的,每月每米4.0元。

(2)占用河道、湖泊湖荡等水域从事旅游、娱乐的,海陵、高港区范围内每月每平方米0.4元,其他每月每平方米0.6元。

(3)占用河道、湖泊湖荡等水域从事种植、养殖等活动的,河道、河塘占用每月每平方米0.05元;湖泊湖荡占用每月每平方米0.04元;设置鱼网、鱼簖等捕鱼设施的,每月每张(道、处)30元。

(4)对符合条件的占用企业在到县级水行政主管部门办理有关占用手续后,经申请批准,减半征收占用补偿费。

(5)对停产或停止经营的企业,自该企业停产或停止经营之日起至恢复生产、经营止,缓征该时段的占用补偿费。规定收费单位到当地物价部门申领《江苏省收费许可证》,持证收费,并统一使用省财政厅监制的收费票据。所收费用按预算外资金管理的有关规定进行管理,收入全额缴入同级财政专户。凡属市委托县级市(区)代管的河道工程占用补偿费仍委托县级市(区)收取,征收的占用补偿费,每年年底交市级水行政主管部门20%,交省河道主管部门10%,其他管理范围征收的占用补偿费交市级水行政主管部门10%,交省河道主管部门10%,应上交省、市的部分由各市(区)财政部门从财政专户上缴市级财政专户。

2013年9月,泰州市物价局、财政局、泰州市深化行政审批制度改革工作领导小组办公室联合下发《关于公布暂停部分政府性基金和行政事业性收费项目以及降低部分项目收费标准的通知》,兴建建筑物、设施和停放、堆放物料等,收费标准从0.9元/(月·米²)降为0.6元/(月·米²)。

表14-2 泰州市河道堤防工程占用补偿费征收情况一览表(2000—2015年)

单位:万元

年份	市本级	海陵区	高港区	姜堰区	靖江市	泰兴市	兴化市
2000	7.46	0	1.3	2.806	26.33	12	38.50
2001	5.53	8.62	0.8	3.971	35.8	11	16.94
2002	1.00	6.13	10.8	4.92	37.75	18	37.83
2003	6.56	11.53	16.5	3.66	67.6	21	24.20
2004	1.92	25.38	28	12.73	81.26	16	17.40
2005	1.16	9.47	22.41	15.7	94.32	21	41.95

续表14-2

年份	市本级	海陵区	高港区	姜堰区	靖江市	泰兴市	兴化市
2006	1.92	12.69	39.18	11.2	138.97	56	38.92
2007	0.25	28.05	14.94	8	264.01	34	47.95
2008	4.41	18.87	8.49	12.5	267.92	67	21.30
2009	6.57	36.78	66.816	0.96	468.17	81	38.64
2010	26.79	39.76	65.3	0	479.18	85	20.49
2011	31.88	38.73	56.57	2.2	341.11	134	32.00
2012	13.26	39.59	97.98	26.71	851.43	133	45.17
2013	58.17	19.02	107.35	0	795.17	190.16	35.40
2014	37.23	36.11	138.44	150.17	779.88	396	176.14
2015	85.43	33.08	101.39	0	806.23	464	55.27
总计	289.54	363.81	776.266	255.527	5535.13	1739.16	688.1

第二节　水利工程水费

　　为合理配置水资源,促进计划用水、节约用水,逐步解决水利工程必需的运行管理费用、大修理费用、更新改造费用,加强水利基础产业,充分发挥工程效益,根据1965年国务院批转的水电部《水利工程水费征收使用和管理办法》(〔65〕国水电字350号)的精神,1982年4月,江苏省政府批转省水利厅制定的《江苏省水利工程水费收交使用和管理实施办法(试行)》(苏政发〔1982〕57号),次年5月,扬州市政府印发《关于征收水利工程水费的通知》,决定在全市范围内开始向城乡用水户征收水利工程水费。按照这两个文件的有关精神,1984年4月7日,泰兴县政府发布《关于收取城市、工业水费的通知》,开始收取城市工业水费,规定向工矿企业、县自来水厂、县内城河冲污用水单位收费。收费标准为:循环水每立方米1.3厘,消耗水每立方米7厘,自来水厂供水每立方米2厘。收费由水利部门负责。分取比例为:省20%、市30%、县水利部门留50%。水费收入作为预算外特种资金,专项储存管理,可以跨年度结转使用。兴化也于1984年开征水利工程水费。泰县(现姜堰区)、靖江、泰州市(现海陵区)则于1985年开征水利工程水费。

　　泰州地级市成立以后,市水利局通过加强组织领导、细化责任目标、优化考核机制、强化制度建设、提高人员素质等一系列举措,水费规范化管理水平明显提高。2001年,水利工程水费从行政事业性收费转为经营性收费管理,市水利局通过健全制度、开展一系列的宣传和改革实践活动,使社会各界尤其是广大农户逐渐接受了商品水的观念,为推进水价改革、建立水商品运行机制打下了良好的社会基础。各市(区)对水利工程水费征收工作高度重视,基本上每年都颁发文件,宣传水利工程水费征收的目的、意义,明确各类水费的征收标准,提出征收的具体方法,下达征收指标,确保了水利工程水费征收到位。

一、水利工程水费改革

随着经济社会的不断发展,水费自20世纪80年代初期开始计收,先后历经了4次水价改革。

1982年,以《江苏省水利工程水费收交使用和管理实施办法(试行)》(苏政发〔1982〕57号)为标志的第一次水费制度改革,规定了水费收交的范围、标准及收交使用管理办法,这次改革历经7年至1988年完成,初步建立了有偿供水制度。根据省政府的文件精神,1983年5月,扬州市人民政府出台了《关于征收水利工程水费的通知》(扬政发〔1983〕109号),1984年,境内各县(市、区)开始向城乡用水户征收水利工程水费。

1989年,以国务院颁布的《水利工程水费核订、计收和管理办法》(国发〔1985〕94号)为依据,进行了第二次水费制度改革,扬州市人民政府印发了《扬州市水费和水资源费收交使用管理实施办法》(扬政发〔1998〕11号),按水系划分制定水费计收标准,明确计收范围。规定了农业用水标准按低于供水成本核定(扣除乡村自筹和农民投劳折资部分固定资产折旧),工业用水按全部供水投资计算供水成本,这次改革历经了7年至1995年完成,第一次确定了成本核算的观念。

以1995年省政府66号令发布的《江苏省水利工程水费核定、计收和管理办法》为标志,第三次水费制度改革开始。地级泰州市组建后,1997年2月,市政府印发了《泰州市水利工程水费核定、计收和使用管理办法》(泰政发〔1997〕40号),旨在让社会各界了解水费征收的政策,增加工作的透明度。文件明确,将水费列入生产成本,农业水费按低于供水成本收费,工业水费按全部投资加供水投资5%的盈余核定标准,这次改革历经4年至1999年完成,第一次确定了全成本供水收费制度。

2000年6月,经市政府同意,市物价局与水利局联合颁布了《关于调整水利工程供水价格的通知》(泰价工〔2000〕133号、泰政水〔2000〕142号),标志着水利工程供水收费制度已进入了第四次改革阶段。这次改革,以"水价调整与整顿相结合、统一政策、逐步到位"为原则,核定各类用水价格,水费工作纳入了价格管理的范畴。水利工程供水价格收费制度的建立和完善,为收齐交足水费、管好用好水费打下了良好的基础。

是年7月,国家计委、财政部、农业部国家三部委联合下发《关于取消农村税费改革试点地区有关涉及农民负担的收费项目的通知》(财规〔2000〕10号),明确要求水利工程水费从行政事业性收费转为经营性收费;2001年1月,泰州市水利局转发了省水利厅《关于水利工程水费由事业性收费转为经营性收费管理的贯彻实施意见》(泰政水〔2001〕20号),明确了水费转型收费的具体工作要求。

二、征收范围和标准

1984年,水利工程水费征收范围为:农业用水、城镇自来水厂用水、国营企业锅炉用水。1989年1月1日,扬州市人民政府印发《扬州市水费和水资源费收交使用管理实施办法》(扬政发〔1989〕1号),明确全市范围内凡从江、河、湖、沟、水库及地下取水源或向上述水域排放水的农业、工业、企事业单位和其他用户,都应向水利工程管理部门缴纳水利工程水费和水资源费。具体包括农业水费、水厂水费、工业和其他用水户水费、地下水资源费和排水水费等5大类。同年3月15日,省政府出台《江苏省水利工程水费核定、计收和使用管理办法》(苏政发〔1989〕38号),规定:凡水利工程都应实行有偿供水,农业、工矿企业〔含乡(镇)、村企业〕和其他由水利工程供水的一切用户,都应按规定向水利工程管理单位交付水费。此后,境内各地根据该办法精神,结合本地实际情况,也出台了相关文件,规定了本地水利工程水费征收的范围和标准。2000年,省物价局、水利厅联合出台了《关于调整水利工程供水价格的通知》(苏价工〔2000〕142号、苏水经〔2000〕7号),随之,市物价局、水利局出台《关于调整水利工程供水价格的通知》(泰价工〔2000〕133号、泰政水〔2000〕142号)。此后,全市水利工程供水水费按照泰价工〔2000〕133号、泰政水〔2000〕142号文件规定的标准执行。

(一)农业水费

泰州境内农业水费一般按亩计收,从1985年度开始征收。是年,泰兴、姜堰通南地区水田每亩0.5元,旱田每亩0.2元;里下河地区每亩一律0.5元;靖江每亩1元。1986年,泰兴明确了负担办法:经济条件较好(1985年乡级总收入在1500万元以上)的乡(镇),在建农基金中列支;经济条件一般(乡级总收入在1000万~1500万元)的乡(镇),在建农基金中解决一部分,其余部分通过增收水电费附加解决;经济条件较差(乡级总收入在1000万元以下)的乡(镇),应征水费总额的60%在建农基金中列支,40%由县财政在农业税附加中给予补贴,补贴数额由县财政局和水利局负责测算发文下达。缴费方法:凡不享受农业税附加补贴的乡(镇),按应征总额的60%[留给乡(镇)的部分],由乡(镇)财政所拨给乡(镇)水利站专项储存。凡享受农业税附加补贴的乡(镇),按应征总额的60%计算,由乡(镇)财政所在建农资金中拨给乡(镇)水利站专项储存,其余的40%由县财政所拨给县水利局。这一年各乡(镇)共上交县农业水费13.48万元,其中上缴省、市6.69万元。

1989—1999年,省水利厅指示,境内农业水价几经调整,各县(市、区)参照省建议标准,农业水费结合当地实际情况有所调整。

表14-3 1984—2000年泰州市水利工程农业及水产水费调整情况表

序号	调整年份	农业水费(元/亩)					水产水费(元/亩)		备注
		稻麦田		旱田		经济作物	池塘养殖	湖荡、河沟养殖	
		苏北沿江片	里下河片	苏北沿江片	里下河片				
1	1984	0.5	0.5	0.2					
2	1989	1	1.5	按稻麦田水费的30%收取		1.5~2	5		
3	1990	3	2.5	0.4	0.3		5		
	1996								
4	1997	5	5	0.7	0.7	4~12	10~15	2~3	
	1998								
	1999								
5	2000	7	8	1	1.1	5~12	25	7.5	

2000年起,全市农业水费按照泰价工〔2000〕133号、泰政水〔2000〕142号文件规定的标准执行。以老328国道为界,泰州农业水费分为里下河地区和苏北沿江两片,其标准为,里下河片,按方收费:1.1分/米³,按亩收费:稻麦田8元/亩,旱田1.1元/亩,经济作物5~12元/亩;苏北沿江片,按方收费:1分/米³,按亩收费:稻麦田7元/亩,旱田1元/亩,经济作物5~12元/亩。由于泰州地处丰水地区,绝大多数农业灌溉未安装计量设施,所以农业水费收取均按亩收费。各县(市、区)农业水费参照省、市建议标准,结合当地实际情况有所调整。

2008年8月1日,兴化市经市委常委、市长联席会议讨论通过《关于完善水利工程水费收缴管理的意见》(兴委办发〔2008〕130号),对水利工程水费中的农业水费和水产水费实行"两改一免":改以市下达任务统计收取为以村按规定标准收取;改以调市集中使用为留村使用;对政策规定征收范围内的低收入户、特困户以及70岁以上的老人承包的耕地面积和水面免征水利工程水费。从2009年起,收取的水利工程农业水费、水产水费资金留村使用,作村集体收入,不再以市统一集中使用。水利部门原在水利工程水费中列支的必需的经费,经核定,由市财政安排。

2013年5月31日,泰兴市人民政府出台文件《关于农业水费征收管理工作的意见》(泰政发〔2013〕93号)。意见指出:水利工程水费中农业水费的征收工作由各乡(镇)人民政府(街道办事处)负责,收缴的农业水费由乡(镇、街道)财政所拨付至各村(居)委会作为村集体小型农田水利设施管护经费。主要用于小型农田水利设施的改造、维修和管理。实行水费转移支付,农业水费不再由水务局征收。

农业市兴化,农业水费面广、量大,占总收费指标近90%。为了完成农业水费征收任务,每到夏粮上市入库的有利时机,局领导亲自挂帅,组织力量进行短期突击,各股室全力以赴,分区包干,在6月下旬开展水费征收突击旬活动。在突击旬活动中,他们请各区委、区公所对所辖乡(镇)的征收进度协助进行检查督促;请离退休的老同志发挥余热,到他们曾经工作过的乡(镇)协助催交;及时编发简报,搞好相互促进;根据各乡(镇)上缴顺序分别给予奖励;对股室人员也按任务完成情况给予一定的奖励。这些措施对全面完成农业水费征收任务起到了很好的促进作用。2015年,兴化共收取农业水费2325.59万元,占全市水费收入的60%。全年用于农业供水总成本约2761万元,其中人员工资933万元,日常办公经费128.5万元,维修养护经费516万元,运行经费408万元,其他费用775万元。

表14-4　泰州市农业水费征收情况一览表(1996—2015年)　　　　单位:万元

年份	海陵区	高港区	姜堰区	靖江市	泰兴市	兴化市
1996	1.14	0	399.7	99.85	278	0
1997	23.26	0	386.7	173.89	245	0
1998	7.29	42.21	345	110.35	247	0
1999	69.81	59.23	396	169.07	254	0
2000	50.63	43.71	412	99.78	267	0
2001	28.54	50.76	416	148.28	351	767.8
2002	31.82	54.56	433	117.06	320	923.73

续表14-4

年份	海陵区	高港区	姜堰区	靖江市	泰兴市	兴化市
2003	60.77	53.14	432.3	103.82	330	686.59
2004	40.92	54.83	418	127	384	978.24
2005	39.73	45.82	413.4	105.9	357	1797.29
2006	37.9	42.8	410.2	128	343	1146.03
2007	31.41	49.37	409.8	236	334	1282.17
2008	34.48	45.56	407.5	229	341	1123.19
2009	74.52	75.4	343.3	206	328	0
2010	71.31	73.89	345.7	228	328	0
2011	73.56	74.29	348	222.8	328	0
2012	71.86	73.9	348	227	348	0
2013	74.97	74.06	352	224.9	27	0
2014	73.17	78.51	346	224.4	0	0
2015	69.58	75.28	343	221.6	0	0
总计	966.67	1067.32	7705.6	3402.7	5410	8705.04

注:2013年5月31日,泰兴市政府印发《关于农业水费征收管理工作的意见》的通知(泰政发〔2013〕93号)规定,农业水费由市水务局委托各乡(镇)人民政府(街道办事处)村(居委会)负责征收,缴至乡(镇、街道)农经服务中心专户,确保专款专用,主要用于小型农田水利设施的改造、维修和管理。实行水费转移支付,农业水费不再由泰兴市水务局征收。

(二)工业水费

表14-5 泰州市工业水费征收情况一览表(1996—2015年)　　　　单位:万元

年份	市本级	海陵区	高港区	姜堰区	靖江市	泰兴市	兴化市
1996	0	24.28	0	7.9	70.32	56	0
1997	0	19.17	0	8.2	79.61	19	0
1998	45.00	26.09	0	7.96	58	33	0
1999	47.00	76.52	0	11.6	52.61	45	0
2000	20.00	80.44	0	10.7	82.73	30	0
2001	55.00	5.19	0	0	68.32	42	2.04
2002	55.68	172.12	0	0	60.68	20	35.58
2003	35.00	200.71	0	0	63.52	20	3.37
2004	70.00	130.05	0	0	74.28	38	15.86
2005	73.92	28.88	0	0	76.05	20	40
2006	70.00	151.91	0	0	102	40	0
2007	120.33	98.65	0	0	75.08	40	14.91

续表 14-5

年份	市本级	海陵区	高港区	姜堰区	靖江市	泰兴市	兴化市
2008	169.31	2.18	0	0	75	40	29.36
2009	300.63	0.27	0	0	26	20	33.93
2010	377.12	4.03	0	0	49	20	45.37
2011	407.37	0	0	0	53.6	20	61.35
2012	451.65	0	0	0	50.8	20	70
2013	508.87	0	0	0	119	356	65
2014	548.73	0	0	0	119	365	68
2015	583.82	0	0	0	187.7	356	69
总计	3939.43	1020.49	0	46.36	1543.3	1600	553.77

表 14-6　1984—2000年泰州市水利工程工业及其他水费调整情况表

序号	调整年份	工业水费（元/米³）			城镇生活自来水厂水费（元/米³）	冲污水费（分/米³）		排水水费（元/亩）	备注
		消耗水	循环水	贯流水		污水	超标污水		
1	1984	0.007	0.0013		0.002				
2	1989	0.01	0.005		0.005				
3	1990	0.03	0.006		0.009				
4	1997	0.04	0.01	0.015	0.015	0.04	0.08~0.12		
5	2000	0.09	0.025	0.036	0.03	/	/	/	

三、计收办法

　　1985年，境内各县（市、区）先后成立了水费专管机构"水利综合经营水费管理站""水利管理服务总站"等，名称不一，职能一样。水利工程水费的计收以县级水费专管机构作为主体，农业、水产水费采取"委托为主、自收为辅"的方式，分夏、秋两次计收。对委托代收单位按收费总额的1%～3%支付手续费。工业、自来水厂及其他水费的计收，县级以上水费专管机构直接按月或按季计量收费，县级以下的工业及其他用水户的水费，由县级水费专管机构委托乡（镇）水利站收取。2001年，随着水价改革水费转型，水费的性质和运行管理机制发生了转变，市和各市（区）两级水利部门按照经营性收费的要求，以"合理合法"为原则，"收齐收足"为宗旨，因地制宜，调整水费计收方法，积极推进电脑开票收费工作，大力推进水费规范化建设。2011年，按照税务部门的统一要求，水费票据正式改用税务部门的通用发票。

四、水费的支出和管理使用

按照江苏省水利厅规定,水费收入按比例分成,分级管理。工业水费按省(20%)、市(30%)、县(50%)三级分成;农业水费按省(8%)、市(12%)、县(20%)、乡(镇)60%四级分成。在执行中,农业水费分成,各县(市、区)根据当地具体情况略有调整。根据江苏省人民政府令第66号《江苏省水利工程水费核定、计收和使用管理办法》的文件精神,地级泰州市组建后,泰州市人民政府印发了《泰州市水利工程水费核定、计收和管理办法》(泰政发〔1997〕40号)文件,进一步明确了水费核定的原则、计收标准、水费的分级管理、水费的计收和水费的使用管理,对水费的上交比例进行了调整。苏北沿江片的县(市、区)按省(20%)、市(10%)、县(市、区)(70%)三级比例分成;里下河片的县(市、区)按省(30%)、市(8%)、县(市、区)(62%)三级比例分成。根据省水利厅《关于对水利工程水费计收管理工作相关问题的意见》(苏水财〔2007〕28号)文件精神,从2007年起,省财政厅明确省级水费不再收取。

市水利局也始终坚持把水费征收工作作为水利经济工作的重要内容来抓。坚持强化舆论宣传,向领导宣传,向社会宣传,向用户宣传,并把宣传贯穿于收费的全过程。全市形成了领导重视、社会关心、用户配合的良好氛围,为水费征收工作奠定了良好的思想基础。市水利局根据泰州的实际情况,按照"核定总额,包干上缴,超额留用,不足自补,一年一定"的原则,下达每年的水费包干上缴指标。同时,要求所属水费专管机构对水费单独建账,单独核算,专款专用。严格财经纪律,规范财务管理,确保在水费收齐的基础上管好水费,用好水费,提高水费资金的使用效益,促进水利基础产业的发展。

第三节　船舶过闸费

船舶过闸费收入是水利行业极其重要的经营性收入的支柱。靖江、泰兴、姜堰的闸费收入举足轻重,这是水利产业化特征极强的经营性收入。由于价格机制的逐步理顺和有关各市的高度重视,在宏观环境变化、基建规模调整、运输业有所衰退的情况下,这项收入仍然稳中有升。

一、征收标准和对象

1958年,经省交通厅、水利厅批准,收取过闸费标准为每吨1角。1965年1月起调整为每吨8分。以后几经调整,从8分调为4分,后又调为8分。1985年省政府批转省计委、交通厅、财政厅联合颁发的《关于调整养路费、航养费、过闸费征收标准的报告》。江苏省船舶过闸征收费率在1965年基础上,增加25%。自1985年7月起,货船、客驳、客货轮、机帆船等过闸费由每吨位0.08元改为0.1元,挖泥机船过闸费每吨位由0.04元改为0.05元,抽水机船过闸费每艘由0.4元改为0.5元,木、竹筏过闸费每立方米或每吨由0.08元改为0.1元。征收对象只限于国营、集体所有制运输企业、人民公社专业运输组织和个体的各类营业运输船舶。对3吨及3吨以下的农船、渔船等均予免征。此后,靖江县水利局认真测算了不同时期过闸费的成本,不断宣传过闸应由水利、物价部门共同议定价格的理由,先后争取了在靖江、扬州和省里对过闸费进行3次调价和附加征收20%的堤岸护坡费。境内各地根据实际情况,过闸费价格略有调整。1989年,《扬州市水利工程管理实施细则》第十三条第二款规定:"水利部门管理的通航船(套)闸、节制闸增收百分之二十的过闸费,归县水利行政部门统筹用于堤岸护坡。"收取用于堤岸护坡维修的闸费每吨4分。1991年3月31日,根据扬州市物价局和水利局有关文件精神,过闸费每吨调至0.4元,另征收堤岸护坡费每吨0.08元,合计0.48元,自4月1日起执行。1996年,船舶过闸费调整为每吨0.7元,另增收20%的过闸费归水利主管部门统筹用于河道堤岸护坡,过闸费每吨调至0.84元,自2014年1月起过闸费标准每吨调至0.7元,堤岸护坡费征收取消。

二、征收办法

1958年起,境内各地陆续征收船舶过闸费。1958—1994年,由闸工上船验吨,凭定额收据向船民收费。1995年起,调整定额票据为船民签票制,采取划价验吨、签票收款、凭票过闸、收票复核等监管措施。为加强对水利系统船舶过闸费征收和使用的管理,1996年12月26日,省财政厅、物价厅、水利厅联合印发《江苏省水利系统船舶过闸费征收和使用方法》的通知。该通知规定,征收船舶过闸费必须使用省财政统一制发的专用票据,任何单位和个人不得仿制和翻印,违者应追究其法律责任。通知还对船舶免征过闸费并优先过闸,超吨位装载、危险品及易燃品过闸,计费吨位不满半吨等做了具体阐述和规定,操作性很强。境内各地从1997年1月1日起执行新规。2004年,境内各地相继建成沿江船闸信息化管理系统。该系统由收费、视频监控、闸门自动化控制等部分组成,对过闸船只进行实测丈量,根据船的长、宽、深度计算出实载吨位;根据船主姓名、船号和实载吨位重新编号制成卡片交给船主。此卡片简称"一卡通",在泰州地区船只过闸有效。改革闸费征收办法,实行全天候收费监控管理,提高了闸费征收的工作效率。此种征收办法一直延续使用。

三、过闸费收入

江苏省水利系统船舶过闸费收费标准。

表14-7 1988—2015年姜堰套闸过闸收入一览表　　　　单位:万元

年度	收入	备注
1988	65	
1989	117	
1990	112.83	
1991	228.84	
1992	262.84	
1993	373.74	
1994	416.83	
1995	531.24	
1996	499.94	

续表 14-7

年度	收入	备注
1997	432.8	
1998	532	
1999	506.16	
2000	313.08	
2001	248.54	
2002	310.49	
2003	254.95	
2004	277.89	
2005	300.23	
2006	341.49	
2007	344.5	
2008		
2009		
2010		
2011		
2012		
2013		
2014		
2015		

表 14-8　1996—2015年泰州过闸费收入情况一览表　　　　　单位：万元

年份	市本级	海陵区	高港区	姜堰区	靖江市	泰兴市	兴化市
1996	无	无	无	306.52	589.66	631	无
1997				245.31	767.37	660	
1998				301.51	767.35	560	
1999				300.03	672.07	560	
2000				215.40	624.88	443	
2001	13.33			181.50	516.48	447	
2002	13.11			330.64	509.29	477	
2003	34.57			254.95	605.58	512	

续表 14-8

年份	市本级	海陵区	高港区	姜堰区	靖江市	泰兴市	兴化市
2004	67.94			277.88	833.13	525	
2005	104.36			300.23	939.28	520	
2006	128.65			341.48	1135.28	520	
2007	143.69			380.67	1201.11	550	
2008	72.77			482.56	1282.87	600	
2009	108.95			286.80	1340.75	585	
2010	21.48			511.37	1715.13	593	
2011	周山河船闸与泰州船闸置换			1114.80	1734.43	593	
2012	93.11			1150.48	1535.61	595	
2013	93.35			541.37	1431.92	1126	
2014	79.40			397.80	906.53	1562	
2015	53.03			255.00	902.19	1228	
总计	1027.74			8176.30	20010.91	13287	

【管理使用】

过闸费是工程运行成本的补偿收入,属预算外资金,专款专用,自收自支。其使用范围:闸管所人员的工资、附加工资、福利、公务费和房屋修缮费等;水闸工程岁修、养护,绿化附属机电设备的更新改造、修理等。

第四节　综合经营

泰州境内的水利综合经营起步于20世纪50年代初,发展于20世纪80年代。地级泰州市成立以后,全市水利部门利用水利系统水土资源、人才技术、设施设备优势,因地制宜,大搞水利综合经营,大力发展第二、三产业。1998年,省水利厅成立了水利产业中心,市水利局成立了水工程管理处,具体负责水利站综合经营工作。境内各市(区)也成立了相应的机构。在部、省有关大力发展水利综合经营的方针政策指引和鼓励下,全市水利系统加大对综合经营的投入,综合经营进一步发展,水利建筑业发挥龙头作用,经营项目进一步扩大到水电安装、水泥预制、种植业、养殖业、机械、化工、服务等行业。

境内的综合经营包括两大块,一块是市、县水利局的直属企业,另一块是各乡(镇)的水利站的生产经营。综合经营的发展为稳定泰州的水利队伍、发展水利事业、壮大基础产业做出了一定的贡献。

2013年,乡(镇)水利站性质由原来的差额拨款事业单位变更为全额拨款事业单位,人员经费有了保障,按照上级有关要求,公益性事业单位不得从事综合经营活动,故从2014年以后不再以水利站为主体进行综合经营,也不对此进行考核,只有部分镇站保留了部分房屋出租的收入。

一、直属企业

(一)发展历程

泰州境内水利系统综合经营起步较早的是泰兴。泰兴市水利综合经营始于20世纪50年代初,以工业制造业为主,以水利设施综合利用为辅。在20世纪50年代,泰兴水利系统兴办了通用机械厂、水利机械厂、电灌站加工厂等,当时搞机械、粮食加工、小五金、锯木、榨油等。后因跨行业,陆续将工厂移交工业系统。

1963年,靖江十圩闸管所办起水泥制品预制场;1974年4月,靖江水利局组建建桥工程队。

20世纪70年代初,省水利部门提出立足主业办工业、办好工业为农业的口号。境内各地农机中心站继续对外进行机械、粮食加工。同时,根据自己的实际需要,办起了小作坊。姜堰水利系统的小作坊,为工程生产人行便桥、渡槽、涵洞、闸门等水泥构件。1977年5月,正式建成泰县(姜堰,下同)水泥构件厂,为县属集体企业。是年,还建成泰县水利机械厂,为县属集体企业。生产绞吸式挖泥船、抢排泵、手摇绞车、液压挖土机及钢闸门等产品。1980年起,该厂开发民用产品,试制液化石油气钢瓶。

20世纪70年代中期,境内各地开始利用水利行业的优势,先后发展建筑事业,并不断壮大建筑队伍。

1978年,水电部在全国水利管理会议上,充分肯定了水利综合经营的合法地位。随着水利综合经营方针政策的贯彻落实,调动了境内各级水利部门干部职工的积极性,水利综合经营得到了新的发展。

20世纪80年代后,随着水资源管理工作的深入开展,以水为主体的水利建设、管理、经营活动迅速发展,在继续搞好水利综合经营的同时,水费、水资源费的征收和水利工程的有偿使用,成为水利产业更有活力的重要内容。1981年,水电部又提出了水利工作的重点要转移到管理上来,并把水利综合经营作为水利管理工作三大任务(安全、效益、综合经营)之一来抓。

1983年,省政府下发《关于推行联产承包责任制,积极发展水利工程综合经营的通知》,要求各社镇给予支持。1984年12月,水电部召开全国水利改革座谈会,进一步强调依靠"两个支柱"和"一把钥匙"(水费改革、综合经营和建立健全经济责任制)搞活水利的经营管理,以巩固水利管理阵地,稳定管理队伍,进一步推进了水利经济的发展。此后,省水利厅同意,在3年中每年提留全县10%的农水经费作为综合经营周转金;国家亦从1985年开始对水利综合经营免税3年后又延续3年等。这些为促进水利综合经营起到了积极的推动作用。

1983年,靖江建水利勘测设计室、水利服务公司。

1985年,国务院发布了《水利工程水费核定、计收和管理办法》,批转水利电力部《关于改革水利工程管理体制和开展综合经营问题的报告》。水利电力部进一步提出水利改革的方向是"全面服务,转轨变型",并按照国务院发布和批转的这两个文件,归纳为"一把钥匙,两个支柱"。"一把钥匙"就是落实经营管理责任制,"两个支柱"就是收取水利工程水费和开展综合经营。至此,加强经营管理,讲究经济效益,落实经营管理责任制,征收水利工程水费,大力开展综合经营在全国水利系统内掀起热潮。国家有关部委为扶持水利综合经营,对相关企业免征2～3年产品税、增值税,这一优惠政策大大激发了水利部门和职工的积极性,境内水利综合经营迅猛发展。

1985年11月,泰县水利机械厂由单一生产水利机械转向开发民用产品,试制液化石油气钢瓶,经省劳动局组织的制造资格审查获取了制造许可证。1986年11月,经扬州市建设工程局审查,泰县水泥构件厂被批准为二级混凝土生产企业,当年开发彩色预制水磨石和人造大理石等建材产品。1986年,泰县水利工程队从原属泰县水泥构件厂和泰县水利工程队的两块牌子一本账的联合体中正式划出独立经营管理、自负盈亏。后在姜堰北郊新通扬运河南岸征地建新队址。1988年经资格审查,定为水利水电建筑与安装二级企业。该队还新办综合经营项目——姜堰市水利经营部。

1986年5月,姜堰套闸管理所在1983年已建成的650平方米的三层楼房招待所基础上又建成1200平方米的四层楼房,扩大招待所接待范围,接待能力达100张床位。1990年再投资300万元,建成西郊宾馆,属较高接待水平的三层楼房1幢,建筑面积1000平方米,有标准房27间,会议室3个,大、小餐厅俱全,能一次性接待250人。招待所原名姜堰套闸招待所,后更名为水利招待所。姜堰套闸管理所还出资新办了泰县环球旅游服务公司和泰县环球建筑安装装饰公司。

1986年5月,泰县水力机械挖土服务公司从泰县水利工程队中派生而出,领取泰县工商行政管理局颁发的营业执照,经营机械开挖、疏浚河道、鱼塘、堤防修筑,航道、码头、港口工程建筑、挖土等项目。泰县水利物资储运站与县石油公司联办水上加油站,经营柴油、润滑油;新建环宇节能开关厂;投资购置开平机,为水利机械厂生产液化气钢瓶提供卷板平板加工服务。

1987年3月,靖江县水利局增设综合经营股,负责水利系统综合经营工作的指导和管理。至1987年,靖江水利系统主要综合经营项目有水泥预制、紧固件、标牌、汽车灯具、化工、建材经销、工民建筑、花卉苗木、晒图复印、交通运输、游泳溜冰、电影放映等33个,综合经营利润计40.97万元。

1988年7月,泰县成立水利综合经营公司,属县办集体企业。主营木材、钢材、水泥,兼营化工原料及水利系统工业产品。

20世纪80年代后期,随着水资源管理工作的深入开展,以水为主体的水利建设、管理、经营活动迅速发展,在继续搞好水利综合经营的同时,水费、水资源费的征收和水利工程的有偿使用成为水利产业更有活力的重要内容。

1981年,水电部提出水利工作的重点要转移到管理上来,并把水利综合经营作为水利管理工作三大任务(安全、效益、综合经营)之一来抓。

1983年5月31日,泰兴县政府转发省政府《关于推行联产承包责任制,积极发展水利工程综合经营的通知》,要求各公社乡(镇)给予支持。

1984年12月,水电部召开全国水利改革座谈会,进一步强调依靠"两个支柱"和"一把钥匙"(水费改革、综合经营和建立健全经济责任制)搞活水利的经营管理,以巩固水利管理阵地,稳定管理队伍,进一步推进了水利经济的发展。

1992年,中央2号文件提出"抓住机遇,加快开放步伐,加大改革力度,加速经济发展"。在这一方针指引下,境内各市(县)水利部门进一步加强对水利综合经营工作的领导,加大综合经营投入,不断增强发展后劲,千方百计招商引资,积极引进人才,并千方百计开辟生产门路,拓展横向联合,开发新产品,加强企业管理,进一步完善经济承包责任制。由于缺乏营销人才,境内综合经营发展不快,没有形成规模效益。1992年,泰兴水利局成立水利管理服务总站,配备了专职人员,具体负责全市乡(镇)水利站综合经营工作,并确定了一名副局长分工具体抓。全市综合经营步入了快速发展阶段。

1996年,市水利施工企业的产值占全市水利综合经营产值的"半壁江山"。1997年,市水利施工企业继续发挥自身人才、技术和设备上的三大优势,大力发展水利建筑业。全市水利施工队伍在建筑市场日趋竞争激烈的形势下,敢于跨地区、跨行业投标承包交通、工业、民用和市政建设项目,主动找市场,在市场经济中求生存、求发展。全市水利施工企业抓住地级泰州市成立后的二次区划调整和泰州引江河的开挖等有利时机,跻身于市政、交通、民用建设和泰州引江河建设的大市场。靖江、泰兴、姜堰、兴化、高港四市一区的水利建筑安装公司都取得了可喜的成绩。靖江市水利工程队加大技改力度,千方百计开拓和占有市场,先后完成了广靖高速公路季家市桥、界河桥、姜八公路孤山桥等重点工程。高港区田河水利站所属的水利建筑工程公司,依靠自身在土方施工中的优势,1997年仅在引江河工程中就完成土方88万立方米,创造综合产值1280万元。姜堰市的江苏三水公司在强手如林、竞争激烈的情况下,坚持"三个一齐上",即大小工程一齐上、市内市外一齐上、自主与联营一齐上。他们依靠信誉、依靠实力、依靠标价的合理,一举中得南京长江二桥纬路互通工程之标,该工程总造价2308万元。该工程的中标为三水公司的进一步发展注入了新的活力,同时也为整个泰州市水利建筑业赢得了声誉。1998年1月前,该公司以其实力、信誉,参加"泰州引江河泰州大桥"工程投标,以1975.4万元的标价一举中标。

至2015年底,泰兴市水务局共创办直属企业5家,其中组建股份公司1家,股份合作制企业1家,转为私营企业3家,完成总产值8.6亿元,共创利润965万元。

(二)企业选介

1.泰州市城市水利投资开发有限公司

2001年11月29日,市水利局组建泰州市城市水利投资开发有限公司,王仁政、龚荣山分别兼任公司董事长和总经理。2004年7月7日起,先后分别由陶明、刘雪松、王玉忠、高鹏、苏扬任董事长,周照网、姜春宝、顾群、苏扬任总经理。

2.泰州市江淮水利设计咨询有限公司

泰州市江淮水利设计咨询有限公司,2008年7月24日成立(泰州市引江河河道工程管理处出资组建),注册资本人民币80万元,第一任法人代表周沪,第二任法人代表印庭宇。公司主要经营水利咨询及监理。

3.泰州市引江河绿化工程有限公司

泰州市引江河绿化工程有限公司成立于2010年9月19日,法人代表为季爱民,初始注资人民币100万元,主要从事引江河绿化、改造维护等工作。

4.泰州市鲍坝闸宾馆（泰州市东湖度假村）

泰州市鲍坝闸宾馆成立于1999年11月1日，刘剑为宾馆总经理。2002年，因经营需要，更名为泰州市东湖度假村。2006年，泰州市东湖度假村纳入海陵区东风路街区重点改造项目的拆迁范围，2013年5月拆迁置换到位，同年恢复营业。

5.姜堰套闸管理所

姜堰套闸管理所是承担引、排、航的综合水利工程管理单位，该所积极响应水利部关于开展综合经营的号召，起步早。1983年11月，利用一幢面积650平方米的办公楼房改办起招待所，用于接待会议和培训班；1986年5月又建成1幢4层楼房，面积1200平方米，扩大招待所接待能力；1990年再投资300万元，建成建筑面积1000平方米、接待能力较高的三层楼房——西郊宾馆。至此，招待所拥有中档标准的客房32间、会议室3个，高档标准客房27间、会议室2个，另有大会议室1个，大餐厅1个，小餐厅12个，设备齐全。1992年12月经泰县编委批准，更名为水利招待所，性质为全民事业单位，当年被列为全县服务行业三强之一。

1992年，姜堰套闸管理所又投资新建环球旅游服务公司，经县计委批准为全民事业单位，经营旅游服务，出售飞机票、火车票。1993年，经县计委批准，由姜堰套闸管理所投资新建环球建筑安装装饰工程公司，经营工程建筑及线路、管道、设备安装、室内外装饰、装潢。此外，闸管所还开办了套闸浴室和闸区商店，为船民提供船用机械配件和生活用品。姜堰套闸管理所综合经营项目均实行承包经营、定额上缴的管理模式。

姜堰套闸管理所在水利工程安全、效益、综合经营方面取得优异的成绩。1996年被水利部水利管理司评为"一类工程"（闸门及启闭机）；1997—2004年被泰州市委、市政府评为"泰州市文明单位"；2001年被泰州市水利局评为"泰州市水利工程管理先进单位"；2002年被泰州市委、市政府评为"泰州市五星级安全文明合格单位"；2004年被泰州市建设局评为"泰州市园林式单位"；2005年被江苏省水利厅评为"全省水利系统文明单位"。

6.江苏三水建设工程有限公司

原名"泰县水利工程总队"，1993年9月增补"扬州市第二水利建筑工程公司"牌子，2003年3月31日经批准改制为"江苏三水建设工程有限公司"。现有职工708人，获得职称人员148人，其中高、中级职称人员49人。公司位于姜堰镇北郊、新通扬运河南岸，占地13200平方米，建有4层办公大楼880平方米，生活用房、车间、仓库面积1086平方米，公司职能科室设置合理，公司下辖水建、路桥、市政、基础等6个分公司和1个桥梁构件厂，公司试验室为江苏省交通工程试验乙级和江苏省建筑企业市政二级试验室。公司具有一流的施工设备和施工技术，主要在沪宁高速公路、宁通高速、南京长江二桥、泰州引江河、泰东河等国家重点工程以及南京、苏州、泰州等地承建工程。

公司曾获得省优质工程7项，市、县科技成果奖8项，先后被授予"江苏省水利二十强企业""江苏省水利明星企业""江苏省建筑质量管理先进企业""姜堰市建筑业十强企业"荣誉称号，还被省委、省政府授予"泰州引江河工程建设有功单位"的称号。

表14-9 江苏三水建设工程有限公司1988—2001年产值净利润一览表 单位:万元

年份	产值	利润	年份	产值	利润
1988	419.00	40.40	2002	5785.48	52.46
1989	550.00	43.00	2003	5011.99	53.23
1990	556.00	45.00	2004	10010.49	131.25
1991	976.00	80.00	2005	7148.21	88.74
1992	1872.00	120.00	2006	7689.98	89.77
1993	3008.00	250.00	2007	12375	107.10
1994	2530.00	206.00	2008	3181.72	401.44
1995	3863.60	73.30	2009	4843.69	238.01
1996	4739.20	70.90	2010	7456.18	70.92
1997	6609.45	95.48	2011	8514.73	234.16
1998	6979.25	105.91	2012	11431.31	274.13
1999	8598.96	111.14	2013	16415.07	594.4
2000	10902.59	105.21	2014	21218.86	1102.72
2001	7228.64	98.62	2015	24697.45	1423.24

7.靖江市水利工程队暨水利建筑安装工程公司

20世纪70年代初,靖江水利建设事业发展迅速。按照"六竖一横"的水系规划,疏浚、新开众多河,称桥工队)。是年,该队首建跨横港(与七圩港交汇处)40米的轻型曲拱桥。尔后,又承担十圩港北段疏浚工程11座桥梁的施工任务。1975年冬,十圩港南段疏浚后,桥工队承建十圩桥公路桥,首次采用灌注桩施工。1976年8月至1978年底,桥工队先后在夹港建公路桥2座,农用曲拱桥1座,板梁桥11座,红光润泾港闸1座,丹华港拓浚工程配套公路桥3座、板梁桥5座,以及大兴至东兴(跨横港)、大兴至惠丰(跨横港)等公路桥。1976年在新跃桥西南畔征地12亩,建造办公、仓库用房,生产车间及预制场。1979年初,桥工队更名为靖江县水利局工程队(以下简称工程队)。

1980年,国民经济调整时期,部分水利基建项目缓建或停建。工程队施工范围扩至工业与民用建筑市场。1981年起,该队先后承建新丰供销社营业楼、县日杂公司宿舍楼、县供销联社新跃商店楼、县人民大会堂住宅楼、扬州市广播电视大学靖江分校教学楼、裕纶纺织厂宿舍楼等。1986年1月20日,经靖江县计委批准成立靖江县水利建筑安装工程公司(以下简称水建公司),为县属集体企业,与水利工程队合署办公,两块牌子、一套班子、一账核算,主要承担6层以下住宅楼、教学楼、办公楼、厂房以及高层建筑物的基础工程、给排水工程等施工任务。是年2月,该公司由省建委定为建筑安装工程施工资质三级。

1988—1995年,该公司先后承建大靖港闸、东横港套闸、土桥排涝站、下青龙港闸、永济港闸、上五圩闸的施工,同时承担域内振兴大桥、文武殿桥、季市大桥、润扬大桥北接线高架桥的施工任务。1996

泰州水利志

年冬,参与靖江长江堤防水毁修复硬质化护砌7.4公里试验段达标建设,水建公司承担5公里护坡工程施工任务。1997年,该公司水利水电总承包为二级资质。

1997—2003年,水建公司中标承担长江堤防达标建设28个标段施工任务,实施江堤护坡长25.6公里;水闸拆改建加固23个标段,中型闸4座,小型闸19座。2002年,该公司河湖整治、桥梁工程为二级资质,基础工程为三级资质。2004年水建公司改制为江苏神禹建设有限公司,主要从事水利工程和沿江开发建设。同时,承接境内新虹桥、新跃桥、天妃宫桥、渔婆路彩虹桥及城区河道综合整治工程的施工任务。2008年起,先后承建城市水利,下六圩港、新小桥港闸站,十圩港、夏仕港套闸除险加固;夏仕港、横港治理工程和一大批中央财政小农水重点县(六期)、中小河流治理重点县项目(二期)等。与此同时,先后承接沿江开发的安宁港、六助港、下青龙港、下六圩港、新和尚港等1000~3000吨级内河港池码头建设以及新港园区公兴河、阜公河水系调整项目的建设任务。

2009年该公司获港口与海洋工程二级资质。2013年获港口与航道工程二级资质。2015年获市政公司工程一级资质。

表14-10　1982—2015年江苏神禹建设有限公司产值、利润情况一览表

年份	产值(万元)	利润(万元)
1982	40	5
1983	101.5	12.6
1984	248	17.4
1985	300	23.3
1986	420	36.3
1987	400	14.25
1988	498	26.85
1989	615	35
1990	825	41.25
1991	963	49.15
1992	1095	56.7
1993	1368	68.4
1994	1766	85.3
1995	2079	114.35
1996	2485	124.25
1997	2942	176.52
1998	3372	188.8
1999	3565	198.5
2000	3670	220.2

续表14-10

年份	产值(万元)	利润(万元)
2001	4134	248
2002	5687	312.78
2003	8420	428
2004	10619.1	530.95
2010	9873	889
2011	14385	1302
2012	19367	1703
2013	23796	2198
2014	31008	2453
2015	39042	3320
合计	193083.6	14878.75

8.靖江市水利勘测设计室

1983年,靖江县水利局成立勘测设计室,专门从事水利工程的勘测设计,与工务科一套班子、两块牌子。由于未申办资质,只能与江苏省水利勘测设计院(以下简称省设计院)、扬州市勘测设计研究院合作,先后设计上青龙闸、蟛蜞港闸、大靖港闸、下青龙闸、振兴大桥及文武殿桥,同时参加东横港闸、夏仕港套闸和上述设计项目的现场建设管理。1993年4月,勘测设计室与扬州市勘测设计研究院合作挂牌成立扬州市勘测设计研究院沿江设计室(以下简称扬州设计室)。是年12月,经市编委批准,市水利局勘测设计室更名为靖江市水利勘测设计室,除承接域内中小型水利工程和局办公楼、宿舍楼的设计项目外,兼营江边涉水小型码头及城区交通桥梁、季市大桥等桥梁的设计。1996—2003年参与长江堤防达标建设工程部分项目的设计,与省设计院、扬州设计院合作,参与设计夏仕港等4座中型闸的改建和除险加固、25座小型闸的改建、5座小型闸的除险加固,并参与80.1公里江堤护坡、填塘固基、堤防渗漏灌浆、堤防滨江公路等工程项目的设计。2004年5月,靖江市水利勘测设计室改制为靖江市河海勘测设计有限公司,注册资金120万元。2005年,申办水利行业设计丙级资质,并与扬州设计院合作,设计新跃桥、天妃宫桥、渔婆港彩虹桥等城区桥梁。2008—2010年,具有水利行业河道整治专业设计乙级资质,灌溉排涝、城市防洪和测绘专业设计丙级资质。主要从事城区河道综合治理工程的闸站、护砌工程设计。2012年,公司更名为泰州市河海勘测设计有限公司,注册资金560万元。2010年通过GB/T 19001– /ISO9001标准质量管理体系认证。

2004年改制前,靖江市水利勘测设计室自行设计项目4个,与省水利勘测设计研究院、扬州市勘测设计院合作设计项目94个。2004—2016年,自行设计项目910个,与省水利勘测设计研究院、南京市水利勘测设计研究院等合作设计项目61个。

表14-11　1991—2015年靖江水利勘测设计室、河海勘测设计有限公司设计项目一览表

年份	参与合作设计项目数	自行设计项目数	合作单位及项目数	水利工程代表性项目
1991—2003	94	4	与省设计院合作13个,与扬州设计院合作81个	长江堤防达标建设,下青龙闸、上五圩闸改建
2004	6	36	与省设计院合作6个	城区河道整治及提水泵站3座
2005	3	44	与省设计院合作1个,与扬州设计院合作2个	天妃宫桥改建
2006	1	41	与省设计院合作1个	渔婆港彩虹桥
2007	1	46	与省设计院合作1个	城区河道整治
2008	2	60	与省设计院合作2个	城区河道整治
2009	7	44	与省设计院合作5个,与南京设计院合作2个	孤山灌区节水改造、小农水重点县
2010	8	77	与省设计院合作7个,与南京设计院合作1个	下六圩港闸站、小农水重点县、夏仕港整治工程
2011	6	71	与省设计院合作4个,与南京设计院合作2个	泰州市城市水利、小农水重点县、横港治理工程
2012	0	48	—	十圩套闸除险加固、小农水重点县
2013	11	139	与省设计院合作4个,与南京设计院合作6个,与河海大学设计院合作1个	夏仕港套闸除险加固、小农水重点县
2014	7	118	与省设计院合作2个,与南京设计院合作5个	小农水重点县
2015	4	128	与省设计院合作2个,与南京设计院合作2个	中小河流治理
合计	150	856	—	—

表14-12　1998—2015年靖江市河海勘测设计有限公司产值、利润、税金情况一览表

单位:万元

年份	收入	利润	税金
1998	180	5	12
1999	200	8	14
2000	215	10	15
2001	228	12	16
2002	280	15	20
2003	312	18	21
2004	362	18	25

续表14-12

年份	收入	利润	税金
2005	405	18	28
2006	340	16	17
2007	396	18	28
2008	749	28	52
2009	856	42	60
2010	867	45	61
2011	912	48	64
2012	876	43	61
2013	1144	52	80
2014	1292	60	90
2015	1273	60	90

9.兴化市水利建筑安装工程总公司

前身以水利工程处为主体,主要从事大中型桥梁和圩口闸的施工,同时承接部分工业及民用建筑的施工。1992年,工程处组建基础工程公司,扩大施工队伍。一部分继续承建市境内桥梁工程,建成兴(化)东(台)、兴(化)沙(沟)、兴(化)泰(州)等公路干线上大、中、小桥梁120余座,并填补了境内高层建筑基础施工的空白。承接了兴化化肥厂以水处理为主要内容的技改项目和第二自来水厂基础施工。基础工程公司承担了兴化大兴商厦、供销大厦、楚水招商城等多层建筑的基础施工,最高达16层。当年实现产值210万元,在兴化建筑市场站稳了脚跟。同时,组成精干班子走出兴化,到境外承包工程,是年在宝应县宝射河大桥施工中取得一定经济效益。刚组建的楚水建筑安装工程公司还进入苏州河西开发区建筑市场。为了发挥优势,水利系统建筑安装队伍实行改组联合。1992年,由市水利工程处、水利疏浚工程处、基础工程公司、楚水建筑安装工程公司和里下河设计室等5单位联合组建兴化市水利建筑安装工程总公司,经江苏省建设委员会批准为二级全民施工单位。

1993年,水利工程处完成了常州市罗溪桥灌注桩、沪宁高速公路上北邵村桥灌注桩、安徽省铜陵市人民银行及建设银行的基础工程施工。基础工程公司渐次进入北京、上海、山东等地建筑市场,使建筑安装成为水利系统的支柱产业。1995年,抓住兴化大力发展公路交通的机遇,水利工程处新办路桥公司,共拥有沉管灌注桩、夯扩桩、深层搅拌桩、碎石振冲桩、柴油打桩(机)和钻孔灌注桩等6种型号的基础施工设备10多台(套)。承担工业、民用建筑基础施工和各种桥梁、道路的施工,占有全市同类施工项目90%以上的市场份额。1996年,购置了200型新钻机、汽车吊和柴油打桩机。钻孔灌注桩直径由1.5米扩大到2.5米,陆上吊装能力由过去的10吨增加到60吨左右。在承建山东定陶县一级公路东渔河大桥时,工程规模、桥梁跨度、工程质量和施工进度,在全线17座桥梁中均名列第一,为后来承接菏泽地区一级公路大桥打下基础。

为了开拓市境外市场,该公司在上海、昆山设立办事处。1997年完成7000多平方米商品房建设和2000平方米路场施工。设计室除完成市内建筑设计任务外,积极参与泰州引江河及城市桥梁设计。水利工程处在泰州、无锡、靖江等地建立办事处,积极参与基础工程和路桥工程的投标。1997年,楚水建筑安装工程公司采取以工程承包人承包到底,自负盈亏,向公司上缴管理费的方法。是年全系统建筑收入7621万元,占综合经营总指标的45%。

10.兴化水利疏浚工程处

该处以水利疏浚工程处为主体,主要从事河道、航道疏浚和废坑塘的吹填。疏浚工程处拥有大小施工船8艘,其中60立方米仿荷绞吸式挖泥船6艘,液压及自重抓斗式挖泥船各1艘。1984年以前,主要从事县境内河道疏浚和拆除坝埂等工程施工。自1984年开始,逐步将业务范围扩大到徐州、淮阴地区。先后参加徐洪河整治,皂河、泗阳、刘老涧复线船闸的兴建,运河两淮段、万寨码头的疏浚。1987年,该处从原兴化县农田水利工程队中划出,专业从事河道疏浚,具备河海疏浚三级施工资质,属经营性服务类事业单位。单位拥有多艘挖泥机船,包括绞吸式、链斗式、油压抓斗、液压抓斗和液压绞吸式等,而且专门成立了一个车间,具体负责疏浚机械设备的维修业务。1998年,固定资产总值达333万元。

自1991年起,该处的业务范围扩大到苏南。他们参加了太湖地区的防洪抢险和苏州望虞河的整治,产值120多万元,施工质量在所有施工单位中名列第一,得到省水利厅的表扬和奖励。此后又承接南京、江宁、句容河上的开挖任务。后来增加吹填造地业务,在徐淮地区为湖区渔民陆上定居承担庄台吹填。在兴化市区吹填造地140亩,工程费用总额达160万元。1995年投资120多万元,新上一台斗容量0.75立方米的液压抓斗,配套履带拖拉机,可以水陆两用,配套的2艘运泥驳船同时调试投入使用,在鲤鱼河工程南段疏浚和西荡河疏浚工程中发挥了作用。是年承接工程24项,产值301.8万元,创利税10.2万元。1996年,投资80万元,添置液压绞吸船1艘,为承接浙江内河航道改造施工业务创造了条件。

兴化市水利疏浚工程处采取"资产统一处置,职工身份全面置换,单位歇业清算,注销事业法人"方式实施转体改制,单位成建制参加企业养老保险。职工身份置换基准日为2005年12月31日。经审计评估,水利疏浚工程处账面总资产为6478198.11元,总负债为5525351.34元,净资产为952846.77元。

2006年1月12日,兴化市机构编制委员会兴编〔2006〕1号文件决定,撤销兴化市水利疏浚工程处事业单位。

11.兴化经编厂

兴化经编厂建于1987年3月,是兴化水利局所属的集体所有制企业,建厂初期有职工28人。厂建在兴化新城小区上官河东边,占地面积1500平方米,建筑面积900平方米。固定资产原值26万元。主要产品为涤纶蚊帐布。20世纪90年代初,由于产品销路及管理方面的问题,生产经营一度面临困境。1995年,厂领导班子调整后,狠抓管理,挖掘内部潜力,注重产品质量,加强营销,经济效益上升。1995年创产值37万元,实现扭亏目标。1996—1998年,产值分别为53万元、57万元、6万元,分别创利税2.4万元、3.8万元和1万元。经编厂厂长先后为陈广富、殷祥、周金泉。

12.兴化水利局车船队

该车船队主要从事水泥、黄砂、石子等水利建设物资及煤炭的运输。1992年,车船队通过更新改造,成为市内装载能力最强的千吨级内河船队。他们克服社会运力过剩、各种规费增加和运费下降等多种困难,多方联系业务,并开始进入苏南运输市场。完成22个航次,运输量20570吨,运输收入56.5万元。1993年,车船队运输收入106.4万元,支出6万多元大修理费用后仍略有节余。1998年,全队有职工22人,拥有拖队1个,拖轮1艘、186马力,货驳12艘、1005吨位。

二、水利站的生产经营

1996年,泰州地级市成立后,全市各乡(镇)的综合经营规模日渐扩大,水利站逐步成为自给或自给有余的经济实体。2007年后,全市乡(镇)水利事业发展很快,水利综合经营也逐步发展壮大,成为水利建设、管理的重要内容和经济支柱。

(一)姜堰

1985年,泰县乡(镇)水利站开展搞综合经营,当年有15个乡(镇)水利站建成15个经营项目。1989年发展到31个项目,产值568.2万元,利润38.42万元。1994年底增加到62个项目,产值1324万元,利润90.96万元。大冯水利站创办大冯面粉厂,1989年有职工105人,当年产值118.0万元,利润10.0万元,由于效益高,面粉厂被收归乡有。水利站职工不畏艰难,继续创业,先后又办起油脂提炼、水泥构件生产、塑料制品、冲压件加工4个项目和两个物资经营门市部。1994年固定资产为103.4万元,职工58人,产值173.8万元,利润12万元。沈高水利站1985年建立农桥构件厂,生产水泥楼板、桁条、田间预制配件,1989年产值77.62万元,1994年产值193.9万元,产值翻了一番多,年纯利润6万多元。

2002年后,姜堰水利局加强了对综合经营的领导和管理,实施了局领导与基层单位联系制度和局科室与直属单位挂钩制度,做到主要领导亲自抓、分管领导专门抓、重点单位蹲点抓,同时明确水利管理总站为乡(镇)水利站的行业管理部门。水利局明文规定,各单位实行重大经济事项、经济决策的请示汇报制度,新项目上马必须充分论证并报批,坚持民主集中制,严禁个人武断,水利综合经营必须因地制宜,同时水利局还专门下发了《关于进一步加强财务管理的意见》,强调资金管理上的"十不准"。通过培植经营强站,谋划新的经济增长点,帮助经济薄弱站脱贫致富,定期召开经济工作研讨会,坚持以人为本,创新思维,提速增效,推进综合经营新突破。通过上述措施,有效地促进了综合经营健康发展。2007年度水利站综合经营实现利润215.64万元,其中稳定利润117.64万元。

1.顾高水利站

2002年,顾高镇对镇自来水厂进行改制拍卖。顾高水利站经过调研,认定该厂地理位置优越,水厂机械设备较好,管网铺设合理,扩户潜力大,前景看好,为此果断竞拍,以100万元收购了顾高水厂的所有权、经营权。接管水厂后,水利站不断加强经营管理,实行24小时全天候供水,日供水量达2000吨,用水户占全镇80%以上,该站还加强水源区保护,实行"蓝天碧水"工程,年供水利润达8万元,初装费收入12万元。

在工程管理方面,该站采取以坡养坡的措施,利用河坡进行树草相结合的立体种植。在石坡外平台上栽植根部较为发达的桤柳或垂柳,河坡栽意杨或经济林木,不但能美化村容村貌,而且能创造经济效益,坡面上种牧草,不但能防止水土流失,而且可供发展三产,搞养殖业,坡肩角外设置混凝土路牙,每50米设置U形混凝土排水沟,解决沿线庄台段的排水出路。

由于该站用市场经济的手段开拓创新,市水利局授予他们"2004年度基层站所创建工作先进单位",2004年被泰州市人民政府评为"五十佳"基层站所,2004年被泰州市爱国卫生委员会评为农村先进水厂,2005年被姜堰市人民政府评为基层站所"二十佳"先进单位。

2.梁徐水利站

为适应乡(镇)区域合并后水利工作的开展,2001年看准姜寺公路规划之机,超前意识,选定中干河边、宁靖盐高速公路出口处的水陆交通便捷之地,征地6亩,将合并前两站旧址和预制场转让,重建梁徐水利站基地,建成一幢三层楼房,建筑面积1280平方米,增强了服务功能,站容站貌在姜堰市通南地区堪称第一,十间门面房成了抢手货,全被从事粮食生意的老板一人独租,后该老板扩大生产,新办康源米厂,水利站热情服务,又追加投资40多万元,为其新建厂房400平方米,提供输变电路,新装250千伏变压器和生产场地1200平方米。

2003年对市骨干河道中干河河坡确权后,水利站投入35万元自己植树绿化、管护,种意杨15000株,广玉兰、文母、女贞、垂柳、塔柏1万多棵,还在站南北两侧新建苗木基地20多亩,由水利站直接管理。

该站综合经营实现年利润20万元,另苗木基地年自然增值达5万元以上。梁徐水利站全体同志,心往一处想,劲往一处使,水利经济工作和水利建设工作取得突出成绩,成为姜堰市乡(镇)水利站的后起之秀,2004年被姜堰市评为基层站所"二十佳",2005年、2006年连续两年被泰州市评为基层站所"五十佳"。

3.大泗水利站

大泗镇有12个行政村,1997年以前大泗水厂仅能供集镇和邻近三个半村的群众吃水,为此大泗水利站为统一管理水资源,实现水务一体化,于1998年投入资金109万元,在镇中心位置西干河边新办大泗二水厂,通过滚动发展、逐步延伸的办法,经过两年时间管网已实现全覆盖。2001年镇政府对大泗水厂进行改制,由于该厂规模小、设备陈旧、遗留问题偏多、水的回收率低、年年亏损等原因,无人愿意接收,水利站把它当成一次契机,在水利局的支持下,于2001年9月17日签订了资产转让合同,以50.5万元买断大泗水厂的所有权和经营权,接着又投资20万元铺设了一条3500米的专门管道,于12月18日实现全镇并网供水,接着又投资10万元将管网向泰兴宣堡镇赵王村延伸,扩大用户。

该站在供水方面拥有沉淀、过滤、消毒、常规化验、变频调速、自动供水等一整套先进设备,总投资273万元,用户已达7364户,入户率达74.9%,日供水量达2000吨,通过不断加强管理,经济效益不断提高,除供水项目外,还有门面房出租、砂石承包上缴,年实现综合经营总利润达25万元。

4.华港水利站

华港水利站是里华水利站和港口水利站合并组建的,其中里华水利站1988年筹集资金14万元征用土地建站址,当年8月新办水泥构件厂,投入15万元建预制场,生产楼板及水利工程配套预制构件,小本经营,采用"滚雪球"的办法,不断增加积累,接着又投资10多万元新办建桥队,从事农村桥梁建设,1991年投资12万元新建水利站办公楼1幢,1996年投资10多万元新建厂房用于出租,2005年又投资16万元,在卤汀河边租用土地8亩,建成砂石场及简易仓库实行租赁经营,年租金收入2.5万元,此外还有60亩鱼塘招标承包定额上缴。

该站同志刻苦工作办实事,一步一个脚印,默默无闻,不善张扬,综合经营年利润达10多万元,均属无风险稳定性收入。

5.苏陈水利站

现苏陈水利站是由大冯水利站和原苏陈水利站合并组建的。其中大冯水利站早在1985年率先响应水利部号召,开展综合经营,创办大冯面粉厂,1985年实现产值118万元,利润10.1万元。由于规模大、效益高,被乡政府收为镇办厂,后又继续创业,先后办起水泥构件厂、塑料厂、冲压件厂和物资经营门市部。1999年该站看准镇规划建设的契机,捷足先登,在镇中心地带的水陆交通要道口新建朝街三层大楼2088平方米,总投资164.18万元,当时因资金不足负债30万元,全站同志顾大局、识大体,自觉过了多年紧日子,连一些政策规定的经济待遇都自动放弃,同舟共济过难关。

现苏陈水利站经营的项目有:将朝街的15间门面房全部出租;将站内部分房屋出租给服装厂、铸造厂;水泥构件厂仍实行站集体经营;水利工程建设由站直接施工管理,所有经营项目均取得较好的经济效益,年创利润20多万元。该站综合经营的良性循环,得益于站领导的超前意识、创业精神,得益于结合本站实际优选的经营模式,得益于全站职工艰苦奋斗、乐于奉献的精神。

表14-13　姜堰水利站综合经营利润(1995—2014年)

年份	利润(万元)
1995	101.8
1996	94.17
1997	126.28
1998	201.6
1999	189
2000	153
2001	132
2002	138
2003	165
2004	227.17
2005	201
2006	218
2007	215.64

续表14-13

年份	利润(万元)
2008	164
2009	219
2010	304
2011	423
2012	320
2013	552
2014	346

表14-14　姜堰水利站综合经营项目情况统计

站别	经营项目名称	站别	经营项目名称
蒋垛	1.水厂经营	苏陈	1.房屋出租
	2.房屋出租		2.工程施工(包括预制场)
	3.工程类收入	淤溪	1.工程队上缴
顾高	1.水厂经营		2.资产租赁
	2.房屋出租	桥头	1.场地租赁、仓库租赁
	3.工程类收入		2.小沟配套建筑物
大坵	1.承包、房屋出租	娄庄	1.房屋、场地、机械出租
	2.工程类收入		2.工程类收入
张甸	1.房屋、场地租赁		3.对外投资
	2.工程类收入	沈高	1.场地房屋租金收入
大泗	1.水厂经营		2.工程管理费
	2.农业开发	溱潼	1.站办实体租赁
	3.砂石厂租赁		2.农业综合开发项目
	4.门面出租		3.建闸管理费
梁徐	1.房屋出租	兴泰	1.经营部承租
	2.泥浆泵承包		2.工程类收入
	3.工程类收入	俞垛	1.厂房、站房、预制场出租
姜堰	1.收取管理费		2.工程类收入
	2.工程类收入	华港	1.厂房、砂石厂、桥队出租
白米	1.房屋出租		2.其他经营收入
	2.合同上缴	罡杨	1.房屋出租
	3.工程管理费		

（二）高港

1.白马水利站

1999—2002年实施了白马镇农田水利工程,共完成低产田改造、电灌站改建、中沟疏浚整治等,经营收入162万元,净利润31.2万元。2006—2008年发展综合经营,完成了7个村的"双清"工程,经营收入154.4万元,净利润31.5万元。

2.许庄水利站

2006年3月至2013年6月共完成电灌站改建、中沟疏浚整治等,经营收入289万元,净利润31.2万元。2006年至2013年大力发展综合经营,成立华宇市政以及普农合作社,完成了13个村居的"双清"工程、河道长效管护等,经营收入556.4万元,净利润61.5万元。

3.胡庄水利站

本着开展水利综合经营、发展水利经济的理念,为了稳定职工队伍,提高职工待遇,至2013年主要实施农田水利基础建设项目,对全镇的小型农田水利工程进行升级改造,经营收入约1000万元,净利润约100万元。

4.口岸水利站

2003—2013年实施了电灌站改建中沟疏浚整治建桥等,经营收入1415万元,净利润281万元,其中建桥46座,经营收入481万元。2006—2009年完成9个村的双清工程,经营收入186万元,净利润33万元。

5.永安洲水利站

2000—2006年经营收入包括农业和工业水费、江堤维修费及涵、闸等工程建设维修费等,实际总收入742.74万元,净利润43.94万元。2007—2010年开展多种经营,实施了"双清"工程、江堤护坡、涵闸加固维修、中沟整治、江堤公路维修、堤防管理等,共收入499.47万元,净利润5.87万元。

6.大泗水利站

在抓好水利建设的同时,大力发展综合经营,1996—2008年完成了13个村的133条村庄河道"双清"工程,投股经营大泗镇自来水厂,经营收入515.6万元,净利润84.5万元。

（三）靖江

1983—1986年,靖江有24个水利站,相继开展综合经营的有14个,其中进行加工生产业务的5个,从事商品经营的6个,生产水泥预制构件的2个,实施土方疏浚工程的1个。1987年综合经营产值159.98万元,其中5个站年产值在10万元以上。1987年,八圩水利站所属的耐磨钢球厂完成产值近80万元,实现利润8.77万元。

20世纪90年代初,八圩水利站所属耐磨钢球厂负责人由属地镇调回镇办厂经营,其他从事商品经营的6个站收不抵支,于1990—1993年相继关闭。5个站加工生产企业无专业营销人才,产品创新科技含量不高,未能形成规模效益,亦于1990—1995年相继停产。1998年,土桥、大觉水利站经营的化工门市部和金属加工企业改制为个体经营。1996—2016年,马桥(原长里)水利站水利工程队和预制场仍继续从事小型水利工程和农村桥梁的制作安装,收入累计5027.15万元。

（四）泰兴

20世纪50年代末至60年代初，泰兴各乡（镇）机电排灌站根据水利部门提出的"一主多副、以副养主"方针，泰兴口岸、城西、蒋华、新市、广陵、曲霞、古溪等电灌站纷纷办起了工厂，如曲霞榨油厂和农机厂、广陵农机厂和水泵厂、横垛化工厂、蒋华农机修配厂、古溪农机厂、分界加工厂、横垛加工厂、口岸农修厂等。后来，乡（镇）水利站由传统的粮食加工、运输等副业逐步办起粮食加工厂，设立车间开展农机、电动机、水泵等修理业务，由半年灌溉半年闲逐步转变为常年作业。20世纪70年代，泰兴各公社水电站办起了相应的农机维修、粮食加工厂等小型企业，但规模不大。70年代中期，利用水利行业的优势，泰兴各乡（镇）水电站大力发展水工建筑业等。1975年，田河水利站承建了商业部口岸船舶修造厂200多万元的船坞修建工程，所得盈余除部分留给自身建设外，其余用于公社农田水利建设。

20世纪80年代，泰兴马甸抽水站利用站内41亩闲地，建立花木苗圃，在现场开设花木门市部，利用15亩水面养鱼，搞喷塑生产、烫制塑料雨披、服装加工等。过船闸管所实行承包责任制，调动了职工积极性。

20世纪90年代初，基层水利管理服务站综合经营开始向工业领域扩展。泰兴先后办起机械制造、金属冶炼、建筑材料、水泥制品和生活服务等企业。

1.燕头水利站

该站位于通扬运河以南的平原地区，办公地点位于燕头镇七里群村。1984年，筹集4000元，办起小型水泥制品厂，并兼营建筑材料销售，当年产值达5万元。此后，产值逐年上升。1984—1987年产值共达127.20万元，利润16.57万元，税金11.36万元，扩大再生产投资11.10万元，职工平均收入从960元增加到2500元，稳定了管理队伍。

到1988年底，累计产值520万元，创利60万元，固定资产达到17.2万元。在以副养水、以工养水的道路上取得了较好的成绩。1989年由于市场疲软，资金紧缺，生产的水泥制品长期滞销，一度积压21万元的产品。为了增强竞争力，该站一方面把主要精力放在提高产品质量上，站上颁布了各项产品规格标准，针对不同人员的岗位特点，提出不同的要求，增强质量意识。订立产品验收制度，履行验收手续，坚决执行质量否决权。同时，还聘请市、县质检部门鉴定、指导。通过层层把关，产品合格率达99.8%，超过了县内同行业水平。在产品价格上，通过认真核算，降低物耗，比市场价低3%~5%，深受用户欢迎。另一方面，强化内部管理，对生产、销售、财务、核算、保管等进行了自我完善，重新修订了制度，同时扎实搞好"双增双节"，发动干部、工人集资，一年内归还；向社会上提出"保质供货"办法，预收贷款；向供料单位预借料子，到期还款。先后共集资3.7万元，解决了流动资金不足的问题。最后，瞄准市场，开发适销对路产品，如：农村用户购买楼板嫌路途远，运费高，他们在3处设立分厂，又如在市场上无人生产利润小的过门板、窗檐板以及学校特需的人字屋架和广播线杆时，他们就及时生产，迅速供应，做到你无我有，填空补缺，薄利多销，加速周转，受到用户好评。通过抓质量，求生存，抓管理，求效益。1989年的综合经营年产值达131.2万元，创利12.8万元。全站45名干部职工，按劳取酬，人均收入1200元左右。站上还拨出3万元用于农田水利建筑物配套。1990年以后，水利站本着为民服务和公平公正的经营理念，水利事业得到了长足的发展，每年生产各种预制构件5万多件，塑料制品300吨,总产值500多万元,利润80多万元,为农村的发展提供了有力的保障,每年为地方解决劳动力40多人。经济发展后大力支持地方发展,每年支持地方建设渠道、涵洞、道路折算资金2万元,资助贫困儿童及贫困家庭每年0.2万元,支持贫困村每年0.5万元。该单位多次被评为先进单位,站长李玉诚同志被水利部表彰为先进个人。

2.田河水利站

该水利站发挥自己的优势,建立了一支园林建筑和水工建筑队伍。他们分别选派10名能工巧匠到扬州市平山堂和同济大学参加修建。一名能工巧匠边干边学,增长知识,掌握技术,逐步向古建筑发展,不仅为泰兴县人民医院承建了水上凉亭、九曲桥、龙鱼喷泉、水上花园、古式墙等,而且为无锡市、北京市等单位承建了有关工程。1987年,创产值60万元,从利润中拿出8万元用于兴建农田水利配套建筑物,受到当地干群的称赞,连续3年被省、市水利部门和县、乡政府评为先进单位。

(五)兴化

兴化乡(镇)水利站按照"两水起家,六小起步"("两水"指水产养殖、水泥制品,"六小"指小养殖、小预制、小苗圃、小服务、小安装、小加工)的要求,利用自身水土资源优势,克服资金、技术、市场等诸方面困难,积极开展综合经营。1984年有22个水利站起步,至1992年达到站站有经营项目。1998年,46个乡(镇)水利站都开展了综合经营,项目157个。从业人员1433人,经营总值12434万元,实现利润955万元,在所有经营项目中无一亏损。有32家依靠自身积累,建设了综合楼。

1.主要产业

【水产养殖】

20世纪80年代初,兴化中西部地区一些乡(镇)水利站利用滩地资源开发的机遇,在乡(镇)党委、政府支持下,取得部分水面管理权和经营权,组织民工开挖建成鱼池。1987年,水产养殖面积1045亩,1988年达1613亩。鱼池面积超过100亩的有东鲍、林湖、垛田、荡朱、舜生、西鲍、红星、周奋、刘陆等9个水利站。1990年,乡(镇)水利站鱼池总面积为2013亩,其中拥有100亩以上的17家,水产品产值96.5万元。东鲍站水产养殖面积100亩,1988年,还配套创办粮饲加工厂,年产饲料50多万千克。1990年又办畜禽养殖场,全年出栏生猪400头,家禽3900只。1993年,全市乡(镇)水利站鱼池总面积达3380亩,水产品产量24280担,产值1143.7万元,占综合经营总产值的22.8%。此后,养殖模式逐步由粗放粗养向提水精养、由鲢、青、草、鳙四大家鱼向养殖青虾、螃蟹、甲鱼、鳗鱼、黄鳝、鳜鱼等特种水产品发展。荡朱乡水利站1995年利用乡里部分低洼滩地退耕还渔的机会,将鱼池面积增加到2317亩,全年创利70.9万元,成为全省水利渔业第一站。1997年,全系统水产养殖产值2180万元。1998年,荡朱乡水利站新上百头牛场、千头猪场,走综合养殖的路子。是年,全系统水产养殖面积3580亩(含局机关430亩鱼池),水产品产量为1725吨,总产值2064万元,创利120万元。2015年,兴化拥有鱼池的水务(利)站有沙沟、中堡、李中、城东、林湖、垛田、竹泓、开发区等8个。2015年拥有鱼池840亩,水产品产量1690吨(其中特种养殖32吨),养殖业产值1078万元。

【建筑安装】

兴化陶庄乡水利站原有一个建桥队,设备简陋,只能建简易小桥。1992年,增加了技术力量,购置了柴油机、发电机、卷扬机,承建袁庄公路桥,还承建乡境内圩口闸、排涝站工程。1994年承接桥梁工程,实行从设计到施工一条龙服务。1993年,张郭镇水利站利用常年参与水利施工的能工巧匠,成立建安队伍,人员由少到多,设备逐步增加。业务范围从本镇向外延伸,1994年即承接邻乡自来水安装工程。1994年,东鲍乡水利站新上路桥施工、建筑装潢、水电安装等项目,当年实现产值100万元。1995年添置施工机械,参加市内公路黑色路面工程施工,当年实现利润79万元。获垛乡水利站在水泥预制和小型建安基础上,1996年集资20多万元,购置手扶拖拉机10台和斗车100辆,成立土方工程队,年创利8万多元。1998年全市开展建安业务的水利站30家,年产值3619万元,创利税331万元。

【水泥预制场】

20世纪80年代末,兴化乡(镇)水利站办起小型水泥预制场27家,1992年增至29家,生产与水利设施配套的水泥预制购件闸门、涵管、桥板、桥桩、楼板等。1986年,唐刘乡水利站接收了债务累累、已经倒闭的乡办水泥预制厂。经过数年经营,1994年产值17.8万元,利税2.36万元,有流动资金近10万元,在全市水利系统中获得首批扬州市建委颁发的水泥预制构件生产许可证。陶庄乡水利站改建了预制场地,新建了简易钢材库。1992年,老圩乡水利站创办雨衣厂。东鲍乡水利站在小预制的基础上,兴办特种铸型尼龙厂,生产以塑代钢产品,填补了扬州市的空白,产品远销东北市场。工艺制品厂不仅与省轻工产品进出口公司取得业务联系,而且成为中外合资扬州凯乐公司双经双销合作单位,生产的布绒玩具和日本和服带都有较好的销路。1993年,中圩水利站引进先进工艺,利用蚕蛾生产的蛾公酒,成为上海粮油食品进出口公司的加工产品销往泰国。是年,张郭、东鲍两站工业项目纯利达10万元以上。沙沟、东潭、茅山、戴南等站创利达3万～5万元。有22个站纯利达1万～2万元。1994年,陈堡水利站投资58万元新上自来水厂,当年创利2万元。至1998年末,全系统兴办的乡(镇)水厂已达25家。1995年,边城水利站在原有水泥预制场的基础上,投资27万元兴办纸箱厂。老圩水利站投资100多万元新办安达动力机械厂,生产摩托车弯管和消音器系列产品。老圩乡水利站的产品及以塑代钢的尼龙制品、电动静脉注射器等曾参加1996年国际水利装备技术展览会。1997年,戴窑镇水利站利用当地粮食资源优势,在车路河畔办起精制米加工厂。东鲍乡水利站运用股份制形式组建兴达食品有限公司,生产脱水蔬菜。1998年,全市各水利站共有工业项目16个,年产值5399万元,创利360万元。

【商业服务】

1992年,兴化陶庄乡水利站利用站址面临公路的优势,拆除围墙建门市部,销售钢材、水泥、装潢材料、柴油、化肥、农药及烟酒、日用杂品等。周庄镇水利站抓住集镇建设商业街的机会,占据有利地形,开设生产、生活资料门市部。在城东、兴东加油站相继营运后,获垛、刘陆等水利站也举办了小型加油站。东鲍、茅山、中堡、陶庄等水利站从事商品房开发。1995年,陶庄乡水利站投资50万元,建成水利综合楼,三楼为宿舍,二楼作办公用房,一楼为店面出租招商。戴南镇水利站投资56万元,新建3层综合大楼,建筑面积1000多平方米,底层作门面房出租,二楼作办公用房,三楼办招待所。1998年,全市乡(镇)水利站有商业服务项目12个,年销售、服务及租赁收入1562万元,创利税116万元。

【圩堤种植】

2002年冬,兴化市委、市政府决定在全市实施林业产业化五大工程建设,其中绿色屏障工程就是圩堤植树。兴化市水务局要求各水务站买断圩堤经营权,利用圩堤栽植意杨,发展圩林经济,并落实了相关的扶持和激励措施,当年兴化属水务站植树的圩堤达700多公里。2014年3月,兴化市委、市政专题召开全市绿色圩堤工程工作会议,要求达到有圩有树,有河有树。兴化除大营、老圩、安丰、钓鱼、中堡、沙沟、城东、垛田、周庄、陈堡、昭阳等11个水务站外,其余24个水务站都承包圩堤栽植了意杨。据统计,种植面积最大的2006年达4795亩,植树数量最多的2007年达29.84万株,苗亩产值最好的2005年达255万元。

2.经营单位选介

【东鲍乡水利站】

1985年有鱼池100余亩。1986年,为水产养殖配套,举办粮饲加工厂,年产成品粮和饲料50万千克,同时饲养生猪400多头、家禽近4000只,用畜禽粪便喂鱼,实现综合利用。1993年,办特种铸型尼龙厂,生产以塑代钢产品,销往东北三省;工艺制品厂生产的动物绒布玩具及日本和服带出口外销。1994年上路桥施工、建筑装潢和水电安装项目,有5吨、10吨、15吨压路机各1台,东风50旋耕机2台,先后参加东鲍—湖北庄公路、周庄"三高"农业示范区大道、舍陈环镇公路和九顷小区公路施工。1997年,以股份合作制形式建成兴发食品有限公司,生产脱水蔬菜。1998年,全站有经营项目7个,从业人员203人,固定资产总值145.00万元;年产值1086万元,创利税79万元。还投资64万元建办公、生活用房575平方米,职工人均年收入由1990年的1500元上升到1998年的6500元。在经营收入中补贴乡水利建设的资金累计达35万元。

【荡朱乡水利站】

荡朱乡水利站地处西部低洼地区。20世纪80年代,有养殖水面146亩,经营部3个,水泥预制厂1家。1993年秋,租用乡境公路两侧及徐马荒低产田1784.3亩。自筹资金66万元,从灌云、滨海等地联系推土机19台,开挖鱼、虾、蟹及鱼珠混养池1178亩。以站建立养殖总场,下设3个任务。1995年以来,以水产养殖为龙头,实行种植业、养殖业、工业三业齐上,鱼池面积增至2317亩。乡党委、乡人民政府决定将农科村划归水利站,改名为水利村。全村1000多亩耕地成为水利站种植基地。站上投资建衬砌渠道,修筑长500米的公路,清理了生产河道,整修了旧房,改造了电力控制设备,1997年又兴办了养牛场和养羊场。综合经营的发展,促进了水利工程的建设和管理,基本达到全乡闸站无人为损坏、树木无乱砍滥伐、圩堤无挖翻种植、行洪无阻水障碍。1998年,全站有经营项目4个,从业人员208人,固定资产总值2215万元,年产值2050万元,创利税121万元。

【老圩乡水利站】

1982年创办面粉加工厂。多年来一手抓水利服务,一手抓实体的生产经营。至1995年,已有雨衣雨披、遮阳棚、餐具、水泥制品、建桥安装、面粉饲料、水产养殖和加油站等10个项目。在兴化、东台设立办事处,开拓市场。全站有办公生活用房335平方米,生产经营用房2573平方米。1995年,收购乡办淀粉厂作厂房,新上摩托车弯管和消音器生产项目。聘请武汉市动力研究所的1位高级工程师作顾问,派职工去泰州、山东等地厂家接受培训。当年产值460万元,利税36万元。1996年产值达1000万元,创利税120万元。1998年,全站经营项目有动力机械厂、雨衣厂、粮饲加工厂、水泥预制场、建筑安装队、加油站及水产养殖等。从业人员98人,固定资产总值253万元,年产值790.2万元,创利税49万元。

【戴南镇水利站】

1985年开办水利建材加工场,产品从为农田水利建设配套服务,发展到为农房建设、集镇建设和公路建设配套服务。大部分利润作为公共积累,一部分用于改善职工生活福利,职工收入逐年有所增加。1994年,投资56万元新建3层综合大楼。一楼作店面出租,二楼作办公用房,三楼作招待所。1998年,全站有水泥预制厂、建材门市部、门面租赁、建筑安装、招待所、劳务等经营项目。从业人员22人,固定资产76万元。经营总值353.4万元,实现利润48.5万元。

第五节 财务管理

一、水利工程水费成本测算

1998年,姜堰水利会计分会按照泰州市水利局的布置,进行了水利工程水费成本测算上报工作。此项工作技术性和真实性较强,测算过程中不求速度、力求精度,按公益性和经营性固定资产及运营成本合理分摊,计算出通南和里下河实际供水成本上报省、市水利主管部门,为制定水价提供真实依据。

二、水利工程固定资产清理核价

2000年,姜堰水利会计分会按照省、市水利局的布置,进行了水利工程固定资产清理核价工作。针对水利工程在全市范围内分布广、数量多、建造年代不同、规格不一、造价不等和原始资料不全的特点,认真研究,反复论证,从矛盾中理出头绪,从复杂中理出条理,从共性中找出规律,制定出科学合理的方法进行计算。为使固定资产清理的成果入账合理合法,征得市财政部门的同意后,委托姜堰市光明会计师事务所进行了审验并入账,财政局、税务局均无异议,姜堰水利工程固定资产清理入账的做法得到时任省水利厅厅长黄莉新的肯定,泰州市水利局专门发文推广这一做法。

三、有关文件

(1)《泰州市水利局财务管理制度》(泰政水〔2017〕232号)。

(2)《泰州市财政局关于印发泰州市市级机关差旅费管理办法的通知》(泰政水〔2014〕110号)。

(3)关于转发《市财政局 市委组织部 市公务员局关于印发〈泰州市市级机关培训费管理办法〉的通知》的通知(泰政水〔2014〕160号)。

(4)《泰州市水利局水利经济合同审计签证和备案办法》(泰政水〔2011〕182号)。

(5)《泰州市区小型水利基本建设项目跟踪审计暂行办法(试行)》(泰政水〔2011〕183号)。

(6)关于转发市总工会《关于加强市直机关事业单位、国有企业工会经费使用管理的补充规定》的通知(泰水工〔2015〕3号)。

第十五章　水文化建设

第十五章 水文化建设

水文化有广义、狭义之分。广义的水文化是指人们在涉水活动中创造的物质和精神财富的能力与成果的总和;狭义的水文化是指人类在涉水活动中所创造出的精神产品。从20世纪80年代开始,特别是地级泰州市组建以后,泰州水利工作者开始用文化的视角研究水,研究河流,研究城市和农村水利,将文化作为水利发展的战略元素,努力将水文化融入泰州社会经济发展、城市发展之中,在水与文化结合的精神水文化研究上、在建设国家相关水利法规等制度的水文化研究上、在构建水文化工程的物质水文化建设上都进行了积极的探索,取得了令全国水利界瞩目的成就。

第一节 综 述

水文化是人水关系构建、维护、改良和完善的文化。泰州水利局提出水文化并将其作为工作内容之一是在2001年。是年,8月1日大暴雨后,泰州市委、市政府决定城市水利划归水利部门管理。泰州市水利局认识到,城市水利是一项涉及城市建设、交通、环保、绿化、旅游、文化、商贸、百姓人居、休闲等多方面的系统工程,因此搞城市水利不能就水利论水利、就工程论工程,要把城市水利放到城市发展的总体格局中考虑,水利工程还必须讲求与城市整体环境和风格协调和谐,必须展现城市人文精神,讲究工程文化内涵,以满足广大市民日益增长的精神文化需求,故提出要进行水文化建设。

2001年10月,市委主要领导陈宝田和市政府分管领导吕振霖要求并同意由董文虎组建泰州市水文化研究咨询小组,专门开展水文化研究。市财政安排每年10万元给咨询小组开展活动。

2002年11月6日,泰州市水文化研究咨询小组正式成立。这个小组采用了"沙龙"形式,由7~8个骨干成员构成,有议题时集中讨论,无议题时分散研究,集中时可以按选题方向,再扩大邀请相关人士参加。这个小组成立后,主要从事了水文化的理论研究和传播推动,水文化工程建设,为泰州发展向泰州市委、市政府建言献策等几个方面的工作。

2010年10月15日,全省首家水文化研究会在泰州成立。研究会主要以加强水文化遗产的保护和开发,提升城市水利工程的文化品位,加强具有泰州特色的现代水文化建设等多个方面为重点,强化水文化研究,让水文化工作为泰州水利的发展、文化的繁荣作出应有的贡献。

一、理论研究

从20世纪80年代开始至2015年,泰州水利工作者的水文化研究成果,获部、省、市政府及其所属部门奖励31项,正式出版书籍20部(包括专著、编著和参加编写),应邀参与水利部编写研究的科研成果9项。

泰州市水文化研究机构通过在水利刊物和报纸发表的论文,先后为水利界提出了一些具有创新意识的理论和观点,主要为:

2000年,在全国首先提出水权的"双权论",为国内有偿使用水资源和水利工程供水商品化提供基础理论支撑(见《浅识水资源水权与水利工程供水水权》,载于《江苏水利》2000年1期)。

2001年,提出水价构成,为中国水利工程供水价格内涵、构成及形成机制做出第一个完整的解析(见《水价形成机制探析》,载于2001年6月《中国水利》)。

2004年,提出水资源的有偿使用,呼吁"促进水资源向经济资源的战略转变"(见《水资源资产化研究》,载于《水利发展研究》2004年第4期;《促进水资源向经济资源的战略转变》,发表于2004年6月19日《中国水利报–现代水利周刊》)。

2005年,提出"生态、环境、人文功能为河流的无形功能"的定义,呼吁"实现河流有形功能与无形功能并重"(见《让河流有形功能与无形功能并存》,发表于2005年7月9日《中国水利报–现代水利周刊》)。

2006年,通过在长三角地区的调研,提出人水和谐相处"利水水利的思维模式",为全国水利体制和运行机制创新出思路(见《经济发达地区水利发展的模式探讨》,发表于2006年8月31日《中国水利报》)。

2007年,提出"加速构建水文化工程是泰州城市发展的战略方向",为古人称为"江城""水国"的泰州的城市发展谋良策(见是年水利咨询小组呈市领导专题报告)。

2008年,提出"用'利水文化'主导现代水利,实现水资源可持续利用",为中国精神水文化建设提支撑(见水利部出版的《首届中国水文化论坛优秀论文集》)。

2009年,提出"文化是水利风景区建设管理的灵魂",为提升中国水利风景区品质立宗旨(见《文化是水利风景区建设管理的灵魂》,2009年获水利部景区办颁发的优秀论文奖,载于《水利发展研究》2010年第3期)。

2011年,提出"在治水实践中融入文化的技术路径",为提升中国水工程文化品位找办法(见部财政预算科研项目"水文化建设研究–提升水工程文化内涵与品位战略研究成果")。

2013年,提出"水生态文明建设是生态文明建设最重要的组成部分",为水生态文明建设的重要性鼓与呼(见《水生态文明建设是生态文明建设最重要的组成部分》,载于《水利发展研究》2013年第8期)。

2015年,提出要"深化水资源理论认识,加强水生态补偿研究",指出最严格的水资源管理,不仅要对水资源中淡水的"量"和"质",实施最严格的管理,还应对其他10种水的资源进行严格的管理(见《深化水资源理论认识,加强水生态补偿研究》,发表于2015年2月5日《中国水利报》)。

二、文化水工程建设

为"打造泰州新水城、展示水利新形象",开展了具有灌、排、引、航等传统水利"有形功能"和生态、环境、人文等水利"无形功能"的规划、创意和设计工作,被采纳和运用的成果主要有:

(1)《泰州市城市防洪及河道综合整治规划总体思路》。

(2)为装点城河提交的创意和设计为:《城河景区规划的构想》《老西河涵闸兼造清"泰坝衙门"(盐税文化)景点创意》《〈泰坝税盐〉雕塑说明》《东城河泵站景区建设的几点要求》《东城河闸站"文会清风"景点创意》《关于泰州主城区河道桥梁命名的研究》《关于望海楼西侧水池内塑龙的相关创意》《关于对〈老街文化初步策划案〉的看法及建议》《"三水湾"(水街)十二桥撰名方案》《关于对在建福龙桥的看法及建议(含创意)》《复建凤凰池及相关文化的创意》。

(3)为系统提升凤凰河品质,提交的创意和设计为:《引水河河滨景区规划要素》《凤凰河概念规划设计》《关于凤凰河景点设置的思考》《"百水园"创意》《彩凤广场凤雕矮景墙设计创意》《凤凰园朝凤广场主体文化工程创意》,分别对凤凰河上的百凤桥、鸾凤桥、观凤桥、莲花桥、天凤亭、书法字柱等具体水工程提交了具体的设计调整及文化创意等。

(4)为提升卤汀河10座桥梁工程文化品位提交的创意和设计为:《卤汀河桥梁名称及文化装饰设计创意》。

(5)为提升南官河文化内涵提交的创意和设计为:《高港区港城路南官河大桥桥名(腾龙桥)及桥栏造型装饰创意》;为注入南官河小游园提交了《南官河景观拟植入文化(徐达开河)的创意》。

(6)策划设计了"大禹""治水者"石雕两座,从决策者、规划设计的劳心者角度和水利建设的施工者、农民工等劳力者角度,塑造出两个层面的治水人,给世人留下了水利工作者的光辉形象。

(7)参与其他工程建设的活动主要有:

提交了《关于稻河拓浚、重建孙家桥工程的结构及装饰创意》《稻河古街区文化发展总体思路及战略规划概念性意见》,参与"赵公桥""古盐运河文化公园""镜园"等工程的策划及创意。

同时,还为文化水工程及景区、景点撰写、绘制、遴选编排名称、联匾、碑记、刻石图文等1200多幅(其中包括为地刻遴选编排图片:红楼梦247幅、三国演义106幅、水浒传194幅、西厢记24幅、西游记241幅、民间吉祥用语99幅等)。

此外,按照领导布置和部门商请,还提交了一些如《泰州市城市(含姜堰)骨干河道文化主题概念规划》《九龙镇引江河西地域水系规划思路及生态文化环境创意》《泰州市农业综合开发区分区旅游景观布置文化内涵概念规划》《泰州市现代农业综合开发区规划道路、河流、桥梁名称设计》《兴化缸顾"水上生态八卦游艺园"概念策划书》《关于重建"三忠祠"的构想》《引凤路跨老通扬运河大桥(暂名百龙桥)平面布置、桥梁结构的建议及造型装饰创意》《对省院泰东河桥装饰方案的几点看法(及修改创意)》《海阳路修建五座桥〈桥栏建筑装饰文化创意和艺术构思方案〉》《对梅兰酒厂扩建(一期)规划之水利及文化环境的思考及创意》《对靖江申报"牧城水利风景区"近期要做些完善工作的建议(包括创意)》《关于对小桥港三个节点景观工程设计的建议》《靖江明湖公园"大江魂"广场文化创意文案》等共计10多个项目规划和具体工程的策划创意方案。

泰州市水文化研究机构的研究成果,使泰州市城乡水利工程建设形成了具有丰富文化内涵的特色风格。由于水利建设的理念有了调整,市水利局十分注重将文化融入水工程和水环境的空间布局,至2015年已建成国家级水利风景区3个、省级水利风景区4个。

三、水文化传播和建言献策

（一）水文化传播

市水利局在制度水文化和工程水文化等方面的研究成果,引起了水利界的重视,先后受到水利部有关司局及中国水利报社、水利部规划总院等部属单位,北京、江苏、广东、广西、新疆、青海、安徽等省(区、市)水利部门及有关高校邀请,宣讲水文化研究成果计60余项,86(场)次,听众约11380人。其中,董文虎应水利部规划总院邀请,在北京宣讲《提升水工程文化内涵与品味的途径》;应中国水利教育协会、中国水利经济研究会邀请,在深圳、大连和南宁等地宣讲《水利现代化理论研究及实践》,在成都宣讲《我国水管体制改革》;应河海大学邀请,在南京宣讲《泰州水文化研究与建设》;应水利部太湖管理局、省水利厅建设局邀请,在苏州、南京等地宣讲《提升水工程文化水涵与品位的途径》;应中华水文化研究会邀请,宣讲《十年探索十年努力 成果丰硕泰州市水文化研究工作》;应水利部水情教育中心——水与生态文明建设高层研讨会邀请,在淮安宣讲《水生态文明建设是生态文明建设最重要的组成部分》;应水利部建管司和新疆维吾尔自治区水利厅邀请,分别在重庆、深圳、太原、丹江、兰州、沈阳和乌鲁木齐宣讲《认真学习〈实施意见〉加速水管单位体制改革》;应省水利厅邀请,在南京宣讲《风华十余年,水利润泰州》;应淮安市水利局邀请,在淮安宣讲《水利工程的景观设计与文化品位》。董文虎还应泰州职业技术学院邀请,从2010年至2015年,在该学院开课讲授《泰州水文化研究与建设》(每年6次,12课时);应市政府办公室、市图书馆、海陵区政协、市老科协、市规划局《泰州水生态文明建设规划》编制委员会邀请,分别宣讲《适应泰州发展,推进水文化建设》《泰州的水》《泰州的文化桥梁(龙文化)》《泰州的文化桥梁(凤文化)》《泰州水文化与水生态建设》《加速现代化水利建设与城市水生态环境建设》《加强水生态文明建设构建泰州大水城》等。

（二）建言献策

泰州市水文化研究机构先后向市委、市政府及市相关部门提出建言、汇报、创意、方案等计205件(项),其中:建言、汇报材料57件获市领导87人(次)批示。

其中,《老西河涵闸兼造清代〈泰坝衙门〉(盐税文化)景点创意》《东城河泵站建设兼造"文会清风"景区创意》《关于口泰路桥装饰创意》《凤仪桥(或名鸾凤桥)桥栏杆创意》《凤冠石园地创意》《彩凤广场凤雕矮景墙设计创意》《关于朝凤广场中浮雕墙、柱及地面装饰之设计创意》《关于凤凰广场浮雕柱柱顶凤凰装饰设计》《凤凰河景区题名及需适当补景的建议》《"彩凤广场"灯柱改"有凤来仪"书法柱之方案》《对龙凤池石创意及设计图修改的意见》《"天凤亭"设计创意》《关于对高港区港城路南官河大桥桥名及桥栏造型装饰的创意》《关于对凤凰园中拱桥定名及装饰的建议》《凤凰园朝凤广场主体文化工程创意》《对"凤凰园朝凤广场主体文化工程"初步确定的工程意向及图案的几点看法》《关于对"凤凰园朝凤广场主体文化工程创意"的修改意见》《为百水园的建筑提名、撰联的建议》《关于对在建福龙桥的看法及建议》《关于依照有关法律法规规定进一步明确由水行政主管部门征收地热水资费的请示》等44项创意、方案和建议,经有关部门调研后获得实施。

《对淮河安澜展示馆展陈纲目及相关要求的建议》《关于对淮河入海水道管理处绿化规划的几点补充意见》《对〈淮河入海水道展控调度中心展览接待室文案(征求意见稿)〉的修改建议》《关于对望亭枢纽太湖水政执法基地注入文化内涵、提升工程品位相关主题概念的选择和建议》获得省水利厅的部分采纳。

《关于对稻河头水环境处理的几点建议》《关于对〈泰州市城区水系规划编制大纲〉的几点看法》《稻河古街区历史文化发展总体思路及战略规划概念性意见》《关于对扬州勘察设计研究公司编制的〈泰州(市)城区水系规划(讨论稿)〉的看法》《"三水湾"(水街)十二桥撰名方案》《关于对〈泰州市通南地区水利规划工作大纲〉的几点看法》《关于对城南闸环境工程名称的设计及建议》《关于对南水北调东线工程纪念邮集创意文稿之看法》等28项获得市有关部门的采纳。

《靖江市城区水系综合整治规划部分工程规划提供比选的方案》《靖江市城区水系综合整治规划需要数学模型提供支撑的主要目标》《关于靖江城区水系综合整治规划河道规划布置的理性思考》《关于靖江城区水系综合整治规划十圩港整治规划的理性思考》《关于建议做好靖江水系综合整治规划准备工作的意见》《关于对新港园区要尽快编制〈靖江经济开发区新港园区水系综合整治及控制性详细规划〉的看法和思路》《靖江城南闸太湖铭石刻字设计方案》《关于对〈兴化市水利规划〉(讨论稿)的几点看法)》《关于对〈兴化市水利现代化规划报告及分年实施方案〉的看法和建议》,获得靖江与兴化采纳和部分采纳。

第二节　滨河文化景观
(现代物质水文化建设之一)

一、古盐(老通扬)运河沿河景观

【文化公园】

文化公园建于2008年,位于328国道以东,九里沟以西,古盐运河(老通扬运河)北侧,面积约1.2万平方米。公园建有很新颖的石质线刻画廊。8幅石刻分别表现了吴王刘濞在泰州煮海为盐、开凿古盐运河和古河新貌运等,栩栩如生。园中还建有24米高的江淮阁,阁名寓意古盐运河既可南引长江水,又可西接淮水的作用。登楼远眺,北可望百年老厂泰来面厂遗址,南可见生态泵站引水,西可观引江河生机盎然绿带,东可览古盐运河美景。公园建有石牌坊,坊面东刻"汉唐古渡"及对联"帆影橹声千秋梦绕江淮海,长虹贯日一水襟连通泰扬",充分展现了古盐运河的风采;坊面西刻"海陵春晓"及对联"碧野平畴江淮腹地明珠灿,蓼汀柳岸风月同天美景稠",赞美因河而兴的海陵胜景。公园还特别修建了石码头,以方便游船停靠及附近百姓使用。

【税碑亭】

在主城区滕坝街古盐运河边建有一座税碑亭[1995年(县级)泰州市国税局建]。亭为绿色琉璃瓦顶,檐下悬挂"税碑亭""税亭春晓"匾额。亭内有清宣宗道光十五年(1835)7月28日江苏巡抚林则徐所立的《扬关奉宪永禁滕鲍各坝越漏南北货税告示碑》1座。碑为白矾石质,高147厘米,宽70厘米,碑文为楷书,22行,全文1239字。1995年,此碑被定为江苏省文物保护单位。古代,在滕坝古盐运河与泰州古济川河相接处,建有一座闸坝,初名济川坝,清世祖顺治年间(1644—1661)改称滕家坝。此坝内通下河各州、县盐场,外达口

岸至大江。当时,有些商民为减少运输费用和避税,不经扬州钞关中闸和白塔河,而从滕坝绕越。为杜绝货物绕越偷税,清高宗乾隆五十三年(1788),泰州地方官员将滕坝筑实,来往船只不能过坝通行。商民便将货船停于坝口,将货物运上岸后越坝驳至另一边的船上。泰州滕坝等地偷漏税收禁而不止,扬关税务官员呈请上司发布告示,以止翻越。林则徐因此立碑发布告示:严禁绕越货物,偷漏税收。并指出:倘将应赴关闸各口输税货物私行串通偷盘过坝者,查出定将该商埠人等一并从重治罪。

【古渡古木古庙】

姜堰经济开发区三舍村位于盐运河与葛港河交叉处,至今留存一盐运河的古渡口。现两岸无桥梁可通,村民们仍用小船撑篙摆渡到对岸。这里,古风犹存,摆渡时,渡钱多少不限,贫者无钱也渡。

在古渡西北盘角处,有一株树围达5.96米、树龄高达千年以上的古银杏树,枝繁叶茂,生机盎然。

树之北,有一龙净古寺,寺山门院墙上题有4个醒目的大字"海不扬波",门上框镶嵌着由该寺原住持悟根于1950年7月题写的该寺寺名的铭石。该庙除山门外,大雄宝殿及两侧庙房僧舍均似翻建。

据传,此庙原为"龙王庙"。历史上,海潮涌入的威胁可能达于这里,人们才建龙王庙祈求海不扬波。

苏陈镇大冯甸村盐运河边,有一座古福荫庵,建造时间不详。今庵由村民集资翻建。

庵门内正中有一株胸围长达4.06米、寿长达800年的古银杏树,印证了此庵的历史。庵内殿之楹柱有联:"福荫庵灵气暖万家 银杏树寿果惠众生",据当地百姓说,此联为翻建庵前古庵原有的,翻建时仍然保留。

【中干河滨广场】

中干河滨广场建于2004年10月,2005年4月开放,位于姜堰城区中干河西侧,北起正太大桥,南至金湖湾大桥,南北长650米,东西宽80米,总面积52320平方米。广场由北向南分别为广场入口景区、叠水广场景区、娱乐中心景区、生态园林景区。景区全部采用现代化的监控系统,对水、光、声、景实施24小时调控。广场中分布着三水汇聚、擎天石柱、九九归一、小桥流水、锦亭采风、听涛品茗、红楼远眺、音乐喷泉、荷塘月色、天下第一棋和轻松山房等景点。创意为三水汇聚,紫气东来,九九归一,人水和谐,乐起泉舞,球运风水。

【鹿鸣河景观广场】

广场位于姜堰城区烈士陵园北门西侧。广场中央是由鹅卵石铺就的"阴阳太极图",寓意左阴右阳,各得其所,共享太平。太极图的中央有一根4.5米高的石雕龙柱,名曰"三水神针"。由于姜堰地处"江水、海水、淮水"交汇之处,常有旱涝灾害出现,故将此龙柱取名为"三水神针"。此柱底部建在1991年洪水水位3.41米的高程上,一方面人们可以通过观察龙柱底部与水平面的高度,观测水情;另一方面企盼龙柱能将洪水锁定在3.41米以下。广场东侧有一石碑,刻有诗人曹松华观广场后所作的词。广场西侧建有一座带有古代建筑风格的鹿鸣亭。广场东南侧是文化墙。墙的南北侧分别镶嵌福、禄、寿、禧和梅、兰、竹、菊8处石雕,中间刻一块记述鹿鸣河由来的《鹿鸣河记》,河的最南端建有一座引水流量为3米³/秒的节制闸,调节控制水位。

【大鱼池亲水广场】

大鱼池亲水广场位于姜堰城区三水河下游出水口处,河两岸绿树成荫,是居民休闲的亲水广场。这里是江淮湖水交汇点,历史上曾是里下河粮食及水产品运往上游的商品集散地。昔日,从下坝石桥口至北环路河道淤浅,河水被严重污染。姜堰水利局于2003年和2007年分别整治石桥至新桥和新桥至北环路河段,新建沿河块石护坡直立墙和两岸游步道,设置了公厕和垃圾箱,布置了绿化景点。在出水口新建桥梁和石坊。石坊上镌刻对联,上联:物领江淮湖海,誉传唐宋明清;下联:融汇四方善水,迓迎八方来风;横批:罗塘锁钥。

二、凤城河景观

【泰坝掣盐】

2001年冬,市水利局在北城河建老西河涵闸。为给工程注入一定文化内涵,于次年在涵闸北侧建成泰州市第一个水文化工程"高凤翰泰坝掣盐"。主景为双面雕塑。面北是深浮雕,高凤翰及随员在船中"勾当公事"——掣盐的场景;面南为黑金沙线刻"泰坝衙署"和"泰坝过掣图"。

根据泰州市水文化研究咨询小组的建议,市委、市政府批准在"高凤翰泰坝掣盐"雕塑之东建江苏盐税博物馆。2016年底,馆建成。

【文会清风】

2002年,为解决老城区东部排水、引水和活水问题,市水利局在东城河西侧建东城河泵站。此后在泵站北侧滨河绿带中建"文会清风"景点。主景是1:1的苏州金山花岗岩的雕塑——范仲淹和滕子京在文会堂唱和。

三、翻身河景观

【禹园】

1997年,市水利局在旁翻身河和刘西河交汇处建局。禹园位于水利局内。主景是重约18吨的苏州金山花岗岩大禹塑像。设计者根据司马迁《史记·夏本纪》记载的内容,考虑大禹实际上是一位水利规划者、设计者、决策者、指挥者,而不是亲自挖土的民工,决定一改数千年手持耒耜、亲自挖土之大禹造型,采用给人耳目一新的手执治水图卷,胸装九州山川,身着长袍箬笠,站立高山之顶,迎风指划山水,面目清癯睿哲的智者形象。基座四面:东刻"大禹"2字,西刻《史记·夏本纪》上的一段文字,南刻"泱泱禹迹,荡荡禹功,禹之精神,永世传承",北刻"秉禹之志,承禹之风"。绿荫道延至水利局礼堂前,设国旗旗杆,供升挂国旗。再向西的圆形花圃中设景观石一组,中为约近6米高的太湖石,上刻"禹风"2字;左设块石,上书"巨灵",意"山见巨灵开",右立片石,上刻"河看大禹凿"。后来,泰州市住建部门在翻身河建一桥梁,也定名为"禹风桥"。

【凤凰园】

见本章第三节泰州市凤凰河水利风景区。

四、周山河景观

【镜园】

2011年底,市水利局根据唐太宗李世民"以铜为镜,可以正衣冠;以史为镜,可以见兴替;以人为镜,可以知得失"的文化内涵,在周山河北岸建设了一座镜园,以宣传廉政文化。

在镜园的入口处,矗立着一块巍峨的太湖石,上面刻有镜园的园名,从正面看光滑平整,就像一面大镜子,暗合了镜园的园名。围绕着这块园名景石的是5根廉柱。廉柱上刻有"讲党性、重品行、作表率"等格言警句,提醒党员干部要不断加强党性修养,严格自律。

园内正中央是"百廉广场"。广场内有一巨大镜形石刻雕塑"百廉图",在这块石刻雕塑上,刻有101个不同年代、不同字体的"廉"字,为"要廉要廉"的谐音。

百廉广场南侧有6棵香樟树,分别代表了党员干部必备的6种能力:洞察时事的能力,组织协调的能力,真抓实干的能力,开拓创新的能力,文字表达的能力,拒腐防变的能力。靠近6棵香樟树的是"帝师园"。该园的主景是"帝师存义"浮雕景观墙,展现的是帝师吴存义劝捐救民的故事。

帝师园的南面是廉政互动区。区内有2个小园,一名曰"笃行园"。该园池中混凝土块上刻有不同的诗和警句,其中有郑板桥的名诗:"衙斋卧听萧萧竹,疑是民间疾苦声。些小吾曹州县吏,一枝一叶总关情。"笃行园的右上方是爱莲池,该池子里栽满了睡莲,莲池背后的墙上,刻有"勤""正""廉"3个字。莲是花中君子,代表着坚贞、纯洁、正直,这些正是廉政文化所大力倡导的。

紧靠着笃行园的便是整个公园的核心景观——"万人开挖周山河"大型浮雕墙,墙上刻"建国初期,我国大兴水利,水利设施多由人民群众通过肩挑背扛来修建。1958年冬,胡锦涛等800多名泰州中学学子齐聚周山河工地,他们不计报酬,勇挑重担,为开挖周山河贡献自己的一份力量。"

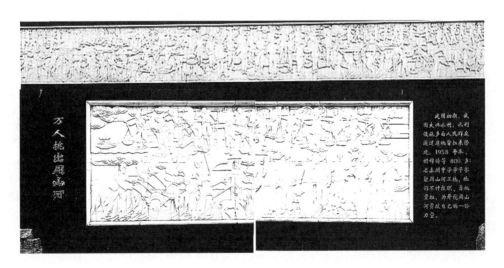

接着便是一幅《青松图》。图中展现了抗日战争时期,陈毅元帅三进泰州城,在和国民党中间势力谈判合作抗日期间,要求部队严格遵守"三大纪律,八项注意",不拿老百姓一针一线的故事。后来,他写了著名的《手莫伸》一诗。如今,《手莫伸》当中的"手莫伸,伸手必被捉"已成为开展警示教育和党员干部进行自我教育的经典名言。

镜园对岸是和谐广场,主景是一两手相握,形似鸽子的雕塑,寓官吏清廉,社会和谐(胡锦涛总书记在任时提出的),与挑河图相辉映。

五、腾龙河(南官河)景观

2014年11月,泰州市水利局在南官河疏浚整治工程中,建一景观型小游园。主题为南官河的形成历史,主要有徐达塑像、单面景墙和弧形双面景墙3个景点,花草树木和景石曲径的点缀使景观更具观赏性。此景点与高港区的文化艺术桥梁——腾龙桥南北呼应。

【徐达塑像】

徐达(1332—1385),字天德,安徽濠州人。元至正二十五年(1365),明太祖令徐达攻泰州,徐达由江南率舟师至泰兴,水道不通泰州。为取泰州,徐达发动军民开挖口岸至泰州河道(后称南官河)15里。河成,徐部运送兵员、战马及粮草的辎重大船直抵泰州城南。是年十月,徐达攻克泰州。

为纪念徐达的开河之功,在园内建其塑像。塑像高3.0米、长4.0米、厚1.5米,由整块苏州金山花岗岩打造;塑像基座高1.8米、长4.8米、宽4.8米。基座上刻有徐达简介。

【单面景墙】

长30.2米、高2.66米的景观墙深浮雕刻制了《徐达指挥军民拓浚济川河》《明代泰州水利工程》《徐达乘船北进泰州》图3幅。

【弧形双面景墙】

弧形双面景墙长24.7、高2.66米,面河阳刻整幅《腾龙河(南官河)记》(董文虎执笔,泰州市水文化研究咨询小组成员共同改定,见第七节碑文选录);面东深浮雕从远古至当代186枚龙形图腾图案。

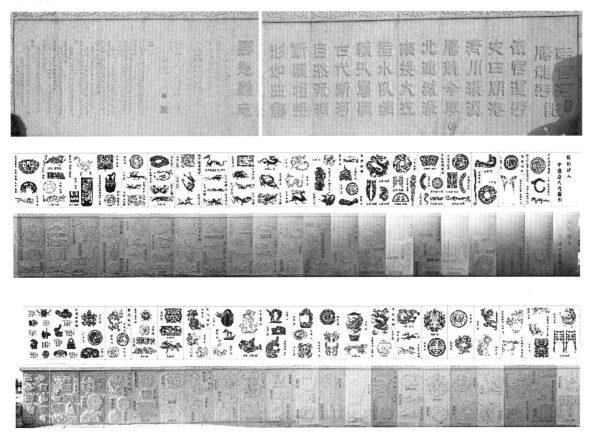

第三节　水利风景区
(现代物质水文化建设之二)

截至2015年底,境内有国家级水利风景区3个,省级水利风景区4个。

一、国家级水利风景区

截至2015年底,境内有国家级水利风景区3个,分别是泰州引江河水利风景区、泰州市溱湖水利风景区、泰州市凤凰河水利风景区。

(一)泰州引江河水利风景区

2003年,(省属)泰州引江河风景区入选国家水利风景区。风景区以水利工程为依托,以现代与传统水利文化为内涵,充分利用高港枢纽良好的区位优势、丰富的水土资源,打造了优美的沿江风光带。

风景区内实施了高标准的水土保持和绿化维护工程,绿化面积达500多万平方米,绿化覆盖率达95%。其中有樱花、国槐、红枫、蜡梅等乔木10万余棵,灌木45万余棵,宿根类花卉50万余棵,草坪500万平方米,构成了"春到引江""绿荫护夏""红叶迎秋""梅香竹海"四时景观。

【引江河工程纪念碑】

省政府1999年建立。碑东面刻有省政府的碑文："苏中地区,南滨大江,东望黄海,西贯邗沟,北近总渠。海陵红粟,物阜民康;泰扬学派,人杰地灵。改革开放以来,民众既承扬精明敦厚、埋头苦干之淳风,又主迎浦东开发、苏南奋进之辐射,热土上浩歌不断,崛起中捷报频传。然则沃野仍受涝旱之困。是故泰扬民众秉承省委省府之宏旨,开辟泰州引江河。工程始于公元一九九五年冬,竣于一九九九年秋,历时四度春秋,省府及地方投资十二亿元。河长二十四公里,并建高港枢纽一座。建设者们以质量为第一生命,通力合作,精心施工,构建了江苏又一精品形象工程。该河既可抽引江水灌溉,排除潦涝,又便捷航运,改善水质,亦助江都水利枢纽毕其力向淮北调水,可谓一举多得之民心工程。为志此空前之盛举,特靳此石。铭曰:滔滔引江河,神威足长歌,碧波

吞旱魃,排泵驱水魔,东进开新宇,海涂起嵯峨,四化高标进,人民康乐多,世代永铭记,治水万基佐。"碑西面有时任省委书记陈焕友的手书"泰州引江河工程纪念碑"。不锈钢雕塑由草书"水"字演化而来,又形似"引江"二字,更像一面风帆,寓意水利事业乘风破浪、再创辉煌。

【中国风红色长廊】

长廊位于园区入口处,有6块宣传展板,分别介绍了明清以来里下河地区遭遇的水患灾害、兴建引江河、一二线船闸建设施工场景、引江河的功能定位、四季旖旎风光等。

【歌与画】

先后创作了《清清引江河》《走进引江河》《牵着长江走》《难忘引江河》等独唱、合唱歌曲和舞曲。"苏中大地举银杯,斟满长江水,清清一条引江河,江畔舞彩练……""南水从此向北调,涌涌流不停""引江河水送北京,点滴都是情"等一句句优美的歌词,为人们勾画出如诗如画般的意境。这些歌曲制作成MTV,在电视、广播等媒体上播放,得到了社会各界的认同和赞赏。这些广为传唱的歌曲和系列宣传活动,既使广大民众对泰州引江河工程有了更加深刻的认识,又对引江河景区浓郁的水文化有了更深刻的印象,构成长

江边一道亮丽的风景线。大型壁画《治水宏图》,总面积达到202平方米,通过现代的手法,展现泰州引江河的巨大功能,展示现代水利人的壮志豪情。

【琴园、棋园】

琴园是以钢琴盘为主旋律的广场。从空中俯视看,整个琴园就好似一架钢琴。琴键由红色大理石制作而成,琴凳为日月花坛,坛内鲜花朵朵,俯视琴园犹如穿着长裙的天使,又如朝气蓬勃的现代水利人,悠然奏响治水的美好乐章。棋园是以古代象棋残局谱"国富兵强"为主题的广场。棋盘长25米、宽22.3米。棋盘上的七枚汉白玉棋子,分别为将、帅、士、士、兵、卒、炮,每枚直径2米,高0.5米,重逾4吨。南北各设一尊智者像,重15吨。棋园寓意:昔日硝烟弥漫的楚河汉界今铺满了盛开的鲜花,表达了追求和谐发展的美好愿望。

【水之韵】

在青翠的草坪上放置5颗大小不一的不锈钢球,取唐代著名诗人白居易《琵琶行》中"大珠小珠落玉盘"的意境。不锈钢球形似水滴,寓意高港枢纽引长江之水润泽广袤的大地。5颗圆球大小不一,摆布巧妙,错落有致,组成一幅现代灵动的画面,象征着团结、和谐、进取。白天,雕塑在阳光照射下闪闪发亮,夺人眼球;夜晚,在夜空下反射出星光点点,浪漫迷人。

【落雁塘垂钓中心】

景观由大雁、鱼网、渔船等组成。大雁姿态各异、神情闲适,渔网高悬、随风摇摆,小木船静静停泊在这里,营造出"江风渔火、渔歌唱晚"的意境。

在明代,这里是文人雅士垂钓自乐、怡情逸兴的理想场所。明武宗正德年间,宦官刘瑾弄权,本邑乡贤薛存昕(1454—1503)不愿与奸佞为伍,辞官归田,闲暇间迷于垂钓。一日,偶见雁字凌空,盘旋往复,又次第降落于柳岸河塘,留宿于芦苇丛中,当即赋诗一首《垂钓近晚偶见雁落河塘》:"秋晚柴墟景色新,金风送爽绮霞明,斜阳落雁俱自得,苇草蓼花皆有情",以志落雁塘畔景境之佳绝。2006年,在原有废水塘的基础上进行了疏浚拓宽和环境整治,使得500多年前的古落雁塘重放光彩。垂钓中心拥有水面18亩,引来长江水,精养长江鱼,青鱼、草鱼、鲢鱼、鲫鱼、鳊鱼等品种丰富,色浅肉嫩,刺软味美。景区

空气清新,环境优美,起伏的喷泉、飘渺的水雾、舒缓的音乐与雕塑、渔船、栈桥等,构成了一幅独具水韵的生动画面,仿佛人间仙境。

【音乐喷泉广场】

典雅的下沉式喷泉广场是园艺专家的倾心力作。轻柔的音乐、潺潺的流水、宁静的小道、起伏的山丘、变幻的灯光、摇曳的树影是这里的主题。这里采用电脑控制系统,将灯光、音乐、喷泉、色彩融为一体,每当音乐响起,喷泉就会自动喷放,并随着音乐的高低起伏跌宕。

【岳家军抗金印象主题公园】

岳飞是南宋的民族英雄,相传南宋建炎四年(1130)秋,岳飞曾经在柴墟西侧(高港枢纽所在地)迎战过金国四太子金兀术。为充分挖掘这一段历史文化遗存,风景区内建了岳家军抗金印象主题公园。公园由"岳飞雕像""岳家军抗金浮雕墙""得胜榜书碑刻""野营遗迹复原""野马形象复原铜塑""羊打

鼓意象复原""柴墟冈遗址"等八大景观叠加而成。主景岳飞青铜像高4米、重近4吨,塑像身披盔甲,手按剑柄,面向北方,气宇轩昂,栩栩如生,充分展示了民族英雄的光辉形象。野马形象复原铜塑由3匹2.5米高的铜马雕像组成,展现了古战场骏马奔腾的景象,在其周围铺设鹅卵石和草坪,配套种植兰花,营造了"踏花归去马蹄香"的意境。相传,南宋时期三墩战役后,岳家军取得大捷,金兵节节败退,留下一片狼藉,无数的战马乱奔于郊乡田野,后又自动聚集在野马村境内(今姜堰市华港镇)。当初,南方人从未见过此等北方马,又因其为金兵的坐骑,故贬呼之为"野马"。有证诗曰:"三战三墩三凯旋,金贼兵败乱一团。骏骁惊惧奔四散,民间误作野马传。"

【三月潭水上乐园】

三月潭水面达10000多平方米,周边进行了高标准的绿化亮化,建成了环行便道,潭中设置了12个花池,盎然生趣。30米长的涌莲桥以优美的身姿横卧在清澈的水面上。该桥得名来源于南宋时期盛赞岳家

军在柴墟(今引江河风景区所在地)英勇抗击金兵的壮举的诗句:碧水涌莲花,血甲翻飞犹奋战;缘潭植芳草,河山破碎赖扶持。该桥参照福建宋代安平桥式样设计,引进宋代元素,简洁美观。神武号古战船位于三月潭东北角,仿宋代战船式样制造,长16.9米,并配有火炮。船舱共4层,船头、船尾、船身装饰了浮雕,6根桅杆上挂有6面风帆,岳家军旗帜迎风招展,威风凛凛。

【樱花园】

樱花园位于下闸首右侧,占地约330亩,共有樱花1200多株,还配合种植了香樟、广玉兰、桂花等常绿树,五角枫、银杏、白玉兰等落叶树,另外还有红叶石楠、金森女贞、高羊茅等灌木、草坪近5万平方米。通过多样的植物品种和种植方式,达到"春有花、夏有荫、秋有色、冬有绿"四季变换、移步易景的景观效果。每年樱花开放的时节,这里满树烂漫,如云如霞,蔚为壮观。在谢樱时节,恰似在地上铺了一条长长花毯的缤纷落英,成为一道亮丽的

风景线。

(二)泰州市溱湖水利风景区

2005年12月,溱湖水利风景区入选国家级水利风景区。2009年12月,景区被中国科协批准为全国科普教育基地;2011年9月,溱湖湿地公园被国家林业局批准为首批国家级湿地公园;2011年11月,溱潼镇被文化部评为中国民间艺术之乡;2012年3月,溱湖旅游景区被国家旅游局批准为国家5A级旅游景区;2012年11月,溱湖旅游度假区被江苏省人民政府批准为省级旅游度假区;2013年12月,溱湖旅游景区被国家旅游局、环保部批准为国家生态旅游示范区;2014年12月,溱湖旅游景区被环保部、科技部批准为国家环保科普基地,在此前的2003年12月,溱湖入选江苏省省级森林公园;2005年11月,溱潼镇被建设部评为中国历史文化名镇;同年12月,溱湖湿地公园定为国家级4A级旅游景区。

溱湖水利风景区属于湿地型水利风景区,总面积26平方公里,水面面积占比为37%。风景区地处中国著名三大洼地之一的里下河地区,古长江与淮河曾在此交汇入海,形成特有的湿地生态环境。

1.美丽的自然风光

溱湖又名喜鹊湖,位于姜堰溱湖湿地中部、溱潼古镇西南部,水面面积和湿地面积占63%。由南湖、喜鹊湖和北湖构成,东西长1.4公里、南北长1.5公里,面积约2.1平方公里,湖底高程0米左右,湖面形似玉佩;有9条河流从四面八方汇入湖区,自然形成"九龙朝阙"奇景。溱湖气候湿润,流水舒缓,水质清纯甘洌,弱风水平如镜;湖中鸟类众多,每逢天高气爽,群鸟飞舞,聒噪终日;湖内绿岛点点,蒹葭苍苍,蒲草丰茂,草绿花红;十里溱湖围岸,绿树成荫,翠竹葱郁,苍松挺拔,鸟鸣莺啼,奇花斗艳,异草争芳;白天碧波漪涟,夜晚渔火闪闪,自然风光、田园风情、天然湖泊交相辉映,整个湖体如诗如画。古长江与淮河曾在此交汇入海,形成特有的湿地生态环境。作为长江文化与黄河文化过渡区、吴越文化和楚汉文化连接点,溱湖水利风景区具有独特的民俗风情和深厚的文化底蕴。

溱湖有20条"水上飞"机动游艇、4条画舫船、120条木质小游船供游览者选用。游客置身湖面眺望四周,可尽情观赏芦苇、菖蒲、茭白、莲藕、菱角、芡实(鸡头米)、垂杨、杞柳等湿生树种和水生植物,享受身临流水、人水相扶的"非舟莫至"水乡田园式韵味风光,感受"水在园中,园在水中,人水交映,变化无穷"的溱湖魅力。

2.傍河而生的溱潼古镇

溱潼古镇位于溱湖北侧,溱湖水通过5小支流进入古镇。溱潼古镇是中国历史文化名镇、首批中国特色小镇、江苏省旅游风情小镇,面积0.54平方公里,人口3.8万人。古镇历史悠久,出土的磨光石斧为新石器时代产物。古镇有古民居6万多平方米,其中明清建筑2万多平方米,古巷23条,水云楼、驸马亭、朱氏旧宅、李氏宗祠等保存完好,是苏中地区古民居留存最多、最完整的古镇。镇上古树名木甚多,有唐代古槐、宋代山茶、明代黄杨等,其中植于宋代的万朵古山茶,被誉为全球人工栽培的茶花王。走进老镇区,可见小桥流水、深巷幽居、麻石铺街、老井当院,古韵新风相映生辉,"莫道江南花似锦,溱潼水国胜江南"。

【古茶花】

溱潼并不是利于茶花生长的地区,也许是因了溱湖的水,在古镇有一植于宋代晚期的华东山茶花(Camellia japonica L.)树,至今叶茂花荣。这是国内发现的、人工栽培山茶树中树龄最长、基径最大、树体最高、花开最多、长势最盛的一株绝世珍品。这株山茶花树古代名"松塔",为珍贵的古老品种。茎部树干达48厘米,原树冠达40多平方米,树高达7.2米,每年七八月结果,九月含苞孕蕾,次年清明节前后开花,花开万朵,蔚为壮观,堪称"神州第一茶花王",全国罕见,世界少有,为世界文化遗产。

3.国家湿地公园

溱湖国家湿地公园景区规划面积806.9公顷,湿地面积588.6公顷,湿地率72.9%,湿地分为湖泊湿地、河流湿地、沼泽湿地等3类,永久性淡水湖泊、永久性河流、草本沼泽等3型。共划分为湿地保育区、湿地恢复区和合理利用区三大功能分区。溱湖湿地地势低洼,水系发达,水网密布,古长江与淮河曾在此交汇入海,形成特有的湿地生态环境,溱湖湿地生态集长江中下游淡水湿地的所有特征于一体,池塘沟洼纵横交错,洲滩塘垛自成方圆,湖岬港湾犬牙交错,是全国少见的淡水湿地。溱湖湿地自然资源优越,生物类型丰富,主要有水生生物群落、湿地生物群落和陆地生物群落。溱湖湿地阳光充足,空气清新、温和、湿润。2002年普查统计,区内有湿地植物113种、野生动物73种,盛产鱼虾蟹鳖、芡实菱藕,是世界珍稀动物麋鹿的故乡,珍稀水禽繁殖、迁徙乐园。栖息于此的有国家一类保护动物麋鹿、丹顶鹤、扬子鳄,国家二类保护动物白天鹅、白枕鹤、白鹇等动物。溱湖湿地不仅为人们提供大量食物、原料和水资源,而且在维持生态平衡、保持生物多样性和珍稀物种资源,以及涵养水源、蓄洪防旱、降解污染、调节气候、补充地下水、控制土壤侵蚀等方面具有重要作用。

2005年,经国家林业局批准,设立溱湖国家湿地公园,开展国家湿地公园试点建设,2011年通过试点建设验收,正式成为国家湿地公园。该公园位于溱湖东,为全省首家国家级湿地公园。2007年,溱湖国家湿地公园入选中国节庆十大专题公园,对外开放的核心湿地面积7平方公里。

溱湖国家湿地公园景区为国家4A级景区、泰州市发展旅游业重点规划区、《江苏省旅游业发展"十五"计划和2020年远景目标纲要》重点旅游开发项目。

溱湖国家湿地公园

【三元温泉】

经中国科学院地理科学与资源研究所勘探,溱湖地区蕴藏着丰富的地热资源。风景区投资100多万元钻探了一口地热井,井口出水温度达42 ℃,水质清澈透明。经国家地质实验中心测试分析,水中富含多种对人体有益的微量元素,其中锶、偏硅酸、锂三种元素的含量达到国家矿泉水标准,可制作三元矿泉水。据统计,全国只有10%的矿泉水是三元矿泉水。温泉同时还具有较高的理疗价值。溱湖温泉疗养中心云海温泉已经开放,常年吸引众多游客。

【喜鹊湖度假村】

喜鹊湖度假村坐落在溱湖国家湿地公园内,由商务会所、会务展览中心、别墅区三块组成,占地总面积50多亩,建筑面积1800平方米,建筑设计新颖,装修富丽堂皇。区域内绿树环抱,芳草如茵,加之临湖而建,不仅空气清新,而且已形成冬暖夏凉的湖泊小气候,充分体现园林风格和水乡特色。度假村现有标准客房、豪华套房、商务套房100余间,按照五星级标准装修。设有中餐、西餐等风味各异的高档、乡土菜肴、地方特色风味的餐饮,其中尤以"溱湖八鲜"盛名远扬,各类餐厅共有餐位500余个,各包房均可以通过明净的窗口远望一望无际的湖面。

4.溱湖湿地农业生态园

农业生态园位于溱潼镇洲城村,东临溱湖国家湿地公园,西与千亩林果园接壤。2007年开工建设,占地32公顷。分两大区域:以沈马公路为界,路南是蔬菜新品种研发、深加工及餐饮、休闲、商务、生活区;路北为旅游观光、种苗种植推广、采摘、生产示范区。溱湖湿地农业生态园总投资约5200万元,建有连栋温室2.7万平方米、钢架大棚6万平方米、展厅2万平方米。

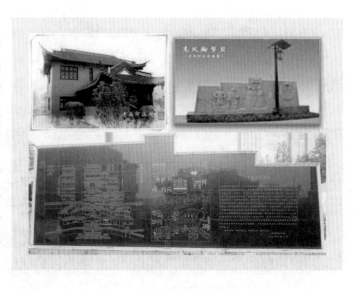

5.溱湖八鲜

溱湖八鲜入选中国名菜大典。

溱湖为长江水系与淮河水系交汇处,其水域宽阔,水质清纯,水草丰茂,营养丰富。所繁育生长的水生动植物含有人体所必需的多种氨基酸,尤以谷氨酸、赖氨酸等含量较高;含有丰富的矿物质及人体不可缺少的多种维生素;肉质细嫩,味道鲜美,营养丰富。溱潼水国物产丰饶,以溱湖水产品制作的"溱湖八鲜",取自天然,加工精细,兼具江淮风味,享誉海内外。八鲜即溱湖簖蟹、溱湖甲鱼、溱湖银鱼、溱湖青虾、溱湖水禽、溱湖螺贝、溱湖四喜、溱湖水蔬。2005年,姜堰市举办首届溱湖八鲜美食节,此后每年一届。2007年,溱湖八鲜美食被列为中国十大饮食类。

6.河横生态园

河横村位于溱湖东侧,占地550公顷,是溱湖边一颗闪亮的明珠。多年来,河横坚持研究开发生态农业经济良性循环模式。1990年,被联合国环境规划署授予生态环境"全球500佳"荣誉称号。2001年,河横村被纳入溱湖风景区总体规划后,挖掘和放大"河横"品牌效应,相继建成以灰天鹅(朗德鹅)、青脚鸡、观赏鱼为特色的特种养殖区,以葡萄园、大棚蔬菜园为主的高效农业种植示范区。2005年,被批准为全国农业旅游示范点、江苏省四星级乡村旅游点。河横生态园对外开放。溱湖八鲜成功入选中国名菜大典。

7.名扬中外的会船节

溱湖会船节,被国家旅游局定名为中国·溱潼会船节,属于国家级非物质文化遗产,国家重点旅游项目。会船节开幕式在每年的4月7日举行。每年清明时节,溱湖浩瀚的湖面上,锣鼓喧天,竹篙林立,各种花船、龙船、篙子船千舟竞发,其恢宏壮观的场面、惊心动魄的争赛、多姿多彩的表演,堪称民俗文化之大观、水乡风情之博览。海内外媒体誉称"天下会船数溱潼"。溱潼会船节与云南泼水节一道被列为全国十大民俗节庆活动,也是江、浙、沪旅游节的重点项目,泰州唯一的国家级旅游项目。2014年8月13日,中国湿地生态旅游节暨中国泰州姜堰溱潼会船节被全国清理和规范庆典研讨会论坛活动工作领导小组列入江苏省保留的三大节庆活动之一。

自创建为国家风景区以来,该区长期坚持生态与水资源保护优先理念,结合全域旅游和田园乡村建设,充分整合自然和历史人文资源,利用湿地宣传教育中心和科普教育基地功能,进一步丰富了水文化互动展示项目,优化了景区标识系统。经过十多年的持续投入和建设,该景区水利工程景观、旅游景观和服务功能、内外交通等基础设施更加完善,管理制度更加健全,管理措施更加到位,管理水平和景区影响力得到显著提升,取得了显著的社会效益和经济效益。2018年,省水利厅景区办组织专家组对溱湖水利风景区复核评审,通过查勘现场、听取汇报、查阅资料、讨论交流,形成复核评审意见,并给予高度评价。专家组评定,给予202分(总分200分,附加分14分)的高分值通过复核评审。

(三)泰州市凤凰河水利风景区

2002—2007年,市属凤凰河工程从规划、设计到建设、施工,不仅考虑了河道的引排功能,还一并考虑了河道的人文、生态和环境功能。该河于2007年8月入选国家水利风景区。水利部副部长胡四一曾这样评价泰州凤凰河风景区:"以文化长廊的形式再现民族治水史,通过浮雕、组画、影像等集中展示中华民族在调节人水关系中所表现出来的高度智慧,使人在赏美、娱乐之中了解、认识我国悠久的治水历史和成就,感受治水精神的激励。"

凤凰河水利风景区,北起南城河,南至周山河,全长5.43公里,两岸绿化面积达50万平方米。景区以凤凰河为纽带,沿岸建有风格不一、各具特色的凤凰园广场、治水者广场、百水园、帆影广场和葫芦岛等五大景区、16个景点。

景区绿化带内布置各种适宜在泰州生长的植物,既有高大的乔木,又有连片的灌木,既有银杏、枫树、金桂等名贵树种,又有普通的乡土树种,既有常绿树,又有落叶树,四季都有绿色,四季都有花香。绿化带内布置了若干形式不一的小道,道旁点缀以奇石、雕塑,道中铺设了文化地刻。目前已成为集防洪、生态、旅游、环保、休闲、人文等于一体的城市风光带。

1.凤凰园广场

凤凰园广场,起于凤凰路北约600米至翻身河南约400米河段两侧,占地约1.7万平方米,是凤凰河突显凤凰文化的重点景区,其内布有丹凤朝阳、有凤来仪、凤祥泰州、凤冠溢彩4个景点。

【丹凤朝阳】

在凤凰河与翻身河交汇处的西北部景区内布有一弧形凤文化浮雕墙,墙长60米、高3米。浮雕墙外侧,精心雕刻了中国原始社会至当代各种造型的凤凰206只,刻工精美,造型生动,让人产生

在艺术殿堂里穿越历史时空的感受；浮雕墙内侧，大型石刻"百鸟朝凤"呈现一派生机盎然的景象，其中主体凤凰选用了近现代民间以为最具有传统美感的凤凰造型，独立于由牡丹簇拥的山石之上，面向冉冉升起的太阳。大幅面的山水祥云、花草树木，百鸟间于其中，或双栖，或单飞，或凫于水面，或游弋天空，均面向凤凰。

【有凤来仪】

　　景点位于凤凰河与翻身河交汇之东北角，凤凰河与引凤路之间，面积约500万平方米。园内铺装，形如凤羽。绿地边缘均为凤尾纹饰。其中，所植杜鹃、月季、玫瑰、黄杨、蔷薇也是按凤尾花纹、颜色分别种植的。黄色、灰色地砖铺就的曲径布置其间，登高鸟瞰，嫣然如凤凰的锦翎铺展于凤凰河畔。园中立有4根书法字柱，柱身用虎皮黄的大理石精磨而成，柱冠为苏州金山石雕塑的凤凰，凤凰造型参照汉代铜镜上的图案制作，寓泰州之悠久历史和凤凰降临泰州的时代。4柱分别刻"有""凤""来""仪"，每柱1字，每字多体，柱上各字的书体选自有关碑帖和书法家的作品。近柱处有一太湖石，石上刻有由泰州现代书法家马进所书"有凤来仪"4字；临水还有一块翠绿点石。每当旭日东升或夕阳斜晖时分，游览此园，细品柱冠、景墙上的凤凰，由深沉到明亮，由辉煌到厚重，色光变化万千。园中还有一用6块巨大金山石镂空雕琢而成的凤凰景墙。其中，"团凤""团凰"石均高2.4米、宽2米，位于园区北入口处，右为凤，左为凰；"翔凤"石高、宽均为2米，位于园区东北部；"彩凤"石古朴典雅，长达7米、高2.4米，位于园区东侧南部；最长的"栖凤"石位于园区中部，长10米、高2米，墙身有12处透孔，观之有移步换景之功效；"对对凤"南北两面计4对凤凰，两面造型一致而工艺不同。

【凤祥泰州】

该景点与"有凤来仪"景点隔凤凰河相望，面积约9500平方米，主景"翔凤"铜塑，是景点的点睛力作。铜塑为一双振翅欲飞的凤凰伫立于古钱币造型的高台之上，寓泰州（凤凰城）经济在腾飞。铜塑及高台总高9.5米，暗合"九

五之尊"之数,用花岗岩贴面,每面塑凤3只,皆呈奋发向上之势。近河在圆形地面铺装的东沿,设与"有""凤""来""仪"相呼应的"国""泰""民""安"4根凤冠书法字柱。

【凤冠溢彩】

该景点位于凤凰路北,凤凰河与引凤路之间。入口正面在龙、凤、山、水的艺雕石池中央,立有一方高约3.5米、长约6米、形似凤冠的花岗岩自然片石,名为"凤冠石"。片石坐北朝南,镌刻胡锦涛总书记2004年对泰州市全体领导班子的嘱咐"把泰州建设得更加美好"10个大字,含义深刻。池石南半部为一栩栩如生的龙凤造型石,寓凤城泰州人杰地灵,亦有"有龙则灵""有凤则祥"的中华文化之意会。池石之北半部设计造型为山水树木和东升的旭日,寓意党的光辉照耀着祖国的山山水水、一草一木。片石四周绿树成荫,晨暮时,四周水汽蒸腾,如纱如练;骄阳下,池雕流光溢彩,熠熠生辉。入口点石之上刻有泰州著名书法家戴琦书写的"凤冠溢彩"。石池向北200米处,是两块天然形似吉祥动物的巨型奇石。紧靠引凤路边的是一只巨大的白色灵龟,伏于数株广玉兰树下,寓泰州人民奉献自己和祈求幸福的愿景;一个形似竹简的铭文石牌横卧其畔,上刻曹操的诗《步出夏门行·龟虽寿》:"神龟虽寿,犹有竟时。腾蛇乘雾,终为土灰,老骥伏枥,志在千里;烈士暮年,壮心不已。盈缩之期,不但在天;养怡之福,可得永年。幸甚至哉,歌以咏志。"在紫藤花架之中置一双面异形、意为吉祥动物的自然形石。从东面看,为一性格温顺、体健、目善、其角内弯的神牛,俨然是一条乐于"俯首"为民的"孺子牛";从西边看,又极似一条于深水中畅游的金色鲤鱼,其畔铭石上刻有毛泽东风华正茂之时所写诗句"鱼翔浅底"4字,寓意深刻。

整个景区内植物配置合理,香樟、金桂、广玉兰、紫薇、榉树、枫树等十多种树木交错布置,四季景

色不同,是市民休闲娱乐的理想去处。

2.治水者广场景区

广场位于凤凰河中段,北、南分别与葫芦岛景区、凤凰园景区相接。广场由凤河红叶、治水情深、天凤回眸3个景点共构。

【治水情深】

主景是用重约16吨的整体花岗岩巨石制作而成的"治水者"石雕。雕像高约3米,采用了西方文艺复兴时期的裸雕艺术手法,展现了东方治水民工的阳刚之气和形体之美,基座四面分别刻有"治水者""力通九脉""气贯九州""益济九区"。"治水者"形神兼备,气势宏大,突显了治水者搬运石块时的专注神情和爆发力。广场南部为泰州市河道管理所,该所展厅外东南角,设铭名一块,刻有"治水情深"4字,用以表达水利工作者对水、对河的治理和管护之认真负责的心声。与此铭石相呼应,厅前广场西首,旁河设九凤铜塑球一枚,以示凤凰城中的此厅住着治水人。

【凤河红叶】

在治水者广场主景区大面积的花坛上植满月季、杜鹃等花草,沿河平台之上植有红枫300株,与对岸的绿柳辉映成趣。广场北部丘坡之上点缀了一块碧玉般的巨石,刻有"凤河红叶"4个大字。秋日里,枫叶红满河沿、红满丘坡,可谓是"万红丛中一点绿"。

【天凤回眸】

在城区河道管理处向南约1公里的绿带高地上,设有优质白色花岗雕琢的天凤亭1座。此亭由省高级工艺师何根金制作。亭设6柱、圆顶、方基,寓"天圆地方"。尺寸取民间六六大顺的相关吉数:亭高6.6米,亭基方形,为6乘6米,

圆顶直径为3米。亭之最高处立着回眸的天凤,似飞似栖,栩栩如生;凤体东南向,凤首面西北,俯视凤阙泰邑,似有依依不舍之意;凤腿,左肢直立,右肢微曲,其右凤爪伏于亭顶葫(福)芦(禄)之上;凤之尾翎及团花牡丹覆盖了全部亭面。亭檐,圆形。瓦头为篆体团"寿"字花纹,瓦当则取莲花瓣之造型。亭底面雕有直径为1米的初放牡丹团花1朵。亭周设方形平台栏板10块,里外20面,栏板柱12支、28面,加上6根弧形横梁,外侧和亭顶的石板天花均浮雕花鸟图案,每面自成一景,刻有孔雀、大雁、寿带、喜鹊等飞鸟整整百只,寓"百鸟朝凤"。

3.百水园景区

该景区位于凤凰河中段,总面积约1万平方米。由曲径、绿地、长廊、厅、亭、榭、景石等组成。园中曲径按泰州骨干水系分布图微缩布置,并刻有泰州骨干河道名称,巧妙地展现了泰州如诗如画的水系,是历代劳动人民理水治水取得伟大胜利的缩影。园内展现了市区5800平方公里范围内星罗棋布、纵横交错的湖泊、河港,三水连成一体的壮丽景象。园内建筑青砖青瓦,古朴典雅,飞檐翘角。各建筑均配有董文虎所撰并书的楹联匾额,充分体现了泰州古典建筑的风格,小中见大,别具一格。此景区由"百水厅""上善阁""五凉亭""云水榭""地刻留芳"等5个景区组成。

【百水厅】

园中正厅名"百水"。东门撰联"厅前水有道,堂后绿为禅",西门匾为"烟绿林翠",联书"轻烟横翡翠,碧水激琉璃"。厅前设刻有泰州市水系图及泰州古代水系图刻石2方。

【上善阁】

3层的"上善阁"为园中主建筑,亦系园中制高点。登阁远眺,园外长河绿柳,绕阁渐去,渺无尽头;俯首近瞰,园中绿林参差、红亭影映、百水有道,一览无遗。"上善阁"名,典出李耳所著《老子·八章》"上善若水。水善利万物而不争,处众人之所恶,故

几于道"句。阁的二层有楹联两副,中联为"登临可目极江城百水,去阁仍心存海陵千秋",道出了游人登阁、去楼、极目、览胜的收获和心境;边联"雨云雪雾冰虹气,地信仁渊能治时",是取用老子所云人应有之"德":"居,善地;心,善渊;与,善仁;言,善信;政,善治;事,善能;动,善时,夫唯不争,故无尤"之内涵,改撰成联,以阐释其哲理。

【五凉亭】

园中设有5个凉亭,均取与水相关的名字,分别为"春雨亭""不舍亭""水国亭""载舟亭""化虹亭"。同样配置了匾额和对联,有写亭外景色的"杨柳三春景色,芰荷四座薰风";有采用孟子句典的"原泉混混放乎四海,流水涓涓乃盈江湖";有选用骆宾王诗句的"维舟背楚股,振策下吴畿";有谙荀子语意撰写的"覆舟乃风云乍起,行船应波澜不惊"。化虹亭上下两层,用联两幅,上联用王勃句"虹消雨霁,彩彻云衢",下联为抒发观感的"春风化雨激水生浪,晴空飞虹满天彩云"。

【云水榭】

"云水榭"临河而设。面东题榭名"浮玉",联题"名区浮淮,吴陵接天波",典出王维的"浮于淮泗,浩然天波,海潮喷于乾坤,江城入于泱漭"句;临水额篆"绿绕"二字,对联用"一榭近流水,万绿引春风",寥寥十字,写出了题联人对此榭、此河、此绿、此风的观感。

【地刻留芳】

凤凰河沿河绿地曲径之上,按序铺设了60厘米×60厘米的中国古典名著花岗岩地刻865块。其中,《西厢记》24块、《三国演义》106块、《水浒传》195块、《红楼梦》246块、《民间吉祥用语》194块。这些图案简洁生动,人物造型优美灵动,每块有简练文字标题,各块设有序号,按序铺设。

地刻留芳

4.帆影广场景区

凤凰河济川路口是泰州人流较为集中的地方。为适应群众亲水、近水、休闲、游憩,以及一些需要遮阳避雨的文艺集会活动,水利局在此建设了一组由8顶似帆的拉膜、多级弧形亲水平台、花圃绿地共构的帆影广场,面积1.3万平方米。广场主体部分设有面积达3000余平方米的巨大白色拉膜2顶,远观之,酷似巨帆。

广场近河二层亲水平台之上,南北一字排列着6顶茨叶状白色小型拉膜,6顶一线,倒映水中,似片片帆影。拉膜的桅杆下,配有长3米,高、宽均为1.3米的黄色舟形巨石,其上刻有"帆影如练"4个大字。

莲花池南,是一片面积达2万多平方米、植有500株银杏树的银杏园。园内相间布置了十二生肖的石雕,石色各各不同,颇有生气。石雕额前显得光滑、亮洁,都是本命年的游人前来抚摸所致。银杏园东门有一巨型门石高5米、宽4米、厚2米,石门上刻毛泽东所书之"龙"字,寓龙门。每到秋天,银杏树满树叶果金灿灿的犹如飘金,故在园南立一名石,上刻"银杏飘金"4字。

5.葫芦岛景区

葫芦岛景区位于引凤路北段,北起东城河,南至济川路,由"樱岛春晓""碧血莲池"2处具有清漪风光、生态特色和人文典故的景点组合,是人们修心养性、游园踏青的理想之处。

【樱岛春晓】

"葫芦"与"福禄"谐音,民间讹传"葫芦岛"为"福禄岛"。该岛位于盐运河(老通扬运河)、凤凰河、莲花池之间,呈葫芦形状,面积约5600平方米,是用开挖凤凰河的土堆积而成的。岛上植樱花树700株,沿河临水植金丝垂柳两行,游人漫步的小道旁间植着春日开黄花的迎春。岛中设有供游人休憩的条形石凳,两凳之间用栏栅式网架相连,岛南与银杏园有莲花桥相接。春季,岛内樱花盛开,若锦似绸;金丝垂柳迎风摇曳,如翠似玉;河外,大片大片的油菜花金灿灿;一座小岛遍地是景,美不胜收。

【碧血莲池】

碧血莲池位于凤凰河至葫芦岛之间,据传为南宋抗元名将李庭芝殉国投水处。为纪念这位抗元烈士,开挖凤凰河时,专门将此池保留,并在此建莲花桥。在莲花桥之东南方莲花池畔,设有血紫色点石1块,石之南面刻"碧血莲池"4字,北面刻有写的《碧血莲池记》碑文。

二、江苏省水利风景区

截至2015年底,泰州境内有省级水利风景区4个,分别是泰兴市黄桥小南湖水利风景区、泰州市秋雪湖水利风景区、靖江市明湖水利风景区和兴化市千垛菜花水利风景区。

（一）泰兴市黄桥小南湖水利风景区

2013年,泰兴市黄桥小南湖水利风景区入选江苏省水利风景区。

（二）泰州市秋雪湖水利风景区

2014年7月,泰州市秋雪湖水利风景区入选江苏省水利风景区。

（三）靖江市明湖水利风景区

靖江市明湖水利风景区是泰州市最大的滨江生态园、靖江市最大的综合性园林景观基地,2012年9月28日正式建成开放,2014年7月入选江苏省水利风景区,同年创成国家3A级旅游景区。景区南枕浩瀚长江,北依苏中平原,总占地面积近2800亩,其中湖面面积608亩(应急水源),绿化覆盖率达65%。游人赞其是"绿色氧吧",是城市发展的"绿肺、绿篱"。至2015年,累计吸引市内外游客150多万人次。

围绕"湿地、水乡、休闲、娱乐"四大要素,园内建有生态观赏林、人工湖岛、百花园、湖滨休闲广场、水上活动区、湿地区等多个景点和商业美食等多个功能区,具有独特的水环岛、景依水的滨江风光。其中,生态观赏林种有107种,还有着全国唯一的中山杉植物专类园(靖江本地树种)100亩。

景区景色秀美,环境宜人,活动丰富多彩。先后与德国安斯巴赫地区联合举办了"友城林"植树揭碑活动、"味觉靖江·牧城之春"中国作家协会会员牧城行、第31届潍坊国际风筝会华东赛区风筝选拔赛暨靖江

市首届风筝节、"迈能杯"首届环明湖自行车公开赛、2015中国靖江"牧城秋韵"美食旅游节开幕式、2015跑族TGR100公里超级马拉松接力赛等。

（四）兴化市千垛菜花水利风景区

2014年7月，兴化市千垛菜花水利风景区入选江苏省水利风景区。

第四节 桥梁文化
（现代物质水文化建设之三）

地级泰州市成立后，市水利局有识之士精心打造了桥梁文化，在主城区凤凰河彰显了桥梁的凤文化，在腾龙河（南官河）、卤汀河分别打造了桥梁的龙文化和吉祥文化。这些桥梁文化，不仅助力彰显了中国吉祥文化之乡泰州"龙凤呈祥"的形象，也为促进泰州桥梁工程从单一功能升级为物质和精神的复式功能起到引导作用。

一、彰显龙文化的桥梁

【腾龙桥】

腾龙桥是3孔大桥，位于高港区港城西路跨腾龙河（南官河）。此桥设计荷载为汽-20、挂-100；主桥长90米、宽75米，底梁真高9.5米，桥面真高20米，最高洪水位时，净通航高程5米。桥中孔栏杆，坐北朝南塑正面龙1条,两边云龙各2条;坐南朝北设风火珠,居桥栏正中,两边同样各塑2条云龙,桥中跨桥栏有巨龙9条,龙身周围为镂空雕祥云环绕,瑞气顿生。边孔东西两侧,每侧一面浮雕形状各异的团龙11条,东西两头、南北两面计88条,寓中华大地四面八方因改革开放经济腾飞,示有全面升"发"之意。桥之两头雕抱鼓石座龙4条,桥身共设计龙101条,内涵"百龙拥一,群龙有首"之意。两侧引桥,每一栏板杆柱塑一小龙,所塑龙首面向东西,随引桥向两边延伸而去,似无穷尽,喻中华十数亿众,皆为龙的传人,紧跟中央,为振兴中华,在四面八方奋发向上。桥身龙的造型,选用广大群众喜闻乐见的故宫明清龙的图案,引桥采用现代抽象龙的造型,以示中华文化由古而今的传承。将整体镂空雕塑的云龙设计在桥栏上,在中国桥梁装饰史上尚未见先例。桥名由对高港经济腾飞做出贡献的企业家徐镜人所书。陈静所作的《记》(见第七节碑文选录)刻于桥栏两头石碑之上。

  此桥选用白中呈淡红色石材制作,远观之犹似长虹横跨云空。高港老百姓将此桥作为一个游览景点,取名"腾龙飞虹"。桥饰创意者董文虎曾赋诗赞曰:

> 泰州高港,素称龙窝,龙之文化,古今传播。
>
> 建园设区,日新月异,府前筑路,东畅西济。
>
> 一桥飞架,如虹似霓。雕龙饰栏,匠心独具。
>
> 政府决策,万众心怡。名师打造,精湛工艺。
>
> 中央一龙,风行雾从。凌云腾空,八龙相拥。
>
> 施云布雨,团结与共。科学发展,天优地雍。
>
> 亿众群龙,腾挪奋勇。社会和谐,华夏共荣。

【百龙桥】

百龙桥位于姜堰区罗塘河上,全长26.15米、宽15米,设计荷载为城市-B级;结构形式为三跨拱桥,中跨半径3.9米,中孔顶底标高真高5.7米,边跨半径2.6米;桥面最高点处真高6.5米,最低点路面真高5.2米。桥两侧是用浮雕龙与云的石墙以作桥栏。石墙虽为拼接,但能浑然天成。墙石选用河北米黄石材,厚20厘米,每块不小于2米,桥中心用的是整板,使桥正中不留缝,以合"龙不断首"的工艺习俗。桥栏采用双面高浮雕工艺,桥中心最高点1.3米,最低点约80厘米。栏杆以立龙作抱鼓石,桥栏中部为二龙戏珠,立龙与戏珠龙中间布置对龙两组。内外两侧,雕有64条龙,以合"易"之64卦包孕乾坤的幻化之数。桥栏中间刻有曹松华题写的行书"百龙桥"3个字。桥两边300米河道两侧的挡土墙上,安装了一组口中喷水的龙首,50对共计100只。有一个总的控制开关,一旦打开,100个龙头就会齐向罗塘河里喷水,称"百龙戏水"。河中龙首石材采用河南晚霞花斑红。龙首长1.5米、宽42厘米、高62厘米,嵌入墙体部分大于45厘米。桥两侧绿化的河坡上,斜卧着中国历代龙形高浮雕巨型方石。浮雕选用苏州金山花岗岩刻凿而成,图形精美,布局精巧,工艺精湛。12块龙雕巨方,每块长4米、宽2.8米、厚25厘米。刻有6000年前的蚌壳龙、红山文化龙,商、周、春秋战国、秦、汉、三国、隋、唐、宋、元、明直至人们最熟悉的清代龙形。这组精品龙形石雕出自工艺大师何根金之手,其文化价值极高,它们将作为石艺作品,流传于后世。

【龙珠桥】

龙珠桥位于海陵北路西侧原朱庄大桥北侧15米处,跨卤汀河。拆旧建新,初设名称"朱庄生产桥"。桥连朱庄东西,"朱""珠"同音,传说有龙卧于此嬉戏宝珠。

【鱼龙桥】

拆旧建新，位于姜堰华港镇境内，跨卤汀河，初设名称"港口大桥"。西侧桥头立石镌刻《崇祯泰州志》，郭栾潭文："在港口镇，相传唐时有郭栾二氏居此，皆富族，结为婚姻，栾氏积薪下匿空处得一卵壳，大如斗，栾异之，以贮食米，其米取用不竭。即贮钱银，如是，逐富。郭问致富之由，栾泄其事，且假与郭氏，不还。忽一日，栾氏釜中有生鱼，跃出，甚大。栾怪而卜之，卜者曰：汝一家当陷，宜急具舟乘逃。栾从之，急去，不及语郭。去后，风雨大作，惟留一织女与郭氏俱陷其地，逐成潭。潭水深澈，每风雨作，闻潭下机杼声。后立'鱼龙庙'以祀之。"东侧桥头安放寓意水乡经济如鱼化龙、腾飞于天的大型花岗岩石雕工艺品"鱼化龙"。

【龙潭桥】

龙潭桥位于姜堰华港镇境内，跨卤汀河。初设名称"董潭生产桥"。桥两头设"跃龙飞天"浮雕石。

【福龙桥】

福龙桥位于葫芦岛东侧，与百凤桥呈"八"字形布置，跨古盐运河。2014年泰州市凤城河管委会建。后凤城河管委会接受泰州市水文化研究咨询小组建议，选择了董文虎所提3套方案中的最简方案，改造成内涵"九龙百福"吉祥寓意的装饰桥栏。桥名由泰州籍全英华人华侨中国统一促进会会长单声老先生题写。

二、彰显凤文化的桥梁

【百凤桥】

百凤桥是凤凰河上的3拱名桥,桥周身用淡赭色花岗石四面包装,三维饰凤。桥在原口泰路上。桥长61.4米、宽15.6米,扬州水利设计研究院设计,原无任何装饰和文化内涵,后接受泰州水利局首任局长董文虎的建议和创意,在桥档头、扶手、垫块、桥中行道地坪等处设有凤凰999只,成为百数之最,以寓"凤栖此桥而不迁(千),长留吉祥于泰邑"之意,为叫响"中华凤城"做出努力。桥的侧立面全景浮雕飞凤各2只;64块栏板,正反各塑凤4只,共计256只;桥面72根立柱,连柱头各雕凤3只,共计216只;踏步立柱各刻凤3只的28根,刻凤4只的8根,共计116只;4个桥档头,两面各着凤1只,共计8只;66根扶手各刻凤4只,共计264只;凤首垫块132只,桥面中央平台设计刻凤3只,但由于原设计的桥面中央的1只未刻(传说是从桥上飞至桥之东南天凤亭上去了),故桥上仅刻凤998只。此桥,群凤云集,天鸟凌空。凡晴日,不管从哪一个角度观桥,皆可见祥瑞满天,美不胜收。全桥共选用苏州金山石料8576块,合计重673.6吨。

如今的百凤桥已成为凤城河景区的"南朱雀",与凤凰河景区共有景观,为两个景区自然过渡起到了特殊的连接作用。

【鸾凤桥】

鸾凤桥是交通桥,凤凰河上又一名桥,位于新老城区接合部、新328国道跨越凤凰河处。桥上部设计为三跨无梁板结构,中跨长为18米,两边跨长各12米,桥长42米,宽34米,设计荷载为汽–20、挂–100,抗震烈度定为7度。鸾凤桥其意为:鸾鸟和凤凰都是比喻俊贤之士,亦寓见之则天下安宁。"鸾"谐音泰州土语"南",与"百凤桥""之"百"谐音"北"相呼应。桥两侧扶栏有石雕鸾凤。迎路一面双凤起舞,珠联璧合,华光灿灿,谓政通人和;临河一面一鸾腾飞,直上云天,祥云朵朵,寓福运普照。桥之临河面雕有鸾鸟的34片彩羽和56支锦翎,象征中国的34个省(区、市)、56个民族,寓中华

双凤起舞(鸾凤桥栏内侧)

各民族亲如手足,祖国大地金瓯无缺。桥名题字采用了草、隶、魏、篆4种字体分别刻于南、北桥栏的内、外侧。

【观凤桥】

观凤桥,泰州主城区第一高桥,是市水利局为方便游人在凤凰园内游览,在"凤祥泰州"和"有凤来仪"景点之间凤凰河上建设的一座人行景观桥。此桥为跨26米、宽5米、拱之半径13米、长66米的单孔石拱步行桥。桥栏之最高处可达真高18米左右,东坡有台阶82级,西坡81级,为泰州古"高桥"桥高的3倍以上。此桥是昔日老

在哪桃花盛开的时候

高桥的再现,站在桥上可俯视凤凰城,纵览凤凰园,是市区的又一观光景点。全桥用淡淡绯色花岗岩包装饰面。远观此桥,桥栏极似一只灵动的凤鸟舒展着双翅,从水面轻轻掠起,正向一望无垠的天空渐飞渐起;桥拱半圆,与水中倒影可合成整圆,如满月初升。桥中置两个平台,供年长者或体弱者中途小憩。桥顶之中镶嵌一精工细刻的团形龙凤,栩栩如生。

三、彰显吉祥及其他文化的桥梁

【莲花桥】

莲花桥是连接凤凰河与莲花池、以观赏旅游为主要功能的小桥。

因李庭芝殉国未遂之莲花池就在其间,故此桥突出了纪念李庭芝殉国的元素。桥以荷花32朵、莲蓬10支为主体,荷叶高低相间、辗转开合、错落有致,取其形态美;其间饰8条鱼、6只蛙以为点缀,取其动态美;在东侧正中,采用泰州民间砖刻"鱼化龙"的艺术造型,塑一鱼身龙首,以喻忠节志士者乃人中之龙;西侧桥栏居中塑并蒂莲1支,以喻李庭芝夫妻殉国均为忠节之士。桥面刻有两对鸳鸯戏水及莲荷数朵,南北各刻"莲花"二字,寓意后世之人,应学先烈之气节,要做到在任何的环境下,出污泥而不染。桥体选用白色石材雕凿而成,晶莹可鉴,犹似浮玉置于绿茵丛中、碧水之上。由于该桥观赏价值较高,在桥之两侧又各搁置了一块金山石板,一为增加通行便利,二为供近距离观赏桥栏外侧之雕塑工艺。

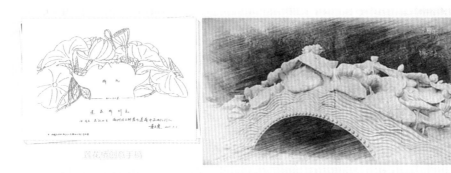

【麒麟桥】

新建桥梁,位于泰州海陵北路西侧卤汀河上,一桥可揽6麒麟,桥两侧设"麒麟送宝""麒麟送子"石雕。

【太平桥】

初设名称"周庄公路桥",位于兴化周庄镇境内,跨卤汀河。原周庄公路桥北侧,拆旧建新。桥东设景观石撰写桥名用典。

【人和桥】

初设名称"宁乡生产桥",位于兴化市宁乡境内,跨卤汀河,委托兴化市实施。

  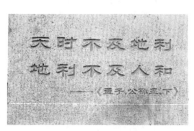

【陵亭桥】

初设名称"老阁公路桥",位于兴化市临城镇老阁村境内,跨卤汀河。原老阁桥北侧,拆旧建新,桥东设景观石刻写桥名用典。唐大顺元年"陵亭之战"发生在此,故更桥名。

【南津桥】

初设名称"红星生产桥",位于兴化临城镇红星村境内,南津河段。卤汀河北段古称"南津",明万历年间,兴化知县将"南津烟树"列为昭阳十二景之一。现桥头铭牌刻"南津烟树"画一幅和明代"五朝元老"高谷诗一首。

四、彰显诗意的桥名

泰州三水湾有12座形态各异的桥。为打造文化桥梁,2010年5月,市水利局精心为这些桥撰写了富有诗意的桥名,彰显了桥名的文化内涵。

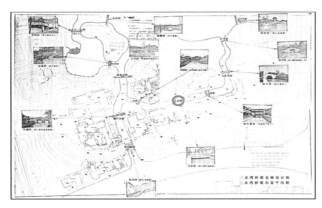

【澄波桥】

澄波桥位于三水湾东北角近望海楼处,7孔旧石平桥。苏轼《过海》诗有句:"云散月明谁点缀,天容海色本澄清。"古城泰州依江傍海,如今大海虽已去远,然泰州人的恋海情结却始终不了。若月夜从此桥东望烟波浩渺的东城河,朦胧中也会感觉"天容海色本澄清"之意境。用"澄波"二字名桥,应情、应景、应人心。

【倚云桥】

倚云桥位于澄波桥南,单孔石平桥。桥之周围种植的

树木颇多,花开季节,东望桃园,桃杏如云,使人不免想起唐代李蟠"天上碧桃和露种,日边红杏倚云栽,芙蓉生在秋江上,不向东南怨未开"的诗句。故用"倚云"作桥名,可使人产生非常美的联想。

【晓月桥】

晓月桥是位于倚云桥南、近驼岭处的单拱石拱平桥。桥拱与水中倒影相接,形如满月。凌晨,雾气渐散,桥头屋后,树梢之上,有明星尚在闪烁。观此景,会使人想到宋代林仰《少年游·早行》词"雾霞散晓月犹明,疏木挂残星"之句。特用"晓月"名桥,可让人意会此景。

【燕语廊桥】

由晓月桥向南折而向西的廊桥。桥上常有红男绿女相拥而坐,呢喃燕语。"燕"字又通"宴",指安闲、休息的意思。此桥设廊,水中

倒影柔美如新燕掠水。"宴"又指"宴饮",《诗经·小雅·鹿鸣》
有句"我有旨酒,嘉宾式燕以敖"。桥两头系水街,有酒家可
饮而助兴。此桥以"燕"字起首冠之,可生以上三种情趣,故
用"燕语廊桥"名之。

【开泰桥】

开泰桥位于燕语廊桥西,风水文化博物馆门前。《易》之
泰卦"象"曰:"天地交,泰"。以"开泰"名桥,旨在产生安泰、
富泰、康泰、和泰、福泰、通泰之联想,既凸显了风水中"泰"卦
的理念,又彰显了泰州之"泰"的文化内涵。

【彩霞桥】

由"开泰桥"继而向西的一张形似跨虹的木质桥梁。清道光
《泰州志》曾有记载:"双桥,西接泰山小西湖后,名彩霞桥。"另有
"蔡家桥,南通经武桥今改名砖涵,即双桥之南桥"的记载。这两
张桥,均已无存。为了将双桥(又称小八字桥)记忆留下,故以"彩
霞"名此桥。

【且乐桥】

由彩霞桥转而向北的木质悬索桥。且乐桥,
在清道光《泰州志》上有载:"迎淮桥,在北门内,旧
名且乐桥,俗名姐姐桥,嘉庆二十一年(1816)知州
方承恩重修,仍榜且乐桥。""且乐"典取《诗经·郑
风·溱洧》"洵訏且乐"句中的"且乐"二字。"且乐",
泰州方言读之谐音"踩乐",指人们踩在悬索桥上,
一晃一晃地过桥,其乐无穷,故名之。

【南薰桥】

顺且乐桥向北,转而西,河口的单孔拱桥。清
道光《泰州志》载:"旧系砖桥,后圮,明万历三十一
年,知州李存信改建板桥,名南薰桥,嘉庆二十一
年知州方恩承重修,仍榜曰南薰。"用"南薰"名桥,
较为高雅。"薰"指香草,也指花草的芳香,如江淹
的《别赋》有"陌上草薰"句,指桥南有花草的香味
扑面而来之意。故选用此名,与"且乐"共同保留
了古泰州一南一北的老桥桥名。

【雁栖桥】

出南薰桥西北的3孔旧石平桥。古代有曲牌

《雁儿落》，又称《平沙落雁》，内涵需有平沙近水处雁方肯落下。老泰州有"雁宿芦洲"一景，已故乡人周志陶曾有"芦洲畴昔雁常栖"诗句，用此句诗意起名为"雁栖"以应此景。

【通瀛桥】

由雁栖桥向北，折而东向的3孔石拱桥。"瀛洲"，古指神话中仙人所居之山，李白有"客海谈瀛洲，烟涛微茫信难求"之句，即指此山。瀛洲又指东方的日本，公元838年，日本圆仁和尚随第十五次遣唐使来华，即由此河之南的古盐运河东来，并留下"笔书通情"一段佳话。用"通瀛"名桥，以合此典。

【听鹂桥】

从彩霞桥向西，又折而向南的单孔拱桥。桥栏为汉白玉石雕，栏板刻制了梅、兰、竹、菊的图案，每幅图案上均刻有黄鹂鸟一只，颇为生动。古代文人将梅、兰、竹、菊比喻为花中四君子，用君子听鹂鸣之意名桥，以生雅意。

【清风桥】

清风桥位于听鹂桥南，在原口泰路上的机动车桥。邑人凌儒曾为"驼岭清风"一景撰诗，其中有句"清风过岭吹箫艾，旭日临岗睹凤凰"。今园中所垒的驼岭，东有百凤桥，西有此桥，定名"清风"，则可与此诗之意境相吻合。

第五节　河名文化

兴化有大、中、小河道12124条。兴化的河道大多数有名字，而且文化内涵丰富，举不胜举。主要有以下5种类型。

一、以河的成因取名

兴化的河成因复杂，有的是自然河道，有的是在自然河道基础上的延伸和拓浚，有的是平地新开之河，因此以河的成因起的名也就很形象了。如：

海沟河：兴化地处苏北里下河腹部，历史上经历了海湾、潟湖、沼泽、平原的漫长演变过程。西起西鲍、东至大丰白驹全长48.9公里的海沟河，远古就是黄海滩涂上的小海沟，多年的行洪泄洪，河床被洪水冲成口宽百米、河深5米的大河，所以取名海沟河。

白涂河：里下河成陆以后，兴化腹部地势低洼，兴化城以东延伸到大丰草埝王港，全是连片大荒田，由于历史上是海边滩涂，土壤含盐量很高，东鲍、海南东西荡南北蒋、林湖魏庄、昌荣草冯庄、安丰大邹耿家舍、戴窑韩董、大丰草埝，到处都是白茫茫的白色滩涂。淮河年复一年大流量行洪泄洪，在低洼的白色滩涂上冲出一条大河，人们就叫其白涂河。

车路河：兴化至大丰丁溪，原来是扬州盐商们从沿海盐场用车辆往扬州运盐的车路，车子走多了，将荒田压成宽阔平坦的路槽，平坦的路槽上冲出的一条大河就取名车路河。

卤汀河：南起泰州主城区，北至兴化城。由于历史上海水倒灌，该地域的河水非常咸，撑船时篙子一落，泛黄的河水白沫像条火龙直冒，人们把水咸得像卤汀子的河称之为卤汀河。

塘港河：原来是北起兴盐界河，穿过安丰镇，南至边城的纵贯兴化市南北的河道。"塘"指河岸河堤，"港"指入海入江的中小河道，取土筑堤形成的河道称塘港。安丰镇至盐城大岗的河道叫东塘港，它是筑老圩西堤、中圩东堤形成的河道。黄庄至兴盐界河的河道叫西塘港，它是筑中圩西堤、下圩东堤形成的河道。随着永丰圩、林潭苏皮圩和昌荣福星圩的浚河取土筑堤，塘港由安丰接通到唐子，并逐步向南延伸至边城腾马，这就是塘港河的由来。

二、以河的功能取名

兴化的河道功能主要是引排灌航，但在特定历史条件下也有一些专用河道，这些河，听其名便大概知道其功能了。如：

串场河（又名运盐河、抻盐河）：兴化东部边界有一条北起阜宁、南通海安、纵贯里下河的串场河。原是因取土筑范公堤而形成的一个个土塘，后为方便运盐把土塘整治成一段段堆河，随着盐业发展，盐运迫切，人们把堆河全线贯通，便成了人工运河——运盐河，又称抻盐河，它的功能主要是把沿海各大盐场串联起来，后来改名为串场河。

粮草河：兴化西部的李中、周奋、沙沟一带，20世纪70年代以前还是一望无际的连片大荒田，荒田长柴草，又称草田。当时刘沟向东通往夏广沟出下官河的一条河，全长6公里，是荒田对外的主要通道，担负着柴草外运、粮食内调的主要功能，所以叫粮草河。后来编制兴化地图时，按照航摄图调绘时，由于"粮""穰"口误，故出现笔误，把粮草河写成"穰草河"，其实当时这里没有一根穰草。新开的纵贯南北的李中河，建成了高标准圩堤和水利设施，新筑了兴沙公路，大兴金公路和沙盐公路与其交会，水陆交通四通八达，抗御洪涝灾害的能力显著提高，昔日荒田、荒滩、荒水全部开发，建成了高标准农田和一方方精养鱼池，粮草河使命已经完成，优质的农产品和丰富的水产品源源不断地通过公路陆运，满足大江南北大中城市的市场供应。

中引河：位于大纵湖和吴公湖之间，将吴公湖水排入大纵湖，两湖之间的人工引河称中引河。吴公湖与大纵湖两湖相距3公里，历史上由于没有大河相沟通，两湖汛期水位相差1尺多。大纵湖有蟒蛇河通新洋港，汛期排水快，而吴公湖每年汛期的高水位需要持续到年底才能排完。例如1957年汛期，吴公湖水位高于大纵湖38厘米，直至12月底两湖水位差仍达27厘米。为了开拓两湖通道，加大吴公湖排洪流量，1958年春，县政府组织沈伦、中堡两乡民工，将原有宽12米小河开成口宽70米的大河,使大纵湖与崔垛至中堡的东西大河大溪河相沟通,大溪河以南有许多垛岸间小沟与吴公湖相连。后来,由于联圩并圩,吴公湖北侧大溪河以南新匡成郯家大圩,使两湖又隔断。1987年底,市水利局启动了三湖连通工程,分开郯家圩,疏通中引河上游郯家河道,扒开平旺湖与吴公湖之间的大丁沟,使平旺湖、吴公湖、大纵湖三湖沟通,共同调蓄,加速外排,现在的三湖连通河道全长8公里,河名仍沿用中引河。

运粮河:城南十里亭(临城镇政府所在地)以东、郭家庄一带是临城粮食主产区,郭家庄至十里亭的一条大河是四乡八舍运输粮食的唯一通道,所以叫运粮河。后来,为了方便刘陆乡运粮,把运粮河由郭家向南拐弯延伸7.2公里,穿过浪家荡开到刘陆砖场,仍定名运粮河。

三、以历史典故取名

兴化的文化积淀丰富,很多河名都深藏历史典故。

蚌蜒河:此河是横贯兴化南部地区的一条大河。民间传说是洪泽湖里修炼500年的河蚌精,乐善好施,为了帮助饱受洪涝之苦的里下河地区人民抗洪除涝,她排除了妖魔的阻扰,施展魔术,用伤痛之躯,犁出一条东西大河,排除淮洪,造福人民。里下河人民为了纪念她,就把这条河命名为蚌蜒河。美好的传说教育民众积德行善,助人为乐,在民间起到很好的教化作用。其实,蚌蜒河的真名可能是"驳盐河",它是串场河东各大盐场驳运食盐的水上主要通道。食盐运至陵亭镇(现在的老阁),通过盐官检验,然后向南转运泰州或向西经邵伯运至扬州。"驳盐"的谐音即蚌蜒,正好蚌蜒河弯道较多,人们把驳盐河混淆成河蚌蜒成弯弯曲曲的河。

渭水河:此河是北起兴化大邹镇,东侧出兴盐界河,南至边城东板伦,西侧入兴泰界河,全长54.4公里的泰州市骨干河道。它的河名形成有一个传奇典故。传说,宋元时代,姜氏家族由苏州阊门迁居兴化北乡务农为生。姜氏后代怀念始祖,便建庙纪念并在庙前河边设立钓鱼台,后来兴化的文人学士把这条由庙东通往大邹的一条小河定名为渭水河。把渭水河与钓鱼台联系起来,反映了当时的文人崇尚历史、崇敬文王,巧妙运用周文王求贤若渴,在渭河边寻访直钩钓鱼的姜子牙的"文王渭河遇太公"历史典故,启迪后人尊重人才、尊重知识。后来,兴化将原来7.5公里的渭水河拓宽浚深,并新开河道向南延伸,形成现在的渭水河。

上官河、下官河:这两条河分别是历史上里下河地区的主要通航河道,上官河是盐城至镇江的盐邵线主航道,下官河是建湖至高港的建口线主航道,分别是兴化洪水下泄新洋港和黄沙港的行洪通道。民间传说,历史上兴化是块真龙宝地,人才辈出,曾经考中进士的达105人之多,出的官员较多,大小官员上任、卸任的官船相遇,经常为争走上首而发生争执,让老百姓看笑话。后来,宰相李春芳定了一个规矩,凡上任官船走东河航道赴任,河名定为上官河;凡是回乡探亲、卸任的离任官船走西河航道回兴化,河名定为下官河,相当于现在的公路分道行驶。古代民间以东为上首、西为下首。"官"指公共的意思,东边一条公共交通航道称上官河,西边一条公共交通航道称下官河,这一名称的由来可能更为靠谱。

四、以河的位置取名

有很多老河以起讫地点或河道区位定名,这类河名很多,举不胜举,简单明了。如:

兴化与盐城分界处,有一条西起大纵湖、东至串场河的河取名兴盐界河;兴化至姜堰途经刘陆、沈
抡、茅山、顾庄的一条通航河道叫兴姜河;沈抡向南穿过茅山朱南,通往边城界沟,接兴泰界河的南北
向河叫通界河……这些河都是以区位定名的。兴化在水系调整中,新开了一大批市、乡(镇)骨干河
道,不少河道定名时,仿效历史做法,如李健、中沙两区合开的河叫李中河;1979年,盐城市组织所辖各
县民工,拓浚整治了南起沙沟、北至建湖黄土沟的东塘河,兴化将其中境内的7.7公里,按照起讫地点
更名为沙黄河;1994年,结合新筑宁靖盐一级公路,兴化拓浚与路平行的河道定名为盐靖河。

顾庄乡新开纵贯全乡的南北中心河取名顾中河;戴南、唐刘共同新开的南起戴南、北至唐刘出蚌
蜒河的南北河,因唐刘先开、戴南后开,取名唐戴河;陈堡新开的西起校庄、东至沈阳的东西河,使卤汀
河、渭水河、通界河三河沟通,取名校阳河;徐扬乡新开的南起白涂河、北至海沟河贯穿全乡南北的中
心河,因地处永丰圩东侧,与雄港平行,故取名永东河;缸顾劈开九庄圩,新开的缸顾至夏广入下官河
的东西河,取名缸夏河;缸顾、中堡两乡(镇)把缸夏河穿过吴公湖向东延伸,接通海河、钓鱼两乡的洋
汊河,取名缸洋河;大邹、海河、钓鱼3乡(镇)联合新开的南起海沟河、北至兴盐界河、老海河大圩的中
心河,与东西向洋汊河十字交叉,将老大圩分开,使水系串通搞活,取名兴海河,后来编制市图时由于
笔误,将"兴"写成了"新",所以现在成了新海河。

五、以开河的时代特征取名

如:"大跃进"年代开的南起垛田乡孔戴接兴姜河、北通湖西口出白涂河、全长8.8公里的跃进河;
大邹的超纲河,大垛、下圩、海南、舍陈的跃进河等都是1975年前后续建整治完工的河道,河名仍沿用
原名。边城、茅山两乡(镇)联合新开的南北全长9.2公里的河取名朝阳河;还有周庄、沈抡的朝阳河,
老圩、下圩、中圩的前进河,边城的向阳河等。

在"农业学大寨、普及大寨县"的年代里,新开和整治的河道大部分命名为大寨河、团结河、龙江
河、幸福河、"四五"河、"五五"河等。例如,舍陈、合塔、戴窑在3乡(镇)交界处联合新开的河取名红旗
大寨河;永丰、林潭两乡交界处新开的河取名永林大寨河;1975年,陶庄乡举全乡之力新开的南起蚌蜒
河、北至车路河的南北大河,定名为幸福河等。今幸福河已经作为泰东河影响工程,向南延伸至泰东
河,并进行了全线高标准整治,成为兴化东部地区引水干河,是一条名副其实的幸福河。

第六节　涉水碑刻、铭石、联匾选
(现代物质水文化建设之四)

一、碑刻、铭石

(一)兴化无坝市工程纪念碑碑文

碑文

兴化市地处苏北里下河腹部,河湖纵横,总面积2393平方公里,水域面积达627平方公里,平均地

面高程仅1.8米,且周高中低,是著名的"锅底洼"。解放前,兴化是淮河的洪水走廊,洪涝旱岌等自然灾害频繁发生,十年九荒,民不聊生。建国后,在党和政府领导下,全市百万人民,艰苦奋斗,团结治水,出工80多万人次,参加大型水利工程建设45期,大搞导淮分淮,入江入海,以解除淮河洪水对里下河的威胁。同时,全市境内开展了面广量大的水利建设。通过联圩并圩、开河分圩,全市建成农业圩335个,达标圩堤总长3256公里;整治了雌港、雄港、渭水河、西塘港、车路河、盐靖河等市级骨干河道15条,总长284公里,将东西向水系调整为南北向,南引江水灌溉,北流入海排涝;新建闸站,沟渠路配套,将老沤田全部建成高产稳产旱涝保收的良田。

1997年1月,中共兴化市委八届二次全体会议,认真总结治水经验和1991年百年未遇洪涝灾害的教训,作出了《关于加强水利建设,努力实现三年圩堤达标建成无坝市的决定》,组织动员百万水乡人民,群策群力,三年累计投工3000万个,完成土方近6000万方,筹措资金1.5亿元,新建圩口闸1684座,新修建排灌站400座,使全市圩口闸总量达到3429座,排灌站总量达到1011座,建成了无坝市,结束了兴化防汛打坝抗旱拆坝的历史。

治水倡导"上抽中导下泄"。圩口闸的建成,只为中导打下基础,因此,兴化人民应治水不息,特立此碑,永志。

中共兴化市委员会

兴化市人民政府

1999年10月1日

(二)夏仕港景观铭石

 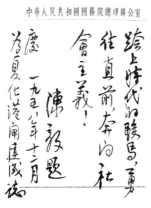 

2003年,此石立于靖江市夏仕港节制闸东侧绿地中。碑面北为陈毅元帅1958年12月为夏仕港闸《题词》:"跨上时代的骏马,勇往直前,奔向社会主义。为夏仕港闸建成志庆! 陈毅题 一九五八年十二月"。

南面刻靖江市长江堤防达标建设指挥部撰写的《夏仕港节制闸重建记》:

一九五八年国家拨款一百四十五万元,于盐靖河南段夏仕港口建六孔四十八米节制闸一座,规模为其时扬泰各闸之首。惠及靖、泰、姜、如四县(市),使百万余亩高沙土田得以旱改水,实现高产、稳产。通航船只直达盐淮腹部。

是年六月靖江县委致函曾在夏仕港闸可直接服务地域——黄桥立下赫赫战功的陈毅同志,请为夏仕港闸题字。十二月陈毅题词并对靖江致函"不妥当"处"提了意见"。题词及批示,关爱之心尽溢于言表。

夏仕港闸旱引、涝排,调度水源,改善水质历四十五载,省市鉴定该闸已逾寿命期,难御百年一遇洪涝,立国债项目,更新重建。二〇〇二年十一月始拆建,二〇〇三年十月竣工,投资三千三百余万元。

靖江市长江堤防达标建设指挥部
二〇〇三年十月记

（三）泰州水利精神铭石

此石造于2000年初,设在泰州市水利局大楼正门前,面东临海陵南路。

铭石上首篆刻泰州水利精神:"干平凡工作,创一流业绩"10个大字;其左小字行书刻文《记建局》。文曰:

泰州初设,建局三年。搬迁四次,食无定餐,居无定所。挖河筑堤,建闸造桥,吾辈所干,乃平凡之工作也。

引江神韵,江堤雄姿,砼渠遍布通南,圩闸绵延下河,年年先进,乃吾局三载之成就。五五工程,六大管理,八化蓝图,现代水利,一流业绩,乃吾人之追求。适逢乔迁新楼庭前造石、泐此以记。

时在新千年之首夜

（四）高凤翰古泰坝掣盐刻石

2002年,泰州市老城区北城河、西浦河口建高凤翰泰坝掣盐石质雕塑。面北右上角铭《古泰坝掣盐》;面南右方刻《老西河涵闸记》。

《古泰坝掣盐》文为:

泰州古称海陵,以其傍海而高得名。汉初,吴王刘濞东煮海为盐,于海陵建太仓,使吴国富裕强盛。唐代,设十大盐监,海陵位全国之首。南唐,海陵税盐供亿公费,不知限极,以兹升州。宋代,泰州盐税过唐举天下之数,州城成江淮重镇。明洪武初年,两淮都转运盐使司设于泰州,辖泰州、通州和淮安三分

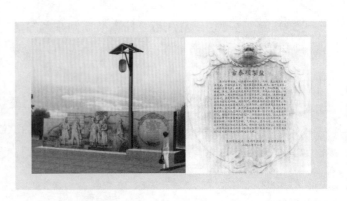

司。清乾隆年间,东台自泰州析出后,泰州虽不再产盐,但仍为盐运之咽喉。顺治年间,朝廷在泰州设泰坝监掣署,专司经泰过坝之盐签商认引,划界行销,按引征课及查验夹带私盐等情。自汉至清,泰州产盐运盐税盐凡两千年,泰城的产生和发展与盐业息息相关。泰坝监掣署第一任官系原上海县丞郝大纶,继任者为扬州八怪之一、原仪征县丞高凤翰。高氏改舟中勾当公事为衙署监掣公干,于城北西仓大浦头创泰坝衙署,建屋舍五十一间,书盐津总会额,气势恢弘,甚为壮观。为展现盐引在泰州掣验过坝之历史风貌,特制作《古泰坝掣盐》雕塑一座,并将两淮盐法志所绘《泰坝过掣图》镌刻其后,亦为衙署故址附近新建的老西河涵闸增添光辉。

泰州市地税局　泰州市国税局　泰州市水利局

（五）《老西河涵闸记》

泰州地处江淮之间,古为水陆要津,咽喉剧郡。元至正二十五年,朱元璋令徐达自江口开通济川河,直抵泰州南门。是举初为战事所需,亦兴上、下河舟楫之利。但因江、淮相接,又酿成下河一带江潮压境之患。明洪武二十五年,在州城北门外筑东、西两坝,拦江水于上河,以消弭水灾。此后,南来北往船只,均须换船过坝,甚为不便。公元1953年建泰州船闸,将西城河与卤汀河接通,使隔断560年之久的上、下河水运复又通畅。地级泰州市组建后,城市建设日新月异。为增加城区相机下泄涝水断面、改善河流水质,贯通西城河与老西河乃成万众所望。泰州市委、市政府顺民心、应众望,决定在上河轮船码头旧址新建老西河涵闸。该工程设计流量为5米³/秒,建3米闸径水闸1座及内径200厘米涵管250米,涵管采用顶管技术施工。涵闸工程拆迁房屋620平方米,征地1102平方米,配以具有古典建筑风格的管理用房及表现古泰州独特而丰富的盐税文化雕塑,以为兴修城市水利工程结合改善沿河景观作尝试。

毋忘过去,昭示后人,特撰此记,勒石永志。

泰州市水利局
二○○二年十月

（六）文会清风刻石

石,书形,造于2003年,位于泰州市老城区东城河畔东城河泵站北首绿带中。刻文为:

滕子京　宋　海陵郡从事　天圣间（一○二三至一○三一）在此建文会堂　时西溪盐监范仲淹与滕子

"文会清风"再现滕范二人唱和意境 以飨市民

京交往甚密 曾为此堂赋诗"书海陵从事文会堂"一诗 诗曰 东南沧海郡 幕府清风堂 诗书对周孔 琴瑟视羲皇 君子不独乐 我朋来远方 一学许周查 三迁徐陈唐 芝兰一相接 岂徒十步香 德星相聚会 千载有余光 味道清可挹 文思高若翔 笙磬得同声 精色俱激扬 栽培尽桃李 栖止俱鸾凰 琢玉作镇圭 铸金为干将 猗哉滕子京 此意久留芳

二〇〇二年泰市委政府根据防洪规划决策在东城河建抽引双向流闸站工程 以解决老城区东部排水兼引水活水 结合东城河风景区建设雕刻

泰州市水利局

二〇〇三年三月

（七）百凤桥碑刻

此碑建于2003年,位于泰州市东城河与凤凰河交汇处百凤桥。桥头刻文为:

泰邑之地,滨淮濒江。旧有城濠,新拓凤凰。壬午通水,古今和畅。癸未建桥,精琢细雕,桥架三孔,双水荡漾。九数鸾凤,翩仙天降,翔翔其羽,于彼朝阳。凤池不深,泰水流长,点滴滋润,辈出贤良。"凤凰灵鸟,实冠羽群。附翼来仪,应我圣君。"锦绣中华、涛涌波扬,伟哉禹风,民富国强。

泰州市水利局立于零三年国庆

（八）《碧血莲池记》刻石

此石,2004年立于泰州市城区莲花池畔。上刻:

元年(一二七六),元军犯境,直入江淮。淮东置制史、扬州知州李庭芝至泰,谋入海南下,兀术追至,筑长堑围城。城破,庭芝赴莲池就义,水浅未死,被执杀于扬。泰民以其忠,立祠祀之,昔有人撰联:"清水涌莲花 血甲翻飞犹激斗;芳庭树芝草 江山残缺赖扶持。"今立石挽英烈节操,缅先贤忠魂。

（撰文:黄炳煜）

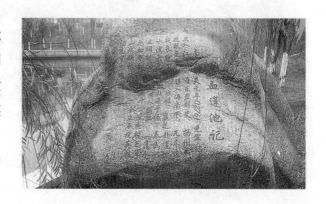

（九）百鸟朝凤浮雕墙石刻

2006年，分别在凤凰河与翻身河交汇处西北角绿地中百鸟朝凤浮雕墙北、南两端刻《百鸟朝凤》《凤祥泰州》两文。

北端《百鸟朝凤》文为：

州治泰邑，陵海滨江。丙子设市，政区有张。十载水利，意在革创。功能双重，力行力倡。"有形"继之，灌排引航。"无形"聚之，拓展益彰，生态效益、环境形象、人文景观，惠及城乡。

凤凰一河，花木益益，十里荫绿，十里风光；景设四区，水添灵气，游人漫步，雅士情寄；石艺桥梁，雕栏饰墙，中外传闻，风格名扬；沿河置石，独具形神，形如人意，石自天成；亭阙景墙，庄重古拙，大匠手凿，天工巧夺；凤凰文化，地刻柱书，瑶佩玉珪，滨水联珠。是谓，凤河美景不胜收，风华尽显水石殊。昔之海州，凤见于城，百鸟随之，飞向苍梧。今吾泰州，凤起鸾腾，人文荟萃，百姓听玎。中华凤城，省已定名，凤河乃竣，顺应民情，丹凤铜铸，高至"九五"，浮雕百鸟，迎风长舞。巽位之象，水润怃蠹，乾元用九，所向无蘁。凤墙告成，撰此以记。

泰州市水利局

二〇〇六年六月

南端《凤祥泰州》文为：

凤凰文化源远流长，凤凰之说五彩缤纷：凤凰乃生气灵魂之寄托；凤凰为百鸟汇集之美象；凤凰是殷民氏族之图腾；凤凰有阴差阳错之演变；凤凰兆祥瑞王权之象征；凤凰系浪漫爱情之化身。

凤凰与泰州缘结深厚，史溯凤临泰地两千余载；俯视泰邑形似凤凰展翅；曾传"凤凰姑娘"情滋古埠；又获省定名片"中华凤城"；今现和谐盛世凤翔泰州。

凤凰图腾，凝聚三千年中华艺匠之遐想，有商周古拙抽象之形象；有春秋清新生动之图案；有秦汉矫健豪放之造型；有隋唐丰满华润之纹饰；有宋元典雅秀丽之绘品；有明清华美臻细之画图；更有近现代高雅变幻之工艺。今设艺雕景墙，展现凤凰美象，兆示人间吉祥。

凤凰传说是地方的，凤凰图腾是民族的，凤凰文化是世界的。

泰州市水文化研究咨询小组

二〇〇六年六月

（十）鸾凤桥碑刻

此碑，2003年设于328国道跨凤凰河之鸾凤桥两头。碑文为：

凤凰河相交于三二八国道，雕石饰鸾凤于桥两侧扶栏。迎路，双凤起舞，珠联璧合，华光灿灿，谓政通人和。临河，一鸾腾飞，直上云天，祥云朵朵，言福运普照。三十四片彩羽，寓祖国大地应金瓯无缺。五十六支锦翎，意中华民族都亲如手足。斯桥，如旭日东升，似天鸟驭涛。水通路畅，增色千年凤栖地，凤仪花香，奉献一代伟人乡。

泰州市水利局立于零三年国庆

（十一）《鹿鸣河记》碑刻

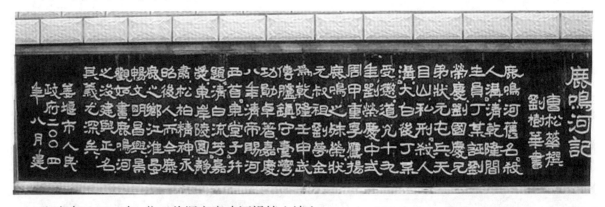

此碑建于2004年，位于姜堰市鹿鸣河堤挡土墙上。

鹿鸣河，旧名杀人沟。清乾隆间，生员丁某诬刘荣庆、刘国庆兄弟状元屯兵天目山私刑杀人沟。大白后，丁某受惩。道光十九年，刘荣庆中式周甲，重享鹰扬鹿鸣之殊荣。状元叔祖刘梦金为乾隆壬申武传胪，镇守台湾，功勋卓著。嘉庆八年，清帝赐河西"东堂子"并题"清白流芳"嘉奖，东岸陵园静肃，松柏精神永昭后人。而今麋鹿之乡，江淮晏畅，文明昌兴，景观如画，鹿鸣河之浚建与正名，其义尤深矣。

（十二）《腾龙桥记》碑刻

2006年，《腾龙桥记》碑设于高港区港城西路跨腾龙河（南官河）大桥桥身两头。记文为：

柴墟古镇 藏龙憩窝 南官河运 吞吐量多 龙升云从 波涌盘涡 通南接北 舟楫如梭 盛世修桥 桑梓祥和 宏构永固 坚挺抗阿 玉石长栏 群龙腾薄 神态昂扬 气势磅礴 通泰州港 接引江河 连开发区 生机勃勃 市南大门 龙头嵯峨 宛若垂虹 跨岸卧波 扬子江畔 明珠一颗 民俗精髓 随龙扬播 桥名腾龙 爰作颂歌 千秋寄望 百福并罗。

（十三）百水园刻石

石,竹简形,造于2006年,设在凤凰河百水园景区百水厅前。刻文为:

泰州大地,河港沟洫,经纬纵横,如织如梭。百水园之曲径,按微缩的泰州骨干水系布置。临河建有上善阁、百水园、不舍亭、春雨亭、化虹亭、水国亭、载舟亭及云水榭,供游人登阁览泰州百水,入厅品徽庄香茗,凭栏话风雨人生,此景谓"上善若水"。滨河曲径为"地刻留芳",可浏览根据名篇典籍制作的石刻。

泰州市水利局建

二〇〇六年十月

（十四）《南官河(腾龙河)记》景墙浮雕

此景墙,2014年立于腾龙河与市供电局之间的绿地之中。墙呈弧形,上塑阳字深浮雕工艺铭文。记曰:

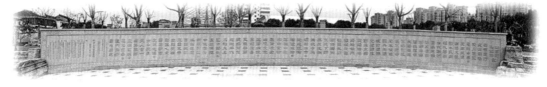

南官运河 史曰庙港 济川环溪 腾龙今享
北连城濠 南接大江 诸水似网 赖以为纲
古代斯河 自然流淌 断续相接 形如曲舫
漕浅道窄 大船难航 后筑低堰 农水遂畅

元末徐达	驱舟拓疆	攻打泰州	先挖河床
河成水阔	战船浩荡	兵进南门	据城北望
惟至汛期	潮侵涛狂	水漫下河	黎民遭殃
洪武中兴	坝筑四方	此患既除	柴墟成港
江城一体	客商繁忙	盐货通达	南来北往
五百余载	民运盛昌	又建泰闸	航运渐强
跃进年代	水利大上	江口节制	民生保障
今逢盛世	新开引江	水利航运	百业兴旺
水灵水秀	生态变样	融汇人文	谱写新章
文明之源	古今流长	天人合一	相得益彰
凤舞江城	龙腾江乡	远行游子	乡愁难忘

2013至2014年 泰州市水利局首浚腾龙河北段并绿化缀景 是为记

（十五）谭公渡碑刻

碑造于2013年，设在靖江市阜民河（横港）城南套闸东首北侧翼墙之上。上为隶书："谭公渡"。

下刻行楷碑文："古代靖江南渡江阴的渡口，原设在澜港。因江中有沙，渡江需绕暗沙逆流而上，取道黄山港，经大、小石湾、鹅鼻嘴，才能达黄田港。鹅鼻嘴等处水深溜急，船常触石，葬身鱼腹。知府谭桂上任后，巡查各县，了解民情，疏浚了江阴相关水道港口，并将靖江和江阴的渡口移至苏家港和黄田港。此后，一年多没有发生翻船死人的事故。靖江百姓感激谭公恩德，拟建谭公生祠，被谭公劝阻。于是就在渡口建亭一座，题名'美哉'，又为待渡堂屋之门题名'济川'，其堂题为'永泽'，并将渡口总称为'谭公渡'。"

（十六）函辉桥碑刻

2013年,此石设于靖江市阜民河（横港）城南套闸西首函辉桥畔。上刻:

明崇祯十二年,知县陈函辉（辉）在此建寒山闸,通澜港。陈函辉官靖六年,开浚团河、兴筑堰闸、整饬学宫、增广学额、建造书院、讲授文艺、编修县志、严整武备等,所做皆为百姓。调离靖江后,靖江人士建陈公生祠于寒山闸旁。今生祠堙没,故用其名名桥,以兹纪念。

（十七）《城南建闸小史》刻石

此石碑建于2013年,位于设于靖江市阜民河（横港）城南套闸东首南侧绿地。文曰:

明崇祯十二年,知县陈函辉开团河,为挡江潮入侵城河,于城西南里许,建寒山闸。上有祠、有碑记。清乾隆、道光年间邑绅宋朝鼎、陈司凯各募款修理一次。一九六一年余和机工瞿志清、排水大修该闸时,见闸墙基石刻有“民国二十二年修”字样。一九七三年开横港,陈正才经手拆除寒山闸。一九七六年张春根任水利局局长时,为利通航,建城南套闸。今为调控城区水源、改善水质,废套闸、固此闸、新建管理楼,闸旁绿化、造小景。是为记。

二、匾额、对联

（一）夏仕港闸亭、榭联

1999年靖江市夏仕港闸管所管理区环境改造,挖一池,建一亭一水榭。

〖夏仕港闸知雨亭匾〗

题“知雨亭”匾:

水利人知风知雨知潮汐

〖夏仕港闸知雨亭联〗

亭涵烟雨秋江月

风接云天夜半潮

〖夏仕港闸听涛水榭〗

面南内联：

雾裹云气游鱼不数

风狭涛声飞鸟和鸣

面南外联：

两枝梅花一树柳

满园春色半池秋

面北内联：

闸启江水活

堤固民心安

面北外联：

叠石山头朝雨晴

养莲池尾暮潮生

（二）天凤亭联

2007年建天凤亭，在亭南、北横梁上各额"天
凤亭"亭名。南、北亭柱上刻对联。

南联呼应环境景色：

瑞霭圆亭翔彩凤

长河绿柳拂青烟

北联以示自豪霸气：

齐燕北去　三千桥畔无双景

巴蜀西来　五百城中第一亭

（三）观凤桥联

2006年建观凤桥时，在桥拱南北两侧，用凸出镶边、阳文铲底工艺，刻制了长6.3米、宽0.65米的石制对联各一副。

南联行书：

拱桥高处观晴空万里天上彩凤

长河岸边享烟柳无涯人间美景

北联颜体：

云浮凤阙高桥涵月镜

柳掩人家曲水畅天机

（四）百水园亭阁厅榭联

天人亭联

2008年，靖江市水利局打造天生港"源自天生"景点，建一方石亭，亭名曰"天人亭"；联4副，分别为：

面东：

天人合一润地脉

道法自然耀天光

面西：

源流天生港

江靖鱼米乡

面南：

无墨无笔写水清池净画图

有声有色观鸟语花香文章

面北：

亭高可揽车水马龙城中趣

园小却涵莺歌燕舞世外天

（五）西园亭联

2009年，靖江市建造"西园"，园中建有"虚圆"亭。亭有题匾"虚圆"、"餐绿"两块；题联2副：

其一

圆亭花树清荫

方径兰草幽香

其二

池边絮柳映绿水

亭中玉兰接白云

（六）天水公园联

2013年，靖江市建造江南园林风格的"天水公园"，按园中各水之平面形态，分别名"五曲溪""月泊""壶湖""藕塘""莲池"；园内建"天水"阁，耸于壶湖中。隔景墙门额，东景为"含芳"，西景题为"知节"；阁下小岛名"水珠岛"，入岛小桥名"登云桥"；为其他建筑分别命名为"江篱馆""凝香室""在耘馆""问俗亭""憩亭""悠然亭""邈然亭""清音桥""丰乐桥""朝阳桥""五瑞桥""层波榭"。

（七）〖天水阁〗

上层联：

天水环园 烟霭有无 过客深期留物外

登云至阁 暖风交化 游人每恋贮胸中

下层联：

南临江岸桃花雨

北纳马洲梓里烟

〖登云桥〗

云中天水阁

雾里登云桥

〖江篱馆〗

花草曲溪连池水

馆亭高阁满园风

天水环园 烟霭有无 过客深期留物外
登云至阁 暖风交化 游人每恋贮胸中

〖凝香室〗

赋写梅花月

茶烹谷雨春

（略改龙井联用之）

〖在耘馆〗

游园歌管领

胜地赋华章

〖问俗亭〗

能晓世间道理

问俗亭

能晓世间道理
可听千古真言

可听千古真言

〖憩亭〗

百姓皆能享亭中小憩

民众尽可停此处高谈

〖邈然亭〗

秉公有始有终自在

休假观天观地悠然

（本为悠然亭撰，被用于此亭）

〖悠然亭〗

林下风光每思天水阁

园中景物常记悠然亭

〖五年后观天水公园自吟〗

至德邦间　江堤留痕　吟大江东去

清节人生　天水印记　拂微风西来

第七节　涉水著作、诗文、歌曲选
（历代精神水文化集萃）

　　泰州境内河港纵横，景色秀丽。水含吴越风韵，土连江淮根系。在这里产生了许多美好动人的故事，也引来无数文人墨客题咏不绝，越千年，留下不少名篇佳作。历史泰州，限于抗灾能力，多灾多难。人们用诗文记载了一些泰州的水、旱灾情和兴办水利、改善民生的要事。本节选录水利著作19部、古诗词58首、当代人创作的诗词35首、通讯散文6篇、文献资料16篇、歌曲4首。

　　一、水利著作

表15-1　水利著作一览表

作者	书名	字数（千字）	出版日期	出版社	备注
郑肇经	太湖水利技术史	223	1987年1月	农业出版社	
郑肇经	港工程学				
郑肇经	渠工学				
郑肇经	河工学		1934年3月	商务印书馆	

续表 15-1

作者	书名	字数 (千字)	出版日期	出版社	备注
郑肇经	中国水利史		1950年	商务印书馆	
郑肇经	中国之水利		1973年9月	商务印书馆	
郑肇经	农田水利学		1952年8月	中国科学图书仪器公司	
郑肇经	水工、土工实验报告				
郑肇经	中国河工辞源		1936年7月	全国经济委员会水利处	
郑肇经	再续行水金鉴		2004年8月	湖北人民出版社	1942年曾部分刊印出版, 1946年撰成修订稿,约 700万字,未出版
王文圣 金菊真 丁 晶	随机水文学		2008年7月	中国水利水电出版社	
董文虎	乡(镇)企业财务管理与分析	365	1989年10月	东南大学出版社	
董文虎 赫崇成 李隆根	水利工程管理单位会计制度讲解		1995年4月	中国水利水电出版社	
董文虎	水利发展与水文化研究	113	2008年4月	黄河水利出版社	
陈新宇	水啊 水	146	1994年10月	江苏人民出版社	
陆永东	生命的追寻		2011年7月	中华诗词出版社	
陆永东	那山 那水 那段情		2010年8月	中华诗词出版社	
董文虎	董文虎诗书画印集		2002年12月	黄河水利出版社	
董文虎	皱法书唐诗及书画集		2013年6月	苏州大学出版社	

二、诗词

送从弟惟祥宰海陵

浮于淮泗,浩然天波。

海潮喷于乾坤,江城入于泱漭。

作者:王维(701—761),字摩诘,太原人。唐开元九年(721)进士,官至尚书右丞。工诗善画,万年居蓝田辋川别墅。著有《王右丞集》。

注释:本篇摘自作者《送从弟惟祥宰海陵序》后勖词。

发高沙(之三)

一日行经白骨堆,中流失柁为心摧。

海陵棹子长狼顾,水有船来步马来。

作者:文天祥(1236—1282),字宋瑞、履善,号文山,庐陵(江西吉安)人。宋理宗宝祐四年(1256)进士第一(状元);为右丞相兼枢密使。1276年元兵逼临安,正月二十日(农历,下同)奉命至元营谈判,被元相伯颜拘留,在北解途经京口(镇江)时潜逃,夜渡瓜洲,经真洲(仪征)、扬州、高邮抵泰州,转通州渡海南奔,再度率军抵抗。于祥兴元年(1278)十二月被俘,解大都(北京),囚禁四年,诱降不屈,从容就义。著有《文山集》。

注释:文天祥离开高邮,雇到海陵船民,从水路向泰州进发(道光《泰州志》将此诗诗名记为《旅怀》之一。)

泰州

羁臣家万里,天目鉴孤忠。

心在坤维外,身游坎窞中。

长淮行不断,大海望无穷。

晚雀传家讯,通州路已通。

作者:文天祥。

注释:作者辗转于1276年3月11日抵泰州。(道光《泰州志》以原诗诗名载。)

(海陵)旅怀(之一)

北去通州号畏途,固应孝子为回车。

海陵若也容羁客,剩买菰蒲且寄居。

作者:文天祥。

注释:作者滞留泰州所写。[道光《泰州志》将此诗用《又》作诗名,列《旅怀》(实为《发高沙》之三)后。]

发海安

自三月十一日海陵登舟,连日候伴、问占,苦不如意。会通州六校自维扬回,有弓箭可仗,遂以孤舟于二十一日早径发,十里,惊传马在塘湾,亟回。晚乃解缆,前途吉凶,未可知也。

自海陵来向海安,分明如度鬼门关。

若将九折回车看,倦鸟何年可得还。

作者:文天祥。

注释:作者于1276年3月21日晨会到了通州六校,得知通州仍有"弓箭"——宋营的部队,"可仗"——可以依靠,急不可待,决定不管前方有无情况,催促所乘之船,立即向海安进发。船行十里,忽然又惊闻元军人马,正在城东南的塘湾一带盘查,折返,至当日夜间又向海安进发。(道光《泰州志》以原诗诗名载。)

发通州

予万死一生,得至通州,幸有海船以济。闰(三)月十七日,发城下,十八日宿石港。同行有曹大监镇两舟,徐新班广寿一舟。舟中之人有识予者。

孤舟渐渐脱长淮,星斗当空月照怀。

今夜分明栖海角,未应便道是天涯。

作者:文天祥。

注释:在通州文天祥得到通州太守杨师亮支持,做好了准备出海的工作,离开了通州,夜宿石港镇所写。(道光《泰州志》将此诗名记为《马塘》。)

卖鱼湾

风起千湾浪,潮生万顷沙。

春红堆蟹子,晚白结盐花。

故国何时讯,扁舟到处家。

狼山青两点,极目是天涯。

作者:文天祥。

注释:闰三月十九日,至石港东面的卖鱼湾,因曹大监的船只搁浅,候潮一天时所写。(道光《泰州志》以原诗诗名载。)

即事

宿卖鱼湾,海潮至,渔人随潮而上,买鱼者邀而即之。

飘蓬一夜落天涯,潮溅青沙日未斜。

好事官人无勾当,呼童上岸买青虾。

作者:文天祥。

注释:作者从泰州出发经通州,于1276年闰三月十九日抵石港东面的卖鱼湾拟入海,因曹大监的船只搁浅,候潮一天。他夜宿小镇时所写。(道光《泰州志》改诗名为《虾子湾》。)

自柴墟归海陵明

北望江乡水国中,帆悬十里满湖风。

白苹无数依红蓼,惟有逍遥一钓翁。

作者:储巏(1457—1513),字静夫,号柴墟,江苏泰州人。明成化二十年(1484)二甲一名进士。幼聪颖,九岁能属文,连中解、会二元。授南京吏部主事,历户部左侍郎,改吏部。卒谥文懿。著有《柴墟集》等。

注释:柴墟乃泰州口岸镇旧名,在泰州南郊长江边,今属高港区。

水大至

河水弥弥大堤平,旬日不得一时晴。

草堂积雨烟火断,楚天尤云朝暮行。

村中童子击农鼓,水上人家知夜更。

风波之民慎相保,四野盗贼何纵横。

作者:陆西星(1520—约1601),字长庚,晚号蕴空居士。九试不遇,遂弃儒为道,被后世道教信徒尊为"东派"之祖。陆西星一生著作甚丰,其《南华真经副墨》收入《四库总目提要》。明嘉靖三十八年《兴化县志》、万历十九年《兴化县新志》均为陆西星编撰。另《乐府考略》及《传奇汇考》中均提及:《封神传》作者为道士陆长庚。上海辞书出版社1979年版《辞海》中有"《封神演义》一说陆西星作,西星为明代道士"的记述。

凤池笔颖

胶痒云拥凤麟游,形胜多从碧水收。

峻塔倒成横笔影,清淮分作曲池流。

文明此日昌期会,元气终天万古浮。

安得回梯还百尺,题名盛继许查周。

作者:凌儒,字真卿,号海楼,泰州人。明嘉靖三十一年(1552)癸丑科进士,擢御史巡盐两浙,迁大理寺,升山西屯田都御史。告老家居,绝迹公府,热心地方公益。鉴于下河地势低注,力请当道开丁溪、白驹二港,排除水患;提出修学、筑堤、救荒等条议,多见允行,造福桑梓。年卒八十,著有《旧业堂集》。

注释:

凤池笔颖:旧时,当夕阳西斜,泰州南山寺古塔塔影落泮池(又称凤池)内,宛如大笔浸波,称"凤池笔颖",为"海陵八景"之一。

许周查:指当时泰州三望族:许元,字子春,为江浙荆淮制置发运使,擢天章阁待制,家住泰州城北;周梦阳,字春卿,官至天章阁待制,家住泰州丛桂坊(登仙桥西南);查道,字湛然,为龙图阁待制,奉使契丹,进右司郎中,家住泰州进德坊(登仙桥西)。

西湖春雨

殿山连郭小西湖,一镜澄然落影孤。

日日寒波裕鸥鹭,年年春雨长菰蒲。

精忠上仰将军岳,正学前依教授胡。

为爱幽遐隔尘市,结茅邻并著潜夫。

作者:凌儒。

注释:西湖,即泰州小西湖。湖畔有春雨草堂,明末宫伟镠筑。遗址在今泰州泰山公园内。

范堤烟柳

长堤捍海几经年,万柳青青含晓烟。

鳌极永安潮应月,蜃楼高结碧连天。

自宜煮水堪成赋,不畏扬波好种田。

我亦乡人事疏凿,漫将经济继前贤。

作者:凌儒。

注释:范堤,范仲淹任兴化县令时,主持修复长堤以捍海潮,人称范公堤,堤上遍植垂柳以固堤身。参见范仲淹简介及清吴嘉纪《范公堤》诗注。

登望海楼

落日凭栏望眼开,苍苍气色接蓬莱。

千家万灶孤城合,万里帆樯一水回。

不见秦鞭驱百去,空闻汉弩射波来。

即今过客知多少,可有元虚捵藻才。

作者:刘万春,明万历四十四年(1616)中丙辰科进士,授户部主事,历任兵部员外郎、郎中,官至浙江布政司参政。参与修撰崇祯《泰州志》,著有《守官漫录》(5卷)。

注释:

"秦鞭驱石",南朝梁·任昉《述异记》:"秦始皇作石桥于海上,欲过海观日出,有神人驱石,去不速,神人鞭之,皆流血,今石桥其色犹赤。"用此典与"汉弩射波"对应,使人读之顿生"秦时明月汉时关"之意境。

泰州绝句

穷海三秋尽,扁舟百里行。

夕阳无近色,偏照远帆明。

作者:杜浚(1611—1687),字于皇,号茶村,湖北黄冈人,明崇祯十一年(1638)副贡。明末不仕,隐居南京。著有《变雅堂诗文集》。

注释:

原作者自注:"州西南多盐艘往来,布帆夕阳,的是真景。"

海陵归棹

江城离一月,今始命归舟。

月暗疏星度,更残远树幽。

水声凝骤雨,风色似清秋。

夜话浑忘寐,邻鸡唱渡头。

作者:闵鹏,字扶苍,安徽歙县人,扬州籍,流寓泰州。清康熙年间诗人,著有《古砚斋诗草》。

海陵竹枝词

穿城不足三里远,绕廓居然一水通。

暇日娱情容易尽,平时访古妙难穷。

作者:赵瑜,清嘉庆至同治间泰州人,作《海陵竹枝词》100首。

注释:此词生动地叙述了一般市民能见到绕廓而流通的水,能有文化古迹可寻访之幸福感。

泰兴道中

县郭连青竹,人家蔽绿萝。

地偏春事少,山迥夕阳多。

暗水披崖出,轻船掠岸过。

传呼细扶舵,吾老怯风波。

作者:宋·韩驹。

(摘自光绪《泰兴县志》)

泰兴郊行

春日行行江上程,麦田初秀午风轻。

树留残雪三分田,水入寒潮一带清。

风俗变迁悲古道,闾阎凋敝惜苍生。

何当慰我观民志,桃李荫中鸡犬声。

作者:明·朱南雍。

(摘自光绪《泰兴县志》)

船港春潮

东风吹雨海扬波,一道溪回百折涡。

别岸桃花生锦浪,征帆鹭影捞银河。

朝宗江汉空愁绝,过客乾坤可奈何。

却忆钱塘秋唤渡,素车白马倏来过。

作者:明·朱栗。

姜溪牧笛

吹竹群儿渡早沟,争夸牛背稳如舟。

丰年景物图堪画,太古遗音谱不收。

旧令喜功同鯀殛,何人扣角更齐讴。

我思抱犊昆仑远,夜月箫声隐凤丘。

作者:明·朱栗。

骥渚渔灯

马驮沙明隔夜江,钓船筐篓出蓬窗。

风前疑聚萤千点,月底惊飞鹭一双。

应对吴枫愁古寺,定然楚竹倒春缸。

君山在望谁喷笛,响裂星河气欲降。

作者:明·朱栗。

西江暮雨

云湿寒沙望不开,晚风吹浪隐龙堆。

渔依葭荻谋鲜食,僧掩茅茨叹劫灰。

潮势东来疑卷雪,江流北去若奔雷。

令人忆得潇湘夜,诗罢猿声入梦哀。

作者:明·朱栗。

孤山帆影

一点浮青人望遥,樯乌飞处自生潮。

竺僧有道元非妄,海贾为文若可招。

众鲨乘风俱出没,大鹏击水共扶摇。

三山无恙麻姑说,几度柘桑候老樵。

作者:明·朱栗。

腾暗啸月

卧治城南百尺楼,高凭树杪见江流。

当杯月出千门夜,满郭霜飞一雁秋。

吹断角志潮欲上,落残灯烬客仍留。

挥毫信美君能赋,载酒何妨日共游。

作者:明·陈继畴。

飞虹跨马

泥香草软碧蹄桥,吟遍春风画板桥。

半掩朱阑斜拂柳,平添绿水暗通潮。

晴丝故向杯前堕,野色全依仗外飘。

俨若飞虹飞不去,夜深神女待吹箫。

作者:明·陈继畴。

柴墟镇

日色才过午,行装且暂停。

人家隔岸少,鱼蟹满河腥。

水涨难通骑,村虚易数星。

回看昨来路,历历远山青。

作者:明·李寅。

柴墟怀古

鸦噪高梧冷断霞,荒原凭吊一停车。

风生瓜步潮声远,日落圃山树影斜。

渔子轻舫衣极浦,牧童短笛下平沙。

金牌十二骑箕去,万古中原咽暮茄。

作者:清·程泰象。

延令道中

路人延令竹木幽,江潮曲折绕村流。

荞花稻穗迎双寺,白雪黄云乱九秋。

自笑书生但糊口,相逢农夫欲低头。

幸无旱涝灾邻邑,不疑琴书访旧游。

作者:清·孙枝蔚。

延令道中

长堤浸水露垂杨,寒雁凄迷易断行。

向晚一溪蓑笠雨,渔舟都聚隔林庄。

冲破寒烟见市墟,水乡十里种芙蕖。

瓦瓶清得茅柴酒,且就会郎买鲤鱼。

作者:清·陈景锺。

暮春延令郊行

曲曲清溪春水平,岸旁高树语流莺。

杨花铺地行无迹,麦浪翻风听有声。

野寺僧归孤磬发,遥天日暗片云生。

竹根暂憩停游展,斗草儿童问我名。

作者:清·严爵。

延令秋眺

海国秋高万里晴,草桥红叶压村明。

山空木落浮烟静,水阔云开托画平。

船泊渡头添远火,鸟归林外曳残声。

须臾月出前溪上,满地芦花浅浪生。

作者:清·王兆华。

惠崇春江晚景二首之一

竹外桃花三两枝,春江水暖鸭先知。

蒌蒿满地芦芽短,正是河豚欲上时。

作者:苏轼。

注释:此系苏轼作于宋元丰八年(1085)的题画绝句,这一年他正月二十二日到达常州,而后到靖江看望他(嫁在靖江)的堂妹,五月返常州。此诗写的是靖江江边的景色。

孤山

孤屿水中央,沧江万里长。

神功从太古,浩气接苍茫。

穴静蛟龙稳,尘稀草木香。

十年浮海梦,回首忆沧桑。

作者:韦商臣,浙江孝丰人,明嘉靖四年(1525)任靖江县丞。

长江汇流

天河倒徙入江流,洗尽东南两地愁。

巴雪消来春水急,楚云飞落海门秋。

星辰联络骊珠出,楼阁横空蜃气浮。

芦苇月明闻铁笛,此中原是一仙洲。

作者:张秉铎,福建莆田人,明隆庆二年(1568)任靖江知县。

石碇遗经

石碇银沙山脉连,峭峰巉巇港湾边。

上无先迹两三尺,下有遗经十二卷。

只听龙蛇深稳卧,未经风日揽长眠。

山亭夜夜瞻灵气,应有轰雷起九渊。

作者:赵应旟,字敏卿,号石照,江西南昌人,举人,明万历四十二年(1614)起任靖江知县五年。

作者自注:在孤山东里许,山笋出土如碇,原丈余,碇周有《法华经》十二卷,今为江沙所没。(编者注:今仍有港名"石碇港"。)

长江汇流

江水日东倾,层波递相续。

分流绕中洲,四壁环青玉。

作者:赵应旟。

赵公堤

乃邑官渡口,江深滩汀,渡者病涉所从远矣。侯悯之,捐俸垒石为堤,民颂德焉。

年年人语沸江声,筑插中流古渡平。

烟水映空虹正偃,浪花飞雪蜃初惊。

泊来沙际官堤近,人到矶头画舫轻。

为说自今无厉涉,临涯应颂赵公营。

作者:朱家模,字端叔,靖江人。太学生。工古文词,著有《芝云馆集》。

注释:此诗为感念县令赵应旟捐俸所建渡口石堤而写。

长江诗

水到沦溟是尽头,喜从冲要汇群流。

波涛浩荡藏龙窟,烟雨微茫起蜃楼。

万棹竞开潮涨暮,数峰空浸月澄秋。

弹丸黑子休言小,自是乾坤一上游。

作者:刘乾,靖江人,以进士授户部主事迁郎中,明嘉靖初升南京鸿胪寺卿。

三邑开港

皋泰开港,由靖注江,难与虑始,甫三月而告成,三邑均沾水利,民心大悦,赋此志喜。

畚锸如云赋子来,百年聚讼喜今开。

若非同志昭诚信,曷使舆情泯怨猜。

将变硗田为沃壤,还期秀水蔚奇才。

奠川自昔歌明德,三邑欢声轰似雷。

作者:郑重,字威如,福建建宁人,清康熙二年(1663)由进士任靖江知县。

注释:县令郑重,解决了靖、如、泰三县水利纠纷后的心情,跃然纸上。

筑坝名文兴

形家不可信,信理以求亨。

堤筑沙笼合,波回骥渚平。

民风歌举翼,士气竞飞鸣。

坤巽交环抱,文兴永著声。

作者:郑重。

注释:此诗表达县令郑重兴办水利,不信风水,提倡科学,注重水工程文化的唯物主义思想。

长江诗

长江望断水云昏,万里南蛮战舰屯。

但怪鲸鲵来海角,谁知虎豹守天门。

一时遑惜朝廷小,此日微闻狱吏尊。

铁尽九州供铸错,茫茫此事竟难论。

作者:陈凤喈,士绅,靖江靖城人。清道光二十二年(1842)抗英主战派。

靖江八景

孤峦砥柱

粼粼片石寝长鲸,何处飞来一掌擎。

昔与金焦分砥柱,今为陆海壮干城。

星河夜静盘江卧,燕雀身轻透顶鸣。

莫谓天涯迷禹道,神京回首暮云生。

雁塔横江

塔峰遥映半江余,白浪轻翻雁影徐。

野景难逢歌郢雪,去帆错认指南车。

身余一发情难揶,潮涌千村课复虚。

移步登高闲吊古,赤乌曾否胜黄初。

澜江天际

赤日凌空鸟道悠,飘零烟树隔神州。

萧萧天籁随波舞,飒飒秋声带雨浮。

吴楚忽分南北势,乾坤常抱陆沉忧。

谁能踪迹扶桑外,还向君平问斗牛。

秋潮晚渡

箫杵连村夜未休,遥腾海腹溢高丘。

纤纤片叶随风舞,冉冉孤帆破浪悠。

晚渡争先愁日暮,倚舟盼后忆乡讴。

往来自识征途惯,牢落江湖不记秋。

村园春槿

江村何物吐奇葩,烂漫纷披整复斜。

访戴难窥茅舍影,题门却碍鸟声哗。

千寻瀑布悬山麓,百岁藤萝卧水涯。

争似小园春色槿,朝朝暮暮野人家。

沙苑桃花

薄暮持舟弄晚潮,渔人醉后学吹箫。

蹁跹燕子随波舞,绰约桃花带雨飘。

逐步溪声飞夜榻,联群巷语隔溪桥。

不愁曼倩频来窃,花信相逢岁岁娇。

渔舟夜月

适性何妨择术愚,扁舟队里笑屠沽。

莺衔野色眠新绿,月带春容入画图。

最爱霜余更漏尽,尤贪读罢老儒呼。

渔樵满市无人问,少伯何须泛五湖。

织水梭江

襟江带海一丸环,数变沧桑土亦孱。

百道河身编发网,千家港口打渔湾。

波声鼓荡侵高枕,地脉欹斜傍小山。

还向渔人频借问,桑间曾否隐抱关。

作者:蒋中和,靖江今生祠镇人,清顺治九年(1652)会试及第,十二年(1655)成进士,先后任河南兰阳知县、沧州通判。著有《半农斋文集》,收入《四库全书存目》。

车水

蛇蜕鸦衔巧制成,分畦翠浪走溪声。

怕经水旱车千二,何止昕宵百里行。

作者:粟香,为作者书斋名。靖江人,真名无考,有《粟香存稿》。此诗发表于1940年6月《靖江新报》。

作者自注:千二,水车之制,先植两木于河滨曰蹋砧,上置横木以扶人曰扶桁。下置横轴,轴四旁列丁字木,曰车榔头。中排短木如齿,曰抄头。下接木槽,经水处承以木架,曰水架。长槽容五十六幅至九十余幅,以木穿幅,连续回环以运水,曰鹤膝。其轴四人或六人或八人,以手扶桁,以足踏车榔头,于是轴转而抄头再转,鹤膝缀曳,万幅上下回旋。每转凡十八踏,槽长则三十余踏,其幅可周水一周,十六周一筹。寻常每日百筹,则一千六百周,计二万八千八百踏矣。如天旱急戽,则每日百二十筹,谓之车千二,不止日行百里也。

渡扬子江

破晓开江去,长风满柁楼。

岸移平楚失,潮冷远山浮。

易感菰芦士,难寻麟凤州。

海门真咫尺,日夜水东流。

作者:吴存义(1802—1868),字和甫,江苏泰兴人,清朝官吏。

舟经三水

故土频惊寇,颓垣半草莱。

鸦寒啼旧垒,日落肃高台。

远树分烟合,浮岚染堞来。

居人逃窜尽,独眺意徘徊。

作者:明·黄浣生(生卒年不详),字位中,号眉房,泰州姜堰人,明锦衣卫指挥,协理两淮盐政。入清不仕。著有《德园诗集》。

秦潼晓发

两度宿秦潼,苍烟晓望空。

荷香半艓露,柳浪满衣风。

短棹仍鸥狎,愁怀有梦通。

自怜归未得,尽醉任飘蓬。

作者:明·黄浣生。

大水行

呜呼噫嘻! 昭关坝开,急湍趋下如奔雷。

岸界之而破裂,垣触之而排豗,下游之民何辜而罹此灾!

天色惨淡云气黑,暴雨助威水势急。

气腥似毒龙嘘吸,禾黍汩没鱼虾得。

万井一齐空,平原成大泽。

奔流入海海不容,潮涨十丈当其冲。

欲泄不得泄,横行千里中。

北风劲而骇浪南,西风疾而惊涛东。

东南地高水势平,绳床悬卧蛇伴人。

西北地卑老弱死,高树攀援少壮生。

破冢浮棺乱尸集,新鬼故鬼相间鸣。

鬼鸣啾啾人寂寂,对此那得不酸辛。

七日水退,饥莫能兴。

灶有湿薪釜无粟,千家万家同一哭。

作者:清·邹熊(1762—1821),字耳山,号际飞,江苏泰州人。监生。中年始为诗,诗清峻雄迈,与如皋谢德泉并称"海上作手"。著有《声玉山斋诗集》,辑《海陵诗汇》,并与叶兆兰辑刻《芸香诗钞》。

注释:清嘉庆年间,泰州连续两年遭灾。据道光《泰州志》载:"嘉庆十年(1805年)六月,大风雨,海潮溢,江涨,淮水骤发,开五坝,水淹下河,民多流徙。""嘉庆十一年(1806年)春,民饥,食浮萍及榆皮,河鱼涌出,人争取之。夏,旱、疫。六月,荷花塘(水库)决,漂没下河田庐无算,岁大祲。"本诗选自《声玉山斋诗集》。

微雨行罗塘道中

东风扇淑气,水木皆敷荣。

微雨霭芳旬,春禽时有声。

兴来方独往,望远若为情。

念我同心友,何时酒共倾。

作者:清·蒋文田(1843—1909),字子明,姜堰镇人。光绪秀才,太谷学派传人。著有《龙溪先生诗钞》。

泊溱潼

雨雨风风魂暗销,石头桥下晓停桡。

几千百个打渔艇,七十二家烧瓦窑。

寒水接天秋意尽,湿烟拖地年难消。

飘零到处频为客,独倚蓬窗感寂寞。

作者:清·徐信,字小园。江苏泰州人。工诗画。性疏放,嗜酒。行吟得句,每借市人笔砚记之。著有《青藤馆诗草》。

鲍老湖

西风猎猎响菰蒲,一片玻璃万顷铺。

好是清秋看串月,瓜皮小艇泊鲍湖。

作者:清·储树人。

水乡垛田

年年看菜花,菜花依旧黄。

小艇摇波域,野塘春水香。

故人家住此,门前流水长。

水流无尽止,花黄无尽长。

一万复一万,曲曲黄花山。

黄花映白发,相对两还颜。

作者:洪挹候(1874—1947),名醴,祖籍安徽歙县三阳坑,世居泰州,清优贡生,曾任山东知县,后弃官返泰,设塾教书。

运粮河

雪泥鸿爪未消磨,泰县张王遗迹多。

走马登高走马岭,运粮开挖运粮河。

作者:周志陶(1920—2008),泰州人,中国民主同盟盟员,曾任原泰县(今姜堰区)文联副主席,诗人、书法家、地方文史专家。

访溱潼

波光潋滟水回环,红雨纷飞麦浪翻。

莫道江南花似锦,溱潼水国胜江南。

作者:石林。

清乐平·大麻墩义井

麻墩义井,甘冽犹堪饮。

滋润千年花似锦,争道爱莲人品。

风云变幻苍茫,几番苦雨寒霜。

石勒铭痕心曲,相承一脉流芳。

作者:王慕弄。

积善桥

水绕孤村荒古渡,隔河相望断途程。

庶民合作千秋义,张氏重修无限情。

积善芳名传后世,和谐风尚乐清平。

丰碑熠熠光天地,代代追思雨露恩。

作者:曹俊铎。

新开通扬运河引江济淮

江淮临界凿新河,兴利除灾益处多。

江水奔腾流腹地,雨涝排泄出心窝。

一群桥闸随人意,无数船航逐浪波。

枢纽工程威力大,苍天水旱也丰禾。

作者:金子平,金湖人。1940年参加革命工作,曾任金湖、宝应县县长,扬州市农校校长。1956—1967年任扬州(含泰州地区)专署首任水利局局长,1972—1977年先后任扬州专革会水电处负责人、副处长,1977—1983年先后任扬州地革会、扬州地区行署水利局局长,合计任扬州市水利负责人22年。著有《淮上吟草》诗集。

通南高沙土改成水旱田

沙土狂风飞满天,消除旧貌几思迁。

开河改变实心地,挖土推平龟背田。

涵闸观潮能引泄,岸堤护坎保安全。

都夸水旱轮茬好,新写通南致富篇。

作者:金子平。

里下河区庆有年

往日人工苦拽犁,沤田改旱两收宜。

雨涝畅泄归江海,洪泛坚防有坝堤。

万闸千堤凭水涨,四分两控任人移。

浚河筑路车船便,鱼米飘香乐盛时。

作者:金子平。

注释:泥土深陷,用人工拉犁耕田。高低分开、排灌分开、内外分开、水旱分开,控制河水位,控制地下水位。

清平乐·最早的通道夏仕港闸

闸河雄壮,

要塞凭栏望,

哪怕洪潮翻巨浪,

我自安然无恙。

良田能灌能排,

轮帆北往南来,

跨上时代骏马,

盛名传遍江淮。

长江要塞。

作者:金子平。

发展机电灌排

提水望云天①,如今大变迁。

三车②成史迹,万马跃河边③。

工副添长翼,旱涝庆有年。

农村机电网,四化喜当先。

作者:金子平。

注释:

①提水要看风、看天,风小不能转动。

②风车、牛车、人力车。

③现有机电排灌站6万多座(指扬泰两地)。动力70多万千瓦,比1949年增1万多倍。

江城子·赞泰兴水利

当年规划志高昂,背通扬,面长江。

六项要求,十化有方向。

四十年来勤奋战,回首看,变沧桑。

沙田百里稻花香,建江防,若金汤。

河道如网,林路尽成行。

排引灌航多效益,工副贸,竞开张。

作者:金子平。

赞夏仕港闸

巍峨一闸竞风流,博得民歌与帅讴。

骏马奔腾连海势,轻舟摇荡隔江幽。

意从百万农家愿,物向大千商贾投。

两岸纷呈唯秀色,十天风雨也无忧。

作者:朱根勋,靖江人,县政协副主席兼任县委统战部部长、中国作家协会会员。

赞靖江百里江堤

金风送爽大江边,塞上长城喜眼前。

堤外江涛腾激浪,圩中稻粟庆丰年。

一条屏障除忧患,多种经营建乐园,

靖邑人民多壮志,降龙造福竞登先。

作者:李子建。1940年参加革命工作,曾任江苏省水利厅副厅长、党组副书记,省诗词协会常务副会长。著有《毛泽东诗词探索》《水上吟》《格律诗词讲座》等书。

靖江江堤今昔比

——调寄满江红

天堑长城,添异彩,频开锦席。

朝霞映,江天寥廓,园林茂密。

浩荡长江流湍急,巍峨屏障森严立。

驭金龙,绿树间红桃,锦鳞曳。

思往事,心颤栗;敲榨尽,穷人血。

任洪水猛兽,庄园吞灭。

国破铁蹄流浪苦,身亡鱼腹凄惨绝。

唤新天,铁壁复铜墙,全无敌。

作者:李子建。

题泰县姜堰(堰)管理所

工程管理喜偏多,综合经营奏凯歌。

古渡明珠辉泰水,生财有道在人谋。

作者:李子建。

题靖江十圩港闸

飒飒西风天不凉,桂花虽落尚留香。

十圩港闸林园静,松柏葱葱傲雪霜。

作者:李子建。

题靖江大堤

谁人巧计夺天工,铁壁长城锁巨龙。

浊浪滔滔降足下,云帆点点入苍穹。

等闲不顾抱头雨,安坐相迎刮地风。

最是滨江风物好,斑斓桃李胜江东。

作者:杨源时,1917年生,张家港人。1942—1944年任靖江县委书记、县长兼独立团长。此诗作于1984年,是作者离开靖江40年后,重返旧地,见江堤修复加固一新有感之作。

为董文虎义卖书画而题

一身心血纸上描,义卖墨宝风格高。

造福桑梓真情在,长城再固锁狂涛。

1997年9月25日

作者:丁解民,靖江人,江苏省人大常委会副主任。1997年时任泰州市人民政府市长。

靖江江堤达标二首

其一

贺夏仕港新闸建成

夏仕一闸控大江,御江引排兼通航。

卅载风雨使命成,一年重建责任扛。

新闸巍巍水浩浩,旧景依依功荡荡。

现代工程现代人,为业为民尽端详。

其二

闻靖江江堤达标欣然命笔于海陵知止堂

襟江依海马驮沙,明时建县始设防。

修堤筑堰五百载,九七瀁洪一潮狂。

江堤达标成众议,笑谈重建忽大上。

六年奋斗今始成 ,堤内岸外开发忙。

文虎　癸未十月诗　甲申八月书

作者:董文虎(虹桥村民),扬州人,曾任泰州市水利局局长、泰州市老干部书画研究会顾问、江苏诗词协会会员。

观"治水者"雕塑有感

治水者

他自宇宙洪荒的历史走来

与水同行

力通九脉

使荡荡洪水

纳川归海

不复泛滥成灾

治水者

他从风雨如磐的岁月走过

与水同庚

气贯九州

使江海河汉

听凭调度

滋润神州大地

治水者

他向现代文明的未来走去

与水同存

益济九区

使大千世界

花团锦簇

永远美轮美奂

作者:董文虎。

故乡的河

最爱故乡河

村妇浣衣童戏水

碧波潺潺杨柳岸

晚炊轻　稻花香

渔樵耕读胜桃源

最忆故乡港

水码头前听桨声

白帆点点渔歌远

鸬鹚立　蟛蜞爬

潮涨潮落亦江南

啊　故乡的河

为了扶平你的创伤

我愿做你的河长

啊　故乡的港

为了再现你的荣光

我愿日夜为你站岗

还你水清流畅

奔向大江大洋

作者:羊文华,靖江市水利局局长。

读长江

那阳光下粼粼滔滔的波光

是长江这部古老的史诗么

哪一段水域润泽过秦时月

又拂吹过汉时风

哪一层浪谷濯过千古风流

又远去了一江东流的忧愁

哪一缕脉络藏着

源头水尾思君不见的伤悲

又将真情万世流传

一个波峰

就是一段呼啸的历史

阵阵涛响汇成

千里奔泻的主题

且把心化作一只颠簸的小舟吧

并不期望留下足迹

我要将生命的帆影

虔诚地投入这部史诗的延伸与激越

该诗歌获2008年全省水利系统创建精神文明"五个一"活动诗歌三等奖。

作者:宋立虹,靖江人,江苏省作家协会会员。

辛卯夏旱过平望有感

——癸未之旱赋也

九年两旱苦桑麻,一夜孤行倍感嗟。

凉月纷纷通马路,疏林隐隐出人家。

旧时茅屋牵红蓼,前面官河雍白沙。

惆怅鸥翁收保障,再来应有此声鸦。

作者:顾秉和。

兴化行

扬州本泽国,兴化当其下。

迩来堤坏海口塞,河流尽向此中泻。

我来泛舟如泛海,两涯那辨牛与马。

水荇自青蒲自绿,百里茫茫无茅屋。

只今三月尚如此,洪涛况复继秋夏。

十室九飘散,租税从何假?

父老为我说,叹息泪盈把,

欲呼阊阖何由仰,时无郑侠图难写。

呼嗟! 呼嗟! 时无郑侠图难写!

作者:张元忭。

赈船行

昨岁冲波进城郭,城中水高三尺强。

抚军飞章请捐赈,诏下不免灾田粮。

今年粮完骨髓尽,科派漕项偏多方。

忍闻官赈抵邵埭,不知是米复是糠。

何不留之充兑运,毋乃割肉来补疮。

府帖到堂胥吏喜,领赈捉船如虎狼。

关厢行牒搜索遍,又委朱票掠四乡。

皂头折船十六只,放大取小喧河梁。

县尉回衙货满载,米鱼鸡鸭鹅猪羊。

呜呼!

饥民望赈项欲痛,赈未果腹遭祸殃;

尔曹慎勿贪似鼠,抚军清廉奏杀汝。

作者:李国宋。

癸亥河防

危堤一线绕孤城,七邑苍黎托死生。

赤手三秋平水怒,白头五夜望河清。

难除营目贪欺刁,愧听村氓颂涛声。

直待万家丰乐后,觥射始得一身轻。

作者:朱楠。

踏车行

渴龙倒吸长江水,匹练斜曳珠帘悬。

出水入水机心圆,异彼乘风蒲帆牵。

削木为之齿齿偏,分行布格如蝉联。

中贯横木上下旋,三人五人履其巅。

足跟雀跃人摩肩,踏歌一唱众力宣。

人力向后水力前,层层上涌如梯缘。

老农指示为我言,田家辛苦良可怜。

水乡卑瘠无腴田,播一获一犹丰年。

君看大雨十日连,高岸渐欲成平川。

昼不遑食宵无眠,雇人助作人百钱。

医创割肉多忧煎,我闻此语多怃然。

俯吟瓯窭仰祝天!

作者:顾骐。

筑堤谣

岁筑堤,筑堤苦,

止二更,作五鼓。

十人谭粥一人煮,刻期会食时用午。

河冻冰裂,凿冰破肤。

凿冰行取泥,贱命而贵土。

寒天漠漠天雨霜,督工长官髭须黄,

烹羊宰牛持大觞,持大觞,威如狼。

作者:李敕。

五坝开

五坝开,西水来,水来水不来,五月十日水徘徊。

万口齐说相宣豗,今年水来不为灾。

今日水来不可蚁,明日水来水复尔。

水来缓缓水不止,一月二日水入市,

城中干地没半里,父老涉水向水指,八十年来未见此。

作者:顾继华。

水灾行

蕞尔昭阳号百里,地居下游形釜底。

河身淤垫少容量,未干先干未水水。

今岁交秋雨水多,四乡沟浍皆盈科。

农人御水筑堤岸,水深岸没伤田禾。

田禾垂熟割不得,霖雨连绵水浸渍。

水中捞稻捞几何,捞稻几何人失色。

况复邮坝三次开,水源浩浩仍西来。

日涨日增失河道,穿城入市成奇灾。

市中高阜水盈尺,城外水深齐屋脊。

风夜吼,墙垣倾,呼救同声救何及。

汪洋更见尸沉浮,半为生愁半死愁。

生苦食宿两无所,死膏鱼腹随东流。

东流不畅水不退,得保余生生为累。

际此年荒日大难,年荒百物皆腾贵。

古时米贵斗千金,今日千金米二升。

举目嗷嗷同待哺,拯饥恤困知何人。

作者:陈世超。

海潮吟

几夜颠风吹海立,掀翻地轴天柱渤。

阴云四合黑沉沉,万虎怒吼炮驱石。

泽雨如注昼夜倾,平地波涛一千尺。

高原尽作鲸鲵宫,鼋鼍鼓舞为窟宅。

余皇百尺高峨峨,颠舞洪流何底极。

东村西舍一时没,恍如天地未开辟。

明朝风减潮平半,始见浮尸浮南北。

老弱十男一个存,壮丁抱树哀哀泣。

囷仓尽数输波臣,焉得勺米来作食。

千家野哭鬼夜嚎,阴磷萤萤随哀涛。

下民何辜天降滔,欲控军门万里遥。

安得汉廷汲公戆,矫诏发粟赈我曹。

作者:朱家栋,明代,靖江人。曾任常熟训导,宁川学政,镇江府教授。

三、通讯、散文

重修望海楼记

泰州,汉唐古郡,襟江负海,壤沃物阜,人杰地灵。予先祖范文正公曾为泰州西溪盐官,而滕子京为泰州海陵从事,尝把酒赋诗,以相酬酢。公有"君子不独乐"等句,其"先忧后乐"之意,已呼之欲出。历二十余载,乃有《岳阳楼记》问世,发浩音于四海、振遗响于百代。泰州城东南有楼,名曰望海,始建于宋,为一郡之大观。历代名贤,多唱和于此。故前人称斯楼为"吾邑之文运命脉",洵非虚语。元明以降,兵连祸结,斯楼屡建屡毁,不胜其叹。岂楼之兴废,或亦有关国运之盛衰乎?

今逢盛世,遂有重修望海楼之举。公历二零零七年秋,巍然一楼飞峙泰州凤城河之滨,上接重霄,下临无地,飞甍浮光,崇阶砌玉,其势可与黄鹤楼、滕王阁媲美,允称江淮第一楼。望海楼之再兴,岂独泰州一邑"文运命脉"之象征哉!

予登乎望海一楼,凭栏远瞩,悄然而思:古之海天,已非今之目力所及;而望海之情,古今一也。望其澎湃奔腾之势,则感世界潮流之变,而思何以应之;望其浩瀚广袤之状,则感孕育万物之德,而思何以敬之;望其吸纳百川之广,则感有容乃大之量,而思何以效之;望其神秘莫测之深,则感宇宙无尽之藏,而思何以宝之;望其波澜不惊之静,则感一碧万顷之美,而思何以谐之;望其咆哮震怒之威,则感裂岸决堤之险,而思何以安之。嗟夫,望海之旨大矣,愿世之登临凭眺者,于浮想之余,有思重建斯楼之义。是为记。

作者简介:范敬宜,原文化部外文局局长、《经济日报》总编辑、《人民日报》总编辑、全国人大教科文卫委员会副主任委员、范仲淹第二十八世孙。2007年应泰州市政府邀请为泰州重修望海楼而作。

向城市推进　走现代之路
——泰州城乡水利一体化建设侧记

泰州,地处江苏省中部,临江近海,其中水域面积占五分之一,有80%的地面高程在防洪设计水位线以下,境内有地势低洼形如釜底的里下河地区,有终日与长江相伴且极易受台风洪水侵扰的沿江地区,有水土易流失的通南高沙土地区,特殊的地理条件和水域环境决定了该市洪、涝、旱灾害频发。

泰州又是新设不久的地级城市,设市不久,其水行政主管部门——泰州市水利局就充分意识到,泰州人民要想赶上苏南发达地区,并在苏北拥有领先优势,没有先进和现代的水利基础设施作支撑和保障,是不可能真正实现的。

事实正是如此。1997年8月18日,滨江工业重镇靖江突遭风、暴、潮齐袭,长江堤防堤身三分之二以上断面的堤土卷入江中长达24公里,到处险象环生,靖江江堤全线告急,直接经济损失达1.33亿元。从事水利工作37年的老水利董文虎局长深深感到:原有的水利基础设施对国民经济持续发展和人民生命财产安全的支撑和保障作用在大洪水面前显得那么微乎其微,原始的"水来土挡"已远远不能适应今天的防洪减灾需要。但在靖江长达60公里的主江堤上有一处安然无恙,那就是1996年建成的长6.7公里的水泥护坡。他向泰州市和靖江的领导力陈用现代建筑——混凝土硬质护坡堤防取代土堤的设想。这一设想得到了领导的重视,一个多渠道筹资,建设现代化高标准"四地"(防洪保安的阵地、多种经营的基地、旅游观光的胜地、开发开放的热地)式江堤方案在与风、暴、潮的抗争中诞生了。

与洪涝相伴,旱魃也时常"造访"泰州。1997年6月,正当栽插用水高峰时,泰州几乎全境遭受了严重的旱灾,就连湖荡密布、河沟纵横的水乡兴化也未逃过此劫。据不完全统计,仅兴化市河道干涸就达1544条,断流1890条,受旱面积61.38万亩,通南高沙土地区同样大面积受旱,直接经济损失2.4亿元。造成此次旱灾的一个主要原因是境内为数不少的河道已多年没有疏浚,其抗旱引水能力大为削弱。

与抗风浪能力、抗干旱能力等基础设施水平不高同样严重的是,农村传统的农田基本建设水平也十分落后和低下,泰州130万亩的农业灌溉一直沿袭着土渠输水的方式,渠水渗漏损失约占引水量的

60%以上。土渠不仅灌溉效率低下,而且灌溉成本较高,严重制约了当地农业增产和农民增收。

水利,到底应该如何服务社会? 是继续单向传统的农业、农民? 还是开拓出去,走向服务全社会、服务现代化? 答案是后者。1997年11月,泰州召开全市水利工作会议,正式提出全面实施水利"四三"工程,即分别用3年时间在沿江地区完成江港堤防达标建设,在里下河地区实现"无坝市"和圩堤达标,在通南地区实现灌溉干渠硬质化,在全市对1997年暴露出来的淤浅严重的河道全部清淤疏浚一遍。一幅世纪之交的治水蓝图呈现在泰州水利人面前。

泰州水利人始终秉持着一个执着的信念——决不能再把任何一座以"土"字当头的水利工程带入21世纪! 3年里,泰州水利建设规模之大、投资之巨、建设之快、质量之佳是从未有过的:在这方土地上,该市3年来共投入了水利建设资金10.7亿元,江堤达标建设仅2年时间就完成了主江堤的护砌;在"无坝市"建设中,兴化首战之年建闸多达571座,是常年的5倍!

江堤美景不胜收

时隔3年,再次踏上靖江土地,驱车江边,极目远眺,绵绵江堤宛如长城静卧江畔,坚固的浆砌块石护坡和钢筋混凝土挡洪墙迎浪而立,堤外波涛翻滚,堤内生机盎然,8米宽的堤顶硬质公路全线贯通,两侧夹道一片绿荫。这里已成为供靖江市民旅游、休闲、极目远眺大江的胜地,市里专辟一条公交线路直达此地。

泰州境内182公里的江港堤防达标建设是一场艰苦的攻坚战。为了解决资金紧缺问题,靖江市率先在全省出台了面向全社会筹集长江堤防建设资金的政策;为了切实加强已建江堤的管理,泰兴市在全省第一个实现将防洪保安资金的20%作为江堤管理经费,并在全省率先成立了江堤管护专职机构。泰州还在全省第一个提出江堤内留10~15米护堤地,并采取确权划界强化管理的意见。敢为人先的泰州水利人用自己的智慧不断地探索着现代化水利工程建设与管理的模式。3年来,全市累计完成江堤护坡110公里,建成挡浪墙112.6公里,改建加固通江涵闸165座,实施长江节点治理10.9公里,填塘固基80公里、436万立方米,堤防灌浆35公里,所修江堤均已达到或超过"长流规"50年一遇加抗御10级台风的建设标准。在1998年、1999年两年大水中,正是这刚刚耸立起来的百公里"钢铁长城"保卫了泰州大地城乡人民及其经济命脉!

座座圩闸立水乡

里下河地区兴化、姜堰、海陵两市一区赢得"无坝市"的美誉来之不易。信步走在兴化圩堤之上,昔日年复一年堵而复拆、拆而复堵、劳民伤财的"土坝头"被一座座小型防洪闸所取代,闸门涂以纯白色,上书"兴水富民"四个红色鲜亮的大字。为了建闸治水,抗御洪涝,为民造福,在上级投入很少的情况下,面对面广、量大的建闸任务,水乡人民发扬自力更生、艰苦奋斗的精神,大胆果断地采取以资代劳的方式筹措建闸资金,坚持"按劳负担、以乡统筹、乡有市管、验收返还"的原则,全市每年筹集以资代劳资金2200万元,有效地缓解了资金不足的矛盾。

道道硬渠通田畴

向土渠宣战! 姜堰市张甸镇于1996年9月就组织乡村干部北上徐州,参观学习节水灌溉实施干渠硬质化建设的经验。随后即先行试点,精心培植,终显"五省二减"效益:省地、省电、省工、省时、省水,减轻了自然灾害的影响,减少了因抢水造成的矛盾纠纷。群众受益,信心倍增,纷纷解囊,自发建渠,3年共建硬质干渠140公里,成为"全省第一无土渠乡(镇)"。3年来,泰州市通南地区共建节水灌溉渠道5115公里,约为全省3年新建节水灌渠的三分之一,增加节水灌溉面积117万亩,每年可为老区农民节省水电费支出2400万元以上。

泰州引江河之歌

目前,这条河是全省第一条没有动用一个民力、全部使用机械化挖掘的省重点工程,也是一次完成两岸高标准水土保持工程的省重点河道。这条河是全省第一项对河坡、堤防、堆土区全面绿化并不准任何污染源入河的具有环境效益的工程。它从灌溉排涝、城乡通航、旅游、改善生态环境、发展林业生产、美化泰州环境、促进港城经济等多个侧面展示了工程的综合效益。如今,泰州引江河既是一条堪称国际先进、国内一流的现代化水利工程,又是城乡水利一体化建设管理的一块样板。

碧水绕市,绿树环城

1996年末,泰州市政府召开了一次关于环保议题的常务会议。会上,董文虎局长将本不属会议议题的一篇有关自来水一厂取水口水质调查报告呈送市长,并向与会人员揭示了鲜为人知的"有异味茶"的秘密。市长闻后,为之动容,这样的水市民怎么能喝呢?治理城区水质污染已是迫在眉睫。市政府于1997年1月20日召开第五次常务会议,会后形成纪要:城区水利(含河道)、水资源(含节水)等由市水利局统一管理,并责成水利局牵头,会同城建、环保、交通等部门,对自来水一厂水质恶化情况进行调查,提出治理方案并付诸实施。

为此,他们充分依据泰州城市总体发展规划,精心制定了城区河道治理与管护的实施方案:明确实现一个"水清、护岸、绿化、小路",保持泰州优美水乡城市特色的目标;落实"水利部门总牵头和市区联动,条包块管"的两个责任制;抓住三项重点工作,即围绕水环境重点实施水源水质改善工程,围绕保护水生态大力开展城区河道环境卫生整治活动,围绕大引排实施水工建筑物的维修改造和重点河段的护砌工程;全面推进治理城区河道与旧城改造、保持水乡城市特色相结合,拓浚河道与修建沿河路桥相结合,治污除涝与美化环境相结合,突击整治与长效管理相结合和泰州城区水利归水利局一个部门管理,由水利、城建、交通、环保及沿河单位等全社会共同治理的城市治水方略。

在这样的方案下,为了强化管理,为了使城区河道长效管理工作能够真正落到实处,确保河道水清无杂物,市水利局独辟蹊径,向社会公开招聘了一些责任心强、能吃苦耐劳的下岗职工,专门成立了泰州市城区河道保洁队伍。他们身穿黄衣,头戴黄帽,分赴城区各主要河道,打捞各类垃圾杂物,点点耀眼的黄色构成了水乡城市一道独特的风景线。

城市水利是一篇大文章,内容极其丰富,如果失去了河道这一载体,城市水利就会陷入"皮之不存,毛将焉附"的境地。这也许就是泰州市水利局在发展城市水利道路上的一点基本经验。

作者简介:王铭,江苏省水利厅政策法规处副处长、江苏省水利新闻宣传中心副主任、《江苏水利》杂志副主编。该文原载于2008年8月8日《中国水利报》。

靖江水

夜晚,我独自站在靖江江堤上。在我的头上方,是横跨长江的江阴大桥。桥身高耸,如一个接天连地的剪影。我默默看着江水。春江之水浮着一点草绿的气息,荡着一点风清的气息,动着一点生物气息。

靖江居长江下游,扼江海门户。靖江本是江,隆江中之洲,变江中之城。靖江与水连着,牵着,傍着,合着。长江之水从遥远处奔波而来,在这里完全松缓了,长江长途跋涉了几千里,在海的门口,也该松一口气,缓一口气,准备进海了。水在将江化作海之时,变着身肢,变柔了,变静了,显着智性来。

我爱水。我爱柔柔的水,我爱静静的水。我爱凝视柔柔静静的水。大自然之物,凝视久了,你都会有所感受,都会有深一层与人生相映衬的感受,如凝视天空,如凝视大地。但我还是喜欢凝视水,水是动态的,以动态表现着什么,一浪一潮都在叙述着什么,一涟一漪都在诉说着什么。我曾去过虎跳峡,那水在奔腾呼啸,乱石崩云,惊涛裂岸,那是反映着历史壮怀激烈的故事。而我更喜欢凝视眼前的水,水的上面是柔静的,水的深处凝着几千里的沧桑云月,人生岁月的壮怀浪漫的故事毕竟是少的,而日复一日年复一年平平静静琐琐碎碎的是常态。靖江不是水激荡突兀的产物,而是水日积月移的力量所生成的。凝视靖江的水,心也就静下来,感受那平平常常却是久久远远的历史人生。

在靖江,我对水的另一层感受是对着那口明朝建造的四眼井。井水越发地柔,越发地静。水从一口井的四只眼睛中,柔柔静静地看着我。于是,我在那四只眼中,看到了所映现的四个我。谁是我?我是谁?你在嘴上问一声,井里回旋的声音,像是吟着,应着。你在心里问一声,默默地便在深深的井里沉下去,恍惚叹息出了一股清凉之气来,濡湿着六角形的圆滑的青石井圈。

靖江水虽柔虽静,却宽宽广广地接受着许多许多,容纳着许多许多。特别是水中的鱼,竟是那么的品种繁多,那么的鲜嫩肥美。在靖江的日子里,我吃到了多种多样的鱼,除常能见到的鳊、白、鲤、鲫之外,还有细骨银鳞的鲥鱼,有粉红雪白的回鱼,有狭长似刀的刀鱼,有扁如脚底板踩了的沙塌皮,有身长色黄的黄道士,有细长色黑最易用来炖豆腐的小虎头鲨,有入口即化的如桥钉状的桥钉鱼,有肥肥嫩嫩的猪尾巴鱼,还有名气极大的河豚……真的很难想象在柔柔静静的靖江水中,有那么多种类的鱼在游动着,又显着是何等活泼泼的哟。

（摘自《靖江印象》散文集。作者:储福金,江苏省作家协会副主席）

四、文献资料

为宋使君祭江神作

宋·朱紘

延令之西滨大江,波涛怒激声淙淙。岸上居民面江宿,夜深崩恣蛟龙撞。对岸沙洲日涌起,怀土江民畏他徙。视命如萱图苟安,使君心动不容已。为文沉璧贻江神,愿坚士力栖居人。昌黎潮阳徙骄鳄,眉山海市邀幻蜃。何如此举贞且仁,为民请命虔具陈。神将不听天帝嗔。

注:宋使君指宋生,是康熙五十年到五十六年的泰兴知县。　　（摘自光绪《泰兴县志》卷第五）

江堰记

明·方岳

　　皇朝御天下已百二十余年,天下贡赋悉出於东南,朝廷恒念无良有司事事,仍选高平李公绂同知於扬,专督所属三洲七邑之赋公,夙承厥考金宪延臣先生教由贤科拜先世耿光至公更奕奕不衰,且宅心方严,治人以明。永蘖自操,不事表襮。刑德并流,邵民德之。成化壬寅秋,公单车按泰兴,召吏属偕黎老於庭,谕之曰:"吾受命牧兹土,欲询民。邑之郊有良田数万亩,北抵江都,东比如皋,自乡之顺德庙港迤延至依仁,新河绵亘八十里,皆濒扬子江,吞噬江潮,沦为沮洳,土人废播种者百余年,令不安其职,赋不得其平,财愈竭而民愈戚,其不去为盗也亦幸矣!"公曰:"维帝为生人所以付任责予者,庶其在兹,予曷敢不力,若当亟白於巡按魏公以经理之。予为若等赍事。"议下,遂傚功役八千余人,至期畚锸云集,乃命判簿陈君宁等分董其事,肇工於是岁之十二月,愈九旬有奇乃讫工,由是濒江八十里之田,赖以无虑,民业有恒,公无负租,皆公之赐也。民扬而颂曰:"我有田畴,沦江之陬,历载以来,孰究孰筹,维帝遗公,拓我远猷,筑堤捍江,田亦有秋,公私具足,克分我忧,天锡纯嘏,俾我民长,沐公之鸿,休於戏。"昔之为国者,维疆里为重,故有障大泽勤其官而受封建国者矣,西门遗利,史起兴叹,商君阡陌,孟氏不与,公克夷俭有物,以惠万世,其功德大彰彰也。公今满九载,将献绩於朝。巡抚张公贤其能用周增秩之典复噫!为一郡,则专而不能咸,若用于朝廷,则溥其惠泽,磊磊明明。将于古人伍,吾见天下之竹帛,不足以书公之功德,天下之金石,不足以颂公之形容矣,岂直如今日而已也哉。邑宰金台吴侯锺荷公之功,丐予词,镌诸石阙,予又嘉吴侯能不没於公,皆有社有人者所当取范也。用记以宪於后祀。

(摘自《泰兴县志》卷之七)

泰兴北城水关记

明·奚世亮

　　泰兴县治旧无城,内惟小河自东北逶迤西流,盍淮河之派而会同於海也。地理家最不易得者,往往名贤奇多出其间。下至编氓无不既寿且乐者,此岂非其故耶。近因倭患,嘉靖乙卯岁始城焉。时属仓卒,不遑审处,仅於城之西南隅建一关以泄水,北城尚未及关也。既而虑其倾圮,并已建复埋之积流秽地脉斩然,比年来不惟文风少衰,而民变故亦频且巨矣。邑之人惑之,今岁首夏,予缪署邑篆,士民首请焉。夫地理家灾祥之应,余不甚信也。然三才一理,则余明之,允若兹。不犹人身闭塞,然能不病且死者几希。余忝一日寄於其上,直若有不容一日安焉者。诘朝视西城,士民随焉,遂启旧关,还省北关之议。则诸士子之申请,各上司之允行,已盈案累牍矣。经费确有成命。大抵计学租余积可充期半,而委造责成,则耆民封锻李潞陈桥辈也。於时促若辈至面命之,盍首导之以义,行查学租银得若干两捐焉。相与图惟厥终,一惟随期义助,公庭止量裁赎金少助工费而已。未尝敢缘此科一钱役一夫以充之。非过俭也,诚不敢以其所利人者害人耳。若辈受命,不啻切身事,灰石之具,土木之需,开凿修筑之劳,有转输千里外不避艰险者,有庐于关左日夕督理者。盖逾月而工料集,再逾月而绩用成,北关成则水有来矣,西关启则水有往矣。往过来续,则风气完人文著矣。可以饮,可以灌,可以运,可以灌,则百害祛百利兴矣。

(摘自《泰兴县志》补卷二)

通郡水利形势说

通州·徐缙

言水利者有蓄必有泄,惟通郡则以蓄为常,以泄为暂。

盖淮水为通之上流,自扬至通仅一衣带。通之北为下河,西南为江,东北为海,皆属巨壑。如泰地势又高无以蓄之,则内地运盐等河俱成槁壤,故上流之滕家坝、徐家坝与下流滨江之闸坝、滨海之堤岸皆所恃以为固者也。虽遇江涛陡涨,海潮猝涌,而恃堤坝之利,内地究无大患,苟天雨淫溢,上流汹涌,小则启坝底涵洞,大则开盐仓唐家等闸及通江诸坝,水平仍闭而蓄之以为常。如遇亢旱,则俟潮涨时启闸开涵引以内灌,落则闭之,皆所以为蓄也。其中尤有宜永蓄而不可暂泄者,亦有虽泄而无害於蓄者,如泰州南门外之腾家坝,去泰兴至口岸镇四十里,人江甚迅,坝北之水高坝南数尺,海安东之徐家坝,北为下河,上河高下河亦数尺,二坝扼通郡之吭,倘或误开,则一线淮流不胜尾闾之泄,而通属河渠均受其弊,无论永泄不可,即暂泄亦不可也。其虽泄而无甚害者,如泰兴之古溪,在城东北八十里,北通海安,西南达秀才港入江,支流自雁陵庄者,亦上通运河之白米口,如皋之窑子河,西六十里交泰兴县界,又六十里至县治,又西南二十里始入江,九十九湾之龙游河距江亦九十余里,县淤浅易涸,涝时可藉以泄水而旱无损,故虽泄无害。通郡河渠之大概如此。后之讲水利者宜留意焉。

(摘自《崇川咫闻录》卷二)

大孙桥祠记

清·吴存义

泰兴南至靖江,东至如皋,北至泰州,五七十里而近,平畴宽陇。粱黍菽麦,弥望相接,西独濒江多圩田,其谷宜稻,畎浍交疏,潮汐刻应,亩岁数种,夙称腴壤,赋额视三乡为重。嘉庆己卯庚辰间,江浒洲渚骈起,绵亘二百余里,流滞波溢,横出为患,积潦成浸,频年不登,西境遂为狭乡矣。道光戊申仲春,祥符张公讳行澍来知县事,政通民和,惠洽威察,明年夏,豫章皖南,山水骤涌,江潮逆上,缘江两涯,平地水丈有奇,邑南西数十里,荡塍漱埭,漂禾没庐,民皆露栖树宿,闺闼外不见寸田尺宅地,邑人士舟楫分铺,朝溯暮泂,藉免沟瘠,公既请赈於大吏,复集绅耆於庭而诏之曰:水患十百於前,捐助亦当十百於前,度克济事。於时飘缨佩组之族,通闻带阛之区,咸服公教令,逾月捐钱十九万余缗。乃按鄙置籍,核户计口,饩不唐捐,境逾道殣,公之力也。洎水返其壑,民安其堵,公谓涨泛莫测,堤堰宜豫,先申请豁除江而坍地积粮。因履阡陌,集畚锸,筑陂岸,成坚圩百二十里,以备不虞。壬子秋,公调宰江宁。

· 885 ·

癸丑春,金陵城陷,公巷战不敌,卒以身殉。缰吏请於朝,旌乃有加。泰兴自壬子迄兹,十有余年,西乡以圩高御水,田谷履丰。於是乡先生及三老啬夫,聚闾左而语,金曰:歌多稂而获高廪者,皆出公赐。闻之礼能捍大患由祀之,公之忠节著於宁,公之惠爱遗於泰,宜建祠祀以报。乃择爽垲鸠工庀材,饰楹楯洁蘋藻焉,爰详述其事以碑于祠。且谂后之人,讲水利,修防庸,永庆大田,而志公德於不能忘也。

(摘自光绪《泰兴县志》卷第十四)

劝民开港修圩

清·龙璋

此次虽因风雨为患,亦由惰农自安,盖江心实涨,各洲堤岸不高不厚。老岸则从筑有江堤以后,腹地未逢大水。遂狃为故常,圩岸不修,港河不浚,县愚民将港河两岸镶占成田,渐至窄狭,挡住水路,但图占种无粮之地,绝少思虑预防之心。即如同一低洼之区,其堤岸高厚保护得法者,禾苗并未受伤。又如离江稍近港口宽大者,积水先退,此即开港修圩可以捍御大水之明验。……平时语以开浚修理,或反生事阻挠,此次既受水患,苟不急图补急更待何时?今拟将沿江各堤,以及龙梢、过船、洋思、土桥、七圩、芦漕等港择优先行修浚,以工代赈。其各圩隔岸子岸及支河汊港,仍由民间自行修浚,通力合作。必期高厚宽深一律如式,以图久远之利……

(摘自《泰兴县志》续卷一)

长江下游九县治江会议靖如代表发表的宣言书

刘藕舲

长江下游治江会,近在金陵开第三次会议,我靖江、如皋两县代表,因段山夹南漕筑坝问题,未得正当之解决,不得已宣告退出会团,以俟公论之评判。特恐我全省父老昆季,未明此中真相,爰谨将是会始末经过,及南漕筑坝直接危害我靖、如两邑之关系,扬榷陈之。

溯自近年外人因长江航行之阻滞,而倡为浚治之说,南通张啬公鉴于上海浚浦局之往辙,以为欲杜他人越俎,必先自起而绸缪,于是约同崇明王丹老联衔发起召集江、靖以下九县各公团代表于客岁季秋,就南通开第一次会议。组织长江下游治江会,其始意固甚善也,顾其时江阴、常熟两县到会之代表,多半与前年堵筑段山夹北坝事件内幕中有关系之人物,别挟一特殊目的而来,多方簧鼓,八面张罗,一若但祈斯会之促成,更不暇详究治江之利害者,我靖、如与会诸人,固已深疑之矣。迨啬老发表其治江计划一书,内采英工程师鲍威尔之建议,有拟自江、靖以下缩狭江面三英里或一英里,及可涸出沙田百有廿余万亩之说,于是乃益恍然于若辈目注心营之有在焉。夫治江事业,何等艰巨,关系何等重大,发端图始,宜如何审慎周详,集思广益。彼鲍威尔之说,不过工程家一种理想的拟议,在啬公亦尚怀疑,乃彼狡黠之徒,则遽欲居为奇货,借为口实,利用巨公发起之风声,假借代表公决之名义,将以上劫政府,下罔人民,而因缘以为奸利。我代表深窥其隐,故于会议之际,力持通测省域,务保均安,妥定计划,乃施工程之议。对于大纲之规定,质辩尤多,无非冀促同人之省觉,戢若辈之野心,俾不敢率意妄为,举我九县公众永久利害为孤注耳。外间不察,乃以为反对啬老,反对治江,殆未明症结之所在也。果也治江会甫告成立,而江阴之郑某、常熟之季某(治江代表)等竟不待测量之进行与施工计划之确定,而遂明目张胆组织福利公司,实行其堵塞南漕攘沙牟利之策矣。

今春三月间,啬公复召开第二次会议于上海,郑季二氏竟公然号于席上曰:南夹筑坝,为治江唯一之目的,势在必行。时九县代表,除江阴代表外,群起斥之,并经一致决议,停止筑坝,先行测量,并请主席(啬公)电请省长饬遵在案。讵郑季等悍然不顾,卒于春夏之交,大兴工作,幸天不助虐,功败垂成,数十万冤枉金钱,随良心而丧失,乃犹不知悔祸以愎济贪,不特罔恤人言,尤敢显违部令,现闻一交冬令,便行抢筑,必底于成而后已。治江其名,攘沙其实,欲壑果满,邻壑何堪!此我靖、如人民所为痛心疾首,日夕忧惶,不得不暴其是非,以呼吁我邦人君子之前者。

夫江河公例,南涨则北坍,此塞则彼流。当百年前,段山犹在江心,且近北岸,故迭尝隶属于靖、如,嗣更陵谷之变迁,江势北移,段山乃渐陟于南陆,为常熟之辖境焉。今靖自六助港以下,如自张黄港以下,凡与段山南北相望之处,皆当江流曲折之冲,故迄今坍豁时闻,圩民不遑宁处。其间江面,阔至七十余里,泰半皆我靖、如畴昔之桑田也。近自段夹北坝告成,江北坍势加甚,影响已极堪虞。设南漕更加堵筑,则晌日支流所容之水量,必全并而北趋,我靖、如濒江之圩田,宁有幸理。顾犹有强为之解者曰:南漕淤浅日甚,即不成坝,一二十年后,必尽涨而成陆。斯言固然,然抑知此中之利害关系,即争此先后迟早与天然人为之分乎?天然之淤浅,与人为之堵塞,其效力之渐骤各异,即防御之难易迥殊,彰彰明甚,且使真正治江而后,果能浚导中洪,统一江流主线(急水线),而江漕之宽深,与支渠之分布,又足以容受流量,适应流速,调节汛涝而有余,俾水能顺轨一趋,不致旁溢,则不特南漕不妨堵筑,即其他沿江可涸之滩田,正甚多也。今也不然,测浚都未着手,乃先断其支流,必使横决,以祸邻封,而顾谓即不筑坝,久亦自淤,是何异于手刃老病之夫,乃诿曰:彼固行就木矣,杀之何害,有是理若法耶?且曷不征诸北夹之已事乎?曩者北夹之筑,啬公以其危害通如之江岸也,出全力以阻之,文电纷驰,继以武力交涉频年,至宣言愿以身殉,我全省人士,当犹能忆而道之。今南夹之筑,其影响及于北岸者,且倍蓰于北夹,顾不闻南通方面有一言以纠正云,曾几何时,而趣旨顿易,抑又何也?当沪会决议,切实制止筑坝,而啬公则漠不措意,仅勉以一电了之,并不问其效果之何若,昔何怨仇,今何卵翼?此我靖、如人士所百思不得其故者。岂过信鲍威尔之说,果以江面为可任便缩狭至三英里耶?抑诚如郑季等所言,堵塞南夹为治江唯一之政策耶?不然,则以受害者仅在靖、如,而江、常、通、海之享利者,固大有人耶!虽然,治江既号公共之事业,利害必以轻重为权衡,诚欲治江,则请进言治江之大要。

治江为我国四千年来未有之创举,外人所规划者,仅为便利航行,以扩张其商务而已,农田水利,非所暇计,今吾人既自为治,要不可不统筹兼顾。江之受病:在中游则洞庭、鄱阳两湖,淤垫日甚,湖底日浅,调节器失其功用;在下游则因每年四万吨之红土,逐渐填积湮塞川口,致三角洲增涨逾度。江、靖以下,沙浅纵横断续,错亘中流,尾闾为之不畅,故以航行之阻滞言。中游自武穴以东,迄于九江德化,冬季水浅,大轮即难驶行。下流自白茅沙以东,迄于崇宝沙,三夹水间,轮船之搁浅及撞沉者时有所闻。今南通之计划,治江自本省下流九县起,推而至于上八县,再推而至于皖赣鄂湘诸省,其次第之大较,固属甚当,然其从事施工,不先着手于川口三角洲之疏通,而先注力于江、靖以下段山夹支漕之堵涨。姑无论该处江面(由段山迄狼福)阔几三十英里,为必不可能之事;即使可能,恐江流以缩狭而加速,则水位亦必以缩狭而增高。向之太湖流域诸川,全赖三江以为宣泄,一遇盛涨,即苦江水倒灌而成灾。今长江水位骤然增高,则不必夏涝秋淫,可终年有顶托泛滥之患,直接害于沿江诸县,而间接且害及于震泽全区焉。不宁惟是,大江长近万里,灌域几五百万方里,自三夹以下,兼纳众流,排搏奔腾以达于海,在其下游,正宜多浚支川,以分杀其势。故古之治水,咸以疏导成功,而今乃曰堵、曰塞、曰缩狭江面,及速其流,此虽或由新旧学说之不同,然以灌域五百万方里之巨川,而仅恃三英里之尾闾以为排泄,窃恐腹部江皖之交,将必有溃决横溢之一日。故愚谓鲍威尔之说,果成其实,则中江之水,必由固城石臼诸湖,夺东坝而与太湖相通,扬子江之急流,必自瓜洲口倒灌入运,运不能承,则泛滥于上下诸河,淮扬有陆沉之患矣。且南夹筑坝,苟不制止,将来沿江各县,相率效尤,段山对岸二百亩(地名)与周家圩港之间,亦可塞断江流,以谋涨滩之厚利,崇明海门之间,亦不妨筑坝以封闭长江之北口,群起而与水争地,竟以邻国为壑,我国中部将复见一洪水滔天之世,尚何治江可言哉!

由斯以观,今之所谓治江计划者,无非供少数私人假借利用之资而已矣,集攘沙牟利之徒,以谋治江,将来之成效,已大概可见。矧沪会议决之件,对于会外既不生效力,对于会内又不见遵依,亦何必虚立名目,号召九县,以欺人而自欺乎?夫江奚必治,又奚必自治,毋亦曰欲去共同之患而谋其利,且惧外人之但顾航行以贻我害耳。今不恤公众之利害,而专徇少数人之私图,未罹外人越俎之危,而先受土豪沙棍竭泽壑邻之祸,则又何贵乎多此举也?我靖、如两县代表,鉴此情形,爰当宁会开会之始,即郑重申明,南夹之案一日无正当之解决,则不敢与闻治江之事。开会二日,屡哀请与会诸公,继续讨论南夹问题,力竭声嘶,卒不见凉,是以毅然决然退出该会,以为与其与会而被甚大之恶名,受无穷之隐患,毋宁退出会外,一任攘沙牟利之徒,任情宰制,而犹得自保面目,以诉求我全省父老昆季之公评也。今敢代表我靖、如两县人士,述恳切之希望二端:(一)南夹筑坝,天怒人怨,江常多明达公正之士绅,幸为力劝郑季诸人,幡然觉悟,取消前议,并订约立案,声明治江一日未告竣,则南漕支流,应听其天然存在,永不得擅加堵筑。(二)南通张啬公应布一种宣言昭告于众曰:凡测量未定,规划未定,大工未实施前,无论何人,不得假借治江名义,或影戤个人计划,希图垄断滩田以渔利,违者呈请省长严行究办。如此,则治江乃为真实而可期诸实行,我靖、如两县人民,疑团自释,信赖自深,当不乏机会,再与七县诸君子集合一堂,平心静气,讨论一切,循序进行,以完成百世利赖之盛举,而踵武我四千年前地圣大禹之事功,是岂第我靖、如二百万人民馨香祷祝而已哉!

一九二五年九月

(摘自《靖江文史资料》第一期)

附:

宣言书的前因后果

长江下游治江会议,是南通张謇(啬公)和崇明王清穆发起召集的江阴、常熟、太仓、宝山、崇明、靖江、如皋、南通、海门等九县代表会议。我县推定刘藕舫、孙干城、盛翕如三人为出席代表(盛未出席)。

第一次会议于一九二四年即民国十三年秋,在南通召开,会议推定张謇为会长。王清穆和江苏省长韩国钧为副会长。张謇在会上发表治江计划书,根据英国工程师鲍威尔之建议,拟自江、靖以下,缩狭江面三英里甚至一英里,谓可涸出沙滩地一百二十余万亩,并绘图贴说。明年三月复由张謇在上海召开第二次会议。同年秋,由韩国钧在南京召开第三次会议。在会议过程中,靖、如代表主张通测省域,务保均安,妥定计划,乃施工程之议。江阴代表郑立三和常熟代表季通力持堵塞段山夹南漕。这次会议争论,意见未能统一。靖、如代表因堵塞段夹南漕,直接影响靖、如两县江岸的坍豁,乃毅然退出会团,并推代表刘藕舲主撰抗议宣言书,洋洋近四千言。当时上海《时报》以其仗义执言,立论公正,曾将宣言全文披露,获得全省人士赞许,从此,南通张啬公未有异议,不复再提"治江",而郑季二君也停止了南漕筑坝。

(出席该会议者之一孙干城供稿)

河工科派疏

清·季振宜

历年治河糜费难计,全赖督司者奉公守法,上不侵欺,下免苛累,如桃源、宿迁、淮安、高邮等处,严寒酷暑之时,或筑堤,或挑浅,休息无期,而动用民间一夫,采民间一束之柳,总以朝廷钱粮雇募置办,而民间止供力役,苦已不堪。乃扬州所属十洲县,自康熙六年以至八年,无日不受派夫之苦,盖由南河工部曲承德总河臣之牌票巧,借协济名色转行州县,取夫动用数千,而钱粮工食毫厘未发州县。额征之粮,本无协助济款项,有司迫于上司之威,督促现年里长按亩加派,单丁寸土不得超免。以是扬州百姓数年以来,不苦盗贼,不苦水火,止苦加派,男女典鬻已尽,逃亡十室而九空之,可为酸鼻痛心。其加派夫银就臣知之祥(详)者,为我皇上陈之。

泰兴县所治九十六里,每年正额钱粮不过三万,协济桃源河夫一千五百名,每名工食一月一两五钱,一年共加派二万七千两,将同正粮之额矣。自康熙六年起至八年止共三年,凡加派至八万一千两之多。而去年十月,南河工部又加派泰兴协济高邮河夫五千名,小民惊惶逃窜至今尚未结局,各年里长具在可问也。

皇上乾断,严敕现任河漕二臣,逐年清查穷究到底,使毫厘无所隐遁,法纪得以申明,永禁协济之名,用杜侵盗之实以信私派之。功令以活喘之生灵,为此具本谨题请旨。

(摘自《泰兴县志》卷之七)

去坝置闸上言书

清·刘江

泰州设滕家坝,其初仅出水尺许,水涨时舟楫可行,近乃加高培厚,竟成牢不拔之基,泰邑受害有不可甚言者。北来之水既塞,只引江水以资灌溉,潮涌则江田被坍,潮落则各港就淤,谷产不敷,民食全恃商贩接济。因盘坝艰难,遂至裹足,邑之食盐由坝驳运,河水浅少,日形窒塞,应请坝置闸,以时启刻闭。既可蓄之以利齈运,若淮水过旺,又可宣泄,使之南注入江,於地方大有裨益。

(摘自《泰兴县志》卷第五)

上督抚文
清·龙璋

泰兴东北高阜西南低洼,境内诸港以淮水为来源,以大江为归宿,以内地河汊为脉络。如能因势而导,蓄泄得宜,农田灌溉以时,商艇亦往来皆便,地多成市,岁鲜不登,此泰兴水利之必待讲求者也。泰境东北诸港之通淮者,一由泰州鸭子河,一由白眉河分流入境,自鸭子河之滕霸忽焉中闭,白眉河分流诸水亦莫不有霸,水利遂由是而败坏。盖北来之淮源既塞,只引江水以灌田园,潮涨则坍淹堪虞,潮退则淤浅可待。一交冬令,往往断流,以致去江较远之地,滋培不能及时,率种旱谷杂粮,收获之利减色。本地所产谷米民食不敷,遂赖商贩接济。河道既多涸竭,双需盘坝而来驳运,烦劳畏难辄退。从前邑人虽间有去坝置闸之请,每因利害不能详达,议皆中瘼。至西南诸港之达江者计有五口,先本宽深,迤则江岸坍入数里,近江口门不过数处,既至腹地愈觉浅狭。各港皆无来源冲刷,潮汐落后尤易停淤。加以两岸居民与水争利,多就坍塌之岸镶占成田,甚至有将支港填塞者。又自道光以来,沿江修有江堤,使潮汐不能直来直往,内地无潮汐之害。遂各因陋就简,并圩岸亦不增修。各前县亦曾一再集款挑河,藉以补偏救敝,奈均绌於浩费挂漏殊多,此泰兴近年水利有碍农桑之实在情形也。……适值六月,大雨兼旬,西南各乡,间被淹浸。县民禀称:挑河修圩,势不可缓,若能将通境河道,同力合作,不独西南可免水息,即东北各乡,向种旱粮,亦可仍种禾稻,利得数倍。但计田派工,民力犹恐不齐,必须官为之倡,且离港稍远之田,难受此港之利,或虑遗漏,反多藉口。拟仿积谷章程於业户,完纳地芦银两,每两带捐河工捐钱一百文,以五年为限,限满停收。此五年之款,以前四年所捐者办工,以第五年所捐者生息,息钱留备撩浅之用。……惟必待四年捐集而后动工,则为时太缓,因拟改为随捐随办。如甲年捐数既集,则於乙年开工,再以乙年捐款接办丙年之工。如此递推递嬗,人力固可有余,器物亦足周转,决无虚縻之费停待之虞。一俟大功告成,即将第五年捐款存典生息,息积三年,撩浅一次,堤岸亦附修之。

(摘自《泰兴县志》续卷一)

南坝北迁呈略
陆元李

伏读上谕:近江者入江,近海者入海。其近江之路金湾等闸坝以下已无阻碍。至入海之路,兴邑近海而实非其路。自前河院靳北坝南迁,以兴为路,无堤束水,泛溢民田,受害至今。盖以邮南各坝三百余丈之口,深丈余六七尺不等之水,排山倒海下注低洼九尺之区,其田亩尺计寸数之岸复奚存?而泛滥汪洋自邮至兴百二十里，自兴抵场又百二十里。以各闸二三十丈之口，据高六七尺之势，其能宣泄此三百里之汪洋乎？无怪频年大掘范堤以消西水。迨掘堤泄水已是九、十月事，而田务民生获济安在？窃以近海有实在近海之处，入海有易于入海之路，不在邮南，而在邮北。查旧志淮南宝北中间如乌沙、平河、泾河、兴文、黄浦、八浅等处各闸河，今虽淤塞，故址现在。当全淮水发灌满洪泽湖，即从此十闸宣泄入海。先不至横溢于宝湖，又何至泛滥于邮湖，为漕堤之隐忧而开放邮南诸坝，以泪没兴田也。且夫南北闸之利与不利显然可见者有三：道途有远近，容纳有广狭，被害有大小。北闸路踞宝湖，紧对盐城。淮水将入宝湖即入平泾等闸直趋射阳等湖，以分其势。闸之去湖仅四十里，较涨全淮之水由淮安南下，先灌宝湖，随灌邮湖，从邮南以尽泄于兴，盘旋曲折历数百里，仍转而之北，从大纵湖以汇于射阳，抵盐之天妃庙湾等口入海，计途何其纡，计时何其久，何如竟从北闸顶直下海。之为捷也，北闸四十里外即为马家荡、广洋、射阳、虾须二沟，湖荡荒芜，鱼虾出入，可容可泄。至南闸下尽属粮田，是北闸灌注以壑为壑，南闸开放以田为壑。至谓北闸四十里亦已成田，然此原系入海故道，因闸淤坝闭而为田，今仍以官还官耳。即以田数计，四十里之被灾与七州县数百里之被灾，孰大孰小？此南坝北迁复旧之计，万世永赖之谟也。乾隆二十一年。

——录自《重修兴化县志》，标题为编者所加

浚河呈略

赵复心

窃兴化与盐城两县自同治六年以后，无岁不旱。已往皆剔熟缓征。光绪二年，盐城全旱，去年兴邑全旱。大宪委勘，俟水涸挑浚五河。查梓辛、车路、白涂、海沟与盐城公共之界河是五经河。嘉庆十九年请帑开浚，完纳河银每亩十文，分限八年，另有执照。迄今六十年余，堤堆流泻，有深有浅。而界河沙土易流，较各河尤浅。总俟经河浚全再浚纬河。查兴邑纬河有八，自车路河北由唐子镇向东至丁溪场共有四圩，南北亦有四港，约长八九里。白涂河北崇福寺之南圩，西有唐港，北至安丰，东有横泾河，北至大营，南北皆长三十里。海沟河北由安丰至界河名东唐港，长十八里。由黄庄向北名西唐港，长十五里。此八河皆宜深浚。盐城纬河有二，界河之北合陇堤之东港则名东冈沟，西港则名黄泥港，南北皆长四十里。皆系南浅北深，约开二十里可北接蟒蛇河潮水，曹家庙湾河由界河向北东至大团闸，计长二十五里，皆宜深浚。兴化水由运河小闸、盐河大涵会归至此，为众水之腹。而盐城在兴邑之北，由中圩之东西唐港直接冈沟、黄泥港至蟒蛇河出闸下海，实去水之门户。纬河两边皆有高堤，大水之年风浪激泻，日淤日浅，河底垫高，以致圩口闭塞，内沟不通。上流不能进水，下流不能去水，积滞成碱，有伤禾稼。是必纬河深通而内沟方能宣畅。纬河之底较经河高二三尺不等，口面狭于经河。若令兴盐两县俟农隙之时，凡有堆纬河照依圩尺兴工丈量，按亩出捐。先挑南北大港，后复圩内支沟，则河路深通，堆堤高固，御荒有策，水旱无虞。

——本文录自民国《续修兴化县志》

清嘉庆十九年(1814)
两江总督百龄、江苏巡抚朱理、总河吴王敬　奏摺

　　为遵旨会同履勘靖江县江工亟应修筑以卫城垣并酌减工料价银撙节筹款办理缘由,伏乞圣鉴事。窃照常州府属靖江县江岸,近年被汛潮侵刷,逐渐坍卸,逼近城根,情形险要,拟筑碎石坦坡,俾资捍卫。前经臣朱理据委员等估报,约需工料银两,附片具奏。钦奉谕旨:吴王敬现在江南查工,着即会同百龄、朱理详细履勘,公同商酌。果系目前不可刻缓之工,再行奏闻筹办等因。钦此。仰见皇上轸念民瘼、慎重工需之至意。臣吴王敬、臣百龄遵即驰赴靖江,臣朱理亦由苏前来。当即率同留工效力之原任淮扬道叶观潮并该府县及原委勘估之文武员弁等,亲诣江干,详加履勘。该县东西南三面滨临大江,江之南岸山势接连,排如屏障。其北岸即系县城,向有土崖回护。近因江面之东南虾蟆山及长山一带,涨有阴沙,挺入江心,逼流北趋。且该处系江海交汇之处,江流自西而东,海潮则由东南向西北斜驶,两相冲激,其流直抵县城东南之苏家港,涌起潮头,一路向西撞击,以致县城南门外岸崖,逐渐坍卸。业将附近之天后官、武庙、文峰寺等处地基冲损,距该县南城根仅四十三丈。当此春汛未发,潮汛往来北岸,尚日有刷卸之处,一经伏秋大汛,势必侵及城垣,更形危险!亟宜筑塘抵御,以保无虞,实为目前不可再缓之工。臣等公同筹商,此时若建筑石塘,固能经久,但需费甚巨,势难赶办;若照浙江临海柴塘修建,工用亦繁,且岁修须多费。该委员等原议估办碎石坦坡,于该处情形尚属合宜。询之本地绅耆等,亦称:曾经试筑坦坡一二段,颇为得力。自应相机估办。现在酌定自澜港口起,至苏家港止,共长七百三十一丈,内有四段最为顶冲着重,所修坦坡,顶底收分丈尺略为宽厚;其余工段,情形稍轻,丈尺亦稍减,均照原估办理。惟查该工系紧靠滩崖,先筑土坡,外包碎石。今与该府县及各委员复行妥议,土坡应多做一丈,石坡应少做一丈。将土坡加以夯硪,则与老崖交融凝结,而石坡得此后靠,更加坚固。如此核办,用土多而用石少,计所需工料共八万五千九百两零,较原估银十三万六千两零,可省五万一百两零。此系节料而未减工,仍足以资捍御。至此项经费据该县士民情愿输捐银二万两,并经阿盐臣札称,淮商捐助银三万两;其余三万五千九百余两,请先于苏州藩库内暂行借款兴办,仿照前次挑浚太仓浏河之例,于靖江县按田摊征,分作六年还款。如蒙俞允,臣百龄、臣朱理即派令该县张友柏领银承修,酌调熟谙河工之守备庄漪、千总张仲协同砌筑,并委海防同知僖山偕同该府卞斌督催妥速经理。勒限于春汛前,一律报竣。责令保固二年,以免草率偷减之弊。臣百龄、臣朱理于葳工后,酌量一人来工验收。如稍有不实,即行参办,断不稍任弊混。所有臣等遵旨查勘靖邑江工核定筹办缘由,谨合由驿四百里具奏,并绘图贴说,另缮工料简明清单,恭呈御览。伏候皇上训示遵行,谨奏。奉朱批:依议办理,工部知道。钦此。

(摘自光绪五年《靖江县志》)

五、涉水歌曲选

走进引江河

王积生 肖　仁词
肖　仁曲

F＝1　2/4
(稍慢) (叙述地、赞美地)

‖:(5 5 6 3 2 | 5 6　3 | 5 5 6 3 2 1 | 2　— | 5 5 3 2 3 | 5 3　2 | 5 5 3 2 3 | 1　— |

5·6 3 2 | 5 6　3 | 5 6 3 2 1 | 2　— | 2·3 1 6 | 2 3　1 | 6·2 2 6 | 5　— | 6·5 | 6·1 |

走进　引江河,天蓝水清 清,　　枢纽楼立 大江边,高耸接天云。　　闸　开
走进　引江河,天蓝水清 清,　　枢纽楼立 大江边,高耸接天云。　　堤　上

2 3　5 | (2 2 3 5) | 6·5 | 3·1 | 2 3　2 | (2 2 3 2) | 3·5 6 1 | 2 3 2 1 | 2·1 2 6 | 5　— |

物流　畅,　　泵　转　波澜 平,　　江水来去听指挥,旱涝得安 宁。
桃花　艳,　　沿　河　柳成 荫,　　散步棋苑琴园里,来者总忘 情。

6　— | 7　— | 6　6 5 | 6　— | 3　— | 6　— | 5　5 2 | 3·2 | 3·5 6 1 | 2 3 2 1 |

风　停　　水似 镜,　风　动　　浪如 银,　　一条大河平地开,
好　水　　留远 客,　好　景　　迎佳 宾,　　两岸处处皆园林,

2 2　1 | 2 7 6 | 5　— | 5　— | 5·6 3 2 | 5 6　3 | 5·6 3 2 1 | 2·6 | 5 6 1 2 | 3 6　5 |

引水　为人 民。　　　潮平　两岸 阔,潮去船身轻,　　南水从此向北 调,
美妙　胜仙 境。　　　引江　河水 甜,引江河岸平,　　引江河水送北 京,

6 6 7 2 3 | 5　— | 7 3　— | 3　— | 5 6　— | 6　— | 3 3 6 | 5　6 6 | 5 3 | 3 1 | 2　—

点滴都是 情。　　啊 —　　　啊 —　　　引江 河 你是生 命的河。
涌涌流不 停。

7 7 3 | 2 3 3 | 2 7 7 6 | 5　— | 6 6 1 | 3 6 6 | 5 7 6 5 | 3·2 | 5 5 7 | 2

引江 河你是风光的 河;　引江 河你是多 情的河 啊,引江

6·7 2 | 3 5 | 5　— | 5　—:‖ 5 5 7 2 5 5 | 6·5 2 | 3 | 1 —‖

希　望的 河。　　　　　　引江 河你是希　望的河。

———结束句———

清清引江河

王积生 肖 仁 词
肖 仁 赵振芳 曲

1=G2/4 （中速深情）

（6·2 176 565 432 161 23｜5·3｜62 3432｜1·2｜1 —｜15 61）｜25 323｜

苏中大地
北调东引

1 76 2·｜26 72 76｜5 —｜1·6 12｜3 1 656｜2 35 65 3｜2 —｜5 52 6 i｜65 52 4｜

举 银 杯, 斟满 长 江 水　清清 一条 引江河, 江畔 舞彩 练,　春催 菜花 两岸 金,
建 航 道, 借得 长 江 水　托起 海上 新苏东, 荒滩 点翠 微,　早闻 碧波 拍岸 堤,

2 26 26｜3226 2 5 6 53｜2312 3·5｜62 3432｜1·2 3｜5·42｜6·5｜6·i 56｜i—｜

夏染 瓜果 翠,　秋收 稻谷 堆田 垄,　冬润 寒梅 艳。哎咳 哟 哎 哟　哎 咳哎 咳哟
江鸥 展翅 飞,　晚观 高港 枢纽 楼,　楼美 水更 美。

6 62 176｜565 4·3｜225 432｜176 2｜016 12｜323 5 3｜6·2 176｜5 35｜2 23 535｜

引江河 引来了 幸福 水, 给 苏中 人造福 一辈 辈, 引 江河酿 成的 醇 香 酒, 让苏中 人

6 23 432｜1·2 1—：‖1·23｜5·42｜6·5｜6·i 56｜i —｜6 62 176｜5 65 4·3｜

嘴甜心 儿 醉。　醉 哎咳 哟哎 哟,　哎咳 哎咳 哟 引江河 引来了 幸福 水给

渐慢：

225 432｜176 2 016｜12｜323 53｜6·2 176｜2 —｜2·7｜667 65｜662 176｜

苏中人造福 一辈辈, 引 江河 酿 成的 醇香 酒,　让苏 中 人 嘴 甜心儿

f　　　　　　　　　P

i —｜i —｜i —｜i 0‖

醉。

水乡谣

D=1 3/4 2/4
（自豪地、赞颂地）

肖 仁 词曲

3 ‖:（i7 6 62 | 76 5 56 | 43 25 23 | 15 12 3）‖

6 56 5·1 | 3 23 2- | 76 7 6·5 | 21 23 3- | 0 i i 17 |

故园 美哟 家乡 好，一弯 河水 围城 绕。 河上 鱼虾
故园 美哟 家乡 好，人文 荟萃 历六 朝。 百里 沿江
故园 美哟 家乡 好，里下 河口 门一 道。 门前 横大

6·（3 3 | i 7 6）| 0 2 2 76 | 5·（7 7 | 7 6 5）| 6 56 5·1 |

跳，   两岸 歌声 飘，   城外 厂区
线，   苏中 大通 道，   淮海 名区
江，   门内 溢金 稻，   碧波 荡漾

3 23 2 76 7 | 65 5 （3 5 6）| i 23 3· | 3 0 2 |

连成 串城内 楼宇高。 蓝天 映呵， 夕
汉唐 郡代代 出英豪。 夸不 完呵， 数
帆影 乱飞车 涌春潮。 铺公 路呵， 架

i 7 6 | 6 06 | 7 i 22 2 | 2 ∨ 22 | 54 32 | 05 23 |

阳 照。 美 丽的故乡呵， 你是 翡翠 镶上 红玛
不 了。 古 老的家乡呵， 你哺 育了 乡贤 知多
大 桥。 沸 腾的家乡呵， 你是 凤凰 展翅 冲云

rit…   结束句

1- | 1·（3 ‖: i 2 33 3· | 3 0 2 0 2 | i 7 6 | 6 06 | 7 i 22 2 | 2 ∨ 22 |

瑙。   铺公 路呵， 架大 桥， 沸腾 的家乡呵， 你是
少。
霄。

54 32 | 05 6 7 ∨ | i- | i- | i- | i 0 ‖

凤凰 展翅 冲云 霄。

小河水清悠悠

方志强 词
朱锡桐 曲

1=C 轻松地

```
6 6 6  5 3 | 6 6 6  5 3 | 6 1 2 3  1 2 1 6 | 5  -  | 1 1 1  6 5 5 | 6 6 1  5 3 |
小河的 水呀 清悠  悠啊 哗啦啦的 从我村前  过     流     鱼儿在 浪花里 尽情地 嬉戏
小河的 水呀 清悠  悠啊 哗啦啦的 向东     流          河面上 飘过  叶叶 小舟
```

```
1 1 1 6  5 6 5 3 | 2  -  | 3 3 5  2 1 | 3 3 5  2 1 | 1 2 3  2 1 6 5 | 6  -  |
岸边摇曳 青青翠 拂          船工的 号子 响彻 两岸 响彻 两 岸
水中倒映 屋屋高 楼          等到 那 风 吹啊 芦 花 白
```

```
5·6  1 3 | 2 1 2 3  5 0 5 | 6 5  5 3 2 | 1  -  | 1· 6 1 | 2  -  |
春 风中 飘 过那 笑语欢 歌    哎        哎
姑娘们 摘来 担 担 红菱鲜 藕              哎        哎
1· 6 | 5
```

```
1 2 3  2 1 6 | 5  -  | 1· 6 5 | 6·  3 | 5 3  3 2 1 | 2  -  |
家乡的 小 河        哎        哎    你 慢 慢地 流
家乡的 小 河        哎        哎    你 慢 慢地 流
6 6 1  2 3 | 5  -  | 6·  5 | 3·  3 | 5 1  1 6 | 7  -  |
```

```
3 3 2  1 1 1 | 2 2 7  6 | 3 5  5 7 | 6  -  | 5 5 6  5 3 | 5 3  2 |
站在 孤山上 敲钟 楼望 钟 楼候        山下的 人儿 尽 在
带去 我的 祝福 与 问 候              家乡的 小河 永 远
1 1 7  6 6 6 | 3 5 | 6 | 1 3 | 5 | 4  -  | 3 3 2  1 1 | 3 1 | 6
```

```
7·6  5 6 | 1  -  : 1 3  2 1 | 5 3  5 | 1 3  3 2 1 | 5  -  |
面 里头        啦啦 啦啦 啦 啦
清 悠  悠        D.C
5·6  5 3 2 | 1  - : 1 5 | 1 3 | 1 5 | 1 3 | 1 5 | 7 2 |
```

```
1 3  2 1 | 5 3  5 | 5 3  3 2 1 | 2  -  | 0 3  3 2 | 1·  2 |
啦啦 啦啦        啦啦 啦啦 啦            带去 我
1 3 | 1 5 | 1 3 | 7 2 | 1 5 | 0 6  6 5 |
带 去
```

```
3  -  | 2 2  1 7 | 6  -  | 5 3  2·1 1 | 7 6  5 3 | 5 2 3  7 6 5 6 |
们        祝福 问 候        愿 家乡的 小 河        永远 清悠
1 2 | 3 0 | 3 5 | 5 3 | 5 1  7 6 6 | 5 4  3 1 | 5 6  5 4 |
```

```
1  -  : 2·  2 | 1  -  6 | 1  -  | 1  -  | 0 |
悠        永 远 清 悠 悠
1  -  : 5·  4 | 3  2 | 3  -  | 3  -  | 3  0 |
D.S
```

第十六章 科技教育

第十六章 科技教育

清代,境内就有一些关心水利、著书立说者。康熙年间,兴化籍学人、内阁学士李楠曾向康熙帝上治河策。乾隆年间,兴化贡生解鼎雍研究江北水道数十年著《治河议》2册。乾隆十八年(1753)后,苏北迭遭水灾,江苏总督到兴化访知水利者,诸生任鸿建议开蟒蛇河,由盐城各闸入海。他的建议获准,兴化开蟒蛇河。任鸿著有《导淮入海建议》一书。咸丰年间,兴化贡生李崇禧著《历代黄河迁徙志》;民国初年,兴化任厚琨著《水利刍言》,余光勋著《导淮图说》。清代,靖江人郑汝英有关水利科技著作《畿辅水考》问世。民国初年,兴化设有水利协会,从事河道测量、浚河筹划等活动,但往往议而不行,上述组织也在无形中解散。随着商品流通领域的扩大和文化交流的增进,境内各地水利科技有了缓慢发展,但因生产力水平低下及社会动荡,成果甚微。

新中国成立后,随着水利工程建设的兴起,境内水利科学技术不断提高,水利科技队伍也不断壮大。中共十一届三中全会后,境内各地根据水利队伍文化和专业技术结构具体情况,结合水利建设、管理等各项事业发展需要,加大水利科技投入,有针对性地开展各类技术、技能培训和职称评聘,全市水利科技与职工教育培训工作有了快速发展。地级泰州市成立后,市水利局着力宣传科学技术是第一生产力,始终把科教兴水、以人为本放在突出位置;全市水利人努力拼搏,取得了一批科技成果,职工队伍素质也不断提高。

第一节 科研机构和队伍

一、科研机构

(一)兴化县水利科学研究综合试验站

1959年7月成立,童桂馥、林凤翔先后任副站长。该站是境内第一个水利科研机构。试验地点在兴化兴南人民公社农科所,重点对中晚稻灌溉进行试验,1962年7月撤销。

(二)泰兴市农田水利科学研究所

1960年5月26日成立,由泰兴水利局副局长赵震兼任所长。曾进行过三麦冬灌、淤土建闸、砖拱桥等技术的研究和推广,取得了较好的成果,解决了农田水利建设中的有关技术难题。1978年3月,该所在泰兴胡庄公社肖林大队设立水利科技试验点。试验点后成为地属、群办的水利科研站,由泰兴革委会副主任兼水利局局长周昌云主持工作。科研站进行过治沙改土、小型建筑物配套、水土保持、小区径流、防渍、水文等项目的试验观测。经费由省、市在农水科研经费中拨付。先后在该点工作的科技人员有6人。该站进行的治沙改土、水土保持等成果在省、市得到推广应用。

（三）兴化县农田水利科学技术情报站

1978年12月20日成立，受兴化县科委和水利局双重领导，并接受兴化县情报中心站的业务指导。1979年10月，正式加入省、地区水利科技情报网，初有成员8人，经两次扩大充实达12人。该站主要以推广应用新水利设施、新排灌技术、新工程结构和新的施工工艺为重点，广泛收集情报资料，及时整理、交流和传递，开展资料服务活动。编《兴化县水利资料汇编（1949~1979）（初级）》及《水利科技》（内部刊物）5期。兴化水利学会成立后，因任务、人员相同，活动相互交叉渗透，其作用逐步被水利学会所取代。

二、县级试验推广站

（一）姜堰市水利科技推广站

原名泰县水利科研站，建于1981年，专门从事水利技术试验活动，1985年被省水利厅定为长期试验点。主要课题有水稻需水量试验、不同边界条件稻田渗漏量测定、稻田灌溉回归水利用、水稻高产节水型灌溉试验等。

（二）兴化钓鱼农水试验站

建于1982年，为省属、群办的水利科研站，主要从事地下水位的测报、土壤含水率的分析和研究，地下水位和土壤含水量对农作物尤其是三麦生长影响的研究等。1985年，扬州市水利局定该站为鼠道排水委托站，并配备3名专职观测员，安排35平方米的办公试验用房，添置了观测水文气象和土壤含水量用的百叶箱、雨量筒、日照仪、蒸发皿、水位尺以及精密天平、环刀、烘箱等设备，专门划出15亩耕地作为试验用地。通过多年测试、总结，该站取得一批科研成果，在促进三麦增产方面效益明显。

三、科技队伍

新中国成立之初，境内水利系统科技人员寥寥无几，力量薄弱，靖江、兴化、泰县仅有水利技术人员各1名。20世纪50年代中期，通过短期培训和调进、引进科技人员，水利科技队伍有所扩大；20世纪60年代起，各地水利科技人员不断增加。20世纪70年代末，各地陆续成立技术职称评审小组或技术职称评定委员会，对所属水利技术人员进行技术职称的套改，根据国务院颁布的《工程技术职称暂行规定》，1987年各地先后成立职称改革领导小组进行职称的复查、评聘等。

1996年8月地级泰州市成立后，随着水利事业的较快发展，全市水利科技队伍也不断扩大。2015年底，全市共有在编人员1312人，其中研究生学历3人，大学本科学历415人，大学专科学历529人，中专学历147人，高中及以下学历218人；全市水利系统有专业技术人员731人，其中高级职称37人，中级职称236人，初级职称476人。

表16-1 2015年泰州水利系统高级职称人员情况表

姓名	工作单位	联系电话	性别	行政职务	学历	所学专业	职称
龚荣山	泰州市水利局	137××××1789	男	副局长	大学本科	机电排灌	高级工程师
黄圣平	泰州市城区河道管理处	139××××8058	男	主任	大学本科	经济管理	高级工程师
储有明	泰州市水资源管理处	159××××1100	男	主任	大学本科	机电排灌	高级工程师
周国翠	泰州市水利工程建设处	137××××9167	女	副主任	大学本科	土木工程	高级工程师
姜春宝	泰州市水利局海陵分局	135××××3288	男	主任科员	大学本科	农田水利	高级工程师
李金红	江苏省现代农业综合开发示范区管委会建设局	135××××9783	男	局长	大学本科	农田水利	高级工程师
刘 放	靖江市水利局	131××××1116	男	局长	硕士研究生	港口与航道	高级工程师
刘炳乾	靖江市水利局	131××××8392	男	科长	大学本科	农田水利	高级工程师
贾雪梅	靖江市水利局	132××××8382	女	科长	大学本科	机电排灌	高级工程师
吴龙成	靖江市河海勘测设计有限公司	136××××0109	男	董事长	大学本科	农田水利	高级工程师
李金海	靖江市河海勘测设计有限公司	139××××2366	男	副总经理	大学本科	水利工程	高级工程师
陈凯祥	兴化市水务局	138××××1515	男	局长助理	硕士研究生	水利工程	高级工程师
薛根林	兴化市水务局兴水勘测设计院	138××××8651	男	院长	大学本科	农田水利	高级工程师
殷新华	姜堰市水利科技推广站	139××××1933	男	站长	大学本科	农田水利	高级工程师
邰 枢	姜堰市水利局	137××××1866	男	科长	大学本科	岩土工程	高级工程师
卫家华	姜堰市水利局	130××××9388	男		大学本科	农田水利	高级工程师
孟尔斌	江苏三水建设工程有限公司	139××××9590	男		大学本科	机电排灌	高级工程师
田学工	姜堰市水利局	133××××8618	男		大专	水利工程	高级工程师

续表 16-1

姓名	工作单位	联系电话	性别	行政职务	学历	所学专业	职称
朱雪林	泰兴市水务局	138××××0078	男	科长	大学本科	机电排灌	高级工程师
马任重	江苏国润水利建设有限公司	151××××6659	男	总工	大学本科	农田水利	高级工程师
吴燕翔	泰州市河海水利工程检测有限公司	150××××5999	男	经理	大专	施工建设	高级工程师
李素红	泰州市九龙镇水利站	159××××3368	女	科长	大专	农田水利	高级工程师
肖亚云	河海水利勘测设计有限公司	138××××6332	女	主任	大学本科	规划设计	高级工程师
周斌	江苏河海科技工程集团有限公司	189××××2768	男	主任	大学本科	施工建设	高级工程师
冯进	江苏神龙海洋工程有限公司	150××××6599	男	经理	大学本科	施工建设	高级工程师
李绍成	江苏神龙海洋工程有限公司	136××××9368	男	副经理	大学本科	施工建设	高级工程师
丁红卫	靖江市江河堤闸管理处	150××××3068	男	副科长	大专	水利工程	高级工程师
顾群	泰州市水利工程师建设处	159××××1020	男	主任科员	大学本科	施工建设	高级工程师
刘小林	泰州市姜堰区沈高镇水利管理服务站	159××××6689	男	副站长	大学本科	水利工程	高级工程师
蔡晨	泰州市城区河道管理处	138××××8922	男	副主任	大学本科	水利工程	高级工程师
蒋爱武	泰兴市水务局水资源管理办公室	139××××8822	女	主任	大学本科	水利工程	高级工程师
刘金成	江苏三水建设工程有限公司	137××××5926	男		大专	施工建设	高级工程师
颜大方	江苏三水建设工程有限公司	137××××5958	男		大学本科	施工建设	高级工程师
卢萍	靖江市长江护岸工程管理处	139××××0816	女	科长	大学本科	水利工程	高级工程师
朱根	泰兴市水务局堤闸养护管理处	159××××2166	男	科长	大学本科	水利工程	高级工程师
孙鑫	泰兴市水务局堤闸养护管理处	139××××2615	男	科长	大学本科	施工建设	高级工程师
苏扬	泰州市防汛防旱指挥部办公室	189××××5336	男	副主任	大学本科	施工建设	高级工程师

第二节 教育培训

新中国成立后,大规模农田水利建设兴起,水利专业技术人才非常缺乏,境内各地采取多种途径加快技术人才培训,初见成效。1989年,境内各地认真执行《中共中央、国务院关于加强职工教育工作的决定》,想方设法,加强职工培训工作,水利职工的教育培训进展加快。地级泰州市成立后,市水利局进一步强化职工技术培训;投资300万元,对6个直属工程管理单位12名职工进行岗位技术等级培训,并组织理论和实践考试;先后25次对系统内会计人员进行计算机、财务基础等方面的专业培训;组织160人参加省、市水利工程管理、计算机应用、工程监理等应用技术培训,其中参加省水利工程管理专业培训70人。全市接受培训人数占职工总数的95%以上。

一、市水利局历年培训情况

2009年,市水利局组织业务培训19次,分别为水利知识培训,水利工程建设财务培训,重点农水建设与管理、办公自动化系统、统计知识、安全生产知识培训,水利工程招标投标、水利工程建设管理培训,质量监督知识培训,水闸、泵站汛前检查培训,涉水工程管理、防汛抢险实战、工程管理等级考核、行政许可法、行政法规、水行政执法等培训。约950人。

2010年组织业务培训13次,分别为河道及湖泊管理培训,拆迁条例、安全生产知识、质量监督管理知识、行政许可讲座、水闸和泵站技术管理培训,招标投标专家年度培训,水行政执法、法律法规及依法行政、综合统计等业务培训,共850人次左右。

2011年组织业务培训21次,分别为传达市机关作风建设大会精神,学习中央、省一号文件精神,水利普查培训班,观看法治宣传、廉政教育警示片,局考核意见、考勤考绩意见及相关管理制度的讲解,观看2010年度感动中国十大人物纪录片,参加防洪排涝及抢险救灾、爱国主义教育基地、安全生产知识讲座。组织观看建党90周年党史宣教片,派员参加国家水利建设项目管理培训班、典型事迹报告会、廉政教育片:重点领域防治腐败警示录、社会主义核心价值观学习、依法行政培训、心理学讲座、水利经济与经营管理培训班、传达十七届六中全会精神等培训学习,共1500人次左右。

2012年组织业务培训10次,分别为水利工程专业继续教育培训,优秀年轻干部培训班,干部在线学习,公务员职业道德教育,水利建设项目管理培训班,质量监督管理知识、安全生产知识培训,涉水工程管理培训,廉政教育警示片,拆迁条例等业务培训,共700左右人次参加。

2013年组织业务培训10次,分别是党员干部十八大精神培训,党政单位公文处理工作条例、江苏省党政机关实施党政机关公文处理工作条例细则(试行)、财经法规、水利基建工程财务管理、行政许可法、水法律法规、全市招投标评标专家培训,职业道德和评标业务知识培训,建党92周年一把手上廉政党课等,共700人次左右参加。

2014年组织业务培训10次,分别是河道管理培训,水利工程管理考核,水法律法规、水利业务知识、公务礼仪、办案技巧、勤政廉政教育、公共管理与廉政建设专题辅导,组织参观廉政勤政展览馆,水利工程专业继续教育培训,共700人次左右参加。

2015年组织业务培训10次,分别是全市招投标评标专家培训,职业道德和评标业务知识、安全生产知识培训、水利工程管理、廉政教育、绩效考核平台操作培训,财经法规、水利基建工程财务管理、水利工程专业继续教育培训,涉水法律法规等培训,共700人次左右参加。

二、各市(区)历年培训情况

(一)靖江市

1982年3月,靖江县水利局对全县水利系统工程员、会计员进行业务培训。1983年8月,为迎接全省乡级水利技术员考试,靖江县水利局举办各公社工程员业务培训班,学员31人,时间1个月。9月,组织各水管站会计员至高邮县水利局参加扬州市水利系统会计员业务培训,时间12天。1986年3月,靖江县水利局举办闸工业务培训班,全县50名闸管员参加,时间7天。1988年3月,靖江水利局在夏仕港闸管所举办水利站会计函授集中辅导课,科目《政治经济学》,各水利站会计员参加,时间4天。11月,举办闸管人员业务培训班,设工程管理、电气、油压启闭、水文气象、水工建筑等5门课,学员40人,时间12天。同月,县水利局22人参加扬州市组织的水利站站长考试。

1989年,靖江水利局认真贯彻落实《中共中央、国务院关于加强职工教育工作的决定》,想方设法搞好职工培训。全年教育培训职工219人次,其中干部51人次,获结业证书100人。为稳定职教队伍,全系统建立职工文化技术档案。

1990年,靖江共举办各种岗位培训班6期,科技人员专业知识培训班3期。其中,测量培训班开了水准测量、经纬测量等课程,培训学员37人;财会人员业务培训,有24人获得相当大专水平的专业证书。是年,靖江还安排9名科技人员至武汉学习微机测量,选送6名机工参加省水利厅举办的中级机工培训,选送两名品德好、业务精的技工参加省水利厅举办的电焊工高级技能培训,均获得合格证书,其中1人在应会考试中得第1名。

1996—1998年,靖江投资6.8万元,对9个直属工程管理单位236名职工进行岗位技术等级培训,并组织理论和实践考试;先后两次对系统内会计人员进行计算机、财务基础等方面的专业培训;组织64人参加省、市水利工程管理、计算机应用、工程监理等应用技术培训,其中,参加河海大学研究生进修班4人,参加省水利工程管理专业培训18人。受培人数占职工总数的35%以上。通过培训,有2人获中级职称,16人获初级职称。乡(镇)水利工程员持证上岗率达96%。1998年起,每年均选派3~5名水政监察人员参加省水政监察总队水法水政业务培训。

2004年,靖江市水利局投入1.9万元用于教育培训。是年,该市举办了闸门运行工资格定级考试培训班,每周学习2天,学员30余人;组织短期培训班两期,参加专门业务培训52人次,培训总天数780天。2007年,培训投入30.3万元,组织专业培训77人次。

2011年,靖江投入56.8万元,培训92人次,其中参加境外培训1人,参加国内干部选学9人。是年起,市老科协水利分会先后编写水工、闸门运行工、防汛抢险、农田水利、安全管理等7门课程教材,近30万字。2013年,汛前汛后连续举办3期水利工程员、闸门运行工等专业知识培训班,每期学员25~

30人,时间5～7天;组织专项业务培训319人次,培训投入63.8万元。

2014年4月,靖江市水利局与河海大学常州校区签订人才培养合作协议。河海大学党委委员、常州校区党委书记吴继敏,常州校区管委会主任范新南,靖江市委党委、组织部部长邓飞,副市长李强天,市水利局领导朱建平、刘坤、陶明利、赵光好(挂职)等出席签约仪式。2015年10月,河海大学常州校区举办靖江市水利局依法行政能力提升培训班。靖江水利局领导、各科室和各单位主要负责人、水行政执法人员共60余名学员参加,时间3天。

(二)泰兴市

为适应机灌事业的发展,1956年、1957年间,泰兴共举办5期机工培训班,培训1100人。

1958年10月,泰兴县创办县水利红专大学,实际上是水利培训班。培训班历时50天,培训了水利、机械、闸坝建设等技术人员1328人。泰兴县副县长周昌云兼校长,县水利局副局长吕继良任副校长,殷宝书、何正元负责教务。学习的课本是殷宝书、谢辉二人自编的乡土教材,边上课边实习。培训费用由县财政局拨款,劳动工具由学员自带,教学设备由县水利局办理,粮食就地调拨,吃饭不收钱,劳动不计酬。学员们学到了水利工程名词解释,土方工程量计算,筑堤、建站、浚河工程的设计、测量、放样、质量验收,闸涵施工规范、沟渠和水土保持工程等知识和技术。分配时,90%的学员到基层一线工作。这些人后来都成了农田水利工程骨干。

1959年开始,泰兴对机电工进行培训。受训后,这些骨干成为机电上的主手,有73人支援39个单位办厂,有15人支援外地建设且成为技术骨干或负责人。是年,该县还举办水文人员培训班3期,共培训水文观察员100余人。

1974年,泰兴县水利局组织20人参加的测量队,采取边学习边实践的方法,由刘国柱主讲和指导。后来,这些人都成为测量、施工骨干。

20世纪80年代,泰兴县水利局举办各种培训班,培训了水利工程员、会计员和闸工等。仅1982年、1983年两年就培训工程员3次(36天),会计员4次(34天)。1983年3月5日,举办了由22个公社分管水利的负责人、水利工程员参加的治沙改土训练班,结合现场实地宣讲治沙改土技术。1984—1987年,以会代训,培训水利站负责人、工程员,传授单项知识和技术。1987年,举办了3期江堤白蚁防治培训班,共培训40人次,提高了防治人员技术水平。在此期间,泰兴水利系统还通过自学、送培等形式培训专业技术人员。

2015年开始,经省水利厅批准同意,泰兴市水务局与河海大学合作联合开办水利水电工程专业本科班(泰兴班),开创了泰州地区水利部门与高校合作的先河,40多人参加学习。

此外,每年都安排人员参加省水利厅组织的基层水利局长培训班、基层水利站长培训班等各类培训。

(三)兴化市

1954年11月,在进行联圩并圩期间,兴化培训区乡农民水利骨干47人,主要学习《小型农田水利工程技术常识》。1955年10月6—11日、18—26日,兴化分两批培训水利骨干286人。其中,区乡干部113人,村干部124人,农民代表49人,培训内容主要是水利负担政策和计算方法。1958年5月,在搞农村河网化期间,兴化各区乡举办培训班,以各种形式培训农民水利骨干和业务技术人员各1200多人。

1981年2月,中共中央、国务院下发《关于加强职工教育工作的决定》。次年,兴化县水利局成立职工教育领导小组,各直属单位也相应明确领导成员负责职教工作。配备专职或兼职教师,为青年职工进行"双补"(文化及专业技术补课),并开展扫除文盲工作。1990年初,兴化建立市水利科技培训中心筹备处,具体负责全系统职工的技术培训。1991年6月,正式建立兴化市水利培训中心,为办学正规化、管理规范化创造了条件。

20世纪80年代,兴化水利局重点培训各公社(乡、镇)水利会计员、工程员。1981年7月,集中全县各公社水利会计员学习江苏省水利厅颁发的《公社水利单位财务管理和财务制度》,历时16天。1982年8月25日至9月15日,兴化集中各公社水利会计员赴高邮参加省里举办的会计业务学习班,11月13日这些会计员参加全省水利会计员业务知识统一考试。此间,兴化水利局对乡级水利技术人员也进行了集中培训。

1990年,兴化在水利培训中心举办了280名青年职工(占青壮年职工总数的64%)参加的政治培训班;局机关副股长以上干部参加的普法学习班,学习《中华人民共和国水法》《中华人民共和国行政诉讼法》《中华人民共和国游行示威法》等。此外,还举办了规范化岗位培训班、乡(镇)水利站站长及工程员培训班、水泥制品单位技术骨干培训班及乡(镇)水利站站长应聘对象轮训等。1992年,对新分配至水利系统的18名退伍军人进行岗位培训,历时23天。学习内容有政治、农田水利、测量、水工建筑和施工管理、水力计算等。1994年4月,举办了安全持证上岗培训班,学员经考试合格后颁发上岗证。同年底,选派9名单位负责人参加省项目经理培训班。通过不断完善培训体系,开展经常性的职工岗位培训和政治教育,使水利系统职工的政治业务素质普遍得到提高。

1995年,兴化水利培训中心通过扬州电大招收工业及民用建筑大专班1个、学生31人;通过扬州市中等专业学校开办水工建筑专业中专班1个、学生64人,两者合计95人,全部纳入国家计划。入学后,制订教学计划,严格管理,规范教学,受到扬州市教育主管部门的好评。1996年,继续向社会招生,增加经济管理专业,连同原有的已达4个班,在校学员178名。至1998年,已毕业大专2个班46人,中专2个班104人。按照择优录用的原则,向乡(镇)水利站输送26人。是年末,培训中心在校电大班1个15人,中专班1个56人。

第三节　科研成果

"科学技术是第一生产力",是国民经济发展的重要支撑。泰州水利系统各部门、各市区坚持"科学技术面向经济建设"的方针,潜心研究水利理论,不断开展水利新技术的试验、研究、推广应用,为经济建设和社会发展提供了水利科技支撑,成果丰硕。截至2015年,共获得省、市政府(部、厅)级以上奖项52个,其中省(部)级奖项7个(含全国性学会),市(厅)级政府奖项45个。

一、获省(部)级奖项的研究成果

(一)防治渍害(泰县)

1982年获中华人民共和国农牧渔业部"南方麦区湿害防御技术"技术改进一等奖。在防治渍害方面与江苏省农业科学院等单位协作,对小麦进行渍害防御试验,暗排采用鼠道、瓦管、灰土暗管进行试验,明沟采用"河横式"的田间排水沟系,取得了良好的防湿治渍效果。

(二)政策性资本损耗的盲视是导致水利行业贫困的主要因素之一

作者董文虎。发表于1994年第八期《中国水利》,1995年2月获中国农村财政研究会颁发的第二次全国农村财政优秀论文三等奖。此文,由水利部财务司直接推荐参评。文章揭示了当时国家水利财务政策及会计核算的缺陷,是造成水利行业不能良性运行,导致行业贫困的根源,呼吁水利财务必须改革。

(三)水管单位必须建立适应其特殊行业的水利会计制度

作者董文虎。发表于1994年第3期《水利水电财务会计》。1995年10月获中国会计学会颁发的1994年度会计协会优秀论文三等奖。文中,阐述了水利行业、水利投资、农民投劳折资、水利投资回收的4大特殊性,呼吁必须建立与水利行业特殊性相适应的财会制度。并提出了修订制度的基本设想。此文对水利部、财政部出台新制度起了一定促进作用。

(四)扬州市百万亩低产田改造工程综合治理技术推广

1996年7月5日获第一届江苏省农业技术推广二等奖。20世纪80年代末,通南地区中低产田均得到不同程度的治理,但水利设施不配套,粮食产量仍在低水平徘徊,为实现农业生产再上新台阶,扬州市人民政府制定了百万亩中低产田改造工程项目实施计划,涉及泰兴、姜堰,全市累计改造中低产田达127.35万亩。项目实施后,方整农田达90.5%,标准化水系达91.7%,农田林网达87.4%,河坡植树覆盖率达100%,粮食平均亩产增加85千克,人均农业收入增加545元,取得显著的经济效益和生态效益,其治理技术和推广程度属国内先进。

(五)1400QZ-100、1600QZ-100潜水轴流泵

1999年12月8日获1998年度江苏省科技进步三等奖(苏政发[1999]97号)。研发者:江苏亚太系业集团公司的常庆昌、杨光荣、周庆明、董志豪、张爱霞。

(六)实现河流有形功能与无形功能并存——必须从生态经济的角度全面评价水利工程

作者董文虎。发表于2005年8月27日《中国水利报——水利现代周刊》和2005年第10期《水利发展研究》。

董文虎是全国最早提出"生态、环境、人文功能为河流的无形功能"概念的人,他的研究为架构中国物态水文化——现代治水理论打下了基础。此文是他这方面研究的代表性论文,2007年12月获江苏省人民政府第十届哲学社会科学三等奖;此文还于2005年获水利发展研究中心水利工程生态影响论坛优秀论文奖;2006年12月获泰州市人民政府第五届自然科学优秀论文二等奖。

（七）用"利水文化"主导现代水利,实现水资源可持续利用

作者董文虎。发表于2008年第9期《水利发展研究》,亦为《首届中国水文化论坛优秀论文集》一书全文收编。2011年3月,获江苏省人民政府第十一届哲学社会科学三等奖;此文还于2009年11月获水利部精神文明建设指导委员会首届中国水文化论坛一等奖;2010年12月获泰州市人民政府第七届自然科学优秀论文二等奖。他的这一研究成果为水文化建设提供了支撑。主要论点是:水文化是母体文化;水文化是指人对水的认识和作用后产生的文化功能;水文化是由"人化"和"化人"两个方面共构的。文章阐述了"利水文化"与"水利文化"的主要异同,提出"利水文化"的观点,呼吁用"利水文化"主导现代水利,实现水资源可持续利用。

二、获市(厅)级奖项的研究成果

（一）江边三用套涵(泰兴)

1981年,该成果获江苏省度水利科技成果四等奖。三用套涵是沿江圩区引低潮提灌、引高潮自灌和排涝三用小型涵洞。套涵由内、外涵组成,外涵建在江堤上,内涵建在内河堤上,两涵相距100～400米。当两涵的洞门都打开时,可低潮提灌;遇涝时,内、外两涵的洞门都打开,也可低潮自排;当内涵洞门关闭、外涵洞门打开时,则套涵之间的河道水位抬高,通过渡槽及灌渠可进行自流灌溉。泰兴于1972年在七圩公社五圩建第一座三用套涵后,又在该社另建5座。经多年使用证明,此闸安全可靠,维修方便,排灌费用比原来降低50%。

（二）苏排Ⅱ型球壳泵站(兴化)

1971年,兴化水利局在保持原苏排Ⅱ型泵站质量和效益的前提下,改进水泵上下座梁,用钢筋混凝土圆底球面扁薄壳代替原有钢筋混凝土板梁结构,用圆井泵式双曲拱形进出水流道代替开敞式泵室及流道,省略钢筋混凝土胸墙板,用素混凝土代替少钢筋底板。将泵室尺寸放大,将机房直接砌在井壁墙体上,省略了墙梁、基础梁,避免了不均匀沉降。通过一系列改进,每座泵站可节省钢材用量0.92吨,降低了总造价。第一座建在原林湖公社,全县共建10座。1982年,该技术获省水利厅全省水利科技成果三等奖,并被华东水利学院编入《抽水泵》讲义。

（三）少筋双曲拱桥(兴化)

1982年,该项目获省水利厅科研成果四等奖。此前,1979年,这一项目获兴化县科研成果奖。

1977年开始,兴化县水利局设计和试建10米、12米、16米、18米等不同跨度的一小批装配式少筋双曲拱桥,主要建在中心河和生产河上。后经过逐步改进和静载动载试压,设计逐步完善,形成一种具有兴化地方风格的小型配套建筑物。其主要特点是构造简单,施工方便,主要构件可在工厂预制、工地装配,用料较省、造价较低,造型美观、承载力强。全县累计建成500余座。

（四）钢结构闸门阴极防腐(靖江)

1983年,此成果获扬州市科技成果三等奖。1978年,在华东水利学院化学教研组和福建物质结构研究所的协助下,以靖江十圩闸管所机电安装工沈国权为主,对钢闸门进行外加电流保护试验。1980年采用钛基二氧化铅阴极对钢闸门进行外加电流保护试验。经过两年多的实践,效果明显。钢

闸门在淡水中作阴极,保护效果达99.3%。此技术为国内首创,1983年获省水利科技成果四等奖。

(五)《泰县大纶公社农田水利规划》

1983年,该规划获省水利厅水利科技四等奖。

大纶公社地处通南高沙土区。土质为粉沙壤土,地面真高一般在5.2米左右,总面积32平方公里。其中,耕地面积25062亩,水面面积5980亩。历史上废沟呆塘多(1200条,占地9900亩)、高垛田多(近7000亩)、实心地多(85%的地方不通水、不通船)。旱时无水源,涝时排不出,晴天风沙满天,下雨流土下河,农业生产落后,产量低而不稳。为改变生产条件,1974年春,在总结经验教训和深入调查研究的基础上,按照江苏省建设高产稳产、旱涝保收农田"六条标准"进行了规划。规划主要内容如下:

(1)建立新水系。该社原有引排条件较差,主要引排河道只有与海安县交界的东姜黄河和东西向的周山河,不能满足速排的要求,规划时,针对南北长、东西窄的地形特点,开挖南北向大河1条,河底宽8米,河底真高-0.5米;边坡1:3,东西向河道4条,底宽4米,底高0米,边坡1:3,形成"丰"字形新水系。

规划田块南北长100米,东西宽34米,面积为5亩,全社共划分为6120块,田间一套沟规划为隔水沟、农排沟和排降沟3级。隔水沟南北向,布置在两块田间,间距70米;农排沟东西向,与农渠相间布置,间距200米;排降沟南北向,间距500米左右,承受农排沟来水,排入社级河道。

在东西向社级河道和南北向排降沟上规划1个灌区,即1平方公里内规划为1个灌区,每1个灌区设1个电灌站,一般安装12″泵。渠系分干、农两级配水,干渠沿排降沟布置,间距1公里,农渠东西向与农排沟相间布置,间距200米。

(2)建筑物配套。建筑物分3类,即沟头防护、渠系涵闸和交通桥涵。在排降沟入河、农排沟入排降沟处按其排水面积不同分别建80~40下水道,隔水沟建23排涵。干、支渠分别建60、40进水闸,其他交叉建筑物,配足配全,全社交通,畅通无阻。

(3)路林点建设。沿河两岸和东西向社级河道之间筑大路,路宽6米。排降沟西侧筑机耕路,路宽4~6米。沿农排沟和斗渠南侧及排降沟之间筑生产路,路宽2米。从保持水土出发,在河、沟、路、渠两侧大搞绿化,坡上栽湖桑,沟河青坎和路渠两侧植乔木桑,以利发展养蚕事业。从方便生产、改善群众居住条件出发,结合开挖和利用余土,沿河两侧筑50米宽庄台呈带状,形成居民带。

(4)水面利用。计划整建120条废沟(面积1950亩)为鱼塘,另新开河道,搞好成鱼放养。大纶公社规划实施以来,促进了农林牧副渔各业的发展,粮食总产1982年比1973年增产289.9万千克。

(六)《泰县沈高公社夹河圩农田水利规划》

1983年,该规划获省水利厅水利科技四等奖。

沈高公社夹河圩,圩内总面积2.54平方公里,耕地面积2460亩,占总面积的64.5%,水面面积280亩,占总面积的7.3%,地势南高北低,田块零碎,过去产量低而不稳。1969年以来,针对存在的问题制定了水利建设规划。规划主要内容如下:

将原有25个小匡独圩,联并为1个大圩。建成圩顶真高4.2米、顶宽3米的高标准圩堤。对圩内旧水系,本着利用、改造、新建的原则,开挖新生产河3条,改造、利用生产河各1条。并利用南北向老河1条为中心河,形成"五横一竖"新水系,生产河间距300米。灌溉系统分干、支、斗3级,干渠依圩筑渠,东、西各1条,支渠布置在东西向生产河之间各6条,斗渠为南北向,合计120条,排水系统除河网外有沟网和墒网。沟网分排水沟和导渗沟。排水沟与斗渠相间布置,间距为50米,只排不灌。斗渠为低渠道,既灌又排。导渗沟开挖在干渠与支渠旁,只排不灌。规划实施后,取得了较好的成效,由于田间工程布置合理,有利于排灌降渍。降雨后,水经地表径流入竖、横、围墒,再由排水沟入生产河,由于标准高、密度大,加速了径流,减少垂直入渗,有效地控制了地下水。在灌溉方面,利用圩堤一侧布置东、西两干渠,固定排灌站,分别建在大圩南端。利用南高北低地势顺流而下,入支斗渠迅速到田。在中心河高低分界处,建闸控制,做到高低分开,在下匡低洼地建有专用排涝站,做到高水高排、低水低排。圩内建筑物数量少,投资省。圩堤和支渠可作拖拉机道,圩口闸可行拖拉机,圩内除已建两座倒虹吸外,不需建其他交叉建筑物和交通桥梁。中小型拖拉机在圩内田野上耕耖翻种,水上运肥运把,四通八达。1980年起兴建灰土地下渠道2.5公里,暗管防渍有鼠洞、深暗墒、瓦管、灰土暗排沟等多种形式。至1987年,共完成土方47.29万立方米,建成各种建筑物232座,投资11.48万元,其中国家补助4万元。粮食总产量由1969年的83.75万千克增加到1987年的169.25万千克,棉花总产量由1.675万千克增加到5.04万千克,分别增长1.02倍和2.06倍。

(七)靖江江堤综合开发

1984年,靖江江堤综合开发获扬州市科技成果一等奖。

(八)《七圩乡农田水利规划》(泰兴)

1984年,该规划获得省水利厅科技成果三等奖。

七圩乡地处泰兴的西南角,滨临长江。总面积27.27平方公里,其中耕地面积27815亩。地面高程1.8～3.4米,一般在2.5米左右,土质为中壤和轻黏土。设计标准:防洪,确保长江历史最高水位5.37米不出险;排涝,日雨200毫米两天排完不成涝;灌溉,百日无雨保灌溉;降渍,地下水位控制在田面以下1～1.5米,按照"四分开、两控制"的要求进行建筑物配套,新建、改建江口闸涵、排涝站、灌溉站、路渠交叉建筑物;搞好沟河坡面植被和农田林网。

(九)《南新乡水利规划》(泰兴)

1984年,该规划获得省水利厅科技成果四等奖。

南新乡位于泰兴北部,总面积32.55平方公里,其中耕地面积31203亩,土壤为沙土、薄沙土、壤土偏沙。地面高程4.1～5.5米,一般在5.2米左右。设计标准:排涝,日雨200毫米两天排完不成涝;灌溉,百日无雨保灌溉;降渍,地下水位控制在田面以下1～1.5米,建筑物配套达到70%以上;搞好工程养护、管理及农田林网建设,控制水土流失。

(十)潮水闸微电脑控制仪(靖江)

1985年,此项成果获扬州市政府科技成果四等奖。

1984年9月,靖江县水利局组织陈明初、曹网华、曹汉平等科技人员成立"潮水闸微电脑控制仪"研制小组。在江苏农学院机电系、北京工业大学、水电部南京自动化研究所的帮助和指导下,夏仕港潮水闸微电脑控制仪研制成功。经过几个月的运行,证明其性能稳定、控制准确、经济效益高,具有抗干扰性能强、抗热性能好、操作维护方便、适应性好等特点。在水闸,特别是潮水闸及双向水头的水工建筑物中有使用和推广价值。是年10月28日,由北京航空学院、武汉水利电力学院、扬州师范学院、江苏农学院、省水利厅、扬州市水利局等6个单位组成鉴定领导小组,会上,靖江县水利局研制的潮水闸微电脑控制仪通过鉴定。

(十一)土地资源调查(泰县)

1986年11月,该调查获江苏省农业自然资源委员会和农业区划委员会成果一等奖。

1982年8月至1984年10月,泰县农水部门联合进行土地资源调查,历时3年又2个月,调查成果如下:

1949年,泰县耕地总面积为131.66万亩;1952年查田定产时为132.2万亩;1982年按村上报耕地只有99.32万亩。1952年后的30年中,共减少耕地28.34万亩,平均每年减少0.94万亩,30年中,人口增加了35.64万人。1949年,人均耕地为1.76亩,1982年减少为0.94亩。

1984年,泰县总面积为1799058.63亩(包括泰东公社),其中耕地面积为1166845.14亩,占总面积的64.89%。1982年全县上报耕地面积为993224亩,比上报耕地面积多173591.14亩,溢出17.48%。37个乡(镇)和2个县属镇均有上升。按37个乡(镇)上升比例排队,溢出40%以上的有2个乡(镇);溢出30%～40%的有3个乡(镇);溢出20%～30%的有10个乡(镇);溢出10%～20%的有19个乡(镇);溢出不足10%的有5个乡(镇)。上升最高的是港口镇,上升43%;最低的是大冯乡,上升5.41%。港口镇地处垎田地区,1969年后,平整垎田7340亩,净增耕地6000亩。大冯乡自1975年以来,一直重视农田基本建设,沟渠路配套齐全,新开乡级中小型河道9条,住宅面积扩大,占用了部分耕地。从调查结果来看,各乡(镇)土地溢出面积有多有少,不仅减少了农业税收,也形成负担不合理。泰县历史上有精耕细作和套间作的习惯。20世纪60年代中期,进行改制,逐步发展两、三熟制。近几年虽然作了调整,1982年复种指数仍达195%,高于全省的平均水平,而且"十边"隙地,河、圩、渠、路坡边大都栽上树木,并种上绿肥、油菜、豆类等杂粮,做到寸土不让。全县有潜力可挖的未利用土地仅有10151.53亩,占总面积的0.54%。全县农村住宅用地共占有145175.86亩(不包括自留地),占总面积的7.7%,占陆地面积的9.06%。按1982年底全县农业人口为104.0万人计算,人均占有农村宅基地达0.14亩,里下河地区人均为0.1亩,通扬公路沿线人均为0.13亩,而人多田少的通南地区每人占住宅基地0.165亩。

1985年1月,该调查经省、市验收合格。1986年11月,江苏省农业自然资源委员会和农业区划委员会颁发土地资源调查合格证,并授予成果一等奖。

(十二)土地资源调查(泰兴)

1986年,该成果获省自然资源调查和农业区划委员会科技成果三等奖、扬州市科技成果二等奖、泰兴县科技成果二等奖。

1981年起至1985年,由泰兴县农业区划办公室和县水利局联合进行土地资源调查,水利系统抽调了12名技术人员,吸收11名社会知识青年,组成23人的专业调查队进行调查。其成果主要有:"泰兴县土地资源调查汇编"及县、乡(镇)"土地利用现状图"和"土地利用现状分类面积成果表"。通过这次调查,摸清了全县实有土地资源及利用现状,为今后合理利用土地资源和制定当地国民经济发展规划提供了依据。

(十三)土地资源调查(兴化)

1986年,该调查获省农业区划委员会农业资源调查和农业区划成果二等奖。兴化是全省土地资源调查第一批试点县之一。1981年,兴化成立农业区划领导小组,明确由县水利局具体负责。县人民政府先后发出《关于开展土地资源调查工作的通知》和《关于组织土地资源调查验收工作的通知》,制定《兴化县土地利用现状分类系统及其含义》及《兴化县土地资源调查实施细则》。组织230人的专业队伍,共举办培训班5次,先后培训672人次,其中参加全省在江都举办的土地资源调查培训班1次,县水利局举办培训班4次,请省、市、县水利部门专家、工程师授课。在调查中,利用1978年、1979年航测的万分之一地形图和1976年拍摄的航片,用图幅理论面积作控制。1981年9月中旬,以村为单位的外业调查全面展开。按土地利用现状分类,经外业调查,精制土地利用现状图,并据此量算各类用地面积。初按每个村差限不超过1%、每幅图不超过2‰部署,后又按全国规程草案提高工作精度要求。为适应区划工作需要,又增加联圩内外17个项目。数据多而烦杂,难度很大。水利局抽调技术骨干,经过3年多辛勤努力,全面完成了任务。1983年春,开始逐乡逐村验收校正。1985年2月,经省农业区划委员会办公室和省土地资源调查技术顾问组验收,认为调查质量和测量精确度基本符合国家和省的各项要求,按照省颁"验收条例",验收合格。

(十四)研究水利工程经济特征挖掘水利固定资产价值内涵

作者董文虎。发表于1993年第1期《山东水利科技》,1993年11月获扬州市人民政府1991—1992年度自然科学优秀论文;1995年7月获江苏省水利文体协会江苏水利文学作品论文征文一等奖。此文观点得到水利部财务司重视,专门派员至扬州调研,并在全国推进扬州做法,同意将核定后的固定资产折旧值纳入水管单位成本核算。

(十五)姜堰百万亩中低产田改造项目区

1995年12月,专家、教授对"百万亩中低产田改造项目区"进行验收评审,一致认为达到预定的总体目标和工程建设标准。项目实施后,方整农田达90.5%,标准化水系达91.7%,农田林网达87.4%,河坡植树覆盖率达100%,粮食平均亩产增加85千克,人均农业收入增加545元,取得显著的经济效益和生态效益,其治理技术水平和推广程度属国内先进。姜堰市水利局和5个乡(镇)获江苏省农业科研二等奖。

(十六)论港口经济与靖江长江岸线的开发利用

作者陈新宇。1995年8月发表在《水利水电科技》杂志,次年被四川省社科院评为优秀论文一等奖。1998年5月,该文入选《中国建设科技文库》。

(十七)研究水利行业收费,建立水利价格收费体系

作者董文虎。发表于1996年第1期《水利水电财务会计》,1997年7月获江苏省水利厅1996年度优秀调研报告三等奖。文章对水利行业收费的类别、属性、费与价、管理等作了重点阐释,并对收费体系的收费和销售机构、收费和销售的操作、收费后的资金流向及分配作了解析。

（十八）专著《论建立水利五大体系》

作者董文虎。全书12.9万字,1998年1月由水利部财务司出资,中国水利水电出版社出版,书分发全国各省。1998年2月,获泰州市人民政府首届哲学社会科学一等奖。水利部副部长朱登铨、江苏省水利厅厅长翟浩辉分别作序一和序二。朱登铨认为:"这本书是作者花了三年业余时间钻研的成果,表现出一个水利工作者致力于行业脱贫工作所作努力。"翟浩辉认为:"这本书……提出了一系列重大的理论问题,有一些观点读后令人耳目一新。"1996年6月27日,中国科学院和中国工程院两院院士、学部委员、清华大学水利系一级教授张光斗致函董文虎说:"十分赞同"该书的"两个重要观点"。

（十九）加大社会投资力度,掀起群众办水利高潮

作者董文虎。发表于1998年第4期《江苏水利》。1998年9月获江苏省水利厅调研报告二等奖。报告分析了泰州观念转变、规范政策后形成多元化、多渠道、多层次的水利投入机制和大投入产生的大效益。进一步宣传要认真执行国家制定的《水利产业政策》的必要性。

（二十）中低产田改造后又一突破性农田水利工程

作者董文虎。发表于1998年第8期《江苏水利》。1998年9月获江苏省水利厅调研报告三等奖。本文发表前,时任江苏省副省长姜永荣曾作批示:"文虎同志的汇报很好,对开展这一工作的指导思想、基本做法及实践效果都讲得较清楚、实在。请浩辉、之毅、俊仁阅,并作为9月会议的交流材料。"

（二十一）水利五大体系理论研究、实践与推广

作者董文虎。1998年10月获省水利科技进步一等奖。该书1996年由中国水利水电出版社出版,全书12.9万字。主要内容如下:①五大体系:1993年10月水利部党组在全国水利工作会上正式提出要建立水利"五大体系";②五大体系之间的内在联系和逻辑关系;③水利行业的经济属性及行为功能的市场化;④水利经济与水利经济主要载体的经济运行机制;⑤适应社会主义市场经济的需求,形成良性的水利经济运行机制;⑥建立完善的水利法治体系是实现水利经济良性运行机制的保障;⑦建立优质高效的服务体系是水利体制改革的主要内容。

（二十二）《学习江总书记有关治水论述　研究江泽民治水思想体系》

作者董文虎。发表于1999年第4期《苏中学刊》,1999年获江苏省水利哲学社会科学成果一等奖。本文收集整理江泽民从1989年6月至1999年6月公开发布的有关水事活动和讲话50条,从中梳理出水利事业应置国民经济建设首位、水利必须依法建设等8条江泽民治水思想体系,用以指导水利工作的实践。

（二十三）《水利经济公有制实现形式多样化发展的思考》

作者董文虎。发表于1998年第1期《中国水利》。1998年2月获《中国水利》杂志"国有资产管理探讨"征文三等奖;2000年1月获泰州市人民政府第二次哲学社会科学二等奖。

（二十四）《关于我市里下河地区防洪除涝工程设施现状调查》

作者董文虎。收录于《泰州市水利现代化理论研究及实践》一书(此书2000年9月由黄河水利出版社出版),1999年12月获省水利厅1998年度优秀调研报告二等奖。1998年10月,泰州市委、市政府将此文印发里下河二市一区党委、政府领导同志,以坚定各地大干里下河圩堤达标和圩口闸建设的

信心。

(二十五)《泰州市关于实现水利现代化若干问题研究》

作者董文虎。2001年5月获省水利厅1999—2000年度优秀调研报告一等奖。该报告用"理论研究""泰州实践""课题影响"3个部分,简要介绍了泰州市关于水利现代化研究、推进的概况,以及对全国20多个省(市)的影响。

(二十六)《通南高沙土地区百万亩水稻节水灌溉技术研究和推广》

作者吕振霖、董文虎、王仁政、吴刚、姚剑、徐宏瑞、陈永吉、宦胜华、胡正平。2001年10月获省水利科技推广一等奖。本文主要成果:项目针对泰州市通南高沙土地区土质沙、输水损失大,加之灌溉技术不合理带来水资源浪费严重、农业灌溉成本居高不下的状况,将发展节水型农业作为该地区农田水利建设的主攻方向,对提高泰州乃至全省的农业灌溉效益、实现农业的可持续发展有着极其重要的意义。项目综合研究推广了灌区规划技术、防渗渠道优化设计和施工技术、建筑物革新和泵站节能改造技术、水稻控制技术、以产权制度改革为重点的经营管理技术等,有效地解决了高沙土地区灌溉技术中存在的突出问题,大大提高了节水灌溉的综合效益。在研究与推广过程中,以防渗渠道建设为重点,实现了该项目区渠道的防渗化,渠系水利用系数显著提高。项目自1998年实施以来,至2000年底,共兴建防渗渠道5115公里,增加节水灌溉面积103.1万亩,覆盖率达100%,同时2000年度推广水稻控制灌溉技术45万亩,节水、节能、节地效益显著,水分生产率大为提高,社会、经济、生态效益十分明显。

(二十七)《水利现代化理论研究与实践》

作者董文虎、储新泉、刘雪松、吴刚、陶明、祁海松。2001年10月获省水利科技进步一等奖,2002年6月获泰州市科技进步一等奖。本文主要成果如下:①搜集、整理和研究江泽民治水思想,研究汪恕诚(水利部部长)提出的面向21世纪中国治水新战略——工程水利向资源水利转变,以指导水利现代化理论研究;②阐述了水利现代化的定义、内涵、边界、模式、标准(指标体系);③提出泰州市水利现代化模式框架;④收集研究部分发达国家、中等发达国家(包括美国、英国、法国、意大利、日本、西班牙、墨西哥、土耳其,东欧国家,印度、埃及)等水利发展历程,参照全国七大流域和部分省、市(包括辽宁、上海、浙江、广东、福建、山东)等水利发展规划指标,提出泰州市水利现代化考核指标体系,六大类182项;⑤研究制定泰州市水利现代化相关基础模型;⑥提出在水利现代化建设过程中需要进行的相关水利改革思路。

(二十八)《水利现代化理论研究及实践》

作者董文虎。全书51.7万字,2000年9月由黑龙江人民出版社出版。2002年3月获泰州市第三次哲学社会科学一等奖。江苏省副省长姜永荣和泰州市副市长吕振霖分别作序。姜副省长在序中写道:"这次出版的《水利现代化理论研究及实践》专著,就是他长期研究成果的结晶。""对水利现代化的定义、内涵、标准以及实现途径等,董文虎同志在论文集中已作了大量的阐述,这些论述有理论上的深度,又有实践上的价值。读了这本论文集,给人以很多的启迪。"副市长吕振霖在序中写道:"实践性、指导性是其最重要的特点。"

(二十九)《江堤达标技术研究与推广》

作者:董文虎、储新泉、刘雪松、顾群、高鹏、祁海松、胡正平、刘放、高进山、李金海。该书2001年10月获省水利厅科技进步推广二等奖;2002年6月获市科技进步二等奖。主要成果如下:①针对泰州市沿江处于长江下游感潮河段,上承上游洪水,下受海潮顶托,易受台风袭击,每年汛期均要投入巨大的人力、物力和财力进行抗洪抢险的实际状况,将江堤达标作为该地区防洪工程建设的主攻方向,对保护沿江人民生命财产安全和区域经济发展有着极其重要的意义。②项目综合研究推广了江堤达标工程规划技术、工程设计技术、建设管理和工程管理技术等在工程技术、建设资金及工程管理等方面提出了切实可行的措施,有效地解决了水利工程重建轻管的老大难问题,项目提出的江堤达标建设资金"六个一点",公益性工程耗费补偿办法和优化水系调整、减少防洪战线等江堤建设管理模式,加快了工程建设,提高了管理水平,为全省江堤达标建设管理和工程管理起到示范作用。③项目在研究与推广过程中,领导重视,所在市(区)均成立了分管市长为指挥的江堤达标指挥部,并列入政府工作目标考核内容。采用了多渠道、多层次的工程资金筹措办法,并严格加强项目管理,全面推进工程建设的项目法人制、招标投标制和监理制的"三项制度"改革,使得该项技术得以迅速全面推广。在实施过程,工程管理的硬件和软件方面,做到了同步规划、同步投资、同步建设,使建管并重真正落到了实处,同时在全省率先利用现代网络技术进行了堤防现代化管理,并有较大创新。④项目自1997年实施以来,至2000年底,共完成江港堤防护坡158.6公里,主江堤护坡覆盖率达100%,加固改建通江涵闸219座,填塘固基134公里,堤身加高培厚87.4公里,堤后巡查便道112公里等工程,使堤防的防洪标准从20年一遇提高到50年一遇,为沿江291.06万人口、290万亩农田和城镇、工业企业等提供了直接的防洪保安屏障,其社会、经济、生态效益十分显著。

(三十)《水权、水价、水市场理论研究与实践》

作者:董文虎、陶明、丁亚明、蔡浩、刘剑。该书2002年获省水利科技进步二等奖。主要成果如下:①课题运用马克思主义政治经济学原理,适应我国建立健全社会主义市场经济体制的要求,分析了水的不同经济性质并作了较为系统、准确、透彻的剖析。提出了"水权"的"两权论"(水资源水权和水利工程供水水权),对水权理论的研究有突破性的深化。②课题研究成果为"加大水的管理体制改革力度,建立合理的水资源管理体制和水价形成机制"等相关水利改革提供了建设性的理论支撑。③从研究水利工程供水的形成机制(两大作用力、三大要素、十项机因)着手,勾画出合理水价形成机制的框图;提出了水资源的"虚幻价格论",运用马克思主义的"劳动价值论"的观点分析阐述了工程水价和环境水价的深刻含义。提出了影响资源水价的12项价值因子和2～3个层次的各13项水价成本。④课题运用水权"两权论"的观点,提出不同的水的配置原则:水资源配置的7项原则;水利工程供水5项原则和资源水、准商品水、商品水三种不同的管理制式,是针对我国实行社会主义市场经济体制的内在要求和实际而提出的,这对我国推进水资源可持续利用战略发挥了建设性的作用。

(三十一)《水权、水价、水市场理论与实践研究》

作者董文虎。该书2002年4月由黄河水利出版社出版,全书45.6万字,2004年3月获泰州市人民政府第四次哲学社会科学二等奖。该书汇编了"水权、水价、水市场""水利工程体制改革""水环境承载力""对有关水利政策法规的修改意见和建议"4个方面的43篇理论研究和实践方面的文章,以为传播。水利部副部长翟浩辉题写书名,水利部政策法规司司长高尔坤作序,序中认为:"认真阅读更觉得这也是他多年研究成果的积累与长期实践经验的总结"。该书为国家建立水权制度提供了基础性理论研究成果。

(三十二)《城市水系综合整治技术研究与集成应用》

作者:吕振霖、丁士宏、王仁政、龚荣山、胡正平、张剑、钱卫清、刘雪松、周国翠、周照网、黄圣平、吴刚、杜永、钱宗亮、祁海松。该书2005年11月获省水利科技一等奖。主要成果如下:①项目属自然科学研究及新技术推广项目,研究方向着重从城市水利规划工作入手,建立水网地区复杂条件下的数学模型,创新规划理论、观念和方法,吸收先进的新技术、新工艺,提高规划、建设和管理城市的指导性和控制性,为中小城市水利建设提供借鉴。②省内率先建立城市河网水力动态模拟数值模型,进行水系平面结构形态设计。在省内第一家出台结合防洪排涝、治污清水、招商引资、旅游人文等的城市水利规划,将城市水系规划为"一横、二纵、三环碧水绕凤城",提出了分年实施的计划。规划通过确定水系参数、确定控制城区内河道常水位、确定水质指标来进行河道断面设计,按河道功能来对河道分类,拟定不同的河道断面标准、配套建筑物标准和运行管理标准。规划实行雨污分流,建设污水集中处理厂,从根本上解决城市水系污染的问题。③在城市水利工程建设中,综合运用泵站远程控制技术、大口径非直线顶管技术、干垒砌块挡土墙施工技术、蜂窝格栅护坡技术、城市废弃土处理技术等,使用玻璃钢夹砂排水管、加筋排水软管等多种新材料,将防洪工程建设与生态环境建设、违章建筑拆除、历史文化挖掘、污染治理等有机结合,在建筑物外形设计上进行文化创新,建设了一批精品水利工程,打造城市形象,提升城市品位。结合工程建设进行一体化生物膜生活污水处理技术。④在工程管理中,根据数学模型确定城区的防洪排涝控制水位和调水冲污方案,利用城区的闸站远程监控系统进行集中控制,结合城市实际情况通过江淮交汇互济,适当引水冲污,解决防洪排涝问题。

(三十三)《基于WebGIS的水利防汛防旱空间决策支持研究》

作者:胡正平、张剑、刘雪松、苏扬、顾群、高鹏、盛永忠、戚根华、叶朋。该书2005年11月获省水利科技进步二等奖。课题研究主要致力于在现有较成熟的WebGIS平台的基础上,紧紧围绕防汛防旱的业务需要进行二次开发,提高全市水利行业当前的地理信息系统应用水平。主要成果如下:①研究确定经济、技术可行的泰州市防汛防旱WebGIS空间决策解决方案。②评测选择合适的WebGIS软件平台。③防汛防旱业务相关信息的数据库规范化设计、存储。④与现有系统的兼容、集成和融合等内容。⑤完成"泰州市防汛防旱空间决策支持系统"的开发。⑥熟悉当前先进的软件开发方法。⑦能对当前的业务流程起到规范和自动化作用。⑧为以后水利信息化项目的实施积累建设管理经验。围绕研究目标,把泰州市防汛防旱WebGIS系统设计成为一个实用、经济、易扩展的信息系统;利用计算机强大的信息存储处理功能和计算机网络通信功能,提供多方面内涵的信息共享和集成,包括业务相关的工情、水情、汛情、灾情、防汛预案、社会和经济等各种信息;系统功能上,不仅具有一般信息管理、查询和显示的功能,还具有防汛形势动态更新、各种专题图制作与分析、缓冲区分析、路径分析、空间量算、空间信息查询、图层管理;可以为工程管理、防汛调度、组织抢险、法律法规等提供相应的信息服务。

(三十四)《泰州市城市水文化研究与实践》

作者:龚荣山、董文虎、王羊宝、蔡浩、周照网、朱鸿宇。该书2005年12月获得省水利科技进步二等奖。课题以水为主线,以文化为核心,着重挖掘泰州历史文化与水的不可分割的联系,着力展示泰州水文化的魅力,通过综合运用双重科学(哲学社会科学和自然科学)去系统地对一个城市起源生成、自然地理、社会经济、人文环境的研究,进而将水文化研究调整到对这个城市未来的水利规划、水利建设和水利发展中如何蕴涵这个城市的特色文化和个性文化的研究。使泰州市的水利建设从规划的编制到每一条河、每一座工程的建设都能注意到"水城一体""中华凤城"等泰州个性文化特色,达到水利建设为多经济功能服务的目标。主要成果如下:①在城市水利科研中,正式运用哲学社会科学(包括哲学、政治经济学、市场经济学、文学艺术、人文学、美学、堪舆学、易学等)与自然科学(含现有水利专业各学科)相结合的双重科学指导论和研究技术,开展课题研究并取得成果。②在水文化研究的指导下编制含一个城市全部涉水功能(包括防洪、排涝——含河道及相关水工程、地下排水管网及相关工程;污水防治——含污水处理、污水管网及相关工程;滨水环境——含绿化景观、涉水文化;水上旅游及相关工程;航道水运,城市供水等)项目的为多经济目标(包括水利、城建、文化、环保、旅游、交通、商贸、绿化)服务的水利规划。③将水文化研究从对历史和现有水工程文化蕴涵的研究,深化到对未来水利的文化内涵进行系统研究,并使其逐步付诸实践,把水文化研究系统地贯穿于一个城市的水利规划、设计、施工及对已竣工工程的形象、运行、管理等的文化解读之始终。④提出了《城市水利学》应包括水文化研究,开拓了《城市水利学》研究的新方向,丰富了《城市水利学》学科的内容。⑤形成"一横、二纵、三环碧水绕凤城"的泰州水系新格局,确定了"水清、岸绿、文昌、城秀"的水文化建设目标,凸显泰州"水城一体"的城市水系特色。

(三十五)《长三角经济发展中的水利发展模式研究与应用》

作者:胡正平、陈菁、王仁政、吴刚、张展羽、朱成立、钱卫清、张剑。该书2006年10月获省水利科技进步二等奖。主要成果如下:①研究紧紧围绕长江三角洲地区经济高速发展中出现的水问题,以全新的思路,探求经济高速发展地区的水利应发挥的功能、作用,以及水利发展的利用模式、服务模式和目标模式。从水利战略指导思想、发展模式、指标体系、具体实施构建了一个完整的水利新模式的理论体系和实践框架。②项目对国内水利发展进行了阶段性划分,分析了各个阶段的"人"与"水"的哲学关系,对现阶段水利发展的性质进行了定位;以国内外先进地区的事例为基础,提出"利水水利"的新的水利发展模式,建立了相应的水利发展指标体系。并对新模式下的城市水利、农村水利的实现途径进行了分析研究;强调新的水利模式必须要在规划先行的前提下才能实现。研究内容丰富,切合现实需要。③课题首次对水利发展进行了阶段性划分,合理分析了各个阶段的"人"与"水"的哲学关系。从"水利人""人利水"的哲学高度构造的利用模式+服务模式+目标模式的"利水水利"模式,内涵丰富,富有创新。在指标体系中植入GDP的概念,反映了水利与经济发展互动的规律,提示经济越发达,对水环境、水生态、水文化的要求越高。将行政区划分为居住区、工业集中区、农业生产区的思路打破了过去水利城乡分治的樊篱,体现了"城乡统筹"的人本主义理念。"水供给、水安全、水环境、水生态、水管理、水文化"六位一体的水利指标体系,极大地丰富了水利的内涵。指标的选取与赋值,参考了大量国内外资料,具有可操作性。④根据经济发展对水利的要求,从城市水系调整及布置,水污染防治,水生态与水景观建设,水文化的挖掘、赋予及解读等4个方面重点分析研究了新模式下重新构造城市水环境、水生态、水文化的具体途径与措施;根据社会主义新农村建设的要求,村庄格局及分区设想,集中居住区水系规划与整治,集中居住区供、排水系统的设置,农业生产区供、排水系统的设置,集中居住区优质水环境、水生态的创造与保护,以及集中居住区亲水环境与景观设置等方面阐述了新农村建设中农村水利的任务与发展模式。提出了集中居住区功能分区法和布局概化模式。

(三十六)《经济发达地区水利发展模式》

2005年4月,董文虎牵头并指导市水利局与河海大学合作成立以河海大学博士生导师陈菁、泰州市水利局副局长胡正平为正、副组长的课题组,开展研究长江三角洲经济发达地区发展中出现的水问题。该书从人水和谐、可持续发展的要求出发,以全新思路、前卫的理念探求了水利应发挥的功能、作用以及水利发展模式;获省水利厅2007年度水利科技进步二等奖。2007年6月,《经济发达地区水利发展模式》一书由黄河水利出版社正式出版。

(三十七)《加速构建水文化工程,泰州城市发展的一个战略方向》

作者董文虎。市政府通过社科联下达的课题,2007年12月获江苏省哲学社会科学联合会社科应用研究精品工程优秀成果二等奖。文章用文化的视角研究水,研究河流,研究城市水利;提出应将水文化作为社会发展的战略元素,融入社会经济发展之中,融入城市发展之中,泰州水资源丰富,应当加强水与文化的结合,将加速构建水文化工程作为城市发展的一个战略方向,并提出5条具体对策建议。

(三十八)《混凝土结构钢筋锈蚀智能监测技术研究》

作者:钱卫清、陈敢峰。2010年11月获省水利科技三等奖。

主要成果如下:混凝土以其较强的适应性和低廉的造价而成为水利工程中不可缺少的材料。然而由于很多原因,混凝土结构过早破坏即耐久性不足已成为水利工程结构中的普遍现象。实时掌握结构耐久性实际损伤程度,不仅可以避免因耐久性不足引起的结构破坏,而且可以为结构耐久性评定、剩余使用寿命预测和维修方案决策提供重要依据。项目主要研究内容为:基于电化学方法的混凝土中钢筋腐蚀监测技术、基于光纤传感技术的钢筋腐蚀监测技术、混凝土中氯盐含量及混凝土碳化深度监测技术、监测数据自动处理与智能监测系统,集成硬件和软件,形成水工混凝土结构耐久性智能监测系统,实现实时监测、在线分析等功能。研究创新点:①研制可永久性埋设的监测精度高、施工干扰小、自动化程度高的钢筋腐蚀传感器。②开发具备实时监测、在线分析等功能的硬件和软件集成系统。③提出水工混凝土结构耐久性监测指标和方法。

(三十九)《"利水水利"水利发展高级阶段理性思维模式》

作者董文虎。发表于2007年第1期《水利发展研究》,同年9月被收编于《第五次全国水文化研讨会水文化文集》。2007年6月获中国水利文学艺术协会水文化论文征文一等奖;2012年12月获江苏哲学社会科学界联合会第六届学术大会优秀论文二等奖。此文是《水利发展研究》封面推介文章。文章从水利发展4个阶段的"人"与"水"的关系分析着手,研究"人对水的作用""水对人的影响""人与水之间的哲学关系",洞察到我国已进入"掠夺型"水利阶段及其发展趋势,为我国水利发展提出和设计了新的"水利思维新模式",即"利水水利"。并对有关水"利用"及"服务"模式分别进行了设计。

(四十)《加快水利改革发展　推进泰州水利现代化研究》

2011年,泰州市政府通过社科联下达的课题,课题组成员:潘时常、胡正平、董文虎等。2013年2月获泰州市人民政府第八届哲学社会科学优秀成果二等奖。市委书记张雷对此文批示:"此文很好,请发改委、水利局等认真研究,充实'十二五'规划。"

(四十一)专著《泰州的文化桥梁》

作者董文虎。全书13.1万字,由凤凰出版社出版,泰州市副市长丁士宏作序。他在序中写道:"文化的泰州,不仅有历史留给今人的文化,也应有我们这一代人留给后人的文化。从这本《泰州的文化桥梁》小册子中,我们不仅看到了泰州先人留给我们的桥文化,更看到泰州水文化研究咨询小组和泰州老年科技协会的老同志对泰州桥文化建设所作的建树。"2013年2月获泰州市人民政府第八届哲学社会科学优秀成果一等奖。

(四十二)《水生态文明建设是生态文明建设最重要的组成部分》

作者董文虎。2012年5月应邀参加淮安"水与生态文明建设高层研讨会"。2013年11月获江苏省社科联第七届学术大会优秀论文三等奖。文章提出水生态文明建设是生态文明建设最重要的组成部分之一的观点。对有关生态文明建设的具象目标、形象要求、战略部署、重要措施、深层次要求、修复自然的方法等与水生态文明建设之间的关系进行了探讨。并形成了"生态文明建设,水利必须先行""要确立水生态文明的发展观和价值观""水利建设也要转型升级"等7个观点。

(四十三)《水工程文化内涵与品位的提升途径》

作者董文虎、刘冠美(四川都江堰教授级高级工程师)。该书于2015年1月由苏州大学出版社出版。全书25.2万字,获泰州市第九届哲学社会科学优秀成果二等奖。本书重点介绍了实现、提升水工程文化内涵与品位的3个主要途径:从规划、设计、施工、管理等环节着手,以诗心、文蕴、书骨、画眼、园趣、乐感、哲理、创新的思维去营造,抓住发掘、鉴赏、开发、保护、利用和传播等各个环节。

(四十四)《水与水工程文化》

作者董文虎、刘冠美。本书是中华水文化书系-中华水文化专题丛书之一(中央财政支持项目)。水利部部长陈雷为书系作题为《弘扬先进水文化　推进治水兴水千秋伟业》的总序;丛书主编李宗新作丛书序。全书45.2万字,2015年4月出版。2016年12月获泰州市第十届哲学社会科学优秀成果一等奖。本书对建设水工程文化的过程及其发展规律进行了初步探索,重点介绍了建设高品位水工程文化的相关理论、途径和措施。

(四十五)《姜堰市水资源开发利用现状分析报告》

该报告获扬州市科技进步三等奖。

第四节 科技活动

新中国成立后,特别是地级泰州市成立以来,全市水利系统广大干部职工根据水利建设的要求和自身发展的需要,坚持走"科技兴水"的道路,开展科学研究和技术革新活动,取得一批新技术推广、技术成果,促进了全市水利事业和经济建设的发展。

一、市水利局

(一)农业节水灌溉技术的研究和推广

市水利局把水稻节水灌溉技术的推广作为水利科技工作的重点,全面推广水稻浅湿调控及控制灌溉技术,在里下河圩区、通南沙土区及沿江圩区都建立了试验示范区,进行不同条件下的水稻节水灌溉试验工作,获得了较为详细的第一手资料。此外,全市各地还对喷灌、微灌及低压管道灌溉等高新节水灌溉技术进行了研究和试点,有力地促进了农业产业结构调整的发展。至2015年,全市有效灌溉面积410万亩,高效节水灌溉面积197万亩。

(二)水土保持植物防护技术的研究和推广

2000年,全市将环境整治、绿化美化作为水利规划建设的重点之一。以前植物防护措施以植芦竹为主,但随着社会的进步,这种模式已经不能适应。为此,在分析土壤侵蚀及防治措施现状的基础上,市水利局坚持工程效益、经济效益、生态效益并重的原则,在泰兴如泰运河,靖江十圩港,姜堰张东河、西干河,高港许庄河等河道推广种植意杨等成材迅速的树木。通过试验点情况来看,不仅达到了保持水土的工程效益,而且为农民群众发展养殖业、增加收入提供了一条新路子,同时还起到了美化农村环境的作用。

(三)水环境综合整治技术

随着各类污染的日益严重和河道清理工作的滞后,境内各级河道全面富营养化,"三水一萍"(水花生、水葫芦、水浮莲、浮萍)蔓延成灾,阻碍引排,恶化水质,给人民的生产、生活带来了巨大的影响。2003年,境内各地专门赴上海、浙江、苏州等地学习治理技术,并在面上进行了试点,采用人工、机械、药物结合的方法,全面清理了"三水一萍",取得了很好的成效。

二、有关市(区)主要活动

(一)靖江市

1978年,在华东水利学院化学教研组和福建物质结构研究所的协助下,靖江以十圩闸管所机电安装工沈国权为主,对钢闸门进行外加电流保护试验。1980年采用钛基二氧化铅阴极对钢闸门进行外加电流保护试验。经过两年多的实践,效果明显。钢闸门在淡水中作阴极保护效果达99.3%。此项目为国内首创。1982年12月16日,扬州地区水利局在靖江十圩闸管所召开钢结构闸门阴极防腐学术鉴定会。此项技术获1983年省水利科技成果四等奖。

1984年9月,靖江水利局组织科技人员成立"潮水闸微电脑控制仪"研制小组。在江苏农学院机电系、北京工业大学、水电部南京自动化研究所的帮助和指导下,夏仕港潮水闸微电脑控制仪研制成功。经过几个月的运行,证明性能稳定、控制准确、经济效益高,具有抗干扰性能强、抗热性能好、操作维护方便、适应性好等特点。在水闸特别是潮水闸及双向水头的水工建筑物中有使用和推广价值。是年10月28日,此控制仪通过了由北京航空学院、武汉水利电力学院、扬州师范学院、江苏农学院、江苏省水利厅、扬州市水利局等6个单位组成的鉴定领导小组的鉴定。1985年,此项成果获扬州市政府科技成果四等奖。

(二)泰兴市

1.治沙改土的创新和推广

1978年3月,泰兴水利局抽调技术人员在胡庄公社肖林大队(简称"肖林点")进行治沙改土试点,其主要内容有:①增加绿肥播种面积,由5%增至10%;②扩大水旱轮作面积,由30%增至65%;③秸秆还田,每亩、每熟1000~1500千克;④掺红泥,每亩普施红泥20立方米;⑤深翻改土0.3~0.5米。县水利局投资购买中型拖拉机2台、8吨的水泥船9条,无偿交大队使用。通过5年综合治理,肖林大队耕地的土壤得到明显改良。1978年和1983年的土壤测试结果是:有机质含量由0.12%增加到0.53%,氮含量由0.0041%增加到0.0176%,部分田块已达到中壤土标准。粮食总产量也由1976年的45.5千克上升到1987年的131千克。1984年4月,刘国柱编写了《关于改良高沙土的试点情况报告》,该项成果被扬州市百万亩低产田改造实施方案和其相应教材采用。

2.植物护坡的研究和推广

水土流失是泰兴的老大难问题。20世纪70年代末期开始,泰兴有关科技人员对水土流失问题进行了深入研究,得知其原因是土质沙、沟口不配套、越级排水、树草护坡未跟上。科技人员通过反复实践,提出了科学的治理措施:①在河坡栽草,水浅栽芦柴,青坎栽树(水杉或胡桑),进行植物保护。②根据坡面的不同高度和柴草的不同特点,因地制宜,合理安排,实行柴(芦柴)、草(巴沟、芦竹、仙棵)、树(胡桑、水杉)3层楼的方法,分层栽插,做到柴护脚,草护坡,合理配套,防冲防倒,如在干河、中沟水处栽芦柴,在河坡栽芦竹或巴沟,沟口栽仙棵,防止芦竹猛长,影响交通和田间农作物生长。③搞好水系配套,改变河床断面设计,进行岔口护坡,加强沟口防护和弯道护坡。该项成果先后在淮委水土保持会议、江苏省水土保持会议、江苏省水利工作会议和江苏省水利协会、江苏省林学会等有关会上作介绍。由刘国柱主笔的《植被保水土,坚持见成效》在江苏省水土保持办公室主编的1986年3月《水土保持》专辑上发表;由刘国柱、刘继元撰写的《平原高沙土地区水土流失的成因及其对策》在《江苏水利科技》上发表。泰兴的水土保持做法,从1981年起多次受到省、市的表扬;1986年,在全省水土保持会议上得到了副省长凌启鸿的充分肯定。

3.在淤土地建造闸坝的研究

1960年8月,泰兴在永安公社江心洲河道穿心港南侧淤土地基上,首次建成一座挡潮节制闸——胜利闸,闸基淤土厚达8米(-2.0~-10米),采用青沙代替黄沙,换沙厚2米。闸底板顶高程-0.5米,底板厚1.5米。设计水位差2.5米,3米校核,闸净宽3.2米。施工中,采用一次开挖到底和边排水、边开挖的方法,从四周向中心开挖,一次全面挖净,再集中换沙及水密实、人力踩实、行碾夯实的技术措施,顺利解决了换沙问题。用筑围井加压和竹管导水等办法闯过管桩关,多年使用未发现地基有问题,为软地基上建闸开创了先例,积累了成功的施工经验。

泰兴东夹江拦江大坝,是东夹江南段围垦的主体工程,位于过船乡姚家圩和永安洲乡北沙608亩上角之间。坝址淤土较厚,其西侧滩地淤土厚达8.5米,东侧滩地淤土厚6.2米,夹江中心淤土4~6米,坝基持力层许可承载力每平方米仅2~3吨。采用选土上坝挤淤和间隙进土的方法施工获得成功。1985年8月,前后3次测量结果表明,坝体总沉陷20厘米(其中:第一次沉陷15厘米,第二次沉陷3厘米,第三次沉陷2厘米),在控制范围内。经过多年的洪潮考验,未发现裂缝、脱坡,坝身基本稳定。

4.提高小型建筑的建造水平

20世纪80年代前,泰兴存在着涵洞口径设计偏小、基础偏浅、施工质量较差和易发生侧向绕流被冲毁等问题。20世纪80年代初,在全面调查的基础上,泰兴科技人员对高沙土地区小型建筑物配套设计、施工方法进行了探讨,提出了每平方公里建2座涵洞、3米³/秒的布局,采用双窨井式涵洞结构的形式。1982年,刘国柱、黄鑑罗等主编了《农田水利排水涵洞施工细则》,1984年扬州市水利局修改后,在扬州地区推广应用。黄鑑罗、胡正平撰写的《抓好各个环节,提高配套水平》在《江苏水利科技》上发表。

5.学习水力冲土沉桩技术

1962年春,泰兴在兴建第一批钢筋混凝土干河农桥黄家西庄桥、黄家溪桥、周桥和中马甸桥时,因起重设备不够,桥桩采取分节浇筑办法,高程3米以下预制、3米以上现浇。打桩桩架采用桩顶缓冲套与无桩加轨道合为一体,打桩铁砣循轨道行夯,由于土质沙,桩难入土。遂利用救火水龙、人力压水、水枪冲土,使桩自沉。但深水处桩位定位难,当时江都抽水一站施工,也采用水冲桩打桩法,便派员去学习,并从工地请来师傅帮助制作立式打桩架,解决了水上吊桩定位问题。采用2英寸钢管一端接焊水枪,一端接焊弯头与高压水管套接,施工如期完成,为沙性土水冲打桩法的应用积累了经验。

6.研制挖塘机组泥浆泵

在土方工程施工中,为寻找一种机械替代人力挑抬,1971年,马甸养殖场与上海渔业机械仪器研究所联合研制挖塘机组泥浆泵,1972年,在马甸闸下游引河淤土开挖时作试验。1977年开挖古马干河时,利用排水机械抽水结合送土进行了尝试。1979年,挖塘机组经国家鉴定批准投产。1983年5—7月,在两泰官河北段裁弯800米工程中,用4台泥浆泵进行施工工艺流程及定额的试验,从而掌握了挖塘机械用于水利工程建设的施工方法、工艺等,并汇编了一整套资料。1986年9月,在全省水利工作会议上介绍了泰兴县发挥机械施工优势,搞好水利建设的做法。1987年1月14日《新华日报》头版报道《泰兴县机械化施工专业队显神威》。10月23日,全国第五次疏浚与吹填施工技术经验交流会在泰兴召开,泰兴水利局在会上介绍了4PL-250型泥浆泵在河道施工中的应用。11月21日,水利部在其召开的机械化施工座谈会上系统介绍了泰兴的机械化施工。由此,在水利工程施工中普遍采用泥浆泵,并把应用范围不断拓宽到构筑江海堤防、开挖闸塘、修筑路基、建设码头等工程中,同时改进了削坡拆坝等技术,使该技术更趋完善。

7.江边三用套涵(泰兴科技活动)

三用套涵是沿江圩区引低潮提灌、引高潮自灌和排涝三用小型涵洞。套涵由内、外涵组成,外涵建在江堤上,内涵建在内河堤上,两涵相距100~400米。当两涵的洞门都打开时,可低潮提灌;遇涝时,内、外两涵的洞门都打开,也可低潮自排;当内涵洞门关闭,外涵洞门打开时,则套涵之间的河道水位抬高,通过渡槽及灌渠可进行自流灌溉。泰兴1972年在七圩公社五圩建第一座套涵后,又在该社另建5座。经调查,使用安全可靠,维修方便,排灌费用比原来降低50%。该成果获江苏省1981年度水利科技成果四等奖。

8.水中筑土坝

泰兴县在东夹江龙梢港段试验了一种新型的筑坝方法,即利用竹塑网障代替土埝,用泥浆泵输土筑水下坝,该坝长150米,高4米,宽35米,坡比1:2。经过两年汛期考验,坝的稳定性较好,未发现变化。《江苏水利科技》和《水利天地》杂志对该技术作了介绍。

(1)主要材料:①每平方厘米84目以上的塑料网箱布;②3×2或3×3的维尼龙线;③∅4毫米的聚乙烯网绳;④∅8~10厘米、长6米的毛竹;⑤1.3千克以上的燕竹;⑥12#~14#铅丝等。

(2)竹塑网的制作程序:①拼网,按照坝的横断面一次拼足宽度,下脚留足0.5~1.0米,以便水下挂网压网脚。②将毛竹对照各点的水深排队编号,一一插入水中,间距1.5米,入土1.5~2.0米,角度不小于15°。③用毛竹、燕竹作横担,间距50厘米。④将拼缝好的塑网布扎上,网下部入土0.5米以上,共用两道网。⑤用绳子把对面两道竹对称拉牢。安装完毕后,即可用泥浆泵施工,进泥浆土,达到灌浆筑坝的要求。

(3)这种方法筑坝的好处:①节省劳力,这条坝如用人工筑坝,需做土方1.9万立方米,按每人每天完成0.8立方米、20天时间结工的要求,需动员1187人。采用这种方法,也在20天内完成,只用了2台泥浆泵上的20人,节省了劳力1167人。②减少造价,按人工每方土1.5元计算,需资金2.85万元。用这种方法,只用了1.41万元(其中竹塑网筐0.46万元,泥浆泵施工0.95万元),节省50.4%。③密实度高,施工中由泥浆泵配合,起到水密实的作用,防渗性能好,坝体不需要碾压夯实。④少做土方,用这种方法筑坝,坡比小,用土少,只用了0.8万立方米,比人工筑坝少58%。⑤竹塑网可以回收再用。

9.水利机械化施工

泥浆泵开浚河道成功后,泰兴全县迅速普及,县干河、乡中沟,乃至鱼塘新开、疏浚都用泥浆泵施工,并结合吹填、筑堤、筑路、填宅地等,应用极为广泛,这不仅大大节省劳力,而且大大提高工效,一台泥浆泵日夜不停,只要6~8人轮流操作,每台可出土300立方米左右,相当于150人的日工效。

10.田间装配式建筑物

泰兴学习外地经验,结合本地情况,加以改进。在元竹、北新、溪桥等公社试点,然后推广。实践证明,适用、合理、安全、方便、价廉,很受欢迎。构件一般由水利站预制,按定型图纸立模加工,做到"轻(轻型)、小(小巧)、薄(薄壳)、固(坚固)"。主要形式有田头小型节制闸涵、小平板桥、沟口防护涵等。组装时由专业队进行,以保证施工安装质量。

11.针井排水

泰兴引进针井排水技术后,摒弃了大开挖的施工方法,这既提高了基础施工质量,又大大减少了开挖还填土方的工作量。

(三)兴化市

1.水稻灌溉试验

1952年,省治淮指挥部在兴化开展水稻需水量试验。从移植返青至全熟期等全期详细统计,基本掌握水稻灌溉用水量。1958年,兴化灌溉试验组针对县内农业生产布局和地势低洼易涝的特点,开展中粳、晚粳灌溉制度和需水量试验,晚粳稻大田灌溉对比试验及小气候、土壤等辅助试验。摸索出中稻生产及稳产高产的经验。1959年10月,水利科学研究综合试验站整理编写了《兴化县一九五九年中稻灌溉试验报告》。

2.兴排 I 型轴流泵

1965年,兴化县水利局技术人员在PVA50型轴流泵基础上设计。至1978年底,兴化县累计建兴排 I 型轴流泵站35座。

3.苏排 II 型球壳泵站

1971年,兴化县水利局在保持原苏排 II 型泵站质量和效益的前提下,改进水泵上下座梁,用钢筋混凝土圆底球面扁薄壳代替原有钢筋混凝土板梁结构,用圆井泵式双曲拱型进出水流道代替开敞式泵室及流道,省略钢筋混凝土胸墙板,用素混凝土代替少钢筋底板。将泵室尺寸放大,将机房直接砌在井壁墙体上,省略了墙梁、基础梁,避免了不均匀沉降。通过一系列改进,每座泵站可节省钢材用量0.92吨,降低了总造价。第一座建在原林湖公社湖北庄,全县共建10座。这一革新项目被华东水利学院编入《抽水泵》讲义,获省水利厅1982年全省水利科技成果三等奖。

4.14ZLB-100型简易轴流泵试制、推广过程及其经济效益

1976年秋,省水利局要求兴化水利局承担试制苏排 II 型水泥泵站的土建和测试流道的设计与施工任务。由于当时钢材紧缺,泵体叶轮、导轮、上部支架及被动平皮带轮均为水泥制品,由江苏农学院和省水利工程总队预制厂设计制造,省、地、县水利部门技术人员共同对泵站主要设计参数进行研究。按照兴化内外河水位差及扬程、流量等诸方面要求,设计泵站构造。站址在竹泓公社向阳西圩梓唐大队。当年12月施工,次年4月底土建完成。5月上旬安装就绪。经省、地、县有关专家和工程技术人员周密测试,连续150小时试运转,水泵性能良好,效能稳定,无较大的磨损。每座可节省生铁1.5吨左右,有利于降低工程造价。1978年1月9日,通过了省水利局、扬州地区农机局及其他地区水利部门联合对泵站进行的验收鉴定。

5.绞吸式挖泥机船

1977年3月,省治淮指挥部下达兴化县水利局试制8英寸绞吸式挖泥机船的任务。4月,在扬州地区水利处技术人员率领下,兴化水利局派5人专程赴广东佛山地区参观学习。由兴化农田水利工程队按佛山地区水利局提供的图纸,稍加改进后制成第一艘绞吸式挖泥机船,取名"兴浚1号"。经试挖,在最大运距800米、扬程30米以内,一般每小时可挖泥60立方米,基本达到设计要求,于次年3月投入运行。试制经费和材料基本由省水利局提供。此后,省水利局又下达10艘生产任务,其中兴化留4艘,省水利局调出6艘。

6.水力冲土开河

1977年4月,兴化在水力运土的基础上试验水力开河,出土结合填平废沟呆塘,省水利局拨试验经费1万元。兴化县水利局在舍陈公社进行试验。该公社成立了领导小组,并从治水专业队中抽调专人试验。每套设备有2个作业组,每班配水枪手2名、机工1名、杂工1名,每天两班,每班5小时,在总运距100米以内,每小时可挖土17.5立方米。在同等条件下相当于人工挑土工效的14倍。试验表明,水力冲土开河还可避免人工开河压废或踏废土地,不受农事季节影响,可组织少数人常年施工。但因偏重于利用原有动力设备,配套不合理,普通混流泵排泥效率不高。尤其是黏土不易冲碎,粒径大,排泥效益差。另外,每小时耗油0.617千克(含润滑油),在能源紧张的情况下,大范围推广有困难。操作手(尤其是水枪手)劳动强度大,一身泥水,影响试验积极性,试验中途停止。

7.少筋双曲拱桥

自1977年开始,兴化县水利局设计和试建10米、12米、16米、18米等不同跨度的一小批装配式少筋双曲拱桥,主要建在中心河和生产河上。后经过逐步改进和静载、动载试压,设计逐步完善,形成一种具有兴化地方风格的小型配套建筑物。其主要特点是构造简单,施工方便,主要构件可在工厂预制、工地装配;用料较省、造价较低;造型美观、承载力强。全县累计建成500余座。这一项目获得兴化县1979年科研成果奖、省水利厅1982年科研成果四等奖。

8.喷灌

1978年11月,县水利局计划在大营公社陈何大队、周奋公社仲二大队、戴南公社陈北大队、竹泓公社赵家大队各划200亩左右小方区进行工程配套,以解决低洼圩区在不封闭圩口、不抽降内河水位的条件下,通过暗管抽排,结合喷灌,以达控制田间地下水位,实现三麦稳产的目的。次年3月,经扬州地区水利处批准并拨款3万元予以补助,但因各大队自筹能力和指导力量等因素,在进行了某些前期工程后,整个试验中止。

9.32米无支架吊装

1979年,兴化农田水利工程队建桥队建造的32米跨度的桁架拱桥,采取无支架安装获得成功。此技术获兴化科技成果一等奖。

10.小口径水平钻孔器

老式钻孔器在埋设地下管线时,要挖开路面才好操作,埋好管线后要回填夯实,再修补路面,既耗工费时、增加投资,又影响交通。1979年,兴化农田水利工程队张鸣茂研制成小口径水平钻孔器。此钻孔器可在地下水平方向钻成直径20厘米以下孔道,供埋设地下管线使用,在埋设地下管线时,可免于挖开路面。钻孔器由钻头、钻杆、手柄和输水胶管等4个部件组成。6人操作,平均每小时可在公路路面之下1.3米处钻成直径10~20厘米、长3米的孔道。省工、省时、节省投资,曾获兴化科技成果奖。

11.土地资源调查

遵照省及扬州地区行署农业区划工作会议部署,兴化被列为全省土地资源调查第一批试点县之一。兴化县人民政府于1981年成立农业区划领导小组,明确县水利局具体负责。兴化县人民政府先后发出《关于开展土地资源调查工作的通知》和《关于组织土地资源调查验收工作的通知》,制定《兴化县土地利用现状分类系统及其含义》及《兴化县土地资源调查实施细则》。组织230人的专业队伍,共举办培训班5次,先后培训672人次,其中参加全省在江都举办的土地资源调查培训班1次,兴化县水利局举办培训班4次,请省、市、县水利部门专家、工程师授课。在调查中,利用1978年、1979年航测的万分之一地形图和1976年拍摄的航片,用图幅理论面积作控制。1981年9月中旬,兴化以村为单位的外业调查全面展开。按土地利用现状分类,经外业调查,精制土地利用现状图,并据此量算各类用地面积。初按每个村差限不超过1%,每幅图不超过2‰部署,后又按全国规程草案提高工作精度要求。为适应区划工作需要,又增加联圩内外17个项目。数据多而繁杂,难度很大。兴化水利局抽调技术骨干,经过3年多辛勤努力,全面完成了任务。1983年春,开始逐乡逐村验收校正。1985年2月,经省农业区划委员会办公室和省土地资源调查技术顾问组验收,认为兴化调查质量和测量精确度基本符合国家和省的各项要求,按照省颁"验收条例",验收合格。1986年,江苏省农业区划委员会授予兴化县水利局农业资源调查和农业区划成果二等奖。

12. 鼠道排水试验

1985年,兴化开始在钓鱼乡进行鼠道加明墒试验,形成明暗结合的田间排水系统,降低了地下水位,减少了土壤含水量,促进了三麦增产。据1985—1990年观测统计,比对比田增产10.8%左右,具有省工、省地、降低成本的特点,一次投资,多年受益。兴化经边试验边推广,至1995年已达2000亩。观测并验证不同沟距对地下水影响和不同水位对三麦的影响,在此基础上,进行鼠道排水和无砂混凝土衬砌隔水沟排水对地下水和土壤含水量的影响及效益分析的科学研究。后因施工复杂,种植水稻时暗道难堵,渗漏严重,未能大面积推广。

13. 推广悬搁门闸

20世纪90年代,兴化推广悬搁门圩口闸和贯流泵相结合的闸泵组合形式,推广了衬砌渠道、固定机灌。为实行灌排分开,提高灌溉水平创造了条件。

第五节　水利信息化

为了贯彻"科技兴水"战略,提高办公自动化工作水平,实现管理现代化、决策科学化,2000年3月2日,市水利局成立信息化建设领导小组。组长董文虎,副组长许书平、王仁政,成员有储新泉、厉传进、丁亚明、蔡浩、刘雪松、龚荣山、陶明、张平和。领导小组下设办公室,龚荣山担任办公室主任,顾承志、顾群、高鹏为办公室成员。领导小组的职责是负责局信息化建设和网络安全工作,审批局信息化建设规划、计划,对信息化建设和网络安全有关的重大事项进行决策与组织协调,全面落实水利部和省厅关于信息化建设工作的部署。市水利局还明确市水利局办公室为水利行业网络安全与信息化责任部门,负责日常工作,具体负责信息化建设、网络安全和等级保护的实施、测评及整改工作,建成三大水利系统平台。

一、建设泰州市城市水资源实时监控与管理系统

2007年8月,泰州市委托南科院编制完成《泰州市城市水资源实时监控与管理系统项目建议书》。2009年,该项目被国家发改委纳入2009年第四批扩大内需中央预算内投资及配套计划,2010年末,省水利厅下达投资计划,需完成总投资1688.62万元,中央补助400万元,省水利厅配套200万元,其余由地方配套。2012年2月,泰州市水利局组织编写泰州市城市水资源实时监控与管理系统建设项目招标文件。3月,招标文件通过有关专家的审查,市水利局在泰州市组织了泰州市城市水资源实时监控与管理系统建设项目招标。5月,市水利局与方正国际软件(北京)有限公司签订了泰州市城市水资源实时监控和管理系统视频会商工程及分中心设备采购与集成合同。10月,市水利局进行了泰州市城市水资源实时监控与管理系统闸站群监控与自动化控制采购、泰州市城市水资源实时监控与管理系统水质水量自动监测项目招标;11月,市水利局与南京南瑞集团公司签订了泰州市城市水资源实时监控和管理系统闸站群监控与自动化控制采购、泰州市城市水资源实时监控与管理系统水质水量自动监测项目合同。是月,泰州市城市水资源实时监控与管理系统视频会商工程及分中心设备采购与集成项目建设完成并通过初步验收。12月,与福建四创软件有限公司签订了泰州市城市水资源实时监控与管理系统合同。是月,福建四创派系统开发人员,驻水利局现场完成泰州市城市水资源实时监控与管理系统详细设计报告编制,并通过水利局审查。2013年1月,福建四创派系统开发人员,驻水利局现场进行前期系统功能建设的需求调研工作。2月,泰州市城市水资源实时监控与管理系统进入开发阶段。3月,泰州市城市水资源实时监控和管理系统整体框架与具体功能初步完成,并通过系统框架初步验收。至2014年9月,泰州智慧水利信息化平台建成。项目分为防汛会商系统、网络中心、软件平台与系统集成、闸站群联合控制与视频监控、水质水量自动监测5个部分,结合泰州市防汛、水资源管理、工程管理现状,全面梳理整合泰州水利相关业务流程,整合与新建信息基础设施资源,综合运用现代管理技术、电子技术、物联网、通信技术、自动化控制技术等,建设基于统一“一张图”界面,涵盖水资源管理、防汛防旱、水质水量在线监测、泵闸群自动化控制、水利工程管理、水利工程建设、水行政许可与执法、OA办公、内部考勤与效能督查等功能,覆盖市、县(区)、乡(镇)三级的私有水利业务信息云。2014年该项目获得省水利科技项目立项,并申报江苏省智慧城市示范项目。2015年城区水资源调度系统获得泰州市创新创优成果评比第二名。

二、建设“智守长江”水行政执法信息化平台

根据水政监察现代化建设的总体布局和要求,市水利局建成“智守长江”水行政执法信息化平台。该平台由远程监控系统、移动执法巡查系统、网上办案系统、采砂船监管系统、远程指挥中心等部分组成,实现了实时监控长江河道、跟踪记录执法过程、网上审批水事案件、动态监管采砂船舶及远程指挥执法活动等功能,平台的建成大幅提高了行政执法效能,改善了行政执法模式,构建了高效的执法体系,完善了执法监督渠道,从根本上提高了水行政执法精准化、快速化响应能力。

平台应用以来,通过架构的沿江远程视频站点网络,执法人员可以实时不间断地监控长江水事活

动情况,便于准确捕捉水事违法活动踪迹,并记录水事违法活动过程,为水行政执法提供第一手线索和证据,有效提高执法监管的广度和精度,形成执法快速化响应支撑体系。平台中的执法活动子系统,按照行政执法标准化程序,对执法巡查和执法办案的各个环节实行信息化运转,涵盖执法巡查、案件办理和执法监督等主要内容,全程记录执法人员开展执法活动的时间、路线、行进轨迹等信息,并实时记录案件办理的进展情况,实现对各类执法活动的全过程信息化管理,从而严格规范和约束执法行为,确保执法工作有迹可循、有据可查。截至2015年,该信息化平台已辅助开展执法巡查120余次,有效监控和发现水事违法行为10余次,办理各类水事违法案件5件,办理违法举报事项17件,协助监管许可性采砂项目7个,并开展纪检督查6次。

第六节　学术团体

一、泰州市水利学会、泰州市水文化研究会

为推进全市水利工作的发展,充分调动广大水利工作者的积极性,使他们更好地为水利现代化和泰州水利事业做出贡献,2010年,泰州市水利局向泰州市民政局申请成立泰州市水文化研究会和泰州市水利学会,8月30日获准。同年10月15日和25日,泰州市水文化研究会和泰州市水利学会分别召开会员代表大会,分别选举产生了第一届理事会。

泰州市水文化研究会:理事长唐勇兵,名誉理事长董文虎,副理事长钱卫清、钱福军,常务理事唐勇兵、钱卫清、钱福军、刘放、张文贵、陈永吉、包振琪、胡万源、蔡浩、朱晓春、李金红、王玉忠、刘剑、姜春宝、储有明、黄圣平,秘书长张剑,副秘书长王连民。学会设立江淮水文化研究、涉水文学和水文化创意、水文化保护研究、水文化书画摄影4个专业小组。累计发展会员125名,理事单位15个。泰州市水利学会:理事长胡正平,学会有9个单位会员和152名个人会员。

两会会员代表涵盖了市、县(区)、乡(镇)三级水行政部门、水利直属单位、基层水管单位和驻泰省属水管单位的干部职工;会员中大学以上文化程度的占60%以上,高级和中级职称的比例达到40%以上,基本形成了专业互补、老中青结合、人才梯次衔接紧密、结构相对合理的学会队伍。

2015年12月21日,泰州市水利学会、泰州市水文化研究会联合召开第二次会员代表大会。大会选举产生了泰州市水利学会、泰州市水文化研究会第二届理事会。

泰州市水利学会第二届理事会:理事长胡正平,副理事长龚荣山、钱福军、肖俊东,秘书长祁海松,副秘书长赵林章、傅国圣、朱鸿宇。大会还选举产生了17名常务理事、41名理事。学会下设科技咨询服务中心(含科普宣传)、水文水资源、水利经济、水利工程管理、水利规划和建设、水利政策法规6个专业小组。

泰州市水文化研究会第二届理事会:理事长钱卫清,名誉理事长唐勇兵,副理事长肖俊东、徐明,常务理事胡正平、钱卫清、徐明、刘放、褚新华、陈永吉、包振琪、陈宝进、张剑、朱晓春、王玉忠、潘秀华、张敏、洪涛、高鹏,秘书长王玉忠,副秘书长王连民、曹静。下设江淮水文化研究、涉水文学和水文化创

意、水文化保护研究、水文化书画摄影4个专业小组。

两会的宗旨是：紧紧围绕泰州水利发展改革大局，充分发扬学术民主，积极开展学术交流，倡导"献身、创新、求实、协作"的会员精神，引领全市水文化研究会、水利学会会员和专业技术人员，不断开拓创新，提高科技水平，提升水文化品位，为泰州水利发展、科技进步和水文化繁荣，推进传统水利向现代水利、可持续发展水利转变做出积极贡献。目标任务是：充分发挥学术团体的优势，勇于开拓创新，积极探索学会发展的新思路；加强组织管理和网络建设，不断提高学会组织的凝聚力；转变观念，切实为扩大会员科技工作者服务；大力开展各类水文化和水利学术、科技考察交流活动，营造浓厚的学术氛围。

【建言献策】

两会围绕社会热点问题，积极开展课题研究，发挥政府智囊参谋作用。两会曾组织对全市各地水生态文明建设的情况进行了认真调研，并赴无锡、徐州等地考察学习，提出了《泰州创建国家水生态文明城市的思考和建议》，在《泰州内参》上刊载，供市四套班子主要领导参阅。聚焦水生态环境提升建言。为进一步改善中心城区水生态环境，结合区域水生态环境工程的调度运行实际，形成了《泰州中心城区水生态环境工程建设研究报告》。立足于全市转型升级的需要，对水资源管理工作进行深入的研究，形成了《节水型社会经济结构体系建设方案》，并入选泰州转型升级创新方案汇编。针对泰州防灾减灾体系中暴露出的问题，学会及时对雨情、灾情进行调研，形成了《关于2016年度梅雨期防汛及汛后水利建设情况的报告》，报市委、市政府，尤其针对通南地区排涝出路单一的问题，积极谋划通南排涝通道建设，引起了市委、市政府的高度重视。针对小型农田水利工程管理体制方面存在的问题，组织开展调查研究，形成了《关于我市小型农田水利工程管护体制改革的思考》，为泰州推动小型水利工程管理体制改革打下基础。

【课题研究】

积极组织水利科技工作者申报省、市有关部门研究课题，初步建立起选题—筛选—立项—鉴定的良性运行机制，并与河海大学、扬州大学、水科院及相关设计单位建立了良好的互动。选题紧扣与民生密切相关的新农村建设、水资源保护、水生态修复、防汛减灾等各个方面，为水利发展提供了支撑。其中，"基于光纤光栅传感的堤防智能监测关键技术研究""底轴驱动式翻板闸门在城市水环境建设中的研究与应用"等多个课题获得省水利厅立项。学会还积极推广水利工程新技术。2011年，学会专门成立技术课题组，远赴安徽实地考察钢坝闸技术，并在南官河枢纽、凤凰河控制、老通扬运河控制等几个水生态环境工程中采取用了底轴驱动式翻板闸门技术，有效解决了保水工程与河道自然引水的矛盾，引起了省内其他水利部门极大的反响。2012年开始，结合水生态文明建设，改进设计新理念，学会组织技术人员着手研究水生态修复技术，积极推广生态护坡和生态河床，把生态文明理念融入工程设计和建设中，市区20多条河道的水生态治理工程，均采用了小挡墙结合生态护坡形式，"水清、河畅、岸绿、景美"的生态河道美景在市区已蔚然成形。

【学术交流】

多年来，始终将开展具有泰州水利自身特点、能提升工作水平和质量的学术交流活动作为主导思路,努力把水利学会打造成推动学术思想、学术观点、学术成果转化的阵地。一是定期组织专题研讨活动。多年来,学会先后组织开展了"水文水资源保障措施""推进泰州水利现代化""加快水生态文明建设"研讨活动,为构建下一步水利发展目标提供技术支撑。二是邀请省内外专家来泰进行学术报告。每年,学会均会邀请省内外各个领域的专家来泰进行学术讲座。先后邀请了省水利厅常本春、季红飞,扬州大学池宏宜教授,河海大学陈菁教授等多名专家来泰州,分别就水利工程建设管理、水利工程质量安全、水生态文明建设等多个方面进行专题学术讲座,进一步丰富会员的知识面。三是认真开展学术研究。将每年的9月确定为"调查研究月"。要求每个理事单位围绕年度水利建设管理目标、水利现代化建设、城乡水利建设、深化水利改革等方面进行调查研究,并互相交流,进一步理清了工作思路,也为谋划下年度的重点工作打下基础。四是积极参加学术交流活动。定期参加省水利学会组织的各项活动,与省内外各地水利学会互通有无,加强联系,几年来分别组织相关会员到无锡、徐州、聊城等多地进行交流考察。

【水利科普活动】

多年来,水利学会一直发挥"科学普及主力军"的作用,面向会员,面向社会,广泛开展水利科学普及活动,科普工作取得新的成效。学会利用"3·22"世界水日、中国水周等宣传节点,积极开展形式多样、内容丰富的水利科普活动,会同团市委面向全市高校学生开展了涉水征文活动,并利用"青春泰州"微信平台面向全社会开展涉水宣传。制作了水利公益宣传片在市电视台黄金时段持续播放。在城区多个地点设立了涉水政策法规、节约用水、水文知识等咨询台,摆放依法行政、重点工程建设、工程管理等展牌,累计向群众发放印制成册的宣传单13000余份,接受群众咨询3000余人次。利用水利普查的契机,开展水利科普宣传,协助完成3万多个各类对象的登记工作,提升了广大群众支持、参加水利普查的意识。全力打造水利科技宣传的载体和平台,将《泰州水利》杂志作为学术交流的窗口,发表文章400余篇,全力发挥服务会员、宣传展示泰州水利科技的重要作用。鼓励会员积极向《江苏水利》《中国水利》《水利发展研究》等期刊投稿,多篇文章获得发表。

【会员培训】

服务学会会员。努力把水利学会建设成水利科技职工之家,注重加大对基层水利干部的科技培训力度,围绕水生态文明建设、水行政执法、安全生产、水利工程质量管理等重点工作,举办了各类继续教育培训班,全市水利系统200多名水利专业技术人员参加了培训,收到了较好的效果。坚持公平、公开、公正原则,认真组织做好全市水利工程系列中级职称评审。多年来,学会通过完善内部管理机制和健全组织体系,为各类学术交流、科普宣传等活动的开展创造了良好的基础条件。每年制定下发了学会年度工作意见,切实把年度工作任务落实安排好,细化分解好。按要求定期组织召开理事会。为保证学会正常运转,通过会费收缴、挂靠单位拨款、有关单位资助、技术咨询服务收入等渠道,积极筹集资金,并严格按照财务管理制度管好各种支出,有效保证了学会的正常运转和活动开展。

二、姜堰(泰县)水利学会

姜堰(泰县)水利学会于1979年9月成立,理事长包绍年;1983年5月,改选组成第二届理事会,理事长陈锷;1985年,改选组成第三届理事会,理事长李慕尧;1991年5月,改选组成第四届理事会,理事长储新泉。

水利学会举办水工、测量、施工、规划、机械焊接、定额计算等各类专业技术培训班,为提高干部职工技术水平和业务能力做出了很大成绩;协助做好水利系统技术职称的套改、确定和晋升工作;开展学术、技术交流;对重大的科技、工程项目进行探讨研究,发挥了很大作用。当时,有关部门对建姜堰翻水站看法不一。为此,1987年5月8日水利学会召开"姜堰翻水站可行性探讨会"。21名水利学会会员出席,并邀请县科协负责同志参加。与会会员认真分析通南的水系情况和工程现状,认为通南地区缺水,补水是必要的,即使将来泰州引江河工程实施后,姜堰翻水站仍能发挥作用,办站是可行的。这一论证增强了县领导办站的信心和决心,当年年底即开工兴建。水利学会对白米套闸的地基处理和结构形式、三水闸及下游河道的治理方案、姜堰翻水站的建立和姜堰套闸的维修等作了多次反复论证,保证了设计安全可靠和河道根治的要求,取得了良好的经济效益和社会效益。水利学会还开展水利科技咨询,发挥学会技术优势,为社会服务。组织乡水利工程员讲课复习,泰州市和扬州市红旗农场工程员亦来参加听课,迎接水利厅统考。应考人员全部取得乡级水利技术员证书,并取得了较好成绩。

三、水利会计学会姜堰分会

水利会计学会姜堰分会成立于20世纪80年代。长期以来,水利会计学会发挥自身专业技术特长,参与水利系统经济管理、财务管理,努力促进经济效益的提高,做出了不懈的努力。

【会员培训】

1988年3月至1989年3月,学会组织全体乡(镇)水利站会计参加江苏省水利工程专科学校举办的"江苏省乡(镇)水利站会计岗位职务函授"培训,学习课程为政治经济学、会计原理、会计核算、经济活动分析,水利局财务部门承担辅导站任务,学习结束后,学员们参加全省统一考试,姜堰获扬州地区各市(县)团体总分第一,受到江苏省水利工程专科学校和江苏省水利会计学会的表彰,局函授站受聘辅导教师被省水利工程专科学校和江苏省水利会计学会评为先进辅导员。1994年财政部颁发《水利工程管理单位财务制度》和《水利工程管理单位会计制度》,这两本制度与国际接轨,为此学会认真组织培训,使会计人员学会、弄懂,运用自如,同时,对新、旧会计制度接轨、过渡做了详尽的辅导,并对会计制度上未涉及的会计业务事项予以统一分录,便于操作运用。经扬州市水利局财务检查验收,符合接轨标准。

【建言献策】

1989年,姜堰水利机械厂因为流动资金紧张,曾以姜堰套闸大修的名义向长江葛洲坝利能开发总公司借款300万元,年利率为18%,外加2%技术咨询费,合计为20%,借期5年。1990年国家银根松动,年贷款利率降为11%。针对这一情况,学会成员立即向局领导汇报,建议向葛洲坝利能开发总公司提出降息要求,水利局领导很支持,向对方发出电报,第二天对方来电,不同意降息,并声明这不是单纯借款业务,而是合作修建水利工程。会员翻阅协议,发现条款中没有涉及提前还款的内容,于是在先向姜堰农行疏通借款承诺后,向对方发出第二份电报:"如不同意按银行利率办,则一次性提前归还借款。"第二天,对方来电邀请姜堰水利局去面议。通过谈判,长江葛洲坝利能开发总公司同意按银行现行利率付息,姜堰水利局还坚持在补充条款中加上一条:"今后银行利率如再下调,则比照办理。"会员一项合理化建议节省利息100多万元。

1994年,水利系统在姜堰套闸南侧新建职工宿舍楼一幢,住房24套,税务部门通知要缴固定资产投资方向调节税16.4万元,学会会员深入调查研究,对从1985年起系统各单位接受安置的退伍军人且分配自建公房的户数进行统计,远远超过24户,于是向政府打报告请求减免,终于获准免缴。

2005年,对全市在册管理的水利工程伤残民工生活现状进行深入调查研究,调查报告得到局领导重视,并采取多种办法,解决实际问题。

【管好用好水利资金】

1996年,针对财务检查和审计中发现的问题,为加强财务管理,规范财务行为,管好用好水利资金,起草拟文《姜堰市水利局关于进一步加强财务管理的意见》,抓紧清理、回收"应收账款""其他应收款",并对照不同情况提出处理意见;重申资金管理制度,强调财务部门、会计人员从事资金统一管理职能,其他科室和个人不可替代,非财务人员不得代收代支。严禁私设"小金库"或公款私存,严禁在经营活动中收受回扣,对商业性折让应如数上交,严禁向系统外单位和个人提供本单位集体账户搞经营活动,对隐藏应缴未缴集体收入者,超过6个月作贪污论处,对代局征收的各项规费应及时足额上缴,不得截留和挪用,严禁借款给系统外单位和个人,严格执行"批钱不用钱,用钱不批钱"的规定,严禁为系统外单位和个人提供资金信用担保。局属各单位定期向局汇报,局每季检查一次,以维护财经纪律。1999年,姜堰水利局建防汛调度中心大楼,总投资516万元,会员积极筹措基建经费,压缩支出,经过努力,免缴全部固定资产投资方向调节税。

2000年,姜堰市行政区划调整,由原来的31个乡(镇)合并为18个镇,为做好乡(镇)水利站财务合并工作,专门召开31个水利站站长、会计会议,宣讲了会计工作交接的要领,确定了会计交接基准日,明确交接双方责任,印制了统一的交接表,为规范会计行为,交接时由局财务部门派员现场监交,由于准备工作充分,会计交接工作得以顺利进行。

2000年,按照省、市水利主管部门统一布置,进行了水利工程固定资产清理核价工作。

2003年4月,姜堰水利局接管城市防洪职能后,为实施政府支持、市场化运作模式,成立了姜堰市城市水利投资开发有限公司,以中干河段水利工程实物资产注册2036.78万元,并依据姜堰市政府批准印发的筹资办法,从2003年起由市财政安排切块资金,年保底420万元,每年递增10万元,及时催收入账,其余资金筹措按市场化运作。

【推广新技术】

为推广节水灌溉,促进水资源可持续利用,2002年,学会成立姜堰市天农供水有限公司和姜堰市绿地水保有限公司,两公司的主要工作是有效地指导、推广节水灌溉和河道水土保持工作。

【学术交流】

水利会计学会姜堰分会本着为水利经济服务的宗旨,组织会员发挥会计专业技能,积极探索、研究解决改革中出现的新问题,进行学术交流。会员们撰写了若干经济论文,分别在《扬州水利科技》《扬州财会》及国家经济体制改革委员会经济体制与管理研究所主办的《中国经济文库》等刊物上发表。

四、泰兴市水利学会

泰兴市水利学会成立于1981年。泰兴县政协副主席、泰兴水利局技术干部殷宝书为理事长,水利局副局长高华梁为副理事长,第一届理事会有理事6人。1984年,泰兴市水利学会召开第二届会员代表大会。大会选举产生第二届理事会,名誉理事长殷宝书,理事长为水利局副局长刘国柱,副理事长王玉书,秘书长戴国华。水利学会主要开展学术研究,对大中型水利工程中复杂的技术问题进行论证、鉴定等,同时围绕泰兴的经济建设,开展水利咨询服务工作。2015年开始,泰兴市水利学会开展"五星级学会"创建,由水利学会会员撰写的《关于加强我市备用水源地建设与管理的建议》在《泰兴科协》上发表;与泰兴亚太集团共同完成调研报告《深化产学研合作,推动企业转型升级》,被泰兴市科协推荐上报中国产学研合作促进会。水利科普宣传系列活动项目被泰兴市科普办评为2015年科普宣传周活动三等奖。"厂会协作"经验获市科协推介,在《江苏科技报》上刊登宣传。水利科普宣传分队举办了2场科普讲座活动,帮助有关单位申报了3项省级水利科技项目,为亚太集团申报的"预制式污水收集输送一体化泵站研发及产业化产品"项目进入泰州市2015年"金桥工程"活动项目。

五、兴化县(市)水利学会

兴化县(市)水利学会成立于1979年7月4日。第一届理事会理事长胡炼,副理事长柏乐天、刘文凤。学会下设勘测设计、农田水利、工程管理、工程施工等4个学组。1986年,经县科协批准成立水利科技咨询服务部。

1990年2月26日,经全体会员大会选举产生新一届理事会,名誉理事长胡炼,理事长刘文凤,副理事长柏乐天、邹文泰、朱宏谦,会员已发展到80人,并增设以乡(镇)水利站人员为主体的综合学组。

水利学会广泛开展学术交流活动。1985年11月初,邀请省水利科学研究所土工专家张明德工程师作《桩基础》专题讲座,邀请县气象学会杨毓成作《兴化汛期天气及其预报》专题讲座。还邀请扬州水利专科学校的专家讲学。次年6月20日,与城乡建设环境保护局联合召开兴化地区水资源保护学术研讨会。还与交通部门、卫生防疫部门联合开展学术活动,编印内部刊物《水利科技》,开展水利科技方面的信息交流。

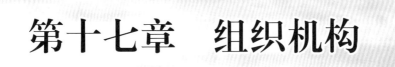

第十七章 组织机构

第十七章　组织机构

明清时期,境内无专门的水利管理机构,治水事宜由知县直接管理,亦有社会知名人士自发组织进行。民国时期,境内各地先后由县实业科、建设科(局)等兼管水利事宜。抗日战争时期,各地抗日民主政府生产建设科负责水利工作。本章记述的是1949年泰州解放后,境内各级水利行政机构和中共组织的建立和发展。

第一节　水行政机构

一、泰州专署水行政机构

1949年春,苏北全境解放。5月,华中行政办事处第一行政区改称苏北泰州行政区,辖泰州市及泰兴、靖江、泰县、海安、如皋、东台(旧称东泰)、台北(今盐城大丰县)7个县。1950年1月,苏中泰州行政区与苏中扬州行政区合并为苏中泰州行政区,专员公署驻泰州。泰州专署下辖2市9县:泰州市、扬州市、泰县、泰兴县、靖江县、江都县、高邮县、宝应县、兴化县、六合县、仪征县。1953年1月,泰州专署改称扬州专署,专署机关由泰州市迁驻扬州市。县级泰州市及兴化县、泰县、泰兴县、靖江县隶属扬州专署。20世纪50年代初,水利成为泰州农业生产的命脉,任务繁重,水利工作由泰州专署建设处建设科负责。

表17-1　泰州专署水利行政机构负责人一览表(1950—1952年)

时间 (年-月)	机构名称	职务	姓名	任职时间 (年-月)
1950-01	泰州专署建设处建设科	科长	蒋国良	1950-01—1951-05
		副科长	洪实君	1950-01—1951-05
		科长	李兆森	1951-05—1952-09
		副科长	王　钧	1951-05—1952-06

二、泰州市水行政机构

1996年7月19日,国务院批准江苏省调整扬州市行政区划:县级泰州市从扬州市划出,组建地级泰州市。8月12日,地级泰州市正式挂牌成立。9月,泰州市水利局正式成立。1997年2月21日,泰州市机构编制委员会批复市水利局"三定"(职能配置、内设机构、人员编制)方案(泰编委〔1997〕62号),核定局机关行政编制21名,行政附属编制2名;领导职数为:局长1名,副局长2~3名;科长(主任)9名,副科长(副主任)8名。内设10个职能科室。2010年8月,市政府办公室发144号文,对1997年市水利局的"三定"方案进行局部调整。2015年,泰州市下辖靖江市、泰兴市、兴化市、海陵区、高港区、姜堰区。

表17-2　泰州市水利局负责人一览表(1996—2015年)

年限	机构名称	职务	姓名	任职时间(年-月)
1996—2015	泰州市水利局	局长	董文虎	1996-11
			王仁政	2001-09
			唐勇兵	2006-06
			胡正平	2012-08
		副局长	王仁政	1996-11
			许书平	1997-04
			毛桂囡	1997-06
			胡正平	2002-01
			龚荣山	2004-01
			厉传进	2004-11
			田波	2007-12
			蔡浩	2010-11
			周国翠	2012-06
		总工程师	储新泉	1999-08
			钱卫清	2005-04
		纪检组组长	厉传进	1999-09
			田波	2004-11
			陆铁宏	2007-12

(一)主要职责

市水利局是市政府的水行政主管部门,统一管理全市水资源和河道、湖荡,主管全市防汛防旱和水土保持工作,负责全市水利行业管理。1997年,"三定"方案确定其主要职责是:

(1)负责贯彻实施《中华人民共和国水法》《中华人民共和国水土保持法》《江苏省水利工程管理条例》《江苏省水资源管理条例》等法律法规,制定泰州市的贯彻实施意见,依法治水、依法管水。

(2)制订全市水利发展战略、中长期规划和年度实施计划,组织制定全市长江和骨干河道及流域(区域)综合规划和专业规划,并负责监督实施;负责组织市级水利建设项目的实施。

（3）统一管理全市水资源,负责组织全市水资源的监测和调查评价,对水资源保护实施监督管理;会同有关部门制订全市和所辖市(区)水的长期供求计划、水量分配方案并实施监督管理。组织实施取水许可制度;归口管理全市计划用水、节约用水工作;受市政府委托协调部门之间和县级市(区)之间的水事纠纷。

（4）主管全市的江、河、湖荡、滩地、水域及其岸线,负责跨市(区)以上的大江大河的综合治理和开发。

（5）主管全市防汛防旱工作,负责市防汛防旱指挥部的日常工作。

（6）主管全市水土保持和水环境保护工作。

（7）管理全市农村水利和乡(镇)供水、人畜饮水工作。

（8）负责城市水利、城市水源建设和城市供水工作。

（9）配合市综合经济管理部门制定有关水利方面的经济政策并组织实施。负责全市水利建设的计划安排及资金使用管理。按照国家有关规定,监督市水利系统国有资产的保值增值。

（10）对全市水利工程建设进行行业管理,负责组织建设和管理具有控制性的或流域性的重要水利工程;对全市水利工程、水利产业经济实行行业管理。

（11）负责管理全市水利科技、教育、对外经济技术合作,指导和管理全市水利队伍。

（12）负责全市水文情况收集和整编。

（13）承办市委、市政府交办的其他事项。

2010年8月20日,泰州市政府对市水利局的主要职责、内设机构和人员编制等作了调整(泰州市政办发〔2010〕144号)。职责调整如下:①取消已由市政府公布取消的行政审批事项;②取消拟订水利行业经济调节措施、指导水利行业多种经营工作的职责;③增加水利工程移民管理职责,将市民政局三峡工程移民管理职责划入;④加强水资源的监督、管理工作,加强水资源的节约、保护和合理配置,保障城乡供水安全,促进水资源的可持续利用;⑤加强河道、湖泊管理和保护工作;⑥加强防汛防旱工作。

(二)内设机构及其主要职责

1997年"三定"方案明确,市水利局内设10个职能处室。

1.办公室

协助局领导组织和处理机关日常工作,对各处室进行综合协调,负责市水利、防汛等重要会议的组织,以及公文处理、信息宣传、督查督办、政务公开、档案、保密、史志年鉴、信访、机关后勤等方面的工作。

2.规划计划科(挂"总工程室"牌子)

拟订全市水利发展规划,组织编制区域性水利综合规划、专业规划、专项规划并监督实施,参与市际边界水利规划协调;负责水工程建设规划同意书制度的实施;拟订市级水利固定资产投资计划;组织编制、审查大中型水利建设项目建议书、可行性研究报告;负责水利统计工作。组织编制水利科技发展规划;负责水利科技项目和科技成果管理工作,组织水利科学技术研究、技术引进和成果推广;监督执行水利行业技术标准、规程。

3. 人事科

负责机关、直属单位的机构编制、组织人事管理、教育培训、劳动工资管理工作;负责局机关干部和直属单位科级以下干部的培训、选拔、考察以及考核、奖惩工作;组织实施国家公务员制度;组织实施全市水利专业技术职称评聘工作;指导全市水利系统技术培训和考核;负责老干部工作。

4. 基本建设科

指导全市水利基本建设工作,负责市级水利工程的初步设计、项目法人组建、施工图审查、开工报告审批(或转批);负责市级水利行业水利建设工程项目招标投标活动的监督管理工作;指导全市水利工程质量监督和建设监理工作;组织审核上报全市水利建设相关单位的资质及执业人员的资格;负责市级重点水利建设项目的验收工作,配合有关部门做好稽查工作;负责安全生产日常管理工作;承担水利工程移民管理工作。

5. 农村水利科

编制全市农村水利发展规划,拟订农村水利发展政策;组织协调农田水利基本建设,指导节水灌溉、乡(镇)供排水、河道疏浚、水环境整治、农村饮水安全等工程建设与管理工作;指导农村水利社会化服务体系建设;指导全市水土保持工作,组织编制水土保持规划并监督实施;组织水土流失监测和综合性治理工作。

6. 工程管理科

指导全市各类水利工程设施、水域及其岸线的管理与保护;负责市管河道管理范围内工程建设方案、位置、界限及有关活动的审批,负责长江及河道采砂管理工作;指导城市防洪和水利工程的运行管理;指导江河、湖泊、河口的治理和开发。

7. 财务审计科

指导全市水利系统的财务会计和内部审计工作;负责编制市级水利部门预算并监督执行;负责市级水利资金的使用及监督管理;按照国家、省有关规定,监督市级水利系统国有资产的保值增值。负责局机关和局属单位财务管理、内部审计和领导干部的任期经济责任审计工作。

8. 水政水资源科(挂"节约用水办公室""水政监察支队"牌子)

拟订水利方面规范性文件并监督实施;组织开展有关水利改革与发展的政策研究;组织、指导水利行政执法工作,承办局行政复议、行政诉讼和行政赔偿工作;负责重大水事纠纷的调处;承担局行政许可服务工作,组织实施取水许可、水资源论证、水资源有偿使用制度;组织水资源调查、评价和监测工作;指导水利行业供水、排水、污水处理和再生水利用工作;负责计划用水、节约用水工作;指导水功能区划定、核定水域纳污能力,提出限制排污总量意见并监督实施;指导入河排污口的设置工作;按规定核准饮用水水源地设置,指导水生态保护与修复工作,负责地下水的管理和保护。

9. 海陵工作处

按照泰办〔1996〕17号文件精神,设立泰州市水利局海陵工作处,履行海陵区范围内水行政主管部门职责。

10.监察室

负责纪检监察工作。对全市水利系统行业政策执行情况及水利工程建设专项治理等工作进行监督检查。

泰州市机构编制委员会发〔1997〕147号文,批准市水利局内设监察室,与市纪委派驻的纪检机构合署办公。并增加机关行政编制1名,经费列入市财政全额拨款。

2002年,根据市编办统一要求,集中将局机关7个内设"科"改名"处",2002年7月将局机关"科长"转任为"处长"。

(三)内设机构的调整(截至2015年)

(1)2005年,市水利局增设"城市水利处"(2005年8月29日,泰编办〔2005〕59号批复)。

(2)2008年,市水利局增设"行政许可服务处",与水政水资源处合署办公(2008年10月23日,泰编办〔2008〕116号批复)。

(3)2009年,市水利局水政水资源处增挂"市节约用水办公室"牌子(2009年2月12日,泰编办〔2009〕12号批复)。

(4)2010年,市水利局人事处更名为组织人事处(2010年8月20日,泰政办发〔2010〕144号《市水利局"三定"规定》)。

(5)2013年,市水利局设行政许可服务处,挂"市节约用水办公室"牌子,水政水资源处由单独设置调整为在行政许可服务处挂牌(2013年11月1日,泰编办〔2013〕257号批复)。

(6)2015年,市水利局基本建设处,挂"安全监督处"牌子(2015年1月7日,泰编办〔2015〕3号批复)。

第二节　中共组织

一、局党组

1997年1月17日,中共泰州市委批准建立中共水利局党组,董文虎任党组书记,王仁政任党组成员[《关于建立中共泰州市水利局党组及董文虎等同志任职的通知》(泰委〔1997〕25号)]。

2001年9月27日,中共泰州市委批准王仁政任中共泰州市水利局党组书记,储新泉任党组成员,免去董文虎局党组书记职务[《关于王仁政等同志职务任免的通知》(泰委〔2001〕274号)]。

2006年5月8日,中共泰州市委批准唐勇兵任中共泰州市水利局党组书记,免去王仁政局党组书记职务(泰委〔2006〕124号)。

2012年8月2日,中共泰州市委批准胡正平任中共泰州市水利局党组书记,免去唐勇兵局党组书记职务(泰委〔2012〕156号)。

二、党支部、党总支和党委

1997年5月8日,市水利局成立局机关党支部。第一届支部书记印靖,委员有印靖、蔡浩、徐丹。

2001年6月25日,市水利局成立局机关党总支,总支书记厉传进;党总支下设机关支部、海陵支部和开发区支部。

2004年12月29日,田波任市水利局机关党总支书记,徐丹任副书记,委员有宦胜华、朱晓春、蔡浩、刘雪松、周沪。

2008年3月11日,市水利局党总支升格为局机关党委。同月28日,陆铁宏任局机关党委书记,徐丹任副书记,委员有宦胜华、朱晓春、印华健、王玉忠、刘剑。机关党委下设机关一支部、机关二支部、机关三支部、河管处支部、引管处支部、海陵分局支部、开发区分局支部和省水文局泰州分局支部。

2013年4月25日,田波任市水利局机关党委书记,印华健任副书记兼组织委员,委员有王玉忠、吴刚、祁海松。

2015年,全局共有中共党员113人。

第三节　直属单位

一、事业单位

(一)市水利工程建设处

原名称为市水利重点工程建设指挥部,成立于1997年4月11日,副处级,参照公务员制度管理的事业单位,原核定编制20名,领导职数1正2副,内设办公室、工程科、财务科,均为副科级。2000年12月31日,更名为"市水利工程建设处",2001年12月3日,核减编制6名,核减后,事业编制为14名。2010年5月经费列入市财政全额预算(市编委会〔2010〕12号)。

(二)市防汛防旱指挥部办公室

成立于1997年5月5日,正科级,参照公务员制度管理事业单位,全额拨款,编制4名,领导职数1正1副。

(三)市水政监察支队

成立于1997年5月5日,正科级,参照公务员制度管理事业单位,全额拨款,编制18名,领导职数原核定1正1副。2010年9月,领导职数调整为1正2副(市编委会〔2010〕53号)。

(四)市水利局海陵分局

原名称为市水利局海陵工作处,成立于1997年10月11日,正科级,参照公务员制度管理的事业单位,全额拨款,编制5名,领导职数1正1副,2004年9月20日更名为"市水利局海陵分局"。

(五)市水利局开发区分局

成立于2004年2月3日,正科级,参照公务员制度管理的事业单位,全额拨款,编制4名,领导职数1正1副。2012年3月27日更名为"市水利局医药高新区分局"。

(六)市水资源管理处

原名称为市节约用水办公室,成立于1997年4月22日,正科级,全额拨款事业单位,编制15名,领导职数1正2副。2005年3月22日,更名为"市水资源管理所",核减编制4名,2008年1月10日,再次更名为"市水资源管理处",现有编制11名。

(七)市城区河道管理处

原名称为市城区河道管理所,成立于1998年6月4日,正科级,全额拨款事业单位,编制15名,领导职数1正2副。2008年1月更名为市城区河道管理处(市编委会〔2008〕15号)。2010年5月增加编外用工计划3名(市编委会〔2010〕29号)。

(八)市水利工程质量监督站

成立于1999年12月31日,正科级,全额拨款事业单位,编制4名、领导职数1正1副。

(九)市引江河河道工程管理处

成立于1997年5月27日,正科级,原为自收自支事业单位,编制26名,领导职数1正2副。2010年10月11日,因泰州船闸与周山河船闸资产互换,经费预算形式由自收自支调整为财政差额预算。2015年3月5日,因增挂"泰州市卤汀河工程管理处"牌子,领导职数由1正2副调整为1正3副。

(十)市水工程管理处

原名称为市水利产业经济技术服务中心,增挂"泰州市海陵水费综合经营管理站"牌子,成立于1997年5月5日,正科级,自收自支事业单位,编制21名,领导职数1正1~2副。2015年3月5日,因增挂"泰州市泰东河工程管理处"牌子,领导职数由1正2副调整为1正3副。

二、基层水利站

1997年2月,泰州市水利局成立之初,共设立8个基层水利站,后逐步增加到12个,其演变情况和主要职能如下。

(一)演变情况

1997年,泰州市水利局下辖8个乡(镇)水利站,单位性质为差额管理事业单位,分别是九龙水利站、鲍徐水利站、塘湾水利站、寺巷水利站、东郊水利站、西郊水利站、泰东水利站、朱庄水利站;2000年撤销朱庄水利站,2004年4月成立滨江水利站,2009年1月从姜堰市水利局划入苏陈镇水利站和罡杨镇水利站,2009年5月从高港区水利局划入野徐镇水利站,2010年增设海陵工业园区水利站,至此泰州水利局下辖12个基层水利站。

(二)主要职能

切实履行宣传贯彻有关水利法律法规及方针政策;参与编制并协助组织实施本地农村水利规划、农村河道和村庄河塘疏浚整治规划;协助地方政府组织防汛防旱工作;指导农村水利设施的日常管理与维护;承担水资源管理与保护、水土保持及治理;负责农村饮用水安全管理;组织水利科技推广运用等职能。同时,承担农村水利重点工程建设的监督管理工作。

2015年4月20日,基层水利站经费形式由差额拨款调整为全额拨款。

表17-3　2015年基层水利站一览表

序号	单位名称		核编数	在编人数	经费来源	是否参照	领导职数
1	海陵分局代管	城东街道水利站	4	4	全额拨款	否	1正
2		城西街道水利站	4	3	全额拨款	否	1正
3		京泰路街道水利站	3	3	全额拨款	否	1正
4		工业园区水利站	3	3	全额拨款	否	1正
5		九龙镇水利站	3	3	全额拨款	否	1正
6		苏陈镇水利站	6	4	全额拨款	否	1正1副
7		罡阳镇水利站	4	3	全额拨款	否	1正
8	医药高新区分局代管	凤凰路街道水利站	3	3	全额拨款	否	1正
9		明珠街道水利站	4	3	全额拨款	否	1正
10		寺巷街道水利站	4	3	全额拨款	否	1正
11		沿江街道水利站	3	2	全额拨款	否	1正
12		野徐镇水利站	3	2	全额拨款	否	1正

表17-4　市区水利站变动情况表

文件标题	文号	发文时间（年-月-日）	变动内容
关于调整东郊、西郊、泰东水利管理站事业编制的批复	泰编办〔2000〕3号	2000-01-20	撤销朱庄乡水利管理站3名编制,划给东郊、西郊、泰东各1名
关于市水利局直属基层水利站机构改革和人员分流方案的批复	泰编办〔2001〕53号	2001-12-03	保留城郊、泰东、九龙、寺巷、塘湾、东郊、西郊等7个水利站,每站编制4名,共28个编制
关于建立海陵工业园区水利站的批复	泰编办〔2005〕10号	2010-03-20	核定为差额预算编制3人,从泰东、塘湾、九龙各抽1个编制
关于规范苏陈镇水管站和罡扬镇水管站机构编制的通知	泰编办〔2009〕7号	2009-02-05	两个水管站划水利局管理,苏陈水管站更名为苏陈镇水利站,核定编制5名,领导职数1正1副;罡扬水管站更名为罡扬镇水利站,编制3名,领导职数为1职
关于苏陈、罡扬两镇事业单位管理体制调整相关问题的会议纪要		2009-07-10	农机站承担的机电排灌职能划入海陵分局,两镇农机站各调1人转入海陵分局
关于泰州市寺巷镇、城郊、滨江水利站更名的通知	泰编办〔2010〕59号	2010-09-20	分别更名为寺巷街道水利站、明珠街道水利站、沿江街道水利站
关于凤凰路街道水利站更名的通知	泰编办〔2010〕16号	2010-03-29	凤凰路街道水利站更名为凤凰街道水利站

三、撤销的单位

泰州市水利工程建设监理事务所,经市编委会批准,成立于1997年10月7日,撤销于2004年5月31日。

泰州市水利勘测设计事务所,经市编委会批准,成立于1997年10月23日,撤销于2004年5月31日。

泰州市水利培训中心,经市编委会批准,成立于1998年12月8日,于2004年12月4日撤销。

四、相关企业

（一）泰州市城市水利投资开发有限公司

详见本书第十四章第四节"四、相关企业"。

（二）泰州市江淮水利设计咨询有限公司

2008年7月24日成立（泰州市引江河河道工程管理处出资组建），注册资本人民币80万元,第一任法人代表周沪,第二任法人代表印庭宇。公司主要经营水利咨询及监理。

（三）泰州市引江河绿化工程有限公司

成立于2010年9月19日,法人代表季爱民,主要从事引江河绿化、改造维护等工作。

（四）泰州市鲍坝闸宾馆（泰州市东湖度假村）

1999年11月1日建成,总经理刘剑。2002年,因经营需要,更名为"泰州市东湖度假村"。2006年,纳入海陵区东风路街区重点改造项目的拆迁范围,2013年5月拆迁置换到位,同年恢复营业。

第四节 群团组织

一、泰州市水利局机关工会

1997年9月,经全体职工选举产生第一届工会委员会委员。工会主席印靖,委员蔡浩、陶明、李友祥、张平和。1999年5月,丁亚明任工会主席。2003年1月,经水利局全体职工选举产生第二届工会委员会委员。工会主席龚荣山,副主席徐丹,委员蔡浩、李友祥、陶明。2008年9月,经选举产生第三届工会委员会委员。工会主席蔡浩,副主席刘剑任,委员周其林、崔龙喜、张洁明。2011年11月,经选举产生水利局第四届工会委员会委员。工会主席刘剑,副主席周其林,委员张洁明、印庭宇、陈广禄。

二、共青团泰州市水利局支部

1998年3月至2003年1月,团支部书记张洁明,委员夏万云。2003年1月至2005年9月,团支部书记张剑,委员夏万云、姚剑。2005年9月至2008年1月,团支部书记夏万云。2008年1月至2017年9月,团支部书记祁海松,副书记周颖,委员陈广禄、钱苏平。

三、泰州市水利局妇女组织

2001年3月局妇委会成立,第一届主任于永红,委员于永红、周沪、周国翠。2008年4月局妇委会改选,第二届主任于永红,委员于永红、印华健、张敏。2018年10月成立局妇联,主席印华健,执委印华健、曹静、张洁明、刘燕、林燕。

四、泰州市水利学会和泰州市水文化研究会

详见本书第十七章第六节。

第五节　各市(区)行政机构及党组织

一、各市(区)水行政机构

明清时期,各县未设水利专管机构,有关水利事宜由县令直接掌管。水利建设主要是河、堤土方工程,知县定夺后,按亩派役、划定丈尺,由团保分率民工进行施工。

民国元年(1912)以后,各县先后成立县民政公署,并由实业科负责水利计划及工程事项。民国6年(1917)靖江设沙田分局,专管水滩、草滩及沙田官产事宜。民国14年(1925)兴化改局,主管水利设计及工程事项。民国15年、16年各县由建设局(科)掌管水利。民国20年(1931)大水,各县损失巨大,兴化、泰县建设局撤销,保留1名技术员。民国23年(1934),各县陆续成立建设科,由其掌管水利等事项。抗日战争时期,各县抗日民主政府生产建设科负责根据地的水利工作。抗日战争胜利后,国民党县政府建设科主管水利。

1948年底至1949年春,境内各县城陆续解放,并成立县人民政府后,水利工作由县政府建设科或农林科兼管。

1954年10月,根据江苏省人民政府关于整顿编制、精简机构的决定精神,各县农林、建设两科合并为农林水利科。1955年,境内大多数县撤销农林科,分设水利科和农林科,这是历史上首次单独设立的县级水利行政机构。1958年,境内水利建设进入高潮,各县大力发展机电灌排,进行"旱改水",初步整治骨干河道,并在通江港口建闸控制。同年8月,各县撤销水利科,成立水利局(兴化1956年12月设县水利局;1962年7月,机构精简,县水利局改为县人民委员会水利科;1963年8月,仍改为县水利局)。

1966年下半年"文化大革命"开始,各县水利局除具体负责在建大型水利工程外,基本无法履行其他职能。1968年,各县成立军事管制委员会,水利工作由农副水系统革命委员会(农水革命领导小组)负责。同年8月,靖江县水利局改称靖江县水利江滩革委会。1969—1976年各县水利工作一般由县革命委员会水电局兼管。1977年7月,各县撤销革命委员会水电局,建立革命委员会水利局等。1981年春,各县撤销县革委会,重新建立县人民政府,水利局列为政府工作部门之一。

20世纪八九十年代,境内各县先后撤县设市,各县水利局更名市水利局。各市编委会相继发文,明确市水利局职能配置、内设机构、人员编制和领导职数。

(一)靖江市

明清时期,靖江未设水利专管机构,有关水利事宜由县令直接掌管。水利建设主要是河、堤土方工程,知县定夺后,"按亩派役""划定丈尺""由团保分率人夫"进行施工。具体事务由县衙"三班六房"(皂、快、壮三班,吏、户、礼、兵、刑、工六房)中的工房具体承办。民国始有管理水利的机构。民国元年(1912),靖江由县民政公署实业科管理水利。民国6年(1917)设沙田分局,专管水滩、草滩及沙田官产事宜。民国15年(1926)设实业局,管理水利事宜,次年改称建设局。民国23年(1934),设立征工浚河委员会。民国28年(1939)2月,靖江县由公署建设科兼管水利。民国33年(1944),靖江县由公署第三科分管水利。民国34年(1945)抗日战争胜利后,国民党县政府由建设科主管水利。

1949年1月28日靖城解放。同年5月,苏北泰州专署撤销靖泰县,恢复靖江县建制,成立县人民政府。水利由县政府建设科负责。1950年8月县政府设立农林科,兼管水利。1956年5月,农林科分设农业科和林业科,农业科主管水利。1957年9月县政府增设水利科。1967年4月17日,县水利局由县军事管制委员会生产指挥组接管。1968年8月,县革委会将江滩办事处划归水利部门管辖。县水利局改称靖江县水利江滩革委会。1970年12月,县水利江滩革委会与县革委会供电局合署办公,全称"靖江县革命委员会水电局"。1972年,县革委会水电局分设"靖江县革委会水利局""靖江县革委会供电局"。

1981年5月,县革委会水利局更名靖江县水利局。

1993年10月8日,靖江县撤县设市,靖江县水利局更名靖江市水利局。

1997年11月12日,靖江市编委做出《关于市水利局"三定"方案的批复》,明确市水利局职能、内设机构、人员编制和领导职数。

核定靖江市水利局机关行政编制20人,行政附属编制3人。领导职数为局长1人,副局长3人;科长(主任)7人,副科长(副主任)4人。

表17-5 1949年5月至2015年靖江水行政主管部门领导人一览表

机构名称	姓名	职务	任职时间 (年-月)
靖江县人民政府建设科	孙 佩	副科长	1949-05—1950-08
靖江县人民政府农林科	丁荫伯	科长	1950-08—1952-10
	徐在明	科长	1952-11—1953-12
	吴少兰	副科长	1952-11—1954-01
	吴少兰	科长	1954-01—1954-07
	王永高	科长	1954-07—1956-05
	葛振华	副科长	1956—1958-04

续表 17-5

机构名称	姓名	职务	任职时间（年-月）
靖江县人民委员会农业科	王永高	科长	1956-05—1957-09
	吴少兰	副科长	1956-05—1957-09
	葛振华	副科长	1956-05—1958-04
	张晓珠	副科长	1956-05—1958-08
	陈忠	副科长	1956-05—1957-09
	赵少余	副科长	1957—1958-08
靖江县人民委员会水利科	顾筱堂	副科长	1957-09—1958-08
	朱玉兆	科长	1957-09—1958-08
	蒋光荣	副科长	1957-12—1958-08
	刘联芳	副科长	1958-05—1958-08
	丁荫伯	局长	1958-08—1959-08
	刘联芳	副局长	1958-08—1959-08
	蒋光荣	副局长	1958-08—1962-03
	缪耀章	副局长	1958-08—1961-09
	刘联芳	局长	1959-08—1961-10
	张霖	副局长	1961-05—1965-02
	陈国藩	副局长	1961-07—1967-01
	缪耀章	局长	1961-10—1964-05
	朱生才	副局长	1963-03—1964-03
	冯云	副局长	1965-02—1966-05
	冯云	局长	1966-05—1967-01
靖江县革委会农水组	王永高	组长	1968-05—1971-05
	王克富	副组长	1968-05—1971-01
	侯清海	副组长	1968-05—1971-04
靖江县水利江滩革委会	陈国藩	负责人	1968-08—1970-12
	张春根	负责人	1968-07—1970-12
靖江县革委会水电局	陈国藩	召集人	1970-12—1972-09
	杭吉余	召集人	1970-12—1972-10
	张春根	召集人	1970-12—1972-10
靖江县革委会水利局	王鑫	副局长	1971-12—1984-03
	张春根	主持工作	1972-10—1975-02

续表17-5

机构名称	姓名	职务	任职时间（年-月）
靖江县革委会水利局	毛定中	副局长	1973-06—1984-03
	张春根	副局长	1975-02—1976-10
	张春根	局长	1976-10—1981-01
	朱玉兆	副局长	1977-06—1979-02
	潘祖云	副局长	1980-12—1983-07
	夏茂根	局长	1981-01—1984-03
靖江县(市)水利局	石福泉	副局长	1981-07—1984-03
	翟浩辉	副局长	1982-04—1984-05
	陈明初	副局长	1984-05—1986-08
	董文虎	副局长	1984-06—1990-04
	陈新宇	局长	1984-07—1996-10
	陈燕国	副局长、局长	1988-11—2000-01
	商东尧	副局长	1990-06—2006-01
	祁为民	副局长	1990-06—2001-02
	孙永章	副局长	1991-08—1997-06
靖江市水利局	刘桂彬	副局长	1995-10—2001-01
	刘 放	副局长、局长	2000-01—2016-05
	丁纪章	局长	2000-01—2006-08
	王靖波	副局长	2001-01—2007-12
	郑亚平	副局长	2001-01—2004-02
	鞠景良	副局长	2007-02—2007-11
	盛兴灿	副局长	2007-12—2014-06
	罗 平	副局长	2007-12—2017-03
	刘 坤	副局长	2012-02—
	卞 勇	副局长	2011-02—2015

（二）泰兴市

1928年10月27日，泰兴县成立建设局，主管水利及交通；1933年1月24日，建设局改为技术员室。1949年10月，泰兴县人民政府设建设科，主管全县水利和交通、市政建设。1955年7月，泰兴县人民委员会设水利科。是年2月，水利科改为水利局。1969年12月19日，泰兴建立县革委会水电局。1977年2月，水电局划分为水利局、供电局和农业机械管理局。1981年1月，撤销县革会，重新建立县人民政府，下设水利局。

1992年9月，泰兴撤县建市，泰兴县水利局更名为泰兴市水利局。

2001年，泰兴市全面开展水务一体化改革，设立泰兴市水务局，统一管理全市水务工作。担负着全市防汛防旱的综合管理，水资源的统一管理，水利建设的规划编制、计划安排和监督实施，河流、湖泊等水域及其岸线和水利工程的管理，牵头管理水环境，水法律法规的贯彻实施等一系列重要职责，承办市委、市政府交办的其他事项。截至2015年底，局机关设科室7个：办公室（挂党委办公室、人事科牌子）、财务审计科、农村水利科（挂供排水管理科牌子）、城市水利科、工程管理科、行政许可服务科（水政水资源科与其合署办公，挂节约用水办公室牌子）、基建科（挂招投标管理科牌子）。水务系统下设事业单位30个，水利工程管理单位14个，乡（镇）水利站16个，管理1个国有企业：市自来水公司，拥有在职职工890人。

表17-6　1949—2015年泰兴水行政主管部门领导人一览表

机构名称	职务	姓名	任职时间（年-月）
泰兴市(县)人民政府水利局	局长	鲍有方	1988-01—1990-05
	副局长	曹善言	1988-01—1990-12
	副局长	李国柱	1988-01—1995-12
	副局长	印仁岚	1988-01—1992
	局长	戴明甫	1990-05—1996-05
	副局长	徐宏瑞	1992-07—2001-11
	防汛副指挥	高进山	1992-07—2001-12
	副局长	黄达西	1995-01—1999-12
	总工程师	刘国柱	1995-12—1997-12
	局长	吕炳生	1996-05—2001-11
	副局长	邵兴仁	1996-05—2006-04
	副局长	叶健康	1996-10—2013-05
	副局长	常庆昌	1997-03—2001-12
泰兴市人民政府水利局	总工程师	黄鑑罗	1999-09—2001-11
	局长助理	王福余	2000-09—2001-12
	局长	徐宏瑞	2001-11—2005-09
泰兴市人民政府水利(务)局	副局长	唐紫阳	2004-12—2005-09
	副局长	张德仁	2001-12—
	副局长	王福余	2001-12—
泰兴市水务局	局长	唐紫阳	2005-09—2009-07
	副局长	顾伟	2004-12—2014-03
	副局长	陈宝贵	2004-07—
	工会主席	许习锋	2007-06—2009-07

续表17-6

机构名称	职务	姓名	任职时间 （年-月）
泰兴市水务局	局长	张文贵	2009-07—2014-03
	副局长	赵培林	2009-07—2014-03
	副局长	曾瑞祥	2012-04—
	副局长	许习锋	2009-07—2013-05
	工会主席	杨　华	2009-07—2012-04
	工会主席	王　健	2012-04—2015-07
	副局长	何　勇	2012-04—2015-08
	总工程师	曾瑞祥	2010-05—2012-04
	副局长	朱　根	2013-04—2015-06
	总工程师	朱雪林	2013-04—
泰兴市水务局	局长	褚新华	2014-03—
	副局长	王　俊	2014—2015（挂职）
	副局长	王　健	2015-07—2017-11
	副局长	朱雪林	2015-07—
	副局长	李红星	2015-07—
中共泰兴市（县）水利系统总支部委员会	书记	鲍有方	1988-01—1990-05
	书记	曹善言	1988-01—1990-12
	书记	戴明甫	1990-06—1996-04
	书记	徐建东	1992-07—1998-01
	书记	吕炳生	1996-05—1998-01
中共泰兴市水利（务）系统委员会	书记	吕炳生	1998-01—2000-12
	副书记	徐宏瑞	1998-01—1999-12
	副书记	徐建东	1998-01—1999-12
	书记	徐宏瑞	2000-12—2006-03
	副书记	吕炳生	2000-12—2001-11
	副书记	徐建东	1998-07—2001-11
	副书记	唐紫阳	2004-12—2006-03
	副书记	邵兴仁	2001-12—2006-03
	副书记	葛　剑	2001-11—2011-04
	书记	唐紫阳	2006-03—2009-07
	书记	张文贵	2009-07—2014-03

续表17-6

机构名称	职务	姓名	任职时间（年-月）
泰兴市水务局	书记	褚新华	2014-03—
	副书记	杨 华	2012-04—2017-11
	副书记	王 健	2017-11—2017-12
中共泰兴市水利(务)系统纪律检查委员会	书记	徐建东	1998-01—2001-12
	副书记	叶荣培	1998-01—2000-11
	副书记	朱晓华	2002-02—2006-09
	书记	葛 剑	2001-12—2011-04
	副书记	吴和国	2006-09—2011
	副书记	张金华	2011—2015
	书记	杨 华	2012-04—2015-06
	书记	朱 根	2015-06
	副书记	管镜明	2015—

（三）兴化市

民国初期,兴化由县民政长、县知事职掌水利。民国10年(1921)设实业科(1925年改局),职掌水利计划及工程事项。自民国16年(1927)起,兴化先后由县建设局(科)、第四科兼管"全县振兴水利,免除水患"事宜。民国30年(1941),兴化县抗日民主政府成立,以生产建设科负责"兴修堤坝疏通(导)河流堤防水灾"方面工作。1949年10月,兴化县政府建设科负责全县水利、交通等项管理工作。1954年8月,撤销建设科,将原农林科扩大为农林水利科(简称"农水科")主管水利事业。1955年9月,县人民委员会将农水科分设为农林科、水利科,这是兴化历史上首次单独设立的水利行政机构。1956年12月,改设为兴化县水利局。1962年7月,机构精简,县水利局改为县人民委员会水利科。1963年8月,仍改为县水利局。1966年5月,"文化大革命"开始后,水利局除具体负责在建大型水利工程外,无法履行其他职能。1968年8月,兴化县革委会批准建立农水革命领导小组,同时撤销县农业、水利、多种经营管理3局和县农机公司。1969年10月,建立水电局筹建小组,12月正式建立水电局。1974年,县革委会决定成立兴化县治淮工程团。1977年3月,恢复水利局建制。同年10月,水利局和治淮工程团合署办公。1981年4月,县第七届人民代表大会第一次会议选举产生县人民政府,水利局列为政府工作部门之一。1988年3月,兴化撤县建市,县水利局更名为兴化市水利局。

2001年4月26日,兴化市撤销水利局、农业机械管理局,两局合并建立兴化市水利农机局;同年,兴化市水利农机局更名为兴化市水务局。2002年2月1日,兴化市水务局(挂"市农业机械管理局"牌子)为市政府工作部门,正科级建制;2005年3月,撤销。2001年4月以来,兴化市水利局、兴化市农业机械管理局之间围绕合并、更名、撤销等实施了多次调整,机构职能也随着机构名称的变化而进行了相应的调整。2005年3月,中共兴化市委、兴化市人民政府《兴化市政府机构改革实施意见》(兴发

〔2005〕2号）文件颁发后，兴化市农业机械管理局从市水务局划出，不再在市水务局挂牌。

2007年2月1日，兴化市机构编制委员会兴编〔2007〕2号文件明确：为进一步理顺水务一体化管理的职能，决定将由市建设局承担的"城市管网输水、用户用水"管理职能调整给市水务局，现兴化市自来水总公司人、财、物一并划归水务局管理。

2010年3月26日上午，兴化市委常委、市长联席会议研究决定，将城市供水管理职能（包括城市供水、城市污水处理、区域供水等）由水务部门调整为建设部门。

表17-7 1941—2015年兴化水行政主管部门领导人一览表

机构名称	职别	姓名	任职时间（年-月）
兴化县生产建设科（1941-02—1949-09）	科长	刘永福 徐锦山	—1948-01 1948-01—1949-09
	副科长	孙 坚 施宝宽	1949-02—1949-09 1949-09—1949-09
兴化县政府建设科（1949-10—1954-09）	科长	刘永福 杨雨成（兼）	1949-11—1952-07 1952-07—1955-01
	副科长	沈学忠 施宝宽 刘永福 刘金荣	1949-12—1952-07 1952-07—1954-08 1952-07—1954-08 1953-07—1953-08
兴化县人民政府农林水利科（1954-09—1955-09）	科长	王金珠	1954-09—1955-09
	副科长	任荣泰	1954-09—1955-09
兴化县人民委员会水利科（1955-09—1956-06）	科长	任荣泰	1955-09—1956-06
	副科长	蒋怀宝 陆良驹	1955-09—1956-01 1956-01—1956-06
兴化县水利局（1956-06—1962-07）	局长	刘永福	1957-10—1961-03
	副局长	彭绥永 罗庭安 陈凤山 顾 彪 朱恒广 徐善煜	1956-12—1957-10 1956-12— 1958-06—1962-07 1958-10—1962-07 1959-09—1962-07 1961-01—
兴化县人民委员会水利科（1962-07—1963-08）	科长	朱恒广	1962-07—1963-08
	副科长	顾 彪	1962-07—1963-08

续表 17-7

机构名称	职别	姓名	任职时间（年-月）
兴化县水利局 （1963-08—1968-08）	局长	刘永福 徐永德	1964-05—1966-01 1966-01—1966-05
	副局长	朱恒广 顾彪 王继友	1964-05—1966-05 1964-05—1966-05 1966-05—1966-05
兴化县农水革命领导小组 （1968-08—1969-12）	组长	徐永德	1968-08—1969-12
	副组长	余德寿 黎成娣 钱林 张士林	1968-08—1969-09 1968-08—1969-02 1968-08—1969-02 1969-02—1969-12
兴化县革命委员会水电局 （1969-12—1977-03）	局长	余德寿	1974-04—1977-03
	副局长	顾景甲 朱恒广 顾彪 成玉进	1973-08—1977-03 1973-08—1977-03 1973-08—1977-03 1975-10—1977-03
兴化县革命委员会水利局 （1977-03—1981-04）	局长	顾彪	1977-03—1981-04
	副局长	朱恒广 周耀 史玉林 杨诚 胡炼	1977-03—1981-04 1977-03—1977-08 1975-04—1981-04 1979-01—1981-04 1980-04—1981-04
兴化县水利局 （1981-04—1988-02）	局长	顾彪 刘文凤	1981-04—1984-03 1984-03—1987-10
	副局长	朱恒广 史玉林 王桂林 杨诚 沐增荣 柏乐天 邹文泰 刘农	1981-04—1982-06 1981-04—1982-06 1981-04—1983-01 1987-04—1987-10 1983-03—1984-04 1983-06—1987-10 1984-03—1987-10 1987-06—1987-10
兴化市水利局 （1988-03—2001-04）	局长	刘文凤 张连洲	1987-10—1999-02 1999-12—2001-04
	副局长	单树桂 吴祥松 常传林 包振琪 赵文韫	1990-01—2001-04 1991-09—2001-04 1999-04—2001-04 1999-04—2001-04 2000-06—2001-04
	总工程师	黄余友	1991-01—2001-04

续表17-7

机构名称	职别	姓名	任职时间 （年-月）
兴化市水利农机局 （2001-04—2001-11）	局长	张连洲	2001-04—2001-11
	副局长	章礼怀	2001-04—2001-11
		单树桂	2001-04—2001-10
		吴祥松	2001-04—2001-10
		周福元	2001-04—2001-11
		赵文韫	2001-04—2001-11
		蔡家祥	2001-04—2001-11
		常传林	2001-04—2001-11
		包振琪	2001-04—2001-11
	总工程师	黄余友	2001-04—2001-11
兴化市农业机械管理局 （在水务局挂牌） （2002-04—2005-03）	局长	张连洲	2002-04—2002-11
		赵文韫	2002-11—2005-03
	副局长	周福元	2002-04—2005-03
		祝康乐	2002-04—2005-03
		蔡家祥	2002-04—2005-03
		石小平	2002-04—2005-03
兴化市水务局 （2001-11—2015）	局长	张连洲	2001-11—2007-06
		包振琪	2007-06—2015
	副局长	章礼怀	2001-11—2002-07
		周福元	2001-11—2005-03
		赵文韫	2005-03—2008-05
		蔡家祥	2001-11—2005-03
		常传林	2001-11—2003-04
		包振琪	2001-11—2007-06
		祝康乐	2002-04—2007-01
		石小平	2005-03—2014-11
		胡建华	2006-01—2012-03
		张 明	2007-10—2013-05
		徐凤锦	2008-05—2015-04
		刘建才	2008-05—2013-05
		陈学明	2014-11—
		孙翠华	2014-11—2015-04
		王 敏	2015-12—
	局长助理	陈凯祥	2009-04—2013-05
	副局级	樊桂伏	2009-04—
		杨旭东	2012-12—
		黄余友	2013-04—
		余志国	2014-08—
	总工程师	黄余友	2001-11—2013-05
		陈凯祥	2013-05—
	副总工程师	华 实	2004-03—2007-11
	人武部长	刘建才	2005-01—

（四）海陵区

泰州市水利局海陵分局原名泰州市水利局海陵工作处,为市水利局内设机构,1997年10月改为市水利局派出机构,履行海陵区范围内水行政主管部门职责。2004年9月更名为泰州市水利局海陵分局[《关于市水利局海陵工作处更名的批复》(泰编办〔2004〕48号)],为参照公务员管理事业单位,编制5名,领导职数1正1副,内设5个科室。

1997年,泰州市水利局海陵工作处下辖8个乡(镇)水利站,单位性质为差额管理事业单位,分别是九龙、鲍徐、塘湾、寺巷、东郊、西郊、泰东、朱庄,每站编制3名,共24个编制。

1999年5月,朱庄、鲍徐、塘湾、寺巷农机站各划转1名编制至朱庄、鲍徐、塘湾、寺巷水利站,水利站编制数共28个。

2000年1月因乡(镇)合并,撤销朱庄乡水利管理站4名编制,划给九龙、东郊、西郊、泰东各1名,2001年6月鲍徐水利站更名为泰州市城郊水利站,编制、经费渠道不变。

2001年基层水利站机构改革,保留城郊、泰东、九龙、寺巷、塘湾、东郊、西郊等7个水利站,每站编制4名,共28个编制。

2005年3月,建立泰州市海陵工业园区水利站,编制3名,从泰东、塘湾、九龙水利站各划转1名编制,至此,泰东、塘湾、九龙水利站每站编制3名。

2007年2月,东郊、西郊、塘湾、泰东水利站更名为城东街道、城西街道、凤凰路街道、京泰路街道水利站,单位性质、规格、核定编制、隶属关系、经费渠道等均不变。

2004年5月,城郊、寺巷水利站划归开发区分局代管。

2009年2月因区划调整,苏陈、罡杨水利站划归海陵分局代管,苏陈水利站编制5名,罡杨水利站编制3名。同年7月,苏陈、罡杨农机站各划转1名编制至水利站,至此,海陵分局代管九龙镇、城东街道、城西街道、凤凰路街道、京泰路街道、海陵工业园区、苏陈镇、罡杨镇8个水利站,编制数30个。

2015年2月,凤凰路街道水利站因区划调整划归开发区分局代管。

2015年4月,海陵区7个水利站由差额拨款事业单位变更为全额拨款事业单位。

表17-8　1997—2015年海陵区水行政主管部门领导人一览表

时间(年-月)	主要负责人	班子成员
1997-02—2004-09	宦胜华	朱晓春
2004-09—2005-06	宦胜华	姜春宝、徐乃峰(参与分工)、李友祥(参与分工)
2005-06—2007-09	宦胜华	张平和、姜春宝 徐乃峰(参与分工)、李友祥(参与分工)
2007-09—2009-02	宦胜华	张平和、王羊宝
2009-02—2010-11	蔡浩	张平和、王羊宝
2010-11—2012-02	蔡浩	王羊宝、黄更生
2012-02—2015-01	张剑	王羊宝、黄更生

（五）医药高新区

泰州市水利开发区分局建立于2004年2月[《关于建立泰州市水利局开发区分局等事项的批复》（泰编〔2004〕15号）]，2012年3月更名为泰州市水利局医药高新区分局[《关于市国土资源局开发区分局等单位更名的通知》（泰编办〔2012〕119号）]，为市水利局派出机构，履行医药高新区范围内水行政主管部门职责，为参照公务员管理事业单位，编制4名，领导职数1人，内设4个科室。

2004年，泰州市水利局开发区分局下辖3个乡（镇）水利站，单位性质为差额拨款事业单位，分别是城郊、寺巷、滨江，城郊和寺巷水利站由海陵分局划入，滨江水利站经市编委批准建立（与开发区分局同一批文），城郊和寺巷水利站编制各4名，滨江水利站编制3名，共11个编制。

2008年6月，泰州市野徐镇水利站由高港区水利局划归泰州市水利局开发区分局管理，编制3名，水利站编制数共14个。

2010年9月，泰州市寺巷镇水利站更名为泰州市寺巷街道水利站，泰州市城郊水利站更名为泰州市明珠街道水利站，泰州市滨江水利站更名为泰州市沿江街道水利站[《关于泰州市寺巷镇、城郊、滨江水利站更名的通知》（泰编办〔2010〕59号）]。

2012年2月，泰州市凤凰街道水利站由海陵分局划归泰州市水利局开发区分局管理，编制3名，水利站编制数共17个。

2015年4月，医药高新区5个水利站由差额拨款事业单位变更为全额拨款事业单位。

表17-9　2004—2015年医药高新区水行政主管部门领导人一览表

时间(年-月)	主要负责人	班子成员
2004-05—2011-06	朱晓春	
2011-07—2013-05	朱晓春	张永社
2013-05—2015-12	朱晓春	张永社、周元平、顾书顶

（六）高港区

高港区水利局成立于1998年1月，内设3个职能科室：综合科、工务科、水政水资源科，核定机关行政编制6名。

2001年9月，高港区水利局增挂"区农业机械管理局"牌子，增加农机安全生产、农机系统技术监督管理等工作职能，增加农机管理科职能科室，编制增加到7名。2004年区人民政府实施机构改革，将"农业机械管理"职能又调整到区农业委员会，不再挂"区农业机械管理局"牌子；同时将区住建局、环保局所属涉水工作职能调整到区水利局，增加供水和污水处理规划、设施建设、监督和管理等职能，增挂"高港区水务局"牌子（泰高委发〔2004〕132号），内设职能科室调整为：综合科、工务科、水政水资源科、城市供排水建设管理科，行政编制8名。2010年机构改革（泰高发〔2010〕7号），明确区水利局不再保留"区水务局"牌子。2016年7月机构改革将供水、排水、生活污水处理等管理职责又划给区住房和城乡建设管理局。

1998年成立之初，下属事业单位有2个。一是高港区防汛防旱指挥部办公室，编制3名，经费在水利专项经费中列支;二是高港区水政监察大队,编制数5个,1998年11月又增加3名编制,经费在收取的水资源费中列支,2004年4月改成全额拨款,编制数11个。2007年12月区防汛防旱指挥部办公室和区水政监察大队列入参照公务员制度管理的事业单位。

1999年8月,成立高港区长江堤防管理所,主要负责长江堤防的管护、开发利用,制止堤防管理范围内非法采砂、取土、违章建筑、扒坡种植等危及堤防安全的行为。2001年4月更名为江河堤防管理所,相应增加负责所辖河道及其配套工程的管理、维护和养护。

2003年12月,成立高港区城区河道管理所,主要负责所辖河道工程设施的正常运行、养护及调水换水工作,以及河道两岸的卫生绿化管护,审核查处河道管理范围内各类建设项目的开发利用、侵占等行为。2005年9月更名为高港区城市供排水建设管理所,增加自来水供给和污水处理相关职能。2016年将城市供排水建设管理所的供水、排水、生活污水处理等管理职责划给区住房和城乡建设局,将所涉城区河道养护及两岸绿化等职责划给区江河堤防管理所,人员编制一并划出。

口岸闸管理所成立于1958年,前身是泰兴县南官河闸工务所,主要职责是负责闸站水工建筑物和机械的管理养护,南官河水位的调节和长江上下游水文资料的观测记载,以及上下游河岸的管理,为保障区域工农业生产和防汛防旱安全服务。1998年高港区成立时划入,更名为泰州市水利局口岸闸管理所,2010年更名为泰州市高港区水利局口岸闸管理所,编制数12个。

1998年9月,高港区成立,初辖7个乡(镇)水利管理服务站,分别是口岸、田河、刁铺、许庄、永安、白马、野徐水利管理服务站,单位性质为差额管理事业单位,编制数23个;2000年田河水利站和口岸水利站合并,许庄水利站和刁铺水利站合并;2001年9月水利站和农机站合并,成立口岸、刁铺、永安、白马、野徐水利农机服务站,编制45名,2004年水利站和农机站又分开;2006年5月又建立许庄水利管理服务站;2009年3月因区划调整野徐水利站划出至医药高新区,划入胡庄、大泗水利管理服务站,至此高港区下辖口岸、永安、刁铺、许庄、白马、大泗、胡庄7个水利管理服务站,编制数35个;2013年乡(镇)水利站进行事企分开改革,变成全额财政拨款事业单位,编制数35个。

表17—10 1997—2015年高港区水行政主管部门领导人一览表

时间(年-月)	主要负责人	班子成员
1997-08—2000-12	胡正平	沙玉林
2000-01—2001-07	胡正平	沙玉林、张平和
2001-08—2001-12	吴国华	袁明文、张平和
2002-01—2002-12	吴国华	袁明文、邵荣华
2004-01—2010-04	吴国华	袁明文、邵荣华、徐卫明
2010-05—2011-12	胡万源	邵荣华、叶健、徐卫明、叶文荣
2012-01—2012-08	胡万源	邵荣华、叶健、徐卫明、叶文荣、黄成斌
2012-09—2013-05	胡万源	邵荣华、叶健、叶文荣、黄成斌
2013-06—2015-12	胡万源	邵荣华、叶健、叶文荣、黄成斌、冯文林

（七）姜堰区

1949—1994年的46年中，姜堰市水利机构因两泰（县级泰州市、泰县）分治和机构的撤并名称更换15次。

1949年5月，泰县（今姜堰区）人民政府下设建设科，负责农业、水利、交通、建筑等工作。1954年10月，根据江苏省人民政府关于整顿编制、精简机构的决定精神，泰县将原有农林、建设两科合并为农林水利科。1955年7月，撤销农林水利科，分设水利科、农林科。1958年4月，撤销泰县人民委员会水利科建制，建成泰县水利局。1959年1月，泰县、泰州市合并，建立泰州县水利局。

1962年5月，泰县、泰州市分治，建立泰县水利局。1963年4月，水利局与农机局合并，仍称水利局。1964年5月，撤销泰县水利局，建立泰县农机水利局。1965年1月，撤销农机水利局，改建水利局和农业机械公司。1966年起，原由水利局管理的机电灌工程划归泰县农业机械公司负责。1968年9月，成立泰县农副水系统革命委员会，分管原水利、农业及多管等部门的工作。

1969年8月，建立泰县革命委员会水电科，负责水利、供电和机电排灌工作。

1972年6月，泰县革命委员会水电科改称泰县革命委员会水电局。1977年7月，撤销水电局，建立泰县革命委员会水利局、农机局、供电局。1981年4月，泰县革命委员会水利局更名为泰县水利局。1994年11月，姜堰市撤县建市，改称姜堰市水利局。

1994年，姜堰市水利局设人秘股、工务股、财计股、水政水资源股，在职行政人员16人，办公地点位于姜堰镇太平路1号。

1998年1月25日，根据姜政发〔1998〕13号文关于对《泰州市水利局职能配置、内设机构和人员编制方案》的批复，姜堰市水利局内设机构有：办公室（挂"人武部"牌子）、人事科（挂"党委办公室牌子"）、水利建设科、财会审计科、水政水资源科；核定水利局行政编制18名，内设机构领导职数12名，其中正股级6名、副股级6名。

2006年3月14日，根据姜堰市编制委员会姜编〔2006〕16号文，增设供水管理科，同时核增行政编制2名，增加中层领导职数1名。

2007年6月14日，根据姜堰市机构编制委员会姜编〔2007〕4号文，将水政水资源科更名为行政许可科，原水政水资源科承担的相关职能划水供水管理科。

2011年3月10日，根据姜堰市编制姜编〔2011〕14号文，设办公室（挂"党委办公室"牌子）、人事科、水利建设科、财会审计科、行政许可科、水政水资源科（挂"政策法规科"牌子）、供水管理科。核定水利局行政编制17名，内设机构领导职数11名，其中正股级7名、副股级4名。

2013年2月27日，根据姜堰市委姜委发〔2013〕16号《关于机构更名和人员职务改称的通知》，姜堰市水利局改为泰州市姜堰区水利局。

2013—2015年，姜堰区水利局行政机构未发生变化。

表17-11　1949—2015年姜堰水行政主管部门领导人一览表

职务	姓名	任职时间(年-月)	备注
局长	许　真	1958-05—1958-12(副县长兼)	1958年4月建成泰县水利局,此前县政府下设建设科
	李晓波	1959-01—1962-05	
	黄国安	1962-05—1968-09	
	刘传旺	1968-09—1969-08(主任)	1968年9月成立泰县农副水系统革命委员会
	戴文林	1969-08—1970-07(科长)	1969年8月建立泰县革委会水电科
	黄国安	1972-06—1980-07	1972年6月水电科改为水电局
	李庆芝	1982-04—1990-02	
	储新泉	1990-02—1996-07	
	周昌云	1996-07—2008-02	
	陈永吉	2008-02—2015-12	
副局长	黄国安	1958-04—1962-05	1958年4月建成泰县水利局,此前为县政府下设科室
	金洪林	1958-05—1958-12	
	游秉中	1958-05—1958-12	
	仇永龙	1958-05—1958-12	
	成　平	1961-06—1962-05	
	仇永龙	1962-05—1964-05	
	叶瑞芝	1962-05—1965-01	
	金洪林	1962-08—1963-12	
	窦广寿	1964-01—1964-10	
	成　平	1964-10—1968-09	
	杭金仑	1964-10—1968-09	
	杭金仑	1968-09—1969-08(副主任)	1968年9月成立泰县农副水系统革命委员会
	杭金仑	1969-08—1972-05(副科长)	1969年8月建立泰县革委村水电科
	凌奎加	1969-08—1970-07(副科长)	
	杭金仑	1972-06—1982-10(副局长)	1972年6月水电科改为水电局
	卢　堃	1972-06—1973-12	
	凌奎加	1973-05—1977-06	
	包绍年	1975-12—1981-03	
	李庆芝	1975-12—1982-03	
	王洪流	1978-10—1982-12	
	王忠裕	1982-03—1983-01	

续表17-11

职务	姓名	任职时间(年-月)	备注
副局长	沙文楼	1982-03—1984-04	
	万友仁	1982-09—1993-09	
	殷志祥	1982-09—1995-04	1989年5月至1990年1月任党委副书记
	张国华	1984-03—1988-12	
	储新泉	1989-01—1990-01	
	余解民	1989-01—1991-05	
	李如珍	1990-10—1999-07	
	施元龙	1993-10—2005-03	
	李九根	1994-07—1999-07	
	陈永吉	1995-04—2008-02	
	张景夏	1996-07—1999-07	
	葛荣松	2000-09—2011-03	
	蒋剑明	2001-12—2010-04	
	田学工	2002-01—2008-03	
	李庆和	2002-12—2008-03	
	许　健	2004-07—2015-12	
	陈荣桂	2006-03—2009-03	
	曹　亮	2009-07—2015-12	
	王根宏	2011-08—2015-12	
	沈军民	2013-08—2015-12	

二、县(市、区)水利系统党组织

(一)靖江市

1979年,靖江成立中共靖江县水利局机关支部委员会;1982年建立靖江县水利局党组;1984年建立靖江县水利局党总支部;1999年建立靖江县水利局党委、纪委。2015年末,有基层党支部18个,中共正式党员204人。

表17-12　1958年8月至2015年靖江水利局党组织历届成员一览表

名称	姓名	职务	批准机关	任职时间(年-月)
党支部	缪耀章	书记	县直机关党委	1958-08
	刘桂荣	委员	县直机关党委	1958-08
	朱士荣	委员	县直机关党委	1958-08
	陈振才	委员	县直机关党委	1958-08

续表 17-12

名称	姓名	职务	批准机关	任职时间（年-月）
党支部	缪耀章	书记	县直机关党委	1962-08
	张　霖	副书记	县直机关党委	1962-08
	刘桂荣	委员	县直机关党委	1962-08
	朱士荣	委员	县直机关党委	1962-08
	陈振才	委员	县直机关党委	1962-08
	徐　志	委员	县直机关党委	1962-08
	严纪根	委员	县直机关党委	1962-08
	张春根	书记	革委会组	1970-04
	王　兴	委员	革委会组	1970-04
	耿浩兰	委员	革委会组	1970-04
	季文元	委员	革委会组	1970-04
	徐金官	委员	革委会组	1970-04
	朱国彩	委员	革委会组	1970-04
	张春根	书记	县直机关党委	1972
	王　兴	委员	县直机关党委	1972
	朱国彩	委员	县直机关党委	1972
	徐金官	委员	县直机关党委	1972
	张春根	书记	县直机关党委	1974
	王　兴	副书记	县直机关党委	1974
	朱国彩	委员	县直机关党委	1974
	徐金官	委员	县直机关党委	1974
	张春根	书记	县直机关党委	1979
	王　兴	副书记	县直机关党委	1979
	石福泉	副书记	县直机关党委	1979
	毛定中	委员	县直机关党委	1979
	朱国彩	委员	县直机关党委	1979
	夏灿林	委员	县直机关党委	1979
	徐金官	委员	县直机关党委	1979
党组	夏茂根	书记	县委	1982
	毛定中	副书记	县委	1982
	王　兴	成员	县委	1982
	石福泉	成员	县委	1982
	翟浩辉	成员	县委	1982
	朱国彩	秘书	县委组织部	1983-06

续表 17-12

名称	姓名	职务	批准机关	任职时间(年-月)
党总支(一届)	顾富彬	书记	县委	1984-08
	陈新宇	副书记	县委	1984-08
	毛定中	副书记	县委	1984-08
	陈明初	委员	县委	1984-08
	张浩生	委员	县委	1984-08
	苏锡元	书记	县委	1988-02
党总支(二届)	苏锡元	书记	县委	1989-05
	陈新宇	副书记	县委	1989-05
	董文虎	委员	县委	1989-05
	陈燕国	委员	县委	1989-05
	张浩生	委员	县委	1989-05
党总支(三届)	苏锡元	书记	市委	1997-05
	陈燕国	副书记	市委	1997-05
	商东尧	委员	市委	1997-05
	祁为民	委员	市委	1997-05
	孙永章	委员	市委	1997-05
	刘桂彬	委员	市委	1997-05
	杨权方	委员	市委	1997-05
党委(任命)	苏锡元	书记	市委	1999-09
	陈燕国	副书记	市委	1999-09
	丁纪章	书记	市委	2001-02
	刘桂彬	副书记	市委	2001-02
	商东尧	委员	市委	2001-02
	祁为民	委员	市委	2001-02
	盛兴灿	委员	市委	2001-02
	刘　放	委员	市委	2001-02
	郑亚平	委员	市委	2001-02
	杨权方	委员	市委	2001-02
	季士发	委员	市委	2001-02
	祁为民	副书记	市委	2003-01
	黄灿培	副书记	市委	2003-04

续表17-12

名称	姓名	职务	批准机关	任职时间(年-月)
党委(一届)	丁纪章	书记	市委	2005-10
	黄灿培	副书记	市委	2005-10
	商东尧	委员	市委	2005-10
	刘 放	委员	市委	2005-10
	盛兴灿	委员	市委	2005-10
	陈金富	委员	市委	2005-10
	刘 放	副书记	市委	2006-07
	刘 放	书记	市委	2007-02
	朱建平	副书记	市委	2007-11
	黄翠凤	委员	市委	2007-12
	罗 平	委员	市委	2007-12
党委(二届)	刘 放	书记	市委	2011-05
	朱建平	副书记	市委	2011-05
	盛兴灿	委员	市委	2011-05
	罗 平	委员	市委	2011-05
	黄翠凤	委员	市委	2011-05
	刘 坤	委员	市委	2011-05
	卞 勇	委员	市委	2011-05
	陈金富	委员	市委	2011-05
	戴靖乾	委员	市委	2011-05

(二)泰兴市

1972年6月20日,泰兴建立中共泰兴县水电系统总支委员会,1984年6月22日,建立中共泰兴县水利系统总支部委员会。1992年9月16日,泰兴撤县设市,党组织更名为中共泰兴市水利系统总支部委员会。2001年5月,泰兴市实施水务一体化改革,党组织更名为中共泰兴市水务系统委员会。2015年末,泰兴水务局有党支部19个,中共正式党员320人。

表17-13 泰兴市水利局党组织历届成员一览表

名称	职务	姓名	任职时间(年-月)
中共泰兴县水电系统总支委员会	书记	吴光东	1972-08—1974-08
	副书记	蔡同春	1972-08—1973-03
	副书记	孙 超	1972-08—1974
中共泰兴市(县)水利系统总支部委员会	书记	鲍有方	1984-07—1990-05
	书记	戴明甫	1990-06—1996-04

续表17-13

名称	职务	姓名	任职时间(年-月)
中共泰兴市(县)水利系统总支部委员会	书记	徐建东	1992-07—1998-01
	书记	吕炳生	1996-05—1998-01
中共泰兴市水利(务)系统委员会	书记	吕炳生	1998-01—2000-12
	副书记	徐宏瑞	1998-01—1999-12
	副书记	徐建东	1998-01—1999-12
	书记	徐宏瑞	2000-12—2006-03
	副书记	吕炳生	2000-12—2001-11
	副书记	徐建东	1998-07—2001-11
	副书记	唐紫阳	2004-12—2006-03
	副书记	邵兴仁	2001-12—2006-03
	副书记	葛 剑	2001-11—2011-04
	书记	唐紫阳	2006-03—2009-07
	书记	张文贵	2009-07—2014-03
	书记	褚新华	2014-03—
	副书记	杨 华	2012-04—2017-11
	副书记	王 健	2017-11—2017-12
中共泰兴市水利(务)系统纪律检查委员会	书记	徐建东	1998-01—2001-12
	副书记	叶荣培	1998-01—2000-11
	副书记	朱晓华	2002-02—2006-09
	书记	葛 剑	2001-12—2011-04
	副书记	吴和国	2006-09—2011
	副书记	张金华	2011—2015
	书记	杨 华	2012-04—2015-06
	书记	朱 根	2015-06
	副书记	管镜明	2015—

(三)兴化市

1960年11月,兴化建中共兴化县农水党总支。1962年,建立中共兴化县水利局支部。"文化大革命"期间,党组织停止活动。1971年1月,成立中共兴化县水电局支部;1977年3月机构调整后,于1979年3月建立中共兴化县水利局支部;1984年10月,成立县水利局党组;1987年10月,成立中共兴化市水利局总支委员会;1990年6月,撤销水利局党组,改建中共兴化市水利局支部委员会;1992年7

月,成立中共兴化市水利局委员会。

2001年4月26日,中共兴化市水利局委员会和中共兴化市水利局纪律检查委员会、中共兴化市农业机械管理局委员会撤销,同时建立中共兴化市水利农机局委员会和中共兴化市水利农机局纪律检查委员会。是年10月24日,中共兴化市水利农机局委员会更名为中共兴化市水务局委员会,中共兴化市水利农机局纪律检查委员会更名为中共兴化市水务局纪律检查委员会。

2015年末,中共兴化市水务局委员会有基层党支部11个,中共正式党员206人。

表17-14　兴化市水利局党组织历届成员一览表

名称	姓名	职务	任职时间(年-月)
兴化县水利局支部	陈风山	书记	1962-01—1965-05
	刘永福	书记	1965-05—1968-08
	王友富	副书记	1965-05—1968-08
兴化县水电局支部	余德寿	书记	1971-01—1977-03
	顾景甲	副书记	1973-12—1977-03
兴化县水利局支部	余德寿	书记	1977-03—1979-03
	杨诚	副书记	1977-03—1982-03
	顾彪	书记	1981-01—1984-10
	范振塘	副书记	1982-03—1984-10
兴化县水利局党组	刘文凤	书记	1984-10—1990-06
	杨诚	副书记	1984-10—1990-06
兴化县水利局支部委员会	刘文凤	书记	1990-06—1992-07
中共兴化水利局委员会	张怀信	书记	1992-07—1993-02
	刘文凤	书记	1993-03—1999-03
	张连洲	书记	1999-03—2001-04
中共兴化市水利农机局委员会	张连州	书记	2001-04—2001-11
中共兴化市水务局委员会	张连洲	书记	2001-11—2007-03
	邓志方	书记	2007-03—2008-01
	赵中银	书记	2009-09—2014-11
	包振琪	书记	2014-11—

(四)海陵区

海陵分局党组织,原名海陵支部,2004年更名为海陵分局支部。

表 17-15　海陵分局党组织历届成员一览表

名称	姓名	职务	任职时间(年-月)
党支部	宦胜华	书记	1997—2009-02
	蔡　浩	书记	2009-02—2012-09
	张　剑	书记	2012-09—
	朱晓春	委员	1997—2004-09
	李友祥	委员	1997—2005-11
	姜春宝	委员	2004-09—2007-09
	张平和	委员	2005-11—2009-05
	王羊宝	委员	2007-09—2016-05
	黄更生	委员	2009-05—2016-05　2019-07—

（五）医药高新区

医药高新区分局党组织,原名开发区支部,2004年更名为开发区分局支部,2012年更名为高新区分局支部。

表 17-16　医药高新区分局党组织历届成员一览表

名称	姓名	职务	任职时间(年-月)
党支部	朱晓春	书记	2006-01—2019-06
	洪　涛	书记	2019-07—
	顾书顶	委员	2016-04—
	姜　曲	委员	2016-04—

（六）高港区

表 17-17　高港区水利局党组织历届成员一览表

名称	姓名	职务	任职时间(年-月)
党总支	胡正平	书记	2000-12
	沙玉林	副书记	2000-12
	吴国华	书记	2001-08
机关支部	邵荣华	书记	2005-04
口岸闸管所支部	徐培泽	书记	2006-12
水工公司支部	陈晓霞	书记	2007-07
党总支	吴国华	书记	2008-07
	邵荣华	委员	2008-07
	陈晓霞	委员	2008-07
	袁明文	委员	2008-07

续表 17-17

名称	姓名	职务	任职时间（年-月）
党总支	唐永兴	委员	2008-07
	吴国华	委员	2008-07
机关支部	叶 健	书记	2010-11
	王根林	委员	2010-11
	叶 兵	委员	2010-11
	叶 健	委员	2010-11
	徐 情	委员	2010-11
	黄成斌	委员	2010-11
党总支	邵荣华	书记	2010-12
	叶 健	委员	2010-12
	叶文荣	委员	2010-12
	陈晓霞	委员	2010-12
	邵荣华	委员	2010-12
	黄成斌	委员	2010-12
口岸闸管所支部	杨宏伟	书记	2013-09
水工公司支部	徐培泽	书记	2013-09
党总支	邵荣华	书记	2014-03
	叶 健	副书记	2014-03
	邵荣华	委员	2014-03
	叶 健	委员	2014-03
	冯文林	委员	2014-03
	杨宏伟	委员	2014-03
	白 伟	委员	2014-03
	邵荣华	书记	2017-12
	邵荣华	委员	2017-12
	冯文林	委员	2017-12
	杨宏伟	委员	2017-12
	白 伟	委员	2017-12
	吴爱民	委员	2017-12
机关一支部	冯文林	书记	2017-12
机关二支部	白 伟	书记	2017-12
口岸闸管所支部	杨宏伟	书记	2017-12

（七）姜堰区

1963年2月,建立中共泰县水利局支部。1972年6月,泰县革命委员会水电科改称泰县革命委员会水电局。1974年12月,水电局支部委员会改选。1977年7月,水电局更名为水利局。1980年5月,中共泰县水利局支部委员会改选。1984年4月,建立中共泰县水利局总支委员会。1991年12月,撤销水利局党总支,建立中共泰县水利局委员会。

表17-18　姜堰区水利局党组织历届成员一览表

名称	姓名	职务	任职时间（年-月）
泰县水利局支部	黄国安	书记	1963-02—
	包绍年	副书记	1963-02—
水电局支部委员会	黄国安	书记	1974-11—
	杭金仑	副书记	1974-11—
泰县水利局支部委员会	杭金仑	书记	1980-05—1983-06
	李庆芝	副书记	1980-05—1983-06
	李庆芝	书记	1983-06—1984-05
	殷志祥	副书记	1983-06—1984-05
泰县水利局总支委员会	李庆芝	书记	1984-05—1991-12
	张国华	副书记	1984-05—1988-12
	殷志祥	副书记	1989-01—1990-02
	褚新泉	副书记	1990-02—1991-12
泰县水利局委员会	褚新泉	书记	1991-12—1996-07
	周昌云	书记	1996-07—2008-03
	陈永吉	书记	2008-03—
	徐厚金	副书记	1992-11—1995-03
	张景夏	副书记	1994-09—1999-07
	陈永吉	书记	2001-02—2008-03
	王宏根	党委办公室主任	2002-04—2013-09
	殷新华	党委办公室主任	2014-05—2016-12

第六节　江苏省驻泰州水利机构

一、江苏省泰州引江河管理处

成立于1999年1月（省编委苏编〔1999〕3号）,江苏省水利厅直属处级水利工程管理单位,性质为自收自支,编制181人。其职能是:为泰州引江河水利工程正常运行提供管理保障,负责高港枢纽工程及其河道堤防和船闸管理。

2004年11月,下发《关于工管体制改革的批复》(苏水人〔2004〕82号),改变其职能为:负责高港枢纽1座大型泵站、1座小型电灌站、3座中型水闸、1座船闸和引江河河道堤防的管理,承担扩大江水北调能力,提高里下河地区和通南地区的排灌标准,促进苏北地区的航运发展,以及里下河腹部洼地排涝、通南地区引水和排涝、苏北及沿海地区提供水源改善水质和冲淤保港等任务;负责管理范围内水事案件的查处及河道清障工作。

2008年3月,省水利厅增加其职能:协助做好里下河腹部地区湖泊湖荡的保护、开发、利用和管理工作(苏水人〔2008〕13号)。2015年底,实有在编人员266人。

二、江苏省水文水资源勘测局泰州分局

2002年成立,原名泰州水文水资源监测中心。2009年1月4日,经江苏省机构编制委员会苏编办复〔2009〕1号文批准,同意省水利厅在泰州设江苏省水文水资源勘测局泰州分局。分局系省水利厅领导和管理的全额预算副处级公益性事业单位,核定编制40人,人、财、物由省水文局直管,党支部隶属泰州市水利局机关党委。其职能和管理范围为:负责泰州市境内水文站网的建设与管理、水资源监测和水文情报预报编制、水文资料汇交与使用管理,从事水文水资源评价工作;承担泰州市境内主要江河湖库及地下水水质的监测、分析和评价;负责对水功能区和饮用水水源地水质状况的动态监测,编制水功能区水质监测简报及饮用水水源地水文情报预报;组织开展突发性水污染事故的跟踪监测。

2009年10月13日,为进一步拓展水环境监测工作,省水利厅在泰州成立江苏省水环境监测中心泰州分中心(省水利厅〔2009〕45号);2013年6月14日,省水土保持生态环境监测总站在泰州成立分站(总站〔2013〕4号)。这两个机构和省水文水资源勘测局泰州分局实行3块牌子、一套班子的管理体系,人员编制在泰州水文分局内部调剂解决。

2009年10月13日,省水利厅同意泰州分局设立办公室、站网科、水情水资源科和水质科4个科室(省水利厅〔2009〕46号);2012年5月22日,省水利厅同意泰州分局内设机构调整为办公室(监察室)、站网科、水质科、水资源科、水情科5个部门(省水利厅〔2012〕78号)。

2015年,省水文水资源勘测局泰州分局泰州下设泰州水文监测中心及过船、高港、马甸、黄桥、兴化、夏仕港、泰州共7个水位站,有正式职工32人,其中干部25人、工人7人,具有高级职称5人、中级职称12人;编外合同制职工10人。

第十八章　水利普查

第十八章　水利普查

根据第一次全国水利普查领导小组办公室的部署，泰州市于2010年开展了第一次全面的水利普查。普查主要内容包括河流湖泊基本情况、水利工程基本情况、经济社会用水情况、河流湖泊治理保护情况、水土保持情况、水利行业能力建设情况。根据《泰州市第一次全国水利普查实施方案》关于普查对象、内容和范围的规定，全市最终确定各类普查对象398212个，其中水利工程专业21268个（包括水闸5054座、橡胶坝1座、泵站15452处、堤防656处、农村供水工程133处），经济社会用水调查对象2409个（包括居民生活用水户700个、灌区用水户261个、工业企业用水户677个、公共供水企业用水户68个、建筑业及第三产业用水户501个、规模化畜禽养殖场用水户196个、河道外生态环境用水户6个），河流治理保护普查对象15998

泰州市第一次
水利普查公报

泰州市水利局
泰州市统计局

二〇一三年六月

个（包括规模以上取水口2770个、规模以下取水口11124个、地表水水源地37处、河流治理保护河段89段、规模以上排污口45个、规模以下排污口1933个），行业能力单位191个，灌区专项普查全市大型灌区1个、中型灌区5个、2000亩以下灌区4079处。地下水取水井专业354261眼（包括规模以上机电井401眼、规模以下机电井14478眼、人力井339382眼）。根据《基层登记台账管理系统》和《普查数据处理上报系统》，全市共发放普查表42400张，实际回收普查42390张。按县级普查区分，靖江市13600张、泰兴市11200张、姜堰市6300张、兴化市6800张、海陵区2350张、高港区2100张。共确认填表对象33383个，其中靖江市10378个、泰兴8651个、姜堰5705个、兴化5080个、海陵1868个、高港1700个。全市拓展河流最终确定979条，完成工作底图17张。

经过各市（区）和泰州市有关部门及全体普查人员近3年的共同努力，2012年，泰州市第一次水利普查工作基本完成。

第一节　组织与协调

根据《国务院关于开展第一次全国水利普查的通知》要求，泰州市政府成立了以分管副市长丁士宏为组长，水利局局长、统计局局长为副组长，相关部门为成员单位的水利普查领导小组和泰州市水利普查办公室（以下简称普查办），各市（区）也成立了相应的机构。市、县两级普查办齐心协力，协调处理好各种矛盾,人人一岗多职,尽心尽力做好分内工作。市普查办制订了各阶段工作方案和计划,分6个专业,明确了各项专业的责任人。加强与领导小组成员单位的沟通和联系,充分发挥成员单位的行业优势,争取支持,普级工作取得了较好的效果。2011年和2012年市水利局将水利普查纳入到对各市(区)的目标考核。水利普查开始以后,市普查办为全面履行"推动""指导""协调""监督"的职责,共召开各类会议近100次,印发文件53个,及时有效把上级的要求第一时间贯彻到位,把工作中的难点化解到位,把水普工作的目标跟踪到位,达到了发现问题、总结经验、锻炼队伍、培养骨干、推动工作的预期目标。

市、县二级普查机构及时按照国家普查办、省普查办的总体工作要求,因地制宜制订科学可行的普查实施方案。保障各项工作有章可循、有序开展、有序安排、有条不紊。市普查办在组织学习国家普查办及省各项技术规定和实施方案的基础上,总体把握,因地制宜,对照全市实际情况,制定了《泰州市第一次全国水利普查实施方案》,并要求各县要根据方案内容,细化并制定适合本地实际的水利普查实施方案。另外,为进一步明确各阶段工作目标,提前谋划、落实相关工作,分阶段制定进度任务分解表,紧扣时间节点任务要求,全面落实各阶段内容。

为在第一时间把普查的目的、意义、内容、要求、时限等要素向全社会告知,形成全社会知晓、支持的良好氛围。市、县二级普查办联合开展通过寄送贺卡、电视台播放流动字幕、发放宣传杯及宣传袋、发送手机短信、在广场开展咨询等形式的普查宣传活动,内容丰富,宣传效果好。

2011年底,在普查标准时点前,市水利局进一步加强宣传,市、县两级水利局均制定了工作方案,《泰州晚报》《泰州市报》等交流媒体开辟专栏,采用问答的形式进行专题宣传,泰州电视台在黄金时间采用滚动播放的形式,取得了预期的宣传效果。

第二节　人员培训

全市专职参与水利普查工作人数83人,其中市本级11人,县级72人。根据《第一次全国水利普查普查员和普查指导员工作细则》要求,2011年2月全市完成水利普查员、普查指导员的选聘工作。共选聘"两员"1945人,其中普查员1702人,普查指导员243人,基本达到乡级普查区配2~3名指导员、每个村普查区配备1名普查员的要求。"两员"的培训总体分为两个阶段:一是清查登记阶段,二是普查数据获取阶段。在师资力量上主要采用参加过国家及省级水利普查专业培训的会技术、懂专业的同志担任。通过培训,各普查员及普查指导员充分了解了水利普查的总体目标、工作任务、技术要求与工作流程,掌握了各类普查表的填报要求及相关技术规定,确保了水利普查清查登记阶段工作的顺利开展。两次培训共举办38期培训班,培训人次达2929人次,其中清查登记阶段举办13期,培训1241人次,普查数据获取阶段举办8期,培训1529人次。

全市累计委派24人次分专业参加了省级以上组织的培训,培训人员加强对所辖各市(区)普查人员的指导,及时解决各类问题。在填表上报阶段,市水普办的3名数据处理人员保持全天候网络在线,利用QQ群及时解答、汇报和协调各类问题,同时20多次委派计算机专业人员到兴化、姜堰、海陵等地指导网络调试、软件使用和计算机录入与修改工作。在加强指导的同时,按照《第一次全国水利普查质量控制工作细则》的要求,严格督查各市(区)前期准备、清查登记、填表上报等阶段的工作质量和进度。对个别进度较慢、存在问题较多的市(区)进行重点督查、帮助,保证了全市按时保质完成各阶段的任务。

<h2 align="center">第三节　实施步骤</h2>

在此次水利普查中,市本级及各市(区)水利普查机构精心组织、细化方案,落实资金,选聘人员,配置数据处理软硬环境,开展宣传等工作,按照水利普查总体目标,保证质量和进度,扎实做好了各项工作。

一、前期工作

市、县二级普查机构及时按照国普办、省水普办的总体工作要求,因地制宜制订科学可行的普查实施方案,保障各项工作有章可循、有序开展、有序安排、有条不紊。市水普办在组织学习国普办及省各项技术规定和实施方案的基础上,总体把握,因地制宜,对照全市实际情况,制定了《泰州市第一次全国水利普查实施方案》,并要求各县要根据方案内容,细化并制定适合本地实际的水利普查实施方案。另外,为进一步明确各阶段工作目标,提前谋划、落实相关工作,分阶段制定进度任务分解表,紧扣时间节点任务要求,全面落实各阶段内容。

市各级水利普查办公室根据《第一次全国水利普查经费预算编制指南》,结合各地区普查实际情况,认真做好经费的测算和科学论证,均组织编制了各级水利普查经费预算,并纳入到财政年度部门预算。2011年,全市累计落实水利普查经费426.1万元(含上级补助20万元),其中市本级40万元;2012年,全市共落实水利普查经费346万元,其中市本级30万元。在经费使用上,严格按照《财政部水利部关于印发〈第一次全国水利普查经费使用管理办法〉的通知》要求对水利普查经费进行严格管理,主要用于普查任务实施、培训宣传、办公及专用设备购买、会议推动等方面。

按照《第一次全国水利普查台账建设技术规定》要求,全市通过收集的各项基础资料情况,结合省下发的2008年经济普查资料,确定了年用水量在5万吨以上的规模用水户,抽取典型用户,制定了经济社会用水调查对象初始名录。他们还进行实地调研,获取了准确台账数据。全市针对灌区用水专项绝大多数无水表计量,组织通南地区泰兴市对灌区用水流量计测量进行试验。各级普查机构还通过本级水行政主管部门收集河湖取水口数据,分析整理当地取水口管理资料、取水许可资料及灌区资料,编制完成河湖开发治理保护专项所需建立台账的取水口名录。通过预清查及抽样,全市共建立动态台账名录6785个。其中,工业企业677个,建筑业及第三产业501个,灌区260个,河湖取水口5347个。

各市(区)水利普查机构有效履行基层工作主体责任,制定了清查工作方案和计划,分专业明确了县级普查机构责任人,有计划地开展了清查登记阶段的各项工作。清查登记前,普查指导员和普查员分普查区和普查小区进行了配备,培训基本到位,普查责任区范围和分工明确。各市(区)均制作了普查区划示意图,并将普查对象初始名录编发给每个普查员,基本按在地原则进行地毯式清查核实。按在地原则,各市(区)普查机构依照"四级审验制"要求,认真做好清查数据复核和验审工作,重点强化普查指导员复审和市(区)普查机构专职人员的验审工作,基本保证各类清查表的填写、回收流程正确。为确保清查工作质量,泰兴市建立了考核奖惩制度,对普查分区和责任进行重奖严罚;海陵、靖江等地认真组织对普查数据"三查三比对",层层把关,层层检查验收,确保清查数据的真实、准确和可靠。各市(区)对基层台账的管理系统部署到位,从5月中旬开始录入,至2011年6月10日基本完成录入工作。各市(区)清查台账的工作基本满足了省和国家对此工作进度的要求。各市(区)均委派两名以上人员参加了省里组织的培训,录入工作均由经培训的人员录入和导入,已录入的清查表均通过计算机录入审查。各市(区)录入完成后进行了汇总、数据抽查和审查,初步对数据填报的完整性、规范性、一致性进行了分析。清查登记工作中姜堰市水普办编制了7本培训教材对普查指导员和普查员进行了培训;兴化市采取"以表讲解、以表出样"进行面对面指导;泰兴市对清查登记进展情况强化督查通报,提高了普查工作整体效率;靖江市重点抽查了没有历史资料、初始备录等清查对象的外业审核;高港区、医药高新区对工业企业、建筑业和第三产业进行了认真比对与实地调查,及时调整不存在或已搬迁和变更重组的企业名录。

全市清查登记阶段共计清查表格22类,清查对象总数80231个,清查表填报均由各辖市(区)水利普查机构具体组织实施,基本采用县级普查机构填写和各普查分区分别填写两种方式。各市(区)普查机构填写的表格主要为堤防工程、公共供水企业调查对象名录、地表水水源地、治理保护河流、规模以上机电井、水利单位、水闸(节制闸部分)等表格,其余表格由各普查小区的普查员先填写草表,交普查分区后,由普查指导员审核,然后交各市(区)水普办,各市(区)水普办分专业审核和录入、打印,打印后的表格再反馈到各普查分区和普查小区进行校核,最后交各市(区)普查机构录入。

省属水利工程高港枢纽由泰州市水普办指定医药高新区水普办填报,省属水利单位泰州水文分局、省泰州引江河管理处由市水普办分别指定海陵区水普办、医药高新区水普办填报。跨县界的堤防工程如长江堤防工程分别由靖江市、泰兴市、高港区、医药高新区填报,市水普办汇总审核。市管理的水利工程由市水普办指定市河道工程管理处、市水工程管理处、市引江河工程管理处分别填写普查表,并按"在地原则"报市(区)普查机构审核录入。跨县灌区和规模以上灌区由各市(区)水利普查机构填报,跨县灌区市水普办审核汇总,规模以下灌区由各市(区)普查机构组织村民委员会填写。

二、全面普查

(一)数据预处理

泰州市水普办采取内业审核、外业复核、座谈交流等形式,提前完成普查表静态数据采集、录入工作,并多轮检查全市普查数据填报、动态台账获取、空间数据采集进度和质量控制进展情况。在台账数据录入时,按照《台账建设技术规定》,做好了对全市河湖取水口、灌区、工业企业、建筑业及第三产业等调查对象取用水量台账建设的督导,对取用水运行记录加强监管,确保填报责任单位能够及时准确全面完成数据填报,普查对象录入率和指标录入率分别达97.18%和91.06%,均排名全省第二。对空间数据和水土保持外业调查分步实施、同步完成。全面完成了各级水普机构人员空间数据采集、标绘的培训、普查表空间数据的采集登记、空间数据相关内容的内业标绘和空间数据指标复核,2011年12月26日前圆满完成了全市空间数据成果的省级复核。

(二)填表上报

2011年6月,自水利普查清查成果上报省水普办后,全市立即部署了普查对象数据获取工作。为确保能按时完成各时间节点普查数据获取任务,保证普查数据质量,市、县二级水普办均多次组织专业人员下到基层单位对普查静态数据获取及动态数据收集情况进行检查指导,并对检查情况进行通报。对其中获取进度较慢、普查数据质量较差的地区,由市水普办直接找市(区)水利部门一把手进行沟通督促。2011年9月20日前,完成工作底图306张计2697个标载对象的标载和2534个对象空间数据采集(GPS定位和拍照);9月20—23日,市水普办联合泰州水文化局进行全面复核,形成工作报告,9月24日上报省水普办;12月26—29日,省水普办到泰州对空间数据采集及标载工作逐市(区)进行复核审查,称赞泰州各市(区)工作均已达到技术规定要求。

2011年9月,根据省水普办统一部署,全市开展了水土保持野外调查单元的野外调查工作,并按时将调查成果上报省水普办。全市需进行野外调查的单元共有17个点。2011年10月10日,全省水土保持野外调查中期汇总会议对泰州市水土保持野外调查工作高度肯定,认为工作完成较好,成果质量较高。

2012年6月2日,按照省水普办的统一要求,市水普办在对各县级水普办上报的河流标载底图进行审查的基础上,将标载底图上报省水普办。7月,省水文局、测绘局,省地理信息中心对全市河流标载底图进行了复核,最终确定标载拓展河流1371条。

三、质量控制

(一)普查数据质量控制

按照国普办《第一次全国水利普查数据审核技术规定》要求,泰州市市、县两级对普查数据的全面性、完整性、规范性、一致性、合理性和准确性全面进行了审核。县级审核积极推广泰兴市水普办的逐表审核做法,确保每一张表的填报质量。市级重点采用水利普查数据审核辅助系统软件进行远程审核。市水普办利用软件对各市(区)所有普查数据进行全面审核,对存在的问题利用QQ群及时通知核查整改。各市(区)还对取水量、用水量、灌溉面积等重点指标进行了重点审核,看其有没有异常数据,通过系统导出电子表格进行排序,对奇大、奇小的数据进行比对和核实。预审、预平衡、预汇总是水利普查工作中最难的环节,尤其是经济社会用水方面。

(二)对奇异值的处理

市、县两级通过导出普查表中的相关数据,通过分析普查对象的分布规律、指标间的相关关系、指标值的变异性特征等,找出基础数据的异常值。对异常值进行重点审核,并提出解决方案。水利工程中,海陵区对翻板门闸按5米高橡胶坝进行录入,经核实为理解偏差,调整后按水闸进行录入。海陵梅兰用水量超出许可证数量2420万吨,经核实为理解偏差,将重复用水量重复计算,经请示省水普办,删除重复用水量。兴化市兴达钢帘线地下取水井与许可证相比超用853万吨,经核实,数据准确,是兴化取水许可证未及时更新的原因。在检查高港区行业能力时发现个别站竟然有4名高级工程师,经核实为填写错误。经核对,个别乡(镇)人均收入不足万元,经进一步核查,情况属实。泰兴市利用电子表格排序后,发现1处农业取水口面积有误,多录了两个"0",及时作了修正。通过各专业有效比对,对奇大、奇小的数据进行核实,有效查找普查数据存在问题的原因,提出整改意见和解决问题的办法。泰州市水普办对各市(区)的水利普查进行了机审、人工审核和跨专业会审,对发现的奇异值的情况均进行了处理,情况属实的作了说明,确定性错误得到了整改。

(三)普查成果与相关规划资料差异较大情况的处理

经与相关规划数据进行比对,规划统计中泰州市有200万亩地下水灌区,核实后为规划统计错误。汇总统计兴化水闸流量94米³/秒偏少,经核实,情况基本属实,原因为兴化市5米³/秒以下圩口闸未纳入普查范围。姜堰市排涝流量273.35米³/秒与防汛资料不一致,经核实,姜堰市罡扬、苏陈两个镇并入海陵区后,排涝动力减少,情况与实际基本吻合。水利工程与灌区相关指标和数据的引用及录入,各地均认真查找原始批准文件和相关设计资料,基本保证普查数据准确可靠。

(四)省、地市检查及处理情况

水利普查标准时点以后,市、县水利普查机构紧扣时点,狠抓进度和质量。市水普办会同省现场工作组、市水利普查支撑单位对所辖各市(区)进行了3轮现场督查。市水普办3名同志(其中1名电脑网络管理人员)远程督查和检查各地存在的问题和完成的情况,将上情第一时间下达,对存在的问题及时做好解答。各市(区)水利普查机构加班加点,放弃多个作息日,及时对存在问题进行整改,市、县两级基本按照省水普办明确的时间节点完成了预审、预平衡、预汇总工作。

(五)审核工作

在动态数据审核上,坚持做到"三个对比",即与部门数据对比、与调研数据对比、与定额或经验数据对比。把好"五个关键",即全面性、完整性、异常性、规范性、逻辑性审核。

为保障普查数据的准确、完整,市普查办人员在学习讨论审核方案的基础上,制定了"泰州市普查草表审核记载表",用以记载各市(区)草表上报的完整性、规范性,以及表内人工审核需要修改、补充、完善的内容,坚持先人工审核,后机器审核。录入人员签字确认,对存在的问题及时反馈各市(区)水普办及基层单位,确认无误后汇总上报。

市水普办按照全面性、完整性、异常性、规范性、逻辑性审核要求,开展普查表审核工作。

(1)全面性审核。首先是水普办各专业人员对照清查名录,审核普查草表,不重不漏。

(2)完整性审核。对每张普查草表所需填报的指标项逐项进行审核。对录入的普查表中的每一个指标进行复核,做到不遗漏、不缺项,将每一类普查表从系统内导出后,检查是否录入了全部必填项目。对不完整数据项进行补录。例如,普查表中的供水人口、取水量、用水量、电话号码位数、填表人、审核人、普查指导员是否签名,日期是否填写,时间顺序是否符合逻辑。重点是检查取、用、排水指标是否全部填报,看有无排水量大于取水用水的情况。

(3)异常性审核。审核有无奇大奇小的数据。对普查表中的有关数据,特别是取水量、用水量、灌溉面积等指标进行重点审核。对人年均用水量分别排序,看有无奇大奇小的数据,通过排序审核,发现有个别单位万元产值用水量特别大,经核查,是工业产值填错。规模化畜禽养殖表和第三产业调查表均采用同样方法,按大小排序,进行检查修正。

(4)规范性审核。对填写和录入的普查表数据看其是否符合普查方案和要求,对动态指标如取水量、用水量、排污量等指标数据看其是否规范,特别是辅助台账表中计量单位换算是否准确。

(5)逻辑性审核。一是利用调研数据审核。各市(区)有代表性地抽选两个电灌站,按照开机时间、交纳电费、灌溉面积等资料推算取水量、亩均用水量等数据,掌握第一手资料,对各乡(镇)各取水口的亩均用水量数据进行估算,看其是否符合泰州市各种耕地类型的灌溉用水实际。二是进行普查表中的表内、表间关系的逻辑审核。着重对有关联关系的普查表进行表间审核,如工业企业用水量P306表与河湖取水口P401表以及地下水取水之间关联的审核。同时按取水类型排序,对有河湖取水口和取用地下水的再逐个与P401表和P801表比对,看两者取水类型是否一致和取水量是否一致,发现问题后进一步加以修正。

(六)总体质量评估

在普查数据填报、审核、录入的基础上,市普查机构严格按照《第一次全国水利普查总体方案》及《第一次全国水利普查数据审核办法》的要求,精心组织、周密安排,对静态数据获取、动态数据采集及预处理、数据填报、数据录入等各项工作实行全面工程质量控制。2011年3—4月专门对自来水公司收费系统以及企业年报等数据进行了比对,数据基本真实可靠,同时按省水普办要求联合现场工作组开展了数据预审、审查、抽查、汇总审核工作,并积极运用人工结合软件审查,保证了数据的质量。综合各方面审核情况,泰州市各专业普查数据来源真实可靠,数据填写完整规范,数据总体质量符合本次水利普查质量评价要求。

对照审核标准,全市预审水利普查对象漏报率、普查表数据项漏填率、普查表数据项错填率、主要指标的错填率、普查对象错标平均小于规定的标准。

四、保密工作

从水利普查工作初始,全市参加普查的同志都非常重视涉密资料和数据的保密及管理工作,对涉及接触普查保密资料及数据的人员进行经常性安全教育,增强他们对水利普查保密工作的安全意识和防范意识。

在保密制度建立方面,采取制度上墙、钥匙专人保管、保密文件专柜保存、数据存储介质严格管理等措施,在进行涉密资料交接时,严格按照要求签订交接单及水利普查涉密数据保密责任书的要求。各市(区)同样根据本次水利普查保密要求,与下属水利站等普查单位及全体普查工作人员签订了保密责任书。

五、数据库建设及档案管理

全市在紧张做好水利普查数据填报和审核工作的同时,提前谋划水利普查档案管理工作。2011

年10月,市水利局与市档案局联合下发了关于转发《关于贯彻〈第一次全国水利普查档案管理办法〉的意见》的通知,并组织市、县两级档案管理人员10人参加了省水普办于2011年11月举办的水利普查档案管理培训班。市级专门在靖江组织了一期36人参加的档案培训。着力提高全市水利普查档案管理水平,确保水利普查档案完整、准确、系统。

第四节 普查成果

一、基本情况

泰州地处江苏中部,位于北纬32°01′57″~33°10′59″、东经119°38′21″~120°32′20″,现辖靖江、泰兴、姜堰、兴化四个县级市,海陵、高港两区和泰州医药高新区。南部濒临长江,北部与盐城毗邻,东临南通,西接扬州。全市除靖江有一独立山丘外,其余均为江淮两大水系冲积平原。地势中间高、南北低,南边沿江地区真高一般为2~5米,中部高沙土地区真高一般为5~7米,北边里下河地区真高为1.5~5米。全市总面积5787平方公里,其中陆地面积占77.85%,水域面积占22.15%。市区面积639.6平方公里。

泰州境内河网密布,纵横交织。北部地区,地势低洼,水网呈向心状,由四周向低处集中,这里的湖泊分布较多。江淮分水岭由西向东从中部穿过,境内河流大致以通扬公路为界,路北属淮河水系,路南属长江水系。人们习惯上把属于长江水系的老通扬运河和与之相连接的河流称为“上河”,而把属于淮河水系的新通扬运河和与之相连的河流称为“下河”。通南地区的水位一般比里下河地区水位高1~2米。本地水资源总量20.18亿立方米(其中地表水资源量12.34亿立方米,地下水资源量7.84亿立方米),人均水资源量404.8立方米。全市每年通过沿江涵闸引长江水约20亿立方米。

里下河地区:面积3111.5平方公里,包括兴化全境、姜堰市和海陵区部分,该区域地势低洼,兴化、溱潼与建湖并称里下河三大洼地,是淮河流域洪泽湖下游重点防洪保护区。主要河道有泰州引江河、卤汀河、泰东河等14条骨干河道,水流方向一般由南向北、由西向东。该地区历史上洪涝灾害频繁。

通南地区:面积2507平方公里,包括靖江市、泰兴市、高港区、开发区以及姜堰市、海陵区部分,主要河道有南官河、周山河、古马干河、姜黄河等20条骨干河道,水流方向一般由南向北,由西向东。其中江平路以东、靖泰界河以北为通南高沙土地区,该地区水土流失严重。江平路以西、靖泰界河以南为通南沿江圩区。

2011年末,全市城镇常住人口217.18万人,农村常住人口247.43万人;地区生产总值2022.96亿元,财政收入623.30亿元,工业总产值6719.94亿元,其中,水的生产和供应业87.57亿元,高用水工业2879.27亿元,一般用水工业3705.32亿元;工业增加值1001.18亿元,其中水的生产和供应业11.89亿元,电力热力生产河供应业11.62亿元,高用水工业317.33亿元,一般用水工业660.34亿元;当年房屋竣工面积917.60万 m³;建筑业从业人员43.96万人;第三产业从业人员91.48万人,其中住宿和餐饮业20.59万人,其他第三产业人员70.89万人;大牲畜1.47万头,小牲畜223.17万头,家禽2748.20万只。

二、河湖情况

(一)河流

全市共有流域面积50平方公里及以上河流133条(跨市47条),总长度为3772.8公里;流域面积100平方公里及以上河流69条,长度为2496.8公里;流域面积1000平方公里及以上河流1条,长度为95公里。流域面积50平方公里以下至乡(镇)级主要河流979条,长度3906.6公里。

(二)湖泊

特殊湖泊1个,里下河腹部地区湖泊湖荡(跨市)为淡水湖泊。

三、水利工程基本情况

(一)水闸

过闸流量1米³/秒及以上水闸5054座,橡胶坝1座。其中在规模以上水闸中,已建水闸168座,在建水闸12座;分(泄)洪闸0座,引(进)水闸1座,节制闸172座,排(退)水闸7座,挡潮闸0座。

表18-1　不同规模水闸数量汇总

水闸规模		数量(座)	比例(%)
合计		5054	
规模以上(过闸流量≥5米³/秒)	小计	180	100
	大型	0	0
	中型	11	6.11
	小型	169	93.89
规模以下(1米³/秒≤过闸流量<5米³/秒)		4874	

表18-2　泰州市水闸工程普查成果

行政区	水闸总数量	分(泄)洪闸		节制闸		排(退)水闸		引(进)水闸			挡潮闸		橡胶坝	
		数量	过闸流量	数量	过闸流量	数量	过闸流量	数量	过闸流量	引水能力	数量	过闸流量	数量	坝长
	座	座	米³/秒	座	米³/秒	座	米³/秒	座	米³/秒	万立方米	座	米³/秒	座	公里
泰州市合计	180			172	4585.62	7	78.00	1	100.00	200.00			1	30.00
海陵区	20			20	390.00								1	30.00
高港区	13			5	622.00	7	78.00	1	100.00	200.00				
兴化市	13			13	94.00									
靖江市	92			92	2452.22									
泰兴市	36			36	900.40									
姜堰市	6			6	127.00									

注:分市(区)列表说明不同规模的水闸工程数量和过闸流量(数据来源H203-1-2、H203-1-3)。

表18-3　泰州市级普查区水闸工程分规模主要普查成果

行政区	合计		大(1)型		大(2)型		中　型		小(1)型		小(2)型	
	数量	过闸流量	数量	过闸流量	数量	过闸流量	数量	过闸流量	数量	过闸流量	数量	过闸流量
	座	米³/秒	座	米³/秒	座	米³/秒	座	米³/秒	座	米³/秒	座	米³/秒
泰州合计	180	4763.62					10	1749.00	51	1886.76	119	1125.86
海陵区	20	390.00							9	275.00	11	115.00
高港区	13	800.00					3	640.00	1	72.00	9	88.00
兴化市	13	94.00									13	94.00
靖江市	92	2452.22					5	780.00	33	1172.76	54	499.46
泰兴市	36	900.40					2	330.00	6	298.00	28	272.40
姜堰市	6	127.00							2	70.00	4	57.00

（二）堤防

泰州市有5级以上的堤防工程643条,其中沿江地区江港堤防为2级堤防,里下河地区圈圩堤防为5级堤防,靖江市江心洲堤防为5级堤防。海陵区有堤防工程37条,长度197.2670公里,皆为里下河地区圈圩。高港区有堤防工程11条,长度44.2800公里,其中江港堤防8条,另有3处为送水河堤防,为4级。兴化市有堤防工程334条,长度3232.5340公里,皆为里下河地区圈圩。靖江市有堤防工程80条,长度182.2060公里,其中江港堤防75条,江心洲圈圩堤防1条。泰兴市有堤防24条,长度36.2495公里,皆为江港堤防。姜堰市有堤防工程160条,长度1032.5950公里,皆为五级圈圩,除里下河地区圩堤外,有部分为通南地区洼地圈圩。

堤防总长度为4865.92公里。5级及以上堤防长度为4727.95公里,其中已建堤防长度为4672.95公里,在建堤防长度为55.00公里。

表18-4　不同级别堤防长度汇总

堤防级别	合计	1级	2级	3级	4级	5级	5级以下
长度(公里)	4865.92	0	169.24	0	85.80	4472.91	137.97
比例(%)	100	0	3.48	0	1.76	91.92	2.84

表18-5　泰州市级普查区堤防工程分规模主要普查成果

行政区	合计			1级			2级			3级			4级			5级		
	数量	长度	达标长度	数量	长度	达标长度	数量	长度	达标长度	数量	长度	达标长度	数量	长度	达标长度	数量	长度	达标长度
	条	公里	公里	条	公里	公里	条	公里	公里	条	公里	公里	条	公里	公里	条	公里	公里
泰州市合计	646	4727.9485	3763.5340				107	169.2365	169.2365				7	85.8000	84.8000	532	4472.9120	3509.4975
海陵区	37	197.2670	185.8500													37	197.2670	185.8500
高港区	11	44.2800	43.2800				8	34.4800	34.4800				3	9.8000	8.8000			
兴化市	334	3232.5340	2282.0670													334	3232.5340	2282.0670
靖江市	80	185.0230	185.0230				75	98.5070	98.5070				4	76.0000	76.0000	1	10.5160	10.5160
泰兴市	24	36.2495	36.2495				24	36.2495	36.2495									
姜堰市	160	1032.5950	1031.0645													160	1032.5950	1031.0645

（三）泵站

共有泵站15452处。其中在规模以上泵站中，已建1271处，在建8处。

表18-6 不同规模泵站数量汇总

泵站规模		数量（处）
合计		15452
规模以上 （装机流量≥1米³/秒或 装机功率≥50千瓦）	小计	1279
	大型	1
	中型	9
	小型	1269
规模以下（装机流量＜1米³/秒且装机功率＜50千瓦）		14173

表 18-7　泰州市泵站工程分规模主要成果

行政区	大(1)型 数量(处)	大(1)型 装机流量(米³/秒)	大(1)型 装机功率(千瓦)	大(2)型 数量(处)	大(2)型 装机流量(米³/秒)	大(2)型 装机功率(千瓦)	中型 数量(处)	中型 装机流量(米³/秒)	中型 装机功率(千瓦)	小(1)型 数量(处)	小(1)型 装机流量(米³/秒)	小(1)型 装机功率(千瓦)	小(2)型 数量(处)	小(2)型 装机流量(米³/秒)	小(2)型 装机功率(千瓦)
泰州合计	1	300.0000	18000.00				9	119.0000	10195.00	780	1996.8500	80705.00	489	489.6140	26007.10
海陵区							5	70.0000	4805.00	24	62.0000	3490.00	49	50.1000	2804.10
高港区				1	300.0000	18000.00				17	56.2000	3630.00	9	8.4000	516.00
兴化市										657	1664.2700	59834.00	132	136.6000	5868.00
靖江市							2	26.0000	3480.00	19	76.3200	4381.00	37	36.6600	2120.00
泰兴市							1	8.0000	1260.00	41	94.0600	6960.00	17	14.9600	956.00
姜堰市							1	15.0000	650.00	22	44.0000	2410.00	245	242.8940	13743.00

表 18-8　泰州市泵站工程数量及主要指标对比

行政区	本次普查 数量(处)	本次普查 装机流量(米³/秒)	本次普查 装机功率(千瓦)	统计资料 数量(处)	统计资料 装机流量(米³/秒)	统计资料 装机功率(千瓦)	差值 数量(处)	差值 装机流量(米³/秒)	差值 装机功率(千瓦)	原因说明
A1	A2	A3	A4	A5	A6	A7	A2-A5	A3-A6	A4-A7	
泰州市合计	1279	2905.4640	134907.10							
海陵区	78	182.1000	11099.10							
高港区	27	364.6000	22146.00							
兴化市	789	1800.8700	65702.00	823	1042.5	40063.7	32	759.37	25743	没有可比资料
靖江市	58	138.9800	9981.00							
泰兴市	59	117.0200	9176.00							

续表18-8

行政区	本次普查			统计资料			差值			原因说明
	数量(处)	装机功率(千瓦)	装机流量(米³/秒)	数量(处)	装机流量(米³/秒)	装机功率(千瓦)	数量(处)	装机流量(米³/秒)	装机功率(千瓦)	
姜堰市	268	16803.00	301.8940							现有统计资料是兴化市固定排涝站数据，部分是规模以下的不在本次普查范围之内，本次普查数据含近4年新建的，包括兴化市城市防洪工程。本次普查数量级上合理。

（四）引调水工程

泰州市区范围内仅有1座引调水工程，即江水东引高港枢纽工程。

表18-9　泰州市级普查区引调水工程主要普查成果

行政区	数量 座	设计引水流量 米³/秒	设计年引水量 万立方米	设计灌溉面积 万亩	输水干线总长度 公里	输水干线上建筑物数量					2011年引水量 万立方米
						总数量 处	水闸 处	泵站 处	渡槽 处	倒虹吸 处	
泰州市合计	1	600.00	200300.00	500.00	24.00	5	4	1			215800.00
海陵区											
高港区	1	600.00	200300.00	500.00	24.00	5	4	1			215800.00
兴化市											
靖江市											
泰兴市											
姜堰市											

数据来源：H205-1-2、H205-1-3、H205-1-4、H205-1-5、H205-1-6。

分市（区）列表明引调水工程总数量、输水干线总长度、总设计引水流量、总设计年引水量、总设计灌溉面积和2011年总引水量（数据来源H205-1-1）。

四、河湖开发治理保护情况

表18-10　取水口

单位:万立方米

市(区)	合计	主要用途				
		城乡供水	一般工业	火(核)电	农业	生态环境
合计	277656.8406	28768.2925	6126.3711	118974.8558	113139.7622	10647.5590
海陵区	16648.2289		892.6400	30.0000	5426.0299	10299.5590
高港区	135175.4079	16023.3600	103.2814	104535.8000	14164.9665	348.0000
兴化市	10431.9337	6325.2600	3496.9617		609.7120	
靖江市	31039.0574	6136.6724	375.3680		24527.0170	
泰兴市	68354.0301	138.6770	1065.4998	14409.0558	52740.7975	
姜堰市	16008.1826	144.3231	192.6202		15671.2393	

（一）河湖取水口

本市河湖取水口主要集中在靖江、泰兴、姜堰3市。全市规模以上2770处,其中泰兴为1461处（原因是泰兴化工企业偏多）。高港主要为国电泰州电厂和泰州三水厂取水。

（二）地表水源地

表18-11　泰州市各区(市)地表水源地数量对比情况

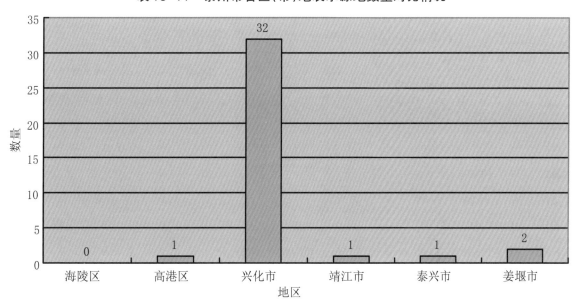

表 18-12　地表水源地

行政区划	2011年供水量				供水人口
	合计	按主要供水用途			
		城乡生活	城镇生活	乡村生活	
	万立方米	万立方米	万立方米	万立方米	万人
合计	28512.0894	25918.6294	2185.4600	408.0000	465.9759
海陵区					
高港区	16023.3600	16023.3600			261.0400
兴化市	6069.0600	3475.6000	2185.4600	408.0000	130.0059
靖江市	6136.6724	6136.6724			68.5400
泰兴市	138.6770	138.6770			2.6000
姜堰市	144.3200	144.3200			3.7900

　　泰州市地表水水源地共37处,其中兴化32处、高港1处、靖江1处、泰兴1处、姜堰2处,均为供水工程(包括农村供水工程)取水口位置,水源类别除兴化有1处为湖泊型外,其余36处均为河流型。经与有关资料比对,泰州市地表水水源地无漏报情况。2011年泰州市地表水水源地供水量为28512.1万立方米。

　　(三)河流治理保护情况

表 18-13　治理保护河流

行政区划	填报河段总数	河段总长度	有规划的不同防洪标准下有防洪任务的河段长度							已治理河段长度	治理河段达标长度	未治理河段长度
			小计	<10年	<20,且≥10年	<30,且≥20年	<50,且≥30年	<100,≥50年	≥100年			
	段	公里	公里	公里	公里	公里	公里	公里	公里	公里	公里	公里
合计	89	1690.44	846.66	0	312.36	237.20	210.60	86.50	0	387.81	248.54	458.85
海陵区	11	105.00	0	0	0	0	0	0	0	0	0	0
高港区	9	80.24	69.86	0	69.86	0	0	0	0	53.91	44.14	15.95
兴化市	31	726.80	215.50	0	215.50	0	0	0	0	112.40	112.40	103.10
靖江市	11	196.10	181.60	0	27.00	110.00	44.60	0	0	137.00	7.50	44.60
泰兴市	11	260.00	166.00	0	0	0	166.00	0	0	0	0	166.00
姜堰市	16	235.80	127.20	0	0	127.20	0	0	0	0	0	127.20

　　泰州市治理依据河段普查对象89段,河段总长度1690.44公里,已治理河段长度387.81公里,治理河段达标长度248.54公里,未治理458.85公里。经与省水普办下发的规模以上河流名录及长度比对,

未发现漏报、错报情况。

（四）入河湖排污口

表18-14 排污口数量   单位:个

行政区划	入河湖排污口合计		规模以上入河湖排污口						
	总计	规模以下	入河湖废污水分类				是否已登记或已批准排污口		
			小计	工业	生活	混合	已登记或已批准	未登记或未批准	
合计	1978	1933	45	28	7	10	27	18
海陵区	39	30	9	5	2	2	6	3
高港区	14	12	2			2	1	1
兴化市	919	910	9	8	1		3	6
靖江市	697	682	15	8	3	4	8	7
泰兴市	256	248	8	7		1	8	
姜堰市	53	51	2		1	1	1	1

表18-15 排污口指标汇总   单位:万吨

行政区划	入河湖废污水分类			温排水	是否已登记或已批准排污	
	工业	生活	混合		已登记或已批准	未登记或未批准
合计	16512.6570	1508.6451	3679.5707	13256.6867	20524.3410	1176.5318
海陵区	315.2600	192.8000	1506.0000	0	1728.1000	285.9600
高港区	0	0	364.0694	0	100.8000	263.2694
兴化市	2477.6610	72.0000	0	0	2315.1000	234.5610
靖江市	200.7882	937.6641	38.8663	21.2989	1090.7582	86.5604
泰兴市	13518.9478	0	1027.0000	13235.3878	14545.9478	0
姜堰市	0	306.1810	743.6350	0	743.6350	306.1810

全市排污口对象共有1978个,规模以上45个。全市工业排水16512.6570万吨,生活排水1508.6451万吨,混合排水3679.5707万吨,温排水13256.6867万吨。已登记或已批准20524.3410万吨,未登记或未批准1176.5318万吨。经与泰州市水资源管理有关专家会商,数据基本符合泰州市实际情况。

五、经济社会用水情况

全市共开展经济社会调查对象2407个,分行业、分规模调查对象分别为:居民生活用水调查700户,其中城镇320户,农村380户;灌溉调查对象260个;规模化畜禽养殖调查196个;工业企业用水调查对象677个;建筑业与第三产业用水调查501个;公共供水企业调查68个。被调查对象总用水情况分别为:全市居民生活用水量22388.51万立方米,耕地灌溉用水233824.51万立方米,畜禽养殖用水

1817.98万立方米,工业用水144059.23万立方米,建筑业用水699.01万立方米,第三产业用水8880.04万立方米,生态环境用水728.61万立方米,全市用水总量合计438822.33万立方米。

全市共有农村供水工程133处,全部为集中式供水工程,农村供水工程总受益人口353.0605万人。

表18-16 不同供水方式农村供水工程数量和受益人口数量汇总

供水方式	数量(处)	总受益人口(万人)	受益人口比例(%)
合计	133	353.0605	100
集中式	133	353.0605	100
分散式	0	0	0

表18-17 泰州农村供水工程

行政区划	设计供水规模	设计供水人口	2011年实际供水量	2011年实际供水人口	取水水源类型		工程类型			供水方式	
					地表水	地下水	城镇管网延伸	联村	单村	供水到户	集中式供水点
	万米³/天	万人	万立方米	万人	万人	万人	万人	万人	万人	万人	万人
泰州市合计	58.3230	386.5154	15535.1800	353.0605	282.0403	71.0202	232.6984	109.9026	10.4595	353.0605	
海陵区	3.6500	17.0100	1185.0000	15.4012	9.3612	6.0400	9.3612	6.0400		15.4012	
高港区	2.6200	17.9267	911.1700	16.4203	3.5000	12.9203	13.5000	2.9203		16.4203	
兴化市	19.8050	156.3387	4791.7000	127.8769	126.6419	1.2350	75.4536	46.9331	5.4902	127.8769	
靖江市	10.0000	50.0000	2717.3200	49.1800	49.1800		49.1800			49.1800	
泰兴市	15.8000	78.2700	4181.3800	84.8194	84.8194		81.3894	3.4300		84.8194	
姜堰市	6.4480	66.9700	1748.6100	59.3627	8.5378	50.8249	3.8142	50.5792	4.9693	59.3627	

表18-18 泰州市居民人均实际综合生活用水量　　　　单位:升/(人·天)

行政区划	数据上报系统实际人均居民综合用水量	水资源公报中的农村居民人均生活用水量	行业用水定额中的农村居民生活用水定额	对比的差值		说明原因
				与水资源公报中的农村居民人均生活用水量差值	与行业用水定额中的农村居民生活用水定额差值	
泰州市	909.51					
海陵区	280.20					
高港区	4103.55					
兴化市	1029.41					
靖江市	455.49					
泰兴市	744.10					
姜堰市	628.21					

六、灌区情况

2011年,全市总灌溉面积383.5660万亩,其中耕地有效灌溉面积375.3946万亩,园林、草地等有效灌溉面积8.1714万亩。全市大型灌区1个,中型灌区5个。2000亩以下灌4079处,合计4085处。全市渠系建筑物数量26666座。

表18-19　灌区基本情况

行政区划	行政村总数	其中,有灌溉面积行政村	总灌溉面积小计	耕地有效灌溉面积	园林、草地等有效灌溉面积
	个	个	万亩	万亩	万亩
合计	1899	1579	383.5660	375.3946	8.1714
海陵区	184	94	12.3123	12.2741	0.0382
高港区	102	97	21.8532	20.5662	1.2870
兴化市	680	614	166.4562	160.7182	5.7380
靖江市	236	188	37.3103	37.3103	
泰兴市	385	337	92.5943	92.5943	
姜堰市	312	249	53.0397	51.9315	1.1082

表18-20　2000亩及以上灌区

行政区划	灌区名称	设计灌溉面积(万亩)	备注
海陵区			
高港区	高港灌区	10.04	中型灌区
兴化市	沿运灌区	39.3	中型灌区
靖江市	孤山灌区	8.97	中型灌区
泰兴市	城黄灌区	71.87	大型灌区
姜堰市	周山河灌区	41.99	中型灌区
	溱潼灌区	30.02	中型灌区

七、地下水取水井

泰州市地下水取水井总数为354261眼,其中规模以上机电井401眼,规模以下机电井14478眼,人力井339382眼。规模以上机电井供水人口53.03万人,规模以下机电井供水人口4.866万人,人力井供水人口107.5445万人。泰州市2011年地下水取水总量为4685.22万立方米,规模以上机电井取水总量为3292.6750万立方米,规模以下机电井取水总量79.5287万立方米,人力井取水总量1313.0175万立方米。

表18-21　泰州市地下水取水井总数及2011年取水量

行政区划	地下水取水井		规模以上机电井		规模以下机电井		人力井	
	井数	2011年取水量	井数	2011年取水量	井数	2011年取水量	井数	2011年取水量
	眼	万立方米	眼	万立方米	眼	万立方米	眼	万立方米
	A1	A2	A3	A4	A5	A6	A7	A8
合计	354261	4685.23	401	3292.6750	14478	79.53	339382	3292.6750
海陵区	27823	484.95	41	386.7291	7372	38.10	20410	386.7291
高港区	39788	417.14	12	108.5534			39776	108.5534
兴化市	21137	876.72	140	802.4143			20997	802.4143
靖江市	27264	131.85	26	44.3545			27238	44.3545
泰兴市	178023	821.29	18	126.1430	4873	37.34	173132	126.1430
姜堰市	60226	1953.28	164	1824.4807	2233	4.09	57829	1824.4807

表18-22　泰州市规模以上机电井及2011年取水量

行政区划	总井数	乡村实际供水人口	控制灌溉面积	实际灌溉面积	2011年取水量	年许可取水量
	眼	万人	万亩	万亩	万立方米	万立方米
	A1	A2	A3	A4	A5	A6
合计	401	53.0300			3292.6750	5062.44
海陵区	41	5.1600			386.7291	1109.00
高港区	12				108.5534	95.00
兴化市	140	12.2450			802.4143	1054.62
靖江市	26				44.3545	215.00
泰兴市	18				126.1430	288.00
姜堰市	164	35.6250			1824.4807	2300.82

表18-23 泰州市规模以下机电井及人力井2011年取水量一览表

行政区划	井口井管内径小于200毫米的灌溉机电井			日取水量小于20立方米的供水机电井			人力井		
	单井井数	实际灌溉面积	2011年取水量	单井井数	实际供水人口	2011年取水量	单井井数	实际供水人口	2011年取水量
	眼	亩	万立方米	眼	人	万立方米	眼	人	万立方米
	A1	A2	A3	A4	A5	A6	A7	A8	A9
合计				14478	48660	79.5287	339382	1075445	3292.6750
海陵区				7372	24992	38.1017	20410	45160	386.7291
高港区							39776	160552	108.5534
兴化市							20997	67444	802.4143
靖江市							27238	101769	44.3545
泰兴市				4873	18300	37.341	173132	545212	126.1430
姜堰市				2233	5368	4.0860	57829	155308	1824.4807

表18-24 泰州市不同规模地下水取水井数量和取水量汇总表

取水井类型				数量(眼)	取水量(万立方米)
合计				354261	4685.22
机电井	小计			14879	3372.20
	灌溉	小计		0	0
		井管内径≥200毫米		0	0
		井管内径<200毫米		0	0
	供水	小计		14879	3372.20
		日取水量≥20立方米		401	3292.67
		日取水量<20立方米		14478	79.53
人力井				339382	1313.0175

八、河湖开发治理情况

(1)泰州市有河湖取水口13894个,其中规模以上取水口2770个,规模以下取水口11124个。2011年取水量277656.84万立方米,供水人口475.35万人,灌溉面积147.8859万亩。

（2）泰州市共有地表水水源地 37 个，2011 年供水量 28512.09 万立方米，供水人口 465.9759 万人。

（3）河流治理保护数量 89 段，治理保护总长度 1603.94 公里，有防洪任务的河段长度 760.16 公里，不同防洪标准下的河段长度小于 10 年的没有，小于 20 年且大于或等于 10 年的 312.36 公里，小于 30 年且大于或等于 20 年的 237.20 公里，小于 50 年且大于或等于 30 年的 210.60 公里，小于 100 年且大于或等于 50 年的没有，大于或等于 100 年的没有。目前，全市已治理河段长度 303.31 公里，治理河段达标长度 164.04 公里，未治理河段长度 456.85 公里，全市划定水功能一级区河段长度达 772.08 公里。

（4）全市湖泊数量 1 个，环湖堤防长度 30.75 公里，湖区内圩垸总个数 53 个，湖区内总耕地面积 0.7720 万亩，湖区内总人口 0.71 万人。

（5）入河排污口数量 1978 个，2011 年规模以上入河湖废污水量 21700.87 万立方米，污水分类工业 16512.66 万立方米，生活 1508.65 万立方米，混合水 3679.57 万立方米，温排水 13256.69 万立方米。未登记或未批准的废污水量 1176.5318 万立方米。

表 18-25　泰州市河湖开发治理保护普查对象汇总

行政区划	取水口			地表水水源地	治理保护河段	治理保护湖泊	入河排污口		合计
	规模以上	规模以下	合计				规模以上	规模以下	
合计	2770	11124	13894	37	89	1	45	1933	1978
海陵	124	193	317	0	11	0	9	30	39
高港	346	34	380	1	9	0	2	12	14
兴化	56	243	299	32	31	1	9	910	919
靖江	88	7181	7269	1	11	0	15	682	697
泰兴	1461	2552	4013	1	11	0	8	248	256
姜堰	695	921	1616	2	16	0	2	51	53

2011 年泰州市河湖取水口取水量 277656.84 万立方米，其中城乡供水 28768.29 万立方米，一般工业 6826.39 万立方米，火（核）电 118974.86 万立方米，农业 113139.76 万立方米，生态环境 10647.56 万立方米，河湖取水口供水人口 475.35 万人，实际灌溉面积 147.8859 万亩。

泰州市有入河排污口 1978 个，规模以上 45 个，登记的为 27 个，未登记的有 18 个。批准的入河废污水排放量 20524.34 万立方米，未被批准的 1176.53 万立方米，与《泰州市统计年鉴》登记排污量 15493 万立方米相差 6208 万立方米。此次普查数据统计与污水处理厂数量增加有关。

2011 年泰州市规模以上入河排污口废污水量 21700.87 万立方米，其中工业污水 16512.66 万立方米，生活污水 1508.65 万立方米，混合污水 3679.57 万立方米，登记或批准的入河排污水量为 20524.3410 万立方米。

表 18-26　河湖取水口主要指标汇总

地区	取水口数量					供水人口	灌溉面积	2011 年取水量							
	合计	农业取水	非农业取水	规模以上	规模以下			合计	主要取水用途					规模以上	规模以下
									城乡供水	一般工业	火(核)电	农业	生态环境		
	个	个	个	个	个	万人	万亩	万立方米	万立方米	万立方米	万立方米	万立方米	万立方米	万立方米	万立方米
	A1	A2	A3	A4	A5	A6	A7	A8	A9	A10	A11	A12	A13	A14	A15
合计	13894	13515	379	2770	11124	475.35	147.8859	278296.89	28623.97	6826.39	118974.86	113139.76	10647.56	223181.86	54474.98
海陵区	317	304	13	124	193		9.2806	16648.23		892.64	30.00	5426.03	10299.56	14031.29	2616.94
高港区	380	373	7	346	34	261.04	13.9763	135175.41	16023.36	103.28	104535.80	14164.97	348.00	134943.91	231.50
兴化市	299	72	227	56	243	138.55	1.3344	10431.93	6325.26	3496.96		609.71		9367.97	1063.96
靖江市	7269	7178	91	88	7181	68.54	33.8007	31039.06	6136.67	375.37	14409.06	24527.02		6977.24	24061.81
泰兴市	4013	3993	20	1461	2552	3.43	60.3337	68354.03	138.68	1065.50		52740.80		47130.25	21223.78
姜堰市	1616	1595	21	695	921	3.79	29.1602	16648.23		892.64	30.00	5426.03	10299.56	14031.29	2616.94

表18-27　入河排污口主要指标汇总表（按地区分类）（一）

行政区划	填报河段总数	河段总长度	不同防洪标准下有防洪任务的河段长度							已治理河段长度	已治理河段达标长度	未治理河段长度
			小计	<10年	<20,且≥10年	<30,且≥20年	<50,且≥30年	<100,且>50年	≥100年	长度	标长度	长度
	段	公里	公里	公里	公里	公里	公里	公里	公里	公里	公里	公里
	A2	A3	A4	A5	A6	A7	A8	A9	A10	A11	A12	A13
合计	89	1603.94	760.16		312.36	237.20	210.60			303.31	164.04	456.85
海陵区	11	105.00										
高港区	9	80.24	69.86		69.86					53.91	44.14	15.95
兴化市	31	726.80	215.50		215.50					112.40	112.40	103.10
靖江市	11	196.10	181.60		27.00	110.00	44.60			137.00	7.50	44.60
泰兴市	11	260.00	166.00				166.00					166.00
姜堰市	16	235.80	127.20			127.20						127.20

单位：万吨

表 18-28　入河排污口主要指标汇总表（按地区分类）（二）

行政区划	规模以上入河湖排污口废污水量							
	合计	是否已登记或批准		登记或批准的废污水量	按污水分类			
		登记或批准的入河湖排污口	未登记或批准的入河湖排污口		工业	生活	混合	温排水
	A9	A10	A11	A12	A13	A14	A15	A16
合计	21700.8728	20524.3410	1176.5318	19604.9827	16512.6570	1508.6451	3679.5707	13256.6867
海陵区	2014.0600	1728.1000	285.9600	2050.6000	315.2600	192.8000	1506.0000	
高港区	364.0694	100.8000	263.2694	360.0000			364.0694	
兴化市	2549.6610	2315.1000	234.5610	42.8000	2477.6610	72.0000		
靖江市	1177.3186	1090.7582	86.5604	1396.5827	200.7882	937.6641	38.8663	21.2989
泰兴市	14545.9478	14545.9478		14760.0000	13518.9478		1027.0000	13235.3878
姜堰市	1049.8160	743.6350	306.1810	995.0000		306.1810	743.6350	

泰州市共有规模以上水源地37个,2011年供水量29191.89万立方米,供水人口462.1859万人。水质达标19处,已划定水源保护区32个。随着经济的快速发展和人民生活水平的提高,自来水供水需求日益突出。泰州市实施区域供水工程,扩大供水范围,水厂个数将会逐年减少。

根据分析,水源地数量及取水量与《泰州市水资源公报》数据吻合。

表18-29　地表水水源地主要指标汇总

流域水系	水源地数量	供水量	2011年供水量			供水人口
			主要供水用途			
			城乡生活	城镇生活	乡村生活	
	个	万立方米	万立方米	万立方米	万立方米	万人
合计	37	28512.0894	25918.6294	2185.4600	408.0000	462.1859
海陵区						
高港区	1					
兴化市	32	16023.3600	16023.3600			261.0400
靖江市	1	6069.0600	3475.6000	2185.4600	408.0000	130.0059
泰兴市	1	6136.6724	6136.6724			68.5400
姜堰市	2	138.6770	138.6770			2.6000

泰州治理保护河流对象总数89段,河段总长1603.94公里,其中有规划的河段长度760.16公里,已治理河段长度303.31公里,未治理河段长度456.85公里。

表18-30　泰州市不同规模河湖取水口数量汇总

河湖取水口规模	数量(个)	比例(%)
合计	13894	100
规模以上(农业取水流量≥0.20米³/秒,其他用途最大年取水量≥15万立方米)	2770	19.94
规模以下(农业取水流量<0.20米³/秒,其他用途最大年取水量<15万立方米)	11124	80.06

表18-31　不同水源类型地表水水源地数量汇总

地表水水源地类型	数量(处)	比例(%)
合计	37	100
河流型	36	97.30
湖泊型	1	2.70
水库型	0	0

土壤侵蚀均为轻微度水力侵蚀,平原沙土区为1438平方公里,侵蚀面积141平方公里,按侵蚀强

度分,全部为轻微度。

九、水利行业能力建设情况

　　水利行政机关及其管理的企(事)业单位190个,从业人员6033人,其中大专及以上学历人员1886人,高中(中专)及以下学历人员4147人。

十、各类表格

表18-32　乡（镇）水利管理单位

乡（镇）行政区划 行政区划	乡（镇）行政区划数量 区划数量 个	单位数量情况 单位个数 个	按核算形式分 独立核算 个	按核算形式分 非独立核算 个	按主要收入来源分 财政拨款 个	按主要收入来源分 水费收入 个	按主要收入来源分 多种经营 个	单位财务状况 年末资产合计 万元	单位财务状况 本年收入合计 万元	单位财务状况 财政拨款 万元	单位财务状况 本年支出合计 万元	单位财务状况 从业人员劳动者报酬 万元	单位财务状况 编制内人员薪酬总额 万元
合计	1	1	1				1	109.9	38.1		22.8	15.5	13.5
海陵区	1	1	1				1	109.9	38.1		22.8	15.5	13.5
高港区													
兴化市													
靖江市													
泰兴市													
姜堰市													

表18-33　泰州市各专业普查对象数量汇总

普查专题	表名	普查对象	合计	靖江	泰兴	姜堰	兴化	海陵	高港
水利工程	P203表	水闸工程	181	92	36	6	13	21	13
	P204表	泵站工程	1279	58	59	268	789	78	27
	P205表	引调水工程	0	0	0	0	0	0	0
	P206表	堤防工程	646	80	24	160	334	37	11
	P207-1表	200米³/天	133	1	3	47	73	5	4
	P207-2表	200米³/天以下	1899	236	385	312	680	184	102
	P208表	塘坝及窖池工程	1899	236	385	312	680	184	102

续表18-33

普查专题	表名	普查对象	合计	靖江	泰兴	姜堰	兴化	海陵	高港
经济社会用水	P301	典型城镇居民家庭用水调查表	320	60	40	40	40	100	40
	P302	典型农村居民家庭用水调查表	380	40	60	60	60	60	100
	P303	灌区用水调查表	261	67	61	2	1	67	63
	P304	规模化畜禽养殖场用水调查表	196	50	47	48	33	9	9
	P305	公共供水企业用水调查表	68	1	3	27	32	4	1
	P306	工业企业用水调查表	677	89	120	122	135	108	103
	P307	建筑业与第三产业用水调查表	501	67	106	83	85	77	83
	P308	河道外生态环境用水调查表							
河湖开发治理	P401-1表	河湖取水口(规模以上)	2770	88	1461	695	56	124	346
	P401-2表	河湖取水口(规模以下)	11124	7181	2552	921	243	193	34
	P402表	地表水水源地	37	1	1	2	32	0	1
	P403表	河流治理保护情况	89	11	11	16	31	11	9
	P404表	湖泊治理保护情况	2	0	0	0	2	0	0
	P405表	入河湖排污口(规模以上)	45	15	8	2	9	9	2
水土保持	P506表	水土保持措施	6	1	1	1	1	1	1
行业能力	P601表	水利行政机关	8	1	1	1	1	3	1
	P602表	水利事业单位	151	26	30	22	39	20	14
	P603表	水利企业	28	5	9	7	3	1	3
	P604表	水利社会团体	2	0	1	0	0	1	0
	P605表	乡(镇)水利管理单位	1	0	0	0	0	1	0
灌区	P701表	灌溉面积	1899	236	385	312	680	184	102

续表18-33

普查专题	表名	普查对象	合计	靖江	泰兴	姜堰	兴化	海陵	高港
	P702-1表	灌区（基本情况）	6	1	1	2	1	0	1
	P702-2表	灌区（1.0米³/秒）							
	P702-3表	灌区（3.0立方米）							
	P702-4表	灌区（0.2～1.0立方米）							
地下水取水井	P801	规模以上机电井	401	26	18	164	140	41	12
	P802	规模以下机电井、人力井	1600	199	327	272	618	95	89
	P803	规模以上地下水水源地	0	0	0	0	0	0	0
社会经济用水	T301	灌区取用水台账表	261	66	61	2	2	67	63
	T302	工业、建筑业与第三产业取用水台账表	1178	156	226	205	220	185	186
河湖开发治理	T401	河湖取水口取水量台账表	5348	1277	2236	1599	54	9	173
合计			33396	10367	8658	5710	5087	1879	1696

表18-34 泰州市市水利普查工作基本情况统计（一）

项目	合计	市级	县级	备注
1.普查机构数（个）		1	7	
主要组成部门数		9	53	
专职工作人员数		11	72	
2.技术支撑单位数（个）		1	2	
参与人员数		2	5	
3.普查员和普查指导员数（人）		9	1945	
普查员数		0	1702	

续表 18-34

项目	合计	市级	备注 县级	备注
普查指导员数		9	243	
其他人员数		1	6	
4.组织推动会议召开数(次)		38	132	
领导小组会议数		2	12	
地区性专题工作会数		33	93	
技术性研讨/座谈会数		3	27	
5.普查经费落实数额(万元)		80	772.1	
本级财政核定经费数		70	762.1	
6.普查采购的主要设备数[台(套)]		19	143	
计算机数		5	29	
复印打印等机数		1	11	
流量计等取用水量采集设备数		0	2	
GPS/PDA等空间数据采集设备数		0	24	
其他		13	104	相机、电话
7.普查宣传活动				
宣传标语(个)		24	23	
宣传海报/公告(张)		300	3890	水法宣传发放
宣传画(张)			15	
户外广告(个)			0	
报纸杂志(篇)			1	

续表18-34

项目	合计	市级	县级	备注
电视媒体（时长）（分）		12	121	累计时长
网站网页（条）		6	21	
工作简报（份）		2	10	
其他宣传（可细化）		25000	36000	短信平台每周1~2条
8.技术培训				
(1)清查登记阶段培训				
实际培训班次（期）		5	25	
实际培训人数（人）		159	1241	
(2)填表上报阶段培训				
实际培训班次（期）		5	3	
实际培训人数（人）		168	1361	

表18-35 泰州市水利普查工作基本情况统计（二）

项目	合计	市级	县级	备注
9.监督检查 前期准备阶段 检查次数（次）		3	18	
检查组数（组）		1	36	
参与人员（人次）		24	153	

续表18-35

项目		合计		备注	
			市级	县级	
对象清查阶段	检查次数（次）		5	32	
	检查组数（组）		1	32	
	参与人员（人次）		30	263	
现场调查阶段	检查次数（次）		2	5	
	检查组数（组）		1	1	
	参与人员（人次）		12	35	
填表上报阶段	检查次数（次）		3	34	
	检查组数（组）		1	34	
	参与人员（人次）		18	358	
	覆盖本级普查区范围（%）		100	100	
10.技术指导					
	技术指导批次（次）		4	241	
	参与人员数（人）		6	56	
	覆盖本级普查区范围（%）		100	100	

说明：覆盖本级普查区范围，是指在监督检查、技术指导所涉及的普查区数量占所在地区普查区的比。

表18-36　泰州市国普河流基本情况

序号	水系	河流名称	河流代码	河流长度(公里)	流域面积(平方公里)	跨界类型	流经	河源(起点)经度	河源(起点)纬度	河源起点地点	河口(汇点)经度	河口(汇点)纬度	河口(汇点)地点	河流比降(‰)	多年平均降水深(毫米)	多年平均径流量(米³/秒)	实测和调查最大洪水水位(米)	实测和调查最大洪水流量(米³/秒)	河道宽度(米)	河底高程(米)	河道宽度(米)	河道等级	航道等级
1	长江干流水系	长江	F00000000000S				泰州市															1	I
2	长江干流水系	通扬运河	EBB0F8DA000Y	184	980	跨省	南通市崇川区、港闸区、通州区、如皋市、海安县,泰州市姜堰区,扬州市江都市	119°32′42.3″	32°26′11.10″	江都市仙女镇禹王宫社区	120°50′36.40″	32°01′30.10″	南通市崇川区钟秀街道颐和花园社区	2.23	1050.0	270.0	4.91	168	15	-1	60	5	VI
3	长江干流水系	苏陈河	EBB0F8DB000K	13.4	35.1	跨县	海陵区、姜堰市	120°01′12.8″	32°27′43.3″	泰州市海陵区苏陈镇双虹村	119°59′12.80″	32°34′26.50″	姜堰市淤溪镇杨庄村	0.998	1020.0	250.0	4.8	35.00	20.00	-1.5	80	6	等外
4	长江干流水系	黄村河	EBB0F8DC000K	19.8	73	跨镇	姜堰市	120°05′52.10″	32°29′26.7″	姜堰市梁徐镇周埭村	120°05′27.30″	32°37′13.40″	姜堰市溱潼镇湖南村	2.0	1030.0	250.0	4.6	20.0	15.00	-1.0	55	6	—
5	长江干流水系	如泰运河	EBB0F8DE000Y	143	198	跨市	泰兴市、南通市如皋市、如东县	119°54′55.2″	32°08′50.8″	泰兴市滨江镇过船村	121°23′11.80″	32°16′34.30″	如东县大豫镇	0.7	1040.0	270.0	4.23	245.0	15~35	-2	61.6~75	4	V
6	里下河水系	新通扬运河	EBBA0000000Y	90	1200	跨市	扬州市江都区、泰州市姜堰市、南通市海安县	119°33′04.2″	32°24′33.8″	江都市仙女镇	120°28′16.50″	32°23′21.60″	海安县海安镇三塘村	1.3	1020.0	250.0	3.29	426	30	-3	88	2	IV
7	里下河水系	临兴河	EBBCB000000P	26	123	跨市	泰州市兴化市高邮市	119°35′57.9″	33°0′55.5″	高邮市周巷镇新马村	119°49′31.90″	32°56′12.40″	兴化市昭阳镇	0.242	1000.0	240.0	3.5	28	12	-1.5	30	6	VII
8	里下河水系	子婴河	EBBCD000000P	18	99	跨市	扬州市宝应县、扬州市高邮市、泰州市兴化市	119°24′43.0″	33°01′16.6″	高邮市高邮镇鹭湖社区	119°35′35.70″	33°02′18.10″	兴化市周奋乡傅堡村	5.258	990.0	240.0	3.38	20	10	-1.0	30	5	等外
9	里下河水系	卤汀河	EBBD0000000P	50	250	跨市	泰州市江都市、泰州市姜堰市、泰州市兴化市	119°54′37.3″	32°31′06.5″	泰州市海陵区新城社区	119°49′59.30″	32°55′38.0″	兴化市昭阳镇	0.1	1010.0	240.0	3.34	135	40	-4.5	199	3	III
10	里下河水系	龙耳河	EBBDA00000P	28	95	跨市	泰州市海陵区、泰州市姜堰市、扬州市江都市、泰州市兴化市	119°48′24.6″	32°30′42.9″	江都市郭村镇庄桥村	119°51′08.90″	32°44′06.70″	兴化市陈堡镇宁乡村	0.596	1010.0	240.0	4	35.00	18.00	-1	45	5	—
11	里下河水系	小纪河	EBBDA00000P	20	20	跨市	扬州市江都市、泰州市兴化市	119°45′42.5″	32°37′54.2″	江都市小纪镇九龙社区	119°52′40.20″	32°41′58.40″	兴化市周庄镇祁沟村	1.052	1010.0	240.0	3.3	20.0	12.00	-0.5	40	6	等外
12	里下河水系	南樊河	EBBDAB0000P	18	30	跨市	扬州市江都市、泰州市兴化市	119°42′20.6″	32°41′09.6″	江都市樊川镇跃进村	119°52′42.50″	32°41′05.10″	兴化市樊川镇产村	0.422	1010.0	240.0	3.4	8.00	10.00		35	6	等外
13	里下河水系	北樊河	EBBDAC0000P	12	24	跨市	泰州市兴化市、扬州市江都市	119°43′58.8″	32°43′02.4″	江都市小纪镇双鸽村	119°51′08.0″	32°44′10.60″	兴化市陈堡镇宁乡村	0.33	1010.0	240.0	3.4	10.0	12.00		35	6	等外
14	里下河水系	盐靖河	EBBDB00000P	16	25	跨市	扬州市江都市、泰州市姜堰市	119°40′19.5″	32°36′07.8″	江都市丁沟镇乔河村	119°49′26.40″	32°36′17.10″	姜堰市华港镇野营村	0.23	1010.0	240.0	3.4	13.0	15.00	-0.2	55	6	—
15	里下河水系	渭水河	EBBDD00000P	60	271	跨县	姜堰市、兴化市	119°53′33.7″	32°39′45.4″	姜堰市俞垛镇花庄村	119°58′03.80″	33°09′06.0″	兴化市大邹镇双溪村	0	1020.0	240.0	3.34	22	18	-1.0	55	5	VII
16	里下河水系	周边河	EBBDDA00000P	12	56.3	跨县	姜堰市、兴化市	119°52′50.10″	32°41′35.6″	兴化市周庄镇祁沟村边二村	120°05′19.10″	32°39′11.0″	姜堰市溱潼镇湖滨村	1.4	1020.0	240.0	3.34	20	14	-1.2	50	6	VII

续表18-36

序号	水系	河流名称	河流代码	河流长度(公里)	流域面积(平方公里)	跨界类型	流经	河源(起点)经度	河源(起点)纬度	河源(起点)地点	河口(汛点)经度	河口(汛点)纬度	河口(汛点)地点	河流比降(‰)	多年平均年降水深(毫米)	多年平均年径流深(米)	实测和调查最大洪水位(米)	实测和调查最大洪流量(米³/秒)	河底宽度(米)	河底高程(米)	河道宽度(米)	河道等级	航道等级
17	里下河水系	校阳河	EBBDDB0000P	11	45	跨镇	兴化市	119°50'47.3"	32°45'03.9"	兴化市陈堡镇宁乡村	119°57'46.10"	32°45'11.80"	兴化市茅山镇南朱庄村	0.115	1020.0	240.0	3.3	6.00	6.00	-1.5	30	6	VI
18	里下河水系	斜丰港	EBBDE0000P	21	296.28	跨县	扬州市江都市,扬州市高邮市	119°40'36.2"	32°40'07.7"	江都市樊川镇直阜村	119°49'41.30"	32°48'13.0"	兴化市临城镇老阁村	0.544	1010.0	240.0	3.5	—	20.00	-1.5~-2.0	60	5	V
19	里下河水系	东平河	EBBDG0000P	39	330	跨市	扬州市高邮市、泰州市兴化市	119°25'17.3"	32°50'50.4"	高邮市开发区灯塔村	119°48'36.90"	32°55'35.50"	兴化市昭阳阳山村	0.3	1000.0	240.0	3.5	25	10	-1.5	40	6	VII
20	里下河水系	横泾河	EBBDH0000P	40	251	跨市	扬州市高邮市、泰州市兴化市	119°24'40.0"	32°54'05.3"	高邮市马棚镇十棚村	119°49'29.30"	32°55'56.20"	兴化市昭阳镇	3.1	1000.0	240.0	3.5	45	20	-2	50	5	VII
21	里下河水系	下官河	EBBDJ0000P	31	120	跨镇	兴化市	119°49'59.3"	32°55'38.0"	兴化市昭阳镇	119°43'0.10"	33°10'08.0"	兴化市沙沟镇沙北村	0.741	1000.0	240.0	3.34	61	40	-3.0	100	3	III
22	里下河水系	泰东河	EBBE00000P	58	390	跨市	泰州市海陵区、姜堰市、泰州市兴化市东台市	119°56'23.3"	32°31'12.8"	泰州市海陵区京泰路街道老东河村	120°20'46.70"	32°50'19.90"	东台市东台镇长青居委会	1.0	1030.0	260.0	3.52	251	65	-4.00	100	2	III
23	里下河水系	茅山河	EBBEA0000P	14	77.5	跨县	姜堰市、兴化市	119°54'49.10"	32°35'24.4"	姜堰市华港镇港口村	120°0'04.40"	32°40'41.20"	兴化市周庄镇边村	0	1020.0	240.0	3.34	45	25	-1.0	58	4	VI
24	里下河水系	俞沛河	EBBEB0000P	11	34.4	跨县	姜堰市、兴化市	119°59'55.10"	32°35'18.7"	姜堰市淤溪镇淤溪村	120°0'29.70"	32°40'43.90"	兴化市周庄镇边城二村	2	1020.0	250.0	3.34	25	20	-1.5	60	5	等外
25	里下河水系	龙溪港	EBBEBA0000P	9.5	35	跨镇	姜堰市	119°54'54.8"	32°34'49.8"	姜堰市华港镇港口村	119°59'45.60"	32°35'07.90"	姜堰市淤溪镇淤溪村	0.4	1020.0	250.0	3.41	21	25	-1.0	70	6	—
26	里下河水系	姜溱河	EBBEC0000P	16	41.00	跨市	泰州市姜堰市、盐城市东台市	120°08'20.10"	32°31'57.0"	姜堰市沈高镇万众村	120°05'48.60"	32°39'13.40"	东台市溱潼镇南寺村	1.601	1030.0	260.0	3	30.00	15.00	-1.5	70	4	VI
27	里下河水系	龙耳港	EBBECA0000P	13	72.6	跨镇	姜堰市	120°04'33.3"	32°31'43.10"	姜堰市叶甸镇三沙村	120°03'50.60"	32°38'35.20"	东台市溱潼镇读书址村	0.4	1030.0	250.0	3.4	18	15	-1.5	55	6	—
28	里下河水系	东渠溱河	EBBECB0000P	11	38.0	跨市	泰州市姜堰市、盐城市东台市	120°08'05.2"	32°34'09.9"	姜堰市沈高镇夏朱村	120°08'02.10"	32°39'41.70"	东台市溱潼镇青二村	1.287	1030.0	260.0	3.4	20.0	15.00	-1	60	6	—
29	里下河水系	红桥河	EBBEDA0000P	6.5	20	跨镇	姜堰市	120°14'54.8"	32°32'20.3"	姜堰市白米镇吴堡村	120°14'27.60"	32°35'46.0"	姜堰市娄庄县兴胜村	0.2	1040.0	270.0	3.41	10	15	-1.5	50	6	—
30	里下河水系	白安河	EBBEDB0000P	18	40.0	跨市	泰州市姜堰市、南通市海安县、盐城市东台市	120°14'27.6"	32°35'46.0"	海安县南莫镇青敏村	120°13'10.80"	32°40'42.0"	东台市溱东镇刷刷村	0.7	1040.0	270.0	3.4	20	15	-1.10	50	6	等外
31	里下河水系	东塘河	EBBEE0000P	18	40	跨市	姜堰市南莫村,海安市	120°15'43.8"	32°32'23.3"	海安县南莫镇朱楼村	120°15'21.60"	32°40'55.20"	海安县白甸镇白甸村	1	1040.0	270.0	3.40	20.0	10.00	-1	45	6	—
32	里下河水系	辞郎河	EBBEGB0000P	11	56.0	跨市	泰州市兴化市、盐城市东台市	120°09'12.5"	32°47'48.3"	兴化市张郭镇华庄村	120°15'44.40"	32°49'04.40"	东台市五烈镇辞郎村	0.194	1050.0	280.0	3.3	12.0	10	-1	36	6	VII
33	里下河水系	串场河	EBBF00000P	174	242	跨市	南通市海安县、东台市、泰州市兴化市,盐城市大丰市、盐都区、亭湖区、建湖县、阜宁县	120°26'56.4"	32°33'14.6"	海安县海安镇新闸村	119°47'57.0"	33°46'27.40"	阜宁县阜城镇	1	1040.0	290.0	3.52	62.7	20.00	-1.5	70	5	V
34	里下河水系	蚌蜒河	EBBFA0000P	50	108.0	跨市	泰州市兴化市、盐城市东台市	119°49'41.9"	32°48'11.9"	兴化市临城镇老阁村	120°17'27.30"	32°50'50.0"	东台市东台镇晏溪居委会	0.239	1030.0	250.0	3.34	22	20	-1.50	58	5	VI

续表18-36

序号	水系	河流名称	河流代码	河流长度(公里)	流域面积(平方公里)	跨界类型	流经	河源(起点)经度	河源(起点)纬度	河源(起点)地点	河口(讫点)经度	河口(讫点)纬度	河口(讫点)地点	河流比降(‰)	多年平均降水深(毫米)	多年平均年径流(毫米)	实测和调查最大洪水位(米)	实测和调查最大洪水流量(米³/秒)	河底宽度(米)	河底高程(米)	河道宽度(米)	河道等级	航道等级
35	里下河水系	通界河	EBBFAA00000P	19	69.4	跨县	姜堰市、兴化市	119°56'20.2"	32°36'46.4"	姜堰市淤溪镇马庄村	119°57'51.40"	32°46'30.70"	兴化市茅山镇薛杨村	1	1020.0	240.0	3.34	19	19	-1.0	60	6	等外
36	里下河水系	朝阳河	EBBFAB00000P	12	48	跨镇	兴化市	119°59'24.0"	32°40'40.3"	兴化市周庄镇西边城村	119°59'10.10"	32°47'08.80"	兴化市沈纶镇安塘村	0.490	1020.0	240.0	3.34	12	13	-1.0	49	6	VI
37	里下河水系	梓辛河	EBBFB000000P	40	120	跨市	泰州市兴化、盐城市东台市	119°54'24.10"	32°55'40.2"	兴化市梁田镇芦洲村	120°16'21.80"	32°50'43.0"	东台市台南镇山寺河居委会	0	1020.0	250.0	3.34	25.0	20	-1.20	65	5	VI
38	里下河水系	九里港	EBBFBA00000P	15	66	跨镇	兴化市	119°54'46.5"	32°55'33.6"	兴化市梁田镇芦洲村	120°01'31.90"	32°53'53.80"	兴化市大垛镇安民村	0.439	1020.0	240.0	3.34	48	25	-1.0	45	6	VI
39	里下河水系	冒竹河	EBBFBB00000P	11	44	跨镇	兴化市	120°0'16.8"	32°47'18.4"	兴化市沈纶镇安塘村	119°59'0.80"	32°52'36.10"	兴化市竹泓镇竹一村	0.074	1020.0	240.0	3.34	31	30	-1	65	6	VII
40	里下河水系	白涂河	EBBFC000000P	47	160	跨市	泰州市兴化、盐城市大丰市	119°50'32.6"	32°56'49.6"	兴化市昭阳镇	120°16'57.20"	32°57'25.40"	大丰市永丰镇捷行村	0.5	1030.0	250.0	3.34	58	35	-0.7	80	5	VI
41	里下河水系	海河-海沟河	EBBFD000000P	46	185	跨镇	兴化市	119°52'12.4"	33°01'07.0"	兴化市西鲍乡西鲍村	120°17'58.90"	33°03'57.70"	兴化市合陈镇胜利村	0.5	1020.0	260.0	3.34	17	30	-2	90	5	IV
42	里下河水系	新海河	EBBFDA00000P	14	56	跨镇	兴化市	119°55'06.4"	33°01'42.2"	兴化市城东镇灶陈村	119°55'22.50"	33°09'15.50"	兴化市大邹镇顾庄村	1	1000.0	240.0	3.34	16	15	-1	30	6	VI
43	里下河水系	横港河	EBBFDB00000P	17	51	跨镇	兴化市	120°06'54.8"	33°02'39.9"	兴化市永丰镇迎湖村	119°56'28.80"	33°03'07.90"	兴化市钓鱼镇春景村	1	1020.0	250.0	3.34	18	15	-1.5	34	6	等外
44	里下河水系	观音泊	EBBFDC00000P	7.8	28	跨镇	兴化市	120°01'54.0"	32°59'19.0"	兴化市林湖乡魏陆村	120°01'19.0"	33°02'55.50"	兴化市海南镇新伍村	1	1020.0	240.0	3.34	20	10	-1	40	6	VII
45	里下河水系	反修河	EBBFDD00000P	13	40	跨镇	兴化市	120°03'06.4"	33°07'24.7"	兴化市安丰镇成其村	120°11'40.10"	33°07'33.70"	兴化市新垛镇孙家村	0	1030.0	260.0	3.34	8.5	6	-1.5	30	6	VII
46	里下河水系	东唐港河	EBBFDE00000P	35	120	跨镇	兴化市	120°05'46.5"	33°05'21.10"	兴化市安丰镇安甫村	120°03'04.70"	32°48'13.10"	兴化市沈纶镇华复村	1	1030.0	250.0	3.34	23	20	-1.5	60	5	V
47	里下河水系	永林河	EBBFDF00000P	14	45	跨镇	兴化市	120°06'30.5"	33°0'04.0"	兴化市戴窑镇白港村	120°15'09.40"	33°0'19.10"	兴化市合陈镇李秀村	0	1040.0	270.0	3.34	11	8	-1.5	35	6	VII
48	里下河水系	横鹏河	EBBFDG00000P	22	56.0	跨市	盐城市东台市、泰州市兴化市	120°11'04.8"	32°52'43.5"	东台市五烈镇鄂古村	120°12'48.30"	33°03'34.80"	兴化市永丰镇倪村	0	1040.0	270.0	3.34	11	10	-1.50	30	6	VI
49	里下河水系	塔子河	EBBFDH00000P	15	60	跨镇	兴化市	120°12'49.3"	32°55'50.7"	兴化市戴窑镇新联村	120°14'08.70"	33°03'40.30"	兴化市合陈镇九里港村	0	1050.0	280.0	3.34	15.0	15	-1.5	55	6	V
50	里下河水系	茅湾河	EBBFDJ00000P	16	60	跨镇	兴化市	120°14'51.5"	32°55'44.10"	东台市廉贻镇薛岗村	120°15'32.30"	33°03'45.20"	兴化市合陈镇九里港村	0	1050.0	290.0	3.34	14	8	-1.5	35	6	VII
51	里下河水系	兴盐界河	EBBFE000000P	44	200	跨市	泰州市兴化、盐城市盐都区、大丰市	120°17'11.2"	33°07'58.7"	大丰市刘庄镇东方红居委会	119°50'41.70"	33°09'22.20"	兴化市中堡镇宏村	0.7	1020.0	260.0	3.36	80	20	-1.50	70	4	V
52	里下河水系	五十里河	EBBGJD00000P	17	80.0	跨市	泰州市兴化、盐城市大丰市	120°18'24.0"	32°59'58.5"	大丰市草堰镇草堰居委会	120°24'54.50"	33°06'27.40"	大丰市西团镇西团居委会	0.2	1050.0	300.0	3.14	70.7	20	-2.00	35	6	—
53	里下河水系	北澄子河	EBBJJ000000P	38	400	跨市	扬州市高邮市、泰州市兴化市	119°25'52.10"	32°47'26.9"	高邮市高邮镇新联村	119°49'39.30"	32°49'54.80"	兴化市临城镇瓦庄村	1	1000.0	240.0	3.5	80	30	-1.5	100	4	IV
54	里下河水系	第一沟	EBBJ4D00000P	11	86	跨市	扬州市高邮市、泰州市兴化市	119°45'27.3"	32°49'31.8"	高邮市甘垛镇沿河村	119°43'35.70"	32°55'01.70"	兴化市西郊镇夏许村	1	1000.0	240.0	3.4	22.0	10	-1.5	50	6	—

续表18-36

序号	水系	河流名称	河流代码	河流长度(公里)	流域面积(平方公里)	跨界类型	流经	河源(起点)经度	河源(起点)纬度	河源起点地点	河口(汊点)经度	河口(汊点)纬度	河口(汊点)地点	河流比降(‰)	多年平均年降水深(毫米)	多年平均年径流量(米)	实测和调查最大洪水水位(米)	实测和调查最大洪水流量(米³/秒)	河底宽度(米)	河底高程(米)	河道宽度(米)	河道等级	航道等级
55	里下河水系	支二	EBBJD00000P	13	26	镇内	兴化市	119°48′43.2″	32°54′56.8″	兴化市昭阳镇	119°48′07.60″	32°49′46.30″	兴化市昭阳镇开拓村	1	1010.0	240.0	3.34	5	6	-0.5	18	6	一
56	里下河水系	车路河	EBBKC00000P	43	160.0	跨市	泰州市兴化市、盐城市东台市	119°49′57.4″	32°55′19.10″	兴化市昭阳镇	120°16′33.70″	32°55′35.70″	东台市五烈镇甘港村	1.243	1030.0	250.0	3.3	73.0	50	-3	80	4	Ⅳ
57	里下河水系	上官河	EBBKA00000P	28	105.00	跨市	泰州市兴化市、盐城市盐都区	119°51′03.3″	32°55′56.7″	兴化市盐田镇镇区	119°53′09.0″	33°09′19.30″	盐城市盐都区尚庄镇古殿村	0.0	1000.0	240.0	3.34	30	30	-1.5	80	3	Ⅴ
58	里下河水系	兴姜河	EBBKB00000P	45	180	跨镇	兴化市	120°07′23.4″	32°43′19.9″	兴化市戴南镇永丰村	119°51′11.90″	32°55′58.10″	兴化市垛田镇菱翠村	0	1020.0	240.0	3.34	5	8	-1	28	6	Ⅴ
59	里下河水系	团结河	EBBKC00000P	30	86.8	跨县	姜堰市兴化市	120°06′17.7″	32°40′49.5″	姜堰市兴泰镇薛河村	120°07′27.0″	32°56′14.80″	兴化市果园场果园场	0	1030.0	260.0	3.34	13	10	-1.2	28	6	Ⅶ
60	里下河水系	雄港	EBBKD00000P	16	50	跨镇	兴化市	120°08′17.5″	32°56′11.3″	兴化市戴窑镇果园村	120°10′22.20″	33°04′15.50″	兴化市永丰镇四合村	0	1040.0	270.0	3.34	22	15	-1.5	45	4	Ⅴ
61	里下河水系	幸福河	EBBKE00000P	28	68.00	跨市	盐城市东台市、泰州市兴化市	120°09′54.9″	32°42′47.2″	东台市时堰镇陶庄村	120°09′23.80″	32°56′07.0″	兴化市戴窑镇东三村	1.315	1040.0	260.0	3.34	11	10	-1.50	30	5	Ⅶ
62	里下河水系	西塘港	EBBL000000P	56	200	跨市	泰州市兴化市、盐城市盐都区	120°0′29.7″	32°40′43.9″	兴化市周庄镇城二村	120°02′49.20″	33°10′04.40″	盐城市盐都区葛武镇花村	0.447	1020.0	250.0	3.34	41	20	-1.5	60	4	Ⅳ
63	里下河水系	盐靖河	EBBM000000P	59	182	跨县	姜堰市兴化市	120°05′42.3″	32°39′22.7″	姜堰市溱潼镇湖滨村	120°06′17.50″	33°10′28.0″	兴化市安丰镇西阳村	0	1030.0	250.0	3.3	32.00	18.00	-1.3	50	4	Ⅵ
64	里下河水系	簖港	EBBPA00000F	8.5	23	跨镇	兴化市	120°10′22.2″	33°04′15.5″	兴化市永丰镇四合村	120°11′49.30″	33°08′34.60″	兴化市新垛镇珠商村	0	1030.0	280.0	3.29	39.0	40	-2.5	72	4	Ⅳ
65	里下河水系	中引河	EBBQA00000F	12	48	跨镇	兴化市	119°47′24.0″	33°01′40.4″	兴化市李中镇黑商村	119°48′27.50″	33°07′38.70″	兴化市中堡镇龙江村	1	1030.0	240.0	3.34	40.0	40	-1	75	4	Ⅴ
66	里下河水系	鲤鱼河	EBBQB00000P	3.4	16	镇内	兴化市	119°49′51.0″	33°04′15.3″	兴化市中堡镇	119°49′23.80″	33°07′34.70″	兴化市中堡镇中堡村	0.8	1000.0	240.0	3.34	30.0	15	-1.5	60	6	Ⅶ
67	里下河水系	大溪河	EBBQC00000P	26	95	跨镇	兴化市	119°43′20.5″	33°06′20.10″	兴化市周备乡	119°57′48.60″	33°09′06.40″	兴化市大邹镇双溪村	0	1000.0	240.0	3.34	34	30	-1.5	80	6	Ⅵ
68	里下河水系	横子河	EBBQD00000P	10	23	跨市	泰州市兴化市、盐城市盐都区	119°43′39.8″	33°09′06.7″	兴化市沙沟镇石梁村	119°49′41.0″	33°11′14.90″	盐城市盐都区大纵湖镇北宋居委会	1	990.0	240.0	3.34	20	25.00	-1.00	50	6	Ⅶ
69	里下河水系	向阳河	EBBSB00000P	31	3	跨市	扬州市宝应县、泰州市兴化市	119°23′38.7″	33°09′49.8″	宝应县望直港镇贾桥村	119°43′02.30″	33°13′07.0″	兴化市沙沟镇严合村	0.227	980.0	250.0	3.3	50	18.00	-1.50	42	4	Ⅶ
70	里下河水系	宝应大河	EBBSBE0000P	33	80	跨市	扬州市宝应县、泰州市兴化市	119°24′55.10″	33°14′46.3″	宝应县望直港镇军师村	119°43′0.90″	33°09′05.20″	兴化市沙沟镇镇区	0	980.0	250.0	3.41	35	20	-0.5	55	5	等外
71	里下河水系	杨家河	EBBSBF0000P	19	35	跨市	泰州市兴化市、盐城市盐都区、宝应县	119°43′0.5″	33°10′05.2″	兴化市沙沟镇沙北村	119°37′32.40″	33°18′21.80″	宝应县射阳湖镇桥南村	0	980.0	250.0	3.34	22	25.00	-1.0	60	6	Ⅶ
72	里下河水系	大潼河	EBBSC00000P	30	65	跨市	扬州市宝应县、泰州市兴化市	119°25′54.9″	33°03′16.3″	宝应县夏集镇万民村	119°43′03.10″	33°08′51.0″	兴化市沙沟镇石梁村	3.9	990.0	240.0	3.34	45	34	-0.8	55	5	等外
73	里下河水系	李中河	EBBSD00000P	28	112	跨镇	兴化市	119°43′34.6″	32°55′02.3″	兴化市西郊镇夏泮村	119°43′08.80″	33°09′42.30″	兴化市西郊镇沙北村	0	990.0	240.0	3.34	15.0	20	-1.5	60	5	Ⅶ

续表 18-36

序号	水系	河流名称	河流代码	河流长度（公里）	流域面积（平方公里）	跨界类型	流经	河源（起点）经度	河源（起点）纬度	河源（起点）地点	河口（讫点）经度	河口（讫点）纬度	河口（讫点）地点	河流比降（‰）	多年平均降水量（毫米）	多年平均径流深（毫米）	实测和调查最大洪水位（米）	实测和调查最大洪水流量（米³/秒）	河底宽度（米）	河底高程（米）	河道高宽度（米）	河道等级	航道等级
74	里下河水系	沙黄河	EBBSE000000P	15	70.0	跨市	泰州市兴化市、盐城市盐都区、建湖县	119°43′0.10″	33°10′08.0″	兴化市沙沟镇沙北村	119°42′50.90″	33°18′07.30″	建湖县沿河镇白强村	0.07	990.0	250.0	3.33	80	40	-4	100	3	Ⅲ
75	里下河水系	庆中河	EBBSEA00000P	10	22.0	跨市	泰州市兴化市、盐城市盐都区	119°43′01.2″	33°12′28.3″	兴化市沙沟镇严冬村	119°49′37.50″	33°12′46.0″	盐城市盐都区纵湖镇兴湖居委会	0	990.0	250.0	3.34	15	10	-1.00	30	6	等外
76	长江干流水系	南干河	F8DA0000000P	27	132	跨县	高港区、姜堰区	119°58′24.10″	32°20′11.0″	泰州高港区宣堡镇明河村	120°15′08.80″	32°22′14.90″	姜堰市蒋垛镇蒋垛村	0.07	1030.0	260.0	4.65	35	8	-0.5	45	6	Ⅶ
77	长江干流水系	西干河	F8DAA00000P	9	27	跨镇	高港区	120°0′06.2″	32°21′19.2″	泰州市高港区胡庄镇杨营村	119°59′50.60″	32°26′06.50″	泰州海陵区凤凰路街道梅兴村	0.264	1030.0	250.0	4.7	75.00	15.00		50	6	—
78	长江干流水系	生产河	F8DAB00000P	29	83.7	跨县	姜堰市、高港区、海陵区	119°53′06.6″	32°24′15.10″	姜堰市、高港区、海陵区寺巷镇新华村	120°08′49.90″	32°23′49.50″	姜堰市顾高镇西芦村	1	1030.0	250.0	4.6	23	13.00	-0.6	60	6	—
79	长江干流水系	两泰官河	F8DAC00000P	25	215	跨县	泰兴市、高港区	120°01′04.8″	32°10′42.2″	泰兴市泰兴镇兴建成区	119°57′50.40″	32°23′05.20″	泰州高港区大泗镇康乐村	2.1	1030.0	270.0	4.6	68.5	12	-1	50	5	Ⅶ
80	长江干流水系	蔡港	F8DACA0000P	22	60	跨镇	泰兴市滨江镇、泰兴镇、根思乡、黄桥镇	119°58′55.9″	32°12′38.10″	泰兴市滨江镇小马庄村	120°12′11.80″	32°16′21.40″	泰兴市黄桥镇三里村	0.697	1040.0	270.0	4.27	44.3	6.5	0.5	33.3	6	等外
81	长江干流水系	四号沟	F8DACB0000P	9.6	17	跨镇	泰兴市根思乡、黄桥镇、新街镇	120°01′42.3″	32°14′20.3″	泰兴市根思乡湖头村	120°07′34.0″	32°15′10.10″	泰兴市新街镇梅家庄村	3.1	1030.0	270.0	4.4	23.2	3		26.8	6	—
82	长江干流水系	中心港	F8DACC0000P	13	72.5	跨县	高港区	119°58′01.0″	32°19′12.3″	泰州市高港区胡庄镇孔桥村	120°06′13.40″	32°20′56.90″	泰州市新街镇钱南村	0.7	1030.0	260.0	4.4	14.0	5		33	6	—
83	长江干流水系	许庄河	F8DACD0000P	10	30	跨镇	高港区	119°51′48.4″	32°20′19.2″	泰州高港区刁铺街道关桥社区	119°58′18.20″	32°20′18.40″	泰州高港区胡庄镇明河村	0.0	1030.0	260.0	4.54	38.0	5	-0.5	44	6	等外
84	长江干流水系	宣堡港	F8DAD00000P	27	90.9	跨县	高港区、泰兴市	119°52′11.6″	32°18′19.8″	泰州市高港区口岸街道口岸社区	120°09′06.40″	32°20′45.30″	泰兴市新街道霍庄村	0.7	1030.0	260.0	4.55	55.0	6	-0.2	45	5	Ⅶ
85	长江干流水系	古马干河	F8DAE00000P	43	218	跨县	高港区、泰兴市	119°53′51.0″	32°13′28.3″	泰州市高港区安洲街安洲社区	120°20′06.80″	32°20′47.20″	泰兴市古溪镇建制	2.9	1030.0	270.0	4.31	423.0	30	-2.5	88	5	Ⅶ
86	长江干流水系	同心港—天雨中沟	F8DAEA0000P	5.4	24	跨镇	高港区	119°54′06.2″	32°12′23.0″	泰州市高港区同心闸	119°55′59.10″	32°13′50.40″	泰州市高港区安洲路安洲中心村	0.4	1030.0	280.0	4.35	33.0	6.5		28	6	—
87	长江干流水系	文明河	F8DAEB0000P	9.5	41.5	跨县	泰兴市、高港区	119°52′49.10″	32°16′52.5″	泰兴市滨江镇口岸街道新明村	119°57′05.70″	32°14′04.70″	泰兴市黄桥镇马甸村	1.4	1030.0	270.0	4.35	45.0	10	0.5	36	6	Ⅶ
88	长江干流水系	花络港	F8DAEC0000P	8.3	24.8	跨镇	泰兴市新街镇、河头镇	120°08′46.8″	32°17′59.5″	泰兴市新街镇严家埭村	120°10′16.10″	32°13′52.50″	泰兴市黄桥镇黄桥拆村	0.2	1040.0	270.0	4.4	25.0	5		31.8	6	—
89	长江干流水系	私盐港	F8DAED0000P	11	29.6	跨镇	泰兴市古溪镇、分界镇	120°19′23.2″	32°22′13.9″	海安县雅周镇鹏湾村	120°20′17.10″	32°16′40.0″	泰兴市分界镇沈界村	0.3	1050.0	260.0	4.4	36.6	8		34.8	6	等外
90	长江干流水系	跃进河	F8DAF00000P	8.6	26.4	跨镇	泰兴市泰兴镇	119°57′33.4″	32°11′23.6″	泰兴市滨江镇张庄村	120°02′49.70″	32°12′51.40″	泰兴市黄兴镇耿戴村	1.4	1030.0	280.0	4.26	12.4	4		29.4	6	—

续表18-36

序号	水系	河流名称	河流代码	河流长度（公里）	流域面积（平方公里）	跨界类型	流经	河源（起点）经度	河源（起点）纬度	河源起点地点	河口（讫点）经度	河口（讫点）纬度	河口（讫点）地点	河流比降（‰）	多年平均年降水量（毫米）	多年平均年径流（米）	实测和调查最大洪水水位（米）	实测和调查最大洪水流量（米³/秒）	河底宽度（米）	河底高程（米）	河道宽度（米）	河道等级	航道等级
91	长江干流水系	羌溪河	F8DBA000000P	13	88	跨镇	泰兴市泰兴镇、张桥镇、曲霞镇	120°01′04.8″	32°10′42.2″	泰兴市泰兴镇秦建成区	120°05′36.90″	32°04′39.80″	泰兴市虹桥镇毗卢村	1.8	1040.0	280.0	4.25	47.2	7.5		37.1	6	Ⅶ
92	长江干流水系	洋思港	F8DBAA00000P	8.2	16.5	跨镇	泰兴市泰兴镇、滨江镇	119°55′50.0″	32°07′01.10″	泰兴市滨江镇洋思村	120°0′36.20″	32°08′56.90″	泰兴市泰兴镇蔡巷村	2.3	1040.0	290.0	4.22	28.3	4	0.5	26.4	6	—
93	长江干流水系	天星港	F8DBB000000P	31	120	跨镇	泰兴市黄桥镇、河失镇、姚王镇、张桥镇、滨江镇	119°56′47.8″	32°05′22.4″	泰兴市滨江镇河失堡村	120°14′46.60″	32°12′34.70″	泰兴市黄桥镇金堡村	0.9	1040.0	280.0	4.2	238.0	11.5	-1	52.7	5	Ⅶ
94	长江干流水系	季黄河	F8DBC000000P	15	200	跨县	泰兴市、靖江市	120°13′27.6″	32°14′16.6″	泰兴市黄桥镇黄桥建制镇	120°17′38.70″	32°07′41.70″	靖江市季市镇井圩村	0.5	1050.0	270.0	4.46	70.0	30	-0.3	69.8	4	Ⅵ
95	长江干流水系	龙珠河	F8DBCA00000P	11	19	跨镇	泰兴市河头镇、黄桥镇	120°09′43.0″	32°08′46.10″	泰兴市河头镇印庄村	120°16′03.50″	32°11′27.40″	泰兴市黄桥镇中盐村	0.8	1040.0	280.0	4.4	41.0	5	-1	31.8	6	Ⅶ
96	长江干流水系	增产港	F8DBD000000P	23	93	跨镇	泰兴市古溪镇、分界镇、珊瑚镇	120°16′50.9″	32°19′56.2″	泰兴市横垛镇珠垛村	120°20′05.0″	32°07′56.80″	泰兴市珊瑚镇珊瑚新村居委会	0.2	1050.0	270.0	4.4	56.6	44	-1	56	6	Ⅶ
97	长江干流水系	焦土港	F8DC000000P	36	108.9	跨镇	泰兴市珊瑚镇、广陵镇、河失镇、虹桥镇、曲霞镇、张桥镇、滨江镇	119°58′25.7″	32°02′38.5″	泰兴市虹桥镇三阳村	120°19′24.40″	32°10′48.10″	泰兴市珊瑚镇珊瑚新村村委会	1.1	1040.0	280.0	4.2	136.0	7.3	-0.5	53.3	5	Ⅶ
98	长江干流水系	小麦港	F8DC1A00000P	10.3	21	跨镇	泰兴市滨江镇、虹桥镇	119°58′55.9″	32°06′05.5″	泰兴市滨江镇卢庄村	120°02′53.10″	32°02′28.40″	泰兴市虹桥镇祝村	0.1	1040.0	290.0	4.2	17.6	4		29.4	6	—
99	长江干流水系	虾子港	F8DC1B00000P	11	20	跨镇	泰兴市姚王镇、张桥镇、曲霞镇	120°06′35.2″	32°11′59.2″	泰兴市姚王镇石桥村	120°08′54.70″	32°07′17.30″	泰兴市曲霞镇肖桥村	0.3	1040.0	280.0	4.46	35.4	6	0.5	29.8	6	—
100	长江干流水系	新曲河	F8DC1C00000P	30	86.7	跨镇	泰兴市新街镇、河失镇、曲霞镇	120°11′58.6″	32°05′20.8″	泰兴市新街镇北新港建成区	120°11′58.60″	32°05′20.60″	泰兴市曲霞镇通靖村	0.5	1040.0	270.0	4.35	71.3	7	-1	45.2	6	等外
101	长江干流水系	解放中沟-团结中沟	F8DC1D00000P	11	26.4	镇内	泰兴市黄桥镇	120°11′20.8″	32°14′35.4″	泰兴市黄桥镇难岗村	120°11′20.80″	32°14′35.50″	泰兴市黄桥镇华庄村	1.1	1040.0	270.0	4.46	41.0	5		31.8	6	—
102	长江干流水系	东板中沟	F8DC1E00000P	7.5	7.5	跨镇	泰兴市黄桥镇、广陵镇	120°13′26.6″	32°12′0.0″	泰兴市溪桥镇王庄村	120°14′48.80″	32°08′10.10″	泰兴市广陵镇北肖村	0.2	1040.0	280.0	4.4	19.0	4		30.1	6	—
103	长江干流水系	宁马中沟	F8DC1F00000P	6.8	12.2	跨镇	泰兴市分界镇、珊瑚镇	120°16′25.10″	32°07′17.8″	泰兴市广陵镇宁界村	120°14′53.90″	32°10′41.10″	泰兴市广陵镇马庄村	1.1	1050.0	280.0	4.4	29.0	4		30.1	6	—
104	长江干流水系	秀才港	F8DC1G00000P	16	35.1	镇内	泰兴市珊瑚镇	120°17′32.8″	32°11′18.2″	泰兴市珊瑚镇徐家庄村	120°18′27.40″	32°14′08.70″	泰兴市珊瑚镇洋港村	1.0	1050.0	270.0	4.35	30.0	7	0.5	30.1	6	Ⅶ
105	长江干流水系	横港	F8DD000000P	26	204	跨县	靖江市、泰兴市	120°02′52.0″	32°02′25.5″	靖江市靖城街道办井兴村	120°19′25.60″	32°01′0.90″	靖江市虹桥镇封祝村	0.2	1050.0	290.0	3.9	61.8	15	-1	42	6	Ⅶ
106	长江干流水系	青龙港	F8DD1A00000P	11	17	跨镇	靖江市生祠镇、新桥镇	120°05′35.10″	32°03′41.5″	靖江市新桥镇利珠村	120°03′23.90″	31°58′11.30″	靖江市新桥镇新合村	1.3	1050.0	290.0	3.93	20.5	4.5	0.8	27	6	—
107	长江干流水系	靖泰界河	F8DDA000000P	56	280	跨市	泰兴市、靖江市、如皋市	120°01′17.9″	31°58′47.3″	泰兴市虹桥镇九圩村	120°29′04.80″	32°05′55.10″	靖江市西来镇义兴村	0.5	1050.0	280.0	3.95	50.0	8	0.5	36	5	Ⅶ
108	长江干流水系	七圩港	F8DDAA00000P	7.8	12.1	镇内	泰兴市虹桥镇	120°0′05.10″	32°0′13.9″	泰兴市蒋华镇七圩村	120°03′23.30″	32°03′09.60″	泰兴市蒋华镇封祝村	1.5	1050.0	290.0	4.2	30.6	9	0.5	34.4	6	—

续表18-36

序号	水系	河流名称	河流代码	河流长度（公里）	流域面积（平方公里）	跨界类型	流经	河源(起点)经度	河源(起点)纬度	河源(起点)地点	河口(讫点)经度	河口(讫点)纬度	河口(讫点)地点	河流比降（‰）	多年平均年降水深（毫米）	多年平均年径流量（毫米）	实测和调查最大洪水位（米）	实测和调查最大洪水流量（米³/秒）	河底宽度（米）	河底高程（米）	河道宽度（米）	河道等级	航道等级
109	长江干流水系	渔婆港	F8DDAB00000P	10	15	跨镇	靖江市	120°14′35.2″	32°06′20.3″	靖江市孤山镇广陵村	120°16′37.90″	32°01′36.20″	靖江市靖城街道办靖江闸区	0.9	1050.0	280.0	4	24.0	6	0.5	28	6	—
110	长江干流水系	夹港	F8DDB00000P	14	42	跨县	靖江市	120°05′19.8″	32°04′33.2″	靖江市新桥镇毗卢村	120°05′51.70″	31°57′43.70″	靖江市新桥镇滨江村	0.6	1050.0	290.0	3.9	72.1	10	0.5	45	6	Ⅶ
111	长江干流水系	上六圩港	F8DDC00000P	16	56	跨镇	靖江市	120°08′43.9″	32°05′14.3″	靖江市生祠镇东进(大)村	120°09′04.40″	31°57′07.90″	靖江市泰兴镇上六村	1.7	1050.0	290.0	3.9	115.0	10	0.5	30	6	Ⅶ
112	长江干流水系	下六圩港	F8DDD00000P	17	55	跨县	泰兴市,靖江市	120°11′52.0″	32°05′21.3″	泰兴市广陵镇通靖村	120°12′34.50″	31°56′42.10″	靖江市靖城街道五圩村	2.6	1050.0	290.0	3.9	134.0	10	0.5	35	6	Ⅶ
113	长江干流水系	十圩港	F8DDE00000P	22	65	跨镇	靖江市	120°17′51.4″	32°07′42.2″	靖江市季市镇季西村	120°14′40.70″	31°56′45.60″	靖江市靖城街道办江晓村	0.8	1050.0	290.0	3.85	154.0	15	-0.5	50	5	Ⅵ
114	长江干流水系	罗家桥港	F8DDF00000P	18	46	跨镇	靖江市	120°19′47.6″	32°08′01.10″	靖江市季市镇石榴村	120°19′54.0″	31°59′37.70″	靖江市斜桥镇新港居委会	1.4	1050.0	280.0	3.85	63.4	10	0.4	40	6	Ⅶ
115	长江干流水系	安宁港	F8DDG00000P	10	43.5	跨镇	靖江市	120°19′20.4″	32°03′10.4″	靖江市孤山镇联社村	120°24′05.60″	32°02′25.40″	靖江市西来镇新港村	3.1	1060.0	280.0	3.85	100.0	10		34	6	—
116	长江干流水系	夏仕港	F8DE000000P	13	1108	跨镇	靖江市	120°22′15.8″	32°07′46.5″	靖江市季市镇文嘉村	120°24′49.60″	32°03′13.20″	靖江市西来镇华村	1.6	1050.0	280.0	3.83	585.0	55	-3	120	3	Ⅳ
117	长江干流水系	丹华港	F8DE1A00000P	7.6	16	镇内	靖江市	120°22′32.9″	32°05′32.9″	靖江市西来镇龙飞村	120°26′28.80″	32°03′49.80″	靖江市西来镇丹华村	2.8	1060.0	280.0	3.8	27.4	6	0.8	30	6	—
118	长江干流水系	南官河	F8DG1A00000P	29	150	跨县	高港区、海陵区	119°51′58.10″	32°17′09.3″	泰州市高港区口岸街道龙窝口社区	119°54′37.30″	32°31′06.50″	泰州市海陵区泰山街道新城社区	0.835	1020.0	250.0	4.54	238.0	30.00	-2	80	5	Ⅲ
119	长江干流水系	凤凰河-老东河	F8DG1B00000P	10	15	跨镇	海陵区	119°55′31.6″	32°26′03.0″	泰州市海陵区凤凰路街道双河村	119°56′23.30″	32°31′12.80″	泰州市海陵区京泰路街道老东河村	0.7	1020.0	250.0	4.04	9.1	8	-0.5	60	6	—
120	长江干流水系	张甸支河	F8DG1D00000P	8.6	45	镇内	姜堰市	120°02′57.8″	32°21′54.9″	姜堰市张甸镇三彦村	120°02′29.60″	32°26′29.20″	姜堰市张甸镇西网村	1.471	1030.0	250.0	4.6	18	8	-0.5	56	6	等外
121	长江干流水系	葛埭河	F8DG1E00000P	15	60.5	跨镇	姜堰市	120°05′08.4″	32°22′10.8″	姜堰市张甸镇华珍村	120°03′08.40″	32°29′37.30″	泰州市海陵区苏陈镇车辅村		1030.0	250.0	4.6	15	8	-0.5	54	6	等外
122	长江干流水系	泰州引江河	F8DCB000000P	24	36	跨市	泰州市江都市、泰州市海陵区	119°50′26.7″	32°18′16.9″	泰州市高港区口岸街道杨湾村	119°52′10.60″	32°30′56.90″	泰州市高港区九龙镇引东村	0.389	1020.0	250.0	2.71	492.0	80.00	-3	210	2	Ⅱ
123	长江干流水系	送水河	F8DCBA00000P	2	0.5	镇内	高港区	119°50′35.4″	32°19′09.3″	泰州市高港区口岸街道杨湾村	119°51′50.40″	32°19′29.10″	泰州市海港区口岸街道蔡滩社区	2.687	1020.0	260.0	4.04	90.0	20.00	-2	84	5	—
124	长江干流水系	浦头河	F8DCBB00000P	9.5	2.8	跨市	扬州市江都市、泰州市高港区	119°49′11.8″	32°22′05.2″	江都市大桥镇高老村	119°49′06.80″	32°22′03.50″	泰州市海陵区刁铺街道界桥村	3.039	1020.0	250.0	4.66	17	10		36	6	—
125	长江干流水系	翻身河	F8DGC000000P	8.3	12.5	跨镇	海陵区	119°54′49.6″	32°27′17.6″	泰州海陵区明珠街道南村	119°59′06.60″	32°26′20.20″	泰州市海陵区凤凰街道泰祥村	0	1020.0	250.0	4.54	20	6.00		32	6	—

续表 18—36

序号	水系	河流名称	河流代码	河流长度（公里）	流域面积（平方公里）	跨界类型	流经	河源（起点）经度	河源（起点）纬度	河源（起点）地点	河口（汇点）经度	河口（汇点）纬度	河口（汇点）地点	河流比降（‰）	多年平均年降水深（毫米）	多年平均年径流深（米）	实测和调查量大洪水水位（米）	实测和调查量大洪水流量（米³/秒）	河底宽度（米）	河底高程（米）	河道宽度（米）	河道等级	航道等级
126	长江干流水系	周山河	F8DGD000000P	38	182.5	跨市	扬州市江都区、泰州市高港区、泰州市姜堰市	119°51′31.5″	32°26′09.5″	江都市郭村镇江泰村	120°16′01.20″	32°28′25.30″	姜堰市大伦镇土山村	1	1030.0	250.0	4.91	55.0	16.00	-1.2	72	5	Ⅶ
127	长江干流水系	大伦河	F8DGDA00000P	6.7	20	镇内	姜堰市	120°15′0.10″	32°24′41.8″	姜堰市大伦镇桥东村	120°14′26.40″	32°28′05.70″	姜堰市大伦镇茆戚村	0	1040.0	260.0	4.6	12	8.00	-0.5	56	6	—
128	长江干流水系	中干河-西姜黄河	F8DGE000000P	35	133.2	跨县	泰兴市、姜堰市	120°07′33.8″	32°31′53.10″	姜堰市姜堰镇城北村	120°13′02.10″	32°14′50.90″	泰兴市黄桥镇东何村	0	1030.0	260.0	4.5	42.0	15.00	-1	60	4	Ⅳ
129	长江干流水系	运粮河	F8DGF000000P	16	114	跨镇	姜堰市	120°12′29.6″	32°22′22.9″	姜堰市蒋垛镇南港村	120°12′07.90″	32°30′42.90″	姜堰市白米镇新华村	0	1040.0	260.0	4.6	25	6.00	-0.5	54	6	—
130	长江干流水系	东姜黄河	F8DGG000000P	33	80	跨市	泰兴市、姜堰市、海安县	120°13′0.0″	32°14′56.10″	泰兴市黄桥镇东闸村	120°15′14.60″	32°30′12.0″	姜堰市白米镇白米村	0.648	1040.0	260.0	4.5	23	10	-0.8	40	5	Ⅶ
131	长江干流水系	新生产河	F8DGH000000P	14	79	跨镇	姜堰市	120°07′43.4″	32°24′51.6″	姜堰市梁徐镇官野村	120°16′30.90″	32°25′25.30″	姜堰市大伦镇缪墩村	0.042	1040.0	260.0	4.6	24	8.00	-0.5	56	6	等外
132	长江干流水系	焦港	F8DGJ000000P	58	—	跨市	靖江市、如皋市、海安县	120°20′36.5″	32°32′45.4″	海安县曲塘镇刘圩村	120°29′12.30″	32°04′40.0″	泰州市靖江市西来镇义兴村	0.7	1050.0	260.0	4.18	417.0	30	-1.7	80	3	Ⅲ
133	沂沭泗水系	通榆河	EBBG0000000K	376.0	1537	跨县	南通市海安县、泰州市兴化市、盐城市东台市、大丰市、阜宁县、建湖县、响水县、滨海县、连云港市赣榆县、新浦区、东海县、海州区、灌云县、灌南县	120°28′16.5″	32°33′21.6″	海安县海安镇三塘村	119°17′35.60″	35°05′19.70″	赣榆县柘汪镇响石村	1.459	900.0	260.0	5.0	245.0	50.00	-4~-1	150	1	Ⅱ

第十九章　水利人物

第十九章　水利人物

泰州水利历史悠久,在长期的治水过程中,从古到今,涌现出很多杰出的治水人物,其中有古代的治水名臣、有识之士,有近代和当代科学治水、水利科学研究事业的先行者、奠基人,治水精英,优秀的水利工作者、水利技术人员,他们都为水利事业做出了突出贡献!

第一节　人物传记

郑肇经

郑肇经(1894—1989),字权伯,泰兴人。国际知名的水利、市政工程专家,中国水利学之父,中国水利史研究的先驱,辛亥革命以后对中国近代水利事业发展做出过开创性贡献的杰出人物之一。

1921年夏,他毕业于同济大学,获工学学士学位。1924年毕业于德国萨克森工业大学水利、市政工程研究院,获德国国试工程师学位。同年回国,至1949年,先后任南京河海工科大学、中央大学教授,上海工务局主任工程师、工程科科长、代局长和上海市中心建设委员会委员,全国经济委员会水利处副处长,水利司司长,中央水工试验所所长,中央水利实验处处长等职。中华人民共和国成立后,历任同济大学、华东水利学院和河海大学教授,华东军政委员会水利专门委员、太湖水利委员会委员等职。1989年因病逝世,享年95岁。

一

郑肇经是中国近代科学治水和水利科学研究事业的先行者、奠基人,对中国水利科研事业做出了重要贡献。全国政协副主席、水利部原部长钱正英称郑肇经先生为"我国近代水利事业的元老";著名水利专家、中国农业科学院灌溉研究所所长粟崇嵩教授认为:"中国近代水利之兴起,历经张謇之倡议,李仪祉之论说,落实到郑肇经之付之实行和收实效,历时三十多年才完成这一历史使命,郑肇经受命于国难期间,尤为难能。"

郑肇经的少年时代正值清朝末年,朝廷的腐败加之列强入侵,天灾人祸连年不断,特别是黄河久已失修,经常决口泛滥,使苏北里下河地区年年闹水灾,老百姓被迫逃荒,饿莩遍野。

年轻的郑肇经目睹这一惨况,立志苦学,献身于祖国水利事业。1921年夏,他在同济大学毕业后,以最优异成绩被选送至德国萨克森(Saxony)工业大学[现为德累斯顿(Dresden)大学]研究院留学。此时,现代水工模型试验技术的创始人赫·恩格司(Hubert Engels)教授亲自提名郑肇经为他的研究生,使其成为这位世界水工界学术泰斗的第一位中国弟子。

郑肇经留学德国期间,在赫·恩格司、马·费尔斯特(M·Foelster)、耿司曼(G·Engman)等教授的指导下,专攻水利工程和市政工程。他参加了他的导师恩格司在德累斯顿(Dresden)大学工程研究院主持的治理黄河水工模型试验和治黄原理的研究工作,为他们翻译中国水利史料。他刻苦学到了当时最先进的水工模型试验技术,而且还将恩格司的《制驭黄河论》译成中文发表,为治理黄河做出了积极贡献。

郑肇经一生从事水利科研,著述甚丰,主要有《渠工学》《海港工程学》《城市计划学》《河工学》《中国水利史》《中国之水利》《水文学》《农田水利学》《太湖水利》等专著。他还先后整理出版了多种水利古籍,并主持编写了《再续行水金鉴》《中国水利图书提要》《中国河工辞源》《中国水道地形图索引》等水利史研究史料。1939年,他的专著《中国水利史》出版,这是中国水利史研究的首创之作,具有极高的学术价值,引起了国内外研究中国科学技术史的学者、专家的高度重视。世界著名的中国科技史权威、英国学者李约瑟博士及日本的中国水利史专家都曾引用该书的研究成果并给予极高评价。李约瑟在他的《中国科学技术史》(*Science and Civilization in China*)中说:如果没有郑肇经的《河工学》《中国水利史》作指导,要想写就《中国科学技术史》中的水利史那一部分是不可能的。

抗日战争期间,郑肇经曾应民国政府交通部之聘,担任扬子江水道整理委员会委员,应资源委员会之聘担任长江三峡水电技术委员会委员。他同样十分重视长江的治理与研究,在他的水利著作中均以显要的篇章阐述长江的历史发展和治理方案,提出了治江应以保农、防洪为主的观点和上、中游支流以梯级开发为主,下游以江汉堤工为重点的治江与治汉(水)并举的方针。他提出的上游建库消纳洪涨,裁弯取直截堵歧流,培修江堤巩固堤防,整理重要支流、内河、湖泊等,都是治江的大事。

在当时,他还认识到西方科学技术虽然先进,但"欧美人士,远隔重洋,于我国河流特性,未能实地考察,殊难彻底了解,故其研究试验之范围,仅及于原理方面之探讨。所以我国各大河流的水利问题,必须自作长期之勘察测验,并作有系统之研究试验,然后筹谋规划,始克有济"(郑肇经《中国之水利》)。他指出:"吾国治河历有年所,经验丰富,著作繁多,苟求根本治理,决非外人短时期之考察所能作为准鹄……而观察数十百年来黄河之变迁,端赖历代文献。稽考文献,责在我等。"(郑肇经《制驭黄河论书后》)这是非常有见地和有责任心的观点。他还在其《河工学》一书中指出:"世界河流,各有特性,治河方策,亦将随之而异,宜于甲者,未必宜于乙,合于乙者,又未必合于丙。是以欧美治导河流之方法,莫不因地制宜,而有所差异。况吾国黄河之难治,举世咸知,西方学者,方孜孜研讨之不遑,而吾国数千年修治黄河之方法与经验,岂容漠然视之。"这些观点,完全符合辩证唯物主义和历史唯物主义的经典理论。尤其可贵的是,在20世纪20年代他就能以这样鲜明的论点来指导学生,不得不令人钦佩。他还是水利史的最早学者,1935年首先组织"水利文献编纂委员会",这个研究机构一直延续到今天。

郑肇经非常关心苏北、关心家乡的水利事业。为给治淮这一伟大事业提供历史资料和经验教训,他长期从事淮河和苏北水利史的研究。他的舅舅朱铭盘是清末著名学者,与南通张謇是至交。张謇力主导淮,对郑肇经有较大影响。1931年夏秋之交,江淮发生特大洪水,8月28日里运河东堤决口27处,苏北10个县被淹,死亡七八万人。江苏著名爱国人士韩国钧为了发动各方人士协力救灾,亲自到上海诚邀郑肇经回乡主持运河堵口复堤工作。郑肇经看到家乡人民生灵涂炭,自然义不容辞,于是慨然兼任江北运河工程善后委员会委员、主任工程师,负责运河堵口复堤善后工程,并亲自到来圣庵、党军楼、里铺等施工难度较大的河段现场指导施工。至1932年5月,堵口建成,他告别家乡父老,才回上海。韩国钧写信致谢曰:"此次堵口勉成,皆兄之功也。"韩国钧欲寄重金,表示酬谢,被郑婉辞。郑肇经在90岁高龄时,还亲自撰写关于淮河治理及苏北水利方面的学术论文,亲自到淮安参加淮河水利史学术讨论会。

二

在负责全国水利科学研究事业期间,郑肇经先后设立了南京、盘溪、石门、武功、成都、昆明、北平水工实验室以及土工实验室、河工实验区、黄土防冲试验场、水利航空测量队、水工仪器制造厂等,开辟了水利科研的多方面领域。他所领导的研究中心在水工、土工学术理论方面的成果,有很多至今仍在应用。1935年,郑肇经在南京清凉山修建了亚洲当时最大的水工试验大厅。

在此期间,郑肇经还兼任水工仪器制造厂董事长。他陆续试制成功中国第一台水工仪器——旋杯式流速仪、第一台光学仪器——丙式水准仪及回声测深仪和经纬仪。

1938年10月,郑肇经以更能专心从事水利科研工作为由,主动请辞了司长职务。

抗日战争胜利后,郑肇经身处动荡之秋,但心系光明,他自觉地为新中国保存了当时全国最先进的水利科学试验基地、设施和人才。1948年,国民党因为战场上连连失利,加强了机关"防共"措施,要求各单位严查共产党人的活动。当时,郑肇经在中央水利实验处主持工作,他不以为然地说:"科学技术单位是不会有共产党活动的……哪有那么多的共产党,你们不可随便怀疑而影响工作。"正是因为郑肇经的"保护",当时水利实验处的中共地下党员们都平安地度过了黎明前最黑暗的岁月。

后来,随着战场上的节节败退,国民党政府指令中央水利实验处把技术人员连同仪器设备、资料图书迁往广州。郑肇经断然拒绝执行这一指令,在中共地下党员和职工的支持下,他妥善安排工作人员,将仪器设备和资料图书全部封存到安全的地方,自己"辞职"去上海"治病"。上海解放恢复交通的当天,他立即返宁,将中央水利实验处全部人员、物资、设备、资料完好无损地交给华东军政委员会代表接管,为新中国的水利实验工作留下了一个好基础。

三

郑肇经是中国现代水利教育先驱,他一生有60余年从事水利教学,为国家培养了大批水利技术人才。

1924年,郑肇经从德国萨克森工业大学研究院毕业,报国心切的他随即回国,归国后,他受聘担任张謇创办的我国第一所水利高等学府河海工科大学教授,从事培养水利技术人才的工作。他先是担任首席水工教授,后又兼任教授会负责人。

他在教学中首先将当时最先进的水利技术引入中国,在校内建成了中国第一个水力实验河槽,向学生传授水工实验技术。由于他在河海工科大学授课最多,教学任务十分繁忙,1925年夏天不慎跌伤,未及时就医,造成腿部严重感染,被迫作了截肢手术,术后他坚持坐在椅子上授课。

当时中国大学全盘采用欧美教学方法,教材大都采用欧美原版,而郑肇经既注意介绍国外先进科学技术,也重视总结中国古代丰富的治水经验,并将其编入教材。他曾先后编写《河工学》《渠工学》《海港工程学》《水文学》《农田水利学》等教材,其中《河工学》一书于1933年由商务印书馆出版,它是我国治河工程学方面第一部有广泛影响的大学教科书,从首版到新中国成立,先后印行了9次。

自从1927年河海工科大学并入中央大学工学院之后,国内大学都没有单独设置水利系,水利人才的培养不受重视,使民国时期的水利事业陷入了缺经费、缺人才的困境。为解决这一问题,郑肇经不畏艰难,多方筹划,于1936年提出由水利处拨款委托中央大学训练水利人才的计划,从而使1915年由张謇、李仪祉等开创的水利高等教育事业绝而复续,成为抗日战争时期培养高级水利人才的唯一基地。1938—1949年,中央大学水利系共培养了高级水利人才数百人,这批人后来大多成为新中国水利建设事业的技术骨干和领导干部。

郑肇经一生情系水利教学,就是在主持全国水利工作时期,仍以培育人才为己任。1934年,他建立了水利文献研究室。他在给学生上课时指出:"病人看病要带病历,医生诊断要先问病史。我国黄河为害数千年,决口千百次,病程之长,病状之重,世所罕见。如果不把黄河的病史搞清楚,就找不到它的病根,要治好黄河的病,等于缘木求鱼,是达不到目的的。因此,研究中国水利史,不仅是为了保存和继承中华民族古代光辉灿烂的精神文明,更重要的是为现代水利建设带来服务。"

1936年、1937年,他先后亲自甄选15名优秀学子出国留学、进修和考察。这些出国的学子,后来大多数回国效力,有的在抗日战争中光荣殉职。新中国成立后,他们都成为国内水利事业的中坚力量,或成为国际知名的水利专家。

郑肇经先生墨迹

中华人民共和国成立后,郑肇经任同济大学工学院一级教授、代院长;1952年,他在上海参与筹建华东水利学院,1953年任华东水利学院(现河海大学)河川系、农水系教授等。

他循循善诱、海人不倦的精神,深深地刻在每位学生的脑海中。他的学生后来大都成为中央和省一级水利领导机关、科研机构和大专院校的领导人、专家、教授、研究员、总工程师或旅居欧美的著名学者。这些人中,很多人自己也已年过耄耋,功成名就,具有很高的声望,但当他们一谈到自己的老师郑肇经时,都异口同声地赞叹郑肇经是自己一生中难得遇到的好老师。

"文化大革命"期间,他受到严重冲击。党的十一届三中全会以后,郑肇经重回讲台,他精神更加振奋,亲自培养研究生,他不仅亲自为研究生讲课,而且不顾高龄和腿部伤残,亲自带学生到钱塘江实地考察海塘工程,带领研究生积极从事水利科学技术研究,为水利教育的复兴做出了很大的贡献。

1989年,郑肇经因病逝世,享年95岁。

鉴于郑肇经对中国水利事业的杰出贡献,国家有关部门给了他莫大的荣誉,曾授予他大禹奖章和一级宝光水利奖章。

家乡人民特别是水利工作者永远铭记他对中国水利事业做出的杰出贡献,永远怀念他!

殷炳山

殷炳山(1923—1982),江苏兴化下圩乡人,一生与水结下不解之缘。历史上的水乡兴化水灾频发,殷炳山从小亲身感受到水乡百姓所受水患之苦。1942年他参加革命,巧妙地运用水乡的河、湖、港、汊与敌人展开游击战,机智勇敢,立下很多战功。经过血与火的洗礼,殷炳山从一名普通党员逐步走上领导岗位。新中国成立后,他先后担任兴化县县长、扬州专员公署副专员、中共扬州地委副书记、兴化县委书记等职。"文化大革命"期间惨遭迫害,拨乱反正后,调任江苏省建筑工程局党组书记、局长。殷炳山在兴化、扬州任职期间,带领人民治水兴利,倾注了毕生精力,先后亲自组织和领导了许多治淮水利工程,取得显著成效,做出很大贡献。

20世纪50年代初期,兴化存有县境东北部清乾隆至嘉庆年间建的老大圩8个,西部民国年间建的烧饼圩、合心圩,每年汛前封堵这些圩口,挡御淮河洪水。其余全部是面积几十亩至一二百亩的小子圩,每年汛期各家各户利用三车(洋车、脚车、手牵车)和各种桶排除田间积水,抗灾能力差,农业产量低而不稳。1949年,淮河流域发大水,兴化水位2.96米,全县灾害严重,损失较大。灾后,时任县长殷炳山通过调查研究,探索出匡建联圩、建立抗洪战线和排涝阵地的里下河治水新路子,亲自动员和组织海河、大邹和钓鱼3个区的民力5300人,自1950年12月起,奋战一冬春,挖土方60.28万立方米,筑成南起海沟河、北至兴盐界河、东起渭水河、西至上官河(朱腊沟)总面积12万亩的海河大圩。联圩建成后,每年汛期提前打坝堵口,阻挡客水于圩外,减少排涝水量,减轻排涝压力,取得较好的抗洪排涝效果。此举为兴化洼地治理、防洪保安提供了新思路、新样板,拉开了兴化联圩、并圩,加强圩区建设的序幕。

从北宋天圣元年(1023),兴化县令范仲淹带领民众修筑捍海堰、设石闸起,经年累月,兴化境内形成9座23孔石闸。这些闸是分泄里下河洪水入新洋港、斗龙港、王港、竹港、川东港等5港排入黄海的主要通道,也是东阻卤水倒灌、西蓄淡水灌溉农田的主要水利设施。因年久失修和战争破坏,至20世纪40年代末,刘庄八灶、大团2闸已全部毁坏,其余大部分破损严重。兴化东部圩里地区形成流水不畅死水区,洪涝排不出,春天水变质,无水育秧。殷炳山时任兴化县县长,他了解情况后,积极向苏北行政公署反映,得到了上级支持,行署拨出专款修理范公堤一线石闸。1951年春,兴化成立范公堤石闸修理办事处,殷炳山亲自挂帅任主任。他抽调县(区)干部10多名,组织老圩、合塔两区600多民工开挖和疏浚石闸上下游引河,闸室通过公开招标,由曾万兴营造厂和丰华营造厂中标承建。工程自5月11日开工,对报废老闸在原址重建新闸,对危闸进行大修改建,对病闸进行维修。所有石闸都增加了上下游翼墙,进行护坦、护坡、护岸,新建了闸房存放叠梁闸方,配备专职管护闸工。经过4个多月艰苦努力,实际新建和修复石闸11座31孔,配备闸方550块。

二

1951年8月,国家召开第二次治淮会议,确定新辟一条西起洪泽湖高良涧、东至黄海扁担港、全长168公里的苏北灌溉总渠,引洪泽湖水灌溉淮河下游的农田;遇洪涝灾害时,排洪泽湖洪水下泄黄海。是年初冬,时任兴化县县长的殷炳山接到上级指令后,火速组织46100名民工,日夜兼程,提前赶到工地,到达指定位置安营扎寨,投入到新中国成立初期首次治淮工程。施工期间,殷炳山身先士卒,和群众打成一片,食宿在工地,组织兴化治淮团队进行劳动竞赛和"踩坏倒土、层层打硪夯实",确保了工程质量,加快了施工进度。殷炳山的这些施工管理经验,很快在整个治淮工地推广。他亲自培育和树立的先进典型鲍玉才班,日工效是一般班的近2倍。班长鲍玉才被誉为"鲍大担",被评为全省治淮模范,受到了毛泽东主席的亲切接见,并参加抗美援朝慰问团赴朝慰问志愿军。后来,鲍玉才所在村被命名为"中朝村"。在殷炳山的精心组织和领导下,兴化提前完成一期工程,民工放工回家过年。节后复工,民工增加到54400人。二期工程于1952年5月竣工。前后两期工程,兴化实做工日310万个,完成土方423万立方米,提前6天通过竣工验收,也是整个工程中唯一提前竣工的施工单位。竣工后,殷炳山发扬团结治水精神,组织5583名民工支援泰兴,帮助泰兴完成土方10万立方米。

三

1956年,水利部批准江苏治淮总指挥部制定了《里运河(西干渠)工程设计任务书》,扬州专区成立里运河整治工程指挥部,专区行署副专员殷炳山任指挥部党委书记兼总指挥,指挥扬州地区民工对里运河扬州段进行整治。工程历时5年,分3期进行,共完成土方1.2亿立方米。在里运河整治过程中,总指挥殷炳山坚持实事求是,走群众路线,及时纠正了当时上级有关部门制定的人工挑抬每天6立方米土的高定额和大运河两个五年计划"二五"一步实施的浮夸风,及时提出高标准筑好里运河东西大堤,建好里下河地区防洪屏障,保护里下河安澜,运河暂时保留中埂待后清除。这样做,既满足了当时的通航要求,又减少了工程量,适应当时社会承受能力。与此同时,殷炳山还一锤定音保住了高邮镇国寺和古塔。现在,古寺和古塔已成为里运河西侧一处名胜。

1959年10月,扬州万福闸工程开工,1960年冬滨江抽水站开工。殷炳山分管水利工作,对于省级重点水利工程给予了极大关注,经常带领工程技术人员深入工地调查研究,协调解决施工中的矛盾和困难。在调查研究中,殷炳山发现滨江抽水站建成后可能工程效益单一、利用率低。假如移址江都,抽水站在满足向徐淮补水的同时,还能兼顾里下河地区抗旱引水和涝水抽排,将使抽水站的受益范围进一步扩大,工程效益更加综合。为此,殷炳山刻苦钻研、联系群众、坚持原则,他带领工程技术人员对所提方案反复论证,亲临实地勘察站址,召集行家深入座谈,形成了一整套的抽水站移址方案。经扬州地委专题会议研究同意后,他又先后两次亲赴省水利厅力陈建议,得到了省水利厅领导和有关专家的赞扬与认同。省水利厅领导立即通知在建的滨江抽水站停工,重新编报江都抽水站设计文书和工程设计,使得举世闻名的大型抽水站落户江都。此举,既能源源不断地跨流域调水,又确保了里下河地区抗旱排涝。江都第一抽水站也被世人称为"江淮明珠"。当年负责全省水利规划的老专家徐善琨回忆这段历史时动情地说:"没有殷炳山,就没有江都站。"

黄书祥

黄书祥(1927—2014),江苏如皋张庄人,1943年3月参加革命工作,先后任如皋县财经局办事员、科员,税务所所长,渡军井区财经局主任、副区长、区长,县政府支前科科长、民工支前政治部主任等职。新中国成立后,先后担任泰州地委工作队支部副书记、土改工作队支部副书记、农工部副部长,湾头区委书记、扬州地委农工部副部长,兴化县委第二书记、兴化县生产指挥组副组长、县革委会副主任,兴化县委书记,扬州地委副书记、行署专员,扬州市委副书记、市长、扬州市人大常委会主任等职。

1960年1月,黄书祥任兴化县委副书记,至1981年5月从县委书记岗位上调任扬州市市长,先后在兴化工作22年。此间,他始终把农村工作放在首位,组织广大干部群众兴修水利,努力改善农业生产条件,提高抗灾能力;研究和调整农村经济政策,调动农民积极性;大力推广农业新品种、新技术等一系列措施,使兴化农业快速发展,农民生活水平迅速提高。

黄书祥主政兴化期间,针对兴化地势低洼、四水投塘、引水无源、易旱易涝的特点,自始至终把治水兴利、努力提高抗灾能力放在全县工作的重中之重。他亲自主持制定全县水利建设规划并落实水利工程建设计划,在他的关心和支持下组织实施的主要水利工程有:1965—1967年,精兵强将整治斗龙港,西起兴盐界河、东至黄海边,新辟一条入海河港。兴化境内新开了雌港、雄港,将斗龙港延伸至车路河,为低洼的兴化新辟了一条宽直、流畅的入海大通道。

　　在黄书祥的领导下,兴化在1971—1980年期间,先后组织民工8.05万人次,分8期分段施工,共完成土方933万立方米,新开了纵贯兴化市南北的渭水河、西塘港两条市级骨干河道112.4公里,大力推动水系大调整,改历史形成的水向东流的水系流向为南北流向。与此同时,全市组织整治和新开了边城至沈垛的通界河、荡朱北沙至沙沟的李中河,建成了全市五纵六横市级骨干河道的新框架;各乡(镇)采用每年组织群众治水突击月加专业队伍常年施工形式,努力建成乡级新河网。市、乡骨干新水系的建成,为引江灌溉、防洪排涝构建了新框架,形成了灌溉南引北流、东西调度,排涝南抽北泄、东西分流新态势,使全市工农业生产有了稳定的长江水源,提高了抗洪排涝的能力。狠抓防洪圩堤建设,努力构建防洪排涝的阵地。圩里地区将历史形成的八个老大圩进行开河分圩、圩外地区将零星分散的小子圩联并成5000～10000亩规模的大联圩,全县形成联圩400个,圩堤总长3600公里。圩堤的标准按挡1954年最高水位3.06米设计,圩顶高4.0米,顶宽3.0米,简称“四三式”。同时因陋就简加快圩口防洪闸配套,努力降低汛前打坝、汛后拆坝的压力,组建了机电排灌办公室,集中财力、物力配套排涝站,努力提高抗洪排涝能力。全县掀起了持续十多年农田基本建设高潮:改造塘心田、改造盐碱地,平田整地、三沟配套(排水沟、隔水沟、导渗沟),大搞条田方正,把低洼冷筋田“抬起来”种,将中低产田改造成稳产田,将150多万亩“老沤田”改造成稻麦两熟的高产田,将近40万亩荒草田水系配套开垦成良田。

　　黄书祥主政兴化二十多年,由于带领兴化人民坚持不懈狠抓水利建设,使兴化的面貌发生了巨大变化,基本上实现了遇旱引水、遇涝排水、能灌能降、调度自如的目标。一个个圩区成为独立排涝阵地,做到了“四分开两控制”(内外分开、高低分开、水旱分开、荒熟分开,控制内河水位、控制土壤含水量),促进了农业旱涝保收、增产增收。1960年,兴化粮食生产单产143.5千克、总产3亿千克,1979年上升到单产848千克、总产10.1亿千克。兴化成为优质商品粮基地、全国粮食生产冠军县。兴化人民摆脱贫穷,温饱有保障,加快了致富奔小康的步伐。

<h1 style="text-align:center">孙　龙</h1>

　　孙龙(1936—1994),泰兴县泰兴镇人。1954年参加工作,1980年毕业于浙江大学干部培训班,历任铜山县公社副主任、主任、书记,副县长、县长、县委书记,徐州市副市长,省水利厅厅长,1994年12月16日病逝。

　　孙龙在铜山县任县委书记期间,坚持以经济建设为中心,从本地实际出发,认真推行联产承包责任制和大包干政策,使铜山县的粮棉生产和多种经营在短时间内取得了历史性的突破,工业和城市建设也有了飞跃的发展。他撰写的《关于铜山县推行联产承包责任制和大包干》手册,受到有关方面的好评。

1988年,孙龙出任江苏省水利厅厅长。

他依靠水利专家、技术人员和广大干部的集体智慧,认真开展调查研究,使江苏的水利建设掀起了新中国成立后的第三次高潮。从江苏水情出发,在以前全省水利规划的基础上,他主持提出了一个较为完善的"53111"系统工程实施方案,计划在2000年前,治理和续建新沂河、新沭河、淮河入江水道、太浦河、望虞河等5条行洪骨干河道,续建和新开挖徐洪河、通榆河、泰州引江河3条水资源河道工程,完成江水北送一线泵站的更新配套挖潜,进行1000万亩低产田的改造,并在"八五"末和"九五"初实施淮河入海水道工程。

1991年,在省委、省政府的领导下,他与水利厅党组成员全力以赴组织抗洪抢险救灾,取得胜利,他荣获水利部表彰的抗洪抢险先进个人称号。汛后,他抓住全社会要求根治水利的契机,在省委、省政府的大力支持下,加快水利建设步伐,振兴水利基础产业,使江苏省在全国首创"水利为社会,社会为水利"的新路子。

他在全省水利系统按照"防洪保安为主,洪涝旱渍兼治,发展水利经济,创建基础产业"的指导思想,深入进行水利行业改革,初步建立了"多元化投入机制,有偿服务机制,建设、管理、开发、经营、服务一体化经营机制以及激励竞争机制"等4个机制,使江苏水利建设、水利改革和水利经济出现新的发展时期。水利改革开始向适应建立社会主义市场经济奋进,水利综合经营总产值雄居全国榜首。江苏省水利厅1993年、1994年连续两年被水利部评为全国水利先进单位。

他十分关心泰兴的水利,经常到泰兴检查、指导水利工作,规划落实骨干河道整治和通江闸的修建,帮助解决实际问题,促进了泰兴水利不断发展。

泰州市水利局原局长董文虎曾写一挽联悼念孙龙厅长逝世:"逝者如斯夫不舍昼夜划五三一一一蓝图,成果丰硕禹步龙迹遍江苏;陨星落砂河人去楼蠹创五十又六亿产值,甘霖未尽江涛海浪伴愁思。"

姜永荣

姜永荣(1944—2002),出生于姜堰,1966年12月加入中国共产党,1970年3月参加工作,历任泰县俞垛公社房东大队党支部副书记、公社党委副书记、泰县县委副书记、革委会副主任、县委书记、革委会主任、扬州地委副书记、行署副专员、扬州市委副书记、书记(后又兼任扬州市人大常委会主任),1993年4月起任江苏省副省长。姜永荣是中国共产党十四届中央候补委员,党的第十一次、第十四次全国代表大会代表,第九届全国人大代表,中共江苏省第八、第九、第十次代表大会代表,第八、第九、

第十届省委委员,江苏省第八、第九届人大代表。2002年8月1日凌晨,因突发心脏病抢救无效,于1时40分在南京逝世,享年59岁。

———

姜永荣身居高位,日理万机,但他对家乡的水利建设,特别是重大水利工程总是放在心上,非常重视、非常关心。

泰州引江河工程规划于20世纪50年代,设计于20世纪90年代初,当初的规划设计标准偏低,没有系统考虑沿线交通、堆土区防洪、河道两岸村庄企业搬迁等问题,工程上马之初,沿线群众反映较多。为此,姜永荣数次到泰州实地调研后,采纳了泰州市政府及水利部门的意见,同意增建疏港公路、海阳桥、周山河套闸,调整堆土区,加宽鲍徐桥,改建码头,增设自来水厂取水口等工程,使引江河的设计更加科学合理,综合功能得到充分发挥,有效解决了工程沿线群众饮水安全、交通出行等实际问题。

引江河工程全线开挖后,沿线堆土区因未绿化,每当起风,尘土飞扬,河两岸老百姓家门窗一片黑、家里一层灰。姜永荣知道此情后忧心如焚,而在此之前省内水利工程没有大面积绿化的先例,引江河工程在概算时也未作此考虑。姜永荣先后多次召集省发改、财政、审计、水利等相关部门及扬州、泰州两地政府进行研讨,决定先由江都和泰州各搞两个试验段。不到4个月,试验段建成了,河两岸面貌焕然一新,景观效果和水土保持效果好于预想。姜永荣随即召开现场会,再次听取各方面的意见,在多方共同论证和建议下,最终引江河工程在没有突破总预算的前提下,精心规划实施了总投资达1亿余元、总面积700万平方米的绿化工程,形成了"春到引江、绿荫护夏、红叶迎秋、梅香竹海"的绿化效果,建成的引江河宛如一幅美丽的画卷。

在泰州引江河建设的几年里,姜永荣几乎每个季度都要来泰检查或布置工作,仅泰州市水利局大事记中记载姜永荣视察检查指导引江河的记录就达15次。他曾多次深入到工地第一线,帮助解决施工中出现的种种困难。1996年初春的一个晚上,已临近深夜11时,姜永荣和秘书从南通回南京途中,在高港大桥处停车,和秘书二人乘着月光到引江河工地检查,发现引江河试挖段护坡混凝土护砌块有损坏,他查看了136块砌块,有近2/3的护砌块破裂。他立即打电话给泰州市副市长吕振霖、扬州市副市长潘湘玉和省水利厅副厅长沈之毅,要求他们立即处理并拿出整改意见。在第二天早上7时左右,吕振霖等3人赶到工地,紧急研究处理这个质量事故,总结经验教训,并整顿了施工队伍,优化了施工方案,强化了质量管理,进一步落实了责任制。

姜永荣十分关心引江河工程的质量和进度,同时也非常关注沿线群众的生产生活。1997年冬,泰州引江河高港枢纽进行基础施工。由于地质条件相当差,大量的砂石等建筑材料运送进场时造成乡间道路破损,直接影响了沿线群众的生产生活。虽然高港区政府与施工方进行多次协调,但问题没有得到很好解决,有些村民不让车辆通行,与施工工人发生对峙。姜永荣知道后,立即通知省水利厅主要负责人到他办公室,十分严肃地作出3条指示:一是要正确对待群众,凡是群众的合理要求要马上解决,一些群众有过高的要求要耐心解释,对个别群众的不合理要求要批评;二是要请地方政府做好群众工作,水利厅要做好施工队伍的工作;三是不能影响工程施工。省水利厅主要负责人立即通知工程指挥部把工人从现场撤下来,同时立即赶赴工地,会同高港区委、区政府负责人听取群众意见、做群众工作,对因施工影响而破损的乡间道路同意立即拨款进行整修,施工队伍也优化了运输方案,尽量减少了对群众的干扰。由于工作做得比较及时,及时解决了群众的生产生活实际问题,不但一场尖锐的矛盾化解了,而且促进了施工单位与高港群众的和谐关系,使工程能更有序地向前推进。

在他的决策和支持下,引江河成为省内第一个不动用民力,完全用机械挖浚而成的省属重点水利工程,成为省内第一条数十公里不设排污口的清水通道,成为第一条由省人大专门立法重点保护的河道。这些都源于姜永荣对引江河的感情、对人民的大爱。

二

姜永荣非常关心、重视泰州的水利改革和城市水利规划。

1988年4月,泰兴率先在农田水利灌溉上推行改制,4月完成横垛乡南谢村电灌站股份合作制的试点,由20名股东出资55200元购买了该村一座电灌站和2160米衬砌渠道,打响了水利工程资产重组、投资多元化、公有制形式多样化的第一炮。姜永荣听到这一消息,非常高兴,他专门到泰兴,进一步了解实际情况,盛赞这一改革"是一个新突破",对泰兴市开展这项工作给予了充分的肯定和指导,并提出拟在全省召开会议予以推广。由于得到姜永荣的支持,泰兴市加快了农村小型农田水利产权制度改革的步伐,解决了百万亩节水灌溉工程和里下河圩堤达标建设配套资金的瓶颈问题,为加快泰兴市通南百万亩节水灌区建设和里下河圩堤达标无坝市建设起到了关键性作用。

2001年8月,泰州市遭遇"8·1"特大暴雨后,市委、市政府明确将城市水利建设职能划交水利部门。10月,四套班子考察浙江绍兴、嘉兴的城市水利,要求水利部门对主城区要拿出水利建设规划和近期建设计划,不久,泰州水利局启动了老城区8项、新城区4项城市防洪工程,并拿出了拟在主城区东南边新开南延北伸引水河拓浚工程的规划。泰州在全省率先启动城市水利改革,引起了姜永荣的高度关注。12月27日,他率省水利厅负责人到泰州现场办公。在听取汇报后,他充分肯定了泰州的做法,并提出导向性意见。他指出:"泰州要把城市防洪与加快城市建设当作推动经济发展、凝聚各方力量的一件大事来抓","要高起点规划","要把外部大水系的畅通和内部管网建设有机结合起来,把防洪保安、改善水质、营造环境、旧城改造和开发水文化及旅游资源有机结合起来,实行综合治理、整体推进、全面提高,体现泰州城市的特色和未来发展水平"。这一高瞻远瞩的指示为泰州城市水利建设指明了方向,也为江苏城市水利的发展定了基调。这一基调突破了长期以来水利只注重"灌、排、补、航"等有形功能,将水利服务的对象和建设的功能向外拓展到一个更高的层次,不仅要注重有形功能,还要考虑水利在生态、环境、人文等方面的无形功能。

后来,姜永荣还对泰州引水河(凤凰河)工程规划做出明确指示:"……对城市规划要站得高一点,看得远一点,要多从城市发展战略上考虑,不能就防洪搞防洪工程。要把城市防洪工程建设与城市综合整治、环境建设和文化旅游资源开发结合起来,起点高一点。"遵照姜永荣的指示,泰州凤凰河最终建成全省第一条获全国水利风景区称号的城市河道。应该说,如果没有姜永荣的导向和支持,凤凰河的建设是很难达到这个标准的。

三

姜永荣身居高位,本色不变,初心不改,情系故土乡民,对家乡百姓的安危疾苦十分关心。

2000年5月,全省防汛工作会议期间,泰州市水利局局长董文虎向姜永荣汇报了一个情况:1958年开挖新通扬运河时,拆去了泰州一座建于清乾隆十八年(1753)的3孔石桥赵公桥(又名五庙桥、凤尾桥)。1960年,在其附近建了座跨新通扬运河的9孔人行木桥。1998年,这座桥与上游同跨新通扬运河的森北桥同时被鉴定为危桥。泰东河拓浚工程中,赵公桥的翻建被立为一个子项目。当时,泰东河拓浚工程才进入前期工作,要等上马还有待时日,而赵公危桥,却日日威胁着过桥行人的安全。

会议结束的当晚,姜永荣即从淮阴赶到泰州,次日清晨,连秘书都没带,独自一人去赵公桥,实地察看危桥状况。他看到了危桥,看到了危桥上人流堵塞车难行⋯⋯早饭后,他即在高港枢纽召集省水利副厅长沈之毅、省计委等有关部门的负责人和泰州水利局局长董文虎等,就赵公桥的事开了一个专题会议,要求大家出主意、想办法,解决这一关系到桥两侧众多企事业单位和老百姓交通十分不便的急事。会上,省水利副厅长沈之毅提出:"此桥如急需上马,是否可提前办理?"但有些人认为"按规定,提办有点难"。最后姜永荣说:"我们兴办工程,就是要办一些实事,办一些老百姓急需的事。老百姓的安危、老百姓的需要比什么都重要! 老百姓的困难是真困难,我们有困难可以克服,特事特办,我看,赵公桥翻建工程就提前办理吧!"

在姜永荣的关心下,2000年5月22日,泰州市政府向省政府提交的关于提前办理赵公桥翻建工程的书面请求获准。2001年9月,赵公桥正式开工建造。

姜永荣非常关心这座桥的建造,多次电话询问董文虎施工情况,嘱咐董文虎要保质保量建好大桥。他还于2001年12月7日、2002年4月8日两次来泰,登上高高的施工脚手架,亲自了解、查看该桥的粉喷桩、灌注桩和盖梁、空心板的施工质量及吊装安全,他叮嘱董文虎等人:"一定要把质量抓好,一定要十分注意安全,在确保安全、质量的前提下,要加快工程进度,争取提前通车。"竣工时,水利局本着节约原则,未搞任何庆典仪式,而附近的老百姓和企事业单位,连续3天到桥上焚香、放爆竹,以示他们对新桥落成的喜悦和感谢之情。

四

姜永荣对家乡水资源的开发和利用同样非常关心。

在溱湖风景区还处在步履维艰的起步阶段时,他曾多次语重心长地对姜堰的领导干部说:溱湖是大自然赋予姜堰人的宝贵财富,不能浪费了,一定要科学规划、有序开发、合理利用。为官一任,要造福一方,溱湖治理好了,旅游做好了、做响了,地方多了一张名片,老百姓多了一份收入,你们就做了一件惠及子孙、功德无量的大好事。

关于溱湖的发展,他考虑得很深很细,从景区的总体布局到区内景点的设置,从景区的自身建设到游客行、购、食、宿等配套设施的完善等,每一个问题都有他自己的见解。他说,溱湖与溱潼镇靠得很近,一个是风光旖旎的水上明珠,一个是文脉悠长的千年古镇,两者联动起来,称得上是珠联璧合、相得益彰。他专门嘱咐姜堰的领导干部,要把湖镇联动这个优势用足,把联动的文章做好,让游客既能欣赏到湖光水色,又能感受到浓郁的地方风情,还能留下来吃饭、住宿,这样,旅游的含金量就高了,溱湖的发展就活了。他说,从溱湖到古镇的车程、船程都不到20分钟,如果把沿线打造成景观带,达到"人随车船走,身在景中游"的效果,游客肯定会感到大饱眼福、不虚此行。

2001年底,他到溱湖,看到湖水很浅又很浑浊,语重心长地对姜堰领导干部说:20年前湖水多好啊,一眼望下去清澈见底,捧一手喝下去清冽甘甜,现在的湖水还有人敢喝吗? 溱湖旅游成也在水、败也在水,小打小闹不行,光搬企业也不行,要有大手笔,要全面、综合整治,要清淤、整体换水,让溱湖脱胎换骨,重现过去的神韵和魅力。姜堰有关部门测算,溱湖全面整治需要四五百万资金,可当时地方财力远远不够。熟知水利政策的姜永荣给家乡人指了一条明路:溱湖地处里下河地区,属于全省三大洼地治理、蓄洪区整治范围,按照省里的政策,完全可以整合项目、上争资金。

在他的关心下,溱湖治理项目顺利启动。开工后,日理万机的他时时牵挂着溱湖的发展。他或是在节假日赶回来,或是在出差路过时停一下,亲耳听一听、亲眼看一看溱湖的发展,有时还去湖东湿地察看景点建设的情况。虽然只能是来去匆匆,但他对家乡的一片深情却深深印在人们心中。

只是非常遗憾,姜永荣没有看到竣工后的赵公桥,也没有看到溱湖被评为全国水利风景区,2002年8月1日,一个令泰州人心痛的日子,这天凌晨1时40分,姜永荣因突发心脏病抢救无效,在南京逝世,享年59岁。

他逝世后,时任中国共产党总书记江泽民及其他党和国家领导人李鹏、朱镕基、胡锦涛都送了花圈或唁电,称他为"中国共产党优秀党员、忠诚的共产主义战士";国家防汛防旱指挥部、水利部在唁电中赞誉他为江苏省防汛防旱工作、为水利事业的发展做出了重大贡献;《中国绿色时报》称他"生前一面旗帜,死后一座丰碑"。泰州市水利局原局长董文虎写的挽联"遗爱扬泰统驭苏农一省百姓难忘谷雨棠阴个个念姜公德政,致力水利指挥防汛天地风云遍颂引江治淮深深泣永荣逝世愁思",代表了泰州人民特别是泰州水利人的沉痛哀悼和深切思念。姜永荣逝世已近20年,但他还活在泰州水利人的心中! 他身居高位、勤政为民的情怀,他对全省水利事业的贡献,他爱乡爱民、关心泰州水利事业发展的赤子之心,永远铭刻在泰州水利人心中,泰州水利人永远怀念他!

第二节　治水精英

丁荫伯

丁荫伯(1912—1969),靖江生祠镇利珠村人,1940年参加革命工作,同年8月加入中国共产党。在抗日战争和解放战争中,历任靖江乡长,区委副书记、书记等职。1950年任靖江县人民政府建设科、农林科科长,主管水利工作。战争年代留下的伤病刚愈,他就积极投身水利事业中,主持修筑四圩港至下五圩港长江退堤工程;1951年2月,他协助县政府动员东兴、八圩、侯河等区37个乡6983人疏浚八圩港;1952年,主持疏浚十圩港、七圩港和长江堤防部分段退建工程。1956年任靖江县委副书记。1958年8月兼任县水利局局长。分管和主持疏浚十圩港、天生港、下青龙港及建造山港闸、孤山横港闸、十圩节制闸等工程。1955—1959年,他4次带领民工近6万人次,支援外地水利建设,参加江浦复堤,开挖引江河,大运河疏浚、复堤工程,工段总长18公里,共完成土方326万立方米。1959—1966年,先后任靖江县委监察委员会主任委员、县监委副书记、县政协副主席等职。1969年因病去逝,终年57岁。

刘联芳

刘联芳(1920—2000),靖江西来镇卫星村人,中共党员。1940年参加革命工作。历任靖江长安区委组织科干事、书记,东台县台南区武工队队长。新中国成立后,先后任靖江县合作总社股长、《扬州农民报》地方新闻组组长、扬州地委工作队队长。1958—1961年任靖江县水利局副局长、局长。1962—1982年先后任邗江县副县长,扬州地区行署农业局局长、农委副主任。1982年12月离职休养,享受地市级干部政治、生活待遇。2000年因病去逝,终年81岁。

在任靖江县水利局副局长、局长期间,刘联芳分管和主持建造竖辛港闸、北横港闸、小桥港闸、下青龙港闸、上六圩闸及疏浚真武河、上五圩港、牛角港、山港、川心港、下青龙港等工程。1960年冬起,靖江大力发展电力灌溉。他积极配合县政府相关部门建成电灌站55座,新增动力2352千瓦,架设高压输电线路91.1公里。担任《靖江水利》内部刊物总编辑期间,他积极宣传党和政府有关水利的方针、政策,县委、县政府关于水利的中心任务,水利工程建设情况及成果。

王永高

王永高(1922—2007),兴化人,中共党员,1944年参加革命工作。历任苏中运输船江海公司押运保管采购员,东台靖江税务员、组长、副所长、所长、站长。新中国成立后,先后任靖江财粮主任助理、柏木区区长、副书记,靖江县政府农林科科长,靖江县革委会农水组组长、副县长、县革委会副主任。1971—1982年任六合县革委会副主任、县人大常委会副主任。1983年12月离职休养,享受地市级干部政治、生活待遇。2007年因病去逝,终年85岁。

1954年,他协助靖江县政府动员民工近5000人,修复江堤险段,完成土方12万立方米;是年11月,他还协助县政府组织民工6.1万人,实施新中国成立后靖江长江大堤首次全面加高培厚工程,完成土方40万立方米。1955—1956

年,他分管和主持疏浚火叉港、下五圩港、上六圩港、西团河、安宁港、下四圩港及建造雅桥港、旺桥港涵等工程。1959年,他还两次协助县委副书记丁荫伯带领民工2万余人,支援外地水利建设,参加大运河复堤、疏浚工程,总长近8公里,共完成土方274万立方米。

1968—1971年,王永高任靖江县革委会农水组组长、副县长、县革委会副主任。此间,他分管和主持疏浚安宁港、石碇港、下六圩港、罗家桥港、章春港、永济港、真武河、城河及建造万福桥港闸、天生港闸、渔婆港闸、章春港闸等,为靖江的水利事业做出了很大贡献。

朱恒广

朱恒广(1923—2011),兴化林湖人,1945年参加革命工作,历任兴化草冯区、大垛区区长,兴化县委宣传科副科长,水利科长、水利局副局长等职。

朱恒广自投身水利事业以来,钻研业务,勤奋工作,几十年如一日地奋战在水利第一线,他亲自组织和领导的大、中型水利工程几十起。

1959年11月至1960年10月,配合分管水利的县长陆兆厚,带领兴化19000名民工,新建万福闸;1964年2—5月,带领3500名民工整治卤汀河、盐邵河;1968年10月至1969年2月,任兴化水利工程团团长,带领39000名民工,新开新通扬运河,在里下河地区南端,新辟一条东西向引水排洪新河道;1969年10月至1970年1月及1977年11月至1978年1月,先后组织和带领17800名民工分两期工程新开雄港河;1972年10月至1973年2月,组织和带领15600名民工整治雌港河,使兴化东北部地区新增一条南接车路河、北连斗龙港的排涝泄洪大通道;1970年10月至1980年2月,先后组织44800人,历时10年,分5期新开和拓浚西塘港,共挖土方628万立方米,在兴化中心位置增添了一条纵贯南北全境、全长59.9公里的市级骨干河道,实施了里下河地区水系调整规划,改里下河地区水的东西流向为南北流向,为利用江都抽水站抽引长江水灌溉农田和抽排里下河涝水创造条件;1971年11月至1976年4月,先后组织民工35700人,分3期新开渭水河中、南段,完成土方305万立方米,北段利用钓鱼至大邹的渭水河老河段,在兴化西部形成一条南引北流、南抽北泄、与西塘港平行的市级骨干河道;1978年4月至1979年2月,任兴化水利工程团团长,带领5000名民工远征江都,实施江都西闸切滩、新建送水闸、配合新建江都第四抽水站,配套完善了江都水利枢纽工程;1979年11月至1980年1月,任兴化水利工程团团长,带领29600名兴化民工拓浚新通扬运河西段,提高新通扬运河引排能力,使其与江都水利工程枢纽的引排要求相适应;1982年11—12月,任兴化水利工程团副团长,作为顾彪的参谋助手,参与京杭大运河宝应段中埂切除工程。

朱恒广虽然是工农干部出身,但刻苦钻研业务,善于调查研究,很快成为内行的水利局长。兴化的每条大河、每个联圩、每个大的村庄他都了如指掌,成为兴化的活地图。

朱恒广是兴化市水系调整和联圩并圩的主要创始人之一。1962年,兴化发生大的洪涝灾害。灾后,他到地势低洼的竹泓志方蹲点半年之久,通过现场查勘、多次座谈、讨论定出联圩并圩规划方案。秋后,组织群众匡建成1.2万亩的志方大联圩,为兴化圩区治理探索出一条成功之路。1970—1980年,正值全国掀起大兴水利热潮,当时水电局分工朱恒广分管水利。他组织水利技术干部,制定了兴化水系调整的第四个五年计划和第五个五年计划(简称"四五""五五"规划)。他还亲自组织和发动新开兴化西塘港和渭水河市级骨干河道,在兴化全面掀起了联圩并圩和圩里地区开河分圩的大兴水利的群众运动,通过10多年的不懈努力,兴化形成了市级骨干河道、乡级骨干河道(分圩河)和圩内河道三级河网。同时,建成了400个大联圩。联圩面积5000~10000亩不等,圩堤总长3600公里,标准为"四三"式,即堤顶高程4.0米、顶宽3米。

褚宏彪

褚宏彪(1930—1987),靖江越江新建村人。儿时在长江边长大,亲眼所见江堤决口百姓遭殃、农田成灾的情景,深知江边人民饱尝洪患之苦。从小立志,学好本领,筑好江堤,为民造福。1949年5月因家境贫困辍学而参加革命工作。1954年6月加入中国共产党。历任泰州分区干校学员,靖江柏木区白家弄小学教师、柏木区政府文书、县民政科文书、县政府秘书室文印股长、县人委办公室副主任,农林局副局长、局长,县委农工部副部长,科委副主任。20世纪60年代初至70年代,响应党中央号召,支援边区建设,在贵州省毕节市政府工作。在任靖江县委、县革委会办公室主任期间,他积极献计献策,当好领导参谋。后任靖江县革委会常委、副主任。1981年5月任靖江县县长,同年8月任靖江县委副书记。靖江县第八、第九届人大常委会主任、党组书记。江苏省

第六届人民代表大会代表、扬州市第一届人民代表大会代表。他积极、妥善处理历史遗留问题,认真、稳妥落实党的干部政策,发挥了地方老干部、部队老同志的作用。

1982年,在认真总结历史经验教训后,靖江县委决定修复江堤,造福人民。是年10月,时任县长的褚宏彪带领靖江水利部门技术人员赴江堤勘查,并召开沿江公社干部群众座谈会,广泛征求意见。他还组织水利、多管等部门进行论证,制定了复堤工程实施方案。同时,成立"靖江县复堤工程指挥部",加强对复堤工程的具体领导。县委副书记崔德余负责西片,副县长孙力行负责东片,他亲临一线指挥。是年8月16日,褚宏彪主持召开沿江10个公社书记及财政、水利、农业、农行、多管等部门负责人会议,在江堤现场部署和落实复堤工程任务。他说:长江复堤是沿江人民群众生命财产安全的大

事,是开创靖江社会主义现代化建设新局面的基础,是关系到农业高产稳产持续发展的重要措施,是让沿江人民先富起来造福于人民的千秋大业。并对长江复堤任务、施工要求和政策作了具体部署。他要求复堤工程一定要按标准实施,坚决把好质量关,务必做到"五成一管",即堤成、绿化成、鱼塘成、公路路基成、配套建筑物成、管理措施落实。与会者精神振奋,信心倍增。

同年11月20日,复堤工程拉开序幕。沿江10个公社组织民工7万多人会战江堤。百里江堤红旗飘扬,热火朝天。县政府特制3面红旗,分东、中、西3片开展公社与公社之间的评比竞赛。工地上掀起了"比质量、比速度,你追我赶"的高潮。

1982年冬至1984年春,沿江10个公社共组织民工近16万人次,对江堤全面修复加固。按照堤顶高程:炮台圩以东7米,炮台圩以西7.5米;顶宽6.5米,坡比1:2.5~1:3,为有史以来标准最高、规模最大的复堤土方工程。共加固培修主江堤111.9公里,完成土方549万立方米,总投资1061万元。堤防滨江公路全线土路通车。堤坡、青坎全面绿化,总长96.86公里,植树29.4万株。挖成鱼塘771个,水面面积2444.52亩。江堤基本成为防洪的阵地、绿化的园地、多种经营的基地。

褚宏彪多年来工作勤勤恳恳、任劳任怨,甘愿当好人民的孺子牛。他作风踏实,经常骑自行车下基层,进农户调查研究,获取第一手资料,为决策提供依据。为争取上级政府支持,他多次去省水利厅申请将长江复堤列为水利基建项目。江堤修复工程实施期间,他带病多次上堤检查进度和质量情况。

因长年操劳过度,积劳成疾,1987年,褚宏彪因病逝世,年仅58岁。临终前,他仍念念不忘水利事业,再三叮嘱靖江县水利局局长陈新宇一定要把江堤的事办好。

顾　彪

顾彪(1931—2012),兴化边城人,1949年5月参加工作,历任兴化县花顺区团工委书记、中堡区委副书记、扬州专署水利局工管科副科长、兴化县水利局副局长、局长和兴化市交通局局长等职。

顾彪的一生与水结下了不解之缘。早年,他在农村工作,每年带领群众抗洪排涝。调任水利部门工作后,从1958年起先后15次带领兴化治淮民工奋战在水利建设工地上,南起扬子江边、北至淮河两岸、西起六合峻岭、东至黄海之滨,到处留下他的足迹。

1959年10月,他带领10000名兴化民工,在扬子江畔建设大运河上的施桥船闸,次年10月底工程竣工。1963年11月,顾彪夫人身怀六甲即将临盆,他接到上级整治射阳港上游戛粮河的指令,立即组织8000名民工赶赴工地。其间,夫人生下爱女,顾彪全然顾不得回来探视,直至工程竣工才回家给爱女起了个具有纪念意义的名字叫"戛粮"。1965年10月至1966年3月,顾彪带领30000名民工整治斗龙港一期工程。

1969年春末夏初,省水利厅将淮河入江水道上的大汕子隔堤测量任务交给兴化,并委任顾彪负总责。顾彪带领测量队伍开进高邮湖和宝应湖,他们驻扎湖滩,在芦苇丛中放导线,涉水搞测量,用1个月时间艰难地完成测绘任务。夏天,先期组织和带领民工开进工地,食宿在船,夜以继日地用镰刀割去施工区域内的芦苇、杂草,清除施工障碍。秋天,带领先头部队1万人,分乘2000艘农船开赴工地,在湖滩水中取土筑成施工围堰,排水清淤,做好大部队大会战的准备。冬天,带领兴化2万名民工在高邮湖中水上安营扎寨,在柴滩上取土、在淤土上筑堤,经过一个冬春的艰苦努力,完成土方356万立方米,于1970年4月完成施工任务。

1970年10月初,顾彪带领兴化7000名先头民工,分乘1200条农船开进邵伯湖东滩的太平河口,农船夜晚民工住宿,白天用于运土打拦河大坝,提前打好施工坝、排干湖水。10月27日,大批民工集结在邵伯湖畔切湖滩、拓浚上凤凰河。在顾彪指挥下,兴化民工用7个月时间,将上凤凰河入湖口开成河底宽600~965米的大喇叭口,改善了淮河入江水道行洪条件。1971年6月结工返乡。

1971年10月至1972年4月,他带领15000名民工加固运河西堤。1972年11月至1973年2月,他带领9200名兴化民工新辟滁河马汊河分洪工程。

1980年7—8月,顾彪带领兴化4000名民工,参加大运河高邮段西堤抢险加固。他带领全体干部、民工顶烈日、战高温挖土复堤,以碎石垫层、块石护坡、乱石压脚,外筑青坎、内建戗台。7月下旬一天夜晚,狂风大作,暴雨如注,狂风掀翻刮走工地上所有工棚,暴雨淋湿了人们的所有衣物,全体干部民工光着身子度过这个风雨交加的夜晚,第二天抢搭工棚,继续施工。两个月突击完成运河西堤抢险加固任务。

1982年11月,兴化参加了大运河宝应段中埝切除工程,顾彪带领兴化20000名民工承担宝应城南4.5公里的施工任务。由于中埝是运河原来的东堤,堤上建有古石闸2座、石柜石坝1.4公里,还有历史上堵口抢险的多处柴石榻,这些都成为施工障碍。顾彪亲自组织以人武部爆破专业人才为骨干的3个爆破小组,奋战16个夜晚,用去8419个雷管、1644千克炸药,炸毁所有石闸、石坝等施工障碍;调遣了兴化水利工程安装队,组成4个拔桩组,拔除了中埝下面的4万多根长度5米左右的木桩,为顺利施工创造了条件。兴化民工仅用35天时间,搬走石方2万多立方米,完成土方97万立方米,搬掉了大运河中的中埝,扩大了运河通航能力,同时加固了运河的东西大堤。现在,大运河建成为2级航道,运河东堤建成了Ⅰ级公路。

1983年,任兴化水利局局长的顾彪,抓住机遇,向县领导提出整治车路河、兴筑兴东公路的水利建设规划,获批准。兴化举全县之力,动员24万名民工,抽干河水,拓浚河道,挑土800万立方米,将原来弯曲浅窄的小河,拓宽成底宽40~50米、河底高程-3.0~-5.0米、口宽80~120米的大河,并利用河床土筑成兴化至204国道45公里长的兴东公路,提高了兴化境内水源东西调度能力,改善了水陆交通。作为常务副总指挥,他周密地制订施工方案,妥善地处理施工中的难题:540米宽的东门泊缩窄成120米宽的河面,河挖深至-5.0米,在王家塘、垛田翟家和杨花造地3块,总面积达24万平方米,为兴化城市建设增加了土地资源,使东门泊旧貌换新颜;车路河线保持基本顺直地穿越了湖东口大村庄,劈开了唐子老集镇,拓宽了戴窑镇区老河段,使沿河村庄、集镇面貌焕然一新。现在车路河与整治的川东港相衔接,升格为里下河地区的第五大港,大大改善和提高了里下河腹部地区的泄洪能力。

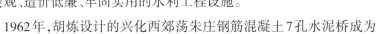

　　胡炼（1935—1995），江苏扬州市人，1950年参加工作，1956年被组织选派到华东水利学院学习，1961年大学毕业后分配到兴化水利局，先后任技术员、工程师、工务股副股长、水利局副局长。1981年起，先后任兴化县人民政府副县长、县长、兴化市市长、市人大常委会主任。1995年因病在兴化逝世。

　　胡炼勤奋好学、技术精湛、为人谦和，他先后参与兴化县水利建设第二个至第五个五年计划水利规划的编制和实施全过程。他所设计的桥梁、防洪闸、排涝站、高压电线跨河电杆等水工建筑物遍布兴化全县（市），为兴化的生产交通、引水灌溉、抗旱排涝提供了技术先进、造型美观、造价低廉、牢固实用的水利工程设施。

　　1962年，胡炼设计的兴化西郊荡朱庄钢筋混凝土7孔水泥桥成为兴化第一桥，尔后他设计出各种规格的桥板、桥桩等一整套定型图纸，实行工厂式预制、现场装配式安装，兴化先后建成装配式水泥桥1万多座。1963年，胡炼设计了排涝站，由于当时没有定型水泵，兴化县领导组织兴化水泵厂（兴化拖拉机厂前身）技术干部，按照胡炼设计的图纸研制出直径90厘米的兴排Ⅰ型和兴排Ⅱ型排涝泵图纸，生产成样机，经华东水利学院模拟试验后，将水泵设计定型，由省水利厅审核批准，下半年在西鲍公社平旺试点，先后于西鲍三角圩建成兴排Ⅰ型排涝站1座，设计流量2米³/秒；对岸的兴中圩建成兴排Ⅱ型双泵排涝站1座，单泵设计排涝流量1米³/秒。同时，架设了输电专线，胡炼设计了平旺跨上官河两岸一对高杆，高出地面16米，成为兴化第一跨河高杆，西鲍平旺建成两座里下河地区第一的排涝电站。排涝电站建成后，排涝效益十分显著，省有关部门批准这种大流量的排涝泵定型批量生产，大流量的轴流泵也先后问世。是年，兴化县成立了机电排灌办公室，机电排涝站在全县推广。1963年下半年，胡炼精心设计了"丁字式"圩口防洪闸图纸，1964年建在竹泓志芳尖沟村，成为兴化圩口防洪第一闸。后来，他继续设计了混凝土箱格装配式、桥台式、断面式、丁字式等圩口防洪闸系列图纸，至1980年底，兴化根据他的设计，新建圩口防洪闸500多座，解决了每年汛前打坝、汛后拆坝的难题，大大方便了圩区防汛排涝。胡炼在设计和推广桥梁、闸、站等方面的贡献加速了兴化水利工程配套，推动了兴化水利工程建设。1965年，应水电部的邀请，顾彪、胡炼二人出席了全国设计革命化会议，受到了毛泽东主席的亲切接见。

　　胡炼走上兴化县级领导岗位后，十分重视水利建设，亲自主持制定了兴化"六五"至"八五"水利建设规划，采取高起点规划、高标准实施，完善兴化水系调整，推行联圩定型，高标准圩口防洪闸、排涝站全面配套，全面推广农村电网化，提高了兴化抗旱排涝能力，使兴化县（市）水利建设提高到一个新的水平。

1981年,胡炼当选兴化县副县长,分管大农业。他通过调研论证得知,兴化30年的水利建设使水位得到有效控制,全县正常水位由1.8米下降至1.2米,一大批荒田荒滩露出水面,柴草退化,鱼虾水产品快速下降。胡炼组织水产、水利、农业、多管等有关部门负责人和技术干部,按照"宜粮则粮、宜林则林、宜水则水"的开发原则,制定出3种开发模式:地面高程高出常水位的荒田,周边筑圩、配套闸站、开发种粮;地面高程位于正常水位以下0.5米以内的荒田荒滩,开发成"林、垛、渔"模式,垛田栽水池杉、林下种蔬菜、河沟养鱼;地面高程低于0.5米的荒滩荒水,一律开发成精养鱼池。规划制定后,胡炼带领有关部门负责人上扬州、赴南京,千方百计争取上级有关部门的支持,解决了一批滩地造林资金、农业资源开发资金和黄淮海开发资金,使得有序的开发有了资金的支撑。经过五六年的艰苦努力,兴化沙沟王庄、严家舍一带,西郊梁山荒、临城浪家荡、垛田竹泓九里港两岸和陈堡卤汀河畔荒滩荒水全部开发成连片的、规格化的精养鱼池;海南西荡、南北蒋,西鲍土桥河一带,舜生苏宋等一大批的数万亩低荒田开发成水上森林;荡朱徐马荒、东鲍北大荒、李中河两岸的大荒田全部开垦成农田。土地资源的合理开发,使兴化农业上升了一个大台阶,全县(市)粮食总产10亿千克变为现实,水产品总量位居全省第一,李中"水上森林公园"成为兴化热门旅游景点和兴化名片。

1991年,兴化遭遇百年未遇特大洪涝灾害:梅雨期长,梅雨量达1310.8毫米,雨日集中。在6月29日至7月11日的13天中,连续10次暴雨和大暴雨,雨量916.5毫米,日平均70.5毫米短历时强降雨,兴化水位陡涨,最高水位3.35米。面对突发的特大洪涝灾害,市长胡炼冷静面对,沉着应战。6月29日,他召开指挥部成员单位负责人紧急会议,全面动员、研究对策、明确责任、严明纪律,全面部署防洪抗灾工作。7月1日,兴化市委、市政府两办和水利、农机、物资、交通、民政、预备役团等有关单位24小时合署办公,搜集传递雨情、水情、灾情信息,编写抗洪救灾简报;调运抢险物资器材,组织专业人员突击抢险;接待上级领导和各路记者,向他们通报情况争取外援;狠抓卫生防疫,防止疫情发生和蔓延;组织和接受社会捐赠,支持灾后重建。胡炼坐镇指挥部,20多天不回家,在大暴雨连续袭击期间,有好几天24小时连续工作,困了就趴在桌旁打个盹。由于总指挥、市长胡炼指挥有方,指挥部紧张有序地高效运转,兴化的抗洪抢险卓有成效。

7月3日,兴化普降特大暴雨,兴化城区雨量204毫米,竹泓雨量238.4毫米。4日上午,兴化水位越过2.5米,总指挥下令城区防洪指挥部转移城区周边低洼区域居民,城区12所中小学腾出教室215间,安排593户居民2000多名受灾群众。

7月4日,兴化水位2.72米,全市中西部地区粪坑沉没,粪便漫溢,总指挥胡炼立即组织卫生防疫部门,在全市范围内狠抓饮水消毒、卫生防疫。

7月9日,兴化水位3.3米,指挥部下令转移安置低洼地区围水群众30多万人。

7月10日,大雨如注,东鲍周蛮村南河口大坝崩塌,指挥部接到信息,胡炼亲自打电话,请刚刚到兴化的江苏武警总队连云港支队300名官兵支援,并派遣抢险队及时送去抢险器材物资,经过6个多小时苦战,决口终于堵住了。

7月11日,风雨交加,水位猛涨,兴化外贸冷冻厂告急、医药公司仓库告急、盐业公司盐库告急……总指挥胡炼亲自电请来兴救灾的舟桥部队支援,及时转移了外贸出口商品、药品和食盐。

7月13日,兴化城郊垛田跃进河决堤,洪水像脱缰猛兽扑向前进圩10个村庄、6家工厂和上万亩农田,胡炼急电请连云港武警官兵援助。300多名官兵冲进雨帘直奔现场,和指挥部抢险突击队、当地群众突击抢险了8个小时,堵住了决口、加固了险段。

胡炼在总指挥部20多天夜以继日地工作,使得全市抗洪救灾紧张有序,有条不紊,把全市灾害损失降低到最低程度,灾后重建、灾后生产抓得井井有条。

张广学

张广学(?　—2011),泰兴市人,1991年任泰兴兴泰镇水利站站长。2011年7月4日突发心脏病不幸去世。"他长期工作在基层水利服务岗位上,服务基层发展,服务农民群众,无怨无悔,奉献一生,事迹很感人,赢得了基层干部群众的充分信任和爱戴,树立了一个基层水利干部的良好形象",江苏省水利厅厅长吕振霖这样评价张广学,并要求积极宣传张广学的优秀事迹,认真学习张广学同志热爱水利事业、忠于岗位职守、奉献人民群众的事业精神和优秀品质。

兴泰镇地处里下河水乡,地势低洼。张广学到任的3年后,兴泰镇遭遇特大洪灾,当时暴雨连涨,冲毁了10多座圩口闸,全镇8个村大面积农田、房屋被淹,百姓饱受洪灾之苦。大水几乎破坏了镇上全部的防水基础设施。水利站的工作重点除了每年的防汛排涝,其余时间都在强化基础设施的建设。每年6—9月,是防汛最紧张的时候,张广学每天都要将圩堤巡视一遍,及时排查隐患。不管白天黑夜,只要一下雨,他就会丢下一切,穿上雨靴出去巡查,谁都拦不住。他说:"共产党对我信任,我就要对共产党负责。"张广学每年在圩堤上走的路近4000公里。最初,他靠双腿步行,数不清穿坏了多少双雨靴。后来换上了自行车,骑坏了3辆,2010年底才换上了电动车。在他的执着努力下,兴泰镇的防汛排涝工作成效显著,全镇22个圩口无一破圩。

2010年6月,薛何村与尤庄村有一段圩堤要建闸,个别群众因自身利益,阻挠工程开工。张广学连续数十个晚上到相关农户家做工作,他们就拽着他的皮带,不让他进门,仅仅几天时间,皮带就被拽断了3根。尽管这样,他每天还是坚持往农户家跑,有时还会拎着两瓶酒,买点熟菜去村民家,耐着性子,晓之以理,动之以情,最终化解了矛盾,使工程顺利开工。

2011年7月4日,早晨5:00,张广学就骑上电动车到各村检查排涝泵的试水情况;中午12:00,赶5公里的路回家吃饭;下午1:00,他骑上车,又继续到三里泽、孙楼村检查圩堤维修情况;下午3:00,在孙楼村与施工队研究如何结合农开路建设提高防汛排涝标准;下午4:30,来到镇党委书记办公室,汇报当前各村防汛准备情况,并提出对防汛排涝工作的新构想;下午6:00,他将在排涝站施工的几位工人请到家里吃了顿饭,交代排涝站施工的技术要求,反复叮嘱一定要保证工程质量;晚上8:00,奔波忙碌了一天的张广学倚在床上,正在收看天气预报的他心脏病突发倒在了地上,再也没能醒来。这就是张广学生命的最后一天,也是他作为一个水利人20多年忘我工作、恪尽职守的真实缩影。

张广学逝世后,姜堰市总工会、姜堰市水利局发文,要求在全市范围内开展向张广学学习的活动。

学习他爱岗敬业、争创一流的精神;学习他求真务实、精益求精的工作态度;学习他为民造福、甘于奉献的优秀品质。

第三节　抗洪英烈

曹洪喜烈士

曹洪喜(1934—1954),1934年出生于姜堰白米镇新庄村一个贫农家庭。1946年参加儿童团,1951年加入中国共产主义青年团,后任白米区远沐乡民兵分队长。1954年7月7日在抗洪救灾中献身。

1954年6月28日起,姜堰连降特大暴雨,造成了罕见的洪涝灾害。由于上游不断来水,盐运河(老通扬运河)水位猛涨;又由于江潮顶托,洪水下泄非常缓慢,盐运河水位达到了有记载以来的最高点4.95米,洪水越过公路,全面向下河漫泻。7月7日午夜,夜色如墨,天空中乌云翻滚。

此时的里下河地区,大部分已变成汪洋泽国。地势较高的村庄,就像一个个岛屿,四面被洪水包围,还能看到一些稻禾的尖尖在水面上漂动。

情况十分紧急。省委指示:"只准水向外流,不准水向里下河流。"姜堰县委坚决贯彻执行省委指示,县委主要领导和县委机关干部100多人分赴通扬沿线各区、乡、村,与当地的干群一起研究和落实抗洪的方案及措施,发动和组织群众在公路上打坝,在险要处加固,把通往里下河的涵洞堵塞起来,从根本上解决里下河大量客水压境的问题。

由于涵洞一般在水的深处,在高水位的压力作用下,在涵洞附近会形成强大的吸力和漩涡,下去堵塞涵洞的人,稍不小心,就会被卷进漩涡。所以,堵塞涵洞相当危险,一般都选水性好、年轻力壮的青年去完成这项艰巨的任务。

远沐乡附近有3个涵洞,根据上级要求,必须一一堵塞起来。7月7日晨,白米区远沐乡民兵分队长曹洪喜带着几位青年民工去堵塞该乡的亮桥涵洞。经过一整天水下搏斗,堵住了漏洞。傍晚,他回到家里,本来可以休息一下,但他想到附近马赛乡和曹堡乡也在抢修涵洞,他想助他们一臂之力,晚饭也顾不得吃,就匆匆上堤去了。临走时,他还关照他叔叔曹大富:连夜赶织草袋送上堤。曹大富听说侄儿在水里已干了一天活,就要他歇一歇,吃完饭再去。曹洪喜笑着对叔叔说:"你不用担心我,我们年轻人在水里愈干愈来劲,就是把身子溺坏了,为了大家的利益,也是光荣的。"

马赛乡李庄涵洞漏水,但没有人能潜入3丈深水底去堵塞。乡干部去白米镇上请来一位50多岁的老舵工高正树,他能在水中坚持工作半小时以上。当时,老舵工要求有一个也能潜水工作的助手,而马赛乡却找不到这样的人。危急时刻曹洪喜赶到了,他自告奋勇和老舵工一起下水,在岸上的干部群众的配合下,直到午夜才把这个涵洞堵好。这时,曹洪喜又想到曹堡乡的小东庄涵洞还在漏水,便拉着老舵工一起去小东庄。小东庄涵洞年久失修,离很远的地方就能听到哗哗的水声,洞口冲上来的水离水面有尺把高,如不及时堵塞,洞口会越冲越大。曹堡乡也没有人能潜入深水去堵塞,党支部委员老丁正带领群众,在涵坝上守望。当他们看到眼也熬红了的曹洪喜和老舵工十分感动。乡干部觉得他们饿肚子下水,心里很过意不去,便特地去买了十几个鸡蛋来煮给他们吃。曹洪喜不等鸡蛋煮好,就对支委老丁说:"肚子饿一点没关系,看到涵洞漏水我心里就着急,还是早点堵塞好。"

一场堵塞涵洞的战斗打响了。参加抗洪救灾的曹堡乡干部群众高擎着火把,火光照亮了涵洞,照亮了涌入的江水。在火光中,人们用绳子把堵洞用的草袋吊入水里,曹洪喜与老舵工一起钻到水底,扶着草袋上的木桩(草袋前面尖、后面大,后面扎有木桩便于把握)把草袋的尖端顺着激流推向涵洞,他们接连两次潜到水底把4个大草袋推进涵洞,但因洞口较大,水位高,压力大,涵洞仍未堵好。曹洪喜和老舵工第三次潜入水底……熟谙水性的老舵工因体力不支游了上来,曹洪喜仍坚持在水底扶着草袋,试着把脚伸向涵洞口去寻找漏洞。当他的身体接近洞口时,顺势转身,将草袋塞向涵洞。涵洞前的水面突然平静下来,洞被堵住了,岸上的人群发出一阵欢呼声。可是,曹洪喜却没有了一丝游回的气力,倒在洪水里……在场指挥的区领导随即组织水性好的人下水寻找。终于,曹洪喜被抢救出来,但因溺水时间过长,壮烈牺牲……

曹洪喜的事迹立刻传遍了邻近的乡、区,传到了县城,传到了省城。人们像失去亲人一样悲痛,成群结队冒着大雨来到英雄遗体前表示哀悼。为了纪念曹洪喜,人们把东庄涵洞加宽1倍,并把这个涵洞命名为"曹洪喜涵"。根据曹洪喜的感人事迹所采写的报道,以《年轻的生命放射出英雄的火花》为题,刊登在1954年7月31日的《新华日报》上。

1954年8月7日,团省委下发《关于表扬青年团员曹洪喜同志在防汛排涝斗争中英勇牺牲的精神的通报》。在此通报中指出:"他(曹洪喜)这种勇敢的自我牺牲的模范行为,鼓舞了广大人民对洪水进行斗争的坚强意志与必胜信心,他这种崇高的忠心耿耿为人民服务的精神,充分地表现了中国青年为了国家和人民的利益而英勇斗争的优秀品质。曹洪喜同志无愧于伟大毛泽东时代的教养,无愧于中国共产党的优秀子弟——青年团员的光荣称号,他是我们全省青年团员的典范,他的牺牲,使我们感到深切的哀悼。"团省委还号召全省团员青年学习曹洪喜积极响应党与政府的号召,在困难的时候挺身而出的英雄行为和自我牺牲的精神。

后,省政府批准追认曹洪喜为革命烈士。

李德宏烈士

李德宏(1959—1991),姜堰市兴泰镇薛何村(原兴泰乡薛庄村)人,1978年入伍,1980年入党,1981年退伍。在部队服役期间,多次立功受奖,退伍回乡后被选拔担任兴泰乡人武干事、人武部副部长、基干民兵营副营长、党委秘书、宣传委员等职。1991年7月10日,在抗洪救灾中牺牲。

1978年,李德宏应征入伍,后到黄海前哨——头罾,一边守卫祖国的海疆,一边从事晒盐生产。他不怕艰苦,在努力学习晒盐生产技术的同时,获得连队上下一致好评。后连队送他参加团部举办的通讯员培训班学习。李德宏如饥似渴地学习,白天坚持记笔记,晚上认真整理笔记,学习结束前,他采写的《谈篙子精神》一文被《人民前线》报采用发表。

1981年,李德宏退伍回乡,一度在泰县人武部通讯组工作。他深入工厂车间、农村田头采访,多篇作品在《扬州日报》《新华日报》《东海日报》等报刊发表。

后来,李德宏任泰县兴泰乡的党委秘书、宣传员、基干民兵副营长。1991年,在抗击特大洪涝灾害中,为保护人民的生命财产英勇奋战,献出了年轻的生命,牺牲时年仅32岁。

1991年,梅雨从5月开始肆虐境内里下河地区,里下河地区的许多地方一片汪洋。6月29日,特大暴雨袭击泰县,河水超过了警戒水位,形势十分严峻。兴泰乡是泰县的"锅底洼",灾情特别严重。7月2日,李德宏参加兴泰乡党委召开的抗洪抢险紧急会议,散会后,他乘上挂桨船,赶往分工的储楼村。一到储楼村他即召开村组干部紧急会,传达县、乡党委部署,研究抗洪救灾的方案。晚上,在有线广播里,他慷慨激昂地向全村干部群众进行临战动员:"我们要坚决执行乡党委决定,带领群众搞好抗洪救灾。共产党员、共青团员要做抗洪的尖兵,给群众做出好样子,一定做到'人在堤在',决不让群众的生命财产遭受损失!"

第二天一早,李德宏和村干部查遍了全村的圩堤。储楼村的险情很严重:2800米长的大堤,有800米属于险工患段,急需加高培厚。此外,要保储楼还必须新筑一道700米长的隔堤。在李德宏的发动下,男女老少齐上阵,同心合力筑新堤、保旧堤,大家锯下碗口粗的树木,挖土1000多立方米,打下3000多根桩,垒起6000多只泥包。风雨中,李德宏时而抡起大锤,时而扛着草包,胆囊炎复发了,他用拳头死死顶住疼痛的腹部,坚持带领村民筑堤。村民们劝他休息,可他咬着牙,硬是不下火线。三天三夜,800米的长堤令人惊叹地增高了60厘米。

然而,洪水的威胁也越来越严重,连日暴雨使堤外的水位猛涨了1米,险情不断发生。5日凌晨,西坝头被撕开几处缺口,洪水无情地灌进圩内农田。李德宏很快组成了抢险突击队,挖土、装包、扛板、打桩,李德宏和队员们挥汗如雨,汗水和着雨水湿透了他们的衣服。经过4个小时的苦战,被洪水冲破的几个缺口都合龙了。李德宏松了一口气,这才感到饥饿难忍,胃部隐隐作痛。他已经30多个小时没有喝一口水、吃一口饭了。西坝口保住了,南坝口又出现险情。6日凌晨,外边风狂雨骤,到处是水汪汪的一片。他很快想起前几天新筑的圩堤会有危险,立即披上雨衣,挂着竹棍出去巡查。在南坝口,果然发现新堤被冲开了3米多宽的缺口,落差有1米多。这时守堤的突击队员也赶来了,李德宏高喊一声"跟我来",第一个跳进急流,突击队员们也跟着跳下去,手挽手筑起一堵"人墙"。附近村民们也迅速运来芒竹捆、蛇皮袋,往缺口处填,苦战1个多小时,终于堵住了缺口。数日来,李德宏连续作战,极度疲劳,抵抗力减弱,原来的胆囊炎不时地发作疼痛,现在肠炎又复发,大便中出现脓血。乡党委书记来村检查工作时,看他眼眶发黑,人瘦了一圈,要他住院治疗,他说:"等抗洪过去,我一定去住院。"

10日下午,花园垛突然崩开一道5米多宽的缺口,抛进去的草包、蛇皮袋一眨眼就被激流卷走了。六组村民朱永祥要往下跳,李德宏知道老朱有病,一把将他推开,自己抢先跳入水中,毫不犹豫地将生的希望让给别人,把死的危险留给了自己。他用身体紧紧抵住木板,双手死死扳住木桩,双脚蹬住坝下的芒竹捆。恶浪从他头顶上漫过去,他硬是咬着牙关挺着。突然又一个大浪扑来,把他冲出一丈多远。幸亏八组村民孙存林水性好，及时把他救了上来。乡亲们要把他送进医院，他摇摇头说："我不能离开。"

大雨十天十夜一直未断，河里水位高达3.34米，超过了大坝承受的极限，泰县告急！兴泰乡储楼村告急！洪涝引起了中央领导人的关注，江泽民、李鹏及江苏省委书记、省长先后到灾区看望慰问灾区干群，视察灾情，指示抗洪斗争，给灾区人民带来鼓舞、带来力量。

7月11日，是储楼人民永远不能忘记的日子。上午，暴雨仍下个不停，水位已达3.34米，到了储楼村3500米堤坝承受能力的极限，花园垛不断传来报警的锣声。中午，花园垛再次告急，决口、倒坝、倒坝、决口，储楼人抗洪到了最紧要的关头。李德宏坚持战斗在抗洪前线，这边险，他就扑到这边；那边险，他就扑到那边。他只有一个信念：只要还有一点希望就决不放弃！下午2时，水位已超过警戒线1.64米，洪水漫天，水已平堤，形势十万火急。乡党委果断做出决定：迅速安排群众转移，一定要保证人民的生命安全。为了帮助群众赢得安全转移的时间，李德宏带领21名突击队员坚守在险工患段。人员一批一批撤离了，21名突击队员也撤离了，他才最后一个撤离险区。望着奋战了十天十夜仍然没有保住的圩堤，望着愁容满面的乡亲，他禁不住泪流满面。

下午6时，群众安全转移。李德宏又想到了群众有没有安顿好，五保户、困难户、烈军属有没有吃上饭。他一户一户地看，一家一家地问，当发现一些五保户缺柴草烧时，随即拨通了乡政府的电话，联系到了救灾煤炭。村支书见李德宏的膝盖肿得像馒头，脚趾烂了红肿发炎，走路一瘸一拐的，准备安排别人去运煤。可李德宏说："乡里我熟，还是我去吧。"他晚饭也没顾上吃，带上手电筒，驾着挂桨船就上了路。到了乡里，党委书记吴彪关切地对他说，你这些天没日没夜地保堤，今晚就在乡里休整一下好好睡一觉吧。可李德宏说，五保户还等着煤炭烧茶做饭，群众转移有很多事要做，我人留在这儿，心不安呐！他从宿舍里拿出给五保户用的煤油炉，就匆匆上了船。

深夜10时46分，天漆黑一团，装运煤炭的小船驶进了储楼村闸口。这里停靠着几十条船，一条挨着一条，上岸必须跨过大大小小8条船。李德宏和顺路的本村孕妇花文芹从小船跨到大船，再从大船跨到小船，本来走路就一瘸一拐的李德宏，忽上忽下跨得直喘气。孕妇花文芹走在他身后，李德宏怕她跨船不便，不时关照她"好好走"。当李德宏跨向第六条船，重复着"当心点"时，自己身体的重心却倾斜了……花文芹抬头只看见前面人影一晃，随即听到"扑通"一声。"德宏掉下河了！"听到呼叫声，正在卸煤的村民赶忙打着手电筒照向河面，可是什么也看不见，一切发生得那么突然。130多名群众闻讯赶来，纷纷跳进水中寻找营救。可是，当李德宏被捞上岸时，心脏已停止了跳动。群众泣不成声地说，德宏不是淹死的，是累死的呀！

李德宏牺牲后不几天，《扬州日报》《新华日报》《解放日报》《人民日报》《农民日报》及《扬州文学》《雨花》《瞭望》《东台民兵》相继刊登了他的事迹。8月8日，江苏省政府、省军区在泰县召开大会，授予李德宏抗洪救灾模范民兵干部光荣称号。在烈士命名大会上，李德宏年迈的母亲，将多年来积攒下来的101元零花钱，捐给比自己更困难的乡亲；李德宏的妻子也捐出了500元抚恤金。后来，江苏省抗洪救灾事迹报告团的成员也在人民大会堂里深情地向全国人民报告了他的事迹……

李德宏的光辉形象永远活在家乡人民心中！

第四节　先进集体和个人

（市、厅级以上表彰）

　　新中国成立以来,在长期的治水实践中,泰州涌现出大批水利先进集体和先进个人,他们在治理江河、兴修水利、防汛防旱、水土保持和水资源开发利用等各项工作中做出重大贡献,促进了水利事业的振兴和国民经济的发展,受到各级政府和部门的表彰与奖励。其中,获水利部和省委、省政府表彰的先进集体15个、先进个人19人(次),获省水利厅和泰州市委、市政府表彰的先进集体202个、先进个人169人(次)。

一、先进集体

表19-1　1982—2015年获省(部)级以上荣誉称号的集体

受奖单位(科室)	荣誉称号	授奖机关	获奖时间
兴化大营公社联合大队排灌站	1982年度机电排灌先进奖	江苏省人民政府	1982
泰兴口岸闸管所	两个文明建设先进集体	江苏省人民政府	1983
泰兴燕头水利站	全国区、乡水利水保先进单位	水利部	1988
泰兴市水利局	1991年抗洪救灾先进集体	江苏省委、省政府	1991
泰兴市水利局工务科	江苏省第一届农业技术推广工作成绩突出贡献单位(二等)	江苏省人民政府	1996
兴化市水利局	全国水政水资源先进单位	水利部	1997
泰兴市水利局	1998年抗洪抢险全国水利系统先进集体	人事部、水利部	1998
亚太泵业集团电器装配QC小组	1995年全国水利系统优秀质量管理小组活动先进集体	中国质协、中华全国总工会、团中央、中国科协	1998
亚太泵业集团	1997年技术标准编制先进单位	国家环保局	1999
泰兴水利局	全国农村水利先进单位	水利部	1999
泰州市水利局	泰州引江河工程建设有功单位	江苏省委、省政府	1999
兴化市荡朱水利站	全国农村水利先进集体	水利部	2000
泰州市防汛防旱指挥部办公室	全国防汛防旱先进集体	国家防总、人事部	2007
靖江市	2007—2008年度全国农田水利基本建设先进单位	水利部、财政部	2008
泰州市城区河道管理处	2006—2007年度全国水利文明单位	水利部	2008

表19-2 1982—2015年获市(厅)级荣誉称号的集体

受奖单位(科室)	荣誉称号	授奖机关	获奖时间
泰兴市水利局	河坡绿化先进单位	省水利厅	1982
泰兴市水利局	水利建设优胜县	省水利厅	1986
泰兴焦荡水利站	1985年水利管理先进单位	省水利厅	1986
泰兴南沙水利站	1985年水利管理先进单位	省水利厅	1986
泰兴田河水利站	1985年水利管理先进单位	省水利厅	1986
泰兴燕头水利站	1985年水利管理先进单位	省水利厅	1986
靖江县水利局	土地资源调查市级二等奖	省农业资源调整和农业区划委员会	1986
泰兴田河水利站	1986年管理工作先进单位	省水利厅	1987
泰兴南新水利站	1986年管理工作先进单位	省水利厅	1987
泰兴广陵水利站	1986年管理工作先进单位	省水利厅	1987
泰兴燕头水利站	1986年管理工作先进单位	省水利厅	1987
泰兴燕头水利站	1987年水利管理先进单位	省水利厅	1988
泰兴市水利局	1988年堤坝白蚁防治工作先进单位	省水利厅	1989
泰兴市水利局	乡(镇)水利会计岗位职务培训先进辅导站	省水利学会	1989
靖江市十圩套闸管理所	省水利系统先进集体	省水利厅	1989
兴化市水利局	1989年度冬春水利建设先进单位(三等奖)	省水利厅	1989
兴化市水利局	1990年度河道堤防管理工作先进单位	省水利厅	1990
泰兴市水利局	1990年农业科技推广年活动先进单位	扬州市人民政府	1991
泰兴市水利局	1991年抗洪救灾先进集体	扬州市委、市政府	1991
泰兴县水利管理服务总站	水费征收先进单位	省水利厅	1992
泰兴市水利局	1992年大禹杯水利建设先进县	省水利厅	1993
泰兴市水利局基建工程队	过船港套闸改建工程优秀施工工程	省水利厅	1994
泰兴市水利局财务科	1992—1994年全省水利系统财务先进集体	省水利厅	1995
泰兴市水利局财务科	1992—1994年全省水利系统清产核资先进集体	省水利厅	1995
泰兴市水利局	1995年度水利建设目标完成奖	扬州市人民政府	1995
兴化市水利局财计股	全省水利系统清产核资先进单位	省水利厅	1995
兴化市水利局	1995年度水费、水资源费征收管理先进单位	省财政厅、水利厅	1995

续表 19-2

受奖单位(科室)	荣誉称号	授奖机关	获奖时间
泰兴市水利局	1995年度长江抗洪抢险先进集体	扬州市防汛防旱指挥部	1996
兴化市水利局	1996年度水政水资源工作先进集体	省水利厅	1996
姜堰水利机械厂	江苏省水利系统二十强企业	省水利厅	1996
姜堰水利工程总队	江苏省水利系统二十强企业	省水利厅	1996
姜堰水利局财计股	全省水利系统财会工作先进集体	省水利厅	1996
泰兴市水利局	江堤达标建设先进单位	省水利厅	1997
泰兴市水利局	1996年度水利经济工作先进单位	省水利厅	1997
泰兴市水利局堤闸养护管理所	河道管理先进单位	省水利厅	1997
靖江市夏仕港闸管理所	江苏省河道目标管理先进单位	省水利厅	1997
泰州市水利局工程质量监督站	1997年度在建水利工程质量检查工作先进集体	省水利厅	1997
泰州市水利局	1996年度水利工作成绩突出单位	省水利厅	1997
泰州市水利局	1996年度水资源管理工作先进单位	省水利厅	1997
泰州市水利局	江苏省水利工程水费工作先进单位	省水利厅	1997
兴化市水利局	全省水利系统文明单位	省水利厅	1998
姜堰水利局	全省取水许可监督管理工作先进单位	省水利厅	1998
泰兴市水利局	1997年度全省水利工作先进单位	省水利厅	1998
泰兴市水利局财务科	1995—1997年全省水利系统财务会计工作先进集体	省水利厅	1998
泰州市水利局	1997年度全省水利经济先进单位	省水利厅	1998
泰州市水利局	1997年度市级水利先进单位	省水利厅	1998
泰州市水利局	1997年度全省水政水资源工作先进单位	省水利厅	1998
泰州市水利局	市级机关1997年度工作先进单位	泰州市委	1998
泰州市水利局	1997年度扶贫致富工作先进集体	泰州市委	1998
泰州市水利局	1998年全省长江防汛抗洪先进单位	省水利厅、人事厅	1998
泰州市水利局	1997—1998年度水利新闻宣传先进集体	省水利厅	1998
泰州市水利局	1997年度市区创建卫生城市工作先进集体	泰州市政府	1998
泰州市水利局基本建设科	全省水利系统安全生产先进集体	省水利厅	1998
泰州市水利局人事科	江苏省水利厅行业中专自考试先进单位	省水利厅	1998
泰兴市水利局	1998年度全省水利先进单位	省水利厅	1999

续表19-2

受奖单位(科室)	荣誉称号	授奖机关	获奖时间
靖江市水利局	水利政务信息工作先进单位	省水利厅	1999
靖江市水利局	县(市)级水利先进单位	省水利厅	1999
泰兴市水利局	1998—1999年度长江堤防绿化最佳水利绿化工程奖	江苏省绿化委	1999
泰兴水利局	1999年度全省水利工程管理工作先进集体	省水利厅	1999
泰兴水利局	1999年度全省水利综合经营先进集体	省水利厅	1999
泰州市水利局办公室	1998年度水利政务信息工作先进单位	省水利厅	1999
泰州市水利局	1998年度全省水利工程建设突出成绩奖	省水利厅	1999
泰州市水利局	全省水资源管理工作先进单位	省水利厅	1999
泰州市水利局	1998年度市级机关工作先进单位	泰州市委	1999
泰兴水利局老干部党支部	江苏省老干部读书活动优秀集体	省委组织部、老干部局	2000
靖江市夏仕港闸管理所	水利工程管理工作先进集体	省水利厅	2000
泰州市水利局办公室	1999年度全省水利信息工作先进单位(二等奖)	省水利厅	2000
泰州市水利局工管科	全省水利工程管理工作先进集体	省水利厅	2000
泰州市水利局	1999年度全省水费统计工作先进集体	省水利厅	2000
泰州市水利局	1999年度市级机关工作先进单位	泰州市委	2000
泰州市水利局	1999年度帮扶黄桥老区经济薄弱乡(镇)工作先进	泰州市委、市政府	2000
泰州市水利局	帮扶经济薄弱工作先进集体	泰州市委、市政府	2000
泰州市水利局	1999年度市区绿化先进单位	泰州市政府	2000
泰州市水利局	1999年度市长公开电话先进办话单位	泰州市政府	2000
泰州市水利局	史志档案工作先进集体	泰州市委、市政府	2000
泰州市水利局通联站	先进通联站	省水利厅	2000
姜堰水利局	省2001年《通南高沙土地区节水灌溉工程技术的研究和推广》水利科技推广一等奖	省水利厅	2001
泰兴市长江堤防绿化工程	1998—1999年度最佳水利工程	省绿化委员会	2001
兴化市水政监察大队	全省水政监察工作先进单位	省水利厅	2001
兴化市水务局	泰州市水利"四三"工程建设先进集体	泰州市人民政府	2001
泰州市水利局	2000年度市级机关工作先进单位	泰州市委、市政府	2001
泰州市水利局	1999—2000年度泰州市文明机关(单位)	泰州市委、市政府	2001

续表19-2

受奖单位(科室)	荣誉称号	授奖机关	获奖时间
泰州市水利局	泰州市水利"四三"工程建设先进集体	泰州市政府	2001
姜堰水政监察大队	2001年度全省水政监察先进集体	省水利厅	2002
泰兴水利局	省水利系统2001年度先进单位	省水利厅	2002
兴化市陈堡水务站	2002年度全省水利系统文明服务水务站	省水利厅	2002
靖江市夏仕港闸管理所	江苏省创建文明行业示范点	省精神文明指导委办公室、省水利厅	2002
泰州市水利局	全省水利系统2001年度先进单位	省水利厅	2002
泰州市水利局资源科	2001年度水资源管理信息统计先进单位	省水利厅	2002
泰州市水利局办公室	2001年度全省水利系统先进办公室	省水利厅	2002
泰州市水利局	江苏省水利工程水费工作先进单位	省水利厅	2002
泰州市水政监察支队	2001年全省水政监察先进集体	省水利厅	2002
泰州通联站	2001—2002年度水利新闻宣传先进集体	省水利厅	2002
泰州市水利局	江苏省第二届闸门运行工职业竞赛活动先进集体	省水利厅	2002
泰州市水利局	2001年度水利经营及收费情况报表工作先进单位	省水利厅	2002
泰州市水利局	2001年度全市固定资产投资和重点项目建设先进单位二等奖	泰州市政府	2002
泰州市水利局	2001年度市级机关工作先进单位	泰州市委	2002
泰州市水利局	全市林业绿化优秀工程先进单位	泰州市委	2002
姜堰水政监察大队	全省水利政策法规工作先进单位	省水利厅	2003
姜堰水利管理总站	2002年度全省水利工程水费计收先进单位	省水利厅	2003
泰兴黄桥水利站	"文明服务"水利站	省水利厅	2003
靖江市水政监察大队	全省水政监察工作先进单位	省水利厅	2003
靖江市西来水利站	省"文明服务"水利站	省水利厅	2003
泰州市水利局	2001—2002年度泰州市文明机关	泰州市委、市政府	2003
泰州市水利局	2002年度市级机关软环境"十佳"单位	泰州市委、市政府	2003
泰州市水利局	2002年度档案工作先进单位	泰州市委	2003
泰州市水利局办公室	全省水利系统2002年度办公室工作先进单位	省水利厅	2003
泰州市水利局	2002年度全省水利工程水费计收和多种经营工作先进单位	省水利厅	2003
姜堰水利局	2003年度全省水利改革创新奖	省水利厅	2004
姜堰水政监察大队	全省2003年度水政监察工作先进集体	省水利厅	2004

续表 19-2

受奖单位(科室)	荣誉称号	授奖机关	获奖时间
姜堰水利工程管理处	2003—2004年全省水利系统创建 文明行业工作示范窗口单位	省水利厅精神文明建设 领导小组	2004
姜堰套闸管理所	2003—2004年全省水利系统创建文明 行业工作示范窗口单位	省水利厅精神文明建设 领导小组	2004
靖江市水政监察大队	全省水利系统创建文明 行业示范窗口单位	省水利厅精神文明建设 领导小组	2004
泰州市水工程管理处	2003年度全省水费工作先进单位	省水利厅	2004
泰州市水利局	2003年度全省水利新闻宣传工作先进集体	省水利厅	2004
泰州市水利局	2003年度水费报表工作先进单位	省水利厅	2004
泰州市水利局	2003年度《水利经营收费及收费情况 报表》工作先进单位	省水利厅	2004
泰州市水利局	全省水利系统信访工作先进集体	省水利厅	2004
泰州市节约用水办公室	全省水资源工作先进单位	省水利厅	2004
泰兴市水利局	2004年度全市水利先进单位	省水利厅	2005
兴化市水务局	2005年度全省水利工程水费工作先进单位	省水利厅	2005
泰州市水利局	2004年度服务业目标考核工作先进单位三等奖	泰州市政府	2005
泰州市水利局	2004年度全省水利目标管理先进单位	省水利厅	2005
泰州市水利局	泰州市大事记工作先进集体	泰州市政府	2005
泰州市水利局	全省水利系统2003—2004年度文明单位	省水利厅	2005
泰州市水利局	"南户北村"帮扶工作先进集体	泰州市委	2005
姜堰水利局	2005年度全省水利工程水费工作先进单位	省水利厅	2006
靖江市夏仕港闸管理所	2005年度泰州五十佳基层站所	泰州市委、市政府	2006
靖江市水政监察大队	全省水利行政执法工作先进单位	省水利厅	2006
泰州市水利局	江苏省第三届泵站运行与维修工技能 竞赛先进集体	省人事厅、水利厅	2006
市水利局河道管理所	2005年度泰州市五十佳基层站所	泰州市委	2006
泰州市引管处	全省水利工程管理先进集体	省水利厅	2006
姜堰水利工程管理处	全省水利系统2003—2004年文明单位	省水利厅	2007
姜堰套闸管理所	全省水利系统2003—2004年文明单位	省水利厅	2007
姜堰水利工程管理处	全省水利系统2005—2006年文明单位	省水利厅	2007
姜堰水利局	全省水利系统依法行政工作先进单位	省水利厅	2007
兴化市防汛防旱指挥部办公室	全省防汛防旱先进集体	江苏省防汛防旱指挥部	2007

泰州水利志

受奖单位(科室)	荣誉称号	授奖机关	获奖时间
靖江市夏仕港闸管理所	泰州市文明单位	泰州市委、市政府	2007
靖江市水政监察大队	全省水利系统文明单位	省水利厅	2007
靖江市长江护岸工程管理处	2005—2006年全省水利系统文明单位	省水利厅	2007
靖江市夏仕港闸管理所	2005—2006年全省水利系统文明单位	省水利厅	2007
靖江市水政监察大队	2003—2004年全省水利系统文明单位	省水利厅	2007
泰州市水利局	2003—2004年"全省水利系统文明单位"重新确认名单	省水利厅	2007
泰州市水利局	2006年度人民满意机关	泰州市委	2007
泰州市水利局(二等奖)	2006年度全市固定资产投资和重点项目建设先进单位	泰州市政府	2007
泰州市水利局	2006年度泰州市园林绿化工作先进单位	泰州市政府	2007
泰州市城区河道管理所	2006年度泰州市五十佳基层站所	泰州市委	2007
泰州市水利局	创建国家卫生城市、国家环保模范城市工作先进集体	泰州市委、市政府	2007
泰州市城区河道管理所	创建国家环保模范城市工作先进集体	泰州市委、市政府	2007
泰州市水利局	江苏省第三届闸门运行工技能竞赛先进集体	省人事厅、水利厅	2007
泰州市水利局	2006年度基建财务决算报表优胜单位	省水利厅	2007
姜堰水利局	节水型社会建设先进集体	市发改委、省水利厅	2008
姜堰水利工程管理处	2007—2008年全省水利系统文明单位	省水利厅	2008
姜堰水利局	全省水利新闻宣传工作先进集体	省水利厅	2008
泰兴过船闸管所	2007—2008年全省水利系统文明单位	省水利厅	2008
泰兴黄桥水利站	2007—2008年全省水利系统文明单位	省水利厅	2008
泰兴市水利局	2007—2008全省水利系统文明单位及标兵单位	省水利厅	2008
泰兴市水利局	2008年全省水利新闻宣传工作先进集体	省水利厅	2008
兴化市水务局	2008年度水利新闻宣传工作先进集体	省水利厅	2008
靖江市	全省农村河道疏浚整治先进市	省委组织部、农工办、省财政厅、水利厅	2008
靖江市夏仕港闸管理所	2005—2006年度江苏省精神文明建设工作先进单位	省精神文明建设指导委员会	2008
靖江市夏仕港闸管理所	2007—2008年全省水利系统文明单位	省水利厅	2008
靖江市长江护岸工程管理处	2007—2008年全省水利系统文明单位	省水利厅	2008
靖江市水政监察大队	全省水行政执法工作先进集体	省水利厅	2008

续表 19-2

受奖单位(科室)	荣誉称号	授奖机关	获奖时间
靖江市水利局农水科	农水工作先进集体	省水利厅	2008
泰州市水利局	2007年度十佳人民满意机关	泰州市委	2008
泰州市水利局	2007年度全市项目双促工作和重点项目建设 先进单位二等奖	泰州市政府	2008
泰州市水利局	2007年度全省水利目标管理先进单位	省水利厅	2008
泰州市引江河道工程管理处	省级青年文明号	共青团江苏省委	2008
泰州市水利局	江苏省水利工程管理体制改革工作先进市	省水利厅	2008
泰州市水利局	2007年度基建财务决算报表优胜单位	省水利厅	2008
泰州市水利局	2007年度地方水利报表表扬单位	省水利厅	2008
泰州市水利局	2007年度审计统计报表表彰单位	省水利厅	2008
姜堰水利局	2008年度全省水资源管理先进集体	省水利厅	2009
姜堰水利局	全省水利工程水费和水利经营工作先进单位	省水利厅	2009
姜堰水利局	2008年度全省水利先进单位	省水利厅	2009
姜堰市	全省农村河道疏浚整治先进单位	省委组织部、省农工办、 省财政厅、省水利厅	2009
靖江市西来水利站	全省水利系统文明单位	省水利厅	2009
靖江市夏仕港闸管理所	青年文明号	共青团泰州市委员会	2009
靖江市夏仕港闸管理所	泰州市文明单位	泰州市委、市政府	2009
靖江市西来水利站	泰州市百佳基层站所	泰州市委、市政府	2009
靖江市长江护岸工程管理处	泰州市文明单位	泰州市委、市政府	2009
泰州市水利局	2008年度泰州市十佳人民满意机关	泰州市委	2009
泰州市引江河管理处	全省水利工程管理先进集体	省水利厅	2009
泰州市水利工程建设 质量监督站	全省水利工程建设管理先进市质量监督站	省水利厅	2009
泰州市水利局	2008年度泰州市安全生产先进集体	泰州市政府	2009
泰州市水利局	2008年度全省水利目标管理先进单位	省水利厅	2009
泰州市水工程管理处	2006—2008年度全省水利工程水费先进单位	省水利厅	2009
泰州市城区河道管理处	2007—2008年度泰州市文明单位	泰州市委、市政府	2009
泰州市水利局	江苏省第四届泵站运行与维修工技能 竞赛先进集体	省人事厅、水利厅	2009
泰州市水利局	2009年度市安全生产先进单位	泰州市政府	2010
泰州市水利局	2009年度泰州市服务业目标考核先进单位	泰州市政府	2010

续表19-2

受奖单位(科室)	荣誉称号	授奖机关	获奖时间
泰州市水利局	2009年度全省水利目标管理先进单位	省水利厅	2010
泰州市水利局	2009年度会计决算优胜单位	省水利厅	2010
泰州市水利局	2009年度审计统计报表先进单位	省水利厅	2010
姜堰水利局	2009年度全省水资源管理先进集体	省水利厅	2010
姜堰水利局办公室	2010年度全省水利新闻宣传先进单位	省水利厅	2010
姜堰梁徐镇水管站	2009—2010年度全省水利系统文明单位	省水利厅	2010
姜堰套闸管理所	2009—2010年度全省水利系统文明单位	省水利厅	2010
泰兴水利局	全省农村河道疏浚整治先进单位	省财政厅、水利厅	2010
靖江市夏仕港闸管理所	2009—2010年度全省水利系统文明标兵单位	省水利厅	2010
靖江市斜桥水利站	2009—2010年度全省水利系统文明单位	省水利厅	2010
靖江市长江护岸工程管理处	2009—2010年度全省水利系统文明单位	省水利厅	2010
靖江市夏仕港闸管理所	泰州市文明单位标兵	泰州市委、市政府	2011
靖江市水利局财审科	江苏省水利系统内部审计先进集体	省水利厅	2011
靖江市水利局	全省水利先进单位	省水利厅	2011
靖江市长江护岸工程管理处	2009—2010年江苏省精神文明建设工作先进单位	江苏省精神文明建设指导委员会	2011
姜堰水利局	2010—2011年度农村工作先进集体	省水利厅	2011
泰州市水利局	2010年度泰州市安全生产先进集体	泰州市政府	2011
泰州市水利局	2010年度全市固定资产投资先进单位二等奖	泰州市政府	2011
泰州市水利局	2010年度市服务业目标考核先进单位三等奖	泰州市政府	2011
泰州市水利局	泰州市创建全国文明城市工作先进单位	泰州市委	2011
泰州市水利局	全省水利事业单位第四届闸门操作与维修工职业技能竞赛优秀组织奖	省水利厅、社保厅	2011
姜堰水利局	2009—2011年全省水利工程水费工作先进单位	省水利厅	2012
泰兴市马甸闸管理所	水利工程管理先进集体	省水利厅	2012
靖江市上六圩闸管理所	江苏省水利工程一级管理单位	省水利厅	2012
泰州农村水利处	2010—2011年度全省农村水利工作先进集体	省水利厅	2012
泰州市水利局	2011年度市级安全生产先进部门	泰州市政府	2012
泰州市水利局	2011年度服务业目标考核先进三等奖	泰州市政府	2012
泰州市水利局农水处	2011年全省农村饮水安全工程先进单位	省水利厅	2012
泰州市水工程管理处	2009—2011年全省水利工程水费工作先进单位	省水利厅	2012

续表 19-2

受奖单位(科室)	荣誉称号	授奖机关	获奖时间
泰州市水利局	泰州市双拥工作先进单位	泰州市委	2012
靖江市夏仕港闸管理所	泰州市文明单位标兵	泰州市委、市政府	2013
靖江市夏仕港闸管理所	2010—2012年度江苏省文明单位	省精神文明指导委员会	2013
兴化市李中水务站	2013—2014年度文明单位	泰州市委、市政府	2013
兴化市水政监察大队	2013—2014年度文明单位	泰州市委、市政府	2013
泰州市水利局	2013年度泰州市安全生产先进部门	泰州市政府	2014
泰州市水利局	2013年度十佳人民满意机关	泰州市委	2014
泰州市水利局	2014年度全市社会综合治税工作先进单位	泰州市政府	2015

二、先进个人

表19-3　1984—2015年获省(部)级以上荣誉称号的个人

姓名	荣誉称号	授奖机关	获奖时间
黄同生	全国水电系统劳模	水利电力部、水利电力工会全国委员会	1984
徐裕昌	省劳动模范	省政府	1985
万云鹤	全国优秀水利员	水利部	1988
张连洲	1991年全国抗洪抢险模范	国家防总、人事部、水利部	1991
梅方富	1991年抗洪救灾先进个人	江苏省委、省政府	1991
姚福昌	1991年抗洪救灾先进个人	江苏省委、省政府	1991
刘国柱	1991年抗洪先进个人	省防汛防旱指挥部	1992
董文虎	全国水利系统财务会计工作先进个人	水利部	1996
刘雪松	全国水利系统水利管理先进工作者	水利部	1997
董文虎	全国抗洪模范	国家防总、人事部、解放军总政治部	1998
宗子明	1998年抗洪抢险先进个人	江苏省委、省政府	1998
董文虎	1997年度全国水利经济先进个人	水利部	1998
常庆昌	全国"五一"劳动奖章全国劳模	国家	1999
刘国柱	泰州引江河过程建设省劳模	江苏省政府	1999
吕炳生	人民满意公务员	江苏省政府	1999
王仁政	泰州引江河工程建设功臣	江苏省委、省政府	1999
宦胜华	泰州引江河工程建设功臣	江苏省委、省政府	1999
钱卫清	泰州引江河工程建设功臣	江苏省委、省政府	1999

续表 19-3

姓名	荣誉称号	授奖机关	获奖时间
储新泉	全国水利系统先进工作者	人事部、水利部	2001
蔡　浩	全国水利系统办公室工作先进个人	水利部	2004
蔡　浩	全国水利系统新闻宣传工作先进个人	水利部	2006

表 19-4　1952—2015 年获市（厅）级荣誉称号的个人

姓名	荣誉称号	授奖机关	获奖时间
杨　诚	治淮二等功臣	苏北治淮指挥部	1952
刘国柱	京杭运河续建工程先进工作者	江苏省京杭运河指挥部	1985
李玉成	全省水利系统财务管理先进个人	省水利厅	1985
刘继元	1987年水利通讯工作先进个人	省水利厅	1987
刘继元	1988年水利通讯工作先进个人	省水利厅	1988
杨伯章	1987年度水利管理先进个人	省水利厅	1988
卞松春	1988年度财务管理先进个人	省水利厅	1988
钱爱章	1987年度白蚁防治先进个人	省水利厅	1988
刘继元	1989年水利通讯工作先进个人	省水利厅	1989
王吉山	劳动模范	扬州市政府	1989
王海坤	全省水利系统先进个人	省水利厅	1989
刘继元	1990年水利通讯工作先进个人	省水利厅	1990
李玉成	1989年全省水利工作先进工作者	省水利厅	1990
刘继元	1990年组稿投稿征订工作先进个人	水利部治淮委员会	1990
董文虎	抗洪救灾先进个人	扬州市委、市政府	1991
孙金坤	抗洪救灾先进个人	扬州市委、市政府	1991
张浩生	先进修志工作者	省水利厅	1991
戴雪飞	抗洪救灾先进个人	扬州市政府	1991
刘继元	1992年水利通讯工作先进个人	省水利厅	1992
黄鑑罗	江苏省水利服务体系建设先进个人	省水利厅	1992
刘继元	水利通讯优秀通讯员	省水利厅	1992
陈金富	堤坝白蚁防治先进个人	省水利厅	1993
周金泉	省水利系统清产核资先进个人	省水利厅	1995
黄顺荣	1994年清产核资工作先进个人	省水利厅	1995
杨桂龙	1992—1994年全省水利系统清产核资工作先进个人	省水利厅	1995

续表19-4

姓名	荣誉称号	授奖机关	获奖时间
卞松春	1992—1994年全省水利系统清产核资工作先进个人	省水利厅	1995
刘文凤	优秀市县水利局长	省水利厅	1997
吴祥松	水利综合经营先进个人	省水利厅	1997
印 靖	江苏省水利纪检监察工作先进个人	省纪委驻水利厅纪律检查组	1997
王宏根	水利新闻宣传工作先进工作者	省水利厅	1998
周昌云	省水利优秀领导干部	省水利厅	1998
黄顺荣	江苏省1995—1997年水利系统财会工作先进工作者	省水利厅	1998
陶 明	1995—1997年全省水利系统财会工作先进个人	省水利厅	1998
印 靖	江苏省水利行业中专自学先进个人	省水利厅	1998
印 靖	职工教育先进个人	省水利厅	1998
曹网华	抗洪抢险先进个人	国家防总	1998
蔡复明	抗洪抢险先进个人	省水利厅	1998
戴福平	1997—1998年度水利新闻宣传工作先进个人	省水利厅	1998
钱爱章	1998年抗洪抢险先进个人	省人事厅、水利厅	1998
郑亚平	全省水利系统安全生产先进个人	省水利厅	1998
张平和	1997年度部门为民服务公开电话先进话务员	泰州市政府	1998
王仁政	先进科技工作者	泰州市委	1998
马任重	泰州引江河建设先进个人	省人事厅、水利厅	1999
陆成书	1995—1997年水利系统财会工作先进个人	省水利厅	1999
高进山	1998年长江抗洪先进个人	水利部长江委员会	1999
叶建康	水利监察规范化建设先进个人	省水利厅	1999
钱德林	水利工程管理工作先进个人	省水利厅	1999
常庆昌	江苏省第七届优秀企业经营管理者	省经委、省企业管理协会	1999
印 靖	优秀纪检监察干部	省水利厅	1999
徐立康	1998年度全省水利工程水费工作先进个人	省水利厅	1999
陈永吉	泰州引江河建设先进工作(生产)者	省人事厅、水利厅	1999
田龙喜	泰州引江河建设先进工作(生产)者	省人事厅、水利厅	1999
田学工	泰州引江河建设先进工作(生产)者	省人事厅、水利厅	1999
陶 明	泰州引江河建设先进工作者	省人事厅、水利厅	1999
龚荣山	泰州引江河建设先进工作者	省人事厅、水利厅	1999
储新泉	泰州引江河建设先进工作者	省人事厅、水利厅	1999

续表19-4

姓名	荣誉称号	授奖机关	获奖时间
周照网	泰州引江河建设先进工作者	省人事厅、水利厅	1999
陈敢峰	泰州引江河建设先进工作者	省人事厅、水利厅	1999
刘雪松	劳动模范	泰州市政府	1999
董文虎	行业重视科技教育工作先进领导工作者	省水利厅	2000
陈永吉	全省水利工程管理工作先进个人	省水利厅	2000
钱德林	先进个人	省水利厅	2000
孙建坤	"五一"劳动奖章	省总工会	2000
徐 丹	1999年度全省水利信息工作先进个人	省水利厅	2000
吴 刚	全国农村先进个人	省水利厅	2000
姚 剑	全省农村水利统计汇报先进个人	省水利厅	2000
周维蓉	1999年度全省水费统计工作优秀个人	省水利厅	2000
沈秋琴	2000年全省水利执法统计工作先进个人	省水利厅	2000
储有明	1999年度帮扶黄桥老区优秀驻乡工作队员	泰州市委、市政府	2000
吴 刚	帮扶工作先进个人	泰州市委、市政府	2000
张平和	1999年度市长公开电话优秀办话员	泰州市政府	2000
徐 丹	史志档案工作先进工作者	泰州市委、市政府	2000
董文虎	新泰州建设功臣	泰州市委、市政府	2000
李金海	江苏水利科学技术进步(推广)二等奖	省水利厅	2001
张连洲	泰州市水利"四三"工程建设先进工作者	泰州市政府	2001
赵信佑	泰州市水利"四三"工程建设先进工作者	泰州市政府	2001
张连洲	全省2001年度先进个人	省水利厅	2001
祁为民	泰州市劳模	泰州市政府	2001
郑亚平	泰州市劳模	泰州市政府	2001
蔡复明	泰州市劳模	泰州市政府	2001
钱卫清	1998—2000年泰州市安全生产工作先进个人	泰州市政府	2001
蔡 浩	泰州引江河工程建设先进工作者	泰州市政府	2001
张洁明	泰州引江河工程建设先进工作者	泰州市政府	2001
姜春宝	泰州引江河工程建设先进工作者	泰州市政府	2001
许书平	泰州水利"四三"工程建设先进工作者	泰州市政府	2001
吴 刚	泰州水利"四三"工程建设先进工作者	泰州市政府	2001
徐 丹	泰州水利"四三"工程建设先进工作者	泰州市政府	2001

续表 19-4

姓名	荣誉称号	授奖机关	获奖时间
朱晓春	泰州水利"四三"工程建设先进工作者	泰州市政府	2001
胡正平	泰州水利"四三"工程建设先进工作者	泰州市政府	2001
宦胜华	全省水利系统2001年度先进个人	省水利厅	2002
厉传进	全省水利系统纪检监察先进工作者	省水利厅	2002
张连州	2002年度全省水利系统先进个人	省水利厅	2002
孔菊华	2001年度水资源管理信息统计先进个人	省水利厅	2002
徐 丹	2001年度全省水利信息工作先进个人	省水利厅	2002
陈建勋	2001年全省水政监察先进个人	省水利厅	2002
蔡 浩	2001—2002年度水利新闻宣传先进个人	省水利厅	2002
顾 宪	2001年度《水利经营及收费情况报表》优秀个人	省水利厅	2002
朱鸿宇	年鉴工作先进工作者	泰州市政府	2002
张日华	2002年度全省水利多种经营工作先进个人	省水利厅	2003
徐宏瑞	全省水利工作先进个人	省水利厅	2003
郭道坤	2003年度全省水利综合经营工作先进个人	省水利厅	2003
赵文锟	2003年度全省淮河流域抗洪先进个人	省防汛防旱指挥部、省人事厅	2003
丁煜成	泰州市劳动模范	泰州市政府	2003
刘 剑	2002年度全省水利工程水费计收和多种经营工作先进个人	省水利厅	2003
韩鼎忠	2002年度全省水利工程水费计收和多种经营工作先进个人	省水利厅	2003
黄宏斌	2003年度全省水政监察工作先进个人	省水利厅	2004
张日华	2003年度全省水利经营工作先进个人	省水利厅	2004
刘 剑	2004年度优秀企业工作先进个人	省水利厅	2004
周维蓉	2003年度水费报表优秀个人一等奖	省水利厅	2004
顾 宪	2003年度《水利经营收费及收费情况报表》工作先进个人一等奖	省水利厅	2004
徐 丹	优秀共产党员	泰州市委	2004
王羊宝	全省水利系统办公室工作先进个人	省水利厅	2004
周昌云	2004年度全省水利工作先进个人	省水利厅	2005
王龙寿	2005年度全省水利综合经营管理先进个人	省水利厅	2005

续表 19-4

姓名	荣誉称号	授奖机关	获奖时间
周卫平	水费收缴先进工作者	省水利厅	2005
周维蓉	2004年度全省水利工程水费工作先进个人	省水利厅	2005
吴 刚	"南户北村"帮扶工作先进个人	泰州市委	2005
蔡 浩	全国水利系统新闻宣传工作先进个人	水利部	2006
陈永吉	2005年度全省水利工作先进个人	省水利厅	2006
黄宏斌	2005年度全省水政监察工作先进个人	省水利厅	2006
张连洲	2006年度全省水利系统先进个人	省水利厅	2006
祁为民	优秀水政监察员	省水利厅	2006
张 敏	2005年度全省水利工程水费工作先进个人	省水利厅	2006
高 鹏	全省水利工程管理先进个人	省水利厅	2006
葛荣松	2006年度全省水利经营工作先进个人	省水利厅	2007
柳存兰	全省档案工作先进个人	省档案局	2007
吕春汉	泰州市劳动模范	泰州市政府	2007
龚荣山	创建国家卫生城市工作先进个人	泰州市委、市政府	2007
刘雪松	创建国家卫生城市工作先进个人	泰州市委、市政府	2007
钱峻峰	创建国家卫生城市工作先进个人	泰州市委、市政府	2007
黄圣平	创建国家环保模范城市工作先进个人	泰州市委、市政府	2007
潘秀华	创建国家环保模范城市工作先进个人	泰州市委、市政府	2007
秦亚春	节水型社会建设先进个人	省发改委、省水利厅	2008
王宏根	2008年度全省水利新闻宣传工作先进个人	省水利厅	2008
陈凯祥	2008年全省农村水利工作先进个人	省水利厅	2008
杨旭东	2008年度水利新闻宣传工作标兵	省水利厅	2008
张洁明	2007年度泰州市安全生产工作先进个人	泰州市政府	2008
刘雪松	2007年度全省水利先进个人	省水利厅	2008
王宏根	2009年度全省水利新闻宣传工作先进个人	省水利厅	2009
祁为民	先进个人	省水利厅	2009
罗 平	全省水利经营工作先进个人	省水利厅	2009
顾红军	全省水利系统新闻宣传工作先进个人	省水利厅	2009
陈建勋	全省优秀水政监察员	省水利厅	2009
徐 强	全省优秀水政监察员	省水利厅	2009
钱苏平	全省水利工程管理先进个人	省水利厅	2009

续表19-4

姓名	荣誉称号	授奖机关	获奖时间
宦胜华	2008年度全省水利先进个人	省水利厅	2009
厉传进	2006—2008年度全省水利工程水费先进个人	省水利厅	2009
王宏根	2010年度全省水利新闻宣传工作先进个人	省水利厅	2010
黄宏斌	全省水行政执法"办案能手"	省水利厅	2010
陈金富	全省优秀水政监察员	省水利厅	2010
杨旭东	2010年度全省水利新闻宣传工作先进个人	省水利厅	2010
朱宝文	2010—2011年度农村水利工作先进个人	省水利厅	2010
黄圣平	泰州市劳动模范	泰州市政府	2010
陈永吉	2010年度全省水利先进个人	省水利厅	2011
王宏根	2011年度全省水利新闻宣传工作先进个人	省水利厅	2011
张文贵	全省水利先进个人	省水利厅	2011
刘　伟	省长江河道采砂管理先进个人	省水利厅、省海事局	2011
陈金富	全省水利政策法规工作先进个人	省水利厅	2011
朱雪林	水利工程管理先进个人	省水利厅	2012
姜晓东	档案先进工作者	江苏省档案局	2012
叶　伟	2009—2011年全省水利工程水费工作先进个人	省水利厅	2012
罗　平	全省农村水利工作先进个人	省水利厅	2012
崔龙喜	2010—2011年度省水利系统财务审计先进个人	省水利厅	2012
张　敏	2009—2011年全省水利工程水费工作先进个人	省水利厅	2012
戚根华	泰州市双拥工作先进个人	泰州市委	2012
董文虎	优秀老科技工作者	江苏省老科协	2013
贾雪梅	先进个人	省水利厅	2013
董　因	全省水利系统先进工作者	江苏人力资源社会保障厅、省水利厅、省公务员局	2013
董文虎	全省水利系统老干部工作先进个人	省水利厅	2013

第五节 历代治水名吏

刘 濞

刘濞(前215—前154),沛县(今徐州丰县)人,汉高祖刘邦的侄子。在汉高祖十二年(前195),受封于广陵为吴王。到任后,刘濞利用封地内大面积滨海平原以及多处铜山,大量开发盐业、开山铸钱,为发展一方经济、富裕一方百姓奠定了基础。《汉书·吴王濞传》记载他"即铜铸钱,煮海为盐"。由于盐场分散在江淮东部沿海地区,要把东部沿海各盐场的盐运到扬州,再转售全国各地,迫切需要开辟水上通道。为运盐通商,刘濞组织开凿自扬州茱萸湾经泰州至如皋的运河。这条河开挖后与江淮水道相连,海盐和其他物资经泰州运到扬州再分运到各地。此举,便利交通,发展盐运、漕运,吸引了四方商贾云集,促进了沿线江都、海陵、姜堰、海安、如皋及湾头、宜陵、塘湾、白米、曲塘、南屏、丁堰、平潮等城镇的发展和兴起。

褚仁规

褚仁规(? —941),字可则,广陵(今扬州市)人。南唐昇元元年升海陵县为泰州,褚仁规任泰州刺史。褚仁规上任后,主持开筑子城、开挖城壕。子城高约6.9米。城壕周长4里有余,深3米以上,宽9米以上。

子城建好后,褚仁规对自己组织的这项工程很满意,写下《泰州重展筑子城记》,并镌刻于一色质似翠玉的方形石头上。记计22行429字的石碑,生动地记述了他在泰州筑子城、挖城壕的盛事。文中说,另筑子城是奉旨按王命行事,筑城时他根据工程量的需要组织民工,民工们多如蚂蚁一样地聚在一起施工,使用的劳动工具畚箕、大锹等翻滚如云。由于组织的人较多,可以加快民工们劳作的进度,只花了近50天的时间,就将四面的城垣筑好了,同时也将四周的城壕挖好了。文中,他以"瑞气朝笼,祥烟暮集,虽此时之良画,尽合玄机"的优美辞藻,形容城壕里朝朝暮暮水汽蒸腾,犹似"瑞气"和"祥烟"缭绕,真与最美的绘画里的景象一模一样。这条城河与万历《泰州志》所载的东市河、中市河南段及玉带河所环绕的水系相对吻合,此时新城当在唐代子城的壕外,新城所挖的壕可能就是利用的唐城之旧壕(详见董文虎编著的《泰州水利史话》)。

李 承

李承(722—783),赵郡高邑(今河北省高邑县东南)人,兴化旧志及《宋史·河渠志》谓"李承式""李承实",唐吏部侍郎志远之孙,国子司业畲之次子。唐代宗大历年间(766—779)任淮南西道黜陟使。

德宗时累迁山南东道节度使、湖南观察使等职。他任淮南西道黜陟使期间,筑楚州常丰堤,又名捍海堤,以御海潮。海堤北起阜宁沟墩,南抵海陆界(今大丰刘庄),长142里。为唐代修筑苏北海堤规模最大、历时最久、收效最为显著的一次。"屯田瘠卤,岁收十倍"(详见董文虎编著的《泰州水利史话》)。

刘廷瓒

刘廷瓒(生卒年不详),明代进士,成化十六年(1480)任兴化知县,到任后了解到南北塘(绍兴堰)运行300多年,水毁严重,效益衰减,灾害不断,立即发动群众整修南北塘,利用冬季枯水季节,浚河取土,加高培厚南北塘,河成堤成,一举两得,得到群众拥护、上级和邻县的支持。大堤修复后,次年发挥效益,兴化连续3年喜获农业大丰收,民间百姓将绍兴堰称之为"刘堤"。尔后逐步配套石闸、石石达,适时拦蓄,大水蓄洪,枯水灌溉,堤上交通,堤西湖泊,堤东农田。南北塘修复后,促进了兴化县城对外的陆路交通。兴化先后在南塘上建成八里铺、贾庄铺、孟家窑铺、河口铺等4座驿站,在北塘上建成平望铺、火烧铺、九家湾铺、界首铺等4座驿站。驿站设铺舍,配专职铺卒,备快马或蹀夫,负责官府文书和军事情报的传递。南北塘又称为官塘、官道。

范仲淹

范仲淹(989—1052),字希文,北宋时期杰出的政治家、军事家、教育家、文学家,谥号"文正"。祖籍彬州(陕西彬州市),后迁居平江(江苏苏州市吴中区)。1015年,进士及第,授广德(今安徽广德)参军,开始了其仕宦生涯。北宋天禧五年(1021),范仲淹调至泰州西溪(今江苏东台)盐仓任盐监。

到任后,范仲淹发现:唐代所修的海陵堰(常丰堰),年久失修,已不起作用。每年汛期,海潮倒灌内涝难排,卤水所到之处庄稼枯萎,庐舍漂浮,亭灶被毁,人畜死亡,大片农田返碱荒芜,百姓无以为生,很多人背井离乡外出逃荒。目睹这一切,范仲淹忧心忡忡。经过认真的调研和思考,他给江淮制置发运副使张纶写了一封信,报告实情,建议立即修筑捍海堰,并且提出具体方案:"移堰稍近西溪,以避海潮冲击,仍叠石以固其外,延袤迤逦,各坡形不与水争,再修捍海堰。"张纶是范仲淹在南都学舍时的同窗,他对范仲淹以民之疾苦为重的精神很为敬佩,随即专门奏请朝廷请求批准修堤。在张纶的支持下,北宋天圣三年(1025),宋仁宗批准,并委任范仲淹为兴化县令,由范仲淹领通、泰、楚、海4万多民工,主持兴修捍海堰。

范仲淹领衔筑堤,首先遇到的是修堰选址问题。海陵堰(常丰堰)年久失修,破败不堪,海岸线也几经变迁,修筑海堤需重新勘测确定堰址。在水文和勘测等科学技术尚不发达的宋代,要在沿海准确勘测,确定堤址,实属不易。范仲淹问计于民,邀贤能之士共商良策,终于找到了解决的办法。他发动沿岸百姓,趁高潮大汛前,把一担担稻壳倒在海滩上。海潮上涨后,稻壳随着海浪向里推进至滩边,落潮后,形成一道弯弯曲曲的高潮水位线。范仲淹根据这条高潮水位线和计划修筑堰坝可挡洪高度,确定了海堤的堤址走向。很快,修筑大型海堤的工程开工了。

不料,当年首先是东台遭遇了严重的秋涝,施工常受大风大雨干扰,筑堤民工非常辛苦,新挑堤土经受不住大雨的冲刷,工程进度异常缓慢。范仲淹顶风冒雨亲临施工现场,身先士卒,还拿出自己的全部薪俸,用于改善修堤民工的生活条件。他深入民工中间,与民工同吃同住,劝勉和鼓励民工同心同德,一定要将海堤修建成功。修堤工程推进至九龙港(现大丰市境内)时,已入冬季。且因九龙港风急浪大,往往白天筑成的海堤,夜间便会被汹涌的潮水冲塌。一首民谣描述了施工的艰难:"九龙港港连港,潮汐多变不寻常,无风也起三尺浪,早上夯基晚上光。"但是,范仲俺并没有被困难吓倒,他白天在险工险段上指挥修堤,晚上就在油灯下研习朱宏儒遗著《沿海方略》,苦思治海良策。他综合多方意见,用柳篓、蒲包、草包装土奠基,将九龙港由外向内逐步填塞,使工程取得了突破性进展。

天有不测风云。正当范仲俺带领民工们艰难地推进筑堤工程时,又遭遇到连旬的风雪。一天,正值大潮汛,寒流暴风突袭东南沿海,风、雨、雹、雪混作而下,几万民工在百里大堤上无处可躲。凶猛异常的海潮,不但冲垮多处已修的海堤,造成海水倒灌,还卷走了100多个民工。范仲淹临危不惧,亲自上堤果断指挥其他民工撤出,做出暂时停工、待天气好转再行施工的决定,并认真抚恤死伤民工及家属,努力使危急局面平定了下来。原先反对修堰的保守势力乘机上疏朝廷,谎报说死亡民夫1000多人,要求废止工程,查处范仲淹。

宋仁宗接到奏本,立即指派曾在海陵担任县令、比较了解泰州沿海情况的淮南转运使胡令仪前来追查。胡令仪非常负责地深入现场调研,征求范仲淹的意见。范仲淹提出应准予复工的主张,得到了胡令仪的认可和赞同。胡令仪向朝廷汇报了修建捍海堰的重大作用和范仲淹所做出的贡献,并请求恢复暂停的工程。可保守势力不依不饶,阻力重重,宋仁宗未能听取胡令仪的意见,仍然下诏停工。

北宋天圣四年(1026),范仲淹母亲去世,按当时的礼制,范仲淹必须离任回原籍守孝。范仲淹临走时又专门书呈张纶,再陈恢复海堤之利,建议仍应续修海堤。为此,张纶和胡令仪再次向朝廷奏本,重获仁宗批准。天圣五年(1027)秋,宋仁宗任命张纶兼任泰州知府,督率兵夫重新兴筑海堤。张纶不辱使命,率兵夫于次年春将海堤建成。堤长150里,基宽3丈,高1丈5尺,顶宽1丈。

海堤北起庙湾场,南至拼茶场,南北相连,犹如一条巨龙屹立在黄海之滨。堤成1个月后,即有1600多户农民和盐民恢复生产,3000余户逃亡的农民陆续返回家园。从宋仁宗天圣七年(1029)至徽宗宣和元年(1119)的91年中,这一带再无海潮倒灌之灾,农业、盐业生产得到新的发展,堤西也渐渐成为土地肥沃、物产丰富的里下河鱼米之乡。当地士绅、百姓为纪念范仲淹、胡令仪、张纶的修堤功绩,在西溪修建了"三贤祠"和塑像,岁岁凭吊,以示后人。而百姓最为感念的还是首倡修堤的范仲淹,于是将海堤命名为范公堤,以彰他勤政爱民的功德。明末清初布衣诗人吴嘉纪《范公堤》诗云:"茫茫潮汐中,矶所沙堤起。智高敌洪涛,胼胝生赤子。西腾发稻花,东火煮海水。海水有时枯,公恩何日已。"《范文正公年谱》中也记载"兴化之民往往以范为姓",以为纪念。兴化、海陵等县百姓还专门修建了"范公生祠",供奉范仲淹的画像。1225年,兴化在学宫左侧建范公祠,纪念已故知县范仲淹。

詹士龙

詹士龙(? —1313),字云卿,光州河南固始人。元(世祖)至元十六年(1279)到兴化任县尹。当时兴化经过宋元之战,很多人员流亡外乡,土地荒芜,无人耕种。詹士龙到任后,了解到因范公堤年久失修,高邮、宝应、海陵频发水灾,民众苦不堪言。于是,他想效仿范仲淹,重修捍海堰(明嘉靖《兴化县志》)。

为修捍海堰,詹士龙可谓煞费苦心。其时,元代刚建立不久。曾经历长期战火的百姓,生活本较贫苦,若要修提防,必须动员大量劳力,恐民众心中有怨;但是,不修好堤防,百姓又无以生计。詹士龙考虑,修堤工程量大,耗费时日较长,加上这次修堤又是詹士龙的主张,上堤的仅为他所管辖的兴化一县的民工,他怕人心不稳,思虑再三,想出了一条计策。他指使人在旧范公堤埋了一块"遇詹而修"的碑石,再找了个事由开挖出来,造成此刻字方石是范仲淹所留,让人们认为修堤乃为冥冥中天定,并非仅他个人主张,借"天意"以稳定人心,达到能坚持修好大堤的目的。可见詹士龙为兴修水利,用心良苦。做好民众工作后,他上书上级请求调集民夫修筑捍海堰,获准。工程于1279年(元至元十六年)动工。

捍海堰大堤修复后,里下河地区各州县农田、房屋不再被水所淹,人民安居乐业。为此,他声名鹊起,不久升任为两淮都转运盐使司判官,后又改任淮安路总管府推官等。

黄万顷

1127—1130年(宋建炎期间),兴化知县黄万顷主修南北塘。南塘通高邮,北塘通盐城,史称"绍兴堰",完成于1137年(高宗绍兴七年)(《兴化水利志》2001年版)。兴化是地势低洼的里下河中三大锅底洼之一,外洪、雨涝历来是兴化的最大水问题。黄万顷上任后,首先考虑的是兴化的水利问题。隋代,京杭大运河开通至扬州后,加上李承筑常丰堰、范仲淹修了范公堤后,兴化的外洪,主要来自宝应、高邮方向里运河上减水坝开启时对里下河所泄洪水。尤以高邮下5坝(指高邮至邵伯段的南关坝、新坝、中坝、车逻坝、昭关坝等5座归海减水坝)威胁最大。其时,兴化西北大片地区由于地势偏低,尚未开发,仍以湖荡、洼地为主。这些西来洪水,除北部宝应来水主要由湖荡滩地承接和漫溢外,南部西来之水,主要是通过高邮的横泾河、东平河、北澄子河、南澄子河或直达兴化境内相关河道,或经南官河,经兴化城再向兴化东部各相关河道外排,经盐城地域入海。其中,从高邮城至兴化城的河道尤以北澄子河最近,黄万顷主修通高邮的南塘,乃其中之一条。兴化水利局原局长刘文凤先生考据认为,"南塘自兴化南闸桥,经八里、魏家庄、胥宦家至河口"(《隔堤驿道南北塘》),即由兴化城向南的南官河段直至与北澄子河相衔接处"(折而向西)与高邮沿北澄子河筑的大堤相接"。从高邮至兴化,所修南塘长在120里上下。兴化遇雨即涝,涝水外排以及上述的外洪,都要通过从兴化向东的东西向河道并经过盐城的黄沙港、新洋港、斗龙港下泄入海。其中,兴化城至盐城,主要是从兴化的"北闸桥,经平旺、文远、孙家窑、北芙蓉、仇家湾、芦家坝至大邹东"的一条斜插东北的河,再向东北近盐城龙岗处接东涡河至盐城,通新洋港入海。这一从兴化至盐城的河长虽有150多里,但却是最短的能较快解决兴化下泄洪涝问题的水路之一(详见董文虎编著的《泰州水利史话》)。

王 瑒

王瑒(生卒年不详),南宋绍兴十一年(1141)二月任泰州知兼任通泰二州制置使。措置水砦(寨的异体字)乡兵,控守二州王瑒任泰州知州。南宋绍兴十年(1140),王瑒开城内东西河,建藕花洲,嘉定桥。南(水)关至北水关为城内中市河,运盐河(今老通扬运河)。水至南城壕,由水门入,至北水门出,通西浦。东西沿城市河。泰山下市河,名小西湖。东市河由南水门入,沿城绕至东水门出。后东水门闭塞,复自东门内新开一河接连南北,西市河亦自南水门入,通新河,俱从北水门出,名玉带河。

王瑒所开的中市河,贯通泰州古城南北,南北两头建有水关(南水关现已挖出,作为物质文化遗产进行了保护)。中市河的水源取自南城河,南城河的水来自汉吴王刘濞所开古运盐河。进入城中的水,供城内人们使用后,又经北水关,流向水位较低(里下河水位)的西浦河。

王瑒所开的东市河,并非沿城绕向北水门的东市河全线,而是"由南水门入,沿城绕至东水门出"的南半段。所开西市河也仅为从南水关至经武桥与玉带河相"通"的一段(详见董文虎编著的《泰州水利史话》)。

南水关

东市河南段　　　　　　　　　　东市河北段

陈　暄

陈暄(1365—1433),字彦纯,安徽合肥人。明代武官、水利家,明清漕运制度的确立者。明永乐元年(1403)任总兵官,负责督海运,负责从长江口至辽东地区的运输。永乐四年(1406)陈暄督漕运,开泰兴北新河(今两泰官河),接泰州鸭子河,经李秀河至泰兴城环城河,由新河(天星港)至王家港入江。

永乐九年(1411),陈暄负责漕运。陈暄主张打造适应内河运输的浅船2000余艘,从京杭运河调运南方粮盐物资进京津。朝廷采纳他的建议,初运200万石,后来发展至500万石,使"国用以饶"。

陈暄十分注重兴修水利。自永乐十三年(1415)始相继组织开挖了清江浦(今为淮安市区里运河),主持浚深徐州至山东省济宁河道,兴筑沛县至济宁南旺湖长堤,自淮河至临清(今山东省临清市)按水势设闸47处,使漕运畅通无阻。

1425年,明仁宗(朱高炽)即位。九月,陈暄上疏七事,革除朝政弊端,得仁宗帝奖谕,赐券,世袭平江伯。1426年,宣宗(朱瞻基)即位,仍命陈暄守淮安,总督漕运。

明宣德四年(1429)陈瑄进言:"济宁以北,自长沟至枣林淤塞,计用十二万人疏浚,半月可成。"仁宗帝不仅同意疏浚此河,还念及陈暄年高久劳,特又命尚书黄福前去协助陈瑄浚河。

宣德六年(1431),陈瑄组织开挖开泰州白塔河(今属扬州市)通往大江(长江),并建新庄、大桥、潘家、江口4闸,江南漕船可从孟渎河过江,入白塔河至湾头达漕河,新增了江北运口,省了从瓜洲经过的盘坝。他还向朝廷进言,获准漕运从无偿的民运变为有报酬的兑运了。后来,他又组织疏浚泰兴天星港,使江南的船只能顺畅进入苏北,通往大运河(详见董文虎编著的《泰州水利史话》)。

张汝华

张汝华(生卒年不详),河北省怀安县人。明成化七年(1471),以举人首任靖江知县。

靖江初建县时,麦垄高低,沟渠纵横,仅有农民的草屋四五区。张汝华到任后,着手对县城的各项设施进行建造。在极其困难的条件下,前后花了3年时间,主持建造了县堂、学宫、察院、总铺、城隍庙、公馆、迎恩亭、仓廒、各坛、各斋房及存恤院,计大小房屋281间24厦。

他在策划兴筑土城的同时,一并考虑了取土开挖"在外城脚回抱周城"的外壕。他所规划建筑的土城高一丈八尺(6米)、厚八尺五寸(超过2.4米);他规定外壕面宽六丈五尺(近23米)、深一丈八尺(6米)。他还在城之东南方同时开挖一条通澜港(今八圩港北段)的运河,一条通苏家港(今十圩港北段)的运河和一条通苏家港(今十圩港北段)的巽河,让城壕西通澜港、东连苏家港。这是靖江有历史记载的第一条官办民挖的人工河道。这条河道有四大好处:一是挖河土方可垒筑土城墙;二是外壕可防盗匪入城;三是可将江水引入至外壕,并作为供给城里市河水源之用;四是可使运输船只直抵城外。

在开挖外壕的同时,张汝华还一并规划开挖"县城内与外壕相表里"的市河,以达"钟水蓄秀,利民用也"。城内有一条偏南部东西向的市河,河的两端沟通外壕,水从西水关进入,环绕学宫、县署,从东水关流出。从南至北布局4条东西向平行河道,再由南北两条纵向河道沟通横向河道,呈两个"工"字形组合构成城内水系。外可引江,内可蓄水;既可防洪,又易排涝。他还在城内修建一池、井5口、板桥8座,以备枯水的冬季百姓用水和方便城里交通。

成化十一年(1475)冬,张汝华又带领百姓疏浚城河,修筑城墙,使靖江城初具规模。成化十二年(1476),他因父母去世而离职回家守孝。靖江百姓感戴他为建县呕心沥血,功绩卓著,先后将其祀于三贤祠、贤侯祠,以资怀念(详见董文虎编著的《泰州水利史话》)。

陈应芳

陈应芳(1574—1610),字世龙、元振,号兰台,泰州人。明万历二年(1574)中改元甲戌科进士。先后任浙江衢州府金华、龙泉县令。任期满后,历任仪制司主事、祠祭司员外郎、主客司会考功郎、南刑部郎中、福建臬司、浙江提学佥事、八闽布政司参议等职,政声极好。后又调任河南按察司副使、南大理寺丞、太仆寺少卿等职。后受到奸人结党攻击,陈应芳揭发他们所做坏事后,多次上疏神宗帝,请求放归故里,获准。

陈应芳回到泰州后得知,泰州连续多年水灾为患。每逢西部诸湖和漕河(大运河)堤决或大雨,泰州北部里下河地区便成汪洋泽国,老百姓苦不堪言,无以为生,死亡出逃过半。他深为不安,把主要精力倾注到家乡兴修水利上。为此,他深入泰州、高邮、兴化、宝应、盐城等下河地区5个州县,深入调查、踏勘水情。历经几年的辛劳,收集了大量资料,潜心研究,于1595年(万历二十三年),写下了一部堪称传世之水利著作——《敬止集》(详见董文虎编著的《泰州水利史话》)。

陈函辉

陈函辉(1589—1646),字木叔,号寒山,浙江临海县人。明崇祯七年(1634)考中进士,崇祯九年(1636)以名进士任靖江知县。在靖江6年,各方面多有建树。他首先领导开浚横亘全县东西的团河,又疏通各条河港,与团河相通。并于东门设东山闸,西门设寒山闸,小沙(永兴团)设平山闸;在各港口筑坝10余丈,使收蓄水之功。由于他组织得法,调度有方,团河开浚工程两月告竣。此后县内水利配套,农田保收,百姓深受其益。陈函辉到任前,靖江和泰兴两县百姓为界址纠纷甚烈,双方械斗死伤颇多,陈函辉以大局为重,主动让出土地数百顷,从而平息了界址纠纷。为纪念陈函辉的治水功绩,靖江在寒山闸西建陈公生祠,泰兴县在曲霞镇以西建陈公堂,纪念其在治水和协调靖泰之间的水事纠纷方面的功绩(详见董文虎编著的《泰州水利史话》)。

叶柱国

叶柱国(生卒年不祥),字大登,云南人,明天启六年(1626)任靖江知县。

到任后,叶柱国目睹了恶劣的自然灾害带给靖江民众的不幸。那一年,先是旱灾,不久又遇到水灾,秋天又屡次遭台风海潮袭击,民居漂没,百姓被淹无数,难以为生,无所适从。面对此悲惨情景,叶柱国流着泪向上呈诉,建议发赈,豁免赋税;他还捐献自己积余的俸金,典当自己的衣物来救灾,灾民因此得一时之温饱。正当他谋划为灾民重建家园时,靖江又遇蝗螟灾害。他立即组织百姓日夜治虫。为了应对这些自然灾害,他不遗余力。他的所作所为使他得到了靖江人民的高度信任。

在他任期即将届满之年的明崇祯元年(1628),他谋划开一条大河,以从根本上解决水患。但是他也担心民众会为开河带来的负担而不高兴。他向靖江的有识之士宣传开河的一举数得,也向他们说出了自己的顾虑。听了他的话,靖江有识之士一致向他提出开河的建议。成百上千的百姓也携带田亩簿册,聚集在县衙公堂前,向他请求开挖阜民河。叶柱国以民生为本,即行文数千言,呈请上级批准开挖阜民河。上级准开的批示下达,叶柱国轻车简从,携地方士绅,勘察地形和水势,辛勤从事。碰到民房拆迁,加倍补偿;碰到墓地,迂回避让。整个河道,计绵亘90余里,每亩摊派河银三厘。叶柱国又慷慨解囊,捐出俸银二百两用于开河。百姓很感动,开工后,他们互相勉励,踊跃参加。三至四月,仅用1个月,工程竣工。

阜民河从县北达于东、西两乡,如环如带,豁达旁通,是四方排灌没有阻碍的河道。这项工程可备水旱的蓄泄,可御江潮的泛滥,可免转输的劳苦,可遏止盗寇的活动。从此,田畴得到灌溉,不致荒芜;夏日戽水,不致有候潮之争;秋来疏浚,无烦每年兴工。靖江百姓高兴地说:"二百多年来的空言,今天变为现实了!"叶柱国据《地志》"水势聚,则地脉固而发灵长。民生由此而阜,府库由此而充,礼乐人文由此而盛织"之典,为他所开的团河题名为"阜民河"。

河挖成后,首先向叶柱国提出要开挖此河的建议者之一、靖江人氏、镇江府教授朱家栋写了《开阜民河记》一文。此文真实、完整地记录了叶柱国开挖团河的经过。叶柱国自己也写了篇《阜民河记》。

叶柱国主持开挖的阜民河给靖江民众带来了福音。他在靖江任3年,只喝过靖江百姓一杯水。后因父母逝世离靖回家尽孝(详见董文虎编著的《泰州水利史话》)。

张可立

张可立(生卒年不祥),字蔚生,福建省福清市人,进士出身。清康熙十六年(1677)从潼关道(清代为京师官马西路——潼关道,专设的官员)降职到兴化任知县。

他到兴化后,众多绅士和百姓都向他反映,兴化市河的开通和淤塞对老百姓的利与害关系极大。兴化农民的田,一直都在湖荡之中,老百姓吃的粮食和喂牲口的草都要靠船装运。自从市河淤塞成为断河、绝港以来,船就无法进入城里。市河中的水长久断流,水质变差,环境变坏,文脉也就干涸了。

张可立认为市河的水质和水环境与市民的生活息息相关,也与城市的文脉相关。为了百姓安居乐业,他决定浚市河。他招募劳力,调集运泥用的大船,备齐了挑河用的大锹、畚箕,于清康熙二十三年八月动工疏浚市河,3个月竣工。

张可立认为,水环境的保护要靠法治、要靠群众共同去管理。原来的市河淤塞变脏,主要是夹河一带的老百姓长期倾倒垃圾、杂物所致。为防止重蹈覆辙,于是县府专门出了告示,明确了对市河的保护和管理,其中重要一条是"投溷有禁、弃灰有禁",同时,"闾师(周代官名,管四郊之人民、六畜之数)、约长(指合纵之约的六国之长)"等县以下相关官员,要组织市(乡)民定出保护河道的乡规民约,共同推荐负责人等,每月要将河道管理情况,写成文书,上报县衙。

张可立有《浚市河记》存世。

在这次疏浚市河的过程中,还将久已毁损的老坝和西堤修复完好。老坝、西堤分别在西水关和南水关外面,老坝是捍卫水向西面流去的工程,西堤则是保障水向北注入的工程。通过浚河、筑坝、修堤,兴化城里之水,变成利于疏通,不再停滞;利于潆洄,不会直注;变成了既可以泄去脏水、恶水,又可以保障有清洁的来水补充"以钟其美";变成了水既可汇集于海(子)池"不患其分",又可进入乌巾荡"不伤于直"。兴化这样的水才符合"风水"之法,才能聚集"气"场。这样,兴化必将"桂楫兰桨"船舶来去,"百货咸来"物流通畅,"名臣壮士,衰然频出"人才不断涌现。"此邦之兴,可计日待也"。

他在兴化善政很多,官声较好,后调泰兴兼泰州分司。调走后,兴化人民将他列入名宦祠,以作永久的怀念(详见董文虎编著的《泰州水利史话》)。

<h1 style="text-align:center">郑 重</h1>

郑重(生卒年不详),字威如,福建建宁县人。清康熙二年(1663),由进士任靖江知县。有大才,吏治精明,治狱廉平,民皆悦服。明天启年间(1621—1627),西北涨连泰兴,东与如皋接壤,淤塞的港超过一半。前任知县叶柱国、陈函辉开过团河,汇支流,流入长江,又疏浚水洞港、朱束港,北通泰兴,西沙不再担忧水涝。惟东沙元山、永庆两团地势平衍,多水患,泰兴、如皋遇久雨,亦是如此。三县百姓各守疆界,常行争斗,没有停息过。郑重具文报告上级。朝廷命令督、抚委扬州、常州江防(管水的官)会同三县知县在边界相地形、度水势,与当地父老共同商量。确定开浚柏家港、石碇港、蔡家港、庙树港、夏仕港,泄水入江,以息争端。郑重以大局为重,靖江出田,支持开浚五大港。泰兴开废靖江平田五百六十六亩七分七厘六毫八丝,沙田九十三亩六分二厘五毫;如皋开废靖江平田一百七十亩。共折实平田八百亩零七分二厘一毫八丝。郑重负开港总责,亲自察看地势高下。县丞白启秀、县尉韩开帮助督工,勤于检查(详见董文虎编著的《泰州水利史话》)。

魏　源

魏源(1794—1857)，原名远达，字默深、墨生，湖南邵阳(今属隆回县)人。清道光二年(1822)中举，二十五年(1845)中进士。曾任东台知县、兴化知县，官至高邮知州。他在兴化为官3年，治水是其经世思想的具体体现和实践。

风雨泥潭舍命保五坝

道光二十九年(1849)六月，魏源任兴化知县。赴任时，适逢连旬暴雨，高邮河湖暴涨，水势险恶，运河东堤归海五坝，险象环生。河督拟开五坝，时值新谷将结实，一旦开坝，则里下河必遭水灾，尤以兴化为重，即可能出现"一夜飞符开五坝，朝来屋上已牵船，四舍漂沉已可哀，中流往往见残骸"的悲惨景象，下河民众纷纷集结运堤保坝。

魏源到任后第四天，即赴高邮各坝，一面组织士兵、农民日夜守坝，一面连夜赶往扬州，请求两江总督陆建瀛速开沿邵伯至清口运河东岸二十四闸，分路泄洪。提出：即使开坝，也要等新谷登场之时。陆氏答复：可保则保，毋许擅开。于是魏源亲率民工坚守东堤，护堤保坝。是时，风雨交加，湖浪汹涌，堤将溃决，河员执意要开坝，魏源伏堤上哀告上苍，愿以身殉。屡被巨浪冲漂，双目红肿如桃，百姓劝其休息不应，直至风平浪息。守坝至立秋，启坝迟逾半月，下河七州县新谷幸得丰收。

为颂扬魏源为民保坝的功绩，兴化百姓把秋后登场的早稻称为"魏公稻"。有人提出拟筹建魏公生祠，魏源知道后，严令禁止，他认为民富社会才安，民强国才昌盛，兴化本穷乡僻壤，灾害连连，大兴土木，必劳民伤财，耗资贱劳，因而建生祠一事万万不可取。

调查分析探究水灾成因

兴化任中，魏源调阅兴化历代治水资料、案卷图说，进行分析研究。据统计，从1440年至1630年的近200年间，兴化共发生水灾29次，平均每6年一次。从1644年至1849年的200多年间，共发生水灾55次，平均每4年发生1次，其中道光元年到道光二十九年(1821—1849)，兴化水灾次数竟达12次之多，平均每两年多就有1次。魏源对此曾慷慨陈词："无一岁不虞河患，无一岁不筹河费，前代未之闻焉。"

是何种原因造成兴化水灾如此频繁？为探求水灾成因，他身着素服，徒步涉水考察里下河地区河道水系来龙去脉，走访兴化各地及周边州县，了解河情水势、水患灾情、堤防状况、地形地貌，向沿途有治水实践经验的人咨询请教。他指出，"行"才是知识的真正来源，而不是在书本之中，"不行"就得不到有用的知识。经过长达数月实地调查后，他认为兴化水灾的成因主要是：

其一，兴化地处里下河腹部，北临淮河，西靠运河，高宝湖、洪泽湖在其西。每属秋汛，淮水涨，水灾势所必然。黄河全面夺淮之后，淮水逐渐南下，运河东堤时有崩决，里下河遂成为淮河下游滞涝、泄洪区，淮河洪水走廊。

其二，运河东堤上建有"归海坝"5座(昭关坝、车逻坝、五里中坝、南关坝、新坝)，均用条石砌筑，长

20余丈至60余丈不等,上加封土,常年封闭,泄洪时,按"水志"开坝,水退再堵。但由于大坝年久失修,对于洪水的抵御能力大大减弱。历任河员因害怕大坝被洪水冲决,难辞其咎,往往提前开坝,造成兴化每年都有大片即将收获的早稻被淹。

其三,运河是历代粮食、海盐和各类货物的主要运输渠道,经济的大动脉,对当朝的经济繁荣起着不可估量的作用。黄淮汇流,泥沙俱下,运河河床逐渐淤高,运河壅阻,漕运十分困难。每年汛期,运河水涨,正是漕运的大好时机。为保漕运畅通无阻,漕运官员们往往将运河东岸的二十四闸(原为开坝以前预筹宣泄之地)全部关闭。这样就导致水势渐涨,一旦危及东堤安全,只好开坝泄洪。

其四,兴化地势低平,起伏小,形如侧釜,俗有"锅底洼"之称。境内湖荡密布,沟河纵横。每年汛期,降雨又比较集中,外洪内涝,洼地涨水迅速,兴化入海河道又蜿蜒曲折,障碍重重,下泄缓慢,排水困难。

献计献策治洪水

魏源在进行认真查勘以后,写成《上陆制府论下河水利书》陈述里下河河防意见,提出"人定胜天,造化在我"的口号和一系列务实的主张及措施:

一是加固东堤,以防忧患。东堤是里下河抵挡淮河洪水的屏障。要使里下河在汛期之间免受洪涝之害,须补修加固东堤,提高东堤的抗洪水能力。于是他提出"今欲为一劳永逸之计,必须完补石工,改用田土","补砌条石,加桩灌汁,方期保固",以解决历代地方官员头痛医头、脚痛医脚,浮于治标的做法。

二是培筑西堤,以水抵水。魏源认为,里运河东堤前无外障,后无倚靠,每年防洪东堤是愈筑愈高,而愈高则愈险,何能御风浪之冲。惟在东堤之外培筑西堤,远胜东堤一面空虚,且西堤筑成后两面皆水,以水抵水,即水漫过西堤,其东堤并不吃重。获拨款后,魏源即离开兴化,总督运河西堤工程。

三是西水肥田,按节令开坝。不但东台、盐城、阜宁海卤之地咸,全恃西水泡淡,始便种植,即高邮、泰州、兴化……亦赖西水肥田,始得膏沃。凡西水所过之地,次年必亩收加倍,如年年全不开坝,则下河田日瘠,收入欠。为此魏源建议每年都要开坝,只是要按节令开坝。他认为:"开坝于立秋前,则有害无利;开坝于立秋后处暑前,则利害参半;始开坝于处暑以后,则不惟无害而且有大利。"他把处暑以后开坝的建议奏明道光帝,获允,勒石坝首:以后湖涨,但事筑防,不准辄议宣泄,每年必须等到秋谷登场,方可启坝。

四是先闸后坝,分洪减压。为保漕运,每年汛期,运河水涨,必形成漕运官员封闸与地方官员保坝之间的矛盾。由此魏源建议,开坝前须先启闸,以减轻洪水对里下河的压力。在兴化为官3年中,魏源曾上书两江总督陆建瀛,力主先启闸后开坝,得允,使里下河低田得保无虞。

魏源的治水方略,在一定程度上提高了里下河抗御淮河洪水的能力,减轻了里下河地区的灾情,但并没有从根本上解决里下河的水患。对此他曾感慨:上游分泄淮水归江之策,下游筑堤束水归海之策,均属劳费难成,殆同画饼,以全局形势统筹亦多致疑难,难以操券。可见要从根本上治理兴化水灾,必须统筹兼顾,对黄河、淮河、运河全面兼治。对魏源来说,虽有经世之策,却无力回天。政危则百事殆,国衰则河政废,这是历史局限性所决定的。不过,他的治水构想却为后人提供了宝贵的借鉴。

龙　璋

龙璋（1865—？），字研仙，湖南攸县人，清光绪年间，应乡试中举。清光绪二十六年（1900）任泰兴县知县，光绪二十八年（1902）离任，数月后回任，直至光绪三十三年（1907）离任。在此期间，龙璋锐意图治，屡有建树，颇为县民推崇，被泰兴百姓尊称为"龙大老爷"。

龙璋重视兴修水利，他在泰兴任知县期间，先后浚口岸、庙港、龙梢、七圩、马甸、王家港等，浚太平庄、李家桥、张家桥、通泰河、渡子河、纪家沟等河，修筑太平洲、三浚港堤岸。他上督抚文，请兴水利。请测绘人员测量地势高低、河港深浅，绘制成图（详见董文虎编著的《泰州水利史话》）。

张行澍

张行澍（生卒年代不详），字瀚门，河南祥符人，清道光十七年（1837）举人。曾参加组织修筑开封城的工作，因佐筑开封城有功，于道光二十八年（1848）保选任泰兴知县。

清道光二十九年（1849）六月，泰兴遭强台风袭击，江水暴涨，平地水深数尺，沿江百余里房屋被大水冲毁漂没，受灾的百姓无家可归，全部"露栖"于地势较高的地方或其他未受灾的街市，无物可食，已达"饥殍"的状态。张行澍见此情况，随即召集下属官吏和地方上的士绅、乡贤商议，采取了集资、募捐购粮和按人口直接发放口粮的赈灾方式，安抚百姓，缓解灾情。他亲自深入滨江，严格督查救灾粮的发放。在他的努力下，泰兴沿江受灾百姓，在秋粮颗粒无收的情况下，没有一人因水灾而饿死。

在此大灾之年，张行澍深入江边一线，了解到因堤毁而造成大面积水淹，广大民众的受灾惨状；同时，也了解到造成这一灾情的根本原因——原有江堤堤身太小，又年久失修；他还了解到百姓们也很希望有人振臂一呼，组织人民挑筑堤防、恢复家园。于是，他决定因时度势，修堤。他抓住民心，广泛发动民众，组织并亲自带领百姓修筑了北自庙湾港南至王家港（今天星桥南）段长26.7多公里、顶宽5尺（约1.7米）、堤脚宽3丈（10米）的江堤，次年堤成，人称"张公堤"，以志其功。

堤成之后，他又因势利导，向百姓们说明了不仅要防水灾，还要防止旱灾的发生。要防旱灾，就要能使沿江各港引得进水。于是他又发动民众，疏浚了沿江诸港及其支流。同时，他向上司力陈沿江灾情，使受灾百姓得到了朝廷批准蠲除赋税的照顾。他披星戴月奔波在泰兴治水第一线，在水利史上留下了浓墨重彩的一笔。

第二十章　水文化遗产

第二十章　水文化遗产

水文化遗产是人类用水、治水过程中形成的重要遗存,是水文化传承的重要载体。泰州治水历史悠久,水文化底蕴深厚,形成了独特而丰富的水文化遗产。

第一节　水利文物

一、古河道、古堤

泰州的水利文物很多,本节记述的只是在民国以前建筑的、今仍存在的有代表性的水利工程。

(一)古河道

1.城河

中国古代的城市一般都在四周筑城垣,在建筑城垣的同时还在墙垣外侧开挖护城河道,构成城池。

泰州城河始建于南唐。南唐开国之初,海陵制置院使(泰州刺史)褚仁规(字可则,广陵人)于升元元年(937)组织民众所挖。河宽 1 丈 2 尺(3.75 米)。南宋建炎三年(1129),泰州通判曾修城浚壕,城壕宽 5 丈(15.14 米)。南宋淳熙十年(1183),泰州知州万锺在城上建东、西、北 3 座水门。南宋宝庆三年(1227),泰州知州陈垓大挖城河,拓宽了东、西、北三面城河,浚深南城河,城河通长 13 里(7118 米)、宽20 丈(61 米)、深 2 丈(6 米)。南宋端平元年(1234)再次整治城河,使城河的宽和深比原来增加了 1 倍。同时加挖四角月河(城角的河弯如月亮,故名)。南宋宝祐三年(1255)又增开月城四门外城河,并围着月城外边,修了一条与城河相连的河边道路,使城外沿城河一周相互通连,以增强州城防御能力。此时州城 4 个城门,加上 4 座月城,有 8 座城门,还有东、南、西、北 4 座水门。城内外交通是依靠南、北两座城门外架在城河上的吊桥,而东、西城门则依靠舟楫来往。南宋泰州的州城城坚壕宽,攻取不易,因而确保了一方平安。明初,朱元璋的大将徐达,在一场血腥的大战后兴工修筑泰州州城,城周长 6230米;城壕长 7403 米、宽 161 米、深 3.42 米。清乾隆后期,泰州城经过了最后一次大修,城河东北角宽 270米,东南角宽 281 米,西南角宽 27 米,西北角宽 260 米。在古时的战争年代,又宽又深的城河,如同一座巨大的屏障,使泰州成为太平之州数百年。清代未有拓浚。

明手绘泰州（城池位置）图

今南城河西段已填平消失,东段尚存;今北城河西段从西城河的西仓桥盘角向东至青年桥之西北;西城河乃现在的南官河城区段;东城河位于泰州古城的东半个城外,是泰州城河保护和治理最好的。

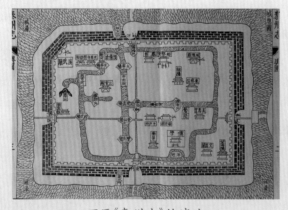

万历《泰州志》绘城池　　　　　黄炳煜先生绘制的1913年泰州城池图

东城河大致从今柳敬亭公园起,向东经文峰桥、文昌阁至望海楼遗址,转向北达城河东北角,折而西行,过鼓楼大桥,再西终于旧北门中天滋河,全长约3公里,面积10多公顷。两岸旧有东打渔湾、文峰塔、南山寺、文庙、文昌阁、望海楼、东凤凰墩、迎春桥、海宁门、东山寺、觉正寺、古关帝庙、芦洲、上真殿等历史遗迹,周围历史文化积淀深厚,文物古迹众多,文化内涵特别精彩。20世纪50年代后,泰州人在东城河岸边栽植树木,块石驳岸,安装护栏。又陆续兴建柳敬亭公园、梅兰芳公园、文昌阁公园、岳台峰火、天滋亭、文会清风、鼓楼大桥,还大修了南山寺大雄宝殿,重建了文昌阁,修缮了城隍庙等文物古迹。东城河已经成为泰州水环境优美的风景区。

城河是省级文物保护单位。

2.古运盐河（老通扬运河）泰州段

古运盐河始建于汉高祖十二年至景帝三年（前195—前154）间。此间，西汉吴王刘濞动员成千上万民力沿江淮分水岭开凿了一条人工运河。该河西起扬州茱萸湾（今湾头），经海陵仓（今泰州）、姜堰、海安至如皋蟠溪。隋、宋之后，大海东移，此河也随之逐步延伸到南通海边，全长191公里。运盐河以运盐为主，也兼有漕粮运送、引水灌溉、泄洪入江等功能。唐开成三年（838），日本国派遣使者来到大唐，随行的僧人园仁写了一本《入唐求法巡礼行记》，书中说从海边往海陵的运盐河中"盐官船积盐，或三四船，或四五船，双结续编，不绝数十里，乍见难记，甚为大奇"。宋隆兴元年，泰州海陵一监支盐36余万席都是从这条河运出的。

今古盐运河泰州段是市级文物保护单位。经市区九龙镇、城南街道、凤凰路街道、苏陈镇，姜堰张甸镇、梁徐镇、三水街道、罗塘街道和白米镇。

3.南官河

南官河始挖于元至正二十五年（1365），古称庙港，又称济川港，历史上是苏北地区的出口门户、沟通长江南北的通衢要道、出江港口，素有"百川汇合""咽喉要冲"之称。汉、唐以后，南官河曾一度是淮南地区漕粮北上、淮盐外运、木材集散的水运航道；明清时期，逐步形成了口建（口岸—泰州—兴化—建湖）、口盐（口岸—泰州—泰县（姜堰）—东台—盐城）、口（岸）邵（伯）及口岸至清江（经淮安市）等地区的客货轮船运输航线。南官河的经济地位、引江水灌溉和在里下河地区的排涝功能，被历代官员和有识之士所关注，先后多次对南官河进行疏浚。1956年整治后更为此名。今南官河南起长江口岸闸，北至新通扬运河泰州船闸、泰州引江河，位于高港区和海陵区中心偏西、京杭大运河和串场河之中，是苏北地区南北走向的3条水运主动脉之一。

4.中市河

中市河是主城区最早人工开挖的河道，始挖于唐代中晚期，清光绪年间，全线疏浚，可双船并行。此河位于主城区南北中轴线海陵路西侧，河道笔直，从南水门入，北水门出，由南往北纵贯主城区，并将城里平分为东、西两部。

5.玉带河

玉带河始挖于宋代。此河与中市河呈"十"字交叉，将泰州城齐腰分成南、北两块，在布局上独具匠心。经年累月，西边有一段逐渐堵塞，难以流通。清同治年间，诗人康发祥个人出资主修这段河道，使玉带河全线贯通，且与西门至东门的大街大致平行。

6.东、西市河

宋绍兴十年（1140），泰州知州王璡主持开挖，是主城区工程量最大、河段最长的河道。王璡将开挖河流的泥土在城西部垒成了一个土墩,被后人称为"泰山"。这个土墩后来成了崇祀岳飞父子的岳墩。

7.泰东河

泰东河,古代的又一条运盐河道,始挖于明永乐二年(1404),最早的河道西起海陵区赵公桥,东至兴化边城入东台串场河,历史上称北运河、下官河或下运盐河。1958年,开挖新通扬运河时,泰东河河首改道,在老东河口对面新开河1.4公里,向北至采菱桥入泰东河。今泰东河西经新通扬运河与泰州引江河相接,东至溱潼镇与东台交界,连接通榆河,全长48.7公里,境内全长23.5公里。今泰东河已成为3级航道,江水东引北调、防涝除涝的骨干河道。

8.两泰官河

两泰官河是泰兴城西北部的一条大河,历史上称北新河、通泰河。它南起泰兴镇,北经泰县大泗庄。此河始挖于明永乐四年(1406),具体负责此工程的是总兵官陈瑄。两泰官河开挖时,动用民工15.5万人,在一个月内挖成。此河不仅使泰兴经李秀河到泰州鸭子河增添了一条水上通道,更使泰兴打开了一扇通向外面的窗口。泰兴,南唐元年设县治后,西濒长江,北接淮水,河港纵横交错、窄小弯曲,每逢汛期雨季,泄水不畅,便泛滥成灾。久旱无雨时,则河干塘裂。开挖两泰官河后,使境内的如泰河、蔡巷、古马干河、宣堡港、许庄河等5条干河相互间得到沟通,从而解除了两岸人民长期以来遭受的旱涝之苦。而畅通的河运、便捷的运输,又促进了农业和经济的迅猛发展。当年,该河曾被朝廷视为沟通南北运河的4条漕运河流中的一条。今天,这条河仍被列为骨干河道进行改造利用。

9.夏仕港

夏仕港是境内通南地区、靖江东部和如皋西部地区的主要引排、航运骨干河道之一,北起靖泰界河,南入长江,全长13公里。始挖于清康熙五年(1666)(如皋县挖)。清代,靖江组织民工先后6次疏浚。1957年,靖江、泰兴联合疏浚此港。1958年,国家投资400余万元,靖江县政府组织2.8万人疏浚夏仕港白龙镇至江边段;1979年,靖江组织民工3000余人,开挖夏仕港套闸闸塘;1999年12月,靖江组织对夏仕港套闸下游引江河实施港堤护砌工程;2011年,靖江再次整治夏仕港。整治后的夏仕港排灌面积约达600平方公里。

10.靖泰界河

靖泰界河始挖于明崇祯七年(1634)。在此之前,靖江县境长江以北大江沙涨成陆,与泰兴接壤。这一带也增加了大量土地,但无固定边界。靖、泰两县争界数年,两县百姓为争地械斗,颇多伤亡。崇祯七年(1634),靖江知县唐尧俞作了退让:"剖沙为界,阔五丈、深三丈",使泰兴县民多得土地,争端始息。此即最初的靖泰界河。今靖泰界河西南起靖江新桥镇西界河入江口,东至如皋市拉马河口,全长44.6公里,是泰兴与靖江之间的分界河道。

11.车路河

车路河位于兴化中部,为兴化横向干河之一。始挖年代不详,清康熙年间兴化多次挑浚,民国年间未曾修治。20世纪50—80年代,兴化也曾多次整治。2014年,兴化再次整治车路河。今车路河西起卤汀河(昭阳),穿得胜湖,自西向东流经兴化昭阳街道、垛田、林湖、昌荣、大垛、荻垛、陶庄、戴窑等乡(镇),东至盐城串场河(丁溪),全长42.3公里(详见本书第五章"车路河")。

12.鸭子河

鸭子河始挖于明代前,呈弓形,东西走向,流长约10公里。明代前称鸭子湖,是一天然湖泊,因野鸭成群而得名。据清光绪《泰兴县志》记载,明代鸭子湖,水面宽阔,周长25里,西通济川河,北通泰州,南可入江,东通二泰官河可达泰兴城。从宋代至元代,湖面因长江泥沙沉积,逐步淤涨了部分沙洲和沙滩,形成了可开垦的"沙田"。由于围湖垦荒,地名鸭子湖开始形成。明初,"洪武迁徙"大批苏州吴县的殷实户到鸭子湖流域落户,民间家谱中均有记载,如唐氏家谱载:"洪武三年,寿七公于苏州阊门,迁扬州府泰兴县顺德乡二都鸭子湖南张家庄。"明史《河渠志》中曾有"正统三年(1438)疏泰兴县顺德乡三渠引湖溉田"的记载。至今唐家庄东西长约2公里的境内,仍有两处古河道成南北向通往鸭子河。明清以来,湖面由于淤涨逐渐变狭,鸭子湖成了鸭子河。虽然十多里的流域增加了不少良田,但因排灌不畅,常常遭灾减产。清嘉庆十六年(1811),泰兴县知县朱一慊离任时,捐献俸银300两留浚鸭子河。在他的影响下,农村大户也纷纷捐银,由此鸭子河得到了较好的保护。今鸭子河仍在发挥排涝和灌溉的功能作用,鉴于它为农业生产所发挥的效益作用,20世纪70年代更名为生产河(详见本书第六章第一节)。

(二)古堤

1.古江堤

清嘉庆十八年(1813),靖江在澜港至苏家港段筑坝731丈。至清光绪年间,靖江江堤初步建成。

清光绪九年(1883),泰兴知县陈谟组织县民修建江堤。原堤北自庙港、南至界河(靖泰界河),堤长1.4万余丈(46.67公里),高1丈(3.33米),顶宽3尺(1米),脚宽5尺(1.67米),泰兴人后称其为"皇岸"。江堤建成后,陈谟还制定了"至是因公"的管理制度,包括禁止近堤耕种,堤外坎地植细柳、苎麻,堤外滩地植芦苇以蔽雨而护堤身等。今遗存的一段位于泰兴焦土港闸南。

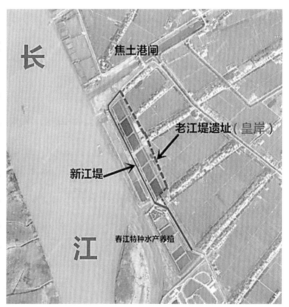

2.古圩堤

【泰东河北堤】

始建于明成化十五年(1479)。是年,监察御史杨澄奏请朝廷修筑泰东河北堤,获准。二月,工程开工,4个月后全面竣工。堤高7尺(2.33米),堤上种柳树万株。此工程为运盐河捍堰,从泰州渔行庄到东台两溪,全长30公里;用桩木4300根,苇草7万余束;并在渔行庄和溱潼各造土坝、水闸1座,坝以蓄水备旱,闸以泄水防洪;沿堤设邮亭10座。为缅怀杨澄功绩,人们称该堤为杨公堤。

【兴化古圩堤】

今兴化共存古圩8处,子圩8672个,圩内面积200多万亩。

老圩

始建于清乾隆二十年(1755),又称安丰东北圩。位于唐港河东、串场河以西、兴盐界河以南、海沟河以北。周长120里,圩内193庄舍,田地20万亩。圩高1.9丈(以河底为0,下同),结顶1.2丈,圩根2.8丈,圩口238个。

中圩

始建年代不详,位于东西唐港间。周长61.9里,圩内36庄舍。圩高1.8丈,结顶1.2丈,圩根2.8丈,圩口29个。

下圩

始建于民国6年(1917),位于西唐港与渭水河之间。民国5年(1916)水灾,华洋义赈会派义绅刘鹤庄来兴散赈,会同县农会长顾颐及县知事章家驹电呈省署,借淮南赈余款3000余元,以工代赈。次年3月,以顾颐为主任,率民工修筑下圩,堤顶高于上年最高水位3尺。筑圩资金按每顷田银洋5元摊筹。当年6月工毕,次年又镶宽加高,其周长62.62里,内48庄舍。圩高1.5丈,结顶1.2丈,圩根2.8丈,圩口42个。

合塔圩

始建于清嘉庆十八年(1813),位于海沟河以南,东抵串场河。是年,文生袁均及许鸾、杨足征等人具禀倡筑,越3年建成。周长百余里,内200余庄舍,田地20余万亩。堤高2.2丈,结顶1.3丈,圩根2.5丈,圩口48个。

林潭圩

始建年代不详。位于雄港以东、横泾河以西、白涂河以南、车路河以北。周长44里,内有25庄舍。圩高1.8丈,结顶1.3丈,圩根2.5丈,圩口25个。

苏皮圩

始建年代不详。位于东唐港以东、林潭圩以西。周长40里,内有16庄舍。圩高1.5丈,结顶1.3丈,圩根1.5丈,圩口28个。至新中国成立前已大部分毁坏。

二、古水关、古涵洞

(一)宋代古涵洞

古涵洞位于主城区城河东南角,与泰州城河、南水关等一起,被认定为江苏省重点文物保护单位。

古水涵洞南北向,残存部分共有30多米。现在保护起来供展示的仅是其中北侧的一段,这是因为其保存状态相对完好。余下的,后来作了回填保护。在南侧水涵洞靠北的起点尚有部分券顶,向南延伸的部分大部只剩下水涵洞的基础部分,一直向南(略偏东)伸展向南城河的河边。在南北两段水涵洞之间,底部有一块长方形条石,条石上打有两个长14厘米、宽8厘米的孔洞。因为水涵洞是穿过南城墙底部的一个建筑设施,而这一段正是东城墙与南城墙之间弧形拐角的地段。为了弄清城墙和水涵洞之间的位置和相互关系,以便进一步弄清水涵洞的结构、作用及其他问题,考古学家对水涵洞与南城墙的关系进行了探测性发掘,发现了一段南城墙的基础部分。穿过南城墙的正是南段水涵洞,它的券顶与长方形条石的位置大致就在城墙的北边缘部分。

宋代古涵洞挖掘及保护

水涵洞的始建年代,考古专家们基本断定在宋代,其时间应该不晚于南宋。首先,在水涵洞所用砖块中有若干铭文砖。从这些铭文砖的文字中可以判明砖的生产年代,从而帮助判断水涵洞的建设年代。其中一种铭文砖为"建康都统司左军"铭文砖,是由"建康都统司左军"组织生产的。据有关史料,"都统制"官职是在南宋建炎年间设置,绍兴十一年(1141)绍兴和议达成之后,由原前护军改为建康府驻扎御前诸军,简称建康都统司,由张俊为都统司。其他的铭文砖还有"海陵县烧造""江都县烧造""泰义后军砖""后军砖""泰州癸酉""甲戌城砖""甲戌城砖静海"纪年砖等,有不少仍然砌在涵洞券顶上。"泰州癸酉""甲戌城砖"纪年砖等明确指出了烧制城砖的时间,甲戌是接在癸酉之后的一年,我们据此可以判断北段涵洞的修筑年代应该是宋代的某个癸酉年,据道光《泰州志》记载,在南宋开禧丙寅(1206)年间,"权守赵逢始修筑,守翁潾、何剡继之,六七年间才甓二里余,朝以委提举茶盐事施宿申免耗盐本钱,一年置窑百座,乞镇将军并庸夫重甓其表,视旧增五之二"。这一次城墙的大修,经历了三任知州长达六七年的修城,只修了二里长,最后由任职提举茶盐事的官员施宿前来主持修城,才得以竣工,施宿开始修城的时间正好有一个癸酉年(1213),这就与癸酉纪年砖的时间对上了号。"泰义后军砖""后军砖"发现的数量很大,说明涵洞的修建有泰义后军参与,这也佐证了方志中关于1213年修筑城墙时有军队参与的记载。在涵洞内部淤泥中还出土了一些宋代瓷片和古代钱币,钱币有"宣和通宝"和"绍圣元宝",均为宋代钱币;在涵洞两侧的土层中,还出土有五代瓷片等,其下限均不晚于南宋施宿修建城墙的年代,这也能佐证涵洞的修筑时间。因此,可以推测,北段水涵洞也会在修建城墙的同时修建于这一时期,即1213、1214年前后。而作回填保护的南段水涵洞,由于被北段涵洞叠压,它的建筑时间要比北段水涵洞还要早上几十年。

北侧水涵洞南侧内部高99厘米,外部高115厘米,拱券外径122厘米,内部宽82～95厘米。涵洞北端内高90厘米,外高108厘米,内部宽105厘米;底部没有铺石板或砖块。南侧水涵洞残高113厘米,洞宽度和高度与北侧水涵洞大致相同。据专家介绍,南侧水涵洞洞口的石板及方孔应该是用来设置木栅栏或者木板闸,木栅栏可以起到在关闭城门时防止敌方通过水涵洞进入城里的作用,同时又不影响水的流动;木板闸在必要时设置,可以起到保持城内河道水位的作用,也有阻挡外人进入城内的作用。水涵洞的底部远高于城河水面,北边是一片淤泥地带,证明水涵洞北边是通向水道的,是沟通城墙内外水系的。水涵洞向南流入南城河,将城内东南角的积水排到城外。但向北与哪条水道相通,现已无法直接看到。从宋代起,在它附近就有一条东市河,水涵洞北侧的淤泥地带就是指向原东市河的位置。从明崇祯《泰州志》的图示可以得知,东市河从中市河分出,沿着南城墙方向向东,在泰州儒学的南边经过,在儒学的东边折向北,再折向东经东水门出,与外城河相通,这条水道至今仍有部分通水。但这条水道在儒学东就折向北,相距发现的水涵洞还有一段距离,但据民国初年的《泰县城厢图》,与东市河在儒学东转折处相连的还有一条小河,一直向东到接近城墙才折向北,大约在相当于现在望海楼大门口偏西一点的位置上断流。考古专家认为,宋代水涵洞在历史上与这一段水道相连通还是很有可能的,这样水涵洞沟通城内外水系就可以得到合理的解释,水涵洞的作用也能比较清楚地了解。

(二)宋代南水关

古代,为了安全而建立起来的城墙阻断了城内外的沟通,于是,便有了沟通城内外陆路交通的城门,而沟通城内外水路交通的,则是城墙下的水门,又被称作水关。在主城区今还存有一古水关——宋代南水关。

南水关遗址位于南城墙迎恩门西侧约10米的地方。水关南北向,南北长28.60米,东西宽14.15米,水关中间一段为穿越城墙的部分,可以称之为"券洞",其长度与城墙底部大致等宽,为16.08米。券洞的下部为直立的石壁,高约2.45米。上部为券形的拱顶。如今,券顶只在北部和南部残留了一小段,中间的弧形顶已塌灭;北侧东部残高0.75米,西部残高0.70米;南侧的东部券顶残高0.69米,西侧残高0.75米。水关券洞以外的南北两端都有长长的"八"字形石壁,形成外大内小的喇叭口,通常称之为"摆手";西南侧摆手保存相对完整,有两处外折,分别长6.7米、2.7米,共长9.4米;东南侧摆手残存的部分较短,南部东西摆手之间宽度约为9.5米;北摆手受到的破坏较大,西北端石质摆手残长1.3米,东北端石质摆手残长7.5米。摆手的作用是引导过往船只随着渐收渐窄的水道缓缓通过水关,减少碰插水关券洞的机会。水关底部铺有石板,在南北摆手底部也都有石板,如今也只剩下一小段。底部有保护水关石壁的石板,不让流水对石壁底部造成冲刷,同时也方便清淤,以利于船只通行,这也是宋代《营造法式》上所规定的,南水关石板的铺设工艺也与《营造法式》的规定一致。水关内壁根部紧贴石壁的地方有密度很高、钉入地下的木桩。木桩穿过水关底部的石板,石板上留有圆形孔洞以便打桩;木桩高出石板面70~80厘米,木桩之间的距离大致在30~40厘米。木桩的作用主要有两个:既能加固水关内壁,减缓流水冲刷;又能防止过往船只撞击水关内壁,对船只也有保护作用。

在券洞内壁南端两侧,距离摆手1米有余处还有水关所设的闸槽。闸槽宽度上大下小,宽度约0.13米,高3.27米,闸槽槽口不到石壁底部。闸槽是闸门上下起降的通道,守城的士兵们在城关上放下闸门,就阻断了水路通行,让水关真正起到了一个关口作用。

在水关北部东北摆手中间,有一砖砌四边形建筑,该建筑距离摆手拐点3.5米。其外侧用砖砌筑,中央填土;西侧砖墙和早期水门内壁平行;东侧无砖砌筑,直接和早期水门摆手石壁连接;南侧砖墙长2.55米,和摆手形成75°角,北侧由于发掘条件所限未能揭开,应该与西侧成直角。当时,中市河连接着外城河,城外船只进入水关很快就进入了中市河,有专家认为此地应该有桥或者吊桥,可以方便泰州的或者水关的管理者对来往船只进行管理,据此可以推测该建筑可能是连接中市河东西两侧的吊桥基座,可惜西侧摆手遭破坏较大,已缺少对应的部分来证明这一点。

泰州南水关遗址的珍贵性首先在于它的相对完整性。它是从底部到券顶、从券洞到摆手都能基本完整展现的水关遗址,虽有多处残缺,基本面貌还比较完整,无须复原,从遗址即能看清水关原貌。在国内也有若干城市发现有水关遗址,如近邻扬州、仪征、宿迁,都有水关遗址发现,但有的只残存部分基础石壁,有的也只有基础加少量立壁,难以看清水关原貌;较远的城市如北京辽金大都城水关遗址,残高最高处只有不到1米,均难以跟泰州南水关遗址的完整性匹敌。

三、古水池、古垛田、古湖荡

(一)古水池

鲲化古水池位于原泰兴孔庙(今泰兴市革命烈士纪念馆)前,建于明隆庆元年(1567)。新中国成立后,泰兴对全池重新整修,并在石栏中间增立雕刻精美、各具姿态的7对石狮。池为半圆形,直径38～57米,深7米,方石砌成。池上围以石栏,石栏上雕有花卉、云彩、飞禽、走兽等图案,共38块,今完整无缺,图形十分清晰。1982年,泰兴县人民政府将其列为县级文物保护单位。

(二)古垛田

古垛田散布在兴化垛田、缸顾、林湖、城东、竹泓等乡(镇)。这些乡(镇)合计有万余个大小不等的垛田,大的几亩,小的不足一分地,兴化人又称其为垛岸。

垛田高出水面三四米,四边环水,一般冬天栽种油菜,曾经享有"垛田油菜,全国挂帅"的美誉;春天,万岛菜花黄,美不胜收;入冬时节,千岛景区弥天盖地芦花飞雪,苇絮悠然飘飞,景色迷人。中央新闻纪录电影制片厂曾摄制新闻纪录电影在全国上映;著名艺术家阎肃,以"万亩荷塘绿,千岛菜花黄,荟萃江南秀色,我们甜美故乡……"寥寥数笔,谱写了朗朗上口、优美动听、脍炙人口的优美歌曲《梦水乡》,唱响全国。

其实,垛田这独特的地貌是几千年前兴化先民治水的一大创举,是泰州地区最古老的水利工程。新石器时代晚期,兴化一带就有先民生息,他们多以渔盐为业,在东部海边和西部潟湖取鱼摸虾。后来潟湖演变成沼泽滩地,先民们在陆地上搭棚,从事原始的农耕,繁衍后代。战国末期,兴化一带被封为楚国大将昭阳的食邑。西晋末年大批北人南迁,部分在兴化南部定居。南宋末年和明代初期,先后有两批有组织的移民,其中南宋末年从北方中原地区迁移了一批人口至兴化,顾、陆等姓氏移民即于斯时迁来;明代初期,又从苏州进行了大批移民。一批批移居兴化的先人,在荒田荒滩上插草为标,圈田垦荒。每当春天枯水季节,荒水露滩,先民们便开沟垒土筑垛,先是作为彼此的分界线,后来在自己划定的范围内逐年开发,历时数百年,逐步形成兴化的垛田地貌。一代一代、经年累月,人们取河里泥浆泥渣,浇布在垛田顶部和四边面坡,确保蔬菜增肥保湿、防寒越冬。有的菜农一年几次罱泥浇泥浆覆盖垛岛,既使土壤增肥,又使垛田年年增高。高垛地势高,排水良好,土壤肥沃,尤其适宜种植瓜果蔬菜,菜农们取得良好经济效益,促进了垛田年年长高、新垛年年增加的良性循环。到20世纪50年代,垛田一般高程5米以上。

1980年前后,大批垛田或被放平填河形成连片大田,或被削平取土制砖。同时,也重新形成部分垛田,但高度明显放低。核心保护区(垛田镇东南部芦洲、征北、孔长及高家荡、杨家湾一带,总面积5000余亩)的大面积垛田基本保持了原生态,形成了独特的文化景观,在国内已十分罕见,具有较高的历史文化价值、科学研究价值和开发利用价值。2009年,兴化市政府将垛田列为文物保护单位;2011年,省政府公布兴化垛田为文物保护单位;2013年,农业部公布兴化垛田传统农业系统为中国重要农业文化遗产;2014年,世界粮农组织公布兴化垛田为全球重要农业文化遗产。

(三)古湖荡

1.古湖

【得胜湖】

得胜湖位于兴化市区东部,直线距离5公里。旧名"缩头湖",又名"率头湖",南宋绍兴元年(1131),武功大夫张荣与贾虎、孟威、郑握率山东义军大败金兵于此,因改名"得胜"。湖面略呈椭圆形,东北至西南长约5.7公里,宽约2.7公里,面积22500亩。

【大纵湖】

大纵湖位于兴化市西北,与兴化市区直线距离约19公里,以湖中心线与盐城分界。因在吴公湖之北,又称"北湖"或"后湖"。面积3.9万亩,兴化境内18万亩,均属中堡镇。

2.古荡

【旗杆荡】

旗杆荡距兴化城6公里,现在垛田镇境内,芦洲以西、张家庄以东,北宽南窄,呈三角形,北和车路河相通。荡内芦滩片片,河沟九曲回环,四周垛岸星罗棋布,河道纵横交错,宛如迷宫一般。全境南北长、东西短,退可守、攻可战,是古时天然的用兵之地。旗杆荡,又名旗干荡(见《兴化县志》)、旗盘荡(见《扬州府志》)。明嘉靖三十八年(1559)兴化知县胡顺华主修的《兴化县志(古迹)》记载:"旗干荡,在县东南,岳武穆战逐金虏时驻师于此……"《宋史》云,建炎四年(1130)九月初九,为救援刘世光楚军,岳飞先驻守承州(今高邮)以东几十里的三墩(今高邮三垛),楚军失败后,楚地失守,金完颜挞赖调重兵南下,向驻守三墩的岳家军猛扑,岳飞接到撤退的命令后,为避敌之锋芒,退兵兴化城东,驻扎在缩头湖(今得胜湖)之南的车马路边一个犹如八卦阵的小湖荡里,竖起岳家军的大旗,多次与金兵进行激战,歼灭金兵大量有生力量。由于岳家军在荡中竖起过大旗,故后人将此荡起名为旗杆荡,并一直沿用至今。

后来,不少文人雅士在过岳武穆祠或游览旗杆荡时,留下了许多诗词歌赋颂扬岳家军爱国壮举。嘉靖戊子北畿举人,河南永城令,改调浙江缙云令王廥民,在回兴化过岳武穆祠时,写诗赞道:"百战金人百倒戈,须臾恢复旧山河。那堪奸宄输家国,却使英雄罹网罗。五国游魂空怅望,中原弱主任蹉跎。可怜一点孤忠恨,地久天长总不磨。"清代诗人王熹儒在游览旗杆荡时也为岳飞抗金事迹所感动,赋诗云:"海滨曾驻鄂王营,至今湖水留其名……"

今之旗杆荡水域面积3平方公里左右,因当年的车路在明嘉靖三十八年(1559)开挖成泄洪河之后,荡中就成为天然的蓄水库,极大地发挥了泄洪作用。在改造自然、发展经济的当下,1976年,垛田人在此开挖了一条人工河——跃进河,建起了渔村。1977年,垛田公社在荡中建起了高级中学,后改为多种经营技术学校、兴化市第二职业技术学校,2009年改为垛田镇初级中学。在无工不富的背景下,垛田人又在此兴建了五福酱品厂、纸箱包装厂、车辆配件厂、塑料发展公司、信友食品公司等。

四、古井、古桥

(一)古井

泰州的古井多,最早的建于汉代。主城区汉代水井一般都用陶井圈砌筑。西郊东夏一水塘边、东郊原石桥河东、青年桥南人寿保险楼下、城河鼓楼大桥两边、坡子街原人民立体声影院楼底下,都先后发现过用陶井圈建的汉井,这些汉井全是用直径60厘米、高40厘米、厚2.8厘米左右的陶井圈制成。陶井圈在制作时,是用黏土与稻壳拌和成形后入窑烧成的。从陶井圈的断面上,肉眼能清楚地看到2000多年前碳化了的稻壳。东晋义熙七年(411)分广陵郡设海陵郡,主城区海陵地区进入发展阶段。在原市人民医院西海陵路东和斗姥宫北侧的街中各有一口六朝时的古井。这两口六朝井都有由玄武岩加工成的圆形石井

城河中发现水井

圈。井圈呈上小下大的圆筒状,口部刻有一周凹槽,与其他地区六朝井的井栏相似。这些井都淹没在历史的风尘中,今主城区保存下来的有唐井、宋井和清井。

【卓锡泉】

唐代古井,位于海陵区北山寺(始建于唐代)内,与北山寺一起被定为江苏省文物保护单位。

【麻墩义井】

北宋古井,位于姜堰大伦镇麻墩村,县级文物保护单位,为麻墩村周氏所建。麻墩村周氏乃北宋理学家周敦颐的后裔从江西迁徙而来。

此井上小下大,井口约40厘米,深8米,由弧形砖砌成。砖的两端,一榫一卯,互相勾连,横缝平稳,竖缝垂直,缝口吻合自然。井台呈正八菱形,南面梯形斜面上镌刻有"义井"二字。"义井"二字为繁体,字迹古朴,笔力苍劲老道。清代中期曾修缮井口部位,为保护"义井"二字不再受损,将井栏安置到井口地面以下。2005年夏淘浚并重新修缮井口,将原有的井栏归置原位,恢复了原有风貌和使用功能。

【八角琉璃井】

宋代古井,位于海陵区原歌舞巷,泰州市文物保护单位。宋代地理学家王象之在《舆地纪胜》中记述,泰州有7口井,像围绕北斗的7颗星一样分布着,后来州人对这7口井的具体位置还做了标识。

八角琉璃井就是其中一井。

【四眼井】

四眼井位于靖江市骥江东路钟楼广场,始建年代无考,明崇祯十年(1637)疏浚。井深约7米,井内状如"绍兴酒罐子"。井的上方用青砖拱成4个井眼,可同时从4个井眼里吊水,故名"四眼井"。此井安放井栏4个,其中3个为建时原物,石灰岩材质,八角形;另一个为1959年重建,花岗岩材质,圆形。井上建有歇山顶四角亭,螭首为脊,高1米有余,上镌凤鸟、蝙蝠、麒麟等吉祥之物。四角高挑,各有一佛镇持。四周月形拱墙,古朴雅致。亭南有"记"刻于石上。井水四季清澈,居民饮用方便。1983年定为靖江文物保护单位,1995年定为省级文物保护单位。

【古三井】

古三井位于泰兴市泰兴镇鼓楼西路北侧,始建年代不详。据泰兴旧志记载,明崇祯三年(1630),"僧宗募浚……凡三易寒暑,而役始竣"。井深5米,井筒内径1.33米,井上置有3个紧紧相连的石栏,呈"品"字形,分3口汲水,每栏间隔0.10米左右。石栏平面均为内圆外六边形。俯视井中,3个井口都倒映在水中。当时井旁立有石碑一块,碑首有"古三井"3个大字,下刻《重修三井碑记》,碑阴载有施主姓名及钱粮数目,1966年毁。1987年定为泰兴市文物保护单位。水井至今清澈,仍为居民饮用。

【古双井】

双井位于泰兴城隍庙(今襟江小学)门前两旁,始建年代不详,清康熙《泰兴县志》有记载。传说双井的距离虽不大,水位却有高差,水质也各不相同,一淡一咸,今尚存西侧一井,井体由砖拱成,井上护以石栏,至今井水旺盛,仍为居民饮用。

(二)古桥

【起凤桥】

起凤桥位于高港古渡口,始建于清嘉庆八年(1803),修缮于嘉庆二十四年(1819),民国4年(1915)又进行了重新修建,1987年定为泰兴县文物保护单位,1997年定为泰州市文物保护单位。民国4年重修时改拱桥为拾阶而上的双跨平桥。桥身总长13.4米,分别由两组长近7米、宽80厘米的5块巨型花岗岩石板铺就,总宽近4米。桥名的雕刻很有创意:在两侧的石板上雕有3个圆形图案,每个图案中刻一字,这便是桥名"起""凤""桥"。桥两侧栏板同样是用很大的10块石板材做成,每侧5块。桥栏板上刻有浮雕牡丹等花卉,桥栏上还镌刻了"民国四年重修""民国六年四月竣工"等文字,并刻有"禁止焚化纸锞"的铭文。

【积善拱桥】

积善拱桥位于姜堰俞垛镇南野村,单孔砖拱桥,南北走向,横跨在村中的夹河上。始建于清代咸

(丰)同(治)年间(1851—1874),为木桩板桥,由村民合力建成。民国5年(1916)秋,洪水肆虐,冲毁木桩板桥。是年冬到次年春,耄耋之年的村妇钱张氏,将几十年省吃俭用积攒下的"300英洋"捐出来重建新桥。村民感其恩惠,赞其功德,将新桥定名为积善桥,并勒石以记。新建桥为砖堍木梁桥,桥堍宽2.7米,两岸桥堍相距4.6米。桥堍规模、用料及其工艺在里下河地区独树一帜,桥面选用上等杉木制成13根木梁铺成。民国22年(1933),全村民众集资合力重修积善桥,保留原桥堍,将木梁桥改为独孔砖拱桥。拱券呈半圆形,净跨4.5米,高2.3米。镶边拱,纵联砌结构。镶边为4道,纵横环列。桥两侧拱券壁上嵌置汉白玉"积善桥"石匾。

【伏龙桥】

伏龙桥位于海陵区青年路老电视台西南边的玉带河上,始建年代不详。

相传,当年赵匡胤为避南唐追兵藏身桥下,后赵匡胤夺取政权,国号为宋,定都开封,并赐名此桥为"伏龙桥",因此得名。

【清化桥】

清化桥位于海陵区海陵北路扬桥向北,横跨稻河,始建于明永乐三年(1405)。正德年间重建,清咸丰九年(1859)再修建。该桥原位于北山寺东偏南处,桥两头坡面一面是33级台阶,另一面是32级台阶。1959年重建时向南迁了几十米,为通行方便改为平桥。桥面中心标高6.34米,中孔净跨5.6米,长12.4米,宽3.6米,荷载8吨。

【演化桥】

演化桥位于海陵区青云巷对面,横跨稻河,与清化桥相距几百米。始建年代不详。相传由建造此桥的法师演化而得名。桥长约30米,宽10米,栏杆为钢结构。桥身全部采用青石,并设置了观桥台、人行台阶。将"闯堂听经""立地成佛""艰辛化缘""造福乡梓"等主题制成浮雕刻于栏板上。

【破桥】

破桥位于海陵区草河上,始建年代不详。桥名源于张士诚的故事。相传,张士诚元至正十三年(1353)三月进攻泰州时,组织义军乘小船由草河北头向南突进时被一小桥阻挡,义军将士砸桥突击,攻破泰州城。1951年对破桥加固,后为木桥面,条石U形桥台。桥长14.8米,宽4.1米。1966年8月改建为钢筋混凝土双曲拱桥,长10.98米,宽7米。1985年南侧加宽,上部为空心桥梁,下部为浆砌块石桥台,桥长10.98米,宽30米。

【孙家桥】

孙家桥位于主城区海陵北路扬桥口北稻河上,始建于明万历以前,又名五泉桥。当时稻河一带是泰州的商贾要地,孙家桥的使用率是很高的。1951年改建时拆除原桥部分石拱,改建成长条形厚麻石方孔踏步桥。为便于人货通行,桥面下降了2米,台阶也少了几级。2009年,泰州市建设局按文物修筑建桥的要求,在确保行人安全、确保古桥安全的大前提下,依照"保其形、护其貌、现其神"的原则,以最小干预的方式整修孙家桥。当年10月完成修缮。其中,除修补的新麻石比旧桥石鲜亮一点外,看不出更多的新建痕迹,是泰州古迹修缮上较为成功的范例。孙家桥现长21.2米,宽3.4米,桥面中心标高为61.6米,独孔跨5.2米。

【大生桥】

大生桥位于泰兴大生乡乡政府东南10米。原名大孙桥,建于明万历元年(1573),清康熙、光绪间均修葺。此桥为5孔石拱桥。桥身长约24.5米,宽4.28米,中孔宽7.9米,次孔宽5.2米。桥孔弧度大于半圆,拱石为纵横分节并开式,造型古朴。1987年定为泰兴市文物保护单位。

【万盛桥】

万盛桥位于兴化荻垛镇区,建于清道光五年(1825)。是年,乐善好施的荻垛乡绅董万盛(1777—1841),到苏州购买石料,就地加工成桥梁构件运回家乡,在荻垛镇南北河上架起了东西向的万盛桥。石桥为3孔板梁式结构,全部由苏州麻石组成,8根石桩组成3孔4组排架,下端的河床上安放4根石枕作为基础支撑排架,八字式排架上方安装横梁搁置桥板,石枕、立柱、横梁全部采用榫接。桥面由9块石板组成,每块石板长5米,宽0.34米,厚0.3米;石桥中孔侧面雕刻了3个圆形图案,图案内雕刻着"清道光五年六月董万盛立"11个大字。全桥净长15.3米,加上两块石板引桥总长24米,宽1.5米。整座桥造型简洁,结构合理,经久耐用,历时近200年,至今无剥蚀、无破损。2009年,兴化市政府公布其为文物保护单位。

【洗觉桥】

洗觉桥位于高港区口岸镇故土洲北固江上,原为木桥,始建年代不详。据传,经历数十年风风雨雨,到清代后期,木桥已破烂不堪。清光绪二十九年(1903),口岸乡民严存仁、顾鹤山等人捐资购石料,找来当地工匠,拆去木桥,重建石桥。石桥全长11.8米,宽1.6米,3孔。两排桥桩各由4块宽厚的石板桩和一块巨石枕构成;上搁9块桥板石,中间的3块桥板石长4.8米,宽窄不等。南北侧两端的6块石板均长3.5米,宽窄不等。9块桥板石均厚0.3米。桥两头的挡土墙及引桥部分均由同类花岗岩石材构建和铺设,总长20多米。造如此石桥,在100多年以前的偏僻乡村是一项浩大工程。石料的运输、石桥的加工、工程的设计、打坝抽水、深埋桥桩、铺设桥板等,全靠村民齐心协力完成。

石桥建成后有两个桥名。桥的中跨板梁西侧刻有"洗觉桥",东侧刻有"永安桥"。两桥名字迹、运笔、大小均相同,似为一人所书;刻石为浮雕圆底阳文工艺,亦出自同一工匠之手。

第二节　水文化遗产调查

泰州河湖众多,水网发达,各种水利工程星罗棋布;泰州治水历史悠久,文化底蕴深厚,经年累月,古往今来,形成了独特而丰富的水文化遗产。2015年,省水利厅和省文物局联合发文,在全省开展水文化遗产的调查工作。泰州的水文化遗产按类型可以分为工程建筑类、文献资料类和非物质类水文化遗产。经过调查,泰州水文化遗产点共计190处(个),其中工程建筑类156处,非遗类14个,文献资料类20个。

表 20—1　泰州水文化遗产非遗类

序号	名称	地址	类型				始建（起源）年代	保护级别
			一级分类	二级分类	二级分类	三级分类		
1	溱潼会船	姜堰区溱潼镇	非遗类 03	表演风俗类 03		社会风俗 02	清	国家级
2	传统木船制造技艺	兴化市竹泓镇安泰西路竹二村	非遗类 03	技艺类 02		手工艺技能 02	明	国家级
3	清明节（茅山会船）	兴化市茅山镇茅山西村	非遗类 03	表演风俗类 03		社会风俗 02	宋	国家级
4	茅山号子	兴化市茅山镇	非遗类 03	表演风俗类 03		社会风俗 02	明	国家级
5	中庄醉蟹制作艺	兴化市中堡镇	非遗类 03	技艺类 02		手工艺技能 02	明	市县级
6	沙沟鱼圆制作艺	兴化市沙沟镇人民南路	非遗类 03	技艺类 02		手工艺技能 02	清	市县级
7	兴化水车制作技艺	兴化市陈堡镇蔡堡村	非遗类 03	技艺类 02		手工艺技能 02	汉	省级
8	兴化渔具制作技艺	兴化市沙沟镇盐沙路	非遗类 03	技艺类 02		手工艺技能 02	上古	省级
9	沙沟藕夹子制作技艺	兴化市沙沟镇中心路桥北首	非遗类 03	技艺类 02		手工艺技能 02	清	市县级
10	兴化渔网编织技艺	兴化市海南镇水产村	非遗类 03	技艺类 02		手工艺技能 02	汉	市县级
11	兴化垛田生产技艺	兴化市垛田镇	非遗类 03	技艺类 02		手工艺技能 02	宋	省级
12	沙沟板凳龙舞	兴化市沙沟镇	非遗类 03	表演风俗类 03		表演艺术 01	明	省级
13	兴化高跷龙舞	兴化市垛田镇高家荡	非遗类 03	表演风俗类 03		表演艺术 01	明	市县级
14	兴化渔家婚俗	兴化市垛田镇文化站	非遗类 03	表演风俗类 03		礼仪 03	明	市县级

表20-2 泰州水文化遗产文献资料类

序号	名称	地址	一级分类	二级分类	三级分类	始建(起源)年代	保护级别
				类型			
1	渡江战役船	高港区白马海军纪念馆内	文献资料类02	器物类02	重大事件纪念物02	近	一级文物
2	万历《兴化县志·水利》	兴化市图书馆 兴化市长安中路280号	文献资料类02	纸质类01	志书01	明	
3	康熙《兴化县志·水利流图》	兴化市图书馆 兴化市长安中路280号	文献资料类02	纸质类01	志书01	清	
4	咸丰《重修兴化县志·河渠志》	兴化市图书馆 兴化市长安中路280号	文献资料类02	纸质类01	志书01	清	
5	民国《续修兴化县志·河渠志》	兴化市图书馆 兴化市长安中路280号	文献资料类02	纸质类01	志书01	民国	
6	万历《泰州志·河渠志》	泰州市博物馆 海陵区鼓楼南297号	文献资料类02	纸质类01	志书01	明	
7	崇祯《泰州志·河渠志》	泰州市博物馆 海陵区鼓楼南297号	文献资料类02	纸质类01	志书01	明	
8	道光《泰州志·河渠志》	泰州市博物馆 海陵区鼓楼南297号	文献资料类02	纸质类01	志书01	清	
9	民国《泰县志·河渠志》	泰州市博物馆 海陵区鼓楼南297号	文献资料类02	纸质类01	志书01	民国	
10	民国夏兆麐《吴陵野纪辛未水灾录》	泰州市博物馆 海陵区鼓楼南297号	文献资料类02	纸质类01	志书01	民国	
11	《汉书·枚乘重谏吴王书》						
12	《汉书·博物记》						

续表20-2

序号	名称	地址	类型			始建(起源)年代	保护级别
			一级分类	二级分类	三级分类		
13	晋左思《吴都赋》						
14	唐骆宾王《为徐敬业讨武氏檄》						
15	南宋陆游《对食戏作》						
16	日本国遣唐使团僧人圆仁《入唐求法巡礼行记》						
17	光绪《泰兴县志》						
18	刁铺唐家《唐氏家谱》						
19	《民国泰县志稿》						
20	清初布衣诗人吴嘉纪《陋轩集》有"六月十一日水中作"安丰场东淘"决堤诗"十首	泰州图书馆道光庚寅年缪氏刻本线装					

附　录

附　录

一、重要水利文件

关于切实加强水利工作的决定

泰政发〔1996〕41号

水利建设已成为关系经济社会发展和人民生活全局的重大问题,加强水利建设,既是当前经济社会发展的一项紧迫任务,也是关系未来发展的一项重大战略。

我市地理位置比较特殊,水旱灾害比较频繁。新中国成立后,经过长期治理,初步形成了防洪、挡潮、止坍、排涝、灌溉、调水、降渍等多功能水利体系,对保障人民生命财产安全,促进国民经济发展,维护社会稳定,发挥了巨大作用。但随着国民经济和城乡建设迅猛发展,人民生活水平不断提高和水情工情的变化,水利建设已明显滞后,迫切需要加大水利投入力度,提高水工程设防标准,增加水资源调蓄能力,改善水质和全市水环境。各级政府要进一步加强水利工作,为改革开放和经济建设提供安全保障和水资源保证。

一、明确水利建设的指导思想和目标任务

1.根据我市实际情况,今后一个时期水利工作的指导思想是:以党的十四届五中全会精神为指针,围绕全面实现小康和基本实现现代化的战略目标,坚持防洪保安为主,洪涝旱渍兼治;注重工程管理,确保良性运行;实施科技兴水,利用保护资源;发展水利产业,适应市场经济。到20世纪末基本建成一个具有较为完整的防洪保安、水资源调蓄、农田排灌、城乡供水等综合功能的水工程体系,建成一个基本能确保良性运行的水工程管理体系,建成一个较为配套的水利政策法规和水行政执法系统。

2.“九五”期间我市水利工作的任务:把省重点工程——泰州引江江河作为重中之重,根据省规划部署,切实抓好施工组织和保障工作,确保按期优质完工;加高培厚防御超历史洪水位2米以上的长江堤防100公里;新建、改建、更新小沟以上田间建筑物1.5万座;每年完成水利土方3000万立方米(其中机械化施工率要求达到50%以上);新建高标准灌排渠系的农田200万亩;加固除险或更新中型病闸3座;新建、改建圩口闸2000座,实现无坝市;改造中低产田和新建高产稳产农田50万亩。各地要结合实际情况,认真制定水利建设规划,落实具体任务,采取实际步骤,逐年组织实施。

二、进一步增加对水利建设的投入

3.水利建设需要大量投入,必须认真贯彻省政府《关于水利建设和管理实行分级负责的意见》精神,按照"谁受益、谁投资、谁管理"的原则,分清不同工程性质,确定不同投资主体,实行分级建设、分级管理。属社会公益性的工程,由当地政府筹资建设或由政府支持受益单位集资联合兴办;属生产经营性的水工程和受益范围明确,有偿服务性水工程,由受益地方、单位出资,政府予以适当补助;对综合性水工程,根据工程建设内容进行投资分解,努力形成多元化、多层次、多渠道的水利投资机制。

4.各级政府要增加对水利的投入,基本建设投资用于水利的总量以及各类水利事业费要逐年有所增加。本级可用财力安排2%～4%用于水利建设的政策要认真执行,并确保水利投入增长速度高于财政支出增长水平,对大中型公益性水工程所需防汛岁修、运行、管理经费,要纳入同级财政预算。金融部门要积极支持水利建设,按照国家信贷政策,组织资金,尝试利用贷款兴办水利工程和发行水利债券。

5.继续征收防洪保安资金和农业重点工程建设资金。我市流域性工程治理任务较重,所征收的防洪保安资金,地级市要适当集中部分用于治江、治淮等国家、省以及跨市级流域性重点工程配套,各市、区政府要确保及时完成。各市、区留用原防洪保安资金,应全部用于水利工程建设和管理。农业重点工程建设资金10%留用和30%留市、区部分,应主要用于重点水利工程配套。

6.加强基础工作和前期工作。对于水利科技以及研究水利发展布局,综合治理规划,水资源勘测、评价、预测等基础工作,各级财政要安排必要的经费,并在水利基本建设经费、水利事业费、水资源费或防洪保安资金中划出1%～3%的比例,建立水利勘测设计前期工作周转金,专项管理,定期回收,滚动使用。

7.各级农业发展资金和黄淮海开发资金的60%以上,粮食自给工程资金的50%以上,支援农村合作生产组织资金的50%以上应用于水利建设,以工补农、建农资金,各级土地出让、转让收入要按规定比例划出一块,用于农业的资金,主要用于水利。各类水利投资要由政府统筹,扎口管理,水利部门安排工程项目,集中使用,提高效益。

8.完善农村水利劳动积累工制度。各地要按省委、省政府规定每个农村劳力每年出15～20个劳动积累工,主要用于农田水利建设,有条件的地方,在群众自愿的基础上,可以搞一部分以资代劳,以资代劳的幅度可掌握在总用工量的50%以内,目前以资代劳资金每个工的单价以定在5～10元幅度内为宜。以资代劳资金实行村筹,县(市、区)、乡(镇)分级按比例控管、使用的原则,县(市、区)、乡(镇)两级使用比例由各县(市、区)自定。所筹资金,由各级水利部门集中用于发展机械化施工和工程建筑物配套等。乡村集体组织提留的公积金,应主要用于现代化农田水利建设。以上两项资金要用足用好,不得移作他用。防洪排涝工程设施防护范围内的城镇职工和有劳动能力的居民,均有参加防洪防涝工程建设和参加防汛抢险的义务,每人每年投工5个,可以以资代劳。

为了加快高标准农田水利建设步伐,各市、区可以遵照"农业法"设立"水利专项资金"的规定,设立高标准农田水利建设专项基金。市、区政府统一筹集,财政负责收缴、扎口管理,水利部门制定工程规划预算,报市、区政府批准后实施,专款专用、专门审计。

三、加强和改进水利工程的经营管理

9.抓实抓好现有工程的除险加固和更新改造。各级水利部门对所辖工程要进行全面鉴定和研究分析,提出大修和更新改造计划,并将其纳入各级水利建设计划之中,分别轻重缓急,统筹安排,力争"九五"期间使现有工程恢复到设计能力。

10.积极推行建设、管理、经营、开发、服务一体化,逐步实行业主负责制。在各项工作的规划设计阶段,必须研究管理体制和机构设置,明确管理运行经费渠道,并与工程建设同步落实。对管理机构不落实、管理设施不健全、运行机制不明确的项目,不予审批,不予验收;对已建工程管理设施方面的欠账,要通过改建、扩建和技术改造逐步加以解决。

11.建立水利的良性运行机制,防洪、排涝、抗旱等社会公益型工程的运行管理维护费用,按分级负责的原则,主要靠各级政府通过财政安排,亦可依法合理收费予以补充;灌溉、供水工程主要靠收取水费维持自我运行和发展,当水费收取标准尚未调整到商品价格成本时,政府可酌情安排差额补助,以确保工程正常运行;对生产经营性的水利工程,可通过市场营运收入来实现自我维持、自我发展、自我完善。

12.加强工程管理,优化调度方案。各级水利工程设施都要建立健全规章制度,实行规范化管理,并有计划地装备先进管理设施,提高调度运行水平。

13.坚持依法收费,开展有偿服务。水资源费,河道采砂管理费,河道工程修建维护管理费,通航河道护岸费,水土流失防治费,水土保持设施补偿费,堤防、岸线、水域占用费等,按国家有关法规、制度和标准严格执行,不得擅开免征、缓征口子。属经营性的水利工程供水水费、闸费及附加等,应尽快改变现行收费标准过低的状况,由水利、物价部门根据工业供水按成本加平均利润率,农业和生活供水按成本,经济作物供水略高于供水成本及冲污用水略高于工业水费的规定测算,"九五"期间调整到位。逐步理顺供水工程和船只通航工程的经营管理体制,把水推向市场。

14.实现国有水利资产保值增值。我市拥有水利固定资产原值为15.98亿元,各级水行政主管部门作为国有水利资产的产权代表,要抓好国有水利资产的监督和经营管理工作,积极开展有偿服务,合理收费,并充分利用水土资源、设备、技术优势,搞好开发经营,逐步建立起国有水利资产保值、增值的良性运行机制。

15.加强基础水利管理机构建设。市、区水利局及其派出机构乡(镇)水利站,在水工程建设与管理、水资源保护、防汛防旱等方面发挥着重要作用。要在定员定编的基础上进一步巩固完善。凡定编人员(包括行政、事业)的人头费应纳入市、区、乡级财政预算。少数地方目前有困难的,可通过财政补贴在专项事业费中列支和自办经济实体创收等多种渠道合理解决。随着经济不断发展,对水利的要求不断提高,水利部门只能稳定、充实和加强,不能削弱。

四、继续加快发展水利经济

16.加大水利经济工作力度,强化投入产出、消耗补偿意识,转换经营机制,逐步实现社会效益、经

济效益和行业自身效益的统一。

17.在继续加强防洪和水资源开发调度工程建设的同时,大力加强城市、乡(镇)供水工程建设和发展船(套)闸等综合开发工程。按照"谁投资、谁建设、谁管理、谁受益"的原则,广辟资金渠道。在有明显受益的综合开发工程上,基本建设投资与贷款方面要优先安排、扶持。

18.继续发展水利综合经营,大力培植新的经济增长点;拓宽经营门类,扩大经营规模;进一步发挥水土资源优势,积极发展第二、第三产业。

19.各级政府和各有关部门,要积极支持水利单位开发综合经营,兴办经济实体。在政策上给予优惠,在资金和贷款上给予支持。在各类水利事业费及水费中提取10%作为扶持综合经营发展的周转金,滚动使用。水利综合经营的收入,主要用于扩大再生产和改善水利职工生活、工作条件。不得平调水利单位兴办的企业和资产。

五、积极推进水利法治建设

20.根据国家和省有关产业政策,加强我市水利产业政策研究。着重研究我市水利投入、产出的经济运行机制,水利资产的经营管理方法,水利收费的费种、标准、价格、操作及管理,制定出有利于我市水利基础产业发展的,与国家、省产业政策配套的政策和措施,促进我市水利基础产业的发展。

21.根据国家和省有关法律、法规,认真制定我市有关水法规的实施细则,把各项水事活动逐步纳入法治轨道,争取做到一切水事活动均有法可依。

22.全面理顺水资源管理体制,由水行政主管部门对水资源统一规划,统一管理水量、水质,统一收取水资源费,并完善相应的规章制度,推动全社会树立起珍惜水、节约水的新风尚。

23.加大执法力度。依法实施水工程管理,重点查处破坏水工程和水资源、盲目围垦湖荡、河道设障以及造成水土流失等违法事件,坚持有法必依、执法必严、违法必究的原则,依法治水、按章管水。

24.大力开展水法规宣传教育活动。要完善水利执法体系,建立健全水利执法网络,组织专职水政监察队伍,加大执法力度,维护正常水利秩序。

六、切实加强对水利工作的领导

25.各级政府都要把水利工作列入重要议事日程,纳入经济建设发展规划、计划之中,切实抓紧抓好,做到经济愈发展,愈要重视和加强水利工作。每年要把水利工作和建设任务列入当年必办的实事、要事、大事之中,明确目标责任,加强督促、检查和协调,定期考核,限期完成,兑现奖惩。

26.各行各业都要关心、支持水利建设和防汛防旱工作。在人力、物力、财力等各个方面给予支持和配合。防汛防旱要坚持实行各级行政首长负责制,社会各界和广大人民群众都有参加防汛防旱和抢险的义务。要调动全社会的积极性,把水利这件大事办好。

27.各级政府要重视水利队伍的建设,积极为水利职工办实事,努力改善水利职工的工作条件和生活待遇。水利部门要进一步深化改革,逐步建立适应社会主义市场经济的水利新体制及相应的运行机制;加强"两个文明"建设,不断提高水利职工的思想和业务素质,继续发扬艰苦奋斗、勇于奉献的优良传统,为泰州经济发展和社会进步做出贡献。

一九九六年十一月二十二日

泰州市水资源管理暂行办法

（泰州市人民政府令第15号,1999年7月28日市政府第61次常务会议讨论通过）

第一章 总 则

第一条 为合理开发利用和保护水资源,充分发挥水资源的综合效益,以适应全市经济建设、社会发展和人民生活需要,根据《中华人民共和国水法》《中华人民共和国水污染防治法》《取水许可制度实施办法》《江苏省水资源管理条例》等法律法规,结合我市实际情况,制定本办法。

第二条 本办法所称水资源是指全市行政区域内的所有地表水资源和地下水资源。

第三条 本办法适用于在全市行政区域内开发、利用、保护、管理水资源的单位和个人。

第四条 市及各市（区）人民政府水行政主管部门负责本行政区域内水资源统一管理工作以及节约用水工作。其主要职责是：

（一）宣传贯彻执行《中华人民共和国水法》《中华人民共和国水污染防治法》《取水许可制度实施办法》《城市节约用水管理规定》《江苏省水资源管理条例》等法律法规；

（二）组织实施本行政区域内的水资源综合监测；

（三）编制水资源开发、利用、保护以及防治水害的综合规划,制定水资源中长期供求计划、水资源调度和水量分配方案,并对上述规划、计划方案的实施进行管理和监督；

（四）负责计划用水、节约用水工作；

（五）组织取水许可制度的实施,审核发放取水许可证；

（六）对水资源的开发利用以及乡（镇）供水工作实施管理和监督；

（七）负责日常水资源调配工作；

（八）征收解缴水资源费；

（九）负责法律法规规定的水政、水资源管理方面的其他工作。

第五条 市环境保护行政主管部门负责水污染防治的统一监督管理。

市地质矿产行政主管部门负责地下水的监测、调查、评价。

第六条 各级水行政主管部门应当加强对水政、水资源机构的建设和管理,完善水资源管理机制,加强对水政、水资源管理人员的教育、培训、考核和奖惩。

第七条 各级水行政主管部门在依法查处违法案件时,有关单位和个人应当如实反映情况和提供证据。

第八条 开发利用水资源,要统筹安排地表水和地下水。地下水用水要严格实行计划管理,地表水用水在实行计划管理的同时,可适当放宽。地下水源不足的地区,应当采取各种调水、蓄水措施,充分开发利用地表水。

第二章　水资源开发利用和管理

第九条　开发利用水资源,必须在综合科学考察和调查评价的基础上,按照统筹兼顾、综合利用、兴利除害、讲求效益的原则,编制区域综合规划和专业规划。

水资源综合规划应与国土规划、环境保护规划、城市发展规划相协调,并纳入本行政区的国民经济发展规划。

水资源开发利用和防治水害的有关专业规划,由各级水行政主管部门编制,报同级人民政府批准。

在制定农业、工业和城市建设规划时,必须以水资源调查评价为重要依据,避免盲目扩大供水规模。

第十条　全市水长期供求计划,由市水行政主管部门会同有关部门制定,报市计划主管部门审批。各市(区)的水长期供求计划,各市(区)水行政主管部门会同有关部门,依据市水长期供求计划和本地实际情况制定,报各市(区)计划主管部门审批,并报市水行政主管部门备案。各级水行政主管部门应当根据水长期供求计划、当年水量和农业、工业、生活和其他用水需要,组织调配水资源。水资源分配计划由各级水行政主管部门于每年年初下达。

第十一条　开发利用地下水资源,应贯彻先考察后评价,先规划后开发,先生活后生产,优水优用,统筹兼顾的原则,努力做到科学规划,合理开发,节约使用,计划管理。

第十二条　各级水行政主管部门根据地质矿产部门对本行政区域内地下水资源进行的勘查、评价结果,统一编制开发利用保护规划;制定年度开发利用计划;采取有效措施,严格控制超量开采,防止出现地面沉降、海水倒灌等地质性灾害。

第十三条　严禁任意开采地下水。确需取用地下水的单位和个人,不论何种用途,除按取水许可制度的规定审批外,还须按以下程序办理手续:

(一)取水单位持书面申请和主管部门批准文件,向当地水行政主管部门提出申请。

(二)取水工程预算和协议必须报当地水行政主管部门的水资源管理机构审核、见证,并确定取水层位。

(三)取水单位、取水施工单位必须到当地水行政主管部门领取《凿井取水批准书》《取水施工批准书》,并按规定缴纳有关费用后,方可施工。

(四)取水施工终孔下管、回填及材料使用,应接受当地水行政主管部门现场监督检查。取水施工单位必须严格按照井管施工规范施工。因违反施工规程而造成的损失由取水施工单位承担。

(五)取水工程竣工后,当地水行政主管部门应及时组织取水单位及其主管部门、取水施工单位等,按国家成井质量验收规范验收。确认合格后,由当地水行政主管部门核发《取水许可证》,方可按规定取水。

第十四条　凡在本市境内承接凿(洗、修)井业务的单位,必须持有关部门颁发的《资质证书》《营业执照》《法人登记证》,向市水行政主管部门申请办理审批手续。经批准注册后,方可在本市行政区域内承接凿(洗、修)井业务。

第十五条 有下列情况之一的,各级水行政主管部门不得批准开采地下水:

(一)地下水资源开发利用保护规划中划定的禁止开采区,或可开采量不能满足申请取水量的区域;

(二)有可能污染地下水资源的区域;

(三)可以取用地表水或自来水管网到达的区域,而生产、生活又可以不取用地下水的;

(四)目前生产、生活已满足用水的;

(五)节水措施不力,重复利用率达不到当地规定水平的;

(六)利用方向明显不合理的;

(七)有可能影响附近重点建筑物、构筑物的安全和使用质量的;

(八)退水中所含污染物浓度高于控制排放标准或影响第三者的;

(九)法律法规规定不允许开采地下水的区域。

第十六条 为防止地下水水质受到污染,严禁将有毒有害废水排入或将废渣埋入地下。以取水井为中心80米半径范围内为地下水资源保护区,在保护区内不得设置厕所、渗水坑、垃圾堆和有毒有害的化学品仓库、货栈以及其他可能污染地下水的污染源。

第十七条 在开采地下水时,各含水层的水质类型不同或相应指标差异较大,应当分层开采;潜水层和承压水不得混合开采,严禁咸淡水串通开采。

由于采矿或重大基本建设造成地下水串通的,由采矿或建设单位负责补救,并承担赔偿。采矿或建设需要疏干地下水的,必须经技术论证,经市水行政主管部门审核批准后方可实施。

各级水行政主管部门在审批水文地质条件不明地区开采地下水时,应当指令采取取芯钻进工艺。

第十八条 为掌握地下水位、水质动态变化情况,各地水行政主管部门应选择具有代表性的若干观察点。水质观测每年不少于两次,水位观测每季度一次,并做好水位、水质与开采量三者之间的变量对应关系记录和分析工作。

第十九条 取用地下水的井泵必须装表计量,取水单位要有专人负责管理、维护。发现计量器具失灵,应立即停止取水,并向水行政主管部门报告。

第二十条 地下水资源开采,必须符合地下水资源开发利用规划和省、市下达的计划量、国家产业政策等规定。地下水取水单位必须在《取水许可证》核定的水量范围内取用,需要增加时,应按取水许可制度的有关规定重新核定水量。

第二十一条 对报废或施工未成的深井(包括验收不合格的深井),取水单位和凿井施工单位应及时向当地水行政主管部门报告,按规定采取封填措施,防止地下水受到污染。

深井停用一个月以上应当提拆机泵,采取密封措施。不采取密封措施的,使用单位应按月交纳1000立方米水量的资源费。

第二十二条 各级水行政主管部门应根据规划逐步调整地下水集中开采区、漏斗区井点布局。取水深井之间直线距离不得小于500米。人工回灌地下水,必须按有关规定,由各地水行政主管部门协同地矿、环保等部门统筹组织,取水单位及有关部门应积极配合,共同负责。回灌水质必须符合国家生活饮用水标准。

第二十三条　地表水资源的开发利用和分配调度,应当符合兴利和除害相结合的原则。在服从防汛防旱总体安排的前提下,优先满足城乡居民生活用水,兼顾农业、工业用水和航运需要,充分发挥地表水资源的综合效益。

水资源多目标开发利用的项目,应当防止水资源污染和破坏,经水行政主管部门会同有关部门论证同意后方可进行。

第二十四条　新建、改建、扩建开发利用地表水资源的各类水工程,建设单位必须按照分级管理权限,将工程建设方案报送水行政主管部门审查同意后,方可按照基本建设程序办理审批手续。

与江河湖荡防洪、蓄洪有关的水资源开发利用的建设项目,建设单位要在可行性报告中作出防洪、蓄洪评价,按分级管理权限经水行政主管部门审查批准后,方可立项。

第二十五条　任何单位和个人兴建的灌溉、供水、发电等各类取水工程,应当服从当地水行政主管部门的计划调度。出现严重旱情和水资源短缺时,各类取水必须服从水行政主管部门的统一调度和安排。

第二十六条　各级水行政主管部门要切实依法加强对地表水资源的管理,需要取用地表水的单位和个人,不论何种用途,都必须按国家、省取水许可制度办理。

占用农业灌溉水源、灌排工程设施补偿费征缴按国家和省、市有关规定执行。

第二十七条　上级调配的地表水资源,中途不得随意取用。确需取用的,应当按取水许可审批程序,由当地水行政主管部门预审,报调配该水资源的水行政主管部门批准。

第三章　水资源保护

第二十八条　各级人民政府应当加强水资源的保护工作,采取有效措施,防止水土流失和水源污染,防止水源堵塞和水源枯竭。

第二十九条　各级水行政主管部门应当会同环境保护行政主管部门和其他有关部门编制水资源保护规划,报同级人民政府批准。要加强水资源观测站网的建设,定期测报水资源水量水质,划定水域功能区。

第三十条　各级水行政主管部门应当会同环境保护行政主管部门,城市建设行政主管部门对城市、乡(镇)集中式供水水源地划分保护区。保护区的范围、禁止事项由各市(区)人民政府按照国家有关规定结合当地实际情况确定。

第三十一条　新建、改建、扩建项目,需要在水利工程管理(涵、闸、站、堤、坝、河道、湖荡、滩地、塘、渠、沟)范围内设置排污口的,建设单位应当在项目可行性研究阶段,同时向当地环境保护行政主管部门和水行政主管部门提出申请,按照国家和省有关规定办理报批手续。

第三十二条　取水建设项目建成后,由水行政主管部门和环境保护行政主管部门分别对其取水、排水工程和水污染物治理设施进行验收,验收合格后建设项目方可投入生产和使用。

水行政主管部门对新设置排污口审批实行分级管理,各级审批的权限与环境保护行政主管部门现行的权限相同。

向水体排污的建设项目,建设单位在按规定向环境保护行政主管部门履行排污申报登记手续时,应当把水污染排放种类、数量和浓度情况,抄送当地水行政主管部门。

第三十三条 禁止向河道、湖泊、河塘、滩地等水域范围内堆放或弃置工业废渣、农业秸秆、秸草、生活和建筑垃圾以及其他有可能污染水资源的一切废弃物。

第三十四条 在地下水超采区,严格控制开采地下水,不得扩大取水,禁止在没有采取回灌措施的严重超采区取水。

第三十五条 各市(区)人民政府应当对生活饮用水水源地、风景名胜区水体、重要产业水体和其他具有特殊经济文化价值的水体划定保护区,并采取措施,保证保护区的水质符合国家标准。

泰州引江河全线、南官河城区段、老通扬运河城区段,市区东、南城河段等河段范围内严禁任何单位新设置排污口,排(置)放污染物。对已设置的排污口应逐步整治达标或改道。

第四章　用水管理

第三十六条 开发利用水资源的单位和个人必须贯彻"开源与节流并重"的方针,实行计划用水和节约用水,推广一水多用,提高水的重复利用率,采用节水型生产工艺、设备和器具,降低用水单耗。

第三十七条 各级水行政主管部门负责本行政区域内的计划用水、节约用水工作,会同有关部门制定和下达用水计划和考核标准;负责工业用水水量平衡测试的组织、实施、验收、发证工作;负责全市节水技术改造、节水器具推广、提高水重复利用率的组织实施,考核奖惩工作。

第三十八条 凡直接从地下或者江河、湖泊取水的实行取水许可制度。所有取用地下水地表水的单位必须在每年12月向当地水行政主管部门报送下一年度的取水量计划。使用地下水的单位同时将计划抄送地矿部门。

第三十九条 产品定额用水和计划用水单位的取水计划,每年初由水行政主管部门下达,并按期统计,期末考核。如因产品结构调整、生产工艺流程改变,需增加水量的,应提前30日经其主管部门审核,报水行政主管部门审批。

第四十条 取、用水单位超计划(定额)用水,其超用部分由下达计划(定额)的水行政主管部门按规定实行累进加价收费。

第四十一条 取、用水单位应加强对内部用水的考核,建立用水管水制度,积极开展水量平衡测试。具体的测试方法、方式、验收标准、时效等按国家有关规定执行。市水行政主管部门应当会同有关部门结合本市实际情况,制定水量平衡测试管理办法。

第四十二条 直接取用地下水、地表水的单位,必须装表计量,主动向水行政主管部门交纳水资源费。水行政主管部门也可通过银行采取同城托收、无承付结算方式向用水单位收取。

第四十三条 水资源费征收按财政、物价部门规定的标准执行,不得任意提高收费标准。取水单位如不按规定安装计量仪表或计量仪表失灵、损坏又不及时报告并更换、校修的,其水资源费按总装机水泵铭牌额定流量,按每日24小时连续运转计征。

第四十四条 征收的水资源费列入地方财政预算管理,按国家法律法规规定管理和使用,不得挪作他用。各市(区)征收的水资源费按规定比例在年终决算时由各市(区)财政专项解缴省、市。

第四十五条 各取用水单位应当加强取用水统计工作,如实按时填报用水月报表,将取用水情况报送当地水行政主管部门。各市(区)应当按季将本行政区域内的取用水情况、节约用水情况报表报市水行政主管部门。

第四十六条 《取水许可证》不得转让,每年年审一次。取水期满,《取水许可证》自行失效;需要延长取水期限的,应当在期满前一个月内按原申请程序办理审批手续。

第五章 奖励与处罚

第四十七条 有下列先进事迹之一的单位和个人,经其主管部门推荐,报水行政主管部门和人事行政主管部门审核,由市人民政府或各市(区)人民政府给予表彰和奖励:

(一)积极宣传、自觉遵守和严格执行国家、省、市有关水资源管理法律法规,成绩显著的;

(二)保护水资源,防治水土流失,防止水体污染,管理和维护水工程事迹突出的;

(三)服从水资源总体调配,计划用水、节约用水成绩显著的;

(四)积极配合管理部门对水资源实施管理,作出较大贡献的;

(五)在水资源管理科研方面有显著成绩的;

(六)市人民政府或各市(区)人民政府认为应当予以表彰和奖励的。

第四十八条 违反本办法规定有下列行为之一的,由水行政主管部门、环境保护行政主管部门,按有关法律法规规定,根据不同情节,责令其停止违法行为、限期清除障碍,或者采取封井、堵截取排水口、核减取水量、拆除取水设备等补救措施;可以没收生产工具和非法所得,并处以罚款:

(一)未按照规定审批程序,随意取用地下水、地表水,或者截水、阻水、排水的;

(二)未在规定期限内装置计量仪表设备的;

(三)超标排放污染物或超过排放总量,污染水资源的;

(四)擅自开凿(洗、修)深井取用地下水的;

(五)在江河、湖泊、水库、渠道和河滩内未经环境保护行政主管部门批准擅自设置或扩大排污口的;

(六)不按规定缴纳水资源费,或者不按规定如实填报用水报表的;

(七)拒绝或故意拖延提供取水量、测定数据资料,或者提供不真实资料的;

(八)拒不执行水行政主管部门作出取水量调配、核减、限制决定的;

(九)擅自转让取水许可证,或未按取水许可证核定的水量,超额取用水资源以及未按规定接受取水许可年审的;

(十)凿(修、洗)井施工队伍未按规定注册登记,无资质擅自承接取水施工工程的;

(十一)在江河、湖泊、水库、渠道管理范围内弃置、堆放土石、工业和其他废弃物及各种阻水物体的。

第四十九条　违反本办法规定有下列行为之一的,由水行政主管部门责令其停止违法行为、赔偿损失、采取补救措施,并可视情节依法处以罚款。违反《中华人民共和国治安管理处罚条例》或构成犯罪的,由公安机关或司法机关依法追究其相应的法律责任。

(一)在水工程保护范围内未经批准擅自爆破、打井、采石、取土采砂、危害水工程安全活动的;

(二)毁坏水工程和水资源监测设施的;

(三)以暴力或以暴力相威胁、阻挠、拒绝水政执法人员依法执行公务的;

(四)在水事纠纷发生和调解过程中聚众滋事,造成严重后果的。

第五十条　当事人对行政处罚不服的,可以依法申请复议或提起诉讼;当事人逾期不申请复议或不提起诉讼又不履行处罚决定的,由作出处罚决定的机关申请人民法院强制执行。

第五十一条　各级水行政主管部门应当加强对水资源管理人员、水政执法人员和水利工程管理单位工作人员的培训工作。水行政主管部门的工作人员必须严格执行国家的法律法规。对玩忽职守、滥用职权、徇私舞弊的,由其所在单位或上级主管机关视其情节轻重,给予行政处分,构成犯罪的,依法追究法律责任。

第六章　附　则

第五十二条　本办法由泰州市水利局负责解释。

第五十三条　各市(区)人民政府可以根据本办法制定实施细则。

第五十四条　本办法自颁布之日起施行。

泰州市水利工程管理办法

泰政规〔2011〕2号

第一章　总　则

第一条　为了加强水利工程的管理和保护,保证水利工程完好和安全运行,充分发挥水利工程的功能和效益,保障人民生命财产安全,维护社会秩序稳定,根据《中华人民共和国水法》《中华人民共和国防洪法》《中华人民共和国河道管理条例》《江苏省水利工程管理条例》《江苏省河道管理实施办法》等法律、法规,结合本市实际,制定本办法。

第二条　本市行政区域内水利工程的管理和保护适用本办法。

本办法所称水利工程,是指在江河、湖泊和地下水源上开发、利用、控制、调配和保护水资源的各类工程,包括河道、湖泊、堤防、涵闸、泵站、灌区、沟渠等工程及其附属设施。

第三条 各级人民政府应当加强对水利工程管理和保护工作的领导,落实水利工程安全管理责任制,保障水利工程的安全运行,组织推广和应用先进科学技术,提高水利工程的科学管理水平。

第四条 河道、湖泊等水域的保护应当遵循统筹兼顾、科学利用、保护优先、协调发展的原则。

各级人民政府应当增加投入,采取经济政策和技术措施,加强水域资源保护,规范水域开发、利用活动,防止现有水域面积减少,提高河道、湖泊行水蓄水能力,防止水体污染,改善水生态环境。

第五条 市、市(县)、区人民政府水行政主管部门是本行政区域内水利工程管理和保护的主管机关。其主要职责是:遵照国家、省法律、法规和本办法的规定,负责本辖区内水利工程的管理、维修和养护;组织编制区域水利综合规划,制定河道整治和水利工程建设计划并组织实施;审查水利工程综合开发利用规划;建立健全水政监察网络,制止破坏水利工程的行为,维护正常水事秩序;根据管理需要设置水利工程管理机构;负责水利工程有关规费的收取、使用和管理;审查在水利工程管理范围内各类建设项目及从事相关活动的方案;执行同级人民政府和上级水行政主管部门的决定、命令以及交办的其他事项。

第六条 水行政主管部门设立的水利工程管理机构具体负责水利工程的管理和保护工作。其主要职责是:对所辖水利工程实施管理、维修和养护,保证工程设施安全正常运行;组织编制水利工程综合开发利用规划;参与审查在水利工程管理范围内各类建设项目及从事相关活动的方案;制止侵占、破坏水利工程的行为。

第七条 乡(镇)和街道办事处设置的基层水利站作为市(县)、区水行政主管部门的派出机构,具体负责本乡(镇)和街道水利工程的建设、管理和保护工作。

第八条 任何单位和个人都有保护水利工程的义务,有权对破坏水利工程的行为进行制止、检举和控告。水利工程经营者、管理者应当接受水行政主管部门的监督和指导,对水利工程的公共安全负责。

第二章 工程保护

第九条 为了确保水利工程安全和防汛抢险的需要,我市水利工程的管理范围规定如下:

(一)河道、湖泊的管理范围:

有堤防的河道,为两岸堤防之间的水域、滩地、青坎(含林带)、迎水坡、两岸堤防及护堤地(背水坡堤脚线外不少于10米);无堤防的河道,市、市(县)、区级河道管理范围为河道及两侧河口线外不少于10米,乡(镇)级河道管理范围为河道及两侧河口线外不少于5米,村庄河道管理范围为河道及两侧河口线外不少于3米。里下河湖泊管理范围按省水利厅勘定的界线确定。

(二)中型涵闸、泵站管理范围:

上下游河道不少于各200米,建筑物外缘起左右侧不少于各50米,或以建筑物规划红线确定。

第十条 各市(县)、区人民政府根据实际情况依法划定本级管理的河道、涵闸、泵站等水利工程的管理和保护范围。

第十一条 水行政主管部门应当对水利工程管理和保护范围设立统一标志,明确管理和保护要求。

禁止破坏和擅自移动水利工程管理和保护标志。

第十二条 市、市(县)、区人民政府对已征收或者划拨的水利工程管理范围内的土地,应当依法办理确权发证手续。对因历史遗留未征收的水利工程管理范围内的土地,应按照市政府有关规定补办手续、划界确权。

第十三条 为了保护水利工程设施的安全,发挥工程应有的效益,所有单位和个人必须遵守以下规定:

(一)禁止损坏涵闸、泵站等各类建筑物及机电设备、水文、通信、供电、观测等设施;

(二)禁止在堤坝、渠道上扒口、取土、打井、挖坑、埋葬、建窑、垦种、放牧和毁坏块石护坡、防洪墙、林木草皮等其他行为;

(三)禁止在江河、湖泊、沟渠等水域炸鱼、毒鱼、电鱼;

(四)禁止在行洪、排涝、送水河道和渠道内设置影响行水的建筑物、障碍物、鱼罾鱼簖等,禁止在通江闸站上下游管理范围内停泊船只和捕鱼;

(五)禁止向河道、湖泊、渠道等水域和滩地倾倒垃圾、废渣、农药及农作物秸秆等,禁止排放油类、酸液、碱液、剧毒废液以及其他有毒有害的污水和废弃物;

(六)禁止擅自在水利工程管理范围内盖房、圈围墙、堆放物料、开采砂石土料、埋设管道、电缆或兴建其他建筑物和构筑物。在水利工程附近进行生产、建设的爆破活动,不得危害水利工程的安全;

(七)禁止擅自在河道滩地、行洪区、湖泊内圈圩、打坝;

(八)禁止在堤顶、闸站交通桥行驶履带式机械、硬轮车或者超重车辆;

(九)禁止任意平毁和擅自拆除、变卖、转让、出租农田水利工程和设施;

(十)在湖泊保护范围内已圈圩从事水产养殖的,不得在现有基础上加高、加宽圩堤,不得转作他用。

第十四条 水利工程管理范围内属于国家所有的土地,由水利工程管理单位进行管理,其中已经县级以上人民政府批准,由其他单位或个人使用的,可继续由原单位或个人使用。属于集体所有的土地,其所有权和使用权不变。但以上所有从事生产经营的单位或个人,必须服从水利工程管理单位的安全监督,不得进行损害水利工程和设施的任何活动。

第三章 工程管理

第十五条 我市水利工程实行统一管理和分级管理相结合、下级服从上级的管理原则。受益和影响范围在同一市(县)、区的水利工程,所属市(县)、区水行政主管部门为水利工程管理主管机关;跨市(县)、区的流域性和区域性水利工程,市水行政主管部门为主管机关;在一个乡(镇)(街道)的水利工程,由乡(镇)(街道)基层水利工程管理机构负责日常管理,其中村庄河塘由村民委员会负责日常管理。

根据上述原则确定我市下列河道为流域性或区域性河道:长江、引江河(含送水河)、兴盐界河、车路河、上官河、下官河、卤汀河、西塘港、老通扬运河、泰东河、新通扬运河、周山河、南官河、东姜黄河、两泰官河、宣堡港、古马干河、如泰运河、靖泰界河、盐靖河、鸭子河(生产河)、凤凰河(凤城河)等(详见附表)。其中长江、引江河(含送水河)、南官河、卤汀河、新通扬运河、泰东河、周山河、老通扬运河、古马干河、宣堡港、两泰官河、凤凰河(凤城河)等12条河道的泰州市区段由市水利局负责管理。其他河道(河段)的日常管理由所在市(县)水利(水务)局负责。

市水行政主管部门应加强对沿长江的夏仕港节制闸、十圩节制闸、安宁港闸、上六圩闸、焦土闸、天星闸、过船节制闸、马甸闸、口岸节制闸等中型水闸的管理。

长江堤防(含闸外港堤)、滩地及里下河湖泊湖荡由所在市(县)、区设立专门机构管理。

第十六条 在市(县)、区界两侧各1公里的范围内,以及跨市(县)、区河道有引、排水影响的河段,未经双方达成协议并报市水行政主管部门批准同意,任何一方不得修建排水、引水、阻水、蓄水工程以及实施河道整治工程。

第十七条 非国有水利工程的管理者由水利工程所有者确定,报有管辖权的水行政主管部门备案。

第十八条 确需在水利工程管理范围内新建、扩建、改建的各类工程建设项目和从事相关活动,包括开发水利(水电)、防治水害、整治河道的各类工程,跨河、穿河、穿堤、临河的桥梁、码头、道路、渡口、缆线、取水口、排水口等建筑物及设施,厂房、仓库、工业和民用建筑以及其他公共设施,取土、弃置砂石或淤泥、爆破、钻探、挖筑鱼塘、在河道滩地存放物料、开发地下资源及进行考古发掘等,建设单位在按照基本建设程序履行审批手续前,必须先向水利工程管理的主管机关提出申请,并提交下列资料:

(一)建设项目或从事活动所依据的文件;

(二)建设项目或从事活动的可研报告(含图纸)或初步方案,对水利工程造成影响的,须进行修复(或补偿)工程专项设计;

(三)《河道管理范围内建设项目防洪评价报告》审查意见及按审查意见修改完善的《河道管理范围内建设项目防洪评价报告》;

(四)建设项目或从事活动对水质等可能有影响的,应当附具有关环境影响评价意见;

(五)涉及取、排水的建设项目,应当提交经批准的取水许可申请书、排水(排污)口设置申请书;

(六)影响公共利益或第三者合法水事权益的,应当提交有关协调意见书。

建设项目或从事活动须取得有管理权的水行政主管部门同意后,方可按行政许可批准文件的要求开工。

第十九条 水行政主管部门应当对建设项目及从事活动的施工以及建设单位履行修复(补偿)协议的情况进行监督检查,发现违反水利工程管理和防洪技术要求以及修复(补偿)协议的,应当提出限期整改意见,建设单位应当及时整改。

建设项目竣工后,建设单位应及时向水行政主管部门申请涉水工程专项验收,验收合格后方可启用。建设单位应当在建设项目竣工后6个月内向水行政主管部门报送有关竣工资料。

第二十条　在河道管理范围内从事采砂取土等活动的,按照国家和省、市有关规定执行。

第二十一条　任何单位和个人不得擅自填堵河道沟汊、贮水湖塘洼淀和废除现有防洪圩堤。

第二十二条　兼有交通、航运功能的河道、涵闸等水利工程,因交通、航运需要改、扩建的,应当符合防洪安全要求,并事先与水行政主管部门会商。水利部门进行河道整治等水利工程建设,涉及航道的,应当符合航道技术要求,并事先与交通部门会商。

第二十三条　水行政主管部门应当在禁止或者限制通行的堤顶道路上设置限高杆、隔离卡(墩)等管理设施及防洪通道标志,避免车辆对堤防的破坏。

第二十四条　利用堤坝做公路的,路面(含路面两侧各50厘米的路肩)由建设单位负责管理、维修和养护,并按照公路等级设置交通标志、标线;涵闸上的公路桥由交通行政主管部门或建设单位负责维修养护,大修由水行政主管部门和养护单位共同负责。

第二十五条　水利工程因抢险或者防汛防旱需要进行蓄水、调水时,水利工程经营者、管理者应当服从防汛指挥机构的调度指挥。

因抢险、调水影响航行安全的,防汛指挥机构应当及时通知海事管理机构。海事管理机构接到通知后,应当依据相关规定,迅速采取限航、封航等措施,并予以公告。

第二十六条　水行政主管部门应当加强对水利工程安全运行的监督管理,定期组织安全检查和工程安全运行情况的鉴定,提出维修、养护等意见;对存在安全隐患的水利工程,应当及时向同级人民政府报告,并采取措施排除隐患。

第二十七条　水行政主管部门应当完善水利工程汛期调度运用方案,落实防汛安全责任制,督促相关建设单位制定在建工程度汛应急预案,加强对各类工程防汛安全的监督管理。

第二十八条　水利工程管理机构应当按照技术标准和规范维修养护水利工程,建立监测、巡查制度,依法制止侵占、破坏水利工程的行为,建立健全水利工程管理和保护档案,保证水利工程安全运行和效益发挥。

第二十九条　各级人民政府应当按照国家规定及时安排专项资金,对公益性水利工程进行维修、养护、加固或者更新。公益性水利工程管理单位的公用经费、人员经费等应纳入同级政府的财政预算。

市(县)、区和乡(镇)人民政府(街道办事处)应当采取政策、资金等措施,加强小型农田水利工程的管理和保护,确保工程设施完好,保障农田灌溉和防洪排涝的需要。

第四章　法律责任

第三十条　水行政主管部门、水利工程管理机构及其工作人员必须忠于职守,模范执行国家法律法规,对利用职权、徇私舞弊、违章运行、玩忽职守致使国家和人民利益遭受损失的,应根据情节轻重,对单位主管人员和有关责任人员给予行政处分,触犯刑法构成犯罪的,依法追究刑事责任。

第三十一条　违反本办法规定的,由水行政主管部门责令停止违法行为,按《中华人民共和国水法》、《中华人民共和国防洪法》、《中华人民共和国河道管理条例》等相关法律、法规给予处罚。

第五章　附　则

第三十二条　各市(县)、区人民政府可依据相关法律法规和本办法,结合本地区实际制定实施细则。

第三十三条　本办法从发布之日起施行,原《泰州市水利工程管理实施办法》(泰政发〔1998〕14号)同时废止。

关于加快水利改革发展的实施意见

泰发〔2011〕5号

各市(区)委、人民政府,泰州医药高新区党工委、管委会,市委各部委办,市各委办局,市各直属单位:

水利是经济社会发展的重要基础支撑,具有很强的公益性、基础性、战略性。泰州地处长江、淮河两大流域的交汇处,有16000多条河流,近千平方公里的水面积,洪涝、干旱等灾情频繁发生,水利在经济社会发展中始终具有重要的战略地位。多年来,市委、市政府带领全市人民坚持不懈大干水利,初步建成了防洪、排涝、挡潮、引水、灌溉等水利工程体系。但通南地区的引排体系不配套,干旱问题时有发生;沿江地区仍有部分病险涵闸和易发生坍江的长江岸线,防洪隐患仍未根治,排涝标准依然较低;里下河地区洪涝问题仍然是心腹之患;县、乡、村三级河道仍有部分未及时疏浚,特别是一些区域性河道多年未实施整治,城乡河道水环境还存在不少问题;农田水利设施老化失修严重。"推进富民强市、建设美好泰州",率先向基本实现现代化迈进,必须切实加强水利基础设施建设,以水利的可持续发展支撑经济社会的又好又快发展。根据中央和省委、省政府部署要求,结合泰州实际,现就加快水利改革发展提出如下意见。

一、水利改革发展的指导思想和主要目标

(一)指导思想。以科学发展观为指导,紧紧围绕"推进富民强市、建设美好泰州"的总体要求,把水利作为全市基础设施建设的优先领域,把农田水利作为农村基础设施建设的重点任务,把严格水资源管理作为加快转变经济发展方式的战略举措,统筹水安全、水资源和水环境综合治理,进一步提升防洪减灾、民生保障能力,为夯实农村基础设施、改善城乡生态环境、提高人民生活质量、促进经济社会可持续发展提供强有力的水利支撑。

(二)主要目标。通过5~10年的努力,初步建成现代化的水利综合保障体系,即:安全可靠的防洪抗旱减灾体系,保障粮食安全的农田水利基础体系,适应城市发展需求的宜居、宜游河湖生态工程体系,满足经济社会发展的水资源优化配置体系,人水和谐的水生态环境保护和建设体系,管理科学、运行高效的水利管理体系。"十二五"期间,长江堤防重点地段和泰州城区达100年一遇防洪标准,县级市建成区达50年一遇防洪标准。里下河地区达10年一遇排涝标准,通南地区达20年一遇排涝标

准。旱涝保收面积达75%以上。万元地区生产总值用水量下降到120立方米以下,单位工业增加值用水量下降率达30%左右。水功能区水质达标率提高到70%以上,集中式饮用水水源地水质达标率达到100%。最严格的水资源管理制度基本建立,成功创建国家节水型社会建设示范市,水利工程良性运行机制基本形成,水利稳定投入机制进一步完善,有利于水资源节约和合理配置的水价机制基本建立。到2020年,全市基本实现水利现代化。

二、加强水利基础设施建设

(三)加强骨干水利工程建设。抓住国家加大水利投入的机遇,积极谋划里下河和通南地区区域治理的总体布局,推动省里下河水系规划的修编,抓紧编制《泰州市通南地区水系规划》,强力推进重点骨干水利项目。完成卤汀河拓浚工程(国家南水北调里下河水源调整项目)、泰东河整治工程、泰州引江河二期工程,同步实施三大工程沿线的河道整治、渠系改造、圩堤建设、桥梁路道等影响工程,全面提升里下河地区防洪保安、水资源供给、水生态环境改善的能力。完成夏仕港、横港、古马干河、两泰官河、生产河、老通扬运河海陵及姜堰东段、周山河姜堰段、茅山河、白涂河、上官河、渭水河等11条河道近期治理任务;争取实施季黄河、西姜黄河泰兴段、靖泰界河、姜凑河、雄港等9条第二批治理项目,恢复和巩固区域性河道的引排功能,增加河湖调蓄能力,提高排涝抗旱标准。

(四)继续推进防洪排涝工程建设。按照100年一遇防洪标准,加强江港堤防达标建设,继续整治长江农场、过船、扬湾等坍江节点,稳固长江岸线。疏浚长江口门,全面维修加固沿江口门建筑物,新建沿江引排工程,提高引排能力。加固里下河地区的圩堤,全部达到"四五四"式标准。进一步加强城市防洪工程建设。完成泰州城区东北片防洪工程,建成百年一遇的防洪保护圈。县级城区按照50年一遇的防洪标准,构建防洪保安体系。加强沿江和里下河地区排涝能力建设,新建改造圩口闸695座,新建改造排涝站350座,新增排涝流量543.5米³/秒。

(五)加强城市水生态环境工程建设。按照《泰州市城市水系规划》,统筹安排海陵区、高新区、高港区水生态环境工程建设,继续推进老通扬运河、周山河、生产河的整治,着力打造南官河城区段;兴建调水泵站、设置保水控制工程,形成与城市规模、功能相适应的水生态环境工程体系,改善城区水质、营造水环境,打造江城、水城特色。县级城区编制各自的城区水环境综合整治规划,有序组织水生态环境工程建设。

三、着力加强农村水利工作

(六)加强农田水利基础设施建设和管理。按照农村水利现代化建设的标准,整合各类涉及农田水利的建设资金,统一规划、综合整治,集中投入、连片治理,全面提升粮食和农业综合生产能力。积极争取国家大中型灌区节水改造项目,继续实施小型农田水利重点县等建设项目,解决工程老化、设施不配套、布局不合理、渗漏损失大等突出问题,全面推行节水灌溉技术,通南地区加快防渗渠道的建设,扩大单座电灌站的规模,里下河地区改流动机船灌溉为固定泵站灌溉。配套小沟以上建筑物1.2万座,建设农桥1500座,新建改造灌溉站2500座,兴建衬砌渠道2000公里。加强农田水利设施管理,落实农田水利设施维修与管理资金,安排专业人员对农田水利设施进行维修与管护。

(七)建立农村河道疏浚整治和水土保持的长效机制。根据河道淤积状况建立轮浚机制,保持农村河道疏浚工作的持续进行,畅通水系、恢复引排能力、改善环境、修复生态。全面建立和完善农村河道长效管理机制,明确各级河道的管护主体,落实管护经费,组建专业管护队伍,积极推行河道、村庄、道路、绿化"四位一体"的长效管护体制。加强沿江、沿河、沿湖生态林网建设。着力推进水土保持工程,基本遏制人为造成的水土流失问题,通南高沙土地区的骨干河道实现河坡植被化和工程防护,全面落实开发建设项目水土保持"三同时"制度。

(八)继续实施农村饮水安全工程。抓好新一轮农村饮水安全工程建设,完成59.25万人的农村饮水安全任务。按照新农村镇村建设规划和区域供水规划,加快撤并农村小水厂,合理配置和调整供水水源及供水布局,加大饮用水水源地保护力度,加强对现有农村水厂的监管,到户普及率达到100%,提高供水保证率和水质合格率。认真落实农村饮水安全工程土地供应、税收优惠和供水用电价格优惠政策,供水用电执行居民生活或农业灌溉用电价格。进一步明晰农村饮水安全工程的产权,建立健全农村饮水安全工程的长效管理机制,努力降低工程运行成本,确保工程稳定、安全运行。

四、全面落实最严格的水资源管理制度

(九)实施用水总量控制管理。确立水资源开发利用控制红线,建立市、市(区)两级行政区域的地表水用水总量、地下水开采总量管理制度,引导区域经济结构和产业布局调整。严格执行水资源论证制度,加强相关规划与项目建设布局的水资源论证工作,对擅自开工建设或投产的一律责令停止。严格取水许可审批管理,对取用水总量已达到或超过控制指标的地区,暂停审批或限制审批新增取水。进一步调整水资源费和供水水价,利用市场机制调节用水行为。加强地下水管理,开采集中的区域及里下河地区严格控制开采规模,加强工业取用深层地下水管理,限制取水规模。强化水资源开发利用的过程监督,定期调整用水控制总量,完善年度水量分配和考核机制。

(十)积极推进节水型社会建设。确立用水效率控制红线,加强节约用水的政策引导、技术推广、典型示范、资金扶持,全面推动节水型农业、工业、城市、社区等节水载体建设,初步建立起以计划用水和定额管理为核心的用水效率控制体系、建设项目节水设施同步建设管理体系、行政区域用水效益评价与考核指标体系、自觉节水的社会行为规范体系等四大节水体系。形成泰州节水创建的特色和亮点,努力创成国家节水型社会建设示范市。

(十一)严格水功能区和排污口管理。确立水功能区限制纳污红线,从严核定水域纳污容量。加大入河排污口的管理、整治、监督力度,促进工业向园区集中,重点加强供水水源地和骨干输水河道沿线排污口整治。利用水利工程,实行水量水质联合调度,缩短河湖换水周期,并采取清污分流、引清释污、底泥疏浚、水域管护等措施,增加水体自净能力和水环境容量,保护和改善河湖水质。建立饮用水水源地长效管理机制,保障城乡居民饮水安全。

五、加强水利公共管理和公共服务能力建设

(十二)提高防汛防旱减灾应急处置能力。坚持"安全第一、常备不懈、以防为主、全力抢险"的工作方针,修订完善各项防汛预案,细化应急响应机制,加快建立高效、可靠、及时的防汛防旱指挥系统,水情预报、动态监测和水质预警系统。加强防汛抢险专业队伍建设,加大社会动员与组织力度,实现防汛防旱工作的规范化管理、信息化支撑、专业化抢险和社会化动员,全面提升对洪涝、干旱、台风、水污染等突发性灾害的应急处置能力,努力把灾害损失降到最低。

(十三)强化河湖水域管理。全面落实各级河道管理"河长制",加强水域、岸线等资源管理,加快划定滨水空间的水域控制线和蓝线,严格执行河道的红线和蓝线管理,涉水开发利用必须符合防洪规划、水功能区管理要求,明确开发利用控制条件和保护措施,实施开发建设项目防洪影响评价、水规划同意书和建设项目审批制度。保护河湖调蓄引排功能,严格执行占用水域滩涂与水利工程补偿等制度,分期实施退田(渔)还湖,实现河湖水面率不降低。建立饮用水水源地核准和安全评估制度。组织开展水源地环境整治,因地制宜规划建设备用水源地。加强长江采砂管理,严厉打击非法采砂行为。

(十四)积极推进依法治水。健全水利规划体系,强化规划对涉水项目的管理和约束作用。加强水利执法队伍和能力建设,完善执法体制机制,规范执法行为,落实执法保障经费。大力推进水行政综合执法,严肃查处非法占用堤防、填堵河道、河湖取土等水事违法案件,规范水事秩序。

六、以强有力的保障促进水利可持续发展

(十五)加强组织领导。各级党委、政府要把水利工作摆上经济社会发展更加重要的位置,及时研究解决水利改革发展中的突出问题。把水利改革发展纳入对市(区)党委、政府工作目标考评的内容,实行防汛防旱、农村饮水安全保障、水资源管理、长江采砂管理行政首长负责制,对水利建设、管理、改革等各项任务进行检查考核,考核结果作为干部综合考核评价的重要依据。切实加强对水利投入政策落实情况、配套资金到位情况的督促检查,确保各项投入政策落实到位。加强水利专项资金监督管理,强化财政、审计、监察部门的监督检查责任。各地要结合当地实际,健全完善水利规划体系,研究制定推进水利现代化建设的实施方案,认真落实水利改革发展的各项政策措施,确保取得实效。各级水行政主管部门要强化责任意识,充分发挥职能作用,切实抓好水利改革发展的实施工作。各有关部门和单位要各司其职、密切配合,尽快制定完善各项配套措施和办法,积极提供政策、资金、技术等方面的支持。

(十六)加大水利投入。全面落实以政府投入为主导的水利投入机制。统筹安排城市河道、县级河道、乡村河道的建设、管理、人员经费。今后10年全市水利年均投入比2010年高出一倍。将水利作为公共财政投入的重点领域,市、市(区)财政要按可用财力的2%~4%足额安排水利建设资金,并逐年有稳定的增长。足额征收水利建设基金、防洪保安资金等财政性资金用于重点水利建设。从土地出让收益中提取10%用于农田水利建设。从土地出让金中提取的农业土地开发资金,30%要用于农村水利建设。各市(区)要从城市维护建设税中划出不少于15%的资金用于城市防洪排涝工程建设。各级财政每年安排一定比例的资金用于水工程、水资源管理。进一步拓宽水利投融资渠道,吸引社会资

金参与水利建设与管理。用好"一事一议"政策,积极引导广大农民投资投劳受益范围内的水利建设。

(十七)强化科技支撑。以水利信息化带动全市水利现代化。完善扩充信息采集系统,加强系统分析,实现系统建设的标准化、规范化及其相应的规范化管理;建立适应公共服务的办公自动化系统和关键的业务系统。增加科技投入,加大水利科技研究和先进技术成果推广力度,对关键领域重大技术问题组织攻关研究,积极引进推广新技术、新材料、新设备、新工艺,不断提高自主创新能力,为水利事业发展提供科技支撑。

(十八)深化水利改革。按照统一管理和分级管理相结合、下级服从上级的管理原则,进一步明确各级的建管职责,稳步推进市区水利工程建设管理体制改革。按照社会主义市场经济的要求,建立有利于促进节约用水和水资源持续利用良性运行的水价体系。合理调整城市居民生活用水价格,探索实行农民定额内用水享受优惠水价制度,稳步推进阶梯式水价,工业和服务业用水实行累进加价制度,逐渐拉开高耗水行业与其他行业的水价差价。健全水利工程分级建设负责制,完善水利建设项目法人制,逐步推进政府重点水利项目代建制。全面实行水利建设项目规划许可制、竞争立项制、投资控制制、资金保障制、绩效评价制,提高投资效益。建立健全水权管理制度,完善水资源配置、用水审计和节水等技术经济政策和制度。完善河道及防洪工程的管理机制。完善河道工程修建维护管理费征收使用政策,适当扩大征收范围,合理确定征收标准,用于防洪工程的运行管理;建立防洪补偿、防洪保险和灾情评估机制,研究设立防洪基金,确保防洪工程的正常运行。

(十九)加强队伍建设。围绕水利发展目标,突出重点,以高层次水利人才队伍建设为龙头,以水利人才能力建设为重点,全方位、多渠道引进人才,增加人才总量,提高人才素质,调整人才结构,加强人力资源培训,大胆使用选拔人才,努力建设一支高素质的水利人才队伍。乡(镇)水利站和水利工程管理单位承担着水资源管理、防汛防旱、农田水利建设、农村饮水安全、水利科技推广等公益性职能,要按规定核定人员编制,增加对基层水利建设与管理的投入,将乡(镇)水利站和纯公益性水利工程管理单位的人员和事业经费纳入县级财政预算,夯实基层水利发展基础。

中共泰州市委员会

泰州市人民政府

2011年3月25日

泰州市水利局

关于全面推进水利综合执法的实施意见

各市、区水利(务)局、局相关直属单位：

为深入贯彻党的十八届四中全会精神,全面推进泰州水利现代化建设,保障水法规有效贯彻实施,按照《水利部关于全面推进水利综合执法的实施意见》(水政法〔2012〕514号)和《江苏省水利厅关于全面推进水利综合执法的实施意见》(苏水政监〔2014〕5号)精神,现就我市全面推进水利综合执法提出以下实施意见。

一、充分认识推进水利综合执法的重要性和必要性

党的十八届三中全会明确提出,推进法治中国建设,深化行政执法体制改革,整合执法主体,相对集中执法权,推进综合执法,着力解决权责交叉、多头执法问题,建立权责统一、权威高效的行政执法体制。水行政执法是行政执法的重要组成部分,是各级水行政主管部门贯彻实施水法律法规的主要方式。多年来,我市水行政执法工作取得了一定成绩,但与依法行政、依法治水的整体要求相比,仍存在一定差距,不同程度地制约着水行政执法工作的深入开展。

改革行政执法体制至关重要。《行政处罚法》、《行政许可法》和《行政强制法》设定了相对集中行使行政处罚权、行政许可权和行政强制权制度。《中共中央　国务院关于加快水利改革发展的决定》明确提出要全面推进水利综合执法,加快建立权责明确、行为规范、监督有效的水行政执法体制。《中共江苏省委　江苏省人民政府关于加快水利改革发展推进水利现代化建设的意见》要求大力推进水行政综合执法,加强水利执法队伍和能力建设,完善执法体制机制,规范执法行为,落实执法保障经费。《中共泰州市委　泰州市人民政府关于加快水利改革发展推进水利现代化建设的实施意见》同样要求大力推进水行政综合执法,维护社会正常水事之秩序。当前,我市正处于推进水利现代化建设的关键时期,加强和创新水利社会管理任务十分繁重,必须通过全面推进水利综合执法,进一步理顺执法体制,整合执法力量,规范执法行为,加大执法力度,提高执法效能。在全社会树立权威高效、严格规范、公正文明的良好执法形象,为全市水利现代化建设提供坚实的法治保障。

二、推进水利综合执法工作总体要求和基本原则

(一)总体要求

以建立健全权责明确、行为规范、监督有效、保障有力的水行政执法体制为重点,强化专职水政监察队伍建设,相对集中水行政执法职能,全面提高水行政执法效能,从源头上解决多头执法、重复执法、执法缺位等问题,造就一支廉洁公正、作风优良、业务精通、素质过硬的专职水政监察队伍,切实保障水法规的贯彻落实。

(二)基本原则

1.坚持统一、高效原则。建立健全专职水政监察队伍,明确队伍编制性质、编制员额和综合执法

职能。

2.坚持职权清晰、权责一致原则。合理划分水利综合执法事权,加强一线力量,下移执法重心。合理设置水政监察队伍与其他业务管理部门之间的职责权限,明确队伍职能。

三、开展水利综合执法工作任务

(一)推进专职水政监察队伍建设。进一步建立健全专职水政监察队伍。各地要积极争取机构编制主管部门支持,进一步明确水政监察队伍性质,落实专职水政监察队伍参照公务员法管理或转为行政机构。根据执法任务需要,增加人员编制员额并配足配强水政监察人员。落实队伍独立运行,根据水利部综合执法要求,统一水政监察人员执法标识。

(二)明确专职水政监察队伍综合执法职责。水政监察队伍是各级水行政主管部门的专职执法机构,承担或者受水行政主管部门的委托承担是行政处罚、行政征收等职责,承办行政强制执行、行政强制措施组织实施。水政监察队伍应加强对水行政许可决定实施情况的监督检查,对于影响较大的行政许可项目,应参与许可项目的现场勘查、论证分析等。

进一步明确水政监察支队、大队的执法事权划分。市水政监察支队主要承担全市水政监察队伍建设和管理的指导监督,重大执法活动的组织协调,重大水事违法案件的查处、督办等职责,承担市主城区及医药高新区水行政执法工作的指导和督办等职责;水政监察大队重点承担本行政区域管理范围内水行政执法职责。

(三)完善综合执法网络。各地要根据执法工作实际需要,努力争取有关职能部门支持,在乡(镇)水利站或水利工程管理所组建或增挂水政监察中队牌子,加强一线执法力量的配备,完善执法网络,切实承担好水法规赋予的执法巡查、监督检查等职能。

(四)建立健全水利综合执法工作机制。建立健全水行政管理巡查与执法巡查及案件查处、行政征收与规费追缴、许可后续监管与执法检查之间的工作衔接制度;建立健全水利系统内部流域与区域、区域与区域之间联合执法机制;建立健全水利部门与海事、公安、检察、环保等相关部门之间的联合执法机制,进一步提升水行政执法效能。

(五)加大执法力度。完善执法巡查制度,实行执法巡查责任制。对水事违法案件做到早发现、早制止、早查处。建立并完善重大水事违法案件挂牌督办制度,建立信息通报、联合调查、案件移送等执法制度,加大水行政监察和水事违法案件查处力度,确保水法规的有效落实。

(六)加强水利综合执法能力建设。严格执法人员入口关,加强执法人员学习培训,支队、大队至少有一名法律专业人员和一名水利专业人员。其他人员学历应为大专以上。除正常办公设备外,应配有执法车辆、勘查取证器材等,各地还应根据河湖管理执法任务需要建设执法基地、执法码头,配备执法船艇。

四、推进水利综合执法工作实施步骤

从2015年开始,用3年时间,分启动、推进、验收三个阶段,推进我市水利综合执法工作。

（一）启动阶段。2015年，市水利局制定下发推进水利综合执法实施意见，各县（市、区）依据市局意见，结合实际制订本单位推进水利综合执法实施方案，进一步明确推进水利综合执法的目标任务、方法步骤、工作要求，并全面组织实施。年底前，全市力争50%的队伍实行综合执法。

（二）推进阶段。2016—2017年，各地按照方案继续推进水利综合执法，到2017年全市基本实现水利综合执法。推进水利综合执法过程中，市局将加大对各地的检查督导力度，及时总结推广各地经验做法，适时召开经验交流会。

（三）验收阶段。本着从实际出发，先易后难，逐步到位，完成一个验收一个的原则，开展推进水利综合执法验收。2018年，省水利厅、市水利局将对推进水利综合执法工作进行全面总结验收。

五、落实保障措施

（一）切实加强领导。开展水利综合执法工作任务重、要求高，各级水行政主管部门务必高强度重视，加强领导。市水利局成立全市推进水利综合执法工作领导小组，主要领导任组长，分管领导任副组长，成员由办公室、政法处、人事处、监察室、市水政监察支队等处室主要负责人组成。领导小组办公室设在市水政监察支队。各单位也应成立相应领导机构和工作班子，主要领导要亲自抓、负总责，工作班子及时跟进，做好相关工作，确保水利综合执法有计划、按步骤推进。

（二）认真组织实施。各级水行政主管部门要提高认识，统一思想，将推进水利综合执法作为加快水利现代化建设的重要内容。认真制定方案，确定目标任务，明确时间进度，落实工作措施，狠抓工作落实。市水利局将积极探索、引导、推进全市水利综合执法，着力推动靖江市水利综合执法先行试点工作。5月底前，各县（市、区）将水利综合执法实施方案报市推进水利综合执法工作领导小组办公室。

（三）加强执法保障。各级水行政主管部门要积极加强与编制、人社、财政部门的沟通，并按照有关要求，落实人员编制，积极争取将执法工作所需经费纳入同级财政预算予以保障。要加强执法装备建设，各地依据省厅水政监察队伍执法装备建设标准，加强水行政执法基地和执法信息化系统建设，积极为水政监察队伍配备交通工具、调查取证等执法装备、器材及设施，不断改善执法条件，提高执法保障水平。

（四）严格考核验收。建立水利综合执法工作考核制度，考核重点内容包括专职水政监察队伍建立及执法能力建设情况、队伍职能设置及履行情况、联合执法机制建立及运行情况等。市水利局将依照省厅制定的考核办法，对各单位开展水利综合执法情况进行考核。

（五）完善报告制度。每年12月5日前，各地水行政主管部门向市水利局报告水政监察工作的同时，报告推进水利综合执法工作情况。

泰州市水利局

2015年3月27日

泰州市水环境保护条例

（2016年6月30日泰州市第四届人民代表大会常务委员会第三十三次会议制定，2016年7月29日江苏省第十二届人民代表大会常务委员会第二十四次会议批准）

第一章 总 则

第一条 为了保护和改善水环境，促进经济社会可持续发展，根据《中华人民共和国环境保护法》《中华人民共和国水污染防治法》《中华人民共和国水法》等法律、法规，结合本市实际，制定本条例。

第二条 本市行政区域内的江、河、湖、荡、湿地等各类地表水体、地下水体和水工程及其管理范围的水环境保护，适用本条例。

第三条 水环境保护应当坚持政府主导、公众参与，遵循保护优先、预防为主、综合治理、损害担责的原则，着力提升水环境质量。

第四条 市、县级市（区）人民政府对本行政区域内的水环境质量负责，其主要负责人对本行政区域内的水环境保护任期责任目标负主要责任。市、县级市（区）人民政府应当依法组织编制本行政区域的水环境保护规划和水功能区划。

市人民政府建立水环境保护联席会议制度，定期研究和统一部署水环境保护工作，解决水环境保护的重大事项。

县级市（区）人民政府负责组织实施本行政区域内的水环境保护工作。

乡（镇）人民政府、街道办事处承担水环境属地保护责任，负责水环境保护的措施落实、日常巡查、协助执法等工作。各类开发区（园区）、风景区管理机构应当按照属地保护责任，负责本辖区内水环境保护工作。

第五条 环境保护行政主管部门对水环境保护实施统一监督管理，承担政府水环境保护联席会议办事机构的职责。

水行政主管部门负责水资源管理、河湖整治、水量调度、水文化工程建设、涉水文化遗产保护等监督管理工作。

住房和城乡建设行政主管部门负责城乡供水设施建设、城乡雨污分流排水管网建设和维护、污水集中处理设施建设运营和污泥处置、城市绿地建设与保护等监督管理工作。

农业行政主管部门负责农业面源污染、畜禽养殖污染和渔业养殖污染的防治、农村绿地、湿地建设与保护等监督管理和技术指导工作。

海事、港口、渔业等行政主管部门负责长江及内河港口、码头、船舶及其作业活动区域水污染防治等监督管理工作。

发展和改革、经济和信息化、公安、财政、国土资源、规划、交通运输、城市管理、文化广电新闻出版、卫生和计划生育、市场监督管理等行政主管部门按照各自职责,做好水环境保护工作。

第六条　各级人民政府根据水环境保护工作需要,将水环境保护工作纳入区域环境综合管理。

鼓励通过政府购买服务等方式,推进水环境治理和保护的市场化运作。

第七条　公民、法人和其他组织依法享有获取水环境信息的权利,负有保护水环境的义务,有权对污染和破坏水环境的行为进行举报。

企业事业单位和其他生产经营者应当防止、减少水环境污染,对所造成的损害依法承担责任。

各级人民政府及有关部门应当加强水环境保护的宣传和相关法律、法规的普及工作,鼓励和支持公民、法人和其他组织参与水环境保护工作。

第二章　饮用水水源保护

第八条　饮(备)用水水源地实行属地保护。市、县级市(区)人民政府应当加强本行政区域内的饮(备)用水水源地建设,负责其日常保护、违法行为查处和应急保障等工作。

长江饮用水水源地所在县级市(区)人民政府应当建立水源地保护工作联动机制,明确相关部门和供水单位的责任,组织水行政、环境保护、住房和城乡建设、海事等行政主管部门和供水单位建立长江饮用水水源地的日常巡查制度。巡查中发现可能影响饮用水水源地安全的行为时,应当及时制止,并由相关部门依法予以处理。

第九条　市、县级市(区)人民政府应当加强饮(备)用水水源地的水质保护工作,明确引江河、新通扬运河、卤汀河、泰东河等重要清水通道沿线乡(镇)人民政府、街道办事处的属地保护责任,保证饮(备)用水水源地的水质。

第十条　市发展和改革、住房和城乡建设、水利等行政主管部门对未能以长江作为饮用水水源的地区,应当编制专项规划,经市人民政府批准后,由市和所在地县级市(区)人民政府按照专项规划组织实施,实现长江作为饮用水水源的全覆盖。

第十一条　市、县级市(区)人民政府应当在饮(备)用水水源保护区和准保护区的边界,设立符合国家有关标准的明确的地理界标和明显的警示标志。

市、县级市(区)人民政府应当在饮(备)用水水源一级保护区设置隔离设施,实行封闭式管理。禁止任何单位和个人擅自改变、破坏饮(备)用水水源保护区和准保护区的地理界标、警示标志,以及隔离设施。

第十二条　在饮(备)用水水源准保护区内,禁止下列行为和活动:

(一)设置排污口;

(二)排放、倾倒和堆置工业废弃物、垃圾、粪便、农作物秸秆等废弃物以及省人民政府公布的有机毒物控制名录中确定的污染物;

(三)运输剧毒化学品以及国家规定禁止通过内河运输的其他危险化学品的船舶和车辆进入准保护区;

(四)设置煤场、灰场、垃圾场、垃圾填埋场;

(五)可能污染饮用水水体的其他行为和活动;

(六)法律、法规禁止的其他行为和活动。

在饮(备)用水水源二级保护区,除准保护区规定的禁止行为和活动外,还禁止下列行为和活动:

(一)围垦河道和滩地;

(二)在水域内采砂、取土;

(三)从事围网、网箱养殖和畜禽养殖;

(四)设置船舶停靠区(场)、锚地,设置水上餐饮、娱乐设施(场所),从事旅游活动;

(五)可能污染饮用水水体的其他行为和活动;

(六)法律、法规禁止的其他行为和活动。

在饮(备)用水水源一级保护区内,除二级保护区、准保护区规定的禁止行为和活动外,还禁止下列行为和活动:

(一)游泳、垂钓;

(二)在滩地、堤坡种植农作物;

(三)设置鱼罾、鱼簖或者以其他方式从事渔业捕捞;

(四)运输其他危险品的船舶未经所在地地方海事管理机构同意,并且未采取防渗、防溢、防漏等安全防护措施进入一级保护区;

(五)可能污染饮用水水体的其他行为和活动;

(六)法律、法规禁止的其他行为和活动。

第三章　水污染防治

第十三条　各类涉水开发建设项目应当符合国家和地方产业政策指导目录和环保准入条件。

第十四条　新建、改建、扩建直接或者间接向水体排放污染物的建设项目和其他水上设施,应当依法进行环境影响评价。

建设项目未依法进行环境影响评价或者环境影响评价文件未经批准的,不得开工建设。建设项目施工过程中,建设单位应当依法采取水污染防治措施。

第十五条　环境保护行政主管部门以及其他具有水环境监督管理职责的行政主管部门有权依法对管辖范围内的排污单位和其他生产经营者进行现场检查,被检查单位应当如实反映情况,提供必要的资料。

检查人员应当保守被检查单位的商业秘密。被检查的排污单位采取阻挠、推脱、拖延等方式,妨碍现场检查的,视为拒绝现场检查。

第十六条　向水体排放污染物的企业事业单位和其他生产经营者,应当按照法律、法规和环境保护行政主管部门的规定设置排污口;在江河、湖泊新建、改建或者扩建排污口的,还应当遵守水行政主管部门的规定。

设置排污口的单位应当同时依法规范设置排污口标志牌,明确使用单位和管理责任。县级市(区)人民政府建立对排污口定期巡查制度,实施统一管理。

第十七条　禁止企业、事业单位和其他生产经营者通过以下逃避监管的方式排放水污染物：

（一）利用蒸发、蒸腾方式排放水污染物；

（二）以逃避现场检查为目的的临时停产；

（三）以其他方式不正常排放水污染物；

（四）法律、法规禁止的其他行为和活动。

第十八条　各类污水处理设施产生的污泥应当进行分类管理、综合利用、无害化处置；属于危险废物的，应当按照危险废物贮存、处置的相关规定进行贮存、处置。任何单位和个人不得擅自倾倒、堆放、丢弃、遗撒污泥。

第十九条　各级人民政府应当加快城乡污水管网和污水处理设施建设，提高污水收集率和处理率。城乡建设应当实行雨水、污水分流，雨污分流设计应当纳入施工图审查。

未实行雨水、污水分流的区域，所在地县级市（区）人民政府应当制定改造计划并组织实施。

在公共排水设施覆盖区域内，排水户应当将雨水、污水分别排入公共雨水、污水管网及其附属设施；除楼顶屋面公共雨水排放系统外，阳台、露台、厨房、车库的排水管道等应当接入污水管网。

第二十条　县级市（区）人民政府负责组织实施本行政区域内水面漂浮物的清理工作。乡（镇）人民政府、街道办事处负责对水面漂浮物清理，并可以通过政府购买服务等方式实施，保证水面清洁。禁止向水域内倾倒、抛弃工业废弃物、农作物秸秆、畜禽养殖废弃物、建筑垃圾、生活垃圾等废弃物。

第二十一条　市、县级市（区）人民政府及其农业行政主管部门应当推广生物防治病虫害等先进的农业生产技术，实施农药、化肥减施工程，减少农业面源污染。推广水生态健康养殖、工厂化池塘生态系统养殖、节水养殖等技术，减少养殖废水排放，降低水产养殖面源污染。

第二十二条　市、县级市（区）人民政府应当根据有关法律、法规的规定和水环境保护工作需要，依法划定畜禽养殖禁养区、限养区和适养区。

禁养区内已有的畜禽养殖场、养殖小区等由所在地县级市（区）人民政府责令关闭、停止生产。畜禽养殖废弃物应当由养殖者实施达标处理，禁止畜禽养殖废弃物直接排入河道。

规模以上畜禽养殖场、养殖小区应当配套建设畜禽养殖废弃物收集、储存、处理设施。规模以下畜禽养殖场、养殖小区以及养殖户的畜禽养殖废弃物实行分户收集、集中处理。畜禽养殖废弃物未按法律、法规和国家规定处理，造成水环境污染的，由环境保护行政主管部门依法查处，农业等行政主管部门、乡（镇）人民政府、街道办事处应当予以协助。

第四章　水资源保护与利用

第二十三条　实行区域用水总量控制制度。

市、县级市（区）人民政府应当制定促进节约用水的政策措施，推广节水技术、工艺、设备和产品，鼓励和支持开发利用再生水、雨水等非常规水资源，提高用水效率。

第二十四条　垃圾填埋场和含有贮存液体化学原料、油类的地下工程设施的单位和个人，应当按照规范采取防止渗漏、配套建设地下水监测井等水污染防治措施，防止污染地下水，并定期向其行政主管部门提交地下水水质监测报告。

从事地下勘探、采矿、工程降排水、地下空间开发利用等可能干扰地下含水层的活动,应当采取措施防止污染、破坏地下水资源。

深层地下水井停止使用二年以上的应当采取封存措施,停止使用五年以上的应当封填。

第二十五条 市、县级市(区)人民政府应当依法划定河道管理范围。禁止在河道及其管理范围内违法建设,禁止擅自填埋河湖、沟塘或者在水域设障。

建设项目确需占用水域的,建设单位应当将工程建设方案报水行政主管部门审查同意。经批准占用水域的,建设单位应当根据建设项目所占用的水域面积、容量及其对水域功能的影响程度,同步规划并按照不低于等效比例兴建替代水域工程,合理补偿水域面积。

第二十六条 县级市(区)人民政府应当建立河道轮浚制度,明确乡(镇)人民政府、街道办事处的属地管理责任,逐步治理断头河、死沟塘、黑臭河道,清除阻水障碍,保持水网畅通,增强水体自净能力。

第二十七条 县级市(区)人民政府应当加强乡级以上河道的护坡、护岸管理工作,推动建设生态植被,明确乡(镇)人民政府、街道办事处的属地管理责任,禁止扒翻种植,防治水土流失、水体污染。

第二十八条 市、县级市(区)人民政府应当根据水生态保护的需要,将下列区域、水体依法划定为重点水域保护区,向社会公布:

(一)涉及饮(备)用水水源地的河流,重要清水通道;

(二)重要涉水风景区;

(三)重要湖泊、湿地;

(四)重要引水通道;

(五)滨江生态保护区;

(六)已公布为文物保护单位和尚未核定公布为文物保护单位的不可移动文物等涉水文化遗产;

(七)具有重要生态功能价值或者特殊经济文化价值的其他水域。

县级市(区)人民政府应当在重点水域保护区的边界设立明确的地理界标和明显的警示标志。重点水域保护区内禁止新建排污口,不得新建、改建、扩建向水域排放污染物的建设项目,不得从事围网、网箱养殖活动,严格控制经营性项目建设。依照法律、法规可以在重点水域保护区内从事旅游等经营活动的,应当采取措施防止污染保护区水域。

第五章 法律责任

第二十九条 违反本条例第十一条、第二十八条第二款规定,擅自改变、破坏饮(备)用水水源保护区、准保护区和其他重点水域保护区地理界标、警示标志或者隔离设施的,由环境保护行政主管部门责令停止违法行为、限期恢复原状,并处五百元以上二千元以下罚款。

第三十条 违反本条例第十二条规定,有下列行为之一的,由环境保护、水行政、公安、农业、渔业、交通运输等行政主管部门根据各自职责,责令停止违法行为,采取补救措施,并给予相应处罚:

（一）在饮（备）用水水源保护区和准保护区内排放、倾倒和堆置工业废弃物以及省人民政府公布的有机毒物控制名录中确定的污染物的，处五万元以上二十万元以下罚款；排放、倾倒和堆置垃圾、粪便的，对单位处一万元以上五万元以下罚款，对个人处一千元以上二千元以下罚款；倾倒和堆置农作物秸秆的，处二百元罚款。

（二）运输剧毒化学品以及国家规定禁止通过内河运输的其他危险化学品的船舶和车辆进入饮（备）用水水源保护区和准保护区的，处十万元以上二十万元以下罚款，有违法所得的，没收违法所得；拒不改正的，责令停产停业整顿。

（三）在饮（备）用水水源保护区围垦河道和滩地的，处二万元以上五万元以下罚款。

（四）在饮（备）用水水源保护区水域内采砂的，处十万元以上三十万元以下罚款；取土的，处一万元以上五万元以下罚款。

（五）在饮（备）用水水源保护区建设规模以上畜禽养殖场、养殖小区的，责令停止违法行为，处十万元以上五十万元以下罚款，并报经有批准权的人民政府批准，责令拆除或者关闭；在饮（备）用水水源保护区内从事规模以下畜禽养殖的，处二千元以上一万元以下罚款，并报所在地县级市（区）人民政府责令关闭。

（六）运输其他危险品的船舶未经所在地地方海事管理机构同意，并且未采取防渗、防溢、防漏等安全防护措施进入饮（备）用水水源一级保护区的，处五万元以上十万元以下罚款。

第三十一条　违反本条例第十四条规定，建设单位在项目建设过程中未依法采取水污染防治措施的，由环境保护行政主管部门责令限期改正，并处二万元以上十万元以下罚款。

第三十二条　违反本条例第十六条第二款规定，未依法规范设置排污口标志牌的，由环境保护行政主管部门责令限期改正；逾期不改正的，处二千元以上一万元以下罚款。

第三十三条　违反本条例第二十条第三款规定，有下列行为之一的，由环境保护、水行政、农业、城市管理等行政主管部门按照各自职责查处，责令停止违法行为，限期采取治理措施，消除污染，并给予相应处罚；逾期不采取治理措施的，由处罚机关指定有治理能力的单位代为治理，所需费用由违法者承担：

（一）向水域内倾倒、抛弃工业废弃物的，处二万元以上二十万元以下罚款；

（二）向水域内倾倒、抛弃建筑垃圾、生活垃圾、畜禽养殖废弃物的，对单位处五千元以上五万元以下罚款，对个人处五百元以上二千元以下罚款；

（三）向水域内倾倒、抛弃农作物秸秆的，处五十元以上二百元以下罚款。

第三十四条　违反本条例第二十二条第二款规定，规模以上畜禽养殖场、养殖小区未按照法律、法规和国家规定处理畜禽养殖废弃物，造成水环境污染的，由环境保护行政主管部门责令限期治理，并处一万元以上五万元以下罚款；逾期未停止违法行为的，报所在地县级市（区）人民政府责令停止生产或者关闭。

规模以下畜禽养殖场、养殖小区以及养殖户未按照法律、法规和国家规定处理畜禽养殖废弃物，造成水环境污染的，由环境保护行政主管部门责令停止违法行为，并处一千元以上一万元以下罚款；

拒不停止违法行为的,报所在地县级市(区)人民政府责令关闭。

第三十五条 违反本条例第二十五条第一款规定,擅自填埋河湖、沟塘的,由水行政主管部门责令停止违法行为,恢复原状或者采取补救措施,并处五千元以上五万元以下罚款。

在水域设障的,由水行政主管部门责令停止违法行为,限期拆除,恢复原状;逾期不拆除的,强行拆除,所需费用由违法者负担,并处一万元以上十万元以下罚款。

第三十六条 违反本条例第二十八条第三款规定,在重点水域保护区内从事围网、网箱养殖活动的,由水行政主管部门责令停止违法行为,并处三千元以上一万元以下罚款。

第三十七条 企业、事业单位和其他生产经营者有下列违法行为之一,受到罚款处罚,并被责令改正后,仍拒不改正的,依法作出处罚决定的行政机关应当自责令改正之日的次日起,按照原处罚数额按日连续处罚:

(一)超过国家或者地方标准排放水污染物;

(二)超过重点水污染物排放总量控制指标排放水污染物;

(三)以逃避监管方式排放水污染物。

第三十八条 市人民政府、县级市(区)人民政府、乡(镇)人民政府、街道办事处和负有水环境保护监督管理职责的行政主管部门及其工作人员滥用职权、玩忽职守、徇私舞弊的,依法给予行政处分;构成犯罪的,依法追究刑事责任。

第三十九条 违反本条例规定的行为,本条例未规定处罚,但法律、法规已有处罚规定的,从其规定。

违反本条例规定的行为,构成犯罪的,依法追究刑事责任。

第六章　附　则

第四十条 本条例自2016年10月1日起施行。

二、重要预案、方案

泰州市防汛防旱应急预案

1 总则

1.1 编制目的

做好水旱灾害突发事件防范与处置工作,使水旱灾害处于可控状态,保证抗洪抢险、抗旱救灾工作高效有序进行,最大程度地减少人员伤亡和财产损失,保障经济社会全面、协调、可持续发展。

1.2 编制依据

依据《中华人民共和国水法》《中华人民共和国防洪法》《中华人民共和国防汛条例》《中华人民共和国河道管理条例》《中华人民共和国蓄滞洪区运用补偿暂行办法》《城市节约用水管理规定》《取水许可制度实施办法》《国家防汛防旱总指挥部成员单位职责》《国家防汛防旱总指挥部工作制度》《地质灾害防治条例》《江苏省突发公共事件总体应急预案》《江苏省防洪条例》《江苏省水利工程管理条例》《江苏省河道管理实施办法》《江苏省长江防洪工程管理办法》《江苏省水资源管理条例》《江苏省水文管理办法》《江苏省水旱灾害统计报表制度》,参照国家、省《防汛防旱应急预案》等,制定本预案。

1.3 适用范围

本预案适用于全市范围内(包括邻近市发生的但对本市产生重大影响的)突发性水旱灾害的预防和应急处置。突发性水旱灾害包括:江河洪水、渍涝灾害、台风暴潮灾害、干旱灾害、供水水源危机,以及由洪水、风暴潮、地震、恐怖活动等引发的堤防决口、坍江、涵闸倒塌、供水水质被侵害等次生衍生灾害。

1.4 工作原则

1.4.1 坚持以中国特色社会主义理论为指导,以人为本,树立和落实科学发展观,防汛防旱并举,努力实现由控制洪水向洪水管理转变,由单一防旱向全面防旱转变,不断提高防汛防旱的现代化水平。

1.4.2 实行各级人民政府行政首长负责制,统一指挥,分级分部门负责。

1.4.3 以防洪安全和城乡供水安全、粮食生产安全为首要目标,实行"安全第一,常备不懈,以防为主,防抗结合"的原则。

1.4.4 按照流域或区域统一规划,坚持因地制宜,城乡统筹,突出重点,兼顾一般,局部利益服从全局利益。

1.4.5 坚持依法防汛防旱,实行公众参与,军民结合,专群结合,平战结合。驻泰中国人民解放军、中国人民武装警察部队主要承担防汛抗洪的急难险重等攻坚任务。

1.4.6 防旱用水以水资源承载能力为基础,实行先生活、后生产,先地表、后地下,先节水、后调水,科学调度,优化配置,最大程度地满足城乡生活、生产、生态用水需求。

1.4.7 坚持防汛防旱统筹,在防洪保安的前提下,尽可能利用洪水资源;以法规约束人的行为,防止人对水的侵害,既利用水资源又保护水资源,促进人与自然和谐相处。

2 组织体系及职责

泰州市人民政府设立泰州市防汛防旱指挥部,县级市、区人民政府、医药高新区管理委员会、江苏现代农业综合开发示范区管理委员会设立防汛防旱指挥机构,负责本辖区内的防汛防旱突发事件应对工作。有关单位可根据需要设立防汛防旱指挥机构,负责本单位防汛防旱突发事件应对工作,并服从当地防汛防旱指挥机构的统一指挥。

2.1 泰州市防汛防旱指挥部

泰州市防汛防旱指挥部(以下简称泰州市防指)负责领导、组织全市防汛防旱工作,其日常办事机构泰州市防汛防旱指挥部办公室(以下简称泰州市防办),设在泰州市水利局。

2.1.1 泰州市防指组织机构

泰州市防指由市政府分管副市长任指挥,泰州军分区首长、市政府分管副秘书长、水利局局长任副指挥,泰州军分区、市委宣传部、公安局、水利局、发改委、经信委、民政局、财政局、国土资源局、住建局、交通运输局、农委、环保局、卫生局、教育局、商务局、供销总社、气象局、邮政局、省引江河管理处、省水文水资源勘测局泰州分局、泰州供电公司、泰州电信公司、火车站街区管委会、凤城河风景区管委会、旅游局、市武警支队、市消防支队、预备役高炮三团等单位为指挥部成员单位。

2.1.2 泰州市防指职责

泰州市防指负责领导、组织全市的防汛防旱工作,主要职责是拟订全市防汛防旱工作制度,组织制订全市防御洪水方案和调水方案等,及时掌握全市汛情、旱情、灾情并组织实施抗洪抢险及防旱减灾措施,统一调度全市重要水利工程设施的运行,做好洪水管理工作,组织灾后处置,并做好有关协调工作。

2.1.3 泰州市防指成员单位主要职责

泰州军分区:负责协调和调动驻泰部队、民兵和预备役部队支持地方抗洪抢险和防旱救灾,保护国家财产和人民生命安全;组织受灾群众转移和安置等任务。

市委宣传部:正确把握全市防汛防旱宣传导向,组织、协调和指导新闻媒体做好防汛防旱新闻报道工作。

市发改委:协调安排重点防汛防旱工程建设、除险加固、水毁修复计划和监督管理,做好铁路设施的防洪安全。

市经信委:负责组织、指导企业做好防洪工作。负责组织、协调通信运营企业做好汛期的通信保障工作,协调调度应急通信设备。

市教育局:负责组织、指导各级各类学校做好防洪、防台风、防暴雨工作,及时组织、监督学校做好校舍加固和师生安全的防范工作。

市公安局:维护社会治安和道路交通秩序,依法打击阻挠防汛防旱工作、造谣惑众和盗窃、哄抢防汛防旱物资,以及破坏防汛防旱设施的违法犯罪活动,协助有关部门妥善处置因防汛防旱引发的群体性治安事件,协助防汛防旱部门组织群众从危险地区安全撤离或转移。

市水利局:负责全市防汛防旱的组织、协调、监督、指导等日常工作;负责组织、指导全市防洪排涝和防旱工作的建设与管理;负责组织江河洪水和旱情的监测、预报;做好防汛调度和防旱水源调度;制定全市工程防汛急办、度汛应急处理及水毁修复工程计划,并督促各市(区)政府完成到位;提出防汛防旱所需经费、物资、设备、油电等方案;负责防汛防旱工程的行业管理,按照分级管理的原则,负责市属工程的安全管理;负责全市城市防洪工作及主城区河道的管护。

市民政局:负责组织、协调全市受灾地区的救灾工作和受灾群众的基本生活救助。组织核查灾情,统一发布灾情及救灾工作情况,及时向市防汛指挥部提供灾情信息;协助管理、分配市救灾款物并监督检查其使用情况;组织、指导和开展救灾救助和捐赠等工作。

市财政局:负责安排和调拨防汛防旱经费,及时下拨并监督使用,及时安排隐患处理、抢险救灾、水毁修复等经费。

市国土资源局:负责组织因雨洪引发的江岸崩塌、地面沉降、地裂缝、地面塌陷等突发性地质灾害的勘查、监测、防治等工作。

市住房和城乡建设局:协助做好城市防洪排涝规划及抗旱规划的制定工作,组织、指导城市市政设施和民用设施的防洪排涝工作。

市交通运输局:负责做好公路、水运、交通设施的防洪安全工作;做好公路(桥梁)在建工程安全度汛工作,在紧急情况下责成项目业主(建设单位)强行清除碍洪设施。配合水利部门做好通航河道的堤岸保护,汛情紧张时,通知船只限速行驶乃至停航;负责协调组织运力,做好防汛防旱所需物资和设备及抢险救灾人员、灾民转移运输工作;协同公安部门做好车辆绕行工作,保证防汛抢险救灾车辆和船只畅通无阻。

市农委:负责及时收集、整理和提供农业旱、涝等灾情信息;负责农业、渔业遭受水旱灾害和台风灾害的防灾、减灾和救灾工作;指导灾区调整农业结构、推广应用旱作农业节水技术及重大病虫害和动物疫病防治工作;负责救灾种子(种畜禽、水产苗种)、化肥、饲草、兽药的调配。

市商务局:负责全市灾民和防汛抢险人员的生活日用品供应工作。

市卫生局:负责水旱灾区疾病预防控制、医疗救护和卫生监督工作,及时向泰州市防指提供水旱灾区疫情与医疗卫生信息。

市气象局:负责天气气候监测和预测预报工作,从气象角度对影响汛情、旱情的天气形势作出监测、分析和预测;及时提供天气预报和实时气象信息。

市环保局:负责水质监测,及时提供水源污染情况,做好污染源的调查与处理工作;掌握全市有毒、有害物资存放地点,协助保证储存、转运安全,防止污染水体;汛情发生时,督查相关部门、单位及早安排有毒有害物品转移;已发生水体污染事件时,负责监测,及时向下游等有关地区通报,防止因水源污染造成次生灾害;负责城区河道排污口的检查检测,确保城区河道保持良好水质。

市粮食局:负责抢险抗灾的粮食储备、调运和供应。

市供销总社:做好防汛抢险和生产救灾物资的调运供应工作,确保抢险救灾物资随时调拨。

火车站街区:及时掌握区域内暴雨积水情况,协助、配合相关部门做好区域内防汛排涝规划、建设和下水管网更新改造。

凤城河管委会:及时掌握城河水位变化和天气形势,保证水上游船运行安全,维护区域内建筑设施、花卉林木度汛安全。

市旅游局:负责、指导、督促全市旅游风景区安全设施规范化建设和管理,保证各类景区管理部门及时掌握灾害性天气形势,及时规避风、暴、潮、浪等风险,并及时传达到相关游客。

泰州供电公司:负责保障排涝抗旱用电供应,遇突发性洪涝,按泰州市防指的通知,及时安装电力设施应急调度所需电力。负责安排汛期水利工程及临时排灌站的用电增容。

泰州电信公司:负责组织协调公共通信设施的防洪建设和维护,做好汛期防汛防旱的通信、网络保障工作。根据汛情需要,协调落实应急通信设施。

市邮政局:负责所辖邮政设施安全,确保邮运车辆的完好和邮路的畅通,保障各类邮件、报刊的及时安全寄递,迅速、准确传递防汛信息。

市消防支队:支持地方抗洪抢险和抗旱救灾,协助做好城区低洼易涝地区抗洪排涝。

市武警支队:支持地方抗洪抢险和抗旱救灾,保护国家财产和人民生命安全,协助做好城区低洼易涝地区抗洪排涝。

预备役高炮三团:支持地方抗洪抢险和抗旱救灾,保护国家财产和人民生命安全。

省泰州引江河管理处:负责高港枢纽引排水的安全运行,根据省防指指令及时实施引、排水工作。适时做好泰州通南地区引江输水工作。

省水文水资源勘测局泰州分局:负责全市水情、雨情监测工作,及时提供水雨情实况和预报,按照《江苏省水文条例》有关规定,为泰州市防指防汛的防旱决策发挥助手作用。

发生特大或重大水旱灾害时,市防指各成员单位需按照各自职责分工做好防灾减灾工作,并由各部门组成若干应急工作组,其组成及其职责如下:

综合组:由市水利局、市委宣传部、市发改委、市经信委、市农委、市民政局、市邮政局、泰州电信公司等部门组成。负责指挥、信息畅通和宣传报道工作,开展灾情评估调查。

水情气象组:由市水利局、市气象局、省水文水资源勘测局泰州分局、市环保局等组成。负责提供天气预报预测、实时气象水文信息,提供水旱灾情及因此造成可能出现污染事故的发展趋势意见和防范对策。

工程组:由市水利局、市住建局、市交通运输局、市国土资源局、泰州供电公司、泰州电信公司、市自来水公司、市燃气公司、泰州引江河管理处、泰州军分区、市武警支队、市消防支队、预备役高炮三团等组成。负责指导水利工程安全度汛和工程的安全运行管理督查工作;进行工程抢险、抢修灾区受损的重要水利、电力、通信、交通等基础设施及城市排水、供水、供气等市政设施。

计划财务组:由市发改委、市财政局、市水利局、市住建局、市民政局、市农委等部门组成。负责安排和调拨防汛防旱及救灾物资和经费。

物资器材组:由市水利局、市民政局、泰州供电公司、市供销社、市交通局等部门组成。负责抢险物资和群众生活急需物资的组织、供应、调拨和管理。

转移安置组:由市水利局、市经信委、市民政局、市公安局、市交通运输局、市农委、市粮食局、泰州军分区等组成。负责抢救转移受灾群众和财物,帮助灾区人民恢复生产和生活。

次生灾害防治组:由市水利局、市国土资源局、市卫生局、市环保局、市经信委、市住建局、市农委、市公安局、泰州电力公司等组成,负责防止次生灾害的发生和扩大,减轻或消除危害。

执法安全保卫组:由市公安局、泰州军分区、市水利局、市农委、市交通运输局等部门组成。负责灾区治安管理和安全保卫工作,维护交通秩序、社会治安,预防和打击违法犯罪活动,清除河湖阻水障碍等。

救灾捐赠组:由市民政局、市经贸委等部门组成。按照国家有关规定做好国内外社会各界的救援物资、资金捐赠的接收和安排工作。

后勤服务组:由市水利局、市卫生局、市交通局、市民政局、泰州电信公司等组成。负责组织医疗防疫队伍进入灾区,提供药品、器械和医疗救护服务;抢险救援人员、伤员、救灾物资的运输和受灾群众的生活保障;保障通信线路畅通。

2.1.4 泰州市防办职责

主持泰州市防指日常工作,组织、协调全市的防汛防旱工作。按照省防汛防旱指挥部、流域防汛防旱指挥部和泰州市防汛防旱指挥部的指示,对重要水利工程实施调度;组织全市汛前、汛后水利工程安全检查,指导、督促除险加固;研究提出具体的防灾救灾方案和措施建议;组织制订全市防御台风、洪水方案、水利工程调度方案和重点地区的防旱预案,并监督实施;指导、推动、督促县级市(区)人民政府制定和实施防御洪水方案和防旱及防御台风预案;督促指导有关防汛指挥机构清除河道、湖泊、蓄滞洪区范围内阻碍行洪的障碍物;负责防汛防旱经费、物资的计划、储备、调配和管理;组织、指导和检查蓄滞洪区安全建设、管理运用和补偿工作;组织、指导防汛机动抢险队和防旱服务组织的建设和管理;指导督促全市防汛防旱指挥系统的建设与管理等。

2.2 县级市(区)人民政府防汛防旱指挥部

各市(区)人民政府设立防汛防旱指挥部,在泰州市防汛防旱指挥部和本级人民政府的领导下,组织和指挥本地区的防汛防旱工作。防汛防旱指挥部由本级政府和有关部门、当地驻军负责人组成,其办事机构设在同级水行政主管部门。

2.3 其他防汛防旱指挥机构

全市各乡(镇)、街道办及相关水利工程管理单位等,汛期成立防汛抗灾组织,负责本行政区域、本单位的水旱灾害防御工作;有防洪任务的大中型企业根据需要成立防汛指挥部。针对重大突发事件,可以组建临时指挥机构,具体负责应急处理工作。

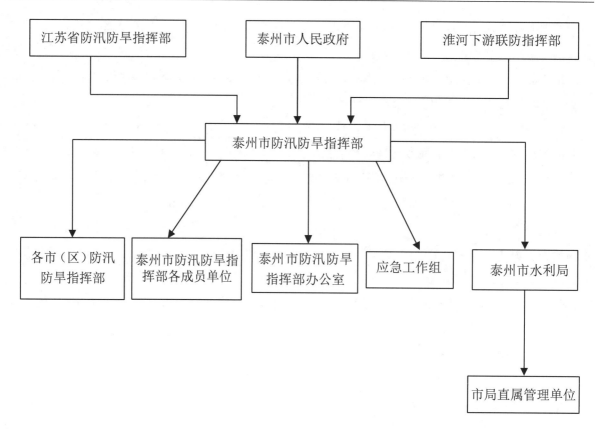

泰州市防汛防旱应急指挥体系

3 预防和预警机制

3.1 预防预警信息

3.1.1 气象水文信息

（1）气象、水文部门应加强对当地灾害性天气的监测和预报，并将结果及时报送有关防汛防旱指挥机构。

（2）气象、水文部门应当组织对重大灾害性天气的联合监测、会商和预报，尽可能延长预见期，对重大气象、水文灾害作出评估，及时报本级人民政府和防汛防旱指挥机构。

（3）当预报即将发生严重水旱灾害和风暴潮灾害时，当地防汛防旱指挥机构应提早预警，通知有关区域做好相关准备。当江河发生洪水时，水文部门应加密测验时段，及时上报测验结果，雨情、水情应在2小时内上报，重要站点的水情应在30分钟内上报，为防汛防旱指挥机构适时指挥决策提供依据。

3.1.2 工程信息

（1）当江河出现警戒水位以上洪水时，各级堤防管理单位应加强工程监测，并将堤防、涵闸、泵站等工程设施的运行情况报上级工程管理部门和同级防汛防旱指挥机构，发生洪水地区的市（区）防汛防旱指挥机构应在每日8时前向泰州市防指报告工程出险情况和防守情况，重要堤防、涵闸等发生险情应在险情发生后2小时内报到泰州市防指。

(2)当堤防和涵闸、泵站等穿堤建筑物出现险情或遭遇超标准洪水袭击,以及其他不可抗拒因素而可能决口时,工程管理单位应迅速组织抢险,并在第一时间向可能淹没的有关区域预警,同时向上级堤防管理部门和同级防汛防旱指挥机构准确报告出险部位、险情种类、抢护方案以及处理险情的行政责任人、技术责任人、通信联络方式、除险情况,以利加强指导或作出进一步的抢险决策。

3.1.3 洪涝灾情信息

(1)洪涝灾情信息主要包括:灾害发生的时间、地点、范围、受灾人口以及群众财产、农林牧渔、交通运输、邮电通信、水电设施等方面的损失。

(2)洪涝灾情发生后,有关部门及时向防汛防旱指挥机构报告洪涝受灾情况,防汛防旱指挥机构应收集动态灾情,全面掌握受灾情况,并及时向同级政府和上级防汛防旱指挥机构报告。对人员伤亡和较大财产损失的灾情,应立即上报,重大灾情在灾害发生后1小时内将初步情况报到泰州市防指,泰州市防指在2小时内将情况上报省防指。对实时灾情要及时组织核实,及时上报,为抗灾救灾提供准确依据。

(3)各市(区)人民政府、防汛防旱指挥机构应按照《江苏省水旱灾害统计报表制度》的规定上报洪涝灾情。

3.1.4 旱情信息

(1)旱情信息主要包括:干旱发生的时间、地点、程度、受旱范围、影响人口,以及对工农业生产、城乡生活、生态环境等方面造成的影响。

(2)防汛防旱指挥机构应掌握水雨情变化、当地河网蓄水情况、农田土壤墒情和城乡供水情况,加强旱情监测。各市(区)人民政府防汛防旱指挥机构应按照《江苏省水旱灾害统计报表制度》的规定上报受旱情况。遇旱情急剧发展时应及时加报。

3.1.5 水质信息

水质信息主要包括:发生水质污染的时间、地点、范围、程度、水质指标、影响人口,以及对工农业生产、城乡生活、生态环境等方面造成的影响。

环保、水文部门要加强监测,遇水质污染时应及时报市防汛防旱指挥部。市(区)防汛防旱指挥机构应掌握水质水情变化情况,做好防汛调度。

3.1.6 滞涝区信息

(1)有滞涝任务的兴化、姜堰二市有关乡(镇)要及时掌握三批滞涝圩内群众生产、生活动态情况,并定期向上级防汛指挥机构报告备案,两市防汛指挥部应认真制定滞涝圩运用补偿补救方案。

(2)水政执法部门要加强对省定三批滞涝圩清障执法检查,保证滚水坝等滞涝工程的正常运用,发现问题及时处理,并报告上级主管部门和同级防汛防旱指挥机构。

3.2 预防预警行动

3.2.1 预防预警准备工作

(1)思想准备。加强宣传,增强全民预防水旱灾害和自我保护的意识,做好防大汛抗大旱的思想准备。

(2)组织准备。建立健全防汛防旱组织指挥机构,落实防汛防旱责任人、防汛防旱队伍和长江易坍江段监测网络及预警措施,加强防汛专业机动抢险队和防旱服务组织的建设。

(3)工程准备。按时完成水毁工程修复,对存在病险的堤防、涵闸、泵站等各类水利工程设施实行应急除险加固,对跨汛期施工的水利工程和病险工程,要落实安全度汛方案。

(4)预案准备。修订完善防洪预案和城市防洪预案、台风、风暴潮防御预案、洪水预报方案、防洪工程调度方案、堤防决口应急方案、里下河省定滞涝圩滞涝运用方案、江心洲人员撤离预案和防旱预案、城市防旱预案。研究制定防御超标准洪水的应急方案,主动应对大洪水。针对江河堤防险工险段,还要制订工程抢险方案。

(5)物料准备。按照分级负责的原则,储备必需的防汛物料。在防汛重点部位现场应储备一定数量的抢险物料,合理配置,以应急需。

(6)通信准备。充分利用社会通信公网,确保防汛通信专网完好和畅通。健全水文、气象测报站网,确保雨情、水情、工情、灾情信息和指挥调度指令的及时传递。

(7)防汛防旱检查。实行以查组织、查工程、查预案、查物资、查通信为主要内容的分级检查制度,发现薄弱环节,要明确责任、限时整改。

(8)防汛日常管理工作。加强防汛日常管理工作,对在江河、湖荡、江滩、骨干河道、蓄滞洪区内建设的非防洪建设项目应当编制洪水影响评价报告,并经有审批权的水行政主管部门审批,对未经审批并严重影响防洪的项目,依法强行拆除。

3.2.2 洪涝、渍害预警

(1)当江河即将出现洪水时,水文部门应做好洪水预报工作,及时向防汛防旱指挥机构报告水位、流量的实测情况和上涨趋势,为预警提供依据。

(2)当气象预报将出现较大降雨时,泰州市防指及各市(区)防汛防旱指挥机构应按照分级负责原则,确定渍涝灾害预警区域、级别,按照权限向社会发布,并做好排涝的有关准备工作。必要时,通知低洼地区居民及企事业单位及时转移财产。

(3)水文部门应跟踪分析江河洪水的发展趋势,及时滚动预报最新水情,为抗灾救灾提供基本依据。

3.2.3 台风暴潮灾害预警

(1)根据中央气象台发布的台风(含热带风暴、热带低压等)信息,市及其以下有关气象管理部门应密切监视,做好未来趋势预报,并及时将台风中心位置、强度、移动方向和速度等信息报告同级人民政府和防汛防旱指挥机构。对可能造成灾害的台风(含热带风暴、热带低压等),市气象局应尽早给各级气象和防汛部门发布信息。

(2)可能遭遇台风袭击的地方,各级防汛防旱指挥机构应加强值班,跟踪台风动向,并将有关信息及时向社会发布。

(3)水利部门应根据台风影响的范围,及时通知各水工程管理单位,做好运行调度防范工作。各水工程管理单位应组织人员分析水情和台风带来的影响,加强工程检查,按照水利工程调度方案实施预泄预排措施。

(4)将受台风影响的地区,当地防汛防旱指挥机构应及时通知相关部门和人员做好防台风工作。

(5)各相关职能部门加强对城镇危房、在建工地、仓库、交通道路、电信电缆、电力电线、户外广告牌等公用设施的检查和采取加固措施,组织船只回港避风和沿江养殖人员撤离工作。

3.2.4　滞涝区预警

(1)我市滞涝区主要指分布在兴化、姜堰两市部分乡(镇)的省定三批滞涝圩,滞涝圩的启用由省防指发出指令,兴化、姜堰两市人民政府负责执行。滞涝圩所在乡(镇)人民政府应拟订群众安全转移方案和滞涝圩运用补偿补救方案,由有审批权的防汛防旱指挥机构组织审批。

(2)滞涝区所在乡(镇)人民政府应加强工程运行监测,发现问题及时处理,并报告上级人民政府和防汛防旱指挥机构。

(3)省防指运用滞涝区指令发出后,当地人民政府和防汛防旱指挥机构应把人民的生命安全放在首位,迅速启动预警系统,按照群众安全转移方案实施转移。

3.2.5　干旱灾害预警

(1)各级防汛防旱指挥机构应针对干旱灾害的成因、特点,因地制宜采取预警防范措施。

(2)各级防汛防旱指挥机构应建立健全旱情监测网络,随时掌握实时旱情灾情,并预测干旱发展趋势,根据不同干旱等级,提出相应对策,为防旱指挥决策提供科学依据。

(3)各级防汛防旱指挥机构应加强防旱服务网络建设,鼓励和支持社会力量开展多种形式的社会化服务组织建设,以防范干旱灾害的发生和蔓延。

3.2.6　供水危机预警

当因供水水源短缺或被破坏、供水线路中断、供水水质被侵害等原因而出现供水危机,由当地防汛防旱指挥机构向社会公布预警,居民、企事业单位做好储备应急用水的准备,有关部门做好应急供水的准备。

3.3　预警支持系统

3.3.1　洪水、干旱风险图

(1)市及所辖市(区)防汛防旱指挥机构应组织工程技术人员,研究绘制本地区的城市洪水风险图、滞涝区洪水风险图、流域洪水风险图和干旱风险图。

(2)防汛防旱指挥机构应以各类洪水、干旱风险图作为抗洪抢险救灾、群众安全转移安置和防旱救灾决策的技术依据。

3.3.2　防御洪水方案

(1)防汛防旱指挥机构应根据需要,编制和修订防御洪水方案,主动应对江河洪水。

(2)防汛防旱指挥机构应根据变化的情况,修订和完善洪水调度方案。

(3)各类防御洪水预案和防洪调度方案,按规定逐级上报审批,凡经人民政府或防汛防旱指挥机构审批的防洪预案和调度方案,均具有权威性和法规效力,有关地区应坚决贯彻执行。

3.3.3 防御台风预案

防汛防旱指挥机构应根据需要,编制和修订防御台风预案,主动应对台风袭击。根据变化情况,修订和完善防御台风预案。

防御台风预案由市(区)防汛防旱指挥部编制,报泰州市防汛防旱指挥机构审查后,由市(区)本级政府批准实施或由其授权的机构审批。凡经审批同意的防御台风预案,均具有权威性和法规效力,有关地区应坚决贯彻执行。

3.3.4 抗旱预案

(1)市及所辖市(区)防汛防旱指挥机构应编制抗旱预案,以主动应对不同等级的干旱灾害。

(2)各类抗旱预案由当地人民政府或防汛防旱指挥机构审批,报上一级防汛防旱指挥机构备案,凡经审批的各类防旱预案,各有关地区应贯彻执行。

4 应急响应

4.1 总体要求

4.1.1 按洪涝、旱灾的严重程度和范围,将应急响应行动分为四级。

4.1.2 进入汛期,各级防汛防旱指挥机构应实行24小时值班制度,全程跟踪雨情、水情、工情、旱情、灾情,并根据不同情况启动相关应急程序。

4.1.3 市防指负责沿江四闸(口岸闸、马甸闸、过船港闸、夏仕港闸)、里下河三批滞涝圩的启用、老通扬运河沿线各控制建筑物及主城区城市防洪工程的调度。其他水利、防洪工程的调度由所属地方人民政府和防汛防旱指挥机构负责,必要时,视情况由上一级防汛防旱指挥机构直接调度。市防指各成员单位应按照指挥部的统一部署和职责分工开展工作并及时报告有关工作情况。

4.1.4 洪涝、干旱等灾害发生后,由地方人民政府和防汛防旱指挥机构负责组织实施抗洪抢险、排涝、防旱减灾和抗灾救灾等方面的工作。

4.1.5 洪涝、干旱等灾害发生后,由当地防汛防旱指挥机构向同级人民政府和上级防汛防旱指挥机构报告情况。造成人员伤亡的突发事件,应立即报上级防汛防旱指挥机构。任何个人发现堤防等防洪工程发生险情时,应立即向当地防汛防旱指挥机构或政府报告。

4.1.6 对跨区域发生的水旱灾害,或者突发事件将影响到邻近行政区域的,在报告同级人民政府和上级防汛防旱指挥机构的同时,应及时向受影响地区的防汛防旱指挥机构通报情况。

4.1.7 因水旱灾害而衍生的疾病流行、水陆交通事故等次生灾害,当地防汛防旱指挥机构应组织有关部门全力抢救和处置,采取有效措施切断灾害扩大的传播链,防止次生或衍生灾害的蔓延,并及时向同级人民政府和上级防汛防旱指挥机构报告。

4.2 Ⅰ级应急响应(红色)

4.2.1 出现下列情况之一者,为Ⅰ级响应:

(1)区域内局部发生特大洪水;

(2)全市发生大洪水;

（3）长江沿线发生崩坍、江堤决口、通江建筑物失事倒塌，或有1万亩以上圩口破圩被淹；

（4）全市已遭受台风正面影响或预报6小时内将受台风正面影响，境内已出现12级以上风力或预报6小时内将出现12级以上风力；

（5）全市境内河网水位达到超历史水位：兴化水位高于3.35米，黄桥水位高于4.46米，泰州（周）水位高于4.91米，夏仕港高潮位超5.66米；

（6）发生特大干旱，全市境内河网水位低于以下水位：兴化水位0.30米，黄桥水位1.17米，泰州（周）水位1.18米。

4.2.2　Ⅰ级响应行动

（1）泰州市防指指挥主持会商，泰州市防指成员参加。视情启动防御洪水方案，作出防汛防旱应急工作部署，加强工作指导，并将情况上报省防指、市委、市政府，派工作组赴一线指导防汛防旱工作。情况严重时，提请市委常委会、政府常务会议听取汇报并作出部署。泰州市防指密切监视汛情、旱情和工情的发展变化，做好汛情、旱情预测预报，做好重点工程调度。泰州市防指每天发布《汛（旱）情通报》，并在市电视台等媒体报道汛（旱）情及抗洪抢险、防旱措施。泰州市防办为灾区紧急调拨防汛防旱物资；市财政局为灾区抢险救灾提供必要的资金保障；交通运输部门为防汛防旱物资提供运输保障；民政部门及时救助受灾群众；市卫生局根据需要，及时派出医疗卫生专业防治队伍赴灾区协助开展医疗救治和疾病预防控制工作。泰州市防指其他成员单位按照职责分工，做好有关工作。

（2）泰州市防指可依法宣布本地区进入紧急防汛期，按照《中华人民共和国防洪法》的相关规定，行使权力。同时，增加值班人员，加强值班。按照权限调度水利、防洪工程；根据预案转移危险地区群众，组织强化巡堤查险和堤防防守，及时控制险情。受灾地区和相关防汛防旱指挥机构负责人、成员单位负责人，应按照职责到分管的区域组织指挥防汛防旱工作，或驻点具体帮助重灾区做好防汛防旱工作。及时把抗洪防旱救灾工作情况上报市人民政府和省防指。市防指成员单位全力配合做好防汛防旱和抗灾救灾工作。

（3）所辖市（区）防汛指挥机构启动Ⅰ级响应，可依法宣布本地区进入紧急防汛期，并行使相应权力；按照权限调度水利、防洪工程；为市防指提供调度参谋意见。向灾区派出工作组、专家组。

4.3　Ⅱ级应急响应（橙色）

4.3.1　出现下列情况之一者，为Ⅱ级应急响应：

（1）全市局部发生大洪水；

（2）骨干河道堤防、闸涵、泵站失事，或5000亩以上圩口破圩被淹；

（3）全市已遭受强热带风暴影响，出现10级以上大风，或未来12小时内将受强热带风暴影响；

（4）所辖市（区）大部发生严重洪涝灾害：里下河兴化水位3.00～3.35米，通南黄桥水位4.29～4.46米，泰（周）水位4.45～4.91米，沿江高潮位夏仕港5.09～5.66米；

（5）所辖市（区）大部发生严重干旱或一个所辖市（区）发生特大干旱；

（6）主要河网水位低于以下水位：里下河兴化水位0.8米，通南地区黄桥水位1.49米，泰州（周）水位1.47米，区域内城市发生极度水质性缺水。

4.3.2 Ⅱ级响应行动

(1)泰州市防指指挥或委托泰州市防指副指挥主持会商,市防指成员单位派员参加会商,作出相应工作部署,加强防汛防旱工作的指导,在2小时内将情况上报市政府领导并通报泰州市防指成员单位。泰州市防指加强值班力量,密切监视汛情、旱情和工情的发展变化,做好汛情旱情预测预报,做好重点工程的调度,派出由泰州市防指成员单位组成的工作组、专家组赴一线指导防汛防旱。督促靖江市迅速将江心洲上所有人员撤离回陆地;加强对里下河地区省定三批滞涝圩的清障督查,不折不扣完成全省里下河"中滞"目标任务。泰州市防指办公室不定期在市电视台发布汛(旱)情通报。市民政局及时救助灾民。市卫生局根据需要派出医疗队赴一线帮助医疗救护。市防指其他成员单位按照职责分工,做好有关工作。

(2)相关市(区)防汛指挥机构密切监视汛情、旱情发展变化,做好洪水预测预报,下派工作组、专家组,支援抗洪抢险、防旱;按照权限调度水利、防洪工程;为市防指提供调度参谋意见。

(3)相关市(区)防汛防旱指挥机构可根据情况,依法宣布本地区进入紧急防汛期,行使相关权力。同时,增加值班人员,加强值班。由防汛防旱指挥机构的负责同志主持会商,具体安排防汛防旱工作,按照权限调度水利、防洪工程,根据预案组织加强防守巡查,及时控制险情,或组织加强防旱工作。受灾地区的各级防汛防旱指挥机构负责人、成员单位负责人,应按照职责到分管的区域组织指挥防汛防旱工作。市防指应将工作情况上报市人民政府主要领导和省防指。市防指成员单位全力配合做好防汛防旱和抗灾救灾工作。

4.4 Ⅲ级应急响应(黄色)

4.4.1 出现下列情况之一者,为Ⅲ级响应:

(1)辖区内大部分发生洪涝灾害;

(2)个别市(区)发生较大洪水;

(3)里下河兴化水位2.5~3.0米,通南地区黄桥水位4.00~4.29米,泰州(周)水位4.00~4.45米,沿江高潮位夏仕港4.30~5.09米;

(4)江堤或内河骨干河道堤防出现重大险情;

(5)辖区内大部分发生中度以上的干旱灾害,主要河网水位低于以下水位:里下河兴化水位1.00米,通南地区黄桥水位1.65米,泰州(周)水位1.64米;

(6)个别城市发生严重干旱或严重水质性缺水;

(7)24小时内可能或已经受热带风暴影响,平均风力8~10级。

4.4.2 Ⅲ级响应行动

(1)泰州市防指副指挥或委托泰州市防办主任主持会商,作出相应工作安排,密切监视汛情、旱情发展变化,加强防汛防旱工作的指导,在2小时内将情况上报市政府并通报市防指成员单位。市防办在24小时内派出工作组、专家组,指导地方防汛防旱。督促靖江市做好江心洲围堤守护,必要时申请部队派登陆艇增援,组织全体江滩人员撤离或转移到滩内安全地带;加强里下河湖荡清障督查,确保1991年底现有湖荡调蓄功能正常发挥;督促兴化、姜堰做好省定三批滞涝圩的滞涝运用准备。

（2）相关市（区）防汛指挥机构加强汛（旱）情监视，加强洪水预测预报，做好相关工程调度，派出工作组、专家组到一线协助防汛防旱。

（3）相关市（区）由防汛防旱指挥机构的负责同志主持会商，具体安排防汛防旱工作；按照权限调度水利、防洪工程；根据预案组织防汛抢险或组织防旱，派出工作组、专家组到一线具体帮助防汛防旱工作，并将防汛防旱的工作情况上报当地人民政府分管领导和市防指，相关市（区）防指可在本级电视台发布汛（旱）情通报；民政部门及时救助灾民。卫生部门根据需要组织医疗队赴一线开展卫生防疫工作。

其他部门按照职责分工，开展工作。

4.5　Ⅳ级应急响应（蓝色）

4.5.1　出现下列情况之一者，为Ⅳ级响应：

（1）区域内发生一般洪水：里下河兴化水位2.0～2.5米，通南地区黄桥水位3.8～4.0米，泰州（周）水位3.8～4.0米；

（2）区域内发生轻度干旱：主要河网水位低于以下水位：里下河兴化水位1.10米，通南地区黄桥水位1.88米，泰州（周）水位2.00米；

（3）内河骨干河道堤防出现险情；

（4）个别城市出现一般性干旱或一般性水质性缺水；

（5）24小时内可能或已经受热带低压影响。

4.5.2　Ⅳ级响应行动

（1）泰州市防办主任或委托泰州市防办副主任主持会商，作出相应工作安排，加强对汛（旱）情的监视和对防汛防旱工作的指导，并将情况上报市防指负责同志并通报市防指成员单位。

（2）相关市（区）防汛指挥机构加强汛情、旱情监视，做好洪水预测预报，并将情况及时报市防指办公室。

（3）相关市（区）防汛防旱指挥机构由防汛防旱指挥机构负责同志主持会商，具体安排防汛防旱工作；按照权限调度水利、防洪工程，兴化、姜堰加强对1991年底现有湖荡清障检查，确保湖荡载水调蓄能力正常发挥；靖江市要加强江心洲围堤巡查和救护工作，撤离洲上老弱病幼人员；按照预案采取相应防守措施或组织防旱；派出专家组赴一线指导防汛防旱工作；并将防汛防旱的工作情况上报当地人民政府和泰州市防指。

4.6　不同灾害的应急响应措施

4.6.1　江河洪水

（1）当江河水位超过警戒水位时，当地防汛防旱指挥机构应按照批准的防洪预案和防汛责任制的要求，组织专业和群众防汛队伍巡堤查险，严密布防。

（2）当江河洪水位继续上涨，危及重点保护对象时，各级防汛防旱指挥机构和承担防汛任务的部门、单位，应根据江河水情和洪水预报，按照规定的权限和防御洪水方案、洪水调度方案，适时调度运用防洪工程，通江闸抢长江低潮位排水，排涝站抢排里下河圩内涝水，启用蓄滞涝区蓄滞涝水，清除河道阻水障碍物。

(3)在实施蓄滞涝区调度运用时,根据洪水预报和批准的洪水调度方案,由防汛防旱指挥机构决定做好蓄滞涝区启用的准备工作,主要包括:组织蓄滞涝区内人员转移、安置,进退水闸的启用和滚水坝的清理。当江河水情达到洪水调度方案规定的条件时,按照启用程序和管理权限由相应的防汛防旱指挥机构批准下达命令实施调度。

(4)在紧急情况下,按照《中华人民共和国防洪法》有关规定,县级以上人民政府防汛防旱指挥机构宣布进入紧急防汛期,并行使相关权利、采取特殊措施,保障抗洪抢险的顺利实施。

4.6.2 雨涝灾害

(1)当出现雨涝灾害时,当地防汛防旱指挥部门应科学调度水利工程和移动排涝设备,开展自排和抽排,尽快排出涝水,恢复正常生产生活秩序。

(2)在江河防汛形势紧张时,要正确处理排涝与防洪的关系,避免因排涝而增加堤防和穿堤建筑物的压力。

4.6.3 台风暴潮灾害

(1)台风暴潮(含热带低压)灾害应急处理由当地人民政府防汛防旱指挥机构负责。

(2)发布台风警报阶段。

①气象部门对台风发展趋势提出具体的分析,水文部门提出长江潮位异常增水预报。

②沿江地区各级防汛防旱指挥机构领导及水利工程防汛负责人应根据台风警报上岗到位值班,并部署防御台风的各项准备工作。

③防汛防旱指挥机构督促相关地区组织力量加强巡查,督促对病险堤防、涵闸进行抢护或采取必要的紧急处置措施。台风可能明显影响的地区,内河河网水位高的应适当预降,并做好受台风威胁地区群众的安全转移准备工作。水文部门做好洪水测报的各项准备。

④防汛指挥机构督促农业、交通运输、水产等部门做好江心洲人员安全转移工作,巡查江面船只归港锚固。

⑤电视、广播、报纸等新闻部门及时播发台风警报和防汛防旱指挥部的防御部署。

(3)发布台风紧急警报阶段。

①台风可能影响地区的各级防汛防旱指挥机构领导及各级防汛责任人应立即上岗到位值班,根据当地防御洪水(台风)方案进一步检查各项防御措施落实情况。对台风登陆后可能严重影响的地区,市及所辖市(区)人民政府应发布防台风动员令,组织防台风工作,派出工作组深入第一线,做好宣传发动工作,落实防台风措施和群众安全转移措施,指挥防台风和抢险工作。

②市气象部门应作出台风登陆后移动路径、台风暴雨的量级和雨区的预报。水文部门应作出风暴潮预报,根据气象部门的降雨预报,作出江河洪水的预报。

③水上作业单位应检查船只进港情况,尚未回港的应采取应急措施。对停港避风的船只应落实防撞等保安措施。

④水利工程管理单位应做好工程的保安工作,并根据降雨量、洪水预报,控制运用水利工程的调

度运行;落实蓄滞涝区滞涝的各项准备工作;抢险人员加强对工程的巡查。

⑤对于洪水预报将要受淹的地区,做好人员、物资的转移。

⑥台风中心可能经过的地区,居住在危房的人员应及时转移;高空作业设施做好防护工作;电力、通信部门落实抢修人员,一旦损坏迅速组织抢修,保证供电和通信畅通;住建及城管部门做好市区广告牌和树木的保护工作;医疗卫生部门做好抢救伤员的应急处置准备。

⑦电视、广播、报纸等新闻部门应增加对台风预报、防台风措施的播放和刊载。

⑧驻地解放军和武警部队,根据抢险救灾预案,做好各项准备,一有任务即迅速赶往现场。卫生医疗部门应组织医疗队集结待命。公安部门做好社会治安工作。

⑨各级防汛防旱指挥机构应及时向上一级防汛防旱指挥机构汇报防台风行动情况。

4.6.4 堤防决口、涵闸垮塌

(1)当出现堤防决口、涵闸垮塌前期征兆时,防汛责任单位要迅速调集人力、物力全力组织抢险,尽可能控制险情,并及时发出警报。江堤或主要骨干河道堤防决口、涵闸垮塌和老通扬运河沿线控制建筑物崩塌等事件发生时应立即报告市(区)人民政府和泰州市防指。

(2)堤防决口、涵闸垮塌等应急处理,由当地防汛防旱指挥机构负责,首先应迅速组织受影响群众转移,并视情况抢筑二道防线,控制洪水影响范围,尽可能减少灾害损失。

(3)当地防汛防旱指挥机构视情况在适当时机组织实施堤防堵口,调度有关水利工程,为实施堤防堵口创造条件,并应明确堵口、抢护的行政、技术责任人,启动堵口、抢护应急预案,及时调集人力、物力迅速实施堵口、抢护。泰州市防指领导应立即带领专家赶赴现场指导。

4.6.5 干旱灾害

根据干旱或水质性缺水程度,按特大、严重、中度、轻度4个干旱等级,制定相应的应急防旱措施,并负责组织防旱工作。

(1)特大干旱。

①强化地方行政首长防旱目标责任制,确保城乡居民生活和重点企业用水安全,维护灾区社会稳定。

②指挥机构强化防旱工作的统一指挥和组织协调,加强会商,强化防旱水源的科学调度和用水管理,各有关部门按照指挥机构的统一指挥部署,协调联动,全面做好防旱工作。

③启动相关防旱预案,并报省防汛防旱指挥机构备案。必要时经市人民政府批准,可宣布进入紧急防旱期,启动各项特殊应急防旱措施,如应急开源、应急限水、应急调水、应急送水等。

④密切监测旱情,及时分析旱情变化发展趋势,密切掌握旱情灾情及防旱工作情况,及时分析旱情灾情对经济社会发展的影响,适时向社会通报旱情信息。

⑤动员社会各方面力量支援防旱救灾工作。

⑥加强旱情灾情及防旱工作的宣传。

(2)严重干旱。

①加强旱情监测和分析预报工作,及时掌握旱情灾情及其发展变化趋势,及时通报旱情信息和防

旱情况。

②及时组织防汛防旱指挥机构进行防旱会商,研究部署防旱工作。

③适时启动相关防旱预案,并报上级防汛防旱指挥机构备案。

④督促防汛防旱指挥机构各部门落实防旱职责,做好防旱水源的统一管理和调度,落实应急防旱资金和防旱物资。

⑤做好防旱工作的宣传。

(3)中度干旱。

①加强旱情监测,密切注视旱情的发展情况,定期分析预测旱情变化趋势,及时通报旱情信息和防旱情况。

②及时分析预测水量供求变化形势,加强防旱水源的统一管理和调度。

③根据旱情发展趋势,适时对防旱工作进行动员部署。

④及时上报、通报旱情信息和防旱情况。

(4)轻度干旱。

①掌握旱情变化情况,做好旱情监测、预报工作。

②做好防旱水源的管理调度工作。

③及时分析了解社会各方面的用水需求。

4.6.6 供水危机

(1)当发生供水危机时,有关防汛防旱指挥机构加强对城市地表水、地下水和外调水实行统一调度和管理,严格实施应急限水,合理调配有限的水源;采取辖区内、跨地区、跨流域应急调水,补充供水水源,协同水质检测部门加强供水水质的监测,最大程度保证城乡居民生活和重点单位用水安全。

(2)供水行政主管部门应针对供水危机出现的原因,采取措施,尽快恢复供水水源,保证供水量和水质正常。

4.7 信息报送和处理

4.7.1 汛情、旱情、工情、险情、灾情等防汛防旱信息实行分级上报,归口处理,同级共享。

4.7.2 防汛防旱信息的报送和处理,应快速、准确、翔实,重要信息应立即上报,因客观原因一时难以准确掌握的信息,应及时报告基本情况,同时抓紧了解情况,随后补报详情。

4.7.3 属一般性汛情、旱情、工情、险情、灾情,按分管权限,分别报送泰州市防指值班室负责处理。凡因险情、灾情较重,按分管权限一时难以处理,需上级帮助、指导处理的,经泰州市防指负责同志审批后,可向省防指上报。

4.7.4 凡经市或省防指采用和发布的水旱灾害、工程抢险等信息,所辖市(区)防汛防旱指挥机构应立即调查,对存在的问题,及时采取措施,切实加以解决。

4.7.5 泰州市防指接到特别重大、重大的汛情、旱情、险情、灾情报告后立即报告市政府和省防指,并及时续报。

4.8 指挥和调度

4.8.1 出现水旱灾害后,泰州市防指应立即启动应急预案,并根据需要成立现场指挥部。在采取紧急措施的同时,根据现场情况,及时收集、掌握相关信息,判明事件的性质和危害程度,并及时上报事态的发展变化情况。

4.8.2 事发地的防汛防旱指挥机构负责人应迅速上岗到位,分析事件的性质,预测事态发展趋势和可能造成的危害程度,并按规定的处置程序,组织指挥有关单位或部门按照职责分工,迅速采取处置措施,控制事态发展。

4.8.3 发生重大水旱灾害后,泰州市防指应派出由领导带队的工作组赶赴现场,加强领导,指导工作,必要时成立前线指挥部。

4.9 抢险救灾

4.9.1 出现水旱灾害或防洪工程发生重大险情后,事发地的防汛防旱指挥机构应根据事件的性质,迅速对事件进行监控、追踪,并立即与相关部门联系。

4.9.2 事发地的防汛防旱指挥机构应根据事件具体情况,按照预案立即提出紧急处置措施,供当地政府或市相关部门指挥决策。

4.9.3 事发地防汛防旱指挥机构应迅速调集本部门的资源和力量,提供技术支持;组织当地有关部门和人员,迅速开展现场处置或救援工作。长江大堤堤防决口的封堵、老通扬运河沿线重大险情的抢护应按照事先制定的抢险预案进行。

4.9.4 处置水旱灾害和工程重大险情时,应按照职能分工,由防汛防旱指挥机构统一指挥,各单位或各部门应各司其职,团结协作,快速反应,高效处置,最大程度地减少损失。

4.10 安全防护和医疗救护

4.10.1 相关人民政府和防汛防旱指挥机构应高度重视应急人员的安全,调集和储备必要的防护器材、消毒药品、备用电源和抢救伤员必备的器械等,以备随时应用。

4.10.2 抢险人员进入和撤出现场由防汛防旱指挥机构视情况作出决定。抢险人员进入受威胁的现场前,应采取防护措施以保证自身安全。参加一线抗洪抢险的人员,必须穿救生衣。当现场受到污染时,应按要求为抢险人员配备防护设施,撤离时应进行消毒、去污处理。

4.10.3 出现水旱灾害后,事发地防汛防旱指挥机构应及时做好群众的救援、转移和疏散工作。

4.10.4 事发地防汛防旱指挥机构应按照当地政府和上级领导机构的指令,及时发布通告,防止人、畜进入危险区域或饮用被污染的水。

4.10.5 对转移的群众,由当地人民政府负责提供紧急避难场所,妥善安置灾区群众,保证基本生活。

4.10.6 出现水旱灾害后,事发地人民政府和防汛防旱指挥机构应组织卫生部门加强受影响地区的疾病和突发公共卫生事件监测、报告工作,落实各项防病措施,并派出医疗小分队,对受伤的人员进行紧急救护。必要时,事发地政府可紧急动员当地医疗机构在现场设立紧急救护所。

4.11 社会力量动员与参与

4.11.1 出现水旱灾害后,事发地的防汛防旱指挥机构可根据事件的性质和危害程度,报经当地政府批准,对重点地区和重点部位实施紧急控制,防止事态及其危害的进一步扩大。

4.11.2 必要时可通过当地人民政府广泛调动社会力量积极参与应急突发事件的处置,紧急情况下可依法征用、调用车辆、物资、人员等,全力投入抗洪抢险。

水旱灾害发生后,根据损失情况,由泰州市防指商市发改委、财政局、民政局尽快向市政府提出具体建议方案。

4.12 信息发布

4.12.1 防汛防旱的信息发布应当及时、准确、客观、全面。

4.12.2 汛情、旱情及防汛防旱动态等,由泰州市防指统一审核和发布;涉及水旱灾情的,由泰州市防办会同市民政局审核和发布;涉及军队的,由军队有关部门审核。

4.12.3 信息发布形式主要包括授权发布、播发新闻稿、组织报道、接受记者采访、举行新闻发布会等。

4.12.4 所辖市(区)信息发布:灾区和发生局部汛情的地方,其汛情、旱情及防汛防旱动态等信息,由各地防汛防旱指挥机构审核和发布;涉及水旱灾情的,由各地防汛防旱指挥部办公室会同民政部门审核和发布。

4.13 应急结束

4.13.1 当洪水灾害、极度缺水得到有效控制时,事发地的防汛防旱指挥机构可视汛情旱情,宣布结束紧急防汛期或紧急抗旱期。

4.13.2 依照有关紧急防汛、抗旱期规定征用、调用的物资、设备、交通运输工具等,在汛期、防旱期结束后应当及时归还;造成损坏或者无法归还的,按照有关规定给予适当补偿或者作其他处理。取土占地、砍伐林木的,在汛期结束后依法向有关部门补办手续;有关乡(镇)人民政府对取土后的土地组织复垦,对砍伐的林木组织补种。

4.13.3 紧急处置工作结束后,事发地防汛防旱指挥机构应协助当地政府进一步恢复正常生活、生产、工作秩序,修复水毁基础设施,尽可能减少突发事件带来的损失和影响。

5 应急保障

5.1 通信与信息保障

5.1.1 任何通信运营部门都有依法保障防汛防旱信息畅通的责任。

5.1.2 防汛防旱指挥机构应按照以公用通信网为主的原则,合理组建防汛专用通信网络,确保信息畅通。水工程管理单位必须配备通信设施。

5.1.3 防汛防旱指挥机构应协调当地通信管理部门,按照防汛防旱的实际需要,将有关要求纳入应急通信保障预案。出现突发事件后,通信部门应启动应急通信保障预案,迅速调集力量抢修损坏的通信设施,努力保证防汛防旱通信畅通。必要时,调度应急通信设备,为防汛通信和现场指挥提供通信保障。

5.1.4 在紧急情况下,应充分利用公共广播和电视等媒体以及手机短信等手段发布信息,通知群众快速撤离,确保人民生命安全。

5.2 应急支援与装备保障

5.2.1 现场救援和工程抢险保障

(1)重点险工险段或易出险的水利工程设施,应提前编制工程应急抢险预案,以备紧急情况下因险施策;当出现新的险情后,应派工程技术人员赶赴现场,研究优化除险方案,并由防汛行政首长负责组织实施。

(2)防汛防旱指挥机构和防洪工程管理单位以及受洪水和干旱威胁的其他单位,储备的常规抢险机械、防旱设备、物资和救生器材,应能满足抢险急需。

5.2.2 应急队伍保障

(1)防汛队伍。

①任何单位和个人都有依法参加防汛抗洪的义务。中国人民解放军、中国人民武装警察部队等驻泰部队和民兵是抗洪抢险的重要力量。

②防汛抢险队伍分为群众抢险队伍、非专业部门抢险队伍和专业抢险队伍(地方组织建设的防汛机动抢险队和解放军、武警组建的抗洪抢险专业应急部队)。群众抢险队伍主要为抢险提供劳动力,非专业部门抢险队伍主要完成对抢险技术设备要求不高的抢险任务,专业抢险队伍主要完成急、难、险、重的抢险任务。

③调动防汛机动抢险队程序:一是省防指管理的防汛机动抢险队,由泰州市防指向省防指提出调动申请,由省防指批准。二是泰州市区域以外防汛防旱指挥部管理的防汛机动抢险队,由泰州市防汛防旱指挥部向省防指提出调动申请,省防指协商调动。

④调动部队参加抢险程序:市政府组织的抢险救灾需要军队参加的,由市政府向泰州军分区提出,由泰州军分区按照市政府、省军区的有关规定办理。所辖市(区)地方人民政府组织的抢险救灾需要军队参加的,应通过当地防汛防旱指挥部军队成员单位提出申请,由军队成员单位按照军队有关规定办理,紧急情况下,部队可边行动边报告,地方政府应及时补办申请手续。

申请调动部队参加抢险救灾的文件内容包括:灾害种类、发生时间、受灾地域和程度、采取的救灾措施以及需要使用的兵力、装备等。

(2)防旱队伍。

①在防旱期间,地方各级人民政府和防汛防旱指挥机构应组织动员社会公众力量投入抗旱救灾工作。

②所辖市(区)应组建防旱服务组织,在干旱时期应直接为受旱地区农民提供流动灌溉、生活用水,维修保养防旱机具,租赁、销售防旱物资,提供防旱信息和技术咨询等方面的服务。

5.2.3 供电保障

电力部门主要负责抗洪抢险、抢排雨涝、防旱救灾等方面的供电需要和应急救援现场的临时供电。

5.2.4 交通运输保障

交通运输部门主要负责优先保证防汛抢险人员、防汛防旱救灾物资运输;蓄滞洪区滞洪时,负责群众安全转移所需地方车辆、船舶的调配;负责大洪水时河道航行和渡口的安全;负责大洪水时用于抢险、救灾车辆、船舶的及时调配。

5.2.5 医疗保障

医疗卫生防疫部门主要负责水旱灾区疾病防治的业务技术指导;组织医疗卫生队赴灾区巡医问诊,负责灾区防疫消毒、抢救伤员等工作。

5.2.6 治安保障

公安部门主要负责做好水旱灾区的治安管理工作,依法严厉打击破坏抗洪救灾行动和工程设施安全的行为,保证抗灾救灾工作的顺利进行;负责组织搞好防汛抢险紧急防汛期的戒严、警卫工作,维护灾区的社会治安秩序。

5.2.7 物资保障

(1)物资储备。

①防汛防旱指挥机构、重点防洪工程管理单位以及受洪水威胁的其他单位应按规定储备防汛抢险物资,并做好生产流程和生产能力储备的有关工作。防汛物资管理部门应及时掌握新材料、新设备的应用情况,及时调整储备物资品种,提高科技含量。

②泰州市防指办公室储备的市级防汛物资,主要用于解决遭受特大洪水灾害地区防汛抢险物资的不足,重点支持遭受特大洪涝灾害地区防汛抢险救生物资的应急需要。

③市级防汛物资储备的品种一般用于沿江、沿老通扬运河和里下河10000亩以上圩口的拦挡洪水、导渗堵漏、堵口复堤等抗洪抢险急需及城区低洼易涝地区的突击排涝。

④所辖市(区)各级防汛防旱指挥机构根据规定储备的防汛物资品种和数量,结合本地抗洪抢险的需要和具体情况,由市(区)及乡(镇)、街道办、企事业单位、村组防汛防旱组织确定。

(2)物资调拨。

①市级防汛物资调拨原则:先调用市级防汛储备物资,在不能满足需要的情况下,可调用所辖市(区)的防汛储备物资。先调用抢险地点附近的防汛物资,后调用抢险地点较远的防汛储备物资。当有多处申请调用防汛物资时,应优先保证重点地区的防汛抢险物资急需。

②市级防汛物资调拨程序:市级防汛物资的调用,由市(区)防汛防旱指挥机构向市防指提出申请,经批准同意后,由市防指向代储单位下达调令。

③当储备物资消耗过多,不能满足抗洪抢险和防旱需要时,应及时启动生产流程和生产能力储备,联系有资质的厂家紧急调运、生产所需物资,必要时可通过媒体向社会公开征集。

5.2.8 资金保障

(1)市财政安排防汛防旱补助费,用于补助遭受水旱灾害的市(区)进行防汛抢险、抗旱。各市(区)人民政府应当在本级财政预算中安排资金,用于本行政区域遭受严重水旱灾害的工程修复补助。

（2）市财政安排水利建设经费。专项用于本行政区域内防洪工程设施建设,提高其防御洪水能力。各市(区)为加强本行政区域内防洪抗旱工程设施建设,应按照有关规定,征足收齐防洪保安资金、水利建设基金等,用于防洪抗旱工程建设与维护。

5.2.9 社会动员保障

（1）防汛防旱是社会公益性事业,任何单位和个人都有保护水利工程设施和防汛防旱的责任。

（2）汛期或枯水期,市防汛防旱指挥机构应根据水旱灾害的发展,做好动员工作,组织社会力量投入防汛防旱。

（3）各级防汛防旱指挥机构的组成部门,在严重水旱灾害期间,应按照分工,特事特办,急事急办,解决防汛防旱的实际问题,同时充分调动本系统的力量,全力支持抗灾救灾和灾后重建工作。

（4）相关人民政府应加强对防汛防旱工作的统一领导,组织有关部门和单位,动员全社会的力量,做好防汛防旱工作。在防汛防旱的关键时刻,防汛防旱行政首长应靠前指挥,组织广大干部群众奋力抗灾减灾。

5.3 技术保障

5.3.1 建设市防汛防旱指挥系统

（1）形成覆盖泰州市防指、各市(区)防汛防旱部门的计算机网络系统,提高信息传输的质量和速度。

（2）改进水情信息采集系统,使全市各报汛站的水情信息在30分钟内传到市防指办公室。

（3）建立和完善我市境内洪水预报系统,提高预报精度,延长有效预见期。

（4）建立工程数据库及沿江和里下河地区的地理和社会经济数据库,实现这些地区重要防洪工程基本信息和社会经济信息的快速查询。

（5）建立沿江和里下河地区的防洪调度系统,实现实时制订和优化洪水调度方案,为防洪调度决策提供支持。

（6）建立和完善市防指与各市(区)防汛防旱指挥部之间的防汛异地会商系统。

（7）建立防汛信息管理系统,实现各级防汛抢险救灾信息的共享。

（8）建立全市旱情监测和宏观分析系统,建设旱情信息采集系统,为宏观分析全市防旱形势和作出防旱决策提供支持。

5.3.2 市、市(区)两级防汛防旱指挥机构应聘请水利、水文、财政、农业、环保、城建等领域内专家成立水旱灾害应急管理专家委员会,建立专家库,当发生水旱灾害时,由防汛防旱指挥机构统一调度,派出专家组,指导防汛防旱工作。

5.4 宣传、培训和演习

5.4.1 公众信息交流

（1）汛情、旱情、工情、灾情及防汛防旱工作等方面的公众信息交流,实行分级负责制,一般公众信息由本级防汛防旱指挥部负责同志审批后,可通过媒体向社会发布。

(2)当全市江河发生超警戒水位以上洪水,且呈上涨趋势;出现大范围的严重旱情,并呈发展趋势时,按分管权限,由本地区的防汛防旱指挥部统一发布汛情、旱情通报,以引起社会公众关注,参与防汛防旱救灾工作。

5.4.2 培训

(1)采取分级负责的原则,由各级防汛防旱指挥机构统一组织培训。市防指主要负责市防指成员单位负责人、市水工程管理单位工作人员、驻泰部队、重点企事业单位分管负责同志防汛抢险知识的培训工作;各市(区)防汛防旱指挥机构负责乡(镇)防汛防旱指挥机构负责人、防汛抢险技术人员和防汛机动抢险队骨干的培训。各乡(镇)防汛机构主要负责村组负责人、企业负责人和私营业主等的防汛抢险培训工作。

(2)培训工作应做到合理规范课程、考核严格、分类指导,保证培训工作质量。

(3)培训工作应结合实际,采取多种组织形式,定期和不定期相结合,每年汛前至少组织一次培训。

(4)部队的培训由泰州军分区统一安排。市和地方有关部门给予必要的支持和协助。

5.4.3 演习

(1)各级防汛防旱指挥机构应定期举行不同类型的应急演习,以检验、改善和强化应急准备和应急响应能力。

(2)专业抢险队伍必须针对当地易发生的各类险情有针对性地每年进行抗洪抢险演习。

(3)多个部门联合进行的专业演习,一般2～3年举行一次,由市防汛防旱指挥部负责组织。

6 后期处置

发生水旱灾害的地方人民政府应组织有关部门做好灾区生活供给、卫生防疫、救灾物资供应、治安管理、学校复课、水毁修复、恢复生产和重建家园等善后工作。

6.1 救灾

6.1.1 发生重大灾情时,灾区人民政府应成立救灾指挥部,负责灾害救助的组织、协调和指挥工作。根据救灾工作实际需要,各有关部门和单位派联络员参加指挥部办公室工作。

6.1.2 民政部门负责受灾群众生活救助。应及时调配救灾款物,组织安置受灾群众,做好受灾群众临时生活安排,负责受灾群众倒塌房屋的恢复重建,保证灾民有粮吃、有衣穿、有房住,切实解决受灾群众的基本生活问题。

6.1.3 卫生部门负责调配医务技术力量,抢救因灾伤病人员,对污染源进行消毒处理,对灾区重大疫情、病情实施紧急处理,防止疫病的传播、蔓延。

6.1.4 环保部门应组织对可能造成环境污染的污染物进行清除。

6.2 防汛抢险物料补充

针对当年防汛抢险物料消耗情况,按照分级筹措和常规防汛的要求,及时补充到位。

6.3 水毁工程修复

6.3.1 对影响当年防洪安全和城乡供水安全的水毁工程,应尽快修复。防洪工程应力争在下次洪水到来之前,做到恢复主体功能;防旱水源工程应尽快恢复功能。

6.3.2 遭到毁坏的交通、电力、通信、水文以及防汛专用通信设施,应尽快组织修复,恢复功能。

6.4 蓄滞洪区补偿

里下河地区在省定三批滞涝圩滞涝运用后,相关市(区)政府按照《蓄滞洪区补偿暂行办法》适当给予补偿。

6.5 灾后重建

各相关部门应尽快组织灾后重建工作。灾后重建原则上按原标准恢复,在条件允许的情况下,可提高标准重建。

6.6 防汛防旱工作评价

每年市及所辖市(区)防汛防旱部门应针对防汛防旱工作的各个方面和环节进行定性和定量的总结、分析、评估。引进外部评价机制,征求社会各界和群众对防汛防旱工作的意见和建议,总结经验,找出问题,从防洪防旱工程的规划、设计、运行、管理以及防汛防旱工作的各个方面提出改进建议,以便进一步做好防汛防旱工作。

7 奖惩

奖励与责任追究

对防汛抢险和防旱工作作出突出贡献的劳动模范、先进集体和个人,由市人民政府表彰;对防汛抢险和防旱工作中英勇献身的人员,按有关规定追认为烈士;对防汛防旱工作中因玩忽职守造成损失的,依据《中华人民共和国防洪法》《中华人民共和国防汛条例》《公务员管理条例》《江苏省防洪条例》追究当事人的责任,并予以处罚,构成犯罪的,依法追究其刑事责任。

8 附则

8.1 名词术语定义

8.1.1 洪水风险图:是融合地理、社会经济信息、洪水特征信息,通过资料调查、洪水计算和成果整理,以地图形式直观反映某一地区发生洪水后可能淹没的范围和水深,用以分析和预评估不同量级洪水可能造成的风险和危害的工具。

8.1.2 干旱风险图:是融合地理、社会经济信息、水资源特征信息,通过资料调查、水资源计算和成果整理,以地图形式直观反映某一地区发生干旱后可能影响的范围,用以分析和预评估不同干旱等级造成的风险和危害的工具。

8.1.3 防御洪水方案:是有防汛抗洪任务的县级以上地方人民政府根据流域综合规划、防洪工程实际状况和国家规定的防洪标准,制定的防御江河洪水(包括对特大洪水)、台风暴潮灾害等方案的统称。防御洪水方案经批准后,有关地方人民政府必须执行。各级防汛指挥机构和承担防汛抗洪任务的部门和单位,必须根据防御洪水方案做好防汛抗洪准备工作。

8.1.4 防旱预案:是在现有工程设施条件和防旱能力下,针对不同等级、程度的干旱,而预先制定的对策和措施,是各级防汛防旱指挥部门实施指挥决策的依据。

8.1.5 防旱服务组织:是由水利部门组建的事业性服务实体,以防旱减灾为宗旨,围绕群众饮水安全、粮食用水安全、经济发展用水安全和生态环境用水安全开展防旱服务工作。其业务工作受同级水行政主管部门领导和上一级防旱服务组织的指导。

8.1.6 一般洪水:全市内河高水位或沿江高潮位重现期为5~10年一遇。

8.1.7 较大洪水:全市内河高水位或沿江高潮位重现期为10~20年一遇。

8.1.8 大洪水:全市内河高水位或沿江高潮位重现期为20~50年一遇。

8.1.9 特大洪水:全市内河高水位或沿江高潮位重现期超50年一遇。

8.1.10 轻度干旱:受旱区域作物受旱面积占播种面积的比例在30%以下,以及因水质性缺水造成临时性饮水困难人口占所在地区人口比例在20%以下。

8.1.11 中度干旱:受旱区域作物受旱面积占播种面积的比例达31%~50%,以及因水质性缺水造成临时性饮水困难人口占所在地区人口比例达21%~40%。

8.1.12 严重干旱:受旱区域作物受旱面积占播种面积的比例达51%~80%,以及因水质性缺水造成临时性饮水困难人口占所在地区人口比例达41%~60%。

8.1.13 特大干旱:受旱区域作物受旱面积占播种面积的比例在80%以上,以及因水质性缺水造成临时性饮水困难人口占所在地区人口比例高于60%。

8.1.14 城市干旱:因遇枯水年或水质性缺水造成城市供水水源不足,或者由于突发性事件使城市供水水源遭到破坏,导致城市实际供水能力低于正常需求,致使城市的生产、生活和生态环境受到影响。

8.1.15 城市轻度干旱:因旱或水质性缺水,城市供水量低于正常需求量的5%~10%,出现缺水现象,居民生活、生产用水受到一定程度影响。

8.1.16 城市中度干旱:因旱或水质性缺水,城市供水量低于正常日用水量的10%~20%,出现明显的缺水现象,居民生活、生产用水受到较大影响。

8.1.17 城市重度干旱:因旱或水质性缺水,城市供水量低于正常日用水量的20%~30%,出现明显缺水现象,城市生活、生产用水受到严重影响。

8.1.18 城市极度干旱:因旱或水质性缺水,城市供水量低于正常日用水量的30%,出现极为严重的缺水局面,城市生活、生产用水受到极大影响。

8.1.19 紧急防汛期:根据《中华人民共和国防洪法》的规定,当江河、湖泊的水情接近保证水位或者安全流量,或者防洪工程设施发生重大险情时,有关县级以上人民政府防汛指挥机构可以宣布进入紧急防汛期。在紧急防汛期,防汛指挥机构根据防汛抗洪的需要,有权在其管辖范围内调用物资、设备、交通运输工具和人力,决定采取取土占地、砍伐林木、清除阻水障碍物和其他必要的紧急措施;必要时,公安、交通等有关部门按照防汛指挥机构的决定,依法实施陆地和水面交通管制。

8.1.20 警戒水位:指汛期河湖主要堤防险情可能逐渐增多、需要加强防守时的水位标高。沿江地区以防御水位较低的防潮工程的高程为准,以相当于该高程的潮位为警戒水位。

我市里下河地区警戒水位为2.0米(废黄河高程,下同),以兴化站水位为代表;通南地区警戒水位为3.8米,以黄桥站或泰州(周)站为代表;沿江夏仕港站警戒水位为4.04米,过船站警戒水位为5.04米,口岸站警戒水位为5.23米。

本预案有关数量的表述中,"以上"含本数,"以下"不含本数。

8.2 预案管理与更新

本预案由市防指办公室负责管理,并负责组织对预案进行评估。每5年对本预案评审一次,由市防指办公室召集有关部门、各市(区)防汛防旱指挥机构专家评审,并视情况变化作出相应修改,报市政府批准。

8.3 预案解释部门

本预案由市防汛防旱指挥部负责解释。

8.4 预案实施时间

本预案自印发之日起实施。

泰州市水利防洪工程调度运行方案

1. 沿江地区

沿江一线全面超过警戒水位(过船闸5.04米)时,病险涵闸要派人巡逻防守,遇洪峰过境,适当抬高内河水位,减小上下游水头差,江堤崩坍地段和蚁害等险工险段,必须加强观测,落实应急措施,增加物资储备,遇有险情,及时抢险。江堤外零星小圩,视汛情做好人、畜、财产的转移。遇有内涝,沿江各通江涵闸在市防指统一调度下排涝,遇干旱或内河水位偏低,沿江各通江涵闸必须服从统一调度多引江水,力争满足人民生活、工农业生产用水和水上航运、改善城乡水生态环境的要求。

2. 里下河地区

里下河地区水位主要受控于省江都站、高港站及盐城入海四港。汛期兴化水位控制在1.40米为宜。

(1)入梅前,力争兴化水位控制在1.1米左右。入梅后,力争水位控制在1.0米左右。入梅后,如遇降雨,兴化水位有上涨趋势时,请省调度江都、高港枢纽抽排、预降里下河水位。

(2)里下河高水位大量排涝时,通扬运河沿线控制口门,不得向里下河排涝水。同时,请省防指要求扬州沿运高地要服从大局,不能向下放水。当兴化水位超过1.50米时,兴化市1991年底所保留的40.06平方公里湖荡面积要保证滞蓄功能的发挥,要做好水政执法督查工作;当兴化水位超过2.5米时,里下河地区省定副业圩采取分批滞涝。这一时期要加强里下河湖荡地区清障工作和省确定的三批副业圩滞涝准备。必要时,请求省防指调度高港站、宝应站抽排降低兴化水位,以减轻兴化地区抗洪排涝压力。

（3）通南需排涝时，由市防指进行水情调度，不得擅自向里下河排水。遇里下河干旱，黄桥水位不低于2.0米时，沿通扬运河控制口门必须服从市防指指令开启向里下河送水，不得自行关闭控制口门。同时，请省防指调度江都站和高港枢纽向里下河送水。

（4）里下河地区圩内调度原则：兴化水位超过1.60米，并有继续上涨趋势时，里下河地区各圩口要相机关闭圩口闸，封闭活口门，固定排涝站及时开机抽排，预降圩内水位；当兴化水位达1.8米，并有继续上涨趋势时，所有圩口闸要全部关闭，打牢所有坝头，增设临时泵站，全力抽排圩内涝水，同时注意圩内外水头差，加强圩堤安全巡查，确保不破圩、不沉圩。

3.通扬运河以南地区

通南地区水位，主要受控于沿江各通江涵闸，而各通江涵闸引排水情况又受制于长江潮位的高低。汛期通南地区水位［泰州（通）］在2.50～3.00米为理想水位，枯水季节在2.00米以上为理想水位。

（1）入梅前黄桥水位控制在2.2米左右。遇干旱或江潮低引水困难时，力争黄桥水位不低于1.8米。

（2）水稻栽插前和栽插期间，沿江各口门要抢潮引水，提前引足水源，努力将黄桥水位抬高至2.50～3.00米。如遇长江枯水、江潮低引水不足，可请求高港枢纽开启送水闸自流引江水补充通南地区水源，必要时，启动高港站100米³/秒、马甸抽水站60米³/秒动力抽引江水补水。水稻栽插结束，汛期黄桥水位力争控制在2.50米左右，遇连续阴雨可适当降低黄桥水位。

遇干旱或江潮低，引水困难，黄桥1.8米水位难以保证，且里下河兴化水位高于1.1米，启动姜堰翻水站15米³/秒从里下河地区翻水，向通南供水，以缓解姜堰南部地区旱情。

（3）夏仕港闸根据以上要求进行控制。如遇突发性暴雨，要立即报告市防指进行调度。在不影响大局的前提下，夏仕港闸可自行适当调整。夏仕港抗旱引水向如皋送水时，按两市协议执行。通南地区如遇大暴雨，要随时向防指报告。

（4）入梅前后或台风临近，沿江各闸要抓好水位预降，听从市防指的统一指令，不得擅自启闭。

（5）主城区内水利防洪工程调度基本原则：东城河闸站、南园泵站、南山寺泵站沟通内外城河，改善城区水质；中子河闸站、城南河闸站沟通南官河与新区水系，改善新区水生态环境；老西河涵洞、大浦头涵洞、草河头涵洞、玻璃厂涵洞、智堡河涵闸、鲍坝节制闸平时应保持细水长流，改善城北水生态环境；界沟闸、张家坝涵洞、九里沟涵洞、宫涵闸定期开启改善上下游水质；西北片、东北片封闭工程遇大汛发挥挡洪工程，正常情况保持开启状态。

附表1 泰州市长江干堤现有标准状况

起讫地点				堤身现状					挡浪墙
市（区）	堤段名称	起	讫	长度（公里）	堤顶高程（米）	堤顶宽（米）	外坡比	护坡形式	顶高程（米）
靖江									
	新镇桥	西界河	小掘港	0.717	7.3	6	1:3.0	灌砌、现浇	7.8

续附表1

起讫地点				堤身现状					挡浪墙顶高程（米）
市(区)	堤段名称	起	讫	长度（公里）	堤顶高程（米）	堤顶宽（米）	外坡比	护坡形式	
		小掘港	大掘港	0.550	7.3	6	1:3.0	现浇	7.8
		大掘港	联兴港	1.019	7.3	6	1:3.0	楼板、现浇	7.8
		联兴港	双龙港	0.737	7.3	6	1:3.0	现浇	7.8
		双龙港	青龙港	0.499	7.3	6	1:3.0	现浇	7.8
		青龙港	合兴港	1.052	7.3	6	1:3.0	现浇	7.8
		合兴港	上九圩港	1.076	7.3	6	1:3.0	现浇	7.8
		上九圩港	老夹港	0.699	7.3	6.5	1:3.0	现浇	7.8
		老夹港	新夹港	0.837	6.0~7.3	6.5	1:3.0	现浇、灌砌	7.8
		新夹港	上头圩港	0.810	7.3	6.5	1:3.0	现浇	7.8
		上头圩港	川心港	1.549	7.3	6.5	1:3.0	现浇、灌砌	7.8
		川心港	上四圩港	0.356	6.8	6	1:2.5	灌砌、现浇	7.8
东兴镇		上四圩港	美人港	0.818	7.23	6.3	1:2.5	楼板、灌砌	7.8
		美人港	上五圩港	0.433	7.26	6.4	1:2.5	现浇	7.8
		上五圩港	上六圩港	1.393	7.5	6.5	1:3.0	现浇	7.8
江苏江阴–靖江工业园区办		上六圩港	头圩港	1.281	6.6	6	1:3.0	灌砌	7.65
		头圩港	下二圩港	0.866	7.2	6.5	1:2.5~1:3.0	灌砌、现浇	7.2
		下二圩港	下三圩港	0.889	7.2	6.5	1:3.0	现浇	7
		下三圩港	下四圩港	0.867	7.2	6.5	1:3.0	灌砌、现浇	7.65
		下四圩港	下五圩港	0.789	6.5	6	1:2.0	现浇、灌砌	7.65
		下五圩港	下六圩港	0.376	6.5	7.5	1:2.0	现浇	7.65
		下六圩港	下七圩港	1.043	6.8	7.5	1:2.0	现浇、灌砌	7.65
		下七圩港	八圩港闸	0.840	6.8~7.2	5~6	1:2.5	企业堆场	7.65
		八圩港闸	九圩港闸	0.528	7	5	1:2.5	挡土墙	7.65
		九圩港闸	新十圩港闸	0.466	7.2	5	1:2.5	现浇、灌砌	7.65
		新十圩港闸	老十圩港	1.934	6.5	6	1:2.5	挡土墙	7.65
城南办事处		老十圩港	天生港	1.101	7	6	1:2.5~1:3.0	灌砌、现浇、挡土墙	7.65

续附表1

| 起讫地点 | | | | 堤身现状 | | | | | 挡浪墙顶高程（米） |
市(区)	堤段名称	起	讫	长度（公里）	堤顶高程（米）	堤顶宽（米）	外坡比	护坡形式	
	靖城镇	天生港	小桥港	1.880	6.7～6.8	6.0～6.5	1:2.5	挡土墙	7.65
		小桥港	新小桥港	0.267	7	6	1:2.5	灌砌石	7.65
		新小桥港	芦家港	1.044	7	6	1:2.5	灌砌石	7.65
		芦家港	雅桥港	1.050	6.6	6.0～6.5	1:2.5	灌砌石、混凝土护坡	7.65
		雅桥港	蟛蜞港	1.608	6.6	6.0～6.5	1:2.5	灌砌石、楼板	7.65
	斜桥镇	蟛蜞港	罗家港	1.320	6.6	6.0～6.5	1:2.5	现浇、灌砌、楼板	7.65
		罗家港	万福港	0.825	6.6	6.0	1:2.5	灌砌	7.65
		万福港	旺桥港	0.678	6.6	6.0	1:2.5	灌砌	7.65
		旺桥港	新旺桥港	0.595	6.6	6.6	1:2.4	灌砌	7.5
		新旺桥港	新六助港	1.554	6.6	6.6	1:2.4	灌砌	7.5
		新六助港	和尚港	1.205	6.6	6.5	1:2.4	灌砌、现浇	7.5
		和尚港	章春港	1.194	6.4	6.2	1:2.3	灌砌、现浇	7.5
		章春港	安宁港	0.830	6.5	6.3	1:2.3	灌砌、现浇	7
		安宁港	夏仕港	2.227	6.8	6.5	1:2.5	灌砌、挡土墙、船台	7.5
		夏仕港	丹华港	2.500	7.5	6	1:2.5	灌砌、挡土墙、船台	7.5
		丹华港	下青龙港	2.218	6.5	6.2	1:2.5	楼板	6.5
		下青龙港	永济港	1.445	7	6.5	1:2.5	现浇	6.8
	西来镇	永济港	塌港	0.246	6.8	6.5～6.7	1:2.5	现浇	6.8
		塌港	石灰窑（如、靖交界）	0	6.8	6.5	1:2.8	混凝土护坡	7
		大寨闸	友谊闸	0	6.8	6.5～7.0	1:2.8	混凝土护坡	7
		友谊闸	四号港涵洞	2.540	6.8	6.5	1:3.0	船台	7.5
泰兴									
	滨江镇	东夹江高港界	过船港口北	3.08	7.6	11	1:3.0	混凝土	8.1
		过船港口南	洋思港口北	3.682	6.8	6.5	1:2.5	浆砌石	7.65
		洋思港口南	芦坝港口北	1.691	7.5	9.1	1:2.8	混凝土	8

续附表 1

起讫地点				堤身现状					挡浪墙顶高程（米）
市（区）	堤段名称	起	讫	长度（公里）	堤顶高程（米）	堤顶宽（米）	外坡比	护坡形式	
		芦坝港口南	天星港口北	1.528	7.5	8	1:2.8	混凝土	8.1
		天星港口南	二桥港口北	3.467	7.3	9.5	1:2.8	混凝土	8
		二桥港口南	焦士港口北	2.295	7.56	9.5	1:2.9	混凝土	7.9
		焦士港口南	七圩港口北	5.369	7.35	9	1:2.8	混凝土	7.9
		七圩港口南	九圩港口北	1.723	7.4	9.5	1:3.0	混凝土	8
		九圩港口南	界河港口北	1.56	7.4	9.5	1:3.0	混凝土	8
高新区									
	滨江	泰州江都界	东夹江	4.445	7.2	5.0~12.0	1:3.0	混凝土	8.2
高港区									
	口岸街道办	口岸闸下游东	幸福闸北交界	2.2	6.5~7.6	6.5	1:3.0	块石护坡	8.3
	永安洲办	幸福闸北交界	东夹江	13.1	7.2~7.9	6.1	1:3.0	块石、混凝土护坡	8.2

三、泰州市境外工程

（一）靖江

1955—1982年，靖江县治淮工程团参加援外水利工程共计23次，出征民工16.8万余人次，完成土方约1211.57万立方米。其中，参加援外复堤工程4次，出征民工3.89万人次，完成土方372.24万立方米，参加河道疏浚、邵伯船闸、江都抽水站（一期、二期）等工程19次，出征民工12.91万余人次，完成土方约839.33万立方米。

1.援外复堤工程

1955—1966年，靖江县治淮工程团援外复堤工程4次，合计出征民工3.89万人次，完成土方372.24万立方米。

1954年，江淮地区发生百年不遇的特大洪涝灾害，京杭大运河苏北段大堤两侧受灾严重，仅西岸段就破圩562道，灾民多达133万人。靖江积极响应毛泽东主席"一定要把淮河修好"的伟大号召，按照扬州地委、专署统一部署，多次组织精壮民工转战在流域性水利工程上。于1955年3月成立靖江县治淮工程团。是年4月，县政府农林科原科长丁荫伯带领民工8521人，参加江浦复堤工程，工段长10.5公里，历时36天，完成土方27.4万立方米。1959年1月，靖江县委副书记丁荫伯、县农业科科长王永高带领民工1.75万人，参加大运河（扬州段）复堤工程，工段长6.08公里，历时5个月，完成土方256万立方米。1966年，县农业科原科长王永高、县水利局原副局长蒋光荣带领民工5265人，参加淮沭河筑堤工程，工段长10公里，完成土方29.63万立方米。1966年12月至1967年2月，县水利局原副局长蒋光荣、陈国藩带领民工7598人，参加洪泽湖复堤工程，完成土方59.21万立方米。

2.援外河道治理

1956年3月，县政府组织民工1.24万人，参加扬州凤凰河疏浚工程，工段长429米，历时2个月，完成土方38.46万立方米。

1958年10月，县水利局局长丁荫伯、副局长蒋光荣带领民工2.71万人，参加扬州引江河疏浚工程，历时3个月，完成土方24万立方米。

1959年，县水利局局长丁荫伯、县人委农业科科长王永高带领民工2940人，参加大运河（扬州段）疏浚工程，工段长1.5公里，完成土方18.23万立方米。

1960年，县农水科原科长朱玉兆、县水利局副局长陈国藩带领民工1.05万人，参加大运河（槐泗）中段疏浚工程，工段长2.4公里，完成土方61.66万立方米。

1973年11月至1977年1月，先后4次参加扬州三洋河疏浚工程，合计组织民工2.6万人，工段长2.95公里，完成土方222.3万立方米。

1982年10月至1983年1月，靖江组织民工5010人，参加京杭运河宝应氾水段疏浚工程，完成土方27万立方米。

（二）兴化

新中国成立后，兴化人民在县（市）委、县（市）人民政府领导下进行水利建设，兴利除害，发展经济。同时，胸怀全局，按照上级人民政府的安排，积极参加流域性工程的施工。1950—1985年，先后组织民工80多万人次，45次出境参加大型水利工程建设。共完成土方6457.93万立方米，完成工日5170.32万个，并且每次都承担了难工险段的施工任务，为里下河地区摆脱洪水威胁作出了应有贡献。

境外施工任务一经确定，县人民政府（人民委员会、革委会）随即组织相应施工领导机构（如工程团部等），正职多由县领导成员担任，副职由水利部门或抽调其他部门负责人担任（有些年份由水利部门负责人带队）。工程团部办事机构由水利部门或抽调其他部门工作人员组成科室，处理日常事务和技术、施工、行政、保卫、卫生、财务等事宜。

先后担任境外工程负责人的兴化党政领导成员有殷炳山、葛玉明、王同庚、瞿中桂、赵克才、陆兆厚、张文祥、万云亮、杨雨成等；水利局（科）及其他部委科局负责人有刘永福、朱恒广、顾彪、刘文凤、周耀等。1985年以前在县水利局（科）工作的行政、技术人员，多数参加过境外水利工程的施工管理工作。

1.治淮

（1）整治淮河入江水道。

1953—1972年，兴化先后7次共派出民工19.06万人，参加建设三河闸，拓宽凤凰河，建设邵伯大控制、万福闸、大汕子隔堤及上凤凰河切滩、芒稻河贾港裁弯等工程建设，共完成工日1396.4万个，完成土方1093.3万立方米。

1953年2月,兴化投入三河闸工地的民工有7996人。由于工期短,要求高,加上平均每人仅有3厘米宽的工作面,人靠人,人挤人,工程任务艰巨。在攻克鸡爪山难工和打拦湖草坝施工过程中,由于贡献突出,受到上级表彰。至10月,共完成土方89万立方米,石方30万立方米,完成工日130万个。

1955年3—6月,兴化组织民工1.25万人参加凤凰河拓宽工程,工长3公里。在施工中克服土质硬(一般是三级岗土)、挖得深(7~8米)、爬得高(5~10米)、河坡陡(1:1.5)、运距远(190米左右)等困难,用60个晴天,完成工日69万个,土方64.8万立方米。

1958年冬,兴化出动民工8.5万人,其中妇女占20%,组成民兵师,参加邵伯大控制工程施工。后因工程量过于庞大,中途变更。此前,兴化民工已做工日50万个,完成土方70万立方米。邵伯集中控制工程改为在归江河道上分建万福、太平、金湾和运盐4座节制闸。1959年10月,兴化组织民工1.9万人参加万福闸工程施工,承担打坝和配合建筑物施工的任务。共做工日360万个,完成土方120万立方米。

1969年1月,兴化组织民工2万人参加高邮、宝应湖之间大汕子隔堤工程施工。先头部队1万人分乘2000艘农船开赴工地。民工们在湖水中取土,在淤土上筑堤,建成长达4460米的大汕子隔堤,将高邮湖和宝应湖隔开。由于大量采用淤土筑坝,在施工中多次出现坝体滑坡、塌陷。工程技术人员根据"淤随水来,淤随水去"的原理,采用加深排水沟爽水和浅层上土、分层压实等技术措施,克服坝体滑坡,建成了稳定的拦湖隔堤。实做工日302.9万个,完成土方356万立方米。在完成自身任务后,还抽调陶庄、昌荣、获垛、大营、戴南等5个营的民工5000人,支持江都突击完成10万立方米土方任务。

1970年10月,淮河入江水道第二期工程开工。兴化组织民工3万人参加上凤凰河切滩工程。施工段在邵伯西南,先头部队7000人分乘1200艘农船进入东滩和太平河入口处工地,在急流中抢先筑成长达1600米的拦河大坝。大批民工到达后转战西滩。切滩工程历时半年多,完成工日431万个,完成土方333万立方米。

1971年10月,兴化民工6050人再赴江都镇南的芒稻河工地,在贾港裁弯工程中战稀泥、斗流沙,完成工日53.5万个,完成土方60.5万立方米。

(2)改造淮河入海水道。

自1950年冬天起,兴化民工先后九次参加改造淮河入海水道工程的施工,共出动民工23.3万人次,做工日1251.3万个,完成土方1832.5万立方米。

1950年冬,老圩、永丰、合塔3区动员民工1750人,前往盐城参加小洋河北段疏浚工程,在工30个晴天,疏浚河道2.6公里,做工日7万个,完成土方7万立方米。

1951年冬,兴化民工4.61万人前往苏北灌溉总渠工地,承担开挖龙沟并加筑南堤的任务。次年春,民工增加到5.44万余人,开挖排水渠,加筑北堤,提前6天结工。后又组织5583人支援泰兴民工,超额完成土方任务近10万立方米。总计完成工日310万个,完成土方432万立方米。

1954年汛期,淮河、长江流域连降暴雨,江、淮并涨,洪泽湖、大运河、长江中下游水位均接近或超过历史最高纪录,严重威胁里下河地区人民生命财产的安全,江苏省人民政府决定抢修苏北灌溉总渠。7月23日,兴化建立灌溉总渠防汛抢险总队部,发动4.7万民工,组成18个大队,239个中队,分乘

6422艘农船赶赴工地。民工食宿在船头,突击施工10天,将灌溉总渠南堤7.23公里堤段加高培厚,完成土方44万立方米,做工日35万个,保证了高良涧安全下泄800米³/秒的流量入海,减轻了淮河入江水道和京杭大运河的防洪压力。

自1958年开始,兴化人民又积极参与对里下河地区排水入海骨干河道新洋港、戛粮河、斗龙港的治理改造工程。1958年3月14日至5月27日,按江苏省水利厅要求,兴化14个乡的1.23万民工前往盐城、射阳参加整治新洋港工程。在长达6.6公里施工河段内,裁弯取直、拓宽浚深5.35公里,平地开河1.28公里。这项工程施工条件差,民工待遇低,但全体民工发扬艰苦奋斗精神,共做工日67.3万个,完成土方205.3万立方米,如期完成施工任务。1963年11月,兴化组织民工0.8万人参加戛粮河疏浚工程,工地在建湖县荡中公社,工长6550米,合计完成工日32万个,完成土方40.2万立方米。1965年10月至1966年3月,兴化组织民工3万人参加斗龙港第一期工程,施工地段在下明闸东南大丰闸以西,主要任务是扩浚5.6公里的干河,将10～30米的河底扩宽到70～90米,部分于河裁弯取直,进一步扩大里下河地区的排水出路。1966年10月至1967年4月,兴化3.2万民工继续参加斗龙港第二期工程。施工后期,到工人数增加到5万人,两期工程共做工日800万个,完成土方1104万立方米。

2.整治里运河

自1950年起,兴化多次派出民工加修、巩固运河大堤和洪泽湖大堤,还在一些重点险段砌筑块石护坡,结束了解放前归海五坝常堵常开的局面。1950年8月9日,老圩、永丰、合塔、唐港、梓辛、草冯、海南7个区民工1150人,赶赴运河大堤参加防汛抢险,突击两昼夜,完成土方任务5500立方米。1951年1—3月,兴化民工1万人在里运河马棚湾、清水潭、车逻坝等工地加修险工患段,共完成工日30万个,完成土方35万立方米。1954年梅雨季节,兴化组织梓辛、茅山、老圩3个区民工2000余人前往运河小六堡,参加运河防汛抢险,共完成工日5万个,完成土方5万立方米。1956年11月,兴化建立里运河整治工程总队部,由陆兆厚任工地党委书记兼总队长,共组织民工3.46万人参加整治里运河第一期工程。工段在清水潭、花子潭和二闸洞之间,工长4公里。花子潭是历史上洪水冲成的深潭,潭东西长436米,南北宽350米,潭底高程-14米。白天上的土,夜晚便塌方。兴化民工不怕困难,塌了继续上土,如期完成加筑堤身、修筑复式青坎的任务。1957年2月,组织民工3.1万人继续施工,两次共完成土方688万立方米,超额70万立方米,完成加固里运河大堤抢险任务。

1959年初,由于邵伯大控制工程中途下马,兴化民工5.73万人移师邵伯—小六堡—何台湾一线15公里里运河工地。全体民工战胜雨雪冰冻,熬过烈日酷暑,排除砖石岗土,挖清烂淤险段,至7月,共做工日300万个,完成土方453.6万立方米,还完成石方3.29万立方米,砌筑块石护坡1423米。

1971年6月,按扬州地区革委会通知,兴化组织民工1000人,乘船赶往大运河西堤梁家港堵口抢险。施工条件十分艰苦,用船运土,压草打坝,堵塞西堤旧决口,以保东堤。共做工日4万个,土方4万立方米。如期于汛前完成省、地下达的防汛抢险任务。同年10月,兴化再次组织1.5万人开赴京杭大运河西堤,加固维修从邵伯闸至高邮八里松30公里的运堤。共做工日103.1万个,完成土方128.2万立方米、石方8万立方米。

1980年入夏,持续阴雨,河水上涨,高邮湖接近警戒水位。扬州地委决定从兴化抽调4000民工到高邮里运河中堤防汛抢险。施工地段在高邮宝塔湾至六安闸之间,分两次施工,总工长达10212米,施工任务主要是干砌块石护坡。工程时间紧,任务大,运输难。由于阴雨连绵,工棚湿度大,蚊、蚁多,生活条件十分艰苦。7月25日深夜,遭10级以上大风袭击,刮倒工棚500多间,使1万多千克粮食受潮,还刮走民工衣衫裤袜500多件。兴化民工战高温酷暑,迎台风暴雨,克服各种困难,如期保质完成工日13.5万个、土方6.6万立方米、干砌块石护坡石方2.9万立方米,受到指挥部和兄弟工程团的赞扬。

3. 抢险加固洪泽湖大堤

1967年夏季,兴化排除"文化大革命"干扰,抽调2000名民工远征洪泽,参加抢险加固洪泽湖大堤工程,历时45天,共做工日17.7万个,完成土方16万立方米。

4. 参加江水北调工程

自1959年开始,兴化民工先后11次参加江水北调工程施工,投工6.41万人次,共做工日644.22万个,完成土方771.9万立方米。

1959年1月,兴化民工1.17万人参加邵伯大船闸工程建设,经过两个月紧张施工,完成工日80万个,土方80万立方米。另有民工1000人配合省水利基建队修建京杭运河施桥船闸。经一年施工,共做工日240万个,做土方279.8万立方米。

1963年3月,兴化民工2500人参加江都枢纽所属邵伯交叉工程施工,工期长达两年多。施工中采用自动化和半自动化爬坡胶轮车运土,降低劳动强度,提高工效,共完成工日110.3万个,完成土方116.3万立方米。

1964年,兴化抽调老圩区民工2000人支持邗江县整治盐邵河。两项工程共完成工日7万个,完成土方10万立方米。1975年5—10月,兴化民工1020人配合扬州地区水利基建队参加樊川东船闸施工。1976年11月,兴化民工800人配合地区水利基建队参加樊川节制闸施工。共计做杂工10万个,完成土方10万立方米。

1977年11月,江都四站配套送水闸工程上马,兴化民工5000人参加江都新东闸施工。1978年4月,民工1000人参加江都送水闸施工。经过一年努力,共完成工日67万个,完成土方94.8万立方米。

1978年12月,兴化民工3600人赴江都参加切滩、抛块石工程,历时两个多月。实做工日19.72万个,完成土方19万立方米。

1982年11月,兴化民工2万人参加京杭运河宝应段整治工程。切除运河中埝,工地在宝应船闸附近。全长4547米,历时一个半月,拆石工、拔木桩,实做工日64.2万个,完成土方96万立方米。

1984年10月,兴化民工5000人参加京杭运河高邮运西船闸工程施工。其间,克服工期长、任务大、项目多、干扰重、民力难动员、施工管理难等一系列困难,至1985年5月,总计投工46万个,完成土方66万立方米,运卸黄砂、水泥、块石、石子等5.82万吨,配合扬州地区水利工程队浇筑混凝土6100立方米。工程经有关方面验收,质量符合要求。

5. 参加三阳河工程

1973年至1977年11月,兴化先后组织6.47万人次,参加4期三阳河工程,共完成工日426.9万个、土方652.9万立方米。1973年11月至1974年2月,兴化民工1.96万人参加三阳河第一期工程,施工地段在江都丁沟以北,标准是河底宽50米,河底高程−5.5米。共做工日123.6万个,完成土方213.6万立方米。1974年12月至1975年4月,兴化民工4520人参加三阳河第二期工程,施工地段在樊川以南,承担土工和块石护坡工程,共做工日129万个,完成土方194万立方米。1975年11月至1976年4月,兴化民工2.21万人参加三阳河第三期工程施工,地点在樊川镇北。1976年11月至1977年1月,实施三阳河第四期工程,兴化投入民工1.85万人,施工地段在江都东汇镇附近,承担土方和混凝土护坡工程,共做工日122万个,完成土方173万立方米。

6. 参加滁河马汊河分洪道

1972年11月至1973年2月,接扬州地区革委会通知,兴化调配民工9200人前往六合县南部,参加滁河马汊河分洪道工程施工。滁河马汊河属长江水系,工段地面高、乱石多、河坡陡,河床深达18米,施工条件十分艰苦。全体民工顽强奋战,如期完成工日78万个,完成土方72.5万立方米。

(三)姜堰

为保证出征工程的胜利完成,出境前姜堰建成临时领导班子。1951—1952年参加苏北灌溉总渠工程时,建立泰县治淮总队部,以区为大队、乡为中队、自然村为分队,以12~20人自由组成小组。1955—1956年间,参加凤凰河工程时,成立泰县总队部。在全县14个农村区197个乡内动员民力12404人,组成6个施工大队、50个中队。总队部设政委、总队长、副总队长各1人,总队部下设政工、工程、财供3个股,各股设股长1人,每个大队有大队长、教导员各1人。

1956年参加里运河第一期工程时,亦建立里运河工程泰县总队。以大队、中队、分队建制。下设政工、工程、财供3个股,各设股长1人。政工股负责宣传、组织、保卫、青年和医疗等工作;工程股负责工程标准、质量、排水;财供股另有会计1人,每个大队配有炊事员、公勤员各1人。里运河工程工期先后6个月,动员民力24472人,共抽调中队长以上人员504人。

1960年4月,上级要求境外工程要组织长期施工队伍,经扬州地委决定,成立泰州县常备民兵师,下建立工务、财供、器材、卫生4个科和秘书室、粮煤站、商品供应站及政治处等组织。政治处下有组织、监察、宣传、保卫等科和团委等。在施工组织中,建立大队,下设基干队、基干班和普通班。

1963—1964年参加江都枢纽工程时,在工人数最高仅0.4万人,亦建立江都枢纽工程泰县总队部。总队部下分中队和小队两级,总队部除设有政工、工务和财供3个科外,还有秘书室、粮站、供应站、医务门诊室、浴室、工地饭店等。1964年以前,出境工程的领导组织,一般县成立总队部,按民力多少,建成大队、中队、分队、小队4级和中队、分队2级并组成工地党组织核心小组。在1959年里运河露筋抢险工程时,总队亦设有政工、工务、财供、卫生4个科和1个医院。0.71万民工以营、连、排、班建制,共建立19个营、67个连、213个排、379个班,以民兵战斗姿态完成抢险任务。

1965年,泰县部分公社,组织民兵专业队常年治水。同年11月,参加斗龙港工程,动员民力0.74万人,即以民兵形式组成,县建立斗龙港工程团,下以营、连、排建制,团部下设团长1人,政委1人,副团长、副政委多人,团部下设政工、工务、后勤等组。此后,每次参加境外大型工程时,均建立工程团,团部领导人由县人民政府任免。团部下设政办、工务、后勤3个组或政工、办事(秘书)、工务、后勤4个组,民工均以营、连、排、班建制。一般以公社建立工程营,营配备教导员、营长、财供员、工程员、政工员。教导员、营长、财供员要求国家干部担任,政工员、工程员可用临时人员,所雇用的临时人员不得超过民工总人数的1%。营以下每200人建立一个连,配备连长、指导员、财供员、工程员。民工人数在300人以内的公社不建营部,超过600人的公社再配副教导员或营长1人,超过800人的公社,增配副教导员、副营长各1人。

境外工程有长期、短期,有汛期突击抢险,培修堤防;有成年累月,扎营工地长达两年之久;人数有多有少,少则数千人,多则5万余人;加之工程要求高、任务大,有些土方工程挖得深(深达11～12米)、爬得高(土堆高达10米)、挑得远(人工挑抬工长277米);有些土质坚硬为岗土、砂礓土,有些则为淤泥没膝,烂土泥泞,工程比较艰巨。由于县委、县政府都十分重视历次大型境外工程,遴选得力干部,组成总队部(1956年后称团部)领导班子,为完成任务提供了组织保证,同时配备有经验、有能力的公社(乡、镇)干部,组成大队(后称营部)领导班子。施工前,搭好工棚,备足粮煤,安排好民工食宿,施工中,注意民工劳逸结合,要求吃好吃饱,饭熟菜香,工棚要断三漏(断风、断雨、断雪)一坚固,早、中、晚有三水供应(早有热洗脸水,中午有茶水,晚有热洗脚水),工期再短均建有工人浴室,干群同甘共苦,同吃同住同劳动。每逢节日(如国庆节、春节)县委、县政府领导干部和公社(乡、镇)干部均专程前往工地慰问,民工收入虽微薄、劳动强度高、生活艰苦,但干工始终情绪饱满,干劲十足,克服重重困难,每期工程都出色地完成了任务。

附表2　泰州民工参加境外大型工程情况

工程名称	施工单位	工期(年-月)	长度(公里)	动员劳动力(人)	完成土方(万立方米)	完成工日(万个)
苏北灌溉总渠	泰兴	1951-11—1952-02	8.49	3700	12.90	7.15
	泰兴	1952-03—1952-05	8.49	16000	212.04	134.61
	姜堰	1951-11—1951-12		13400	62.7	
	姜堰	1952年春		53800	365.36	
	兴化	1951-11—1952-01		46046	175.0	130.0
	兴化	1952-02—1952-04		55400	257.0	180.0
合计			16.98	188346	1085	451.76
加修苏北灌溉总渠南堤	姜堰	1964-08		12500	11.64	
江浦线复堤	泰兴	1955-04—1955-05	21.00	15000	58.54	29.67
	靖江	1955-04—1955-05	10.50	8521	27.4	
合计			31.50	23521	85.94	29.67
凤凰河一期	泰兴	1955-04—1955-06	6.00	15000	100.0	64.13
	兴化	1955-03—1955-06		12519	64.80	69.00
	姜堰	1955-04—1955-06		12400	78.49	70.79
合计			6.00	39919	243.29	203.92

续附表2

工程名称	施工单位	工期（年-月）	长度（公里）	动员劳动力（人）	完成土方（万立方米）	完成工日（万个）
凤凰河二期	靖江	1956-03—1956-05	0.43	12364	38.46	
	泰兴	1956-03—1956-08	7.54	29800	155.88	155.77
	姜堰	1956-03—1956-05		1200	47.32	54.40
合计			7.97	43364	241.66	210.17
凤凰河三期	兴化	1970-10—1971-06		30000	333.00	461.00
	泰兴	1970-09—1971-04	1.20	14170	98.00	79.00
	姜堰	1970-10—1971-03		20000	254.30	262.03
合计			1.20	64170	685.30	802.03
京杭运河	泰兴	1957-07—1957-11	2.10	12000	28.00	24.57
京杭运河	泰兴	1959-10—1961-10	6.00	12000	330.00	200.00
京杭运河	兴化	1959-01—1959-07		57331	453.60	300.00
京杭运河	兴化	1959-01—1959-03		11708	80.00	80.00
京杭运河施桥段	兴化	1959-10—1960-10		10000	279.80	240.00
京杭运河复堤	靖江	1959-01—1959-06	6.08	17469	256.00	
京杭运河汤汪段	靖江	1959-05—1959-08				
京杭运河	靖江	1959	1.53	2940	18.23	
京杭运河槐泗段	靖江	1960	2.40	10500	61.66	
京杭运河施桥段	靖江	1960-06—1960-12		4000		
合计			18.11	137948	1507.29	844.57
京杭运河宝应段中埂切除	靖江	1982-10—1982-12	1.28	5000	50.00	
	兴化	1982-11—1982-12		20000	96.70	64.20
	姜堰	1982-11—1982-12		14500	95.00	
	泰兴	1982-11—1983-01	3.50	12000	97.26	69.26
合计			4.78	51500	338.96	133.46
京杭运河续建工程	姜堰	1984-11—1985-01		7800	60.88	
凤凰河一期	泰兴	1955-04—1955-06	6.00	15000	100.00	64.13
	兴化	1955-03—1955-06		12519	64.80	69.00
	姜堰	1955-04—1955-06		12400	78.49	70.79
合计			6.00	39919	243.29	203.92
凤凰河二期	姜堰	1956-03—1956-05		12000	47.32	54.40
	泰兴	1956-03—1956-08	7.54	29800	155.88	155.77
	靖江	1956-03—1956-05	0.43	12364	38.46	

续附表2

工程名称	施工单位	工期（年-月）	长度（公里）	动员劳动力（人）	完成土方（万立方米）	完成工日（万个）
合计			7.97	54164	241.66	210.17
凤凰河三期	兴化	1970-10—1971-06		30000	333.00	431.00
	泰兴	1970-09—1971-04	1.20	14170	98.00	79.00
	姜堰	1970-10—1971-03		20000	254.30	262.03
合计			1.20	64170	685.30	772.03
江都抽水一站	靖江	1961				
	姜堰	1961-11		1300		
	泰兴	1961-11—1962-01	0.32	5000	16.00	20.00
	泰兴	1962-02—1962-10		3000		80.00
合计			0.32	9300	16.00	100.00
江都抽水二站	姜堰	1963-09		4000	40.30	53.70
	靖江	1963		1646	39.06	
	泰兴	1966-12—1967-10		3000	12.00	108.00
合计				8646	91.36	161.70
江都抽水三站	泰兴	1967-10—1968-09		1000	12.00	33.00
江都抽水四站	姜堰	1973—1977				
合计				1000	12.00	33.00
江都四站配套送水闸工程	兴化	1971-11—1978-03		5000	69.10	44.50
	兴化	1978-04—1978-12		1000	25.70	22.50
合计				6000	94.80	67.00
三阳河第一期	姜堰	1973-11—1974-03		6600	51.70	60.00
	泰兴	1973-11—1974-04	1.80	16200	152.69	126.24
	兴化	1973-11—1974-02		19600	213.60	123.60
	靖江	1973-11	0.94	12000		
合计			2.74	54400	417.99	309.84
三阳河第二期	姜堰	1974-11—1975-06		3000	24.00	29.60
	泰兴	1974-04—1975-02	三座桥	2700	4.34	18.02
	兴化	1974-12—1975-04		4520	72.30	52.30
	靖江	1974-11—1975-01	0.18	3500		
合计			0.18	13720	100.64	99.92
三阳河第三期	姜堰	1975-11—1976-01		7000	58.39	30.95
	泰兴	1975-10—1976-02	3.10	12350	105.40	59.44

续附表2

工程名称	施工单位	工期（年-月）	长度（公里）	动员劳动力（人）	完成土方（万立方米）	完成工日（万个）
	兴化	1975-11—1976-04		22100	194.00	129.00
	靖江	1975	0.56	5500	42.30	
合计			3.66	46950	400.09	219.39
三阳河第四期	泰兴	1976-11—1977-01	2.52	12000	101.02	50.59
	兴化	1976-11—1977-01		18500	173.00	122.00
	靖江	1976-11—1977-01	1.28	5000	50.00	
合计			3.80	35500	324.02	172.59
三阳河建桥	泰兴	1976-04—1977-01	三座桥	640	3.50	9.30
合计				640	3.50	9.30
邵伯船闸	靖江	1961-04		500		
	泰兴	1959-11—1960-01	3.00	26000	216.40	211.29
合计			3.00	26500	216.40	211.29
邵伯闸	泰兴	1962-11—1963-03		1200	6.00	20.00
邵伯二线船闸	泰兴	1984-12—1985-01	8.82	8100	42.60	38.90
合计			8.82	9300	48.60	58.90
淮沭新河二河段	姜堰	1958-03—1958-12		9000	171.80	116.00
	泰兴	1958-03—1958-10	8.50	11000	140.00	91.00
合计			8.50	20000	311.80	207.00
淮沭新河	靖江	1966	10.00	5265	29.63	
	姜堰	1966-06—1966-07		7400	109.80	73.36
	泰兴	1966-07—1966-10	22.00	20000	160.00	106.00
合计			32.00	32665	299.43	179.36
洪泽湖复堤	靖江	1966-12—1967-02		7598	59.21	
	兴化	1967-06—1967-09		2000	8.90	17.70
	泰兴	1966-11—1967-05	2.50	12000	132.50	135.00
合计			2.50	21598	200.61	152.70
淮河入江水道	靖江	1969-06—1969-09	7.20	6000		
	姜堰	1969-10—1969-12		20000	201.00	
	泰兴	1969-04—1969-09	5.00	9500	109.00	55.00
合计			12.20	35500	310.00	55.00
邵伯湖切滩	靖江	1961				
	靖江	1971	0.24	7000		

续附表2

工程名称	施工单位	工期（年-月）	长度（公里）	动员劳动力（人）	完成土方（万立方米）	完成工日（万个）
合计			0.24	7000		
廖家沟切滩	靖江	1971-11—1972-01		5000	48.62	
滁河工程	靖江	1972		5000		
滁河马汊河分洪工程	兴化	1972-11—1973-02		9200	72.50	78.00
六合滁河	泰兴	1972-10—1973-04	2.00	4700	75.00	42.50
通扬运河第一期	泰兴	1958-11—1959-04	17.00	48890	244.00	157.10
通扬运河第二期	泰兴	1960-03—1962-09	13.00	18000	132.89	87.30
合计			32.00	90790	573.01	364.9
新通扬运河建桥	泰兴	1977-04—1978-10	0.12	460	3.50	5.76
	泰兴	1979-04—1980-01	一座桥	260	2.80	3.85
合计			0.12	720	6.30	9.61
新通扬运河拓浚、拓宽	兴化	1964-02—1964-05		8000	79.00	30.00
	兴化	1968-10—1969-02		3900	302.00	222.00
合计				11900	381.00	252.00
新通扬运河西段拓浚工程	兴化	1979-11—1980-01		29600	174.00	156.00
	泰兴	1979-11—1980-01	1.90	25000	122.62	140.46
	姜堰	1979-11—1980-01		15300	55.99	95.96
合计			1.90	69900	352.61	392.42
江都西闸	泰兴	1962-11—1964-05		1500	8.00	80.00
合计				1500	8.00	80.00
江都西闸切滩	姜堰	1979-02—1979-07		500	2.70	5.97
	兴化	1978-12—1979-02		3600	19.00	19.70
合计				4100	21.70	25.67
运盐闸	泰兴	1962-11—1964-03		1000	6.00	25.00
芒稻节制闸	泰兴	1964-09—1965-04		1000	6.00	24.00
芒稻船闸	泰兴	1964-09—1965-07		2000	18.00	50.00
芒稻河贾港裁弯	兴化	1971-10—1972-02		6050	53.50	39.50
芒稻河切滩	泰兴	1971-04—1972-05	3.50	15000	180.00	112.00
合计			3.50	25050	263.50	250.50
斗龙港一期	泰兴	1965-11—1966-03		10000	125.00	90.00
	姜堰	1965-11—1966-03		7400	109.80	73.36
	兴化	1965-10—1966-03		30000	504.00	380.00

续附表2

工程名称	施工单位	工期（年-月）	长度（公里）	动员劳动力（人）	完成土方（万立方米）	完成工日（万个）
合计				47400	738.80	543.36
斗龙港二期	兴化	1966-10—1967-04		32000	600.00	420.00
	姜堰	1966-11—1967-03		9000	212.10	104.50
合计				41000	812.10	524.50
二河越闸	泰兴	1966-07—1967-01		2000	6.00	42.00
庄台王港漫水闸	泰兴	1971-06—1972-05	0.50	2500	10.00	67.50
兴修范堤石闸	兴化	1950-05—1950-09		600	1.00	1.50
疏浚小洋河	兴化	1950-04—1950-05		1750	9.00	7.00
建三河闸	兴化	1953-02—1953-06		7996	89.00	130.00
灌溉总渠防洪抢险	兴化	1954-07		47000	44.00	35.00
整治新洋港	兴化	1958-03—1958-05		12277	205.00	67.30
邵伯大控制	兴化	1958-11—1958-12		85000	70.00	50.00
万福闸控制入江水道	兴化	1959-11—1960-10		19000	120.00	360.00
万福闸下游切滩	姜堰	1971-10—1972-01		13000	82.24	59.25
邵伯交叉工程江都枢纽配套	兴化	1963-03—1965-05		2500	116.90	110.90
戛粮河疏浚	兴化	1963-11—1964-01		8000	40.20	32.00
卤汀河整治	兴化	1964-02—1964-05		1500	10.00	7.00
盐邵河整治航道	兴化	1964-03—1964-04		2000		
盐邵河船闸	姜堰	1976-03—1977-05		6000	128.20	126.80
大汕子隔堤入江水道	兴化	1969-09—1970-01		30000	356.00	302.90
梁家港西堤加固	兴化	1971-07		1000	4.00	4.00
抢堵运河梁家港堤	姜堰	1971-06		800		
大运河西堤加固	兴化	1971-10—1972-04		15000	128.20	103.10
樊川东船闸施工	兴化	1975-05—1975-10		1020	配合施工	
樊川节制闸施工	兴化	1976-11—1977-06		800	10.00	10.00
运西船闸施工	兴化	1984-11—1985-05		5000	71.80	38.60
高邮中坝抢修	姜堰	1950-08		10000	30.00	20.00
兴化蚌蜒堤	姜堰	1950-08		5000	2.40	2.50
邵仙引河	姜堰	1952年秋		12900	63.00	
口岸闸引河	姜堰	1958-06—1958-07		2000	7.04	3.16
五里窑船闸宜陵闸	姜堰	1963—1964		3200	40.30	53.70
邵仙河东西堤加固	姜堰	1964-01—1964-07		1300	22.40	

续附表2

工程名称	施工单位	工期（年-月）	长度（公里）	动员劳动力（人）	完成土方（万立方米）	完成工日（万个）
三里窑船闸	姜堰	1964			21.90	
太平闸	姜堰	1971-12—1972-06		1600		
金湾闸	姜堰	1972-10—1973-06		4200	50.28	62.93
马甸翻水站引河	姜堰	1972-11—1973-02		30000	206.00	175.30
江都新东闸	姜堰	1977-10—1978-03		4100	49.82	39.42
里运河春修保运堤防淮洪	兴化	1951-02—1951-03		1000	35.00	30.00
里运河堤防防汛抢险	兴化	1954-07—1954-08		2000	5.00	5.00
合计			0.50	340043	2034.68	1946.86
里运河一期	姜堰	1956-11—1957-01		24500	94.47	93.42
	兴化	1956-11—1956-12		34616	330.00	160.00
	泰兴	1956-10—1957-01	1.68	6000	9.40	5.61
合计			1.68	65116	433.87	259.03
里运河一期遗留工程	姜堰	1957-02—1957-05		24000	260.70	140.20
合计				24000	260.70	140.20
里运河二期	姜堰	1959-11—1960-04		24000	125.90	179.49
	兴化	1957-02—1957-06		31075	358.00	250.00
	泰兴	1957-02—1957-06	11.69	16000	128.10	52.24
合计			11.69	71075	612.00	481.73
里运河三期	姜堰	1959-09—1961-08		10000	508.35	279.70
里运河西堤护坡工程	兴化	1980-07—1980-08		4000	6.60	13.50
合计				14000	514.95	293.20

后 记

为更好地发挥志书的社会效益,让更多的人了解泰州水利事业艰难而辉煌的历程,亦为"资政、存史、教化",为后来者提供泰州治水、管水的经验,泰州市水利局决定编纂《泰州水利志》。为方便不同读者群的阅读和使用,为更好地介绍、宣传历史上为泰州水利事业做出重要贡献的有识之士,泰州市水利局已于此前先行出版了《泰州水利大事记》和《泰州水利史话》。

本志为适应读图时代的到来,尽量做到图文并茂,插入了不少图片和照片,以增强阅读效果。其中,有部分历史照片和图片选自网络。因历史久远,有少数图片原作者无法联系,敬请谅解。本书为公益性工具书、参考书,不对外销售,因此对少数未能征求到意见的网上图片作者为本书所做的贡献表示诚挚的感谢。如个别作者需适当稿酬的,请与泰州水利志编纂办公室联系,一经核实,即付稿酬。

在《泰州水利志》即将面世之际,衷心感谢为本书提供资料的扬州市水利局!衷心感谢全市水利系统同仁及市有关部门的通力协作!衷心感谢市内外摄影工作者的大力支持和帮助!衷心感谢水利部原副部长翟浩辉、江苏省政协原副主席陈宝田深情为此书题词和作序。

由于我们缺少经验,也限于时间和水平,书中可能会有一些不足、不当、不尽如人意之处,恳请读者拨冗指正,以供今后修编此志时订正。

《泰州水利志》编纂委员会

2023 年 10 月